第三届中国电源技术年会于2012年6月20−22日在深圳召开

主会场现场

第三届中国电源技术年会

分会场现场

中国电源学会副秘书长李占师主持会议

张波教授代表广东省电源学会致辞并做技术报告

章进法博士代表中国电源学会致辞并做技术报告

陈为教授以《大功率应用磁性元件技术及其发展》为题发表演讲

马皓教授以《电力电子技术新应用及发展趋势》为题发表演讲

第21届国际电气电子工程师学会国际工业电子研讨会(ISIE2012)于2012年5月28–31日在杭州召开

ISIE2012 大会主席、中国电源学会学术委员会主任委员徐德鸿教授致辞

美国工程院院士李泽元教授发表主题演讲

IEEE第7届国际电力电子及运动控制会议（IPEMC2012）于2012年6月2日至5日在哈尔滨召开

ISIE2012会议技术委员会主席、中国电源学会
副理事长徐殿国教授主持会议

与会嘉宾启动开幕仪式

国际电力电子创新论坛于3月在上海举办

汤天浩教授主持会议

第六届高校电力电子与电力传动学术年会4月在广州召开

会议开幕式

2012上海电源工程师技术交流会4月在上海召开

会议现场

开展专题交流　服务经济发展

2012现代数据中心基础设施建造技术年会
于5月在北京召开

会议主席张广明致辞并演讲

2012年冶金行业电能质量研讨会6月在上海召开

与会专家

第五届中国电子变压器电感器联合学术年会
于7月在福建召开

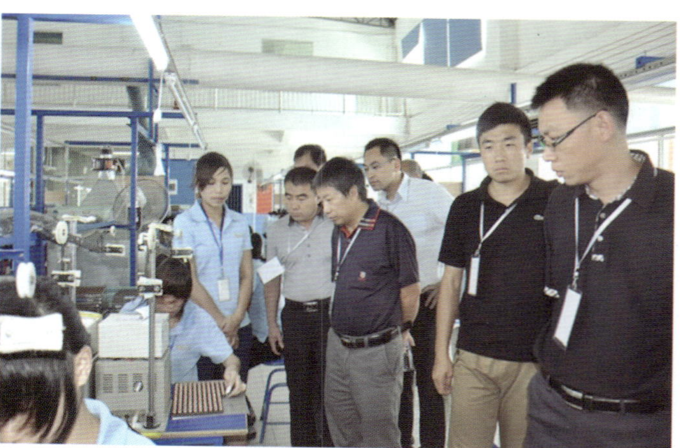

与会代表参观

开展专题交流　服务经济发展

2012电源创新技术论坛–电源磁技术、电磁兼容技术专题交流会于9月在北京召开

会议现场

第四届全国特种电源技术学术交流会议于10月在成都召开

中国电源学会副理事长兼秘书长韩家新在会议中致辞

10月深圳召开电源工程师技术论坛

论坛现场

开展专题交流 服务经济发展

2012电源创新技术论坛–新能源、新器件、新应用专题交流会于11月在上海召开

黄敏超博士发表专题演讲

2012电力电子与新能源技术学术年会于11月在广州召开

会议开幕式

2012电源创新技术论坛–新能源、LED电源技术专题交流会于11月在西安召开

会议现场

武汉市第五届学术年会暨武汉电源学会2012学术年会

武汉市电源学会换届选举现场

天津市电源技术研究会举办首届“凌威杯”
天津市大学生光伏应用竞赛

参赛作品展示

华南电源创新产业园启动仪式暨招商推介

产业园区布局

佛山市电源行业协会成立

茂硕电源成功上市

深圳市航嘉驰源电气股份有限公司主持召开首次
电源适配器电子行业标准审定会议

易事特500kWp工业厂房屋顶分布式光伏发电站
通过项目验收

广东志成冠军集团有限公司承办2012UPS企业座谈会

广东志成冠军集团有限公司董事长周志文
在UPS企业座谈会中发言

阳光电源承办2012全国风能行业年会

隆盛科技举办电源产业发展研讨会

北京泛华恒兴科技有限公司参与第三届
中国电源技术年会

杭州远方仪器有限公司参与第三届中国电源技术年会

举办展览会　加强经济技术合作

经国家科技部批准，中国电源学会每年举办中国国际电源展览会

第十八届中国电源展（CPSEXPO2012）于2012年6月20−22日在深圳会展中心举办

展会现场

开展继续教育　培训科技人员

开关电源设计技术高级培训班（4月　深圳）

功率变换器的磁集成技术专题培训班（6月深圳）

光伏逆变器设计技术高级培训班（9月　上海）

LED照明及电源技术高级培训班（12月　上海）

培训班结业仪式颁发证书

培训班实物演示讨论

加强组织建设　坚持民主办会

中国电源学会第六届理事会第一次理事长联席会议

中国电源学会六届六次常务理事会议

中国电源学会六届七次常务理事会议

学会副理事长兼秘书长韩家新主持会议

中国电源学会专家委员会首届第二次全体会议

中国电源学会电能质量专委会一届四次会议

中国电源行业年鉴　2013

中国电源学会　编著

机 械 工 业 出 版 社

《中国电源行业年鉴 2013》由中国电源学会编著，对电源行业整体发展的状况进行了综合性、连续性、史实性的总结和描述，是电源行业权威的资料性工具书。本年度《年鉴》共分十一篇，前三篇：发展规划、政策法规、宏观经济动态，主要介绍了与电源行业相关领域的发展规划、国家政策法规和宏观经济环境，为行业发展和各单位的决策提供指导和参考；后八篇：电源行业发展报告、电源行业要闻、科研与成果、电源发明专利、电源标准、高等院校和科研机构简介、会员企业简介、电源新产品介绍，从各个方面介绍了2012年度电源行业的发展状况。

本年鉴可供相关政府职能部门、生产企业、高等院校、科研院所、采购单位、检测服务机构和电源工程技术人员参考。

图书在版编目（CIP）数据

中国电源行业年鉴. 2013/中国电源学会编著. —北京：机械工业出版社，2013.7

ISBN 978-7-111-43064-3

Ⅰ.①中… Ⅱ.①中… Ⅲ.①电源-电力工业-中国-2013-年鉴
Ⅳ.①TM91-54

中国版本图书馆CIP数据核字（2013）第136440号

机械工业出版社（北京市百万庄大街22号 邮政编码100037）
策划编辑：林春泉 责任编辑：张沪光 赵任 吕潇 任鑫 闾洪庆
责任校对：张丽娟 陈秀丽
责任印制：杨 曦
北京双青印刷厂印刷
2013年7月第1版·第1次印刷
210mm×285mm ·43印张·10插页·1894千字
标准书号：ISBN 978-7-111-43064-3
定价：298.00元

凡购本书，如有缺页、倒页、脱页，由本社发行部调换

电话服务	网络服务
社服务中心：(010)88361066	教材网：http：//www.cmpedu.com
销售一部：(010)68326294	机工官网：http：//www.cmpbook.com
销售二部：(010)88379649	机工官博：http：//weibo.com/cmp1952
读者购书热线：(010)88379203	**封面无防伪标均为盗版**

《中国电源行业年鉴　2013》编辑委员会

（按姓氏笔画为序）

《中国电源行业年鉴　2013》编辑部

前　言

《中国电源行业年鉴》（简称《年鉴》）是由中国电源学会编著的电源行业权威的资料性工具书，每年出版一期，对上一年度电源行业整体发展状况进行综合性、连续性、史实性的总结和描述，为政府有关部门，为行业科研、生产、采购和应用提供服务和参考。

中国电源学会于1983年成立，是国家一级社团法人，以促进我国电源科学技术进步和电源产业发展为己任，既团结了全国电源界的专家学者和广大科技人员，也汇聚了众多的会员企业。中国电源学会经过近30年的努力和奋斗，为我国电源科技进步和产业发展做出了重要贡献。中国电源学会对电源行业发展状况有着深入和全面的了解，是编辑出版《年鉴》的最具权威性的单位。

本期《年鉴》共分为十一篇，整体内容划分为两个部分。

第一部分是前三篇：发展规划、政策法规、宏观经济动态，主要介绍了与电源行业相关的国家政策法规和宏观经济环境、与电源行业相关领域的发展规划，为电源行业的发展和各单位的决策提供指导和参考。

第二部分是后八篇：电源行业发展报告、电源行业要闻、科研与成果、电源发明专利、电源标准、高等院校和科研机构简介、会员企业简介、电源新产品介绍，从各个方面介绍了上年度电源行业的发展状况。

在本期《年鉴》的发展规划、政策法规两篇中，有关新能源、LED照明、新能源汽车的内容比较多，这些领域与电源行业密切相关，由此可以预测电源行业的新发展。

电源发明专利一篇，仅收录了2012年授权的电源相关发明专利。为便于查找，按专利公开日期，自2006年到2012年逐年排列。2006年以前公开的专利本次没有收录。

电源标准一篇，收录了现在仍在执行的各类电源相关标准，对2012年已经作废的标准做了说明，对2012年新颁布执行的标准做了介绍，电源配套产品的标准暂未收录。

电源行业要闻、科研与成果、高等院校和科研机构简介三篇与2012《年鉴》相比，不仅内容都有了增加，而且质量也有了提高，将为行业各方面的交流，推广新成果，促进产学研的结合将发挥积极作用。

本期《年鉴》增加了“电源新产品介绍”篇，目的是汇集国内市场优质产品（包括国外品牌），展示目前电源产品及相关配套产品的发展水平，推广优秀成果。此篇限量收录，彩色印刷，专家审核，择优刊登。

在本期《年鉴》编辑过程中，中国电源学会特种电源专业委员会、电能质量专业委员会、新能源电能变换技术专业委员会分别为《年鉴》撰写文章或提供参考资料，在此表示诚挚的谢意。

ICTresearch公司为《年鉴》撰写了“2012年度电源行业发展报告”，阳光电源股份有限公司，西安赛博电气有限责任公司，为《年鉴》撰写给予了大力支持，许多企业、高等院校、科研院所为《年鉴》提供了大量的行业新闻和科研成果等，在此一并表示衷心的感谢。

《年鉴》是资料性工具书，是电源行业发展的历史记录，希望电源界各个方面，包括企业、高等院校、科研机构、标准制定和咨询服务机构等提供资料，撰写文章，使《年鉴》更全面地反映行业的发展状况。

由于《年鉴》出版时间较短，编辑水平有待提高，希望社会各界领导、朋友多提意见和建议，对本期《年鉴》的疏漏、错误之处，敬请读者批评指正。

《中国电源行业年鉴》编辑部

2013年4月

中国电源学会简介

中国电源学会于1983年成立，是在国家民政部注册的国家一级社团法人，业务主管部门是中国科学技术协会。

中国电源学会以促进我国电源科学技术进步和电源产业发展为己任。电源科学技术是采用半导体功率器件、电磁元件、电池等元器件，运用电气工程、自动控制、微电子、电化学、新能源等技术，将粗电加工成高效率、高质量、高可靠性的交流、直流、脉冲等形式的电能，是一门多学科交叉的科学技术，在经济建设和社会生活的各个方面具有广泛的应用。

电源涉及的产品范围主要包括：通信电源、不间断电源（UPS）、光伏逆变电源、风力发电变流器、LED驱动电源、通用交流电源、通用直流电源、变频电源、特种电源、蓄电池、充电器、变压器、元器件和电源配套产品等。

中国电源学会的最高权力机构是全国会员代表大会，执行机构是理事会和常务理事会，秘书处是学会常设日常办事机构。

中国电源学会下设交流电源、直流电源、变频电源、照明电源、特种电源、变压器、元器件、电磁兼容、电能质量九个专业委员会，以及学术、专家咨询、国际交流、组织、编辑、科普、标准化七个工作委员会。另外，还有有业务联系的八个具有法人资格的地方电源学会。

中国电源学会汇聚了全国电源界的专家学者和广大科技人员，每年举办各种类型的学术交流会。两年一届的大型学术年会到2011年已经成功举办了19届，历届会议规模达400人以上，是国内电源界水平最高、规模最大的学术会议。自2009年开始，每年举办一次以推广应用技术为主要内容的中国电源技术年会，面向工程技术人员，以提高创新能力，每届参会人数超过1000人。此外，我会每年还举办各种类型的专题研讨会。

中国电源学会汇聚了众多的电源企业，目前拥有560余家企业会员，其中副理事长单位10家，常务理事单位18家，理事单位44家，包括了国内外知名的电源企业。同时，学会与几千家企业保持着联系，形成了覆盖全国的服务和信息网络。

中国电源学会发挥学术界和企业界两大优势，促进产、学、研相结合，为建立以企业为主体的技术创新体系，为全面提升企业的自主创新能力做出了不懈的努力。

中国电源学会从1995年开始举办“中国国际电源展览会”，到2012年已先后在北京、天津、上海、深圳、广州、南京等地举办了18届。1999年国家科技部授权中国电源学会国际科技展览会主办单位资格。

中国电源学会的出版物有：《电源学报》、《中国电源行业年鉴》，同时中国电源学会还组织编辑出版了系列丛书、技术专著以及各种学术会议论文集。

由国家科技部批准，在国家科技奖励工作办公室登记注册，中国电源学会于2011年正式设立“中国电源学会科学技术奖”。此奖项在全国范围内评选，是代表本行业、本专业最高水平的奖励。2011年举办了首届评奖活动，其最高获奖项目已向国家科技奖推荐。

中国电源学会积极开展继续教育活动，利用学会的专家资源，每年举办不同的培训班，特别是结合当前的技术热点和技术难点，开展培训和服务活动，得到了社会的广泛关注和支持。

中国电源学会利用网络系统开拓学会服务功能，建立了网上会员注册、网上信息发布、网上技术论坛、网上培训、网上招聘、网上产品推广等，已形成国内电源行业更新最快、内容最全、最具人气的综合性网站。

中国电源学会开展了一系列行业服务活动，如：编写标准、科技成果鉴定、技术服务、技术咨询、参与工程项目评标评价等。

学会地址：天津市南开区咸阳路60号 邮编：300111
电话：（022）27680796 27634742 传真：（022）27687886
网站：http://www.21dianyuan.com http://www.cpss.org.cn
邮箱：cpss@cpss.org.cn

中国电源学会组织机构名单

主要领导人名单
（按照姓氏笔画排序）

理 事 长：王兆安
副理事长：阮新波　周雒维　倪本来　徐殿国　康勇　章进法　韩家新
秘 书 长：韩家新
副秘书长：刘进军　李占师　彭伟

分支机构及主任委员名单

工作委员会：	
学术工作委员会	徐德鸿
专家咨询工作委员会	张广明
组织工作委员会	张卫平
科普工作委员会	章进法
编辑工作委员会	陈永真
国际交流工作委员会	周雒维
标准化工作委员会	吕征宇
专业委员会：	
交流电源专业委员会	李建明
变频电源与电气传动专业委员会	阮　毅
特种电源专业委员会	史平君
照明电源专业委员会	徐殿国
变压器电感器专业委员会	陈　为
电能质量专业委员会	卓　放
直流电源专业委员会	阮新波
元器件专业委员会	李龙文
新能源电能变换技术专业委员会（筹）	曹仁贤
电磁兼容专业委员会	康　勇

地方学会及理事长名单
（按学会名称汉语拼音顺序排列）

福建省电源学会	陈道炼
广东省电源学会	张　波
陕西省电源学会	钟彦儒
上海电源学会	汤天浩
四川省能源研究会电源委员会	蒋理平
天津市电源技术研究会	车延博
武汉电源学会	林　桦
西安市电源学会	侯振义
浙江省电源学会	徐德鸿

中国电源学会理事单位名单

（按单位名称汉语拼音字母顺序先行后列排列）

副理事长单位

艾默生网络能源有限公司
广东志成冠军集团有限公司
广东易事特电源股份有限公司
华南电源创新科技园
茂硕电源科技股份有限公司
深圳市航嘉驰源电气股份有限公司
台达电子企业管理（上海）有限公司
天宝国际兴业有限公司
厦门科华恒盛股份有限公司
阳光电源股份有限公司

常务理事单位

北京韶光科技有限公司
北京星原丰泰电子技术股份有限公司
东莞市乐科电子有限公司
广东凯乐斯光电科技有限公司
广东新异电业科技股份有限公司
河北先控捷联电源设备有限公司
鸿宝电气集团股份有限公司
瑞谷科技（深圳）有限公司
深圳华德电子有限公司
深圳科士达科技股份有限公司
深圳可立克科技股份有限公司
深圳市金宏威技术股份有限公司
石家庄通合电子科技股份有限公司
温州现代集团有限公司
西安爱科赛博电气股份有限公司
厦门信和达电子有限公司
浙江科达磁电有限公司

理事单位

安伏（苏州）电子有限公司
安徽省友联电力电子工程有限公司
北京泛华恒兴科技有限公司
北京新创四方电子有限公司
北京中大科慧科技发展有限公司
北京中宇豪电气有限公司
成都金创立科技有限责任公司
大连宝士达电源股份有限公司
佛山市新光宏锐电源设备有限公司
佛山市众盈电子有限公司
广东创电科技有限公司
广州成启半导体有限公司
广州金升阳科技有限公司
杭州池阳电子有限公司
基美电子（苏州）有限公司
江苏宏微科技股份有限公司
洛阳隆盛科技有限责任公司
宁夏银利电器制造有限公司
赛尔康技术（深圳）有限公司
三科电器集团有限公司
陕西柯蓝电子有限公司
深圳古瑞瓦特新能源有限公司
深圳麦格米特电气股份有限公司
深圳桑达国际电子器件有限公司
深圳市铂科磁材有限公司
深圳市金威源科技股份有限公司
深圳市京泉华科技股份有限公司
深圳市晶福源电子技术有限公司
深圳市联运达电子有限公司
深圳市锐骏半导体有限公司
深圳市中电熊猫展盛科技有限公司
四川长虹欣锐科技有限公司
太仓电威光电有限公司
无锡新洁能股份有限公司
西安龙腾新能源科技发展有限公司
厦门埃尔华进出口有限公司
厦门市爱维达电子有限公司
英飞凌科技（中国）有限公司
英飞特电子（杭州）股份有限公司
浙江特雷斯电子科技有限公司
中国长城计算机深圳股份有限公司

目　录

第一篇　发展规划

第二篇　政策法规

第三篇　宏观经济动态

第四篇　电源行业发展报告

第五篇　电源行业要闻

第六篇　科研与成果

第七篇　电源发明专利（2012 年授权）

第八篇　电源标准

第九篇 高等院校和科研机构简介（按单位名称汉语拼音字母顺序排列）

第十篇 会员企业简介（按单位名称汉语拼音字母顺序排列）

副理事长单位

常务理事单位

理事单位

会员单位

广东省

江苏省

上海市

北京市

浙江省

第十一篇　电源新产品介绍

第一篇　发展规划

国务院关于印发“十二五”国家战略性新兴产业发展规划的通知

国发〔2012〕28号

各省、自治区、直辖市人民政府，国务院各部委、各直属机构：

现将《“十二五”国家战略性新兴产业发展规划》印发给你们，请认真贯彻执行。

国务院

2012年7月9日

“十二五”国家战略性新兴产业发展规划

战略性新兴产业是以重大技术突破和重大发展需求为基础，对经济社会全局和长远发展具有重大引领带动作用，知识技术密集、物质资源消耗少、成长潜力大、综合效益好的产业。根据“十二五”规划纲要和《国务院关于加快培育和发展战略性新兴产业的决定》（国发〔2010〕32号）的部署和要求，为加快培育和发展节能环保、新一代信息技术、生物、高端装备制造、新能源、新材料、新能源汽车等战略性新兴产业，特制定本规划。

一、背景

当今世界新技术、新产业迅猛发展，孕育着新一轮产业革命，新兴产业正在成为引领未来经济社会发展的重要力量，世界主要国家纷纷调整发展战略，大力培育新兴产业，抢占未来经济科技竞争的制高点。

当前，全国上下正按照科学发展观的要求，加快转变经济发展方式，推进中国特色新型工业化进程，推动节能减排，积极应对日趋激烈的国际竞争和气候变化等全球性挑战，促进经济长期平稳较快发展。在此过程中，必须站在战略和全局的高度，科学判断未来需求变化和技术发展趋势，大力培育发展战略性新兴产业，加快形成支撑经济社会可持续发展的支柱性和先导性产业，优化升级产业结构，提高发展质量和效益。

“十二五”时期是我国战略性新兴产业夯实发展基础、提升核心竞争力的关键时期，既面临难得的机遇，也存在严峻挑战。从有利条件看，我国工业化、城镇化快速推进，城乡居民消费结构加速升级，国内市场需求快速增长，为战略性新兴产业发展提供了广阔空间；我国综合国力大幅提升，科技创新能力明显增强，装备制造业、高技术产业和现代服务业迅速成长，为战略性新兴产业发展提供了良好基础；世界多极化、经济全球化不断深入，为战略性新兴产业发展提供了有利的国际环境。同时也要看到，我国战略性新兴产业自主创新发展能力与发达国家相比还存在较大差距，关键核心技术严重缺乏，标准体系不健全；投融资体系、市场环境、体制机制政策等还不能完全适应战略性新兴产业快速发展的要求。必须加强宏观引导和统筹规划，明确发展目标、重点方向和主要任务，采取有力措施，强化政策支持，完善体制机制，促进战略性新兴产业快速健康发展。

二、指导思想、基本原则和发展目标

（一）指导思想

以邓小平理论和“三个代表”重要思想为指导，深入贯彻落实科学发展观，把握世界新科技革命和产业革命的历史机遇，面向经济社会发展的重大需求，以改革创新为动力，以营造良好的产业发展环境为重点，以企业为主体，以工程为依托，加强规划引导，加大政策扶持，着力提升自主创新能力，加速科技成果产业化，推动战略性新兴产业快速健康发展，抢占经济科技竞争制高点，促进产业结构升级、经济发展方式转变和经济社会可持续发展。

（二）基本原则

市场主导、政府调控。充分发挥市场配置资源的基础性作用，以市场需求为导向，着力营造良好的市场竞争环境，激发各类市场主体的积极性。针对产业发展的薄弱环节和瓶颈制约，有效发挥政府的规划引导、政策激励和组织协调作用。

创新驱动、开放发展。坚持自主创新，加强原始创新、集成创新和引进消化吸收再创新；加强高素质人才队伍建设，掌握关键核心技术，健全标准体系，加速产业化，增强自主发展能力。充分利用全球创新资源，加强国际交流合作，探索国际合作发展新模式，走开放式创新和国际化发展道路。

重点突破、整体推进。坚持突出科技创新和新兴产业发展方向，选择最有基础、最有条件的重点方向作为切入点和突破口，明确阶段发展目标，集中优势资源，促进重点领域和优势区域率先发展。总体部署产业布局和相关领域发展，统筹规划，分类指导，适时动态调整，促进协调发展。

立足当前、着眼长远。围绕经济社会发展重大需求，着力发展市场潜力大、产业基础好、带动作用强的行业，加快形成支柱产业。着眼提升国民经济长远竞争力，促进可持续发展，对重要前沿性领域及早部署，培育先导产业。

（三）发展目标

产业创新能力大幅提升。企业重大科技成果集成、转化能力大幅提高，掌握一批具有主导地位的关键核心技术，建成一批具有国际先进水平的创新平台，发明专利质量数量和技术标准水平大幅提升，战略性新兴产业重要骨干企业研发投入占销售收入的比重达到5%以上。一批关键核心技术达到国际先进水平。

创新创业环境更加完善。重点领域和关键环节的改革加快推进，有利于创新战略性新兴产业商业模式、发展新业态的市场准入条件，以及财税激励、投融资机制、技术标准、知识产权保护、人才队伍建设等政策环境显著改善。

国际分工地位稳步提高。涌现一批掌握核心关键技术、拥有自主品牌、开展高层次分工合作的国际化企业，具有自主知识产权的技术、产品和服务的国际市场份额大幅提高，在部分领域成为全球重要的研发制造基地。

引领带动作用显著增强。战略性新兴产业规模年均增长率保持在20%以上，形成一批具有较强自主创新能力和技术引领作用的骨干企业，一批特色鲜明的产业链和产业集聚区。到2015年，战略性新兴产业增加值占国内生产总值比重达到8%左右，对产业结构升级、节能减排、提高人民健康水平、增加就业等的带动作用明显提高。

到2020年，力争使战略性新兴产业成为国民经济和社会发展的重要推动力量，增加值占国内生产总值比重达到15%，部分产业和关键技术跻身国际先进水平，节能环保、新一代信息技术、生物、高端装备制造产业成为国民经济支柱产业，新能源、新材料、新能源汽车产业成为国民经济先导产业。

三、重点发展方向和主要任务

（一）节能环保产业

强化政策和标准的驱动作用，充分运用现代技术成果，突破能源高效与梯次利用、污染物防治与安全处置、资源回收与循环利用等关键核心技术，大力发展高效节能、先进环保和资源循环利用的新装备和产品；完善约束和激励机制，创新服务模式，优化能源管理、大力推行清洁生产和低碳技术、鼓励绿色消费，加快形成支柱产业，提高资源利用率，促进资源节约型和环境友好型社会建设。

1. 高效节能产业。发展高效节能锅炉窑炉、电机及拖动设备、余热余压利用、高效储能、节能监测和能源计量等节能新技术和装备；鼓励开发和推广应用高效节能电器、高效照明等产品；提高新建建筑节能标准，开展既有建筑节能改造，大力发展绿色建筑，推广绿色建筑材料；加快发展节能交通工具；积极开发和推广用能系统优化技术，促进能源的梯次利用和高效利用；大力推行合同能源管理新业态。

专栏1 高效节能产业发展路线图

时间节点	2015年	2020年
发展目标	重大节能技术装备得到推广应用，主要终端用能产品能效接近国际先进水平，高效节能产品市场占有率大幅提升，采用合同能源管理机制的节能服务业销售额年均增长30%以上	形成适合我国国情的节能技术装备和产品体系，主要节能装备、主要行业单位产出能耗指标达到国际先进水平
重大行动	●关键技术开发：重点开发高效内燃机和混合动力汽车，高压变频调速、稀土永磁无铁心电机等电机节能技术，蓄热式高温空气燃烧、等离子点火等高效锅炉窑炉技术，高效换热器及系统优化等能源梯次利用技术，中低品位余热余压回收利用技术，能源优化技术等 ●产业化：大力推广重点节能技术和产品，开展重点节能技术示范、产品产业化及推广应用。实施节能产品惠民工程、重大节能技术与装备产业化工程，推进重点领域节能改造 ●商业模式创新：推广合同能源管理，开展节能量交易	
重大政策	●严格实施固定资产投资项目节能评估和审查制度 ●制定重点用能产品能效标准和重点行业能耗限额标准，扩大能效标识实施范围，推行能效领跑者制度 ●加大财政支持力度，完善能源价格机制	

2. 先进环保产业。以解决危害人民群众身体健康的突出环境问题为重点，加大技术创新和集成应用力度，推动水污染防治、大气污染防治、土壤污染防治、重金属污染防治、有毒有害污染物防控、垃圾和危险废物处理处置、减震降噪设备、环境监测仪器设备的开发和产业化；推进高效膜材料及组件、生物环保技术工艺、控制温室气体排放技术及相关新材料和药剂的创新发展，提高环保产业整体技术装备水平和成套能力，提升污染防治水平；大力推进环保服务业发展，促进环境保护设施建设运营专业化、市场化、社会化，探索新型环保服务模式。

专栏2 先进环保产业发展路线图

时间节点	2015年	2020年
发展目标	突破一批环保产业技术瓶颈，形成一批拥有自主核心技术的骨干企业和一批比较优势明显、产业配套完善、有序集聚发展的先进环保产业基地，城镇污水、垃圾和脱硫、脱硝处理设施运营基本实现专业化、市场化	重点领域环保技术及装备达到国际领先水平，环保装备标准化、系列化、成套化水平显著提高，建立统一开放、竞争有序的环保产业市场和环保服务体系；污染治理设施建设和运营基本实现专业化、社会化

（续）

时间节点	2015年	2020年
重大行动	●关键技术开发：加快实施水体污染控制与治理科技重大专项，重点开发膜技术、生物脱氮、重金属废水污染防治、污泥处理处置等污水处理关键技术，焚烧烟气控制系统、渗滤液处理等垃圾处理技术，高效除尘、烟气脱硫脱硝等大气污染控制技术，有毒有害污染物防治和安全处置技术，电子电气产品有毒有害物质替代与减量化技术，重金属污染治理与土壤修复等成套技术及装备，新型高效环保材料、药剂等 ●产业化：大力推广应用国家鼓励发展的环保产业设备和产品，推进先进环保产品和技术装备产业化；全面推行污泥处理处置、垃圾焚烧、燃煤电厂脱硝与钢铁行业烧结脱硫等；实施重大环保技术装备及产品产业化示范工程等 ●环保服务业：大力推进污染治理设施专业化、市场化、社会化运营服务，发展提供系统解决方案的综合环保服务业	
重大政策	●完善污染物排放标准体系和环保产品标准体系 ●推进环保税费、价格改革	

3. 资源循环利用产业。大力发展源头减量、资源化、再制造、零排放和产业链接等新技术，推进产业化，提高资源产出率。重点发展共伴生矿产资源、大宗固体废物综合利用，汽车零部件及机电产品再制造、资源再生利用，以先进技术支撑的废旧商品回收体系，餐厨废弃物、农林废弃物、废旧纺织品和废旧塑料制品资源化利用。

专栏3　资源循环利用产业发展路线图

时间节点	2015年	2020年
发展目标	减量化、再利用、资源化的先进资源循环利用技术得到推广应用。工业固体废物综合利用率达到72%以上，初步建立起现代废旧商品回收体系，以先进技术支撑的废旧商品回收率达到70%，重要资源回收和再生利用能力明显提高	形成再利用、资源化产业技术创新体系，形成一批具有核心竞争力的资源循环利用技术装备和产品制造企业，建成技术先进、覆盖城乡的资源回收和循环利用产业体系
重大行动	●关键技术开发：重点开发低品位共伴生矿产资源高效选冶、稀贵金属分离提取技术，大宗固体废物大掺量高附加值利用、废弃电器电子产品资源化利用、废旧材料分离与改性、废旧车用动力电池及蓄电池回收处理和利用、汽车零部件及机电产品再制造技术，城市及产业废弃物的生产过程协同资源化处理、餐厨废弃物资源化利用、农林废物高效利用技术，循环利用产业链接技术等 ●产业化：实施再制造产业化行动、废弃物资源化利用示范行动，加快“城市矿产”示范基地建设。促进区域循环经济体系建设。加快海水淡化产业发展	
重大政策	●推进资源税费改革 ●建立生产者责任延伸制，建立强制回收的产品和包装物名录和管理制度。发布《国家鼓励的循环经济技术工艺和设备名录》 ●建立资源循环利用产品认证体系和再制造产品标识管理制度	

（二）新一代信息技术产业

把握信息技术升级换代和产业融合发展机遇，加快建设宽带、融合、安全、泛在的下一代信息网络，突破超高速光纤与无线通信、物联网、云计算、数字虚拟、先进半导体和新型显示等新一代信息技术，推进信息技术创新、新兴应用拓展和网络建设的互动结合，创新产业组织模式，提高新型装备保障水平，培育新兴服务业态，增强国际竞争能力，带动我国信息产业实现由大到强的转变。“十二五”期间，新一代信息技术产业销售收入年均增长20%以上。

1. 下一代信息网络产业。实施宽带中国工程，加快构建下一代国家信息基础设施，统筹宽带接入、新一代移动通信、下一代互联网、数字电视网络建设；加快新一代信息网络技术开发和自主标准的推广应用，支持适应物联网、云计算和下一代网络架构的信息产品的研制和应用，带动新型网络设备、智能终端产业和新兴信息服务及其商业模式的创新发展；发展宽带无线城市、家庭信息网络，加快信息基础设施向农村和偏远地区延伸覆盖，普及信息应用；强化网络信息安全和应急通信能力建设。

专栏4 下一代信息网络产业发展路线图

时间节点	2015年	2020年
发展目标	城市和农村家庭分别实现平均20兆和4兆以上宽带接入能力，部分发达城市网络接入能力达到100兆；基于国际互联网协议第6版（IPv6）的下一代互联网实现规模商用；三网融合全面推广，电视数字化转换基本完成。网络装备产业整体迈入国际前列，掌握关键核心技术；信息智能终端创新和产业化取得重大进展	具有国际先进水平的宽带、融合、安全、泛在的信息基础设施覆盖城乡。系统掌握新一代移动通信、数字电视、下一代互联网、网络与信息安全及智能终端等领域的核心关键技术，形成卫星移动通信服务系统，产业发展能力达到国际领先水平
重大行动	●信息网络升级：实施宽带中国工程，加快发展宽带光纤接入和无线移动通信，调整、优化频率规划，加快实施新一代宽带无线移动通信网科技重大专项，开展时分长期演进技术（TD-LTE）研发、产业化及商用示范，实施下一代互联网商用推广计划，推进农村宽带网络建设，统筹绿色数据中心布局，推进地面和有线数字电视网络建设 ●关键技术开发和产业化：实施物联网与云计算创新发展工程；加快IPv4/IPv6网络互通设备，以及支持IPv6的高速、高性能网络和终端设备、支撑系统、网络安全设备、测试设备及相关芯片的研发和产业化，加强TD-SCDMA、TD-LTE及第四代移动通信（4G）设备和终端研发，加快高性能计算机、高端服务器、智能终端、网络存储、信息安全等信息化关键设备的研发和产业化。推进数字电视下一代传输演进技术、接收终端、核心芯片、光通信、高性能宽带网等研发和产业化，推进三网融合智能终端的产业化和应用，建立广播影视数字版权技术体系 ●创新能力建设：完善云计算、移动互联网、信息安全等新兴领域工程实验室和工程（技术）研究中心建设，推动建立产业联盟和创新联盟，建设新兴信息技术领域的产品和技术可靠（控）验证实验室，提升数字电视、移动通信和下一代互联网等工程中心、实验室创新能力	
重大政策	●建立信息基础设施建设组织领导协调机制，制定支持宽带光纤、移动通信和数字电视建设相关政策，建立和完善电信普遍服务制度	

2. 电子核心基础产业。围绕重点整机和战略领域需求，大力提升高性能集成电路产品自主开发能力，突破先进和特色芯片制造工艺技术，先进封装、测试技术以及关键设备、仪器、材料核心技术，加强新一代半导体材料和器件工艺技术研发，培育集成电路产业竞争新优势。积极有序发展大尺寸薄膜晶体管液晶显示（TFT-LCD）、等离子显示（PDP）面板产业，完善产业链。加快推进有机发光二极管（OLED）、三维立体（3D）、激光显示等新一代显示技术研发和产业化。攻克发光二极管（LED）、OLED产业共性关键技术和关键装备、材料，提高LED、OLED照明的经济性。掌握智能传感器和新型电力电子器件及系统的核心技术，提高新兴领域专用设备仪器保障和支撑能力，发展片式化、微型化、绿色化的新型元器件。

专栏5 电子核心基础产业发展路线图

时间节点	2015年	2020年
发展目标	高性能集成电路设计技术达到22纳米、大生产技术达到12英寸28纳米，掌握先进封装测试技术，初步形成集成电路制造装备与材料配套能力；新型平板显示面板满足国内彩电整机需求量的80%以上，新一代显示技术取得突破；关键电子元器件自主保障能力明显提升；关键专用设备、仪器和材料研发和产业化取得突破	掌握新一代半导体材料及器件的制造技术，集成电路设计、制造、封装测试技术达到国际先进水平；实现下一代显示器件与国际先进水平同步发展；新型关键元器件满足国内市场需求并具有国际竞争力；电子专用仪器设备和材料基本满足国内配套需要，形成核心竞争力
重大行动	●关键技术开发：加快实施核心电子器件、高端通用芯片及基础软件产品科技重大专项和极大规模集成电路制造装备及成套工艺科技重大专项，重点开发移动互联、数模混合、信息安全、数字电视、射频识别（RFID）、传感器等芯片，推动32/28纳米先进工艺产业化，支持射频工艺、模拟工艺等特色工艺开发，大力发展先进封装和测试技术，加强8-12英寸生产线关键设备、仪器、材料的研发。支持半导体与光电子器件新材料制备技术，高世代TFT-LCD生产线工艺、制造装备及关键配套材料制备技术，高清晰超薄PDP及OLED等新型显示技术，以及新型电力电子器件关键技术的开发 ●产业化：实施集成电路、新型平板显示创新发展工程；推进LED、微机电系统（MEMS）、智能传感器、新型电力电子器件以及金属有机源化学气相沉积（MOCVD）装备等产业化	

（续）

时间节点	2015 年	2020 年
重大行动	●创新能力建设：建设集成电路装备及其生产系统集成开发等领域公共技术服务平台，建设微机电系统开发与应用实验室，建设完善 LED、电力电子、智能传感器、光电子等领域工程实验室，建设平板显示共性技术研发及公共服务平台 ●骨干企业培育：实施创新企业扶持计划，鼓励产业链上下游强强联合和兼并重组，支持基础产品企业与整机和应用企业建立创新联盟、创新发展促进中心等	
重大政策	●细化和落实支持集成电路和平板显示产业发展的优惠政策，研究提出支持整机和元器件产品、集成电路设计和芯片制造联动发展的优惠政策，制定推动 LED 产品推广应用的政策措施	

3. 高端软件和新兴信息服务产业。加强以网络化操作系统、海量数据处理软件等为代表的基础软件、云计算软件、工业软件、智能终端软件、信息安全软件等关键软件的开发，推动大型信息资源库建设，积极培育云计算服务、电子商务服务等新兴服务业态，促进信息系统集成服务向产业链前后端延伸，推进网络信息服务体系变革转型和信息服务的普及，利用信息技术发展数字内容产业，提升文化创意产业，促进信息化与工业化的深度融合。充分统筹用好国内、国际两个市场，继续扩大软件信息服务出口，积极承接国际服务外包，依托新一代信息产业技术提升我国在国际产业链中的层次和水平。

专栏6　高端软件和新兴信息服务产业发展路线图

时间节点	2015 年	2020 年
发展目标	攻克系统软件核心关键技术，重要应用软件的技术水平和集成应用能力显著提升，自主知识产权的系统、工具、安全软件对产业的带动力和辐射力显著增强。掌握网络信息服务关键应用和基础平台技术，基本形成高端软件和信息技术服务标准体系，培育一批世界知名的软件和信息技术服务企业	基本形成具有较强创新能力的软件和信息技术服务产业体系，自主品牌的操作系统和工具软件国际影响力和骨干企业国际竞争力显著增强。一批软件和信息服务企业进入国际前列，形成具有世界先进水平的电子商务信息服务体系、网络信息安全服务体系，实现信息服务对城乡和社会各群体的全面覆盖，信息化程度接近世界先进水平
重大行动	●新兴业态发展：积极实施物联网、云计算、移动互联网、数字电视网等新兴服务业态推进计划，以重大应用工程带动相关产业发展；实施信息惠民重大应用示范工程，带动社保、医疗、教育、就业等领域的信息服务平台建设；推进国家电子商务示范城市创建工作，支持第三方电子商务交易与服务平台建设，健全电子商务支撑体系，完善电子商务基础设施。建立信息技术服务标准（ITSS）体系，并在重点城市示范应用 ●关键技术开发：开展移动智能终端软件、网络化计算平台与支撑软件、智能海量数据处理相关软件研发和产业化。组织实施搜索引擎、虚拟现实、云计算平台、数字版权等系统研发。推进信息安全关键产品研发和产业化。加强计算机辅助设计与制造、智能化管理等工业软件研发。鼓励电子政务、金融、电信、保险、交通、广播电视等领域重大信息系统的自主研发。加强在信息系统咨询设计、集成实施、系统运维、测试评估等领域支撑技术研发。组织实施数字内容共性关键技术攻关和产业化。加强生物特征识别与身份认证技术的研发与应用 ●创新能力建设：加快软件和信息技术服务产业共性技术、测试认证、软件评测、开发环境、内容资源、技术标准等公共技术支撑平台建设。加快电子商务创新体系建设，加强软件企业、电子商务企业创新能力建设，引导业务标准库、知识库和案例库建设。鼓励建立产学研用一体的技术研发机构和信息服务、整机生产和网络建设互动发展的创新联盟。加大行业领军人才和实用人才的培养和引进力度 ●培育骨干企业：实施骨干软件和信息服务企业培育计划，培育 20 家左右软件和信息服务业务收入超过 100 亿元的骨干软件和信息服务企业	
重大政策	●贯彻落实《国务院关于印发进一步鼓励软件产业和集成电路产业发展若干政策的通知》（国发〔2011〕4 号），为产业发展营造良好环境 ●制定和完善支持政府、企事业单位购买和使用第三方数据存储服务等相关采购政策。完善政府公共信息资源开发激励机制，促进行业应用服务的外部化 ●支持高端软件和新兴信息服务研发，研发关键技术和产品 ●实施高端软件产业的标准化和知识产权保护战略，提升产业竞争力	

（三）生物产业

面向人民健康、农业发展、资源环境保护等重大需求，强化生物资源利用、转基因、生物合成、抗体工程、生物反应器等共性关键技术和工艺装备开发；加强生物安全研究和管理，建设国家基因资源信息库。着力提升生物医药研发能力，开发医药新产品，加快发展生物医学工程技术和产品，大力发展生物育种，推进生物制造规模化发展，加速构建具有国际先进水平的现代生物产业体系，加快海洋生物技术及产品的研发和产业化。“十二五”期间，产业规模年均增速达到20%以上。

1. 生物医药产业。提高我国新药创制能力，开发生物技术药物、疫苗和特异性诊断试剂；推进化学创新药研发和产业化，提高通用名药物技术开发和规模化生产水平；继承和创新相结合，发展现代中药；开发先进制药工艺技术与装备，发展新药开发合同研究、健康管理等新业态，推动生物医药产业国际化。

专栏7 生物医药产业发展路线图

时间节点	2015 年	2020 年
发展目标	形成基因工程药物、新型疫苗、抗体药物、化学新药、现代中药等为代表的一批具有国际水平的新药开发平台，制药技术和装备研制水平大幅提升。30个以上自主知识产权新药投放市场，200个以上药品制剂进入国际主流市场。产业集中度大幅提升	形成以现代科学技术为支撑、以企业为主导的新药创制和安全评价体系，掌握当代新药创制关键核心技术，基因工程、新型疫苗、抗体工程等新医药的产品技术水平达到世界领先水平，5个以上创新药物完成国际注册并上市销售，制剂产品在国际主流市场形成规模销售
重大行动	●创新能力建设：建立国家基因资源库、蛋白质库和生物样本库；以化学药物制剂技术、动物细胞高效表达与大规模培养、基因重组治疗性抗体、多肽类药物合成、干细胞治疗、基因治疗、转化医学等为重点，依托优势企业建设完善医产学研紧密结合的新药研发平台 ●新药创制：加快实施重大新药创制、艾滋病和病毒性肝炎等重大传染病防治科技重大专项，研发防治恶性肿瘤、心脑血管疾病、糖尿病等重大疾病的创新药物，开展新药安全评价和新药临床研究 ●产业化：实施基因工程药物和疫苗创新发展工程；促进自主知识产权基因工程药物、疫苗、抗体药物、化学新药、天然药、现代中药新品种、新型中药饮片、中药材规范种植等产业化；提升大规模动物细胞培养、蛋白纯化等生产新工艺技术和新型制药装备的保障能力 ●产业结构优化：全面推进药品生产质量管理体系和产品质量标准体系升级，推动制剂产品进入国际主流市场。优化产业布局，鼓励优势企业兼并重组，促进品种、技术等资源向优势企业集中	
重大政策	●完善药品注册管理、价格管理、集中招标采购等政策 ●完善生物伦理法律法规	

2. 生物医学工程产业。整合医产学研优势资源，推进医学与信息、材料等领域新技术的交叉融合，构建生物医学工程技术创新体系，提升新型生物医学工程产品开发能力。研究开发预防、诊断、治疗、康复、卫生应急装备和新型生物医药材料的关键技术与核心部件，形成一批适合大中型医院使用、具有自主知识产权的高端诊疗产品；大力开发高性价比、高可靠性的临床诊断、治疗、康复产品，促进基层医疗卫生机构建设和服务能力提升；发展数字医疗系统、远程医疗系统和家庭监测、社区护理、个人健康维护相关产品等。

专栏8 生物医学工程产业发展路线图

时间节点	2015 年	2020 年
发展目标	以高性能影像诊断设备为主，形成具有国际水平的生物医学工程技术和产品研发平台，关键技术和核心部件发展取得突破；高性价比医疗设备产品基本满足基层医疗卫生机构需求，产业集中度大幅提升	形成企业主导、医产学研相结合的生物医学工程产品创新体系和新产品开发能力。高性能诊断治疗设备关键技术自主发展能力大幅提升，产品质量和技术水平达到国际先进水平，规模化进入国际市场
重大行动	●关键技术开发：支持生物医学研发，研究开发高性能临床诊疗设备的核心部件与关键技术，开发高集成度、高灵敏度、高特异性和高稳定性的临床诊断、治疗仪器设备及配套试剂，促进组织工程、介入及微创治疗、康复等产品开发，开发数字化、可移动医疗系统和适用于基层医疗卫生机构的高性价比诊疗设备 ●产业化：实施高性能医学影像设备创新发展工程，带动生物医学工程新技术、新产品产业化发展 ●创新能力建设：依托优势企业建设具有国际先进水平的高性能诊断和治疗设备、综合监护、组织工程、介入及微创治疗以及再生医学等产品创新与技术集成平台	

（续）

时间节点	2015 年	2020 年
重大行动	●产业升级：推进生产工艺创新，完善技术标准体系，强化企业质量管理，鼓励优势企业实施兼并重组，扩大企业规模，提高产业集中度，形成一批具有国际竞争力的大型企业集团 ●健康服务：推动覆盖城乡社区的数字化健康管理系统建设，加强城乡居民健康管理的日常化、实时化、动态化，带动家庭用健康监护设备、健康信息管理、远程医疗服务等相关产品发展，培育健康产业新业态。加强质量及使用安全评价与监督管理体系建设，完善产品市场准入审批程序、定价收费标准	
重大政策	●加强质量及使用安全评价与监督管理体系建设，完善产品市场准入审批程序、定价收费标准	

3. 生物农业产业。围绕保障粮食安全和促进现代农业发展，完善育种科学设施体系，加强生物育种技术研发和产业化，加快高产、优质、多抗、高效动植物新品种培育及应用，推动育繁推一体化的现代育种企业发展，着力提升种业竞争力。积极推进生物兽药及疫苗、生物农药、生物肥料、生物饲料等绿色农用产品研发及产业化，为我国农业发展提供重要支撑。

专栏9 生物农业产业发展路线图

时间节点	2015 年	2020 年
发展目标	形成一批现代生物育种和农用生物产品创新平台。培育动物新品种（系）20 个，培育高产优质多抗高效农作物新品种 180 个，累计推广 5 亿亩；一批新型绿色农用生物产品实现产业化	形成现代生物育种、农用生物产品创新及安全评价与监督体系。产品发展能力跻身国际先进水平，1～2 家种子企业进入全球种业 20 强，10～15 家农用生物制品企业具有国际竞争优势
重大行动	●关键技术开发：加快实施转基因生物新品种培育科技重大专项；突破转基因育种、航天育种、分子标记育种、重离子辐照育种等生物育种和绿色农用生物制品关键技术，加快开发重要农业生物新品种，以及农业生产重大疫病防治新型疫苗、生物农药等绿色农用产品 ●产业化：组织实施生物育种产业创新发展工程，加强新品种的研制，建设育种基地，加快推进重要农作物以及重要畜禽、水产等动植物新品种产业化 ●创新能力建设：建设重要动植物基因资源信息库，完善国家转基因生物安全评价管理体系，建设区域性重要粮棉油作物和主要畜禽生物育种及产业化设施，强化生物育种工程化能力；建设和完善生物肥料、生物农药、生物饲料、生物兽药研究开发设施	
重大政策	●完善有利于生物种业发展的知识产权、生物安全、市场推广和服务体系建设等政策 ●完善现代种子企业扶持政策措施 ●完善转基因安全评价管理	

4. 生物制造产业。以培育生物基材料、发展生物化工产业和做强现代发酵产业为重点，大力推进酶工程、发酵工程技术和装备创新。突破非粮原料与纤维素转化关键技术，培育发展生物醇、酸、酯等生物基有机化工原材料，推进生物塑料、生物纤维等生物材料产业化。大力推动绿色生物工艺在化工、制浆、印染、制革等领域关键工艺环节的应用示范，积极推进工程微生物与清洁发酵技术应用，提升大宗发酵新产品的国际竞争力。

专栏10 生物制造产业发展路线图

时间节点	2015 年	2020 年
发展目标	生物制造技术能力显著提升，生物基产品在工业化学品中的比重大幅提高。聚乳酸、聚丁二酸丁二醇酯等有机化工原料与工业生物材料等品种实现十万吨级规模化生产。生物新工艺在印染、制浆、漂白、脱胶等工艺过程中达到规模化应用，污染物排放和能耗总量明显降低	形成生物化工产品、生物基材料和生物工艺的规模化发展能力，生物基产品在工业化学品中的比重提高到 12%。生物发酵产业产值和技术达到国际先进水平。化工、印染、制浆、制革等行业 30% 的生产采用生物工艺，污染物排放和能耗总量大幅度降低

（续）

时间节点	2015 年	2020 年
重大行动	●关键技术开发：支持先进生物制造科技研发，完善微生物资源中心与基因信息库，突破生物基原材料规模化生产工艺、非粮原料转化、合成生物技术、工程菌开发等关键技术，开发适用于化工、轻工、纺织等行业的生物法生产工艺 ●产业化：建设能源植物等生物质原料规模化生产基地，开展新型工程菌、新型酶制剂、氨基酸、寡糖和生物基材料、生物质纤维、非粮发酵、绿色生物工艺过程的产业化示范及应用 ●创新能力建设：建设工业微生物菌种资源信息库，提升现代发酵工程技术、生物炼制、生物加工和人工菌种设计、开发与工程化能力，建设工程菌生态安全评价技术平台。促进发酵等领域产业技术创新联盟发展	
重大政策	●制定生物基产品认定机制与财政补贴、税收优惠政策	

（四）高端装备制造产业

面向我国产业转型升级和战略性新兴产业发展的迫切需求，统筹经济建设和国防建设需要，大力发展现代航空装备、卫星及应用产业，提升先进轨道交通装备发展水平，加快发展海洋工程装备，做大做强智能制造装备，把高端装备制造业培育成为国民经济的支柱产业，促进制造业智能化、精密化、绿色化发展。

1. 航空装备产业。统筹航空技术研发、产品研制与产业化、市场开拓及服务提供，加快研制具有市场竞争力的大型客机，推进先进支线飞机系列化产业化发展，适时研发新型支线飞机；大力发展符合市场需求的新型通用飞机和直升机，构建通用航空产业体系；突破航空发动机核心关键技术，加快推进航空发动机产业化；促进航空设备及系统、航空维修和服务业发展；提升航空产业的核心竞争力和专业化发展能力。

专栏 11 航空装备产业发展路线图

时间节点	2015 年	2020 年
发展目标	大型客机实现首飞；ARJ21 支线飞机批量生产和交付；新型通用飞机、民用直升机发展和应用实现全面突破。初步形成具有国际水平的航空研发和生产体系，形成国产飞机整机集成和关键部件研制生产能力，航空产业融入世界航空产业链	大型客机研制成功并批量进入市场；新型支线飞机完成研制，支线飞机实现系列化发展，通用航空实现产业化发展。完成大型商用航空发动机研制。航空产品、航空服务形成竞争优势，航空产业国际化发展水平显著提高
重大行动	●关键技术开发：加快实施大型飞机科技重大专项，开展大型商用涡扇发动机研制。加强飞机和直升机总体设计和试验；加强航空新材料及其零部件制造、航空设备及系统、新型涡轴发动机、适航、空管系统等关键技术研发 ●创新能力建设：建设完善民用航空创新体系，推进航空重点试验验证设施建设，提升飞机与直升机、发动机、机载系统设计、制造、试验验证和适航、安全保障等航空综合技术开发能力 ●产业化：实施支线飞机与通用航空重大创新工程，推进 ARJ21、新舟支线飞机系列化发展，建成 ARJ21 系列支线飞机的批产能力，适时启动研制新型支线飞机。多谱系、成系列发展通用飞机和直升机。以设计研制、生产制造为主要环节，提升航空大部件和机载系统的国际化专业化发展水平；推进发动机、机载系统、空管系统、场站设备及航空新材料、元器件产业化 ●市场培育：开展通用航空基础设施建设，发展通用航空服务。大力拓展包括市场开发、航空租赁、维修服务、通航运营等在内的航空服务业务，推进航空产业链的协调发展	
重大政策	●加快制定民用航空工业法律法规，加速推进和落实低空空域管理政策，加大民用航空技术研发和产业化投入 ●出台支持支线和通用航空发展具体政策	

2. 卫星及应用产业。紧密围绕经济社会发展的重大需求，与国家科技重大专项相结合，以建立我国自主、安全可靠、长期连续稳定运行的空间基础设施及其信息应用服务体系为核心，加强航天运输系统、应用卫星系统、地面与应用天地一体化系统建设，推进临近空间资源开发，促进卫星在气象、海洋、国土、测绘、农业、林业、水利、交通、城乡建设、环境减灾、广播电视、导航定位等方面的应用，建立健全卫星制造、发射服务、地面设备制造、运营服务产业链。推进极地空间资源开发。

专栏12 卫星及应用产业发展路线图

时间节点	2015年	2020年
发展目标	初步建成由对地观测、通信广播、导航定位等卫星系统和地面系统构成的空间基础设施，建立健全应用服务体系，形成卫星制造、发射服务、地面设备制造及卫星运营服务的完整产业链。促进民用航天全面实现向业务化的转变	建成由全天时全天候全球对地观测、全球导航定位、多频段通信广播等卫星系统构成的国家空间基础设施，建成完善的空间信息服务平台以及应用服务网络，航天产业发展水平处于国际先进行列
重大行动	●关键技术开发：突破卫星长寿命高可靠、先进卫星平台、新型卫星有效载荷、卫星遥感定量化应用、高精度卫星导航、宽带卫星通信、重型运载火箭、空间信息综合应用等关键技术，发展综合业务卫星系统；促进平流层飞艇、空间天气预报等关键技术攻关 ●重大工程：结合高分辨率对地观测系统、北斗导航等科技重大专项，实施国家空间基础设施建设重大创新发展工程，构建天基卫星系统、地面标校系统和增强系统、数据接收和信息处理系统、运营服务系统在内的一体化运行设施 ●产业化与推广应用：完善运载火箭系列型谱，提高国产地面设备市场竞争力，发展北斗兼容型导航终端以及数字化综合应用终端等产品；大力推进卫星遥感、通信广播、导航定位等空间信息资源产业化应用，提高国产卫星的应用范围与效益。促进航天技术在信息、新材料、新能源、节能环保和生物等领域的应用	
重大政策	●制定卫星及应用国家标准、卫星数据共享、市场准入等政策法规。制定开展卫星直播业务的产业扶持政策 ●制定鼓励民营资本进入卫星及应用领域的政策	

3. 轨道交通装备产业。大力发展技术先进、安全可靠、经济适用、节能环保的轨道交通装备，建立健全研发设计、生产制造、试验验证、运用维护、监测维修和产品标准体系，完善认证认可体系等，提升牵引传动、列车控制、制动等关键系统及装备自主化能力。巩固和扩大国内市场，大力开展国际合作，推动我国轨道交通装备全面达到世界先进水平。

专栏13 轨道交通装备产业发展路线图

时间节点	2015年	2020年
发展目标	掌握先进轨道交通核心技术，全面实现轨道交通装备产品自主设计制造，建成产品全寿命周期服务体系，满足我国轨道交通发展需要；主要产品具有国际竞争力	标准体系及认证体系实现国际化，轨道交通装备技术水平国际领先，形成国际化发展的综合能力，打造拥有总承包商资质、具有全球配置资源能力的大型企业
重大行动	●关键技术开发与产业化：实施先进轨道交通装备及关键部件创新发展工程；完成交流传动快速机车、大轴重长编组重载货运列车技术研究；推进综合检测列车、高寒动车组、城际列车、智能列车的研制工作，实现动车组及交流传动机车产品谱系化，逐步完善中低速磁悬浮自主创新技术，基本掌握高速磁悬浮导向和牵引控制、大型养护设备制造等关键技术；开发现代有轨电车；开发新型列控系统、安全综合检测等关键技术 ●创新能力建设：加强牵引传动、走行、制动、通信信号、安全保障关键技术及系统集成等轨道交通装备研发平台建设；完善试验验证条件；推进轨道交通装备标准体系建设；加快培育第三方认证机构	
重大政策	●制定鼓励企业积极参与国际竞争的相关政策	

4. 海洋工程装备产业。面向海洋资源特别是海洋油气资源开发的重大需求，大力发展海洋油气开发装备，重点突破海洋深水勘探装备、钻井装备、生产装备、作业和辅助船舶的设计制造核心技术，全面提升自主研发设计、专业化制造、工程总包及设备配套能力，积极推动海洋风能利用工程建设装备、海水淡化和综合利用等装备产业化。促进产业体系化和规模化，增强国际竞争力。

专栏14 海洋工程装备产业发展线路图

时间节点	2015年	2020年
发展目标	初步实现深水海洋工程装备的自主设计建造和关键设备配套能力，基本形成自主的深水资源开发装备体系，提高国内市场占有率，产品具有国际竞争力	全面具备深水海洋工程装备的自主设计建造和关键设备配套能力，形成海洋工程装备产业完整的科研开发、总装制造、设备供应、技术服务产业体系，进一步提高国内市场占有率，提高产品国际竞争力
重大行动	●关键技术开发与产业化：实施海洋工程装备产业创新发展工程，基本掌握主要海洋油气开发装备自主设计建造技术，提高关键设备和系统配套能力。突破海洋风能利用工程建设装备、海洋观测监测仪器设备及系统、水面支持系统、水下作业与保障装备的关键技术。积极开展深海工作站、海上大型浮式结构物等海洋可再生能源利用、海底金属矿产资源开发装备等前瞻性技术的研发 ●创新能力建设：在海洋深水勘探装备、钻井装备、生产装备、作业和辅助船舶的设计制造领域建设具有世界先进水平的工程中心、工程实验室、重点实验室；建设深海技术装备公共试验、检测平台，加强海洋工程装备企业技术中心能力建设，加大相关标准、规范研究制定力度，建立健全我国海洋工程装备的标准体系	
重大政策	●研究制定深海资源勘探专项鼓励政策	

5. 智能制造装备产业。重点发展具有感知、决策、执行等功能的智能专用装备，突破新型传感器与智能仪器仪表、自动控制系统、工业机器人等感知、控制装置及其伺服、执行、传动零部件等核心关键技术，提高成套系统集成能力，推进制造、使用过程的自动化、智能化和绿色化，支撑先进制造、国防、交通、能源、农业、环保与资源综合利用等国民经济重点领域发展和升级。

专栏15 智能制造装备产业发展路线图

时间节点	2015年	2020年
发展目标	传感器、自动控制系统、工业机器人、伺服执行部件为代表的智能装置实现突破并达到国际先进水平，重大成套装备及大型成套生产线系统集成水平大幅度提升。提高国内市场占有率。重点领域制造过程智能化水平显著提高	建立健全具备系统感知和集成协调能力的智能制造装备产业体系，国内市场占有率达到50%，形成一批具有国际竞争力的产业集聚区和企业集团，整体水平进入国际先进行列
重大行动	●关键技术开发：加快实施高档数控机床与基础制造装备科技重大专项。加强新型传感、高精度运动控制、优化控制、系统集成等关键技术研究及公共服务平台建设；提高新型传感器、智能化仪表、精密测试仪器、自动控制系统、高性能液压件、工业机器人等典型智能装置的自主创新能力 ●产业化与应用示范：实施智能制造装备创新发展工程，推进智能仪器仪表、自动控制系统、传感器、工业机器人、中高档数控系统与功能部件、关键基础零部件产业化。提高重大成套智能装备集成创新水平，实现智能技术、智能测控装置和高性能基础零部件在石化、冶金、资源开采、汽车、电力、机械加工、环保与资源综合利用等重点领域的推广应用	
重大政策	●在重大技术装备首台（套）示范应用中，支持智能制造装备首台（套）研发创新及产业化，探索首台（套）装备保险机制	

（五）新能源产业

加快发展技术成熟、市场竞争力强的核电、风电、太阳能光伏和热利用、页岩气、生物质发电、地热和地温能、沼气等新能源，积极推进技术基本成熟、开发潜力大的新型太阳能光伏和热发电、生物质气化、生物燃料、海洋能等可再生能源技术的产业化，实施新能源集成利用示范重大工程。到2015年，新能源占能源消费总量的比例提高到4.5%，减少二氧化碳年排放量4亿吨以上。

1. 核电技术产业。加强核电安全、核燃料后处理和废物处置等技术研究，在确保安全的前提下，开展二代在运核电安全运行技术及延寿技术开发，加快第三代核电技术的消化吸收和再创新，统筹开展第三代核电站建设。实施大型先进压水堆及高温气冷堆核电站科技重大专项，建设示范工程。研发快中子堆等第四代核反应堆和小型堆技术，适时启动示范工程。发展核电装备制造和核燃料产业链。到2015年，掌握先进核电技术，提高成套装备制造能力，实现核电发展自主化；核电运行装机达到4000万千瓦，包括三代在内的核电装备制造能力稳定在1000万千瓦以上。到2020年，形成具有国际竞争力的百万千瓦级核电先进技术开发、设计、装备制造能力。

2. 风能产业。加强风电装备研发，增强大型风电机组整机和控制系统设计能力，提高发电机、齿轮箱、叶片以及轴承、变流器等关键零部件开发能力，在风电运行控制、大规模并网、储能技术方面取得重大突破。建设东北、西北、华北北部和沿海地区的八大千万千瓦级风电基地。在内陆山地、河谷、湖泊等风能资源相对丰富的地区，发挥距离电力负荷中心近、电网接入条件好的优势，因地制宜开发中小型风电项目，积极推动海上风电项目建设。

专栏16 风能产业发展路线图

时间节点	2015年	2020年
发展目标	累计并网风电装机超过1亿千瓦，年发电量达到1900亿千瓦时，基本建立完善的风电产业链，掌握先进风电机组整体设计能力，形成海上风电设备制造、工程施工能力	累计并网风电装机2亿千瓦以上，年发电量超过3800亿千瓦时，海上风电装备实现大规模商业化应用，风电装备具备国际竞争力，技术创新能力达到国际先进水平
重大行动	●风能资源评价：开展风资源观测评价，建立风能资源评价模型、标准、检测、认证体系和数据库 ●关键技术开发与产业化：建立风电技术研发机构，突破风电整机设计以及轴承、变流器和控制系统制造技术与装备瓶颈。开发与我国气候和地理特点相适应的风电技术和装备，3～5兆瓦大型整机、新型风电机组及其关键零部件实现产业化，满足陆地、海上风电场建设需要 ●风电并网：建立风电场功率预测预报体系，显著提高风电集中开发区域电网运行消纳风电的比例；建成风电大型基地配套外输通道，解决风电远距离输送的消纳问题	
重大政策	●实施可再生能源发电配额制，建成适应风电发展的电网运行及管理体系 ●加快建设适应新能源发展的智能电网及运行体系	

3. 太阳能产业。以提高太阳电池转化效率、器件使用寿命和降低光伏发电系统成本为目标，大力发展太阳能光伏电池的生产制造新工艺和新装备；积极推动多元化太阳能光伏光热发电技术新设备、新材料的产业化及其商业化发电示范；建立大型并网光伏发电站，推进建筑一体化光伏发电应用，建立具有国际先进水平的太阳能发电产业体系。大规模推广应用高效、多功能太阳能热水器，推动太阳能在供暖、制冷和中高温工业领域的应用。建立促进光伏发电分布式应用的市场环境，推进以太阳能应用为主、综合利用各种可再生能源的新能源城市建设。

专栏17 太阳能产业发展路线图

时间节点	2015年	2020年
发展目标	太阳能发电装机容量达到2100万千瓦以上，光伏发电系统在用户侧实现平价上网，太阳能热利用安装面积达到4亿平方米。掌握太阳能发电、热利用关键技术，太阳能利用设备及其新材料的研发制造能力大幅提高，开展太阳能热发电试验示范	太阳能发电装机容量达到5000万千瓦以上，光伏发电系统在发电侧实现平价上网，太阳能热利用安装面积达到8亿平方米；太阳能光伏装备研发和制造技术达到世界先进水平，太阳能热发电实现产业化和规模化发展
重大行动	●关键技术开发与产业化：重点开发太阳能利用装备生产新工艺和新设备、提高太阳能光伏电池转换效率、降低电池组件成本关键技术；发展以太阳能光伏发电为主的分布式能源系统；开发太阳能光伏发电新材料、新一代太阳电池、太阳能热发电和储热技术，太阳能热多元化利用技术、制冷和工业应用技术，风光储互补技术等。开发储能技术和装备 ●市场培育：建设大型光伏电站，组织实施金太阳工程，开展微电网供用电示范，建设太阳能示范城市。开展太阳能热发电工程示范。适时大规模推广太阳能光伏光热发电及太阳能在供暖、制冷和中高温工业领域的应用。加强适应光伏发电发展的电网及运行体系建设	
重大政策	●制定普及太阳能光热利用的法规、标准等 ●建立适应太阳能光伏分布式发电的电网运行和管理机制，完善光伏上网电价形成机制	

4. 生物质能产业。统筹生物质能源发展，有序发展生物质直燃发电，积极推进生物质气化及发电、生物质成型燃料、沼气等分布式生物质能应用。加强下一代生物燃料技术开发，推进纤维素制乙醇、微藻生物柴油产业化。开展重点地区生物质资源详查评价，鼓励利用边际性土地和近海海洋种植能源作物和能源植物。

专栏18 生物质能产业发展路线图

时间节点	2015年	2020年
发展目标	生物质能发电装机达到1300万千瓦。生物燃气年利用量达到300亿立方米；固体成型生物质燃料年利用量达到1000万吨；生物液体燃料年利用量达到500万吨；突破下一代生物液体燃料技术，纤维素制乙醇技术取得重大进展	生物质能发电装机达到3000万千瓦；生物燃气年利用量达到500亿立方；固体成型燃料年利用量达到2000万吨；生物液体燃料年利用量达到1200万吨。实现新一代生物液体燃料的商业化推广
重大行动	●关键技术开发与产业化：推进大型自动化秸秆收集机械、以有机废弃物为原料的小型可移动沼气提纯罐装设备研发与推广；支持高效生物质成型燃料加工设备和生物质气化设备研发及产业化；完成兆瓦级低热值燃气内燃发电机组和兆瓦级沼气发电机组的产业化；建成10万吨级甜高粱乙醇示范工程；加强生物能源植物原料的育种与产业化；实现低成本纤维素酶、微藻生物柴油技术突破 ●市场应用：实施绿色能源示范县建设，推动生物质能源规模化、专业化、市场化开发建设，促进生物质能加快应用	
重大政策	●制定完善生物质能利用技术标准和工程规范，健全检测认证体系 ●完善生物燃料、能源化利用农林废弃物的激励政策及市场流通机制	

（六）新材料产业

大力发展新型功能材料、先进结构材料和复合材料，开展纳米、超导、智能等共性基础材料研究和产业化，提高新材料工艺装备的保障能力；建设产学研结合紧密、具备较强自主创新能力和可持续发展能力的高性能、轻量化、绿色化的新材料产业创新体系和标准体系，发布国家新材料重点产品发展指导目录，建立新材料产业认定和统计体系，引导材料工业结构调整。到2015年，突破一批国家建设急需、引领未来发展的关键共性技术；到2020年，关键新材料自给率明显提高。

1. 新型功能材料产业。大力发展稀土永磁、发光、催化、储氢等高性能稀土功能材料和稀土资源高效综合利用技术。积极发展高纯稀有金属及靶材、原子能级锆材、高端钨钼材料及制品等，加快推进高纯硅材料、新型半导体材料、磁敏材料、高性能膜材料等产业化。着力扩大丁基橡胶、丁腈橡胶、异戊橡胶、氟硅橡胶、乙丙橡胶等特种橡胶及高端热塑性弹性体生产规模，加快开发高端品种和专用助剂。大力发展低辐射镀膜玻璃、光伏超白玻璃、平板显示玻璃、新型陶瓷功能材料、压电材料等无机非金属功能材料。积极发展高纯石墨、人工晶体、超硬材料及制品。

2. 先进结构材料产业。以轻质、高强、大规格为重点，大力发展高强轻型合金，积极开发高性能铝合金，加快镁合金制备及深加工，发展高性能钛合金、大型钛板、带材和焊管等。以保障高端装备制造和重大工程建设为重点，加快发展高品质特殊钢和高温合金材料。加强工程塑料改性及加工应用技术开发，大力发展聚碳酸酯、聚酰胺、聚甲醛和特种环氧树脂等。

3. 高性能复合材料产业。以树脂基复合材料和碳碳复合材料为重点，积极开发新型超大规格、特殊结构材料的一体化制备工艺，推进高性能复合材料低成本化、高端品种产业化和应用技术装备自主化。加快发展高性能纤维并提高规模化制备水平，重点围绕聚丙烯腈基碳纤维及其配套原丝开展技术提升，着力实现千吨级装备稳定运转，积极开展高强、高模等系列碳纤维以及芳纶开发和产业化。着力提高专用助剂和树脂性能，大力开发高比模量、高稳定性和热塑性复合材料品种。积极开发新型陶瓷基、金属基复合材料。加快推广高性能复合材料在航空航天、风电设备、汽车制造、轨道交通等领域的应用。

专栏19 新材料产业发展路线图

时间节点	2015年	2020年
发展目标	在中高端新型功能材料、先进结构材料、高性能复合材料领域突破一批关键的专利核心技术，形成一批具有自主知识产权的产品，其中核心技术和先进零件加工制造技术达到国际先进水平；培育拥有自主品牌和较大市场影响力的骨干龙头企业20家，成为中高端新材料及产品的生产大国，提高国产高端新材料的自给率	以我国高端装备制造和国家重大工程建设对新材料的需求为目标，掌握新材料领域尖端技术和应用器件的规模化生产技术，其中核心技术和先进器件加工制造技术达到国际领先水平；构筑产业链、提高高端功能材料及产品的市场竞争力，打破国外垄断，进一步提高国产高端新材料的自给率

（续）

时间节点	2015 年	2020 年
重大行动	●关键材料开发及产业化：加快突破新材料先进加工制造技术和装备，推进高性能复合材料、先进结构材料、新型功能材料开发和产业化；开发关键新材料制备加工成套技术与工艺，建设一批关键材料产业化示范生产线，培育和发展一批新材料产业基地 ●关键材料推广应用：统筹考虑新材料设计、生产、应用等环节，着力推广一批科技含量高、市场前景广的重点新材料品种，打造一批龙头骨干企业 ●新材料产业创新能力建设：在重点领域建设一批新材料技术创新、产品开发、分析检测、推广应用和信息咨询的公共服务平台	
重大政策	●制定并发布新材料产业重点产品指导目录 ●建立健全新材料产业统计体系、认定体系和标准体系 ●制定新材料推广应用风险补偿机制 ●推动军民共用新材料产业化、规模化发展	

（七）新能源汽车产业

以纯电驱动为新能源汽车发展和汽车工业转型的主要战略取向，当前重点推进纯电动汽车和插电式混合动力汽车产业化，推进新能源汽车及零部件研究试验基地建设，研究开发新能源汽车专用平台，构建产业技术创新联盟，推进相关基础设施建设。重点突破高性能动力电池、电机、电控等关键零部件和材料核心技术，大幅度提高动力电池和电机安全性与可靠性，降低成本；加强电制动等电动功能部件的研发，提高车身结构和材料轻量化技术水平；推进燃料电池汽车的研究开发和示范应用；初步形成较为完善的产业化体系。建立完整的新能源汽车政策框架体系，强化财税、技术、管理、金融政策的引导和支持力度，促进新能源汽车产业快速发展。

专栏20　新能源汽车产业发展路线图

时间节点	2015 年	2020 年
发展目标	新能源汽车动力电池、电机和电控技术取得重大进展，动力电池模块比能量达到 150 瓦时/千克以上，电驱动系统功率密度达到 2.5 千瓦/千克以上；纯电动汽车和插电式混合动力汽车累计产销量力争达到 50 万辆，初步形成与市场规模相适应的充电设施体系和新能源汽车商业运行模式	形成新能源汽车动力电池、电机和电控技术创新发展能力，动力电池模块比能量达到 300 瓦时/千克以上；纯电动汽车和插电式混合动力汽车累计产销量超过 500 万辆，充电设施网络满足城际间和区域内纯电动汽车运行需要，实现规模化商业运营。整体水平达到国际先进水平
重大行动	●创新能力建设：推进新能源汽车及零部件研究试验基地建设，建立全行业共享的测试平台、数据库和专利数据库等 ●关键技术研发：实施新能源汽车重大创新工程，突破产业化过程中的车身材料及结构轻量化等共性技术和工艺技术，研发新能源汽车全新底盘、动力总成、汽车电子等产品，加大力度联合研制动力电池及其关键材料，以及生产、控制与检测装备等，构建全行业共享的共性技术平台。建立健全新能源汽车、充电技术及设施标准体系 ●产业化推广：稳步推进公共服务领域新能源汽车示范，开展私人购买新能源汽车补贴试点，加强综合评价，积极推进充电基础设施建设，探索新能源汽车整车租赁、电池租赁以及充换电服务等多种商业模式，形成完善的市场推广体系	
重大政策	●完善财税激励政策，鼓励新能源汽车消费和使用 ●建立动力电池回收和梯级利用管理制度	

四、重大工程

（一）重大节能技术与装备产业化工程

围绕应用面广、节能潜力大的高效锅炉窑炉、余热余压利用、热电联产、电机系统和大容量低成本蓄能等领域，实施重大技术装备产业化示范工程；推进高效风机、水泵、变压器、空调机组、内燃机、节能家电等技术装备和产品的发展。到 2015 年，形成一批以高效燃烧、能源梯级利用、高效蓄能、绿色节能建材、节能监测和能源计量等为重点的节能技术装备与产品制造骨干企业和产业化示范基地，高效节能技术与装备市场占有率提高到 30% 左右，创新能力和装备开发能力接近国际先进水平。

（二）重大环保技术装备及产品产业化示范工程

以烟气脱硫脱硝、机动车尾气高效净化等大气污染治理装备，城镇生活污水脱氮除磷深度处理、新型反硝化反应器等水污染治理成套装备，高效垃圾焚烧和烟气处理、污泥处理处置等固体废物处理装备，重金属、氨氮在线监测等环境监测专用仪器仪表，环境应急监测车、阻截式油水分离及回收设备等环境应急装备为重点，实施一批产业化示范工程。推进重金属污染防治、土壤污染防治技术开发与示范应用，加快高性能膜、脱硝催化剂纳米级二氧化钛载体、高效滤料等污染控制材料的产业化。到2015年，培育一批在行业具有领军作用的环保企业集团及一批“专、精、特、新”的环保配套生产企业，创建10～15个区位优势突出、集中度高的环保技术及装备产业化基地。

（三）重要资源循环利用工程

实施“城市矿产”示范工程，建设一批“城市矿产”示范基地，提升废钢铁、废有色金属（稀贵金属）、废橡胶、废轮胎、废电池等再生资源利用技术和成套装备产业化水平。实施再制造产业化示范工程，建立一批再制造工程（技术）研究中心，形成若干再制造产业集聚区。实施产业废弃物资源化利用示范工程，推进大宗固体废物、共伴生矿、建筑废弃物的循环利用。加快建立先进技术支撑的废旧商品回收利用体系，建设一批示范城市。加快海水淡化产业发展。到2015年，建成我国重要资源循环利用技术体系，再制造产业初具规模，资源再生加工利用能力达每年2500万吨，煤矸石等大宗固体废弃物综合利用能力达每年4亿吨。

（四）宽带中国工程

加快推进宽带光纤接入网络建设，推进第三代移动通信（3G）网络全面、深度覆盖，开展TD—LTE规模商用示范；实施下一代互联网商用推广，建立新型网络体系架构及配套技术试验床，形成完备的互联网技术标准，完善网络安全防护体系；全面实施广播电视数字化改造，积极推进三网融合；组织关键技术、装备、智能终端的研发及产业化。到2015年，宽带接入能力显著提高，95%的行政村具备宽带接入能力，相关装备和智能终端达到国际先进水平，全国县级（含）以上城市有线电视实现数字化，80%实现双向化，并基本完成数字地面电视覆盖。

（五）高性能集成电路工程

围绕重点整机系统应用需求，突破高端通用芯片核心技术，大力支持移动互联、模数混合、信息安全、数字电视、射频识别、传感器等芯片的设计，形成系统方案解决能力。加快先进生产线和特色生产线工艺技术升级和产能扩充，提高先进封装工艺和测试水平。进一步完善产业链，增强关键设备、仪器和材料的开发能力，支持大生产线规模应用。强化国产芯片和软件的集成应用。加快提升国家级集成电路研发公共服务平台的水平和能力。到2015年，集成电路设计业产值国内市场比重由5%提高到15%。

（六）新型平板显示工程

开展TFT-LCD显示面板关键技术和新工艺开发，实施玻璃基板等关键配套材料和核心生产设备产业化项目。突破PDP高光效技术、高清晰度技术以及超薄技术，完善配套产业链。开展高迁移率TFT驱动基板技术开发，攻克OLED有机成膜、器件封装等关键工艺技术，加强关键材料及设备的国产化配套。开展3D显示、电子纸、激光显示等新技术研发和产业化。到2015年，新型平板显示面板满足国内彩电整机需求量的80%以上，提高关键材料和核心生产设备本地化配套率。

（七）物联网和云计算工程

构建物联网基础和共性标准体系，突破低成本、低功耗、高可靠性传感器技术，组织新型RFID、智能仪表、微纳器件、核心芯片、软件和智能信息处理等关键技术研发和产业链建设。在典型领域开展基于创新产品和解决方案的物联网示范应用，培育和壮大物联网新兴服务业，加强物联网安全保障能力建设。开展云计算服务创新发展试点示范。整合现有各类计算资源，推动各领域信息共享和业务协同，突破虚拟化、云计算应用支撑平台、云安全、云存储等核心技术，大力加强高性能计算等领域应用软件的开发，推进高性能服务器、海量数据存储、智能终端等设备产业化，加强对云计算基础设施的统筹部署和创新发展，构建云计算标准体系，支持建设一批绿色云计算服务中心、公共云计算服务平台，促进软件即服务（SaaS）、平台即服务（PaaS）、基础设施即服务（IaaS）等业务模式的创新发展。到2015年，初步形成符合国情的应用模式、标准规范和安全可靠的产业体系。

（八）信息惠民工程

推进普遍服务，完善信息惠民基础条件；建立多层次的国家优质教育资源库和共享服务平台，完善现代远程教育传输网络和服务体系；加强公共安全信息化支撑体系建设，提升公共安全实时监控、预警预报和应急处理能力，提高社会管理信息化水平。推进远程医疗，推广医疗信息管理和居民电子健康档案管理系统；推进标准统一、功能兼容的社会保障卡应用，逐步实现“人手一卡”和“一卡通”；支持一批城市开展电子商务示范城市创建工作，支持应用新信息技术和服务模式，在海铁公水联运、智能电网、安全生产监管、林业生态监测、环境污染监控、食品安全监管、药品药械监管、智能交通、货物快递追踪、危险品管理、城市公共管理等领域开展新型信息服务。加快研发适应三网融合业务要求的数字家庭智能终端和新型消费电子产品，开展数字家庭多业务应用示范。扩大信息服务在城乡及各领域的覆盖和应用。

（九）蛋白类等生物药物和疫苗工程

建立国家人类基因资源信息库、蛋白质库和生物样本库，重点突破新产品研发和产业化过程中的高效筛选、评价、纯化、大规模细胞培养、制剂技术、质量控制方法等环节的技术瓶颈，加强新型佐剂研究，建设若干研发和产业化技术平台，推进单克隆抗体药物、基因工程蛋白质及多肽药物、多联多价疫苗、治疗型疫苗、人畜共患病疫苗等新产品的研发及产业化，加强疫苗供应体系建设。到2015年，实现30个以上生物医药新品种投放市场，基因工程药物和疫苗创新能力大幅提升，我国防控重大疾病和传染病的能力明显提高。

（十）高性能医学诊疗设备工程

建设具有国际先进水平的高性能医学影像诊断治疗设备研发与技术集成平台，突破数字化探测器、高频高压发生器、超声探头、超导磁体等核心部件和关键技术，加快发展数字化 X 射线机、多层螺旋计算机断层扫描（CT）机、超导磁共振成像系统（MRI）、核医学影像设备正电子放射断层造影术（PET）/CT、数字化彩色超声诊断系统等高性能医学影像设备，加快推进高强度聚焦超声（HIFU）等高性能医学治疗设备开发，加速产业化和推进临床应用。到 2015 年，掌握一批拥有自主知识产权的高性能医学影像诊断和治疗设备的核心技术，提高创新产品国内市场占有率。

（十一）生物育种工程

围绕国家粮食生产核心区，构建重要动植物基因信息库，重点研发转基因、分子设计、航天育种、胚胎工程等生物育种技术，建设国家级生物育种基地、区域性良繁基地，建立转基因生物安全管理体系，加快培育水稻、玉米、小麦、大豆、棉花、油菜等主要作物以及猪、牛、羊、鸡、鱼等重要畜禽水产新品种并实现产业化。到 2015 年，突破一批分子育种关键技术和装备，具有自主知识产权的主要农作物和畜禽新品种市场占有率明显提高。

（十二）生物基材料工程

建设工业微生物菌种与基因信息库，突破微生物菌种设计、生物炼制工艺等关键技术，建立非粮生物质原料种植加工基地，加快工业微生物、生物基工业原料、生物基塑料、生物质纤维、生物溶剂等生物基产品的产业化，加强生物基产品应用示范，构建生物基原材料生产加工与应用产业链，利用生物技术提升传统产业发展水平。到 2015 年，突破一批生物基材料开发和产业化技术，与化石原料相比具有竞争力的一批生物基材料实现规模化生产。

（十三）航空装备工程

按照安全、经济、舒适和环保的要求，研制具有国际竞争力的 150 座级 C919 单通道干线飞机。加快科技攻关，发展高可靠性、低成本、数字化支线飞机和通用飞机（含直升机）设计与制造技术。推进 ARJ21 支线飞机的规模化生产和系列化发展，支持新舟系列支线飞机改进改型，研制新型支线飞机，发展大中型喷气公务机和新型通用飞机（含直升机）；拓展支线飞机市场应用，扎实推进通勤航空试点。推动航空发动机、航空设备产业发展及航空维修、支援、租赁等产业配套体系建设。到 2015 年，我国航空装备发展能力大幅提升。

（十四）空间基础设施工程

建设时空协调、全天候、全天时的对地观测卫星系统和天地一体的地面配套设施，发展空间环境监测卫星系统；完善我国全球导航定位系统；启动由大容量宽带多媒体卫星、全球移动通信卫星、数据中继卫星等系统组成的空间信息高速公路建设；建设相关地面配套设施。开展先进卫星平台、新型卫星有效载荷、核心部组件、卫星遥感定量化应用等关键技术研发，推进重点行业和领域的卫星系统应用示范，进一步提升卫星对地观测、卫星通信和卫星导航定位应用产业化水平。到 2015 年，形成长期连续稳定运行、系统功能优化的国家空间基础设施骨干架构，大幅提升我国卫星提供经济社会发展需求空间信息的能力。

（十五）先进轨道交通装备及关键部件工程

建立现代轨道交通装备核心技术、关键零部件及系统的研发、试验验证、标准及知识产权保护体系。开发高寒及城际动车组、交流传动快速机车、30 吨轴重机车与货车、新型城轨车辆、大型施工装备、多功能高效率工程及养路机械。研发永磁电传动、磁悬浮、列车制动、牵引控制、安全监测、通信信号等关键技术，研制轮轴轴承、传动齿轮箱、转向架等关键零部件，加强产业化，提升核心部件及系统创新能力。到 2015 年，形成具有世界先进水平的轨道交通装备发展能力。

（十六）海洋工程装备工程

突破深水浮式结构物水动力性能、结构设计和强度分析等共性技术，加快发展深海高性能物探船和钻井船、浮式生产储油卸油装置、半潜式平台、水下生产系统、环境探测、观测与监测、深海运载及应急作业等装备及其关键配套设备和系统，建设液化天然气浮式生产储卸装置等新型装备总装制造平台，完善设计建造标准体系。到 2015 年，国产深海资源探采装备国内市场占有率明显提高，关键设备和系统实现配套，国际市场竞争力得到提升。

（十七）智能制造装备工程

突破新型传感、高精度运动控制、故障智能诊断等关键技术，大力推进泛在感知自动控制系统、工业机器人、关键零部件等装置的开发和产业化，开展基于机器人的自动化成形与加工装备生产线、自动化仓储与分拣系统以及数字化车间等典型智能装备与系统的集成创新，推进智能制造技术和装备在石油加工、煤炭开采、发电、环保、纺织、冶金、建材、机械加工、食品加工等典型领域中的示范应用。到 2015 年，具有自主知识产权的智能测控装置及零部件国内市场占有率达到 30%，掌握智能制造系统关键核心技术，以传感器、自动控制系统、工业机器人、伺服和执行部件为代表的智能装置实现突破并达到国际先进水平，重大成套装备及生产线系统集成水平大幅提升，基本满足国民经济重点领域和国防建设的需要。

（十八）新能源集成应用工程

在风电、太阳能、海洋能发电等可再生能源电力开发集中区域，示范建设以智能电网为载体、发输用一体化、可再生能源为主的电力系统；选择可再生能源资源丰富、经济条件较好的城市，在公共建筑、商业设施和工业园区推进太阳能、页岩气、生物质能、地热和地温能等新能源技术的综合应用示范；开展绿色能源和新能源区域应用示范建设，建成完善的县域绿色能源利用体系；在可再生能源丰富和具备多元化利用条件的中小城市及偏远农牧区、海岛等，示范建设分布式光伏发电、风力发电、沼气发电、小水电“多能互补”的新能源微电网系统。推进新能源装备产业化。到 2015 年，建成世界领先的新能源技术研发和制造基地。

（十九）关键材料升级换代工程

加快突破气相沉积、等静压、先进熔炼、高效合成等材料先进技术和装备，支持高强铝合金等轻型合金材料、稀有金属材料、装备制造和重大工程需要的高品质特殊钢开发；推进高强高模碳纤维等高性能纤维及其复合材料、全氟离子膜等功能性膜材料、医用材料、先进电池材料、高纯硅等新型半导体材料、纳米绿色印刷材料和技术的产业化；开展高磁感取向硅钢、铁基非晶带材、高饱和磁感铁基纳米晶材料等金属合金材料、无机改性高分子材料、高性能复合材料以及新型绿色节能建材等在电力、交通运输、建筑等领域的应用示范；完善新材料认定及标准体系，建设一批新材料开发、检测、应用、信息等公共服务平台。到2015年，形成新材料持续发展的创新能力，一大批关键新材料的国内保障能力基本满足需求。

（二十）新能源汽车工程

建设新能源汽车公共测试平台、试验验证和应用综合评价体系，建立产品开发和专利数据库，重点研发动力电池、电机及控制系统等关键核心技术和新产品，加速纯电动、插电式混合动力汽车系列产品产业化，加大公共服务领域示范推广力度，扩大私人购买新能源汽车补贴试点城市范围和规模。推进充电网络体系和设施建设，探索新型商业化运行模式。

五、政策措施

（一）加大财税金融政策扶持

1. 加大财税政策扶持。在整合现有政策资源、充分利用现有资金渠道的基础上，建立稳定的财政投入增长机制，设立战略性新兴产业发展专项资金，着力支持重大关键技术研发、重大产业创新发展工程、重大创新成果产业化、重大应用示范工程及创新能力建设等。结合税制改革方向和税种特征，针对战略性新兴产业特点，加快研究完善和落实鼓励创新、引导投资和消费的税收支持政策。

2. 强化金融支持。加强金融政策和财政政策的结合，运用风险补偿等措施，鼓励金融机构加大对战略性新兴产业的信贷支持。发展多层次资本市场，拓宽多元化直接融资渠道。大力发展债券市场，扩大公司债、企业债、短期融资券、中期票据、中小企业集合票据等发行规模。进一步完善创业板市场制度，支持符合条件的企业上市融资。推进场外证券交易市场建设，满足处于不同发展阶段创业企业的需求。完善不同层次市场之间的转板机制，逐步实现各层次市场有机衔接。扶持发展创业投资企业，发挥政府新兴产业创业投资资金的引导作用，扩大资金规模，推动设立战略性新兴产业创业投资引导基金，充分运用市场机制，带动社会资金投向处于创业早中期阶段的战略性新兴产业创新型企业。健全投融资担保体系。引导民营企业和民间资本投资战略性新兴产业。

（二）完善技术创新和人才政策

1. 加强企业技术创新能力建设。构建新兴产业技术创新和支撑服务体系，加大企业技术创新的投入力度，对面向应用、具有明确市场前景的政府科技计划项目，建立由企业牵头组织、高等院校和科研机构共同参与实施的有效机制。依托骨干企业，围绕关键核心技术的研发、系统集成和成果中试转化，支持建设若干具有世界先进水平的工程化平台，发展一批企业主导、产学研用紧密结合的产业技术创新联盟，支持联盟成员构建专利池、制定技术标准等。进一步加强财税政策的引导，激励企业增加研发投入。

2. 加强知识产权体系建设。加强重大发明专利、商标等知识产权的申请、注册和保护，鼓励国内企业申请国外专利。健全知识产权保护相关法律法规，制定适合战略性新兴产业发展的知识产权政策。建立公共专利信息查询和服务平台，为全社会提供知识产权信息服务。针对我国企业在对外贸易投资中遇到的知识产权问题，尽快建立健全预警应急机制、海外维权和争端解决机制。大力推进知识产权的运用，完善知识产权转移交易体系，规范知识产权资产评估，推进知识产权投融资机制建设。

3. 加强技术标准体系建设。制定并实施战略性新兴产业标准发展规划，加快基础通用、强制性、关键共性技术、重要产品标准研制的速度，健全标准体系。建立标准化与科技创新和产业发展协同跟进机制，在重点产品和关键共性技术领域同步实施标准化，支持产学研联合研制重要技术标准并优先采用，加快创新成果转化和产业化步伐。

4. 建设高素质人才队伍。支持企业人才队伍建设。加快完善高校和科研机构科技人员职务发明创造的激励机制。加大力度吸引海外优秀人才来华创新创业，依托“千人计划”和海外高层次创新创业人才基地建设，加快吸引海外高层次人才。加强高校和中等职业学校战略性新兴产业相关学科专业建设，改革创新人才培养模式，建立企校联合培养人才的新机制，促进创新型、应用型和复合型人才的培养。

（三）营造良好的市场环境

1. 完善市场培育、应用与准入政策。鼓励绿色消费、信息消费、健康消费，促进消费结构升级。加大节能环保、新能源、新能源汽车等市场培育与引导力度，培育发展新业态。加快建立有利于战略性新兴产业发展的相关标准和重要产品技术标准体系，优化市场准入的审批管理程序。

2. 深化国际合作。引导外资投向战略性新兴产业，丰富外商投资方式，拓宽外资投资渠道，不断完善外商投资软环境。继续支持引进先进的核心关键技术和设备。鼓励我国企业和研发机构在境外设立研发机构，参与国际标准制定。扩大企业境外投资自主权，支持有条件的企业开展境外投融资。完善相关出口信贷、保险等政策，支持拥有自主知识产权的技术标准在国外推广应用。支持企业通过境外注册商标、境外收购等方式，培育国际化品牌，开展国际化经营，参与高层次国际合作。国家支持战略性新兴产业发展的政策同等适用于符合条件的外商投资企业。

（四）加快推进重点领域和关键环节改革

完善相关市场开放机制，深化民间投资准入改革，鼓励各类企业投资战略性新兴产业。推行能效“领跑者”制度，建立健全排污权、节能量和碳排放交易制度，推进环保和资源税费、价格改革；建立生产者责任延伸制，建立资源循环利用产品认证体系和再制造产品标识管理制度；大力推进环境标志产品认证和政府绿色采购制度，积极倡导绿色消费。建立健全推进三网融合的政策和机制，深化电信体制改革，推进有线电视网络整合和运营机构转企改制，按照分业管理的原则探索建立适应三网融合要求的电信、广电监管体制和协调高效的运行机制，完善相关法规标准，推动三网融合高效有序开展。加强生物安全管理，完善药品、医疗器械注册管理、价格管理、集中招标采购、安全评价与监督管理等机制，制定实施有利于绿色生物基产品发展的激励政策。加快制定民用航空工业法律法规，加快推进空域管理体制改革，建立空域灵活使用机制，优化航路航线和飞行繁忙地区空域结构，推进低空空域开放；完善卫星应用数据共享、市场准入等政策法规；支持智能制造装备首台（套）研发创新和产业化，探索首台（套）装备保险机制。实施可再生能源发电配额制，落实可再生能源发电全额保障性收购制度，深化电力体制改革，完善新能源发电补贴机制，建立适应风电、太阳能光伏发电发展的电网运行管理体系；完善生物燃料、能源化利用农林废弃物的激励政策及市场流通机制等。

六、组织实施

（一）加强统筹协调

有效统筹协调中央、地方和其他社会资源，促进军民融合，突出重点，集中支持本规划明确的重大产业创新发展工程、重大关键技术研发与创新成果产业化、重大应用示范工程、创新能力建设等。加强与科技重大专项的衔接，发挥科技重大专项的引领带动作用。营造公平竞争环境，激发和调动各类市场主体的积极性，引导加大对战略性新兴产业的投入，加快推进战略性新兴产业发展。

（二）加强宏观引导

优化产业布局，加强对地方发展战略性新兴产业的信息引导和宏观指导，明确不同区域总体功能定位和重点发展方向。各地要结合国家战略性新兴产业发展重点，从当地实际出发，重点发展具有竞争优势的特色新兴产业，避免盲目发展和重复建设。强化行业和企业自律，发挥行业协会在企业投资、经营决策方面的指导、协调和监督作用。加强市场信息预警与引导，定期向社会发布战略性新兴行业产能规模、产能利用率及生产、技术、市场发展动向等信息。

（三）培育发展产业示范基地

依托现有优势产业集聚区，充分利用现有资源，促进技术、人才、资金等要素向具有技术创新优势的企业和产业集聚，建设一批体制机制健全、市场活力大、产业链完善、辐射带动强、具有国际竞争力的战略性新兴产业示范基地，培育战略性新兴产业增长极。发挥创新资源密集、创新环境良好区域的比较优势，完善创新创业体系，推进先行先试，培育若干全国战略性新兴产业的策源地。

（四）完善规划体系

根据本规划提出的重点方向和任务，研究制定战略性新兴产业分类及重点产品和服务指导目录，健全统计监测体系。制定实施节能环保、新一代信息技术、生物、高端装备制造、新能源、新材料、新能源汽车产业等专项规划，明确实施内容和实施机制。鼓励相关省（区、市）联合编制区域性发展规划，推进战略性新兴产业差别化、特色化协同发展。各专项规划和地方规划要加强与本规划的衔接。

（五）加强组织实施

成立由发展改革委、科技部、工业和信息化部、财政部等有关部门参加的战略性新兴产业发展部际协调小组，加强统筹协调和督促落实。协调小组办公室设在发展改革委，承担协调小组的日常工作。根据规划实施的需要，组建由相关部门组成的政策工作组，加强沟通协调，及时制定出台有关政策措施。

有关部门要加强相关战略性新兴产业的统计和监测，加强形势分析，及时发布产业发展信息。发展改革委要会同有关部门加强对规划实施情况的跟踪分析和监督检查，及时开展后评估；要针对规划实施中出现的新情况新问题，适时提出解决办法，重大问题及时向国务院报告。

国务院关于印发节能减排“十二五”规划的通知

国发〔2012〕40号

各省、自治区、直辖市人民政府，国务院各部委、各直属机构：

现将《节能减排“十二五”规划》印发给你们，请认真贯彻执行。

国务院

2012年8月6日

节能减排“十二五”规划

为确保实现“十二五”节能减排约束性目标，缓解资源环境约束，应对全球气候变化，促进经济发展方式转变，建设资源节约型、环境友好型社会，增强可持续发展能力，根据《中华人民共和国国民经济和社会发展第十二个五年规划纲要》，制定本规划。

一、现状与形势

（一）“十一五”节能减排取得显著成效

“十一五”时期，国家把能源消耗强度降低和主要污染物排放总量减少确定为国民经济和社会发展的约束性指标，把节能减排作为调整经济结构、加快转变经济发展方式的重要抓手和突破口。各地区、各部门认真贯彻落实党中央、国务院的决策部署，采取有效措施，切实加大工作力度，基本实现了“十一五”规划纲要确定的节能减排约束性目标，节能减排工作取得了显著成效。

——为保持经济平稳较快发展提供了有力支撑。“十一五”期间，我国以能源消费年均6.6%的增速支撑了国民经济年均11.2%的增长，能源消费弹性系数由“十五”时期的1.04下降到0.59，节约能源6.3亿吨标准煤。

——扭转了我国工业化、城镇化快速发展阶段能源消耗强度和主要污染物排放量上升的趋势。“十一五”期间，我国单位国内生产总值能耗由“十五”后三年上升9.8%转为下降19.1%；二氧化硫和化学需氧量排放总量分别由“十五”后三年上升32.3%、3.5%转为下降14.29%、12.45%。

——促进了产业结构优化升级。2010年与2005年相比，电力行业300兆瓦以上火电机组占火电装机容量比重由50%上升到73%，钢铁行业1000立方米以上大型高炉产能比重由48%上升到61%，建材行业新型干法水泥熟料产量比重由39%上升到81%。

——推动了技术进步。2010年与2005年相比，钢铁行业干熄焦技术普及率由不足30%提高到80%以上，水泥行业低温余热回收发电技术普及率由开始起步提高到55%，烧碱行业离子膜法烧碱技术普及率由29%提高到84%。

——节能减排能力明显增强。“十一五”时期，通过实施节能减排重点工程，形成节能能力3.4亿吨标准煤；新增城镇污水日处理能力6500万吨，城市污水处理率达到77%；燃煤电厂投产运行脱硫机组容量达5.78亿千瓦，占全部火电机组容量的82.6%。

——能效水平大幅度提高。2010年与2005年相比，火电供电煤耗由370克标准煤/千瓦时降到333克标准煤/千瓦时，下降10.0%；吨钢综合能耗由688千克标准煤降到605千克标准煤，下降12.1%；水泥综合能耗下降28.6%；乙烯综合能耗下降11.3%；合成氨综合能耗下降14.3%。

——环境质量有所改善。2010年与2005年相比，环保重点城市二氧化硫年均浓度下降26.3%，地表水国控断面劣五类水质比例由27.4%下降到20.8%，七大水系国控断面好于三类水质比例由41%上升到59.9%。

——为应对全球气候变化作出了重要贡献。“十一五”期间，我国通过节能降耗减少二氧化碳排放14.6亿吨，得到国际社会的广泛赞誉，展示了我负责任大国的良好形象。

“十一五”时期，我国节能法规标准体系、政策支持体系、技术支撑体系、监督管理体系初步形成，重点污染源在线监控与环保执法监察相结合的减排监督管理体系初步建立，全社会节能环保意识进一步增强。

（二）存在的主要问题

一是一些地方对节能减排的紧迫性和艰巨性认识不足，片面追求经济增长，对调结构、转方式重视不够，不能正确处理经济发展与节能减排的关系，节能减排工作还存在思想认识不深入、政策措施不落实、监督检查不力、激励约束不强等问题。

二是产业结构调整进展缓慢。“十一五”期间，第三产业增加值占国内生产总值的比重低于预期目标，重工业占工业总产值比重由68.1%上升到70.9%，高耗能、高排放产业增长过快，结构节能目标没有实现。

三是能源利用效率总体偏低。我国国内生产总值约占世界的8.6%，但能源消耗占世界的19.3%，单位国内生产总值能耗仍是世界平均水平的2倍以上。2010年全国钢铁、建材、化工等行业单位产品能耗比国际先进水平高出10%~20%。

四是政策机制不完善。有利于节能减排的价格、财税、金融等经济政策还不完善，基于市场的激励和约束机制不健全，创新驱动不足，企业缺乏节能减排内生动力。

五是基础工作薄弱。节能减排标准不完善，能源消费和污染物排放计量、统计体系建设滞后，监测、监察能力亟待加强，节能减排管理能力还不能适应工作需要。

（三）面临的形势

“十二五”时期如未能采取更加有效的应对措施，我国面临的资源环境约束将日益强化。从国内看，随着工业化、城镇化进程加快和消费结构升级，我国能源需求呈刚性增长，受国内资源保障能力和环境容量制约，我国经济社会发展面临的资源环境瓶颈约束更加突出，节能减排工作难度不断加大。从国际看，围绕能源安全和气候变化的博弈更加激烈。一方面，贸易保护主义抬头，部分发达国家凭借技术优势开征碳税并计划实施碳关税，绿色贸易壁垒日益突出。另一方面，全球范围内绿色经济、低碳技术正在兴起，不少发达国家大幅增加投入，支持节能环保、新能源和低碳技术等领域创新发展，抢占未来发展制高点的竞争日趋激烈。

虽然我国节能减排面临巨大挑战，但也面临难得的历史机遇。科学发展观深入人心，全民节能环保意识不断提高，各方面对节能减排的重视程度明显增强，产业结构调整力度不断加大，科技创新能力不断提升，节能减排激励约束机制不断完善，这些都为“十二五”推进节能减排创造了有利条件。要充分认识节能减排的极端重要性和紧迫性，增强忧患意识和危机意识，抓住机遇，大力推进节能减排，促进经济社会发展与资源环境相协调，切实增强可持续发展能力。

二、指导思想、基本原则和主要目标

（一）指导思想

以邓小平理论和“三个代表”重要思想为指导，深入贯彻落实科学发展观，坚持大幅降低能源消耗强度、显著减少主要污染物排放总量、合理控制能源消费总量相结合，形成加快转变经济发展方式的倒逼机制；坚持强化责任、健全法制、完善政策、加强监管相结合，建立健全有效的激励和约束机制；坚持优化产业结构、推动技术进步、强化工程措施、加强管理引导相结合，大幅度提高能源利用效率，显著减少污染物排放；加快构建政府为主导、企业为主体、市场有效驱动、全社会共同参与的推进节能减排工作格局，确保实现“十二五”节能减排约束性目标，加快建设资源节约型、环境友好型社会。

（二）基本原则

强化约束，推动转型。通过逐级分解目标任务，加强评价考核，强化节能减排目标的约束性作用，加快转变经济发展方式，调整优化产业结构，增强可持续发展能力。

控制增量，优化存量。进一步完善和落实相关产业政策，提高产业准入门槛，严格能评、环评审查，抑制高耗能、高排放行业过快增长，合理控制能源消费总量和污染物排放增量。加快淘汰落后产能，实施节能减排重点工程，改造提升传统产业。

完善机制，创新驱动。健全节能环保法律、法规和标准，完善有利于节能减排的价格、财税、金融等经济政策，充分发挥市场配置资源的基础性作用，形成有效的激励和约束机制，增强用能、排污单位和公民自觉节能减排的内生动力。加快节能减排技术创新、管理创新和制度创新，建立长效机制，实现节能减排效益最大化。

分类指导，突出重点。根据各地区、各有关行业特点，实施有针对性的政策措施。突出抓好工业、建筑、交通、公共机构等重点领域和重点用能单位节能，大幅提高能源利用效率。加强环境基础设施建设，推动重点行业、重点流域、农业源和机动车污染防治，有效减少主要污染物排放总量。

（三）总体目标

到2015年，全国万元国内生产总值能耗下降到0.869吨标准煤（按2005年价格计算），比2010年的1.034吨标准煤下降16%（比2005年的1.276吨标准煤下降32%）。“十二五”期间，实现节约能源6.7亿吨标准煤。

2015年，全国化学需氧量和二氧化硫排放总量分别控制在2347.6万吨、2086.4万吨，比2010年的2551.7万吨、2267.8万吨各减少8%，分别新增削减能力601万吨、654万吨；全国氨氮和氮氧化物排放总量分别控制在238万吨、2046.2万吨，比2010年的264.4万吨、2273.6万吨各减少10%，分别新增削减能力69万吨、794万吨。

（四）具体目标

到2015年，单位工业增加值（规模以上）能耗比2010年下降21%左右，建筑、交通运输、公共机构等重点领域能耗增幅得到有效控制，主要产品（工作量）单位能耗指标达到先进节能标准的比例大幅提高，部分行业和大中型企业节能指标达到世界先进水平（见表1）。风机、水泵、空压机、变压器等新增主要耗能设备能效指标达到国内或国际先进水平，空调、电冰箱、洗衣机等国产家用电器和一些类型的电动机能效指标达到国际领先水平。工业重点行业、农业主要污染物排放总量大幅降低（见表2）。

表1 “十二五”时期主要节能指标

指　　标	单　　位	2010年	2015年	变化幅度/变化率
工业				
单位工业增加值(规模以上)能耗	%			[-21%左右]
火电供电煤耗	克标准煤/千瓦时	333	325	-8
火电厂厂用电率	%	6.33	6.2	-0.13
电网综合线损率	%	6.53	6.3	-0.23
吨钢综合能耗	千克标准煤	605	580	-25
铝锭综合交流电耗	千瓦时/吨	14013	13300	-713
铜冶炼综合能耗	千克标准煤/吨	350	300	-50
原油加工综合能耗	千克标准煤/吨	99	86	-13
乙烯综合能耗	千克标准煤/吨	886	857	-29
合成氨综合能耗	千克标准煤/吨	1402	1350	-52
烧碱(离子膜)综合能耗	千克标准煤/吨	351	330	-21
水泥熟料综合能耗	千克标准煤/吨	115	112	-3

（续）

指　标	单　位	2010 年	2015 年	变化幅度/变化率
平板玻璃综合能耗	千克标准煤/重量箱	17	15	-2
纸及纸板综合能耗	千克标准煤/吨	680	530	-150
纸浆综合能耗	千克标准煤/吨	450	370	-80
日用陶瓷综合能耗	千克标准煤/吨	1190	1110	-80
建筑				
北方采暖地区既有居住建筑改造面积	亿平方米	1.8	5.8	4
城镇新建绿色建筑标准执行率	%	1	15	14
交通运输				
铁路单位运输工作量综合能耗	吨标准煤/百万换算吨公里	5.01	4.76	[-5%]
营运车辆单位运输周转量能耗	千克标准煤/百吨公里	7.9	7.5	[-5%]
营运船舶单位运输周转量能耗	千克标准煤/千吨公里	6.99	6.29	[-10%]
民航业单位运输周转量能耗	千克标准煤/吨公里	0.450	0.428	[-5%]
公共机构				
公共机构单位建筑面积能耗	千克标准煤/平方米	23.9	21	[-12%]
公共机构人均能耗	千克标准煤/人	447.4	380	[15%]
终端用能设备能效				
燃煤工业锅炉(运行)	%	65	70~75	5~10
三相异步电动机(设计)	%	90	92~94	2~4
容积式空气压缩机输入比功率	千瓦/(立方米·分$^{-1}$)	10.7	8.5~9.3	-1.4~-2.2
电力变压器损耗	千瓦	空载:43 负载:170	空载:30~33 负载:151~153	-10~-13 -17~-19
汽车(乘用车)平均油耗	升/百公里	8	6.9	-1.1
房间空调器(能效比)	—	3.3	3.5~4.5	0.2~1.2
电冰箱(能效指数)	%	49	40~46	-3~-9
家用燃气热水器(热效率)	%	87~90	93~97	3~10

注：[ ] 内为变化率。

表 2 “十二五”时期主要减排指标

指　标	单位	2010 年	2015 年	变化幅度/变化率
工业				
工业化学需氧量排放量	万吨	355	319	[-10%]
工业二氧化硫排放量	万吨	2073	1866	[-10%]
工业氨氮排放量	万吨	28.5	24.2	[-15%]
工业氮氧化物排放量	万吨	1637	1391	[-15%]
火电行业二氧化硫排放量	万吨	956	800	[-16%]
火电行业氮氧化物排放量	万吨	1055	750	[-29%]
钢铁行业二氧化硫排放量	万吨	248	180	[-27%]
水泥行业氮氧化物排放量	万吨	170	150	[-12%]
造纸行业化学需氧量排放量	万吨	72	64.8	[-10%]
造纸行业氨氮排放量	万吨	2.14	1.93	[-10%]
纺织印染行业化学需氧量排放量	万吨	29.9	26.9	[-10%]
纺织印染行业氨氮排放量	万吨	1.99	1.75	[-12%]

（续）

指　　标	单位	2010年	2015年	变化幅度/变化率
农业				
农业化学需氧量排放量	万吨	1204	1108	[-8%]
农业氨氮排放量	万吨	82.9	74.6	[-10%]
城市				
城市污水处理率	%	77	85	8

注：[ ] 内为变化率。

三、主要任务

（一）调整优化产业结构

——抑制高耗能、高排放行业过快增长。合理控制固定资产投资增速和火电、钢铁、水泥、造纸、印染等重点行业发展规模，提高新建项目节能、环保、土地、安全等准入门槛，严格固定资产投资项目节能评估审查、环境影响评价和建设项目用地预审，完善新开工项目管理部门联动机制和项目审批问责制。对违规在建的高耗能、高排放项目，有关部门要责令停止建设，金融机构一律不得发放贷款。对违规建成的项目，要责令停止生产，金融机构一律不得发放流动资金贷款，有关部门要停止供电供水。严格控制高耗能、高排放和资源性产品出口。把能源消费总量、污染物排放总量作为能评和环评审批的重要依据，对电力、钢铁、造纸、印染行业实行主要污染物排放总量控制，对新建、扩建项目实施排污量等量或减量置换。优化电力、钢铁、水泥、玻璃、陶瓷、造纸等重点行业区域空间布局。中西部地区承接产业转移必须坚持高标准，严禁高污染产业和落后生产能力转入。

——淘汰落后产能。严格落实《产业结构调整指导目录（2011年本）》和《部分工业行业淘汰落后生产工艺装备和产品指导目录（2010年本）》，重点淘汰小火电2000万千瓦、炼铁产能4800万吨、炼钢产能4800万吨、水泥产能3.7亿吨、焦炭产能4200万吨、造纸产能1500万吨等（见表3）。制定年度淘汰计划，并逐级分解落实。对稀土行业实施更严格的节能环保准入标准，加快淘汰落后生产工艺和生产线，推进形成合理开发、有序生产、高效利用、技术先进、集约发展的稀土行业持续健康发展格局。完善落后产能退出机制，对未完成淘汰任务的地区和企业，依法落实惩罚措施。鼓励各地区制定更严格的能耗和排放标准，加大淘汰落后产能力度。

表3 “十二五”时期淘汰落后产能一览表

行业	主 要 内 容	单位	产能
电力	大电网覆盖范围内，单机容量在10万千瓦及以下的常规燃煤火电机组，单机容量在5万千瓦及以下的常规小火电机组，以发电为主的燃油锅炉及发电机组（5万千瓦及以下）；大电网覆盖范围内，设计寿命期满的单机容量在20万千瓦及以下的常规燃煤火电机组	万千瓦	2000
炼铁	400立方米及以下炼铁高炉等	万吨	4800
炼钢	30吨及以下转炉、电炉等	万吨	4800
铁合金	6300千伏安以下铁合金矿热电炉，3000千伏安以下铁合金半封闭直流电炉、铁合金精炼电炉等	万吨	740
电石	单台炉容量小于12500千伏安电石炉及开放式电石炉	万吨	380
铜（含再生铜）冶炼	鼓风炉、电炉、反射炉炼铜工艺及设备等	万吨	80
电解铝	100千安及以下预焙槽等	万吨	90
铅（含再生铅）冶炼	采用烧结锅、烧结盘、简易高炉等落后方式炼铅工艺及设备，未配套建设制酸及尾气吸收系统的烧结机炼铅工艺等	万吨	130
锌（含再生锌）冶炼	采用马弗炉、马槽炉、横罐、小竖罐等进行焙烧、简易冷凝设施进行收尘等落后方式炼锌或生产氧化锌工艺装备等	万吨	65
焦炭	土法炼焦（含改良焦炉），单炉产能7.5万吨/年以下的半焦（兰炭）生产装置，炭化室高度小于4.3米焦炉（3.8米及以上捣固焦炉除外）	万吨	4200
水泥（含熟料及磨机）	立窑，干法中空窑，直径3米以下水泥粉磨设备等	万吨	37000
平板玻璃	平拉工艺平板玻璃生产线（含格法）	万重量箱	9000

（续）

行业	主要内容	单位	产能
造纸	无碱回收的碱法（硫酸盐法）制浆生产线，单条产能小于3.4万吨的非木浆生产线，单条产能小于1万吨的废纸浆生产线，年生产能力5.1万吨以下的化学木浆生产线等	万吨	1500
化纤	2万吨/年及以下粘胶常规短纤维生产线，湿法氨纶工艺生产线，二甲基酰胺溶剂法氨纶及腈纶工艺生产线，硝酸法腈纶常规纤维生产线等	万吨	59
印染	未经改造的74型染整生产线，使用年限超过15年的国产和使用年限超过20年的进口前处理设备、拉幅和定形设备、圆网和平网印花机、连续染色机，使用年限超过15年的浴比大于1:10的棉及化纤间歇式染色设备等	亿米	55.8
制革	年加工生皮能力5万标张牛皮、年加工蓝湿皮能力3万标张牛皮以下的制革生产线	万标张	1100
酒精	3万吨/年以下酒精生产线（废糖蜜制酒精除外）	万吨	100
味精	3万吨/年以下味精生产线	万吨	18.2
柠檬酸	2万吨/年及以下柠檬酸生产线	万吨	4.75
铅蓄电池（含极板及组装）	开口式普通铅蓄电池生产线，含镉高于0.002%的铅蓄电池生产线，20万千伏安时/年规模以下的铅蓄电池生产线	万千伏安时	746
白炽灯	60瓦以上普通照明用白炽灯	亿只	6

——促进传统产业优化升级。运用高新技术和先进适用技术改造提升传统产业，促进信息化和工业化深度融合。加大企业技术改造力度，重点支持对产业升级带动作用大的重点项目和重污染企业搬迁改造。调整加工贸易禁止类商品目录，提高加工贸易准入门槛。提升产品节能环保性能，打造绿色低碳品牌。合理引导企业兼并重组，提高产业集中度，培育具有自主创新能力和核心竞争力的企业。

——调整能源消费结构。促进天然气产量快速增长，推进煤层气、页岩气等非常规油气资源开发利用，加强油气战略进口通道、国内主干管网、城市配网和储备库建设。结合产业布局调整，有序引导高耗能企业向能源产地适度集中，减少长距离输煤输电。在做好生态保护和移民安置的前提下积极发展水电，在确保安全的基础上有序发展核电。加快风能、太阳能、地热能、生物质能、煤层气等清洁能源商业化利用，加快分布式能源发展，提高电网对非化石能源和清洁能源发电的接纳能力。到2015年，非化石能源消费总量占一次能源消费比重达到11.4%。

——推动服务业和战略性新兴产业发展。加快发展生产性服务业和生活性服务业，推进规模化、品牌化、网络化经营。到2015年，服务业增加值占国内生产总值比重比2010年提高4个百分点。推动节能环保、新一代信息技术、生物、高端装备制造、新能源、新材料、新能源汽车等战略性新兴产业发展。到2015年，战略性新兴产业增加值占国内生产总值比重达到8%左右。

（二）推动能效水平提高

——加强工业节能。坚持走新型工业化道路，通过明确目标任务、加强行业指导、推动技术进步、强化监督管理，推进工业重点行业节能。

电力。鼓励建设高效燃气-蒸汽联合循环电站，加强示范整体煤气化联合循环技术（IGCC）和以煤气化为龙头的多联产技术。发展热电联产，加快智能电网建设。加快现役机组和电网技术改造，降低厂用电率和输配电线损。

煤炭。推广年产400万吨选煤系统成套技术与装备，到2015年原煤入洗率达到60%以上，鼓励高硫、高灰动力煤入洗，灰分大于25%的商品煤就近销售。积极发展动力配煤，合理选择具有区位和市场优势的矿区、港口等煤炭集散地建设煤炭储配基地。发展煤炭地下气化、脱硫、水煤浆、型煤等洁净煤技术。实施煤矿节能技术改造。加强煤矸石综合利用。

钢铁。优化高炉炼铁炉料结构，降低铁钢比。推广连铸坯热送热装和直接轧制技术。推动干熄焦、高炉煤气、转炉煤气和焦炉煤气等二次能源高效回收利用，鼓励烧结机余热发电，到2015年重点大中型企业余热余压利用率达到50%以上。支持大中型钢铁企业建设能源管理中心。

有色金属。重点推广新型阴极结构铝电解槽、低温高效铝电解等先进节能生产工艺技术。推进氧气底吹熔炼技术、闪速技术等广泛应用。加快短流程连续炼铅冶金技术、连续铸轧短流程有色金属深加工工艺、液态铅渣直接还原炼铅工艺与装备产业化技术开发和推广应用。加强有色金属资源回收利用。提高能源管理信息化水平。

石油石化。原油开采行业要全面实施抽油机驱动电机节能改造，推广不加热集油技术和油田采出水余热回收利用技术，提高油田伴生气回收水平。鼓励符合条件的新建炼油项目发展炼化一体化。原油加工行业重点推广高效换热器并优化换热流程、优化中段回流取热比例、降低汽化率、塔顶循环回流换热等节能技术。

化工。合成氨行业重点推广先进煤气化技术、节能高效脱硫脱碳、低位能余热吸收制冷等技术，实施综合节能改造。烧碱行业提高离子膜法烧碱比例，加快零极距、氧阴极等先进节能技术的开发应用。纯碱行业重点推广蒸汽多级利用、变换气制碱、新型盐析结晶器及高效节能循环泵等节能技术。电石行业加快采用密闭式电石炉，全面推行电石炉炉气综合利用，积极推进新型电石生产技术研发和应用。

建材。推广大型新型干法水泥生产线。普及纯低温余热发电技术，到 2015 年水泥纯低温余热发电比例提高到 70% 以上。推进水泥粉磨、熟料生产等节能改造。推进玻璃生产线余热发电，到 2015 年余热发电比例提高到 30% 以上。加快开发推广高效阻燃保温材料、低辐射节能玻璃等新型节能产品。推进墙体材料革新，城市城区限制使用粘土制品，县城禁止使用实心粘土砖。加快新型墙体材料发展，到 2015 年新型墙体材料比重达到 65% 以上。

——强化建筑节能。开展绿色建筑行动，从规划、法规、技术、标准、设计等方面全面推进建筑节能，提高建筑能效水平。

强化新建建筑节能。严把设计关口，加强施工图审查，城镇建筑设计阶段 100% 达到节能标准要求。加强施工阶段监管和稽查，施工阶段节能标准执行率达到 95% 以上。严格建筑节能专项验收，对达不到节能标准要求的不得通过竣工验收。鼓励有条件的地区适当提高建筑节能标准。加强新区绿色规划，重点推动各级机关、学校和医院建筑，以及影剧院、博物馆、科技馆、体育馆等执行绿色建筑标准；在商业房地产、工业厂房中推广绿色建筑。

加大既有建筑节能改造力度。以围护结构、供热计量、管网热平衡改造为重点，大力推进北方采暖地区既有居住建筑供热计量及节能改造，加快实施“节能暖房”工程。开展大型公共建筑采暖、空调、通风、照明等节能改造，推行用电分项计量。以建筑门窗、外遮阳、自然通风等为重点，在夏热冬冷地区和夏热冬暖地区开展居住建筑节能改造试点。在具备条件的情况下，鼓励在旧城区综合改造、城市市容整治、既有建筑抗震加固中，采用加层、扩容等方式开展节能改造。

——推进交通运输节能。加快构建便捷、安全、高效的综合交通运输体系，不断优化运输结构，推进科技和管理创新，进一步提升运输工具能源效率。

铁路运输。大力发展电气化铁路，进一步提高铁路运输能力。加强运输组织管理。加快淘汰老旧机车机型，推广铁路机车节油、节电技术，对铁路运输设备实施节能改造。积极推进货运重载化。推进客运站节能优化设计，加强大型客运站能耗综合管理。

公路运输。全面实施营运车辆燃料消耗量限值标准。建立物流公共信息平台，优化货运组织。推行高速公路不停车收费，继续开展公路甩挂运输试点。实施城乡道路客运一体化试点。推广节能驾驶和绿色维修。

水路运输。建设以国家高等级航道网为主体的内河航道网，推进航电枢纽建设，优化港口布局。推进船舶大型化、专业化，淘汰老旧船舶，加快实施内河船型标准化。发展大宗散货专业化运输和多式联运等现代运输组织方式。推进港口码头节能设计和改造。加快港口物流信息平台建设。

航空运输。优化航线网络和运力配备，改善机队结构，加强联盟合作，提高运输效率。优化空域结构，提高空域资源配置使用效率。开发应用航空器飞行及地面运行节油相关实用技术，推进航空生物燃油研发与应用。加强机场建设和运营中的节能管理，推进高耗能设施、设备的节油节电改造。

城市交通。合理规划城市布局，优化配置交通资源，建立以公共交通为重点的城市交通发展模式。优先发展公共交通，有序推进轨道交通建设，加快发展快速公交。探索城市调控机动车保有总量。开展低碳交通运输体系建设城市试点。推行节能驾驶，倡导绿色出行。积极推广节能与新能源汽车，加快加气站、充电站等配套设施规划和建设。抓好城市步行、自行车交通系统建设。发展智能交通，建立公众出行信息服务系统，加大交通疏堵力度。

——推进农业和农村节能。完善农业机械节能标准体系。依法加强大型农机年检、年审，加快老旧农业机械和渔船淘汰更新。鼓励农民购买高效节能农业机械。推广节能新产品、新技术，加快农业机电设备节能改造，加强用能设备定期维修保养。推进节能型农宅建设，结合农村危房改造加大建筑节能示范力度。推动省柴节煤灶更新换代。开展农村水电增效扩容改造。推进农业节水增效，推广高效节水灌溉技术。因地制宜、多能互补发展小水电、风能、太阳能和秸秆综合利用。科学规划农村沼气建设布局，完善服务机制，加强沼气设施的运行管理和维护。

——强化商用和民用节能。开展零售业等流通领域节能减排行动。商业、旅游业、餐饮等行业建立并完善能源管理制度，开展能源审计，加快用能设施节能改造。宾馆、商厦、写字楼、机场、车站严格执行公共建筑空调温度控制标准，优化空调运行管理。鼓励消费者购买节能环保型汽车和节能型住宅，推广高效节能家用电器、办公设备和高效照明产品。减少待机能耗，减少使用一次性用品，严格执行限制商品过度包装和超薄塑料购物袋生产、销售和使用的相关规定。

——实施公共机构节能。新建公共建筑严格实施建筑节能标准。实施供热计量改造，国家机关率先实行按热量收费。推进公共机构办公区节能改造，推广应用可再生能源。全面推进公务用车制度改革，严格油耗定额管理，推广节能和新能源汽车。在各级机关和教科文卫体等系统开展节约型公共机构示范单位建设，创建 2000 家节约型公共机构。健全公共机构能源管理、统计监测考核和培训体系，建立完善公共机构能源审计、能效公示、能源计量和能耗定额管理制度，加强能耗监测平台和节能监管体系建设。

（三）强化主要污染物减排

——加强城镇生活污水处理设施建设。加强城镇环境基础设施建设，以城镇污水处理设施及配套管网建设、现有设施升级改造、污泥处理处置设施建设为重点，提升脱氮除磷能力。到 2015 年，城市污水处理率和污泥无害化处置率分别达到 85% 和 70%，县城污水处理率达到 70%，基本实现每个县和重点建制镇建成污水集中处理设施，全国城镇污水处理厂再生水利用率达到15%以上。

——加强重点行业污染物减排。

加强重点行业污染预防。以钢铁、水泥、氮肥、造纸、印染行业为重点，大力推行清洁生产，加快重大、共性技术的示范和推广，完善清洁生产评价指标体系，开展工业产品生态设计、农业和服务业清洁生产试点。以汞、铬、铅等重金属污染防治为重点，在重点行业实施技术改造。示范和推广一批无毒无害或低毒低害原料（产品），对高耗能、高排放企业及排放有毒有害废物的重点企业开展强制性清洁生产审核。

加大工业废水治理力度。以制浆造纸、印染、食品加工、农副产品加工等行业为重点，继续加大水污染深度治理和工艺技术改造。制浆造纸企业加快建设碱回收装置；纺织印染行业推行废水集中处理和实施综合治理，大中型造纸企业、有脱墨的废纸造纸企业和采用碱减量工艺的化纤布印染企业实施废水三级深度处理；发酵行业推广高浓度废液综合利用技术、废醪液制备生物有机肥及液态肥技术；制糖行业推广闭合循环用水技术；氮肥行业推广稀氨水浓缩回收利用技术、尿素工艺冷凝液深度水解技术，加大生化处理设施建设力度；农药行业推广清污分流和高浓度废水预处理技术。

推进电力行业脱硫脱硝。新建燃煤机组全面实施脱硫脱硝，实现达标排放。尚未安装脱硫设施的现役燃煤机组要配套建设烟气脱硫设施，不能稳定达标排放的燃煤机组要实施脱硫改造。加快燃煤机组低氮燃烧技术改造和烟气脱硝设施建设，对单机容量30万千瓦及以上的燃煤机组、东部地区和其他省会城市单机容量20万千瓦及以上的燃煤机组，均要实行脱硝改造，综合脱硝效率达到75%以上。

加强非电行业脱硫脱硝。实施钢铁烧结机烟气脱硫，到2015年，所有烧结机和位于城市建成区的球团生产设备烟气脱硫效率达到95%以上。有色金属行业冶炼烟气中二氧化硫含量大于3.5%的冶炼设施，要安装硫回收装置。石油炼制行业新建催化裂化装置要配套建设烟气脱硫设施，现有硫黄回收装置硫回收率达到99%。建材行业建筑陶瓷规模大于70万平方米/年且燃料含硫率大于0.5%的窑炉，应安装脱硫设施或改用清洁能源，浮法玻璃生产线要实施烟气脱硫或改用天然气。焦化行业炼焦炉荒煤气硫化氢脱除效率达到95%。水泥行业实施新型干法窑降氮脱硝，新建、改扩建水泥生产线综合脱硝效率不低于60%。燃煤锅炉蒸汽量大于35吨/小时且二氧化硫超标排放的，要实施烟气脱硫改造，改造后脱硫效率应达到70%以上。

——开展农业源污染防治。

加强农村污染治理。推进农村生态示范建设标准化、规范化、制度化。因地制宜建设农村生活污水处理设施，分散居住地区采用低能耗小型分散式污水处理方式，人口密集、污水排放相对集中地区采用集中处理方式。实施农村清洁工程，开展农村环境综合整治，推行农业清洁生产，鼓励生活垃圾分类收集和就地减量无害化处理。选择经济、适用、安全的处理处置技术，提高垃圾无害化处理水平，城镇周边和环境敏感区的农村逐步推广城乡一体化垃圾处理模式。推广测土配方施肥，发展有机肥采集利用技术，减少不合理的化肥施用。

推进畜禽清洁养殖。结合土地消纳能力，推进畜禽养殖适度规模化，合理优化养殖布局，鼓励采取种养结合养殖方式。以规模化养殖场和养殖小区为重点，因地制宜推行干清粪收集方法，养殖场区实施雨污分流，发展废物循环利用，鼓励粪污、沼渣等废弃物发酵生产有机肥料。在散养密集区推行粪污集中处理。

推行水产健康养殖。规范水产养殖行为，优化水产养殖区域布局，国家重点流域以及各地确定的重点保护水体要合理减少网箱、围网养殖规模。加快养殖池塘改造和循环水设施配套建设，推广水质调控技术与环保设备。鼓励发展人工生态环境、多品种立体、开放式流水或微流水、全封闭循环水工厂化、水产品与农作物共生互利等水产生态养殖方式。

——控制机动车污染物排放。提高机动车污染物排放准入门槛。加强机动车排放对环境影响的评估审查。加快淘汰老旧车辆，基本淘汰2005年以前注册的用于运营的“黄标车”。推进报废农用车换购载货汽车工作。全面推行机动车环保标志管理，严格实施机动车一致性检查制度，不符合国家机动车排放标准的车辆禁止生产、销售和注册登记。实施第四阶段机动车排放标准，在有条件的重点城市和地区逐步推动实施第五阶段排放标准。“十二五”末实现低速车与载货汽车实施同一排放标准。全面提升车用燃油品质。研究制定国家第四、第五阶段车用燃油标准，推动落实标准实施条件，强化车用燃油监管。全面供应符合国家第四阶段标准的车用燃油，部分重点城市供应国家第五阶段标准车用燃油。大型炼化项目应以国家第五阶段车用燃油标准作为设计目标，加快成品油生产技术改造。

——推进大气中细颗粒污染物（PM2.5）治理。促进煤炭清洁利用，建设低硫、低灰配煤场，提高煤炭洗选比例，重点区域淘汰低效燃煤锅炉。推广使用天然气、煤制气、生物质成型燃料等清洁能源。加大工业烟粉尘污染防治力度，对火电、钢铁、水泥等高排放行业以及燃煤工业锅炉实施高效除尘改造。大力削减石油石化、化工等行业挥发性有机物的排放。推动柴油车尿素加注基础设施建设。实施大气联防联控重点区域城区内重污染企业搬迁改造。加强建设施工、植被破坏等因素造成的扬尘污染防治。

四、节能减排重点工程

（一）节能改造工程

——锅炉（窑炉）改造和热电联产。实施燃煤锅炉和锅炉房系统节能改造，提高锅炉热效率和运行管理水平；在部分地区开展锅炉专用煤集中加工，提高锅炉燃煤质量；推动老旧供热管网、换热站改造。推广四通道喷煤燃烧、并流蓄热石灰窑煅烧等高效窑炉节能技术。到2015年工业锅炉、窑炉平均运行效率分别比2010年提高5个和2个百分点。东北、华北、西北地区大城市居民采暖除有条件采用可再生能源外基本实行集中供热，中小城市因地制宜发展背压式热电或集中供热改造，提高热电联产在集中供热中的比重。“十二五”时期形成7500万吨标准煤的节能能力。

——电机系统节能。采用高效节能电动机、风机、水泵、变压器等更新淘汰落后耗电设备。对电机系统实施变频调速、永磁调速、无功补偿等节能改造，优化系统运行和控制，提高系统整体运行效率。开展大型水利排灌设备、电机总容量10万千瓦以上电机系统示范改造。2015年电机系统运行效率比2010年提高2~3个百分点，“十二五”时期形成800亿千瓦时的节电能力。

——能量系统优化。加强电力、钢铁、有色金属、合成氨、炼油、乙烯等行业企业能量梯级利用和能源系统整体优化改造，开展发电机组通流改造、冷却塔循环水系统优化、冷凝水回收利用等，优化蒸汽、热水等载能介质的管网配置，实施输配电设备节能改造，深入挖掘系统节能潜力，大幅度提升系统能源效率。“十二五”时期形成4600万吨标准煤的节能能力。

——余热余压利用。能源行业实施煤矿低浓度瓦斯、油田伴生气回收利用；钢铁行业推广干熄焦、干式炉顶压差发电、高炉和转炉煤气回收发电、烧结机余热发电；有色金属行业推广冶金炉窑余热回收；建材行业推行新型干法水泥纯低温余热发电、玻璃熔窑余热发电；化工行业推行炭黑余热利用、硫酸生产低品位热能利用；积极利用工业低品位余热作为城市供热热源。到2015年新增余热余压发电能力2000万千瓦，“十二五”时期形成5700万吨标准煤的节能能力。

——节约和替代石油。推广燃煤机组无油和微油点火、内燃机系统节能、玻璃窑炉全氧燃烧和富氧燃烧、炼油含氢尾气膜法回收等技术。开展交通运输节油技术改造，鼓励以洁净煤、石油焦、天然气替代燃料油。在有条件的城市公交客车、出租车、城际客货运输车辆等推广使用天然气和煤层气。因地制宜推广醇醚燃料、生物柴油等车用替代燃料。实施乘用车制造企业平均油耗管理制度。“十二五”时期节约和替代石油800万吨，相当于1120万吨标准煤。

——建筑节能。到2015年，累计完成北方采暖地区既有居住建筑供热计量和节能改造4亿平方米以上，夏热冬冷地区既有居住建筑节能改造5000万平方米，公共建筑节能改造6000万平方米，公共机构办公建筑节能改造6000万平方米。“十二五”时期形成600万吨标准煤的节能能力。

——交通运输节能。铁路运输实施内燃机车、电力机车和空调发电车节油节电、动态无功补偿以及谐波负序治理等技术改造；公路运输实施电子不停车收费技术改造；水运推广港口轮胎式集装箱门式起重机油改电、靠港船舶使用岸电、港区运输车辆和装卸机械节能改造、油码头油气回收等；民航实施机场和地面服务设备节能改造，推广地面电源系统代替辅助动力装置等措施；加快信息技术在城市交通中的应用。深入开展“车船路港”千家企业低碳交通运输专项行动。“十二五”时期形成100万吨标准煤的节能能力。

——绿色照明。实施“中国逐步淘汰白炽灯路线图”，分阶段淘汰普通照明用白炽灯等低效照明产品。推动白炽灯生产企业转型改造，支持荧光灯生产企业实施低汞、固汞技术改造。积极发展半导体照明节能产业，加快半导体照明关键设备、核心材料和共性关键技术研发，支持技术成熟的半导体通用照明产品在宾馆、商厦、道路、隧道、机场等领域的应用。推动标准检测平台建设。加快城市道路照明系统改造，控制过度装饰和亮化。“十二五”时期形成2100万吨标准煤的节能能力。

（二）节能产品惠民工程

加大高效节能产品推广力度。民用领域重点推广高效照明产品、节能家用电器、节能与新能源汽车等，商用领域重点推广单元式空调器等，工业领域重点推广高效电动机等，产品能效水平提高10%以上，市场占有率提高到50%以上。完善节能产品惠民工程实施机制，扩大实施范围，健全组织管理体系，强化监督检查。“十二五”时期形成1000亿千瓦时的节电能力。

（三）合同能源管理推广工程

扎实推进《国务院办公厅转发发展改革委等部门关于加快推行合同能源管理促进节能服务产业发展意见的通知》（国办发〔2010〕25号）的贯彻落实，引导节能服务公司加强技术研发、服务创新、人才培养和品牌建设，提高融资能力，不断探索和完善商业模式。鼓励大型重点用能单位利用自身技术优势和管理经验，组建专业化节能服务公司。支持重点用能单位采用合同能源管理方式实施节能改造。公共机构实施节能改造要优先采用合同能源管理方式。加强对合同能源管理项目的融资扶持，鼓励银行等金融机构为合同能源管理项目提供灵活多样的金融服务。积极培育第三方认证、评估机构。到2015年，建立比较完善的节能服务体系，节能服务公司发展到2000多家，其中龙头骨干企业达到20家；节能服务产业总产值达到3000亿元，从业人员达到50万人。“十二五”时期形成6000万吨标准煤的节能能力。

（四）节能技术产业化示范工程

示范推广低品位余能利用、高效环保煤粉工业锅炉、稀土永磁电机、新能源汽车、半导体照明、太阳能光伏发电、零排放和产业链接等一批重大、关键节能技术。建立节能技术评价认定体系，形成节能技术分类遴选、示范和推广的动态管理机制。对节能效果好、应用前景广阔的关键产品或核心部件组织规模化生产，提高研发、制造、系统集成和产业化能力。“十二五”时期产业化推广30项以上重大节能技术，培育一批拥有自主知识产权和自主品牌、具有核心竞争力、世界领先的节能产品制造企业，形成1500万吨标准煤的节能能力。

（五）城镇生活污水处理设施建设工程

加大城镇污水处理设施和配套管网建设力度。“十二五”时期新建配套管网16万公里，新增污水日处理能力4200万吨，升级改造污水日处理能力2600万吨，新增再生水利用能力2700万吨/日。加快城镇生活垃圾处理处置设施建设，强化垃圾渗滤液处置。“十二五”时期分别新增化学需氧量和氨氮削减能力280万吨、30万吨。

（六）重点流域水污染防治工程

加强“三河三湖”、松花江、三峡库区及上游、丹江口库区及上游、黄河中上游等重点流域和城镇饮用水水源地的综合治理，加大长江中下游和珠江流域水污染防治力度，加强湖泊生态环境保护，推进渤海等重点海域综合治理。实施一批水污染综合治理项目。推动受污染场地、土壤及其周边地下水污染治理，重点推进湘江流域重金属污染治理。大力推进重点行业污水处理设施建设，“十二五”时期造纸、纺织、食品加工、农副产品加工、化工、石化等行业分别新增污水日处理能力 300 万吨、60 万吨、60 万吨、600 万吨、200 万吨、300 万吨。

（七）脱硫脱硝工程

完成 5056 万千瓦现役燃煤机组脱硫设施配套建设，对已安装脱硫设施但不能稳定达标的 4267 万千瓦燃煤机组实施脱硫改造；完成 4 亿千瓦现役燃煤机组脱硝设施建设，对 7000 万千瓦燃煤机组实施低氮燃烧技术改造。到 2015 年燃煤机组脱硫效率达到 95%，脱硝效率达到 75% 以上。钢铁烧结机、有色金属窑炉、建材新型干法水泥窑、石化催化裂化装置、焦化炼焦炉配套实施低氮燃烧改造或安装脱硫脱硝设施，高速公路沿线逐步建设柴油车脱硝尿素加注站。“十二五”时期新增二氧化硫和氮氧化物削减能力 277 万吨、358 万吨。

（八）规模化畜禽养殖污染防治工程

以规模化养殖场和养殖小区为重点，鼓励废弃物统一收集，集中治理。建设雨污分离污水收集系统和厌氧发酵处理设施，配套建设分布式粪污贮存及处理设施。加强规模化养殖场沼气预处理设施、发酵装置、沼气和沼肥利用设施建设，实现畜禽养殖场废弃物的资源化利用。到 2015 年，50% 以上规模化养殖场和养殖小区配套建设废弃物处理设施，分别新增化学需氧量和氨氮削减能力 140 万吨、10 万吨。

（九）循环经济示范推广工程

开展资源综合利用、废旧商品回收体系示范、“城市矿产”示范基地、再制造产业化、餐厨废弃物资源化、产业园区循环化改造、资源循环利用技术示范推广等循环经济重点工程建设，实现减量化、再利用、资源化。在农业、工业、建筑、商贸服务等重点领域，以及重点行业、重点流域、中西部产业承接园区实施清洁生产示范工程，加大清洁生产技术改造实施力度。加快共性、关键清洁生产技术示范和推广，培育一批清洁生产企业和工业园区。

（十）节能减排能力建设工程

推进节能监测平台建设，建立能源消耗数据库和数据交换系统，强化数据收集、数据分类汇总、预测预警和信息交流能力。开展重点用能单位能源消耗在线监测体系建设试点和城市能源计量示范建设。建设县级污染源监控中心，加强污染源监督性监测，完善区域污染源在线监控网络，建立减排监测数据库并实现数据共享。加强氨氮、氮氧化物统计监测，提高农业源污染监测和机动车污染监控能力。推进节能减排监管机构标准化和执法能力建设，加强省、市、县节能减排监测取证设备、能耗和污染物排放测试分析仪器配备。

初步测算，“十二五”时期实施节能减排重点工程需投资约 23660 亿元，可形成节能能力 3 亿吨标准煤，新增化学需氧量、二氧化硫、氨氮、氮氧化物削减能力分别为 420 万吨、277 万吨、40 万吨、358 万吨（见表4）。

表4 “十二五”节能减排规划投资需求

工程名称	投资需求/亿元	节能减排能力/万吨
节能重点工程	9820	30000（标准煤）
减排重点工程	8160	420（化学需氧量）、277（二氧化硫）、40（氨氮）、358（氮氧化物）
循环经济重点工程	5680	支撑实现上述节能减排能力
总计	23660	

五、保障措施

（一）坚持绿色低碳发展

深入贯彻节约资源和保护环境基本国策，坚持绿色发展和低碳发展。坚持把节能减排作为落实科学发展观、加快转变经济发展方式的重要着力点，加快构建资源节约、环境友好的生产方式和消费模式，增强可持续发展能力。在制定实施国家有关发展战略、专项规划、产业政策以及财政、税收、金融、价格和土地等政策过程中，要体现节能减排要求，发展目标要与节能减排约束性指标衔接，政策措施要有利于推进节能减排。

（二）强化目标责任评价考核

综合考虑经济发展水平、产业结构、节能潜力、环境容量及国家产业布局等因素，合理确定各地区、各行业节能减排目标。进一步完善节能减排统计、监测、考核体系，健全节能减排预警机制，建立健全行业节能减排工作评价制度。各地区要将国家下达的节能减排目标分解落实到下一级政府、有关部门和重点单位。国务院每年组织开展省级人民政府节能减排目标责任评价考核，考核结果作为领导班子和领导干部综合考核评价的重要内容，纳入政府绩效管理，实行问责制，并按照有关规定对作出突出成绩的地区、单位和个人给予表彰奖励。地方各级人民政府要切实抓好本地区节能减排目标责任评价考核。

（三）加强用能节能管理

明确总量控制目标和分解落实机制，实行目标责任管理。建立能源消费总量预测预警机制，对能源消费总量增长过快的地区及时预警调控。在工业、建筑、交通运输、公共机构以及城乡建设和消费领域全面加强用能管理，切实改变敞开供应能源、无约束使用能源的现象。依法加强年耗能万吨标准煤以上用能单位节能管理，开展万家企业节能低碳行动，落实目标责任，实行能源审计，开展能效水平对标活动，建立能源管理师制度，提高企业能源管理水平。在大气联防联控重点区域开展煤炭消费总量控制试点，从严控制京津唐、长三角、珠三角地区新建燃煤火电机组。

（四）健全节能环保法律、法规和标准

完善节能环保法律、法规和标准体系。推动加快制修订大气污染防治法、排污许可证管理条例、畜禽养殖污染防治条例、重点用能单位节能管理办法、节能产品认证管理办法等。加快节能环保标准体系建设，扩大标准覆盖面，提高准入门槛。组织制修订粗钢、铁合金、焦炭、多晶硅、纯碱等50余项高耗能产品强制性能耗限额标准，高压三相异步电动机、平板电视机等40余项终端用能产品强制性能效标准，制定钢铁、水泥等行业能源管理体系标准等。健全节能和环保产品及装备标准。完善环境质量标准。加快重点行业污染物排放标准的制修订工作，根据氨氮、氮氧化物控制目标要求制定实施排放标准，加强标准实施的后评估工作。

（五）完善节能减排投入机制

加大中央预算内投资和中央节能减排专项资金对节能减排重点工程和能力建设的支持力度，继续安排国有资本经营预算支出支持企业实施节能减排项目。完善“以奖代补”、“以奖促治”以及采用财政补贴方式推广高效节能产品和合同能源管理等支持机制，强化财政资金的引导作用。支持军队重点用能设施设备节能改造。地方各级人民政府要进一步加大对节能减排的投入，创新投入机制，发挥多层次资本市场融资功能，多渠道引导企业、社会资金积极投入节能减排。完善财政补贴方式和资金管理办法，强化财政资金的安全性和有效性，提高财政资金使用效率。

（六）完善促进节能减排的经济政策

深化资源性产品价格改革，理顺煤、电、油、气、水、矿产等资源类产品价格关系，建立充分反映市场供求、资源稀缺程度以及环境损害成本的价格形成机制。完善差别电价、峰谷电价、惩罚性电价，尽快出台鼓励余热余压发电和煤层气发电的上网政策，全面推行居民用电阶梯价格。严格落实脱硫电价，研究完善燃煤电厂烟气脱硝电价政策。完善矿业权有偿取得制度。加快供热体制改革，全面实施热计量收费制度。完善污水处理费政策。改革垃圾处理收费方式，提高收缴率，降低征收成本。完善节能产品政府采购制度。扩大环境标志产品政府采购范围，完善促进节能环保服务的政府采购政策。落实国家支持节能减排的税收优惠政策，改革资源税，加快推进环境保护税立法工作，调整进出口税收政策，合理调整消费税范围和税率结构。推进金融产品和服务方式创新，积极改进和完善节能环保领域的金融服务，建立企业节能环保水平与企业信用等级评定、贷款联动机制，探索建立绿色银行评级制度。推行重点区域涉重金属企业环境污染责任保险。

（七）推广节能减排市场化机制

加大能效标识和节能环保产品认证实施力度，扩大能效标识和节能产品认证实施范围。建立高耗能产品（工序）和主要终端用能产品能效“领跑者”制度，明确实施时限。推进节能发电调度。强化电力需求侧管理，开展城市综合试点。加快建立电能管理服务平台，充分运用电力负荷管理系统，完善鼓励电网企业积极参与电力需求侧管理的考核与奖惩机制。加强政策落实和引导，鼓励采用合同能源管理实施节能改造，推动城镇污水、垃圾处理以及企业污染治理等环保设施社会化、专业化运营。深化排污权有偿使用和交易制度改革，建立完善排污权有偿使用和交易政策体系，研究制定排污权交易初始价格和交易价格政策。开展碳排放交易试点。推进资源型经济转型改革试验。健全污染者付费制度，完善矿产资源补偿制度，加快建立生态补偿机制。

（八）推动节能减排技术创新和推广应用

深入实施节能减排科技专项行动，通过国家科技重大专项和国家科技计划（专项）等对节能减排相关科研工作给予支持。完善节能环保技术创新体系，加强基础性、前沿性和共性技术研发，在节能环保关键技术领域取得突破。加强政府指导，推动建立以企业为主体、市场为导向、多种形式的产学研战略联盟，鼓励企业加大研发投入。重点支持成熟的节能减排关键、共性技术与装备产业化示范和应用，加快产业化基地建设。发布节能环保技术推广目录，加快推广先进、成熟的新技术、新工艺、新设备和新材料。加强节能环保领域国际交流合作，加快国外先进适用节能减排技术的引进吸收和推广应用。

（九）强化节能减排监督检查和能力建设

加强节能减排执法监督，依法从严惩处各类违反节能减排法律法规的行为，实行执法责任制。强化重点用能单位、重点污染源和治理设施运行监管，推动污染源自动监控数据联网共享。完善工业能源消费统计，建立建筑、交通运输、公共机构能源消费统计制度、地区单位生产总值能耗指标季度统计制度，强化统计核算与监测。健全节能管理、监察、服务“三位一体”节能管理体系，形成覆盖全国的省、市、县三级节能监察体系。突出抓好重点用能单位能源利用状况报告、能源计量管理、能耗限额标准执行情况等监督检查。

（十）开展节能减排全民行动

深入开展节能减排全民行动，抓好家庭社区、青少年、企业、学校、军营、农村、政府机构、科技、科普和媒体等十个专项行动。把节能减排纳入社会主义核心价值观宣传教育以及基础教育、文化教育、职业教育体系，增强危机意识。充分发挥广播影视、文化教育等部门以及新闻媒体和相关社会团体的作用，组织好节能宣传周、世界环境日等主题宣传活动。加强日常宣传和舆论监督，宣传先进、曝光落后、普及知识，崇尚勤俭节约、反对奢侈浪费，推动节能、节水、节地、节材、节粮，倡导与我国国情相适应的文明、节约、绿色、低碳生产方式和消费模式，积极营造良好的节能减排社会氛围。

六、规划实施

节约资源和保护环境是我国的基本国策，推进节能减排工作，加快建设资源节约型、环境友好型社会是我国经济社会发展的重大战略任务。各级人民政府和有关部门要切实履行职责，扎实工作，进一步强化目标责任评价考核，加强监督检查，保障规划目标和任务的完成。地方各级人民政府要对本地区节能减排工作负总责，切实加强组织领导和统筹协调，做好本地区节能减排规划与本规划主要目标、重点任务的协调，特别要加强约束性指标的衔接，抓好各项目标任务的分解落实，强化政策统筹协调，做好相关规划实施的跟踪分析。发展改革委、环境保护部要会同有关部门加强对本规划执行的支持和指导，认真做好规划实施的监督评估，重视研究新情况，解决新问题，总结新经验，重大问题及时向国务院报告。

国务院关于印发节能与新能源汽车产业发展规划（2012—2020年）的通知

国发〔2012〕22号

各省、自治区、直辖市人民政府，国务院各部委、各直属机构：

现将《节能与新能源汽车产业发展规划（2012—2020年）》印发给你们，请认真贯彻执行。

国务院

二〇一二年六月二十八日

节能与新能源汽车产业发展规划
（2012—2020年）

汽车产业是国民经济的重要支柱产业，在国民经济和社会发展中发挥着重要作用。随着我国经济持续快速发展和城镇化进程加速推进，今后较长一段时期汽车需求量仍将保持增长势头，由此带来的能源紧张和环境污染问题将更加突出。加快培育和发展节能汽车与新能源汽车，既是有效缓解能源和环境压力，推动汽车产业可持续发展的紧迫任务，也是加快汽车产业转型升级、培育新的经济增长点和国际竞争优势的战略举措。为落实国务院关于发展战略性新兴产业和加强节能减排工作的决策部署，加快培育和发展节能与新能源汽车产业，特制定本规划。规划期为2012—2020年。

一、发展现状及面临的形势

新能源汽车是指采用新型动力系统，完全或主要依靠新型能源驱动的汽车，本规划所指新能源汽车主要包括纯电动汽车、插电式混合动力汽车及燃料电池汽车。节能汽车是指以内燃机为主要动力系统，综合工况燃料消耗量优于下一阶段目标值的汽车。发展节能与新能源汽车是降低汽车燃料消耗量，缓解燃油供求矛盾，减少尾气排放，改善大气环境，促进汽车产业技术进步和优化升级的重要举措。

我国新能源汽车经过近10年的研究开发和示范运行，基本具备产业化发展基础，电池、电机、电子控制和系统集成等关键技术取得重大进步，纯电动汽车和插电式混合动力汽车开始小规模投放市场。近年来，汽车节能技术推广应用也取得积极进展，通过实施乘用车燃料消耗量限值标准和鼓励购买小排量汽车的财税政策等措施，先进内燃机、高效变速器、轻量化材料、整车优化设计以及混合动力等节能技术和产品得到大力推广，汽车平均燃料消耗量明显降低；天然气等替代燃料汽车技术基本成熟并初步实现产业化，形成了一定市场规模。但总体上看，我国新能源汽车整车和部分核心零部件关键技术尚未突破，产品成本高，社会配套体系不完善，产业化和市场化发展受到制约；汽车节能关键核心技术尚未完全掌握，燃料经济性与国际先进水平相比还有一定差距，节能型小排量汽车市场占有率偏低。

为应对日益突出的燃油供求矛盾和环境污染问题，世界主要汽车生产国纷纷加快部署，将发展新能源汽车作为国家战略，加快推进技术研发和产业化，同时大力发展和推广应用汽车节能技术。节能与新能源汽车已成为国际汽车产业的发展方向，未来10年将迎来全球汽车产业转型升级的重要战略机遇期。目前我国汽车产销规模已居世界首位，预计在未来一段时期仍将持续增长，必须抓住机遇、抓紧部署，加快培育和发展节能与新能源汽车产业，促进汽车产业优化升级，实现由汽车工业大国向汽车工业强国转变。

二、指导思想和基本原则

（一）指导思想

以邓小平理论和“三个代表”重要思想为指导，深入贯彻落实科学发展观，把培育和发展节能与新能源汽车产业作为加快转变经济发展方式的一项重要任务，立足国情，依托产业基础，按照市场主导、创新驱动、重点突破、协调发展的要求，发挥企业主体作用，加大政策扶持力度，营造良好发展环境，提高节能与新能源汽车创新能力和产业化水平，推动汽车产业优化升级，增强汽车工业的整体竞争能力。

（二）基本原则

坚持产业转型与技术进步相结合。加快培育和发展新能源汽车产业，推动汽车动力系统电动化转型。坚持统筹兼顾，在培育发展新能源汽车产业的同时，大力推广普及节能汽车，促进汽车产业技术升级。

坚持自主创新与开放合作相结合。加强创新发展，把技术创新作为推动我国节能与新能源汽车产业发展的主要驱动力，加快形成具有自主知识产权的技术、标准和品牌。充分利用全球创新资源，深层次开展国际科技合作与交流，探索合作新模式。

坚持政府引导与市场驱动相结合。在产业培育期，积极发挥规划引导和政策激励作用，聚集科技和产业资源，鼓励节能与新能源汽车的开发生产，引导市场消费。进入产业成熟期后，充分发挥市场对产业发展的驱动作用和配置资源的基础作用，营造良好的市场环境，促进节能与新能源汽车大规模商业化应用。

坚持培育产业与加强配套相结合。以整车为龙头，培育并带动动力电池、电机、汽车电子、先进内燃机、高效变速器等产业链加快发展。加快充电设施建设，促进充电设施与智能电网、新能源产业协调发展，做好市场营销、售后服务以及电池回收利用，形成完备的产业配套体系。

三、技术路线和主要目标

（一）技术路线

以纯电驱动为新能源汽车发展和汽车工业转型的主要战略取向，当前重点推进纯电动汽车和插电式混合动力汽车产业化，推广普及非插电式混合动力汽车、节能内燃机汽车，提升我国汽车产业整体技术水平。

（二）主要目标

1. 产业化取得重大进展。到2015年，纯电动汽车和插电式混合动力汽车累计产销量力争达到50万辆；到2020

年，纯电动汽车和插电式混合动力汽车生产能力达200万辆、累计产销量超过500万辆，燃料电池汽车、车用氢能源产业与国际同步发展。

2. 燃料经济性显著改善。到2015年，当年生产的乘用车平均燃料消耗量降至6.9升/百公里，节能型乘用车燃料消耗量降至5.9升/百公里以下。到2020年，当年生产的乘用车平均燃料消耗量降至5.0升/百公里，节能型乘用车燃料消耗量降至4.5升/百公里以下；商用车新车燃料消耗量接近国际先进水平。

3. 技术水平大幅提高。新能源汽车、动力电池及关键零部件技术整体上达到国际先进水平，掌握混合动力、先进内燃机、高效变速器、汽车电子和轻量化材料等汽车节能关键核心技术，形成一批具有较强竞争力的节能与新能源汽车企业。

4. 配套能力明显增强。关键零部件技术水平和生产规模基本满足国内市场需求。充电设施建设与新能源汽车产销规模相适应，满足重点区域内或城际间新能源汽车运行需要。

5. 管理制度较为完善。建立起有效的节能与新能源汽车企业和产品相关管理制度，构建市场营销、售后服务及动力电池回收利用体系，完善扶持政策，形成比较完备的技术标准和管理规范体系。

四、主要任务

（一）实施节能与新能源汽车技术创新工程

增强技术创新能力是培育和发展节能与新能源汽车产业的中心环节，要强化企业在技术创新中的主体地位，引导创新要素向优势企业集聚，完善以企业为主体、市场为导向、产学研用相结合的技术创新体系，通过国家科技计划、专项等渠道加大支持力度，突破关键核心技术，提升产业竞争力。

1. 加强新能源汽车关键核心技术研究。大力推进动力电池技术创新，重点开展动力电池系统安全性、可靠性研究和轻量化设计，加快研制动力电池正负极、隔膜、电解质等关键材料及其生产、控制与检测等装备，开发新型超级电容器及其与电池组合系统，推进动力电池及相关零配件、组合件的标准化和系列化；在动力电池重大基础和前沿技术领域超前部署，重点开展高比能动力电池新材料、新体系以及新结构、新工艺等研究，集中力量突破一批支撑长远发展的关键共性技术。加强新能源汽车关键零部件研发，重点支持驱动电机系统及核心材料，电动空调、电动转向、电动制动器等电动化附件的研发。开展燃料电池电堆、发动机及其关键材料核心技术研究。把握世界新能源汽车发展动向，对其他类型的新能源汽车技术加大研究力度。

到2015年，纯电动乘用车、插电式混合动力乘用车最高车速不低于100公里/小时，纯电驱动模式下综合工况续驶里程分别不低于150公里和50公里；动力电池模块比能量达到150瓦时/公斤以上，成本降至2元/瓦时以下，循环使用寿命稳定达到2000次或10年以上；电驱动系统功率密度达到2.5千瓦/公斤以上，成本降至200元/千瓦以下。到2020年，动力电池模块比能量达到300瓦时/公斤以上，成本降至1.5元/瓦时以下。

2. 加大节能汽车技术研发力度。以大幅提高汽车燃料经济性水平为目标，积极推进汽车节能技术集成创新和引进消化吸收再创新。重点开展混合动力技术研究，开发混合动力专用发动机和机电耦合装置，支持开展柴油机高压共轨、汽油机缸内直喷、均质燃烧以及涡轮增压等高效内燃机技术和先进电子控制技术的研发；支持研制六档及以上机械变速器、双离合器式自动变速器、商用车自动控制机械变速器；突破低阻零部件、轻量化材料与激光拼焊成型技术，大幅提高小排量发动机的技术水平。开展高效控制氮氧化物等污染物排放技术研究。

3. 加快建立节能与新能源汽车研发体系。引导企业加大节能与新能源汽车研发投入，鼓励建立跨行业的节能与新能源汽车技术发展联盟，加快建设共性技术平台。重点开展纯电动乘用车、插电式混合动力乘用车、混合动力商用车、燃料电池汽车等关键核心技术研发；建立相关行业共享的测试平台、产品开发数据库和专利数据库，实现资源共享；整合现有科技资源，建设若干国家级整车及零部件研究试验基地，构建完善的技术创新基础平台；建设若干具有国际先进水平的工程化平台，发展一批企业主导、科研机构和高等院校积极参与的产业技术创新联盟。推动企业实施商标品牌战略，加强知识产权的创造、运用、保护和管理，构建全产业链的专利体系，提升产业竞争能力。

（二）科学规划产业布局

我国已建设形成完整的汽车产业体系，发展节能与新能源汽车既要利用好现有产业基础，也要充分发挥市场机制作用，加强规划引导，以提高发展效率。

1. 统筹发展新能源汽车整车生产能力。根据产业发展的实际需要和产业政策要求，合理发展新能源汽车整车生产能力。现有汽车企业实施改扩建时要统筹考虑建设新能源汽车产能。在产业发展过程中，要注意防止低水平盲目投资和重复建设。

2. 重点建设动力电池产业聚集区域。积极推进动力电池规模化生产，加快培育和发展一批具有持续创新能力的动力电池生产企业，力争形成2~3家产销规模超过百亿瓦时、具有关键材料研发生产能力的龙头企业，并在正负极、隔膜、电解质等关键材料领域分别形成2~3家骨干生产企业。

3. 增强关键零部件研发生产能力。鼓励有关市场主体积极参与、加大投入力度，发展一批符合产业链聚集要求、具有较强技术创新能力的关键零部件企业，在驱动电机、高效变速器等领域分别培育2~3家骨干企业，支持发展整车企业参股、具有较强国际竞争力的专业化汽车电子企业。

（三）加快推广应用和试点示范

新能源汽车尚处于产业化初期，需要加大政策支持力度，积极开展推广试点示范，加快培育市场，推动技术进步和产业发展。节能汽车已具备产业化基础，需要综合采用标准约束、财税支持等措施加以推广普及。

1. 扎实推进新能源汽车试点示范。在大中型城市扩大公共服务领域新能源汽车示范推广范围，开展私人购买新能源汽车补贴试点，重点在国家确定的试点城市集中开展新能源汽车产品性能验证及生产使用、售后服务、电池回收利用的综合评价。探索具有商业可行性的市场推广模式，协调发展充电设施，形成试点带动技术进步和产业发展的有效机制。

探索新能源汽车及电池租赁、充换电服务等多种商业模式，形成一批优质的新能源汽车服务企业。继续开展燃料电池汽车运行示范，提高燃料电池系统的可靠性和耐久性，带动氢的制备、储运和加注技术发展。

2. 大力推广普及节能汽车。建立完善的汽车节能管理制度，促进混合动力等各类先进节能技术的研发和应用，加快推广普及节能汽车。出台以企业平均燃料消耗量和分阶段目标值为基础的汽车燃料消耗量管理办法，2012 年开始逐步对在中国境内销售的国产、进口汽车实施燃料消耗量管理，切实开展相关测试和评价考核工作，并提出 2016 至 2020 年汽车产品节能技术指标和年度要求。实施重型商用车燃料消耗量标示制度和氮氧化物等污染物排放公示制度。

3. 因地制宜发展替代燃料汽车。发展替代燃料汽车是减少车用燃油消耗的必要补充。积极开展车用替代燃料制造技术的研发和应用，鼓励天然气（包括液化天然气）、生物燃料等资源丰富的地区发展替代燃料汽车。探索其他替代燃料汽车技术应用途径，促进车用能源多元化发展。

（四）积极推进充电设施建设

完善的充电设施是发展新能源汽车产业的重要保障。要科学规划，加强技术开发，探索有效的商业运营模式，积极推进充电设施建设，适应新能源汽车产业化发展的需要。

1. 制定总体发展规划。研究制定新能源汽车充电设施总体发展规划，支持各类适用技术发展，根据新能源汽车产业化进程积极推进充电设施建设。在产业发展初期，重点在试点城市建设充电设施。试点城市应按集约化利用土地、标准化施工建设、满足消费者需求的原则，将充电设施纳入城市综合交通运输体系规划和城市建设相关行业规划，科学确定建设规模和选址分布，适度超前建设，积极试行个人和公共停车位分散慢充等充电技术模式。通过总结试点经验，确定符合区域实际和新能源汽车特点的充电设施发展方向。

2. 开展充电设施关键技术研究。加快制定充电设施设计、建设、运行管理规范及相关技术标准，研究开发充电设施接网、监控、计量、计费设备和技术，开展车网融合技术研究和应用，探索新能源汽车作为移动式储能单元与电网实现能量和信息双向互动的机制。

3. 探索商业运营模式。试点城市应加大政府投入力度，积极吸引社会资金参与，根据当地电力供应和土地资源状况，因地制宜建设慢速充电桩、公共快速充换电等设施。鼓励成立独立运营的充换电企业，建立分时段充电定价机制，逐步实现充电设施建设和管理市场化、社会化。

（五）加强动力电池梯级利用和回收管理

制定动力电池回收利用管理办法，建立动力电池梯级利用和回收管理体系，明确各相关方的责任、权利和义务。引导动力电池生产企业加强对废旧电池的回收利用，鼓励发展专业化的电池回收利用企业。严格设定动力电池回收利用企业的准入条件，明确动力电池收集、存储、运输、处理、再生利用及最终处置等各环节的技术标准和管理要求。加强监管，督促相关企业提高技术水平，严格落实各项环保规定，严防重金属污染。

五、保障措施

（一）完善标准体系和准入管理制度

进一步完善新能源汽车准入管理制度和汽车产品公告制度，严格执行准入条件、认证要求。加强新能源汽车安全标准的研究与制定，根据应用示范和规模化发展需要，加快研究制定新能源汽车以及充电、加注技术和设施的相关标准。制定并实施分阶段的乘用车、轻型商用车和重型商用车燃料消耗量目标值标准。积极参与制定国际标准。2013 年前，基本建立与产业发展和能源规划相适应的节能与新能源汽车标准体系。

（二）加大财税政策支持力度

中央财政安排资金，对实施节能与新能源汽车技术创新工程给予适当支持，引导企业在技术开发、工程化、标准制定、市场应用等环节加大投入力度，构建产学研用相结合的技术创新体系；对公共服务领域节能与新能源汽车示范、私人购买新能源汽车试点给予补贴，鼓励消费者购买使用节能汽车；发挥政府采购的导向作用，逐步扩大公共机构采购节能与新能源汽车的规模；研究基于汽车燃料消耗水平的奖惩政策，完善相关法律法规。新能源汽车示范城市安排一定资金，重点用于支持充电设施建设、建立电池梯级利用和回收体系等。

研究完善汽车税收政策体系。节能与新能源汽车及其关键零部件企业，经认定取得高新技术企业所得税优惠资格的，可以依法享受相关优惠政策。节能与新能源汽车及其关键零部件企业从事技术开发、转让及相关咨询、服务业务所取得的收入，可按规定享受营业税免税政策。

（三）强化金融服务支撑

引导金融机构建立鼓励节能与新能源汽车产业发展的信贷管理和贷款评审制度，积极推进知识产权质押融资、产业链融资等金融产品创新，加快建立包括财政出资和社会资金投入在内的多层次担保体系，综合运用风险补偿等政策，促进加大金融支持力度。支持符合条件的节能与新能源汽车及关键零部件企业在境内外上市、发行债务融资工具；支持符合条件的上市公司进行再融资。按照政府引导、市场运作、管理规范、支持创新的原则，支持地方设立节能与新能源汽车创业投资基金，符合条件的可按规定申请中央财政参股，引导社会资金以多种方式投资节能与新能源汽车产业。

（四）营造有利于产业发展的良好环境

大力发展有利于扩大节能与新能源汽车市场规模的专业服务、增值服务等新业态，建立新能源汽车金融信贷、保险、租赁、物流、二手车交易以及动力电池回收利用等市场营销和售后服务体系，发展新能源汽车及关键零部件质量安全检测服务平台。研究实行新能源汽车停车费减免、充电费优惠等扶持政策。有关地方实施限号行驶、牌照额度拍卖、购车配额指标等措施时，应对新能源汽车区别对待。

（五）加强人才队伍保障

牢固树立人才第一的思想，建立多层次的人才培养体系，加大人才培养力度。以国家有关专项工程为依托，在节能与新能源汽车关键核心技术领域，培养一批国际知名的领军人才。加强电化学、新材料、汽车电子、车辆工程、机电一体化等相关学科建设，培养技术研究、产品开发、经营管理、知识产权和技术应用等人才。按照《国家中长期人才发展规划纲要（2010—2020年）》的有关要求推进人才引进工作，鼓励企业、高校和科研机构从国外引进优秀人才。重视发展职业教育和岗位技能提升培训，加大工程技术人员和专业技能人才的培养力度。

（六）积极发挥国际合作的作用

支持汽车企业、高校和科研机构在节能与新能源汽车基础和前沿技术领域开展国际合作研究，进行全球研发服务外包，在境外设立研发机构、开展联合研发和向国外提交专利申请。积极创造条件开展多种形式的技术交流与合作，学习和借鉴国外先进技术和经验。完善出口信贷、保险等政策，支持新能源汽车产品、技术和服务出口。支持企业通过在境外注册商标、境外收购等方式培育国际化品牌。充分发挥各种多双边合作机制的作用，加强技术标准、政策法规等方面国际交流与协调，合作探索推广新能源汽车的新型商业化模式。

六、规划实施

成立由工业和信息化部牵头，发展改革委、科技部、财政部等部门参加的节能与新能源汽车产业发展部际协调机制，加强组织领导和统筹协调，综合采取多种措施，形成工作合力，加快推进节能与新能源汽车产业发展。各有关部门根据职能分工制定本部门工作计划和配套政策措施，确保完成规划提出的各项目标任务。

有关地区要按照规划确定的目标、任务和政策措施，结合当地实际制定具体落实方案，切实抓好组织实施，确保取得实效。具体工作方案和实施过程中出现的新情况、新问题要及时报送有关部门。

科技部关于印发国家科技企业孵化器“十二五”发展规划的通知

国科发高〔2012〕1222号

各省、自治区、直辖市以及计划单列市科技厅（委、局），新疆生产建设兵团科技局，各国家高新技术产业开发区管委会，各有关单位：

为进一步贯彻落实《国家中长期科学和技术发展规划纲要（2006—2020年）》和《国家“十二五”科学和技术发展规划》，加快推动科技企业孵化器发展，我部组织编制了《国家科技企业孵化器“十二五”发展规划》。现印发你们，请结合本地区、本行业实际情况，做好落实工作。

特此通知。

附件：国家科技企业孵化器“十二五”发展规划

科技部

2012年12月29日

附件

国家科技企业孵化器“十二五”发展规划

为深入推动科技企业孵化器（包括高新技术创业服务中心、留学人员创业园、国际企业孵化器等创业孵化载体，以下简称孵化器）事业持续健康发展，引导孵化器不断创新和提升整体孵化能力，培养科技型中小企业和创业领军人才，促进科技成果产业化，培育战略性新兴产业，依据《国家中长期科学和技术发展规划纲要（2006—2020年）》、《国家中长期人才发展规划纲要（2010—2020年）》和《国家“十二五”科学和技术发展规划》，制定本规划。

一、“十一五”发展情况

（一）政策环境更加优化

“十一五”期间，国家制定一系列扶持科技创新创业和发展孵化器事业的政策措施，体现了建设创新型国家的战略导向。《国家中长期科学和技术发展规划纲要（2006—2020年）》、《国家中长期人才发展规划纲要（2010—2020年）》，明确提出加大对创业孵化器基础设施投入和创建创业服务网络，并试行了孵化器税收减免政策；许多地方出台政策文件确立了发展孵化器事业的战略部署，加大了支持力度。孵化器对促进科技成果产业化、培育科技企业和企业家，提高自主创新能力和发展战略性新兴产业的基础性作用在社会上形成广泛共识。

（二）事业快速发展壮大

“十一五”期间，孵化器发展规模是前20年的总和，孵化器建设得到国家科技、教育、人力资源社会保障、财政、税务等部门以及社会组织的广泛认可和积极参与，社会基础进一步扩大。截至2010年末，全国纳入火炬计划统计体系的科技企业孵化器达到896家（其中国家级346家），孵化面积超过3000万平方米，服务和管理人员队伍达1.5万余人，在孵企业56382家，其中留学生企业7677家，留学回国人员16184人。我国孵化器的数量和规模均跃居世界前列，中国孵化器事业发展进入历史最好时期，初步完成全国区域布局。

（三）服务创新成效显著

“十一五”期间，由科技部和共青团中央等部门共同启动的中国火炬创业导师行动，形成3500多人的创业辅导队伍，促进了创业咨询、培训、辅导和跟踪制度的建立，推动了被辅导企业的快速成长；孵化器持股孵化模式初步创立，形成投资人、孵化器和创业企业的利益共同体，诞生了以民营资本为主的孵化器投资基金和针对科技创业竞赛的专项投资基金；2010年，依托孵化器设立的149个大学生科技创业见习基地，强化了孵化器与大学的战略合作，形成5871家大学生创业企业，带动了数万大学生以科技创业促进就业的创新模式。

（四）服务体系逐步健全

“十一五”期间，我国孵化器从中心城市和国家高新区向有条件的县市区辐射，体现了创新创业与当地资源、产业方向和市场需求的有机对接；由清华、南开、厦门等众多大学研究机构与孵化器共同建立的创业孵化研究联盟，为孵化器的战略发展提供了理论支撑；孵化器管理处和孵化器即时通讯信息平台的建立，全国和行业孵化器网络年会、地方孵化器协会组织、中国技术创业协会孵化联盟和留学人员创业园联盟等服务网络体系得到强化，创业服务的受益群体范围进一步扩大，孵化器的多元化投资、专业化运营、网络化服务和国际化发展格局已基本形成。

（五）社会价值充分彰显

截至2010年末，全国孵化器在孵企业带动就业人数达117.8万人，其中大专以上学历超过74%。毕业企业累计近4万家，其中毕业当年收入超过1000万元的企业达30%以上，累计上市企业超过158家。仅2010年毕业企业5930家，其中超过1000万元的1509家、被并购64家，当年毕业上市企业23家；孵化器内申请知识产权保护的企业超过90%，获得专利的达到60%，其中有发明专利和软件著作权的企业超过40%。孵化器已成为高层次创业人才的集聚地和培育战略性新兴产业领军人才的摇篮，成为国家“千人计划”创业类人才的主要聚集地，全国的80%以上“千人计划”创业人才落户孵化器。同时，孵化器也成为国际科技合作的重要载体，“十一五”期间已完成对俄罗斯、中欧、非洲和东南亚20多个国家地区、300多人次的孵化器管理培训工作，加快“引进来、走出去”和多边合作步伐，提升了我国孵化器的国际地位和影响。孵化器在弘扬创新、创业精神，促进我国经济发展、优化经济结构、增加就业、创造税收等方面的社会价值正充分显现。

二、“十二五”面临的形势

在国际金融危机深刻影响下，世界主要国家重新审视和调整各自的经济发展方式，都将科技创新提升为国家发展战略，纷纷大幅增加研发投入，竞相争夺技术、资金、人才、市场等创新资源，抢占战略性新兴产业发展的先机和主动权。积极应对国际金融危机带来的影响，面对日益严峻的能源、资源、生态环境的约束，孵化器要充分聚集和整合各类创新创业要素，促进科技创新创业活动的开展，以科技创新引领区域经济的转型发展，提高我国经济发展质量和效益。

科技发展突飞猛进，在信息、生物、新能源、纳米等前沿技术领域酝酿着革命性的突破，以智能、绿色和普惠为特征的新技术革命和新产业形态蓄势待发。科技创新正在改变财富获取方式和国际经济社会格局。中国同样也面临通过战略性新兴产业实现跨越发展的重要战略机遇。孵化器要充分发挥培养创新创业人才和战略性新兴产业源头企业的作用，努力推动科技型中小企业的技术创新和突破，促进战略性新兴产业在孵化器内的孕育和产生。

大批具有自主知识产权的科技型中小企业，是推动我国经济转型发展的重要力量。然而，科技型中小企业的原始创新能力、关键技术攻关能力和系统集成能力仍然比较薄弱，创新人才尤其是复合型创新和管理人才十分短缺。科技型中小企业在资金筹措、技术开发、市场进入和组织管理等方面还存在许多困难，在激烈的市场竞争条件下，企业存活非常困难。作为服务科技型中小企业的重要载体，孵化器肩负着服务创新创业的神圣使命和社会责任。面对各类技术创业群体和复杂的市场竞争格局，孵化器应以勇于改革创新的精神，高质量、高效率的服务，创新的孵化模式，为科技型中小企业的健康快速成长营造良好的环境。

目前，相对于活跃的科技创新创业活动，我国孵化器的服务水平亟待提高，主要表现为：支持孵化器和创业企业的政策环境尚待健全；整体数量和质量尚难满足不断增长的科技创业需求；对创业企业整体服务能力和水平有待进一步提高；管理体制和运行机制有待进一步创新，链接与整合社会资源的能力不足等，这些问题都亟须在“十二五”期间研究和重点解决。

三、指导思想、原则和目标

（一）指导思想

深入贯彻科学发展观，以国家中长期科技和人才发展规划纲要精神为指导，以科技创新创业为主题，以提高孵化器服务能力和水平为核心，以培育战略性新兴产业源头企业和创新创业领军人才为目标，深化改革，不断创新，为转方式、调结构，支撑区域经济发展，营造科技型中小企业发展的良好环境，把我国建设成为世界孵化器强国。

“十二五”期间，孵化器要实现从注重载体建设向注重主体培育转变；从注重企业集聚向注重产业培育转变；从注重基础服务向注重增值服务转变；从注重科技创业孵化向注重科技创新创业的全链条孵化转变；从注重基础建设向可持续发展转变，形成孵化器投资主体多元化、运行机制多样化、组织体系网络化、创业服务专业化、服务体系规范化、资源共享国际化的发展局面。

（二）发展原则

——政府引导原则。坚持孵化服务的社会公益目标，强化政府规划引导、公共财政支持的核心作用，充分发挥市场配置社会资源的基础性作用，引导多种管理体制和运营机制孵化器的发展；

——质量优先原则。在整体规模扩大的基础上，努力提高孵化能力和服务水平、拓展服务领域、提升服务质量、提高孵化效率，强化孵化器在人才凝聚、产业培育、研发支撑、资本驱动和市场渠道等方面的组织功能；

——分类指导原则。以产业和区域优势资源为依托，确立孵化器专业化发展方向和高效运行机制，建设世界一流、区域标杆和具有专业特色的孵化器，促进欠发达地区孵化器、农业科技孵化器和民营孵化器的能力提升与数量质量并举；

——突出重点原则。以战略性新兴产业的创新成果及创业领军人才的培育为重点，促进孵化器与大学和科研院所的密切合作，完善企业加速成长机制，打造科技创业孵化链条，持续不断地发掘和培育拥有自主知识产权的科技创业企业。

（三）发展目标

“十二五”期间，孵化器的总体发展目标是建设和完善科技创新创业服务体系，提升区域科技企业孵化能力，培育战略性新兴产业源头企业，培养高水平、高素质、高层次的创业团队，营造科技创新创业良好环境，在全社会形成科技创新带动创业高潮，为转变我国经济发展方式、建设创新型国家奠定坚实基础。

2015年，全国孵化器数量达1500家，其中国家级孵化器达到500家，并实施国家级孵化器的动态管理和退出机制。国家级孵化器30%以上建立创业苗圃和企业加速器，50%以上具有天使投资和持股孵化功能，60%以上从业人员接受孵化器专业培训，80%建有公共技术服务平台，90%形成创业导师辅导体系。

——建设科技创新创业示范区

发挥孵化器引导作用，引领区域创新能力提升，营造良好创新创业环境，建设创新创业生态系统。在“十二五”期间，推动建设数十家科技创新创业示范区建设。

——建设标杆科技企业孵化器

培育和建设百家世界一流、区域标杆和独具特色的科技创新创业载体，充分发挥优秀孵化器的示范带动作用，提高孵化器参与国际竞争的能力。

——培育高水平、高层次、高素质创业团队

孵化器内企业就业人员超过200万，其中，大专以上学历超过80%；聚集国家“千人计划”创业类人才占总数80%以上，培育千家高水平创业团队。

——培育具有核心竞争力的高成长性企业

在孵企业达10万家，累计毕业企业超过6万家。在孵企业50%以上申请专利，40%获得专利。培育万家具有核心竞争力的高成长性企业。

四、重点任务

（一）创新机制，实现多元发展

——实施分类指导。制定世界一流、区域标杆和具有专业特色孵化器的评价标准和细则，围绕培育战略性新兴产业和提升区域科技创新创业孵化能力，提升经济发达地区或科教资源丰富地区孵化器的质量，推动其他地区孵化器的数量扩张和质量并举。对国家级孵化器实施分类指导，全面促进孵化器专业化和特色化发展。

——打造孵化链条。针对不同成长阶段科技企业的需求，建设与之相适应的不同类型科技创新创业孵化载体，从创业苗圃（大学生科技创业见习基地）到孵化器、加速器，再到产业园等，建立完善的科技创新创业孵化链条。建设“创业苗圃+孵化器+加速器”的孵化体系，制定和完善管理办法和实施细则，加强规范管理。

——创新孵化形态。鼓励孵化器采取多种形式发展，探索建立网络虚拟孵化器、微型孵化器、农业科技企业孵化器、创新工场等类型的新型孵化器，辐射更多科技创业者，鼓励有条件的孵化器向外输出孵化服务。

——创新运营机制。鼓励社会资本投资兴办孵化器，在保持孵化器公益性基础上，探索孵化器可持续发展的运营模式。鼓励国有孵化器实行组织创新和机制创新，采用市场机制运营。采用持股孵化等激励机制，充分调动从业人员的积极性。

（二）拓展功能，提升服务能力

——聚集创新创业要素。拓宽孵化器服务内容，进一步聚集政、产、学、研、金、介、贸等优势资源，实现技术转移、成果推广、国际合作、人才引进和融资服务等各种创新要素集聚，为科技企业提供全方位、多层次和多元化的一站式服务。建立公共技术服务平台和专业服务体系，不断提升服务质量和水平。

——健全金融投资功能。积极完善孵化器的投融资功能，鼓励孵化器及其管理人员持股孵化。鼓励孵化器与创业投资机构合作，建立孵化体系内的天使投资网络，实现孵化体系内资金和项目的共享。加大与银行、担保等金融机构的合作力度，积极创新面向科技创业企业的金融产品，缓解在孵企业融资难问题。

——加强创业导师建设。制定和完善创业导师管理办法和实施细则，加强对创业导师的认定和规范工作，建立完善的“联络员＋辅导员＋创业导师”的孵化体系。

——强化孵化培训工作。建立完善的孵化培训体系，开展对孵化器管理人员、孵化服务人员和创业者三个层次的培训，不断提高孵化器行业从业人员水平和能力，提升孵化绩效。建设孵化从业人员培训基地，加强对从业人员的培训、考核和资质认定。

（三）完善网络，搭建共享平台

——建设网络平台。加强孵化器信息化管理和行业之间的联系，建设全国统一的“科技创新创业网络信息平台”，促进孵化器之间合作交流，并为在孵企业间的信息发布、交易和合作提供空间和便利条件。探索建立以孵化器为信誉担保主体的孵化采购交易平台。

——加强专业合作。加强与大学和科研院所等创新源头的合作，对接生产力促进中心、技术转移中心等其他科技服务机构，形成与技术转移、创业服务、市场拓展和投融资等服务机构合作的互利共赢模式。

——完善行业组织。建立和完善孵化器行业联盟和区域性行业组织。加强区域性行业组织之间的联系和合作。发挥各自优势，加强东西部孵化器对口帮扶。积极创办全国性孵化器的行业协会，加强行业合作，规范行业行为，促进行业发展。

——推动国际合作。充分发挥国际企业孵化器和留学人员创业园的作用，吸引外籍人士、海外归国留学人员来华创业。鼓励与海外机构和组织合作，通过引进技术、资金、高端管理人才等方式共建孵化器。鼓励并支持有条件的孵化器在海外建设国际孵化基地，开展国际企业境外孵化服务。鼓励孵化器及在孵企业开展国际交流、培训及项目合作。

（四）营造环境，弘扬创业文化

——建设创新创业示范区。支持科技创新创业活跃、孵化能力突出的园区或城市，建设科技创新创业示范区，并建立完善相关考核、评价标准和细则，营造良好的创新创业环境。

——聚集创新创业人才。鼓励孵化器落实国家千人计划，集聚高层次创业人才。鼓励孵化器建立人才信息平台，建立健全在孵企业人才信息与交流的机制。鼓励孵化器开展人才培训、人才招聘、人才与项目对接、人才展示等服务工作。

——举办创新创业大赛。本着“集中资源、提升水平、覆盖全国”原则，充分调动地方积极性，聚集科技、金融和媒体在内的各种社会资源，举办全国层面的“中国创新创业大赛”，帮助优秀创业者脱颖而出，在全社会营造创新创业良好氛围，弘扬创新创业文化。

——树立创新创业品牌。建立“CTP科技企业孵化器”统一标识，发挥火炬品牌的国内外影响、辐射和对创业企业的集聚作用。推动孵化器创业者沙龙和文化建设，搭建孵化器及创业者的互动合作平台。

——加强理论研究指导。支持专业研究机构的创建及发展。鼓励研究机构、专家学者、孵化从业者等开展合作研究。支持研究孵化器理论和实践问题，总结孵化器实践发展中的新变化、新特点和新趋势，探索孵化器未来的发展道路。

五、保障措施

（一）加强组织领导

——科技部把孵化器工作作为建设创新型国家的重要内容，发挥对培育战略性新兴产业源头企业和创新创业领军人才的载体作用。研究制定有关促进孵化器事业发展的政策举措，建立科学的管理、评价和激励机制。

——各级地方政府和科技行政管理部门，要把发展孵化器事业列入政府工作计划和科技工作考核目标。优先安排孵化器新建和扩建用地，减免相关税费，向孵化器返补一定比例的企业税收，以增强孵化器培育高新技术企业和新增税源的能力。

——国家高新区和创新型产业集群，要把发展孵化器事业作为推动自主创新和培育战略性新兴产业的重要手段，纳入整体工作考核和绩效评价体系，强化引导和培育本土创业企业的战略目标，完善扶植政策，成为建设世界一流孵化器和区域性标杆孵化器的排头兵。

（二）完善政策法规

进一步研究和制定促进孵化器发展的政策措施。各级政府要加大对国家级孵化器房产税、城镇土地使用税、营业税和所得税优惠政策的落实力度。鼓励地方政府根据当地条件和优势，制定并落实有利于当地孵化器发展和创新创业人才培育的优惠政策，营造良好的政策支撑环境。

（三）加大资金投入

——国家财政资金和科技计划，围绕孵化器基础设施、公共服务、创业培训、创业导师、持股孵化和孵化采购等服务支撑体系建设，加大对孵化器的支持力度，扶植科技创业和创业载体建设。

——国家火炬计划，围绕孵化器的专业技术公共服务平台建设，加大支持范围和力度，进一步发挥孵化器平台的公益性、普惠性和持续性作用，并体现公共财政投入的实效性。

——科技型中小企业技术创新基金和科技型中小企业创业投资引导基金，围绕孵化器在孵企业、留学生和大学生创业企业实施优先扶持，引导天使投资和孵化基金与创新创业大赛优秀项目对接，拓展创新基金筛选科技创业项目的渠道，并加大资助力度。

（四）加强考核宣传

——加强孵化器的统计工作。及时收集、整理和分析孵化器自身、在孵企业和毕业企业的数据信息，编写发展报告，为孵化器政策制定、绩效考核等工作提供重要参考依据。

——注重对毕业企业的跟踪和服务。建立毕业企业典礼、颁证、建档和跟踪制度。鼓励为毕业企业提供持续和更加高端的服务。鼓励毕业企业通过创业导师、共建服务平台、捐款等各种方式反哺孵化器。

——完善孵化器的评价指标体系，加强对各类孵化器的评价和考核。通过复核工作，加强对国家级孵化器的动态管理。

——加强孵化器成效的宣传。围绕核心刊物和媒体，建立完善的孵化器成就和成功经验的宣传体系。探索建立孵化器孵化成效的展示平台，推广先进典型，发挥示范引领作用，扩大孵化器的社会影响。

可再生能源发展“十二五”规划

前言

可再生能源是能源体系的重要组成部分，具有资源分布广、开发潜力大、环境影响小、可永续利用的特点，是有利于人与自然和谐发展的能源资源。当前，开发利用可再生能源已成为世界各国保障能源安全、加强环境保护、应对气候变化的重要措施。随着经济社会的发展，我国能源需求持续增长，能源资源和环境问题日益突出，加快开发利用可再生能源已成为我国应对日益严峻的能源环境问题的必由之路。

“十二五”是我国全面建设小康社会的关键时期，是深化改革开放、加快转变经济发展方式的重要战略机遇期。为实现2015年和2020年非化石能源分别占一次能源消费比重11.4%和15%的目标，加快能源结构调整，培育和打造战略性新兴产业，推进可再生能源产业持续健康发展，按照《可再生能源法》的要求，根据《国民经济和社会发展第十二个五年规划纲要》、《国家能源发展“十二五”规划》，制订《可再生能源发展“十二五”规划》（以下简称“《规划》”）。

《规划》包括了水能、风能、太阳能、生物质能、地热能和海洋能，阐述了2011年至2015年我国可再生能源发展的指导思想、基本原则、发展目标、重点任务、产业布局及保障措施和实施机制，是“十二五”时期我国可再生能源发展的重要依据。

一、规划基础和背景

（一）发展基础

1. 发展现状

“十一五”时期，在《可再生能源法》的推动下，我国可再生能源政策体系不断完善，通过开展资源评价、组织特许权招标、完善价格政策、推进重大工程示范项目建设，培育形成了可再生能源市场和产业体系，可再生能源技术快速进步，产业实力明显提升，市场规模不断扩大，我国可再生能源已步入全面、快速、规模化发展的重要阶段。

——水电开发有序推进，装机规模快速增加。水电是目前技术成熟和最具有经济性的可再生能源，在“十一五”时期保持了稳步快速发展，三峡、拉西瓦、龙滩等大型水电工程陆续建成投产，五年投产装机容量约1亿千瓦。到2010年底，全国水电装机容量达到2.16亿千瓦，比2005年翻了近一番。2010年水电发电量6867亿千瓦时，占全国总发电量的16.2%，折合2.3亿吨标准煤，约占能源消费总量的7%。水电的快速发展为保障能源供应、调整能源结构、应对气候变化，以及促进可持续发展做出了重要贡献。

——风电进入规模化发展阶段，技术装备水平迅速提高。风电新增装机容量连续多年快速增长，2009年以来，我国成为新增风电装机规模最多的国家。到2010年底，风电累计并网装机容量3100万千瓦。2010年风电发电量500亿千瓦时，折合1600万吨标准煤。风电装备制造能力快速提高，已具备1.5兆瓦以上各个技术类型、多种规格机组和主要零部件的制造能力，基本满足陆地和海上风电的开发需要。

——太阳能发电技术进步加快，国内应用市场开始启动。在快速增长的国际市场的带动下，我国已形成了具有国际竞争力的太阳能光伏发电制造产业，2010年光伏电池产量占到全球光伏电池市场的50%。在光伏电池制造技术方面，我国已达到世界先进水平。光伏电池效率不断提高，晶硅组件效率达到15%以上。非晶硅组件效率超过8%，多晶硅等上游材料的制约得到缓解，基本形成了完整的光伏发电制造产业链。在大型光伏电站特许权招标和“金太阳示范工程”推动下，国内太阳能发电市场开始启动，规模化应用的格局正在形成。

——太阳能热利用日益普及，应用范围和领域不断扩大。太阳能热水器沿市场化道路快速发展，在广大城市和农村建筑应用广泛，“家电下乡”进一步扩大了太阳能热水器在农村地区的应用。我国真空集热管具有较强技术优势，中高温集热技术取得重大进展，初步具备产业化发展的条件。到2010年底，太阳能热水器安装使用总量达到1.68亿平方米，年替代化石能源约2000万吨标准煤。

——生物质能多元化发展，综合利用效益显著。生物质发电技术基本成熟，大中型沼气技术日益完善，农村沼气应用范围不断扩大，木薯、甜高粱等非粮生物质制取液体燃料技术取得突破，木薯制取液体燃料开始了规模化利用，万吨级秸秆纤维素乙醇产业化示范工程进入试生产阶段。到2010年底，各类生物质发电装机容量总计约550万千瓦。2010年沼气利用量约140亿立方米，成型燃料利用量约300万吨，生物燃料乙醇利用量180万吨，生物柴油利用量约50万吨，各类生物质能源利用量合计约2000万吨标准煤。

——地热能和海洋能利用技术不断发展，产业化应用潜力较大。浅层地温能在建筑领域的开发利用快速发展，到2010年底，地源热泵供暖制冷建筑面积达到1.4亿平方米。高温地热发电技术趋于成熟，但高温地热资源有限。中低温地热发电新技术和新应用取得突破，今后发展潜力很大。潮汐能利用技术基本成熟，波浪能、潮流能等技术研发和小型示范应用取得进展，开发利用工作尚处于起步阶段，目前已有较好的技术储备，未来有较大的发展潜力。

2010年，水电、风电、生物液体燃料等计入商品能源统计的可再生能源利用量为2.55亿吨标准煤，在能源消费总量中约占7.9%。计入沼气、太阳能热利用等尚没有纳入商品能源统计的品种，可再生能源利用量为2.86亿吨标准煤，约占当年能源消费总量的8.9%。

专栏1 “十一五”期末可再生能源主要发展指标

内容	2005年	“十一五”预期目标	2010年	年均增长（%）
一、发电				
1. 水电（万千瓦）	11 739	19 000	21 606	13.0
其中小水电（万千瓦）	3 850	5 000	5 840	8.7
2. 并网风电（万千瓦）	126	1 000	3 100	89.7
3. 光伏发电（万千瓦）	7	30	80	62.8
4. 各类生物质发电（万千瓦）	200	550	550	22.4
二、供气				
沼气（亿立方米）	80	190	140	11.8
其中农村沼气用户（万户）	1 800	4 000	4 000	17.3
三、供热				
1. 太阳能热水器（万平方米）	8 000	15 000	16 800	16.0
2. 地热等（万吨标准煤/年）	200	400	460	18.1
四、燃料				
1. 燃料乙醇（万吨）	102	200	180	12.0
2. 生物柴油（万吨）	5	20	50	58.5
总利用量（万吨标准煤/年）	16 600		28 600	11.5

2. 存在问题

为适应经济发展方式转变和能源结构调整需要，我国已将开发利用可再生能源作为国家能源发展战略的重要组成部分。从目前可再生能源发展的政策环境和未来规模化发展的要求来看，今后一段时期，可再生能源开发利用面临的主要问题为：

第一，技术和经济性仍是可再生能源发展要解决的最基本问题。近年来，可再生能源技术快速进步，经济性显著改善，但按现有的技术水平和产业基础，除水电、太阳能热水器外，大多数可再生能源产业还处于成长阶段，开发利用的成本仍然较高，加上资源分布不均、市场规模小、不能连续生产等特点，可再生能源在现有市场条件下还缺乏竞争力，必须依靠政策支持等拦施才能支撑其进一步发展，并最终使可再生能源在技术和经济性上达到与常规能源可竞争的水平。

第二，管理体系和市场机制不适应可再生能源规模化发展需要。现有的能源管理体系是以常规能源为基础建立起来的，与可再生能源的特点不适应。电力系统运行机制和管理主要着眼于大电源和大电网特性，没有建立适应可再生能源特点的运行管理体系。可再生能源的间歇性对电力系统运行的挑战随着可再生能源规模的不断增加日益凸显，建立适应可再生能源特点的电力管理体系、市场机制和技术支撑体系十分必要。

第三，具有核心竞争力的技术创新体系尚未形成。我国可再生能源产业在关键技术上与发达国家还有较大差距，缺乏系统的可再生能源技术开发体系，基础研究和技术创新能力不强，关键技术和共性技术研究滞后，可再生能源产业核心竞争力不高。不断完善相关人才培养机制，加快建立可再生能源产业体系，是提高可再生能源产业竞争力、促进可再生能源持续健康发展的重要措施。

（二）发展形势

面对全球日益严峻的能源和环境问题，开发利用可再生能源已成为世界各国保障能源安全、应对气候变化、实现可持续发展的共同选择。

1. 加快开发利用可再生能源已成为国际社会的共识

上世纪七十年代石油危机以来，为保障能源安全，应对气候变化。可再生能源日益受到国际社会的重视。2008年以来的全球金融危机。为可再生能源发展赋予了新的使命，进一步促进了可再生能源的发展。日本福岛核事故后，不少国家能源战略选择“弃核”或延缓核电建设，发展清洁能源和减少温室气体排放的任务更多地转向可再生能源。加快开发利用可再生能源已成为国际社会的共识和共同行动。

第一，可再生能源已成为能源发展的重要领域。目前，可再生能源已成为许多国家能源发展的重要领域，一些国家新增可再生能源发电装机占全部新增发电装机的三分之二以上。2010年全球可再生能源领域的投资超过2000亿美元，风电在欧盟新增发电装机中，已连续多年保持第一。

德国实施2022年前不再使用核电的能源转型战略，通过大规模开发海上风电和加快建设分布式太阳能发电解决核电退出后的电力供应问题。2010年德国光伏发电新增装机740万千瓦，成为该国新增发电装机规模最大的电源。可再生能源已成为这些国家能源投资的重点领域。

第二，可再生能源已在一些地区发挥重要作用。可再生能源在许多国家能源和电力消费中的比重不断扩大，2010年丹麦风电占全部电力消费的20%，西班牙和德国的风电也分别占到全部电力消费的15%和7%，风电已满足欧盟5.3%的电力消费量；2010年丹麦的可再生能源占到全部能源消费量的19%，德国占到近11%，西班牙出现过多次风电出力满足全部用电负荷50%的情况，可再生能源已在这些地区的能源体系中发挥重要作用。

第三，可再生能源已成为竞争激烈的战略性新兴产业。可再生能源开发利用产业链长，配套和支撑产业多，对经济发展的拉动作用显著，许多国家都投入大量资金支持可再生能源技术研发，抢占技术制高点。特别是在全球经济危机中，美欧日等发达国家和印度、巴西等发展中国家都把发展可再生能源作为刺激经济发展、走出经济危机的战略性新兴产业加以扶持，围绕可再生能源技术、产品的国际贸易纠纷不断加剧，市场竞争日益激烈。可再生能源发展水平将成为衡量国家未来发展竞争力的一个新的标志。

第四，可再生能源在未来能源中的地位日益明确。为实现能源转型，走低碳发展道路，许多国家制定了清晰的可再生能源发展战略。欧盟提出了到2020年可再生能源达到欧盟全部能源消费量20%的发展目标，其中德国、法国、英国的目标分别是18%、23%和15%。日本在福岛核事故后，提出2020年前可再生能源发电要满足20%电力需求的目标。丹麦还提出了到2050年完全摆脱对化石能源依赖的宏伟战略，英国也提出到2050年在1990年基础上二氧化碳减排80%的战略目标，确立了可再生能源在未来能源体系中的地位和作用。

2. 开发利用可再生能源是我国实现能源可持续发展的必然选择

开发利用可再生能源既是我国当前调整能源结构、节能减排、合理控制能源消费总量的迫切需要，也是我国未来能源可持续利用和转变经济发展方式的必然选择。

第一，开发利用可再生能源是落实科学发展观、建设资源节约型和环境友好型社会的基本要求。建立充足、安全、清洁的能源供应体系是促进经济社会可持续发展的基本保障。当前，我国正处在工业化和城镇化发展阶段，能源需求快速增长，能源供应以煤为主，进一步发展受资源和环境约束的压力不断加大。为从根本上解决我国的能源供应问题，实现经济和社会的可持续发展，加快开发利用可再生能源是重要的战略选择，也是推进能源科学发展、建设资源节约型和环境友好型社会的基本要求。

第二，开发利用可再生能源是保护环境、应对气候变化的重要措施。当前，我国能源开发利用的环境污染问题突出，生态系统承载空间十分有限，依靠开采和使用化石能源难以持续。面对全球气候变化的严峻形势，我国已将大规模开发利用可再生能源作为应对气候变化的重大举措。我国已明确提出，到2020年单位国内生产总值二氧化碳排放比2005年降低40%～45%、非化石能源在能源消费中的比重达到15%，大力发展可再生能源是实现这一战略目标的主要措施。

第三，开发利用可再生能源是促进农村地区经济发展的重要途径。农村是我国经济社会发展最薄弱的地区，大多数农村地区基础设施落后。目前全国还有约400万人没有电力供应，许多农村地区生活能源仍主要依靠秸秆、薪柴等直接燃烧的传统低效生物质能源。但是，农村地区可再生能源资源十分丰富，加快农村地区可再生能源资源的开发，一方面可利用当地资源，因地制宜解决偏远地区电力供应和农村居民生活用能问题，另一方面可将农村的生物质资源转换为商品能源，使可再生能源成为农村特色产业，增加农民收入，改善农村环境，促进农村地区经济和社会的可持续发展。

第四，开发利用可再生能源是发展战略性新兴产业、推动经济发展方式转变的重要选择。大规模开发利用可再生能源将显著降低经济发展对化石能源资源的消耗，减少对环境的损害，使我国严重依赖资源消耗的发展模式逐渐转变为资源消耗少、环境污染低的科学发展方式。同时，可再生能源是快速增长的战略性新兴产业，发展可再生能源对拉动高端装备制造相关产业发展的作用显著，对促进产业结构升级意义重大。此外，可再生能源已是国际产业竞争的新领域，培育和发展可再生能源产业是增强我国经济发展国际竞争力的重要内容。

二、指导方针和目标

（一）指导思想

高举中国特色社会主义伟大旗帜，以邓小平理论和“三个代表”重要思想为指导，深入贯彻落实科学发展观，以建设资源节约型、环境友好型社会为目标，把发展可再生能源作为构建安全、稳定、经济、清洁的现代能源产业体系以及调控能源消费总量的重大战略举措，按照发展战略性新兴产业的部署，积极推动相关体制机制创新和市场化改革，为可再生能源大规模开发利用和产业发展创造良好环境，显著提高可再生能源的市场竞争力，推动可再生能源全方位、多元化、规模化和产业化发展，为实现“十二五”和2020年非化石能源发展目标、促进国民经济和社会可持续发展提供重要保障。

（二）基本原则

市场机制与政策扶持相结合。制定中长期可再生能源发展目标，培育长期持续稳定的可再生能源市场、以明确的市场需求带动可再生能源技术进步和产业发展，建立鼓励各类投资主体参与和促进公平竞争的市场机制。通过财政扶持、价格支持、税收优惠、强制性市场配额制度、保障性收购等政策，支持可再生能源开发利用和产业发展。

集中开发与分散利用相结合。根据可再生能源资源和电力市场分布，加大资源富集地区可再生能源开发建设力度，建成集中、连片和规模化开发的可再生能源优势区域。同时，发挥可再生能源资源分布广泛、产品形式多样的优势，鼓励各地区就地开发利用各类可再生能源，大力推动分布式可再生能源应用，形成集中开发与分散开发及分布式利用并进的可再生能源发展模式。

规模开发与产业升级相结合。通过制定完善的政策体系，建立持续稳定的市场需求，不断扩大可再生能源市场规模；在市场的规模化发展带动下，提升自主研发能力，促进产业升级壮大和成本降低，提高可再生能源产业的市场竞争力，推动可再生能源更大规模开发利用，形成可再生能源产业的良性循环和自主式发展。

国内发展与国际合作相结合。保持稳定增长的国内可再生能源市场需求，吸引全球技术等资源向我国聚集，形成全球有影响力的可再生能源产业基地。同时，加强多种形式的国际合作，推动我国可再生能源产业融入国际产业体系，并积极参与全球可再生能源的开发利用，促进我国可再生能源产业在全球体系中发挥重要作用。

（三）发展目标

1. 总目标

扩大可再生能源的应用规模，促进可再生能源与常规能源体系的融合，显著提高可再生能源在能源消费中的比重；全面提升可再生能源技术创新能力，掌握可再生能源核心技术，建立体系完善和竞争力强的可再生能源产业。

2. 主要指标

（1）可再生能源在能源消费中的比重显著提高。到2015年全部可再生能源的年利用量达到4.78亿吨标准煤，其中商品化可再生能源年利用量4亿吨标准煤，在能源消费中的比重达到9.5%以上。

（2）可再生能源发电在电力体系中上升为重要电源。“十二五”时期，可再生能源新增发电装机1.6亿千瓦，其中常规水电6100万千瓦，风电7000万千瓦，太阳能发电2000万千瓦，生物质发电750万千瓦，到2015年可再生能源发电量争取达到总发电量的20%以上。

（3）可再生能源供热和燃料利用显著替代化石能源。不断扩大太阳能热利用规模，推进中低温地热直接利用和热泵技术应用，推广生物质成型燃料和生物质热电联产，加快沼气等各类生物质燃气发展。到2015年，可再生能源供热和民用燃料总计年替代化石能源约1亿吨标准煤。

（4）分布式可再生能源应用形成较大规模。建立适应太阳能等分布式发电的电网技术支撑体系和管理体制，建设30个新能源微电网示范工程，综合太阳能等各种分布式发电、可再生能源供热和燃料利用等多元化可再生能源技术，建设100个新能源示范城市和200个绿色能源示范县。发挥分布式能源的优势，解决电网不能覆盖区域的无电人口用电问题。沼气、太阳能、生物质能气化等可再生能源在农村的入户率达到50%以上。

专栏2 “十二五”时期可再生能源开发利用主要指标

内容	利用规模		年产能量		折标煤
	数量	单位	数量	单位	万吨/年
一、发电	39 400	万千瓦	12 030	亿千瓦时	39 000
1. 水电（不含抽水蓄能）	26 000		9 100		29 580
2. 并网风电	10 000		1 900		6 180
3. 太阳能发电	2 100		250		810
4. 生物质发电	1 300		780		2 430
农林生物质发电	800		480		1 500
沼气发电	200		120		370
垃圾发电	300		180		560
二、供气			220	亿立方米	1 750
1. 沼气用户	5 000	万户	215		1 700
2. 工业有机废水沼气	1 000	处	5		50
三、供热制冷					6 050
1. 太阳能热水器	40 000	万平方米			4 550
2. 太阳灶	200	万台			
3. 地热能热利用					1 500
供暖制冷	58 000	万平方米			
供热水	120	万户			
四、燃料					1 000
1. 生物质成型燃料	1 000	万吨			500
2. 生物燃料乙醇	400	万吨			350
3. 生物柴油	100	万吨			150
总计					47 800

三、重点任务

在“十二五”时期，要建立和完善支持可再生能源发展的政策体系，促进可再生能源技术创新和产业进步，不断扩大可再生能源的市场规模，努力提高可再生能源在能源结构中的比重。“十二五”时期重点建设八项重大工程，并以此带动可再生能源的全面开发利用。

专栏3　“十二五”时期可再生能源重点建设工程

1. 大型水电基地建设。优先开发水能资源丰富、分布集中的河流，建设十个千万千瓦级大型水电基地。重点推进金沙江中下游、雅砻江、大渡河、澜沧江中下游、黄河上游、雅鲁藏布江中游等流域（河段）水电开发，启动金沙江上游、澜沧江上游、怒江等流域水电开发工作。

2. 大型风电基地建设。重点建设“三北”（东北、西北和华北）和沿海地区千万千瓦级风电基地，包括河北、内蒙古东部、内蒙古西部、甘肃酒泉地区、新疆哈密地区、吉林、黑龙江及江苏和山东沿海等地区。

3. 海上风电建设。加快海上风电开发，在江苏、山东、河北、上海、广东、浙江等沿海省份，建成一批海上风电示范项目，以示范项目建设带动海上风电技术进步和装备配套能力的提升。

4. 太阳能电站基地建设。在甘肃、青海、新疆等太阳能资源丰富、具有荒漠化等闲置土地资源的地区，建设一批大型光伏电站，结合水电、风电开发情况及电网接入条件，发展水光、风光互补系统，建设若干太阳能发电基地。

5. 生物质替代燃料。发挥生物质能产品形式多样的特点，大力推进生物质替代燃料工程。建设村村沼气工程和大型生物质气化供气工程，满足居民清洁燃气需求，鼓励剩余燃气发电。合理开发盐碱地、荒草地、荒山荒地等边际性土地，开展非粮生物液体燃料示范点建设，替代车用燃料。建立生物质成型燃料生产、储运和使用体系，在城市推广生物质成型燃料集中供热，在农村作为清洁炊事和采暖燃料推广应用。

6. 绿色能源示范县建设。在可再生能源资源丰富地区，支持开展绿色能源示范县建设，建成完善的绿色能源利用体系。鼓励合理开发利用农林废弃生物质能资源、改善村居民生产和生活用能条件等。支持小城镇因地制宜发展中小型可再生能源开发利用设施，满足电力、燃气以及供热等各类用能需求。

7. 新能源示范城市建设，鼓励资源丰富、城市生态环保要求高、经济条件相对较好的城市、按照多能互补的原则，开展太阳能、生物质能、地热能等新能源在城市中的小范围应用。支持各地在产业园区开展先进多样的太阳能等新能源利用技术示范，满足园区的电力、供热、制冷等综合能源需求。

8. 新能源微电网示范建设。在可再生能源资源丰富和具备多元化利用条件的地区，建设小型风能、太阳能、水能设备与储能设施组成的微型电网，以智能电网技术为支撑，开展以新能源发电为主、其他电源及大电网供电为辅的新型供用电模式。

（一）积极发展水电

坚持水电开发与移民致富、环境保护和地方经济社会发展相协调，创新移民安置思路，加强流域水电规划，在做好生态保护和移民安置的前提下积极发展水电，充分发挥水电在增加非化石能源供应中的主力作用。

“十二五”时期，全国开工建设水电 1.6 亿千瓦，其中抽水蓄能电站 4000 万千瓦，新增水电装机容量 7400 万千瓦，其中新增小水电 1000 万千瓦，抽水蓄能电站 1300 万千瓦。到 2015 年，全国水电装机容量达到 2.9 亿千瓦，其中常规水电 2.6 亿千瓦，抽水蓄能电站 3000 万千瓦，已建成常规水电装机容量占全国技术可开发装机容量的 48%。

到 2015 年，西部地区常规水电装机容量达到 1.67 亿千瓦，占全国常规水电装机容量的 64%，水能资源开发程度为 38%。中部地区常规水电装机容量达到 5900 万千瓦，占全国的 23%。东部地区常规水电装机容量达到 3400 万千瓦，占全国的 13%。中、东部地区水能资源开发程度达到 90% 左右。到 2015 年，全国抽水蓄能电站装机容量达到 3000 万千瓦，主要分布在我国东部和中部地区，其中东部、中部地区抽水蓄能电站装机规模分别达到 2070 万千瓦和 800 万千瓦，西部地区达到 130 万千瓦。

到 2020 年，全国水电总装机容量达到 4.2 亿千瓦，其中常规水电总装机容量达到 3.5 亿千瓦，抽水蓄能电站装机容量达到 7000 万千瓦。

水电开发的布局和建设重点是：

1. 流域水电规划。加强河流水电规划等前期工作，继续抓好金沙江中游龙头水库建设论证、藏东南及“三江”（金沙江、澜沧江、怒江）上游水电开发战略规划和“西电东送”接续基地研究等工作；继续推进雅砻江上游和雅鲁藏布江下游水电规划工作；完成金沙江上游、澜沧江上游、黄河上游、雅鲁藏布江中游、怒江和通天河等河流水电规划。

2. 大型水电基地建设。加快推进大型水电基地建设。重点开发水能资源丰富、建设条件较好的金沙江中下游、雅砻江、大渡河、澜沧江中下游、黄河上游、雅鲁藏布江中游等水电基地，启动金沙江上游、澜沧江上游、怒江和通天河等流域水电开发工作；对中、东部地区水能资源继续实施扩机增容和改造升级。

3. 小水电开发与建设。加强中小流域综合治理，积极推进水电增效扩容工程建设，结合水电新农村电气化县建设和实施“小水电代燃料”工程需要，因地制宜、有序推进小水电开发，提高资源丰富的贫困地区小水电开发利用水平。到2015年，建成江西、贵州、湖北、浙江、广西等5个300万千瓦的小水电大省及湖南、广东、福建、云南、四川等5个500万千瓦的小水电强省。

4. 抽水蓄能电站建设。按照“统一规划、合理布局”的原则，适度加快抽水蓄能电站建设。在新能源发电比例高的电力系统区域内，建设增加电力系统运行灵活性和可靠性的抽水蓄能电站。

在接受区外送电比重高的东部沿海地区，合理布局一批经济性优越的抽水蓄能电站，保障电网安全稳定运行。

专栏4 “十二五”时期重点开工的水电站

重点流域	重点项目
金沙江	白鹤滩、乌东德、龙盘、梨园、阿海、龙开口、鲁地拉、观音岩、叶巴滩、拉哇、苏洼龙、昌波、旭龙等
澜沧江	侧格、卡贡、如美、古学、古水、乌弄龙、里底、托巴、黄登、大华桥、苗尾、糯扎渡、橄榄坝等
大渡河	双江口、金川、安宁、巴底、丹巴、猴子岩、黄金坪、硬梁包，枕头坝一、二级，沙坪一、二级，安谷等
黄河上游	门堂、宁木特、玛尔挡、茨哈峡、羊曲、班多等
雅砻江	两河口、牙根一级、牙根二级、孟底沟、杨房沟、卡拉等
怒江干流	松塔、马吉、亚碧罗、六库、赛格等
雅鲁藏布江中游	大古、街需、加查等
其他河流	长江小南海，汉江旬阳、新集，堵河小漩，第二松花江丰满重建，乌江白马，红水河龙滩二期，帕隆藏布忠玉，库玛拉克河大石峡，开都河阿仁萨很托亥水电站等

专栏5 “十二五”时期抽水蓄能电站重点开工项目

区域电网	地区	重点项目	装机规模(万千瓦)
东北电网	黑龙江	荒沟	120
	吉林	敦化	140
	辽宁	桓仁	80
华北电网	河北	丰宁一期	180
		丰宁二期	180
	山东	文登	180
西北电网	宁夏	中宁	60
	新疆	阜康	120
	甘肃	肃南	120
	陕西	镇安	140
华东电网	江苏	马山	70
		句容	135
	浙江	宁海	140
		天荒坪二	210
	安徽	绩溪	180
	福建	厦门	140
华中电网	河南	天池	120
		五岳	80
	重庆	蟠龙	120
	湖北	上进山	120
蒙西电网	内蒙古	锡林浩特	80
南方电网	广东	深圳	120
		梅州	120
		阳江	120
	海南	琼中	60
总计			3135

（二）加快开发风电

按照集中与分散开发并重的原则，继续推进风电的规模化发展，统筹风能资源分布、电力输送和市场消纳，优化开发布局，建立适应风电发展的电力调度和运行机制，提高风电利用效率，增强风电装备制造产业的创新能力和国际竞争力，完善风电标准及产业服务体系，使风电获得越来越大的发展空间。

到2015年，累计并网风电装机达到1亿千瓦，年发电量超过1900亿千瓦时，其中海上风电装机达到500万千瓦，基本形成完整的、具有国际竞争力的风电装备制造产业。

到2020年，累计并网风电装机达到2亿千瓦，年发电量超过3900亿千瓦时，其中海上风电装机达到3000万千瓦，风电成为电力系统的重要电源。

风电开发布局和建设重点是：

1. 有序推进大型风电基地建设。结合电力市场、区域电网和电力外送条件，积极有序推进“三北”和沿海地区大型风电基地建设。到2015年，形成酒泉、张家口、乌兰察布、锡林郭勒、通辽、赤峰、白城等数个500万千瓦以上风电集中开发区域，以及承德、巴彦淖尔、包头、兴安盟、松原、唐山、民勤和大庆、齐齐哈尔等一批200万千瓦以上的风电集中开发区域。

2. 加快内陆资源丰富区风电开发。加强“三北”以外内陆地区的风能资源评价和开发建设，加快资源较丰富、电网接入条件好的山西、辽宁、宁夏、云南等地区的风电开发，鼓励因地制宜建设中小型风电项目，就近接入电网，立足本地消纳，使本地区风能资源尽快得到有效利用。

3. 鼓励分散式并网风电开发建设。利用110千伏及以下电压等级变电站分布广、离用电负荷近的优势，就近按变电站用电负荷水平接入适当容量的风电机组，并探索与其它分布式能源相结合的发展方式，实现分散的风能资源就近分散利用，使我国中部地区和南方遍布各地的风能资源都能得以利用，为风电发展创造新的市场空间。

4. 积极稳妥推进海上风电开发建设。发挥沿海风能资源丰富、电力市场广阔的优势，积极稳妥推进海上风电发展，加快示范项目建设，促进海上风电技术和装备进步。加快开展海上风能资源评价、地质勘察、建设施工等准备工作，积极协调海上风电建设与海域使用、海洋环保、港口交通需要等关系，统筹规划，重点在江苏、上海、河北、山东、辽宁、广东、福建、浙江、广西、海南等沿海省份，因地制宜建设海上风电项目。探索在较深水域、离岸较远海域展海上风电示范。

专栏6 风电开发建设布局（万千瓦）

类别	开发区域	“十二五”新增容量	2015年累计容量	2020年展望目标
大型基地所在区域	河北	720	1100	1600
	蒙东	420	800	2000
	蒙西	670	1300	3800
	甘肃	950	1100	2000
	新疆	900	1000	2000
	吉林	400	600	1500
	江苏沿海	450	600	1000
	山东沿海	600	800	1500
	黑龙江	400	600	1500
	小计	5510	7900	16 900
其他重点开发区域	山西	450	500	800
	辽宁	270	600	800
	宁夏	230	300	400
	其他省区	420	700	1100
	小计	1370	2100	3100
合计		6 880	10 000	20 000

（三）推进太阳能多元化利用

按照集中开发与分布式利用相结合的原则，积极推进太阳能的多元化利用，鼓励在太阳能资源优良、无其它经济利用价值土地多的地区建设大型光伏电站，同时支持建设以“自发自用”为主要方式的分布式光伏发电，积极支持利用光伏发电解决偏远地区用电和缺电问题，开展太阳能热发电产业化示范。加快普及太阳能热水器，扩大太阳能热水器在城市和乡镇、民用和公共建筑上的应用，在农村地区推广太阳房和太阳灶。

到2015年，太阳能年利用量相当于替代化石燃料5000

万吨标准煤。太阳能发电装机达到2100万千瓦，其中光伏电站装机1000万千瓦，太阳能热发电装机100万千瓦，并网和离网的分布式光伏发电系统安装容量达到1000万千瓦。太阳能热利用累计集热面积达到4亿平方米。

到2020年，太阳能发电装机达到5000万千瓦，太阳能热利用累计集热面积达到8亿平方米。

太阳能利用布局和建设重点是：

1. 太阳能发电

按照就近上网、当地消纳、积极稳妥、有序发展的原则，在太阳能资源丰富、具有荒漠化等闲置土地资源的地区，建设一批大型光伏电站；结合水电开发和电网接入运行条件，在青海、甘肃、新疆等地区建设太阳能发电基地，探索水光互补、风光互补的太阳能发电建设模式。

积极推广与建筑结合的分布式并网光伏发电系统，鼓励在有条件的城镇公共设施、商业建筑及产业园区的建筑、工业厂房屋顶等安装并网光伏发电系统，发挥北极星电力分布式光伏发电可直接为终端用户供电的优势，推动光伏发电在经济性相对较好的领域优先得到发展。支持在太阳能资源较好的城镇地区，建设分布式太阳能光伏系统，并与生物质能等其它新能源和储能技术结合，建设多能互补的新能源微电网系统。

支持在偏远的无电或缺电地区，推广户用光伏发电系统或建设小型光伏电站，解决无电人口用电问题，提高缺电地区的供电能力。鼓励在通信、交通、照明等领域采用分散式光伏电源，扩大光伏发电应用规模。

在内蒙古鄂尔多斯高地沿黄河平坦荒漠、甘肃河西走廊平坦荒漠、新疆吐哈盆地和塔里木盆地地区、西藏拉萨、青海、宁夏等地选择适宜地点，开展太阳能热发电示范项目建设，提高高温集热管、聚光镜等关键技术的系统集成和装备制造能力。

专栏7 太阳能发电建设布局（万千瓦）

发电类别	2015年		2020年
	建设规模	重点地区	建设规模
1. 太阳能电站	1 100		2 300
光伏电站	1 000	在青海、甘肃、新疆、内蒙、西藏、宁夏、陕西、云南、海南等地建设一批并网光伏电站。结合水电、风电大型基地建设，发展一批风光互补、水光互补光伏电站	2 000
太阳能热发电	100	在太阳能日照条件好、可利用土地面积广、具备水资源条件的地区，开展热发电项目的示范	300
2. 分布式光伏发电系统	1 000	在工业园区、经济开发区、大型公共设施等屋顶相对集中的区域，建设并网光伏发电系统；在西藏、青海、甘肃、陕西、新疆、云南、四川等偏远地区以及海岛，解决电网无法覆盖地区的无电人口用电问题。扩大在城市亮化工程照明、交通信号等应用	2 700
合计	2 100		5 000

2. 太阳能热利用

将太阳能热利用产品纳入国家有关惠民工程支持范围，支持农村和小城镇居民安装使用太阳能热水系统、太阳灶、太阳房等设施。积极推进太阳能示范村建设，加大农村可再生能源建筑应用的实施力度，推行农村太阳能浴室，扩大太阳能热水器在农村的应用规模，每年支持农村公益性太阳能热水器及供热系统建设200万平方米。到2015年，建成1000个太阳能示范村。

在大中城市推广普及太阳能热水器与建筑物的结合应用，建设太阳能集中供热水工程。在公共建筑、经济适用房、廉租房建设太阳能热水工程，每年支持建设1000万平方米。

行太阳能海水淡化以及太阳能采暖、制冷试点示范，为利用可再生能源解决沿海城市缺水问题和大规模中高温工业应用摸索经验。

（四）因地制宜利用生物质能

统筹各类生物质资源，按照因地制宜、综合利用、清洁高效、经济实用的原则，结合资源综合利用和生态环境建设，合理选择利用方式，推动各类生物质能的市场化和规模化利用，加快生物质能产业体系建设，促进农村经济发展，有效增加农民收入。

到2015年，全国生物质能年利用量相当于替代化石能源5000万吨标准煤。生物质发电装机容量达到1300万千瓦，沼气年利用量220亿立方米，生物质成型燃料年利用量1000万吨，生物燃料乙醇年利用量350～400万吨，生物柴油和航空生物燃料年利用量100万吨。

生物质能的发展布局和建设重点是：

1. 生物质发电。在粮棉主产区，以农作物秸秆、粮食加工剩余物和蔗渣等为燃料，优化布局建设生物质发电项目；在重点林区，结合林业生态建设，利用采伐剩余物、造材剩余物、加工剩余物和抚育间伐资源及速生林资源，有序发展林业生物质直燃发电。结合县域供暖或工业园区用热需要，建设生物质热电联产项目；鼓励对生物质进行梯级利用，建设包括燃气、液体燃料、化工产品及发电、供热的多联产生物质综合利用项目。加快发展畜禽养殖废弃物处理沼气发电；推动发展城市垃圾焚烧和填埋气发电，以及造纸、酿酒、印染、皮革等工业有机废水治理和城市生活污水处理沼气发电。

2. 生物质燃气。充分利用农村秸秆、生活垃圾、林业剩余物及畜禽养殖废弃物，在适宜地区继续发展户用沼气，积极推动小型沼气工程、大中型沼气工程和生物质气化供气工程建设。鼓励沼气等生物质气体净化提纯压缩，实现生物质燃气商品化和产业化发展。促进生物质气化技术进步，提高设备效率和燃气品质，掌握兆瓦级内燃机组的技术和设备制造能力，完善生物质供气管网和服务体系建设。到2015年，生物质集中供气用户达到300万户。

3. 生物质成型燃料。鼓励因地制宜建设生物质成型燃料生产基地，在城市推广生物质成型燃料集中供热，在农村推广将生物质成型燃料作为清洁炊事燃料和采暖燃料应用。建成覆盖城乡的生物质成型燃料生产供应、储运和使用体系。

4. 生物质液体燃料。合理开发盐碱地、荒草地、山坡地等边际性土地，建设非粮生物质资源供应基地，稳步发展生物液体燃料。支持建设具备条件的木薯乙醇、甜高粱茎秆乙醇、纤维素乙醇等项目。继续推进以小桐子为代表的木本油料植物果实生物柴油产业化示范，科学引导和规范以餐饮和废弃动植物油脂为原料的生物柴油产业发展。积极开展新一代生物液体燃料技术研发和示范，推进以农林剩余物为主要原料的纤维素乙醇和生物质热化学转化制备液体燃料示范工程，开展以藻类为原料的千吨级生物柴油中试研发。

（五）加强农村可再生能源利用

以满足农村炊事、取暖和生产生活用电需要为着眼点，将农村可再生能源发展作为新农村建设的重要内容，因地制宜开发利用各类可再生能源资源，加强技术创新和产业服务体系建设，不断促进农村能源的清洁化、优质化、现代化和城乡能源服务均等化，增加农民收入，改善农民生产生活条件。

到2015年，全国沼气用户达到5000万户，50%以上的适宜农户用上沼气，农村地区太阳能热水器保有量超过8000万平方米，太阳灶保有量达到200万台，解决全部无电人口用电问题。

农村可再生能源的发展布局和建设重点是：

1. 农村无电地区电力建设。在内蒙古、云南、四川、西藏、青海、新疆等省（区）推进无电地区电力建设。在短期内电网难以延伸到的偏远地区，因地制宜发挥当地可再生能源资源优势，采取建设小水电、小型风力发电、太阳能光伏系统等措施，实现所有行政村通电，解决全部无电人口用电问题。在现有无电人口集中地区，建设承担社会公共服务功能的农村电力服务体系，实现电力领域的城乡公共服务均等化。

2. 农村清洁能源建设。因地制宜利用农林剩余物、畜禽养殖废弃物、农村生活垃圾等可再生能源资源，建设户用沼气、中小型沼气和生物质气化工程，推广生物质成型燃料，为农户提供清洁生物质燃料，促进农村家庭炊事和取暖用能清洁化。在全国主要商品粮生产基地县、林业县和养殖大县，发展生物质气化集中供气工程，建设规模化养殖场沼气工程，在具备管道输送条件的地方，为邻近村庄提供集中供气。在太阳能资源丰富地区，引导和支持农民在新建和改造住房中利用太阳能，鼓励使用太阳能热水器和太阳灶。在太阳能资源条件较好的农村地区，推行村镇太阳能公共浴室，在学校、卫生院、养老院以及人口密集的村镇建设10万座集太阳能热水工程和公共浴室。到2015年，沼气、太阳能、生物质供气供热等可再生能源入户率达到50%以上。

（六）合理开发利用地热能

发挥地热能分布广的优势，加快地热资源勘察，加强地热开发利用规划管理，提高地热能开发利用技术水平和开发利用规模，统筹规划和有序开展地热直接利用，加快浅层地温能资源开发，适度发展各类地热能发电。

到2015年，各类地热能开发利用总量达到1500万吨标准煤，其中，地热发电装机容量争取达到10万千瓦，浅层地温能建筑供热制冷面积达到5亿平方米。

地热能的发展布局和建设重点是：

1. 地热发电。综合考虑地质条件、资源潜力及应用方式，在青藏铁路沿线、滇西南等高温资源分布地区，在保护好生态旅游资源前提下，启动建设若干“兆瓦级”地热能电站，满足西部大开发及当地经济社会发展需要。在东部沿海及天山北麓等中低温地热资源富集地区，因地制宜发展中小型分布式中低温地热发电项目。开展深层高温干热岩发电系统关键技术研究和项目示范。

2. 浅层地温能利用。在保护地下水资源的前提下，鼓励在东北、西北等冬季严寒地区，加快推进浅层地温能供暖；在黄淮海流域、汾河流域、渭河流域等冬季寒冷以及长江中下游、成渝等夏热冬冷地区，鼓励开展浅层地温能供暖和制冷；在两广、闽东南、海南岛等夏热冬暖和云贵高原气候温和地区，鼓励推进浅层地温能夏季制冷。

（七）加快推进海洋能技术进步

以提高海洋能开发利用技术水平为着力点，积极开展海洋能利用示范工程建设，促进海洋能利用技术进步和装备产业体系完善。随着海洋能技术发展，逐步扩大海洋能利用规模。

选择有电力需求、海洋能资源丰富的海岛，建设海洋能与风能、太阳能发电及储能技术互补的独立示范电站，解决缺电岛屿的电力供应问题，满足偏远海岛居民生产和生活用电需求，促进海岛经济发展。发挥潮汐能技术和产业较为成熟的优势，在具备条件地区，建设1～2个万千瓦级潮汐能电站和若干潮流能并网示范电站，形成与海洋及沿岸生态保护和综合利用相协调的利用体系。到2015年，建成总容量5万千瓦的各类海洋能电站，为更大规模的发展奠定基础。

（八）推动分布式可再生能源发展

发挥可再生能源资源分布广、技术利用形式多样、能源产品丰富、可满足多样化能源需求的特点，充分利用当地的可再生能源资源，采用综合利用、多能互补的方式，按照分散布局、就近利用的原则，建立适应分布式可再生能源发展的市场机制和电力运行管理体制，通过建设综合性示范项目，加快分布式可再生能源应用，不断扩大可再生能源在本地能源消费中的比重。

1. 绿色能源示范县。在可再生能源资源丰富地区，开展绿色能源示范县建设，建立完善的绿色能源利用体系。鼓励合理开发利用农村废弃生物质能资源，改善农村居民生产和生活用能条件。支持小城镇因地制宜发展中小型可再生能源开发利用设施，满足电力、燃气以及供热等各类用能需求。到2015年，建成200个绿色能源示范县和1000个太阳能示范村。

2. 新能源示范城市。选择可再生能源资源丰富、城市生态环保要求高、经济条件相对较好的城市，采取统一规划、规范设计、有序建设的方式，支持在城市及各类产业园区推进太阳能、生物质能、地热能等新能源技术的综合应用，加快推进可再生能源建筑应用，形成新能源利用的局部优势区域，替代燃煤等落后的能源利用方式。以公共机构、学校、医院、宾馆、集中住宅区为重点，推广太阳能热水系统、分布式光伏发电、地源热泵技术、生物质成型燃料利用。支持各地在新建和改造各类产业园区过程中，开展多元化的新能源利用技术示范，满足园区电力、供热、制冷等能源需求。到2015年，建设100个新能源示范城市及1000个新能源示范园区。

3. 新能源微电网示范工程。按照“因地制宜、多能互补、灵活配置、经济高效”的原则，在可再生能源资源丰富和具备多元化利用条件的地区，开展以智能电网、物联网和储能技术为支撑、新能源发挥重要作用的微电网示范工程，以自主运行为主的方式解决特定区域的用电问题，建立充分利用新能源发电和电网提供系统支持的新型供用电模式，形成千家万户发展新能源以及“自发自用、余量上网、电网调剂”的新局面。到2015年，建成30个新能源微电网示范工程。

（九）加快技术装备和产业体系建设

围绕产业链建设、技术研发、人才培养和服务体系配套等方面加强可再生能源产业体系建设。

1. 完善产业链建设。以技术进步为核心，全面提高可再生能源装备制造能力，实现大容量抽水蓄能机组和百万千瓦大型水轮机组的设计制造。风电和太阳能光伏发电设备技术和制造能力达到国际先进水平，并形成若干以龙头企业为核心的制造产业聚集区和配套生产基地。实现生物质成型燃料、发电和生物液体燃料技术产业化，培育大型生物燃料生产企业，建成生物液体燃料配套销售体系。逐步建立新型地热能、海洋能利用技术研发和装备制造能力。

2. 建立技术创新体系。建立国家、地方和企业共同构成的多层次可再生能源技术创新模式，形成具有自主知识产权的可再生能源产业创新体系。充分利用并整合现有可再生能源研究的技术队伍资源，组建国家可再生能源技术研发平台，解决产业发展的关键和共性技术问题，鼓励具有优势的地方政府建立可再生能源技术创新基地，支持企业建立工程技术研发和创新中心，形成国家可再生能源技术创新平台和若干个国家与地方及企业共建的联合创新技术平台。推动大学和研究院所建立从事可再生能源研究的重点实验室，开展促进可再生能源技术进步的基础研究工作。

专栏8 “十二五”可再生能源技术装备发展重点

水电	复杂地质条件下的高坝工程技术，超大型地下洞室群设计与施工关键技术，流域梯级水电站多目标优化调度技术，大型高效水电机组设计、制造和安装技术，水电开发生态修复技术、水能资源与先进水电技术研发能力建设
风电	6~10兆瓦大型风电机组及关键部件制造技术，电网友好型风电并网技术，大型风力发电叶片设计和控制等关键技术，大型风电场优化设计，风电功率预测及相应电网运行控制等技术
太阳能	大规模光伏系统设计集成、运行控制及保护技术，大规模太阳能热发电系统集成和关键部件设计制造技术，太阳能电池及产业链生产设备研发和制造技术
生物质能及分布式能源	生物质能综合利用系统集成及关键设备设计制造，高效生物质能发电技术，多能互补利用的分布式供能技术，分布式供能系统与集中大电网互补技术

3. 完善人才培养机制。加大对人才培养机构能力建设的支持力度，完善人才培养和选拔机制，培养一批可再生能源产业发展所急需的高级复合型人才、高级技术研发人才，在重点院校开办可再生能源专业，将可再生能源产业人才培养纳入国家教育培训计划。选择一批可再生能源相关学科基础好、科研和教学能力强的大学，设立可再生能源相关专业，增加博士、硕士学位授予点和博士后流动站，鼓励大学与企业联合培养可再生能源高级人才，支持企业建立可再生能源教学实习基地和博士后流动站，在国家派出的访问学者和留学生计划中，把可再生能源人才交流和培养作为重要组成部分，鼓励大学、研究机构和企业从海外吸收高端人才。

4. 加强服务体系建设。制定和健全可再生能源发电设备、并网等产品和技术标准，建设各类可再生能源设备及零部件检测中心，提高我国可再生能源技术、产品和工程的认证能力，建设一批风能、太阳能、海洋能等公共测试试验基地或平台，为可再生能源装备和产品认证以及国内自主研制设备提供试验检测条件。建立完善的可再生能源产业监测体系，形成有效的质量监督机制，提高产品可靠性水平。支持相关中介机构能力建设，健全可再生能源产业和行业组织，发挥协会在行业自律、人才培训、技术咨询、信息交流、国际合作等方面的作用，建立企业、消费者、政府部门之间的沟通与联系，促进可再生能源产业的健康发展。

四、规划实施

（一）保障措施

为完成好可再生能源各项建设任务，实现可再生能源产业发展规划目标，采取以下政策和措施：

1. 建立可再生能源发展目标考核制度

按照《可再生能源法》确立的基本制度和总体要求，建立可再生能源发展目标考核制度，明确各地区和主要能源企业发展可再生能源的目标和要求。各级地方政府要按照国家能源发展规划、可再生能源发展规划及各类相关规划，制定本地区可再生能源发展规划，并将主要目标和任务纳入地方国民经济和社会发展规划。主要能源企业要承担发展可再生能源的社会责任，把可再生能源开发利用及技术水平作为企业发展绩效考核的重要内容。在节能减排、合理控制能源消费总量和应对气候变化考核体系中，充分考虑可再生能源的贡献，对各地区非水电可再生能源消费量不计入总量限额考核指标，鼓励各地加快发展可再生能源。

2. 实施可再生能源电力配额制度

根据各地区非水电可再生能源资源条件、电力市场、电网结构及电力输送通道等情况，对各省（区、市）全社会电力消费量规定非水电可再生能源电力配额。各省（区、市）人民政府承担完成本地区可再生能源电力配额的行政管理责任，电网企业承担其经营区覆盖范围内可再生能源电力配额完成的实施责任。达到规定规模的大型发电投资经营企业，非水电可再生能源电力装机容量和发电量应达到规定的比重。

3. 完善可再生能源补贴和财税金融政策

充分发挥市场优化配置资源的基础性作用，进一步完善支持可再生能源发展的政策措施和体制机制。建立健全反映资源稀缺及环境外部成本的能源产品价格和税收形成机制，充分体现可再生能源的环境价值等社会效益，按照有利于可再生能源发展和经济合理的原则，确定可再生能源产品的国家补贴标准。完善可再生能源发展基金管理，按照可再生能源发展规划，合理安排基金的资北极星电力网金来源和数额，以国家资金发挥最大效益为原则有效使用基金。完善分布式等小型可再生能源项目建设贷款支持机制，实施促进可再生能源等清洁能源发展的绿色信贷政策。

4. 积极探索促进可再生能源电力发展的新机制

继续推进电力体制改革和电价改革，建立适应可再生能源大规模融入电力系统的新型电力运行机制、电价机制以及促进区域微电网应用的协调机制。加强电力需求侧管理，探索动态可调节负荷管理新模式，与风电等随机性电源相协调。在可再生能源比重高的局部电力系统区域，建立围绕可再生能源发电的智能化区域电力运行管理系统，保障可再生能源充分利用和电网安全运行。建立分布式能源电力并网技术支撑体系和管理体制，鼓励分布式能源自发自用，探索分布式发电多余电力向周边用户供电的机制。完善国家对分布式能源的补贴方式，推广普及分布式能源。

5. 健全可再生能源行业管理体系

建设综合协调可再生能源政策研究实施、产业体系建设的技术服务支撑性力量，加强国家可再生能源行业管理综合体系及能力建设。完善可再生能源产品、设备的标准体系和检测认证制度，建立健全可再生能源产品设备的市场准入制度。健全可再生能源设备生产、项目建设和运营资质管理，建立可再生能源生产企业运行状况和产品质量监测评估制度，完善可再生能源信息统计体系。实行风电、太阳能发电预测预报和并网运行实时调度管理制度，提高电网运行调度可再生能源电力的技术和管理水平。

6. 加强发展可再生能源的组织协调

以完善可再生能源政策体系、推进可再生能源发展机制创新、协调可再生能源发展为主要任务，建立可再生能源发展部际协调机制。国务院能源主管部门制定可再生能源发展总体实施方案，统筹安排可再生能源开发建设规模和布局，协调组织可再生能源产业体系建设。国家各有关部门按职能分工完善相关政策并组织实施好有关工作。重点包括：完善可再生能源价格管理机制；建立并完善支持可再生能源发展的财政保障机制，发挥好可再生能源发展基金的作用；建立可再生能源保障性收购的电力运行监测评估制度；涉及可再生能源发展的农业、林业、水利、建筑、科技等领域，按照可再生能源规划实施需要，做好衔接，积极推进落实有关工作。

（二）实施机制

1. 加强规划协调管理

加强规划对全国可再生能源发展的指导作用，既要确保规划目标的实现，也要防止无序发展。各级地方政府和有关企业应按照各自职责，按照规划的总体要求，落实好规划的重点任务。地方和大型能源企业的可再生能源发展规划，应与国家可再生能源规划相一致，在公布实施前应报国务院能源主管部门备案，确保各级规划衔接一致。

2. 完善信息统计管理

加强可再生能源信息统计体系建设，建立可再生能源资源、技术、装备、投资和市场应用等信息的收集、统计和管理制度，加强统计信息平台建设，各地方能源主管部门和企业要建立可再生能源统计报告制度，不断提高可再生能源统计信息的及时性和有效性。国务院能源主管部门负责国家可再生能源信息数据库建设，并按照国家信息公开制度，向社会提供相关信息服务。

3. 建立滚动调整机制

加强可再生能源发展的形势分析工作，建立年中、年度行业发展形势分析报告制度，及时剖析行业发展存在的问题，掌握规划实施进展。在“十二五”中期对可再生能源发展规划进行评估，评估情况以适当方式向社会公布。根据规划执行情况和评估意见，适时对规划目标和重点任务进行动态调整，如市场和国家财政资金具备条件，适度提高发展进度好的可再生能源的发展指标，使规划更加科学，符合实际发展需求。

4. 编制年度实施计划

制定实施可再生能源开发利用年度实施计划，准确把握风电、太阳能发电等新兴行业的发展速度和布局，做到可再生能源开发与电网等配套基础设施建设协调发展。同时按照年度开发计划合理确定可再生能源发展基金规模，既保障规划按计划实施，也使国家资金得到有效使用。

5. 加强目标监测考核

建立可再生能源发展评价指标体系。结合国家可再生能源规划布局和各地区可再生能源规划，按照合理控制能源消费总量和可再生能源电力配额制的要求，对能源企业和各地区可再生能源发展进行考核。完善可再生能源产业发展评估工作，对可再生能源技术研发、关键装备、产业竞争力及电网企业接纳运行可再生能源发电情况进行调查评估。国务院能源主管部门会同有关部门向社会公布年度和专项监测评估报告。

五、投资估算和环境社会影响分析

（一）投资估算

“十二五”期间水电开工规模 1.6 亿千瓦，投产 7400 万千瓦，建设投资总需求约 8000 亿元，其中大中型水电约 6200 亿元，小水电约 1200 亿元，抽水蓄能电站约 600 亿元。“十二五”期间，新增风电装机 7000 万千瓦，投资总需求约 5300 亿元；新增各类太阳能发电装机 2000 万千瓦，投资总需求约 2500 亿元；各类生物质能新增投资约 1400 亿元。加上太阳能热水器、浅层地温能利用等，“十二五”期间可再生能源投资需求估算总计约 1.8 万亿元。

（二）环境和社会影响分析

水力发电、风力发电、太阳能发电、太阳能热利用在能源生产过程中不排放污染物和温室气体，而且可显著减少煤炭消耗，也相应减少煤炭开采的生态破坏和燃煤发电的水资北极星电力网源消耗。利用工业废水、城市污水和畜禽养殖场沼气生产清洁能源，有利于环境保护和可持续发展。农林生物质从生长到最终利用的全生命周期内不增加二氧化碳排放，生物质发电排放的二氧化硫、氮氧化物和烟尘等污染物也远少于燃煤发电。

可再生能源开发利用可替代大量化石能源的消耗。到 2015 年，全国可再生能源开发利用量相当于 4.78 亿吨标准煤，年发电量相当于替代原煤约 5 亿吨，沼气年利用量相当于 100 亿立方米天然气，燃料乙醇和生物柴油年用量相当于替代石油约 600 万吨，太阳能和地热能的热利用相当于降低化石能源年需求量约 6000 万吨标准煤。通过减少化石能源的消费，可减少大量污染物和温室气体排放，并避免化石能源开发和利用过程中对水资源的消耗及对土地、地下水等生态造成的破坏。达到 2015 年发展目标时，可再生能源年利用量相当于减少二氧化碳年排放量约 10 亿吨，减少二氧化硫年排放量约 700 万吨，减少氮氧化物年排放量约 300 万吨，减少烟尘年排放量约 400 万吨，年节约用水约 25 亿立方米，环境效益显著。

如果开发布局和采取的措施不当，可再生能源开发对生态环境也可能产生不利影响。在可再生能源开发过程中，要尊重自然规律，落实相关措施，加强生态环境保护。水电开发要严格环评审查，充分考虑动植物保护和水体保护要求，落实环保方案，加强施工和环保技术，协调好水电开发与环境生态保护之间的关系。风电建设要加强开发布局，协调好与自然保护区、风景名胜和自然景观的关系，并采取措施防止噪音污染以及对鸟类、景观的影响。大型地面光伏电站要合理布局，防止占用农地、林地和生态用地。利用建筑屋顶的光伏、太阳能热水系统，要统一规划，合理设计，形成与建筑相协调的布局。光伏电池硅材料制备和生物液体燃料生产等生物质能利用包含复杂的化学工艺过程，要加强技术创新，提高生产过程的能源利用效率，实施严格环保措施，防止生产过程废渣、废气、废水的二次污染。生物质能开发还要合理利用森林、土地资源，防止资源的耗竭性使用。

可再生能源资源分布广泛，大型水电资源集中在地理位置较为偏僻的高山峡谷地区，大量的风能资源处于戈壁滩、大草原和沿海滩涂地区，太阳能资源在西部地区最为丰富，生物质能资源主要集中在农林主产区。这些地区的可再生能源开发利用可起到促进地区经济发展、加快脱贫致富、实现均衡和谐发展的作用。可再生能源开发利用，特别是生物质能开发利用可以促进农村经济发展、增加农民收入，对解决“三农”问题有重要作用。

可再生能源规模化和产业化发展可显著增加新的就业岗位，到 2015 年，预计可再生能源从业人数将达到 200 万人。可再生能源涉及领域广，产业链长，带动相关产业发展能力强，对经济发展既有影响面宽的效果，又能够在若干地区形成产业聚集和开发利用集中的区域，有效推动局部经济发展转型，成为众多地区实现经济发展方式转变的重要推动力。

总体来看，可再生能源开发利用对环境和社会的影响“利”远大于“弊”，坚持趋利避害的开发利用方针，有利于实现可持续发展，符合建设资源节约型、环境友好型社会及构建和谐社会的要求。同时，可再生能源又是战略性新兴产业的重要内容，发展可再生能源具有良好的综合性经济和社会效益。

今后一段时期，可再生能源将处于快速发展阶段，特别是全球范围内可再生能源在能源利用中的比重将快速提高，从化石能源的开发利用逐步向可再生能源转变是世界能源发展的大趋势。

国家能源局关于印发生物质能发展“十二五”规划的通知

国能新能〔2012〕216 号

各省（自治区、直辖市、计划单列市）发展改革委（能源局），有关能源企业，有关科研院所、高等高校，相关行业协会：

开发利用生物质能，是发展循环经济的重要内容，是促进农村发展和农民增收的重要措施，是培育和发展战略性新兴产业的重要任务。为加强生物质能综合利用，提高生物质能利用效率，更好地发挥资源、经济、社会和生态综合效益，促进生物质能产业健康发展，国家能源局组织编制了《生物质能发展“十二五”规划》，现印发你们，请结合实际贯彻落实，并就有关事项通知如下：

一、加强生物质能开发利用管理。开展生物质能资源调查评价，以县为单位进行资源调查，明确资源量、种类、分布和现有用途，以及可作为能源化利用的资源潜力。各省（区、市）要将生物质能开发利用纳入本地区能源规划，编制生物质能发展规划及实施方案，指导生物质能开发利用。加强生物质能项目管理，合理布局，协调发展。各级政府要加大投入，支持农村生物质能项目建设，改善农村用能条件。

二、健全生物质能技术管理体系。支持生物质能利用新技术研发和试验示范。建立生物质能技术和产品标准体系及工程规范，健全生物质能技术和产品检测认证体系，加强技术监督以及工程和产品质量管理。建立健全生物质能信息统计体系，加强生物质能技术指导、工程咨询、信息服务等中介机构能力建设。

三、完善市场机制和管理措施。引导各类投资主体积极开发利用生物质能，积极培育壮大生物质能骨干企业。完善生物液体燃料在交通领域的强制使用机制和措施，扩大生物液体燃料的市场范围。各级政府要结合各类生物质废弃物综合利用和环境污染治理，制定操作性强的农村秸秆禁烧、城区关停改造燃煤小锅炉的措施。在新能源示范城市和绿色能源示范县建设中，积极利用生物质能，形成若干生物质能规模化综合利用的优势区域。

四、建立原料供应保障体系。因地制宜，结合生态建设和保护环境的要求，培育种植适宜的能源作物或能源植物，建设生物质能原料基地。适应各区域不同情况，支持企业探索建立合适的生物质能原料收集体系，提高原料保障程度，促进生物质能原料的供需平衡，鼓励生物质能原料供应的专业化发展。发展生物质原料物流产业，促进生物质能产业健康发展。

附件：生物质能发展“十二五”规划

国家能源局

2012 年 7 月 24 日

生物质能发展“十二五”规划
国家能源局

前　言

生物质能是重要的可再生能源，具有资源广泛、利用方式多样化、能源产品多元化、综合效益显著的特点。开发利用生物质能，是发展循环经济的重要内容，是促进农村发展和农民增收的重要措施，是培育和发展战略性新兴产业的重要任务。

“十一五”时期，我国生物质能产业快速发展，开发利用规模不断扩大，部分领域已初步产业化，在替代化石能源、促进环境保护、带动农民增收等方面发挥了积极作用。“十二五”时期是转变能源发展方式、加快能源结构调整的重要阶段，是完成2020年非化石能源发展目标、促进节能减排的关键时期，生物质能面临重要的发展机遇。根据《国家能源发展“十二五”规划》和《可再生能源发展“十二五”规划》，制定《生物质能发展“十二五”规划》。

《规划》分析了国内外生物质能发展现状和趋势，阐述了“十二五”时期我国生物质能发展的指导思想、基本原则、发展目标、规划布局和建设重点，提出了保障措施和实施机制，是“十二五”时期我国生物质能产业发展的基本依据。

一、规划基础和背景

（一）发展基础

1. 国外生物质能发展状况

近年来，为应对国际能源供需矛盾、全球气候变化等挑战，越来越多的国家将发展生物质能作为替代化石能源、保障能源安全的重要战略措施，积极推进生物质能开发利用，生物质能在许多国家能源供应中的作用正在不断增强。

（1）发展现状

目前，世界上技术较为成熟、实现规模化开发利用的生物质能利用方式主要包括生物质发电、生物液体燃料、沼气和生物质成型燃料等。

生物质发电。欧美国家主要利用农林剩余物、养殖场剩余物生产沼气，以及利用城市生活垃圾发电。到2010年底，全球生物质发电装机容量超过6000万千瓦。欧洲的生物质热电联产已很普遍，能源利用效率高，生物质与煤混燃发电较多，秸秆直接燃烧发电技术、生物质流化床锅炉发电技术已十分成熟。

生物液体燃料。随着国际石油市场供应紧张和价格上涨，发展生物燃料乙醇和生物柴油等生物液体燃料已成为替代石油燃料的重要方向。目前，以甘蔗、玉米和薯类作物为原料的燃料乙醇和以植物油脂为原料的生物柴油已实现较大规模应用。2010年全球生物液体燃料使用量约8000万吨，其中，燃料乙醇6800多万吨，乙醇汽油在巴西、美国已大规模使用，生物柴油在欧洲实现了较大规模的利用。

生物质燃气和成型燃料。生物质燃气主要包括沼气和采用热解技术以生物质为原料生产的燃气。近年来，欧洲沼气产业发展迅速，沼气经提纯压缩后可进入天然气管道，也可作为车用燃料。到2010年底，德国已建成大型沼气工程6000多处，在瑞典沼气作为车用燃料已形成一定规模。2010年，全世界生物质成型燃料产量超过1500万吨，规模化利用主要集中在欧洲和北美地区，主要用途是作为供热燃料。在瑞典的供热能源中，生物质成型燃料占70%左右。

（2）发展趋势

从目前生物质资源状况和技术发展水平看，生物质成型燃料的技术已基本成熟，作为供热燃料将继续保持较快发展势头。大型沼气发电技术成熟，替代天然气和车用燃料也成为新的使用方式。生物质热电联产，以及生物质与煤混燃发电仍是今后一段时期生物质能规模化利用的主要方式。低成本纤维素乙醇、生物柴油等先进非粮生物液体燃料的技术进步，为生物液体燃料更大规模发展创造了条件，以替代石油为目标的生物质能梯级综合利用将是主要发展方向。生物质能及相关资源化利用的资源将继续增多，油脂类、淀粉类、糖类、纤维素类和微藻，以及能源作物（植物）种植等各种生物质都是生物质能利用的潜在资源。

（3）发展经验

目标引导。欧美发达国家提出生物质能发展阶段性目标，一些国家提出了中长期发展目标，美国提出到2020年生物燃料占交通燃料的20%，欧盟提出到2020年生物燃料占交通燃料的10%。瑞典的目标是到2020年交通实现基本不再使用石油燃料。

财政支持。欧美国家主要采取财政补贴、税收优惠等措施支持生物质能发展。德国对沼气发电给予电价补贴。瑞典对使用生物质成型燃料采暖的用户提供资金补贴，美国等国家对燃料乙醇和生物柴油实行减税政策。一些国家制定车用燃料中生物燃料含量的强制性标准，推动生物液体燃料在交通领域的使用。

研发支持。欧美国家将现代生物质能技术作为重要的新能源技术，支持科研机构和企业开展生物质能基础研究、技术开发和产业服务体系建设，特别是在新技术试验、示范和推广方面的支持力度很大。

2. 我国生物质能发展现状

我国生物质资源丰富，能源利用潜力很大。在“十一五”时期，我国生物质能产业得到了较快发展，出现了一些专业化的技术装备企业和开发利用企业，部分领域已初步产业化。生物质能开发利用形成了一定规模，在替代化石能源、促进环境保护、带动农民增收等方面发挥了积极作用。

(1) 资源潜力

我国生物质能资源广泛，主要有农作物秸秆及农产品加工剩余物、林木采伐及森林抚育剩余物、木材加工剩余物、畜禽养殖剩余物、城市生活垃圾和生活污水、工业有机废弃物和高浓度有机废水等。

农作物秸秆及农产品加工剩余物。包括玉米、水稻、小麦、棉花、油料作物秸秆在内的农作物秸秆理论资源量每年8.2亿吨，可收集资源量每年约6.9亿吨，主要分布在华北平原、长江中下游平原、东北平原等13个粮食主产省（区）。目前，作为肥料、饲料、食用菌基料以及造纸等用途共计每年约3.5亿吨，可供能源化利用的秸秆资源量每年约3.4亿吨。另外，稻谷壳、甘蔗渣等农产品加工剩余物每年约1.2亿吨，可供能源化利用的每年约6000万吨。

林业剩余物和能源植物。全国现有林地面积3.04亿公顷，可供能源化利用的主要是薪炭林、林业“三剩物”、木材加工剩余物等，每年约3.5亿吨。适合人工种植的能源作物（植物）有30多种，包括油棕、小桐子、光皮树、文冠果、黄连木、乌桕、甜高粱等，资源潜力可满足年产5000万吨生物液体燃料的原料需求。

生活垃圾与有机废弃物。目前每年城市生活有机垃圾清运量约1.5亿吨，其中50%可作为焚烧发电的燃料或垃圾填埋气发电的原料，可替代1200万吨标准煤。厨余垃圾还可作为生物柴油的原料，每年可获得量约300万吨。城镇污水处理厂污泥年产生量约3000万吨，其中约50%可能源化利用。酒精、制糖、酿酒等20多个行业每年排放有机废水43.5亿吨、废渣9.5亿吨，可转化为沼气约300亿立方米。规模化畜禽养殖场粪便资源每年约8.4亿吨，生产沼气的潜力约400亿立方米。

我国可作为能源利用的生物质资源总量每年约4.6亿吨标准煤，目前已利用量约2200万吨标准煤，还有约4.4亿吨可作为能源利用。随着我国经济社会发展、生态文明建设和农林业的进一步发展，生物质能源利用潜力将进一步增大。

专栏1 我国生物质能源利用潜力

资源	可利用资源量		已利用资源量		剩余可利用资源量	
	实物量（万吨）	折合标煤量（万吨）	实物量（万吨）	折合标煤量（万吨）	实物量（万吨）	折合标煤量（万吨）
农作物秸秆	34 000	17 000	800	400	33 200	16 600
农产品加工剩余物	6 000	3 000	200	100	5 800	2 900
林业木质剩余物	35 000	20 000	300	170	34 700	19 830
畜禽粪便	84 000	2 800	30 000	1 000	54 000	1 800
城市生活垃圾	7 500	1 200	2 800	500	4 700	700
有机废水	435 000	1 600	2 700	10	432 300	1 590
有机废渣	95 000	400	4 800	20	90 200	380
合计		46 000		2 200		43 800

注：加上生产燃料乙醇的陈化粮等，已利用资源量为2400万吨标准煤。

(2) 发展现状

在“十一五”时期，我国生物质能多元化利用取得较大进展，生物质发电、液体燃料、燃气、成型燃料等多种利用方式并举，技术不断进步，已呈现出规模化发展的良好势头。2010年，生物质能利用量（不含直接燃烧薪柴等传统利用方式）约2400万吨标准煤。

生物质发电。到2010年底，我国生物质发电装机容量550万千瓦，其中农林生物质发电190万千瓦，垃圾发电170万千瓦，蔗渣发电170万千瓦，沼气等其他生物质发电20万千瓦。生物质发电已形成一定规模，年发电量超过200亿千瓦时，相应年消耗农林剩余物约1000万吨，总计增加农民年收入约30亿元。生物质发电技术和设备制造发展较快，已掌握了高温高压生物质发电技术。

生物液体燃料。到2010年底，以陈化粮和木薯为原料的燃料乙醇年产量超过180万吨，以废弃动植物油脂为原料的生物柴油年产量约50万吨。培育了一批抗逆性强、高产的能源作物新品种，木薯乙醇生产技术基本成熟，甜高粱乙醇技术取得初步突破，纤维素乙醇技术研发取得较大进展，建成了若干小规模试验装置。

生物质燃气。到2010年底，农村户用沼气保有量超过4000万户，年产沼气约130亿立方米。建成畜禽养殖场沼气工程5万多处，年产沼气约10亿立方米。农村沼气技术不断成熟，产业体系逐步健全，许多地方建立了物业化管理沼气服务体系。生物质气化集中供气技术和工艺不断改进，目前已建成使用的生物质集中供气项目约1000个。

生物质成型燃料。2010年，生物质成型燃料产量约300万吨，主要用于农村居民和城镇供热锅炉燃料及生物质木炭原料。成型燃料设备能耗显著降低，易损件寿命和可维护性明显提高，成型燃料已初步具备较大规模产业化发展条件。

专栏2 我国各类生物质能利用规模

利用方式	利用规模		年产能量		折标煤
	数量	单位	数量	单位	万吨/年
生物质发电	550	万千瓦	330	亿千瓦时	1 020
户用沼气	4 000	万户	130	亿立方米	930
大型沼气工程	50 000	处	10	亿立方米	70
生物质成型燃料	300	万吨			150
生物燃料乙醇	180	万吨			160
生物柴油	50	万吨			70
总计					2 400

（二）发展形势

虽然在“十一五”时期生物质能有了长足发展，但由于生物质资源分散、加工转换技术难度大、市场化发展环境尚未建立，生物质能发展还存在以下主要问题：

一是缺乏准确的资源调查评价。生物质能资源的可持续供给是生物质能规模化发展的基础。我国生物质能源利用潜力较大，但在资源种类、数量、可利用量、潜在资源量及分布等方面，还需系统的调查和评价。

二是原料收集难度大。农林生物质原料具有分散性和季节性特点，目前原料收集主要依靠人工和小型机械，运输主要依靠通用运输工具，缺乏完整的专业化原料收集、运输、储存及供应体系，收储运效率低，难以满足生物质能规模化利用的需要。

三是技术水平有待提高。我国生物质能利用技术和装备处于起步阶段，仍未掌握循环流化床气化及配套内燃发电机组等关键设备技术，非粮燃料乙醇生产技术需要升级，生物降解催化酶等核心技术亟待突破，生物柴油生产技术应用水平还不高，航空生物燃油、生物质气化合成油等技术尚未产业化。生物质能综合利用水平低，转换效率有待提高。生物质热解技术需完善工程设计、设备制造等方面的技术水平。

四是产业化程度低。生物质能项目的专业化市场化建设管理经验不足，产品、设备、工程建设和项目运行等方面的标准不健全，检测认证体系建设滞后，缺乏市场监管和技术监督。成型燃料市场尚未完全开发，农村生物质能项目产业化程度较低，可持续发展能力不足。

二、指导方针和目标

（一）指导思想

高举中国特色社会主义伟大旗帜，以邓小平理论和“三个代表”重要思想为指导，深入贯彻落实科学发展观，将生物质能作为促进能源结构调整和可持续发展的重要途径、发展低碳经济和循环经济的重要环节、发展农村经济的重要措施、培育和发展战略性新兴产业的重要内容，加强政府引导和扶持，加快技术创新，发挥市场机制作用，完善政策体系，推进生物质能规模化、专业化、产业化和多元化发展，尽快形成具有较大规模和较高技术水平的新型产业。

（二）基本原则

统筹兼顾，综合利用。统筹生物质的能源利用与其他用途，充分合理利用生物质资源。积极推进生物质资源的梯级综合利用，发挥生物质能在生产液体燃料、电力、热力等方面的综合效益，实现能源、生态、经济和社会效益的统一。因地制宜，多元发展。综合考虑生物质资源条件、气候差异、农林业生产特点和农村实际情况，以及生物质能利用技术成熟程度和市场发育程度等因素，因地制宜推动生物质气化、成型燃料、发电、液体燃料等多元化发展，加快新型利用方式的产业化进程。

自主创新，规模发展。大力推动生物质能利用新技术研究和产业化，以及关键设备的自主化，提高利用和转化效率，提高综合效益。积极推动生物质能规模化发展，建立健全专业化市场化产业化建设管理模式，形成生物质能新型产业。

政府扶持，市场推动。加强政策引导和扶持，健全完善政策体系，积极探索生物质能开发利用模式。充分发挥市场机制作用，培育壮大专业化生物质能企业，不断提升生物质能产业的市场竞争力。

（三）发展目标

在“十二五”时期，生物质能发展目标是：到2015年，生物质能产业形成较大规模，在电力、供热、农村生活用能领域初步实现商业化和规模化利用，在交通领域扩大替代石油燃料的规模。生物质能利用技术和重大装备技术能力显著提高，出现一批技术创新能力强、规模较大的新型生物质能企业。形成较为完整的生物质能产业体系。

专栏3 “十二五”时期生物质能发展主要指标

领域	利用规模		年产能量		折标煤
	数量	单位	数量	单位	万吨/年
1. 生物质发电	1 300	万千瓦	780	亿千瓦时	2 430
农林生物质发电	800	万千瓦	480	亿千瓦时	1 500
沼气发电	200	万千瓦	120	亿千瓦时	370
垃圾发电	300	万千瓦	180	亿千瓦时	560
2. 生物质供气			220	亿立方米	1 750
沼气用户	5 000	万户	190	亿立方米	1 500
大型农业剩余物燃气	6 000	处	25	亿立方米	200
工业有机废水和污水处理厂污泥等沼气	1 000	处	5	亿立方米	50
3. 生物质成型燃料	1 000	万吨			500
4. 生物液体燃料					500
生物燃料乙醇	400	万吨			350
生物柴油					
和航空燃料	100	万吨			150
总计					5 180

到2015年，生物质能年利用量超过5 000万吨标准煤。其中，生物质发电装机容量1 300万千瓦、年发电量约780亿千瓦时，生物质年供气220亿立方米，生物质成型燃料1 000万吨，生物液体燃料500万吨。建成一批生物质能综合利用新技术产业化示范项目。

三、重点任务

（一）加快生物质能规模化开发利用

根据各地生物质资源条件和用能特点，加快推广应用技术已基本成熟、具备产业化发展条件或产业化有一定基础的生物质燃气、发电、成型燃料和液体燃料等多元化利用技术，推进生物质能规模化产业化发展，提高生物质能梯级综合利用水平。

1. 有序发展生物质发电

有序发展农林生物质发电。在秸秆剩余物资源较多、人均耕地面积较大的粮棉主产区，有序发展秸秆直燃发电，提高发电效率；在重点林区和林产品加工集中地区，结合林业生态建设，利用林业三剩物和林产品加工剩余物发展林业生物质直燃发电，结合能源林种植，建设林醇电综合利用工程；在“三北”地区，结合防沙治沙，建设灌木林种植基地，发展沙生灌木平茬剩余物直燃发电及综合利用工程；在甘蔗种植主产区和蔗糖加工集中区推进蔗渣直燃发电。鼓励将生物质发电与纤维素乙醇、生物柴油及生物化工相结合，实现生物质梯级利用。鼓励发展生物质热电联产，提高能源利用效率。到2015年，农林生物质发电装机容量达到800万千瓦。

合理发展垃圾发电。结合城市生态环境保护，选择适宜的生活垃圾、污水处理厂污泥处理及能源利用方式，推进垃圾处理减量化资源化无害化。在人口密集、土地资源紧张的中东部地区城市，合理布局生活垃圾焚烧发电项目。在西部地区采取垃圾填埋方式处理垃圾的城市建设填埋场沼气发电项目。大力推动垃圾发电关键设备和清洁燃烧技术进步。到2015年，城市生活垃圾发电装机容量达到300万千瓦。

积极发展生物质燃气发电。在农村生物质资源比较丰富、人口密集的乡镇，发展分布式生物质燃气发电；依托大型畜禽养殖场，结合污染治理，建设大型畜禽养殖废弃物沼气发电项目；积极推动造纸、酿酒、印染、皮革等工业有机废水和城市生活污水处理沼气发电。到2015年，沼气发电装机容量达到200万千瓦。

到2015年，生物质发电总装机容量达到1300万千瓦，年发电量780亿千瓦时，年替代化石能源2430万吨标准煤。

2. 加快发展非粮生物液体燃料

建设非粮能源原料基地。在盐碱地、荒草地、山坡地等未开发宜能荒地较多的地区，根据当地自然条件和作物植物特点，种植甜高粱、木薯、油棕、小桐子等能源作物植物，建设非粮生物液体燃料的原料供应基地。到“十二五”期末，建成油料能源林基地200万公顷。

建设非粮生物液体燃料示范工程。在“十二五”时期，建设一批产业化规模的纤维素乙醇示范工程，建成纤维素酶批量生产基地。突破关键设备和集成工艺，提高成套设备制造能力，降低纤维素乙醇生产成本，提高经济性。规范和引导以废弃油脂为原料的生物柴油的产业化，推进木本油料作物为原料的生物柴油和航空生物燃料示范工程及应用。

到2015年，生物燃料乙醇年产量达到400万吨，生物柴油和航空生物燃料年产量100万吨。年替代化石能源500万吨标准煤。

3. 积极推广生物质燃气

积极推进生物质燃气集中供气。“十二五”时期，在农林生物质资源丰富、地势易于铺设燃气管网、农民经济条件较好、居住较为集中的乡镇或较大的村庄，推广生物质气化集中供气。在居住区域附近有规模化畜禽养殖场的地区，优先发展沼气集中供气，建设大中型沼气集中供气工程。结合工业有机废水和城市污水处理，建设利用工业有机废水、城市生活污水和污泥中的有机物生产沼气的集中供气工程。“十二五”期末，生物质燃气集中供气达到30亿立方米/年，折合250万吨标准煤。

稳步推进户用沼气建设。在气候适宜、人口居住分散且有家庭养殖畜禽的农村地区，继续推广户用沼气，提供清洁生活燃气。将沼气作为连接种植业和养殖业的纽带，发展“三位一体”、“四位一体”生态农业模式，提高户用沼气的综合效益。到2015年，农村沼气用户5 000万户，年产沼气190亿立方米，折合1 500万吨标准煤。

4. 推进生物质成型燃料产业化

生物质成型燃料具有原料适应范围广、规模适应性强、易于运输储存等特点，作为供热燃料，是一种经济实用的方式。在“十二五”时期，重点在北方采暖地区推广生物质成型燃料集中供热，结合城市大气环境治理，大力推动城市燃煤锅炉改造为生物质成型燃料锅炉，减少城市燃煤量，扩大规模化的生物质成型燃料市场；在人口居住分散、不宜铺设燃气管网的农村地区，推广户用生物质成型燃料，解决户用炊事及采暖用能。到2015年，生物质成型燃料年利用量达到1000万吨，相应替代化石能源500万吨标准煤。

（二）推进先进生物质能综合利用产业化示范

建设一批梯级综合利用生物质能示范项目和若干个示范区，推动生物质能利用从单一原料和产品模式转向原料多元化、产品多样化的循环经济梯级综合利用模式，使生物质资源利用获得更好的综合效益。

1. 纤维素原料生物燃料多联产示范

积极推动农林剩余物（纤维素）生产生物乙醇为主产品的综合利用产业化示范。建设纤维素生物燃料综合利用示范区，利用当地丰富的农作物秸秆资源，建设产业化规模纤维素水解制备液体燃料和生物基化工产品及醇电联产综合利用示范工程。

依托示范项目，推进生物乙醇及其他替代石油基原料的化工产品的规模化生产，废水经厌氧发酵处理生产沼气及沼气发电，或者利用废水培养微藻能源作物，最终的生物质残渣用于燃烧发电和供热，整体实现生物质梯级综合利用。

到2015年底，形成若干以农林剩余物（纤维素）为原料的生物燃料多联产产业化示范区。

2. 微藻生物燃料多联产示范工程

鼓励微藻固碳生物燃料产业化示范。在条件适合地区，利用工业废水及富含二氧化碳废气，采用先进养殖技术，建设含油微藻规模化养殖场，开展微藻生物燃料多联产示范。

依托示范项目，推进商业化规模的微藻生物燃油生产，同时生产高附加值的营养藻粉和饲料藻渣等生物基产品。通过微藻生物燃料多联产，实现二氧化碳减排、工业污水处理与生物能源制备、生物基产品开发的有机结合，建设多产业组合的循环经济示范基地。

到2015年底，建成若干微藻生物燃料多联产循环经济产业化示范项目。

3. 生物质热化学转化制备液体燃料及多联产示范工程

加快生物质气化合成醇醚、生物质热解液化及直接催化转化制备烃类燃料技术进步，建设生物质热化学制备液体燃料产业化示范区，利用各类农林剩余物资源，开展万吨级生物质热化学制备液体燃料，以及燃气、热力、电力、生物质炭、多元醇生物基化学品等多联产系统示范工程，实现低成本规模化生物质资源梯级综合利用。

依托示范项目，突破大型生物质气化、先进高效净化与组分调变一体化、生物油炼制加工催化剂及相应的反应精馏分离等关键技术，降低生物燃料生产成本。结合化工项目工程和工业园区用热需求，整合生物化工技术开展综合精炼，生产生物柴油、石脑油和航空煤油等生物燃料，以及热力、电力、精细化工原料和产品、医药产品等系列化产品，拓展相关产品应用市场，全面推进各类农林生物质资源梯级综合利用，提升生物质能及综合利用的经济性和竞争力。

到2015年底，形成若干以农林剩余物为原料的生物质热化学转化制备液体燃料及多联产循环经济产业示范区。

4. 大型沼气综合利用示范工程

加快大型沼气工程技术进步，提高大型沼气生产成套设备、沼气净化设备、沼气管道供气和罐装成套设备制造水平。在具备资源、市场等条件的地区，建设大型混合原料沼气综合利用产业示范区，将沼气输入城市天然气管道网络。在乡镇布设沼气供应服务站点，以供应罐装沼气的方式为周边居民提供生活燃气；探索沼气作为城市公共交通车辆燃料的利用方式；推动大型沼气工程的沼液沼渣综合利用，拓展有机肥市场，支持有机蔬菜、水果种植产业发展，发展大型沼气综合利用循环经济生态园。

到2015年底，形成若干混合原料大型沼气多用途综合利用循环经济生态园。

专栏4 先进生物质能综合利用产业化示范

纤维素原料生物燃料多联产示范：在河南、吉林、黑龙江、山东等地建设示范工程，以农作物秸秆为主要原料，通过纤维素水解制备乙醇、丁醇等液体燃料，剩余物制取沼气或燃烧发电。通过示范，突破纤维素原料预处理、酶制取等技术瓶颈，具备产业化基础。

微藻生物燃料多联产示范：在水质适宜和光照充分地区，加快先进育繁技术进步，选取优质高含油微藻，提取生物油脂，通过脂化、重整生产生物燃油，同时生产营养藻粉等生物基产品。通过示范，形成生物油藻选育、繁殖、推广体系，推动生物油藻产业化。

生物质热化学转化制备液体燃料及多联产示范：在吉林、黑龙江、湖北、湖南、贵州等地建设示范工程，以农林剩余物为原料，以热化学法制取燃气，采用费托合成生产生物燃油。通过示范，形成一定规模的费托合成催化剂生产能力，加快热化学制备生物油产业化进程。

大型沼气综合利用示范工程：在河南、广西、四川等畜禽养殖规模较大、有机废渣废水资源丰富的地区，建设为城市、大型村镇集中供气的沼气及管网设施示范工程，进行沼气净化提纯装罐，作为分散民用燃气及车用燃料。通过建设专业化的大型沼气工程，探索沼气商业化应用的新模式。

（三）组织生物质能推广利用重点工程

1. 城市生物质供热工程

结合城市大气环境治理和新能源示范城市建设，在城市推广生物质成型燃料和专用锅炉，替代区域集中供热及分散锅炉燃煤。

在“十二五”时期，在生物质资源稳定供应、有采暖需求的北方城市建设生物质供热工程，利用农林剩余物、城市生活垃圾及有机污水、养殖场畜禽粪便等资源，采用生物质成型燃料采暖锅炉、生物质燃气供热锅炉等技术，综合发展各类生物质供热，减少城市中的煤炭直接燃烧，改善大气环境和城市面貌。

到2015年，年供热消耗生物质燃料10万吨以上的城市达到50个，平均每个城市生物质供热总供热面积达到100万平方米以上，相应每个城市平均每年替代化石能源5万吨标准煤。全国生物质供热总供热面积达到5000万平方米，相应年替代化石能源250万吨标准煤。

2. 农村生活燃料清洁化工程

将生物质能技术作为实现农村生活用能优质化、清洁化、现代化，促进城乡能源公共服务均等化的重要手段。“十二五”时期，结合绿色能源示范县建设，推广农村生活燃料清洁化工程，充分利用当地农作物秸秆、畜禽粪便、林业剩余物等生物质资源，推广生物质热解气化、生物质干馏、生物质成型燃料、大中型沼气工程和户用沼气池、省柴灶等技术，为当地居民提供清洁生活燃料。

在生物质资源比较丰富、农村居民集中的地区，建设生物质燃气集中供气工程，铺设生物质燃气管网，推进农村燃气物业化管理和服务。在具有采暖需求的北方农村，重点推广生物质成型燃料采暖技术。在林区及退耕还林地区，结合生态保护工程，重点发展分布式生物质能技术，充分利用林业剩余物建设生物质气化和成型燃料项目，为林区提供清洁的生活燃料，减少林木质燃料消耗，巩固退耕还林成果。积极支持在农村学校、医院等公益设施和公用机构推广应用清洁生物质燃料。

到2015年，农村生活燃料清洁化工程惠及1000个乡镇、100万户农户，年替代化石能源100万吨标准煤。

3. 生物质能源作物和能源林基地建设

按照“不与民争粮，不与粮争地”的要求，根据我国土地资源和农林业生产特点，立足非粮原料，结合现代农林业发展和生态建设，在有条件地区实施生物质能源作物和能源林种植工程，合理选育和科学种植能源作物植物，因地制宜开发边际性土地，规模化种植各类非食用粮糖油类作物植物，建设生物质能原料供应基地。

重点在“三北”地区的半荒漠化区、沙区等边际性土地，结合生态建设，建设以灌木林为主的木质能源林基地；在东北、内蒙古、山东等地区开展甜高粱规模化种植；在广东、广西、海南、江西、四川、云南等地种植薯类作物以及芭蕉芋、葛根等植物；在海南、福建、四川、贵州、云南、河北等地建设油棕、小桐子、黄连木等油料植物种植基地；加强富油藻类培育技术研发，开展藻类原料培育工程。

到2015年，建成木质能源林基地520万公顷，甜高粱原料基地50万亩，木薯等薯类作物基地800万亩，油料能源林基地200万公顷，其他非粮原料（能源草等）基地30万亩。种植能源作物和能源林满足年产100万吨生物柴油的原料需求，年替代化石能源140万吨标准煤。

（四）加强生物质能技术装备和产业体系建设

1. 构建技术研发体系

整合现有生物质能研究的技术和能力建设资源，加强国家级生物质能技术研究机构建设，重点建设生物质能综合利用技术研发测试平台和先进非粮生物液体燃料技术研发平台，从事基础研究工作，组织开展联合研究，攻克产业发展的关键技术和共性技术难题。

依托骨干企业、研究院所和大学等，建立涵盖生物质发电、生物质燃气和生物液体燃料等技术的重点实验室，推动生物质能应用技术研究和相关技术创新平台建设。在大型企业建立生物质能创新中心或工程技术中心，开展应用研究和系统集成，促进科技成果的产业化。鼓励企业加强对引进的国外先进技术的消化吸收，逐步建立自主创新的技术体系。

2. 开发关键技术设备

在生物质燃气方面，开发生物质燃气高效制备及综合利用技术，重点突破高浓度、混合燃料的湿发酵、干发酵技术，以及燃气净化和高热值化转化技术，研发大功率生物质燃气发电机组；在生物液体燃料方面，重点突破木质纤维素生产乙醇等石油替代燃料、以多种原料生产生物柴油和航空生物燃料的关键技术，掌握清洁高效生产技术；在能源作物及能源林种植方面，重点突破良种选育及定向培育技术，培育多个新型生物质能源作物和能源林新品种。

在生物质能装备方面，重点研制非粮原料收储运和初加工、非粮燃料乙醇和微藻生物燃料加工转化、生物质热化学转化制备液体燃料及热、电、化工多联产农业剩余物制备生物质燃气及综合利用等成套装备，攻克生物质成型燃料高效、抗结渣燃烧技术，提高成型机易损件使用寿命到500小时以上。

3. 完善产业服务体系

加快制定完善生物质能技术及产品标准，形成统一、规范、符合我国国情的生物质能技术标准体系。建设生物质能设备及产品检测中心，建立关键设备和产品的认证体系。建立完善生物质能产品质量控制和监督体系，形成有效的质量监督机制，提高产品和服务质量。

开展生物质能技术培训，在全国组织开展多种形式多层次的生物质能技术、设备和产品应用培训。对从事生物质能利用的专业技术工种实行职业资格制度，组织各地开展生物质能职业技能鉴定和认证。健全生物质能的社会化行业组织，发挥行业协会等在行业自律、人才培训、技术咨询、信息交流、国际合作等方面的作用，建立企业、消费者、政府部门之间的沟通与联系，促进生物质能产业健康发展。

四、规划实施

（一）保障措施

1. 开展生物质能资源调查评价。制定生物质能资源调查评价规范，建立科学的资源评价体系，以县为单位进行生物质资源调查，明确资源量、种类、分布和现有用途，以及可作为能源化利用的资源潜力。

2. 加强生物质能开发利用管理。将生物质能纳入国家能源管理体系，建立部门协调机制，协同推进生物质能发展。完善政策体系，研究制定生物质能综合利用产业政策。各省（区、市）要将生物质能开发利用纳入本地区能源规划，编制生物质能发展规划及实施方案，指导本地区生物质能开发利用。加强生物质能项目建设管理，合理进行生物质能开发利用布局，保持生物质能开发利用有序协调进行。

3. 完善国家财税等支持政策。各级政府加大对生物质能开发利用的投入，支持农村生物质能项目建设，着力改善农村生活用能条件。完善支持生物质能利用的财税扶持政策，健全生物质能转化的热力、电力、液体燃料等产品的价格政策。完善金融支持政策，扶持中小型生物质能企业发展。建立健全支持分布式生物质能发电接入电网和并网运行的体制机制，以及生物质油品经营机制，为生物质能产品进入市场创造有利条件。

4. 建立健全生物质能技术管理体系。支持生物质能利用新型技术研发和试验示范。建立生物质能技术和产品标准体系及工程规范，健全生物质能技术和产品检测认证体系，加强技术监督以及工程和产品质量管理。建立健全生物质能信息统计体系，加强生物质能技术指导、工程咨询、信息服务等中介机构能力建设。

5. 完善市场机制和管理措施。积极培育壮大生物质能骨干企业。完善生物液体燃料强制使用的机制和措施，扩大生物液体燃料的市场规模。各级政府要结合各种生物质废弃物综合利用和环境污染治理，制定操作性强的农村秸秆禁烧、城区关停改造燃煤小锅炉的措施。在新能源示范城市和绿色能源示范县建设中，将生物质能利用作为重要选择，形成若干生物质能规模化开发利用的示范区。

6. 建立原料供应保障体系。因地制宜，结合生态建设和保护环境的要求，培育种植适宜的能源作物或能源植物，建设生物质能原料基地。适应各区域不同情况，支持企业探索建立合适的生物质能原料收集体系，提高生物质能资源保障程度，鼓励生物质原料收储运专业化发展。研究制定生物质原料物流支持政策。

（二）实施机制

1. 加强规划组织管理。强化国家有关规划对“十二五”生物质能发展的导向作用，引导各方面积极有序推进生物质能发展。各地区要根据本规划制定生物质能开发建设方案，做好与农业、林业、城乡建设等相关规划的衔接。国务院能源主管部门重点做好生物质能政策法规制定、重大问题研究论证等行业管理工作，会同财政、农业、林业等部门组织实施生物质能重大专项，保障生物质能发展规划的顺利实施。

2. 建立滚动调整机制。加强生物质能发展的调查统计评价工作，强化对规划实施情况的跟踪和监督，及时掌握规划执行情况，并根据执行情况适时对规划目标和重点任务进行动态调整，使规划更加科学，符合发展实际。在2013年进行规划实施中期评估，评估情况以适当方式向社会公布。

3. 加强目标监测考核。将生物质能利用纳入各地能源行业管理，将提供农村生活能源的生物质能利用纳入农村公用事业范围。将秸秆禁烧、养殖场污染治理作为环境监测的重要内容。将生物质能利用量计入各地的节能减排量，并且不计入对各地设定的能源消费总量限额，促使各地更加重视生物质能利用。

五、投资估算和环境社会影响分析

（一）投资估算

到“十二五”期末，生物质能产业将新增投资1400亿元。对于生物质发电项目，继续给予优惠电价支持。对于新型生物质能技术研发及产业化示范项目，以及涉及农村生活用能的生物质能项目建设，中央财政给予资金支持。

（二）环境和社会影响分析

发展生物质能，可有效替代化石能源、有利于节能减排和合理控制能源消费总量。预计2015年，农林剩余物年利用量达到7500万吨，年利用各类能源作物2500万吨，年处理畜禽粪便5.6亿吨、城市生活垃圾6400万吨、城镇污水处理厂污泥1500万吨、废弃油脂90万吨，合计年替代化石能源5000万吨标准煤，相应年减排二氧化碳9500万吨、二氧化硫65万吨。

生物质能利用要做好防止二次污染的工作。大中型沼气工程的沼气要充分利用，沼液沼渣要合理利用。生物液体燃料生产过程中的废水、废渣要合规处理和达标排放。垃圾焚烧发电要合理选址，采用先进的烟气处理技术，防止有害物质排放。生物质能项目措施不当可能造成环境污染，必须加强环保评价和监测管理，全面发挥好生物质能的环境效益。

发展生物质能源，将为改善农村居民用能状况、带动农村发展作出重要贡献。“十二五”时期，可改善约1000万户农村居民的生活用能条件，其中，户用沼气800万户，管道供应燃气50万户，生物质成型燃料150万户。农村生物质能利用有利于加快城乡能源公共服务均等化步伐。

“十二五”时期，生物质能产业将初具规模，成为带动农村经济发展的新型产业。预计到2015年，生物质能产业年销售收入可达到1000亿元，提供360万个就业岗位，农民年收入增加180亿元，取得良好的经济和社会效益。

科技部关于印发半导体照明科技发展“十二五”专项规划的通知

国科发计〔2012〕772 号

各省、自治区、直辖市、计划单列市科技厅（委、局），新疆生产建设兵团科技局，各国家高新技术产业开发区管委会，各有关单位：

为进一步贯彻落实《国家中长期科学和技术发展规划纲要（2006—2020 年）》、《国务院关于加快培育和发展战略性新兴产业的决定》和《国家“十二五”科学和技术发展规划》，加快推动半导体照明技术和产业创新发展，我部组织编制了《半导体照明科技发展“十二五”专项规划》。现印发你们，请结合本地区、本行业实际情况认真贯彻落实。

附件：半导体照明科技发展“十二五”专项规划

科技部

2012 年 7 月 3 日

半导体照明科技发展“十二五”专项规划

为加快推进半导体照明技术进步和产业发展，依据《国家中长期科学和技术发展规划纲要（2006—2020年）》、《国务院关于加快培育和发展战略性新兴产业的决定》和《国家“十二五”科学和技术发展规划》等相关要求，制定本专项规划。

一、形势与需求

（一）半导体照明技术及应用快速发展

近年来，半导体照明技术快速发展，正向更高光效、更优发光品质、更低成本、更多功能、更可靠性能和更广泛应用方向发展。目前，国际上大功率白光LED（发光二极管）产业化的光效水平已经超过130lm/W（流明/瓦）。据报道，实验室LED光效超过200lm/W。虽然LED的技术创新和应用创新速度远远超过预期，但与400lm/W的理论光效相比，仍有巨大的发展空间。半导体照明在技术快速发展的同时也不断催生出新的应用。目前，竞争焦点主要集中在GaN基LED外延材料与芯片、高效和高亮度大功率LED器件、LED功能性照明产品、智能化照明系统及解决方案、创新照明应用及相关重大装备开发等方面。

OLED（有机发光二极管）作为柔和的平面光源，与LED光源可以形成互补优势，近年来发展同样迅速。据报道，实验室白光OLED光效已达128lm/W。与之相关的有机发光材料、生产装备和新型灯具的研发正顺势而上。目前，市场上已有少量OLED照明产品。

（二）半导体照明产业爆发式增长

近年来，许多发达国家/地区政府均安排了专项资金，设立了专项计划，制定了严格的白炽灯淘汰计划，大力扶持本国和本地区半导体照明技术创新与产业发展。全球产业呈现出美、日、欧三足鼎立，韩国、中国大陆与台湾地区奋起直追的竞争格局。半导体照明产业已成为国际大企业战略转移的方向，产业整合速度加快，商业模式不断创新。瞄准新兴应用市场，国际大型消费类电子企业开始从产业链后端向前端发展；以中国台湾地区为代表的集成电路厂商也加快了在半导体照明领域的布局；专利、标准、人才的竞争达到白热化，产业发展呈爆发式增长态势，已经到了抢占产业制高点的关键时刻。

（三）我国半导体照明技术和产业具备跨越式发展机会

在国家研发投入的持续支持和市场需求的拉动下，我国半导体照明技术创新能力得到了迅速提升，产业链上游技术创新与国际水平差距逐步缩小，下游照明应用有望通过系统集成技术创新实现跨越式发展。部分产业化技术接近国际先进水平，功率型白光LED封装后光效超过110lm/W，接近国际先进水平。指示、显示和中大尺寸背光源产业初具规模，产业链日趋完整，功能性照明节能效果已经显现。标准制定及检测能力有了长足进步，已制定并公布了22项国家标准和行业标准。

（四）我国半导体照明发展需求明显

半导体照明产业具有资源能耗低、带动系数大、创造就业能力强、综合效益好的特点。“十二五”期间，随着人们对更高照明品质、更加节能环保的追求，以及半导体照明应用市场的快速发展，仍有很多技术问题亟待解决，迫切需要开展针对不同应用领域的高可靠、低成本的产业化关键技术研发，抢占下一代核心技术制高点。随着城市化进程加快，对照明产品的消费将进一步增加，节能减排的压力日益增大，急需规模应用半导体照明节能产品。伴随着信息显示、数字家电、汽车、装备、原材料等传统产业转型升级的压力，迫切需要应用新的半导体照明技术和产品。此外，随着我国就业压力日益严峻，迫切需要发挥半导体照明产业的技术、劳动双密集型特征，创造更多的就业岗位。

二、指导思想、发展原则

（一）指导思想

深入贯彻落实科学发展观，根据《国家中长期科学和技术发展规划纲要（2006—2020年）》、《国家“十二五”科学和技术发展规划》确定的发展重点和《国务院关于加快培育和发展战略性新兴产业的决定》，紧密围绕基础研究、前沿技术、应用技术到产业化示范的半导体照明全创新链，以增强自主创新能力为主线，以促进节能减排、培育半导体照明战略性新兴产业为出发点，以体制机制和商业模式创新为手段，整合资源，营造创新环境，加速构建半导体照明产业的研发、产业化与服务支撑体系，支撑“十城万盏”试点工作顺利实施，提升我国半导体照明产业的国际竞争力。

（二）发展原则

坚持统筹规划与市场机制相结合。加强统筹规划，推进相关部门的工作协调，形成产业创新发展的合力；突出市场需求，以企业为主体，通过产业技术创新战略联盟优化协同创新体制机制，加快推进技术创新、产品开发、示范应用和产业发展，形成一批龙头品牌企业。

坚持系统布局与重点突破相结合。系统布局半导体照明技术创新链和产业链，优化创新体系和发展环境；重点突破核心装备和商业推广模式两大瓶颈，形成具有自主知识产权的核心技术；将技术创新与示范应用相结合，支撑“十城万盏”，形成区域特色优势明显、配套体系齐全的产业集群。

坚持平台建设与人才培养相结合。建立具有自主知识产权并具备持续创新能力的创新体系和公共研发平台，为半导体照明产业的可持续发展提供支撑；鼓励高等院校开设相关学科，探索专业化的职业资格培训和认证，为产业人才供给提供保障。

坚持立足国内与面向国际相结合。统筹国内国际两种资源、两个市场，积极参与国际标准的制订，加强国际科技合作和开放创新；加强应用领域的创新突破，积极开拓国际市场，提升产业的国际竞争力。

三、发展目标

（一）总体目标

到2015年，实现从基础研究、前沿技术、应用技术到示范应用全创新链的重点技术突破，关键生产设备、重要原材料实现国产化；重点开发新型健康环保的半导体照明标准化、规格化产品，实现大规模的示范应用；建立具有国际先进水平的公共研发、检测和服务平台；完善科技创新和产业发展的政策与服务环境，建成一批试点示范城市和特色产业化基地，培育拥有知名品牌的龙头企业，形成具有国际竞争力的半导体照明产业。

（二）具体目标

1. 技术目标：产业化白光LED器件的光效达到国际同期先进水平（150～200lm/W），LED光源/灯具光效达到130lm/W；白光OLED器件光效达到90lm/W，OLED照明灯具光效达到80lm/W；硅基半导体照明、创新应用、智能化照明系统及解决方案开发等达到世界领先水平；形成核心专利300项。

2. 产品目标：80%以上的LED芯片实现国产化，大型MOCVD（金属有机物化学气相沉积）装备、关键原材料实现国产化，形成新型节能、环保及可持续发展的标准化、规格化、系统化应用产品，成本降低至2011年的1/5。OLED材料、基板、导电层、封装、测试和灯具的国产化程度达到60%。

3. 产业目标：产业规模达到5000亿元，培育20～30家掌握核心技术、拥有较多自主知识产权、自主品牌的龙头企业，扶持40～50家创新型高技术企业，建成50个“十城万盏”试点示范城市和20个创新能力强、特色鲜明的产业化基地，完善产业链条，优化产业结构，提高市场占有率，显著提升半导体照明产业的国际竞争力。

4. 能力目标：培育和引进一批学科带头人、创新团队和科技创业人才，建立国际化、开放性的国家公共技术研发平台，完善我国半导体照明标准、检测和认证体系，发挥产业技术创新战略联盟的作用，推动产学研用深度结合，切实保障我国半导体照明产业的可持续发展。

（三）指标体系

表1 “十二五”科技发展主要指标

类别	序号	指 标	属性
科技	1	白光LED产业化光效达到(150～200lm/W),成本降低至1/5	约束性
	2	白光OLED器件光效达到90lm/W	
	3	实现核心设备及关键材料国产化	
	4	LED芯片国产化率达80%	
	5	建立公共技术研发平台及检测平台	
	6	申请发明专利300项	
	7	发布标准20项	
经济	1	2015年,国内产业规模达到5 000亿元	预期性
	2	形成20～30家龙头企业	
	3	国家级产业化基地20个,试点示范城市50个	约束性
社会	1	LED照明产品在通用照明市场的份额达到30%	预期性
	2	实现年节电1 000亿kW·h,年节约标准煤3 500万吨	
	3	减少CO_2、SO_2、NO_X、粉尘排放1亿吨	
	4	新增就业200万人	

四、重点任务

（一）基础研究

解决宽禁带衬底上高效率LED芯片的若干基础科学问题，研究高密度载流子注入条件下的束缚激子及其复合机制；探索通信调制功能和LED照明器件相互影响机理。重点研究方向：

1. 超高效率氮化物LED芯片基础研究

研究大注入条件下LED的发光机理，建立功率LED器件的基本物理模型，研制高质量氮化物半导体量子阱材料和超高效率氮化物LED芯片并完成应用验证，提出提高氮化物LED发光效率的新概念、新结构、新方法，突破下一代白光LED核心技术。

2. 新型微纳结构半导体照明

研究微纳材料和技术对白光LED效率的作用机理，掌握提高LED量子效率的方法，突破下一代白光照明核心微纳技术。研究纳米图形衬底的制备原理及对外延材料的影响机理；研究表面等离子体结构对半导体照明器件量子效率的提升作用；研究微纳结构的作用机理和出光效率的提升方法。

3. 短距离光通信与照明结合的新型LED器件基础研究

重点开展载流子复合通道和寿命的关联性、掺杂机理、电流通路高速响应机制、外延芯片封装结构对照明及通信质量的调控、器件级通信质量分析验证、LED芯片与探测器单片集成机理和工艺、高速短距离光通信单元组件等研究。开展新型LED器件相关物理问题的研究，研制出通信、照明两用的高速调制的创新型LED通信照明光源。

4. 超高效OLED白光器件基础研究

重点开展载流子注入和激子复合机理、金属电极等离子体淬灭机理及其应对方法、表面等离子局域发光增强机理和方法、出光提取、新型发光材料和主体材料的设计、蓝色磷光材料的退化机理、高效长寿命叠层白光OLED器件等研究；力求制备出1000尼特条件下光效超过120lm/W的有机白光器件。

（二）前沿技术研究

突破白光LED专利壁垒，光效达到国际同期先进水平；研究大尺寸Si衬底等白光LED制备技术，加强单芯片白光、紫外发光二极管（UV-LED）、OLED等新的白光照明技术路线研究；突破高光效、高可靠、低成本的核心器件产业化技术；提升LED器件及系统可靠性；实现核心装备和关键配套原材料国产化，提升产业制造水平与盈利能力。重点研究方向：

1. 半导体照明用衬底制备技术研究

大尺寸蓝宝石衬底的制备及图形衬底加工工艺；高质量SiC单晶的生长、切割和晶片加工技术；GaN同质衬底制备技术，同质衬底半导体照明外延及器件制备技术；高质量AlN、ZnO等宽禁带衬底制备关键技术。

2. 外延芯片产业化关键技术研究

大尺寸Si、蓝宝石、SiC等衬底的外延生长、器件制备技术；LED器件结构设计和内量子效率提升技术；基于图形衬底的高效LED器件关键技术；垂直结构LED产业化制备技术；高压交/直流（AC/HV）LED外延、芯片及系统集成技术；高空穴浓度P型氮化物材料制备技术；高电流密度、大电流LED技术开发；基于氧化锌透明导电层的高效LED芯片技术；高效绿光LED外延、芯片技术；高显色指数白光LED用高效红光、黄光LED外延、芯片技术；结合集成电路工艺的LED芯片级光源技术；多片式MOCVD、新型多片HVPE（氢化物气相外延）及ICP（等离子刻蚀）等生产型设备国产化关键技术。

3. 封装及系统集成技术研究

高效白光LED器件封装关键技术、设计与配套材料开发；三维封装和多功能系统集成封装技术；有机硅、环氧树脂、固晶胶、固晶共晶焊料等封装材料与相关工艺开发；陶瓷、高分子、石墨等封装散热材料开发；LED封装及集成系统的加速测试技术；高光效、高（小）色区集中率的荧光粉及其涂覆技术；嵌入式照明材料及技术研究。

4. 照明系统关键技术研究

综合考虑照明系统的功能、易用性、兼容性、可替换性、可升级性和成本条件下，系统架构、界面及其优化方法研究；低成本、高可靠性、易于集成的环境与用户存在、位置、情感和视觉感知技术及其集成方法研究；具有前瞻性、通用性、低成本高可靠性的通信技术与色温实时、动态控制算法研究；照明与应用环境相结合并突出被照物特点的最佳色彩、色温、显色指数的照明配方与实现方法研究；以软件服务为导向的照明系统技术实现方法研究；以软件服务为导向的照明系统技术与解决方案研究。

5. OLED半导体照明关键技术研究

高效、高可靠性、低成本OLED材料的成套性、创新性开发及其纯化技术；白光OLED器件及大尺寸OLED照明面板开发；高亮度OLED照明器件效率、显色指数、稳定性以及大面积均匀性等技术研究；新型透明电极开发；柔性基片发光器件及其封装技术；装备国产化研究。

6. 探索导向类白光半导体照明研究

高Al组分AlGaN材料的外延生长研究，深紫外LED芯片制备和器件封装技术；无荧光粉白光LED技术开发；类太阳光谱白光LED照明器件开发。

7. 其他相关技术研究

高纯MO源、氨气等原材料制备技术；高效、高可靠、低成本LED驱动芯片关键技术；半导体照明光度、色度和健康照明研究，半导体照明产品亮度分布、眩光、显色性及中间视觉等光品质评价技术研究；半导体照明在农业、医疗和通讯等创新应用领域的非视觉照明技术及照明系统研究；半导体照明材料、器件、灯具及系统可靠性技术，可靠性设计及加速测试方法研究。

（三）应用技术研究

以抢占创新应用制高点为目标，以工艺创新、系统集成和解决方案为重点，开发高光色品质、多功能创新型半导体照明产品及系统，实现规模化生产；开发出具有性价比优势的半导体照明产品，替代低效照明产品；开展办公、商业、工业、农业、医疗和智能信息网络等领域的主题创新应用。重点研究方向：

1. 高效、低成本LED驱动技术开发

高效、低成本、高可靠的LED驱动电源开发，驱动电源产品优化设计、制造工艺关键技术；高集成度、低成本、高可靠的LED驱动电源芯片开发；驱动电源系统和电源内部器件的失效机理研究、失效分析模型开发。

2. LED室外照明光源、灯具及系统集成技术研究

大功率室外LED照明灯具系统集成技术，完善LED灯具结构、散热、光学系统设计，提高灯具的效率、散热能力和可靠性；多功能的新型LED室外照明灯具及散热材料开发；室外LED照明灯具的防水、防震、防电压冲击、防紫外、防腐蚀、防尘等技术研究；LED光源、灯具模块及控制设备化、标准化、系列化研究；规模化生产工艺及在线检测技术；环境及用户感知器件集成技术；加速测试的加速因子及测试方法研究。

3. LED室内照明光源、灯具及系统集成技术研究

高效、低成本、替代型半导体照明光源技术，针对现代照明的调光控制和驱动技术；适合发挥LED优点的高光色品质、多功能新型照明灯具及系统开发；LED模块化封装产业化关键技术；二次光学系统开发；高效率、高稳定性荧光材料及涂敷工艺开发；新型塑料、陶瓷、石墨、金属等灯具散热材料及散热结构开发，与封装工艺兼容的粘

接材料开发；光源模块、电源模块等接口标准化研究。

4. OLED室内照明灯具及系统集成技术研究

高效、长寿命OLED灯具的设计与开发；显色指数大于90、无频闪、无紫外光的节能护眼读写作业台灯开发；超薄OLED灯具开发；透明装饰灯具开发；暖色健康夜灯开发；OLED灯具驱动技术研究。

5. 智能化、网络化LED照明系统开发

LED的集群照明应用技术与可变色温的模组化LED照明系统开发；LED照明系统自动配置技术研究及开发；降低照明节能管理与维护管理成本的系统集成技术研究；照明系统网络拓扑及网络性能优化技术研究；智能化照明控制系统的控制协议与标准开发；照明系统可靠性模型及优化方法研究；基于互联网及云技术的公共照明管理系统开发；基于物联网的半导体照明控制系统及节能管理系统开发；照明系统与住宅、办公楼宇、交通等控制系统结合、集成的方法及技术研究；半导体照明系统可靠性评估及自修复技术。

6. LED创新应用技术研究

LED特种功能性照明产业化技术；影视舞台、剧场等演艺场所用LED灯具及照明系统开发；LED在航空、航天、极地等特殊领域应用技术；LED防爆照明灯具开发；超高亮度LED光源关键技术；LED在现代农业、养殖、医疗、文物保护、微投影与微显示等领域应用技术及照明系统开发；远程光纤传输分布式照明系统开发；超越传统照明形式的LED灯具、控制系统及解决方案的设计开发；LED灯具与系统的生态设计。

7. 半导体照明检测技术开发

半导体照明外延与芯片测试方法及标准光源研究；高功率半导体照明产品光辐射安全研究；半导体照明光源及灯具耐候性、失效机理和可靠性研究；半导体照明灯具在线检测、光谱分布与现场测试方法及设备研究；加速检测设备及检测标准研究；半导体照明产品和照明系统检测技术和设备的研究及开发；照明控制设备的检测技术研究与设备开发；半导体照明产品检测与质量认证平台建设。

（四）共性技术平台建设

以创新的体制机制建立开放的、国际化的公共研发平台，加强共性关键技术研发；探索以企业为主体，政府、研究机构及公共机构共同参与的技术创新投入与人才激励机制，促进半导体照明前沿技术及产业化共性关键技术的研发与应用，支撑产品的创新应用和产业的可持续发展。

1. 国家重点实验室

依托半导体照明产业技术创新战略联盟，围绕产业技术创新链构建，推动产学研合作和跨产业联合攻关，通过契约式手段、所有权与使用权相结合以及产业界联合参与的投入方式，建立联合、开放和可持续发展的联合创新国家重点实验室。实验室在开展基础性、前沿性技术研究，抢占下一代白光核心技术制高点的同时，立足于解决产业急需的光、电、热、机械、智能化以及创新应用等共性关键技术，加强测试方法研究，建设成为产业的技术创新中心、人才培养中心、标准研制中心和产业化辐射中心，支撑技术规范和标准制定，引领产业发展。

2. 国家工程技术研究中心

围绕衬底材料、外延及芯片制备、LED光源及照明应用、检测方法及设备等半导体照明技术创新链，建设国家工程技术研究中心，加强推进科技成果向生产力转化；面向企业规模生产的需要，推动集成、配套的工程化成果向相关行业辐射、转移与扩散；培养一流的工程技术人才，建设一流的工程化实验条件，形成我国技术创新的产业化基地。

（五）产业发展环境建设

支撑示范应用，推动“十城万盏”试点工作顺利实施，促进技术研发和产业链构建，完善产业发展环境。研究测试方法及开发相关测试设备，引导建立检测与质量认证体系，参与国际标准制定；开展知识产权战略研究，提升我国半导体照明产业专利分析和预警能力；积极探索EMC（合同能源管理）等商业推广模式。

1. 半导体照明产品检测与质量认证平台建设

LED光谱检测设备开发；LED外延及相关辅助原材料测试分析技术，LED器件、模块、组件测试评价技术及标准光源开发，逐步建立量值传递体系；半导体照明产品性能评价方法研究，光生物安全性研究；失效评测技术研究；建立检测与质量认证平台与认证网络，开展检测数据共享机制研究；试点示范工程评估体系研究；建设企业与产品数据库，定期发布合格产品目录和合格供应商目录；建立一批半导体照明展示体验中心。

2. 加快行业标准检测体系建设

研究并完善半导体照明标准体系，推动技术创新与标准化同步。加快研究制定标准和技术规范，支撑“十城万盏”示范应用；会同国家相关主管部门，加强分工合作，在产业链空白环节筹建标准化技术委员会，支撑相关标委会对不同环节标准的制、修订工作；发挥我国在应用领域和市场规模方面的优势，研究并推进国际标准的制订。

3. 加强知识产权战略研究和商业推广模式研究

研究半导体照明知识产权战略，建立专利分析预警系统，通过集成技术部署专利战略；加强与国外专利组织的合作。促进及推动以软件、服务、解决方案为中心的商业模式，通过广泛调研和实际案例分析等探索EMC等商业推广模式；集中建立EMC展示交易服务平台，统一发布试点城市示范工程信息；编制“十城万盏”示范工程合格节能服务商推荐目录。

五、保障措施

（一）加强政策引导与产业促进

联合有关部门，统筹规划，出台技术创新与产业发展相关政策。共同推进试点工作，出台推广应用指导意见，落实半导体照明应用产品中央财政补贴政策，促进中央与地方以及试点城市间的互动。继续加强半导体照明产业技术创新战略联盟建设。推进EMC模式在“十城万盏”城市的应用。

（二）促进公共研发平台建设

加大研发投入，创新体制机制，建立健全联合创新国家重点实验室、国家工程技术研究中心等国家公共技术研发平台，促进产学研用各方加强实质合作；形成可持续发展的开放性的公共创新体系，支撑产品的创新应用、产业的可持续创新发展。

（三）培育龙头品牌企业

重点支持有一定规模和技术实力，特别是拥有自主知识产权的企业，通过技术创新扩大生产规模，提升核心竞争力和产业化水平，支持优势企业兼并重组，提高产业集中度和规模化水平，培育形成一批龙头企业和知名品牌。

（四）统筹标准检测认证工作

联合相关部门，从国家层面加快完善标准检测认证体系。加强标准检测认证工作的组织协调，推动半导体照明技术相关标委会的建设工作。结合“十城万盏”试点示范城市区域产业特色，协调国家级和地方检测机构，加强测试结果比对工作，建立网络式、不同层级的检测平台。加强试点示范工程评估评价，建立试点示范工程效果评估体系。

（五）加强国际交流与合作

加强研发、标准检测、应用等实质性的两岸及国际合作；支持国际半导体照明联盟建设，搭建国际化的创新技术平台和标准检测平台，主动参与国际标准制订；通过技术交流、标准对话、示范应用、创新大赛等手段，拓展国际交流与合作的广度和深度。

（六）开放式培养创新人才和团队

鼓励海外专家参与国内研究工作，加强海外人才及创新资源的引进工作；抓好创新人才与创新团队建设，支持高等院校、职业学校、研究机构开设相关学科教育；探索培育高端人才等方面的新机制与新模式，形成一整套可操作的标准化产业人才培养与供给方法，开展职业培训与认证；鼓励形成创新人才开发模式，为产业大规模输送创新创业人才，提升从业人员的整体素质和创新能力。

关于印发电动汽车科技发展“十二五”专项规划的通知

国科发计〔2012〕195号

各省、自治区、直辖市、计划单列市科技厅（委、局），新疆生产建设兵团科技局，各有关单位：

为进一步贯彻落实《国家中长期科学和技术发展规划纲要（2006—2020年）》和《国家“十二五”科学和技术发展规划》，加快推动电动汽车科技发展，我部组织编制了《电动汽车科技发展“十二五”专项规划》。现印发给你们，请结合本地区、本行业实际情况，做好落实工作。

特此通知。

附件：电动汽车科技发展“十二五”专项规划

中华人民共和国科学技术部

二〇一二年三月二十七日

电动汽车科技发展“十二五”专项规划

一、形势与需求

发展电动汽车是提高汽车产业竞争力、保障能源安全和发展低碳经济的重要途径。未来五年将是电动汽车研发与产业化的战略机遇期。“十二五”期间，国家科技计划将加大力度，持续支持电动汽车科技创新，把科技创新引领与战略性新兴产业培育相结合，组织实施电动汽车科技发展专项规划。

（一）发展形势

从国际发展趋势看，随着技术的不断创新与突破，面对金融危机、油价攀升和日益严峻的节能减排压力，2008年以来，以美国、日本、欧盟为代表的国家和地区相继发布实施了新的电动汽车发展战略，进一步明确了产业发展方向，明显加大了研发投入与政策扶持力度。日本以产业竞争力为第一目标，全面发展混合动力、纯电动、燃料电池三种电动汽车，研发和产业化均走在世界前列；美国以能源安全为首要任务，强调插电式电动汽车发展；欧盟以CO_2排放法规为主驱动力，重视发展纯电驱动汽车，仅德国国家电动汽车平台计划就投入近50亿欧元。

从技术层面看，混合动力电动汽车技术逐步成熟，已进入产品市场竞争期，率先实现产业化，正成为汽车市场销售新的增长点，其中，日本市场混合动力电动汽车已达到汽车销量的10%左右；纯电动汽车电池技术进步加速，整车产品更加接近消费者需求，插电式电动汽车作为一种具有纯电动和混合动力双重特征的电动汽车技术成为全球新的研发热点，以电池租赁为代表的纯电动汽车商业模式创新取得进展，世界主要汽车制造商加快了纯电动汽车量产步伐，率先上市的日产LEAF车型销售势头良好，各大汽车公司多种小型纯电动轿车将在2013—2015年密集上市；车用燃料电池技术取得重大进展，通用汽车公司轿车燃料电池发动机贵金属催化剂Pt的用量从上一代的80克降低到30克，并计划2015年降至10克，燃料电池轿车在动力性、安全性、续航里程、低温启动等性能指标方面已接近汽油车水平，燃料电池汽车整车成本显著下降，丰田公司宣布，2015年将实现燃料电池车零售价格为5万美元/辆的目标。

经多年探索实践，国际汽车产业界达成了电动汽车产业化战略共识：在技术路线上，近期（2010—2015年），在依靠内燃机汽车技术改进和推进车辆小型化实现降低油耗和排放的同时，为满足更为严格的节能减排法规目标要求，应尽快推进混合动力技术的应用，并发展小型纯电动汽车和插电式混合动力车；中期（2015—2020年），在混合动力技术得到广泛应用的基础上，提高汽车动力系统电气化程度，加大小型纯电动汽车和插电式混合动力汽车推广力度；中远期（2020年以后），各种纯电驱动技术将逐步占据主导地位，通过进一步发展纯电动汽车和燃料电池汽车，实现大幅度降低石油消耗和CO_2排放。

在车型应用方面，纯电动、混合动力和燃料电池等不同类型的电动汽车技术各自具有最优的交通出行适用范围。对于城市短途出行需求，小型纯电动汽车具有优势；对长途出行需求，适合采用混合动力汽车、插电式混合动力汽车或者燃料电池汽车。

我国高度重视电动汽车技术的发展。“十五”期间，启动了863计划电动汽车重大科技专项，确立了“三纵三横”（三纵：混合动力汽车、纯电动汽车、燃料电池汽车；三横：电池、电机、电控）的研发布局，取得了一大批电动汽车技术创新成果。“十一五”期间，组织实施了863计划节能与新能源汽车重大项目，聚焦动力系统技术平台和关键零部件研发。经过两个五年计划的科技攻关以及北京奥运会、上海世博会、深圳大运会、“十城千辆”等示范工程的实施，我国电动汽车从无到有，在关键零部件、整车集成技术以及技术标准、测试技术、示范运行等方面都取得重大进展，初步建立了电动汽车技术体系，已申请专利3000余项，颁布电动汽车国家和行业标准56项，建成30多个节能与新能源汽车技术创新平台。科技创新为我国新能源汽车战略性新兴产业的形成奠定了良好基础。

当前，我国电动汽车发展已进入关键时期，既面临重大的发展机遇，也面临着严峻的挑战。我国电动汽车发展中还存在很多需要解决的问题，例如核心技术还不具竞争优势，企业投入不足，政府的协调统筹潜力还没有充分发挥等。总体看，我国电动汽车研发起步不晚，发展不慢，但由于传统汽车及相关产业基础相对薄弱、投入不足，差距仍在，中高端技术竞争压力越来越大。因此，必须加大攻坚力度，推动我国车工业向创新驱动转型，抢占技术制高点，培育新能源汽车战略性新兴产业，引领产业变革，确保我国汽车行业可持续发展。

（二）国家重大需求

面对节能减排的严峻挑战和培育新能源汽车战略性新兴产业、实现自主创新与科技跨越的历史任务，发展电动汽车已成为我国重大的科技战略需求与战略重点。

1. 产业升级的需求

从汽车行业节能减排趋势看，发展电动汽车是汽车技术进步与产业升级的必然选择。我国从2000年开始进入汽车产销快速发展期，新车年销售量从209万辆增加到2011年的1851万辆，12年间增长了将近8倍。自2009年以来已连续3年成为全球第一大新车生产国和消费国。随着汽车保有量的快速增长，道路交通燃料消耗量也持续上升，导致石油消费进入快速增长期，全国原油年消费量从2000年的2.3亿吨增长到2011年的4.2亿吨，对外进口依存度超过55%。我国面临着汽车节能减排的严峻挑战，迫切需要产业技术升级。

为了使我国2020年乘用车燃油经济性达到国际同期水平，平均油耗应降至5升/百公里以内，采用以混合动力为代表的重大汽车节能技术势在必行。同时，以混合动力技术为龙头，可带动传统汽车节能减排技术的综合集成与全面进步。

2. 技术转型的需求

从国家战略性新兴产业看，发展电动汽车是我国汽车工业技术转型和培育战略性新兴产业的历史机遇。

从车用能源角度看，电可以作为我国车用主体替代能源之一。预计到2020年和2030年我国乘用车保有量将会达到1.5亿辆和2.5亿辆的规模，假设这些车辆全部使用电力驱动，所使用总电量低于电网总发电量的10%。电动汽车大规模应用后，可在电网负荷低谷时段常规充电，对电网起到“填谷”作用，提高发电设备的综合利用率，起到节能减排的效果。

我国发展电动汽车具有独特的资源和市场优势。我国在锂离子动力电池、永磁电机等电动汽车关键零部件的核心材料方面具有资源优势。我国具有巨大的、多元化的汽车市场优势，而且在电动汽车基础设施建设方面有后发优势。我国城镇化、城市化过程中，电动汽车充电站等基础设施建设具有较大的发展空间。

总之，我国的资源状况、市场特点和战略性新兴产业培育的现状，适合推动汽车动力电气化技术转型。

3. 科技跨越的需求

从国际新一轮低碳科技竞争角度看，“十二五”电动汽车自主创新是中国汽车工业实现科技跨越的攻坚战。

我国在电动汽车关键零部件高端技术方面总体上尚未形成竞争优势。在电池成组技术、燃料电池发动机技术、车用电机电力电子集成技术、强混合动力机电耦合技术等方面，与国际先进水平仍有一定差距。

同时，我国在整车动力系统发展方面也面临着国际新一轮低碳科技竞争压力。针对能源及环境的压力，各国纷纷制定了更加严格的汽车CO_2排放法规，促进了低碳技术的发展与竞争。从排放标准来看，汽车厂商仅仅依靠燃油车的技术进步难以满足排放限值，必须依靠汽车动力电气化技术变革。从技术的潜力分析结果来看，将CO_2排放降低40%以上的技术途径主要集中在深度混合动力、插电式混合动力、纯电动和氢能燃料电池技术。

为此，必须加大攻坚力度，实现科技跨越，推动我国汽车工业从投资驱动向创新驱动迅速转型。否则，将会形成新一轮技术引进的高潮。

二、发展战略与目标

（一）指导原则

1. 自主创新

发展电动汽车要依靠自主创新，掌握核心技术。根据混合动力、纯电动和燃料电池三种基本的电动汽车动力系统技术特征与发展阶段，灵活运用不同的自主创新方式，坚持以科技为支撑，以人才为根本，推动电动汽车技术的快速进步。

2. 重点突破

紧紧把握汽车动力系统电气化的战略转型方向，重点突破电池、电机、电控等关键核心技术，以及电动汽车整车关键技术和商业化瓶颈。

3. 协调发展

发展电动汽车是一项系统工程，在研发、示范和市场导入初期需要一个有利的政策环境。通过制定引导性政策，产、学、研、用和社会各方力量形成合力，构建中国特色的电动汽车产业发展环境，推动我国电动汽车产业快速、健康发展。

（二）技术路线

电动汽车按动力系统电气化水平分为两类：一类是全部或大部分工况下主要由电机提供驱动功率的电动汽车（称为“纯电驱动”电动汽车，例如纯电动汽车、插电式电动汽车、增程式电动汽车以及燃料电池电动汽车）；另一类是动力电池容量较小，大部分工况下主要由内燃机提供驱动功率的电动汽车（称为常规混合动力电动汽车）。从培育战略性新兴产业角度看，发展电气化程度比较高的“纯电驱动”电动汽车是我国新能源汽车技术的发展方向和重中之重。要在坚持节能与新能源汽车“过渡与转型”并行互动、共同发展的总体原则指导下，规划电动汽车技术发展战略。

1. 确立“纯电驱动”的技术转型战略

顺应全球汽车动力系统电动化技术变革总体趋势，发挥我国的有利条件和比较优势，面向“纯电驱动”实施汽车产业技术转型战略，加快发展“纯电驱动”电动汽车产品。实施这一技术转型战略，要依靠自主创新，坚持自主发展，突破电动汽车核心瓶颈技术；同时要充分利用国际资源，进一步提升我国汽车共性基础技术水平，服务于“纯电驱动”的技术转型战略。

2. 坚持“三纵三横”的研发布局

我国电动汽车研发在“三纵三横”的技术创新战略指导下，经过“十五”“三纵三横、整车牵头”和“十一五”“三纵三横、动力系统技术平台为核心”两阶段技术攻关，取得了重大技术突破，形成了中国特色的电动汽车研发体系。“十二五”期间，继续坚持“三纵三横”的基本研发布局，根据“纯电驱动”技术转型战略，进一步突出“三横”共性关键技术。在“三纵”方面，纯电动汽车、增程式电动汽车和插电式混合动力汽车作为纯电驱动汽车的基本类型归为一个大类；燃料电池汽车作为纯电驱动汽车的特殊类型继续独立作为一“纵”；混合动力汽车主要为常规混合动力汽车。在“三横”方面，“电池”包括动力电池和燃料电池；“电机”包括电机系统及其与发动机、变速箱总成一体化技术等；“电控”包括“电转向”、“电空调”、“电制动”和“车网融合”等在内的电动汽车电子控制系统技术。

（三）规划目标

1. 面向产业升级需求：产品研发，支撑发展

“十二五”是以汽车电控化和动力混合化两大技术相结合为标志的产品换代与产业升级期。要推进各种常规混合动力汽车的产业化技术研发与大规模产业化。力争使我国

混合动力客车综合性价比和市场占有率处于国际先进水平；力争使我国混合动力轿车具备国际市场竞争力。以混合动力技术为龙头带动传统汽车节能减排技术的综合集成与全面进步。为我国汽车行业实现汽车产业政策和油耗与排放法规的“十二五”目标提供技术支撑。

2. 面向技术转型需求：规模示范，产业引领

“十二五”是将汽车小型化和动力电气化相汇合，发展我国小型电动轿车的机遇期。要实施“纯电驱动”技术转型战略，探索纯电驱动汽车技术解决方案、新型商业模式和能源供应体系。使我国在以小型电动轿车为代表的各类纯电动汽车普及程度、以示范城市为平台的电动汽车全价值链整合水平、以锂离子动力电池为重点的车用电池产业竞争能力等方面处于国际先进水平，为培育我国电动汽车战略性新兴产业发挥引领作用。

3. 面向科技跨越需求：前瞻部署，创新突破

“十二五”是将能源多元化和动力一体化两大趋势相统一，研究下一代纯电驱动平台，抢占电动汽车高端前沿制高点的科技攻坚期。要攻克以先进燃料电池/新型动力电池等为代表的一批前沿高端难点技术。开发出具有关键技术综合集成性、先进成果展示标志性、系列化、高级别电动汽车，其综合技术指标达到国际先进水平。为实现我国从汽车制造大国向汽车技术强国转型奠定坚实基础。

到2015年，在整车、关键零部件、公共平台等29个技术创新方向上实现关键技术突破，全面掌握核心技术，预期申请电动汽车核心技术专利达3000项以上。形成整车及零部件研发和产业化体系，建设新能源汽车基础设施、产业标准体系和检验检测系统，新增建节能与新能源汽车领域技术创新平台25个以上，组建各类产业技术创新战略联盟，培育形成一批国际知名的具有自主知识产权的关键零部件与整车企业。在30个以上城市进行规模化示范推广，在5个以上城市进行新型商业化模式试点应用，为实现电动汽车规模产业化、尤其是纯电驱动汽车销量达到同类车型总销量1%左右的重要门槛提供科技支撑，引领新能源汽车战略性新兴产业进入快速成长期，使我国跻身节能与新能源汽车产业先进国家行列。

（四）发展路径

电动汽车科技创新支撑新能源汽车战略性新兴产业发展的路线图，具体可概括为技术平台“一体化”、车型开发“两头挤”、产业化推进“三步走”。

1. 技术平台“一体化”

为了应对电动汽车技术多元化和车型多样化问题，紧紧抓住“电池、电机、电控”三大共性关键技术，以关键零部件模块化为基础，推进动力总成模块化，促进动力系统平台化，实现电动汽车技术平台“一体化”。

动力电池、电机、电子控制单元等关键部件模块化，有利于规模化生产和应用，便于电池的维修、更换、租赁、梯级利用和回收处理。以通用化、系列化的动力电池模块为核心，可以形成多样化的车用动力电池系统，结合电机等基础模块，可开发各种纯电驱动汽车；车用动力总成方面，以动力电池等关键零部件模块为基础，进一步提升系统集成层次，可发展出各种新型电气化动力总成；混合动力、纯电动和燃料电池汽车在电驱动总成方面核心技术相通，容易实现电动汽车技术平台的“一体化”，并可以共同培育一体化的零部件产业基础。

2. 车型开发“两头挤”

我国中高级别以上轿车的纯电驱动平台技术尚不成熟，需要继续深入研究开发，并作为科技跨越的重点研究内容。与此同时，对于电动汽车科技发展，充分发挥我国技术特色、产业优势和市场潜力，在城市公共用大客车和私人小型轿车上优先发展“纯电驱动”电动汽车，然后逐步从两端向中间发展，形成“两头挤”格局，启动大规模市场，并滚动发展，逐步挤占中高档燃油轿车这一市场空间。

一方面，要以城市公交车为重点，在现有常规混合动力大客车推广应用的基础上，加强各种纯电驱动大客车的开发、推广力度，形成主流商业模式，并继续开展燃料电池—动力电池的电—电混合式大客车的研发和示范。另一方面，发展小型电动汽车（尤其是小型电动轿车）。燃油汽车小型化和电动汽车小型化是全球主流趋势，在中国最具技术特色、产业优势和市场潜力。小型电动汽车可以成为我国汽车工业自主创新的重要突破口，可以满足我国快速城市化进程中交通可持续发展需求，可以促进我国电动汽车与充电设施以及电池产业之间的良性互动和滚动发展，可以形成大规模市场需求。

3. 产业化推进“三步走”

电动汽车产业化初期，电动汽车产业化推进按照“三步走”的推进战略，结合不同阶段的技术进步程度和市场需求状况，把握节奏，分步实施。

（1）第一阶段：2008—2010年

在大中城市公共服务领域开展新能源汽车示范。2008年开始的奥运示范项目，首次实现电动汽车规模化示范运行；2009年启动“十城千辆”大规模示范推广工程，全国13个示范城市约5000辆节能与新能源汽车投入示范运营；到2010年，示范城市从13个增加到25个，重点转向纯电驱动汽车，全国25个示范城市约8000辆节能与新能源汽车投入示范运营。

（2）第二阶段：2010—2015年

实现混合动力汽车产业化技术突破。开展以能量型锂离子动力电池为重点，电池模块化为核心的动力电池全方位技术创新，实现我国车用动力电池大规模产业化的技术突破。开展以小型电动汽车为代表的纯电驱动汽车大规模商业化示范。开展电动汽车能源供应体系技术攻关，到2015年左右，在20个以上示范城市和周边区域建成由40万个充电桩、2000个充换电站构成的网络化供电体系，满足电动汽车大规模商业化示范能源供给需求。为实现电动汽车规模产业化，尤其是纯电驱动汽车销量达到同类车型总销量1%左右的重要门槛提供科技支撑。

同时，攻克新型锂电池、深度机电耦合、新型电机驱动等前沿技术，研发以燃料电池汽车为代表的下一代纯电驱动动力系统平台，实现燃料电池汽车在公共服务领域小规模示范考核。为下一代纯电驱动汽车产业化做好准备。

（3）第三阶段：2015—2020年

继续推进以小型电动汽车为代表的纯电驱动汽车规模

产业化，并开始启动下一代纯电驱动汽车产业化进程。

在此阶段，以下一代动力电池技术路线为主导，开启下一代动力电池和燃料电池产业化。确立纯电驱动轿车主导商业模式，并完善发展基础设施网络，提高车网融合程度。到2020年左右，为实现各类电动汽车推广普及提供技术支撑。

三、科技创新的重点任务

“十二五”电动汽车科技发展重点任务是：紧紧围绕电动汽车科技创新与产业发展的三大需求，继续坚持“三纵三横”的研发布局，突出“三横”共性关键技术，着力推进关键零部件技术、整车集成技术和公共平台技术的攻关与完善、深化与升级，形成“三横三纵三大平台”（三纵：混合动力汽车、纯电动汽车、燃料电池汽车；三横：电池、电机、电控；三大平台：标准检测、能源供给、集成示范）战略重点与任务布局（见表1）。

表1 重点技术方向任务布局

研究领域	研究方向		任务编号	任务分解
关键零部件技术	电池/燃料电池	动力电池	1	高功率型动力电池系统产业化技术研发
			2	能量型与能量/功率兼顾型锂离子动力电池技术研究
			3	新型锂离子动力电池开发
			4	新体系动力电池技术研究
		燃料电池	5	开发面向示范和产品验证的资料电池系统
			6	研发面向技术突破的下一代燃料电池系统
	车用电机		7	开发满足混合动力产业化需求的电机/发动机总成
			8	开发满足纯电驱动车辆大规模示范需求的车用电机
			9	突破下一代纯电驱动系统关键技术
	电子控制		10	开发面向混合动力汽车产业化的电控技术
			11	开发面向纯电动汽车大规模商业化示范的电控技术
			12	突破下一代纯电驱动汽车电控技术
整车集成技术	混合动力汽车		13	常规混合动力汽车产业化技术攻关
	纯电动汽车		14	小型纯电动轿车产业化技术攻关
			15	纯电动商用车产业化技术攻关
			16	插电式混合动力汽车产业化技术攻关
			17	下一代纯电动汽车动力系统技术平台
	燃料电池汽车		18	燃料电池汽车与动力系统平台技术研发
公共平台技术	标准、检测与数据平台		19	电动汽车相关技术标准研究
			20	电动汽车测试评价技术研究
			21	电动汽车数据采集及数据库软硬件开发
	能源供给基础设施平台		22	充/换电系统规划设计及关键设备研发
			23	先进智能充/换电关键技术研究与示范
			24	制氢、储氢、加氢关键技术装备研究与示范
	应用开发与集成示范		25	面向示范与技术验证的电动汽车全产业链产品应用开发
			26	电动汽车及其基础设施应用技术研究与规模化示范
			27	基于示范推广和产业化准备的应用服务支撑平台建设与示范
			28	电动汽车新型商业化模式配套技术与配套体系研究
			29	电动汽车技术评价与前沿技术国际科技合作

（一）“三横”关键零部件技术突破

1. 电池

（1）以动力电池模块为核心，实现我国以能量型锂离子动力电池为重点的车用动力电池大规模产业化突破。

以车用能量型动力电池为主要发展方向，兼顾功率型动力电池和超级电容器的发展，全面提高动力电池输入输出特性、安全性、一致性、耐久性和性价比等综合性能。强化动力电池系统集成与热-电综合管理技术，促进动力电池模块化技术发展；实现车用动力电池模块标准化、系列化、通用化，为支撑纯电驱动电动汽车的商业化运营模式提供保障。

瞄准国际前沿技术，深入开展下一代新型车用动力电池自主创新研究，为电动汽车产业中长期发展进行技术储备。重点研究新型锂离子动力电池。研究新型锂离子动力电池设计、性能预测、安全评价及安全性新技术。新体系动力电池方面，重点研究金属空气电池、多电子反应电池和自由基聚合物电池等，并通过实验技术验证，建立动力电池创新发展技术研发体系。

到2015年，为我国车用动力电池产业提升市场竞争能力提供科技支撑。通过新型锂离子动力电池和新体系电池的探索，确立我国下一代车用动力电池的主导技术路线。

（2）突破燃料电池关键技术和系统集成，推进工程实用化，为新一代燃料电池汽车研发与产业化奠定核心技术基础。

重点推进燃料电池的工程实用化，建立小批量生产线，进一步提升燃料电池性能，降低成本，强化电堆与系统的寿命考核，改进提高燃料电池系统控制策略与关键部件性能，提升燃料电池系统可靠性与耐久性，为燃料电池汽车示范运行提供可靠的车用燃料电池系统。

加强燃料电池基础材料和系统集成科技创新，研发高稳定性、高耐久性、低成本的关键材料和部件。保证电堆在高电流密度下的均一性，提高功率密度，进一步增强系统的环境适应能力，为下一代燃料电池汽车研发奠定核心技术基础。

2. 电机

面向混合动力大规模产业化需求，开发混合动力发动机/电机总成（发动机 + ISG/BSG）和机电耦合传动总成（电机 + 变速箱），形成系列化产品和市场竞争力，为混合动力汽车大规模产业化提供技术支撑。

面向纯电驱动大规模商业化示范需求，开发纯电动汽车驱动电机及其传动系统系列，同步开发配套的发动机发电机组（APU）系列，为实现纯电动汽车大规模商业示范提供技术支撑。

面向下一代纯电驱动系统技术攻关，从新材料/新结构/自传感电机、IGBT芯片封装和驱动系统混合集成、新型传动结构等方面着手，开发高效率、高材料利用率、高密度和适应极限环境条件的电力电子、电机与传动技术，探索下一代车用电机驱动及其传动系统解决方案，满足电动汽车可持续发展需求。

3. 电控

重点开发混合动力专用发动机先进控制算法（满足国Ⅳ以上排放法规）、混合动力系统先进实时控制网络协议、多部件间的转矩耦合和动态协调控制算法，研制高性能的混合动力系统（整车）控制器，满足混合动力汽车大规模产业化技术需求。

重点开发先进的纯电驱动汽车分布式、高容错和强实时控制系统，高效、智能和低噪音的电动化总成控制系统（电动空调、电动转向、制动能量回馈控制系统），电动汽车的车载信息、智能充电及其远程监控技术，满足纯电动汽车大规模示范需要。

重点开发基于新型电机集成驱动的一体化底盘动力学控制、高性能的下一代整车控制器及其专用芯片、电动汽车智能交通系统（ITS）与车网融合技术（V2X，包括V2G：汽车到电网的链接，V2H：汽车到家庭的链接，V2V：汽车到汽车的链接等网络通讯技术），为下一代纯电驱动汽车开发提供技术支撑。

（二）“三纵”集成技术创新

1. 混合动力汽车

针对常规混合动力汽车大规模产业化需求，开展系列化混合动力系统总成开发，协调控制、能量管理等关键技术攻关和整车产品的产业化技术研发，将节能环保发动机开发与电动化技术有机结合，重点突破产品性价比，形成市场竞争优势。突破混合动力汽车产业化关键技术，构建混合动力汽车零部件配套保障体系，开展批量化生产装备与工艺、质量管理体系以及配套的维修检测设备开发，建成混合动力汽车专用的装配、检测、检验生产线。

中度混合动力方面，突破混合动力汽车关键技术，深化发动机控制技术研究，解决动力源工作状态切换和动态协调控制，以及能源优化管理，掌握整车故障诊断技术，进一步提高整车的可靠性、耐久性、性价比，开发出高性价比、具有市场竞争力、可大规模产业化的混合动力汽车系列产品。

深度混合动力方面，突破混合动力系统构型技术，能量管理协调控制技术，开发深度混合动力新构型。开发出高性价比、可大规模批量生产的深度混合动力轿车和商用车产品。

表2　混合动力汽车产业化研发主要技术指标

指标			轿车	城市客车
动力电池	镍氢电池	能量密度	系统≥30Wh/kg	系统≥40Wh/kg
		功率密度	系统≥900W/kg	系统≥700W/kg
		使用寿命	25万公里或10年	
		系统目标成本	<3元/Wh	
	功率型锂离子动力电池	能量密度	≥50Wh/kg(系统)	
		功率密度	≥1800W/kg(系统)	
		使用寿命	20万公里或10年	
		系统目标成本	<3元/Wh	

（续）

指标		轿车	城市客车
动力电池	超级电容：功率密度	≥4000W/kg	
	超级电容：能量密度	≥5Wh/kg	
	超级电容：使用寿命	≥40 万次或 10 年	
	超级电容：系统成本	<60 元/Wh	
车用电机	系统成本	200 元/kW	300 元/kW
	ISG 电机功率密度	>1.5kW/kg	>2.7kW/kg
	驱动电机功率密度	>1.2kW/kg	>1.8kW/kg
	系统最高效率	>94%	
电子控制		1 满足国Ⅳ和国Ⅴ排放法规的混合动力专用发动机（油电和气电）电控关键技术 1 研制面向多能源动力总成技术需求的 16 位或 32 位机高性能控制器	
整车平台	节油率	≥25%（中混） ≥40%（深混）	≥40%
	附加成本	≤1.5 万元	≤15 万元

2. 纯电动汽车（含插电式/增程式电动汽车）

以小型纯电动汽车关键技术研发作为纯电动汽车产业化突破口，开发纯电动小型轿车系列产品（包括增程式），并实现大规模商业化示范；开发公共服务领域纯电动商用车并大规模商业示范推广；加强插电式混合动力汽车研发力度，开发系列化插电式混合动力轿车和商用车系列产品。

小型纯电动汽车方面，针对大规模商业化示范需求，开发系列化特色纯电驱动车型及其能源供给系统，并探索新型商业化模式。实现小型纯电动汽车（含增程式）关键技术突破，重点掌握电气系统集成、动力系统匹配和整车热-电综合管理等技术。开发出舒适、安全、性价比高的小型纯电动轿车系列产品。

纯电动商用车方面，重点研究整车 NVH、轻量化、热管理、故障诊断、容错控制与电磁兼容及电安全技术。

插电式混合动力汽车方面，掌握插电式混合动力构型及专用发动机系统研发技术；突破高效机电耦合技术、轻量化、热管理、故障诊断、容错控制与电磁兼容技术、电安全技术；开发出高性价比、可满足大规模商业化示范需求的插电式混合动力轿车和商用车系列产品。

表 3 纯电驱动大规模商业化示范的主要技术指标

指标		纯电动：小型纯电动轿车：全新结构设计	纯电动：小型纯电动轿车：升级型	纯电动：小型纯电动轿车：增程式	纯电动：公共服务领域纯电动商用车	插电式：插电式轿车	插电式：插电式城市客车
动力电池	能量密度	模块≥120Wh/kg				系统≥100Wh/kg	
	循环寿命	≥2000 次（100% DOD）				≥3000 次	
	日历寿命	≥10 年				≥10 年	
	目标成本	模块≤1.5 元/Wh				系统≤2 元/Wh	
车用电机	成本	≤200 元/kW			≤300 元/kW	≤200 元/kW	≤300 元/kW
	功率密度	≥2.7kW/kg			≥1.8kW/kg		
	最高效率	≥94%					
电子控制		1 纯电动汽车电动化总成控制系统 1 先进的纯电动汽车分布式控制系统 1 纯电动汽车车载信息、智能充电和远程监控系统					
整车平台	最高车速	≥75km/h（微型） ≥100km/h（≤980kg） ≥100km/h（≤1100kg）	≥100km/h	≥75km/h（≤1100kg） ≥100km/h（≤1300kg）	≥80～110km/h	与传统车相当	与传统车相当

（续）

指标		纯电动				插电式	
		小型纯电动轿车			公共服务领域纯电动商用车	插电式轿车	插电式城市客车
		全新结构设计	升级型	增程式			
整车平台	纯电续驶里程	≥100km	≥100km	≥100km	≥150km（非快充类）	≥30km	≥50km
	附加成本	与同级别燃油车辆或基础车型相当（不包括储能系统）				≤5 万	≤20 万
支撑平台	基础设施	交流充电桩 40 万个以上，集中充/换电站 2000 座					
	示范城市	≥25 个					

注：纯电续驶里程测试工况为 ECE 城市循环工况。

3. 以燃料电池汽车为代表的下一代纯电驱动汽车

集成下一代高性能电机与电池系统，突破下一代高性能新型纯电动轿车动力系统技术平台关键技术，到 2015 年左右，完成下一代高性能、纯电驱动动力系统技术平台，完成纯电驱动轿车和下一代高性能大型纯电动客车整车产品开发，技术水平处于国际先进水平。

面向高端前沿技术突破需求，基于高功率密度、长寿命、高可靠性的燃料电池发动机技术，突破新型氢-电结构耦合安全性等关键技术，攻克适应氢能源供给的新型全电气化底盘驱动系统平台技术，研制出达到国际先进水平的燃料电池轿车和客车，并进行示范考核；掌握车载供氢系统技术，实现关键部件的自主开发，掌握下一代燃料电池汽车动力系统平台技术，研制下一代燃料电池轿车和客车产品，并进行运行考核。

表 4 下一代纯电驱动技术突破的主要技术指标

指标			下一代纯电动动力系统平台		燃料电池汽车动力系统平台	
			轿车	客车	轿车	客车
动力电池	能量型电池单体能量密度	新型	≥250Wh/kg			
		新体系	≥400Wh/kg			
	功率型单体功率密度		≥5000W/kg			
燃料电池	电堆比功率		—		1000W/kg(L)（面向示范考核） 1500W/kg(L)（面向技术突破）	
	系统比功率				300W/kg（面向示范考核） 450W/kg（面向技术突破）	
	低温贮存与启动				-10℃（面向示范考核） -20℃（面向技术突破）	
	寿命				≥5000h	
车用电机	功率密度		3.0kW/kg			
	最高效率		94%			
电子控制			●新型电机集成驱动的底盘动力学控制技术 ●下一代纯电驱动整车控制系统关键技术 ●纯电驱动汽车 ITS 及车网融合（V2G，V2H）技术			
整车平台	最高车速		≥180km/h	≥80km/h	≥160km/h	≥80km/h
	纯电续驶里程		≥250km	≥200km	≥350km	≥350km
	经济性		≤140Wh/km	≤0.05kWh/km · t	≤1.2kg/100km 示范	≤8.8kg/100km 示范
					≤1.1kg/100km 下一代	≤8.5kg/100km 下一代

注：纯电续驶里程测试工况为 ECE 城市循环工况。

（三）“三大平台”公共技术与应用开发

1. 标准、检测与数据平台

实现以纯电驱动汽车及其配套充/换电技术标准为代表的电动汽车标准突破，在技术规范基础上研究提出100项以上国家级技术标准；攻克电动汽车、关键零部件、重要元器件、关键材料以及充电、加氢装备与基础设施系统测试评价等一系列测试技术，逐步建成8个整车测试基地、15个关键零部件测试基地；深入开展技术分析、技术对标，建立电动汽车自主创新核心技术数据库和共享平台。

在技术标准领域，深入研究分析国内外电动汽车技术发展最新趋势，制定我国电动汽车自主创新的技术标准法规体系战略，形成我国电动汽车相关技术标准法规体系。研究制定和完善电动汽车充电接口、充电通讯协议、充电机技术标准、充电站设计规范，以及电池尺寸、电池更换用电池箱谱系化等技术标准；研究制定和完善小型纯电动汽车的定义和技术条件标准，各类电动汽车（尤其是小型纯电动汽车、插电式混合动力汽车、深度混合动力汽车）技术标准，以及关键零部件的规格、型号、系列型谱等重要标准，为大规模示范和产业化提供技术标准法规支持；着力开展电动汽车创新技术领域的标准法规和技术规范研究制定，开展我国电动汽车行驶工况标准的研究制定和完善，加强技术法规国际协调。

在测试评价领域，重点针对技术标准需求，开展电动汽车整车、关键零部件、重要元器件、关键材料以及充电装备、充电站安全管理系统测试评价技术研究。

在电动汽车开发数据库建设方面，构建服务全行业的电动汽车产品数据库软硬件平台，开发共享数据库，建立电动汽车整车及零部件产品开发、测试评价、产品检验认证和示范运行的数据库，为行业提供产品开发所需的基础技术数据支持。

2. 能源供给基础设施平台

开展电动汽车基础设施建设规划设计研究。研究制定充电/换电基础设施设计、建设、运行规范，提高整体设计水平、安全保障能力。研究电动汽车基础设施网络总体发展规划和推进计划，为形成全国统一标准的充/换电综合网络体系提供技术支撑。

研究开发场站直流（包括快速）充电机、车载充电机及快速充换电站等各种充/换电技术及成套装备；研制与下一代纯电驱动平台和与智能电网配套的电动汽车能量双向转换技术与装备，研究与可再生能源分布式发电结合的相关技术与产品。

面向下一代纯电驱动平台技术突破需求，系统开展制氢、储氢、加氢关键技术装备研究与示范。对已建氢燃料加注站进行运行评价、技术升级和系统扩展；进行副产氢提纯技术的规模化应用研究与示范；开展高效、低排放、低成本水电解制氢技术研究；进行小型高效低成本的化石燃料制氢系统研究；开展高压氢气加注技术、系统配置集成技术和控制技术的研究，开发先进压缩机和加注枪等关键设备；开展太阳能光解等新型制氢技术研究；开展低成本可再生制储—加注一体化系统集成加氢站示范。

3. 应用开发与集成示范平台

结合“十城千辆”节能与新能源汽车示范推广工程实施，在做好公共服务领域和私人用车领域电动汽车示范推广试点的基础上，稳步扩大电动汽车示范推广规模。深入开展示范运行模式研究，建立完善的车辆和基础设施示范运行监控网络与数据采集平台。

建设电动汽车及基础设施示范运行数据采集和信息化管理平台，通过采集分析车辆行驶数据及基础设施运行数据，解决电动汽车性能评估、安全预警及隐患识别等问题。

研究适用于各类车辆、设施及装备的运行维护快速保障技术，建立故障诊断及快速维保操作规范及运行体系。构筑示范城市电动汽车及充电基础设施快速维保体系，提高系统效率、安全性和示范运行效果。

通过多种商业模式在电动汽车发展初期的示范推广应用，从形成产品市场竞争力、配套系统技术和装备的科学性、能源供给基础设施建设与服务的方便性等方面，展开对电动汽车商业模式及配套装备技术研究，探索出适合中国电动汽车可持续发展的商业化模式。

开展电动汽车国际科技合作研究；开展中外电动汽车技术评价与数据交流项目；建立国际电动汽车综合示范区。

四、组织与保障

（一）建立“三纵三链”产业技术创新联盟

面向电动汽车科技发展需求，落实电动汽车科技发展“十二五”专项目标和任务，切实加强电动汽车产业所涉及的汽车企业、关键零部件企业、能源运营商以及高校和科研院所之间的合作，建立产业创新联盟，汇集优势资源，推动电动汽车走向产业化。

1. 建立以产业链为纽带的混合动力汽车产业技术创新联盟探索以产业链为纽带的研发组织机制，建立整车整机厂牵头，纵向整合零部件企业的产业技术创新联盟，组织承担产业化研发科技创新任务。

对于混合动力汽车，建立整车/整机厂牵头，纵向整合零部件企业的产业技术联盟，由整车/整机厂负责整车与动力系统开发、生产，并纵向组织零部件企业进行零部件研发与生产，最终面向用户进行销售和售后服务。

2. 建立以价值链为纽带的纯电动汽车跨产业技术创新联盟

探索以价值链为纽带的研发组织机制，建立“能源供应商—汽车厂商—电池电机厂商”跨产业技术创新联盟，组织承担面向大规模商业化示范需求的重点科技创新任务。

对于纯电动汽车（包括增程式、插电式电动汽车），结合其跨产业、跨行业的特点，融合汽车整车厂、动力电池企业、能源企业、网络运营商企业等方面的资源和力量，以实现电动汽车的商业价值为核心，以价值链为纽带跨行业整合资源，建立新型的产业组织模式。

支持电动汽车技术与商业运营模式的集成创新，鼓励汽车企业、电池电机等关键零部件企业、能源基础设施企业以及示范应用城市紧密配合，积极探讨电动汽车的新型交通模式和新型商业化模式，实现纯电驱动汽车“技术融合、商业可行、协调发展”的新型产业机制的突破，研究和探索整车租赁、电池租赁等新型商业模式。

3. 建立以技术链为纽带的燃料电池汽车等前沿技术创新联盟

探索以技术链为纽带的研发组织机制，建立产学研结合、以国家研究基地为骨干、以燃料电池汽车为代表的下一代前沿技术创新联盟，组织承担前瞻研究和科技创新任务。

对于以燃料电池汽车为代表的下一代纯电驱动核心技术，结合其整个研发技术链涉及多项基础学科技术、具有更广泛的跨产业性的特点，以技术链为纽带，全面整合各个领域的相关技术环节。建成以国家研究基地为骨干的前沿技术创新联盟，实施技术联合开发、突破高端电驱动技术。

（二）统筹安排与科学管理实施计划

统筹规划组织科技计划相关任务，落实资金投入，支撑电动汽车领域的科技创新活动，协调推进研究开发、示范推广、产业发展和环境建设等工作。

1. 创新组织管理方式

坚持自主创新、市场导向的原则，优化组织管理，充分调动各种资源，鼓励竞争，择优支持，实施过程控制，加强项目监理，拓宽交流合作，形成以企业为主体的产学研创新机制。发挥相关部委和地方政府的支撑和协调作用，形成研发、示范与产业化互动的新能源汽车战略性新兴产业的培育机制。

2. 统筹安排与协调相关任务

围绕《电动汽车科技发展“十二五”专项规划》，统筹安排863计划、973计划、科技支撑计划等相关项目和经费，支持电动汽车相关基础研究、高技术研究、产业化支撑技术攻关与示范考核等全方位的科技创新。

3. 落实经费投入

充分发挥政府资金的引导作用，逐步形成以国家和地方资金为引导、企业资金为主体的多层次、多渠道资金投入体系，支持科学研究、新产品研发和示范推广。

（三）加强国际合作

根据已经签订的国际合作协议，积极开展与美国、德国等国家和相关国际组织在电动汽车前沿基础技术研究、测试与标准规范制定、联合示范与考核、技术发展路线图等方面的合作。

建立联合研发互助平台，组织国际电动汽车发展论坛，为我国学者参与国际交流和访问提供平台；在制定和完善我国电动汽车相关标准的基础上，针对电动汽车涉及的各种已有和未制定标准，开展交流与合作，积极参与国际标准的研究与制定，争取在优势产品和技术领域发挥主导作用；共同开展包括电动汽车技术路线图、电动汽车基础设施战略规划与总体设计、电动汽车新型商业模式等战略研究。

选择有条件的城市（区域），建立国际电动汽车综合示范区，开展新一代燃料电池汽车、下一代纯电动汽车、下一代可充电式或里程延长式电动汽车等下一代纯电驱动电动汽车的技术示范和考核，使其成为道路交通电动化全面转型的试验和展示区域。鼓励行业、企业以各种形式参与国际性电动汽车示范项目，促进开展电动汽车产品的道路适应性研究。

（四）完善创新平台与支撑环境

1. 动态科学规划

前瞻制定战略规划，并通过持续研究、示范过程，不断修正与完善，逐步形成电动汽车技术与产业发展规划蓝图，指导战略方向、整车和核心零部件技术发展目标、标准制订计划、市场应用推广规划以及配套设施建设规划等，起到明确科技发展重点，引领产业发展方向的作用。

2. 完善协调机制

针对电动汽车从单纯技术研发转变为全创新链协调发展的需求，建立和完善跨部门的协调管理体系。同时，政企协作、产学研结合，共同制定产业技术创新规划、政策措施，确保有限的公共和社会资源用在解决核心问题上，提高资源的使用效率。

3. 培育创新主体

适应电动汽车科技发展的新阶段，进一步突出企业的创新主体作用。通过完善创新平台、推动产学研合作等方式，提升企业的创新能力；发挥标准法规、财政政策等手段在技术产业化过程中的积极作用，增强企业创新动力。

4. 加快人才培养

根据国家总体人才培养战略与相关规划，结合科技人才专项的实施，培育造就新能源汽车高级人才，尤其是领军人才。充分调动社会各界研究机构、高校、企业的积极性，培养一批新能源汽车研发的骨干人才团队，建立过硬的研究开发队伍。充分利用海外华人智力资源，大力引进新能源汽车高级人才。加强电动汽车技术的专业教育与培训，培养电动汽车工程化专业人才。

关于印发风力发电科技发展“十二五”专项规划的通知

国科发计〔2012〕197号

各省、自治区、直辖市、计划单列市科技厅（委、局），新疆生产建设兵团科技局，各国家高新技术产业开发区管委会，各有关单位：

为进一步贯彻落实《国家中长期科学和技术发展规划纲要（2006—2020年）》和《国家“十二五”科学和技术发展规划》，加快推动能源技术产业创新发展，我部组织编制了《风力发电科技发展“十二五”专项规划》。现印发给你们，请结合本地区、本行业实际情况，做好落实工作。

特此通知。

附件：风力发电科技发展“十二五”专项规划

中华人民共和国科学技术部

二〇一二年三月二十七日

附件：

风力发电科技发展“十二五”专项规划

一、现状

“十一五”期间，我国风电产业发展引人瞩目，已成为新能源的领跑者，并具有一定国际影响力。在国家的大力支持下，经过科研机构、风电企业等各方的共同努力，我国在风能资源评估、风电机组整机及零部件设计制造、检测认证、风电场开发及运营、风电场并网等方面都具备了一定的基础，初步形成了完整的风电产业链。在海上风电开发领域，初步解决了海上运输、安装和施工等关键技术，开始积累海上风电场运营经验。在人才培养上，初步形成了一定规模的风电专业人才队伍，风电学科建设也已经起步。

（一）风电设备产业化情况

在“十一五”科技计划的引领下，国内科研机构、企业通过消化吸收引进技术、委托设计、与国外联合设计和自主研发等方式，掌握了1.5MW～3.0MW风电机组的产业化技术。目前，国产1.5MW～2.0MW风电机组是国内市场的主流机型，并有少量出口；2.5MW和3.0MW风电机组已有小批量应用；3.6MW、5.0MW风电机组已有样机；6.0MW等更大容量的风电机组正在研制。国内叶片、齿轮箱、发电机等部件的制造能力已接近国际先进水平，满足主流机型的配套需求，并开始出口；轴承、变流器和控制系统的研发也取得重大进步，开始供应国内市场。

截至2010年底，我国具备兆瓦级风电机组批量生产能力的企业超过20家。2010年新增装机容量前五名的风电整机制造企业当年市场份额占全国的70%以上。我国有四家企业2010年新增装机容量进入全球前十名。

（二）风电场建设及资源开发情况

《中华人民共和国可再生能源法》及一系列配套政策的实施，促进了国内风电开发快速增长。2010年，我国风电新增装机容量1890万千瓦，居世界第一位。截至2010年底，我国具备大型风电场建设能力的开发商超过20家，共已建成风电场800多个，风电总装机容量（除台湾省未统计外）4470万千瓦，超过美国，居世界第一位。

“十一五”期间，我国已启动海上风电开发，首个海上项目上海东海大桥风电场安装34台国产3.0MW风电机组，并于2010年6月全部实现并网发电；2010年9月，国家能源局组织完成了首轮海上风电特许权项目招标，项目总容量100万千瓦，位于江苏近海和潮间带地区。

（三）风电科学技术及公共服务发展情况

“十一五”期间，我国在大型风电机组整机及关键零部件设计、叶片翼型设计等风电关键科学技术领域获得了一批拥有自主知识产权的成果，打破了国外对风电科学技术的垄断。在海上风电开发领域，我国自主研究开发了一系列海上风电场设计、施工技术，研制了一批专用的海上风电施工机械装备。

风电产业的飞速发展也促进了风电行业公共服务体系建设。“十一五”期间，我国建立了一批风能领域相关的国家重点实验室和国家工程技术研究中心，并参考国际惯例初步建立了风电标准、检测和认证体系，为我国风电发展提供了技术支撑和保障。

（四）风电人才队伍及学科建设情况

“十一五”期间，我国风电产业的发展推动了风电人才队伍及学科的建设。目前，我国已拥有一批风资源勘测分析、风电机组整机及零部件设计制造、风电场设计、建设及运行维护、风电并网等风电行业各领域的专业人才，形成了风电全产业链的熟练技术人员队伍，并吸引了大量国外优秀的风电人才加盟。在学科建设方面，我国已初步建立了风能与动力工程专业，并开始培养专门化人才。

二、形势与需求

（一）当前形势

通过国家多年的持续支持，我国在风电科技领域取得了长足进步，但与国际先进水平相比，还存在较大差距。基于我国风电产业现状及国内外趋势，我国在风电科技领域仍面临一系列挑战，主要表现在：

1. 先进风电装备自主设计和创新能力有待加强。

早期，我国风电机组主要依赖引进国外设计技术或与国外机构联合设计，根据我国风资源等环境条件进行自主设计、研发新型风电机组的能力不足，且缺少自主知识产权的风电机组设计工具软件系统。

在风电零部件方面，我国自主创新能力较弱，制造过程中的智能化加工和质量控制技术比较落后。如齿轮箱、发电机的可靠性有待提高；叶片处于自主设计的初级阶段；为兆瓦级以上风电机组配套的轴承、变流器刚开始小批量生产，控制系统尚处于示范应用阶段。

2. 风资源等基础数据不完善，风电场设计、并网及运行等关键技术需要提升。

我国可利用的风能资源评价尚不精细，风电场设计需要的长期风资源数据不完善；风电场设计工具依赖国外软件产品，缺乏具有自主知识产权、符合我国环境和地形条件的风资源评估及风电场设计及优化软件系统；风电并网技术急需深入研究和创新，以提高风电并网消纳水平；尚未形成自主研发的先进运行控制和风电功率预测等风电场运行及优化系统。

3. 风电行业公共测试体系刚刚起步，风电标准、检测和认证体系有待进一步完善。

我国已参考国际惯例初步建立了风电标准、检测和认证体系，但鉴于我国特殊的环境条件（如台风、低温、高海拔等）和工业基础与国际上有一定差别，需根据我国国情进一步完善。我国风电行业测试及相关测试系统设计等技术主要依赖国外，制约了我国风电技术的发展，而欧美风电发达国家已建成了完善的国家级风电机组野外测试、地面传动链和叶片测试等公共测试服务体系，为本国风电产业的发展做出了贡献。

4. 风电基础理论研究尚待深入，缺乏自主创新；风电学科建设、人才培养亟待加强。

由于风电大规模发展较晚，我国在风电基础理论研究方面积累不够，大多是直接引用或跟踪国外的研究成果，对技术的突破和创新能力不足。风电的科研水平与国外有较大差距，风电科研人员系统培养机制有待加强。

5. 中小型风电机组研发和风电非并网接入技术需要进一步提高。

我国小型风电机组生产和使用量均居世界之首，但产品的性能和可靠性有待提高，中型风电机组研发和风电非并网的分布式接入技术研究刚刚起步，在风电微网技术和多能互补利用集成技术方面需要持续研究和示范。

6. 风电直接工业应用技术研究需要扩展。

虽然我国风电装机规模迅速增长，但在如何利用规模化储能降低风电的不确定性，以及如何利用风能进行制氢、海水淡化等工业直接应用方面的技术研究刚刚起步，需要进一步扩展。

（二）战略需求

在未来5年，我国风力发电科技要逐步实现从量到质的转变，完善和发展风力发电科技的实力，实现从风电大国向风电强国的转变。

根据我国发布的《国民经济和社会发展第十二个五年规划纲要》，在“十二五”期间，我国规划风电新增装机7000万千瓦以上。从我国能源规划、碳减排目标及产业发展需求来看，我国风力发电科技的战略需求主要体现在：

1. 特大型风电场建设的需要

特大型风电场建设是我国风电开发的需求重点，国外无法提供直接的经验。“十二五”期间，国家规划建设6个陆上和2个海上及沿海风电基地，迫切需要在特大型风电场风资源评估、风电场设计、并网消纳与智能化运营管理和大容量、高可靠性、高效率、低成本的风电机组等方面进行科技开发和创新，为我国特大型风电场建设提供技术保障。

2. 大规模海上风电开发的需要

我国海上风电已经起步，“十二五”期间潮间带和近海风电将进入快速发展、规模化开发阶段，因此，需要开展海上风电机组研制及产业化关键技术研究，加强工程施工与并网接入等海上（潮间带）风电场开发系列关键技术研究，为大规模海上风电开发提供技术支撑。

3. 风电自主创新体系、能力建设与人才培养的需要

“十二五”期间，结合国家能源产业和风电科技发展战略的总体部署，迫切需要建立公共研发测试服务体系，根据我国环境条件和地形条件等开发出具有自主知识产权的风电设计工具软件系统，在整机设计集成与关键部件制造领域实现技术突破，实现产、学、研、用相互结合共同发展，为我国风电装备性能优化及自主设计提供条件和支持，保障我国风电产业的持续、快速和稳定增长。

三、总体思路

（一）指导思想

以科学发展观为指导，贯彻落实《国家中长期科学和技术发展规划纲要（2006—2020年）》和《国民经济和社会发展第十二个五年规划纲要》，以“统筹规划、重点突破、交叉融合、自主创新”为原则，面向风力发电领域国家重大需求与国际科技前沿，发挥科技在风电产业发展过程中的支撑与引领作用，全面提升我国风电产业的核心竞争力，实现我国从风电大国向风电强国的跨越，推动我国风电产业健康可持续发展。

（二）发展原则

重点解决与自主创新能力相关的关键科技问题。立足现状，并面向我国风电发展的趋势，全面推动具有自主知识产权的风电关键技术研究，攻克一批陆上及海上风电机组设计制造和风电并网及非并网接入的关键技术。

加强基础性、共性技术研究。适当整合资源，实现成果共享，避免重复性建设、资源分散和浪费，同时，加强风电产业自主发展的基础研究和科研队伍建设，建立链条紧密、结构合理的科技研发和公共服务体系。

重视企业在技术创新领域的主体地位。以风电场规模化开发带动风电产业化发展，促进产、学、研科研链条的形成和健康发展，以科技推动产业进步。

（三）规划目标

在风电设备设计制造方面，掌握3～5MW直驱风电机组及部件设计与制造，产品性能与可靠性达到国际领先水平，并实现产业化；掌握7MW级风电机组及零部件设计、制造、安装和运营等成套产业化技术，产品性能和可靠性达到国际先进水平，推动我国大容量风电机组的产业化；突破10MW级海上风电机组整机和零部件设计关键技术，实现海上超大型风电机组的样机运行。

在风电场开发及运行方面，掌握大型风电场设计、建设、并网与运营关键技术，提高风电消纳能力，提高风电场的运营管理水平，支撑我国千万千瓦风电基地的建设。

在风电公共服务体系方面，突破从风资源特性到电网接入送出全过程的科学基础问题，推动行业整体进步；建设风电机组地面传动链测试、叶片测试和风电设计工具软件等一批公共系统，全面提升我国风电行业的整体水平；开发储备一批风电新技术，推动风电技术创新和应用；培育一批高水平的科技创新队伍，系统部署建设一批国家级重点实验室和工程技术研究中心，全面提升我国风电制造企业的国际竞争力。

通过“十二五”风电科技规划的实施，促进我国风电产业的健康、有序和可持续发展，使我国风电产业和风电科技整体上达到国际先进水平，为2020年我国二氧化碳排放强度降低40%～45%、非化石能源占一次能源消费比重

15%能源战略目标的实现做出直接重要贡献。

四、重点方向

（一）基础研究类

为推动风电机组和风电场设计技术的发展与完善，解决基于我国气候条件的风能资源基础理论研究和风力发电系统基础理论研究等关键科学问题。

风能资源基础理论研究主要方向包括：陆地及海上大气边界层风特性与模型、复杂地形中尺度数值模式、海上风能资源及台风基本数据的观测理论方法等。

风力发电系统基础理论研究主要方向包括：风力机空气动力学理论、风电机组及关键部件建模和仿真理论、风力发电系统工程理论等。

（二）研究开发类

围绕风电的全产业链，结合国家能源发展战略，研究开发类重点方向涉及公共试验测试系统及测试、适合我国环境特点和地形条件的风电机组整机和关键零部件设计及制造、风电场开发及运营、海上风电场建设施工等主要领域，全面提升我国风电设备的自主设计能力和风电场的设计、施工及运行管理水平。

公共试验测试系统及测试技术主要方向包括：风电公共试验测试系统设计建设、风电测试等。

大容量风电机组整机关键技术主要方向包括：整机设计、制造、检测、认证和运行等技术；独立变桨、新型传动系统、先进控制系统等技术。

风电机组零部件关键技术主要方向包括：零部件设计、制造、检测、认证和运行等技术；零部件抗疲劳、在线监测与故障诊断等技术。

风力机翼型族设计关键技术主要方向包括：先进翼型族设计及应用技术、风力机风洞实验技术及设计工具软件开发技术等。

风电场关键技术主要方向包括：大型风电场设计及优化软件开发技术，海上风电场施工建设、接入系统设计技术，海上基础设计技术，区域多风电场运行控制及智能化管理技术等。

风电并网关键技术主要方向包括：风电并网模型及仿真技术，大规模风电并网接入技术，非并网的分布式接入技术等。

中小型风电机组关键技术主要方向包括：高性价比中小型风电机组设计、制造及并/离网运行技术，中小型风电机组检测认证技术等。

风电应用技术主要方向包括：风电大规模储能技术，风能直接工业应用技术等。

（三）集成示范类

依托示范工程，加强风电全系统集成技术研究，主要方向包括：风电场智能化管理，海上风电场建设，多能互补发电系统，分布式发电系统等。

（四）成果转化类

成果转化类的主要方向包括：先进风力机翼型族的应用；大容量风电机组及其关键零部件产业化；适合我国环境条件的风电机组产业化；先进控制等风电新技术规模化应用等。

五、重点任务

（一）基础研究类

1. 风能资源基础理论研究

研究复杂地形下中尺度数值模式的高精度参数化；研究中尺度模式资料四维同化；研究海上风资源及台风的测量及评价；研究卫星对地观测数据用于海上风能资源分析的方法；研究风速在不同海岸线走向、岸边不同地形条件下，由远海-近海-滩涂-陆地的变化机理；研究海上和陆上风速垂直切变、湍流变化等风特性模型及参数确定；研究台风系统的模型和参数化；研究特大型风电场风资源特性等。

2. 风力发电系统基础理论研究

研究风力机空气动力设计理论，研究风力机空气动力与结构、机械与电气等之间的耦合机理；研究风电机组建模、验证与仿真理论和方法，研究建立风力发电系统整体动态数学模型的方法。

（二）研究开发类

1. 风电机组整机关键技术研究开发

研究10MW级风电机组总体设计技术，包括长寿命（超过20年）及高可靠性设计方案、简单轻量化的新型传动技术、抗灾害性大风的气动和结构设计技术、抗盐雾和防腐蚀材料工艺设计及机械制造工艺设计技术等。

3～5MW永磁直驱风电机组产业化技术研究，包括总体设计、永磁电机的设计制造，机组设计优化、可靠性设计技术、系统控制技术以及装配工艺等。

7MW级风电机组研制及产业化技术研究，包括总体设计技术、载荷确定技术、强度和刚度校核技术、整体动力稳定性计算技术、先进控制技术，机组设计优化技术、可靠性设计技术、整体装配工艺流程与阶段质量控制技术和分体组装技术等。

研究风电机组结构紧凑化、轻量化等新型传动形式设计技术；研究风电机组独立变桨、载荷实时测量分析、激光雷达测速仪辅助控制等先进控制技术；研究新型传动调速技术。

研究耐低温、防沙尘、抗灾害性大风、防盐雾及适合高原地区等各类适合我国环境特点的风电机组整体结构设计技术、安全与先进控制设计优化技术、高性能电气部件设计技术、新型材料工艺设计与应用技术、制造工艺设计技术等。

研究高性价比中小型风电机组设计、制造及并/离网运行控制技术，研究中小型风电机组检测认证技术，制定中小型风电机组相关标准，建立中小型风电机组检测认证体系。

2. 零部件关键技术研究开发

研究大容量风电机组齿轮箱载荷谱分析技术，研究复杂载荷下齿轮箱的结构完整性及优化设计技术，研究齿轮箱轮齿传动齿向修正和齿形修形设计技术，研究齿轮箱箱体设计及密封技术，研究齿轮箱齿轮材料低温处理技术，研究齿轮箱轻量化设计技术，研究大容量风电机组齿轮箱产业化技术等。

研究超长叶片气动外形、结构、材料与控制一体化的设计技术，研究叶片气动控制、柔性结构设计技术，研究叶片整体装配工艺流程和结构铺层优化设计技术，研究分段式叶片设计及制造技术，研究碳纤维等先进材料在叶片结构设计中的应用技术，研究风电机组叶片性能仿真分析技术，研究超长叶片产业化技术等。

研究大容量风力发电机先进、高效的冷却技术，研究发电机结构及工艺设计技术，研究发电机电磁方案选择优化技术，研究发电机防腐设计技术，研究大容量风力发电机轻量化设计技术等。

研究大容量风电机组变流器和变桨系统等的模块化设计技术，研究变流器全数字化矢量控制、电磁兼容和中高压变流等技术，研究变桨距与变速控制技术，研究电网失电及系统内外各种故障下安全顺桨技术等；研究轴承、偏航系统等其它零部件设计技术。

3. 公共试验测试系统及测试技术研究

研究风力发电公共试验测试系统设计建设关键技术，研制大型风电机组传动链地面测试系统、野外测试风电场，研制叶片、轴承等关键零部件的公共测试系统，研究风电机组在线监测与故障诊断技术，研制大型风电机组在线综合动态测试、分析诊断和优化系统，研制风电机组/风电场并网特性测试系统，研究风电机组整机、传动链、关键零部件、并网等方面的测试技术。

4. 先进风力机翼型族设计及应用技术

研究风力机叶片先进翼型设计技术，包括大厚度翼型设计技术、翼型直接优化设计技术、钝尾缘修型方法和钝尾缘翼型减阻技术。

研究高精度风力机翼型大攻角性能仿真技术，包括翼型大攻角流场和气动特性数值模拟技术、翼型动态失速模拟技术、翼型气动噪声数值模拟技术，研究翼型数值模拟方法的软件实现技术。

研究风力机翼型大攻角风洞实验技术，包括翼型大攻角风洞实验洞壁干扰修正技术、翼型大攻角气动特性测试技术、翼型动态失速风洞实验技术、翼型绕流风洞实验技术。

研究风力机翼型在大型风力机叶片上的应用技术，包括翼型气动性能预测技术、二维翼型气动数据三维效应修正技术、翼型在风力机叶片上的优化布置技术、风力机叶片设计工具软件系统开发技术。

5. 大型风电场设计、建设及运行关键研究开发

研究高性能测试设备设计开发技术；研究复杂地形下的风能资源分析技术；研究风电场宏观选址、微观选址技术；研究符合我国环境条件和风电场特点的风电场设计、优化系统软件开发技术；研究适合陆上风电场吊装及维护专用设备的设计开发技术。

研究风电场功率预测技术，研究风电场有功/无功控制调节等风电场优化控制策略技术；研究集成功率预测、有功/无功调节的风电场综合监控技术；研究风电场集中解决低电压穿越的关键技术；研究区域多风电场远程故障诊断系统开发技术；研究风电场维护策略及优化技术；研究连接监控系统和远程诊断的区域风电场资产信息化管理系统开发技术。

研究特大型风电场与电网相互作用；研究大型风电场对局部气候、生态环境等的影响。

研究近海风电运输安装、风电场电力传输、变电及送出技术，研究近海风电场工程建设施工作业方法和技术，研究近海风电场运营维护技术和方法，研究近海风力发电场防腐蚀、抗破坏性大风、绝缘等相关技术；研究多桩式、悬浮式等不同海上风电机组基础设计技术。

6. 风电并网关键技术研究开发

研究大型风电场出力及运行特性、电压分层分区控制策略和综合控制技术、风电场支持电网调频的有功控制技术、新能源发电与系统稳定控制技术、风电场并网系统备用容量优化配置和辅助决策技术。

研究风电分布式接入电网的控制技术。

7. 储能及风能直接应用关键技术研发

研究新型储能材料，研究大容量、高效率、高可靠性、规模化储能装置和储能装置系统集成技术；研究利用风能进行制氢、海水淡化及高耗能工业领域直接应用技术；研究风电、光伏发电、水电等多能互补发电系统关键技术。

（三）集成示范类

在开展风力发电关键技术研究开发的同时，积极推进集成示范工程建设，形成海上风电机组、特大型风电场、多能互补发电系统和分布式发电系统等标志性示范工程，以进行海上风电机组设计、海上风电机组基础设计及施工、海上风电机组运输及安装、大型风电场运营管理、大型可再生能源多能互补发电系统接入电网特性技术和分布式发电系统直接应用技术等验证工作。

集成示范技术的主要方向如下：

1. 百万千瓦以上区域性多风电场的监控与智能化管理。

2. 15万千瓦海上及潮间带风电场，包含单机容量7MW级风电机组。

3. 风、光、水、储等多能互补发电系统。

4. 分布式发电直接应用系统。

（四）成果转化类

衔接“十一五”已有成果，结合“十二五”规划的实施，以整机制造作为重点，将具有创新性的技术成果转移到整个行业，改进风电产品生产制造工艺，提高风电产品性能和可靠性，降低风电开发成本。

成果转化技术的主要方向如下：

1. 7MW级风电机组及关键零部件产业化基地。

2. 耐低温、防沙尘、抗灾害性大风、防盐雾及适合高原地区等符合我国环境条件风电机组的产业化基地。

3. 将新开发翼型族应用于1.5MW及以上风电机组叶片。

4. 将独立变桨技术在3.0MW及以上主流风电机组上进行规模化应用等。

（五）公共服务体系建设

建设国家级风力发电公共数据库及信息服务中心，建设国家级公共研发与试验测试中心，研究风力发电测试技术，建立和完善各类风电标准、检测与认证体系，建设风

力发电国家重点实验室，国家工程技术研究中心、产业联盟及产业化基地，推动我国风电产业的自主创新能力建设，推动风电技术进步，提高风电机组效率、性能与可靠性，提升我国风电产业的国际竞争力。

1. 公共数据库及信息服务中心建设

研究建立我国不同环境、地形与电网条件下风电机组的运行状况、故障以及翼型、标准、专利等各个方面的公共数据库，为我国风电机组设计及优化提供基础数据依据；建立风电公共信息服务中心，收集、分析、发布权威信息，推动数据与信息等资源的共享。

2. 标准、检测与认证体系建设

建立完善符合我国具体环境条件、地形条件与电网条件的风力发电标准体系，建立、完善大型及中小型风电产品检测与认证能力，加强检测认证机构能力建设，统一规范认证模式，建立完善的风电设备认证软件工具系统，有效推进并严格实施风电产品检测与认证工作。

3. 技术创新平台建设

建设风力发电国家重点实验室，国家工程技术研究中心、产业联盟以及产业化基地等技术创新平台，能够加快新技术和新设备从设计、开发、验证、成果转化和推广的进程，为风力发电技术进步提供强有力的支撑。

（六）人才培养

风力发电是一项综合性很强的高新技术，与众多学科有交叉，涵盖气象、材料、空气动力学、控制与自动化、电气、机械、电力电子、检测认证等多个专业领域。目前我国风电人才严重匮乏，尤其是风电机组研发专业人员、高级管理人才、制造专业人员、高级技工以及风电场运行和维护人员。因此，“十二五”期间必须重视和加强风电人才培养和人才队伍建设，培养从研发、设计、制造、试验到标准、检测认证、质量控制、管理、运行维护、售后服务等各个环节的人才，为我国风电产业的快速发展提供人才储备和支撑。

加强风能科技研究与产业化领域各类人才的培养，着力培育和建设一批专业技术过硬、自主创新能力强、具有国际竞争力和影响力的高水平研究团队；在高校和科研院所等科研教育单位设立风能相关专业，加强学科建设，培养不同层次的专业人才；设立青年人才培养计划，加强人才梯队建设，加大海外优秀人才和智力资源的引进；建立和完善人才培育引进的优惠政策、评价体系和激励机制，稳定人才队伍；积极鼓励和推荐我国科学家参与国际研究计划、并在国际组织机构任职，提升国际影响力。

1. 加快培育建设一批高水平研究团队

依托风能领域重大科研项目、重点学科和科研基地以及国际学术交流与合作项目，加大风电学科或学术带头人的培养力度，积极推进创新团队建设，培育一批专业技术过硬、自主创新能力强、具有国际竞争力和影响力的高水平研究团队；进一步完善高级专家培养与选拔的制度体系，培养造就一批中青年高级专家，提高风电自主研发与创新能力。

2. 充分发挥学科建设在人才队伍培养中的作用

加强风电科技创新与人才培养的有机结合，鼓励科研院所与高等院校培养研究型人才；支持研究生参与科研项目，鼓励本科生投入科研工作；高等院校要及时合理地设置风能学科及相关专业，开展相关风能资源评估、空气动力学、机械制造、电力电子、电力并网等方面的理论和实验研究，将基础研究与人才培养相结合。加强职业教育、继续教育与培训，培养适应风电产业发展需求的各类实用技术专业人才。

3. 支持企业培养和吸引科技人才

鼓励风电企业聘用高层次科技人才，培养优秀科技人才，并给予政策支持；鼓励和引导科研院所和高等院校的科技人员进入市场创新创业；鼓励企业与高等院校和科研院所共同培养技术人才；鼓励企业多方式、多渠道培养不同层次研发与工程技术人才；支持企业吸引和招聘海外科学家和工程师。

4. 加大高层次人才引进力度

制定和实施吸引风能领域海外优秀人才回国工作和为国服务计划，重点吸引高层次人才和紧缺人才；加大对高层次留学人才回国的资助力度；加大高层次创新人才公开招聘力度；健全留学人才为国服务的政策措施；实施有吸引力的政策措施，吸引海外高层次优秀科技人才和团队来华工作。

（七）国际科技合作

“十二五”期间，将风能开发与利用国际合作的内容纳入国家科技计划予以安排，列入双边或多边政府间科技合作协议框架，鼓励发展与风能领域主要国家、国际组织、知名研究机构等的长期合作关系。

1. 基础科学领域合作

结合我国风电发展对基础科学研究的迫切需求，围绕风能资源测量与评估、风力发电系统工程等研究领域中的基础科学问题，与国外科研机构开展有针对性的合作研究，提升我国风电基础科学领域的研究能力。

2. 适应我国环境特点与地形条件的技术开发领域合作

结合我国具体的环境、地形与电网条件，围绕风电机组及关键零部件设计制造、风电场设计及运营、风电并网及非并网的分布式接入、风力发电系统软件等技术开发领域的重点问题，深化与拓展与国外国际组织、科研机构及企业的技术合作，开展有针对性的联合开发或合作研究，开发适应我国实际情况的风电技术与产品。

3. 产业公共服务体系与能力建设领域合作

围绕风电公共测试系统设计与建设、风电关键测试技术研究、公共数据库信息服务中心建设等产业公共服务体系的建设和完善，以及标准、检测与认证体系、人才培养体制、政策、环境与安全研究等能力建设领域中的重点问题，与欧美等风电发达国家开展有针对性的合作研究与交流，借鉴国际先进经验，逐步建立、完善和规范我国产业公共服务体系。

4. 积极参与国际组织、国际研究计划及国际标准制定

紧密围绕国内需求、重点任务等相关要求，有针对性地积极参与风能领域国际组织和国际间研究计划，积极参与国际标准的研究与制定；适时发起新的由我国主导的国际研究计划，鼓励在华创建风能领域的国际或区域性科技

组织；鼓励我国科学家和科研人员在国际组织及国际研究计划中任职或承担重要研究、管理工作，提高我国科研人员及科技成果的国际影响力。

六、保障措施

根据“基地+人才+项目”的总体建设模式，以企业为创新主体，以学和研为研发主力，采取产、学、研、用相结合的方式，完成科学突破、技术攻关和应用示范，确保“十二五”计划的顺利实施。

通过合理规划研发结构布局及资源配置，有效吸引、大胆使用和着力培养一批具有国际水平和合作精神的科研人才，提高科研项目管理水平，加强公共信息服务中心建设，保护知识产权，推进标准、检测、认证体系建设，最终形成可持续发展的风电产业科研体系。

结合风力发电多学科交叉的特点，打破传统学科和学历界限，广纳物理学、化学、材料学以及工程技术等多方面人才；将人才队伍建设与学科建设和创新体系建设紧密结合；注重队伍结构的合理性，在引进、培养技术/学术带头人的同时，相应地配置高水平的技术支撑人员和管理人员，大力推进团队建设，形成完善的人才培养体系和选拔机制。

充分发挥国家高新技术产业开发区、国家级高新技术产业化基地的作用，加快成果产业化，推动创新型产业集群建设工程，围绕本专项确定的主要目标，合理选择技术路径和产业路线，采取有效措施，促进产业集群的形成和创新发展。

关于印发太阳能发电科技发展“十二五”专项规划的通知

国科发计〔2012〕198号

各省、自治区、直辖市、计划单列市科技厅（委、局），新疆生产建设兵团科技局，各国家高新技术产业开发区管委会，各有关单位：

为进一步贯彻落实《国家中长期科学和技术发展规划纲要（2006—2020年）》和《国家“十二五”科学和技术发展规划》，加快推动能源技术产业创新发展，我部组织编制了《太阳能发电科技发展“十二五”专项规划》。现印发给你们，请结合本地区、本行业实际情况，做好落实工作。

特此通知。

附件：太阳能发电科技发展“十二五”专项规划

中华人民共和国科学技术部

二〇一二年三月二十七日

附件：

太阳能发电科技发展“十二五”专项规划

一、形势——挑战与机遇

（一）国际形势

世界太阳能科技和应用发展迅猛，2008年金融危机后，德国、日本、美国等纷纷调高发展目标。预计太阳能发电将在2030年占到世界能源供给的10%，对世界的能源供给和能源结构调整做出实质性的贡献。

到2010年，世界光伏累计装机容量已接近40GW，近十年平均年增长45%，成为发展速度最快的产业之一。光伏电池生产主要集中在中国、日本、德国、美国等国家，德国、西班牙等国为主要应用市场。晶体硅太阳电池市场份额超过85%，其商业化最高效率已经达到22%，技术向着高效率和薄片化发展，未来10—20年内仍将是市场主流；薄膜太阳电池市场份额约占15%，铜铟镓硒薄膜电池商业化最高效率达到13.6%，技术向着高效率、稳定和长寿命的方向发展。得益于产业发展和技术进步，光伏发电成本将持续下降，2015年光伏电价有望降至0.15美元/kW·h。

太阳能热发电近年在欧美地区快速发展。截至2011年4月，全球太阳能热发电累计装机容量为1.26GW，在建的太阳能热发电站超过2.24GW，年平均效率超过12%。面向承担基础电力负荷的“大容量—高参数—长周期储热”是国际太阳能热发电的技术发展趋势。目前，太阳能热发电成本价格在0.2欧元/kW·h，到2020年有望降低到0.05欧元/kW·h。

在太阳能建筑供能方面，面向区域性建筑供暖是太阳能低温热利用的重要发展方向。目前全球已陆续建成面积万平方米级以上跨季节储能的区域性太阳能建筑供热系统12座。年太阳能保证率超过50%，万立方米规模化储能系统单位建设成本降低到50欧元/m^3。

在太阳能中温技术与工业节能应用方面，目前全球已陆续建立了百余个太阳能热利用工业领域应用工程，涵盖了11个工业领域，应用和示范的太阳能空调项目超过300个。

（二）国内形势

我国政府长期以来对太阳能开发利用给予高度重视，近年来太阳能技术、产业和应用取得了全面进步。

2010年，多晶硅实际产量45000吨，自给率从2007年的10%提高到2010年的50%；自2002年以来，我国太阳电池产量均以100%以上的年增长率快速发展，2010年产量8.7GW，占到世界总产量的50%，连续四年产量世界第一，商业化晶体硅太阳电池光电转换效率已接近19%，硅基薄膜电池商业化最高效率达到8%以上，生产设备也已经从过去的全部引进到现在70%的国产化率。2009年，我国政府开始实施“金太阳示范工程”，通过光伏产品的规模化应用带动国内太阳能发电的商业化进程和技术进步。2010年国内新增光伏装机500MW，累计装机达到800MW，500kW级光伏并网逆变器等关键设备实现国产化，并网光伏系统开始商业化推广，光伏微网技术开发与国际基本同步。

我国太阳能热发电技术研究起步较晚，目前仍无在运行太阳能热发电站。“八五”以来，科技部就关键部件在技术研发方面给予了持续支持，“十一五”期间启动了1MW塔式太阳能热发电技术研究及系统示范。目前，大规模发电技术已有所突破，部分关键器件已产业化。

在太阳能建筑供能方面，我国的被动太阳能建筑技术已经基本发展成熟。但在区域太阳能建筑供暖技术和应用领域仍为空白。目前在区域太阳能建筑集中供暖的核心技术跨季节储能方面只有小规模的研发，还没有大系统的设计、建设和运行经验。

在太阳能中温技术与工业节能应用方面，我国的太阳能热利用技术在工业领域的应用还几乎是空白。目前仅有几例应用，太阳能空调应用示范项目约50个，缺少大系统的设计、建设和运行经验。

（三）问题和需求

要实现太阳能从补充能源到主要能源，必须大幅度降低成本，为此需要依靠技术进步和大规模的推广应用。目前我国太阳能产业和市场的问题及需求如下：

1. 太阳能硅材料及关键配套材料

我国具有自主知识产权的规模化多晶硅生产工艺研发及装备制造仍处于起步阶段，在生产成本、产品质量、综合利用等方面与国际先进水平仍存在明显差距。

我国太阳电池关键配套材料产业的发展也相对落后，一些关键配套材料，如银浆、银铝浆材料、TPT背板材料、EVA封装材料等还大量依赖进口，必须加快技术研发，提高质量，实现关键配套材料的国产化，进一步降低太阳电池生产成本。

2. 太阳电池

晶体硅高效电池方面，国际发达国家商业化效率已达20%以上，我国仍处于空白状态；薄膜电池方面，非晶硅/微晶硅叠层电池和国际上有差距，国际上已经产业化的碲化镉薄膜和铜铟镓硒薄膜电池，在我国还没有商业化生产线；新型电池仍然没有掌握国际上已经产业化的薄膜硅/晶体硅异质结电池、高倍聚光电池、柔性电池的中试和生产技术，染料敏化电池也需要向实用产品发展。在全光谱电池、黑硅电池等前沿技术研究方面，也与国际水平存在一定差距。

3. 生产装备

晶体硅电池部分关键生产设备性能与国际先进水平存在相当差距，成套生产线自动化程度低；薄膜电池的关键设备和生产线主要依靠进口。缺乏国产化整线集成解决方案。

4. 光伏系统

在大型并网光伏电站、光伏微网、区域建筑光伏系统及光伏直流并网系统等光伏大规模利用的设计集成、关键设备、功率预测和并网技术方面与国外先进技术水平有一定差距，综合利用方面还缺少经验。

5. 太阳能光热利用

我国目前还没有商业化运营的太阳能热发电站，缺乏系统设计能力和集成技术，高温聚光、吸热和储热技术不成熟。区域太阳能建筑供暖技术、太阳能中温技术与工业节能应用在我国仍为空白。

6. 测试及平台

我国在标准电池计量、电池、组件测试等方面需要进一步完善，系统模拟和测试技术能力刚刚起步，大型逆变器的研究测试和室外实证性的研究测试示范基地仍然处于空白。

二、指导思想与目标

（一）指导思想

总体按照“一个目标，二项突破，三类技术、四大方向”的指导思想。一个目标：实现太阳能大规模利用，发电成本可与常规能源竞争；二项突破：突破规模化生产和规模化应用技术；三类技术：全面布局开展晶体硅电池、薄膜电池及新型电池技术研发；四大方向：全面部署材料、器件、系统和装备科技攻关。

（二）基本原则

（1）坚持以降低终端发电成本为中心

针对产业发展瓶颈技术，部署关键技术研发、核心工艺设计和重大装备研制，实现发电成本的持续下降。

（2）坚持技术创新与示范工程相结合

以金太阳示范工程等为牵引，实现以典型示范工程带动前沿关键技术突破、以产品推广应用拉动光伏全产业链快速健康发展。

（3）坚持面向全产业链布局攻关

以材料、电池、系统及装备为经线的太阳能全产业链布局；以晶硅、薄膜和新型电池为纬线的三类太阳电池技术统筹布局。按照研发、示范和推广应用三个层次循序推进。

（4）坚持多层次技术研发和产业服务体系并举

建立包括产业联盟、平台基地、人才机制、标准规范和政策法规的可持续发展支撑体系。

（三）规划目标

“十二五”期间，实现光伏技术的全面突破，促进太阳能发电的规模化应用，晶硅电池效率20%以上，硅基薄膜电池效率10%以上，碲化镉、铜铟镓硒薄膜电池实现商业化应用，装机成本1.2～1.3万元/kW，初步实现用户侧并网光伏系统平价上网，公用电网侧并网光伏系统上网电价低于0.8元/kWh，基本掌握多种光伏微网系统关键部件及设计集成技术，实现示范应用。太阳能热发电具备建立100MW级太阳能热发电站的设计能力和成套装备供应能力，无储热电站装机成本1.6万元/kW；带8小时储热电站装机成本2.2万元/kW，上网电价低于0.9元/kWh。突破太阳能中温热能在工业节能中的应用技术和太阳能建筑采暖的长周期储热技术，并示范应用。初步建立太阳能发电国家标准体系和技术产品检测平台，形成我国完整的太阳能技术研发、装备制造、系统集成、工程建设、运行维护等产业链技术服务体系。

关键指标如下：

（1）实现多晶硅材料生产成本降低30%，配套材料国产化率达到50%；

（2）晶体硅太阳电池整线成套装备国产化，具备自主知识产权的晶硅整线集成“交钥匙”工程能力；

（3）单晶硅电池产业化平均效率突破20%，拥有自主知识产权的非晶硅薄膜电池产业化平均效率突破10%；

（4）突破100MW级并网光伏电站、100MW级城镇多点接入生态居住小区光伏系统技术、10MW级光伏微网系统与10MW级区域建筑光伏系统关键技术及设备；

（5）突破100MW级太阳能热发电关键技术及装备并建立核心产品生产线、测试平台和示范系统；通过系统集成掌握电站设计、优化和运行技术；

（6）突破区域建筑跨季储热供暖技术及设备；

（7）完善太阳能中温热利用技术，并建立工业应用示范；

（8）突破太阳能分布式发电技术；

（9）建成太阳能利用实证性研究示范基地；

（10）在光伏直流并网发电、太阳能热与化石燃料互补发电等创新性研究方面取得进展。

三、重点方向

（一）材料方向

在光伏产业链上，硅材料主要涉及太阳电池用的多晶硅提纯和下游的硅片、单晶和多晶铸锭。发展高效节能低成本多晶硅材料的清洁生产技术和太阳电池关键配套材料制备技术，将有利于降低光伏电池生产成本和实现硅材料生产的环境友好。相关内容包括：改良西门子法、硅烷法、物理、化学冶金法多晶硅材料生产技术，太阳电池用银浆、银铝浆、TPT背板材料、EVA封装材料、薄膜电池用TCO玻璃基板等关键配套材料制备技术等。

（二）器件方向

太阳能发电效率的提高和生产成本的降低将直接影响发电成本。晶体硅电池正朝着高效率、薄片化和低成本三个方向进行改进；低能耗、低成本的薄膜太阳电池技术正朝着高效率、稳定和长寿命的方向努力。相关内容包括：效率20%以上低成本超薄晶体硅电池产业化制造技术，效率10%以上薄膜电池产业化制造技术，高倍率聚光电池及发电关键技术，柔性衬底硅基薄膜太阳电池中试制造技术，非真空电沉积柔性CIGS薄膜太阳电池中试制造技术，量子点电池、热光伏电池、硅球电池、多晶硅薄膜电池、有机电池等新型太阳电池的前沿制备技术，高温直通式真空管及槽式聚光集热实验平台等。

（三）系统方向

突破光伏规模化利用的成套关键技术与装备，建成多种形式的光伏发电示范工程，能够有效推动光伏发电技术在我国的大规模应用；开展太阳能热利用关键装备和系统集成科技攻关，依托规模化示范工程建设，能够推动太阳能热利用技术与产业发展。相关内容包括：100MW 级大型并网光伏电站系统及设备技术，100MW 级城镇多点接入生态居住小区光伏系统技术，10MW 级光伏微网系统及设备技术，区域性高密度光伏建筑并网系统及设备技术，10MW 级次高参数太阳能热发电技术，硅基高可靠光伏建筑一体化关键技术、大型多能互补光伏并网系统技术、光伏直流并网发电技术、分布式太阳能热发电技术，太阳能储热技术，太阳能中温热在工业节能中的应用技术等。

（四）装备方向

太阳能光伏生产设备是贯穿整个产业链的基础，目前亟须突破产业链部分环节核心设备的瓶颈，提升其关键生产设备的性能和成套生产线的自动化程度。相关内容包括：晶体硅太阳电池整线成套装备集成技术，效率 10% 以上年产能 40MW 硅基薄膜太阳电池制造技术，效率 10% 以上年产能 30MW 碲化镉薄膜太阳电池制造技术，效率 8% 以上年产能 5MW 染料敏化太阳电池制造技术，薄膜硅/晶体硅异质结电池中试制造技术，硅基高可靠 BIPV 系列组件制造装备技术等。

四、重点任务

（一）重点任务

（1）掌握太阳能材料、器件、系统核心技术和工业生产线的关键工艺及装备；

（2）突破太阳能发电系统规模化利用的关键技术及装备；

（3）建设国家重点实验室、工程中心和产业化基地；

（4）完善太阳能产品及系统的检测技术和认证标准；

（5）集成示范太阳能开发利用的新技术、新设备。

（二）任务分解

“十二五”期间，根据四个研究方向和五项重点任务，在太阳能科技领域分解出 19 项研究内容，其中：材料方向 2 项，器件方向 8 项，系统方向 9 项，装备方向研究内容分布在前三项中。

1. 材料方向

（1）高效节能多晶硅材料大规模清洁生产关键技术研究

提升改良西门子工艺大规模低成本清洁生产技术，突破硅烷法工艺规模化生产，探索物理、化学冶金法等低成本新工艺技术。

（2）太阳电池关键配套材料制备技术研究

突破太阳电池用银浆、银铝浆、TPT 背板材料、EVA 封装材料、薄膜电池用 TCO 玻璃基板等关键配套材料制备技术。

2. 器件方向

（1）新型太阳电池中试及前沿技术研究

建成年产能 2MW 的薄膜硅/晶体硅异质结太阳电池中试示范线，中试效率达到 18.5%；建成年产能 1MW 的柔性硅薄膜太阳电池卷对卷制造中试示范线，电池稳定效率达到 10%；掌握高倍聚光太阳电池及应用技术，建成年产能 5MW 的中试线，电池效率超过 35%。

（2）效率 20% 以上低成本晶体硅电池产业化成套关键技术研究及示范生产线

在产业化平均效率指标上，单晶硅电池达到 20%，多晶硅电池达到 19%，主要新型技术设备实现国产化；晶体硅电池成本降至 7 元/W，硅片厚度降至 160 微米；推动高效电池技术在全国范围内的大规模产业化，实现年产能 100MW。

（3）规模化铜铟镓硒薄膜太阳电池成套制造工艺技术研发

突破规模化铜铟镓硒（硫）薄膜太阳电池生产线中的关键设备设计与制造瓶颈，开发具有国际水平的成套工艺技术，建成年产能 5MW 卷对卷式柔性衬底 CIGS 薄膜电池生产线、MW 级柔性铜铟镓硒硫薄膜太阳电池生产线、电化学法沉积 CIGS 薄膜太阳电池示范生产线、涂覆-热处理法制备 CIGS 太阳电池示范生产线和集电管式 CIGS 薄膜太阳电池示范生产线，并形成批量产品。

（4）效率 10% 以上规模化薄膜太阳电池成套制造工艺技术研发

研制具有自主知识产权的年产能 40MW 硅基薄膜太阳电池生产线关键设备和年产能 30MW 碲化镉薄膜太阳电池生产线关键设备，完成硅基薄膜太阳电池和碲化镉薄膜太阳电池成套工艺技术研发，产业化组件效率 10% 以上，生产成本低于 5 元/W。

（5）年产能 5MW 效率 8% 染料敏化太阳电池组件成套制造技术研发

掌握染料敏化剂、电解质、光阳极等关键材料的批量生产工艺和合成技术，研制染料敏化太阳电池配套材料批量生产的关键设备；解决 MW 级染料敏化太阳电池关键技术及生产工艺设备，掌握大面积电池产业化制作技术，建成年产能 5MW 的染料敏化太阳电池生产线。

（6）效率 10% 以上 50MW 非晶/微晶硅叠层薄膜太阳电池成套制造工艺技术研发

研究高效电池用非晶硅材料、硅薄膜材料、ZnO 透明导电薄膜制备工艺等技术，建成年产能 50MW 硅非晶/微晶硅叠层薄膜太阳电池生产线，组件稳定效率 10% 以上，成本低于 5 元/W。

（7）高倍聚光太阳电池成套制造工艺技术研发及示范

掌握 GaInP/GaInAs/Ge 三结太阳电池制造工艺技术，建成年产能大于 5MW 的聚光多结太阳电池中试生产线及聚光电池可靠性测试平台和户外实测平台；掌握 1200 倍聚光光伏系统设计技术，研制大功率 CPV 并网逆变器。

（8）太阳能槽式集热发电技术研究与示范

面向商业化槽式聚光集热技术研究，突破高温真空集热管和高精度聚光器成型关键工艺、批量化生产技术和关键装备，建立 MW 级槽式聚光集热集成实验示范系统。

3. 系统方向

(1) 大型光伏并网系统设计集成技术研究示范及装备研制

瞄准 100MW 级大型并网光伏电站技术研究，掌握 100MW 级并网光伏电站的单元设计集成与工程化技术及关键设备，区域高密度多接入点建筑光伏、双模式建筑光伏系统集成技术及关键设备。安全并网及电能质量调节技术，高海拔地区功率预测和生态环境监测技术，建立实证性研究示范基地。

(2) 高稳定性光伏微网系统技术研究与示范

突破包括光伏的多能互补微网的稳定性技术，掌握系统集成与工程技术、稳定控制技术和电能质量调控技术，研制完成微网能量管理系统、电能质量调节系统及微网型光伏电站自动化在线测控系统，建成 10MW 级光/水互补微网系统、数 MW 级多能互补的微网系统、100MW 级多点接入区域光伏示范系统。

(3) 适合于微网运行的大功率光伏控制/逆变器关键技术研究及设备研制

突破自同步电压源逆变器及高效光伏充电控制器的关键技术，掌握自同步电压源逆变器多机稳定并联运行技术及与最大功率跟踪相结合的高效智能光伏充电技术，完成自同步电压源逆变器及高效光伏充电控制器的产品化研究，具备批量化生产能力；提出改进自同步电压源并网逆变器下垂控制器实现方法，完成自同步电压源逆变器及高效光伏充电控制器的产业化研究。

(4) 10MW 级太阳能塔式热发电技术研究与示范

面向高参数-高效率-稳定输出的太阳能热发电技术研究，突破次高参数熔融盐吸热-储热塔式发电关键技术及设备，建立 10MW 示范熔融盐塔式示范电站。

(5) 大型多能互补光伏并网系统技术研究与示范

面向大型光伏电站与大型风电场、与水电站、与太阳能热电站的互补并网发电应用，突破互补发电系统的设计集成与并网技术，多种电源功率预测技术、联合控制技术、能量优化管理技术，建立多种互补发电系统示范。

(6) 硅基高可靠光伏建筑一体化（BIPV）关键技术及示范

瞄准太阳能光伏建筑一体化组件及应用技术，突破硅基高可靠 BIPV 系列组件制造装备及生产线关键工艺技术，完成系列化 BIPV 构件产业制造并形成规模应用标准和规范。

(7) 分布式太阳能热发电技术

面向 100kW 级分布式太阳能热发电技术研究，突破有机朗肯、碟式斯特林、单螺杆膨胀机、太阳能热电半导体发电技术等分布式发电重大装备设计与制造技术，并进行实证性试验与示范。

(8) 太阳能储热技术研究与规模化应用

掌握低温段（20～95℃）和高温段（450℃以上）储热材料设计、制备、大容量储热系统热损抑制、区域集中供热系统集成、能量输配与管理技术，形成分布式和大容量集中太阳能储热与供热系统示范。

(9) 太阳能中温技术与工业应用

面向太阳能中温热利用的实用化和产业化技术研究，突破太阳能 80～250℃中温集热器、中温储热、太阳能空调和系统集成的技术和装备，建立太阳能中温集热系统工农业生产领域应用示范。

“十二五”期间，还需要在光伏直流并网发电等新技术、新系统方面进行创新性探索研究。

（三）从基础到产业化的全链条规划

太阳能级硅材料方面，重点研究高效节能多晶硅材料的产业化技术。太阳电池方面，重点研究高效、低成本、超薄晶硅太阳电池和高效薄膜太阳电池的产业化技术，着力发展新型太阳电池关键技术。光伏系统及平衡部件方面，重点研究 100MW 级并网光伏电站、高密度区域建筑光伏系统、光伏微电网系统技术和大型多能互补光伏并网系统技术与关键设备的产业化技术。太阳能热利用方面，重点研究太阳能热发电和太阳能热利用技术与关键设备的产业化技术。

五、保障措施

围绕《专项规划》和“十二五”科技重点发展的部署，制定保障措施，加大实施力度，切实形成有利于自主创新的新体制和新机制。

1. 加强科技专项的组织领导和统筹协调。设立计划实施领导小组，强化政府的科技宏观管理能力，实行重点计划重点落实与协调，切实保障计划顺利有效实施；在技术层面，设立总体技术专家组，完善专家管理机制，从系统角度把握科技发展的宏观与微观技术网络，有效提高专项资金使用效率，保证计划的有效推进；成立光伏和光热两个项目办公室，建立科技统计、技术预测、第三方独立评估、信用管理等制度，加强对科技投入的统筹管理，完善项目管理后评价机制及问效问责制，加强对计划实施全过程的监督和绩效评估，从而降低项目风险。

2. 加强科技投入力度，鼓励各类社会资本投入。大幅度增加重点项目科技投入，强化重点项目科技投入滚动增长的保障和后评估机制。加大对技术创新平台的支持力度和广度，加强对基础研究、前沿高技术研究、科技基础条件建设、人才培养的支持，引导行业部门、地方政府、产业联盟、企业及其他各类社会资本加大科技投入，建立各类研究开发和服务平台，支持在高等教育中强化太阳能相关学科设置，重点解决太阳能利用未来的重大科技问题。

3. 制定和落实促进科技专项实施的各项激励政策。结合科技项目的实施，有计划地推进示范项目与金太阳示范工程的结合，通过工程实施实现对科研成果先进性和有效性的验证；建立产业发展预警机制，充分重视太阳能服务业的发展；同时，鼓励企业充分利用财税、金融、政府采购等政策，以企业投入为主，有针对性地解决产业发展中的重大技术问题，从而打破国外的技术垄断，保障光伏市场的规范性和成果转化的高效性。

4. 充分发挥金太阳示范工程的带动作用。以金太阳示范工程带动太阳能开发利用技术的进步；以技术进步推动和保障金太阳示范工程的顺利实施；依托金太阳示范工程建立和完善服务支撑体系。

5. 建成第三方的与国际对等的权威检测机构。建立国家级的光伏系统及平衡部件的实证性研究基地和大型光伏并网逆变器的测试平台，用于现场考验光伏组件、平衡部件以及光伏发电系统的实际运行效果，分析评价各类产品与技术的性能及其变化趋势，提升部件及系统的测试、分析和判断能力，为我国未来大型光伏系统新技术提供开放式、公益性的实证基地，为我国光伏产品提供第三方、公正、权威的测试条件。

6. 充分发挥国家高新技术产业开发区、国家级高新技术产业化基地的作用，加快成果产业化，推动创新型产业集群建设工程，围绕本专项确定的主要目标，合理选择技术路径和产业路线，采取有效措施，促进产业集群的形成和创新发展。

第二篇　政策法规

中共中央 国务院关于深化科技体制改革加快国家创新体系建设的意见

为加快推进创新型国家建设，全面落实《国家中长期科学和技术发展规划纲要（2006—2020年）》（以下简称科技规划纲要），充分发挥科技对经济社会发展的支撑引领作用，现就深化科技体制改革、加快国家创新体系建设提出如下意见。

一、充分认识深化科技体制改革、加快国家创新体系建设的重要性和紧迫性

科学技术是第一生产力，是经济社会发展的重要动力源泉。党和国家历来高度重视科技工作。改革开放30多年来，我国科技事业快速发展，取得历史性成就。特别是党的十六大以来，中央作出增强自主创新能力、建设创新型国家的重大战略决策，制定实施科技规划纲要，科技投入持续快速增长，激励创新的政策法律不断完善，国家创新体系建设积极推进，取得一批重大科技创新成果，形成一支高素质科技人才队伍，我国整体科技实力和科技竞争力明显提升，在促进经济社会发展和保障国家安全中发挥了重要支撑引领作用。

当前，我国正处在全面建设小康社会的关键时期和深化改革开放、加快转变经济发展方式的攻坚时期。国际金融危机深层次影响仍在持续，科技在经济社会发展中的作用日益凸显，国际科技竞争与合作不断加强，新科技革命和全球产业变革步伐加快，我国科技发展既面临重要战略机遇，也面临严峻挑战。面对新形势新要求，我国自主创新能力还不够强，科技体制机制与经济社会发展和国际竞争的要求不相适应，突出表现为：企业技术创新主体地位没有真正确立，产学研结合不够紧密，科技与经济结合问题没有从根本上解决，原创性科技成果较少，关键技术自给率较低；一些科技资源配置过度行政化，分散重复封闭低效等问题突出，科技项目及经费管理不尽合理，研发和成果转移转化效率不高；科技评价导向不够合理，科研诚信和创新文化建设薄弱，科技人员的积极性创造性还没有得到充分发挥。这些问题已成为制约科技创新的重要因素，影响我国综合实力和国际竞争力的提升。因此，抓住机遇大幅提升自主创新能力，激发全社会创造活力，真正实现创新驱动发展，迫切需要进一步深化科技体制改革，加快国家创新体系建设。

二、深化科技体制改革、加快国家创新体系建设的指导思想、主要原则和主要目标

（一）指导思想。高举中国特色社会主义伟大旗帜，以邓小平理论和“三个代表”重要思想为指导，深入贯彻落实科学发展观，大力实施科教兴国战略和人才强国战略，坚持自主创新、重点跨越、支撑发展、引领未来的指导方针，全面落实科技规划纲要，以提高自主创新能力为核心，以促进科技与经济社会发展紧密结合为重点，进一步深化科技体制改革，着力解决制约科技创新的突出问题，充分发挥科技在转变经济发展方式和调整经济结构中的支撑引领作用，加快建设中国特色国家创新体系，为2020年进入创新型国家行列、全面建成小康社会和新中国成立100周年时成为世界科技强国奠定坚实基础。

（二）主要原则。一是坚持创新驱动、服务发展。把科技服务于经济社会发展放在首位，大力提高自主创新能力，发挥科技支撑引领作用，加快实现创新驱动发展。二是坚持企业主体、协同创新。突出企业技术创新主体作用，强化产学研用紧密结合，促进科技资源开放共享，各类创新主体协同合作，提升国家创新体系整体效能。三是坚持政府支持、市场导向。统筹发挥政府在战略规划、政策法规、标准规范和监督指导等方面的作用与市场在资源配置中的基础性作用，营造良好环境，激发创新活力。注重发挥新型举国体制在实施国家科技重大专项中的作用。四是坚持统筹协调、遵循规律。统筹落实国家中长期科技、教育、人才规划纲要，发挥中央和地方两方面积极性，强化地方在区域创新中的主导地位，按照经济社会和科技发展的内在要求，整体谋划、有序推进科技体制改革。五是坚持改革开放、合作共赢。改革完善科技体制机制，充分利用国际国内科技资源，提高科技发展的科学化水平和国际化程度。

（三）主要目标。到2020年，基本建成适应社会主义市场经济体制、符合科技发展规律的中国特色国家创新体系；原始创新能力明显提高，集成创新、引进消化吸收再创新能力大幅增强，关键领域科学研究实现原创性重大突破，战略性高技术领域技术研发实现跨越式发展，若干领域创新成果进入世界前列；创新环境更加优化，创新效益大幅提高，创新人才竞相涌现，全民科学素质普遍提高，科技支撑引领经济社会发展的能力大幅提升，进入创新型国家行列。

“十二五”时期的主要目标：一是确立企业在技术创新中的主体地位，企业研发投入明显提高，创新能力普遍增强，全社会研发经费占国内生产总值2.2%，大中型工业企业平均研发投入占主营业务收入比例提高到1.5%，行业领军企业逐步实现研发投入占主营业务收入的比例与国际同类先进企业相当，形成更多具有自主知识产权的核心技术，充分发挥大型企业的技术创新骨干作用，培育若干综合竞争力居世界前列的创新型企业和科技型中小企业创新集群。二是推进科研院所和高等学校科研体制机制改革，建立适应不同类型科研活动特点的管理制度和运行机制，提升创新能力和服务水平，在满足经济社会发展需求以及基础研

究和前沿技术研发上取得重要突破。加快建设若干一流科研机构，创新能力和研究成果进入世界同类科研机构前列；加快建设一批高水平研究型大学，一批优势学科达到世界一流水平。三是完善国家创新体系，促进技术创新、知识创新、国防科技创新、区域创新、科技中介服务体系协调发展，强化相互支撑和联动，提高整体效能，科技进步贡献率达到55%左右。四是改革科技管理体制，推进科技项目和经费管理改革、科技评价和奖励制度改革，形成激励创新的正确导向，打破行业壁垒和部门分割，实现创新资源合理配置和高效利用。五是完善人才发展机制，激发科技人员积极性创造性，加快高素质创新人才队伍建设，每万名就业人员的研发人力投入达到43人年；提高全民科学素质，我国公民具备基本科学素质的比例超过5%。六是进一步优化创新环境，加强科学道德和创新文化建设，完善保障和推进科技创新的政策措施，扩大科技开放合作。

三、强化企业技术创新主体地位，促进科技与经济紧密结合

（四）建立企业主导产业技术研发创新的体制机制。加快建立企业为主体、市场为导向、产学研用紧密结合的技术创新体系。充分发挥企业在技术创新决策、研发投入、科研组织和成果转化中的主体作用，吸纳企业参与国家科技项目的决策，产业目标明确的国家重大科技项目由有条件的企业牵头组织实施。引导和支持企业加强技术研发能力建设，“十二五”时期国家重点建设的工程技术类研究中心和实验室，优先在具备条件的行业骨干企业布局。科研院所和高等学校要更多地为企业技术创新提供支持和服务，促进技术、人才等创新要素向企业研发机构流动。支持行业骨干企业与科研院所、高等学校联合组建技术研发平台和产业技术创新战略联盟，合作开展核心关键技术研发和相关基础研究，联合培养人才，共享科研成果。鼓励科研院所和高等学校的科技人员创办科技型企业，促进研发成果转化。

进一步强化和完善政策措施，引导鼓励企业成为技术创新主体。落实企业研发费用税前加计扣除政策，适用范围包括战略性新兴产业、传统产业技术改造和现代服务业等领域的研发活动；改进企业研发费用计核方法，合理扩大研发费用加计扣除范围，加大企业研发设备加速折旧等政策的落实力度，激励企业加大研发投入。完善高新技术企业认定办法，落实相关优惠政策。建立健全国有企业技术创新的经营业绩考核制度，落实和完善国有企业研发投入的考核措施，加强对不同行业研发投入和产出的分类考核。加大国有资本经营预算对自主创新的支持力度，支持中央企业围绕国家重点研发任务开展技术创新和成果产业化。营造公平竞争的市场环境，大力支持民营企业创新活动。加大对中小企业、微型企业技术创新的财政和金融支持，落实好相关税收优惠政策。扩大科技型中小企业创新基金规模，通过贷款贴息、研发资助等方式支持中小企业技术创新活动。建立政府引导资金和社会资本共同支持初创科技型企业发展的风险投资机制，实施科技型中小企业创业投资引导基金及新兴产业创业投资计划，引导创业投资机构投资科技型中小企业。完善支持中小企业技术创新和向中小企业技术转移的公共服务平台，健全服务功能和服务标准。支持企业职工的技术创新活动。

（五）提高科研院所和高等学校服务经济社会发展的能力。加快科研院所和高等学校科研体制改革和机制创新。按照科研机构分类改革的要求，明确定位，优化布局，稳定规模，提升能力，走内涵式发展道路。公益类科研机构要坚持社会公益服务的方向，探索管办分离，建立适应农业、卫生、气象、海洋、环保、水利、国土资源和公共安全等领域特点的科技创新支撑机制。基础研究类科研机构要瞄准科学前沿问题和国家长远战略需求，完善有利于激发创新活力、提升原始创新能力的运行机制。对从事基础研究、前沿技术研究和社会公益研究的科研机构和学科专业，完善财政投入为主、引导社会参与的持续稳定支持机制。技术开发类科研机构要坚持企业化转制方向，完善现代企业制度，建立市场导向的技术创新机制。

充分发挥国家科研机构的骨干和引领作用。建立健全现代科研院所制度，制定科研院所章程，完善治理结构，进一步落实法人自主权，探索实行由主要利益相关方代表构成的理事会制度。实行固定岗位与流动岗位相结合的用人制度，建立开放、竞争、流动的用人机制。推进实施绩效工资。对科研机构实行周期性评估，根据评估结果调整和确定支持方向和投入力度。引导和鼓励民办科研机构发展，在承担国家科技任务、人才引进等方面加大支持力度，符合条件的民办科研机构享受税收优惠等相关政策。

充分发挥高等学校的基础和生力军作用。落实和扩大高等学校办学自主权。根据经济社会发展需要和学科专业优势，明确各类高等学校定位，突出办学特色，建立以服务需求和提升创新能力为导向的科技评价和科技服务体系。高等学校对学科专业实行动态调整，大力推动与产业需求相结合的人才培养，促进交叉学科发展，全面提高人才培养质量。发挥高等学校学科人才优势，在基础研究和前沿技术领域取得原创性突破。建立与产业、区域经济紧密结合的成果转化机制，鼓励支持高等学校教师转化和推广科研成果。以学科建设和协同创新为重点，提升高等学校创新能力。大力推进科技与教育相结合的改革，促进科研与教学互动、科研与人才培养紧密结合，培育跨学科、跨领域的科研教学团队，增强学生创新精神和创业能力，提升高等学校毕业生就业率。

（六）完善科技支撑战略性新兴产业发展和传统产业升级的机制。建立科技有效支撑产业发展的机制，围绕战略性新兴产业需求部署创新链，突破技术瓶颈，掌握核心关键技术，推动节能环保、新一代信息技术、生物、高端装备制造、新能源、新材料、新能源汽车等产业快速发展，增强市场竞争力，到2015年战略性新兴产业增加值占国内生产总值的比重力争达到8%左右，到2020年力争达到15%左右。以数字化、网络化、智能化为重点，推进工业化和信息化深度融合。充分发挥市场机制对产业发展方向和技术路线选择的基础性作用，通过制定规划、技术标准、市场规范和产业技术政策等进行引导。加大对企业主导的新兴产业链扶持力度，支持创新型骨干企业整合创新资源。

加强技术集成、工艺创新和商业模式创新，大力拓展国内外市场。优化布局，防止盲目重复建设，引导战略性新兴产业健康发展。在事关国家安全和重大战略需求领域，进一步凝炼重点，明确制约产业发展的关键技术，充分发挥国家重点工程、科技重大专项、科技计划、产业化项目和应用示范工程的引领和带动作用，实现电子信息、能源环保、生物医药、先进制造等领域的核心技术重大突破，促进产业加快发展。加大对中试环节的支持力度，促进从研究开发到产业化的有机衔接。

加强技术创新，推动技术改造，促进传统产业优化升级。围绕品种质量、节能降耗、生态环境、安全生产等重点，完善新技术新工艺新产品的应用推广机制，提升传统产业创新发展能力。针对行业和技术领域特点，整合资源构建共性技术研发基地，在重点产业领域建设技术创新平台。建立健全知识转移和技术扩散机制，加快科技成果转化应用。

（七）完善科技促进农业发展、民生改善和社会管理创新的机制。高度重视农业科技发展，发挥政府在农业科技投入中的主导作用，加大对农业科技的支持力度。打破部门、区域、学科界限，推进农科教、产学研紧密结合，有效整合农业相关科技资源。面向产业需求，围绕粮食安全、种业发展、主要农产品供给、生物安全、农林生态保护等重点方向，构建适应高产、优质、高效、生态、安全农业发展要求的技术体系。大力推进农村科技创业，鼓励创办农业科技企业和技术合作组织。强化基层公益性农技推广服务，引导科研教育机构积极开展农技服务，培育和支持新型农业社会化服务组织，进一步完善公益性服务、社会化服务有机结合的农业技术服务体系。

注重发展关系民生的科学技术，加快推进涉及人口健康、食品药品安全、防灾减灾、生态环境和应对气候变化等领域的科技创新，满足保障和改善民生的重大科技需求。加大投入，健全机制，促进公益性民生科技研发和应用推广；加快培育市场主体，完善支持政策，促进民生科技产业发展，使科技创新成果惠及广大人民群众。加强文化科技创新，推进科技与文化融合，提高科技对文化事业和文化产业发展的支撑能力。

加快建设社会管理领域的科技支撑体系。充分运用信息技术等先进手段，建设网络化、广覆盖的公共服务平台。着力推进政府相关部门信息共享、互联互通。建立健全以自主知识产权为核心的互联网信息安全关键技术保障机制，促进信息网络健康发展。

四、加强统筹部署和协同创新，提高创新体系整体效能

（八）推动创新体系协调发展。统筹技术创新、知识创新、国防科技创新、区域创新和科技中介服务体系建设，建立基础研究、应用研究、成果转化和产业化紧密结合、协调发展机制。支持和鼓励各创新主体根据自身特色和优势，探索多种形式的协同创新模式。完善学科布局，推动学科交叉融合和均衡发展，统筹目标导向和自由探索的科学研究，超前部署对国家长远发展具有带动作用的战略先导研究、重要基础研究和交叉前沿研究。加强技术创新基地建设，发挥骨干企业和转制院所作用，提高产业关键技术研发攻关水平，促进技术成果工程化、产业化。完善军民科技融合机制，建设军民两用技术创新基地和转移平台，扩大民口科研机构和科技型企业对国防科技研发的承接范围。培育、支持和引导科技中介服务机构向服务专业化、功能社会化、组织网络化、运行规范化方向发展，壮大专业研发设计服务企业，培育知识产权服务市场，推进检验检测机构市场化服务，完善技术交易市场体系，加快发展科技服务业。充分发挥科技社团在推动全社会创新活动中的作用。建立全国创新调查制度，加强国家创新体系建设监测评估。

（九）完善区域创新发展机制。充分发挥地方在区域创新中的主导作用，加快建设各具特色的区域创新体系。结合区域经济社会发展的特色和优势，科学规划、合理布局，完善激励引导政策，加大投入支持力度，优化区域内创新资源配置。加强区域科技创新公共服务能力建设，进一步完善科技企业孵化器、大学科技园等创新创业载体的运行服务机制，强化创业辅导功能。加强区域间科技合作，推动创新要素向区域特色产业聚集，培育一批具有国际竞争力的产业集群。加强统筹协调，分类指导，完善相关政策，鼓励创新资源密集的区域率先实现创新驱动发展，支持具有特色创新资源的区域加快提高创新能力。以中央财政资金为引导，带动地方财政和社会投入，支持区域公共科技服务平台建设。总结完善并逐步推广中关村等国家自主创新示范区试点经验和相关政策。分类指导国家自主创新示范区、国家高新技术产业开发区、国家高技术产业基地等创新中心完善机制，加强创新能力建设，发挥好集聚辐射带动作用。

（十）强化科技资源开放共享。建立科研院所、高等学校和企业开放科研设施的合理运行机制。整合各类科技资源，推进大型科学仪器设备、科技文献、科学数据等科技基础条件平台建设，加快建立健全开放共享的运行服务管理模式和支持方式，制定相应的评价标准和监督奖惩办法。完善国家财政资金购置科研仪器设备的查重机制和联合评议机制，防止重复购置和闲置浪费。对财政资金资助的科技项目和科研基础设施，加快建立统一的管理数据库和统一的科技报告制度，并依法向社会开放。

五、改革科技管理体制，促进管理科学化和资源高效利用

（十一）加强科技宏观统筹。完善统筹协调的科技宏观决策体系，建立健全国家科技重大决策机制，完善中央与地方之间、科技相关部门之间、科技部门与其他部门之间的沟通协调机制，进一步明确国家各类科技计划、专项、基金的定位和支持重点，防止重复部署。加快转变政府管理职能，加强战略规划、政策法规、标准规范和监督指导等方面职责，提高公共科技服务能力，充分发挥各类创新主体的作用。完善国家科技决策咨询制度，重大科技决策要广泛听取意见，将科技咨询纳入国家重大问题的决策程序。探索社会主义市场经济条件下的举国体制，完善重大

战略性科技任务的组织方式，充分发挥我国社会主义制度集中力量办大事的优势，充分发挥市场在资源配置中的基础性作用，保障国家科技重大专项等顺利实施。

（十二）推进科技项目管理改革。建立健全科技项目决策、执行、评价相对分开、互相监督的运行机制。完善科技项目管理组织流程，按照经济社会发展需求确定应用型重大科技任务，拓宽科技项目需求征集渠道，建立科学合理的项目形成机制和储备制度。建立健全科技项目公平竞争和信息公开公示制度，探索完善网络申报和视频评审办法，保证科技项目管理的公开公平公正。完善国家科技项目管理的法人责任制，加强实施督导、过程管理和项目验收，建立健全对科技项目和科研基础设施建设的第三方评估机制。完善科技项目评审评价机制，避免频繁考核，保证科研人员的科研时间。完善相关管理制度，避免科技项目和经费过度集中于少数科研人员。

（十三）完善科技经费管理制度。健全竞争性经费和稳定支持经费相协调的投入机制，优化基础研究、应用研究、试验发展和成果转化的经费投入结构。完善科研课题间接成本补偿机制。建立健全符合科研规律的科技项目经费管理机制和审计方式，增加项目承担单位预算调整权限，提高经费使用自主权。建立健全科研经费监督管理机制，完善科技相关部门预算和科研经费信息公开公示制度，通过实施国库集中支付、公务卡等办法，严格科技财务制度，强化对科技经费使用过程的监管，依法查处违法违规行为。加强对各类科技计划、专项、基金、工程等经费管理使用的综合绩效评价，健全科技项目管理问责机制，依法公开问责情况，提高资金使用效益。

（十四）深化科技评价和奖励制度改革。根据不同类型科技活动特点，注重科技创新质量和实际贡献，制定导向明确、激励约束并重的评价标准和方法。基础研究以同行评价为主，特别要加强国际同行评价，着重评价成果的科学价值；应用研究由用户和专家等相关第三方评价，着重评价目标完成情况、成果转化情况以及技术成果的突破性和带动性；产业化开发由市场和用户评价，着重评价对产业发展的实质贡献。建立评价专家责任制度和信息公开制度。开展科技项目标准化评价和重大成果产出导向的科技评价试点，完善国家科技重大专项监督评估制度。加强对科技项目决策、实施、成果转化的后评估。发挥科技社团在科技评价中的作用。

改革完善国家科技奖励制度，建立公开提名、科学评议、实践检验、公信度高的科技奖励机制。提高奖励质量，减少数量，适当延长报奖成果的应用年限。重点奖励重大科技贡献和杰出科技人才，强化对青年科技人才的奖励导向。根据不同奖项的特点完善评审标准和办法，增加评审过程透明度。探索科技奖励的同行提名制。支持和规范社会力量设奖。

六、完善人才发展机制，激发科技人员积极性创造性

（十五）统筹各类创新人才发展和完善人才激励制度。深入实施重大人才工程和政策，培养造就世界水平的科学家、科技领军人才、卓越工程师和高水平创新团队。改进和完善院士制度。大力引进海外优秀人才特别是顶尖人才，支持归国留学人员创新创业。加强科研生产一线高层次专业技术人才和高技能人才培养。支持创新人才到西部地区特别是边疆民族地区工作。支持35岁以下的优秀青年科技人才主持科研项目。鼓励大学生自主创新创业。鼓励在创新实践中脱颖而出的人才成长和创业。重视工程实用人才、紧缺技能人才和农村实用人才培养。

建立以科研能力和创新成果等为导向的科技人才评价标准，改变片面将论文数量、项目和经费数量、专利数量等与科研人员评价和晋升直接挂钩的做法。加快建设人才公共服务体系，健全科技人才流动机制，鼓励科研院所、高等学校和企业创新人才双向交流。探索实施科研关键岗位和重大科研项目负责人公开招聘制度。规范和完善专业技术职务聘任和岗位聘用制度，扩大用人单位自主权。探索有利于创新人才发挥作用的多种分配方式，完善科技人员收入分配政策，健全与岗位职责、工作业绩、实际贡献紧密联系和鼓励创新创造的分配激励机制。

（十六）加强科学道德和创新文化建设。建立健全科研活动行为准则和规范，加强科研诚信和科学伦理教育，将其纳入国民教育体系和科技人员职业培训体系，与理想信念、职业道德和法制教育相结合，强化科技人员的诚信意识和社会责任。发挥科研机构和学术团体的自律功能，引导科技人员加强自我约束、自我管理。加强科研诚信和科学伦理的社会监督，扩大公众对科研活动的知情权和监督权。加强国家科研诚信制度建设，加快相关立法进程，建立科技项目诚信档案，完善监督机制，加大对学术不端行为的惩处力度，切实净化学术风气。

引导科技工作者自觉践行社会主义核心价值体系，大力弘扬求真务实、勇于创新、团结协作、无私奉献、报效祖国的精神，保障学术自由，营造宽松包容、奋发向上的学术氛围。大力宣传优秀科技工作者和团队的先进事迹。加强科学普及，发展创新文化，进一步形成尊重劳动、尊重知识、尊重人才、尊重创造的良好风尚。

七、营造良好环境，为科技创新提供有力保障

（十七）完善相关法律法规和政策措施。落实科技规划纲要配套政策，发挥政府在科技投入中的引导作用，进一步落实和完善促进全社会研发经费逐步增长的相关政策措施，加快形成多元化、多层次、多渠道的科技投入体系，实现2020年全社会研发经费占国内生产总值2.5%以上的目标。

完善和落实促进科技成果转化应用的政策措施，实施技术转让所得税优惠政策，用好国家科技成果转化引导基金，加大对新技术新工艺新产品应用推广的支持力度，研究采取以奖代补、贷款贴息、创业投资引导等多种形式，完善和落实促进新技术新产品应用的需求引导政策，支持企业承接和采用新技术、开展新技术新工艺新产品的工程化研究应用。完善落实科技人员成果转化的股权、期权激励和奖励等收益分配政策。

促进科技和金融结合，创新金融服务科技的方式和途

径。综合运用买方信贷、卖方信贷、融资租赁等金融工具，引导银行等金融机构加大对科技型中小企业的信贷支持。推广知识产权和股权质押贷款。加大多层次资本市场对科技型企业的支持力度，扩大非上市股份公司代办股份转让系统试点。培育和发展创业投资，完善创业投资退出渠道，支持地方规范设立创业投资引导基金，引导民间资本参与自主创新。积极开发适合科技创新的保险产品，加快培育和完善科技保险市场。

加强知识产权的创造、运用、保护和管理，"十二五"期末实现每万人发明专利拥有量达到3.3件的目标。建立国家重大关键技术领域专利态势分析和预警机制。完善知识产权保护措施，健全知识产权维权援助机制。完善科技成果转化为技术标准的政策措施，加强技术标准的研究制定。

认真落实科学技术进步法及相关法律法规，推动促进科技成果转化法修订工作，加大对科技创新活动和科技创新成果的法律保护力度，依法惩治侵犯知识产权和科技成果的违法犯罪行为，为科技创新营造良好的法治环境。

（十八）加强科技开放合作。积极开展全方位、多层次、高水平的科技国际合作，加强内地与港澳台地区的科技交流合作。加大引进国际科技资源的力度，围绕国家战略需求参与国际大科学计划和大科学工程。鼓励我国科学家发起和组织国际科技合作计划，主动提出或参与国际标准制定。加强技术引进和合作，鼓励企业开展参股并购、联合研发、专利交叉许可等方面的国际合作，支持企业和科研机构到海外建立研发机构。加大国家科技计划开放合作力度，支持国际学术机构、跨国公司等来华设立研发机构，搭建国内外大学、科研机构联合研究平台，吸引全球优秀科技人才来华创新创业。加强民间科技交流合作。

八、加强组织领导，稳步推进实施

（十九）加强领导，精心组织。各级党委和政府要把深化科技体制改革、加快国家创新体系建设工作摆上重要议事日程，把科技体制改革作为经济体制改革的重要内容，同部署、同落实、同考核。发挥专家咨询作用，充分调动广大科技工作者和全社会积极参与，共同做好深化科技体制改革工作。

（二十）明确责任，落实任务。在国家科技教育领导小组的领导下，建立健全工作协调机制，分解任务，明确责任，狠抓落实。各有关方面要增强大局意识、责任意识，加强协调配合，抓好各项任务实施。加强分类指导和评价考核，定期督促检查。各有关部门和单位要按照任务分工和要求，结合实际制定具体改革方案和措施，按程序报批。有关职能部门要尽快制定完善相关配套政策，加强政策落实情况评估。

（二十一）统筹安排，稳步推进。注重科技体制改革与其他方面改革的衔接配合，处理好改革发展稳定关系，把握好改革节奏和进度，认真研究和妥善解决改革中遇到的新情况新问题，对一些重大改革措施要做好试点工作，积极稳妥地推进改革。加强宣传和舆论引导，大力宣传科技发展的重大成就，宣传深化科技体制改革的重要意义、工作进展和先进经验，及时回应社会关切，引导社会舆论，形成支持改革的良好氛围。

国务院关于印发质量发展纲要（2011—2020年）的通知

国发〔2012〕9号

各省、自治区、直辖市人民政府，国务院各部委、各直属机构：

现将《质量发展纲要（2011—2020年）》印发给你们，请认真贯彻执行。

国务院

二○一二年二月六日

质量发展纲要（2011—2020年）

为深入贯彻落实科学发展观，促进经济发展方式转变，提高我国质量总体水平，实现经济社会又好又快发展，特制定本纲要。

一、质量发展的基础与环境

质量发展是兴国之道、强国之策。质量反映一个国家的综合实力，是企业和产业核心竞争力的体现，也是国家文明程度的体现；既是科技创新、资源配置、劳动者素质等因素的集成，又是法治环境、文化教育、诚信建设等方面的综合反映。质量问题是经济社会发展的战略问题，关系可持续发展，关系人民群众切身利益，关系国家形象。

党和国家历来高度重视质量工作。新中国成立尤其是改革开放以来，国家制定实施了一系列政策措施，初步形成了中国特色的质量发展之路。特别是国务院颁布实施《质量振兴纲要（1996年—2010年）》以来，全民质量意识不断提高，质量发展的社会环境逐步改善，我国主要产业整体素质和企业质量管理水平有较大提高，产品质量、工程质量、服务质量明显提升，原材料、基础元器件、重大装备、消费类及高新技术类产品的质量接近发达国家平均水平，一批国家重大工程质量达到国际先进水平，商贸、旅游、金融、物流等现代服务业服务质量明显改善，覆盖第一二三产业及社会事业领域的标准体系初步形成。但是，我国质量发展的基础还很薄弱，质量水平的提高仍然滞后于经济发展，片面追求发展速度和数量，忽视发展质量和效益的现象依然存在。产品、工程等质量问题造成的经济损失、环境污染和资源浪费仍然比较严重，质量安全特别是食品安全事故时有发生。一些生产经营者质量诚信缺失，肆意制售假冒伪劣产品，破坏市场秩序和社会公正，危害人民群众生命健康安全，损害国家信誉和形象。

新世纪的第二个十年，是我国全面建设小康社会、加快推进社会主义现代化的关键时期，是深化改革开放、加快转变经济发展方式的攻坚时期。在这一重要历史时期，经济全球化深入发展，科技进步日新月异，全球产业分工和市场需求结构出现明显变化，以质量为核心要素的标准、人才、技术、市场、资源等竞争日趋激烈。同时，我国工业化、信息化、城镇化、市场化、国际化进程加快，实现又好又快发展需要坚实的质量基础，满足人民群众日益增长的质量需求也对质量工作提出更高要求。面对新形势、新挑战，坚持以质取胜，建设质量强国，是保障和改善民生的迫切需要，是调整经济结构和转变发展方式的内在要求，是实现科学发展和全面建设小康社会的战略选择，是增强综合国力和实现中华民族伟大复兴的必由之路。

二、指导思想、工作方针和发展目标

（一）指导思想。高举中国特色社会主义伟大旗帜，以邓小平理论和“三个代表”重要思想为指导，深入贯彻落实科学发展观，从强化法治、落实责任、加强教育、增强全社会质量意识入手，立足当前，着眼长远，整体推进，突出重点，综合施策，标本兼治，全面提高质量管理水平，推动建设质量强国，促进经济社会又好又快发展。

（二）工作方针。以人为本，安全为先，诚信守法，夯实基础，创新驱动，以质取胜。

——把以人为本作为质量发展的价值导向。质量发展必须不断满足人民群众日益增长的物质文化需要，更好地保障和改善民生。提高质量水平，促进质量发展，也必须依靠人民群众的共同努力。

——把安全为先作为质量发展的基本要求。强化质量安全意识，落实质量安全责任，严格质量安全监管，加强质量安全风险管理，提高质量安全保障能力，科学处置质量安全事件，切实保障广大人民群众的身体健康和生命财产安全。

——把诚信守法作为质量发展的重要基石。倡导诚实守信、合法经营。增强质量诚信意识，完善质量诚信体系，严厉打击质量违法行为，充分发挥市场机制作用，营造公平竞争、优胜劣汰的市场环境，发展先进的质量文化。

——把夯实基础作为质量发展的保障条件。深化理论研究，加强质量法治建设，夯实质量管理基础，加强质量人才培养，推进标准化、计量、认证认可以及检验检测能力建设，不断完善有利于质量发展的体制机制。

——把创新驱动作为质量发展的强大动力。加快技术进步，实现管理创新，提高劳动者素质，优化资源配置，增强创新能力，增强发展活力，推动质量事业全面、协调、可持续发展。

——把以质取胜作为质量发展的核心理念。坚持好字优先，好中求快。全面提高各行各业的质量管理水平，发挥质量的战略性、基础性和支撑性作用，依靠质量创造市场竞争优势，增强我国产品、企业、产业的核心竞争力。

（三）发展目标。到2020年，建设质量强国取得明显成效，质量基础进一步夯实，质量总体水平显著提升，质量发展成果惠及全体人民。形成一批拥有国际知名品牌和核心竞争力的优势企业，形成一批品牌形象突出、服务平台完备、质量水平一流的现代企业和产业集群，基本建成食品质量安全和重点产品质量检测体系，为全面建设小康社会和本世纪中叶基本实现社会主义现代化奠定坚实的质量基础。

1. 产品质量：到2020年，产品质量保障体系更加完善，产品质量安全指标全面达到国家强制性标准要求，质量创新能力和自有品牌市场竞争力明显提高，品种、质量、效益显著改善，节能环保性能大幅提升，基本满足人民群众日益增长的质量需求。农产品和食品实现优质、生态、安全，制造业主要行业和战略性新兴产业的产品质量水平达到或接近国际先进水平。

到2015年，产品质量发展的具体目标：

——农产品和食品质量安全水平稳定提高。农业标准化生产普及率超过30%，主要农产品质量安全抽检合格率稳定在96%以上。重点食品质量安全状况保持稳定良好。农产品和食品质量安全得到有效保障。

——制造业产品质量水平显著提升。产品质量合格率稳步提高，其中产品质量国家监督抽查合格率稳定在90%以上，主要工业产品的质量损失率逐步下降，质量竞争力逐步提高，重大装备部分关键零部件、基础元器件、基础材料等重点工业产品和重要消费类产品的技术质量指标达到或接近国际先进水平。培育一批具有国际竞争力的自有品牌，品牌价值和效益明显提升。

——战略性新兴产业发展能力大幅提升。形成一批由我主导的国际标准，主要产品质量处于国际先进水平，培育一批质量素质高、品牌影响力大和核心竞争力强的大企业和一批创新活力旺盛的中小企业，推动战略性新兴产业发展成为先导性、支柱性产业。

2. 工程质量：到2020年，建设工程质量水平全面提升，国家重点工程质量达到国际先进水平，人民群众对工程质量满意度显著提高。

到2015年，工程质量发展的具体目标：

——工程质量水平显著提升。工程质量整体水平保持稳中有升，建筑、交通运输、水利电力等重大建设工程的耐久性、安全性普遍增强，工程质量通病治理取得显著成效，大中型工程项目一次验收合格率达到100%，其他工程一次验收合格率达到98%以上。人民群众对工程质量（尤其住宅质量）满意度明显提高，建设工程质量投诉率逐年下降。

——工程质量技术创新能力明显增强。在建筑、交通基础设施、清洁能源和新能源等重要工程领域拥有一批核心技术，节能、环保、安全、信息技术含量显著增加。建筑工程节能效率和工业化建造比重不断提高。绿色建筑发展迅速，住宅性能改善明显。

3. 服务质量：到2020年，全面实现服务质量的标准化、规范化和品牌化，服务业质量水平显著提升，建成一批国家级综合服务业标准化试点，骨干服务企业和重点服务项目的服务质量达到或接近国际先进水平，服务业品牌价值和效益大幅提升，推动实现服务业大发展。

到2015年，服务业质量发展的具体目标：

——生产性服务业质量全面提升。在金融服务、现代物流、高技术服务、商务服务、交通运输和信息服务等重点生产性服务领域，建立健全服务标准体系，全面实施服务质量国家标准。重点提升外包服务、研发设计、检验检测、售后服务、信用评价、品牌价值评价、认证认可等专业服务质量，促进生产性服务业与先进制造业融合。培育形成一批品牌影响力大、质量竞争力强的大型服务企业（集团）。生产性服务业顾客满意度达到80以上。

——生活性服务业质量显著改善。批发、零售、住宿、餐饮、居民服务、旅游、家庭服务、文化体育产业等生活性服务领域质量标准与国际先进水平接轨，标准覆盖率大幅提升，建成一批国家级服务标准化示范区。培育形成一批凝聚民族文化特色的服务品牌和精品服务项目，基本形成专业化、品牌化、网络化经营模式，服务产品种类不断丰富，满足人民群众多样化需求。行业自律能力和质量诚信意识明显增强，生活性服务业顾客满意度达到75以上。

专栏1 质量发展主要指标

01	产品质量(2015年) 农业标准化生产普及率超过30% 主要农产品质量安全抽检合格率稳定在96%以上 产品质量国家监督抽查合格率稳定在90%以上
02	工程质量(2015年) 大中型工程项目一次验收合格率达到100% 其他工程一次验收合格率达到98%以上
03	服务质量(2015年) 生产性服务业顾客满意度达到80以上 生活性服务业顾客满意度达到75以上

三、强化企业质量主体作用

（一）严格企业质量主体责任。建立企业质量安全控制关键岗位责任制，明确企业法定代表人或主要负责人对质量安全负首要责任、企业质量主管人员对质量安全负直接责任。严格实施企业岗位质量规范与质量考核制度，实行质量安全“一票否决”。企业要严格执行重大质量事故报告及应急处理制度，健全产品质量追溯体系，切实履行质量担保责任及缺陷产品召回等法定义务，依法承担质量损害赔偿责任。

（二）提高企业质量管理水平。企业要建立健全质量管理体系，加强全员、全过程、全方位的质量管理，严格按标准组织生产经营，严格质量控制，严格质量检验和计量检测。大力推广先进技术手段和现代质量管理理念方法，广泛开展质量改进、质量攻关、质量比对、质量风险分析、质量成本控制、质量管理小组等活动。积极应用减量化、资源化、再循环、再利用、再制造等绿色环保技术，大力发展低碳、清洁、高效的生产经营模式。

（三）加快企业质量技术创新。把技术创新作为企业提高质量的抓手，切实加大技术创新投入，加快科技成果转化，注重创新成果的标准化和专利化，扭转重制造轻研发、重引进轻消化、重模仿轻创新的状况。积极应用新技术、新工艺、新材料，改善品种质量，提升产品档次和服务水平，研究开发具有核心竞争力、高附加值和自主知识产权的创新性产品和服务。鼓励有条件的企业建立技术中心、工程中心、产业化基地，努力培育集研发、设计、制造和系统集成于一体的创新型企业。

（四）发挥优势企业引领作用。努力推动中央企业和行业骨干企业成为国际标准的主要参与者和国家标准、行业标准的实施主体，将质量管理的成功经验和先进方法向产业链两端延伸推广，带动提升整体质量水平。发挥优势企业对中小企业的带动提升作用，鼓励制定企业联盟标准，引领新产品开发和品牌创建，带动中小企业实施技术改造升级和管理创新，提升专业化分工协作水平和市场服务能力，增强质量竞争力。

（五）推动企业履行社会责任。强化以确保质量安全、促进可持续发展为基本要求的企业社会责任理念，建立健全履行社会责任的机制，将履行社会责任融入企业经营管理决策。推动企业积极承担对员工、消费者、投资者、合作方、社区和环境等利益相关方的社会责任。鼓励企业发布社会责任报告，强化诚信自律，践行质量承诺，在经济、环境和社会方面创造综合价值，树立对社会负责的良好形象。

四、加强质量监督管理

（一）加快质量法治建设。牢固树立质量法治理念，坚持运用法律手段解决质量发展中的突出矛盾和问题。健全质量法律法规，研究制定完善质量安全和质量责任追究等法律法规。严格依法行政，规范执法行为，保证严格执法、公正执法、文明执法。加强执法队伍建设，开展对执法人员的培养与培训，提高执法人员综合素质和执法水平。完善质量法制监督机制，落实执法责任，切实做到有权必有责、用权受监督、侵权须赔偿、违法要追究。加强质量法制宣传教育，普及质量法律知识，营造学法、用法、守法的良好社会氛围。

（二）强化质量安全监管。制定实施国家重点监管产品目录，加强对关系国计民生、健康安全、节能环保的重点产品、重大设备、重点工程及重点服务项目的监管。加强对食品、药品、妇女儿童老人用品以及农业生产资料、建筑材料、重要消费品、应急物资的监督检查，完善生产许可、强制性产品认证、重大设备监理、进出口商品法定检验、特种设备安全监察、登记管理等监管制度。强化城乡结合部和农村市场等重点区域，以及生产、流通、进出口环节质量安全监管，增强产品质量安全溯源能力，建立质量安全联系点制度，健全质量安全监管长效机制。

（三）实施质量安全风险管理。建立企业重大质量事故报告制度和产品伤害监测制度，加强对重点产品、重点行业和重点地区的质量安全风险监测和分析评估，对区域性、行业性、系统性质量风险及时预警，对重大质量安全隐患及时提出处置措施。建立和完善动植物外来有害生物防御体系、进出口农产品和食品质量安全保障体系、进出口工业品质量安全监控体系和国境卫生检疫风险监控体系，有效降低动植物疫情疫病传入传出风险，保障进出口农产品、食品和工业品质量安全，防止传染病跨境传播。完善质量安全风险管理工作机制，制定质量安全风险应急预案，加强风险信息资源共享，提升风险防范和应急处置能力，切实做到对质量安全风险的早发现、早研判、早预警、早处置。

专栏2　建立健全质量安全风险管理体系

01	强化食品质量安全风险预警 组织实施集中、高效、针对性强的食品安全风险预警，完善食品安全信息收集、风险监测、预警通报等功能。重点加强食品安全风险监测网络建设，强化非法添加物和食品添加剂监测，及时开展安全评估，切实防范系统性风险
02	完善产品伤害监测系统 质检、卫生等部门共同建立产品伤害监测系统，收集、统计、分析与产品相关的伤害信息，评估产品安全的潜在风险，及时发出产品伤害预警，为政府部门、行业组织及企业等制定防范措施提供依据
03	加强产品质量安全风险预警 搭建产品质量安全信息收集网络，建立产品质量安全信息舆情监控系统，完善产品质量安全风险预警公共技术服务，加强高危行业、重点产品及进出口商品的质量安全风险监测，提升产品质量安全风险评估和预警效能
04	健全进出境动植物检疫和国境卫生检疫疫情风险监控 完善进出境动植物检疫和国境卫生检疫疫情风险信息收集网络，做好进出境动植物检疫标准法规、风险监测、风险评估、风险预警、疫情信息、检疫截获信息等公共技术和信息服务，增强口岸卫生检疫和动植物检疫能力

（四）加强宏观质量统计分析。建立健全以产品质量合格率、出口商品质量合格率、顾客满意指数以及质量损失率等为主要内容的质量指标体系，推动质量指标纳入国民经济和社会发展统计指标体系。各地方、各行业要结合实际情况，建立和完善质量状况分析报告制度，定期评估分析质量状况及质量竞争力水平，比较研究国内外质量发展趋势，为宏观经济决策提供依据。

（五）推进质量诚信体系建设。健全质量信用信息收集与发布制度。搭建以组织机构代码实名制为基础、以物品编码管理为溯源手段的质量信用信息平台，推动行业质量信用建设，实现银行、商务、海关、税务、工商、质检、工业、农业、保险、统计等多部门质量信用信息互通与共享。完善企业质量信用档案和产品质量信用信息记录，健全质量信用评价体系，实施质量信用分类监管。建立质量失信“黑名单”并向社会公开，加大对质量失信惩戒力度。鼓励发展质量信用服务机构，规范发展质量信用评价机构，促进质量信用产品的推广使用，建立多层次、全方位的质量信用服务市场。

（六）依法严厉打击质量违法行为。加大生产源头治理力度，强化市场监督管理，深入开展重点产品、重点工程、重点行业、重点地区和重点市场质量执法，严厉查办制假售假大案要案，严厉打击危害公共安全、人身健康以及生命财产安全等质量违法行为，严厉查办利用高科技手段从事质量违法活动。加强执法协作，建立健全处置重大质量违法突发案件快速反应机制和执法联动机制，加强行业性、区域性产品质量问题集中整治，深入开展农业生产资料、建筑材料等产品打假，保护广大人民群众的合法权益。建立健全质量安全有奖举报制度，切实落实对举报人的奖励，保护举报人的合法权益。做好行政执法与刑事司法的有效衔接，加大质量违法行为的刑事司法打击力度。

五、创新质量发展机制

（一）完善质量工作体制机制。完善符合社会主义市场经济发展要求、具有中国特色的质量宏观管理体制。健全地方政府负总责、监管部门各负其责、企业是第一责任人的质量安全责任体系。构建政府监管、市场调节、企业主体、行业自律、社会参与的质量工作格局，充分运用经济、法律、行政等手段维护质量安全，充分发挥市场和企业在促进质量发展中的能动作用。加大政府质量综合管理和质量安全保障能力投入，合理配置行政资源，强化质量工作基础建设，提升质量监管部门的履职能力，逐步在经济技术开发区、高新技术产业园区等功能区以及产业集中的乡镇建立质量监管和技术服务机构。广泛开展质量强省（区、市）活动，形成全社会齐抓共管的良好氛围。

（二）健全质量评价考核机制。建立健全科学规范的质量工作绩效考核评价体系，完善地方各级人民政府和有关行业质量工作的评价指标和考核制度，将质量安全和质量发展纳入地方各级人民政府绩效考核评价内容。加强考核结果的反馈，强化考核结果运用，绩效考核结果作为领导班子和领导干部综合考核评价的内容，作为领导班子建设和领导干部选拔任用、培养教育、管理监督、激励约束的依据。严格质量事故调查和责任追究，加大警示问责和督导整改力度，严肃查处质量事故涉及的渎职腐败行为。

（三）强化质量准入退出机制。发挥质量监管职能作用，对高污染、高耗能、高排放及资源浪费的行业和产品，严格市场准入，加快淘汰落后产能，促进结构优化升级。对涉及人身健康、财产安全的产品和重要敏感进出口商品，进一步严格质量准入条件，提高市场准入门槛。建立健全缺陷产品和不安全食品召回制度。对不能满足准入条件、不能保证质量安全和整改后仍然达不到要求的企业，依法强制退出。对存在严重违法行为的，坚决依法取缔。

（四）创新质量发展激励机制。建立国家和地方质量奖励制度，对质量管理先进、成绩显著的组织和个人给予表彰奖励，树立先进典型，激励广大企业和全社会重质量、讲诚信、树品牌。通过国家中小企业发展专项资金，支持中小企业产品研发、质量攻关。鼓励企业积极开展争创质量管理先进班组和质量标兵活动，鼓励质量工作者争创“五一”劳动奖。

（五）创建品牌培育激励机制。大力实施名牌发展战略，发挥品牌引领作用，制定并实施培育品牌发展的制度措施，开展知名品牌创建工作。加大自主知识产权产品的保护力度，建设有利于品牌发展的长效机制和良好环境。支持企业依托技术标准开拓海外市场，实施品牌经营和市场多元化战略，打造世界知名品牌。建立品牌建设国家标准体系和品牌价值评价制度，完善与国际接轨的品牌价值评价体系，增强品牌价值评价国际话语权。进一步加强地理标志产品、中国驰名商标及地方名牌产品等工作。

专栏3　品牌建设重点措施

01	建立品牌建设标准体系 围绕质量核心，加强品牌培育、品牌管理和品牌评价方法研究，制定品牌的术语、要素、评价要求和建设指南等国家标准，建立符合中国国情、与国际接轨的品牌建设国家标准体系
02	建立品牌价值评价制度 以消费者认可、市场竞争中产生为原则，参照国际标准和国际惯例，以品牌货币价值评价为主要内容，以装备制造、钢铁有色、纺织服装、轻工家电、电子信息、汽车制造、石油化工、现代物流、旅游等优势产业为重点，建立具有中国特色的品牌价值评价体系和制度，提高中国品牌的国际化水平

（续）

03	开展知名品牌创建工作 制定创建条件和配套政策措施，以产业聚集区、国家自主创新示范区、经济技术开发区、高新技术产业园区、现代服务区、旅游景区等为重点，推动地方人民政府开展知名品牌创建工作，规范产业发展，扩大品牌影响，提升区域经济竞争力

（六）建立质量安全多元救济机制。积极探索实施符合市场经济规则、有利于消费者维权的产品质量安全多元救济机制。完善产品侵权责任制度，建立产品质量安全责任保险制度，保障质量安全事故受害者得到合理、及时的补偿。引导企业、行业协会、保险以及评估机构加强合作，降低质量安全风险，切实维护企业和消费者合法权益。

六、优化质量发展环境

（一）加强质量文化建设。牢固树立质量是企业生命的理念，实施以质取胜的经营战略。将诚实守信、持续改进、创新发展、追求卓越的质量精神转化为社会、广大企业及企业员工的行为准则，自觉抵制违法生产经营行为。推进社会主义先进质量文化建设，提升全民质量意识，倡导科学理性、优质安全、节能环保的消费理念，努力形成政府重视质量、企业追求质量、社会崇尚质量、人人关心质量的良好氛围，提升质量文化软实力。

（二）营造良好市场环境。建立各类企业依法使用生产要素、公平参与市场竞争、平等受到法律保护的环境。把优质安全作为扩大市场需求的积极要素，进一步释放城乡居民消费潜力，促进社会资源向优质产品、优秀品牌和优势企业聚集。打击垄断经营和不正当竞争，坚决破除地方保护，维护市场秩序，形成公平有序、优胜劣汰的市场环境。引导企业参与国际合作与交流，树立我国企业、产品良好国际形象，提升国际竞争力。

（三）完善质量投诉和消费维权机制。健全质量投诉处理机构，运用现代信息技术完善质量投诉信息平台，充分发挥12365、12315等投诉热线的作用，畅通质量投诉和消费维权渠道。积极推进质量仲裁检验和质量鉴定，有效调解和处理质量纠纷，化解社会矛盾。增强公众的质量维权意识，建立社会质量监督员制度。支持和鼓励消费者依法开展质量维权活动，更好地维护用户和消费者权益。

（四）发挥社会中介服务作用。加强质量管理、检验检测、计量校准、合格评定、信用评价等社会中介组织建设，推动质量服务的市场化进程。加强对质量服务市场的监管与指导，鼓励整合重组，推进质量服务机构规模化、网络化和品牌化建设，培育我国质量服务品牌。行业协会、学会、商会等社会团体要积极提供技术、标准、质量管理、品牌建设等方面的咨询服务，及时反映企业及消费者的质量需求，依据市场规则建立自律性运行机制，进一步促进行业规范发展，充分发挥中介组织在质量发展中的桥梁纽带作用。

（五）加强质量舆论宣传。深入开展全国“质量月”、“3·15”国际消费者权益保护日等形式多样、内容丰富的群众性质量活动，深入企业、机关、社区、乡村普及质量基础知识。坚持正确的舆论导向，大力宣传质量工作方针政策、法律法规以及质量管理先进典型。加强质量舆论监督，加大对质量违法案件的曝光力度，震慑质量违法行为。充分发挥新闻媒体质量舆论宣传的主渠道作用，引导各类媒体客观发布质量问题信息。

（六）深化质量国际交流合作。积极参加和主办国际质量大会，交流质量管理和技术成果，开展务实合作。围绕国家重大产业、区域经济发展规划及检验检测技术、标准一致性，建立双边、多边质量合作磋商机制，参与质量相关国际和区域性标准、规则制定，促进我国标准、计量、认证认可体系与国际接轨。积极应对国外技术性贸易措施，完善我国技术性贸易措施体系。鼓励国内企业、科研院所、大专院校、社会团体开展国际质量交流与合作，引进国外先进质量管理方法、技术和高端人才。

七、夯实质量发展基础

（一）推进质量创新能力建设。加大质量科技投入，加强质量研究机构和质量教育学科建设，形成分层级的质量人才培养格局，培育一批质量科技领军人才，探索建立具有中国特色的质量管理理论、方法和技术体系，加大质量科技成果转化应用力度。加快建立以企业为主体、市场为导向、产学研相结合的质量技术创新体系，发挥优势企业、重点科研院所和高等院校创新要素集聚的优势，建立一批重点突出、优势互补、资源共享的质量创新基地。推动实施重大质量改进和技术改造项目，培育形成以技术、标准、品牌、服务为核心的质量新优势。

（二）加强标准化工作。加快现代农业、先进制造业、战略性新兴产业、现代服务业、节能减排、社会管理和公共服务等领域国家标准体系建设。实施标准分类管理，加强强制性标准管理。缩短标准制修订周期，提升标准的先进性、有效性和适用性。积极采用国际标准，增强实质性参与国际标准化活动的能力，推动我国优势技术与标准成为国际标准，积极参与制修订影响我国相关产业发展的国际标准，提高应对全球技术标准竞争的能力。完善标准化管理体制，创新标准化工作机制，加强标准化与科技、经济和社会发展政策的有效衔接，促进军民标准化工作的有效融合。构建标准化科技支撑体系和公共服务体系，健全国家技术标准资源服务平台。

专栏4 标准化工作重点

01	现代农业 完善农业物资条件、基础设施、生产技术、产品质量、运输存储、市场贸易以及农产品质量检测、动植物疫病防控以及农业社会化服务等农业标准体系，研究制定支撑高产、优质、高效、生态、安全农产品生产的技术标准
02	战略性新兴产业 制定战略性新兴产业的标准化建设规划，加快建立有利于战略性新兴产业发展的标准体系，开展战略性新兴产业标准制定的示范试点工作
03	现代服务业 积极拓展服务业标准化工作领域，建立完善细化、深化生产性服务业分工的质量标准与行业规范，进一步制定完善生活性服务业标准，建立健全重点突出、结构合理、科学适用的服务质量国家标准体系，重要服务行业和关键服务领域实现标准全覆盖，扩大服务标准覆盖范围
04	节能减排领域 建立和完善资源、能源与环境标准体系，重点研制推动资源节约的先进技术标准、领跑者能效标准、高耗能产品能耗限额标准、终端用能产品能效标准、交通工具燃料消耗量限值标准、取水定额标准、废旧产品回收利用与再生资源标准，完善资源节约标准体系
05	社会管理领域 建立健全教育、卫生、人口、公共就业和人才服务、劳动关系、社会保险、社会管理等社会事业领域的标准化体系，促进社会公平正义，推动和谐社会建设
06	标准化示范、试点项目 在农业、服务业、循环经济、高新技术、国家重大工程等领域培育一批国家级标准化示范区和示范试点项目

（三）强化计量基础支撑作用。紧密结合新型工业化进程，建立并完善以量子物理为基础，具有高精确度、高稳定性和与国际一致性的计量基准以及量值传递和测量溯源体系。紧跟国际前沿计量科技发展趋势，针对国家战略性新兴产业发展、节能减排、循环经济、贸易公平、改善民生等计量新需求，加强计量标准体系建设，大力推进法制计量，全面加强工业计量，积极拓展工程计量，强化能源计量监管，培育和规范计量校准市场，加强计量检测技术的研究应用。提升计量服务能力，建设一批重大精密测量基础设施，建立完善国家计量科技创新基地和共享服务平台。尽快形成适应经济社会发展的计量体系。

（四）推动完善认证认可体系。参照国际通行规则，建立健全法律规范、行政监管、认可约束、行业自律、社会监督相结合的认证认可管理模式，完善认证认可体系，提升认证认可服务能力，提高强制性产品认证的有效性，推动自愿性产品认证健康有序发展，完善管理体系和服务认证制度。进一步培育和规范认证、检测市场，加强对认证机构、实验室和检查机构的监督管理。稳步推进国际互认，提高认证认可国际规则制定的参与度和话语权，提升中国认证认可国际影响力。

专栏5 认证认可工作重点

01	提升认可能力 研究开发新型认可制度，推进食品安全领域良好农业规范（GAP）、危害分析和关键控制点（HACCP）、节能减排等认可工作。保持实验室认可数量和能力稳步增长
02	完善强制性产品认证 开展强制性产品认证质量状况分析、安全风险评估和公共质量安全评价，加强对从业机构和人员、获证企业及产品的监督检查，健全强制性产品认证质量可追溯体系，促进认证产品质量水平全面提高
03	推动自愿性产品认证 完善国家自愿性认证制度。强化节能、节水、节电、节油、可再生资源和环境标志产品认证，推动环保装备和综合利用装备产品认证。加强对有机产品、绿色食品、无公害农产品等认证有效性的监管

（续）

04	提升管理体系认证水平 深化质量、环境、职业健康安全管理体系认证，努力提高认证有效性，积极拓展认证领域，推动管理体系标准在社会管理、文化教育医疗及新兴产业的广泛应用。加强信息技术服务、供应链安全体系认证的技术研发
05	完善信息安全认证认可体系 加强信息安全认证认可制度和能力建设，健全信息安全认证认可工作体系，促进信息安全认证认可结果的社会采信
06	加快实施服务认证 加快新型服务认证制度研发及实施进度，推进交通运输业、金融服务业、信息服务业、商务服务业、旅游业、体育产业等重点领域认证认可制度的建立和实施

（五）加快检验检测技术保障体系建设。推进技术机构资源整合，优化检验检测资源配置，建设检测资源共享平台，完善食品、农产品质量快速检验检测手段，提高检验检测能力。加强政府实验室和检测机构建设，对涉及国计民生的产品质量安全实施有效监督。建立健全科学、公正、权威的第三方检验检测体系，鼓励不同所有制形式的技术机构平等参与市场竞争。对技术机构进行分类指导和监管，规范检验检测行为，促进技术机构完善内部管理和激励机制，提高检验检测质量和服务水平，提升社会公信力。支持技术机构实施“走出去”战略，创建国际一流技术机构。

专栏6 提升检验检测能力

01	检测仪器装备研发 加大检验检测技术和检测装备的研发力度，推进重点仪器、关键检测设备的国产化进程，加快快速检测仪器设备、方法的筛选、推广和应用
02	检测机构建设 推进实验室国际互认，建设一批高水平的国家产品质量监督检验中心、重点实验室和型式评价实验室，形成专业齐全、布局合理的地方和区域中心实验室格局
03	检测资源共享平台建设 加强产业聚集地区公共检验检测技术服务平台建设，提高对中小企业检测的便利化服务能力
04	检验检疫能力建设 增强技术性贸易措施应对和实施能力，加强出入境疫病疫情监控和进出口商品检验技术能力建设。在经济技术开发区、高新技术产业园区和出口加工区，建设一批面向设计开发、生产制造、售后服务全过程的公共检测技术服务平台。构建一批具有自主品牌的专业实验室检测联盟
05	重点专项 开展提升食品质量安全检测和风险监测能力专项建设、重点产业产品和工程质量检测体系专项建设

（六）推进质量信息化建设。加快质量信息网络工程建设，运用物联网等信息化手段，依托物品编码和组织机构代码等国家基础信息资源，加强产品质量和工程质量信息的采集、追踪、分析和处理，提高质量控制和质量管理的信息化水平，提升质量安全动态监管、质量风险预警、突发事件应对、质量信用管理的效能。推动信息化与工业化深度融合，提高产品质量和工程质量信息化水平。

八、实施质量提升工程

（一）质量素质提升工程。通过质量知识普及教育、职业教育和专业人才培养等措施，提升全民质量素养。建立中小学质量教育社会实践基地，普及质量知识。鼓励有条件的高等学校设立质量管理相关专业，培养质量专业人才。建立和规范各类质量教育培训机构，广泛开展面向企业的质量教育培训，重点加强对企业经营者的质量管理培训，加强对一线工人的工艺规程和操作技术培训，提高企业全员质量意识和质量技能。到2015年，基本完善国家质量专业技术人员职业资格以及注册设备监理师、注册计量师等制度。

（二）可靠性提升工程。在汽车、机床、航空航天、船舶、轨道交通、发电设备、工程机械、特种设备、家用电器、元器件和基础件等重点行业实施可靠性提升工程。加强产品可靠性设计、试验及生产过程质量控制，依靠技术进步、管理创新和标准完善，提升可靠性水平，促进我国产品质量由符合性向适用性、高可靠性转型。到2020年，我国基础件、通用件及关键自动化测控部件等可靠性水平满足国内市场需求，重点产品的可靠性达到或接近国际先进水平。百万千瓦级核电设备、新能源发电设备、高速动车组、高档数控机床与基础制造装备等一批重大装备可靠性达到国际先进水平。

（三）服务质量满意度提升工程。根据生产性和生活性服务业的不同特点，建立健全服务标准体系和服务质量测评体系，在交通运输、现代物流、银行保险、商贸流通、旅游住宿、医疗卫生、邮政通讯、社区服务等重点领域，建立顾客满意度评价制度，推进服务业满意度评价试点。引导企业提高服务质量，满足市场需求，促进服务市场标准化、规范化、国际化发展。

（四）质量对比提升工程。在农业、工业、建筑业和服务业等行业，分类分层次广泛开展质量对比提升活动。比照国际国内先进水平，在重点行业和支柱产业，开展竞争性绩效对比；在产业链和区域范围内，开展重点企业和产品的过程质量和管理绩效对比。制定质量对比提升工作制度，建立科学评价方法，完善质量对标分析数据库，为制定发展战略、明确发展目标提供质量改进的参考和依据。制定质量改进和赶超措施，优化生产工艺、更新生产设备、创新管理模式，改进市场销售战略。建立质量提升服务平台，完善对中小企业信息咨询、技术支持等公共服务和社会服务体系，实现质量提升和赶超。到2015年，在重要产业领域的5万家企业开展质量对比提升活动，使先进质量管理理念得到广泛传播，科学的质量管理方法和技术得到普遍采用，骨干和支柱行业内领先企业的质量达到国际先进水平。

（五）清洁生产促进工程。积极推进清洁生产模式。加快制修订与节能减排和循环经济有关的标准，建立健全低碳产品标识、能效标识、再生产品标识与低碳认证、节能产品认证等制度。落实和完善有利于清洁生产的财税政策。构建清洁生产技术服务平台，加快节能减排技术研发，攻克一批关键性技术难关。建立能源计量监测体系，加强对重点能耗企业能源计量监督管理。建立市场准入与退出机制，严格高耗能、高污染项目生产许可管理，加大淘汰落后产能力度。到2015年，清洁生产新技术产业化和标准化水平大幅提升，建成一批清洁生产示范项目和公共服务平台，生产过程污染物的产生和排放得到有效控制，资源消耗大幅降低。

九、组织实施

（一）加强组织领导。国务院质量主管部门应当根据工作需要组织召开联席会议，加强对质量工作的统筹规划和组织领导，制订落实本纲要的年度行动计划，研究解决和协调处理重大质量问题，督促检查本纲要贯彻实施情况。地方各级人民政府、各行业主管部门要按照纲要的部署和要求，把质量发展目标纳入本地区、本行业国民经济社会发展规划，加强质量政策引导，将质量工作列入重要议事日程，制订实施方案，明确目标责任，认真组织实施，切实提高质量发展的组织保障水平。

（二）完善配套政策。地方各级人民政府、各行业主管部门要围绕建设质量强国，制定本地区、本行业促进质量发展的相关配套政策和措施，加大对质量工作的投入，完善相关产业、环境、科技、金融、财税、人才培养等政策措施。在执行过程中加强本纲要与“十二五”国民经济和社会发展规划及其他有关规划的政策衔接，确保本纲要提出的各项目标得以实现。

（三）狠抓工作落实。地方各级人民政府、各行业主管部门要将落实质量发展的远期规划同解决当前突出的质量问题结合起来，使近期要求、实施步骤更有针对性，突出重点区域、重点领域、重点环节、重点产品和重点人群，有效解决事关公共安全、人身健康和生命财产安全的重点质量问题。各地方、各部门要联系本地区、本部门质量安全中的实际问题，落实本纲要及年度行动计划确定的发展目标和重点任务，夯实质量基础，保障质量安全，促进质量发展。

（四）强化检查考核。地方各级人民政府、各行业主管部门要建立落实本纲要的工作责任制，对纲要的实施情况进行严格检查考核，务求各项工作落到实处，确保质量发展取得实效。对纲要实施过程中取得突出成绩的单位和个人予以表彰奖励。国务院将适时检查考核本纲要的贯彻实施情况。

国务院关于进一步支持小型微型企业健康发展的意见

国发〔2012〕14号

各省、自治区、直辖市人民政府，国务院各部委、各直属机构：

小型微型企业在增加就业、促进经济增长、科技创新与社会和谐稳定等方面具有不可替代的作用，对国民经济和社会发展具有重要的战略意义。党中央、国务院高度重视小型微型企业的发展，出台了一系列财税金融扶持政策，取得了积极成效。但受国内外复杂多变的经济形势影响，当前，小型微型企业经营压力大、成本上升、融资困难和税费偏重等问题仍很突出，必须引起高度重视。为进一步支持小型微型企业健康发展，现提出以下意见。

一、充分认识进一步支持小型微型企业健康发展的重要意义

（一）增强做好小型微型企业工作的信心。各级政府和有关部门对当前小型微型企业发展面临的新情况、新问题要高度重视，增强信心，加大支持力度，把支持小型微型企业健康发展作为巩固和扩大应对国际金融危机冲击成果、保持经济平稳较快发展的重要举措，放在更加重要的位置上。要科学分析，正确把握，积极研究采取更有针对性的政策措施，帮助小型微型企业提振信心，稳健经营，提高盈利水平和发展后劲，增强企业的可持续发展能力。

二、进一步加大对小型微型企业的财税支持力度

（二）落实支持小型微型企业发展的各项税收优惠政策。提高增值税和营业税起征点；将小型微利企业减半征收企业所得税政策，延长到2015年底并扩大范围；将符合条件的国家中小企业公共服务示范平台中的技术类服务平台纳入现行科技开发用品进口税收优惠政策范围；自2011年11月1日至2014年10月31日，对金融机构与小型微型企业签订的借款合同免征印花税，将金融企业涉农贷款和中小企业贷款损失准备金税前扣除政策延长至2013年底，将符合条件的农村金融机构金融保险收入减按3%的税率征收营业税的政策延长至2015年底。加快推进营业税改征增值税试点，逐步解决服务业营业税重复征税问题。结合深化税收体制改革，完善结构性减税政策，研究进一步支持小型微型企业发展的税收制度。

（三）完善财政资金支持政策。充分发挥现有中小企业专项资金的支持引导作用，2012年将资金总规模由128.7亿元扩大至141.7亿元，以后逐年增加。专项资金要体现政策导向，增强针对性、连续性和可操作性，突出资金使用重点，向小型微型企业和中西部地区倾斜。

（四）依法设立国家中小企业发展基金。基金的资金来源包括中央财政预算安排、基金收益、捐赠等。中央财政安排资金150亿元，分5年到位，2012年安排30亿元。基金主要用于引导地方、创业投资机构及其他社会资金支持处于初创期的小型微型企业等。鼓励向基金捐赠资金。对企事业单位、社会团体和个人等向基金捐赠资金的，企业在年度利润总额12%以内的部分，个人在申报个人所得税应纳税所得额30%以内的部分，准予在计算缴纳所得税税前扣除。

（五）政府采购支持小型微型企业发展。负有编制部门预算职责的各部门，应当安排不低于年度政府采购项目预算总额18%的份额专门面向小型微型企业采购。在政府采购评审中，对小型微型企业产品可视不同行业情况给予6%~10%的价格扣除。鼓励大中型企业与小型微型企业组成联合体共同参加政府采购，小型微型企业占联合体份额达到30%以上的，可给予联合体2%~3%的价格扣除。推进政府采购信用担保试点，鼓励为小型微型企业参与政府采购提供投标担保、履约担保和融资担保等服务。

（六）继续减免部分涉企收费并清理取消各种不合规收费。落实中央和省级财政、价格主管部门已公布取消的行政事业性收费。自2012年1月1日至2014年12月31日三年内对小型微型企业免征部分管理类、登记类和证照类行政事业性收费。清理取消一批各省（区、市）设立的涉企行政事业性收费。规范涉及行政许可和强制准入的经营服务性收费。继续做好收费公路专项清理工作，降低企业物流成本。加大对向企业乱收费、乱罚款和各种摊派行为监督检查的力度，严格执行收费公示制度，加强社会和舆论监督。完善涉企收费维权机制。

三、努力缓解小型微型企业融资困难

（七）落实支持小型微型企业发展的各项金融政策。银行业金融机构对小型微型企业贷款的增速不低于全部贷款平均增速，增量高于上年同期水平，对达到要求的小金融机构继续执行较低存款准备金率。商业银行应对符合国家产业政策和信贷政策的小型微型企业给予信贷支持。鼓励金融机构建立科学合理的小型微型企业贷款定价机制，在合法、合规和风险可控前提下，由商业银行自主确定贷款利率，对创新型和创业型小型微型企业可优先予以支持。建立小企业信贷奖励考核制度，落实已出台的小型微型企业金融服务的差异化监管政策，适当提高对小型微型企业贷款不良率的容忍度。进一步研究完善小企业贷款呆账核销有关规定，简化呆账核销程序，提高小型微型企业贷款

呆账核销效率。优先支持符合条件的商业银行发行专项用于小型微型企业贷款的金融债。支持商业银行开发适合小型微型企业特点的各类金融产品和服务，积极发展商圈融资、供应链融资等融资方式。加强对小型微型企业贷款的统计监测。

（八）加快发展小金融机构。在加强监管和防范风险的前提下，适当放宽民间资本、外资、国际组织资金参股设立小金融机构的条件。适当放宽小额贷款公司单一投资者持股比例限制。支持和鼓励符合条件的银行业金融机构重点到中西部设立村镇银行。强化小金融机构主要为小型微型企业服务的市场定位，创新金融产品和服务方式，优化业务流程，提高服务效率。引导小金融机构增加服务网点，向县域和乡镇延伸。符合条件的小额贷款公司可根据有关规定改制为村镇银行。

（九）拓宽融资渠道。搭建方便快捷的融资平台，支持符合条件的小企业上市融资、发行债券。推进多层次债券市场建设，发挥债券市场对微观主体的资金支持作用。加快统一监管的场外交易市场建设步伐，为尚不符合上市条件的小型微型企业提供资本市场配置资源的服务。逐步扩大小型微型企业集合票据、集合债券、集合信托和短期融资券等发行规模。积极稳妥发展私募股权投资和创业投资等融资工具，完善创业投资扶持机制，支持初创型和创新型小型微型企业发展。支持小型微型企业采取知识产权质押、仓单质押、商铺经营权质押、商业信用保险保单质押、商业保理、典当等多种方式融资。鼓励为小型微型企业提供设备融资租赁服务。积极发展小型微型企业贷款保证保险和信用保险。加快小型微型企业融资服务体系建设。深入开展科技和金融结合试点，为创新型小型微型企业创造良好的投融资环境。

（十）加强对小型微型企业的信用担保服务。大力推进中小企业信用担保体系建设，继续执行对符合条件的信用担保机构免征营业税政策，加大中央财政资金的引导支持力度，鼓励担保机构提高小型微型企业担保业务规模，降低对小型微型企业的担保收费。引导外资设立面向小型微型企业的担保机构，加快推进利用外资设立担保公司试点工作。积极发展再担保机构，强化分散风险、增加信用功能。改善信用保险服务，定制符合小型微型企业需求的保险产品，扩大服务覆盖面。推动建立担保机构与银行业金融机构间的风险分担机制。加快推进企业信用体系建设，切实开展企业信用信息征集和信用等级评价工作。

（十一）规范对小型微型企业的融资服务。除银团贷款外，禁止金融机构对小型微型企业贷款收取承诺费、资金管理费。开展商业银行服务收费检查。严格限制金融机构向小型微型企业收取财务顾问费、咨询费等费用，清理纠正金融服务不合理收费。有效遏制民间借贷高利贷化倾向以及大型企业变相转贷现象，依法打击非法集资、金融传销等违法活动。严格禁止金融从业人员参与民间借贷。研究制定防止大企业长期拖欠小型微型企业资金的政策措施。

四、进一步推动小型微型企业创新发展和结构调整

（十二）支持小型微型企业技术改造。中央预算内投资扩大安排用于中小企业技术进步和技术改造资金规模，重点支持小型企业开发和应用新技术、新工艺、新材料、新装备，提高自主创新能力、促进节能减排、提高产品和服务质量、改善安全生产与经营条件等。各地也要加大对小型微型企业技术改造的支持力度。

（十三）提升小型微型企业创新能力。完善企业研究开发费用所得税前加计扣除政策，支持企业技术创新。实施中小企业创新能力建设计划，鼓励有条件的小型微型企业建立研发机构，参与产业共性关键技术研发、国家和地方科技计划项目以及标准制定。鼓励产业技术创新战略联盟向小型微型企业转移扩散技术创新成果。支持在小型微型企业集聚的区域建立健全技术服务平台，集中优势科技资源，为小型微型企业技术创新提供支撑服务。鼓励大专院校、科研机构和大企业向小型微型企业开放研发试验设施。实施中小企业信息化推进工程，重点提高小型微型企业生产制造、运营管理和市场开拓的信息化应用水平，鼓励信息技术企业、通信运营商为小型微型企业提供信息化应用平台。加快新技术和先进适用技术在小型微型企业的推广应用，鼓励各类技术服务机构、技术市场和研究院所为小型微型企业提供优质服务。

（十四）提高小型微型企业知识产权创造、运用、保护和管理水平。中小企业知识产权战略推进工程以培育具有自主知识产权优势小型微型企业为重点，加强宣传和培训，普及知识产权知识，推进重点区域和重点企业试点，开展面向小型微型企业的专利辅导、专利代理、专利预警等服务。加大对侵犯知识产权和制售假冒伪劣产品的打击力度，维护市场秩序，保护创新积极性。

（十五）支持创新型、创业型和劳动密集型的小型微型企业发展。鼓励小型微型企业发展现代服务业、战略性新兴产业、现代农业和文化产业，走“专精特新”和与大企业协作配套发展的道路，加快从要素驱动向创新驱动的转变。充分利用国家科技资源支持小型微型企业技术创新，鼓励科技人员利用科技成果创办小型微型企业，促进科技成果转化。实施创办小企业计划，培育和支持3000家小企业创业基地，大力开展创业培训和辅导，鼓励创办小企业，努力扩大社会就业。积极发展各类科技孵化器，到2015年，在孵企业规模达到10万家以上。支持劳动密集型企业稳定就业岗位，推动产业升级，加快调整产品结构和服务方式。

（十六）切实拓宽民间投资领域。要尽快出台贯彻落实国家有关鼓励和引导民间投资健康发展政策的实施细则，促进民间投资便利化、规范化，鼓励和引导小型微型企业进入教育、社会福利、科技、文化、旅游、体育、商贸流通等领域。各类政府性资金要对包括民间投资在内的各类投资主体同等对待。

（十七）加快淘汰落后产能。严格控制高污染、高耗能和资源浪费严重的小型微型企业发展，防止落后产能异地

转移。严格执行国家有关法律法规，综合运用财税、金融、环保、土地、产业政策等手段，支持小型微型企业加快淘汰落后技术、工艺和装备，通过收购、兼并、重组、联营和产业转移等获得新的发展机会。

五、加大支持小型微型企业开拓市场的力度

（十八）创新营销和商业模式。鼓励小型微型企业运用电子商务、信用销售和信用保险，大力拓展经营领域。研究创新中国国际中小企业博览会办展机制，促进在国际化、市场化、专业化等方面取得突破。支持小型微型企业参加国内外展览展销活动，加强工贸结合、农贸结合和内外贸结合。建设集中采购分销平台，支持小型微型企业通过联合采购、集中配送，降低采购成本。引导小型微型企业采取抱团方式“走出去”。培育商贸企业集聚区，发展专业市场和特色商业街，推广联锁经营、特许经营、物流配送等现代流通方式。加强对小型微型企业出口产品标准的培训。

（十九）改善通关服务。推进分类通关改革，积极研究为符合条件的小型微型企业提供担保验放、集中申报、24小时预约通关和不实行加工贸易保证金台账制度等便利通关措施。扩大“属地申报，口岸验放”通关模式适用范围。扩大进出口企业享受预归类、预审价、原产地预确定等措施的范围，提高企业通关效率，降低物流通关成本。

（二十）简化加工贸易内销手续。进一步落实好促进小型微型加工贸易企业内销便利化相关措施，允许联网企业“多次内销、一次申报”，并可在内销当月内集中办理内销申报手续，缩短企业办理时间。

（二十一）开展集成电路产业链保税监管模式试点。允许符合条件的小型微型集成电路设计企业作为加工贸易经营单位开展加工贸易业务，将集成电路产业链中的设计、芯片制造、封装测试企业等全部纳入保税监管范围。

六、切实帮助小型微型企业提高经营管理水平

（二十二）支持管理创新。实施中小企业管理提升计划，重点帮助和引导小型微型企业加强财务、安全、节能、环保、用工等管理。开展企业管理创新成果推广和标杆示范活动。实施小企业会计准则，开展培训和会计代理服务。建立小型微型企业管理咨询服务制度，支持管理咨询机构和志愿者面向小型微型企业开展管理咨询服务。

（二十三）提高质量管理水平。落实小型微型企业产品质量主体责任，加强质量诚信体系建设，开展质量承诺活动。督促和指导小型微型企业建立健全质量管理体系，严格执行生产许可、经营许可、强制认证等准入管理，不断增强质量安全保障能力。大力推广先进的质量管理理念和方法，严格执行国家标准和进口国标准。加强品牌建设指导，引导小型微型企业创建自主品牌。鼓励制定先进企业联盟标准，带动小型微型企业提升质量保证能力和专业化协作配套水平。充分发挥国家质检机构和重点实验室的辐射支撑作用，加快质量检验检疫公共服务平台建设。

（二十四）加强人力资源开发。加强对小型微型企业劳动用工的指导与服务，拓宽企业用工渠道。实施国家中小企业银河培训工程和企业经营管理人才素质提升工程，以小型微型企业为重点，每年培训50万名经营管理人员和创业者。指导小型微型企业积极参与高技能人才振兴计划，加强技能人才队伍建设工作，国家专业技术人才知识更新工程等重大人才工程要向小型微型企业倾斜。围绕《国家中长期人才发展规划纲要（2010—2020年）》确定的重点领域，开展面向小型微型企业创新型专业技术人才的培训。完善小型微型企业职工社会保障政策。

（二十五）制定和完善鼓励高校毕业生到小型微型企业就业的政策。对小型微型企业新招用高校毕业生并组织开展岗前培训的，按规定给予培训费补贴，并适当提高培训费补贴标准，具体标准由省级财政、人力资源和社会保障部门确定。对小型微型企业新招用毕业年度高校毕业生，签订1年以上劳动合同并按时足额缴纳社会保险费的，给予1年的社会保险补贴，政策执行期限截至2014年底。改善企业人力资源结构，实施大学生创业引领计划，切实落实已出台的鼓励高校毕业生自主创业的税费减免、小额担保贷款等扶持政策，加大公共就业服务力度，提高高校毕业生创办小型微型企业成功率。

七、促进小型微型企业集聚发展

（二十六）统筹安排产业集群发展用地。规划建设小企业创业基地、科技孵化器、商贸企业集聚区等，地方各级政府要优先安排用地计划指标。经济技术开发区、高新技术开发区以及工业园区等各类园区要集中建设标准厂房，积极为小型微型企业提供生产经营场地。对创办三年内租用经营场地和店铺的小型微型企业，符合条件的，给予一定比例的租金补贴。

（二十七）改善小型微型企业集聚发展环境。建立完善产业集聚区技术、电子商务、物流、信息等服务平台。发挥龙头骨干企业的引领和带动作用，推动上下游企业分工协作、品牌建设和专业市场发展，促进产业集群转型升级。以培育农村二、三产业小型微型企业为重点，大力发展县域经济。开展创新型产业集群试点建设工作。支持能源供应、排污综合治理等基础设施建设，加强节能管理和“三废”集中治理。

八、加强对小型微型企业的公共服务

（二十八）大力推进服务体系建设。到2015年，支持建立和完善4000个为小型微型企业服务的公共服务平台，重点培育认定500个国家中小企业公共服务示范平台，发挥示范带动作用。实施中小企业公共服务平台网络建设工程，支持各省（区、市）统筹建设资源共享、服务协同的公共服务平台网络，建立健全服务规范、服务评价和激励机制，调动和优化配置服务资源，增强政策咨询、创业创新、知识产权、投资融资、管理诊断、检验检测、人才培训、市场开拓、财务指导、信息化服务等各类服务功能，重点为小型微型企业提供质优价惠的服务。充分发挥行业协会（商会）的桥梁纽带作用，提高行业自律和组织水平。

（二十九）加强指导协调和统计监测。充分发挥国务院促进中小企业发展工作领导小组的统筹规划、组织领导和政策协调作用，明确部门分工和责任，加强监督检查和政

策评估，将小型微型企业有关工作列入各地区、各有关部门年度考核范围。统计及有关部门要进一步加强对小型微型企业的调查统计工作，尽快建立和完善小型微型企业统计调查、监测分析和定期发布制度。

各地区、各部门要结合实际，研究制定本意见的具体贯彻落实办法，加大对小型微型企业的扶持力度，创造有利于小型微型企业发展的良好环境。

国务院

二〇一二年四月十九日

国务院关于促进企业技术改造的指导意见

国发〔2012〕44号

各省、自治区、直辖市人民政府，国务院各部委、各直属机构：

技术改造是企业采用新技术、新工艺、新设备、新材料对现有设施、工艺条件及生产服务等进行改造提升，淘汰落后产能，实现内涵式发展的投资活动，是实现技术进步、提高生产效率、推进节能减排、促进安全生产的重要途径。促进企业技术改造，对优化投资结构、培育消费需求、推动自主创新、加快结构调整、促进产业升级具有重要意义，是推进工业转变发展方式，实现科学发展的重要举措。长期以来，各地区、各部门、广大企业积极贯彻落实党中央、国务院决策部署，大力实施企业技术改造，取得明显成效，行业技术水平得到大幅提升，企业综合竞争能力大大增强，技术改造对推动我国工业持续健康发展发挥了重要作用。当前，我国经济发展内外部环境正在发生深刻变化，新时期、新形势对技术改造提出了更高的要求，企业技术改造工作尚存在认识有待深化、长效机制亟待建立、投资方向缺乏有效引导、管理体制需要进一步理顺等问题，必须采取切实措施，抓紧研究解决。现就进一步加快促进企业技术改造提出如下指导意见：

一、总体要求

以邓小平理论和“三个代表”重要思想为指导，深入贯彻落实科学发展观，以加快转变经济发展方式为主线，以促进工业转型升级、提升产业竞争力为主攻方向，以企业为主体、市场为导向、创新为动力，完善政策，加强管理，增强企业技术创新能力，加快创新成果产业化，加速改造提升传统产业，培育发展新兴产业，全面提升工业发展的质量和效益。

新时期企业技术改造工作要紧紧围绕工业发展的新要求，更加注重促进技术创新能力的增强和创新成果的产业化，提升产业核心竞争力；更加注重节能降耗减排治污，促进绿色发展；更加注重信息技术的集成应用，推进信息化与工业化深度融合；更加注重产业公共服务能力建设，夯实产业基础；更加注重产业转移和集聚发展，优化产业布局。

促进企业技术改造，要坚持市场主导与政府引导相结合，技术创新与技术改造相结合，改造传统产业与发展新兴产业相结合，突出重点与全面提升相结合。到2015年，技术改造投资占工业投资的比重明显提高，企业自主创新能力明显提升，工业新产品产值率明显提高，先进产能比重、资源能源利用效率、清洁生产和企业安全水平显著提高，推动企业技术改造的政策环境和体制机制更加健全，重点行业和骨干企业信息化应用达到国际先进水平。

二、重点任务

（一）推进技术创新和科技成果产业化。针对关键领域和薄弱环节，突破一批共性关键技术，加快先进技术的产业化应用，提高基础原材料和基础零部件、重大装备和核心技术的国内保障能力，提高技术标准研究制定水平，促进技术创新能力提升。鼓励和支持企业技术中心、工程实验室、科技重大基础设施等创新载体的改造提升，培育一批研发基础好、知识产权多、行业带动性强的技术创新示范企业，加强开放合作，增强企业创新能力。推动建立以企业为主体，产学研用相结合的协同创新体系，积极探索以技术标准引领产业发展、围绕创新成果进行创业等模式，促进科研与生产紧密结合，充分发挥市场主体的创造性和积极性，加快科技成果产业化。

（二）提高装备水平。加快淘汰落后工艺技术和设备，推广应用自动化、数字化、网络化、智能化等先进制造系统、智能制造设备及大型成套技术装备。支持重点企业瞄准世界前沿技术，加快装备升级改造，推动关键领域的技术装备达到国际先进水平。实施装备创新工程，不断提高装备制造业技术水平。

（三）促进绿色发展。实施提升工业能效、清洁生产、资源综合利用等技术改造。加快推广国内外先进节能、节水、节材技术和工艺，推广工业产品绿色设计研发系统，提高能源资源利用效率。提高成熟适用清洁生产技术普及率。加强重金属和危险化学品污染防治。支持工业废物、废旧产品和材料回收利用以及低品位、共伴生矿产资源综合利用，积极发展循环经济和再制造产业。培育一批资源节约型、环境友好型示范企业。

（四）优化产品结构。加快产品升级换代，提高产品技术含量和附加值。推进精益制造，改进工艺流程，加强过程控制，提高制造水平。完善检验检测手段，推行先进质量管理，提高产品质量。发展先进产能，增加产品品种，提高新产品贡献率。加强品牌建设，培育一批国际知名品牌。

（五）推进信息化与工业化融合。深化信息技术在研发设计、生产制造、营销管理、回收再利用等产品生命周期各环节的应用，加快推广应用现代生产管理系统等关键共性技术，支持企业普及制造执行、资源计划、客户关系等管理信息系统的应用和综合集成。推进信息技术在工业产品上的嵌入式应用，提高工业产品的智能化水平。支持面向企业、区域和行业的信息服务平台建设。

（六）深化军民结合。提升总体设计、总装测试和系统集成等核心能力，推动核能、船舶、飞机、电子信息、民爆器材等军民结合型产业发展。发挥军工技术优势，引导与军工技术同源或工艺相近的节能环保、新材料、新能源、安防反恐装备等新兴产业发展。支持军民两用技术产业化和相互转化，鼓励在国防科技工业领域应用先进成熟的民用技术装备。

（七）促进安全生产。实施高风险工业产品、生产工艺和装备的技术改造，加强工业控制系统安全保障。加快安全生产管理与监测预警系统、应急处理系统、危险品生产储运设备设施等技术装备的升级换代，提高工业企业本质安全水平。

（八）提升产业集聚水平。鼓励产业集聚发展，引导企业、项目、要素向现有园区和基地集中，推动龙头企业及配套企业的协同改造，支持研发设计、生产制造、营销服务等环节的全产业链技术改造，促进工业布局向产业配套、专业化协作、要素集约高效、生态环保的方向发展。

（九）加强公共服务平台建设。支持重点工业园区的研发设计、质量认证、试验检测、信息服务、资源综合利用等公共服务平台的升级改造。整合相关资源，面向重点行业建设一批产业技术创新和服务平台、质量安全技术示范平台、企业诚信信息管理平台、综合信息服务平台等。加大对中小企业实施技术改造的支持力度，建立和完善一批中小企业公共服务平台和生产力促进中心。

三、保障措施

（一）强化政策规划引导。科学制定重点行业和领域发展规划，完善重点行业产业政策，加强规划和产业政策对技术改造工作的引导。研究制定技术改造投资指南，发布年度重点项目导向计划。完善工业技术标准体系，在重点行业、重点领域开展工业产品安全、能效、环保、卫生和可靠性达标等改造行动，健全对技术改造的激励和约束机制。

（二）加大财政支持力度。发挥政府投资对社会投资的引导作用，中央及地方财政进一步加大支持力度，增加技改投入，重点支持工业转型升级重点领域、关键环节的技术改造。不断创新和优化资金管理方式，灵活运用多种支持形式，提高财政资金的使用效益。

（三）完善税收优惠政策。用好现行有关税收优惠政策支持企业技术改造，包括增值税一般纳税人购进或者自制机器设备发生的增值税进项税额可按规定从销项税额中抵扣；企业所得税法规定的固定资产加速折旧，购置用于环境保护、节能节水、安全生产等专用设备的投资额可按一定比例实行税额抵免，研发费用加计扣除所得税，技术转让减免企业所得税，被认定为高新技术企业的享受企业所得税优惠；对从事国家鼓励发展的项目所需、国内不能生产的先进设备，在规定范围内免征进口关税；对国内企业为生产国家支持发展的重大技术装备而确有必要进口的关键零部件及原材料，享受进口税收优惠等。稳步推进营业税改征增值税改革，逐步将转让技术专利、商标、品牌等无形资产纳入增值税征收范围，支持企业技术改造。

（四）拓宽融资渠道。加强信贷政策与产业政策的协调配合，引导金融机构加大对企业技术改造的融资支持力度。大力推动金融产品和服务方式创新，发展适合企业技术改造资金需求特点的金融产品和服务模式。鼓励金融机构提高项目筛选、评估、定价、风险控制等综合服务能力，对技术改造项目提供多元化融资便利，通过财政贴息、知识产权质押等方式加大对技术改造项目的信贷投入，有针对性地支持国家重点和符合产业升级方向的技术改造项目。支持企业采用融资租赁等方式开展技术改造，积极引导和支持企业通过上市融资、发行公司债券、企业债券和中期票据等方式，扩大企业技术改造直接融资规模。规范发展产业投资基金、股权投资基金，引导民间资金支持企业技术改造。

（五）健全管理机制。建立职责明确、科学高效的企业技术改造工作管理机制，优化工作流程，提高技术改造工作管理水平。建立健全全国统一的工业技术改造投资统计体系，加强企业技术改造投资的监测、分析和信息发布工作。着眼企业的发展需要，强化职业教育，为企业技术改造和产业升级培养高素质的技能型人才。完善技术改造项目管理制度，建立投资效果考核机制，加强投资效益分析评价和政府投资项目的监督检查。

各地区、各部门要进一步统一思想，深刻认识促进企业技术改造的重要性和紧迫性，进一步加强组织领导，切实加大工作力度。各省（区、市）人民政府要把促进企业技术改造纳入政府重要议事日程，结合实际加快出台具体措施办法，并抓好落实。国务院有关部门要加强协调配合，强化工作指导和督促检查，保证各项政策措施落到实处。要进一步发挥行业协会的桥梁纽带作用，充分调动广大企业的积极性和主动性，形成合力，共同开创企业技术改造工作的新局面。

国务院

2012 年 9 月 1 日

国务院办公厅转发发展改革委等部门关于加快培育国际合作和竞争新优势指导意见的通知

国办发〔2012〕32号

各省、自治区、直辖市人民政府，国务院各部委、各直属机构：

发展改革委、商务部、外交部、科技部、工业和信息化部、财政部、人民银行、海关总署等部门《关于加快培育国际合作和竞争新优势的指导意见》已经国务院同意，现转发给你们，请认真贯彻执行。

国务院办公厅

二〇一二年五月二十四日

关于加快培育国际合作和竞争新优势的指导意见

发展改革委　商务部　外交部　科技部
工业和信息化部　财政部　人民银行　海关总署

改革开放以来，我国坚持对外开放的基本国策，形成了全方位、多层次、宽领域的对外开放格局和具有中国特色的开放型经济体系。当前及今后一个时期，全球经济结构面临深度调整，围绕市场、资源、人才、技术、标准等方面的竞争日趋激烈，我国发展面临的外部环境更加复杂，迫切需要加快培育国际合作和竞争新优势。为此，现提出以下意见：

一、指导思想和基本原则

（一）指导思想

以邓小平理论和"三个代表"重要思想为指导，深入贯彻落实科学发展观，以开放促发展、促改革、促创新，实施更加积极主动和互利共赢的开放战略，培育新的增长动力，集成新的发展优势，拓展新的开放领域，实现由出口和利用外资为主向进口和出口、利用外资和对外投资并重转变，加快形成以技术、品牌、质量、服务为核心竞争力的新优势，构建更大范围、更广领域、更高层次的开放型经济体系。

（二）基本原则

——坚持改革创新。积极稳妥地推进涉外经济领域的体制改革和机制创新，形成统一、透明、稳定的涉外经济体制；积极开展国际合作，充分利用全球科技智力资源，促进产业结构升级和技术创新，提高科技创新能力，赢得发展先机和主动权。

——坚持市场主导。要充分发挥市场在配置资源中的基础性作用，通过完善市场机制和利益导向机制，合理配置公共资源，积极创造良好的政策环境、体制环境和市场环境，激发市场主体的积极性和创造性。

——坚持互利共赢。尊重和照顾合作各方的合理关切，扩大同各方利益的汇合点，妥善处理矛盾冲突，与国际社会共同应对全球性挑战、共同分享发展机遇、共同创造更大的市场空间，走共同发展道路。

——坚持内外联动。利用全球要素，优化资源配置，通过引进国外资金、技术、人才、管理经验增强自主发展能力，通过拓展国际经贸合作的广度和深度扩大发展空间。把对外开放与国内区域协调发展紧密结合起来，完善对外开放区域格局。

——坚持安全高效。既要把握机遇，不失时机地提高企业国际化经营能力和水平，又要增强风险意识和忧患意识，审时度势、量力而行、稳步推进、注重实效，维护国家利益和经济安全，切实防范风险。

二、目标任务

（三）优化对外贸易结构

培育出口竞争新优势。实施技术、品牌、营销、服务"四带动"出口战略，推动出口从传统的生产成本优势向新的核心竞争优势转化，促进由"中国制造"向"中国创造"和"中国服务"跨越。完善贸易、产业、财税、金融、知识产权政策，增强企业技术创新、自我转型的内生动力，夯实出口的产业和技术基础，鼓励技术含量高的机电产品和战略性新兴产业开拓国际市场。大力培育出口品牌，支持企业建立境外营销网络，提高出口产品附加值。支持企业在境外注册商标，开展国际通行的产品、服务和管理体系认证。

掌握对外贸易主动权。建立规范贸易秩序的有效机制，引导企业有序参与国际竞争，提高出口议价能力。实施更加积极主动的进口战略，发挥进口对宏观经济平衡和结构调整的重要作用。拓展进口渠道，提高进口议价能力；增加先进技术、重要设备和关键零部件、资源能源、节能环保和循环经济产品及服务进口；适当扩大消费品进口。鼓励有条件的城市探索建设具备物流集散、交易定价、设计展览和金融服务等综合性功能的国际贸易中心。

推动加工贸易转型升级。促进加工贸易与国内产业融合，增强加工贸易对技术创新和结构调整的促进作用。优化加工贸易产业结构，促进加工贸易向产业链高端拓展，向中西部地区转移。充分发挥海关特殊监管区域作用，引导加工贸易逐步向海关特殊监管区域集中。

大力发展服务贸易。建立健全服务贸易促进体系，深度挖掘传统服务贸易潜力，努力扩大文化、技术、中医药、软件和信息服务、商贸流通、金融保险等新兴服务出口，扩大研究与开发、技术检测与分析、管理咨询和先进环保污染治理技术等领域的服务进口。完善支持服务外包示范城市发展服务外包产业的政策措施，大力发展服务外包。扩大金融、物流等服务业对外开放，稳步开放教育、医疗、体育等领域，引进国际优质资源，促进国内市场充分竞争，提高服务业国际化水平。

（四）提升利用外资水平

优化利用外资结构。把承接国际制造业转移和促进国内产业结构升级相结合，积极引导外资投向现代农业、高新技术、先进制造、节能环保、新能源和新材料等产业，鼓励外商投资现代物流、信息技术服务、工程咨询、商务服务、信息咨询、科技服务和节能环保服务等现代服务业，严格限制高耗能、高污染和低水平、产能过剩项目。坚持以我为主，积极用好国外优惠贷款，适度借用国际商业贷款。

丰富利用外资方式。在符合外商投资产业政策的前提下，鼓励外资以参股、并购等方式参与境内企业兼并重组，促进外资股权投资和创业投资发展。有效利用境内外资本市场，支持有条件的企业境内外上市；允许符合条件的企业通过发行债券（包括可转换债券）方式到国际金融市场融资。积极探索排放权交易、应对气候变化、服务外包等领域利用外资方式。

增强利用外资效应。更加注重择优选资，促进“引资”与“引智”结合，进一步发挥外资作为引进先进技术、管理经验和高素质人才的载体作用。鼓励跨国公司在华设立地区总部、研发中心、采购中心、财务管理中心；鼓励外资投向科技中介、创新孵化器、生产力中心、技术交易市场等公共科技服务平台建设，积极发展研发服务、信息服务、创业服务、知识产权和科技成果转化等高技术服务业。

（五）加快实施“走出去”战略

提高对外投资质量。充分发挥我国轻工、纺织、服装、机械、家用电器、电子信息等行业的比较优势，鼓励企业对外投资设厂。鼓励冶金、建材、化工等行业到境外建立生产基地。深化国际能源资源开发和加工互利合作，拓展农业国际合作。支持有条件的企业积极开展境外基础设施建设和投资。发挥股权投资基金对促进企业境外投资的积极作用。创新境外经贸合作区发展模式，强化功能定位和产业选择。

提升对外承包工程和劳务合作的质量。拓展对外承包工程方式和领域，增强承包工程带动国内设备出口能力。以设计咨询、前期规划为先导，带动中国技术和标准“走出去”。规范市场竞争秩序，提高承包工程的质量和效益，加强项目设计咨询、投融资和运营服务能力，培育“中国建设”国际品牌。规范发展对外劳务合作，加强政府指导和公共服务，建立对外劳务合作服务平台。优化外派劳务结构，加强劳务培训工作，打造“中国劳务”国际品牌。

增强“走出去”主体实力。鼓励国内企业在全球范围内开展价值链整合，在研发、生产、销售等方面开展国际化经营，提高企业跨国经营管理水平，逐步形成若干具有国际知名度和影响力的跨国公司。提高金融机构服务能力和风险管控能力，为我国企业开展国际经济合作和竞争提供更好的服务。注重发挥中小企业和民营企业优势，支持中小企业加速境外产业集群发展。

（六）完善区域开放格局

加快沿边开放步伐。积极拓展沿边省区与周边国家经贸合作领域和空间，建设若干面向毗邻地区的区域性国际贸易中心，构筑特色鲜明、定位清晰的陆路开放经济带。支持开放开发试验区发展，加快建设边境经济合作区、跨境经济合作区。加强与周边国家基础设施建设合作，加快实现互联互通。

发展内陆开放型经济。积极吸引装备制造、汽车、纺织、电子信息、生物等产业转移。鼓励东部地区与内陆地区共建开发区，在“两横两纵”（“两横”指陇海铁路、长江水道，“两纵”指京广铁路、京九铁路）沿线，形成若干国际加工制造基地和外向型产业集群。加强内陆开放通道和物流基础设施建设，提升内陆地区对外开放的平台支撑能力。

提升沿海地区开放水平。发挥长江三角洲、珠江三角洲、环渤海地区对外开放门户的重要作用，建设若干服务全国、影响世界的国际贸易中心。重点引进前沿高端产业，提高资金技术密集度。推进科技研发基地建设，加快从全球加工装配基地向研发、先进制造基地转变。推进服务业开放在沿海地区先行先试。

拓展两岸四地经贸合作深度。争取到“十二五”末，内地对港澳基本实现服务贸易自由化。鼓励内地企业在香港设立资本运营中心，使香港成为“走出去”的信息平台和融资平台。推动两岸经济关系正常化、制度化和自由化。鼓励海峡西岸经济区在推进两岸交流合作中先行先试，加快平潭综合实验区开放开发，加强两岸产业合作。

（七）构建开放型创新体系

扩大科技对外开放。鼓励跨国公司和科研机构在我国设立研发机构。鼓励科研机构、高校和企业与世界一流研究机构建立长期稳定的战略合作伙伴关系，拓展国家科技计划和重大专项成果的国际市场。引导科研院所、高校和企业积极融入科技全球化进程，在国外申请专利，参与制定国际标准。

积极开展全球重大科技问题合作研究。加大我国参与国际大科学计划、大科学工程的范围和力度。鼓励我国科学家和科研机构积极参与应对气候变化、转基因生物品种培育、自然灾害、重大传染病等全球性问题研究。在我国具有优势的科技领域，有目的、有重点地牵头组织实施国际大科学工程研究计划。

深化双边、多边和区域科技合作。积极开展对外科技交流，充分发挥科技创新合作在政府间战略合作中的作用。深化同发达国家的科技合作关系，完善政府间双边和多边国际科技合作框架。加强与发展中国家的合作，以推动先进技术转移和应用为重点，积极拓展有利于当地民生的科技领域援助。继续参与和加强联合国系统下的多边合作，参加新兴大国和区域组织机制下的科技合作和重大科研项目。

（八）提高产业国际竞争力

抢占未来全球产业发展制高点。把加快培育和发展战略性新兴产业作为提高产业国际竞争力的战略突破口，促进战略性新兴产业国际化发展。密切跟踪世界科技和产业发展方向，选择节能环保、新一代信息技术、生物、高端装备制造、新能源、新材料、新能源汽车等产业为战略重点，突破一批关键核心技术，加快形成先导性、支柱性产业。

提高制造业国际化发展水平。适应国际市场的需求变化，发挥我国产业的比较优势，调整优化原材料工业，发展先进装备制造业，改造提升消费品工业，增强产业配套和协同发展能力，促进制造业由大变强。积极开展产业国际合作和交流，不断拓展新的合作领域和空间。

利用全球资源促进产业创新。鼓励国内企业在科技资源密集的国家和地区，通过自建、并购、合资、合作等多种方式在海外设立研发中心。充分发挥技术进出口交易促进平台的作用，加强引进消化吸收再创新，以大型骨干企业、产业技术创新联盟为依托，突破一批关键核心技术，提升我国产业创新发展能力与核心竞争力。

（九）稳步推进金融国际化

适度加快金融市场开放。扩大在境内发行人民币债券的境外主体范围，研究允许符合条件的国际金融组织、境外货币当局和金融机构将持有的人民币投资我国金融市场。推进中资金融机构在境外开办人民币业务和人民币金融资产境外发行。支持上海建设国际金融中心。支持香港巩固和提升国际金融中心地位。有序拓宽对外投资渠道，健全对外债权债务管理。有序扩大证券投资主体范围，提高证券投资可兑换程度。研究允许境外机构在境内发行股票、债券、基金等，逐步放宽境内机构在境外发行有价证券，拓宽境内投资者对外证券投资渠道。进一步研究放宽其他资本项目跨境交易及拓展境内外汇市场的参与主体。

扩大人民币对外使用。积极稳妥推进资本账户开放，逐步实现人民币资本项目可兑换。推进对外贸易、跨境投融资、对外承包工程和劳务合作等以人民币计价和结算，保障跨境人民币结算、清算渠道畅通便利。推动境内人民币市场对外开放。进一步与有关国家开展双边本币互换，支持有意愿的经济体将人民币作为储备货币，逐步增强人民币的国际储备功能。

稳步推进金融机构国际化。在商业可持续、风险可控的前提下，支持符合条件的金融机构通过设立境外分支机构、并购等多种渠道，到境外开展业务，为我国企业国际化经营提供金融服务支撑。支持国内大银行在提升对内金融服务水平的基础上，稳妥有序地实施国际化战略，提升全球金融运作能力和国际化经营水平。适时引导保险、证券等金融机构到境外开展国际业务。坚持以我为主、积极审慎，适时引入高质量境外机构投资者参与境内金融机构战略性重组。

（十）深化国际经济合作

积极推动区域经济合作。在统筹扩大对外开放与维护国内产业安全的基础上，积极推进自由贸易区战略，形成东西呼应、区域协调、布局合理的自由贸易区格局。不断拓展自由贸易区、区域财金合作内涵，深化中国—东盟自贸区贸易、投资、财金、基础设施等领域的合作，加快推进中日韩自由贸易区协议谈判，积极参与中日韩、东盟与中日韩（10+3）、亚太经济合作组织、东亚峰会、亚欧会议等国际合作机制。

统筹发展双边经贸关系。平衡好我与发达国家的彼此关切，逐步扩大利益汇合点，妥善应对和缓解矛盾。加强与新兴经济体在全球经济治理体系改革、宏观经济政策、贸易、投资、能源资源、科技等多领域的合作。深化与发展中国家的务实合作，探索更多更有效的合作共赢方式。提高对外援助质量和效益。

积极参与全球经济治理。支持二十国集团继续发挥全球经济治理平台的作用，稳步提高我国在国际货币基金组织和世界银行的发言权和影响力，积极推动世贸组织多哈回合谈判，推动建立均衡、共赢、关注发展的多边贸易体制。坚持以对话协商妥善处理贸易摩擦，坚决反对各种形式的保护主义。积极推动国际金融体系改革，加强国际金融监管合作。积极参与涉及我国重要利益的全球性问题的国际合作。

三、保障措施

（十一）完善对外贸易政策，加快转变外贸发展方式

完善外贸促进政策。以加快转变外贸发展方式、优化对外贸易结构为着力点，加快建立健全符合我国国情和国际规则的外贸促进政策体系。引导外贸企业调整进出口产品结构和市场结构，鼓励中小企业开拓国际市场。发挥金融对外贸发展的支撑功能，鼓励金融机构开发更多支持贸易发展的金融产品。发展国际贸易社会化服务体系，深化行业协会、进出口商会管理体制和运行机制改革，完善和强化其在信息服务、行业自律、维护企业权益等方面的功能和作用。完善外贸公共服务平台建设，推进外贸诚信体系建设。

提高贸易便利化水平。完善配额许可证管理制度和加工贸易管理制度。推进“大通关”建设，完善区域通关合作机制，支持港口功能向内陆地区延伸。提升电子口岸功能，推进与贸易有关的政务信息共享和业务协同。完善海关企业分类管理办法和进出口企业检验检疫信用体系，提高通关效率。清理、撤销进出口环节的不合理收费和不合理限制。进一步简化对外经贸人员出入境审核程序，争取与更多国家达成互免签证协议。

（十二）加强对利用外资的引导，改善利用外资环境

完善利用外资政策。适时调整《外商投资产业指导目录》和《中西部地区外商投资优势产业目录》，优化外商投资结构。完善外资并购的法律法规和相关政策，依法实施经营者集中反垄断审查，做好外资并购安全审查，维护公平竞争和国家安全。放宽服务业准入限制，提高承接服务外包能力。加大对鼓励类项目的支持力度，对用地集约的鼓励类外商投资项目优先供地。完善有关开发区发展的政策措施，发挥开发区在体制创新、科技引领、产业集聚、土地集约方面的载体和平台作用。鼓励中外企业加强研发合作，支持符合条件的外商投资企业与内资企业、研究机构合作申请国家科技开发项目、创新能力建设项目等。

规范利用外资管理。深化外商投资管理体制改革，不断提高投资便利化程度。完善高新技术企业认定办法，加大知识产权保护力度，提高外商投资高新技术产业和研究创新的积极性。加强制度建设，创新监管方式，建立科学合理的外商投资综合评价指标体系。规范和促进外资基金、债券融资等有序发展。积极推动国外贷款管理创新，完善境内机构境外发债、借用国际商业贷款管理办法。

提高外债管理水平。适时制订外债管理法规，推动外债管理的法制化、规范化、系统化。完善对外商投资企业的外债管理办法，改革境内银行外债管理方式。支持地方建立管理规范、决策科学、职能明确、责任落实的外债风险防范制度。

（十三）加大工作力度，增强“走出去”战略的实施

效果

加强“走出去”宏观指导。适时出台新形势下指导性文件，实现政策促进、服务保障和风险控制的系统化和制度化。完善对外投资、承包工程的产业导向和国别指导政策，提高指导企业“走出去”的针对性和有效性。提高对外投资、承包工程的舆情监测和应对能力，营造有利的舆论环境。健全对外投资、承包工程的风险防控和监管机制，加强境外中资企业和境外国有资产管理。完善对外投资管理制度，推进对外投资便利化，减少政府核准范围和环节，加强动态监测和事后监管。

提升“走出去”服务水平。引导企业加强对外投资、承包工程的协调合作，发挥行业协会和境外中资企业商会的作用，避免无序竞争和恶意竞争。引导企业在境外依法合规经营，注重环境资源保护，加速与东道国经济社会发展的融合，积极履行社会责任。完善相关信息共享系统、多双边投资合作促进机制等载体平台建设，扶持本土投资银行、法律、会计和评估等中介机构发展，切实发挥中介机构的专业化咨询、权益保障等作用。

（十四）健全科技开放机制，提升核心竞争能力

形成国际科技合作多元化投入体系。加大对国际科技合作的财政投入力度，支持我国参与国际前沿科学研究，鼓励各部门、各地方开展国际科技合作与交流。鼓励扩大民间资本对国际合作的投入，形成国有资本、民间资本和外资等多元化投入体系。在对外援助中更加注重科技领域援助。

建立国际化科技人才队伍。围绕国家重大战略目标，扩大合作研发和培训力度，与国外相关机构有序开展人才交流合作，培养具有国际视野的优秀人才。加大引进国外高技术人才的力度，吸引全球优秀人才来华创新创业。加快国际科技合作中介服务体系建设，培育一批熟悉国际技术转移的专业人才和中介机构，为企业提供高质量的科技中介服务。

（十五）推进金融改革创新，深化金融对外开放

优化金融市场开放环境。积极稳妥地推进境外机构投资银行间债券市场试点，进一步丰富债券市场投资者类型。加快债券市场法律法规建设，为境外主体参与银行间债券市场提供良好的环境。稳步发展衍生产品市场，适度推进衍生产品市场开放，进一步深化市场避险功能和价格发现功能。研究推动境外机构参与上海黄金交易所交易。研究制定境外企业到境内发行人民币股票的制度规则，认真做好相关技术准备，适时启动境外企业到境内发行人民币股票试点。推进人民币对新兴市场货币在双方银行间外汇市场挂牌交易。

积极参与国际金融体系改革。推动国际储备货币多元化，积极参与国际金融准则修订和国际金融机构标准制定。支持发展中国家有效参与金融稳定理事会等国际金融部门改革协调机构及标准制定机构工作。

（十六）完善风险防范机制，切实保障经济安全

确保金融体系安全。加强宏观审慎管理，研究跨国金融机构及跨境资本流动对我国经济金融产生的影响，制定相关风险评估、风险预警及风险应对方案，提高对跨境资本流动的监测和风险应对能力。加强金融基础设施建设，切实发挥金融安全网的作用，提高系统性风险处置能力。

维护重点产业安全。加强产业损害预警机制建设，建立健全产业安全评估体系，完善和丰富贸易调查和贸易救济手段。组织开展重点国别产业损害预警磋商和对话。健全经营者集中反垄断审查制度，提高贸易摩擦应对和贸易救济能力，保护我国国家利益和产业发展权益。

完善境外权益保障机制。加强国别政治、经济、安全信息的收集、评估和发布，建立健全安全风险预警机制和突发事件应急处理机制，深化国际执法合作与行政互助，提高企业风险防控能力，切实保障“走出去”企业的合法权益和境外人员的人身财产安全。

（十七）改革涉外经济体制，提高宏观管理水平

完善开放条件下的宏观调控体系。建立更加科学合理的内外部均衡指标体系，提高财政、货币、产业、竞争政策和对外贸易、利用外资、对外投资政策的协调性。充分考虑国内宏观经济政策的全球影响和国际宏观经济政策的国内传递，认真评估宏观政策的内外关联效应，在坚持自主性、独立性的同时，与主要经济体和多边组织加强宏观经济政策的国际协调。

完善涉外经济的管理机制。加快制定和完善涉外经济领域的法律法规，深化外汇管理体制改革，进一步推进贸易投资便利化，稳步放宽跨境资本交易限制，健全跨境资本监测分析体系，促进国际收支趋向基本平衡。坚持“引进来”和“走出去”相结合，建立统一高效的对外开放决策、协调和管理机制，进一步规范对外开放秩序，保持对外开放基本政策的全国统一和协调。

（十八）积极开展经济外交，互利共赢共同发展

加强外交与经济紧密互动。更加注重国际关系中政治与经济的战略互动，进一步强化政治外交与经济外交的协调配合。推进政府间多双边合作，拓展政府间宏观经济政策协调的深度和广度。完善战略对话、经贸联委会、混委会等机制化合作平台，深化多双边经贸合作。充分发挥驻外使领馆的一线作用，为我国企业开拓国际市场提供有力支撑。

营造良好的外部环境。加快实施文化“走出去”工程，积极发展文化贸易，加强海外中国文化中心和孔子学院建设，推进文化国际合作，提升中华文化的全球感染力和亲和力。加强援外人力资源开发合作，促进人员往来和交流。针对重大突发事件及时准确发出我方声音，创新宣传方式，增强宣传效果。

国务院办公厅转发发展改革委法制办监察部关于做好招标投标法实施条例贯彻实施工作意见的通知

国办发〔2012〕21号

各省、自治区、直辖市人民政府，国务院各部委、各直属机构：

发展改革委、法制办、监察部《关于做好招标投标法实施条例贯彻实施工作的意见》已经国务院同意，现转发给你们，请认真贯彻执行。

国务院办公厅

二〇一二年四月十四日

关于做好招标投标法实施条例贯彻实施工作的意见

发展改革委 法制办 监察部

《中华人民共和国招标投标法实施条例》（以下简称《条例》）已于2012年2月1日起施行。为做好《条例》的贯彻实施工作，现提出以下意见：

一、充分认识贯彻实施《条例》的重要性和紧迫性

《中华人民共和国招标投标法》（以下简称《招标投标法》）自2000年1月1日起施行以来，对于促进公平竞争，保证采购质量，节约采购资金，预防和惩治腐败，发挥了重要作用。但在实践中，一些地方仍然存在着规避招标、虚假招标、串通投标等亟待解决的突出问题。在认真总结《招标投标法》实施经验基础上，《条例》为解决当前突出问题作了有针对性的制度安排。做好《条例》贯彻实施工作，关系到招投标市场的长远健康发展，关系到公开公平公正市场竞争秩序的形成，关系到重点建设项目和民生工程的优质高效廉洁推进。各地区、各部门要从完善社会主义市场经济体制的高度，充分认识做好《条例》贯彻实施工作的重要性和紧迫性，采取有效措施，将《条例》的各项规定落到实处。

二、加强对《条例》的宣传、学习和培训

（一）广泛宣传。各级人民政府有关行政监督部门要充分利用广播、电视、报纸、网络等媒介，采取专家访谈、法规解读、专题报道、以案说法、知识竞赛等方式，广泛宣传《条例》。发布招标公告的指定媒介和相关行业组织要制定宣传工作方案并抓好组织落实。

（二）深入学习。各级人民政府有关行政监督部门要组织招投标监督管理人员认真学习《条例》，不断提高招投标行政监督执法能力。招标人、投标人、招标代理机构要将加强《条例》学习作为提高队伍业务素质的一项基础性工作来抓，进一步规范招投标行为和招标代理行为。评标专家要重点学习《条例》有关评标纪律和评标程序等方面的规定，增强客观公正评标的自觉性。

（三）组织培训。国务院有关部门要对本部门、本系统从事招投标监督管理的人员进行专门培训，并将《条例》学习纳入培训和考核内容。国资委要组织对中央企业有关人员进行培训。组建评标专家库的省级以上人民政府有关部门，要对评标专家进行集中培训。相关行业组织要组织开展会员单位培训。各种培训要确保培训质量，不得以营利为目的，不得乱收费。

三、全面清理与招投标有关的规定

（一）清理范围。凡涉及招投标的规章和规范性文件，都要纳入清理范围。对与招投标有关的地方性法规，本级人民政府组织梳理后，依法向同级人民代表大会或其常务委员会提出清理建议。

（二）清理内容。对限制或者排斥潜在投标人、擅自设置审批事项、增加审批环节、干预当事人自主权、增加企业负担等违反《条例》的内容，以及不同规定之间相互冲突矛盾的内容，要进行全面清理。有关规定中个别条款存在前述情形的，应当予以修改；有关规定的主要内容违反《条例》或者不适应经济社会发展需要的，应当予以废止。

（三）清理方式。按照“谁制定、谁清理”的原则，由制定机关或者牵头起草部门确定具体清理范围，并提出清理意见。各级发展改革部门要会同同级法制工作机构、监察机关，做好组织协调、督促指导等具体工作。在清理过程中，要广泛听取各方面特别是招标人、投标人、招标代理机构等市场主体以及有关专家学者、研究机构、行业组织的意见，并以适当形式及时反馈意见采纳情况。

（四）进度安排。2012年7月31日前，国务院有关部门要将本部门清理意见送发展改革委，并抄送法制办和监察部；地方各级人民政府有关部门的清理意见，由同级发展改革部门汇总后报上级发展改革部门，并抄报上级法制工作机构和监察机关。需要修改、废止的规章、规范性文件，各制定机关要在2012年12月31日前完成修改、废止程序，并向社会公布清理结果。

（五）巩固成果。为切实维护招投标规则统一，避免政出多门，各级发展改革部门要会同有关部门，建立招投标政策规定的会商机制，确保所制定的招投标政策规定严格遵守上位法，并充分征求有关方面意见。各级法制工作机构要加大招投标规章备案审查力度，坚决纠正违反上位法、不同规定之间相互冲突矛盾等问题。

四、抓紧完善《条例》配套制度

（一）完善工程建设项目强制招标制度。发展改革委要会同有关部门，抓紧修改《工程建设项目招标范围和规模标准规定》，科学合理地确定依法必须进行招标的工程建设项目的范围和规模标准，报国务院批准后公布施行。

（二）建立电子招投标制度。发展改革委要会同有关部门，抓紧制定电子招投标办法以及相关技术规范，推动建立符合国情、定位清晰、分工明确、互联互通的电子招投标系统，进一步提高招投标活动的效率和透明度。

（三）建立从业人员职业资格制度。人力资源社会保障部要会同发展改革委，抓紧制定招标职业资格管理办法。负责招标代理机构资格认定的国务院有关部门，要抓紧修

改相关管理办法，做好机构资质认定与人员职业资格制度的衔接。

（四）健全标准招标文件体系。发展改革委要会同有关部门，抓紧编制标准货物、服务招标文件和资格预审文件，构建覆盖主要采购对象、多种合同类型、不同项目规模的标准招标文件体系，提高资格预审文件和招标文件编制质量和效率。

（五）建立综合评标专家库制度。发展改革委要会同国务院有关部门，起草制定规范评标专家入库审查、考核培训、动态管理和抽取监督的管理办法。各级综合评标专家库之间应逐步实现专家资源共享，互联互通。

（六）推动建立招投标信用制度。发展改革委要会同国务院有关部门，在总结招投标违法行为记录公告制度实践的基础上，结合推进工程建设领域诚信体系建设，研究制定招投标信用评价标准和具体办法，逐步建立健全鼓励诚信、惩戒失信的机制。

五、进一步加强和改进行政监督

（一）加强监督管理。项目审批、核准部门应当严格履行招标内容核准职责，在审批、核准项目时审批、核准招标范围、招标方式和招标组织形式。严格规范国有企事业单位特别是中央企业招投标活动，落实监管责任，切实改变监督缺位状况。严格执行招标从业人员职业资格制度，有关部门在认定招标代理机构资格时，要确保招标代理机构拥有一定数量的取得招标职业资格的专业人员。有关行政监督部门要加强对评标委员会成员确定方式、评标专家抽取以及评标活动的监督，规范评标专家自由裁量权，确保评标行为客观、公正、科学；加强对合同签订和履行的监督，防止签订“阴阳合同”、违法转包和违规分包；加强对依法必须招标项目合同变更的监督约束，防止“低中高结”等违法违规行为的发生；加强过程监督，及时依法查处违法违规行为，对如不及时纠正将造成难以弥补损失的，可以责令暂停招投标活动。

（二）加大执法力度。有关行政监督部门要进一步强化执法意识，加大行政监督执法力度。要以政府投资项目、国有投资占控股和主导地位的项目为主，重点检查招标人规避招标、虚假招标、限制或者排斥潜在投标人、泄露标底等信息，投标人串通投标、以他人名义投标、弄虚作假，招标代理机构不规范代理，评标委员会成员不客观公正履行职责，中标人不严格履行合同、非法转包和违规分包等违法违规行为。一经认定，要严肃查处，并公布违法行为记录。涉嫌犯罪的，移送司法机关处理。

（三）规范监督行为。各部门在履行好各自职责的同时，要加强协调配合，形成监管合力。有关行政监督部门要依法受理符合条件的投诉，并及时作出处理决定。有关部门及其工作人员应当依法履行监督管理职责，不得违法设置审批事项、增加管理环节；应当合理确定行政监管边界，不得非法干涉招标人自主编制招标文件、组建评标委员会、确定中标人、发出中标通知书，不得非法干涉投标人自主投标和评标委员会独立评审。招标代理机构可以依法跨区域开展业务，任何地区和部门不得以登记备案等方式加以限制。各级监察机关要加强对行政监督部门及其工作人员的监督检查，严肃查处不依法履行职责、非法干涉招投标活动等问题。各级审计机关要依法加强对招投标行政监督部门、招投标当事人招投标活动的审计监督。

（四）创新管理模式。县级以上地方人民政府可以结合本地实际，积极探索建立分工明确、责任落实、执行有力、运转协调的招投标行政监督管理制度。具备条件的市级以上地方人民政府，可以结合当地实际，建立不隶属于任何行政监督部门、不以营利为目的、统一规范的招投标交易场所，为行政监督和市场交易提供服务。

六、确保《条例》贯彻实施工作落到实处

（一）制定贯彻实施方案。地方各级人民政府和国务院有关部门，要加强对《条例》贯彻实施工作的组织领导，明确责任分工，结合本地区、本部门实际作出具体部署。对于需要多个部门联合开展的工作，牵头部门要会同有关部门拟定具体方案，协同有序推进。

（二）检查贯彻实施情况。发展改革委、法制办、监察部适时组成联合检查组，对各地区、各部门贯彻实施情况进行检查。省级发展改革部门要会同同级法制工作机构、监察机关，结合工程建设领域突出问题专项治理工作，于2012年10月31日前组织开展专项检查。

国务院办公厅转发知识产权局等部门关于加强战略性新兴产业知识产权工作若干意见的通知

国办发〔2012〕28 号

各省、自治区、直辖市人民政府，国务院各部委、各直属机构：

知识产权局、发展改革委、教育部、科技部、工业和信息化部、财政部、商务部、工商总局、版权局、中科院《关于加强战略性新兴产业知识产权工作的若干意见》已经国务院同意，现转发给你们，请认真贯彻执行。

国务院办公厅

二〇一二年四月二十八日

关于加强战略性新兴产业知识产权工作的若干意见

知识产权局 发展改革委 教育部 科技部 工业和信息化部
财政部 商务部 工商总局 版权局 中科院

为提高我国战略性新兴产业的知识产权创造、运用、保护和管理能力，推动战略性新兴产业的培育和发展，根据《国务院关于加快培育和发展战略性新兴产业的决定》（国发〔2010〕32号）、《国务院办公厅印发贯彻落实国务院关于加快培育和发展战略性新兴产业决定重点工作分工方案的通知》（国办函〔2011〕58号）等文件精神，现提出以下意见：

一、充分认识知识产权对培育和发展战略性新兴产业的重要意义

战略性新兴产业是我国转变经济发展方式、调整产业结构的重要力量，引导着未来经济社会发展，体现了新兴科技与新兴产业的深度融合。战略性新兴产业创新要素密集，投资风险大，发展国际化，国际竞争激烈，对知识产权创造和运用依赖强，对知识产权管理和保护要求高。积极创造知识产权，是抢占新一轮经济和科技发展制高点、化解战略性新兴产业发展风险的基础；有效运用知识产权，是培育战略性新兴产业创新链和产业链、推动创新成果产业化和市场化的重要途径；依法保护知识产权，是激发创新活力、支撑战略性新兴产业可持续发展、形成健康有序市场环境的关键；科学管理知识产权，是充分运用国内国外资源、提升战略性新兴产业创新水平、发挥创新成果市场价值的保障。做好战略性新兴产业知识产权工作，关系培育战略性新兴产业的成效和战略性新兴产业未来发展。各地区、各有关部门要充分认识知识产权工作对培育和发展战略性新兴产业的重要意义，把握战略性新兴产业发展规律，立足当前、着眼长远，加大工作力度，切实做好战略性新兴产业知识产权工作，促进战略性新兴产业发展。

二、明确战略性新兴产业知识产权工作思路和目标

（一）总体思路

以邓小平理论和“三个代表”重要思想为指导，深入贯彻落实科学发展观，坚持市场驱动与政府引导相结合、分类指导与重点突破相结合、先行先试与辐射带动相结合的原则，促进知识产权创造，推动知识产权转化运用，不断提高企业知识产权管理水平，着力优化知识产权保护环境，有效推动企业运用知识产权实现创新发展，稳步构筑知识产权比较优势，为战略性新兴产业快速健康发展提供有力支撑。

（二）主要目标

到2015年：

——知识产权创造能力明显增强。战略性新兴产业领域发明专利拥有量和专利国际申请量分别比2010年增长二倍。积累一批布局合理、结构优化、能有力增强产业竞争力的核心技术专利，在部分产业形成局部优势。打造一批国际知名商标、软件和版权。在战略性新兴产业领域国际标准制定中的影响力明显增强。

——知识产权运用水平显著提高。形成以咨询、评估、金融、法律等为重点，全方位配套、一体化衔接的知识产权服务体系和以知识产权为纽带的产学研合作机制。战略性新兴产业知识产权融资和转移转化渠道更加顺畅，知识产权运用环境更加优化。企业运用知识产权参与国际市场竞争的能力明显增强。

——企业和研发机构知识产权管理能力普遍加强。初步形成符合战略性新兴产业发展特点的企业知识产权管理体系和知识产权战略实施机制。涌现出一批具备知识产权比较优势的领军企业和研发机构，形成一批多层次、多领域的战略性新兴产业知识产权联盟。

到2020年：

我国战略性新兴产业的知识产权创造、运用、保护和管理水平显著提高，知识产权有效支撑战略性新兴产业发展，涌现一批国际竞争力强、具有较强产业影响力和知识产权优势的企业，形成较为明显的战略性新兴产业知识产权比较优势。

三、促进知识产权创造，夯实战略性新兴产业创新发展基础

（一）引导战略性新兴产业知识产权科学布局。紧密追踪市场竞争和专利技术动向，定期发布战略性新兴产业行业知识产权动态信息，引导企业和研发机构有针对性地申请或引进知识产权，构筑知识产权比较优势。建立重大经济科技活动知识产权审议制度。推动重大科技项目围绕产业发展制定并实施知识产权战略，形成符合市场竞争需要的战略性知识产权组合。

（二）提升战略性新兴产业知识产权质量。建立科学有效的评价指标体系，引导企业和研发机构以市场竞争为导向不断提高知识产权质量、优化知识产权结构。逐步加大知识产权质量和市场价值在相关考核和评价中的权重。实施知识产权质量提升工程，不断提高代理机构、企业、研发机构知识产权质量管理意识和能力。

（三）促进战略性新兴产业领域获得知识产权。完善知识产权申请与审查制度，建立并完善专利审查绿色通道、商标审查绿色通道和软件著作权快速登记通道。优化专利审查方式，加强关键技术专利的审查质量管理，支持战略性新兴产业创新成果及时获得稳定性较强的知识产权。

四、促进知识产权市场应用，推动战略性新兴产业实现知识产权价值

（一）拓展知识产权投融资方式。完善知识产权投融资政策，支持知识产权质押、出资入股、融资担保。探索与知识产权相关的股权债权融资方式，支持社会资本通过市场化方式设立以知识产权投资基金、集合信托基金、融资担保基金等为基础的投融资平台和工具。鼓励开展与知识产权有关的金融产品创新，探索建立知识产权融资机构，支持中小企业快速成长。

（二）创新知识产权转移转化形式。发挥国家科技成果转化引导基金作用，鼓励社会资本出资促进知识产权转化，鼓励开展知识产权流转储备、转移转化风险补偿等活动。促进战略性新兴产业集聚区知识产权运营综合服务体系建设，培育一批在区域经济发展中发挥重要作用的知识产权运营机构。探索建立知识产权拍卖及相关制度。加快完善知识产权入股、股权和分红权等形式的激励机制和资产管理制度。完善知识产权交易政策，加快建立知识产权评估交易机制，支持设立以知识产权转移为重点的技术转移机构，推进知识产权交易市场体系建设，促进知识产权交易。加强专利技术组合与商标保护的衔接配套，鼓励运用商标保护专利技术组合产品。

（三）构建产学研合作新机制。积极探索以合作开展共性关键技术研发为手段、以知识产权利益分享为纽带、以创新成果有效转化应用为目的的产学研合作机制。推动相关行业建立知识产权联盟。进一步落实国家财政投入形成的知识产权的运用管理政策，推动知识产权在重大科技项目关联企业和研发机构间的许可使用。

五、加强企业知识产权管理运用能力和相关服务体系建设，支撑战略性新兴产业形成竞争优势

（一）实施产业集聚区知识产权集群管理。在战略性新兴产业集聚区探索建立以优势企业为龙头、技术关联企业为主体、知识产权布局与产业链相匹配的知识产权集群管理模式。加快推动产业集聚区的知识产权公共服务平台建设，加强知识产权数据库配套、技能培训、管理咨询、维权援助等服务。推动建立产业集聚区知识产权战略支持中心。

（二）提升企业知识产权管理能力。推行企业知识产权管理标准，鼓励创建知识产权优势企业、开发核心知识产权产品，引导和鼓励企业加大经费投入、建立企业知识产权管理体系和知识产权战略实施机制。实施企业知识产权高端人才培养计划。进一步推广专业服务机构为企业培养知识产权实务人才的模式，为企业加强知识产权管理提供人才支撑。

（三）提高企业知识产权信息运用水平。建立战略性新兴产业知识产权统计制度，促进知识产权信息的交流与共享，引导企业有效运用海内外知识产权制度信息和战略性新兴产业知识产权状况信息，支持企业实现创新发展。加强行业与企业知识产权预警能力建设，完善预警机制。结合战略性新兴产业发展需要，分领域开发公益性专利数据库。鼓励各类机构对专利数据进行深度加工和商业推广。

（四）加强知识产权服务体系建设。实施知识产权服务机构培育项目，开展知识产权分析研究机构和管理咨询机构的培育工作，培育一批能够支撑知识产权审议、满足企业实施知识产权战略需求的服务机构。根据知识产权服务的内容特点，分类制定服务标准和服务规范，加强知识产权服务机构的服务资质管理和分级分类管理。支持专业服务机构开发知识产权管理系统和工具，为创新型中小企业和小微企业提供全程服务。

六、完善知识产权保护政策措施，优化战略性新兴产业发展环境

（一）完善知识产权保护法律法规和政策。探索制定战略性新兴产业领域新产品、新技术等的专利保护政策，完善相关领域的专利审查标准。积极应对新一代信息技术发展带来的挑战，完善互联网知识产权保护法律法规。

（二）加强有针对性的知识产权保护措施。定期开展有针对性的专项行动，加强战略性新兴产业领域知识产权执法保护。强化战略性新兴产业领域展会知识产权保护，加大战略性新兴产业专业市场和重大技术标准中的知识产权保护力度。加强商品流通领域的知识产权监管，探索运用现代信息技术实施商品流转环节的全程保真监控。将战略性新兴产业领域的维权援助纳入全国维权援助机构的中心工作，建立由企业、行业组织、研发机构和服务机构共同参与的维权援助体系。

七、加强知识产权国际合作，支持战略性新兴产业企业走出去

（一）支持在国外部署知识产权。利用现有资金渠道加大对战略性新兴产业领域在国外申请专利的支持力度。支持我国企业和研发机构积极开展全球研发外包，在境外开展联合研发和设立研发机构，建立企业和研发机构与专利申请目的国专业服务机构的对接机制，促进我国企业和研发机构在国外申请专利。加强国际合作，进一步提高企业和研发机构国外获取知识产权的效率。

（二）鼓励到国外运营知识产权。支持战略性新兴产业企业在国外成立知识产权运营公司，开展知识产权运营。引导企业在境外注册商标，积极培育国际知名商标。支持战略性新兴产业领域的企业、研发机构、知识产权联盟等与国外研究机构、产业集群建立战略合作关系，联合开展知识产权运营。支持行业协会、非政府组织、企业、研发机构参与战略性新兴产业领域国际标准制定，积极推动相关技术标准在国外推广应用。

（三）加大国外知识产权维权援助力度。收集国外知识产权专业服务机构信息，发布国外知识产权专业服务机构指导目录，方便企业在国外获得当地专业化服务。在主要

贸易目的地、对外投资目的地建立保护知识产权工作机制，进一步健全和完善相关知识产权预警应急机制、国外维权和争端解决机制，指导和帮助企业在当地及时有效得到知识产权保护。引导建立行业或知识产权联盟联合防御基金，提高企业应对国际知识产权纠纷的能力。

八、加强组织领导协调，确保各项政策措施贯彻落实

（一）加强组织领导。知识产权局会同发展改革委、教育部、科技部、工业和信息化部、财政部、商务部、工商总局、版权局、中科院等有关部门和单位建立战略性新兴产业知识产权工作长效推进机制，统筹协调并指导落实相关工作。各地要建立相应的协调机制，将战略性新兴产业知识产权工作纳入本地区重要工作议程，列入年度工作要点，统筹调配资源，推动各项政策措施落实。

（二）创新工作模式。各地区和有关部门要结合战略性新兴产业发展需要和工作实际，积极探索、稳步推进知识产权管理模式创新。行业协会要充分发挥作用，开展知识产权服务模式创新。

（三）积极利用财税支持政策。充分利用《国务院关于加快培育和发展战略性新兴产业的决定》（国发〔2010〕32号）和《国务院办公厅关于加快发展高技术服务业的指导意见》（国办发〔2011〕58号）确定的各项财税支持政策，加强知识产权政策与有关财税政策的衔接配套。完善知识产权资助和费用减免政策，加大对战略性新兴产业的支持力度。发挥市场主体作用，支持、引导社会资金投入，逐步建立多渠道资金保障机制。加大地方资金保障力度，确保各项工作顺利开展。

国务院办公厅关于印发2012年全国打击侵犯知识产权和制售假冒伪劣商品工作要点的通知

国办发〔2012〕30号

各省、自治区、直辖市人民政府，国务院各部委、各直属机构：

《2012年全国打击侵犯知识产权和制售假冒伪劣商品工作要点》已经国务院同意，现印发给你们，请认真贯彻执行。

国务院办公厅

二〇一二年五月十五日

2012 年全国打击侵犯知识产权和制售假冒伪劣商品工作要点

2012 年全国打击侵犯知识产权和制售假冒伪劣商品工作要坚持标本兼治、突出重点，全面落实《国务院关于进一步做好打击侵犯知识产权和制售假冒伪劣商品工作的意见》（国发〔2011〕37 号）精神，围绕侵权假冒突出问题，开展专项整治，强化刑事司法打击，建立完善长效机制，加强基础建设，强化宣传引导，确保工作实效。

一、大力开展专项整治

（一）开展商标权保护专项整治。以驰名商标、涉外商标为重点，严厉打击假冒他人注册商标行为。严厉打击非法印制和非法加印、出售商标标识行为。严厉打击仿冒知名商品特有的名称、包装、装潢等“傍名牌”行为。加大对恶意抢注商标案件的审理力度，有效制止恶意抢注商标行为。

（二）开展版权保护专项整治。加强印刷复制企业监管，严肃查处非法生产、印刷、复制软件、图书、音像制品行为。加大对文化等领域侵权盗版行为的惩治力度，严厉打击在重点市场、重点场所、重点区域和通过互联网销售盗版软件、图书、音像、动漫出版物及其衍生制品等行为。继续加大打击网络侵权盗版“剑网行动”力度，大力整治网络视频、网络音乐、网络文学、网游动漫、软件侵权盗版行为，进一步做好视频网站监管工作，保持打击侵权盗版活动的高压态势。

（三）开展专利权保护专项整治。开展生产、流通环节的专利执法专项整治，科学指导研发环节的专利保护工作，加大对涉及民生、重大项目及涉外等领域专利侵权行为的打击力度。严肃查处群体侵权、反复侵权、假冒专利及专利诈骗行为。突出展前排查、展中巡查、快速调处、跟踪整治等环节，做好重要展会的执法维权工作。加大对专业市场的执法与检查整治力度。

（四）开展网络商品交易网站专项整治。加强对提供网络商品交易平台服务网站的监管，严格网站备案核验，对侵权假冒案件实施溯源查处。加强对网络交易主体、客体、行为的搜索检查，重点强化对涉嫌违法行为人网站（网店）的检查，依法查处利用互联网散布虚假信息、销售侵权假冒伪劣商品及其他违法行为，坚决取缔网络黑市。以假冒伪劣化妆品、服装为重点，查处曝光一批网络商品交易违法案件。

（五）开展进出口环节侵权假冒专项整治。以“国门之盾”行动为抓手，深入开展打击进出口环节侵权假冒违法活动，加强对食品、药品、化工产品、汽车配件等重点商品进出口的监管，在海运、邮递快件等重点运输渠道和北京、上海、天津、深圳、广州等重点口岸进行集中整治。依法查处进出口侵权假冒商品企业。加强进出口货物检验检疫，严厉打击骗取、假冒或伪造检验检疫证书行为，严肃查处逃避检验检疫监管行为。加强进出口商品装运前检验，加大原产地标记查验与管理力度，严厉打击冒用、乱用和买卖原产地证书等违法行为。

（六）开展药品化妆品打假专项整治。加强对药品生产企业、城乡药店药品采购渠道和医疗卫生机构的整治，严肃查处制售假劣药品行为；严厉打击利用互联网非法收售药品行为。部署开展中药材专业市场专项整治。加强化妆品生产企业原料供应商审核，严格化妆品生产经营单位索证索票和台账管理，以美白、祛斑类化妆品为重点，依法查处违法违规使用禁限用物质行为。

（七）开展农资打假专项整治。严把农资市场准入关，依法清查农资生产经营主体，坚决取缔制售侵权假劣农资“黑窝点”；加强对农资批发市场、集散地、经营门店和物流配送中心、乡镇游商的监控巡查；加强对农资质量和品种真实性的监督抽查，追溯并查处制售侵权假劣农资源头；严肃查处利用互联网销售侵权假劣农资行为。加强林木种苗质量抽查和执法检查，严厉打击以假充真、以次充好、侵犯品种权等违法行为。

（八）开展汽车配件打假专项整治。严厉打击无生产许可证生产汽车配件行为，严肃查处不符合生产条件的企业。从严审查强制性产品认证，加强对重点产品获证企业的检查，依法查处违法生产行为。严厉打击无证出厂、销售 CCC 认证（即中国强制性产品认证）产品和伪造、冒用认证标志行为，坚决取缔无证生产“黑窝点”。集中整治汽车配件制假售假以及质量问题突出产品的生产聚集区，加强对流通领域汽车配件的质量监测和监督检查，对不合格商品及时作退市处理，依法查处销售假冒伪劣和不合格汽车配件行为。

（九）开展地理标志保护专项整治。加强地理标志注册后续监管，强化不合格产品退出机制。严肃查处伪造、冒用、超范围使用专用标志行为，严厉打击假冒地理标志专用权行为。

（十）开展有机产品认证标志专项整治。加强对获证企业的监督检查，严禁获证企业超范围、超数量使用有机产品认证标志；加强对流通领域的监督检查，严肃查处假冒、伪造、超期和超范围使用认证标志行为，严禁在认证证书标明的生产、加工场所外对有机产品进行二次分装、分割，擅自加贴有机产品认证标志；加强有机产品认证标志备案系统建设和宣传，方便消费者和监督部门查询监督。

（十一）开展农村市场重点商品专项整治。针对家电、食品、日化用品、液化石油气钢瓶等与农民生活密切相关的重点商品，加强生产源头和县以下区域批发市场、集贸市场、销售门店风险隐患排查，重点清理、取缔制假售假

“黑作坊”、“黑窝点”，依法查处违法违规生产经营企业。有针对性地开展识假辨假知识宣传，进一步增强农民的维权意识。

同时，以盗窃、利诱、胁迫等不正当手段获取商业秘密的违法行为为重点，依法加大打击侵犯商业秘密违法行为力度。依法加大打击侵犯集成电路布图设计、奥林匹克标志等知识产权违法行为的力度。

二、保持刑事司法打击高压态势

（一）开展打击假冒伪劣“破案会战”。以打击制售假冒伪劣食品、药品、农资、酒类、消防器材以及网上售假等关系群众切身利益的突出犯罪为重点，每季度发起一次对各类假冒伪劣犯罪的专案集群战役行动，全链条、全覆盖摧毁制假售假犯罪网络和窝点。加大对侵权假冒犯罪背后商业贿赂和职务犯罪案件的立案侦查力度。

（二）加大对侵权假冒犯罪案件的刑事司法打击力度。加大涉嫌犯罪案件移送及受理工作力度。依法及时批捕、起诉涉嫌侵权假冒犯罪案件。加强对行政执法机关移送涉嫌犯罪案件、公安机关刑事立案和侦查活动的监督。依法从快审理侵权假冒案件。

三、建立完善长效机制

（一）加强打击侵权假冒工作综合协调。各地打击侵犯知识产权和制售假冒伪劣商品工作领导小组要落实情况通报、工作督查、案件督办等制度，做好对本地区重点区域、重点市场整治的统一领导和协调。

（二）健全强化监督考核机制。把打击侵权假冒工作纳入社会管理综合治理考评范围，研究制定打击侵权假冒工作政府绩效考核办法和实施细则，督促地方逐级建立考核体系。研究提出行政执法部门依法及时公开本系统查办案件相关信息的具体意见，督促各地抓好落实。严肃行政监察和问责，强化打击侵权假冒工作责任。督促各有关部门对可能引发的区域性、系统性风险苗头及时研判，加强监控，牢牢把握工作主动权。

（三）完善相关法律制度和标准。落实修改完善打击侵权假冒有关法律制度的工作安排，加快推动完善有关法律制度；积极完善相关法规和部门规章。健全重点领域、重点产品检验、鉴定标准，完善执法监管的技术指导依据。

（四）强化行政执法与刑事司法衔接机制。加强对行政执法与刑事司法衔接工作的领导和督促指导，明确市、县级政府衔接工作牵头单位。出台打击侵权假冒领域行政执法与刑事司法衔接工作文件，完善线索通报、联合办案、提供专业支持等机制制度，加强对案件移送办理的监督和监察；针对不同领域、案件特点进一步细化相关操作规范。制定打击侵权假冒领域中央和地方行政执法与刑事司法衔接信息共享平台建设方案及技术标准，选择部分地区和部门开展试点。

（五）完善跨地区跨部门行政执法协作机制。通过信息统计通报、工作交流、定期会商、统一执法行动和建立跨地区执法协作网络等方式建立跨地区执法协作机制；通过联络员会议、跨部门信息沟通、案件协查、疑难案件会商、联合督办、证据互认等方式建立跨部门执法协作机制；加强执法协作监督，加大对跨地区、跨领域侵权假冒行为的打击合力。建立假冒伪劣商品销毁全过程环境无害化管理机制。

四、夯实工作基础

（一）加强执法能力建设。开展执法工作检查和绩效评估，强化执法队伍管理。组织以案代训、案例分析会等形式的执法培训。推动加强联合执法。研究制定具体措施，加强对跨境涉外侵权、互联网侵权、有组织侵权假冒等问题的监管。积极推行驻点巡查、交叉执法和网格化管理等监管模式，强化基层执法人员责任。

（二）加快诚信体系建设。开展生产经营企业诚信评价，逐步建立生产经营主体诚信档案。制定推动信用信息共享的工作方案和相关标准。探索健全失信企业“黑名单”，推动企业诚信与银行授信挂钩。制定信用信息查询和披露工作制度。开展全国商务领域信用建设试点。研究促进政府机关软件正版化工作与信息化工作结合问题。

（三）加强国际交流合作。通过多双边对话等多种方式，加强知识产权执法信息交流和执法合作；推动双边知识产权合作协议的启动和落实，增强各领域能力建设；组织赴海外开展知识产权宣传活动，举办知识产权国际合作论坛、政府业界知识产权圆桌会议等；发挥企业知识产权海外维权援助中心作用，做好海外重点展会知识产权工作，开展企业培训和重点热点问题研究，更新完善国际知识产权制度和动态信息资料库，不断建立健全海外预警、维权和争端解决机制，提升企业知识产权创造、保护、运用和管理能力。

（四）加强知识产权法律服务。引导律师协助知识产权密集型行业、企业建立健全知识产权创新、使用和保护机制，增强企业自主保护知识产权的能力。指导各地搭建服务平台，开展适应强化知识产权保护、打击侵权假冒需求的专项法律服务活动。

五、强化宣传引导

（一）广泛开展宣传教育培训。发挥打击侵权假冒工作网站主阵地作用，加强对打击侵权假冒工作的宣传。利用召开新闻发布会、组织新闻媒体采访报道、在主流媒体和网站开辟宣传专栏等形式，进一步扩大打击侵权假冒工作社会影响。在重要时点、重大活动前后，集中组织对内对外宣传。加强舆情监测，做好舆论引导。做好工作简报编发，交流经验、推进工作。广泛开展知识产权法律宣传进企业、进社区、进学校、进网络活动。

（二）积极引导公众参与。加强举报投诉平台和举报处置指挥信息化平台建设；完善举报受理处置机制，落实有奖举报制度，加强跟踪抽查，切实做好举报投诉信息受理和案件查办工作。

（三）切实加强社会监督。将依法查办侵权假冒案件公开作为政务公开的重要内容，接受社会公众全程监督。

关于印发鼓励和引导民营企业积极开展境外投资的实施意见的通知

发改外资［2012］1905 号

国务院有关部门、直属机构，全国工商联，各省、自治区、直辖市及计划单列市、副省级省会城市、新疆生产建设兵团发展改革委、外事办公室、工业和信息化厅（局）、财政厅（局）、商务厅（局）、人民银行分行、各地海关、工商行政管理局（市场监督管理局）、质检局、银监局、证监局、保监局、外汇局：

为贯彻落实《国务院关于鼓励和引导民间投资健康发展的若干意见》（国发［2010］13 号），充分发挥民营企业在境外投资中的重要作用，鼓励和引导民营企业积极开展境外投资，我们研究制定了《关于鼓励和引导民营企业积极开展境外投资的实施意见》，现印发你们，请在工作中认真贯彻执行。

附件：《关于鼓励和引导民营企业积极开展境外投资的实施意见》

国家发展改革委
外交部
工业和信息化部
财政部
商务部
人民银行
海关总署
工商总局
质检总局
银监会
证监会
保监会
外汇局
二〇一二年六月二十九日

附件：

关于鼓励和引导民营企业积极开展境外投资的实施意见

当前我国正处于民营企业境外投资加快发展的重要阶段。为贯彻落实《国务院关于鼓励和引导民间投资健康发展的若干意见》（国发［2010］13号），充分发挥民营企业在境外投资中的重要作用，引导民营企业更好地利用“两个市场、两种资源”，加快提升国际化经营水平，推进形成我国民间资本参与国际合作竞争的新优势，推动民营企业境外投资又好又快发展，现提出以下实施意见：

一、大力加强对民营企业境外投资的宏观指导

（一）加强规划指导和统筹协调。充分发挥民营企业在境外投资中的重要作用，结合贯彻落实“十二五”规划和国务院办公厅转发发展改革委等部门关于加快培育国际合作竞争新优势的指导意见，引导民营企业有重点、有步骤地开展境外投资。加强跨部门的沟通协调，对民营企业开展境外投资进行专题研究，协调解决民营企业开展境外投资的重大问题。

（二）做好境外投资的投向引导。完善境外投资产业和国别导向政策，支持国内有条件的民营企业通过多种方式到具备条件的国家和地区开展境外能源资源开发，加强民营企业境外高新技术和先进制造业投资，促进国内战略性新兴产业发展，推动国内产业转型升级和结构调整。支持有实力的民营企业积极开展境外基础设施、农业和服务业投资合作。支持有条件的民营企业“走出去”建立海外分销中心、展示中心等营销网络和物流服务网络，鼓励和引导民营企业利用国际营销网络、使用自有品牌加快开拓国际市场。

（三）促进企业提高自主决策水平。引导民营企业根据国家经济发展需要和自身发展战略，按照商业原则和国际通行规则开展优势互补、互利共赢的境外投资活动。指导民营企业认真做好境外投资风险防范工作，积极稳妥开展境外投资。

（四）指导民营企业规范境外经营行为。加强民营企业境外投资企业文化建设，引导境外投资企业遵守当地法律法规，注重环境资源保护，尊重当地社会习俗，保障当地员工的合法权益，履行必要的社会责任。鼓励民营企业积极开展公共外交活动，加强对外沟通交流，树立中国企业依法经营、重信守诺、服务社会的良好形象。引导企业加强境外投资的协调合作，避免无序竞争和恶意竞争。

二、切实完善对民营企业境外投资的政策支持

（五）落实和完善财税支持政策。充分发挥现行专项政策的作用，加大对民营企业的支持力度。积极落实好企业境外缴纳所得税税额抵免政策，鼓励民营企业开展境外投资。

（六）加大金融保险支持力度。鼓励国内银行为民营企业境外投资提供流动资金贷款、银团贷款、出口信贷、并购贷款等多种方式信贷支持，积极探索以境外股权、资产等为抵（质）押提供项目融资。推动保险机构积极为民营企业境外投资项目提供保险服务，创新业务品种，提高服务水平。拓展民营企业境外投资的融资渠道，支持重点企业在境外发行人民币和外币债券，鼓励符合条件的企业在境内外资本市场上市融资，指导和推动有条件的企业和机构成立涉外股权投资基金，发挥股权投资基金对促进企业境外投资的积极作用。

（七）深化海关通关制度改革。推动建立以企业分类管理和风险处置为基础的通关作业新模式，对符合条件的高资信民营企业的货物办理快速验放手续。深入推进区域通关一体化建设，研究扩大“属地申报，口岸验放”通关模式适用范围。调整海关相关作业制度和作业流程，推动监管证件联网核查，逐步建立起口岸部门间信息共享、联合监管的合作机制，启动通关作业无纸化改革试点工作。

三、简化和规范对民营企业境外投资的管理

（八）健全境外投资法规制度。根据境外投资形势需要，抓紧研究制定境外投资领域专门法规，完善现行有关境外投资管理的部门规章，加强部门规章的统筹与协调，积极引导民营企业开展境外投资，继续扩大人民币在企业境外投资中的使用。

（九）简化和改善境外投资管理。根据国务院关于投资体制改革的精神，结合民营企业境外投资发展新情况、新形势，简化审核程序，进一步推进境外投资便利化。

（十）改进和完善外汇管理政策。采取综合措施提升境外投资外汇汇出便利化水平。取消境外放款购付汇核准，企业办理相关登记手续后直接在银行办理资金购付汇。实行境外直接投资中债权投资与股权投资分类登记，为民营企业债权投资资金回流提供方便。为便于民营企业的境外关联公司获得融资，在境内机构提供对外担保时，允许与担保当事人存在直接利益关系的境内个人为该笔担保项下债务提供共同担保。

四、全面做好民营企业境外投资的服务保障

（十一）提升经济外交服务水平。加强外交工作为民营企业境外投资的服务和保障，积极利用多双边高层交往和对话磋商机制，创造民营企业境外投资有利的政治环境。驻外机构要加强与国内主管部门的沟通与配合，加强对当地中资企业的信息服务、风险预警和领事保护，积极帮助

企业解决境外投资中遇到的困难和问题。继续推进与有关国家的领事磋商和领事条约谈判，进一步商签便利企业人员往来的签证协定，促进民营企业境外投资相关人员出入境便利化。

（十二）健全多双边投资保障机制。充分发挥好目前我国与有关国家和地区已签署的双边投资保护协定、避免双重征税协定以及其他投资促进和保障协定作用，进一步扩大商签双边投资保护协定和避免双重征税协定的国家范围，为民营企业境外投资合作营造稳定、透明的外部环境。加强与有关重点国家的投资合作和对话机制建设，积极为民营企业境外投资创造有利条件和解决实际问题。指导民营企业应对海外反垄断审查和诉讼。

（十三）提高境外投资通关服务水平。研究引入专业担保公司、机构参与提供海关税费担保，减轻民营企业融资困难。积极推广和优化全国海关税费电子支付系统，为民营企业提供准确、快捷、方便的税费网上缴纳和纳税期限内14天的银行担保服务。继续加大出口绿色通道和直通放行制度推广力度，使更多的民营企业享受绿色通道和直通放行制度带来的便利。全面推进检验检疫信息化建设和检验检疫窗口标准化建设，进一步提高办事效率和服务水平。

（十四）全面提升信息和中介等服务。有关部门定期发布对外投资合作国别（地区）投资环境和产业指引，帮助民营企业了解投资目标国的政治、经济、法律、社会和人文环境及相关政策。以现有各类工业园区、产业集聚区和国家新型工业化产业示范基地等为依托，充分发挥现有各类公共服务平台的作用，强化为民营企业境外投资合作的综合服务。支持行业商（协）会积极发挥境外投资服务和促进作用。积极发挥境外中介机构作用，大力培育和支持国内中介机构。鼓励国内各类勘测、设计、施工、装备企业和认证认可机构为民营企业境外投资提供技术服务和支持。

（十五）引导民营企业实施商标国际化战略。引导民营企业通过品牌培育争创驰名商标、著名商标，切实加强对商标专用权的保护。加强对民营企业马德里国际商标注册的指导、宣传和培训，引导民营企业增强商标国际注册和保护意识，开展国际认证。建立健全海外商标维权机制，畅通海外维权投诉和救助渠道。加强商标国际注册统计工作，建立商标国际注册和维权数据库。

五、加强风险防范，保障境外人员和资产安全

（十六）健全境外企业管理机制。境内投资主体要加强对境外投资企业的监督和管理，健全内部风险防控制度，加强对境外企业在资金调拨、融资、股权和其他权益转让、再投资及担保等方面的约束和监督，加强对境外员工的安全教育和所在国法律法规、文化风俗等知识培训，防范境外经营和安全风险。

（十七）完善重大风险防范机制。有关部门进一步建立健全国别重大风险评估和预警机制，加强动态信息收集和反馈，及时警示和通报有关国家政治、经济和社会重大风险，提出应对预案，采取有效措施化解风险。在境外民营企业遭受重大损失时，通过法律、经济、外交等手段切实维护合法权益。

（十八）强化境外人员和财产安全保障。发挥境外中国公民和机构安全保护工作部际联席会议机制的作用，完善境外安全风险预警机制和突发安全事件应急处理机制，及时妥善解决和处置各类安全问题。提高民营企业安全意识和保障能力。加强境外安全生产监管工作。

以上实施意见自发布之日起施行。

工业和信息化部关于鼓励和引导民间资本进一步进入电信业的实施意见

为贯彻落实《国务院关于鼓励和引导民间投资健康发展的若干意见》（国发［2010］13号）“鼓励民间资本参与电信建设。鼓励民间资本以参股方式进入基础电信运营市场。支持民间资本开展增值电信业务。加强对电信领域垄断和不正当竞争行为的监管，促进公平竞争，推动资源共享”的要求，促进电信业持续健康发展，结合电信行业特点，提出如下实施意见：

一、指导思想

鼓励电信业进一步向民间资本开放。引导民间资本通过多种方式进入电信业，积极拓宽民间资本的投资渠道和参与范围。加快推进电信法制建设，坚持依法行政，为民间资本参与电信业竞争创造良好的发展环境。

二、鼓励和引导的重点领域

（一）鼓励民间资本开展移动通信转售业务试点，通过竞争促进服务提升和资费水平下降，为用户提供更便捷、优惠和多样化的移动通信服务。

（二）鼓励民间资本开展接入网业务试点和用户驻地网业务，促进宽带发展。完善相关监管制度和手段，保障企业实现平等接入，用户实现自由选择，推动提高宽带接入性价比。

（三）鼓励民间资本开展网络托管业务。引导电信企业将自有或租用的国内的网络、网络元素或设备，委托民营企业第三方进行管理和维护服务，促进专业化分工，提升服务水平。

（四）鼓励民间资本开展增值电信业务。支持民间资本在互联网领域投资，进一步明确对民间资本开放因特网数据中心（IDC）和因特网接入服务（ISP）业务的相关政策，引导民间资本参与IDC和ISP业务的经营活动。

（五）鼓励符合条件的民营企业申请通信工程设计、施工、监理、信息网络系统集成、用户管线建设以及通信建设项目招标代理机构等企业资质。凡具有相应资质的民营企业，平等参与通信建设项目招标，不得设立其他附加条件。

（六）鼓励民间资本参与基站机房、通信塔等基础设施的投资、建设和运营维护。引导基础电信企业积极顺应专业化分工经营的趋势，将基站机房、通信塔等基础设施外包给第三方民营企业，加强基础设施的共建共享。

（七）鼓励民间资本以参股方式进入基础电信运营市场。鼓励基础电信企业在境内上市，通过降低上市公司的国有股权比例或增资扩股的方式引入民间资本。支持基础电信企业引入民间战略投资者。

（八）鼓励民营电信企业“走出去”，积极参与国际竞争。支持民营电信企业开展国际化经营，开拓国际市场。

三、保障措施

（一）推动电信法制建设，完善维护国家安全、用户信息保护、网络与信息安全、规范市场竞争秩序等相关立法。加快出台试点办法和规章制度。抓紧研究出台鼓励和引导民间资本进一步进入电信业的具体事项和试点办法，以及电信业务的申请条件、期限和程序等配套政策和规定，通过多种形式和渠道及时发布，不断提高政策透明度。

（二）加强对电信业的监管制度和能力建设。保护企业和用户的合法权益，培育和维护公平竞争的市场环境。加强对电信领域垄断和不正当竞争行为的监管，促进公平竞争，推动资源共享。加强对增值电信业务的应用示范和引导，鼓励中小电信企业创新。

（三）完善对民间资本投资电信业的服务。积极履行行业管理服务职责，加强政策宣传，搭建与民间投资主体交流沟通的平台。进一步发挥行业协会等组织的作用，为民间资本提供政策咨询和服务，推动民间资本在电信领域健康发展。

（四）加强对民营电信企业“走出去”的支持和服务。通过多种渠道和形式，为民营电信企业“走出去”争取公平的投资、贸易和优惠政策，积极为企业解决实际困难和问题。

（五）加强指导和监督。督促电信企业遵守电信业相关法律法规，指导民营电信企业完善内部规章制度建设，提高自身素质和能力，依法经营，诚实守信，积极履行企业社会责任。

关于印发《可再生能源电价附加补助资金管理暂行办法》的通知

财建〔2012〕102 号

各省、自治区、直辖市财政厅（局）、发展改革委、能源局、物价局，新疆生产建设兵团财务局、发展改革委、能源主管部门、价格主管部门，国家电网公司、中国南方电网有限责任公司、内蒙古自治区电力有限责任公司：

为促进可再生能源开发利用，规范可再生能源电价附加资金管理，提高资金使用效率，根据《中华人民共和国可再生能源法》和《财政部 国家发展改革委 国家能源局关于印发＜可再生能源发展基金征收使用管理暂行办法＞的通知》（财综〔2011〕115 号），财政部、国家发展改革委、国家能源局共同制定了《可再生能源电价附加补助资金管理暂行办法》，现印发给你们，请遵照执行。

附件：可再生能源电价附加补助资金管理暂行办法

财政部　国家发展改革委　国家能源局

二○一二年三月十四日

附件：

可再生能源电价附加补助资金管理暂行办法

第一章 总则

第一条 根据《中华人民共和国可再生能源法》和《财政部 国家发展改革委 国家能源局关于印发<可再生能源发展基金征收使用管理暂行办法>的通知》（财综〔2011〕115号），制定本办法。

第二条 本办法所称可再生能源发电是指风力发电、生物质能发电（包括农林废弃物直接燃烧和气化发电、垃圾焚烧和垃圾填埋气发电、沼气发电）、太阳能发电、地热能发电和海洋能发电等。

第二章 补助项目确认

第三条 申请补助的项目必须符合以下条件：

（一）属于《财政部 国家发展改革委 国家能源局关于印发<可再生能源发展基金征收使用管理暂行办法>的通知》规定的补助范围。

（二）按照国家有关规定已完成审批、核准或备案，且已经过国家能源局审核确认。具体审核确认办法由国家能源局另行制定。

（三）符合国家可再生能源价格政策，上网电价已经价格主管部门审核批复。

第四条 符合本办法第三条规定的项目，可再生能源发电企业、可再生能源发电接网工程项目单位、公共可再生能源独立电力系统项目单位，按属地原则向所在地省级财政、价格、能源主管部门提出补助申请（格式见附1）。省级财政、价格、能源主管部门初审后联合上报财政部、国家发展改革委、国家能源局。

第五条 财政部、国家发展改革委、国家能源局对地方上报材料进行审核，并将符合条件的项目列入可再生能源电价附加资金补助目录。

第三章 补助标准

第六条 可再生能源发电项目上网电量的补助标准，根据可再生能源上网电价、脱硫燃煤机组标杆电价等因素确定。

第七条 专为可再生能源发电项目接入电网系统而发生的工程投资和运行维护费用，按上网电量给予适当补助，补助标准为：50公里以内每千瓦时1分钱，50－100公里每千瓦时2分钱，100公里及以上每千瓦时3分钱。

第八条 国家投资或者补贴建设的公共可再生能源独立电力系统的销售电价，执行同一地区分类销售电价，其合理的运行和管理费用超出销售电价的部分，通过可再生能源电价附加给予适当补助，补助标准暂定为每千瓦每年0.4万元。

第九条 可再生能源发电项目、接网工程及公共可再生能源独立电力系统的价格政策，由国家发展改革委根据不同类型可再生能源发电的特点和不同地区的情况，按照有利于促进可再生能源开发利用和经济合理的原则确定，并根据可再生能源开发利用技术的发展适时调整。

根据《中华人民共和国可再生能源法》有关规定通过招标等竞争性方式确定的上网电价，按照中标确定的价格执行，但不得高于同类可再生能源发电项目的政府定价水平。

第四章 预算管理和资金拨付

第十条 按照中央政府性基金预算管理要求和程序，财政部会同国家发展改革委、国家能源局编制可再生能源电价附加补助资金年度收支预算。

第十一条 可再生能源电价附加补助资金原则上实行按季预拨、年终清算。省级电网企业、地方独立电网企业根据本级电网覆盖范围内的列入可再生能源电价附加资金补助目录的并网发电项目和接网工程有关情况，于每季度第三个月10日前提出下季度可再生能源电价附加补助资金申请表（格式见附2），经所在地省级财政、价格、能源主管部门审核后，报财政部、国家发展改革委、国家能源局。

公共可再生能源独立电力系统项目于年度终了后随清算报告一并提出资金申请。

第十二条 财政部根据可再生能源电价附加收入、省级电网企业和地方独立电网企业资金申请等情况，将可再生能源电价附加补助资金拨付到省级财政部门。省级财政部门按照国库管理制度有关规定及时拨付资金。

第十三条 省级电网企业、地方独立电网企业应根据可再生能源上网电价和实际收购的可再生能源发电上网电量，按月与可再生能源发电企业结算电费。

第十四条 年度终了后1个月内，省级电网企业、地方独立电网企业、公共可再生能源独立电力系统项目单位，应编制上年度可再生能源电价附加补助资金清算申请表（格式见附3），报省级财政、价格、能源主管部门，并提交全年电费结算单或电量结算单等相关证明材料。

第十五条 省级财政、价格、能源主管部门对企业上报材料进行初步审核，提出初审意见，上报财政部、国家发展改革委、国家能源局。

第十六条 财政部会同国家发展改革委、国家能源局组织审核地方上报材料，并对补助资金进行清算。

第五章 附则

第十七条 本办法由财政部会同国家发展改革委、国家能源局负责解释。

第十八条 本办法自发布之日起施行。2012 年可再生能源电价附加补助资金的申报、审核、拨付等按本办法执行。

附：1. 可再生能源电价附加资金补助目录申报表（略）

2. 可再生能源电价附加补助资金季度申报表（略）

3. 可再生能源电价附加补助资金清算申报表（略）

国家能源局关于印发可再生能源发电工程质量监督体系方案的通知

国能新能〔2012〕371号

各省（区、市）发展改革委、能源局，水电水利规划设计总院，国家电网公司、中国南方电网有限责任公司、中国华能集团公司、中国大唐集团公司、中国华电集团公司、中国国电集团公司、中国电力投资集团公司、中国长江三峡集团公司、国家开发投资公司、中国核工业集团公司、中国广东核电集团有限公司、中国国际工程咨询公司、中国电力建设集团有限公司、中国能源建设集团有限公司：

为规范和加强可再生能源发电工程质量监督管理，促进可再生能源健康发展，我局制定了《可再生能源发电工程质量监督体系方案》。现印发你们，请遵照执行。

附件：可再生能源发电工程质量监督体系方案

国家能源局

2012年11月20日

可再生能源发电工程质量监督体系方案

工程质量监督是我国工程建设质量管理的一项基本制度，也是政府部门实施行业管理的重要手段。为进一步规范水电工程质量监督管理，加强可再生能源发电工程质量监督管理，根据国务院《建设工程质量管理条例》有关规定，特制定本方案。

一、体系方案

组建国家可再生能源发电工程质量监督总站，同时保留按国能新能［2011］156号文设立的水电工程质量监督总站，负责我国水电、风电等可再生能源发电工程的质量监督工作。总站均设在水电水利规划设计总院。

二、工作范围

主要开展水电、风电、太阳能、生物质能等可再生能源发电项目具体工程的质量监督工作。

三、工作原则

可再生能源发电工程质量监督工作应坚持“独立、规范、公正、公开”的原则，健全规章制度，规范工作流程，完善检测手段，严格控制质量关口，认真开展监督检查等工作。

四、机构设置

国家可再生能源发电工程质量监督机构实行“总站－分站－项目站”三级管理体系。分站是总站派出机构，由总站统一规划，按省或区域合理设置。水电工程和其他可再生能源发电工程根据实际情况，可按项目、流域、大型基地设立项目站（流域站、基地站）。

五、工作职责

总站：负责全国可再生能源发电工程质量监督工作的归口管理，编制《可再生能源发电工程质量监督工作规定》和《可再生能源发电工程质量监督检查工作大纲》等规章制度，研究提出三级管理体系具体方案，考核下级机构的工作，认定工程质量检测机构，负责工程质量监督人员的培训、考核和资格管理，统计工程质量信息，参与解决重大工程质量纠纷、重大质量事故调查处理，以及工程竣工验收。完成国家能源局委托的其他任务。

分站：根据总站委托，负责大型可再生能源发电工程的质量监督，考核所辖范围内各项目站的工作，按规定向总站报送工程质量信息资料，完成总站交办的其他任务。

项目站（流域站、基地站）：承担具体工程项目的质量监督检查工作，协调解决一般性工程质量争端，参与质量事故的调查处理，完成总站和分站交办的其他工作。流域站负责流域内各水电工程的质量监督检查工作，基地站负责可再生能源基地内各发电工程的质量监督检查工作。

六、工作规则

（一）国家核准（审批）或列入核准计划管理的可再生能源发电工程项目，按照项目核准（审批）文件和工程建设管理规定，同步开展质量监督工作。各级工程质量监督机构、项目法人和有关责任单位要切实履行各自职责，确保可再生能源发电工程质量。

（二）未经核准（审批）的可再生能源发电工程项目，各级可再生能源发电工程质量监督机构不得受理其质量监督申请。工程各阶段验收和竣工验收前，均应通过可再生能源发电工程质量监督机构的监督检查，未通过可再生能源发电工程质量监督机构监督检查的项目，不得投入运行。

（三）严格可再生能源发电工程质量监督与企业内部质量管理和工程监理工作界限，依法界定相关责任和义务。

（四）可再生能源发电工程质量监督要充分发挥专家和第三方检测机构作用。不得将工程质量监督工作委托给建设、设计、施工、监理单位。

（五）各级工程质量监督机构开展可再生能源发电工程质量监督检查工作时，应接受工程项目所在省（自治区、直辖市）能源主管部门的监督和指导。

（六）质量监督总站要定期向国家能源局报送质量监督工作总结，提出存在问题和建议，重大质量问题要及时报告。

七、工作经费

可再生能源发电工程质量监督检测工作经费可由质量监督机构与项目业主签订技术服务合同，收取技术服务费。技术服务费在工程概算中列支。

八、其他

可再生能源发电工程质量监督总站组建后，原体系下监督机构已开展质量监督工作的可再生能源发电工程中，未完成蓄水验收的水电工程交由水电工程质量监督总站承担，已完成蓄水验收的水电工程可由原监督机构继续履行相关工作或双方协商确定；其他可再生能源发电项目可继续履行至工程项目竣工投产。

自本方案颁布实施之日起，所有新开工可再生能源发电工程项目均应按照新的工作体系和规则开展质量监督工作。

本方案由国家能源局负责解释。

国家能源局关于做好2013年风电并网和消纳相关工作的通知

国能新能〔2013〕65号

各省（区、市）发展改革委（能源局）、国家电网公司、南方电网公司，华能集团公司、大唐集团公司、华电集团公司、国电集团公司、中电投集团公司、神华集团公司、中广核集团公司、水电水利规划设计总院、电力规划设计总院、国家可再生能源中心：

随着我国风电装机快速增长，2012年部分地区弃风限电现象严重，全国弃风电量约200亿千瓦时，风电平均利用小时数比2011年有所下降，个别省（区）风电利用小时数下降到1400小时左右，浪费了清洁能源和投资，加剧了环境矛盾。为提高风能利用率，减少化石能源消费，改善大气环境质量，促进生态文明建设，现将2012年度各省（区、市）风电年平均利用小时数予以公布，并就2013年进一步加强风电并网和消纳的相关工作通知如下：

一、更加高度重视风电的消纳和利用，把提高风电利用率作为做好能源工作的重要标准。目前，我国风电发电量仅占全部电力消费量的2%，大量弃风限电暴露的是我国能源管理的问题。各省（区、市）有关部门和企业要充分认识消纳风电的重要性，把实现风电全额消纳作为推动能源生产和消费革命的重要载体，作为衡量能源管理水平的重要标志，积极创新体制机制，采取各种技术手段和政策措施，促进风电的市场消纳，不断提高风电在电力消费中的比重。要加强监测各省（区、市）风电并网的运行情况，把风电利用率作为年度安排风电开发规模和项目布局的重要依据；风电运行情况好的地区可适当加快建设进度，风电利用率很低的地区在解决严重弃风问题之前原则上不再扩大风电建设规模。同时将及时向社会公布大规模弃风限电地区的相关情况。

二、认真分析风电限电的原因，尽快消除弃风限电。弃风限电严重的地区，要全面分析风电不能有效送出和消纳的原因，找准问题的关键环节，采取切实有效的措施，及早解决问题。内蒙古自治区和吉林省要把推广风电供热作为当前重要工作，加强规划引导，完善政策措施，优化电网运行管理，着力提高风电在电力消费中的比重；甘肃省要认真研究酒泉基地的建设方案和消纳市场，加强风电与高载能负荷的协调运行，充分发挥风水互补运行优势，着力做好酒泉基地的风电建设和管理工作；河北省要督促有关企业落实张家口风电发展座谈会的有关要求，加快推进张家口地区与京津唐电网和河北南网的输电通道建设，大力解决弃风限电问题。

三、加强资源丰富区域的消纳方案研究，保障风电装机持续稳定增长。对开发潜力较大、未来风电建设规模增长较快的地区，要未雨绸缪，加强风电消纳技术方案的研究，为保障今后风电持续健康稳定发展打好基础。云南省要会同南方电网公司加强风水互补运行整体技术方案研究；宁夏回族自治区要会同国家电网公司积极研究利用宁东地区电力外送通道增加风电消纳的方案；新疆维吾尔族自治区要会同国家电网公司做好利用哈密－郑州特高压直流输电线路外送风电的技术方案和管理措施研究；山西省要会同国家电网公司研究山西省风电消纳整体方案，保障全省风电建设的统筹协调发展。

四、加强风电配套电网建设，做好风电并网服务工作。各电网企业要把保障风电消纳作为电力管理的重要内容，加强电网建设，打破行政区域限制，扩大风能资源配置范围，提高电网消纳风电的能力。对已列入核准计划的项目，电网企业应积极开展接入系统设计和评审，原则上应在核准计划下发的当年出具项目并网承诺函，避免电力配套设施建设滞后造成弃风限电。要进一步优化电网运行调度，科学安排风电场运行，统筹协调系统内调峰电源配置，深入挖掘系统调峰潜力，确保风电优先上网。特别是吉林、内蒙古、黑龙江和河北省（区）的电网调度机构，应积极参与制定本地促进消纳的技术方案，并出台确保风电优先上网的具体措施。

附件：2012年度各省（区、市）风电利用小时数统计表

国家能源局

2013年2月16日

附件：

2012年度各省级电网区域风电利用小时数统计表

国家电网			1869		
华北电网	2029	西北电网	1853	东北电网	1490
京津唐	2167	陕西	1997	蒙东	1499
冀南	1883	甘肃	1645	辽宁	1732
山西	2149	青海	1474	吉林	1420
蒙西	1922	宁夏	1889	黑龙江	1780
山东	1986	新疆	2450		
华中电网	1844	华东电网	2292		
河南	1907	上海	2363		
湖北	1621	江苏	1958		
湖南	1814	浙江	2082		
江西	2380	安徽	1682		
四川	2476	福建	2803		
重庆	1773				
南方电网			2265		
广东	1847	云南	2555	海南	1845
广西	1655	贵州	2069		
全国平均			1890		

注：以上数据仅供参考，西藏自治区无并网运行风电项目，故数据暂缺。

国家电网关于做好分布式电源并网服务工作的意见

一、总则

1. 分布式电源对优化能源结构、推动节能减排、实现经济可持续发展具有重要意义。国家电网公司（以下简称公司）认真贯彻落实国家能源发展战略，积极支持分布式电源加快发展，依据《中华人民共和国电力法》、《中华人民共和国可再生能源法》等法律法规以及有关规程规定，按照优化并网流程、简化并网手续、提高服务效率原则，制订本意见。

二、适用范围

2. 本意见所称分布式电源，是指位于用户附近，所发电能就地利用，以10千伏及以下电压等级接入电网，且单个并网点总装机容量不超过6兆瓦的发电项目。包括太阳能、天然气、生物质能、风能、地热能、海洋能、资源综合利用发电等类型。

3. 以10千伏以上电压等级接入、或以10千伏电压等级接入但需升压送出的发电项目，执行国家电网公司常规电源相关管理规定。小水电项目按国家有关规定执行。

三、一般原则

4. 公司积极为分布式电源项目接入电网提供便利条件，为接入系统工程建设开辟绿色通道。接入公共电网的分布式电源项目，其接入系统工程（含通讯专网）以及接入引起的公共电网改造部分由公司投资建设。接入用户侧的分布式电源项目，其接入系统工程由项目业主投资建设，接入引起的公共电网改造部分由公司投资建设（西部地区接入系统工程仍执行国家现行规定）。

5. 分布式电源项目工程设计和施工建设应符合国家相关规定，并网点的电能质量应满足国家和行业相关标准。

6. 建于用户内部场所的分布式电源项目，发电量可以全部上网、全部自用或自发自用余电上网，由用户自行选择，用户不足电量由电网提供。上、下网电量分开结算，电价执行国家相关政策。公司免费提供关口计量装置和发电量计量用电能表。

7. 分布式光伏发电、风电项目不收取系统备用容量费，其他分布式电源项目执行国家有关政策。

8. 公司为享受国家电价补助的分布式电源项目提供补助计量和结算服务，公司收到财政部门拨付补助资金后，及时支付项目业主。

四、并网服务程序

9. 公司地市或县级客户服务中心为分布式电源项目业主提供接入申请受理服务，协助项目业主填写接入申请表，接收相关支持性文件。

10. 公司为分布式电源项目业主提供接入系统方案制订和咨询服务。接入申请受理后40个工作日内（光伏发电项目25个工作日内），公司负责将10千伏接入项目的接入系统方案确认单、接入电网意见函，或380伏接入项目的接入系统方案确认单告知项目业主。项目业主确认后，根据接入电网意见函开展项目核准和工程设计等工作。380伏接入项目，双方确认的接入系统方案等同于接入电网意见函。

11. 建于用户内部场所且以10千伏接入的分布式电源，项目业主在项目核准后、在接入系统工程施工前，将接入系统工程设计相关材料提交客户服务中心，客户服务中心收到材料后出具答复意见并告知项目业主，项目业主根据答复意见开展工程建设等后续工作。

12. 分布式电源项目主体工程和接入系统工程竣工后，客户服务中心受理项目业主并网验收及并网调试申请，接收相关材料。

13. 公司在受理并网验收及并网调试申请后，10个工作日内完成关口电能计量装置安装服务，并与项目业主（或电力用户）签署购售电合同和并网调度协议。合同和协议内容执行国家电力监管委员会和国家工商行政管理总局相关规定。

14. 公司在关口电能计量装置安装完成、合同和协议签署完毕后，10个工作日内组织并网验收及并网调试，向项目业主提供验收意见，调试通过后直接转入并网运行。验收标准按国家有关规定执行。若验收不合格，公司向项目业主提出解决方案。

15. 公司在并网申请受理、接入系统方案制订、接入系统工程设计审查、计量装置安装、合同和协议签署、并网验收和并网调试、政府补助计量和结算服务中，不收取任何服务费用；由用户出资建设的分布式电源及其接入系统工程，其设计单位、施工单位及设备材料供应单位由用户自主选择。

五、咨询服务

16. 国家电网公司为分布式电源并网提供客户服务中心、95598服务热线、网上营业厅等多种咨询渠道，向项目业主提供并网办理流程说明、相关政策规定解释、并网工作进度查询等服务，接受项目业主投诉。

工业和信息化部 环境保护部关于印发《铅蓄电池行业准入公告管理暂行办法》的通知

工信部联消费〔2012〕569号

各省、自治区、直辖市及新疆生产建设兵团工业和信息化主管部门、环境保护厅（局）：

为贯彻实施《铅蓄电池行业准入条件》，进一步加强和改善铅蓄电池行业管理工作，促进行业结构调整、淘汰落后和产业升级，工业和信息化部、环境保护部共同研究制定了《铅蓄电池行业准入公告管理暂行办法》，现印发你们。

各省、自治区、直辖市及新疆生产建设兵团工业和信息化主管部门要按照《铅蓄电池行业准入公告管理暂行办法》，认真组织好本地区铅蓄电池行业准入公告初审、上报等相关管理工作。

联系人：工业和信息化部消费品工业司　李强

地　址：北京市海淀区万寿路27号院

邮　编：100846　电子邮箱：XFPSQGYC@miit.gov.cn

电　话：010-68205680　传真：010-66017178

工业和信息化部　环境保护部

2012年11月29日

铅蓄电池行业准入公告管理暂行办法

第一章 总则

第一条 为顺利实施《铅蓄电池行业准入条件》（以下简称《准入条件》），开展铅蓄电池行业准入公告管理工作，促进行业持续、健康、协调发展，特制定本办法。

第二条 省级工业和信息化主管部门依据《准入条件》以及有关法律、法规和产业政策的规定，负责本地区铅蓄电池行业准入管理工作，组织企业提出准入公告申请，对企业提交的申请材料进行初审，将初审结果报送工业和信息化部。

第三条 工业和信息化部与环境保护部负责全国铅蓄电池行业准入的管理工作。工业和信息化部组织有关协会和专家，对各省报送的企业名单及相关材料进行审核。工业和信息化部与环境保护部联合公告符合《准入条件》的铅蓄电池生产企业名单。

第二章 申请条件

第四条 申请准入公告的铅蓄电池生产企业，应当具备以下条件：

（一）在工商部门登记，具备独立法人资格；

（二）拥有独立的生产厂区；

（三）符合国家有关法律、法规、产业政策和发展规划的要求；

（四）所生产的铅蓄电池产品符合国家有关标准要求；

（五）符合《准入条件》中的所有要求；

（六）进入环境保护部符合环保规定公告名单。

第五条 准入公告的申请工作以具备独立法人资格的企业为申请主体。集团公司旗下具有独立法人资格的子公司，需要单独申请。

第六条 同一企业法人拥有多个位于不同地址的厂区或生产车间的，每个厂区或生产车间需要单独填写《铅蓄电池企业准入审查申请书》（以下简称《申请书》，见附件1），并在申请准入公告时一起提交。

第三章 申请、审查及公告程序

第七条 申请准入公告的铅蓄电池生产企业，自愿填写《申请书》，并将《申请书》和工商营业执照副本（复印件）等相关材料报送所在地省级工业和信息化主管部门；从事商品极板生产或外购商品极板进行组装的，还需要提供上一年度的极板销售或采购记录（销售、采购记录格式见附件2、3，从事进出口贸易的需附相应进出口证明）。

第八条 省级工业和信息化主管部门依据《准入条件》，组织有关专家对申请准入公告企业的情况进行现场核查，提出相关初审意见，并填写在《申请书》的相应位置。

第九条 省级工业和信息化主管部门于每年2月、5月、8月和11月，将经初审符合《准入条件》的企业名单以及相关申请材料报送工业和信息化部。

第十条 工业和信息化部组织有关协会和专家，采用材料审查和现场抽查的方式，对省级工业和信息化主管部门报送的企业名单和申请材料进行审核。

第十一条 经过审核符合《准入条件》的企业，工业和信息化部将向社会进行公示，公示时间为10个工作日。公示期间无异议的，工业和信息化部与环境保护部将以联合公告形式公布；公示期间有异议的，将在核实有关情况后酌情处理。

第四章 监督管理

第十二条 工业和信息化部将组织有关协会和专家，或委托省级工业和信息化主管部门，对进入准入公告名单的铅蓄电池生产企业进行不定期抽查。

第十三条 进入准入公告名单的商品极板生产企业，应于每季度第一个月内向所在地省级工业和信息化主管部门申报上一季度极板销售记录（销售记录格式见附件2，向境外销售的需附相应出口证明）。

第十四条 进入准入公告名单的铅蓄电池组装企业，应于每季度第一个月内向所在地省级工业和信息化主管部门申报上一季度极板采购记录（采购记录格式见附件3，从境外采购的需附相应进口证明）。

第十五条 工业和信息化部对进入准入公告名单的企业实行动态管理。进入准入公告名单的企业有下列情况之一的，省级工业和信息化主管部门要责令其限期整改，拒不整改或整改不合格的，工业和信息化部将会同环境保护部，将其从准入公告名单中剔除：

1. 填报《铅蓄电池企业准入审查申请书》时有弄虚作假行为；

2. 商品极板生产企业不及时申报极板销售记录、销售记录不真实或将极板销售给不符合《准入条件》的企业；

3. 外购商品极板组装铅蓄电池的企业不及时申报极板采购记录、采购记录不真实或从不符合《准入条件》的极板生产企业采购商品极板。

第十六条 进入准入公告名单的铅蓄电池生产企业，如果被环境保护部从符合环保规定公告名单中除名，工业和信息化部将会同环境保护部，将其从准入公告名单中剔除。

第十七条 从事铅蓄电池行业准入审查工作的有关工作人员，有徇私舞弊、玩忽职守、滥用职权等行为的，依法给予行政处分；构成犯罪的，依法移送司法机关追究刑事责任。

第五章 附则

第十八条 将企业从准入公告名单中剔除前，工业和信息化部须提前告知企业，听取其陈述和申辩。

第十九条 本办法由工业和信息化部、环境保护部依据职责负责解释。

附件

1. 铅蓄电池企业准入审查申请书（略）
2. 商品极板销售记录报表（略）
3. 商品极板采购记录报表（略）

第三篇　宏观经济动态

中华人民共和国2012年国民经济和社会发展统计公报

中华人民共和国国家统计局　发布

2012年，面对复杂严峻的国际经济形势和艰巨繁重的国内改革发展稳定任务，全国各族人民在党中央、国务院的正确领导下，坚持以科学发展为主题，以加快转变经济发展方式为主线，按照稳中求进的工作总基调，认真贯彻落实加强和改善宏观调控的各项政策措施，国民经济运行总体平稳，各项社会事业取得新的进步，为全面建成小康社会奠定了良好基础。

一、综合

初步核算，全年国内生产总值[2] 519322亿元，比上年增长7.8%。其中，第一产业增加值52377亿元，增长4.5%；第二产业增加值235319亿元，增长8.1%；第三产业增加值231626亿元，增长8.1%。第一产业增加值占国内生产总值的比重为10.1%，第二产业增加值比重为45.3%，第三产业增加值比重为44.6%。

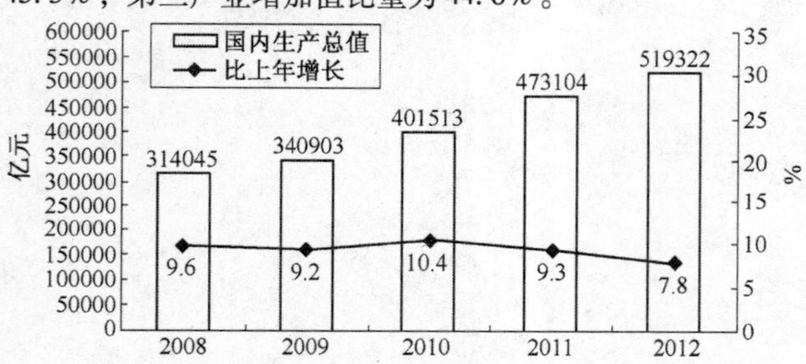

图1　2008～2012年国内生产总值及其增长速度

全年居民消费价格比上年上涨2.6%，其中食品价格上涨4.8%。固定资产投资价格上涨1.1%。工业生产者出厂价格下降1.7%。工业生产者购进价格下降1.8%。农产品生产者价格[3] 上涨2.7%。

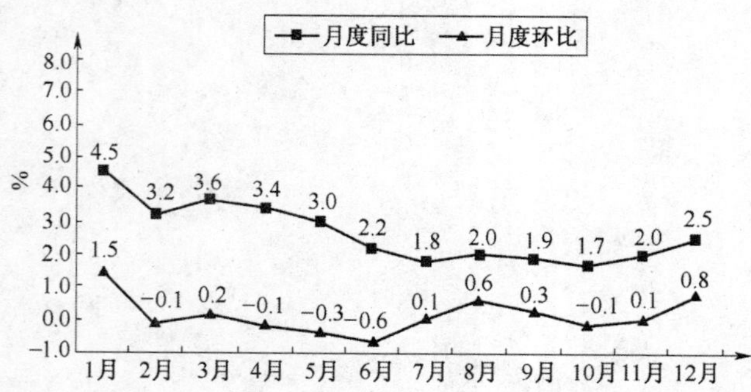

图2　2012年居民消费价格月度涨跌幅度

表1　2012年居民消费价格比上年涨跌幅度

（单位：%）

指　　标	全国	城市	农村
居民消费价格	2.6	2.7	2.5
其中：食品	4.8	5.1	4.0
烟酒及用品	2.9	2.9	2.7
衣着	3.1	2.9	3.8
家庭设备用品及维修服务	1.9	2.1	1.5
医疗保健和个人用品	2.0	2.0	2.1
交通和通信	−0.1	−0.3	0.6
娱乐教育文化用品及服务	0.5	0.4	1.0
居住	2.1	2.2	1.9

70个大中城市新建商品住宅销售价格月环比上涨的城市个数年末为54个。

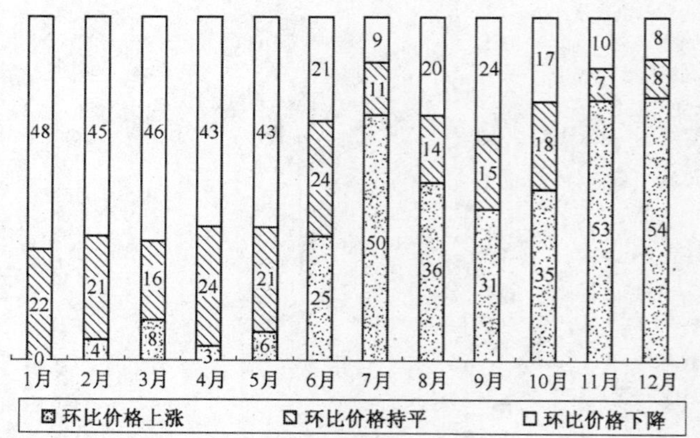

图3　2012年新建商品住宅月环比价格下降、持平、上涨城市个数变化情况

年末全国就业人员76704万人，其中城镇就业人员37102万人。全年城镇新增就业1266万人。年末城镇登记失业率为4.1%，与上年末持平。全国农民工[4] 总量为26261万人，比上年增长3.9%。其中，外出农民工16336万人，增长3.0%；本地农民工9925万人，增长5.4%。

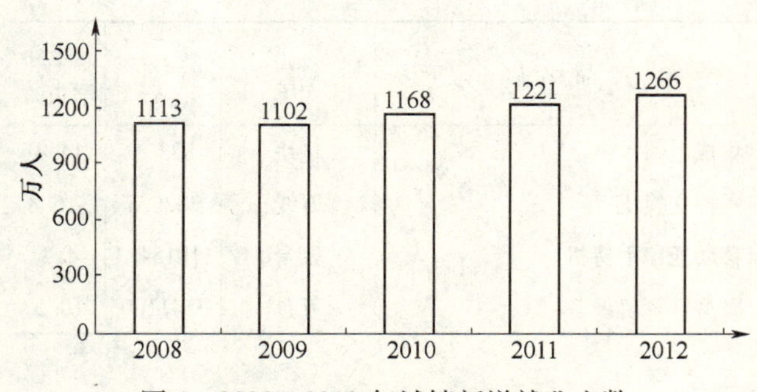

图4　2008～2012年城镇新增就业人数

年末国家外汇储备33116亿美元，比上年末增加1304亿美元。年末人民币汇率为1美元兑6.2855元人民币，比上年末升值0.25%。

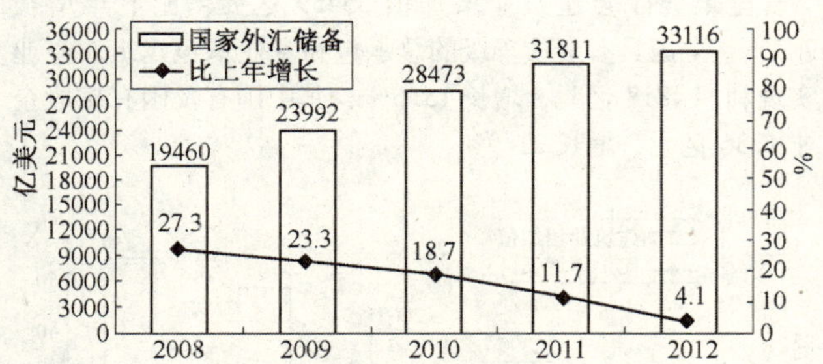

图5　2008～2012年年末国家外汇储备及其增长速度

全年全国公共财政收入[5]117210亿元，比上年增加13335亿元，增长12.8%；其中税收收入100601亿元，增加10862亿元，增长12.1%。

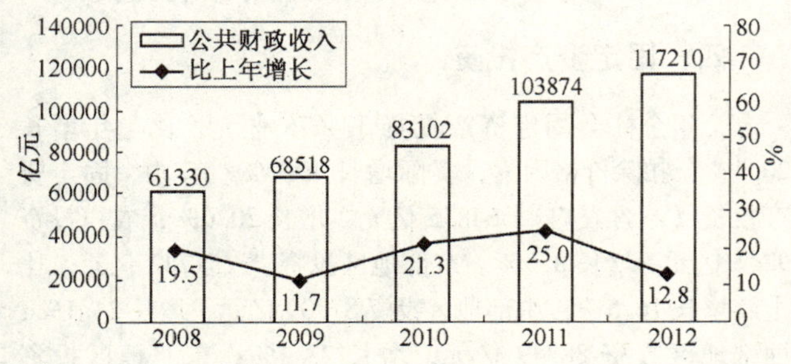

图6　2008～2012年公共财政收入[6]及其增长速度

二、农业

全年粮食种植面积11127万公顷，比上年增加69万公顷；棉花种植面积470万公顷，减少34万公顷；油料种植面积1398万公顷，增加12万公顷；糖料种植面积203万公顷，增加9万公顷。

全年粮食产量58957万吨，比上年增加1836万吨，增产3.2%。其中，夏粮产量12995万吨，增产2.8%；早稻产量3329万吨，增产1.6%；秋粮产量42633万吨，增产3.5%。其中，主要粮食品种中，稻谷产量20429万吨，增产1.6%；小麦产量12058万吨，增产2.7%；玉米产量20812万吨，增产8.0%。

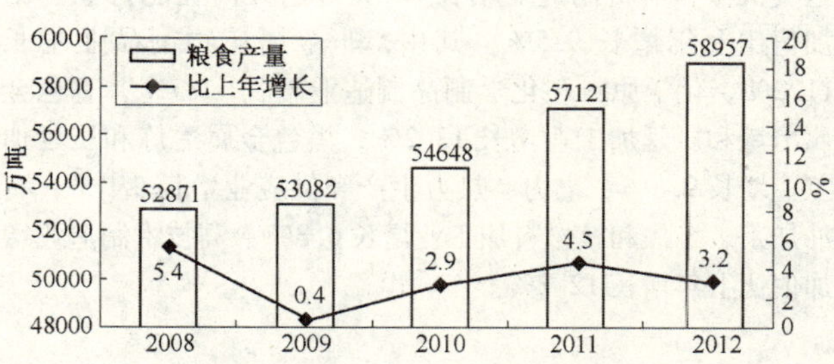

图7　2008～2012年粮食产量及其增长速度

全年棉花产量684万吨，比上年增产3.8%。油料产量3476万吨，增产5.1%。糖料产量13493万吨，增产7.8%。烤烟产量320万吨，增产11.5%。茶叶产量180万吨，增产11.2%。

全年肉类总产量8384万吨，比上年增长5.4%。其中，猪肉产量5335万吨，增长5.6%；牛肉产量662万吨，增长2.3%；羊肉产量401万吨，增长2.0%；禽肉产量1823万吨，增长6.7%。年末生猪存栏47492万头，增长1.6%；生猪出栏69628万头，增长5.2%。禽蛋产量2861万吨，增长1.8%。牛奶产量3744万吨，增长2.3%。

全年水产品产量5906万吨，比上年增长5.4%。其中，养殖水产品产量4305万吨，增长7.0%；捕捞水产品产量1601万吨，增长1.3%。

全年木材产量8088万立方米，比上年下降0.7%。

全年新增有效灌溉面积172万公顷，新增节水灌溉面积235万公顷。

三、工业和建筑业

全年全部工业增加值199860亿元，比上年增长7.9%。规模以上工业增加值增长10.0%。在规模以上工业中，国有及国有控股企业增长6.4%；集体企业增长7.1%，股份制企业增长11.8%，外商及港澳台商投资企业增长6.3%；私营企业增长14.6%。轻工业增长10.1%，重工业增长9.9%。

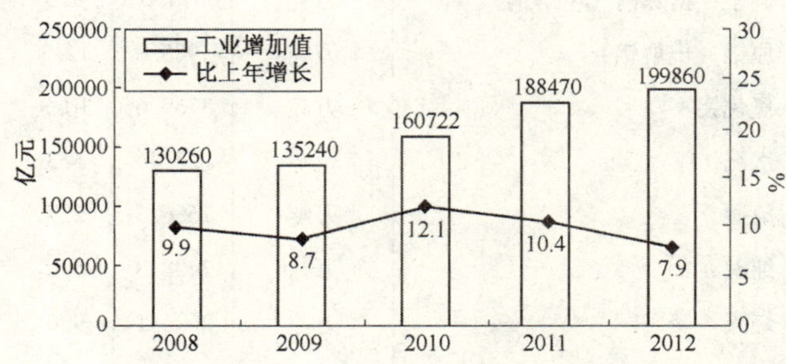

图8　2008～2012年全部工业增加值及其增长速度

全年规模以上工业[7]中，农副食品加工业增加值比上年增长13.6%，纺织业增长12.2%，通用设备制造业增长8.4%，专用设备制造业增长8.9%，汽车制造业增长8.4%，计算机、通信和其他电子设备制造业增长12.1%，电气机械和器材制造业增长9.7%。六大高耗能行业[8]增加值比上年增长9.5%，其中，非金属矿物制品业增长11.2%，化学原料和化学制品制造业增长11.7%，有色金属冶炼和压延加工业增长13.2%，黑色金属冶炼和压延加工业增长9.5%，电力、热力生产和供应业增长5.0%，石油加工、炼焦和核燃料加工业增长6.3%。高技术制造业增加值比上年增长12.2%。

表2 2012年主要工业产品产量及其增长速度

产品名称	单位	产量	比上年增长%
纱	万吨	2984.0	9.8
布	亿米	840.8	3.3
化学纤维	万吨	3800.0	12.1
成品糖	万吨	1406.8	18.5
卷烟	亿支	25160.9	2.8
彩色电视机	万台	12823.3	4.8
其中：液晶电视机	万台	11418.3	10.9
家用电冰箱	万台	8427.0	-3.1
房间空气调节器	万台	13281.1	-4.5
一次能源生产总量	亿吨标准煤	33.3	4.8
原煤	亿吨	36.5	3.8
原油	亿吨	2.07	2.3
天然气	亿立方米	1072.2	4.4
发电量	亿千瓦小时	49377.7	4.8
其中：火电	亿千瓦小时	38554.5	0.6
水电	亿千瓦小时	8608.5	23.2
核电	亿千瓦小时	973.9	12.8
粗钢	万吨	71716.0	4.7
钢材[9]	万吨	95317.6	7.6
十种有色金属	万吨	3672.2	6.9
其中：精炼铜（电解铜）	万吨	574.0	9.5
原铝（电解铝）	万吨	1985.8	12.3
氧化铝	万吨	3769.6	10.3
水泥	亿吨	22.1	5.3
硫酸	万吨	7686.3	2.7
纯碱	万吨	2408.8	5.0
烧碱	万吨	2696.1	9.0
乙烯	万吨	1486.8	-2.7
化肥（折100%）	万吨	7296.0	10.1
发电机组（发电设备）	万千瓦	13005.6	-9.7
汽车	万辆	1927.7	4.7
其中：基本型乘用车（轿车）	万辆	1077.1	6.4
大中型拖拉机	万台	46.3	15.3
集成电路	亿块	823.1	14.4
程控交换机	万线	2826.3	-6.8
移动通信手持机	万台	118154.3	4.3
微型计算机设备	万台	35411.0	10.5

全年规模以上工业企业实现利润55578亿元，比上年增长5.3%，其中国有及国有控股企业14163亿元，下降5.1%；集体企业819亿元，增长7.5%，股份制企业32867亿元，增长7.2%，外商及港澳台商投资企业12688亿元，下降4.1%；私营企业18172亿元，增长20.0%。

全年全社会建筑业增加值35459亿元，比上年增长9.3%。全国具有资质等级的总承包和专业承包建筑业企业实现利润4818亿元，增长15.6%，其中国有及国有控股企业1236亿元，增长21.9%。

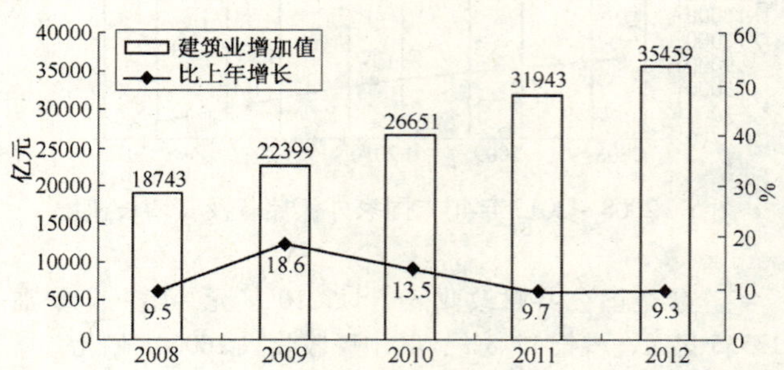

图9 2008~2012年建筑业增加值及其增长速度

四、固定资产投资

全年全社会固定资产投资374676亿元，比上年增长20.3%，扣除价格因素，实际增长19.0%。其中，固定资产投资（不含农户）364835亿元，增长20.6%；农户投资9841亿元，增长8.3%。东部地区投资[10]151742亿元，比上年增长16.5%；中部地区投资87909亿元，增长24.1%；西部地区投资88749亿元，增长23.1%；东北地区投资41243亿元，增长26.3%。

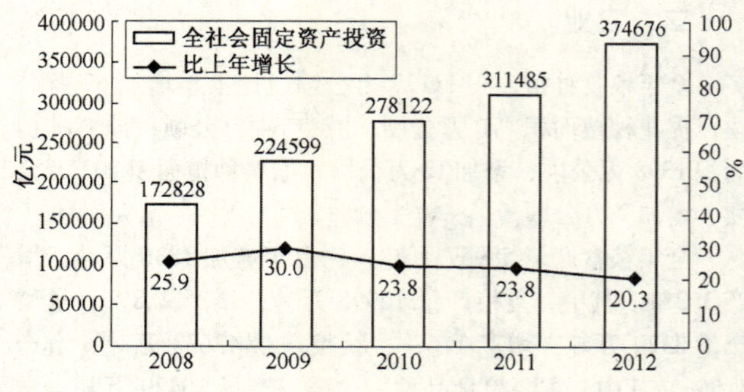

图10 2008~2012年全社会固定资产投资及其增长速度

表 3　2012 年分行业固定资产投资（不含农户）及其增长速度　（单位：亿元）

行　业	投资额	比上年增长%
总计	364835	20.6
农、林、牧、渔业	9004	32.2
采矿业	13129	11.8
制造业	124971	22.0
电力、热力、燃气及水的生产和供应业	16536	12.8
建筑业	4036	24.6
批发和零售业	9816	33.0
交通运输、仓储和邮政业	30296	9.1
住宿和餐饮业	5102	30.2
信息传输、软件和信息技术服务业	2834	30.6
金融业	932	46.2
房地产业[11]	92357	22.1
租赁和商务服务业	4645	37.4
科学研究和技术服务业	2176	27.8
水利、环境和公共设施管理业	29296	19.5
居民服务、修理和其他服务业	1718	26.0
教育	4679	20.3
卫生和社会工作	2645	23.0
文化、体育和娱乐业	4299	36.2
公共管理、社会保障和社会组织	6363	9.2

在固定资产投资（不含农户）中，第一产业投资 9004 亿元，比上年增长 32.2%；第二产业投资 158672 亿元，增长 20.2%；第三产业投资 197159 亿元，增长 20.6%。

表 4　2012 年固定资产投资新增主要生产能力

指　标	单位	绝对数
新增发电机组容量	万千瓦	8020
新增 220 千伏及以上变电设备	万千伏安	18208
新建铁路投产里程	公里	5382
其中：高速铁路[12]	公里	2723
增建铁路复线投产里程	公里	4763
电气化铁路投产里程	公里	6054
新建公路	公里	58672
其中：高速公路	公里	9910
港口万吨级码头泊位新增吞吐能力	万吨	49522
新增光缆线路长度	万公里	267

全年房地产开发投资 71804 亿元，比上年增长 16.2%。其中，住宅投资 49374 亿元，增长 11.4%；办公楼投资 3367 亿元，增长 31.6%；商业营业用房投资 9312 亿元，增长 25.4%。

全年新开工建设城镇保障性安居工程住房 781 万套（户），基本建成城镇保障性安居工程住房 601 万套。

表 5　2012 年房地产开发和销售主要指标完成情况及其增长速度

指　标	单位	绝对数	比上年增长%
投资额	亿元	71804	16.2
其中：住宅	亿元	49374	11.4
其中：90 平方米及以下	亿元	16789	21.9
房屋施工面积	万平方米	573418	13.2
其中：住宅	万平方米	428964	10.6
房屋新开工面积	万平方米	177334	-7.3
其中：住宅	万平方米	130695	-11.2
房屋竣工面积	万平方米	99425	7.3
其中：住宅	万平方米	79043	6.4
商品房销售面积	万平方米	111304	1.8
其中：住宅	万平方米	98468	2.0
本年资金来源	亿元	96538	12.7
其中：国内贷款	亿元	14778	13.2
其中：个人按揭贷款	亿元	10524	21.3
本年土地购置面积	万平方米	35667	-19.5
本年土地成交价款[13]	亿元	7410	-16.7

五、国内贸易

全年社会消费品零售总额 210307 亿元，比上年增长 14.3%，扣除价格因素，实际增长 12.1%。按经营地统计，城镇消费品零售额 182414 亿元，增长 14.3%；乡村消费品零售额 27893 亿元，增长 14.5%。按消费形态统计，商品零售额 186859 亿元，增长 14.4%；餐饮收入额 23448 亿元，增长 13.6%。

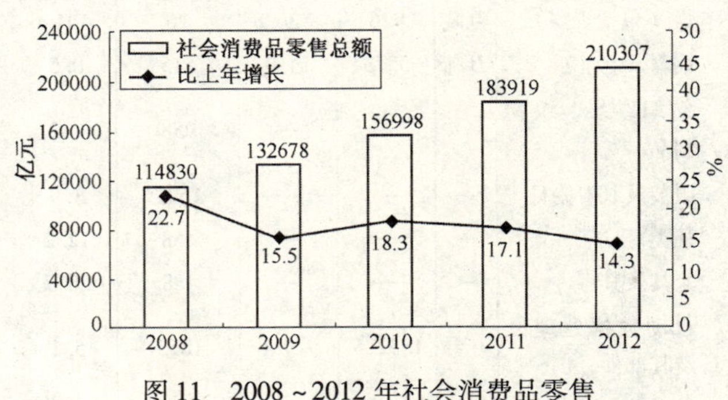

图 11　2008～2012 年社会消费品零售总额及其增长速度

在限额以上企业商品零售额中，汽车类零售额比上年增长 7.3%，粮油类增长 19.9%，肉禽蛋类增长 18.0%，服装类增长 17.7%，日用品类增长 17.5%，文化办公用品类增长 17.7%，通信器材类增长 28.9%，化妆品类增长

17.0%，金银珠宝类增长16.0%，中西药品类增长23.0%，家用电器和音像器材类增长7.2%，家具类增长27.0%，建筑及装潢材料类增长24.6%。

六、对外经济

全年货物进出口总额38668亿美元，比上年增长6.2%。其中，出口20489亿美元，增长7.9%；进口18178亿美元，增长4.3%。进出口差额（出口减进口）2311亿美元，比上年增加762亿美元。

表6 2012年货物进出口总额及其增长速度

（单位：亿美元）

指 标	绝对数	比上年增长%
货物进出口总额	38668	6.2
货物出口额	20489	7.9
其中：一般贸易	9880	7.7
加工贸易	8628	3.3
其中：机电产品	11794	8.7
高新技术产品	6012	9.6
其中：国有企业	2563	-4.1
外商投资企业	10227	2.8
其他企业	7699	21.1
货物进口额	18178	4.3
其中：一般贸易	10218	1.4
加工贸易	4812	2.4
其中：机电产品	7824	3.8
高新技术产品	5068	9.5
其中：国有企业	4954	0.3
外商投资企业	8712	0.8
其他企业	4512	17.2
进出口差额（出口减进口）	2311	—

表7 2012年主要商品出口数量、金额及其增长速度

商品名称	单位	数量	比上年增长%	金额（亿美元）	比上年增长%
煤（包括褐煤）	万吨	926	-36.8	16	-41.6
钢材	万吨	5573	14.0	515	0.5
纺织纱线、织物及制品	—	—	—	958	1.2
服装及衣着附件	—	—	—	1591	3.9
鞋类	—	—	—	468	12.2
家具及其零件	—	—	—	488	28.7
自动数据处理设备及其部件	万台	183275	-0.1	1853	5.1
手持或车载无线电话	万台	101447	15.9	810	29.1
集装箱	万个	248	-23.5	84	-26.1
液晶显示板	万个	316650	29.7	363	22.9
汽车（包括整套散件）	万辆	99	20.1	127	27.5

表8 2012年主要商品进口数量、金额及其增长速度

商品名称	数量（万吨）	比上年增长%	金额（亿美元）	比上年增长%
谷物及谷物粉	1398	156.7	48	134.2
大豆	5838	11.2	350	17.6
食用植物油	845	28.7	97	25.6
铁矿砂及其精矿	74355	8.4	956	-15.0
氧化铝	502	165.1	18	133.3
煤(包括褐煤)	28851	29.8	287	20.2
原油	27102	6.8	2207	12.1
成品油	3982	-1.9	330	0.6
初级形状的塑料	2370	2.9	462	-2.2
纸浆	1646	14.0	110	-7.5
钢材	1366	-12.3	178	-17.5
未锻造的铜及铜材	465	14.1	386	4.9

表9 2012年对主要国家和地区货物进出口额及其增长速度 （单位：亿美元）

国家和地区	出口额	比上年增长%	进口额	比上年增长%
美国	3518	8.4	1329	8.8
欧盟	3340	-6.2	2121	0.4
中国香港	3235	20.7	180	15.9
东盟	2043	20.1	1958	1.5
日本	1516	2.3	1778	-8.6
韩国	877	5.7	1686	3.7
印度	477	-5.7	188	-19.6
俄罗斯	441	13.2	441	9.2
中国台湾	368	4.8	1322	5.8

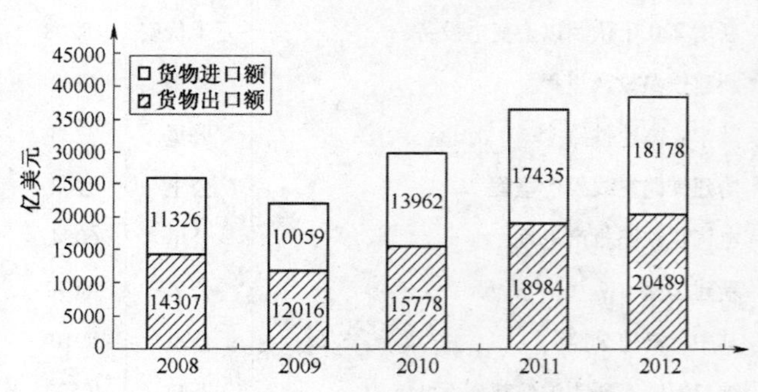

图12 2008~2012年货物进出口总额

全年非金融领域新批外商直接投资企业24925家，比上年下降10.1%。实际使用外商直接投资金额1117亿美元，下降3.7%。

表10　2012年非金融领域外商直接投资及其增长速度

行　　业	企业数（家）	比上年增长%	实际使用金额（亿美元）	比上年增长%
总计	24925	-10.1	1117.2	-3.7
其中：农、林、牧、渔业	882	2.0	20.6	2.7
制造业	8970	-19.3	488.7	-6.2
电力、燃气及水的生产和供应业	187	-12.6	16.4	-22.6
交通运输、仓储和邮政业	397	-3.9	34.7	8.9
信息传输、计算机服务和软件业	926	-6.8	33.6	24.4
批发和零售业	7029	-3.2	94.6	12.3
房地产业	472	1.3	241.2	-10.3
租赁和商务服务业	3229	-8.2	82.1	-2.0
居民服务和其他服务业	192	-9.4	11.6	-38.2

全年非金融类对外直接投资额772亿美元，比上年增长28.6%。

全年对外承包工程业务完成营业额1166亿美元，比上年增长12.7%；对外劳务合作派出各类劳务人员51.2万人，增长13.3%。

七、交通、邮电和旅游

全年货物运输总量412亿吨，比上年增长11.5%。货物运输周转量173145亿吨公里，增长8.7%。全年规模以上港口完成货物吞吐量97.4亿吨，比上年增长6.8%，其中外贸货物吞吐量30.1亿吨，增长8.8%。规模以上港口集装箱吞吐量17651万标准箱，增长8.1%。

表11　2012年各种运输方式完成货物运输量及其增长速度

指　　标	单位	绝对数	比上年增长%
货物运输总量	亿吨	412.1	11.5
铁路	亿吨	39.0	-0.7
公路	亿吨	322.1	14.2
水运	亿吨	45.6	7.0
民航	万吨	541.6	-2.0
管道	亿吨	5.3	-7.8
货物运输周转量	亿吨公里	173145.1	8.7
铁路	亿吨公里	29187.1	-0.9
公路	亿吨公里	59992.0	16.8
水运	亿吨公里	80654.5	6.9
民航	亿吨公里	162.2	-6.8
管道	亿吨公里	3149.3	9.1

全年旅客运输总量379亿人次，比上年增长7.6%。旅客运输周转量33369亿人公里，增长7.7%。

表12　2012年各种运输方式完成旅客运输量及其增长速度

指　　标	单位	绝对数	比上年增长%
旅客运输总量	亿人次	379.0	7.6
铁路	亿人次	18.9	4.8
公路	亿人次	354.3	7.8
水运	亿人次	2.6	4.3
民航	亿人次	3.2	9.2
旅客运输周转量	亿人公里	33368.8	7.7
铁路	亿人公里	9812.3	2.1
公路	亿人公里	18468.4	10.2
水运	亿人公里	77.4	3.9
民航	亿人公里	5010.7	10.4

年末全国民用汽车保有量达到12089万辆（包括三轮汽车和低速货车1145万辆），比上年末增长14.3%，其中私人汽车保有量9309万辆，增长18.3%。民用轿车保有量5989万辆，增长20.7%，其中私人轿车5308万辆，增长22.8%。

全年完成邮电业务总量[14] 15022亿元，比上年增长13.0%。其中，邮政业务总量2037亿元，增长26.7%；电信业务总量12985亿元，增长11.1%。邮政业全年完成邮政函件业务70.74亿件，包裹业务0.69亿件，快递业务量56.85亿件。电信业全年局用交换机容量新增478万门，总容量43906万门；新增移动电话交换机容量[15] 11234万户，达到182870万户。年末固定电话用户27815万户，其中，城市电话用户18893万户，农村电话用户8922万户。新增移动电话用户12590万户，年末达到111216万户，其中3G移动电话用户[16] 23280万户。年末全国固定及移动电话用户总数达到139031万户，比上年末增加11896万户。电话普及率达到103.2部/百人。互联网上网人数5.64亿人，其中宽带上网人数5.30亿人。互联网普及率达到42.1%。

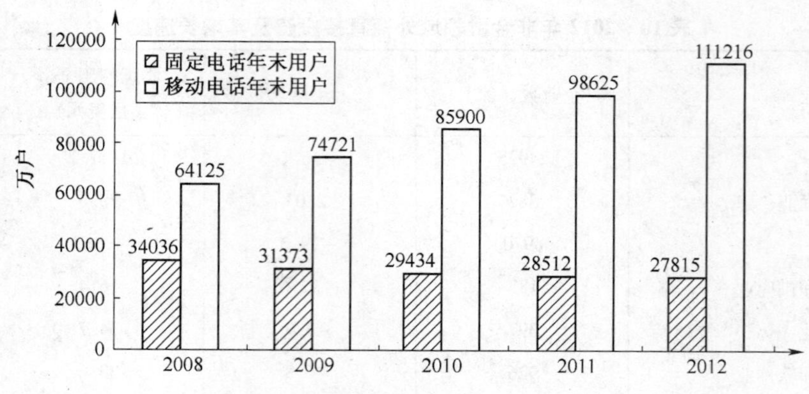

图13 2008～2012年年末电话用户数

全年国内出游人数29.6亿人次，比上年增长12.1%；国内旅游收入22706亿元，增长17.6%。入境旅游人数13241万人次，下降2.2%。其中，外国人2719万人次，增长0.3%；香港、澳门和台湾同胞10521万人次，下降2.9%。在入境旅游者中，过夜旅游者5772万人次，增长0.3%。国际旅游外汇收入500亿美元，增长3.1%。国内居民出境人数8318万人次，增长18.4%。其中因私出境7706万人次，增长20.2%，占出境人数的92.6%。

八、金融

年末广义货币供应量（M2）余额为97.4万亿元，比上年末增长13.8%；狭义货币供应量（M1）余额为30.9万亿元，增长6.5%；流通中现金（M0）余额为5.5万亿元，增长7.7%。

年末全部金融机构本外币各项存款余额94.3万亿元，比年初增加11.6万亿元，其中人民币各项存款余额91.8万亿元，增加10.8万亿元。全部金融机构本外币各项贷款余额67.3万亿元，增加9.1万亿元，其中人民币各项贷款余额63.0万亿元，增加8.2万亿元。全年社会融资规模[17]为15.8万亿元，按可比口径计算，比上年多2.9万亿元。

表13 2012年年末全部金融机构本外币存贷款余额及其增长速度 （单位：亿元）

指　　标	年末数	比上年末增长%
各项存款余额	943102	14.1
其中：住户存款	410201	16.6
其中：人民币	406192	16.7
非金融企业存款	345124	9.9
各项贷款余额	672875	15.6
其中：境内短期贷款	268152	23.3
境内中长期贷款	363894	9.0

年末主要农村金融机构（农村信用社、农村合作银行、农村商业银行）人民币贷款余额78320亿元，比年初增加11544亿元。全部金融机构人民币消费贷款余额104357亿元，增加15656亿元。其中，个人短期消费贷款余额19367亿元，增加5826亿元；个人中长期消费贷款余额84990亿元，增加9830亿元。

全年上市公司通过境内市场累计筹资5841亿元，比上年减少939亿元。其中，首次公开发行A股154只，筹资1034亿元，减少1791亿元；A股再筹资（包括配股、公开增发、非公开增发[18]、认股权证）2093亿元，减少155亿元；上市公司通过发行可转债、可分离债、公司债筹资2713亿元，增加1006亿元。全年公开发行创业板股票74只，筹资351亿元。

全年发行公司信用类债券[19]3.7万亿元，比上年增加1.4万亿元。

全年保险公司原保险保费收入[20]15488亿元，比上年增长8.0%，其中寿险业务原保险保费收入8908亿元；健康险和意外伤害险业务原保险保费收入1249亿元；财产险业务原保险保费收入5331亿元。支付各类赔款及给付4716亿元，其中寿险业务给付1505亿元；健康险和意外伤害险赔款及给付395亿元；财产险业务赔款2816亿元。

九、教育、科学技术和文化

全年研究生教育招生59.0万人，在学研究生172.0万人，毕业生48.6万人。普通高等教育本专科招生688.8万人，在校生2391.3万人，毕业生624.7万人。各类中等职业教育招生761.0万人，在校生2120.3万人，毕业生673.6万人。全国普通高中招生844.6万人，在校生2467.2万人，毕业生791.5万人。全国初中招生1570.8万人，在校生4763.1万人，毕业生1660.8万人。普通小学招生1714.7万人，在校生9695.9万人，毕业生1641.6万人。特殊教育招生6.6万人，在校生37.9万人，毕业生4.9万人。幼儿园在园幼儿3685.8万人。

全年研究与试验发展（R&D）经费支出10240亿元，比上年增长17.9%，占国内生产总值的1.97%，其中基础研究经费498亿元。全年国家安排了1701项科技支撑计划课题，1165项“863”计划课题。累计建设国家工程研究中心130个，国家工程实验室128个。累计建设国家地方联合工程研究中心149个，国家地方联合工程实验室180个。国家认定企业技术中心达到887家。省级企业技术中心达到8137家。实施新兴产业创投计划[21]，累计支持设立102家创业投资企业，资金总规模近290亿元，投资了创业企业238家。全年受理境内外专利申请205.1万件，其中境内申请188.6万件，占91.9%。受理境内外发明专利申请65.3万件，其中境内申请52.3万件，占80.1%。全年授予专利权125.5万件，其中境内授权114.4万件，占91.1%。授予发明专利权21.7万件，其中境内授权13.7万件，占63.2%。截至年底，有效专利350.9万件，其中境内有效专利289.9万件，占82.6%；有效发明专利87.5万件，其中境内有效发明专利43.5万件，占49.7%。全年共签订技术合同28.2万项，技术合同成交金额6437.1亿元，比上年增长35.1%。全年成功发射卫星19次。神舟九号载人飞船与天宫一号目标飞行器顺利实现首次空间交会对接，北斗二号卫星导航系统完成区域组网并正式提供运行服务，“蛟龙”号载人深潜器海试成功突破7000米。

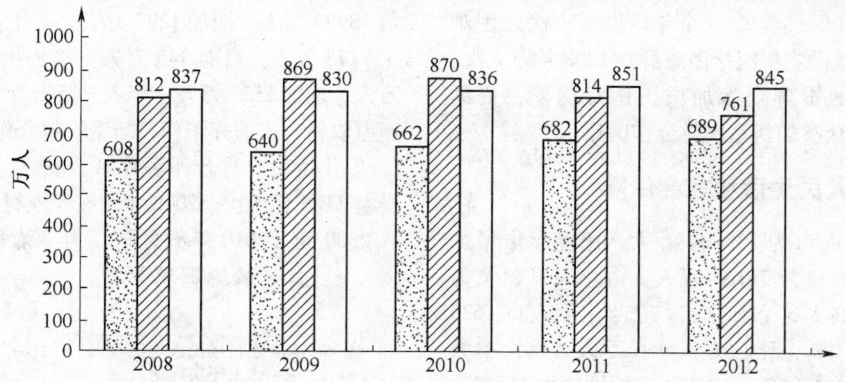

图14　2008~2012年普通高等教育、中等职业教育及普通高中招生人数

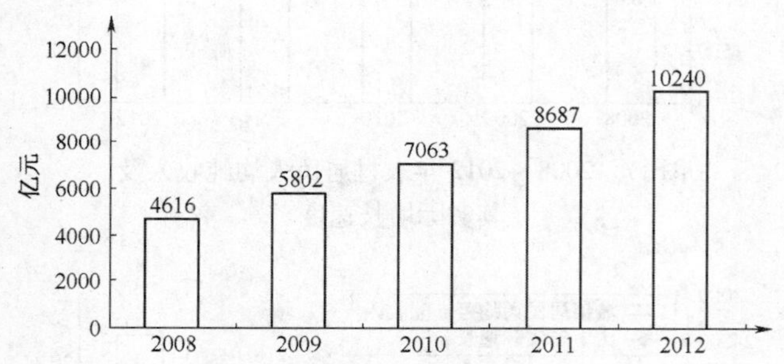

图15　2008~2012年研究与试验发展（R&D）经费支出

年末全国共有产品检测实验室28128个，其中国家检测中心509个。全国现有产品质量、体系认证机构173个，已累计完成对105224个企业的产品认证。全国共有法定计量技术机构3496个，全年强制检定计量器具6267万台（件）。全年制定、修订国家标准1986项，其中新制定1375项。全年中央气象台和省级气象台共发布气象预警信号5123次，警报4049次。全国共有地震台站1687个，区域地震台网32个。全国共有海洋观测站79个。测绘地理信息部门公开出版地图1662种。

年末全国文化系统共有艺术表演团体2089个，博物馆2838个，全国共有公共图书馆2975个，文化馆3286个。各类广播电视播出机构共有2579座。有线电视用户2.14亿户，有线数字电视用户1.43亿户。年末广播节目综合人口覆盖率为97.5%；电视节目综合人口覆盖率为98.2%。全年生产电视剧506部17703集，电视动画片222838分钟。全年生产故事影片745部，科教、纪录、动画和特种影片[22]148部。出版各类报纸476亿份，各类期刊34亿册，图书81亿册（张）。年末全国共有档案馆4107个，已开放各类档案11662万卷（件）。

全年我国运动员在24个运动大项中获得107个世界冠军，共创14项世界纪录。在伦敦奥运会上，我国运动员共获得38枚金牌，奖牌总数88枚，位列奥运会金牌榜和奖牌榜第二位。在伦敦残奥会上，我国运动员共获得95枚金牌，蝉联金牌榜和奖牌榜第一位。

十、卫生和社会服务

年末全国共有医疗卫生机构961830个，其中医院23005个，乡镇卫生院37128个，社区卫生服务中心（站）33646个，诊所（卫生所、医务室）179644个，村卫生室663355个，疾病预防控制中心3506个，卫生监督所（中心）3037个。卫生技术人员650万人，其中执业医师和执业助理医师252万人，注册护士242万人。医疗卫生机构床位557万张，其中医院403万张，乡镇卫生院106万张。全年甲、乙类法定报告传染病发病人数321.7万例，报告死亡16721人；报告传染病发病率238.76/10万，死亡率1.24/10万。

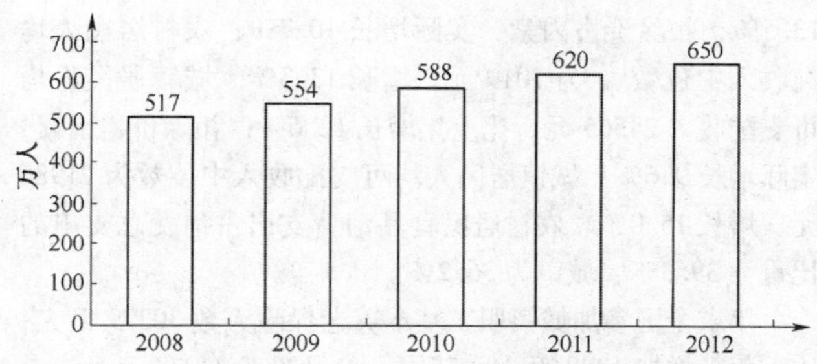

图16　2008~2012年卫生技术人员人数

年末全国共有各类提供住宿的社会服务机构[23]4.7万个，床位429.8万张，收养救助各类人员296.7万人。其中，养老服务机构4.2万个，床位381.0万张，收养各类人员262.0万人。年末共有社区服务中心1.6万个，社区服务站7.2万个。年末全国共有2142.5万人纳入城市居民最低生活保障，5340.9万人纳入农村居民最低生活保障，545.9万人纳入农村五保供养[24]。全年救助城市医疗困难群众666.4万人次，救助农村医疗困难群众1908.4万人次；资助1158.9万城镇困难群众参加城镇医疗保险，资助3915.1万农村困难群众参加新型农村合作医疗。

十一、人口、人民生活和社会保障

年末全国大陆总人口为135404万人，比上年末增加669万人，其中城镇人口为71182万人，占总人口比重为52.6%，比上年末提高1.3个百分点。全年出生人口1635万人，出生率为12.10‰；死亡人口966万人，死亡率为7.15‰；自然增长率为4.95‰。出生人口性别比为117.70。0~14岁（含不满15周岁）人口22287万人，占总人口的16.5%，比上年末提高0.01个百分点；15~59岁（含不满60周岁）劳动年龄人口93727万人，比上年末减少345万人，占总人口的69.2%，比上年末下降0.60个百分点；60周岁及以上人口19390万人，占总人口的14.3%，比上年末提高0.59个百分点。全国人户分离的人口[25]为2.79亿人，其中流动人口[26]为2.36亿人。

表14 2012年年末人口数及其构成

（单位：万人）

指　标	年末数	比重%
全国总人口	135404	100.0
其中:城镇	71182	52.6
乡村	64222	47.4
其中:男性	69395	51.3
女性	66009	48.7
其中:0~14岁(含不满15周岁)	22287	16.5
15~59岁(含不满60周岁)	93727	69.2
60周岁及以上	19390	14.3
其中:65周岁及以上	12714	9.4

全年农村居民人均纯收入7917元，比上年增长13.5%，扣除价格因素，实际增长10.7%；农村居民人均纯收入中位数[27]为7019元，增长13.3%。城镇居民人均可支配收入24565元，比上年增长12.6%，扣除价格因素，实际增长9.6%；城镇居民人均可支配收入中位数为21986元，增长15.0%。农村居民食品消费支出占消费总支出的比重为39.3%，城镇为36.2%。

年末全国参加城镇职工基本养老保险人数30379万人，比上年末增加1988万人。其中，参保职工22978万人，参保离退休人员7401万人。全国参加城乡居民社会养老保险人数48370万人，增加15187万人。其中享受待遇人数13075万人。参加城镇基本医疗保险的人数53589万人，增加6246万人。其中，参加城镇职工基本医疗保险[28]人数26467万人，参加城镇居民基本医疗保险人数27122万人。参加城镇基本医疗保险的农民工4996万人，增加355万人。参加失业保险的人数15225万人，增加908万人。年末全国领取失业保险金人数204万人。参加工伤保险的人数18993万人，增加1297万人，其中参加工伤保险的农民工7173万人，增加345万人。参加生育保险的人数15445万人，增加1553万人。年末，2566个县（市、区）开展了新型农村合作医疗工作，新型农村合作医疗参合率98.1%；1~9月新型农村合作医疗基金支出总额[29]为1717亿元，受益11.5亿人次。2012年，按照农村扶贫标准年人均纯收入2300元（2010年不变价），年末农村贫困人口为9899万人，比上年末减少2339万人。

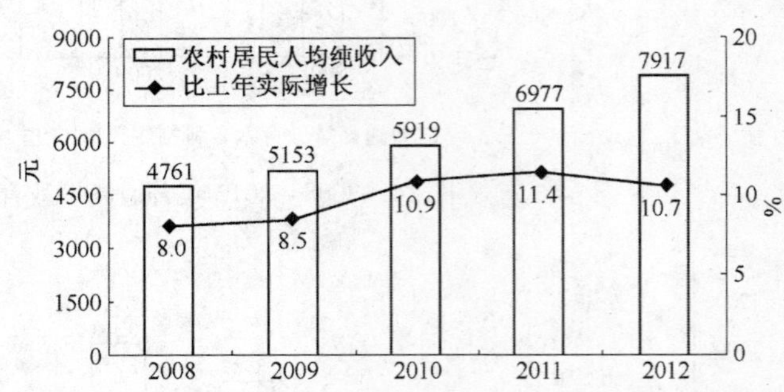

图17 2008~2012年农村居民人均纯收入及其实际增长速度

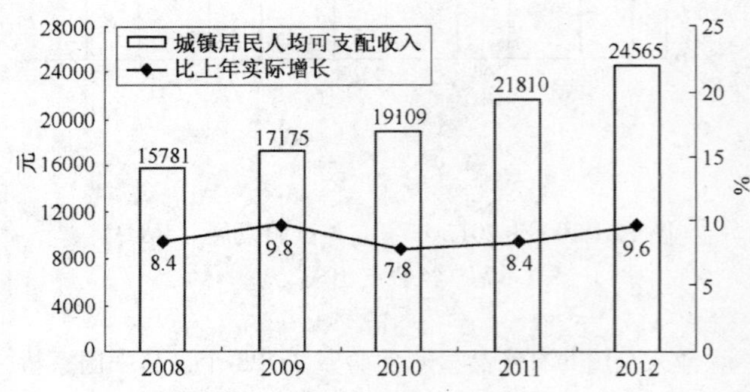

图18 2008~2012年城镇居民人均可支配收入及其实际增长速度

十二、资源、环境和安全生产

全年全国国有建设用地供应总量[30]69.0万公顷，比上年增长17.5%。其中，工矿仓储用地20.3万公顷，增长5.6%；房地产用地[31]16.0万公顷，下降4.2%；基础设施等其他用地32.7万公顷，增长43.4%。

全年水资源总量28410亿立方米。全年平均降水量676毫米。年末全国422座大型水库蓄水总量2120亿立方米，比上年末多蓄水164亿立方米。全年总用水量6110亿立方米，与上年基本持平。其中，生活用水增长3.2%，工业用水下降0.8%，农业用水下降0.5%，生态补水增长7.2%。万元国内生产总值用水量[32]129立方米，比上年下降7.2%。万元工业增加值用水量76立方米，下降8.0%。人均用水量452立方米，下降0.4%。

全年完成造林面积601万公顷，其中人工造林410万公顷。林业重点工程完成造林面积274万公顷，占全部造林面积的45.6%。截至年底，自然保护区达到2640个，其中国家级自然保护区363个。新增水土流失治理面积4.2万平方公里，新增实施水土流失地区封育保护面积2.6万平方公里。截至年底，已确权集体林地面积为18000万公顷，其中发放林权证的面积为17187万公顷。

全年平均气温为9.4℃，共有7个台风登陆。

初步核算，全年能源消费总量36.2亿吨标准煤，比上年增长3.9%。煤炭消费量增长2.5%；原油消费量增长6.0%；天然气消费量增长10.2%；电力消费量增长5.5%。全国万元国内生产总值能耗下降3.6%。

七大水系的571个水质监测断面中，Ⅰ～Ⅲ类水质断面比例占63.9%，劣Ⅴ类水质断面比例占12.4%。七大水系水质总体为轻度污染，水质保持基本稳定。

近岸海域301个海水水质监测点中，达到国家一、二类海水水质标准的监测点占69.4%，三类海水占6.6%，四类、劣四类海水占23.9%。

在监测的316个城市中，城市区域声环境质量好的城市占3.5%，较好的占75.9%，轻度污染的占20.3%，中度污染的占0.3%。

年末城市污水处理厂日处理能力达11858万立方米，比上年末增长4.9%；城市污水处理率达到84.9%，提高1.3个百分点。城市集中供热面积49.2亿平方米，增长3.8%。建成区绿地率达到35.5%，提高0.2个百分点。

全年农作物受灾面积2496万公顷，下降23.1%，其中绝收183万公顷，下降36.9%。全年因洪涝地质灾害造成直接经济损失1661亿元，上升31.8%。全年因旱灾造成直接经济损失244亿元，下降73.7%。全年因低温冷冻和雪灾造成直接经济损失61亿元，下降79.0%。全年因海洋灾害造成直接经济损失155亿元，上升150%。全年大陆地区共发生5级以上地震16次，成灾11次，造成直接经济损失83亿元。全年共发生森林火灾3966起，下降28.5%。

全年各类生产安全事故共死亡71983人，比上年下降4.7%。亿元国内生产总值生产安全事故死亡人数为0.142人，下降17.9%；工矿商贸企业就业人员10万人生产安全事故死亡人数为1.64人，下降12.8%；道路交通万车死亡人数为2.5人，下降10.7%；煤矿百万吨死亡人数为0.374人，下降33.7%。

注释：

[1] 本公报中数据均为初步统计数。各项统计数据均未包括香港特别行政区、澳门特别行政区和台湾省。部分数据因四舍五入的原因，存在着与分项合计不等的情况。

[2] 国内生产总值、各产业增加值绝对数按现价计算，增长速度按不变价格计算。

[3] 农产品生产者价格是指农产品生产者直接出售其产品时的价格。

[4] 年度农民工数量包括年内在本乡镇以外从业6个月以上的外出农民工和在本乡镇内从事非农产业6个月以上的本地农民工两部分。

[5] 公共财政收入是指政府凭借国家政治权力，以社会管理者身份筹集以税收为主体的财政收入。

[6] 图中2008年至2011年数据为公共财政收入决算数，2012年为执行数。

[7] 2012年起，国家统计局执行新的国民经济行业分类标准，工业行业大类由原来的39个调整为41个，固定资产投资（不含农户）行业分类也按新的标准进行了调整。

[8] 六大高耗能行业分别为：化学原料和化学制品制造业、非金属矿物制品业、黑色金属冶炼和压延加工业、有色金属冶炼和压延加工业、石油加工炼焦和核燃料加工业、电力热力生产和供应业。

[9] 钢材产量数据中含部分使用钢材加工成其他钢材的重复计算因素。

[10] 固定资产投资按东部、中部、西部和东北地区计算的合计数据小于全国数据，是因为有部分跨地区的投资未计算在地区数据中。其中，东部地区是指北京、天津、河北、上海、江苏、浙江、福建、山东、广东和海南10省（市）；中部地区是指山西、安徽、江西、河南、湖北和湖南6省；西部地区是指内蒙古、广西、重庆、四川、贵州、云南、西藏、陕西、甘肃、青海、宁夏和新疆12省（区、市）；东北地区是指辽宁、吉林和黑龙江3省。

[11] 房地产业投资除房地产开发投资外，还包括建设单位自建房屋以及物业管理、中介服务和其他房地产投资。

[12] 高速铁路是指最高营运速度达到200公里/小时及以上的铁路。

[13] 本年土地成交价款是指房地产开发企业进行土地使用权交易活动的最终金额，与土地购置费不同。

[14] 邮电业务总量按2010年不变价格计算。

[15] 移动电话交换机容量是指移动电话交换机根据一定话务模型和交换机处理能力计算出来的最大同时服务用户的数量。

[16] 3G是指第三代蜂窝移动通信系统（3rd-generation，简称3G），3G移动电话用户是指报告期末在计费系统拥有使用信息、占用3G网络资源的在网用户。

[17] 社会融资规模是指一定时期内实体经济从金融体系获得的资金总额，是增量概念。

[18] 非公开增发又叫定向增发，不含资产认购部分。

[19] 公司信用类债券包括非金融企业债务融资工具、企业债券以及公司债、可转债等。

[20] 原保险保费收入是指保险企业确认的原保险合同保费收入。

[21] 新兴产业创投计划是指中央财政专项资金通过与地方政府资金、社会资本共同发起设立创业投资企业，或以股权投资模式直接投资创业企业等方式，培育和促进新兴产业发展的活动。

[22] 特种影片是指那些采用与常规影院放映在技术、设备、节目方面不同的电影展示方式，如巨幕电影、立体电影、立体特效（4D）电影、动感电影、球幕电影等。

[23] 提供住宿的社会服务机构除收养性机构外，还包括救助类机构、社区类机构以及军休所、军供站等机构。

[24] 农村五保供养是指老年、残疾和未满16周岁的

村民，无劳动能力、无生活来源又无法定赡养、抚养、扶养义务人，或者其法定赡养、抚养、扶养义务人无赡养、抚养、扶养能力的村民，在吃、穿、住、医、葬方面得到的生活照顾和物质帮助。

［25］人户分离的人口是指居住地与户口登记地所在的乡镇街道不一致且离开户口登记地半年以上的人口。

［26］流动人口是指人户分离人口中不包括市辖区内人户分离的人口。市辖区内人户分离的人口是指一个直辖市或地级市所辖区内和区与区之间，居住地和户口登记地不在同一乡镇街道的人口。

［27］人均收入中位数是指将所有调查户按人均收入水平从低到高顺序排列，处于最中间位置的调查户的人均收入。

［28］城镇职工基本医疗保险人数包括参保职工和参保退休人员。城镇居民基本医疗保险的参保对象是不属于城镇职工基本医疗保险覆盖范围的城镇非从业人员。

［29］按卫生部统计制度规定，新型农村合作医疗基金支出总额和受益人次目前仅统计到1～9月份。

［30］国有建设用地供应总量是指报告期市、县人民政府根据年度土地供应计划依法以出让、划拨、租赁等方式将国有建设用地使用权提供给单位或个人使用的国有建设用地总量。

［31］房地产用地是指商服用地和住宅用地的总和。

［32］万元国内生产总值用水量、万元工业增加值用水量和万元国内生产总值能耗按2010年不变价格计算。

资料来源：本公报中城镇新增就业、登记失业率、社会保障数据来自人力资源社会保障部；外汇储备和汇率数据来自外汇局；财政数据来自财政部；水产品产量数据来自农业部；木材产量、林业、森林火灾数据来自林业局；灌溉面积、水资源数据来自水利部；新增发电机组容量、新增220千伏及以上变电设备数据来自中电联；新建铁路投产里程、增建铁路复线投产里程、电气化铁路投产里程、铁路运输数据来自铁道部；新建公路、港口万吨级码头泊位新增吞吐能力、公路运输、水运、港口货物吞吐量数据来自交通运输部；新增光缆线路长度、新增移动电话交换机容量、电话用户、上网人数等通信数据来自工业和信息化部；保障性住房、城市污水处理、城市集中供热面积、建成区绿地率数据来自住房城乡建设部；货物进出口数据来自海关总署；外商直接投资、对外直接投资、对外承包工程、对外劳务合作等数据来自商务部；民航数据来自民航局；管道数据来自中石油、中石化；民用汽车、交通事故数据来自公安部；邮政业务数据来自邮政局；旅游数据来自旅游局、公安部；货币金融、公司信用类债券数据来自人民银行；上市公司数据来自证监会；保险业数据来自保监会；教育数据来自教育部；安排科技计划课题、技术合同等数据来自科技部；国家工程研究中心、企业技术中心、新兴产业创投等数据来自发展改革委；专利数据来自知识产权局；发射卫星数据来自国防科工局；质量检验、国家标准制定修订数据来自质检总局；气象预警、平均气温、登陆台风数据来自气象局；地震数据来自地震局；测绘数据来自测绘局；海洋观测站、海洋灾害造成直接经济损失数据来自海洋局；艺术表演团体、博物馆、公共图书馆、文化馆数据来自文化部；广播电视、电影数据来自广电总局；报纸、期刊、图书数据来自新闻出版总署；档案数据来自档案局；体育数据来自体育总局；残奥会数据来自中国残联；卫生、新农合数据来自卫生部；社会服务、低保和五保供养数据、农作物受灾面积、洪涝地质灾害造成直接经济损失、旱灾造成直接经济损失、低温冷冻和雪灾造成直接经济损失来自民政部；国有建设用地供应数据来自国土资源部；自然保护区、环境监测数据来自环境保护部；安全生产数据来自安全监管总局；其他数据均来自国家统计局。

2012年1~12月份全国固定资产投资主要情况

国家统计局　发布

2012年1~12月份，全国固定资产投资（不含农户）364835亿元，同比名义增长20.6%（扣除价格因素实际增长19.3%），增速比1~11月份回落0.1个百分点，比2011年回落3.4个百分点。从环比看，12月份固定资产投资（不含农户）增长1.53%。

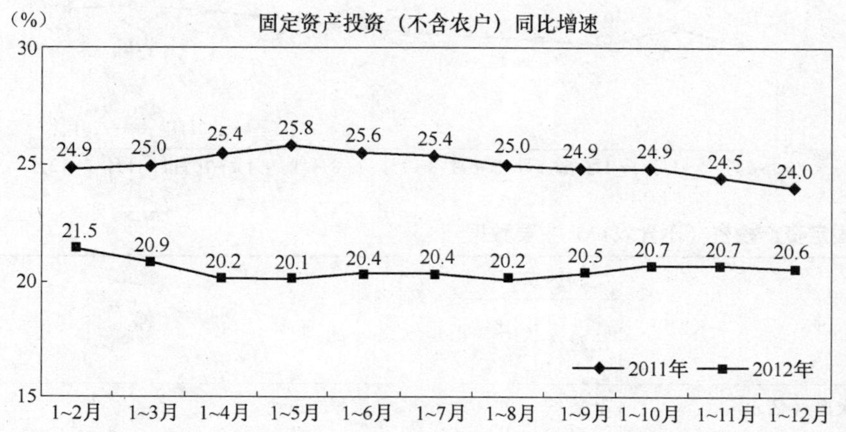

分产业看，1~12月份，第一产业投资9004亿元，同比增长32.2%，增速比1~11月份加快1.7个百分点；第二产业投资158672亿元，增长20.2%，增速回落0.9个百分点；第三产业投资197159亿元，增长20.6%，增速加快0.2个百分点。第二产业中，工业投资154636亿元，增长20%，增速比1~11月份回落1.1个百分点；其中，采矿业投资13129亿元，增长11.8%，增速回落0.4个百分点；制造业投资124971亿元，增长22%，增速回落0.8个百分点；电力、热力、燃气及水的生产和供应业投资16536亿元，增长12.8%，增速回落3.4个百分点。

分地区看，1~12月份，东部地区投资169939亿元，同比增长17.8%，增速比1~11月份回落0.2个百分点；中部地区投资103713亿元，增长25.8%，增速回落0.4个百分点；西部地区投资86150亿元，增长24.2%，增速与1~11月份持平。

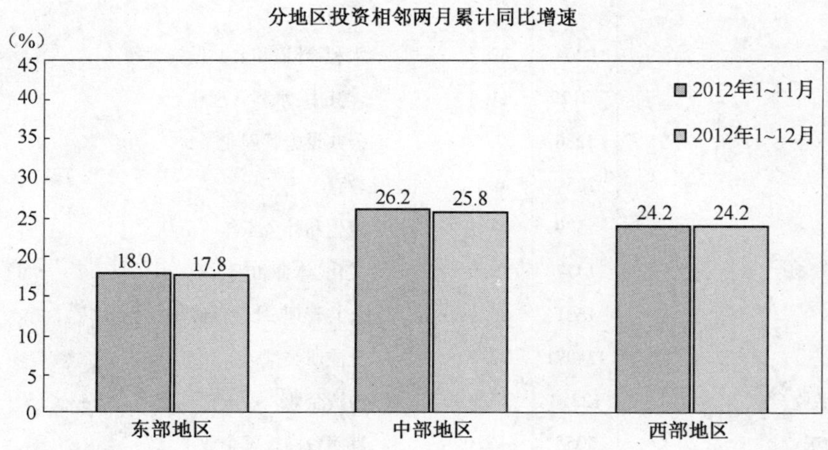

分登记注册类型看，1~12月份，内资企业投资342148亿元，同比增长21.2%，增速比1~11月份回落0.2个百分点；港澳台商投资10185亿元，增长8%，增速回落0.8个百分点；外商投资10630亿元，增长14.5%，增速加快2.7个百分点。

从项目隶属关系看，1~12月份，中央项目投资21663亿元，同比增长5.9%，增速比1~11月份回落0.2个百分点；地方项目投资343172亿元，增长21.7%，增速与1~

11 月份持平。

从施工和新开工项目情况看，1～12 月份，施工项目计划总投资 742379 亿元，同比增长 18.1%，增速比 1～11 月份加快 1.8 个百分点；新开工项目计划总投资 309083 亿元，同比增长 28.6%，增速回落 0.2 个百分点。

从到位资金情况看，1～12 月份，到位资金 399440 亿元，同比增长 18.6%，增速比 1～11 月份回落 0.2 个百分点。其中，国家预算资金增长 29.7%，增速回落 1.6 个百分点；国内贷款增长 8.4%，增速回落 1.4 个百分点；自筹资金增长 21.7%，增速加快 0.1 个百分点；利用外资下降 10.9%，降幅比 1～11 月份扩大 0.5 个百分点；其他资金增长 13.7%，增速与 1～11 月份持平。

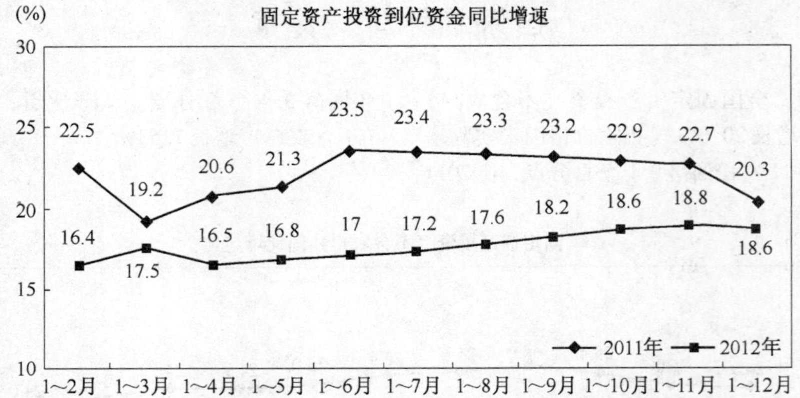

2012 年 1～12 月份固定资产投资（不含农户）主要数据

指标	1～12 月 绝对量	1～12 月 同比增长（%）
固定资产投资(不含农户)(亿元)	364835	20.6
其中:国有及国有控股	123694	14.7
分项目隶属关系		
中央项目	21663	5.9
地方项目	343172	21.7
分产业		
第一产业	9004	32.2
第二产业	158672	20.2
第三产业	197159	20.6
分行业		
农林牧渔业	9004	32.2
采矿业	13129	11.8
其中:煤炭开采和洗选业	5286	7.7
石油和天然气开采业	2854	6.1
黑色金属矿采选业	1529	23.7
有色金属矿采选业	1477	19.0
非金属矿采选业	1631	26.3
制造业	124971	22.0
其中:非金属矿物制品业	12218	17.9
黑色金属冶炼和压延加工业	5055	-2.0
有色金属冶炼和压延加工业	4485	20.6
通用设备制造业	8505	33.6
专用设备制造业	8430	45.6

（续）

指标	1～12 月 绝对量	1～12 月 同比增长（%）
汽车制造业	8004	32.8
铁路、船舶、航空航天和其他运输设备制造业	2319	4.9
电气机械和器材制造业	8259	4.8
计算机、通信和其他电子设备制造业	5937	12.9
电力、热力、燃气及水的生产和供应业	16536	12.8
其中:电力、热力生产和供应业	12815	10.4
建筑业	4036	24.6
交通运输、仓储和邮政业	30296	9.1
其中:铁路运输业	6056	2.4
道路运输业	17135	6.6
水利、环境和公共设施管理业	29296	19.5
其中:水利管理业	4059	19.0
公共设施管理业	24139	20.5
教育	4679	20.3
卫生和社会工作	2645	23.0
文化、体育和娱乐业	4299	36.2
公共管理、社会保障和社会组织	6363	9.2
分注册类型		
内资企业	342148	21.2
港澳台商投资企业	10185	8.0
外商投资企业	10630	14.5
分施工和新开工项目		
施工项目计划总投资	742379	18.1

（续）

指　　标	1～12月	
	绝对量	同比增长（%）
新开工项目计划总投资	309083	28.6
固定资产投资(不含农户)到位资金	399440	18.6
其中:国家预算资金	19244	29.7
国内贷款	49911	8.4
利用外资	4509	-10.9
自筹资金	268828	21.7
其他资金	56947	13.7

注：1. 此表中速度均为未扣除价格因素的名义增速。
2. 此表中部分数据因四舍五入的原因，存在总计与分项合计不等的情况。

附注

1. 指标解释

固定资产投资（不含农户）：以货币形式表现的在一定时期内完成的建造和购置固定资产的工作量以及与此有关的费用的总称。

到位资金：固定资产投资单位在报告期内收到的，用于固定资产投资的各种货币资金，包括国家预算资金、国内贷款、利用外资、自筹资金和其他资金。

新开工项目：报告期内所有新开工的建设项目。

国有及国有控股：在企业的全部实收资本中，国有经济成分的出资人拥有的实收资本（股本）所占企业全部实收资本（股本）的比例大于50%的国有绝对控股。

在企业的全部实收资本中，国有经济成分的出资人拥有的实收资本（股本）所占比例虽未大于50%，但相对大于其他任何一方经济成分的出资人所占比例的国有相对控股；或者虽不大于其他经济成分，但根据协议规定拥有企业实际控制权的国有协议控股。

投资双方各占50%，且未明确由谁绝对控股的企业，若其中一方为国有经济成分的，一律按国有控股处理。

行政和事业单位的投资项目都属于国有控股。

登记注册类型：划分企业登记注册类型的依据是工商行政管理部门对企业登记注册的类型，按照国家统计局、国家工商行政管理总局联合印发《关于划分企业登记注册类型的规定》的通知（国统字〔2011〕86号）执行。划分个体经营登记注册类型是依据国家统计局相关规定，按照国家统计局《关于“个体经营”登记注册类型分类及代码的通知》（国统办字〔1999〕2号）执行。

固定资产投资统计报表制度规定，基层统计单位均要填报登记注册类型。登记注册类型由从事固定资产投资活动的企业或个体经营单位填报。已在工商行政管理部门登记的，按登记注册类型填报，未登记的，按投资者的登记注册类型或有关文件的规定填报。

其中内资企业包括国有企业、集体企业、股份合作企业、联营企业、有限责任公司、股份有限公司、私营企业和其他企业。

港澳台商投资企业包括合资经营企业、合作经营企业、港澳台商独资经营企业、港澳台商投资股份有限公司和其他港澳台商投资企业。

外商投资企业包括中外合资经营企业、中外合作经营企业、外资企业、外商投资股份有限公司和其他外商投资企业。

2. 统计范围

计划总投资500万元以上的固定资产项目投资及所有房地产开发项目投资。

3. 调查方法

固定资产投资统计报表按月进行全面调查（1月份数据免报）。

4. 东、中、西部地区划分

东部地区包括北京、天津、河北、辽宁、上海、江苏、浙江、福建、山东、广东、海南11个省（市）；中部地区包括山西、吉林、黑龙江、安徽、江西、河南、湖北、湖南8个省；西部地区包括内蒙古、广西、重庆、四川、贵州、云南、西藏、陕西、甘肃、青海、宁夏、新疆12个省（市、自治区）。

5. 行业分类标准

2012年起，国家统计局执行新的国民经济行业分类标准（GB/T 4754—2011），具体请参见 http://www.stats.gov.cn/tjbz。

6. 增长速度计算

固定资产投资增长速度为名义增速，由于固定资产投资价格指数按季进行计算，除1～3月、1～6月、1～11月、1～12月可计算固定资产投资实际增速外，其他月份只计算名义增速。

根据制度安排，2011年底快报数用相应的年报数替代，相关增速进行了调整。

7. 环比数据修订

根据季节调整模型自动修正程序，对2011年12月份以来的固定资产投资（不含农户）环比增速进行修订。修订结果及12月份环比数据如下：

	月份	环比增速(%)
2011年	12月	1.53
2012年	1月	1.24
	2月	2.31
	3月	1.20
	4月	1.22
	5月	1.77
	6月	1.72
	7月	1.47
	8月	1.37
	9月	1.74
	10月	1.86
	11月	1.26
	12月	1.53

2012 年中国工业经济运行报告

工业和信息化部运行监测协调局　中国社会科学院工业经济研究所　发布

今年以来，面对复杂多变的国内外形势，各地区各部门按照中央提出的稳中求进的工作总基调，着力稳增长、调结构、促转型，加快落实相关政策措施，着力缓解外需萎缩和经济下行的不利影响，工业经济运行整体上由缓中趋稳向企稳回升方向发展，产业结构调整稳步推进。

一、2012 年工业经济运行基本情况

据国家统计局统计，今年 1～11 月份，全国规模以上工业增加值同比增长 10%，其中，一季度增长 11.6%，二季度增长 9.5%，三季度增长 9.1%，四季度增速接近 10%。分轻重工业看，轻工业增长 10.2%，重工业增长 9.8%。预计全年规模以上工业增加值比上年增长 10% 左右。

2012 年经济运行呈现以下特点：

工业经济运行缓中趋稳。尽管工业增速从去年下半年开始呈现出逐季放缓的趋势，但随着中央稳增长政策效果的陆续显现，进入下半年以来积极变化进一步增多，工业增速逐月回升，趋稳态势日益明显。8 月份工业增加值月度增速下滑到 2010 年以来最低点 8.9% 后，9、10、11 三个月分别增长 9.2%、9.6% 和 10.1%。规模以上工业增加值月度环比增速在 7 月份后逐月加快，8、9、10、11 月环比分别增长 0.76%、0.84%、0.83% 和 0.86%，工业经济呈现出趋稳回升的运行态势。

内需拉动作用明显增强。今年以来，世界经济复苏乏力，外需的持续萎缩导致我国工业品出口增速出现较大幅度回落。据国家统计局统计，1～11 月份，规模以上工业企业实现出口交货值同比仅增长 6.8%，增速同比回落 10.5 个百分点。其中一、二、三季度分别增长 7.4%、6.8% 和 3.5%，10 月份和 11 月份分别增长 5.4% 和 12.2%，增速总体呈逐季放缓态势，11 月份出口增速的回升主要受去年同期基数偏低的影响。在外需持续低迷的形势下，内需增势平稳，对工业增长的拉动作用明显增强。1～11 月份，城镇固定资产投资和社会消费品零售总额同比分别增长 20.7% 和 14.2%（扣除价格因素实际增长 12%），尽管受到出口低速增长的影响，规模以上工业完成销售产值同比仍保持了 12.5% 的增长速度。

产业结构调整稳步推进。1～11 月份，高技术产业增加值同比增长 11.8%，高出规模以上工业增加值平均增速 1.8 个百分点。新一代信息技术、高端装备制造、新材料、节能与新能源汽车等规划发布实施。重点行业兼并重组取得积极进展，列入淘汰落后产能名单的 2761 家企业落后生产线大部分已关停，产业转移有序推进。工业节能减排形势进一步好转，规模以上企业单位工业增加值能耗下降幅度大于预期目标。

企业经营状况开始好转。据国家统计局统计，1～10 月份，全国规模以上工业企业盈亏相抵实现利润 4.02 万亿元，同比增长 0.5%，年内首次实现正增长，上缴税金同比增长 8.5%；主营业务收入利润率为 5.46%，同比回落 0.53 个百分点，但比前三季度提高 0.1 个百分点；全部从业人员平均人数 9017 万人，同比增长 1%。

东部地区运行态势向好，中西部地区拉动作用增强。1～11 月份，东、中、西部地区工业增加值同比分别增长 8.7%、11.4% 和 12.8%。10、11 两个月，东、中、西部地区工业增加值平均增速分别为 8.7%、10.8% 和 13%，比三季度加快 0.5 个、1.2 个和 1.3 个百分点。在全部规模以上工业增加值所占比重中，中、西部地区分别上升到 25.2% 和 18.2%。1～10 月份，东、中部地区规模以上工业企业实现利润同比分别由前三季度下降 1.5% 和 1.3% 转为增长 0.8%、0.2%，西部地区下降 0.3%，降幅比前三季度收窄 3.6 个百分点。

稳增长政策效应逐步显现。工业用电增速明显回升。据中国电力企业联合会统计，1～11 月份，工业用电量同比增长 3.4%，月度增速由 9 月份同比仅增长 0.9%，回升至 10、11 月份的 5.9% 和 7%。家电市场形势看好，1～11 月份，全国（不包括山东、河南、四川、青岛）家电下乡产品销售 7493 万台，实现销售额 2013 亿元，同比分别增长 22.2% 和 18.1%。一些先行指标呈现积极变化。据国家统计局和中国物流与采购联合会调查，制造业采购经理指数在连续 4 个月下降之后，自 9 月份以来连续 3 个月出现回升，11 月份达到 50.6%，分项指标新订单指数升至 51.2%，连续两个月位于临界点以上，先行指标的持续好转说明制造业正处在趋稳回升过程中。

总体来看，当前我国经济发展总的形势是好的。在国际形势复杂严峻、外需持续低迷的情况下，通过实施积极的财政政策和稳健的货币政策，及时果断地加大预调微调力度，实现了经济运行缓中趋稳，与发达经济体增长普遍乏力、新兴经济体明显减速形成鲜明对比，成绩来之不易。但也要清醒地认识经济发展面临的困难依然较多，趋稳基础还不稳固，实现工业稳定增长还面临不少困难和挑战。一是外需萎缩影响短期难以根本扭转，工业品出口形势严峻。7、8 两个月我国外贸出口总额同比仅增长 1% 和 2.7%，尽管 9、10 月份增速回升到 9.9% 和 11.6%，但 11 月份又回落至 2.9%。一些劳动密集型产业和订单有向周边国家转移的趋势，部分高端出口产业面临发达国家打压，

未来出口稳定增长的难度依然很大。二是受经济下行和企业盈利水平下降等因素影响，制造业投资强度下滑，在固定资产投资增速整体回升的情况下，工业投资累计增速连续5个月回落，制造业投资增速也出现连续4个月回落。1～11月份，工业投资13.9万亿元（占固定资产投资的42.7%），同比增长21.1%，增速比上半年回落2.7个百分点；其中制造业投资11.3万亿元（占工业投资的81.3%），同比增长22.8%，比前7个月回落2.1个百分点。三是企业经营仍较困难。近期虽然一些指标有所好转，但市场需求增长未出现明显改观，生产成本仍居高不下，企业利润持续减少，亏损增加。1～10月份，企业亏损面为15%，同比扩大3个百分点，亏损企业亏损额同比增长50.1%；每百元主营业务收入中成本支出同比上升0.28元，财务费用同比增长28.6%，高出同期主营业务收入增幅18.3个百分点，流动资产周转率下降0.1次/年。四是部分行业产能过剩问题突出，“高产能、高库存、高成本，低需求、低价格、低效益”的问题困扰着行业健康发展。目前，我国炼钢能力超过9亿吨，产能利用率仅有72%；水泥产能接近30亿吨，超过2015年25亿吨的需求预期目标。受出口受阻影响，58家多晶硅生产企业目前开工的不足10家。产能过剩问题已导致这些行业产品价格加速下滑，整体经营状况恶化。

二、2013年工业发展面临的形势

明年我国经济发展具备很多有利条件和积极因素。党的十八大胜利召开，极大地鼓舞和坚定了全党全国人民建设中国特色社会主义的信心和决心。工业化、信息化、城镇化、农业现代化深入推进，将为扩大内需、发展实体经济提供广阔的市场空间。加快创新驱动、结构调整和发展方式转变，将不断增强经济发展的协调性和可持续性。坚持不懈推进改革、扩大开放，将有力激发经济发展的活力和动力。但是也应该看到，明年国外经济形势依然复杂，不确定性不稳定性因素不断增加，经济将由高速增长向适度平稳增长过渡，总体处于阶段性调整之中，保持经济平稳较快发展、全面提高工业发展质量和效益还要付出巨大努力。

扩大内需特别是消费需求是保持经济持续健康发展的坚实基础。1～11月份，社会消费品零售总额扣除价格因素实际增速比上半年和前三季度分别加快0.8个和0.4个百分点；其中11月当月实际增速为13.6%，连续6个月实现12%以上的增长。前三季度，内需对经济增长的贡献率为105.5%，其中消费需求为55%，对经济增长的拉动力自2006年以来首次超过投资。居民收入水平的较快增长、就业市场的良好形势以及收入分配改革方案的出台将为居民消费的持续稳步增长打下良好基础。前三季度，城镇居民人均可支配收入扣除价格因素实际增长9.8%，农村居民人均现金收入实际增长12.3%，均明显高于前三季度的国内生产总值的增速。全国已有18个省市提高了最低工资标准，平均上调幅度达到19.4%。商品房销售开始有所转机，销售面积下降幅度逐月收窄，11月份首度转为正增长，1～11月累计已增长2.4%，商品房销售情况的好转将带动家电、家具、建筑和装潢等商品零售增长。节能产品、新能源汽车等促进消费的各项政策措施的推进实施也将进一步刺激居民的消费需求。但是，制约我国居民消费支出的体制性因素和结构性问题难以在短期内完全消除，收入分配改革方案推进尚需时日，消费能力扩大需要一个过程。要着力培育新型消费业态，特别是对于信息消费等增长迅猛和潜力巨大的消费热点，要加大政策支持和引导，加快扩大消费能力。

保持投资稳定增长是拉动经济增长的关键力量。1～11月份，在全社会固定资产投资规模中，新开工项目计划总投资累计增速达到28.8%，并且连续7个月出现回升，反映出未来投资增长动力在持续加强。2013年是实施“十二五”规划承上启下的重要一年，在“稳增长”的政策基调下，一批重大项目将加快开工和跟进，投资对工业增长的拉动作用将继续显现。但同时也要看到，在房地产调控政策延续的背景下，房地产投资仍然缺乏回升的动力。受出口低迷影响以及部分领域产能过剩的制约，制造业投资快速回升动力不足。从微观层面看，在市场需求低迷和综合成本上升的双重挤压下，企业盈利水平大幅下降，部分行业还出现了严重亏损，企业投资能力下降，民间资本投入实体经济意愿不足。综合来看，明年投资有望在今年增速较低的基础上基本实现平稳增长，发挥好投资在促进经济增长中的关键作用，一方面，要选准方向、优化结构、提高投资的质量和效益，另一方面，要进一步增加并引导好民间投资。

外需增长前景仍然是影响未来一个时期经济平稳运行的不确定因素。世界经济复苏将是一个长期艰难曲折的过程，国际金融危机的深层次影响还在继续显现，2013年全球经济复苏依然脆弱。近期，在各国新一轮宽松货币政策的刺激下，世界经济形势有所好转，11月份摩根大通全球制造业采购经理人指数从10月份的48.8%升至49.7%，是今年6月份以来的最高值。但总体看，欧盟、日本经济的持续低迷以及新兴经济体增速放缓，全球经济金融风险继续加大，贸易保护主义不断抬头，全球经济复苏不可能一帆风顺。10月份，国际货币基金组织将2013年全球经济增长率从7月份预期的3.9%下调至3.6%，并警告全球经济面临再度陷入衰退的风险。另外，从我国自身的对外贸易形势看，传统工业品出口竞争优势在逐渐削弱。近年来我国用工成本快速上涨，2006～2011年间，我国制造业城镇单位就业人员平均名义工资翻了一番，年均增速达到15%。与东南亚国家相比，我国劳动力成本已由10年前的偏低转变为偏高，近期部分劳动密集型产业出现向周边国家转移势头加大。10月份开幕的第112届广交会的境外采购商与会人数和出口成交额较上届广交会分别下降10.3%和9.3%，预示着未来一段时间内我国出口形势依然严峻。

总体来看，明年我国工业经济发展的基本面是好的，仍有较大的发展空间和潜力，但所面临的国内外经济形势依然复杂，不确定性、不稳定性因素不断增加。外需持续萎缩与内需增势放缓相互叠加，有效需求不足与产能过剩矛盾相互作用，长期问题与短期困难相互交织，形势仍不容乐观。

三、重点行业运行情况和发展趋势

在中央稳增长一系列政策措施的积极作用下，原材料工业生产增势止跌回升，消费品工业运行态势缓中见稳，电子制造业企稳态势明显；装备制造业由于生产周期长、调整难度大，目前尚未摆脱下行压力。从各行业总体运行态势看，进入三季度以来积极变化进一步增多，经济运行的一些主要指标增速有不同程度回升，如果能继续维持目前的运行态势，预计2013年多数行业运行状况将有不同程度改善。

原材料工业。今年以来，受房地产市场调控和基础设施投资放缓等因素的影响，原材料工业增速延续去年四季度以来的下滑趋势，上半年原材料工业增速放缓，但二季度以后，随着稳增长、扩内需政策措施的推进落实，基础设施投资力度不断加大，近期部分原材料价格有所上涨，原材料工业生产呈现出企稳回升的趋势。根据国家统计局提供数据测算，今年1～11月份，原材料工业完成增加值同比增长10.4%，增速比去年同期回落2.3个百分点，其中一、二、三季度分别增长11.3%、9.5%、10.2%，10、11两个月平均增速为11.4%，呈现出趋稳回升的势头，预计全年增长10.5%左右。明年是实施“十二五”规划的重要一年，铁路、公路、水利等基础设施投资有望实现较快增长，但是基础设施投资扩张也将在一定程度上受到今年财政收入增速明显下滑和地方政府债务的约束，房地产调控和保障性住房计划开工数的减少使得房地产投资增长的回升幅度有限，原材料主要下游产业的投资需求难以大幅提升，而钢铁、水泥、平板玻璃等部分产能过剩的行业仍将面临较大的“去产能化”压力。同时，部分高能耗、高排放原材料产业的资源环境约束和节能减排压力将进一步加大，并且国外复杂经济形势所导致的大宗商品价格波动也会对资源进口依赖程度较高的原材料工业运行产生影响。综上分析，预计明年原材料工业增速可能与今年大体相当。

钢铁行业受有效需求不足以及产能过剩影响，将继续维持低增长、低效益状况。今年以来，受国内外经济下行的影响，钢材需求明显放缓，产能过剩问题不断凸显，钢材价格大幅下跌，企业效益显著下滑，行业运行困难较大。1～11月份，全国生产粗钢6.6亿吨，同比增长2.9%，增幅比去年同期回落6.9个百分点。国内市场需求不振，6%以上产能靠出口消化。1～11月份，国内粗钢表观消费量为6.2亿吨，同比仅增长1.7%，增幅比去年同期低8.5个百分点，比生产增幅低1.2个百分点。出口钢材5413万吨，同比增长12.7%，进口钢材1374万吨，同比下降13.5%，进出口相抵净出口折粗钢4038万吨，占粗钢产量的6.1%。在国内市场疲软的情况下，出口增长在一定程度上缓解了产能过剩压力，但也引起了较多的国际贸易摩擦。钢材价格持续下行。受市场需求疲软、产能集中释放、钢铁产品同质化竞争加剧等因素影响，钢材价格在4月初达到年内高点后连续5个月持续下跌。据钢铁协会统计，9月第一、二周国内钢材价格综合指数跌破100，9月中旬后价格出现反弹，11月末，国内钢材综合价格指数为105.32点，比去年同期下降17.01点，降幅为13.91%。利润大幅下滑。据国家统计局统计，1～10月份，冶金行业实现利润同比下降48.3%（2011年增长28.4%）；主营业务收入利润率为1.68%，同比回落1.57个百分点；其中，冶炼和压延加工业利润率仅为0.99%，同比回落1.5个百分点。企业亏损面为25.7%，亏损企业亏损额同比增长2.4倍。据钢铁协会统计，1～10月，会员钢铁企业盈亏相抵实现利润为亏损52.2亿元，全行业处于净亏损状态。产能过剩问题难解。据钢铁协会统计，我国粗钢年生产能力2009年为7.18亿吨、2010年为8亿吨、2011年为8.63亿吨，预计2012年接近或超过9亿吨。据国家统计局统计，1～11月份黑色金属冶炼及压延加工业完成投资超过4500亿元，预计又将形成产能5000多万吨。据相关媒体报道，今年仅河北唐山、邯郸两地就有10多座高炉投产，新增产能2000多万吨。国际市场消化能力有限。据世界钢铁协会（WSA）近期预测，今明两年世界钢铁消费量将分别增长2.1%和3.2%，明显低于2011年6.2%的水平。今年1～10月份，除中国大陆外的世界粗钢产量同比下降0.5%，在世界性产能过剩的情况下，再继续扩大出口的难度必然加大。国内需求增长难有明显改观。在国家“稳增长”政策的带动下，基础设施投资将会有所增加，钢材市场特别是长材需求有望恢复，产量及消费量将小幅增长。受汽车、造船等下游用钢行业需求低迷影响，板材需求难有明显改观。同时由于铁矿石等原料价格上涨压力较大，产品同质化竞争加剧，以及产能严重过剩等因素影响，预计明年钢铁行业高成本、低增长、低利润的局面仍将持续。

有色金属工业生产将呈稳定增长的态势，效益状况有所改善，但回升动力依然不足。1～11月份，有色金属行业增加值同比增长14%，增速与去年同期持平。十种有色金属产量3384万吨，同比增长8.4%，增速比去年同期回落1.9个百分点，其中电解铜、电解铝的产量分别增长7.9%和12.3%。盈亏状况大幅下滑，铝冶炼行业整体亏损。1～10月份，实现利润1475亿元，下降16.2%，降幅比前三季度收窄3.4个百分点；主营业务收入利润率为3.98%，同比回落1.39个百分点；其中冶炼和压延加工业利润率为2.78%，同比回落1.3个百分点，其中铝冶炼行业（包括氧化铝企业）盈亏相抵净亏损13.5亿元；企业亏损面为19.2%，亏损企业亏损额同比增长1.5倍。有色行业利润下降的直接原因是国内外市场有色金属价格下降，而电力、能源等价格上涨及利息支出等财务费用大幅度增加；根本原因则是由于部分产品产能过剩，企业拥有的自备矿山原料和自备能源的比重低，具有竞争优势的高附加值产品较少等结构性问题。投资结构有所改善。1～11月份，有色金属行业完成固定资产投资同比增长17.7%，增幅同比回落14.8个百分点，其中冶炼项目同比下降0.5%，矿山和压延加工业投资分别增长17.9%和41.7%。预计明年整体运行环境可能好于今年。随着基础设施投资加快、“十二五”国家战略性新兴产业发展规划和节能产品惠民工程的出台落实，对有色金属尤其是有色金属精深加工产品的消费需求将进一步加大。在各国货币宽松政策刺激下，国际市场有色金属价格将继续呈现震荡格局，但年均价格可能好于今年，企业经营困难将有所缓解。但家电下乡政策退出、部分中低端产品产能过剩、淘汰落后产能压力和国际金融市场的不稳定等因素，也将对明年有色金属行业的发展形成制约。明年，有色金属行业运行状况基本平稳，结构调整力度将进一步加大。

建材行业运行已经显现出趋稳回升的态势。1～11月份，建材行业增加值增长11.6%，增速同比回落8.5个百分点。据建材工业联合会统计，全国水泥产量20.3亿吨，同比增长6.7%；平板玻璃6.65亿重量箱，同比下降6.1%。产品结构进一步优化，低能耗制品保持较快增长。商品混凝土和水泥混凝土排水管、压力管、电杆产量分别增长14%、59.6%、14.4%和17.6%，钢化玻璃、夹层玻璃、中空玻璃产量分别增长12.8%、8.1%和41.9%，玻璃纤维纱增长10.7%，低能耗制品对建材行业增长贡献率接近一半。利润降幅收窄。1～10月份，建材行业实现利润同比下降5.2%，降幅比1～9月缩小3个百分点。水泥、平板玻璃价格企稳回升迹象明显。11月份，重点建材企业水泥月均出厂价348元/吨，比10月份上涨1.1元/吨，同比下降10%，平板玻璃月均出厂价64.3元/重量箱，比10月份上涨0.6元/重量箱，已连续4个月回升。产能过剩问题突出。建材行业在经历了前几年井喷式发展之后，水泥和平板玻璃等传统行业产能过剩问题不断凸显，产销不畅问题较为突出，“去库存化”、“去产能化”任务依然繁重。如果房地产市场不出现明显好转，明年建材行业生产增速可能与今年大体相当，继续保持在适度的增长区间。

石化行业总体将呈现缓中趋稳态势，但产能严重过剩和国际市场原油价格波动将影响行业平稳运行。今年上半年石化行业经济增速持续回落，下行压力很大，进入三季度，行业经济呈现触底趋稳发展态势。1～11月份，石化行业增加值同比增加8.1%，增速比去年同期回落2个百分点；其中化工行业增加值同比增长12%，11月当月增速为13%，连续3个月加快增长；主要产品中，乙烯、烧碱、纯碱产量分别增长－2.6%、4.1%和5.5%，增速比去年同期分别回落10个、11.4个和7.4个百分点。产业结构进一步优化。合成材料和有机化学原料产值在全化工行业中所占比重分别到22%和16.5%，同比提高1.7个和1.2个百分点；全钢子午胎产量达到6.4亿条，子午化率达到87.4%。技术密集型行业投资大幅增长。全年化工行业投资约增长33%左右，其中合成材料投资增幅接近60%，有化学原料投资增幅将超过60%，其他基础化学原料增幅接近70%。企业利润降幅收窄。1～10月份，石化行业实现利润总额同比下降8.7%，降幅连续3个月收窄。产能过剩问题突出。从今年9月份的装置平均利用率看，甲醇约为55%，烧碱约为75%，纯碱约为72%，聚氯乙烯约为60%，一些企业陷入了装置“开工亏损、不开工更亏损”的尴尬境地。明年市场需求将有所回升，但仍面临较大不确定性。预计明年房地产、建筑、汽车、轻工等行业的小幅回暖，将增加对成品油、合成材料、涂料等部分石化产品的市场需求。但受国际需求疲软，生产成本高、产能过剩问题突出等因素影响，石化行业经济运行总体难以出现大幅改观。同时节能减排压力在不断加大，而以原油为代表的国际大宗商品价格波动使得高度依赖资源进口的石化行业运行面临较大的不确定性。近期我国出台了对页岩气开发利用的支持政策，未来页岩气、页岩油将成为行业投资的重点领域，并将带动天然气管网和储气库投资力度加大。预计明年石化行业将保持缓中趋稳的发展态势。

装备工业。受固定资产投资增速放缓和出口持续下滑影响，装备工业整体运行仍未摆脱下行压力。据国家统计局统计，今年1～11月份，装备制造业增加值同比增长8.2%，明显低于全部规模以上工业，增速比去年同期大幅回落7.2个百分点。其中，一、二、三季度同比分别增长9.1%、9.1%和7.6%，10月份、11月份分别增长6.5%和7.4%。订单下滑明显。受市场需求增速放缓影响，装备制造业新增订单数量明显萎缩。从机械联合会重点联系企业订单情况看，去年全年累计新签订订单同比仅增长6%，而今年累计已呈现负增长局面，其中工程机械、船舶、机床、载重汽车、发电设备订单下滑最为明显。出口增速大幅回落。1～11月份，装备制造业出口交货值同比仅增长1.3%，比去年同期大幅回落20.2个百分点，其中，一、二季度分别增长6.7%和3%，三季度下降1.9%，7月份以来已连续5个月同比负增长，11月份下降1.8%。盈利状况下滑。1～10月份，装备工业实现利润9053亿元，同比增长2.1%（2011年增长20.8%），其中汽车工业同比增长8%，扣除汽车工业利润，其他行业利润合计下降1.4%；主营业务收入利润率为6.31%，同比回落0.4个百分点；企业亏损面为14.7%，亏损企业亏损额775亿元，同比增长71.7%。机遇与挑战并存，前景仍不乐观。明年是深入贯彻落实工业转型升级规划和战略性新兴产业发展规划的关键一年，高端装备制造业将迎来重要的发展机遇期。同时，铁路、水利等基础设施领域投资的加快将拉动工程机械等行业增长，发电设备中的水电设备和输变电设备中特高压输变电有一定增长空间。但总体来看，需求好转尚不明显，出口形势难有根本改善，同时，我国装备制造业面临的中低端产品产能过剩、高端产品研发能力和产业化能力弱等问题，导致行业同质化竞争进一步加剧，美国等发达经济体实施再工业化战略也对我机电产品出口将形成一定挤压。预计明年装备工业整体运行情况要好于今年，增加值增速高于今年。

汽车行业将维持小幅增长。汽车产、销克服了去年以来市场刺激政策退出等不利因素的影响，扭转了年初负增长局面，呈现出企稳回升的态势。据汽车协会统计，今年1～11月份，全国汽车累计产、销量分别为1748万辆和1749万辆，同比分别增长4.5%和4%，其中乘用车产、销量分别增长7.3%和7.1%，商用车产、销量分别下降5.7%和6.8%。自主品牌乘用车增势基本平稳，在国内市场份额中占比有所下降。1～11月份，自主品牌乘用车销售580万辆，同比增长4.9%，占乘用车市场销量的41.3%，占比同比下降0.8个百分点；其中自主品牌轿车销售270万辆，同比增长1.5%，占轿车市场销量的27.8%，占比同比下降1.3个百分点。低排量轿车市场份额略有下降。1～11月份，1.6升及以下轿车销售690万辆，同比增长6.1%，占轿车销售量的比重为70.8%，同比下降0.1个百分点。出口保持较快增长，单车出口金额不到进口汽车的1/3。据汽车协会统计，1～11月份出口汽车96.5万辆，同比增长

27.2%，全年有望突破100万辆。另据海关统计，1~10月份，累计进口汽车97万辆，进口金额410亿美元，同比分别增长17.9%和20.3%；累计出口汽车85.1万辆，出口金额114亿美元，同比分别增长21%和28.1%，出口汽车单价仅为进口汽车的31.7%。产业集中度提升。1~11月份，汽车销量排名前十位的企业集团销量合计为1533万辆，占汽车销售总量的87.6%，比去年同期提高0.5个百分点。新能源汽车有望成为新的增长点，但整个汽车行业发展面临资源和环境等瓶颈制约。扩大内需政策以及节能与新能源汽车产业发展规划等措施效果将逐步显现，同时不断升级的消费结构和居民收入水平的稳定增长将持续拉动汽车需求，为汽车行业的长期稳步发展提供良好支撑。但是，在经历十年年均产销25%以上的高速发展之后，汽车行业正步入新一轮的调整周期，同时，北京、广州等城市出于治堵考虑采取了汽车限购措施，所带来的示范效应也对汽车行业发展形成制约。

全球船舶市场持续低迷，船舶行业进入深度调整周期。在全球经济、贸易增长放缓的大环境下，航运市场持续低迷，造船三大指标持续全面下降，经济效益呈回落走势，运行状况日益恶化。生产大幅下滑，行业经营状况恶化。据船舶协会统计，1~11月份，全国造船完工5055万载重吨，同比下降18.2%。1~10月份，中国船舶工业协会重点监测的船舶企业实现利润总额同比下降55.6%。市场加速萎缩，手持订单大幅减少。1~11月份，新承接船舶订单量1704万载重吨，其中出口订单1334万载重吨，同比分别下降49.4%和46.9%；截止11月底，手持船舶订单量11335万载重吨，其中出口订单9385万载重吨，同比分别下降30.3%和31.3%。考虑到订单高度集中在少数大船厂手里，绝大多数中小型船厂面临开工率不足。同时，全球订单量降到新的低点，到11月底全球手持船舶订单量降到4721艘、2.7亿载重吨，较去年底下降25%。受航运市场持续低迷影响，交船难度日益增大。统计数据显示，截止2011年底，我国手持船舶订单15445万载重吨，其中2012年应交付船舶8962万载重吨，到11月底仅交付5055万载重吨，预计全年交付量不到6000万载重吨，约有3000万载重吨船舶撤单或延期交船。在全球经济增速放缓的大环境下，受国际航运市场持续低迷，以及造船业发展周期影响，明年我国船舶工业生产经营形势更加严峻。

消费品工业。今年以来，受出口萎缩、成本上涨等因素影响，二季度消费品工业生产增速明显放缓，从总体运行态势看，受国内需求平稳增长的支撑，二季度以后呈现出缓中企稳的发展势头。根据国家统计局提供数据测算，今年1~11月份，消费品工业增加值同比增长11%，增速比去年同期回落3.1个百分点，其中，一季度增长14.3%，二季度增长10.2%，三季度增长10%，10月份、11月份均增长10%，增速趋于稳定。出口增速呈现止跌回升。1~11月份，消费品工业实现出口交货值同比增长6.8%，比去年同期回落9.1个百分点，其中，一、二、三季度分别增长6.3%、5.7%和7%，10月份、11月份分别增长7.2%和9.4%。内需稳定增长将支撑消费品工业继续保持良好发展态势。着力扩大内需特别是消费需求仍将是明年宏观调控政策的基本取向，在继续完善促进消费政策和努力提高城乡居民收入水平等一系列宏观调控措施的引导下，消费对工业增长的贡献率将进一步提升。但是，明年全球经济形势依然复杂，出口依存度较高的轻纺工业面临的外部环境仍然严峻，出口状况难以出现明显改观。综合来看，预计明年消费品工业增速可能与今年大体相当。

轻工行业生产形势总体保持平稳。今年1~11月份，轻工行业增加值同比增长11.1%，高于全部规模以上工业1.1个百分点，但比去年同期回落4个百分点。其中，8、9、10和11四个月分别增长9.9%、9.7%、9.6%和10%，轻工行业运行逐渐趋于平稳。食品行业增势基本平稳，但其他行业下滑幅度较大。在轻工行业中，农副食品加工、食品、饮料等行业增加值合计占轻工行业规模以上工业增加值的比重接近47%，同比增长13.2%，快于轻工行业增加值增速2.1个百分点；扣除食品行业，轻工其他行业合计增长9.3%。出口增速回升。出口交货值同比增长8.5%，增速同比回落7.3个百分点；其中一、二、三季度分别增长7.3%、8.5%和9.4%，10月份、11月份分别增长7.9%和11.1%。扶持中小企业的政策效果显现。1~10月份，轻工规模以上中型、小型企业利息支出同比分别增长22%和28.3%，比一季度均回落21个百分点，比上半年分别回落9.3个和12.3个百分点。利润保持较快增长。1~10月份，轻工行业实现利润7981亿元，同比增长17.9%；主营业务收入利润率为5.66%，同比提高0.12个百分点；企业亏损面为12.1%，亏损企业亏损额同比增长31.6%。消费环境将进一步改善。在国内经济企稳回升，国家实施的各项稳增长政策效果逐渐显现的大背景下，轻工行业发展面临的政策与市场环境将进一步改善。但同时，劳动力成本刚性上涨、人民币汇率升值压力加大使得长期以来的低成本发展模式受到挑战，同时还面临需求不足、贸易壁垒、技术创新能力不足、自主品牌缺乏等突出问题，如何确保食品安全也是面临的突出问题之一。由于前期刺激消费政策提前释放了消费能力，新的扩内需政策可能出现边际效应递减问题，预计明年轻工行业生产增速基本保持平稳。

纺织行业面临的形势仍然严峻。受出口萎缩影响，纺织行业生产增速逐季回落。1~11月份，我国纺织行业增加值同比增长10.5%，增速与去年同期持平，其中一、二、三季度分别增长13.1%、10%和9%，10月份和11月份分别增长10.2%和9.6%。投资增幅回落，中部地区投资强度高于其他地区。1~11月份，我国纺织行业完成固定资产投资7057亿元，同比增长15.7%，增幅同比回落19个百分点，其中中部地区投资增长16.9%。利润下滑明显。1-10月份，纺织行业实现利润同比增长2.1%，增速比1~9月加快1.7个百分点，但比去年同期大幅回落26.9个百分点；主营业务收入利润率为4.55%，同比回落0.34个百分点；企业亏损面为15.7%，亏损企业亏损额同比增长62.7%。其中，化学纤维制造业实现利润同比下降45.7%，主营业务收入利润率为2.48%，亏损企业亏损额同比增长96.5%。国内外棉花价差过大，棉制产品出口竞争力受到严重削弱。去年第四季度以来，国内外棉花价差不断拉大。

据有关市场监测数据显示，11月16日，328棉花价格为18788元/吨，与国际1%关税后的折人民币棉价（13116元/吨）差已经达5672元/吨。国内外棉价差持续拉大，严重削弱了我国棉纺织产业链的国际竞争力，1～10月份我国棉纺织品及服装出口额同比仅增长1.2%，低于上年同期15.1个百分点。国际市场萎缩，出口形势严峻。从我国纺织品服装的主要出口市场情况看，前三季度，美国从全球进口纺织品服装总额同比下降1.1%，欧盟进口额下降6.3%，日本进口同比仅增长1%（增速同比下降13.7个百分点）。受国际市场需求不足、成本上升等因素影响，前三季度我国在欧盟和日本纺织品服装进口中所占的份额为40.4%和72.7%，同比分别下降了0.8个和2个百分点。1～11月份，纺织行业完成出口交货值同比仅增长2.4%，增速同比回落13.3个百分点。另据海关统计，1～11月份，我国纺织品服装出口2308亿美元，同比仅增长2.1%，扣除价格因素实际为负增长（前10个月出口价格同比上升3.4%，扣除价格因素纺织品服装出口量同比下降0.9%）。出口需求不振、综合生产成本上升、传统比较优势减弱将继续影响纺织行业运行态势。尽管目前纺织行业生产情况基本平稳，但是也存在着出口明显萎缩、经济效益大幅下滑等突出问题。同时，用工等生产要素成本上涨、人民币汇率升值压力、国际贸易壁垒、国内外棉花价差持续扩大等因素也将继续困扰纺织行业的发展，明年纺织行业不大可能比今年增长更快。

电子制造业。我国电子制造业对外依存度高，行业运行与国际形势紧密关联，出口不振导致今年以来电子制造业生产增速出现明显回落，尽管四季度在出口增长回升拉动下生产增速有所加快，但仍存在很大的不确定性。1～11月份，电子制造业增加值同比增长11.6%，增速同比回落4.3个百分点，其中8、9、10和11四个月分别增长9.9%、10%、10.1%和12.6%，电子制造业生产增速逐月加快。出口有所恢复。1～11月份，完成出口交货值同比增长11.6%，增速比去年同期回落3.3个百分点，其中一、二、三季度分别增长8.6%、13.6%和6.2%，8月份以后月度增速明显回升，11月份当月增长23.2%。盈利状况有所好转，但利润率仍处较低水平。1～10月份，电子制造业实现利润同比增长10%，增速比前三季度加快4.3个百分点；主营业务收入利润率仅为3.1%，比全部规模以上工业企业低2.36个百分点，企业亏损面达24.7%。明年，国际经济形势依然复杂，世界经济复苏缺乏动力，在日趋激烈的市场竞争中，长期处于产业链中低端的我国电子制造业所面临的发展环境仍然严峻。

四、“稳增长、调结构、转方式、增效益”将是2013年工业通信业经济运行工作的主旋律

明年是全面贯彻落实党的十八大精神的开局之年，是实施“十二五”规划承前启后的关键一年，是为全面建成小康社会奠定坚实基础的重要一年。要全面贯彻落实党的十八大精神和中央经济工作会议部署，以科学发展观为指导，继续坚持稳中求进的工作总基调，围绕走中国特色新型工业化、信息化、城镇化和农业现代化道路，按照形成新的经济发展方式的要求，加快推进工业转型升级，加快构建现代产业体系，加快推动信息化和工业化深度融合，更加注重科技创新驱动作用，更加注重大中小微企业协同发展，进一步优化企业发展环境，着力提升发展的质量和效益，实现工业通信业平稳较快发展。

（一）加大对实体经济支持力度，夯实稳增长基础。在维持宏观政策连续性和稳定性、增强调控的针对性、有效性和前瞻性的同时，要切实加大对实体经济发展支持力度，改善不利于实业发展的环境。改造提升传统产业，培育发展战略性新兴产业，加快发展生产性服务业。把化解产能过剩问题作为结构调整的工作重点，通过扩大和创造国内需求，消化一批产能；通过支持企业增强跨国经营能力，加快走出去，向境外转移一批产能；通过优化产业组织结构，推动企业兼并重组，整合一批产能；通过严格执行环保、安全、能耗等市场准入标准，下决心再淘汰一批落后产能。加大对企业技术改造的支持力度，建立健全技术改造的长效工作机制，营造全社会支持企业技术改造的环境。加大对装备制造业等投入，研究实施“强基工程”，提高基础配套能力。

（二）实施创新驱动发展战略，提升产业核心竞争力。强化企业创新主体地位，积极吸收国际创新资源和创新成果，加快推动重大技术突破。更多运用市场化工具和手段推进结构调整，进一步发挥产业政策的导向作用，持续加大对关键领域自主创新的投入力度，加快实施重大产业创新发展工程，大力支持高端装备研发。围绕重点领域发展需求，积极培育战略性新兴产业、先进制造业，更加注重研发、设计、品牌、营销等环节，更加注重工业关键技术创新，发展高新技术装备制造业，深化原材料产品加工发展，创新消费品行业商业模式，在一些关键领域形成国际核心竞争力和新的增长点。

（三）推进“两化”深度融合，着力增强信息化对经济社会发展的支撑和引领作用。针对我国信息基础设施建设滞后，信息资源开发利用水平不高，信息通信技术在推动经济社会发展中的潜力尚未充分发挥等突出问题，加大政策支持力度，加快构建下一代国家信息基础设施，采取有效措施，大力支持发展现代信息技术产业体系。加强信息化的统筹协调和顶层设计，健全信息安全保障体系，推进信息网络技术在经济社会各领域的广泛运用和全面覆盖。实施两化深度融合推进工程，提升重点行业整体两化融合水平。进一步加大信息技术对传统产业的改造提升力度。

（四）着力优化中小企业发展环境，增强中小企业发展的活力和内生动力。进一步加大结构性减税政策力度，扩大企业受惠面。实施中小企业和个体工商户结构性减税政策，扩大中小企业减征所得税对象和应税所得额范围。加快出台政府采购扶持中小企业政策。研究减轻企业特别是小微企业社会保险缴费负担的相关政策。调整和优化消费环节税收结构，进一步拉动消费需求。进一步减轻企业税费负担，对符合产业政策方向、暂时陷入困境的企业，建议在一定期限内采取减缓政策。放宽金融企业市场准入门槛，落实民间资本创办村镇银行、股份制金融机构政策。鼓励发展直接融资市场，拓展多渠道融资，营造实体经济和中小企业发展的良好环境。

2012 年电子信息产业统计公报

国际工业和信息化部运行监测协调局 发布

2012 年，国际政治经济形势复杂多变，国内经济发展困难增多，我国电子信息产业发展速度有所放缓，但在党中央、国务院“稳中求进”的工作总基调指引下，在全行业各方共同努力下，产业发展呈现缓中趋稳态势，生产增速小幅攀升，效益状况不断好转，产业结构调整步伐加快，继续为推动信息化发展和促进两化深度融合发挥积极作用，在国民经济中的重要性进一步提高。

一、综合

（一）产业规模不断壮大

2012 年，我国电子信息产业销售收入突破十万亿元大关，达到 11.0 万亿元，增幅超过 15%；其中，规模以上制造业实现收入 84619 亿元，同比增长 13.0%；软件业实现收入 25022 亿元（快报数据），比上年增长 28.5%。

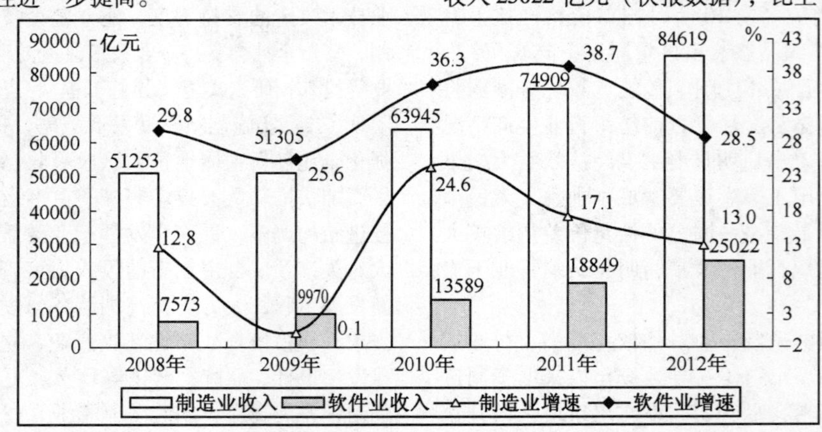

图 1 2008～2012 年我国电子信息产业收入规模

（二）行业增速保持领先

2012 年，我国规模以上电子信息制造业增加值增长 12.1%，高于同期工业平均水平 2.1 个百分点；收入、利润及税金增速分别高于工业平均水平 2.0、0.9 和 9.9 个百分点，在工业经济中的领先和支柱作用进一步凸显。

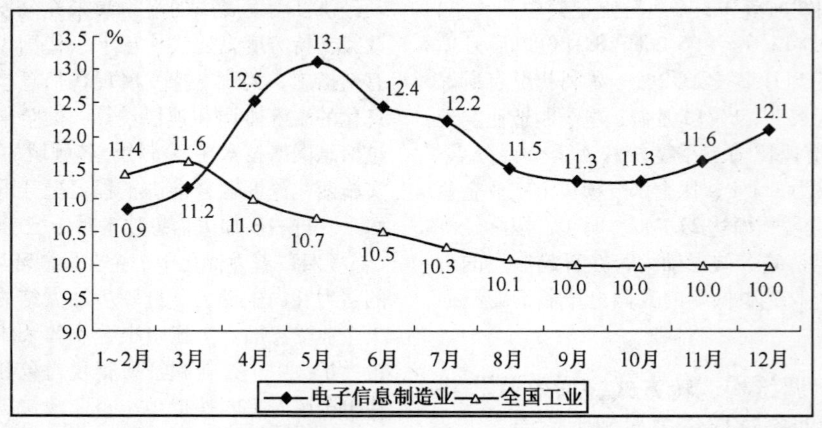

图 2 2012 年电子信息制造业与全国工业增加值累计增速对比

（三）制造大国地位日益稳固

2012 年，我国规模以上电子信息制造业实现销售产值 85044 亿元，同比增长 12.6%。手机、计算机、彩电、集成电路等主要产品产量分别达到 11.8 亿部、3.5 亿台、1.3 亿台和 823.1 亿块，同比增长 4.3%、10.5%、4.8% 和 14.4%；手机、计算机和彩电产量占全球出货量的比重均超过 50%，稳固占据世界第一的位置。

二、投资

（一）投资增速明显放缓

2012年，我国电子信息产业500万元以上项目完成固定资产投资额9592亿元，同比增长5.7%，增速比上年回落45.8个百分点，低于同期工业投资14.3个百分点。全年，电子信息产业新开工项目7571个，同比增长8.8%，增速比上年回落44.3个百分点。

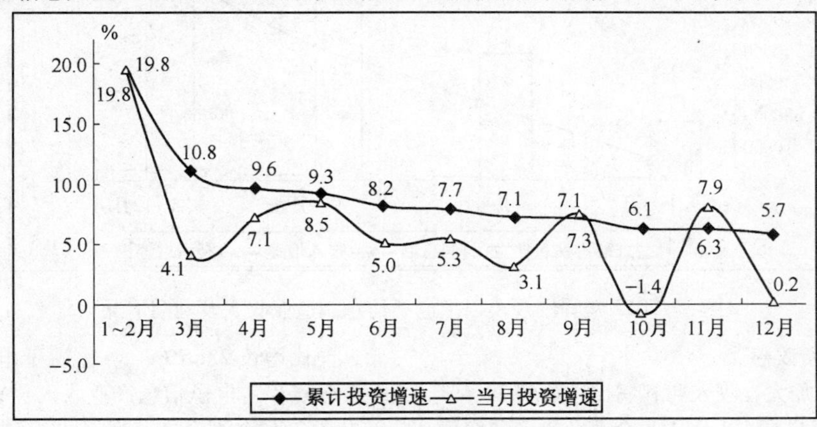

图3　2012年电子信息产业固定资产投资增速

（二）投资结构变化加快

分行业看，广播电视设备行业新开工项目数量及投资额增幅均超过100%，远高于全行业平均水平；分地区看，中西部地区完成投资额4128亿元，同比增长20.6%，增速高于全国水平14.9个百分点，比重（43.0%）比上年提高5.3个百分点；从投资主体看，内资企业完成投资7556亿元，同比增长10.9%，增速高于平均水平5.2个百分点，比重（78.8%）比上年提高3.7个百分点。

三、进出口

（一）外贸总额小幅增长

2012年，我国电子信息产品进出口呈小幅增长态势，进出口总额11868亿美元，增长5.1%，增速比上年回落6.4个百分点，低于全国商品外贸总额增速1.1个百分点，占全国外贸总额的30.7%。其中，出口6980亿美元，增长5.6%，增速比上年回落6.3个百分点，低于全国外贸出口增速2.3个百分点，占全国外贸出口额的34.1%。进口4888亿美元，增长4.5%，增速比上年回落6.5个百分点，高于全国外贸进口增速0.2个百分点，占全国外贸进口额的26.9%。

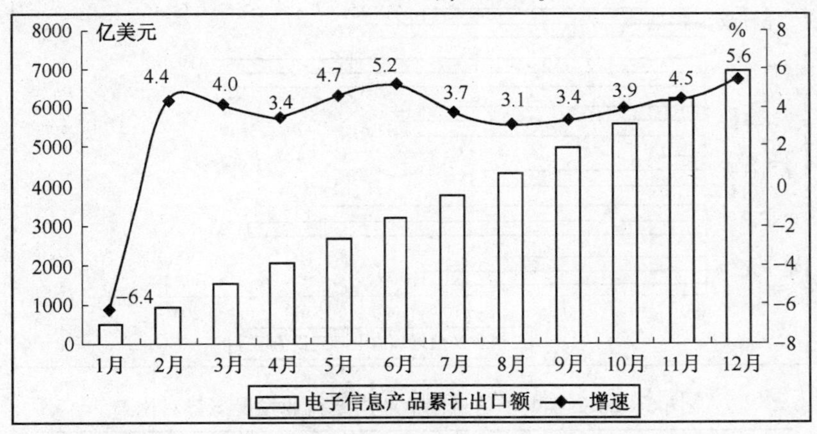

图4　2012年我国电子信息产品累计出口额及增速

（二）贸易结构趋于优化

2012年，我国电子信息产品出口中：一般贸易出口稳步增长，出口额1229亿美元，增长2.8%，增速高于加工贸易3.4个百分点；内资企业出口比重提升，出口额1550亿美元，占比22.2%，比上年提高3.5个百分点；新兴市场快速开拓，如对泰国、印尼和越南，出口增速分别达到21.7%、11.7%和32.3%；部分中西部省市出口增势突出，如四川、河南、重庆和山西等，增速分别达到50.8%、184.8%、155.7%和236.7%。

四、经济效益

（一）整体效益逐步好转

2012年，我国规模以上电子信息制造业实现销售收入84619亿元，同比增长13.0%，利润总额3506亿元，同比增长6.2%；销售利润率达到4.1%，比上年回落0.3个百分点。从全年走势看，产业整体效益呈逐步向好态势，一季度、上半年、前三季度及全年的利润总额逐步扭转下降态势（-22.3%、-14.0%、-6.5%和6.2%）；利润率不断提高（2.5%、3.1%、3.2%和4.1%）；亏损面持续缩小（31.0%、25.6%、23.0%和19.0%）。

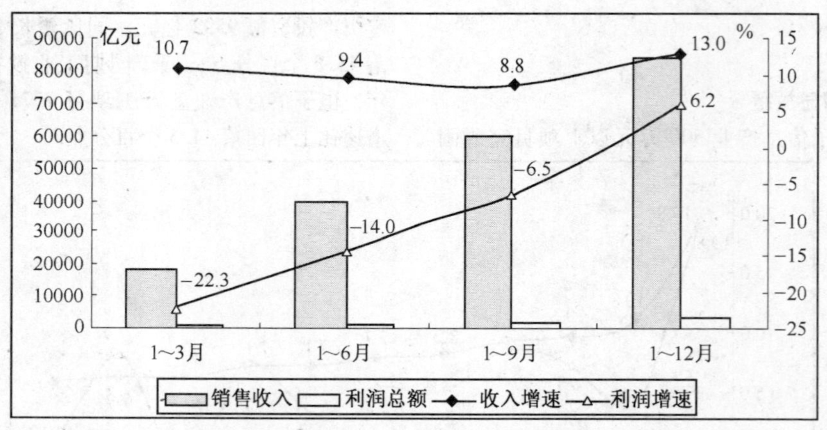

图5 2012年我国规模以上电子信息制造业收入及利润情况

（二）效益结构有所改善

内资企业效益贡献加大，收入和利润比重达到29.4%和42.7%，分别比上年提高1.1和1.8个百分点，利润率6.0%，高于平均水平1.9个百分点；小型企业发展活力增强，收入和利润增速分别达到23.3%和16.6%，高于平均水平13.8和17.5个百分点；在政策和市场的双重驱动下，部分行业效益增势突出，通信终端设备、广播电视接收设备、光电子器件、导航仪器、光纤和光缆制造等行业的收入增速均超过15%。

五、结构调整

（一）产业软硬件比例日趋合理

2012年，我国软件产业实现软件业务收入2.5万亿元，同比增长28.5%，增速高于电子信息制造业15.5个百分点；占电子信息产业收入比重达到22.7%，比上年提高2.6个百分点，比十一五末年提高4.5个百分点。

（二）制造业转型发展与产业转移步伐加快

1. 基础领域不断壮大：2012年我国规模以上电子信息制造业中，电子元件、电子器件、电子测量仪器及电子专用设备等基础行业销售产值比重达到39.4%，比上年提高0.7个百分点。

2. 内销市场稳步增长：2012年我国规模以上电子信息制造业实现内销产值38263亿元，增长15.5%，高于平均水平2.9个百分点，内销比重比上年提高1.2个百分点。

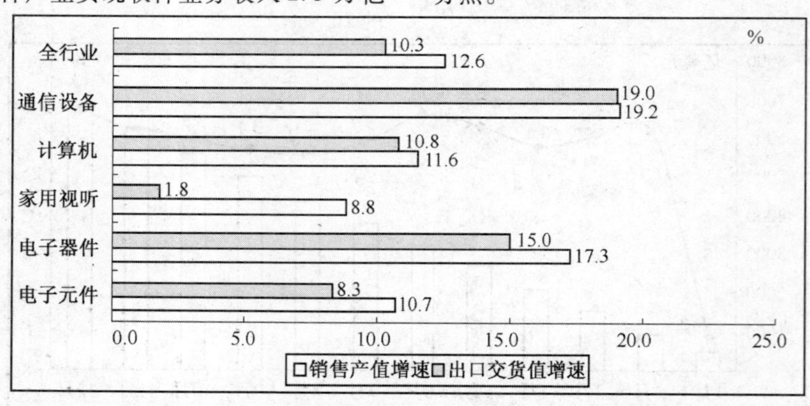

图6 2012年电子信息制造业主要行业发展态势对比

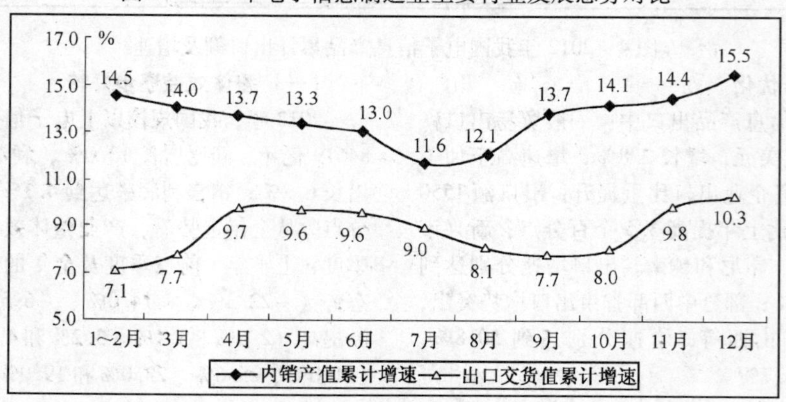

图7 2012年电子信息制造业内外销产值累计增速对比

3. 内资企业实力增强：2012 年我国规模以上电子信息制造业中，内资企业销售产值（24928 亿元）与出口交货值（4773 亿元）分别增长 18.4% 和 13.4%，高于平均水平 5.8 和 3.1 个百分点，所占比重比上年提高 1.4 和 0.3 个百分点。

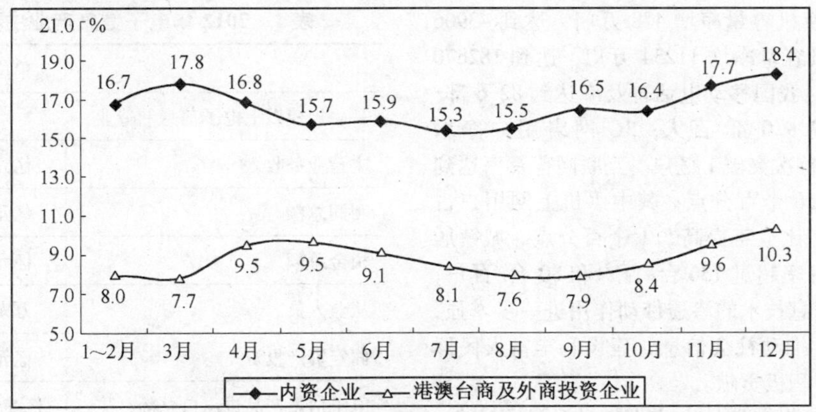

图 8　2012 年电子信息制造业不同性质企业销售产值累计增速对比

4. 产业转移步伐加快：2012 年我国规模以上电子信息制造业中，中部地区销售产值和出口交货值增长 40.9% 和 85.4%，高于平均水平 28.3 和 75.1 个百分点；西部地区销售产值和出口交货值增长 39.4% 和 83.2%，高于平均水平 26.8 和 72.9 个百分点；中西部地区销售产值比重合计达到 16.2%，比上年提高 3.2 个百分点。

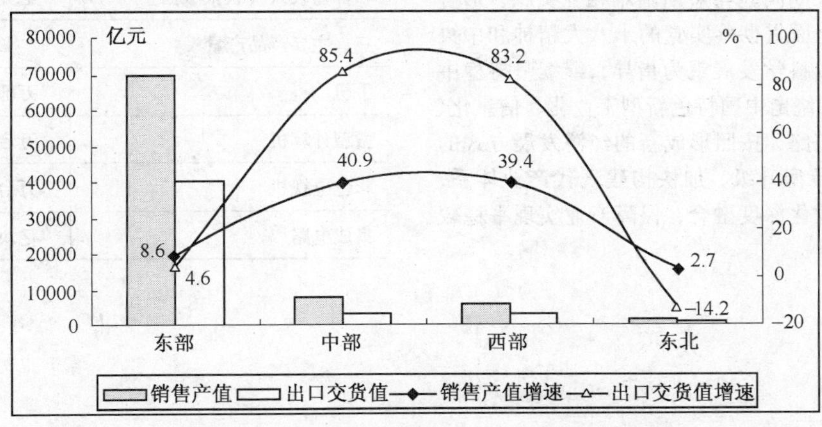

图 9　2012 年东、中、西、东北部电子信息制造业发展态势对比

（三）软件业服务化、网络化和融合化发展加速

2012 年，我国软件产业中，数据处理和运营服务类业务完成收入 4285 亿元，同比增长 35.9%，增速高于平均水平 7.4 个百分点，占比 17.1%，比上年提高 0.9 个百分点；软件业与制造业融合化程度加深，在电子制造业企稳向好带动下，嵌入式系统软件增速加快，实现收入 3973 亿元，同比增长 31.2%，高于平均水平 2.7 个百分点。

六、科研创新

（一）核心技术不断突破

2012 年，我国电子信息产业内，多项核心关键技术取得突破，采用国产处理器和软件的神威蓝光千万亿次计算机技术水平处于国际先进行列，自主开发的 8GbDDRII 存储器芯片出货量超过 430 万片，自主研发的智能手机浏览器用户超过 3 亿，国产智能终端芯片销售超过 4 千万颗。

（二）新增长点加快孕育

数字视听领域，产业链各环节实现协调发展和良性互动，广州、杭州等数字家庭应用示范工程用户达到 50 万户；新型显示领域，生产线、相关材料及设备的研发和产业化步伐加快，液晶面板全球市场占有率超过 10%，国内电视面板供应自给率突破 20%，国内面板骨干企业采购国产材料的金额比例超过 25%；此外，在产业“十二五”规划“基础电子产业跃升工程”相关政策措施支持下，多晶硅、锂离子电池关键材料及传感器等领域的技术研发和产业化步伐明显加快。

七、社会贡献

（一）经济贡献不断增强

2012 年，我国规模以上电子信息制造业从业人员规模突破千万大关，达到 1001 万人，比上年增长 6.5%，占全国城镇就业人员比重达到 2.8%；上缴税金 1513 亿元，同比增长 21.6%，占全国工业行业税金总额比重接近 5%；电子信息产品进出口总额达 11868 亿美元，占全国外贸进出口总额的 30.7%；电子信息产业在国民经济中的重要性不断提高。

（二）积极支撑信息化建设

2012年，全国光缆线路长度净增267万公里，达到1481万公里。局用交换机容量净增478万门，达到43906万门。移动电话交换机容量净增11234万户，达到182870万户。截止2012年末，我国移动电话普及率达到82.6部/百人，比2011年提高9.0部/百人；3G网络用户净增10438万户，年净增量首次突破1亿户。互联网普及率达到42.1%，比上年提高3.8个百分点；其中手机上网用户占到网民总数的74.5%，比上年提高5.1个百分点。城镇居民的彩电、计算机拥有率超过136台/百户和80台/百户，均比上年有所提高。信息技术的渗透带动作用进一步增强，为改造提升传统产业、推动社会信息化建设和丰富人民群众物质文化生活做出了积极贡献。

2013年是全面贯彻落实党的十八大精神的开局之年，是实施“十二五”规划承前启后的关键一年。总体来看，我国电子信息产业发展仍具备较好的基本面，依然有较大的发展空间和潜力，但所面临的国内外经济形势仍较为复杂，不确定、不稳定因素不断增加，外需持续萎缩与内需增势放缓相互叠加，长期问题与短期困难相互交织，形势仍不容乐观。我们要全面贯彻落实党的十八大精神和中央经济工作会议部署，以科学发展观为指导，继续坚持稳中求进的工作总基调，围绕走中国特色新型工业化、信息化、城镇化和农业现代化道路，按照形成新的经济发展方式的要求，加快推进产业转型升级，加快构建现代产业体系，加快推动信息化和工业化深度融合，保障产业实现平稳较快发展。

预计，2013年我国规模以上电子信息制造业增加值将增长12%左右，软件业增速将在25%左右。

附表：

表1　2012年电子信息产业主要指标完成情况

	单位	绝对量	增速%
一、规模以上电子信息制造业			
主营业务收入	亿元	84619	13.0
利润总额	亿元	3506	6.2
税金总额	亿元	1513	21.6
从业人员	万人	1001	6.5
固定资产投资	亿元	9592	5.7
电子信息产品进出口总额	亿美元	11868	5.1
其中：出口额	亿美元	6980	5.6
进口额	亿美元	4888	4.5
二、软件业			
软件业收入（快报数据）	亿元	25022	28.5
三、主要产品产量			
手机	万部	118154	4.3
微型计算机	万台	35411	10.5
彩色电视机	万台	12823	4.8
集成电路	亿块	823	14.4

2012年电子信息产品进出口情况

国际工业和信息化部运行监测协调局　发布

2012年，我国电子信息产品进出口呈小幅增长态势，进出口总额11868亿美元，增长5.1%，增速比上年回落6.4个百分点，低于全国商品外贸总额增速1.1个百分点，占全国外贸总额的30.7%。其中，出口6980亿美元，增长5.6%，增速比上年回落6.3个百分点，低于全国外贸出口增速2.3个百分点，占全国外贸出口额的34.1%。进口4888亿美元，增长4.5%，增速比上年回落6.5个百分点，高于全国外贸进口增速0.2个百分点，占全国外贸进口额的26.9%。

一、各行业进出口增速差别较大

出口方面，通信设备、广播电视设备及电子器件出口增势突出，出口额分别达到1493、119和891亿美元，增长14.8%、15.9%和17.7%，增速明显高于平均水平；计算机、电子元件和电子仪器设备出口增势平缓，出口额2382、906和279亿美元，增长3.8%、2.8%和4.7%；家电与电子材料出口呈下降态势，家电出口857亿美元，同比下降9.5%，电子材料出口53亿美元，同比下降17.1%。出口额前五位的产品分别是：笔记本电脑（1138亿美元，7.5%）；手机（810亿美元，29.1%）；集成电路（534亿美元，64.1%）；液晶显示板（363亿美元，22.9%）和手持式无线电话用零件（287亿美元，2.8%）。

进口方面，通信设备、广播电视设备、计算机和电子器件进口呈增长态势，且增速高于平均水平，进口额分别为403、109、665和2190亿美元，增长26.3%、30.2%、10.4%和12.0%；家电、电子元件、电子材料和电子仪器设备进口同比下滑，进口额105、941、91和384亿美元，降幅分别为27.6%、2.0%、18.7%和23.6%。

二、一般贸易出口低速增长，加工贸易出口同比下降

出口方面，电子信息产品一般贸易出口1229亿美元，增长2.8%，增速比平均水平低2.8个百分点；加工贸易出口4965亿美元，同比下降0.6%，其中，进料加工贸易出口4565亿美元，同比增长1.6%；来料加工贸易出口400亿美元，同比下降20.0%。保税区仓储转口货物、国家间、国际组织无偿援助和赠送的物资以及其他捐赠物资出口增长较快，增速分别达到121.4%、63.0%和157.4%。

进口方面，电子信息产品一般贸易进口1034亿美元，同比下降7.2%，增速低于平均水平11.7个百分点；进料加工贸易进口2224亿美元，增长3.5%；来料加工贸易进口356亿美元，同比下降20.1%。保税区仓储转口货物、租赁贸易及免税外汇商品等贸易方式进口增长较快，进口增速分别达到47.6%、156.5%和143.2%。

三、内资企业出口增长较快，三资企业出口相对缓慢

出口方面，内资企业出口1550亿美元，同比增长25.2%，增速高于平均水平19.6个百分点。其中，民营企业出口增势突出，出口额1025亿美元，增长47.8%，高于平均水平42.2个百分点。三资企业整体出口5430亿美元，同比增长1.0%，增速低于平均水平4.6个百分点；其中，外商独资企业出口4162亿美元，同比下降3.0%；中外合资企业出口1209亿美元，同比增长18.2%；中外合作企业出口59亿美元，同比下降4.5%。

进口方面，外商独资企业进口占比最高，进口额2824亿美元，同比下降3.8%，占进口总额的57.8%；中外合资企业进口878亿美元，同比增长18.4%；民营企业进口增速居于首位，进口额810亿美元，同比增长42.3%，增速高于平均水平37.8个百分点。

四、对主要贸易伙伴出口形势不一，对新兴市场出口增长较快

出口方面，对主要贸易伙伴出口增速差别较大，对中国香港出口1909亿美元，同比增长19.5%；对美国出口1307亿美元，同比增长3.8%；对日本出口468亿美元，同比增长2.8%；对韩国出口345亿美元，同比增长16.8%；对荷兰出口343亿美元，同比下降1.5%；对中国香港和韩国出口增速明显高于平均水平，对美国、日本和荷兰，出口增长相对缓慢。对新兴市场出口保持较快增长，如泰国、印尼和越南等，增速分别达到21.7%、11.7%和32.3%。对欧洲市场出口较为疲软，如对德国、法国和意大利等，出口均呈下降态势，降幅分别为15.5%、21.7%和37.9%。

进口方面，国货复进口居首位，进口额1146亿美元，增长18.5%；其后5个国家和地区分别为韩国、中国台湾地区、日本、马来西亚和美国，进口额分别为883、863、563、374和181亿美元，增长7.5%、13.0%、-11.1%、-3.3%和-7.2%。

五、主要省市出口增势缓慢，部分中西部省市增长较快

出口方面，广东、江苏、上海、浙江和天津五省市出口额居前五位，分别达到2913、1417、959、242和211亿美元，同比增长6.8%、-0.1%、-4.6%、-2.3%和

4.6%，除广东外，其余四省市出口增速均低于平均水平。四川、河南、重庆和山西等省市出口增长较快，增速分别为50.8%、184.8%、155.7%和236.7%。

进口方面，广东、江苏、上海、天津和北京五省市进口额居前五位，分别达到2003、904、760、187和169亿美元，同比增长8.7%、-4.1%、-0.1%、10.2%和-21.5%。

附图：

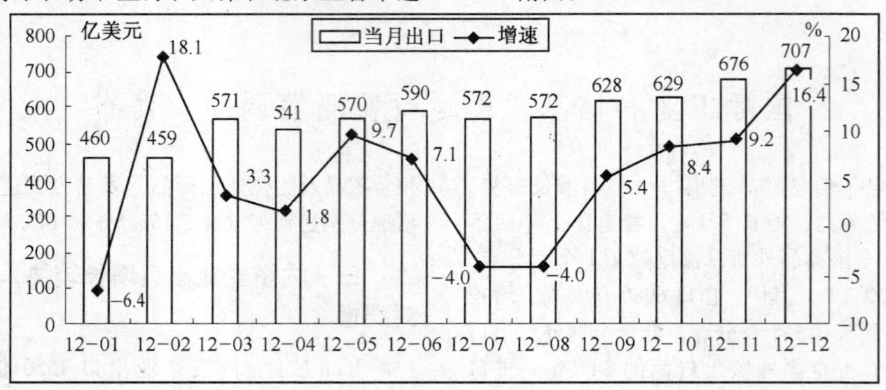

图1 2012年以来我国电子信息产品月度出口情况

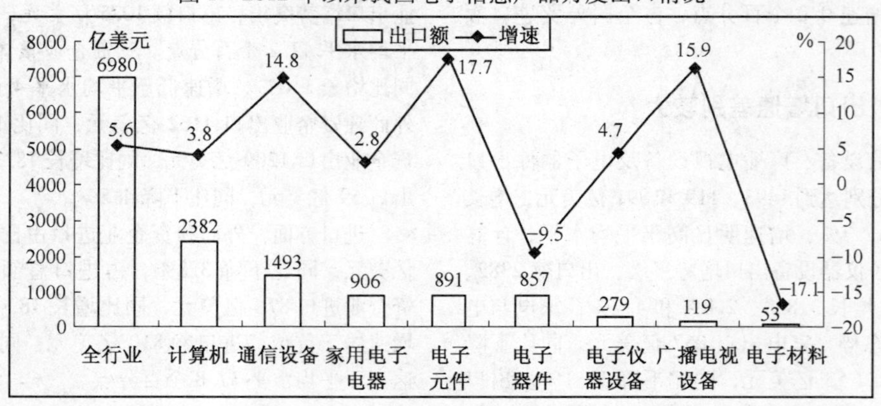

图2 2012年各行业出口情况对比

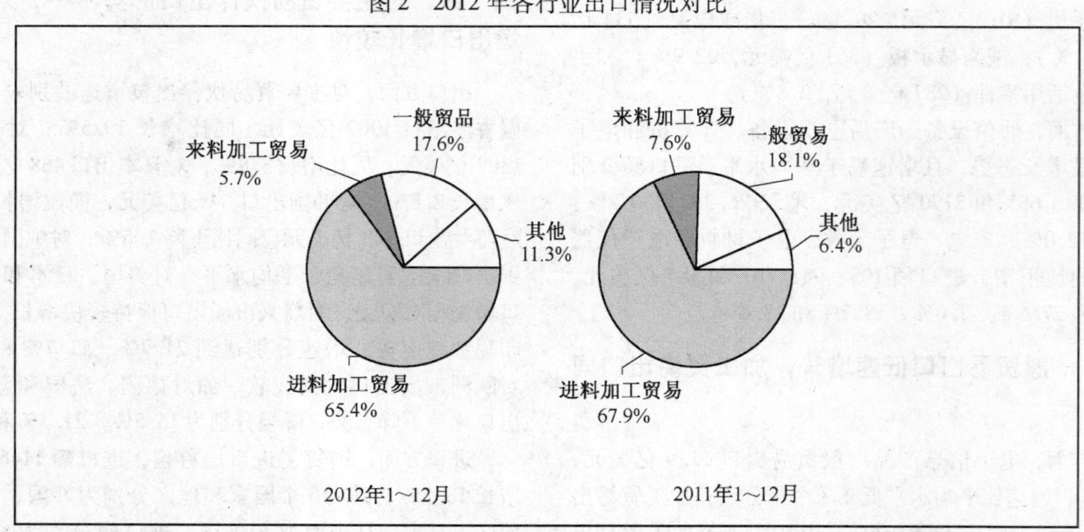

图3 2012年与2011年电子信息产品出口贸易方式结构对比

2012年1~12月份全国民间固定资产投资主要情况

国家统计局 发布

2012年1~12月份，全国民间固定资产投资223982亿元，同比名义增长24.8%（扣除价格因素实际增长23.4%），增速比1~11月份回落0.2个百分点。民间固定资产投资占固定资产投资的比重为61.4%，比1~11月份下降0.4个百分点。

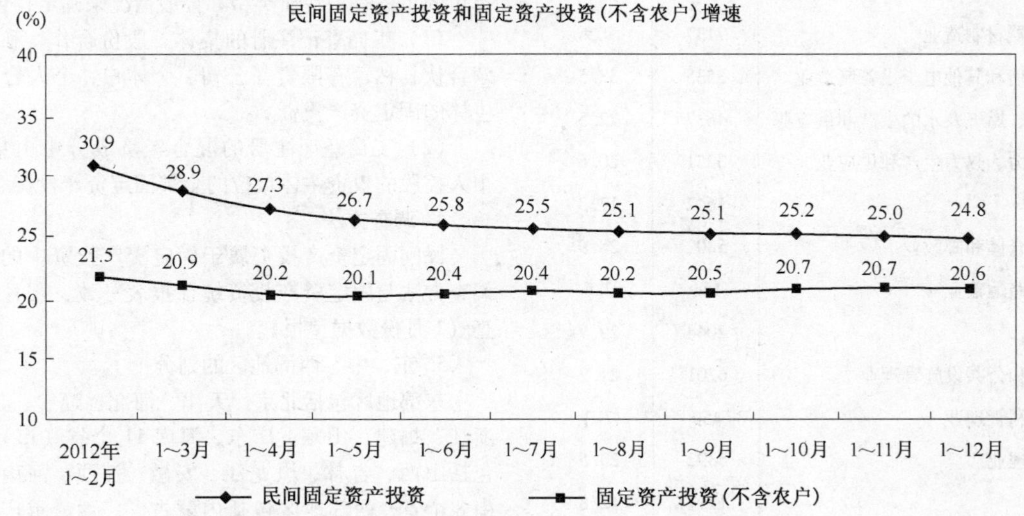

分地区看，东部地区民间固定资产投资109594亿元，比去年同期增长21.4%，增速比1~11月份回落0.3个百分点；中部地区70042亿元，增长28.1%，增速与1~11月份持平；西部地区44345亿元，增长28.4%，增速回落0.5个百分点。

分产业看，第一产业民间固定资产投资6328亿元，比去年同期增长39.2%，增速比1~11月份加快3.4个百分点；第二产业116591亿元，增长26.4%，增速回落0.5个百分点；第三产业101063亿元，增长22.2%，增速回落0.1个百分点。

第二产业中，工业民间固定资产投资114949亿元，比去年同期增长26.6%，增速比1~11月份回落0.5个百分点，其中：采矿业7139亿元，增长20.4%，增速加快0.3个百分点；制造业103173亿元，增长27.2%，增速回落0.6个百分点；电力、热力、燃气及水的生产和供应业4637亿元，增长22.5%，增速回落2.5个百分点。

2012年1~12月份民间固定资产投资主要数据

指　标	1~12月份	
	绝对量（亿元）	同比增长（%）
民间固定资产投资	223982	24.8
分地区		
东部地区	109594	21.4

（续）

指　标	1~12月份	
	绝对量（亿元）	同比增长（%）
中部地区	70042	28.1
西部地区	44345	28.4
分产业		
第一产业	6328	39.2
第二产业	116591	26.4
第三产业	101063	22.2
分行业		
农林牧渔业	6328	39.2
采矿业	7139	20.4
其中：煤炭开采和洗选业	2849	8.1
石油和天然气开采业	163	55.4
黑色金属矿采选业	1282	29.5
有色金属矿采选业	1119	20.1
非金属矿采选业	1530	30.0
制造业	103173	27.2
其中：非金属矿物制品业	11305	22.0
黑色金属冶炼和压延加工业	3697	4.7

（续）

指　　标	1～12月份	
	绝对量（亿元）	同比增长（%）
有色金属冶炼和压延加工业	3419	21.4
通用设备制造业	7433	35.5
专用设备制造业	7272	56.9
汽车制造业	5550	40.2
铁路、船舶、航空航天和其他运输设备制造业	1571	7.7
电气机械和器材制造业	7137	9.9
计算机、通信和其他电子设备制造业	3535	38.5
电力、热力、燃气及水的生产和供应业	4637	22.5
其中：电力、热力生产和供应业	3251	20.6
建筑业	1642	17.3
交通运输、仓储和邮政业	5802	28.9
其中：铁路运输业	156	2.6
道路运输业	2044	29.7
水利、环境和公共设施管理业	6201	21.2
其中：水利管理业	459	7.3
公共设施管理业	5392	23.5
教育	1117	42.8
卫生和社会工作	676	49.5
文化、体育和娱乐业	2228	43.8
公共管理、社会保障和社会组织	1764	7.5

注：1. 此表速度均为未扣除价格因素的名义增速。

2. 此表中部分数据因四舍五入的原因，存在总计与分项合计不等的情况。

附注：

1. 为贯彻落实《国务院关于鼓励和引导民间投资健康发展的若干意见》和《国务院办公厅关于鼓励和引导民间投资健康发展重点工作分工的通知》提出的“统计部门要加强对民间投资的统计工作，准确反映民间投资的进展和分布情况”的要求，国家统计局于2012年初制定了《关于民间固定资产投资定义和统计范围的规定》，并从2012年5月开始按月发布民间固定资产投资数据。

2. 指标解释

民间固定资产投资是指具有集体、私营、个人性质的内资企事业单位以及由其控股（包括绝对控股和相对控股）的企业单位在中华人民共和国境内建造或购置固定资产的投资。

3. 统计范围

民间固定资产投资的统计范围根据固定资产投资项目单位的工商登记注册类型和控股情况来确定，包括：

（1）工商登记注册的集体、股份合作、私营独资、私营合伙、私营有限责任公司、个体户、个人合伙等纯民间主体的固定资产投资。

（2）工商登记注册的混合经济成分中由集体、私营、个人控股的投资主体单位的全部固定资产投资。

4. 调查方法

民间固定资产投资属于固定资产投资中的一部分，其调查方法与固定资产投资统计报表一致，按月进行全面调查（1月份数据免报）。

5. 东、中、西部地区的划分

东部地区包括北京、天津、河北、辽宁、上海、江苏、浙江、福建、山东、广东、海南11个省（市）；中部地区包括山西、吉林、黑龙江、安徽、江西、河南、湖北、湖南8个省；西部地区包括内蒙古、广西、重庆、四川、贵州、云南、西藏、陕西、甘肃、青海、宁夏、新疆12个省（市、自治区）。

6. 行业分类标准

2012年起，国家统计局执行新的国民经济行业分类标准（GB/T 4754—2011），具体请参见 http://www.stats.gov.cn/tjbz。

7. 增速计算

民间固定资产投资增长速度为名义增速，由于固定资产投资价格指数按季进行计算，除1～3月、1～6月、1～9月、1～12月可计算实际增速外，其他月份只计算名义增速。

2012 年全国规模以上工业企业实现利润同比增长 5.3%

国家统计局 发布

2012 年全国规模以上工业企业实现利润 55578 亿元，同比增长 5.3%。12 月当月实现利润 8952 亿元，同比增长 17.3%。

2012 年在规模以上工业企业中，国有及国有控股企业实现利润 14163 亿元，同比下降 5.1%；集体企业实现利润 819 亿元，同比增长 7.5%；股份制企业实现利润 32867 亿元，同比增长 7.2%；外商及港澳台商投资企业实现利润 12688 亿元，同比下降 4.1%；私营企业实现利润 18172 亿元，同比增长 20%。

在 41 个工业大类行业中，29 个行业利润同比增长，11 个行业同比下降，1 个行业由同期亏损转为盈利。主要行业利润增长情况：农副食品加工业利润同比增长 20.6%，通用设备制造业增长 4.2%，汽车制造业增长 5.6%，电气机械和器材制造业增长 8.3%，计算机、通信和其他电子设备制造业增长 7.9%，电力、热力生产和供应业增长 69.1%，石油和天然气开采业下降 2.2%，化学原料和化学制品制造业下降 5.9%，黑色金属冶炼和压延加工业下降 37.3%，石油加工、炼焦和核燃料加工业由同期亏损转为盈利。

规模以上工业企业实现主营业务收入 915915 亿元，同比增长 11%。每百元主营业务收入中的成本为 84.77 元，主营业务收入利润率为 6.07%。

各月累计主营业务收入与利润总额同比增速

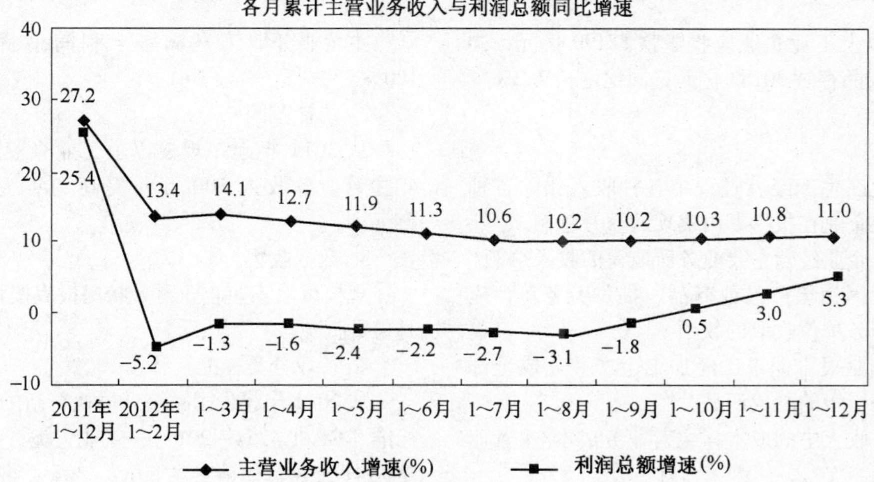

各月累计每百元主营业务收入中的成本与主营业务收入利润率

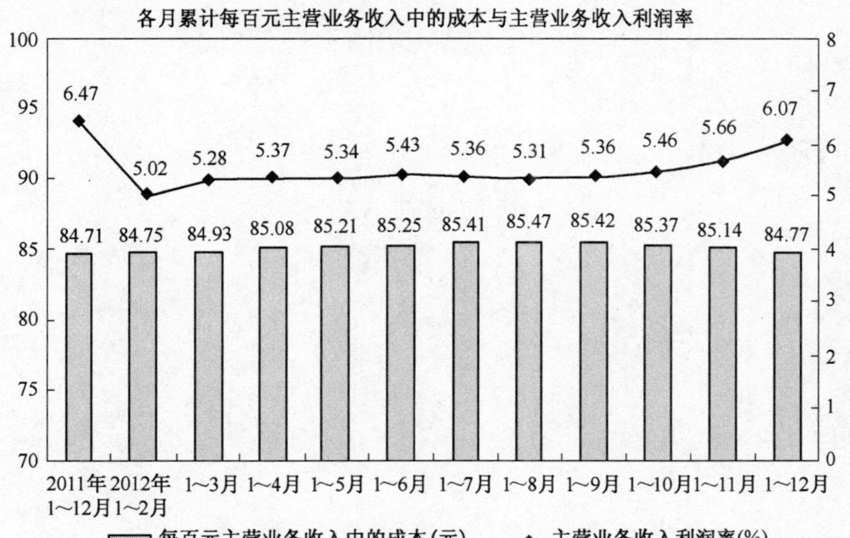

在规模以上工业企业中，国有及国有控股企业实现主营业务收入242519亿元，同比增长6.3%，每百元主营业务收入中的成本为82.88元，主营业务收入利润率为5.84%；集体企业实现主营业务收入11581亿元，同比增长7.9%，每百元主营业务收入中的成本为84.79元，主营业务收入利润率为7.08%；股份制企业实现主营业务收入531097亿元，同比增长13%，每百元主营业务收入中的成本为84.46元，主营业务收入利润率为6.19%；外商及港澳台商投资企业实现主营业务收入220677亿元，同比增长5.4%，每百元主营业务收入中的成本为85.78元，主营业务收入利润率为5.75%；私营企业实现主营业务收入282636亿元，同比增长17.5%，每百元主营业务收入中的成本为85.44元，主营业务收入利润率为6.43%。

2012年分经济类型主营业务收入与利润总额增速

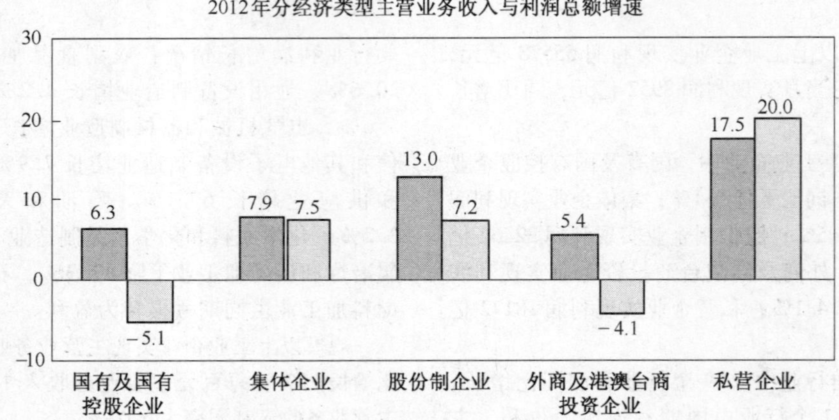

12月末，规模以上工业企业应收账款82190亿元，同比增长16.9%。产成品存货30183亿元，同比增长7.2%。

附注：

1. 指标解释

利润总额：企业在生产经营过程中各种收入扣除各种耗费后的盈余，反映企业在报告期内实现的盈亏总额。

主营业务收入：企业经营主要业务所取得的收入总额。

应收账款：企业因销售产品或商品、提供劳务等，应向购货单位或接受劳务单位收取的款项。

产成品存货：企业报告期末已经加工生产并完成全部生产过程，可以对外销售的制成产品。

每百元主营业务收入中的成本 = 主营业务成本/主营业务收入 ×100

主营业务收入利润率 = 利润总额/主营业务收入 ×100%

2. 统计范围

从2011年起，规模以上工业企业起点标准由原来的年主营业务收入500万元提高到年主营业务收入2000万元。

3. 数据收集

规模以上工业企业财务状况报表按月进行全面调查（1月份数据免报）。

4. 行业分类标准

从2012年起，国家统计局执行新的国民经济行业分类标准（GB/T 4754—2011），工业大类行业由原来的39个调整为41个，具体请参见 http：//www.stats.gov.cn/tjbz。

2012 年 1 ~ 12 月规模以上电子信息制造业主要经济指标完成情况

国际工业和信息化部运行监测协调局　发布

2012 年 1 ~ 12 月规模以上电子信息制造业主要经济指标完成情况(一)

工业和信息化部运行监测协调局系统运行处制表　单位:万元

单位名称	销售产值		出口交货值	
	本年累计	增减%	本年累计	增减%
全部企业合计	850439696	12.6	467806980	10.3
其中:通信设备制造业	137179750	19.2	71152623	19
雷达制造业	3086695	23.2	676513	34.5
广播电视设备制造业	7935530	20.3	2835846	23.3
电子计算机制造业	227334675	11.6	172438412	10.8
家用视听设备制造业	53611202	8.8	25328161	1.8
电子器件制造业	140064415	17.3	89747863	15
电子元件制造业	147959627	10.7	71534907	8.3
电子测量仪器制造业	16743113	22.6	3182471	10.9
电子专用设备制造业	30470208	17.7	8554896	3.2
电子信息机电制造业	64892262	5.6	19043687	-12.5
其他电子信息行业	21162217	-12.6	3311601	-17.3
其中:外商港澳台投资企业	601159821	10.3	420073220	9.9
其中:国有控股企业	69774434	19.1	17299931	18

注：数据来源于国家统计局。

2012年1~12月电子信息产业固定资产投资完成情况

工业和信息化部运行监测协调局 发布

2012年1~12月电子信息产业固定资产投资分行业完成情况

(500万元以上项目)

工业和信息化部运行监测协调局系统运行处制表　　单位:亿元

项　目	本年累计完成投资			本年新增固定资产		
	本年累计	去年同期	增减%	本年累计	去年同期	增减%
合计	9591.5	9076.5	5.7	6664.4	5895.1	13.1
其中:通信设备制造	654.4	540.6	21.0	398.2	404.2	-1.5
广播电视设备制造	259.5	94.8	173.7	207.5	43.8	373.2
电子计算机制造	809.5	745.8	8.5	587.4	570.2	3.0
家用视听设备制造	170.1	132.6	28.3	124.8	104.7	19.1
电子器件制造	2027.0	2250.4	-9.9	1457.4	1474.7	-1.2
电子元件制造	1926.6	1613.1	19.4	1353.3	1230.4	10.0
测量仪器行业	375.5	271.4	38.4	265.5	184.0	44.3
电子工业专用设备	1014.4	905.0	12.1	672.1	512.8	31.1
电子信息机电行业	1804.4	2021.8	-10.8	1196.6	1045.5	14.5
其他电子信息行业	550.1	500.9	9.8	401.7	324.6	23.7
其中:内资企业	7556.1	6812.6	10.9	5018.5	4197.6	19.6
三资企业	2035.4	2263.9	-10.1	1645.9	1697.5	-3.0

注：数据来源为国家统计局。

2012 年 1～12 月规模以上电子信息制造业主要经济指标完成情况(二)

工业和信息化部运行监测协调局系统运行处制表			单位:万元	
单 位 名 称	销售产值		出口交货值	
	本年累计	增减%	本年累计	增减%
全部企业合计	850439696	12.6	467806980	10.3
北京市	21922721	－0.4	10459937	－0.6
天津市	28762705	24.1	14622105	16.3
河北省	5459888	0.5	1037772	－10.2
山西省	4566091	127.8	2899647	294.8
内蒙古自治区	1584319	39.5	117805	62.4
辽宁省	13139114	4.5	4773114	－14.5
吉林省	1109010	－10.1	45782	73.2
黑龙江省	425928	－11.5	22831	－21.6
上海市	62119742	－4.9	46063363	－5.3
江苏省	229463274	10	135934409	6.1
浙江省	33577873	0.4	12235596	－5.9
安徽省	10589936	37.2	1609188	44.8
福建省	30289874	13.3	17447351	10.6
江西省	16246967	4.8	3724767	11.7
山东省	50452198	16.3	14739231	0.2
河南省	20090497	115.2	13215565	244.4
湖北省	14694089	15.2	5530384	1.1
湖南省	12589406	46.2	2110679	75.8
广东省	234923206	9.7	151832802	6.8
广西壮族自治区	6774598	34.6	1646742	136.4
海南省	640311	61.6	227462	7.6
重庆市	15625636	72	11832309	131.4
四川省	28655281	34.1	15013498	61.3
贵州省	614620	17	17303	－73.7
云南省	257917	1.1	10218	－69.6
陕西省	4822642	18	519670	－13.6
甘肃省	362664	34.9	70461	93.9
青海省	166357	－43.3	0	0
宁夏回族自治区	256714	－27.3	3055	423.7
新疆维吾尔自治区	256117	31	43936	－15.6

注：数据来源于国家统计局。

2012 年 1 ~ 12 月电子信息产业固定资产投资分省市完成情况

（500 万元以上项目）

工业和信息化部运行监测协调局系统运行处制表　　单位：亿元

项　目	本年累计完成投资			本年新增固定资产		
	本年累计	去年同期	增减%	本年累计	去年同期	增减%
合计	9591.5	9076.5	5.7	6664.4	5895.1	13.1
北京市	84.5	231.0	-63.4	60.7	41.8	45.3
天津市	175.3	296.4	-40.9	123.7	82.2	50.4
河北省	274.3	289.6	-5.3	171.6	201.4	-14.8
山西省	68.7	106.5	-35.5	39.7	26.5	50.0
内蒙古自治区	72.9	127.2	-42.7	44.6	29.9	49.2
辽宁省	287.3	258.1	11.3	193.5	186.8	3.6
吉林省	93.0	68.0	36.8	72.2	50.4	43.3
黑龙江省	51.9	27.4	89.2	33.9	7.8	333.5
上海市	199.6	238.0	-16.2	112.5	180.1	-37.6
江苏省	2185.1	2100.4	4.0	1824.8	1622.8	12.5
浙江省	383.6	447.4	-14.3	238.5	267.0	-10.7
安徽省	628.9	552.4	13.9	309.7	359.9	-13.9
福建省	258.0	240.0	7.5	150.4	151.2	-0.5
江西省	555.3	477.5	16.3	477.7	348.2	37.2
山东省	688.4	601.8	14.4	414.6	307.4	34.9
河南省	704.8	559.5	26.0	452.5	312.9	44.6
湖北省	447.6	296.6	50.9	219.4	193.3	13.5
湖南省	445.5	215.7	106.5	269.5	107.6	150.5
广东省	753.2	803.9	-6.3	745.0	627.2	18.8
广西壮族自治区	123.3	130.5	-5.6	89.7	95.2	-5.7
海南省	29.55	51.13	-42.2	12.8	21.1	-39.1
重庆市	255.6	211.2	21.0	125.2	87.8	42.5
四川省	445.1	453.6	-1.9	299.0	448.9	-33.4
贵州省	40.9	22.1	85.2	13.8	0.9	1416.5
云南省	15.7	15.1	4.2	12.9	6.0	115.6
西藏自治区	0.5			0.5		
陕西省	232.6	192.5	20.8	111.8	92.3	21.1
甘肃省	34.1	14.4	136.2	18.0	5.4	236.0
青海省	17.8	9.1	95.7	2.2	1.6	32.3
宁夏回族自治区	8.1	8.1	-0.6	1.62	0.4	350.0
新疆维吾尔自治区	30.8	31.4	-2.0	22.5	31.4	-28.4

注：数据来源为国家统计局。

第四篇　电源行业发展报告

2012年度中国电源行业发展报告

中国电源学会 ICTresearch 咨询

调研背景

（一）调查对象

在承继历届电源研究及调查优势与成功经验的基础上，2013年中国电源产业调查的范围延伸到了电源市场的各个板块，包括业内专家学者、厂商、传统渠道商、IT渠道商、系统集成、电源培训与教育等企业和机构。调查对象不仅涵盖了家庭/个人用户和一般企业用户，更着力刻画了金融、电信、制造、政府等行业用户对于电源产业的基本概况。具体包括：最终用户、产品供应商、维护与支持提供商、渠道商、系统集成商。

（二）数据来源

本届调查主要采取了电话呼叫、问卷调查、线上调查等方式收集信息，并辅助以焦点小组讨论以及专家集中评审等多种方式，以期更加全面、科学地调查和评估中国电源产业发展状况和电源产品与企业的基本状况。在抽样过程上，综合运用了双重抽样、逐次抽样、分阶段抽样、分层抽样、整群抽样、等距抽样等多种方法，以确保调查数据的精确度，综合衡量其优劣。焦点小组和专家集中评审是本届调查的方法创新所在，不但体现了厂商和用户的全程参与特色，同时也是进行收集数据、信息补充和修正的依据。

（三）样本分布

表1 2012年中国电源调查样本区域分布

区域	比例
华北	12.4%
华东	18.0%
华南	40.9%
华中	9.1%
东北	7.4%
西南	7.9%
西北	4.3%
合计	100%

数据来源：中国电源学会 2013，04

（四）研究介绍

本报告的调研周期为2012年4月到2013年4月，本报告的内容是2012年度电源行业发展状况，涉及的专业领域主要是电子电源。研究机构为中国电源学会及ICTresearch咨询公司。

1. 中国电源学会

中国电源学会成立于1983年，是在国家民政部注册的国家一级社团法人，业务主管部门是中国科学技术协会。本书的开始已对中国电源学会作了介绍，此处不再赘述。

2. ICTresearch咨询

ICTresearch商标归属北京汇信中通咨询有限公司，是中国首家重点关注IT制造业的市场咨询、顾问和活动服务专业提供商。致力于帮助IT制造业专业人士、业务主管和投资机构制定以事实为基础的技术采购决策和业务发展战略。

ICTresearch的资深分析师具有资深的经验和把握全局的视角，对电源产业、新能源产业、数据中心产业等的技术发展趋势和业务营销机会进行深入分析。ICTresearch在对技术理解的前提下，通过长期积累的企业信息数据库、方法论、扎实的基础研究手段和广泛的国内外影响力，帮助客户优化其商业决策，预测未来，发现事实，影响观念。

ICTresearch客户不仅包括全球财富500强中多家著名跨国公司，而且包括中国本土诸多知名企业。主要业务范围涵盖市场调研、行业分析、产品监测、竞争对手研究、项目可行性研究、企业上市辅导等内容，可以提供一条龙综合服务，经过多年的发展和积累，已经成为业界知名的数据中心、电源等领域的咨询服务提供商。

一、2012年中国电源市场概况分析

（一）2012年中国电源产业规模与特征

1. 2010～2012年中国电源产业产值规模分析

近年来，随着中国宏观经济的持续高速发展，中国电源产业总体来说一直保持着平稳的增长，尤其是国家对于风电、水电等新能源产业的扶持更是带动了相关领域电源细分市场的发展。2012年，中国电源产业的产值规模呈现出良好的发展态势，同比2011年增长率为7.86%，销售额过1600亿元。中国电源行业的规模分析主要指产值，包含国内销售、出口、OEM/ODM等几个部分，本报告涉及的数值如未特意表明均指产品产值（不包含港、澳、台等地区，以下同）。

表2 2010～2012年中国电源产业产值规模

年份	2010年	2011年	2012年
产值(亿元)	1359	1489	1606
增长率	10.50%	9.60%	7.86%

数据来源：中国电源学会 2013，04 本年度包含变频器产品产值。

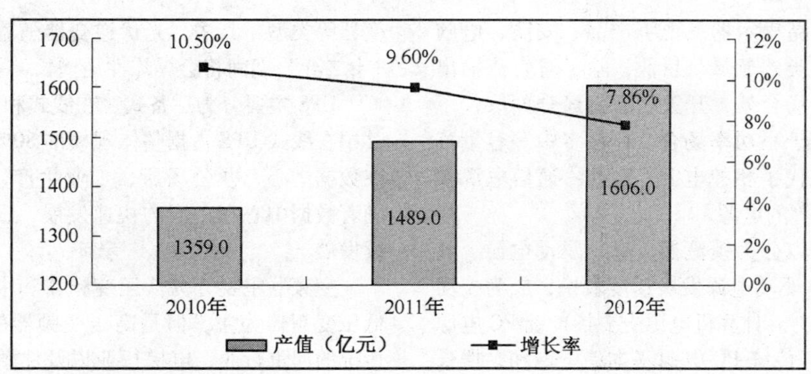

数据来源：中国电源学会 2013,04

图1 2010～2012 年中国电源产业产值规模

2. 2012 年中国电源市场特征

（1）产品特征

因为电源产品在各个行业中的应用十分广泛，所有电源产品的种类繁多，产品表现出多样性的特点。由于产品的多样性使得电源产业布局体现出一定的分散性特征，在众多电力电子相关产业中都涉及到电源的研发和制造。同时，由于电源产品制造的技术门槛不高，投资也相对较小，这使得进入电源产业中的企业数量较大，产业分布比较分散。目前，国家在监管方面尚没有专门的部门来协调管理整个电源行业的发展，因此电源产品的标准和质量管理也较为分散。

（2）价格特征

从电源市场的价格特征来看，电源产品的价格主要与能源价格、基础材料、核心元器件以及人工成本相关联。目前，电源产品的高端核心元器件，如 IGBT 芯片国内还不能大规模的量产，核心元器件的进口使得电源产品的成本难以有效地控制，只有通过不断地研发投入，未来在核心元器件方面，电源产品的成本才能大幅的降低。同时，在 2012 年由于能源、金属以及人力成本的持续走高，电源产品也面临着较大的成本压力，部分电源产品也出现了涨价的现象。

（3）促销特征

电源产品根据其应用的行业不同，其体现出的促销特征也有所不同。电源产品大部分应用于工业企业，其促销往往不是简单地进行广告与打折。电源产品的促销也体现多样性的特点，如通过给予渠道的返点来进行促销，也可以配合一些相关的展览和会议进行产品的促销。同时，厂商在促销的过程中更加注重概念、理念、方案的宣传而不仅仅集中于产品性能与技术指标，更注重长期的营销策略而不是短期的促销行为。在对产品进行促销的同时，企业也更加注重附有产品更多的附加价值，如给用户提供更多的服务来增长自身产品的吸引力。

（4）渠道特征

在电源产品市场上，不同的电源产品由于其产品的应用特性不同，往往采用的渠道策略会有较大的差别。一些标准化的电源产品，如 UPS、通信电源等，可以通过经销商和代理商进行分销，而一些定制化的电源产品，则往往是电源企业直接与客户建立长期的战略合作关系，为客户提供长期的定制化的服务。不论是直销还是分销，把握住客户的需求，更好地通过渠道体系来满足客户的需求无疑就是最适合某种电源产品的渠道销售策略。

（二）2012 年中国电源市场结构分析

1. 2012 年中国电源产品结构分析

由于电源产品覆盖的产品种类众多，同时还大量存在各种非标准化的定制化电源产品。根据中国电源学会长期跟踪研究，对 UPS 电源、通信电源、电力电源等重点的电源进行了重点的分析研究。当前，对于电源的分类，还没有形成统一的口径，我们的研究主要从以下几个维度进行细分：

按功率变换形式分类：目前的输入功率主要有交流电源（AC）和直流电源（DC）两类；负载要求也主要有 AC 和 DC 两类，所以电源产品有四大类：AC-DC 电源转换产品；DC-DC 电源转换产品；DC-AC 电源转换产品；AC-AC 电源转换产品。

按电源产品名称和原理分类，主要有：开关电源（包含通信电源，电力操作电源、照明电源、PC 电源、服务器电源、适配器、电视电源、家电电源等）；不间断电源（简称为 UPS 电源，包含 AC UPS 和 DC UPS 等）；逆变器（包含车载逆变器、光伏逆变器等）；线性电源（包含电镀电源、高端音响电源等）；其他（包含变频器、特种电源等）。

按照电源生产的商业模式不同，可分为定制电源和标准电源。定制电源是利用电力电子器件、相关自动化控制技术及嵌入式软件技术对电能进行变换及控制，并为满足客户特殊需要而定制的一类电源。按照行业的细分又可以划分为消费类定制电源和工业类定制电源两大类。标准电源是根据国内外的电源标准和要求制造的电源。标准电源针对的是所有需求的用户，是统一、标准化的产品，不是仅针对满足某些特定需求的用户而定制的产品。

根据中国电源学会的研究表明，规模较大的电源类型有照明电源、计算机电源、通信电源、UPS 电源、变频器、逆变器等。

开关电源应用十分广泛，主要用于工业自动化控制、军工设备、科研设备、LED 照明、工控设备、通信设备、电力设备、仪器仪表、医疗设备、半导体制冷制热、空气净化器、电子冰箱、液晶显示器、视听产品、安防、电脑机箱、数码产品和仪器类等领域。目前，除了对直流输出电压的纹波要求极高的场合外，开关电源已经全面取代了线性稳压电源，主要用于小功率场合。在许多中等容量范围内，开关电源逐步取代了相控电源，例如：通信电源领域、电焊机、电镀装置等的电源。

其中照明电源又可以分为镇流器、LED 驱动电源、其他等三类，2012 年 LED 驱动电源发展速度较快，成为拉动细分市场增长的主要动力。计算机电源主要指传统 PC 电源和一体化 PC 电源两类，传统 PC 电源基本趋于饱和，增长乏力，但是一体化 PC 电源成长性非常好。通信类电源主要包含通信电源、直放站电源等，随着国家 4G 的落实，预计“十二五”期间通信电源会保持较好的增长势头。

逆变器主要包含光伏逆变器、便携式逆变器、车载逆变器等类型。其中，光伏逆变器随着绿色能源的兴起，在“十二五”期间将会爆炸性地增长。

UPS 主要分为后备式、在线式和在线互动式 3 个种类，其中在线式 UPS 占据整体规模的 80% 左右。UPS 主要应用在数据中心、办公场所、工业生产、交通等领域和行业。随着数据中心在中国的快速发展，UPS 的市场规模也会持续发展。

变频器主要分为低压变频器和中高压变频器，当前以低压变频器为主，但是高压变频器的市场潜力更大一些。传统的起重行业、电梯行业以及注塑机等行业增长速度虽然有所减缓，但数字城市和智能交通的高速建设和发展将带动变频器细分产品的平稳增长。

线性电源主要应用在研究机构、工矿企业以及其他工业领域，需求比较平稳，每年的市场规模变化不大。

表 3 2008～2012 年中国电源产品结构分析（单位：亿元）

		2008 年	2009 年	2010 年	2011 年	2012 年
开关类电源	照明电源	73	77	86	95	105
	计算机电源	38	43	43	42	41
	通信类电源	61	73	65	61	58
	其他开关电源	553	575	656	724	785
UPS 电源		53	57	64	71	75
线性电源		30	31	32	34	35
逆变器		50	57	64	75	93
变频器		159	169	187	210	224
其他		137	148	162	177	190
总计		1154	1230	1359	1489	1606

数据来源：中国电源学会 2013，04

从中国电源产业产品的定制结构来看，目前中国电源产品主要以定制电源产品为主，2012 年定制电源规模为标准电源的一倍，占比达到 66.6%。

表 4 2008～2012 年中国电源产品定制结构分析（单位：亿元）

	2008 年	2009 年	2010 年	2011 年	2012 年
定制电源	754	804	887	974	1070
标准电源	400	426	472	515	536
总计	1154	1230	1359	1489	1606

数据来源：中国电源学会 2013，04

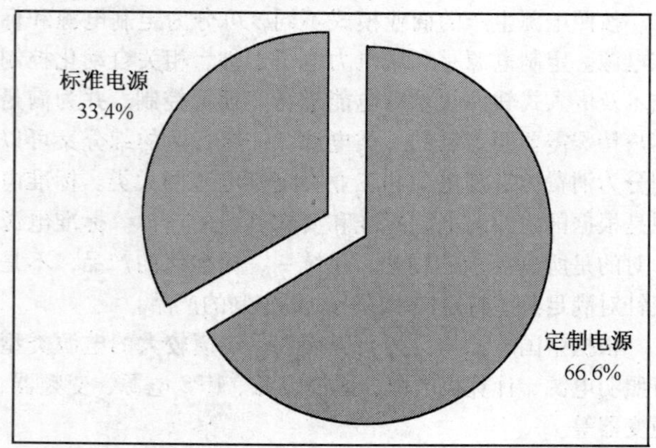

数据来源：中国电源学会 2013,04

图 2 2012 年中国电源产品定制结构分析

二、2012 年中国电源企业整体概况

（一）中国电源企业数量分布

由于电源企业相关产品的多样性以及产品应用的广泛性，使得电源企业中相关的电源企业数量相对较多。同时，由于电源产品制造的技术门槛以及资金要求都不是太高，这在客观上导致了电源企品相关研发和生产的企业数量众多。从近三年的情况来看，自 2011 年中国电源企业由于受到全球金融危机的影响，对整个制造业产生了一些负面影响，电源企业的增幅开始放缓，2012 年中国电源企业数量为 1.73 万家，增幅为 1.76%。

表 5 2009～2012 年中国电源企业数量分析（单位：千家）

年份	2010 年	2011 年	2012 年
企业数量	16.6	17.0	17.3
增长率	7.10%	2.40%	1.76%

数据来源：中国电源学会 2013，04

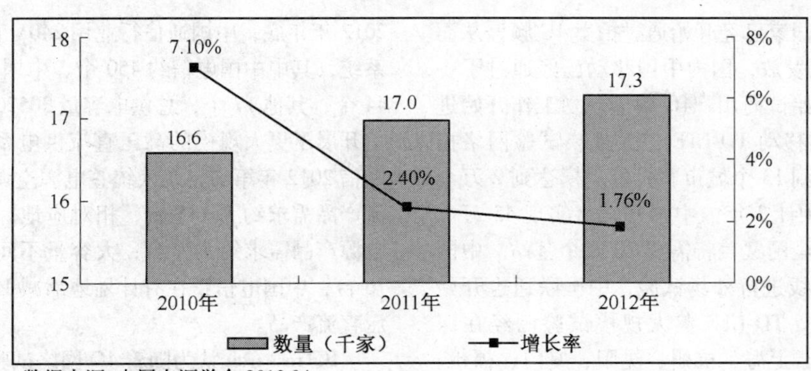

图 3　2010～2012 年中国电源企业数量分析

（二）中国电源企业区域分布

目前，从中国电源企业的区域分布来看，主要还是分布在以珠三角、长三角为代表的华南及华东沿海地区，同时在北京、天津周边也有数量众多的电源相关产品的研发和生产企业。

表 6　2012 年中国电源企业区域分布分析

（单位：千家）

	企业数量	占比
华东	4.0	23.2%
华北	1.8	10.2%
华南	8.7	50.1%
其他	2.9	16.5%
总计	17.3	100%

数据来源：中国电源学会　2013，04

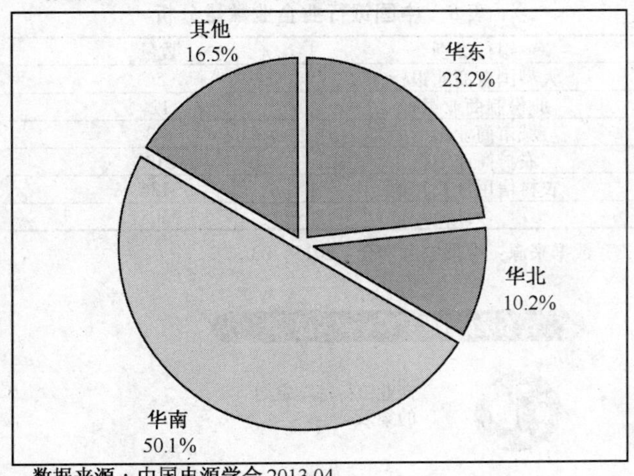

图 4　2012 年中国电源企业区域分布分析

（三）中国电源企业类型分布

从目前不同类型的电源企业分布来看，研发与生产定制化电源的企业数量最多，尤其是为工业类相关设备制造定制化电源产品的数量最多。无论是通信、医疗、交通以及军工行业的相关设备对电源产品的需求都十分强劲，这无疑使得为这些行业客户服务的电源企业长期保持在活跃的状态。

表 7　2012 年中国电源企业类型分布分析

（单位：千家）

	企业数量	占比
UPS	0.9	5.3%
开关电源	12.2	70.7%
线性电源	0.5	2.8%
逆变器	1.0	5.5%
变频器	0.6	3.5%
其他	2.1	12.2%
总计	17.3	100%

数据来源：中国电源学会　2013，04

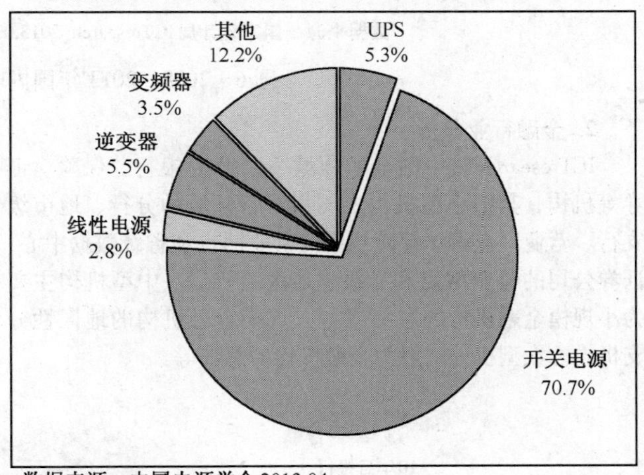

图 5　2012 年中国电源企业类型分布分析

三、2012 年中国电源市场大事件分析

（一）行业大事件分析

1. 电信行业分析

自 2009 年工信部发放 3 张 3G 运营牌照至今，我国 3G 发展已经历 3 年左右的时间。3G 累计投资达到 4556 亿元，我国 3G 已进入规模化发展阶段。截至 2012 年 12 月底，国内移动通信用户已达到 11 亿多户，其中 3G 用户超过 2.34 亿户，3G 用户渗透率由上年末的 13% 升至 20%，中国移动累计 3G 用户数达 8792.8 万户，中国联通累计 3G 用户数达 7646 万户，中国电信累计 3G 用户达 6905 万户。

另外，全球大部分国家已经开始通过拍卖4G频谱从而实现LTE的建设和牌照发放，国内中国移动已经通过了一系列的大规模试验并开始试商用，4G频谱规划工作开始进行。2012年9月，中国移动TD-LTE扩大规模试验网络招标项目已经启动，共达到13个城市，投资规模达到2万个基站，5.2万个频载，预计3年内中国移动将实现45万个基站的覆盖，同时实现全国覆盖将需要70万个基站。中国电信针对FDDLTE多天线进行外场试验，中国联通也开始测试FDDLTE。2012年，TD-LTE扩大规模试验已经在深圳、广州、南京、北京、上海、杭州、沈阳、厦门、福州、成都、青岛、宁波、天津、无锡、温州展开。目前，绝大多数城市的试验网阶段性建设已经完成，并已开启业务和应用体验活动。2013年，各城市将继续扩大试验网规模。

随着节能减排工作的深入进行，“建设节约又安全的通信供电系统”已经成为通信运营企业关注的重点。截止2012年年底，中国通信行业用240V直流系统已达到550个系统，其中中国电信约450个、中国联通40个、中国移动44个，其他17个，总供电容量305200A。2012年，中国电信开展了更大规模的高压直流供电系统招标工作。在中国电信2012年第二批统谈统签电源空调产品集采中，高压直流产品需求约为185台，相对应地，大容量模块化不间断电源产品需求约为4台；大容量不间断电源产品需求约为76台，中国电信正在有计划地缩减UPS的采购量，转向高压直流产品。

ICTresearch认为随着4G网络试验、基站建设和运营商向高压直流电源的采购转移，网络设备将在设备能力、组网能力、未来技术的演进能力等方面不断的增强。2012年完成电信固定资产投资3613.8亿元，ICTresearch预计2013年电信固定资产投资将突破4000亿元，增长率达到10%以上。

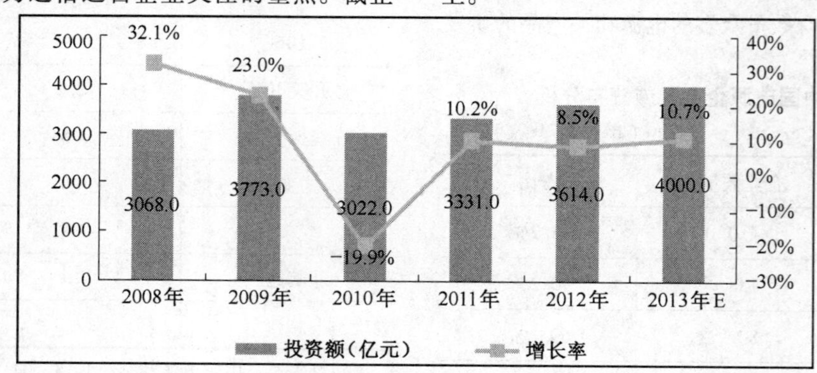

数据来源：国家统计局ICTresearch 2013,03

图6　2008～2013年国内电信资产投资额及增长率预测

2. 金融行业分析

ICTresearch将中国金融领域主要分为银行、保险、证券等机构；其中小型机构主要指银行领域的分行、地市级支行、营业网点等；保险行业的营业网点和省级数据中心；证券公司的营业网点和省级、地区级机房。中型机构主要为小规模金融机构的总部或者大规模金融机构的地区性分支机构。大型机构一般为金融机构的总部等。

表8　中国银行业企业数量分析

银行类别	数量
大型国有商业银行	5
股份制商业银行	12
城市商业银行	143
农村商业银行	212
农村信用社及其他	3136
合计	3508

数据来源：中国电源学会　2013，03

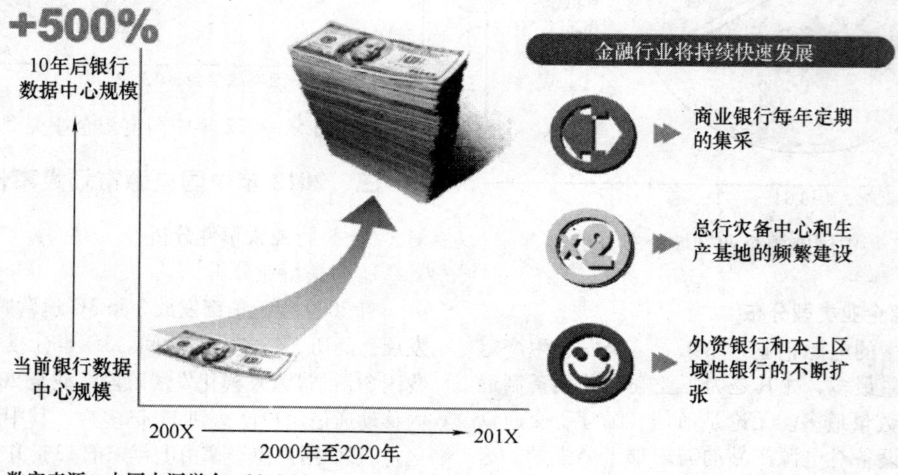

数字来源：中国电源学会　2013,03

图7　银行业务将加快发展

3. 制造行业分析

房地产、制造业与基建投资三者是固定资产投资的主要构成，合计占比在80%左右，其中制造业占比最大，达到30%。制造业领域的工程施工往往由专业工程公司承包，包括石化、化工、冶炼、轻工制造等，都有相对应的工程公司，以中国化学为代表的化工工程公司、中国中冶（冶炼）和中国海诚（轻工制造）等。

据国家统计局统计，2012年1~11月，装备制造业增加值同比增长8.2%，低于全部规模以上工业，增速比去年同期大幅回落7.2%。新一代信息技术、高端装备制造、新材料、节能与新能源汽车等规划发布实施。重点行业兼并重组取得积极进展，列入淘汰落后产能名单的2761家企业的落后生产线大部分已关停，产业转移有序推进。2012年1~11月，消费品工业增加值同比增长11%，增速比去年同期回落3.1%。

制造业投资基本代表了实体经济的兴衰，根据ICTresearch宏观研究的判断，从十年左右的大周期来看，目前制造业由于产业转型和宏观经济的影响处于下行阶段。但是，从整个发展周期看，产业布局优化后的新的一轮经济周期将开始萌芽，部分高端制造业的兴起代表了未来中国经济转型的方向。

在2012年，国内部分省市的制造业已经开始出现高速增长的态势。2012年，浙江省完成制造业投资5321亿元，同比增长17.3%。其中装备制造业投资2518亿元，增长15.5%，占制造业投资比重47.3%。仪器仪表、计算机等产品的增速达到30%以上，食品消费品达到40%以上。福建省制造业投资3764.39亿元，比上年增长23.3%，制造业投资占工业投资的比重达82.8%。2012年，安徽省制造业完成投资6072.6亿元，增长19.8%，占全部投资的40.3%。

4. 政府行业分析

由于智慧城市、平安城市等建设关乎民生与政绩，且能够带动物联网、云计算、大数据等新一代信息技术产业的发展，ICTresearch认为在十二五期间必然是政府投资优先保障的热点，同时也是中央和地方政府政策的支持重点。未来会有大量新的上市公司出现，对板块的整体估值水平带来持续的支持与提振。在2013年，智能交通、区域医疗、安防监控、地理信息系统等仍将会是较为热点的投资主题，演绎阶段性的行情。

我国物联网“十二五”规划纲要明确地指出，要“推动物联网关键技术的研发和在重点领域的应用示范”；并锁定十大物联网应用重点领域，分别是智能电网、智能交通、智能物流、智能家居、环境与安全检测、工业与自动化控制、医疗健康、精细农牧业、金融与服务业、国防军事；计划建成50个面向物联网应用的示范工程，5~10个示范城市。未来五年全球物联网产业市场将呈现快速增长态势，年均增长率接近25%。

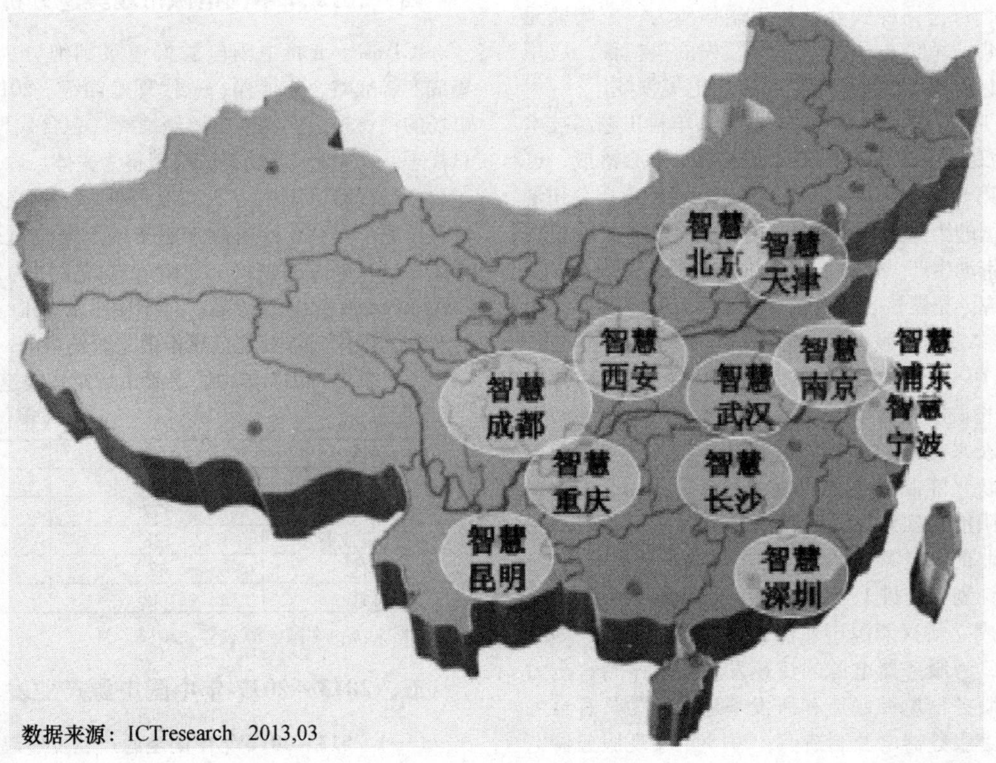

图8　中国智慧城市发展加快

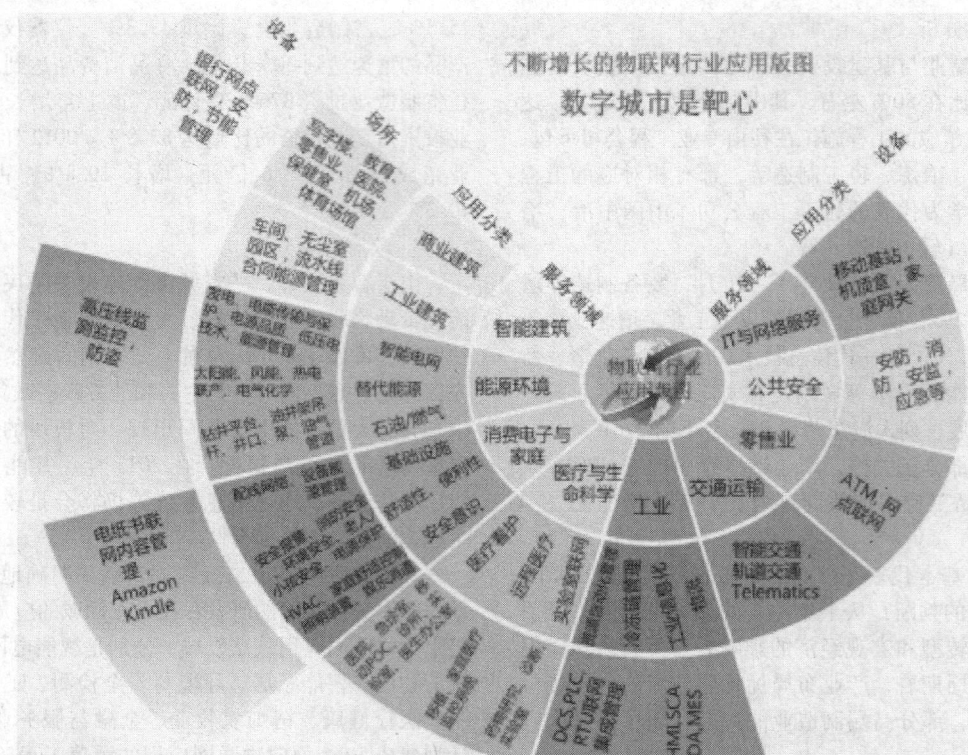

数据来源：《物联网技术，应用、标准和商业模式》；ICTresearch整理 2013,01

图9 政府主导物联网行业增长较快

（二）市场大事件分析

1. 村田电源技术有限公司在国内建成第二大研发中心

村田电源技术有限公司是总部设在美国马萨诸塞州的电源生产企业，母公司株式会社村田制作所为一家陶瓷元件、传感器、集成电源电子模块全球领先的供应商，应用于移动通信、计算机、汽车电子、数字家电等领域。

2013年3月23日，全球电源行业领头羊村田电源技术有限公司在武汉经济技术开发区新建的研发中心落成，这是其在全球的第8大研发中心，是村田电源技术有限公司继上海之后在中国的第二家研发中心，将立足武汉，扩展研发和设计能力，带动生产、销售、服务等产业配套，大力发展前沿技术的研究，拓展核心技术在新能源领域的应用。

2. 长城电脑发布云服务器电源战略

2012年4月，长城电脑发布了以“引领云端 动力中国”为主题的长城服务器电源战略。2012长城电脑的两大战略方向就是新兴能源和云计算及其终端设备，新兴能源业务主要是由新兴能源事业群的长城电源事业部、柏怡集团以及易拓太阳能来实践，而云计算及其终端设备战略主要由计算机事业部、电源事业部、广西长城等部门来执行。长城电脑增发计划中安排1.75亿元服务器电源研发、生产专项资金，并成立新兴能源事业群，通过收购、合并等策略，整合资源，为服务器电源的快速发展拓展平台；全力打造国家级的服务器电源制造和研发基地，成为具有自主知识产权的国家服务器电源制造商；2015年实现服务器电源年产量翻两番，为服务器匹配中国动力。

ICTresearch分析，2013年政府、制造等行业将加强云计算平台和大数据的挖掘利用，对于高性能服务器和存储等机房设备的需求将大幅增长，长城电源退出的服务器电源战略顺应整体市场的发展，会进一步提升长城电源在细分市场的竞争力。

四、2012年中国电源市场渠道分析

ICTresearch将中国电源渠道级别细分为：普通渠道、集成商、战略合作伙伴、总代理等四级。2012年中国电源市场的销售渠道仍然以电源经销商（包含代理和分销渠道、总代理）、直销和系统集成商销售为主体，随着越来越多的电源产品以整体解决方案的形式销售，系统集成商的销售比重在逐步提高，同时越来越多的厂商也直接通过直销的方式来进行电源的销售，直销的电源主要为定制化电源及OEM和ODM的电源产品。对于陌生领域以及中小功率段的产品，厂家基本都是依靠渠道进行销售的。

表9 2012年中国电源市场销售渠道构成

（单位：亿元）

区域	销售额	比例
直销	1044	65.0%
电源经销商	377	23.5%
系统集成商	138	8.6%
其他	47	2.9%
总计	1606	100%

数据来源：中国电源学会 2013，04

五、2013~2017年中国电源产业发展预测

（一）2013~2017年中国电源产业发展趋势

1. 产品发展历程

现代电力电子技术的发展方向，是从以低频技术处理问题为主的传统电力电子学，向以高频技术处理问题为主的现代电力电子学方向转变。电力电子技术起始于20世纪

50年代末60年代初的硅整流器件，其发展先后经历了整流器时代、逆变器时代和变频器时代，并促进了电力电子技术在许多新领域的应用。电源行业在改革开放的30年发展历程中，曾出现过的主要市场发展浪潮和典型的产品有：

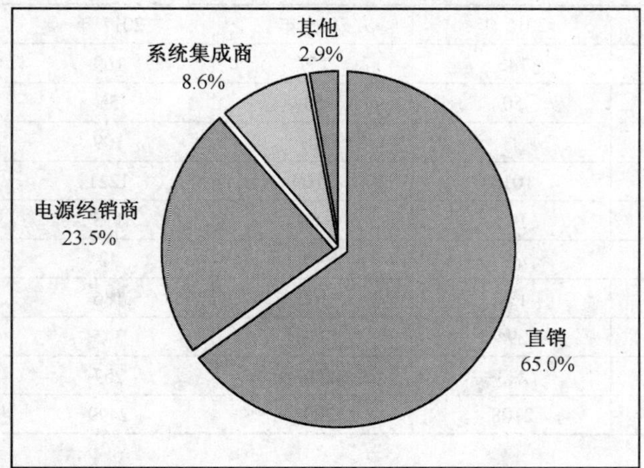

数据来源：中国电源学会 2013,04

图10 2012年中国电源市场销售渠道构成

- 工业、军工浪潮下的电源市场代表：开关电源；
- 计算机浪潮下的电源市场代表：PC电源、服务器电源；
- 便携式电子产品浪潮下的电源市场代表：便携式电源；
- 电信浪潮下的电源市场代表：通信电源、直放站电源等；
- 绿色能源浪潮下的电源市场代表：光伏逆变器、绿色照明电源、电动汽车相关的电源等。

2. 产品发展特点

因为电源产品在各个行业中的应用十分广泛，所以电源产品的种类不仅繁多，而且还表现出多样性的特点。由于产品的多样性使得电源产业布局体现出一定的分散性特征，在众多电力电子相关产业中都涉及电源的研发和制造。同时，由于电源产品制造的技术门槛不高，投资也相对较小，这使得进入电源产业中的企业数量较大，产业分布比较分散。目前，国家在监管方面尚没有专门的部门来协调管理整个电源行业的发展，因此电源产品的标准和质量管理也较为分散。

在电源产品市场上，不同的电源产品由于其产品的应用特性不同，往往采用的渠道策略会有较大的差别。一些标准化的产品，如UPS、通信电源等，可以通过经销商和代理商来进行分销，而一些定制化的电源产品，则往往是电源企业直接与客户建立长期的战略合作关系，来为客户提供长期的定制化的服务。不论是直销还是分销，把握住客户的需求，更好地通过渠道体系来满足客户的需求无疑就是最适合某种电源产品的渠道销售策略。

3. 产品发展与应用前沿

（1）短距离无线充电产品值得期待 短距离无线充电是当前研究最多的技术之一。实现无线充电主要通过三种方式，即电磁感应、无线电波以及共振作用。目前，最为常见的充电解决方案就采用了电磁感应，通过一次和二次线圈感应产生电流，从而将能量从传输端转移到接收端。无线电波是另一个发展较为成熟的技术，其基本原理类似于早期使用的矿石收音机。另一种尚在研究中的技术是电磁共振。

（2）高压直流UPS（HVDC）成规模试用 伴随着对“绿色、低碳”电源呼声日益高涨，高压直流UPS供电系统的运用已进入到实质研发甚至是小规模试运用阶段。直流UPS的实际应用目前也取得了很大进展，在国外发达国家，机房采用大规模直流供电已取得了成功。在我国经过科学家和工程技术人员的不断探索，试点工作也取得了很大成功。

（3）绿色照明电源应用前景广阔 当前主要为用新型高效的高压钠灯、金属卤化物灯替代高压汞灯、低效钠灯、卤钨灯。半导体LED适用于交通信号指示灯、汽车尾灯、转向灯、广告牌、夜景照明等。电能消耗仅为白炽灯的1/10，节能灯的1/4，寿命是白炽灯的100倍。用电子镇流器、低耗能电感镇流器替代普通高耗能电感镇流器。

（二）2013～2017年中国电源产业产值规模预测

1. 2013～2017年中国电源产业产值规模

ICTresearch依据中国电源产业产值的历史统计数据，分析其数据特征，选择合适的数学模型，综合定量和定性分析，对中国电源产业未来五年的产值进行预测。ICTresearch预计未来五年电源产业产值规模见表10。

表10 2013～2017年中国电源产业产值规模预测

（单位：亿元）

年份	2013年	2014年	2015年	2016年	2017年
产值	1758	1932	2108	2296	2499
增长率	9.5%	9.9%	9.1%	8.9%	8.8%

数据来源：中国电源学会 2013，04

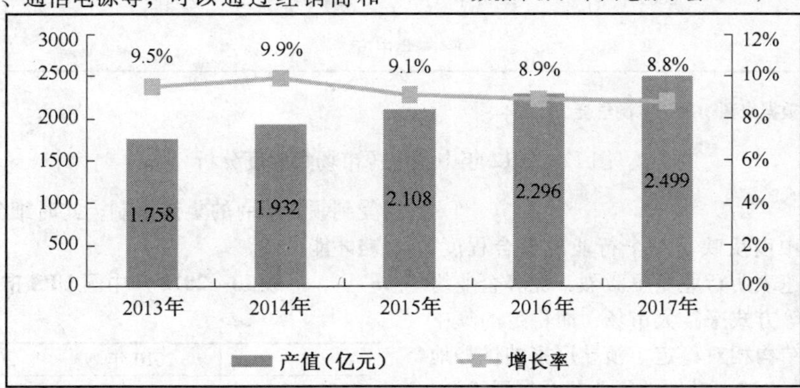

数据来源：中国电源学会 2013,04

图11 2013～2017年中国电源产业产值规模预测

（三）2013～2017年中国电源市场结构预测

1. 2013～2017年中国电源产品结构分析

根据预测的总量结果与未来几年电源产品与市场的发展趋势，ICTresearch对未来五年中国电源产品结构做如下预测。

表11 2013～2017年中国电源产品结构预测 （单位：亿元）

		2013年	2014年	2015年	2016年	2017年
开关类电源	照明电源	121	133	145	157	169
	计算机电源	43	47	50	53	55
	通信类电源	64	79	93	101	109
	其他开关电源	858	935	1013	1109	1221
UPS电源		82	93	102	109	115
线性电源		36	38	39	40	42
逆变器		106	121	139	162	186
变频器		243	267	294	321	345
其他		205	219	233	244	257
总计		1758	1932	2108	2296	2499

数据来源：中国电源学会 2013，04

从电源产品的销售来看，中国已经成为全球电源制造的重要基地之一，未来这一局面在短时期内仍将保持，同时国内各个行业的高速发展将更快地带动中国电源产品内销市场的强劲增长。

表12 2013～2017年中国电源销售结构预测 （单位：亿元）

	2013年	2014年	2015年	2016年	2017年
定制电源	1188	1295	1417	1550	1708
标准电源	570	637	691	746	791
总计	1758	1932	2108	2296	2499

数据来源：中国电源学会 2013，04

六、竞争格局分析

（一）集中度分析

1. 整体集中度分析

整体电源市场涵盖复杂，涉及各个行业的细分电源，各个电源企业之间针对不同的电源产品阻隔较大，导致市场集中度较低。下图为电源市场前20名企业占据市场整体的比例分析。

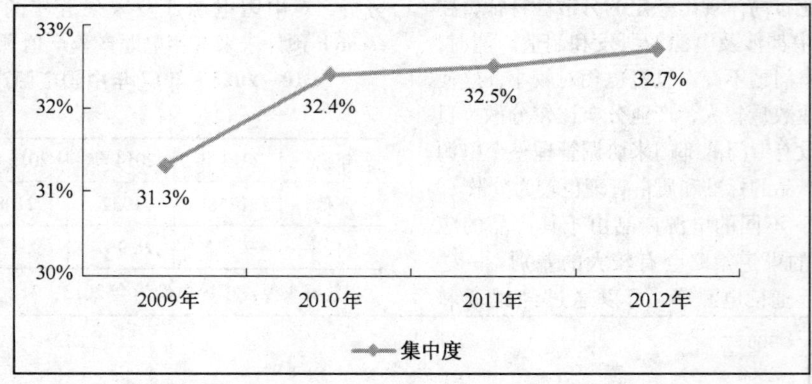

数据来源：中国电源学会2013,04

图12 2012年中国电源市场集中度分析

2. UPS集中度分析

一般而言，行业集中度反映了一个行业的整合程度，如果集中度曲线上升迅速表明行业竞争激烈，优势企业纷纷采用渠道扩张，降价等方式来扩大市场；而稳定的集中度曲线则表明市场竞争结构相对稳定，领导厂家的优势地位也已建立。处于集中度迅速上升中的行业蕴含发展机会，此时加大市场投入，加快渠道建设往往能获取一定的成效。而处于集中度稳定中的行业机会不高，企业扩张的努力会受到领先厂商的集体抵制，此时细分化、差别化的发展策略才能见效。

表13 2012年中国UPS市场集中度分析

（单位：亿元）

	2010年	2011年	2012年
前五总和	45.3	50.5	53.8
占总比例	70.8%	71.1%	71.7%

数据来源：中国电源学会 2013，04

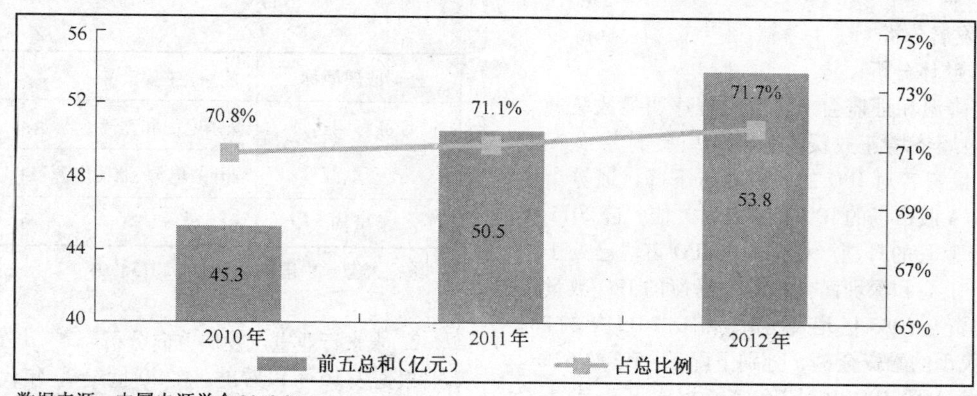

图13 2012年中国UPS市场集中度分析

3. 通信电源集中度分析

一个行业的关键成功要素是企业参与竞争所必须掌握的最低能力，是分析、甄别哪些要素决定了行业的成长、发展和企业在行业内的建树。对于行业而言，关键成功要素是促使企业在行业、产业内形成竞争优势和有利市场地位的基础因素和成功实践。不同行业内企业的关键成功要素可能大相径庭。另外，一些衡量标准可能由于实践阶段或者环境、地域、文化而异。

从近三年的市场集中度分析不难看出，近三年的市场集中度变化不大，整个行业发展已经进入成熟期，领导厂商在行业中的优势地位比较明显。

表14 2012年中国通信电源市场集中度分析

（单位：亿元）

	2010年	2011年	2012年
前五总和	47.6	44.8	42.4
占总比例	73.2%	73.4%	73.1%

数据来源：中国电源学会 2013，04

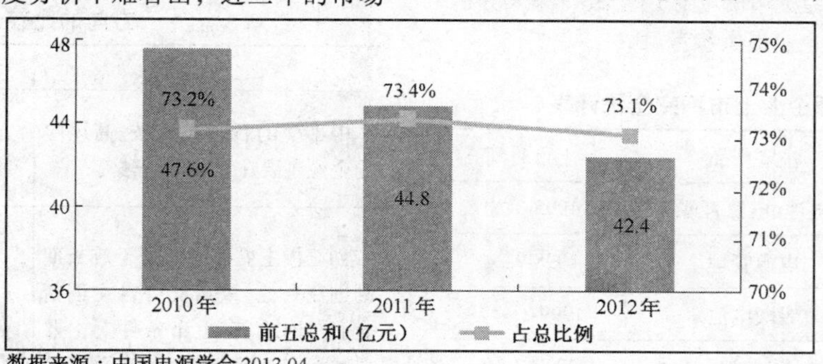

图14 2012年中国通信电源市场集中度分析

4. 逆变器集中度分析

目前，中国逆变器市场的集中度在逐渐提高，细分市场厂商的主导地位日益凸显。

表15 2012年中国逆变器市场集中度分析 （单位：亿元）

	2010年	2011年	2012年
产值前五总和	40.1	47.6	59.5
占总比例	62.7%	63.5%	64.0%

数据来源：中国电源学会 2013，04

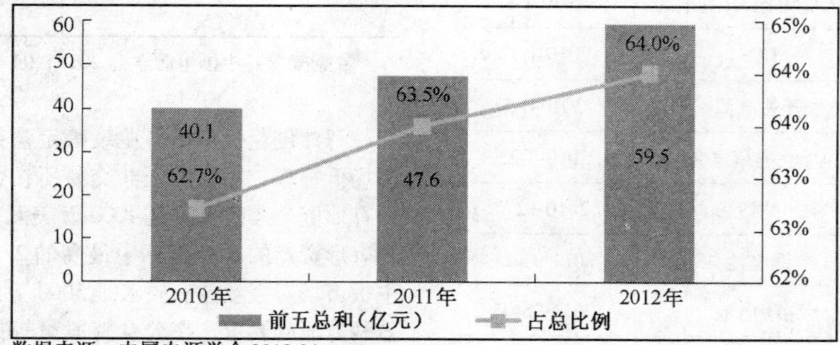

图15 2012年中国逆变器市场集中度分析

（二）行业发展分析

1. 上市企业整体分析

受中国经济降温和证监会上市审批程序明显放缓的影响，2012年中国经济增速放缓，企业业绩疲弱导致A股IPO估值较低，投资者对IPO的兴趣亦有下降，证券市场的不稳定也导致A股市场的IPO交易表现欠佳。自2012年10月以来，由于监管的日趋严格，国内IPO市场已处于空档期。2012年，上海和深圳两大证券交易所的IPO数量仅有155宗，募集资金1083亿元人民币，相比2011年的282宗及2861亿人民币的融资金额，分别下降了45%及62%。具体来看，上海A股IPO共计26宗，相比上一年减少33%，融资金额383亿元，同比下降约64%；深圳中小企业板IPO共计55宗，同比减少52%，融资金额349亿元，同比下降66%；深圳创业板新上市企业74家，同比减少42%，融资金额351亿元，同比下降56%。

2013年A股IPO市场的境况将转好。首先是在新的经济政策刺激下，中国经济的前景将更加明朗；其次是证券市场的波动将减少。在此理想环境下，A股市场的IPO活动有望在2013年下半年再度活跃。2013年将是正在等待上市的企业实现IPO的好时机。因此，2013年，对于中国电源企业择机上市，我们有了更多期待的理由。在这样的背景下，ICTresearch针对已经上市的电源企业做一深入分析，为打算和正在上市的电源企业提供参考。

表16 中国电源企业上市不完全统计表

公司股票简称	主要产品	上市时间
德赛电池	电池、电源管理	1995-3-20
上海贝岭	电源管理	1998-9-24
光宇国际集团科技	铅酸电池	1999-11-17
比亚迪股份	锂电池	2002-7-31
动力源	通信电源	2004-4-1
风帆股份	铅酸电池	2004-7-14
比克电池	锂电池	2004-9-28
双登集团	铅酸电池	2005-12-6
奥特迅	电力电源	2008-5-6
鼎汉技术	铁路电源	2009-10-30
九洲电气	高压变频器、开关电源	2010-1-8
科华恒盛	UPS	2010-1-13
中恒电气	开关电源	2010-3-5
南都电源	电池、通信电源	2010-4-21
科士达	UPS	2010-12-7
欣旺达	锂电池	2011-04-21
圣阳电源	铅酸电池	2011-05-06
阳光电源	逆变器	2011-08-09

（续）

公司股票简称	主要产品	上市时间
江苏海四达	镍系电池和锂离子电池	2012-03-07
茂硕电源	开关电源、照明电源	2012-03-16
易事特	UPS	2012-06-29

数据来源：中国电源学会 2013，04

2. 未来行业重点发展方向分析

根据表16可以看出，在20世纪90年代期间内，上市的电源企业多数为电源管理类企业；21世纪开始的头五年里面，上市的企业多数为电池类企业；而最近五年里面，上市的企业则以具体的电子电源为主要产品，涉及UPS、电力电源、通信电源、LED电源等不同类型的电源。

另外，随着创业板的开放，极大地激励了不同的电源企业，其中仅2010年就上市了五家企业，占据统计企业家数的1/3左右。当前创业板上市企业为130多家，如果和深圳主板及中小板的各500家企业相比，还有很大的成长空间。表17是在创业板上市与主板及中小板上市企业方向的比较分析。

表17 创业板与主板及中小板上市企业方向的比较分析

创业板	主板及中小板
中小型的新兴高科技、高风险的企业主要在二板市场融资	主板市场为成熟的大型企业提供融资场所
创业板主要面向尚处于成长期的创业企业，重点支持自主创新企业。因此，在上市条件上主要反映为创业板市场对上市公司的指标要求没有主板多，以及同一指标下的定量标准也较低，但创业板更加注重盈利的持续性和稳定性	主板主要面向经营相对稳定、盈利能力较强的大型成熟企业；中小板主要面向进入成熟期但规模较主板小的中小板企业
作为新兴市场，创业板将更多地担负起制度创新的角色	主板市场的制度改革将是相对平缓的。但是，两者的走势将会基本一致，这是因为两者背靠的经济环境是一样的

数据来源：中国电源学会 2013，04

海外创业板市场对业绩等定量指标的要求也都较主板市场低很多，如纽约证券交易所在企业规模上对上市公司的有形资产净值要求是4000万美元，是NASDAQ全国市场对有形资产的3个指标中最高的2.2倍；中国香港联交所主板市场对企业盈利要求是5000万港元，而对创业板则无盈利方面的要求。在公众持股量等指标上也体现出了同样的区别，这是由两个市场在功能上的分工所导致的。

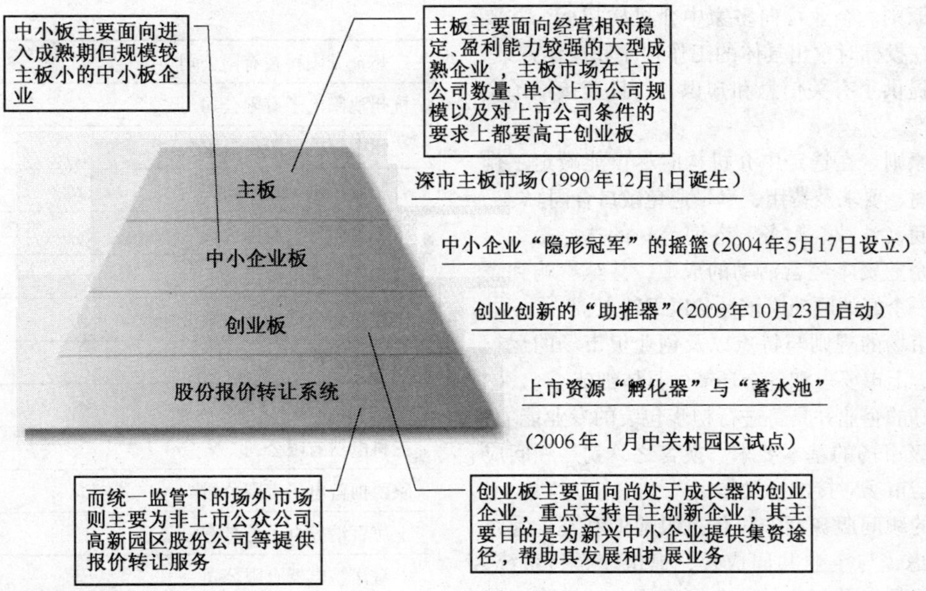

中小板主要面向进入成熟期但规模较主板小的中小板企业

主板主要面向经营相对稳定、盈利能力较强的大型成熟企业，主板市场在上市公司数量、单个上市公司规模以及对上市公司条件的要求上都要高于创业板

主板　深市主板市场（1990年12月1日诞生）

中小企业板　中小企业“隐形冠军”的摇篮（2004年5月17日设立）

创业板　创业创新的“助推器”（2009年10月23日启动）

股份报价转让系统　上市资源“孵化器”与“蓄水池”（2006年1月中关村园区试点）

而统一监管下的场外市场则主要为非上市公众公司、高新园区股份公司等提供报价转让服务

创业板主要面向尚处于成长器的创业企业，重点支持自主创新企业，其主要目的是为新兴中小企业提供集资途径，帮助其发展和扩展业务

数据来源：中国电源学会 2013,04

图 16　深交所多层次资本市场体系

创业板将重点支持新能源、新材料、生物医药、电子信息、环保节能、现代服务六大产业的高成长企业。2012年，195 家公司中顺利过会的公司有 152 家，其中中小板 60 家，过会率为 75.0%；创业板 92 家，过会率为 80.0%。中小板、创业板 IPO 上会企业基本集中在 1 ~7 月。

表 18　创业板重点支持行业比较分析

新能源	联合国开发计划署（UNDP）把新能源分为以下三大类：大中型水电；新可再生能源，包括小水电、太阳能、风能、现代生物质能、地热能、海洋能（潮汐能）；穿透生物质能
新材料	为了涵盖目前全球已形成产业规模的新材料，并且使各类别之间尽量不重复，将全球新材料产业分为电子信息材料、稀土新材料、金属材料、先进陶瓷材料、高分子材料、先进复合材料、生物医用材料、超导材料和纳米材料九大类
生物制药	我国的生物制药行业在医药行业中是与国际接轨最为紧密的子行业，与发达国家的科研发展差距只有几年。生物制药按照药品类型可以分为血液制品、体外诊断试剂、疫苗以及其他生物工程产品等行业
电子信息	按照中国证券监督管理委员会的行业分类，电子和信息技术属于两个单独的分类。信息技术属于第一级分类，下面的二级子类包括通信设备制造业、计算机及相关设备制造业、通信服务业、计算机应用服务业 电子属于制造行业中的二级子类，下面又包括电子元器件制造业、日用电子器具制造业、其他电子设备制造业、电子设备修理业
环保节能	预计中国在未来 10 年内仍有 50% 的单位能耗节约空间以达到与全球平均的节能路径的接轨（假设人均 GDP 保持 6% 的增速，2018 年实现与全球能效曲线的接轨）；中性地看，按照我国中长期的节能规划，预计未来 10 年内中国也有约 33% 的节能空间。如果以未来 10 年 33% ~50% 的节能空间来估算，按照我国 2007 年的总能耗量，这一比例的节能幅度相当于可以节约 8.8 亿 ~13.3 亿吨的标准煤，对应经济价值约 8000 亿 ~12000 亿元人民币
现代服务产业	①基础服务（包括通信服务和信息服务）；②生产和市场服务（包括金融、物流、批发、电子商务、农业支撑服务以及中介和咨询等专业服务）；③个人消费服务（包括教育、医疗保健、住宿、餐饮、文化娱乐、旅游、房地产、商品零售等）；④公共服务（包括政府的公共管理服务、基础教育、公共卫生、医疗以及公益性信息服务等）

数据来源：中国电源学会 2013，04

企业上市选择证券公司应该把握的工作原则：

● 符合资质原则。目前，国家对规范中介机构行为都有一系列管理办法，证券公司、会计师事务所和资产评估事务所等必须具备相应资质才能开展业务。就券商而言，必须选择具备保荐资格的券商，中国证监会只受理具备保荐资格的券商提交的证券发行上市推荐文件。

● “门当户对”原则。随着市场发展和完善，证券公司的分工越来越明显，有些券商主要侧重做大项目，有些券商专注于中小企业。作为中小企业，应选择实力强、信誉好、经验丰富、精力充沛的中介机构。

● 费用合理原则。首先参照整个证券市场行情确定费用时，同时要结合公司自身状况。一般而言，规模大、历史沿袭长、架构比较复杂的企业支付的费用要高点。

●招标竞争原则。企业可向多家中介机构招标，并要求各个中介机构在投标时拿出具体的工作程序和操作方案。这样不仅给企业提供了有关信息和知识，而且直接给了企业一个比较的基准。

●任务明确原则。在选定中介机构时尽可能敲定工作内容、范围、时间、要求及费用，尽量避免敞口合同。

对第三方顾问（法律、财务、咨询等）的选择是否得当，直接关系到企业资本经营活动的成败，甚至影响到企业的兴衰存亡。一个好的顾问应该具备以下特点：

●熟悉资本市场的规则与特点以及创业板市场的运行特点、操作技巧、上市要求和各个环节的具体细节。

●善于发掘好的企业并具备进行初步包装的专业能力，使其能够符合二级市场的基本要求。换言之，就是顾问应当起到实现企业与市场对接的桥梁作用。

●提供长期的顾问服务而非仅仅是眼前的利益，为企业的长期发展考虑，与企业共同成长，提供完整、系统、长期的战略发展规划以及相应的财务顾问服务，排除短期行为。

●具备向企业提供多种应对方案与准备的能力，包括在企业遇到因各种客观因素而未能顺利上市甚至发行失败的严重局面时，为企业事先准备好各种对策和安排。

七、鸣谢单位

表19 2012年度电源行业发展报告鸣谢单位
（按照汉语拼音排名）

艾默生网络能源有限公司
安伏（苏州）电子有限公司
安徽省友联电力电子工程有限公司
保定市四北电子有限公司
北京汇众电源设备厂
北京普瑞电源设备有限公司
北京市星原丰泰电子技术有限公司
北京新创四方电子有限公司
北京中宇豪电气有限公司
成都金创立科技有限责任公司
成都科星电器桥架有限公司
东莞市金河田实业有限公司
东莞市友美电源设备有限公司
佛山市柏克电力设备有限公司
佛山市顺德区创格电子实业有限公司
佛山市顺德区冠宇达电源有限公司
佛山市顺德区扬洋电子有限公司
佛山市新光宏锐电源有限公司
佛山顺德区友基电子有限公司
广东创电电源有限公司
广东和昌电业有限公司
广东易事特电源股份有限公司

（续）

广州金升阳科技有限公司
杭州池阳电子有限公司
杭州中恒电气股份有限公司
合肥通用电子技术研究所
江苏宏微科技有限公司
溧阳市华元电源设备厂
宁夏银利电器制造有限公司
青岛半导体研究所
瑞谷科技（深圳）有限公司
三科电器有限公司
陕西柯蓝电子有限公司
上海百纳德电子信息有限公司
上海诺易电器有限公司
上海正大电气设备有限公司
深圳华德电子有限公司
深圳科士达科技股份有限公司
深圳可立克科技股份有限公司
深圳麦格米特电气股份有限公司
深圳茂硕电源科技股份有限公司
深圳欧陆通电子有限公司
深圳桑达国际电子器件有限公司
深圳市铂科磁材有限公司
深圳市东辰科技有限公司
深圳市航嘉驰源电气股份有限公司
深圳市核达中远通电源技术有限公司
深圳市捷益达电子有限公司
深圳市金宏威实业发展有限公司
深圳市金威源科技有限公司
深圳市京泉华电子有限公司
深圳市科陆电源技术有限公司
深圳市帕瓦科技有限公司
深圳市锐骏半导体有限公司
深圳市新能力科技有限公司
深圳市英威腾电源有限公司
深圳市展盛科技有限公司
施耐德电气集团
石家庄通合电子有限公司
四川长虹欣锐科技有限公司
四川欣三威电工设备有限公司
溯高美索克曼电气设备（上海）有限公司
台达电子企业管理（上海）有限公司
太仓电威光电有限公司
天宝国际兴业有限公司

（续）

天津市鑫利维铝业有限公司
温州现代集团有限公司
无锡新洁能功率半导体有限公司
武汉新瑞科电气技术有限公司
西安爱科电子有限责任公司
西安芯派电子科技有限公司
厦门科华恒盛股份有限公司
厦门赛尔特电子有限公司
厦门信和达电子有限公司
扬州奇盛电力设备有限公司

（续）

伊顿电气集团
云南金隆伟业科技有限公司
浙江科达磁电有限公司
浙江特雷斯电子科技有限公司
中达电通股份有限公司
中国长城计算机深圳股份有限公司
中兴通讯股份有限公司
重庆汇韬电气有限公司
珠海瓦特电力设备有限公司

数据来源：中国电源学会；ICTresearch 2013，03

2012 年度光伏逆变器行业报告

一、行业发展背景

（一）光伏发电行业的形成

法国科学家贝克雷尔在 1839 年发现了“光伏效应”，光照能使半导体材料的不同部位之间产生电位差。美国科学家恰宾和皮尔松在 1954 年首次在实验室里制成了单晶硅太阳电池，实现了将太阳能转换为电能的可能性，称为“光伏发电”。

20 世纪 90 年代后，光伏发电快速发展，到 2006 年，世界上已经建成了 10 多座兆瓦级光伏发电系统，6 个兆瓦级的并网光伏电站。美国是最早制定光伏发电发展规划的国家。日本 1992 年启动了新阳光计划，到 2003 年日本光伏组件生产占世界的 50%，世界前 10 大厂商有 4 家在日本。德国新可再生能源法规定了光伏发电上网电价后，大大推动了光伏市场和产业发展，使德国成为继日本之后世界光伏发电发展最快的国家。瑞士、法国、意大利、西班牙、芬兰等国，也纷纷制定光伏发展计划，并投巨资进行技术开发和加速工业化进程。

（二）国外发展背景

以德国为向导的欧洲国家在 21 世纪初率先实施光伏上网电价法（Feed-in tariff law），随后日本、韩国、澳大利亚、南非、加拿大等欧洲以外的国家也实施了类似的政策。美国则是对光伏系统实施联邦、州的退税政策，投资者最高可获得 30% 的退税补贴。随着德国、美国、日本对本国光伏产业的政策扶持，全球光伏发电逆变器的销售额逐年递增，光伏发电用逆变器进入了一个快速增长的阶段。

目前，经济危机席卷全球，希腊、葡萄牙、西班牙等欧盟国家出现了主权债务危机，随后美国也出现了主权债务危机。在主权债务危机影响下，相关国家出台了财政紧缩政策，再加上光伏系统发电成本的逐步下降，各国政府也开始不断地下调光伏补贴。对于光伏这个需要政策扶持的行业影响很大，导致目前全球光伏行业陷入了低谷。截止 2011 年年底，在一系列光伏政策的刺激下，全球累计装机量已达 67GW。据初步统计，2012 年全球新增装机量约在 31GW。

目前，全球光伏逆变器市场主要还是被国际几大巨头瓜分，欧洲是全球光伏市场的先驱，具备完善的光伏产业链，光伏逆变器技术处于世界领先地位。SMA 是全球最早也是最大的光伏逆变器生产企业，在全球最大的区域市场德国市场占有率达 50% 以上，全球市场的份额接近 30%，第二位是 Power-One，也有着近 10% 的市场份额。全球前十位的逆变器生产企业占领了超过 60% 的市场份额。

（三）国内发展背景

2009 年 12 月 18 日，温家宝总理代表中国政府在哥本哈根世界气候变化大会上郑重承诺：到 2020 年，我国单位国内生产总值二氧化碳排放比 2005 年下降 40% ~45%，发展清洁、安全和可靠的新能源便成了首选。同年，国家颁布了第一个光伏补贴政策，正式启动国内光伏市场，大力发展光伏发电产业。国内光伏项目的启动，真正开始带动了国内光伏逆变器行业的蓬勃发展，很多国有企业、电力企业和能源企业也开始招兵买马，投入到了这个热门新兴行业。

2012 年中国光伏行业迎来了有史以来最大的打击，美国和欧盟先后对中国的光伏组件展开了“双反”政策，国内光伏企业出口再次蒙上了一层阴影，急需开辟新的市场来弥补欧洲和美国市场带来的损失。在这个背景下，国家能源局发布了《太阳能发电发展“十二五”规划》，并几经调整，提出到 2015 年底我国太阳能发电装机容量达到 3500 万千瓦以上，并大力提倡发展分布式光伏发电。

二、全球行业发展概况

（一）行业发展现状

据初步统计，2012 年占据全球光伏发电装机量前三位的国家分别是德国、中国和意大利，美国居第四，光伏逆变器的出货量约 30GW，同比增长近 25%，但由于逆变器价格的不断下降，收入只有约 3% 的增长，在一定程度上是由于产品结构的变化和需求转至成本较低的国家，并且受到主要市场萧条的影响。

尽管光伏企业生产压力大，但 2013 年全球光伏市场装机量仍然延续增长态势，预计总体装机量在今年 30GW 基础上增长幅度在 25% ~40% 之间。由于 2012 年光伏逆变器价格的大幅下降，行业利润空间已经很低，虽然对未来普遍还存在价格下降的预期，2013 年的降价只能倚靠技术进步导致的成本下降，降价速度将放缓。受近两年价格下降的影响，部分生产商面临严重的财务和现金流压力将退出行业。

虽然欧洲市场前景不是很明朗，但以中国为主的新兴市场将支持全球市场的未来增长。在未来五年全球出货量预计将继续以两位数的速度增长，到 2016 年收入将超过 90 亿美元。

（二）主要装机市场概况

1. 德国

2012 年 5 月，德国的太阳能日发电量达 2240 万千瓦时，相当于 20 座大型传统火力发电站或核电站的发电量，满足了德国电力总需求量的 30%，并创造了新的太阳能光伏发电世界纪录。这一纪录就是德国光伏市场的缩影。2012 年，德国光伏电站装机量约为 7.6GW，目前德国光伏装机量累计已超过 30GW，比欧洲其他国家装机量的总和还要多。

2012 年，德国为消除因补贴变动而引发的抢装热潮，颁布了新的补贴方案。德国在2012年3月9日一次性下调20%～29%，2012年5月起至2013年1月，每月下调0.15欧分，全年累计下调幅度达到26%～35%；10MW以上电站不再享有上网电价补贴；根据光伏系统规模不同，2013～2015年间的计划下调幅度分别为10%～15%，11%～17%，12%～21%；2012～2013年的新增装机量目标是2.5～3.5GW/年，此后该目标每年下降400MW，到2017年新增装机目标降到0.9～1.4GW；小型光伏系统的发电量中仅有85%享受补贴，中大型系统为90%。

德国市场2010年新增装机量为9.2GW，2011年新增装机量为6.3GW，2012年新增装机量约为7.9GW。但受政府补贴政策的影响，预计接下来几年德国的新增装机量会在出现较大幅度的下滑后缓速增长，到2016年新增装机量为5.7GW，年平均增长率为-2%。德国作为传统的光伏市场，虽然年新增装机量略有下滑，甚至有可能在未来几年被中国取代掉世界最大装机国家，但其依然是未来全球光伏市场的重要组成部分。

2. 意大利

意大利市场在2010年才真正开始大规模启动，当年新增装机量为5GW。2011年5月，意大利工业部长和环境部长共同签署并批准了新的太阳能补贴法案。意大利政府对太阳能发电的补贴将持续到2013年，补贴比例将逐渐降低。其后，补贴将与装机量规模挂钩。由于意大利政府实行了这个有吸引力的电价政策并调整了补贴计划，意大利2011年新增光伏装机量达到6.6GW，成为当年全球最大的光伏市场。2012年新增装机量3.9GW，累计装机量达到14GW。

由于政策补贴标准的下降，预计意大利市场的装机量将会出现进一步的下滑，在光伏行业整体走出低谷后，装机量会稳步回升，预计2016年的新增装机量将在2.6GW，年平均增长率为-17%。

3. 美国

美国市场较早实行的新能源制造业税收抵免政策（MTC）已于2010年达到资金上限23亿美元而停止，总共有183家企业获得该项补助。针对在2011年12月31日前开始建设，并于2012年12月31日前投入使用的项目所颁布的1603现金奖励计划也于2011年底到期也不再延期。目前只剩下美国联邦的投资税收抵免政策（ITC，减免额为系统安装成本的30%）和加州太阳能计划（CSI，全美最大的电力用户分摊补贴法案）在支撑着当前美国光伏市场的发展，而这两项政策也将于2016年底到期。

在“税收抵免政策MTC”和“1603现金奖励计划”的刺激下，2010年美国市场的新增装机量达到1.3GW，2011年新增装机量达到2.9GW。2012年开始，虽然美国市场的政策补贴标准在下降，但其新增装机量却仍在逆势增长，2012年新增装机量为3.6GW。第三方租赁业务的兴起和光伏发电成本的降低将促进美国市场快速成长，预计到2016年新增装机量将达到8.6GW，年平均增长率为24.6%。

4. 中国

中国在2009年颁布了首个太阳能补贴政策后，国内的光伏市场逐步启动并取得快速发展，2010年新增装机量500MW，到2011年新增装机量达到2.5GW，2012年中国市场的新增装机量约4.2GW。

2012年9月，国家能源局发布《太阳能发电发展“十二五”规划》，在几经调整后提出到2015年年底我国太阳能发电装机总量达到35GW以上，意味着届时中国光伏发电装机容量在2011年基础上将扩大5倍。装机重点放在中东部地区建设与建筑结合的分布式光伏发电系统，建成分布式光伏发电总装机容量1000万千瓦。随着新扶持政策的颁布，2013年中国新增装机量预计将到达6～10GW，或将超过德国成为全球最大的光伏市场。

5. 日本

2011年日本地震爆发了福岛核电危机，日本政府和国民对于这个日本传统能源变得忌讳莫深，希望能够加大新能源的比重。在此背景下，日本政府于2012年颁布了类似德国的太阳能发电激励政策：从7月1日开始，日本的电力公司必须保证在未来20年之内收购家庭和企业利用太阳能所产生的电力，并规定了上网补贴电价为每度电42日元。业界机构估计，日本此轮激励政策，将会鼓励日本老百姓和企业纷纷投资安装太阳能发电系统。

截至2011年年底，日本光伏累计装机量已达4.9GW，其中2011年新增1.3GW。2012年新补贴政策的颁布实施，新增装机量为2.4GW，到2016年日本累计装机将超18.5GW，年平均增长率为30%。

日本光伏市场具备发展光伏的各项条件，包括高度发达的经济条件、核电关闭后形成的能源真空、较高的电价补贴、完善的法律法规等，导致其市场相对稳定，投资价值较高。同时，分布式并网光伏发电在日本光伏市场占主导地位，截至2011年年底日本分布式并网光伏装机占日本光伏累计装机的96.49%。预测在未来的几年，日本光伏市场仍将以分布式并网发电以主，特别是住宅光伏发电系统。

（三）主要光伏逆变器厂商

根据销售额排名，目前世界前十的光伏逆变器厂商为：SMA、Power-One、Kaco 、Fronius、REFUsol、Schneider Electric、Advanced Energy、Siemens、Satcon、Elettronica Santerno。排名世界前五名的供应商之间的排名基本没有什么变化。

目前，全球光伏逆变器市场主要还是被国际几大巨头瓜分，欧洲是全球光伏市场的先驱，具备完善的光伏产业链，光伏逆变器技术处于世界领先地位。SMA是全球最早也是最大的光伏逆变器生产企业（德国市场占有率达50%以上），全球市场的份额接近30%，第二位是Power-One，也有着近10%的市场份额。全球前十位的逆变器生产企业占领了超过60%的市场份额。

三、国内行业发展概况

（一）国内主要扶持政策

2009年，财政部会同住房和城乡建设部推出了促进BIPV和光伏屋顶应用的国家光伏补贴计划，该计划被视为中国光伏市场的转折点，接着又发布了“金太阳示范工程”，并在随后进行了调整。2011年颁布了多项鼓励光伏产业发展的政策，包括制定了全国统一的太阳能光伏发电标杆上网电价的《关于完善太阳能光伏发电上网电价政策的通知》。中国政府的一系列光伏激励政策促进了中国光伏市场的快速增长。

2012年美国和欧洲先后对中国光伏组件产品实施“双反”，使得中国的光伏产品出口形势变得更加严峻。在这个情况下，中国国家能源局在9月份发布《太阳能发电发展“十二五”规划》，提出到2015年年底我国太阳能发电装机容量达到2100万千瓦（21GW）以上，并在发布之后不断上调目标装机量。

从2012年下半年起，分布式光伏发电逐渐进入讨论的中心，虽然还存在很多不确定性，相关部门不断推出的文件已在逐步明确方向并扫除该类电站形式的发展障碍，这意味着未来中东部地区与建筑结合的分布式光伏发电系统将慢慢地成为光伏电站的重要组成部分，并主导市场发展的方向。

（二）国内市场容量、电站类型及分布

截止2010年年底，中国累计光伏装机量仅为800MW，2011年中国市场出现了大幅度的增长，全年新增装机量为2.5GW。随着2012年《太阳能发电发展“十二五”规划》的颁布，2012年新装机量达到4.2GW，2013年的全年装机量可能高达10GW。

中国光伏电站类型目前主要可以分为：大型荒漠电站、金太阳项目和示范项目。目前，中国的光伏并网项目主要以大型荒漠电站为主，辅以近两年开展的“金太阳工程”。大型荒漠电站又主要集中在光照条件较好的西北省份，包括青海、甘肃、宁夏和新疆等。从2012年国家发布的“金太阳示范项目名录”可以看出金太阳项目主要集中在江苏、浙江和广东等经济条件发达、光伏产业丰富的省份。

（三）国内市场活跃供应商

国内生产光伏逆变器的厂商众多，部分国内企业在逆变器行业已经研究多年，具备一定的规模和竞争力。目前，大功率系列逆变器厂商主要是以阳光电源为主，还有兆伏艾索、特变电工、上海正泰、南京冠亚等企业，小功率系列逆变器厂商主要是以古瑞瓦特、阳光电源、山亿新能源、晶福源为首的企业。

目前，国内光伏逆变器市场主要被国内企业所占领，国外企业多数通过代理渠道进入国内市场，整体市场占有率不高。

2011年，中国市场光伏逆变器前十名厂商分别为：阳光电源、艾默生、江苏兆伏、颐和、冠亚、特变电工、山亿、正泰、Elettronica Santerno、许继，其中8个是中国品牌。前十名的企业占领了中国市场约80%的市场份额，其中排名第一的阳光电源的市场占有率超过1/3，其他品牌占有率在2.3%～15%之间。

随着中国政府出台的一系列旨在消化国内产能，扩大内需市场的光伏政策，中国逐步成为世界范围内最具吸引力的光伏市场，巨大发展空间和市场潜力也吸引了众多国外品牌的注意力。目前，已经活跃在中国市场的品牌有Emerson、Satcon、Siemens、Power-One。2012年12月，全球逆变器老大SMA（Solar Technology AG）在上海与兆伏艾索签署股权转让协议，合资公司的经济活动将于2013年1月1日开始启动，SMA试图通过合资公司在中国市场主攻开展综合化运营，抢占中国市场。

（四）国内品牌出口概况及分析

2011年全年国内品牌出口量约为1.4GW，出口金额约为2.6亿美元，其中，大、中和小功率系列逆变器出口量分别为890MW、70MW和440MW。2012年全年国内品牌出口量约1.5GW，出口总金额约2.5亿美元。其中，大、中和小功率逆变器出口量分别为440MW、250MW和850MW。

2011年与2012年国内品牌出口概括

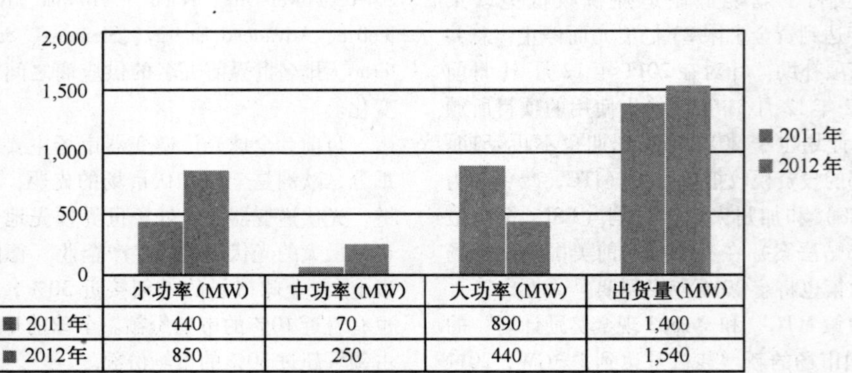

	小功率(MW)	中功率(MW)	大功率(MW)	出货量(MW)
■ 2011年	440	70	890	1,400
■ 2012年	850	250	440	1,540

2012年较2011年国内品牌出口量及出口金额基本上保持不变，但出口产品结构出现了较大的变化，大功率系列产品的出口量下降了450MW，中、小功率系列分别增长了180MW和410MW。从出口产品结构上的变化可看出产品出口单价出现了一定程度的下滑。

2011年产品主要出口到了澳洲市场和以印度、泰国为主的亚洲市场，对于欧洲这种传统市场的出货量不是很大。澳大利亚市场几乎全部为小功率系列产品，印度和泰国市场则以大功率系列产品为主。2012年出口产品澳洲市场继续占主导地位，但传统的欧洲市场需求量出现了大幅度增长。

与光伏电池片和组件行业不同，国内的逆变器企业仍处于成长期，国际竞争力不强，而欧洲市场对于产品质量一直有着较高的要求，导致国内企业对该区域的产品输出处于较低水平。随着欧洲金融危机的加剧，业主和系统集成商也在寻求更加低廉物美的逆变器进行代替，中国的逆变器厂商便进入了西方市场的视野，中国企业进入欧洲市场的壁垒也越来越小。荷兰、德国、意大利等市场在2012年对中国逆变器的需求都出现了一定程度的增长。日本由于准入壁垒较高，中国逆变器企业对这块新兴市场的出口很少。

四、2012年度行业事件分析及行业预测

（一）行业事件分析

1. 美国和欧洲“双反”

美国和欧洲债务危机的爆发让各国用于建光伏电站的补贴大幅削减，这不仅影响到了国内光伏市场的出口，也让其本土的光伏企业生存受到直接冲击。2012年10月，美国商务部宣布了针对中国光伏“双反”的终裁结果，对从中国进口太阳能板与太阳电池产品征收34%～47%的关税。欧盟跟随美国步伐正式宣布，将启动对华光伏太阳能产品反倾销调查，范围包括晶体硅光伏组件、电池片和硅片。

“双反”将在欧美市场引起光伏电站的成本上涨，从而降低欧美市场的光伏电站市场容量，或降低市场容量的增速，对于整体光伏市场，包括光伏逆变器的影响都是负面的。不过，“双反”促使了中国政府在2012年发布的“新能源十二五规划”中加大光伏产业扶持力度，大力发展国内光伏市场，这为中国光伏企业带来了一丝曙光。

同时，“双反”同样给欧美的光伏集成商带来沉重的成本压力，对于相对价格低廉的中国光伏逆变器品牌是一个进入欧美市场契机。

2. Satcon申请破产保护

2012年10月，北美光伏逆变器大厂赛康科技（Satcon）向美国特拉华法院提出破产保护请求。

欧债危机的爆发让欧盟各国用于建光伏电站的补贴大幅削减，这不仅影响到了国内光伏市场的出口，更让其本土的光伏企业生存受到直接冲击。目前，全球光伏领域的60家顶级厂商，已有12家关闭和破产。由于债务危机从欧洲向美国蔓延，全球光伏市场一片风声鹤唳，很多企业都因抗不住“寒冬”而出现倒闭，Satcon终究也没能躲过破产的厄运。

作为公用事业规模电力解决方案领先的提供商Satcon的破产更像是光伏行业目前惨淡现状的一个缩影。对于光伏逆变器制造商，传统市场的逐渐转移，供应商基地也将进行重塑。由于逆变器价格不断下滑，日本、中国、印度和美国等新兴市场难以渗透，导致的新兴市场增长无法弥补德国与意大利等核心市场的降幅，国外领先的光伏逆变器制造商受到了影响。

3. 美国企业SMA收购控股中国企业兆伏艾索

2012年12月20日，国内知名光伏逆变器生产商兆伏爱索与全球逆变器生产商SMA（Solar Technology AG）在上海签署股权转让协议，前者确认出让72.5%的股权给予后者。

SMA虽然设立中国分支机构已有5年以上，但一直在中国市场表现不佳，很少有应用案例出现，甚至在2012年9月，SMA总裁通过媒体宣布不会进入中国市场。

净利润大幅下降、面临严重财务危机、全球大范围裁员，甚至全球行业领袖地位都已经受到Power One挑战的SMA，此次通过并购兆伏爱索进军中国市场，标志着国外的行业领导企业已经将目光转移到了亚洲这个新兴市场，准备好抢占这块大蛋糕。

（二）光伏行业预测

1. 光伏逆变器价格已触底

2011年下半年，逆变器价格约为0.8元/W（含税）左右，2012年上半年维持在0.6元/W（含税）以上，第四季度在0.4～0.5元/W（含税）。

据判断逆变器价格已经接近底部，下降空间有限。一方面逆变器产能弹性较大，低利润以及不健康财务状态将使部分企业退出行业；另一方面随着分布式光伏需求启动，需求端分散以及新进入客户将使有品牌优势的逆变器企业受益。

2. 服务理念的重要性

中国的光伏逆变器发展起步比较晚，最早的如阳光电源也从1997年才开始成立公司进行逆变器的研究与生产。但随着国际光伏市场的蓬勃发展，国内光伏逆变器也如雨后春笋般涌现出来，并经过几年的发展，技术与规模都达到了一定的高度。随着国内光伏市场的成长和积累，光伏逆变器在国内的应用和积累已经到了相当规模，对光伏逆变器的后续维护和服务渐渐被电站业主重视。

逆变器是光伏发电系统中的重要设备，它的工作效率直接影响着整个系统的发电量。因此，供应商的服务响应水平也越来越受到重视，并且这一标准将成为未来对逆变器供应商考核的重要指标。国外品牌在中国市场上一直都表现不佳，除价格原因之外，不能提供及时的、贴身的售后服务也是重要原因。

供应商的直销还是代理的售后模式、售后服务的响应时间、服务人员及设备配置、售后服务点及配件库设置，甚至利用软件平台进行运营诊断等增值内容，都将作为考核供应商服务能力的重要内容，被电站业主和EPC商关注。

3. 品牌影响力

国内光伏电站已经发展并积累了3～4年，主要设备的各供应商在市场上的产品品质、市场口碑以及品牌影响力已逐渐明朗。在现有的地面电站的大规模招标采购中，各品牌的历史表现对招标资格和招标结果影响程度越来越高。

在未来的国内光伏市场，除了已有的地面电站建设外，还将大规模增加分布式发电形式的屋顶电站。

地面电站一般为已有丰富经验的开发商和业主主导，其在过去几年中在业内对光伏逆变器品牌的影响力已经有了深刻的体会，甚至本身就是品牌影响力的传播参与者。在光伏地面电站市场，将综合前几年各逆变器品牌的表现积累，已经建立品牌形象和影响力的企业将获得更大的发展机会。

在屋顶电站为主的分布式发电市场，由于新进入或者对行业积累了解不够的情况较多，在地面光伏电站已经形成的品牌形象和口碑，将成为引导屋顶电站业主及开发商的主要因素。

2012年度UPS电源行业发展报告

一、行业发展背景

随着全球经济的发展、电子信息技术水平的持续提升以及人们生活水平的不断提高，各种电子产品品种不断丰富，市场普及率不断提高，电源作为电子产品的重要部件，市场规模也不断扩大。

（一）世界发展背景

全球经济2013年温和反弹，通胀总体温和。2013年全年增长3.7%，较今年的3.3%略高，主要受益于新兴市场增长反弹，而发达国家作为一个整体全年变化不大，走势前低后高。房市复苏与企业投资带动美国明年下半年增长反弹，欧债危机尾部风险下降，经济有望微弱复苏。虽然欧美大幅货币宽松，导致基础货币增发，但在欧美在银行去杠杆的大背景下，难以转化为贷款增长，对总需求拉动力量较弱，通胀总体温和。新兴市场的通胀虽然逐渐进入上行通道，但是考虑到明年油价、粮价总体温和，总体来说通胀的压力也很有限。

（二）中国发展背景

2012年全年国内生产总值519322亿元，按可比价格计算，比上年增长7.8%。分季度看，一季度同比增长8.1%，二季度增长7.6%，三季度增长7.4%，四季度增长7.9%。分产业看，第一产业增加值为52377亿元，比上年增长4.5%；第二产业增加值为235319亿元，增长8.1%；第三产业增加值为231626亿元，增长8.1%。从环比看，四季度国内生产总值增长2.0%。在中国“宽财政、稳货币”而欧美“紧财政、宽货币”的政策格局下，2013年中国经济走势：增长温和反弹伴随结构调整压力加大。明年我国的“宽财政”有利于短期经济增长的回暖。政府主导的基础设施投资增速加快，带动固定资产投资增速企稳。同时，企业的库存调整也将进入再库存周期，对GDP增长贡献由负转正。因此，明年我国经济将呈现增长小幅回升、通胀温和的态势。但是海外的“宽货币”以及我国的结构问题对国内“稳货币”带来扰动，同时“宽财政、稳货币”的政策组合容易导致私人部门进一步受到挤压，因此，明年结构改革的压力进一步加大。

中国UPS电源市场继续保持稳定增长的主要动力在于：电信、金融、能源等重点行业信息化建设重心从资源整合转向应用系统的深度挖掘和综合利用；电子政务、教育信息化建设继续深入，网络和应用系统建设步入关键阶段；医疗、农业等传统行业信息化建设持续升温，逐步走向正轨；中小企业信息化继续凸现蓬勃的生机，成为市场发展中的亮点；家庭宽带网络的扩展、娱乐与数码产品的消费将带动消费IT市场的快速成长。2013～2017年，中国计算机硬件市场将保持6～7%的年均复合增长率，实现持续稳定的增长。

二、国外行业发展状况

国际货币基金组织（IMF）《世界经济展望》报告显示，2013年全球经济增长预期为3.3%。在全球经济复苏的大环境下，全球UPS市场开始恢复正增长势头。2012年，全球UPS市场销售收入为58.1亿美元，比2011年小幅上涨1.57%。预计2013年之后UPS电源会呈现稳定增长态势，2017年将达到67.0亿美元。2013～2017年UPS的增长主要受益于全球云计算快速推广和大数据应用的规模建设需求。

表1　2008～2012年度UPS电源规模分析

年份	2008年	2009年	2010年	2011年	2012年
销售额(亿美元)	56.4	56.1	57.8	57.2	58.1
增长率	2.40%	-0.50%	3.00%	-1.00%	1.57%

数据来源：中国电源学会　2013，04

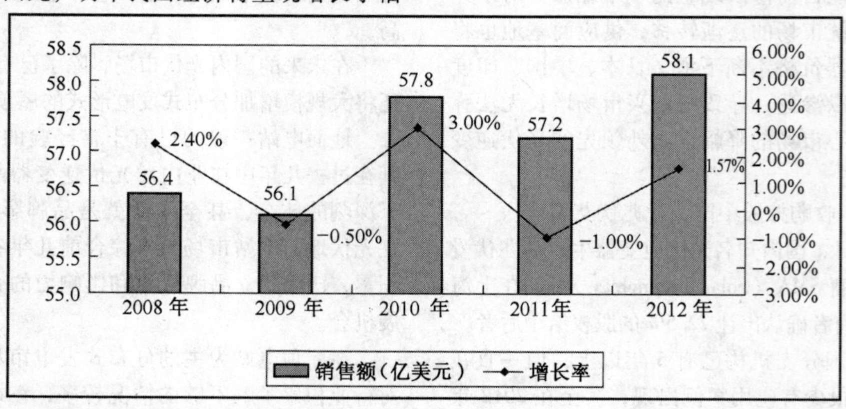

图1　2008～2012年度UPS电源规模分析

表 2　2013～2017 年度 UPS 电源规模预测分析

年份	2013 年	2014 年	2015 年	2016 年	2017 年
销售额(亿美元)	59.7	61.4	63.5	65.4	67.0
增长率	2.75%	2.85%	3.42%	2.99%	2.45%

数据来源：中国电源学会　2013，04

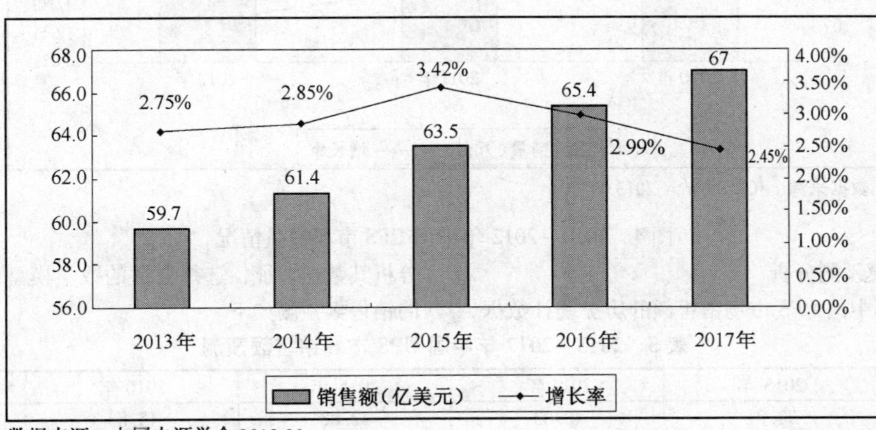

图 2　2013～2017 年度 UPS 电源规模预测分析

三、国内行业发展情况

（一）中国 UPS 行业规模及现状分析

1. UPS 行业规模与增长分析

根据 ICTresearch 研究调查显示，2012 年 UPS 整体销售额达到近 34.96 亿元，同比低于 GDP 增速，增长率为 0.8%。主要原因为 2012 年对外出口下滑，内需没有显著拉动，同时不动产投资严重下滑；其中尤其以第二和第三季度下滑明显，第四季度企稳回升。

表 3　2010～2012 年中国 UPS 市场销售额情况

年份	2010 年	2011 年	2012 年
销售额(亿元)	32.63	34.69	34.96
增长率	11.7%	6.3%	0.8%

数据来源：ICTresearch　2013，03

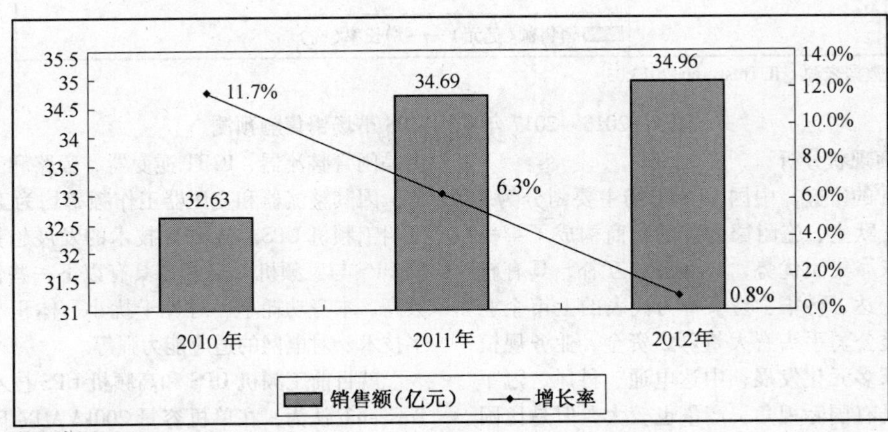

图 3　2010～2012 年中国 UPS 市场销售额情况

2013 年市场将主要呈现两大行业热点：数据中心高速增长带来的商机，大型和超大型数据中心在 2013 年会保持高速的发展势头；企业客户对整体解决方案的需求仍然成为市场热点，解决方案不是简单的产品打包，而是解决客户的真正需求。

表 4　2010-2012 年中国 UPS 市场销售量情况

年份	2009 年	2010 年	2012 年
销量(万台)	108.42	111.32	112.94
增长率	8.2%	2.7%	1.5%

数据来源：ICTresearch 2013，03

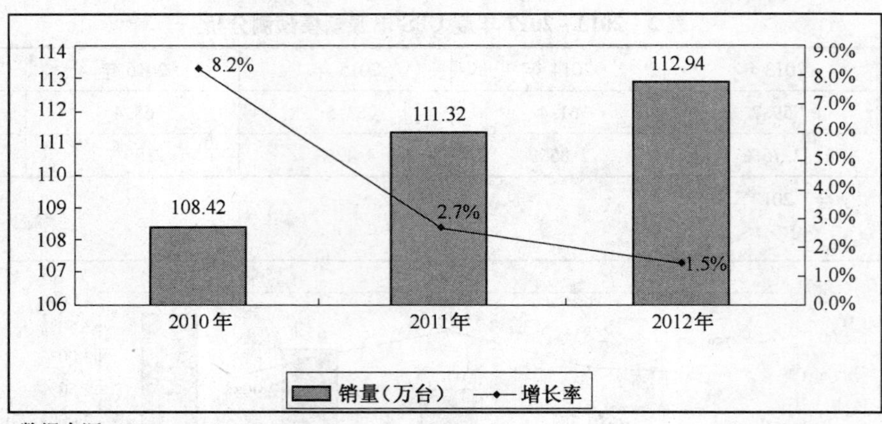

数据来源： ICTresearch 2013,03

图4 2010~2012年中国UPS市场销量情况

2. UPS行业规模预测分析

ICTresearch依据中国UPS市场销售额的历史统计数据，分析其数据特征，选择合适的数学模型，对UPS未来五年的销售额预测如下。

表5 2013~2017年中国UPS市场销售额预测

年份	2013年	2014年	2015年	2016年	2017年
销售额(亿元)	37.31	40.03	42.88	45.83	48.91
增长率(%)	6.7%	7.3%	7.1%	6.9%	6.7%

数据来源：ICTresearch 2013，03

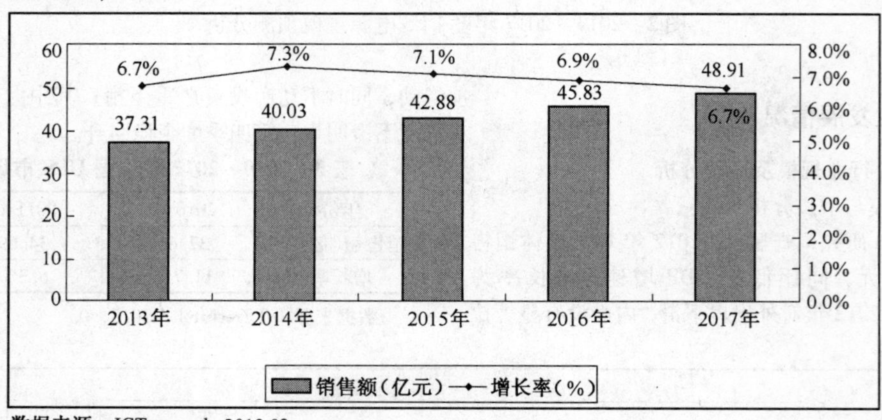

数据来源： ICTresearch 2013,03

图5 2013~2017年中国UPS市场销售额预测

3. UPS行业厂商现状分析

根据ICTresearch的研究，中国UPS市场主要划分为4个级别，以伊顿、艾默生、施耐德为首的厂商构成了第一梯队，技术雄厚，依靠集团优势，产品形成互补，具有较强的竞争力；以科士达、科华、易事特为代表的上市企业组成第二梯队，此类公司手头有大量募集资金，业务规模扩展速度较快，追求多元化发展；中达电通、科风、冠军等构成第三梯队，具有国际视角，产量也较大，但是比国际巨头缺少技术优势，比上市企业缺少资金；第四梯队是中兴、华为等通信领域的巨头，他们觊觎UPS领域时间较长，择机进入，实力也不容小觑。

（二）政策、技术、市场对行业发展的影响

1. 产品：高频机UPS发展较快，高压直流UPS进入视野

（1）高频机UPS

高频机UPS指的是输入/输出电路都工作在20kHz以上，且没有输出变压器电路的UPS。而传统的工频机UPS由晶闸管整流器、IGBT逆变器、旁路和工频隔离变压器组成，因其整流器和变压器工作频率均为工频50Hz，顾名思义叫工频机UPS。从UPS技术的发展趋势来看，目前高频机UPS与工频机UPS相比具有以下一些优势：输入功率因数高、本身功耗小、对外干扰小、体积小、重量轻、全数字技术、对电网的适应能力强等。

就目前工频机UPS和高频机UPS技术的发展来看，ICTresearch认为，在单机容量200kVA以下的高频机UPS产品已经体现出较大优势，尤其是在节能减排方面有更好的表现；而200kVA以上容量的UPS产品中，工频机仍然有一定优势，但经过多年UPS厂商的不断努力，大功率的高频UPS产品已经越来越完善，而且故障率已经大幅降低，完全可以和同级别的工频机抗衡，可靠性也得到了极大的提高。在全球经济在低碳经济时代的大背景下，节能减排已经成为不可扭转的大势所趋，唯有符合未来经济发展趋势，更加节能、更加环保的UPS技术和产品才能在未来的竞争中占有优势地位。

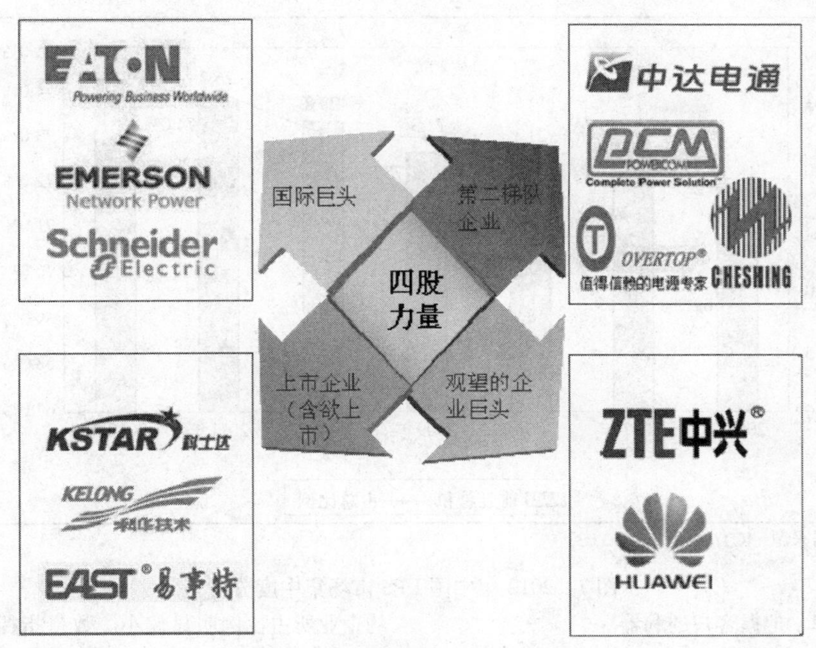

图6　中国 UPS 市场企业梯队划分

（2）高压直流 UPS

高压直流（HVDC）UPS 在当前讨论得很热，不仅是因为高压直流 UPS 能够合理传承当前所有 UPS 的热点和技术前沿技术，它能够兼收传统 UPS 和 -48VDC 通信电源之所长而摒弃其短，更重要的是它能够在实现传统 UPS 所有功能的基础上更好地满足负载供电的可靠性、经济性和适应性。当前的主要参与者为中恒电气、艾默生、中达电通、动力源等企业，其他传统的 UPS 厂家涉足的较少。

2011 年年底中国电信对高压直流供电系统进行第一集中招标，共采购 30 套系统，中恒电气中标 70%，台达中标 30%。在中国电信正在使用的 279 套 HVDC 系统中，中恒电气占有其中 25% 的市场份额，艾默生占据大概 40% 的份额，台达占据大概 30% 的市场份额。继中国电信将 HVDC 纳入集采之后，中国移动、中国联通有望紧随其后。除了三大通信运营商之外，阿里巴巴和腾讯等网络运营商对 HVDC 系统也有很大的市场潜在需求。

当前 HVDC 也面临一系列问题：

• 如果是带有源功率因素校正的电源，业界目前有 240V、350V 和 380V 多种方案，每种方案都没有得到广泛的认可，其中 240V 的产品由中国电信主推。目前高压直流 UPS 还面临一系列问题有待解决。

• 在电源系统中，断路器（空气开关）、保险（熔断器）、接触器（继电器）被广泛使用。DC300 ~ 400V 的直流微型断路器，目前只有采用 3P 和 4P 串联得到。同时 125V 的 DC/1P 微型断路器的报价也比普通断路器高近 1 倍，并且在市面上不易采购。

• 高压直流 UPS 面临的最大问题还在于产业链的整合。由于高压直流 UPS 的演进不仅涉及 UPS 行业，而且也涉及低压配电产业、服务器等产业，各方面的利益不尽一致，这也需要时间进行整合。

2. 市场：集中度变化不大，预示市场成熟

市场集中度（Market Concentration Rate）是对整个行业的市场结构集中程度的测量指标，它用来衡量企业的数目和相对规模的差异，是市场势力的重要量化指标。市场集中度是决定市场结构最基本、最重要的因素，集中体现了市场的竞争和垄断程度。集中率（CR_n）与赫希曼指数（HHI）两个指标被经常运用在反垄断经济分析之中。

一般而言，行业集中度反映了一个行业的整合程度，如果集中度曲线上升迅速表明行业竞争激烈，优势企业纷纷采用渠道扩张、降价等方式来扩大市场，而稳定的集中度曲线则表明市场竞争结构相对稳定，领导厂家的优势地位也已建立。处于集中度迅速上升中的行业蕴含发展机会，此时加大市场投入，加快渠道建设往往能获取一定的成效。而处于集中度稳定中的行业机会不高，企业扩张的努力会受到领先厂商的集体抵制，此时细分化、差别化的发展策略才能见效。

表6　2012 年中国 UPS 市场集中度分析

	2006 年	2007 年	2008 年	2009 年	2010 年	2011 年	2012 年
前五总和	18.3	20.0	21.1	21.3	23.8	25.7	25.9
占总比例	69.9%	70.9%	70.8%	73.0%	73.1%	74.0%	74.0%
其他	7.9	8.2	8.7	7.9	8.8	9.0	9.1
占总比例	30.1%	29.1%	29.2%	27.0%	26.9%	26.0%	26.0%

数据来源：ICTresearch　2013，03

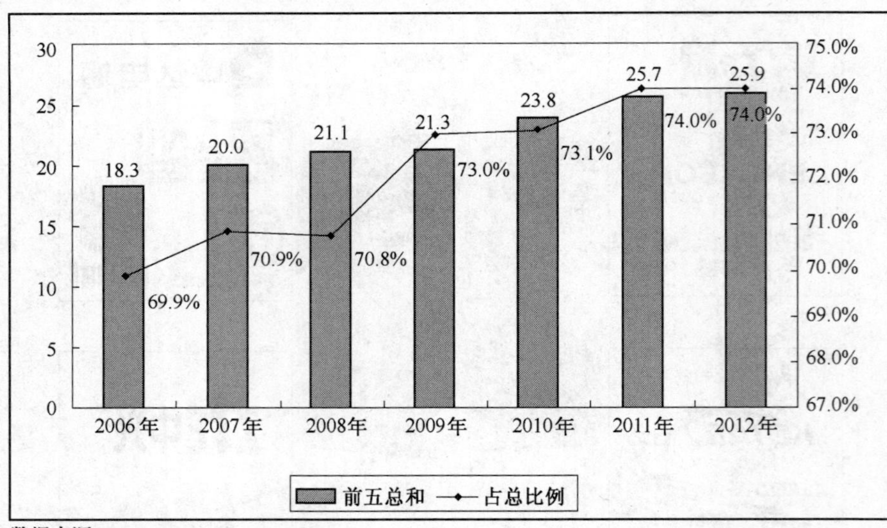

数据来源：ICTresearch 2013,03

图7 2012年中国UPS市场集中度分析

3. 服务：提升品牌、把握客户的利器

在UPS市场上，服务竞争力的核心在于规范化、标准化与规模化。UPS的维护相对复杂，只有经过专业培训的技术人员才能胜任售后服务的工作，实现产品的保养及维修、元件的更换等。因此，对于不同品牌UPS产品来说，优质、专业的服务将成为厂商差异化战略中最重要的部分之一。降低服务成本，提高服务的专业化水平将是UPS厂商在日益激烈的竞争中脱颖而出的关键，服务的品牌化也是UPS产品日后发展的重要方向之一。今后三至五年，随着UPS产品竞争的日趋激烈，将有越来越多的UPS厂商面临着巨大的压力。只有在不断提升产品质量的同时，加强对服务体系的建设，并不断降低服务成本，才能满足客户在服务方面的要求。这将是UPS厂商取得竞争优势，迫切需要解决的问题之一。

（三）国内外差距分析

我国UPS电源企业成长历史较短，市场化发育程度不高，核心竞争力不强，短期内的良好表现是在特殊背景下出现的，与世界领先企业相比，在许多方面的差距还是很大的。例如，中国企业基本都成立于改革开放之后，平均寿命仅为22年。在劳动生产率方面，2010中国企业人均营业收入、人均利润水平只相当于世界企业同类指标的36.8%、47.1%，只相当于美国企业同类指标的37.6%、50.0%。在产业结构方面，2010世界企业中服务业企业数量和营业收入均超过50%，而中国企业中服务业企业不足30%，营业收入所占比重不足40%。相比之下，中国企业中传统行业的企业仍占多数，现代服务业、高新技术产业的企业所占比例明显偏小。数量指标还只是企业成长的外部表现，反映的是企业“硬实力”方面的差距。深入到影响企业持续健康发展的内在素质，诸如体制机制、资源整合、领导能力、创新能力、内部管理、社会责任、人才培养、品牌影响力、自主知识产权和核心技术、国际化能力等“软实力”方面，我国电源企业与世界领先企业的差距更是短期内难以逾越的。

四、2012年度行业发展分析

（一）重大政策分析

UPS电源是国家信息化的主要电源设备之一，主要应用在数据中心、IT办公、工业制造、能源、医疗、教育、冶金等诸多行业。2011年出台的“十二五”规划对全面提高信息化水平提出了明确要求，强调推动信息化和工业化深度融合，加快经济社会各领域信息化，并明确指出“培育和发展战略新兴产业”，大力发展“新一代信息技术产业”。数据中心作为行业信息化的重要载体，提供信息数据存储和信息系统运行平台支撑，是推进新一代信息技术产业发展的关键资源，信息化产业的发展将极大地促进数据中心的市场需求。此外，信息技术产业网络化、平台化、服务化的趋势愈加明显，对大规模、高性能的数据中心需求愈加迫切，也推动了UPS电源设备的销售与服务需求的大幅增加。

相比以往的投资，“十二五”规划提出“保持投资合理增长，优化投资结构，提高投资质量和效益”。预示着未来一段时间，我国低效率的投资模式将有所改变。

表7 中国颁布和电源领域相关政策

序号	文件名称	发文部门	发文时间	是否为鼓励类
1	《当前优先发展的高技术产业化重点领域指南（2007年度）》	国家发改委、科技部、商务部、国家知识产权局	2007年1月	是
2	《关于组织实施新型电力电子器件产业化专项有关问题的通知》	国家发改委	2007年10月	是
3	《电子信息产业调整振兴规划》	国务院	2009年4月	

（续）

序号	文件名称	发文部门	发文时间	是否为鼓励类
4	《产业结构调整指导目录（2012 年本）》	国家发改委	2011 年	是
5	《电子信息制造业"十二五"发展规划》	工信部	2012 年 2 月	
6	《电子基础材料和关键元器件"十二五"规划》	工信部	2012 年 2 月	
7	《工业节能"十二五"规划》	工信部	2012 年 2 月	是
8	《进一步加强通信业节能减排工作指导意见》	工信部	2013 年 2 月	是

数据来源：中国电源学会 2012，04

（二）行业发展数据分析

2012 年，中国 UPS 从业家数约为 900 家左右。ICTresearch 根据常年对 UPS 代理商、分销商的跟踪和历史统计数据，分析经销商变化趋势，以便为厂商的渠道策略做出有价值的参考。

表 8 2012 年中国 UPS 市场经销商分析

	2010 年	2011 年	2012 年
经销商数量（个）	3511	3424	3387
增长百分比	11.2%	－2.5%	－1.1%

数据来源：ICTresearch 2013，03

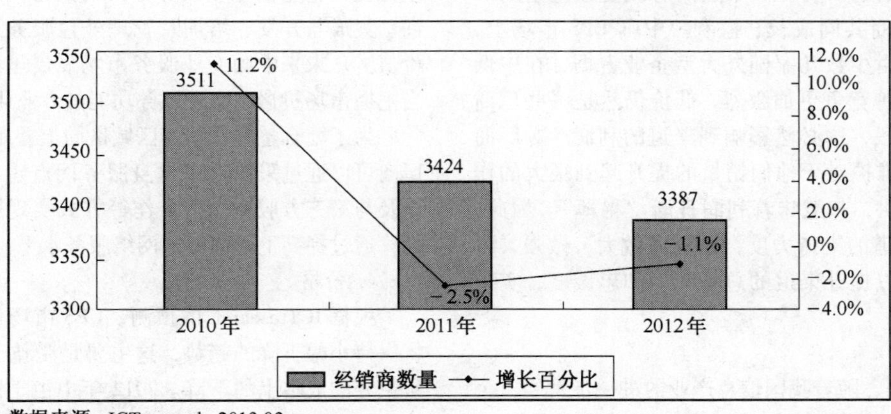

数据来源：ICTresearch 2013,03

图 8 2012 年中国 UPS 市场经销商分析

（三）中国 UPS 集成商分析

系统集成商作为 UPS 的主要出货口之一，是 UPS 厂商渠道不可分割的一部分，同时由于其数量少，但是相对走货量大等特点，也日益受到 UPS 厂商的重视。

表 9 2012 年中国 UPS 市场集成商分析

	2009 年	2010 年	2012 年
集成商数量（个）	1208	1174	1192
增长百分比	9.4%	－2.8%	1.5%

数据来源：ICTresearch 2013，03

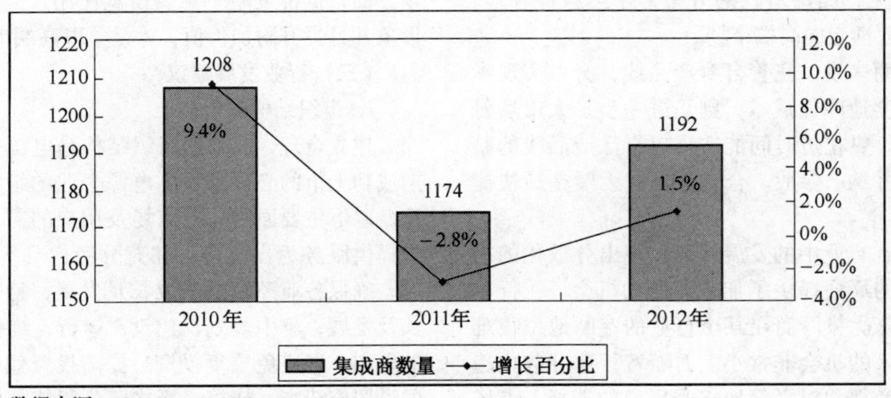

数据来源：ICTresearch 2013,03

图 9 2012 年中国 UPS 市场集成商分析

五、对未来发展分析和建议

（一）技术发展趋势

略

（二）市场发展趋势

1. 渠道

在中国 UPS 市场上，UPS 厂商都非常重视渠道的建设和发展。为了保证市场的销量，厂商希望自己产品的渠道尽可能稳定。通常UPS厂商在渠道建设上都看重以下几个方面：覆盖全国的渠道架构、完善的服务体系、强大的市场推广能力、丰富的市场营销经验和完整的配套解决方案提供能力。随着市场的一系列变化，厂商们也在不断地完善自身渠道政策，寻求效益最大化的渠道管理模式，以此来配合产品的市场战略。

随着UPS产品向整体解决方案的方向发展，厂商应该加强同行业系统集成商、行业软件开发商之间的合作，互为渠道，优势互补。这样一方面可通过相互引入对方成功的解决方案和软件产品来降低项目成本，还能借助对方在某些行业或者区域上的优势，拓展更广阔的市场空间。合作的对象需要具备较强的解决方案提供能力和全方位服务能力。

另外，同渠道建立良好的关系，提高渠道忠诚度也是厂商应该积极去努力的。要提高渠道的忠诚度最基本的一点就是让渠道与厂商共同成长、盈利。中国UPS市场上，大部分的市场份额由少数几家国外大型企业占据，在中低端UPS市场上，品牌竞争更加激烈，低价仍然是一些厂商开拓市场的主要手段，这必然影响到渠道的利润。对厂商来讲，价格体系的维护对于他们销量的提升起到很大的作用；单对经销商来讲，却意味着利润日渐“稀薄”。因此，厂商应当加大对渠道的支持力度，让渠道做大、做强，形成大规模出货量，以提升渠道的总体利润和忠诚度，实现共赢。

2. 产品

“十二五”期间，随着我国信息产业的进一步发展，企业信息化力度的加大，机房产品的市场将会出现持续稳定的增长，UPS自然也不例外，但厂商只有把UPS产品与行业客户业务全面融合才能为客户创造更高的价值，从而让客户愿意为UPS的解决方案支付更高的费用。

对于国内厂商而言，主要面对中低端市场，而近年来中低端市场产品同质化的倾向越来越严重，通用的知识和技术很容易被抄袭和复制，国内厂商必须对行业当前和未来发展的洞察和远见，提供适宜的方案，才会赢得客户、实现差异化竞争，逐渐走向高端市场。

而对于国外厂商来说，完善自身产品线，努力实现本土化生产，最大程度地降低成本，则是进一步扩大市场份额应该做出的努力。要在短时间能实现对自己产品线的整合及成本的降低，并购、参股、合资等方式无疑是最快捷和有效的方式。

未来UPS产品在行业中的发展逐渐呈现出分散化的趋势，这也给一些新的厂商提供了加入竞争的机会。在行业需求集中阶段，部分优势厂商在某个行业的垄断地位很难被打破，新品牌进入的机会非常小。而随着行业分散化趋势的加强，每个厂商都相对平等地接受用户的选择，市场机会将更倾向于那些专注细分行业应用，并能够提供完整、建设性行业解决方案的厂商。这种趋势要求厂商具备充分的准备，联盟行业集成商研发成熟的解决方案，专注行业特定的应用，提高产品竞争力，以取得竞争优势。

3. 服务

在UPS产品向整体解决方案的方向转变时，厂商之间的竞争很大程度上体现在服务上。对于UPS产品来说，优质、专业的服务将成为厂商差异化战略中最重要的部分之一。当前UPS服务网络覆盖面不广，服务人员的服务水平参差不齐，无法完全满足UPS用户的需求。降低服务成本，提高服务的专业化水平将是UPS厂商在日益激烈的竞争中脱颖而出的关键。

以前，售后服务通常是销售部门的附属机构，随着战略的转变，分销商对服务部门更加重视，将其作为一个服务供应商的有效组成部分。将服务部门从原先的销售部门中剥离出来，独立运作，正是这一战略的具体体现。国内有实力的分销商已经开始改造自身的服务部门，或者成立一个独立的服务部门，从而实现服务部门的资源集中化和成本收益的有效平衡。

在注重完善传统的支持与维护服务能力的同时，应当全力提升企业在专业服务方面的能力，以形成包括方案咨询、集成与开发、培训及管理外包服务在内的完整的服务价值链。未来中国专业服务市场发展迅猛，成长性厂商应当把握市场机遇，实现服务功能的专业化转型和升级。

为了配合整体市场在区域格局上差距缩小的变化趋势，厂商可以通过采取增多自身服务网点建设、与系统集成商以及与第三方服务机构合作等方式实现服务覆盖范围的扩大；通过提高上门服务、网络服务水平，提升用户满意度。

4. 价格

根据ICTresearch的预测，UPS市场价格在今后几年内将保持小幅下降的趋势，这主要是受益于UPS的技术进步所带来的成本上的下降。2012年中由于国际品牌之间的并购与整合基本结束，各个集团可以集中精力处理自身内部的问题，可以拥有更加丰富的价格策略，给跟随者们更大的压力。

ICTresearch建议，要想在未来的市场中占得一席之地，除了要建立自己不可效仿的核心竞争优势以外，还要尽可能地扩大自身的市场份额，在适当的时候以低利润来换取市场份额的扩大，从而赢得长期的优势地位。但在高端市场方面，低价策略一定要慎重使用，提升产品质量，品牌形象并且提升附加价值，才是争取高端市场的根本所在。

（三）行业发展建议

1. 组织结构建议

建立合理、高效的组织结构是电源企业长远发展及近期成功上市的必要条件。电源企业的组织结构的设计必须遵循以下主要原则：以市场及用户的需求和最有效地向用户提供服务为出发点；在充分考虑到客户/市场面向的同时，确保各业务自身的成长及发展，特别是新兴业务的成长及发展；集中规划、建设、运行、维护为各业务所共享的资产，以避免重复投资，提高投资效率；总部职能部门的设置应清晰、精简，严格区分职能部门和业务单元对业绩的责任。

考虑到电源企业的现实情况，在不违背以上原则的前提下，电源企业可以逐步向真正面向客户的组织结构过渡。具体言之，电源企业可采用过渡期的组织结构形式：建立对本业务损益负责的各个产品业务单元；分公司建立面向客户的销售组织结构；建立共享的全国销售网络、咨询服务与售后服务等单元。

组织结构的高效运作还需要系统的管理程序、经营程序以及有效的激励机制的支持。为此电源企业应执行以下的工作：编写所有关键岗位的岗位定义，详细地描述每个岗位的职责及业绩指标；设计核心管理与运营流程，清楚地界定每个部门及人员在流程中的角色及职责；安排关键岗位合适的人选；通过有效地说服与沟通，与公司各级人员达成对改革的共识；制定详细的、具有明确的进程目标及相关责任人的实施方案；试点实施并全面推广。

2. 投融资策略建议

对于企业经过了发展期，开始向扩张期发展的时候，需要大量资金稳固市场，进入新的领域时，就是上市或者融资的好时期，具体的划分阶段请参阅下图。

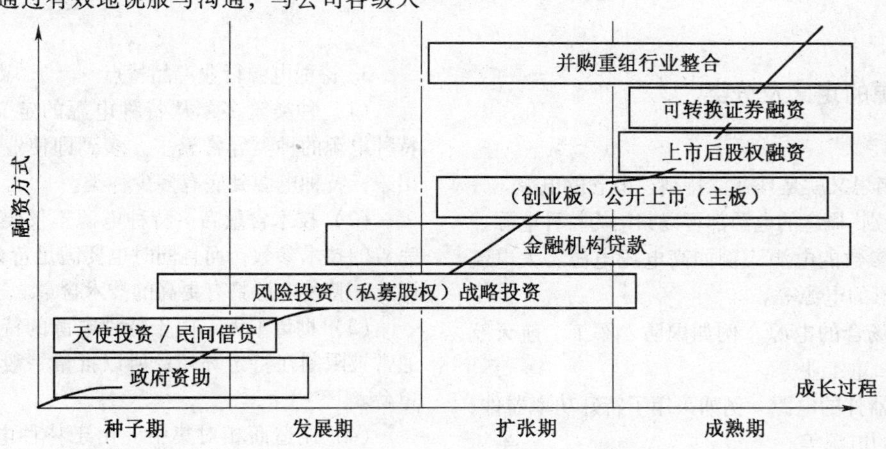

数据来源：中国电源学会 2010.11

图 10　企业成长过程的融资方式概览

3. 发展方向建议

从总体上看，经历了国际金融危机的洗礼，中国有相当一部分企业“大而不强”的局面有所改观，中国企业家判断、驾驭复杂形势的能力和信心也有所增强，特别是民营企业家的前瞻意识和判断能力得到了充分的体现。一些企业积极调整企业的产业结构，在新能源汽车、新型农作物能源、清洁能源等战略性新兴产业方面都取得了一定的成绩。

自 2002 年以来，由于市场需求激增，我国企业纷纷进入高速发展期。在高速做大的过程中，除了决策和投资风险存在失控的可能，其他的风险也在加速积累。近年来，与我国电源企业相关的重大环境污染和安全事件频频发生，环境问题已经成为我国大企业发展的重要制约因素。随着我国劳动力的结构性变化，工资推动的成本上升也给大企业带来了新的压力。中国企业家调查系统近期的调查表明，关于当前企业经营发展中遇到的最主要困难，选择比重最高的就是“人工成本上升”（70.5%），研究报告显示，中国的劳动力成本已经高于亚洲其他 7 个国家。

另外，由于缺乏发达的生产性服务业支撑，中国制造技术研发创新能力很弱，表现为工业增加值率仅为 26%，远低于美国（49%）、日本（38%）、德国（48.5%），并且呈现逐年降低的趋势。制造企业的生产创新引发生产性服务业的过程创新，而生产性服务业的需求又引致制造业企业的生产创新，长期忽视生产性服务业与制造业之间的互动关系必然造成中国大企业发展的内在动力缺失。这些已成为当前我国大企业发展必须高度重视、切实加以解决的突出矛盾和问题。

特种电源行业发展报告

中国电源学会特种电源专业委员会 史平君
西安爱科赛博电气股份有限公司

一、特种电源的定义及分类

1. 特种电源的定义

特种电源，顾名思义就是具有“特别”概念的电源。一般含有以下几种“特别”概念的电源都可以归结为特种电源。

（1）具有特别参数的电源　例如高电压电源、大电流电源、特殊输出波形的电源等。

（2）用在特定场合的电源　例如国防、军工、航天航空、核工业、医用、重工业等。

（3）采用特殊器件的电源　例如采用了特殊功率器件、变压器、检测单元的电源等。

（4）处在研发阶段的电源　几乎每个新型电源，在其研发阶段都属于特种电源。

2. 特种的电源分类

表1　特种的电源分类表

分类	特征	典型应用	备注
按应用领域	国防、军工	雷达电源	
	航空、航天	机场地面静止变频电源	
	核工业	离心机电源	
	工业	感应加热电源	
		焊接、切割电源	
	医用	CT、核磁共振电源	
按产品特征	高压	雷达电源	
		除尘设备电源、等离子除味电源	
		医疗器械电源	
		加速器电源	
	大电流	电解电源	
		电镀电源	
		加速器电源	
		感应加热电源	
	变频	低频电磁搅拌电源	冶金
		中频感应加热电源	冶金
		中频电源	航空
		高速电机电源	高频
		射频电源、微波电源	
	特殊波形	加速器电源（脉冲、偏置交流）	
		雷达电源、电磁炮电源	军用
		医用电源（梯度放大）	

3. 特种电源行业产品特点

（1）种类繁多　从特种电源的定义，大家不难看出，特种电源的种类异常繁多，多到即使业内人士也无法回答出来，特种电源到底有多少种类。

（2）技术含量高　特种电源不仅要具备通用电源日益完善的技术参数，而且同时也要满足苛刻条件的特殊要求，因此，特种电源具有更高的技术含量。

（3）批量不大　由于特种电源的特殊性，市场的需求通常被限制在特定环境，所以批量一般不大，有时甚至是单台。

（4）制造商相对集中　由于特种电源的技术含量高，也由于特种电源的批量一般都不大，所以相对来说（每种）特种电源的制造商比较集中，一般情况下不超过10家，而且相互之间比较熟悉。

（5）出口量不大　由于特种电源的特殊性，目前的出口量不大，这一点也是国内制造商正在努力突破的问题。

二、几种典型特种电源

1. 雷达发射机用的高压电源

在现代雷达发射机中，用行波管（TWT）作为微波功率放大器件占有很大的比例，作为高功率部分，它的可靠性与技术指标如何，对雷达发射机乃至整个雷达有着直接的影响，而支撑着行波管的高压电源（系统）更显得至关重要。

开关电源技术作为一种高频、高效电力电子技术，随着电子元器件、产品的不断更新，大功率器件的更新换代，大功率开关电源技术得到了发展。本文所介绍的雷达行波管用高压开关电源，采用全桥谐振PWM调制方式，大功率开关器件采用先进的IGBT模块及先进可靠的驱动电路，使得电源的整体性能良好，稳定度好，并且具有各种保护功能。

电源电路由以下几部分组成：①电网滤波器；②整流滤波；③全桥变换器；④高压变压器；⑤高压整流滤波；⑥脉宽调制与控制电路；⑦驱动电路；⑧保护电路等。

工作原理：将50Hz三相380V通过电网滤波器，经整流及滤波得到500V以上的直流电压，供给串联谐振变换器。由于本电源输出高达20kV，为了减轻变压器的设计难度以及减小高压整流二极管的耐压值、提高电源的可靠性，我们采用变压器两个二次侧分别全桥整流，然后叠加输出。全桥变换器由4个IGBT、1个高频变压器及整流电路组成。控制电路提供两对彼此绝缘、相位相差180°的脉冲输入到IGBT驱动电路，控制IGBT的通断。将直流电压变换成为交变的20kHz脉冲电压，经变压器及全桥整流和滤波电路，得到几十kV的电压。

2. 电子束焊机用大功率高压电源

电子束焊接因具有不用焊条、不易氧化、工艺重复性好及热变形量小的优点而广泛应用于航空航天、原子能、国防及军工、汽车和电气电工仪表等众多行业。电子束焊接的基本原理是电子枪中的阴极由于直接或间接加热而发射电子，该电子在高压静电场的加速下通过电磁场的聚焦就可以形成能量密度极高的电子束，用此电子束去轰击工件，巨大的动能转化为热量，使焊接处工件熔化，形成熔池，从而实现对工件的焊接。高压电源是设备的关键技术之一，它主要为电子枪提供加速电压，其性能好坏直接决定电子束焊接工艺和焊接质量。电子束焊机用高压电源与其他类型的高压电源相比，具有不同的技术特性，技术要求主要为纹波系数和稳定度，纹波系数要求小于1%，稳定度为±1%，甚至纹波系数小于0.5%，稳定度为±0.5%，同时重复性要求小于0.5%。以上要求均根据电子束斑和焊接工艺来决定。电子束焊机用高压电源在操作时必须与有关系统进行联锁保护，主要有真空联锁、阴极锁、闸阀联锁、聚焦连锁等，以确保设备和人身安全。高压电源必须符合EMC标准，具有软起动功能，防止突然合闸对电源的冲击。

这种电源由于功率大（达30kW），输出电压高（150kV），工作频率较高（20kHz），而对稳定精度、纹波及电压调节率均有较高的要求。选用先进的三相全控可控整流技术、大功率高频逆变器，用新型功率器件IGBT作为功率开关。三相全控可控整流和逆变器各自采用独立的控制板，IGBT驱动采用进口厚膜驱动电路，加上输入电网滤波器和平波电抗器及电容组成的滤波电路，使电源的功率变换部分具有较好的技术先进性和良好的功率变换性。

高压部分：高压变压器磁心采用最新的非晶态材料，采用独特的高频高压绕制工艺，双高压变压器叠加工作。先进的整流和合理的倍压电路以及高压均压技术保证高压电源的高压部分稳定可靠，反馈及高压指示信号用精密的分压器，由高压输出端直接采样，保证电源有很高的稳压精度、电压调整率和准确可信的高压测量精度。采用合理的高压滤波技术，保证电源有良好的纹波。高压部分放在一个油箱内。

3. 高压脉冲电源

在雷达导航设备中，其发射部分一般都需要一高电压、窄脉冲，不同重复频率的强功率脉冲源，这种强功率脉冲源一般通过一个高压电源将市电升为几千伏至几十千伏直流高压，然后由一个调制器将直流高压调制为所需脉宽及频率的脉冲源以供发射管使用。本文介绍的高压脉冲源主要由高压电源及调制器组成，高压电源系用开关稳压电源，调制器系用半导体固态器件。

脉冲源主要由高压电源及调制器部分组成，高压电源采用开关稳压电源，调制器采用半导体器件的固态调制器。

使用方给出的触发脉冲是TTL电平的信号，应在输入隔离变压器前增加接口电路，此接口电路一是为了预防大TTL脉冲信号，二是为了与隔离变压器匹配。为了达到隔离的目的，使用方可提供此接口电路的电源，制造方只需提出电源需求并在电路中设计相应的变换、滤波电路即可。

触发脉冲经过脉冲变压器隔离后经过预调器脉冲整形，功率放大后去触发调制板和截尾板工作。由预调器产生的激励脉冲经过变压器隔离去驱动调制板的每一只场效应晶体管，此时调制板导通高压电源送到微波晶体管的阳极，微波晶体管的阴极电子开始发射，微波晶体管将送入输入端的小功率高频信号放大成大功率的高频信号。当脉冲结束时，由预调器产生的截尾脉冲去触发截尾板，截尾板导通后将微波晶体管的分布电容释放，所以可以得到很好的脉冲后沿。

4. 在医学领域的应用

在医学领域，许多医疗设备都需要高压电源或高压脉冲电源、典型的如CT机、X射线光机等。这里介绍一种在神经和精神疾病治疗领域中高压脉冲电源的应用——经颅磁刺激系统。

根据电磁感应原理，一个随时间变化的均匀磁场在其所通过的空间内将产生感应电场。脉冲磁场通过生物组织产生感应电场，使生物组织内产生感应电流而达到刺激的效果。经颅磁刺激是利用时变磁场作用于大脑皮层产生感应电流，改变皮层神经细胞的动作电位，从而影响脑内代谢和神经电活动的生物刺激技术。

整个系统主要由主升压电路、充/放电回路（含控制部分）和刺激线圈电路等几部分组成。主升压电路包括功率因子校正、全桥逆变、升压变压器、再整流电路，充/放电回路主要由储能电容、充/放电开关（晶闸管）及单片机控制部分构成，控制充/放电电路的工作，同时提供操作接口（见图1上）。刺激线圈可采用单线圈和八字形线圈两种。

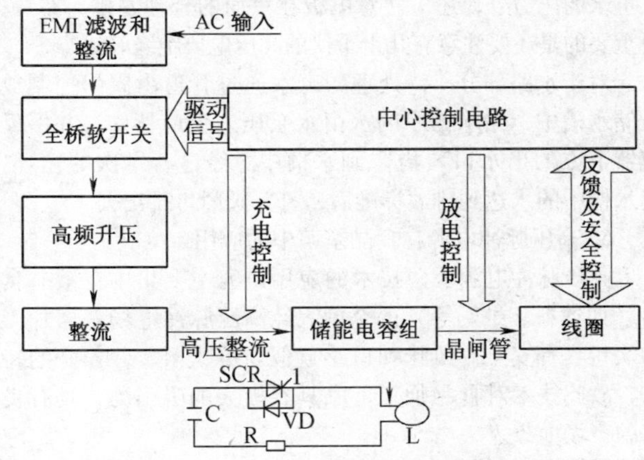

图1 系统的整体结构图

用以产生刺激生物组织的时变磁场的方法很多。目前，最常用的方法是通过电容器储存电能，再通过对线圈放电产生脉冲电流，从而产生脉冲磁场（见图1下）。

5. 大功率高压脉冲电源在污水处理中的应用

用大功率高压电脉冲处理污水是利用在水中高电压（30~50千伏）、大电流（几十千安）脉冲放电产生的等离子体（自由基和紫外辐射），及等离子体通道刚性条件下迅速膨胀产生的冲击波对污水中有机化和物的等离子体物理及电化学的复杂作用，使其降解为二氧化碳、水等简单分子，达到处理污水的目的。

本系统由高压电源、反应器和水路部分组成（见图2）。

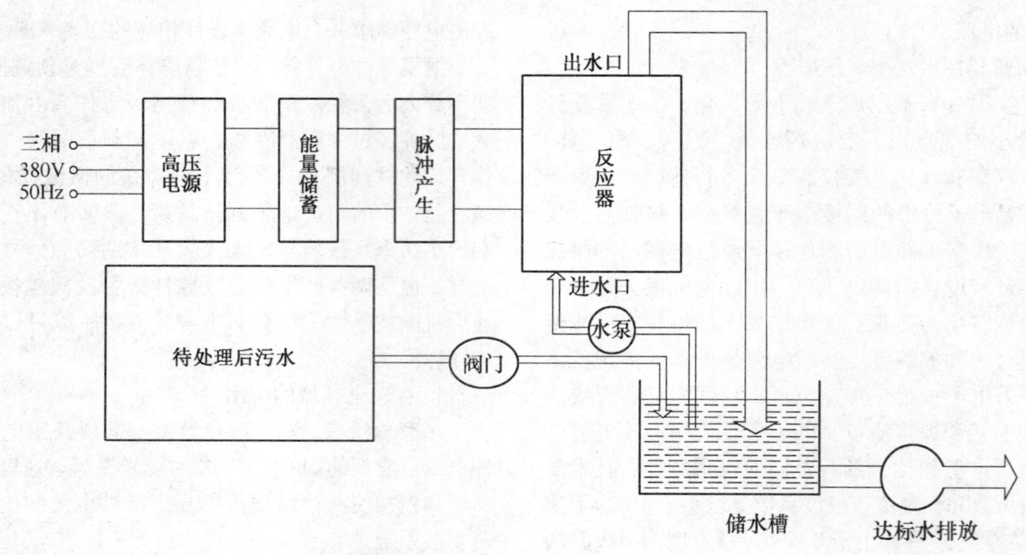

图2 污水处理系统

高压电源最为关键，它产生高压大电流脉冲。工作原理为：三相50Hz380V交流电，经高压电源变为电压为30～50kV的直流高压，此直流高压储存在能量储存器内，高功率脉冲发生器将所储存的能量压缩为在短时间内可输出高电压大电流的强功率脉冲，以输送给反应器而发生等离子体作用。

反应器是一个密封的带有一组正、负电极的腔体。污水由腔体下方的进水口由水泵压入，经过一个反应过程后，由上方的出水口“溢”到储水槽，经过若干次的循环后，可使含有的污水达到排放标准。反应器在制作时除应注意腔体可抵抗水的压力外，还应注意电板在里面的合理安排与布局，更重要的是还要注意有几十千伏的高压电要绝缘好。

对于水路部分，待处理的废水通过管道由阀门控制放入储水槽中，储水槽中的水由水泵压入反应器中，并由反应器上方的出水口“溢”到水槽中。经过若干次的循环，当水槽中的水达到排放标准后，打开阀门口排出去。

6. 高压脉冲电源在食品杀菌中的应用

高压脉冲电源杀菌技术的应用研究主要集中在液态食品（如饮料、牛奶等）的杀菌，经高压脉冲电场杀菌加工的饮料具有安全、风味和口感近似新鲜饮料、营养好的特点，故此技术对食品加工厂家具有极大的吸引力，具有良好的市场前景。

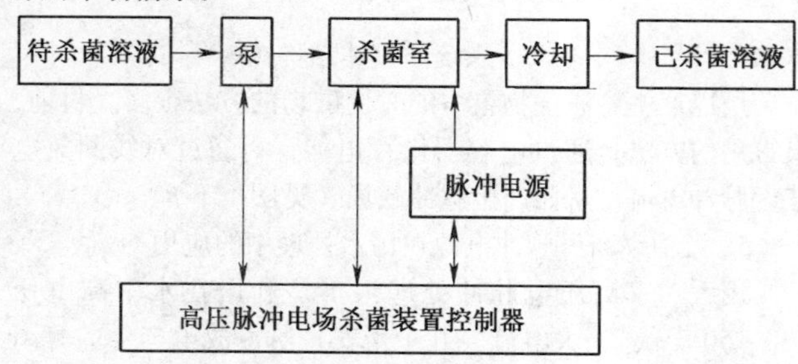

图3 杀菌装置结构框图

如图3所示，液体食品的流量通过变量泵调节，脉冲电源的电压值、脉宽、脉间可由杀菌装置控制器进行控制。杀菌室的主要功能是将高压脉冲电场传递给流经此室的液体食品，内有冷却装置；在高压杀菌区域有温度传感器；在处理室内，两电极内部带有冷却管道，温度没有通过冷却管道内的循环冷却水加以调节，各种电参数，如作用在食品上的电压、电流波形，通过数据检测系统加以检测，为减少电磁场的干扰，示波器和计算机放置在屏蔽区域。

高压脉冲电源与杀菌室相连，用所期望的频率、电压峰值，产生连续不断的高压脉冲。

选择适合的电参数和流体食品的流量，以使每单位食品体积经受足够数目的高压脉冲电场的作用，从而达到所希望的微生物细胞的致死率。

高压脉冲电源为双极性，如图4所示，它能提供正、负脉冲达到60kV、750A峰值，每个极都用独立供电电源和无触点开关，允许安全控制脉冲参数。用这个结构，脉宽、脉冲重复频率和正、负电压都是独立变量，且具有很宽的调节范围，这个系统功率限制在75kW，必要时，要避免正、负脉冲同时输出。

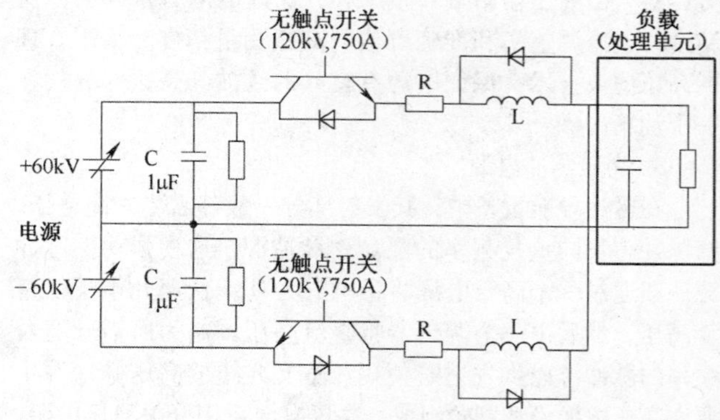

图4 高压脉冲电场系统方框图

在这个单元中，每个无触点开关都是由多个串联的IGBT组成，这些所有的单个IGBT的开关能同时开和闭，并且电压通过这些开关来分配。用这种方法，每个开关操作为一个单独装置，在正常工作或过载期间，可根据开关所能通过的最大电压，来决定串多少个独立装置。

7. 高压电源在（塑料薄膜）材料表面处理中的应用

塑料薄膜已经成为现代包装工艺的主流材料，具有透明、防潮、气密性好等突出优点。但大部分塑料薄膜属于非极性高分子材料，对油墨的亲和性都比较差，而且在形成过程中加入的增塑剂、引发剂、残留单体和降解物等低分子物质很容易析出而汇集于材料表面形成无定性层，使塑料薄膜表面的润湿性能变差，所以在印刷前必须经过处理。

要进行这种处理，就需要用高频高压放电电源系统，它主要包括晶闸管可控整流电路、单相全桥 IGBT 逆变电路和高频升压变压器、检测电路、保护电路、上/下位机电路和液晶显示等几个部分。三相交流电经过传统的相控整流后，通过电容滤波输入由 IGBT 组成的单相全桥逆变电路。逆变电路的输出经过高频高压升压变压器升压后提供给放电负载。检测电路主要对输入电压、输入电流、负载电流、直流母线电压和电流、工作频率等进行检测，以便实现显示和保护。系统具有完善的保护电路，主要包括：过电流保护、逆变器失锁保护、缺相保护、错相保护、停转保护、放电架开启保护、绝缘介质击穿保护等。高频高压放电电源主电路如图 5 所示。

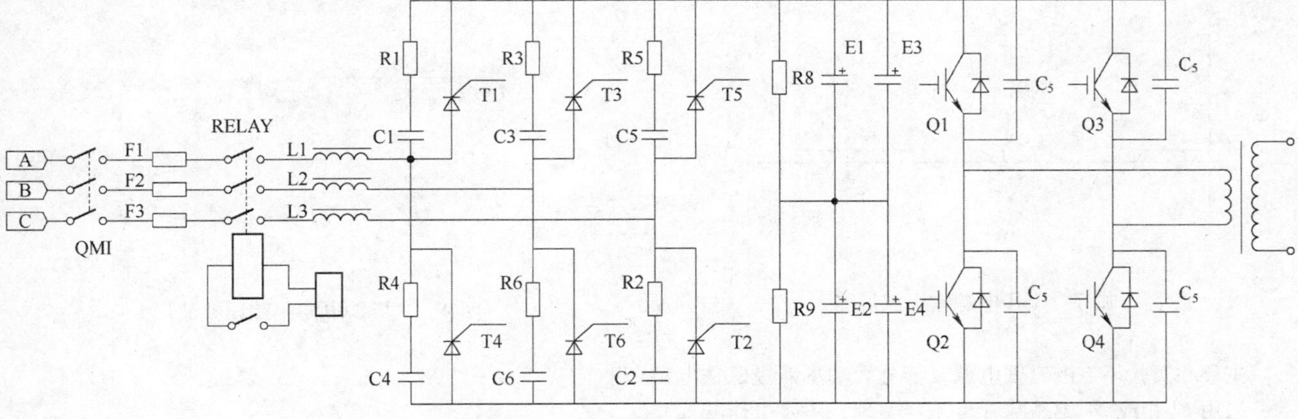

图 5 高频高压放电电源主电路

塑料薄膜表面处理系统如图 6 所示。待处理的塑料薄膜通过电极装置的间隙进行处理。表面包有绝缘介质的滚筒接地，并通过传动带和电动机的转轴相连。长条形的放电架与滚筒面平行，接高压电源。放电电极一般为多刀型，能提高载流子数量，增加放电面积。滚筒长度为 160cm，介质层厚度为 3m（+）。采用这一厚度是为了确保在高压下不被击穿。放电间隙为 3mm，可以满足工业应用的要求。

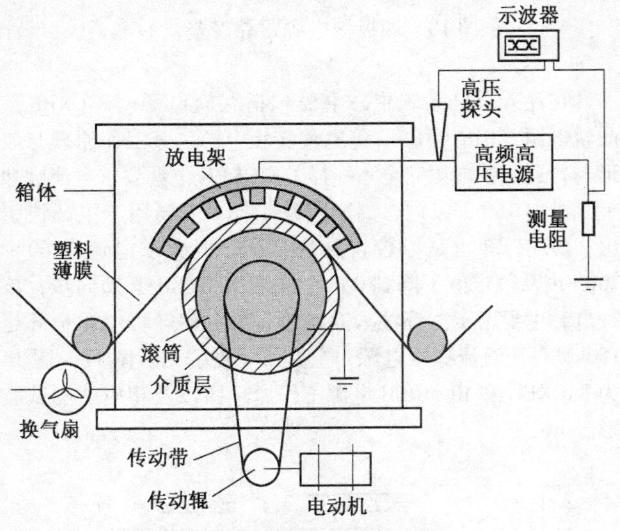

图 6 塑料薄膜表面处理系统

8. 加速器电源系统

电源系统是加速器中一个重要组成部分，其主要功能是和负载一起为加速器提供所需的磁场和电场。这个电源系统绝大多数是高精度线性电源，几乎全部是直流稳流和直流稳压电源。其基本结构是开关电源和晶闸管相控电源。主要技术指标（长期电流稳定度、电流纹波等）要求很高，二极磁铁电源电流长期稳定度一般小于 2×10^{-4}/8 小时，四极磁铁电源电流长期稳定度一般小于 5×10^{-4}/8 小时。

直流电源主要采用以下技术方案：对于输出功率在 50kW 以上的二极磁铁电源和大的四极磁铁电源，采用了晶闸管相控整流技术，大部分为晶闸管 12 脉波整流技术，同时根据具体情况采用并联式有源滤波技术以抑制纹波。稳定度要求为 5×10^{-6}/8 小时的主磁场电源采用 24 脉波晶闸管整流技术，同时控制电路和测试电路都采取了恒温措施。晶闸管相控电源技术成熟，性能稳定可靠，价格低廉，

对于 50kW 以下的中小功率电源全部采用高频开关技术，主要采用全桥零电压/零电流软开关技术、斩波电源。还有部分电源，特别是开关磁铁电源，需要电源输出电流在 200ms 的时间内完成从 0 到额定值的转换或从额定值到 0 的转换，因此这部分电源采用高频斩波技术，该电路能够有效地吸收电流快速下降时磁铁负载产生的反向电压。对于注入引出系统的低压大电流电源采用多模块并联稳流技术，每个模块实际上是一个自己闭环工作的小功率开关电源，输出电流在 100～250A，电压为 10～30V，根据电源输出电流选择不同规格和不同数量的模块并联，所有模块受一个总的调节器控制。

脉冲电源实现方案与直流电源类似，对于输出功率在 50kW 以上的二极磁铁电源和大的四极磁铁电源，采用了晶闸管相控整流技术，中小功率电源则全部采用高频斩波技术。

图 7 为电源工作于脉冲模式时输出脉冲电流电压波形。

每个脉冲上升和下降时间各为3s，平顶为1s，平底10s。电流波形实际上是一个梯形波，为便于电源实现，该梯形波分为五段：前平底段、上升段、平顶段、下降段、后平底段，每段之间用二次曲线光滑连接起来。

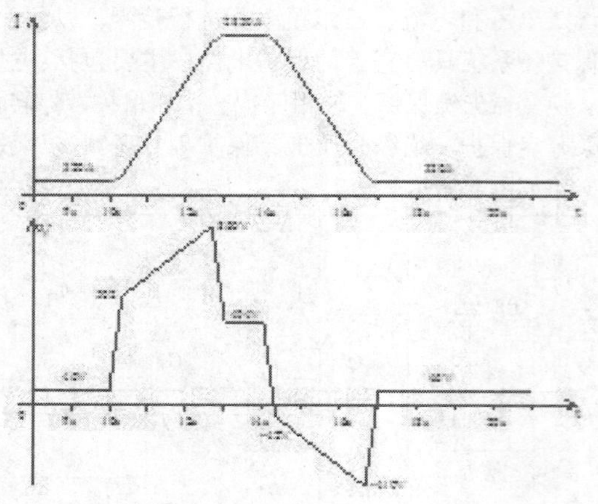

图7 CSR电源输出波形

主环和实验环二极磁铁电源及部分大功率四极磁铁电源，采用12相或24相晶闸管整流器实现，主要工作方式为整流/逆变方式。电源由12相/24相晶闸管整流器、纹波反馈、无源滤波器、有源滤波器和电源控制器组成，图8为电源电气原理图。多相晶闸管整流器通过多台变压器错相。电源调节器采用电压电流双闭环控制，电压环为内环调节，为了实现较快的响应速度和抑制电网电压波动的影响，电压环增益不高，但有较宽的带宽，外环为电流环，电源的精度主要由电流环决定，因此电流调节器增益很高，同时电流环带宽受到限制。为了进一步提高动态响应速度以及衰减纹波，主环二极磁铁电源在无源滤波器之后还使用了并联式有源滤波器，该滤波器是由多级斩波式开关电源串联组成，在电流上升下降段提供所需电流，以弥补晶闸管整流器响应较慢的缺陷，在平顶和平底段作为有源滤波器工作。需要指出的是，为了同时满足电源精度和良好动态特性的要求，必须精心选择电源调节器和滤波器的参数。

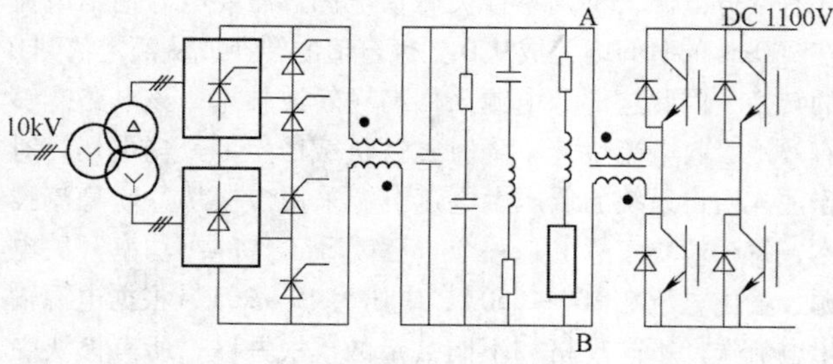

图8 CSR主环二极磁铁电源原理

主环和实验环及其他系统的中小功率的电源，采用带倍频功能的高频双管斩波式开关电源。开关管工作频率为10kHz以上，电源工作频率则在20kHz以上，具有响应时间快、纹波小、体积小、效率高等优点。这种电路可以有效地减小电源对电网的影响，同时还具有低功率损耗、不存在开关元件的直通故障、可工作于二象限和四象限状态、电路简单等优点。通过控制两个开关管，实现能量反馈，此种电源既可工作于脉冲状态，也可工作于直流状态。双极性输出的主环和实验环中的校正线圈和校正磁铁电源，采用四象限输出的开关电源，不同的控制方式便可实现输出极性的改变或输出电流从正到负的连续变化。

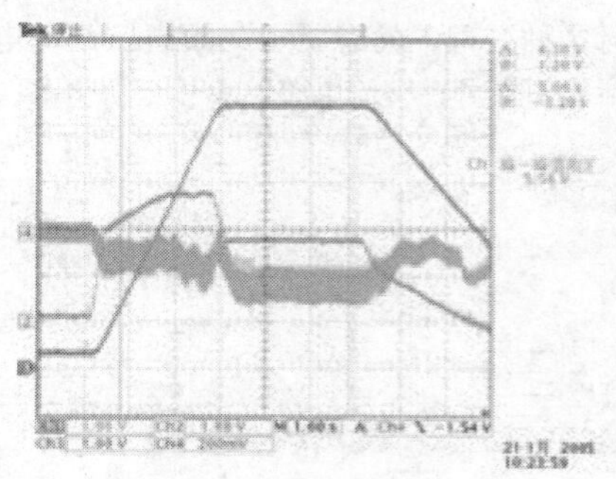

图9 二极铁电源跟踪误差波形

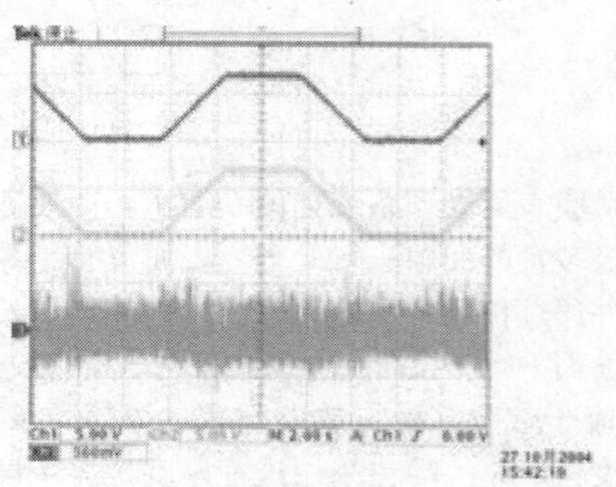

图10 四极铁电源跟踪误差波形

在注入引出系统中，主要包括踢轨电源（KICKER）、凸轨电源（BUNPER）、静电偏转板电源。其工作原理与波形与普通磁铁电源完全不一样。KICKER电源要求电流脉冲上升沿在150ns以内，周期重复工作，主要用于主环快引出。BUMPER也是以较快脉冲工作，但要求电流在60～20μs内从额定值下降到0，且四台BUMPER必须同步，该种电源主要用于主环注入系统中。静电偏转板电源全部是150kV高压直流稳压电源，主要用于慢引出。图11～图14为KICKER和BUMPER电源工作原理图以及相应的测试波形。

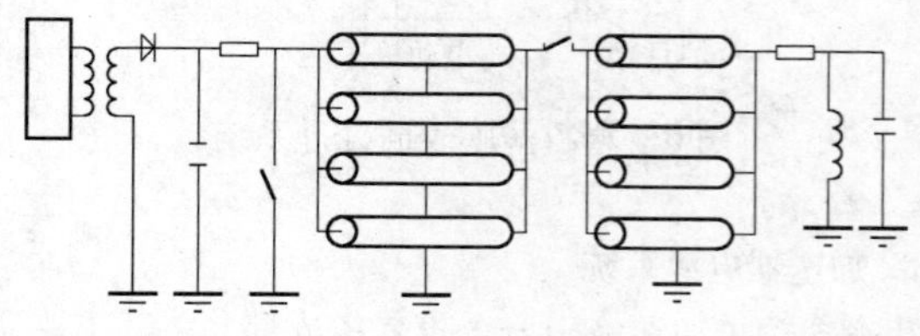

图11 SR引出KICKER电源原理

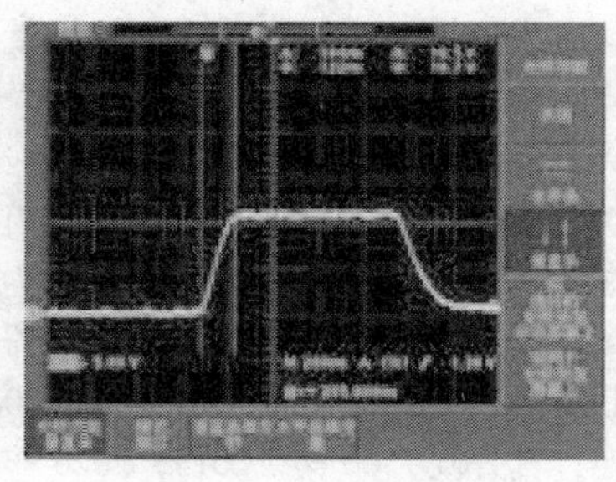

图12 CSR主环引出KICKER电流波形

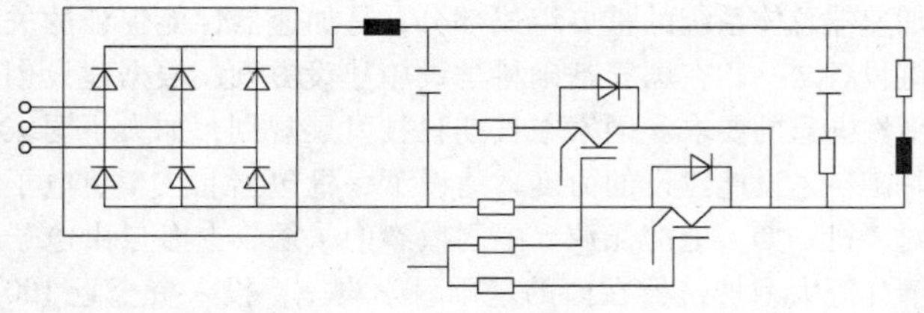

图13 CSR BUMPER工作原理

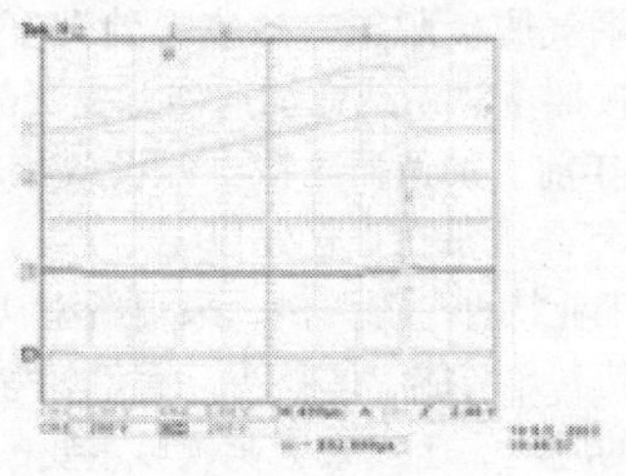

图14 CSR BUMPER电流波形

三、特种电源行业发展趋势

（一）产品技术发展趋势

1. 高压类

获得高压电源可以采用以下两种方法：一种是变压器一次侧用交流市电，然后增加二次侧绕组匝数，这样可得到高压输出。但是由于市电频率只有50/60Hz，因而二次侧绕组的匝数一般需要达数万匝以上；另一种是为了尽可能地减少二次侧绕组的匝数，采用若干种方法做成的高频开关电路，设法减少变压器一次侧绕组的匝数。

以上两种电源，在要求电源输出电压不太高的情况下可在变压器二次侧直接（或采用常规电源中的半波、全波整流方法）获得高压输出；当要求电源输出电压较高时，若要在变压器二次侧直接获得高压输出，必然要增加变压器的电压比，使变压器的二次侧绕组匝数过多，这时由于变压器的层间寄生电容和线间寄生电容的影响，会出现很大的充放电电流和噪声，使变压器的一次侧开关产生很大损耗，甚至无法正常工作。因此，在这种情况下为了既获得高电压输出，又不致使变压器的二次侧端电压太高，需采用倍压电路将变压器二次侧较低电压“倍压”成高压直流电压。

高压电源通常由输入电路、升压变压器、高压整流电路（倍压电路）、输出电路及控制电路五部分组成。

2. 大电流电化电源

影响电化学反应的3个最基本要素是：工件及电极材料、电解液配方、电源。其中，电源的电压、电流、波形、稳压精度和保护性能对电化学反应的进行起着重要作用。

电源施加到阴极和阳极上的极间电压，是建立极间电场使电化学反应得以进行的原动势能，它既要克服阴极和阳极的极化电压，又要克服电解质溶液的欧姆压降，从而建立起必要的极间电流场，确保电化学反应所需要的电流。根据法拉第定律可知，电流大小将直接影响电化学反应的速度。

在电化学反应过程中，根据电极材料、电解液种类和工艺要求的不同，电源的具体参数、性能有所不同，但总体来看电化电源应满足以下基本要求：

（1）输出方面 电化电源是一种低电压、大电流的电源。输出电流应满足工艺要求；输出电压一般在8~30V间连续可调，以满足不同电极、电解液种类的要求；输出波形可以是直流、脉冲、锯齿波等，应结合具体工艺要求选定。

（2）稳压方面 能在电化学反应过程中自动稳压；具有较好的硬输出特性，当电网电压波动±10%或在负载变化10%~100%时，输出变化量在±(1~2)%额定值内。

（3）安全方面 应具备完善的保护功能——过载保护、短路保护、断相保护等，延长使用寿命。考虑到电化电源一般都长时间工作在具有腐蚀性气体的环境中，所以要求耐蚀性好。

（4）使用方面 操作方便，便于维护，安装简单。

此外，对于大功率电化电源还应有较高效率，符合电磁兼容要求。

3. 感应加热电源

感应加热电源的水平与半导体功率器件的发展密切相关。因此，随着功率器件在性能上的不断完善，感应加热电源的发展趋势呈现出以下几方面的特点。

（1）高频化 目前，感应加热电源在中频频段主要采用晶闸管，超音频频段主要采用IGBT，而高频频段，由于SIT存在高导通损耗等缺陷，主要发展MOSFET电源。感应加热电源谐振逆变器中采用的功率器件利于实现软开关，但是感应加热电源通常功率较大，对功率器件、无源器件、电缆、布线、接地、屏蔽等均有许多特殊要求，尤其是高频电源。因此，实现感应加热电源高频化仍有许多应用基础技术需进一步探讨，特别是新型高频大功率器件（如MCT、IGCT及SIT功率器件等）的问世将进一步促进高频感应加热电源的发展。

（2）大容量化 电力半导体器件的大容量与其使用频率有着极密切的关系。早期的晶闸管和晶体管由于受到容量与频率互相制约的影响，不能达到同时获得大功率、高频率的效果。随着新型器件的发展，如MOSFET、IGBT、MCT等，将来的感应加热电源必将朝着大功率和高频率两者相统一的方向发展，在这方面仍有许多应用基础技术需要进一步探讨。

（3）低损耗、高功率因数 新型功率器件的通态电阻很小，通态压降小，所以损耗首先表现在基极或门极驱动电路的损耗上。随着功率器件的发展，再加上驱动电路的不断完善和优化，使得整个装置的损耗明显降低。另外，由于感应加热电源一般功率都很大，随着对电网无功要求的提高，具有高功率因数的电源是今后的发展趋势。目前，谐振技术的引入，一方面降低了电源中开关器件的导通和关断损耗，同时利用锁相技术将逆变器的工作频率锁定在电路的固有谐振频率内，使得该电源始终运行在负载功率因数为1的状态。

（4）智能化、复合化 智能化指的是功率半导体集成电路本身，包括过电压、欠电压、过电流、过热等检测与保护功能。复合化是指在一个功率模块内除了一个或多个功率器件芯片外，还包括相同数量的二极管等，在较小功率模块内也出现了保护电路与功率器件在一起的电路。因此，采用智能化与复合化的集成电路将使元器件数量减少，自动组装降低了成本，电路本身具有诊断与保护等功能而提高了可靠性。随着感应加热生产线自动化控制程度及对电源可靠性要求的提高，感应加热电源正朝着自动化控制方向发展，具有计算机智能接口的全数字化感应加热电源正成为下一代发展目标。

4. 高功率脉冲电源

高功率脉冲电源的发展方向主要集中在以下几个方面：

（1）单次脉冲向重复的高平均功率脉冲发展。

（2）储能技术：研制高储能密度的电源。

（3）开关技术：探讨新的大功率开关概念和研制高重复频率开关。

（4）绝缘技术：满足设备和开关小型化的要求。

（5）开辟新的应用领域。

（二）产品市场发展趋势

1. 特种电源的应用前景十分乐观

随着节能减排政策的大力推进，特种电源的应用前景十分乐观。以特种电源最具潜力的应用市场之一——电力系统为例，目前，中国经过变换或控制后使用的电能占70%，今后这个比例还将继续提高。根据电力需求预测，预计2020年，中国电力需求将达到7.7亿千瓦时。即使按照目前的比例推算，到2020年我国将有5.39亿千瓦电能需要变换或控制，可见特种电源在国内发展的潜力是十分巨大的。预计2013～2016年，市场年均复合增长率将达到12.0%。

2. 特种电源的需求不断提高

随着新兴产业和传统产业的技术改造，对特种电源需求不断提高。以民航机场为例，国家低空开放，通用航空发展将带来巨大商机。国务院、中央军委发布《关于深化我国低空空域管理改革的意见》，肯定了通用航空发展意义深远，通用航空发展有利于拉动内需、扩大就业、培育新的经济增长点。通用航空将被列入新兴产业“十二五”规划，成为新兴支柱产业培育的重点。随着中国经济的发展，除了工业服务、农林作业外，公务飞行、商用飞行、空中救援、空中游览等正受到越来越多人的青睐，通用航空有着巨大的市场需求。至2020年我国通用航空器保有量将达到1万架，其中活塞飞机6000架，涡桨飞机2000架，喷气公务机500架，直升机1500架。2013～2020年间我国通用航空飞机需求容量将达到1000亿元以上，相应将带动对航空地面静变电源的需求。

再以加速器行业为例，加速器磁铁电源及电源系统是加速器总体系统的重要组成部分，是加速器性能保证的关键设备之一。在国家基础科学设施建设方面，根据建设创新性国家的要求和国家中长期科技发展规划，加大了国家基础科学设施建设的力度，建设了一批包括北京正负电子对撞机二期、上海光源、中国散裂中子源、上海自由电子激光等大型加速器在内的基础科学设施，投入资金近100亿元。在非核领域应用方面，根据近年来的发展趋势，工业领域的离子注入、辐照改性和无损检验等应用，医疗领域质子治疗癌症、辐照消毒和短寿命同位素生产等应用，环保领域燃煤烟气脱硫脱氮、核废料处理等应用在国内得到很好发展。按照电源系统在加速器总投资额中占5%的比例计算，2020年前，加速器磁铁电源设备市场需求约为20～30亿元，每年需求量在1亿元以上。

最后，以工业特种电源为例，采用新型功率器件的大功率开关电源以其高效节能、体积小、重量轻等优点在工业领域获得了广泛的应用，已成为工业领域重要的基础产品。单晶硅生产中必用的加热电源可以使用大功率直流高频开关电源，设备体积减小、重量降低、效率提高，可以解决生产厂家的高耗能的主要问题，同时可直接节约15%左右的生产费用。预计用于单晶硅生产设备的单晶硅加热电源的市场规模每年大于5亿元，而且呈现逐年递增的趋势。

3. 投资环境大为改善

近年来，由于政策支持力度的加大，以及特种电源市场的复苏，中国特种电源投资环境大大改善，大量资本进入中国特种电源领域，海内外、多主体的联合投资成为特种电源投资的主流形式。多主体指国企、社会、民营、港台、海外等企业参与到特种电源行业投资中来。融资渠道方面，包括企业投资、广告投入、版权预售、金融贷款、风险投资、政府出资、个人投资、特种电源基金资助和其他形式的间接赞助等在内的多种形式，使特种电源资金的来源更加丰富。股票市场与特种电源企业成功对接之后，将大大提高中国特种电源企业的竞争力。长期制约中国特种电源领域的资金问题可以得到根本改观，今后中国特种电源领域的资金来源将更加充裕。

2012年度电能质量产业分析报告

中国电源学会电能质量专委会

一、电能质量行业发展背景

在国内，工业企业的增长带动了国内经济的强势增长，经济的发展直接带动了用电需求的增长，对电力系统也得到结构性的颠覆。分布式新能源及大量的代表着高科技水平的电力电子装置成为国民经济发展的重要支柱，但也使电力系统中的谐波、无功功率、电压闪变、瞬变等电能质量问题日益突出，对整个大电网的安全运行构成了不小的威胁，制约了国民经济高速发展，成为当前乃至今后一个时期电力系统的重要矛盾。

但是经过数十年的电能质量市场化及电能质量关键技术的突破发展，电能质量行业取得了长足的进步，已经发展到了新的阶段，人们对电能质量的认知从入门接触阶段进入到了普遍接受阶段，电能质量的产品也渐渐从低端的无源时代步入到高端的有源时代，从低压小容量逐渐发展到高压大容量的需求，电能质量治理的成本也得到了进一步的降低。尤其在光伏、煤炭、轨道交通、冶金等大型工业企业中先进的电能质量产品已经成为标准的配电产品。电能质量行业将会迎来新的发展高峰。

同时伴随着电能质量行业的蓬勃发展也带来一些行业问题。首先，没有完善的行业规范、行业制度、行业标准来要求行业内企业，导致了该行业存在一些以次充好、过渡包装、名不符实的产品与企业，扰乱了整个电能质量行业与市场秩序。其二，国家对电能质量标准仍停留在20世纪90年代，未能达到与时俱进，与现有电网的规模、发展速度不相称，严重地阻碍和影响了电网的大力发展。其三，现有的国内电能质量企业中以传统电能质量设备生产厂商居多，大环境对国内的先进技术的电能质量厂商认可度不高，在大中型的项目上以国外品牌为主，导致该方面缺乏足够的发展空间与动力，国家及地方没有相应的政策倾向。

虽然国内的电能质量行业存在这样的问题，但是我们身在这个行业，我们应该为行业的发展出我们的一份力，我们相信经过我们行业内的所有有志企业的推动，国家对高新技术企业的支持，必定会打造出一批明星企业，国际品牌，大力促进电能质量行业的长足发展！

在国外，从20世纪60年代半导体晶体管的发明到70年代初期大功率晶体管和末期功率场效应晶体管的发明，为发达国家工业带来了快速的发展。据统计，40%的电力能源是经过电力电子设备转换才得到的，大量的电力电子元器件的应用对电网产生了负面影响，对其工业产生较大损失。20世纪80年代初期，日本、德国、美国等发达国家开始着手系统研究电能质量问题，并大力发展电能质量相关产品，电能质量产品也由无源时代发展到有源时代，有源电力滤波器、STATCOM等电能质量设备在这一时期得到了长足的发展。国外有关电能质量的研究已趋成熟，从所使用的功率理论的扩展，到电能质量问题分析方法的提出，以及用户电力技术等，电能质量技术的研究和电能质量装置的开发正深入进行。国外针对电能质量问题开发出许多电能质量装置：有源电力滤波器（APF）、静止无功发生器（SVG）、电池储能系统（BESS）、超导磁能储存系统（SMES）、静态电子分接开关（SETC）、不间断电源（UPS）等。这些产品都是采用了电力电子技术，技术已相当成熟，并且进入了大量的实用化阶段。

国外工业化的发展带动了整个电能质量行业的发展，尤其以德国、日本为代表，由于较早的进入、研究，其电能质量的发展状况要优于我国，特别是基础电力电子工业的发展是国内厂家无法比拟的。因为拥有健全的基础工业、先进的电能质量控制理论、成熟的制造工业体系，使得其电能质量的水平一直处于国际领先水平。国外一些发达国家在电能质量控制方面的研究和应用已取得显著的成效，从实用的功率理论的扩展，到电能质量评价指标体系的建立，从广泛的电能质量普查，到对用户电能质量的监测等，已建立和形成了常务性机制。对各种电能质量问题的分析方法及电能质量控制技术和装置，已深入进行了研究、开发和应用。

随着人类对能源越来越多的依赖，越来越多的分布式能源大量的接入大网，针对分布式的能源并入大网的电能质量问题，越来越受到国外学者的关注。同时，大量的电能转化及新设备的应用带来了新的电能质量问题，使得电能质量的问题更进一步的细化，由此针对电能质量研究体系的完善、技术的更新、设备的研究提出了新的挑战，这也将是全世界电能质量行业研究的下个课题。不论是国内电能质量行业还是国外电能质量行业，我们共同的目标就是：创造绿色、环保、高效的电能质量环境！

二、2012年行业大事件

1. 新能源的空前繁荣发展，带来了新的电能质量研究课题——分布式能源接入点的电能质量研究。

分布式发电满载希望，对于分布式能源来说，2012年无疑是个好年头。12月19日，国务院召开常务会议，提出要“着力推进分布式光伏发电，鼓励单位、社区和家庭安装、使用光伏发电系统”。

10月26日，国家电网公司发布了《关于做好分布式光伏电网并网服务工作的意见》，为满足条件的光伏项目免费提供接入服务。此前，国家能源局公布《关于申报分布式光伏发电规模化应用示范区的通知》，明确提出：每个省（区、市）支持申报总装机容量原则上不超过500兆瓦，规定国家对示范区的光伏发电项目实行单位电量定额补贴政策，对自发自用电量和多余上网电量实行统一补贴标准。

继2011年末国家发展改革委发布《关于发展天然气分布式能源的指导意见》后，一批利好政策的出台，使得分布式能源的发展满载希望。

为了优化资源的大范围配置，加快新能源的开发，如何能够容纳更多的新能源的接入，建设坚强的智能电网是最终途径。根据我国发展的特点，实现向坚强智能电网的转变和发展，是我们要思考的问题。新能源发电具有间歇性、随机性、可调度性的特点。目前，在电网接纳能力不足的情况下，大规模新能源发电并网会给电力系统带来一些不利影响，电网必须控制接入容量在可控范围内，以最大限度地减小不利影响，存在的主要问题也存在以下问题：

（1）间歇性和波动性发电特点　风力发电是通过风能转变为电能实现发电，因此风力发电与水电、火电等常规电源相比，其发电能力由风的大小、强弱而定，必然具有风的随机性、波动性和不可控性的特点。太阳能发电是将太阳能转变为电能，由于天气及地球运动的原因，同样具有上述的特点。

（2）注入电网的谐波　由于并网风力发电和光伏发电系统均配有电力电子装置，会产生一定的谐波和直流分量。谐波电流注入电力系统后，会引起电网电压畸变，影响电能质量，还会造成电力系统继电保护、自动装置误动作，影响电力系统安全运行。所以，需配置滤波装置、静止或动态无功补偿装置等，以抑制注入电网的谐波含量。

（3）孤岛现象　孤岛现象是当电网失电压时，并网风力发电和光伏发电系统仍保持对失电压电网中的某一部分供电的状态，并与本地负载连接形成独立运行状态。这时，孤岛中的电压和频率不受电网控制，如果电压和频率超出允许的范围，可能会对用户设备造成损坏；如果负载容量大于孤岛中逆变器容量，会使逆变器过载，可能会烧毁逆变器。同时，会对检修人员造成危险：如果对孤岛进行重合闸操作，会导致该线路再次跳闸。由此可见，对孤岛现象的检测和预防是十分重要的，这也是目前并网风力发电和光伏发电系统急需解决的关键问题之一。目前研究的重点技术包括功率预测和储能技术，具备功率预测系统是并网的必备技术。

总的来说，目前国内电网接纳能力及电能质量是大规模发展新能源发电的重要基础和环境，这有赖于坚强智能电网的发展，大力发展微网发电系统是改变能源结构迈向低碳经济社会模式的必由之路，这有赖于微网及电能质量技术的发展和市场的有序发展和培育，也是建设坚强智能电网的目标。未来的能源市场是由生产商、投资商和消费者共同参与博弈的市场。目前，微小型风力发电和光伏发电技术已能满足并网技术的要求，随着物联网技术的发展，将实现网络化控制。大中型风电场、光伏发电场主要存在有功功率调整和动态无功功率调整控制功能方面的缺陷，这有待于进一步研究。

2. 2013年的大幕已然拉开，但对于所有的电气人而言，过往的2012年里，仍有太多让人难以割舍的瞬间。

2012年，我国电能质量行业可谓是一路跌宕，一度产销增长乏力、经济效益堪忧，受国际经济持续低迷和国内经济增长放缓的双重影响，2012年以来我国电能质量行业生产销售指标彻底告别了此前保持了将近十年约30%的高速增长态势，利润总额更罕见地出现了“负增长”。

除了产销增长减慢，增速呈下行态势，主要电工产品产量增长疲弱。与此同时，行业的进出口增速也持续走低，出口增速单边下滑的趋势依旧未出现明显改善，对外贸易困难加大。与2011年相比，无论是进口额、出口额，还是进出口总额增速落差很大。2012年我国电工行业企业的亏损额和亏损面较2011年有不同程度的扩大。

在国内外经济环境严峻的大背景下，电工行业也未能独善其身，其发展也面临着诸多问题和困扰。

其首要表现便是企业的应收账款快速上涨，资金周转压力增大。前些年由于经济建设发展迅猛，用户资金充足，货款支付及时，电能质量设备制造企业应收账款基本处于合理状态。

其次，行业盈利能力下降，导致企业研发投入经费“缩水”，发展后劲不足。

与此同时，由于部分用户采用低价中标原则，导致设备生产企业纷纷降低投标价格，造成产品质量下降、可靠性指标降低。

此外，由于体制、机制等原因，我国的一些电力用户单位一直处于强势地位，电能质量行业内企业的质保金回收困难，一定程度上影响了其正常运营。

尽管行业利润指标下滑，但在2013年初，经济效益已初现止跌回稳迹象。电能质量行业的亏损面逐月减少。坚持过2012年后的寒冬，我们将在2013年迎来新的机遇与挑战。

三、国内行业发展状况

（一）行业情况

2012年在国内外经济环境严峻的情况下，电能质量行业内企业遭遇了最寒冷的寒冬，行业整体销售业绩出现了不同程度的影响，尤其是行业内领头羊企业遭受了重创，但同时行业内企业在新的技术创新及产品研发上有了新的突破与应用。

（二）企业情况

以下简述6家在电能质量行业内具有代表性的高新技术企业。

1. 荣信电力电子股份有限公司

公司拥有上百名高端人才的研发团队，常年引进独联体和欧洲权威技术专家直接参与企业技术开发，并与国内国际多所著名大学共同建立多个实验室，能够满足从系统仿真（RTDS）到全载试验的全过程检验、检测需要，可承担电力电子领域最复杂及最前沿的试验研究。公司拥有66kV/16000kVA高压变电站、SVC专用高压全载试验中心、高压变频专用全载试验中心等设施；拥有各类专利40余项、软件版权10余项；承担了中国国家级重大科研项目23

项，是两项国家标准的制定单位。在2012年，荣信电力电子股份有限公司与广东电网公司、清华大学等单位合作完成的“百兆伏安级动态无功补偿装置（STATCOM）关键技术研究及应用”项目获得中国南方电网公司科技进步奖特等奖。

2012年荣信电力在光伏电站总包、煤矿项目总包等有所斩获，但是据其财报显示，2012年，SVC收入确认及订单均回落到最低点，公司实现营业收入12.74亿元，同比下降21.86%；利润总额1.28亿元，同比下降62.31%；净利润1.14亿元，同比下降59.71%。

2. 西安爱科赛博电气股份有限公司

西安爱科赛博电气股份有限公司于2012年4月19日进行了股改，原西安赛博电气有限责任公司变更为西安爱科赛博电气股份有限公司下属的电能质量事业部，其市场定位与所有业务范围保持不变。整合后西安爱科赛博电气股份有限公司拥有4个业务板块，分别为电源事业部、电能质量事业部、新能源事业部及军品部，公司继续持有爱科电源品牌和赛博电能质量产品品牌。需要说明的是，电能质量事业部即原西安赛博电气有限责任公司继续从事电能质量治理行业，主要产品以有源滤波器（APF）、静止无功发生器（SVG）和无功谐波综合补偿装置为主。随着电力电子技术的发展，电能质量产品在不断更新换代，有源类电能质量产品已经占有了一定的市场份额，结合国家电网规划纲要所提供的信息，未来对新型电能质量解决方案和产品的需求量会成倍数增长，希望我公司能够在电能质量行业拥有更多的机会，为“洁净能源、绿色地球”的企业使命做出应有的奉献。

在2012年中，公司在技术研发方面硕果累累：《供用电系统谐波的有源抑制技术及应用》获得了国家科学进步二等奖，《智能微网技术》获得陕西省科学技术进步二等奖，有源滤波器、静止无功发生器通过了国家权威机构——国家电力科学研究院的认证，同年实现了中压SVG的研发、试验、量产及设备在光伏、煤炭、建材化工等行业的合同签订、应用。

同时，低压静止无功发生器和有源电力滤波器作为西安爱科赛博电气股份有限公司的支柱产品，在2012年中表现优异，在烟草、石化、煤炭、石油化工、轨道交通等行业稳定增长，成为国内电能质量行业的标杆。

2012年经过寒冬考验，西安爱科赛博电气股份有限公司业绩增幅减小，但是2013年SVG目前在电网、煤矿、电力等行业需求旺盛，并且将逐步取代SVC，西安爱科赛博电气股份有限公司作为专业的电能质量设备制造商将进入高增长期，对公司业绩贡献逐步加大。

3. 思源电气股份有限公司

思源电气股份有限公司成立于1993年12月，2004年8月5日在深圳证券交易所成功上市，是国内知名的专业研发和生产输配电及控制设备的高新技术企业、国家重点火炬计划企业，是电力设备制造与服务业中发展最快的上市公司之一。

思源电气公布2012年年报业绩快报：2012年1～12月份，公司实现营业收入28.84亿元，同比增长46.41%；实现利润总额3.44亿元，同比增长78.28%；归属于上市公司股东的净利润2.45亿元，同比增长59.51%；EPS为0.56元；新增订单38.97亿元，同比增长43%。

思源电气股份有限公司为输配电行业提供系统解决及应用方案，目前主要电能质量产品有：动态无功补偿及谐波治理装置（SVG）、有源电力滤波装置（APF）、高压变频调速装置（MVD）、动态电压调节装置（DVR）。

4. 深圳盛弘电气有限公司

深圳盛弘电气有限公司是一家专注于电力电子技术应用的高科技公司，公司战略方向是为新能源和智能电网提供领先的电力电子产品和解决方案，提供用户更高效率利用电能的核心用户价值。

盛弘电气具备全系列电力电子技术平台，包括AC/DC、DC/AC、AC/AC、DC/DC，在200W～500kW功率段各种电力电子技术平台具有10年以上产品开发经验。盛弘电气电力电子产品，均具备高效率、高功率密度的领先技术优势。

盛弘电气的产品包括：有源滤波器、光伏并网逆变器、新能源汽车非车载充电机、定制电源。

5. 山东山大华天科技股份有限公司

华天公司创立于1991年5月7日，2000年12月28日，山东山大科技集团公司联合山东省高新技术投资有限公司、山东省企业信用担保有限责任公司、山东银座商城股份有限公司等战略投资者及12名自然人共同以发起方式成立的省内高校首家按现代企业制度规范成立的股份制企业——山东山大华天科技股份有限公司。

山大华天公司的主要产品包括：有源滤波器、无源滤波器、低压无功补偿、高压无功补偿、EPS应急电源、低压成套开关设备、网络能源设备等。

6. 哈尔滨威瀚电气设备股份有限公司

哈尔滨威瀚电气设备股份有限公司（原哈尔滨工大威瀚科技开发有限责任公司）成立于1999年6月，坐落于哈尔滨平房开发区，依托哈尔滨工业大学人才优势，成功地开辟了产学研成功范例，是致力于动态无功功率补偿及其相关领域电力电子产品开发应用的高新技术企业。

哈尔滨威瀚电气设备股份有限公司主要产品有高低压ASVG动态无功发生电源、高低压APF电力有源滤波装置、高压TSC动态无功功率补偿装置、高压TCR型SVG动态无功功率补偿装置、TSC系列晶闸管动态无功功率补偿器、TSF动态谐波滤波器、HVC高压自动无功电压综合调节装置、新型TSVG动态无功发生电源、WHGRQ系列中高压电机软起动装置等。

综上所述，受到国家整体经济环境的影响，2012年电能质量行业整体业绩低迷，行业增长势头放缓，但是由于煤矿、光伏等行业的旺盛需求，在2013年将会扫除低迷，迎来行业的高峰。基于电力电子技术的电能质量改善产品的产业化应用正呈现高速发展的态势，尤其行业中以电力电子为基础的高新技术企业，在研发上取得了一定成果，产品研发趋势向大容量、高电压、高技术含量的方向发展。

四、国外行业发展状况

由于国外发达国家的电能质量管理及控制策略完善、

电能质量意识强，电能质量设备的应用研究更系统化、细致化，从发达国家的电能质量控制装置的发展情况来看，日本、德国、美国等发达国家的电能质量控制装置的发展水平处于全球领先水平，其电能质量设备以出口居多，而且占据全球行业出口量的60%以上。全球较大的两家电能质量产品生产厂商如下。

（一）瑞士ABB

ABB集团是电力和自动化技术领域的领导者，集团业务遍及约100个国家，全球员工总数约为13.5万人。集团下设3个业务部门，分别从事电力技术、自动化技术和石油/天然气/石化行业。

2012年ABB中国公司销售收入实现稳定增长，超过52亿美元，这一业绩主要来源于提高和改善国内制造业和基础设施建设方面市场需求的增长，以及ABB出口业务的持续增长。

ABB的电力产品部门统领ABB在世界各地的变压器、开关、断路器、电缆和辅助设备制造业务。ABB的电力系统部为世界各地的输配电网络和发电厂提供全套系统和服务，重点是变电站和变电站自动控制系统。此外，该部门还提供灵活交流输电系统（FACTS）和高压直流（HVDC）输电系统以及电网管理系统。在发电业务领域，电力系统部提供仪表产品以及电厂控制和辅助装置。

（二）施耐德电气

施耐德电气集团成立170多年间，为100多个国家的能源及基础工业、数据中心及网络、楼宇和住宅市场提供整体解决方案，全球拥有11.4万员工。其旗下拥有驰名国际的品牌：梅兰日兰、TE电器。施耐德主要产品包括：人机对话、不间断电源、运动控制、传感技术、MGE不间断电源系统等，其中电能质量产品包括：高低压电抗器、高低压电容器、无源滤波器、有源滤波器。

（三）国内外现状对比

1. 电能质量管理策略对比

我国目前遵循的电能质量策略是“谁污染谁治理”和“堵新治旧”的原则，到目前为止，我国电力行业尚无统一的电能质量管理和监督部门，有关的相互关系还需进一步理顺。我国的电能质量监管一般由生产技术部兼任，由于电能质量监管与生产、计划、运行、用电、设计、基建密切相关，作为生计部门在电能质量监督、管理上受到很大的局限，无法对高耗电企业的污染和治理提出根本性的管制。

反观国外发达国家的电能质量管理策略，欧洲各国发电、输电、供电、用户之间的电力供销协议中对电能质量的条款规定非常具体和细致，以保证协议的可操作性。供用电双方都依照合同保证电能质量指标的实现，一旦出现相关问题，双方要依照合同明确责任，并采取措施解决问题。为明确分清引发电能质量问题的责任，在产权分界点及用户与系统内安装综合电能质量监测仪十分必要，它给分析问题的原因提供可靠的技术依据。欧盟委员会建议电力市场委员会发布导则，要求电力系统就电能质量及其服务方面做出报告并公开出版。电力市场委员会还应建立适当的准则评价报告的内容，以保证电能质量达到电磁兼容的水平。报告中应同时引用3个可靠性指标：平均每年中断供电的频率；用户平均丧失电压的时间；每次电压中断的平均时间。为检查此年度报告的内容，电力生产与供电国际联盟（UNIPEDE）在年度报告的最终期限内成立专家小组对报告进行审查。

国内外电能质量的管理策略差距，一方面有历史原因，包括电力网架结构的不同和科学技术发展存在的差距等；另一方面是管理策略的原因，正确的管理体系及方法必然促进生产发展，进而带动科技进步，科技进步反之会促进生产效率提高，形成良性循环。可以说电能质量管理策略的提高是解决电能质量问题的根本出发点。

2. 电能质量技术对比

目前，国外有关电能质量的研究正掀起高潮，从功率理论的研究、电能质量评价指标体系的讨论，到电能质量监测，各种电能质量问题的分析，以及配电柔性输电技术（DFACTS）等电能质量控制技术的研究和装置的开发正深入进行。在欧美、日本等发达国家，电能质量技术及其装置已经得到了广泛的应用，并且已经有大量能进行工程应用的成熟产品。并联型有源电力滤波器的最大容量已达50MVA，用于抑制电弧炉引起的电压闪变。西门子公司已生产出系列改善电能质量的电能质量调节装置，其换流器采取基于绝缘栅双极晶体管的脉宽调制技术，它利用并联型有源滤波器和串联型有源滤波器进行组合，与系统连接有三种方式：并联运行时，主要防止非正常负荷产生的谐波、无功、负荷不平衡及闪变对系统的影响；串联运行时，主要用于系统电压突变、电压畸变或不平衡对负荷的影响；串并联运行时，具有双向补偿的功能。

另外，我国总体经济和技术水平虽然还比较落后，但在部分经济发达地区电能质量问题的影响已经比较突出。尤其是随着经济的快速发展，产业转型下形成的各地高新技术开发区对电能质量有更高的要求。目前，已经有不少高新技术开发区不得不引进国外的电能质量技术产品，以减少因停电或其他电能质量问题而引发产品质量下降造成的损失。

我国的电能质量相关技术起步较晚，在20世纪末之前甚至没有形成一定规模的产业。从20世纪末至今的10多年间，我国电力电容器制造业飞跃式的发展以及APF与SVG核心技术的掌握和量产等一系列发展，不论在技术上还是在生产规模上都呈现出世人所公认的进步。

需要注意的是，虽然我们在产品技术经济指标和外观方面都有了今非昔比的变化，但是在一定程度上，这些技术的进步是靠国外技术进步尤其是中外合资企业的先进技术所带动的，具有自主知识产权的技术并不多，这些进步是追赶性的。

总的来讲，我国电能质量技术虽然与国外有一定的差距，但是随着我国对电能质量技术的深入研究，我们的电能质量技术已处于高速发展阶段。

五、对未来发展分析和建议

（一）技术发展趋势

近年来，电能质量控制技术及装置的发展非常迅速，各类技术都是有一定的使用价值，一些高新技术产品如APF和SVG的技术还需要进一步改进。未来的技术还需要进一步发展，主要向技术复杂度、经济性和可靠性方面发展。在如下几方面的发展将会是未来发展的重点。

1. 体制改革明确电能质量归口管理和监督部门，成立独立于电力企业的电能质量监督管理机构。要能负责全网的频率、电压和波形等各项电能质量指标的考核、统计和对外发布制定相关的可操作的考核管理办法，接受有关电能质量的咨询投诉，制定改善电能质量的计划措施并督促执行，严格执行对新电网污染用户的审批和控制。

2. 标准改进。我国针对电能质量某些指标制定了相应的标准，但是对电压骤降、间谐波、直流分量等有待进一步的研究，并制定相关标准。另外，电能质量标准的制定，涉及供电企业、用户以及用电设备制造商，需要设计、咨询、标准化组织，研究部门以及仪器检测制造商广泛参与，以满足高效生产流程的需要，维护用电设备的正常运行，越来越多的用户向供电部门提出了高质量的供电要求，甚至签订供电合同进行保证。

3. 基础电力电子元器件的提升。目前，电能质量产品的核心元器件IGBT等功率器件均为国外进口产品，国内没有相关器件的知识产权，无法掌握核心技术，不能直接生产。这就造成了高端电能质量产品的生产成本较高、生产周期不确定，功率元器件的发展直接影响到电能质量产品，所以基础电力电子元器件的国产化显得十分必要与重要。

4. 电能质量产品的高度智能化。最近几年，以专家系统、神经网、模糊逻辑和进化计算为代表的人工智能新技术已开始较全面地应用于电能质量研究，因为它是个较复杂、工作量和数据处理量很大的系统工作。特别是在电能质量分析方面，很多人工智能应用来进行辅助分析，对复杂的问题进行处理。智能化旨在减轻人的劳动，能自动地对电能质量问题进行识别和数据处理，从而实现全面的无人监控功能。

（二）市场发展趋势

从2010年到2012年的3年时间里，随着国家节能减排政策的深入和智能电网工程的开展，中国电能质量市场将进入快速发展时期。未来3年中国电能质量市场的发展会保持一个相对较高的发展速度，即年均复合增长率还将保持在18%，远远高于中国的GDP预期和其他行业的发展速度。

目前，发展相对比较成熟的PF和SVC等产品在未来3年内还将保持稳定的发展，增长速度预计持续在15%左右；相对较新的APF和SVG等产品在未来将进一步被用户所接受，随着技术的进步和性能的提高，预计未来将有超过20%的增长；相对比较陌生的治理暂降类的产品预计会相继实现零的突破，在未来3年内将有成倍的增长；监测类产品也将有较快的发展，相对成熟的便携式监测产品预计将有15%的增长速度，而在线式的监测产品则随着功能性和适用性的进一步完善，在未来3年内将达到超过20%的发展速度。

我国电能质量的发展刚刚进入快速增长期，企业的数量不断增加，但是规模相对较小，国内还没有形成绝对的领导企业，只是一些企业在技术和市场份额上有些优势。而且，我国电能质量高端产品市场很大，一部分被国外进口产品占据；在低端产品市场中，国内企业的竞争非常激烈。随着技术的不断发展，我国电能质量行业中的企业数量将不断增加，企业规模也将不断增大，并且不断会有企业进入高端产品市场的竞争当中，从而发展成为国内企业在高端产品市场和低端产品市场的竞争都非常激烈的局面，国外对我国高端产品市场的优势地位将会受到强烈的冲击。

（三）行业发展建议

虽然中国电能质量市场在未来的发展前景是非常好的，但是根据研究，目前仍然有几个问题侧面地阻碍了市场的发展。主要包括：

首先，加强全电网电能质量监测技术，明确引发电能质量问题的责任。打破同网同价，实行优网优价，积极推广使用电能质量控制和治理技术、设备。积极研究有关电能质量方面的新技术及应用，推动生产和科研部门的密切结合，促进科技成果的迅速转化，建立专门的电能质量技术有偿转让信息市场，让更多的企业越来越广泛地参与到电能质量行业中。

其次，就外部环境而言，电能质量的监督和管理体制还应该被合理地制定和完善。纵观目前中国整个电能质量市场，没有一个部门被明确提示可以作为电能质量监管的主管部门。没有监管、监管不力等现象长期阻碍了市场的发展。按照电力工业部在1998年颁发的《电网电能质量技术监督管理规定》的条文，国家电力公司负责全国电网电能质量的技术监督，但是具体业务由两大部门分级管理，各级电力调度部门为主，对电厂、电站进行监管，但是由于所用指标和监管的范围有限，对广大用户所提供的发电侧电能质量的状况还是没有得到根本的保障；还有就是电能质量检验测试中心站，负责监测干扰源用户的谐波、电压波动、闪变以及三相不平衡等，大量设备和人力的投入，实际上也没有达到预期监测的目的。很多厂家和专家反映，监管政策体制的不完善，监管力度的不够，造成了中国电能质量市场从根本上没有保障，从而限制了市场的发展。

另外，由于中国电能质量市场尚处于初级阶段，在目前市场的发展过程中，一些市场的参与者出现了一些鱼龙混杂的现象。厂家不注重质量和对用户的保障，导致了用户对电能质量产品的不信任态度，从而阻碍了市场的健康发展。此外，作为电能质量产品的最大用户群体——电网公司，也出现了资源配置上的重置、采购盲目和使用混乱的情况，不仅对电能质量市场没有起到相应的宣传作用，更造成了极大的浪费。

中国电源学会电能质量专委会

2013年4月

第五篇　电源行业要闻

68. 天宝被认定为2012年国家火炬计划重点高新技术企业

69. 北京星原丰泰荣获继保行业年会“先进单位”称号

70. 瑞谷科技被评选为“深圳知名品牌”

71. 金宏威荣获2012年度优秀软件企业和6个优秀软件产品

72. 山大华天有源电力滤波器荣获山东省科技进步二等奖

73. 宝士达电源荣获2012中国数据中心模块化UPS最佳产品方案奖

74. 青岛黎明云路宽带铁基非晶带材综合制备技术达到国际先进水平

75. “合肥华耀电子工业有限公司新型宽输入电压电源模块产业化”项目完成验收

76. 由国家发改委支持的科华UPS产业化项目完成验收

77. 首台海洋潮流发电设备问世

78. 中国船舶重工集团公司第七一二研究所高压、大功率变频器节能技术开发项目通过验收

电源行业要闻

相关行业要闻

2012年电子信息产业信息汇集

● 2012年1～12月，电子信息产业外商企业完成投资1153亿元，同比下降8.4%。

● 2012年1～12月，电子信息产业港澳台完成投资882亿元，同比下降12.2%。

● 2012年1～12月，电子信息产业全部内资企业完成投资7556亿元，同比增长10.9%。其中，股份有限公司和私营企业投资增速超过30%，在内资企业全部投资中占比上升8.3个百分点，达到半数之多。

● 2012年1～12月，电子信息产业东北三省完成投资432亿元，同比增长22.3%，扭转了去年同期的下滑局面。

● 2012年1～12月，电子信息产业西部地区完成投资1277亿元，同比增长5.1%。

● 2012年1～12月，电子信息产业中部地区完成投资2851亿元，同比增长29.1%，其中湖南增长超过100%，湖北增长超过50%。

● 2012年1～12月，电子信息产业东部地区完成投资5031亿元，同比下降5.1%，其中北京下降超过60%，天津、上海、浙江和广东投资均不同程度下降。

● 2012年1～12月，电子信息产业新开工项目7571个，同比增长8.8%，增速比上年回落44.3个百分点。其中广播电视设备行业新开工项目数量及投资额增幅均超过100%，远高于全行业平均水平。

（以上信息来自国家发改委）

2012年中国电子元件行业发展分析

2012年1～12月，我国生产电子元件25494.88亿只，同比下降1.35%。

从各省市的产量看，2012年1～12月，广东省电子元件的产量达144599700.39万只，同比下降0.54%，占全国总产量的56.72%。紧随其后的是天津市、江苏省、上海市，分别占总产量的22.22%、6.78%及4.92%。

2011年末，我国电子元件制造工业企业达4618家，规模以上电子元件制造工业企业实现主营业务收入达12054.5亿元，同比增长17.87%。我国的电子元件生产已经成为继美国、日本之后的第三大生产基地。预计到2015年，我国电子元件总产量达到5万亿只，销售收入达5万亿元。电子元件国际市场占有率达50%，国内市场占有率达70%。

2012年半导体的各大应用市场普遍衰退

2012年经济景气比原来预估差，全球半导体营业额预估营业额为3030亿美元，较2011年3100亿美元衰退2.3%。从2009年后，每年全球半导体营业额皆呈增长，2012年是首次衰退。

2012年，半导体的6大应用市场中，只有无线通信应用市场呈现增长，资料处理、消费电子、工业、有线通信以及汽车5大应用市场，皆呈衰退。

只要2013年全球的GDP（国内生产毛额）增长率，能够如我们预期的稍有改善，则2013年将是半导体市场表现较好的一年，预估全球半导体营业额将较2012年增长8.2%。而后只要总体经济没有意外，半导体市场增长趋势能持续到2016年。

私人可自建电站发电卖给国家

根据国家电网公司2013年2月27日发布的《关于做好分布式电源并网服务工作的意见》，对于普通用户自建的发电设施所产生的清洁能源，公司将按国家规定电价予以全额收购。

国家电网公司新闻发言人张正陵介绍，服务工作意见中所指的分布式电源是指位于用户建筑附近，单个装机容量不超过6兆瓦的以自发自用为主的发电设备，包括太阳能、风电、生物质、地热等所有清洁能源。

张正陵：相当于用户自己建了一个微型的小电站。他现在就不用担心建成后并不上网了。对用户的类型是没有限制的，从自然人到法人都可以。

分布式发电作为清洁能源，不污染环境。发出的电自己用不了还可以卖出去。这无论从哪个角度看都是好事。那么我们普通民众家里能不能也安装一套分布式发电装置呢？实际上，早在2006年就已经有人开始了这方面的尝试。如上海电力学院太阳能研究所所长在他家30多平米的屋顶上安装了22块多晶硅光伏电池板，这套装置的装机容量是3000瓦，平均每天可以发出9度电。

2012年全球风电实现平稳增长

据全球风能理事会统计，2012年，全球新增风电装机4471万千瓦，与2011年4056万千瓦的新增装机容量相比有所增加，连续三年保持在4000万千瓦左右，全球风电开始进入平稳发展阶段。到2012年底，全球风电累计并网装机容量达到2.82亿千瓦。其中，中国、美国和德国位居前三，累计并网装机容量分别为6300万千瓦、6000万千瓦和3115万千瓦。其中，中国新增风电并网装机容量1500万千瓦，美国新增风电并网装机容量1320万千瓦，欧洲地区新增风电并网装机容量1242万千瓦，位居世界前三位。此外，巴西、罗马尼亚等新兴市场风电并网装机容量也快速增长，装机总量分别达到108万千瓦和93万千瓦，位居世界第八和第十位。

从地区累计装机来看，2012年，欧洲风电累计并网装机容量首次突破1亿千瓦，达到1.09亿千瓦，继续位居世界第一位；亚洲地区风电累计并网装机容量9759万千瓦，主要集中在中国和印度两国；北美地区风电累计并网装机容量6758万千瓦，主要集中在美国。

2012年，全球新增海上风电装机约129万千瓦，累计装机约541万千瓦。其中欧洲新增116.6万千瓦，比2011年增长了33%，累计装机规模达500万千瓦，是全球海上风电发展的主要区域。到2012年底，英国海上风电累计装机达到295万千瓦，位居世界第一位。中国海上风电装机约34万千瓦，仅次于英国和丹麦，位居世界第三位。当年新增海上风电装机12.7万千瓦，海上风电仍需进一步加快发展。

截至2012年底全国共建设1445个风电场

据国家能源局发布，到2012年底，全国（不含港、澳、台）共建设1445个风电场，安装风电机组52827台。单机容量1.5兆瓦和2兆瓦的风电机组是目前国内风电市场主流机型，占吊装容量的81%。

到2012年底，全国50多家风电开发企业旗下的1300家项目公司参与我国的风电投资和建设，其中国有企业约1000家，占全国风电总装机容量的81%；民营企业约150家，占全国风电总装机容量的4.5%；中外合资企业约98家，占全国风电总装机容量的13.3%；外资企业约21家，占全国风电总装机容量的1.2%。目前，我国并网容量超过100万千瓦的主要开发企业有国电集团、华能集团、大唐集团、华电集团、神华集团、中广核公司和中电投集团等11家。国电集团以累计并网装机容量1300万千瓦居全国第一，全球第二；华能和大唐分别以834万千瓦和771万千瓦列第二、三位。

2012年全国风电发电量同比增长41%

据国家风电信息管理中心2012年度风电产业信息统计，到2012年底，全国风电并网装机容量为6266万千瓦，比上年增加1482万千瓦，增长率31%，全年风电发电量1008亿千瓦时，比2011年增长41%，风电发电量约占全国总上网电量的2.0%。按照我国火电有关指标折算，2012年的风电发电量相当于节约燃煤3286万吨标准煤、用水1.67亿吨，减少排放二氧化碳8434万吨、二氧化硫22.8万吨、烟尘4万吨、氮氧化物24.2万吨。

2012年全国风电平均利用小时1890小时

据国家能源局发布，2012年全国风电平均利用小时1890小时，比2011年的1920小时减少了30小时。从目前风电运行情况看，蒙东、吉林限电问题最为突出，冬季供暖期限电比例已经超过50%。蒙西、甘肃酒泉、张家口坝上地区电网运行限电比例达20%以上，黑龙江、辽宁风电运行限电比例达到10%以上。华中、华东和华南地区的风电装机容量快速增加，目前已达到900万千瓦，运行情况良好，华中、华东和华南地区2012年度的风电利用小时数分别为1844小时、2292小时和2265小时。

“三北”地区是我国风电建设比较集中的地区，占全国风电并网装机容量的86%。华北地区风电并网装机容量2332万千瓦，占该地区全部电力装机容量的比例为9.8%，发电量占3.6%；东北地区风电并网装机容量1825万千瓦，占该地区全部电力装机容量的15.3%，发电量占6.0%；西北地区风电并网装机容量1232万千瓦，占该地区全部电力装机容量的10.6%，发电量占3.7%。南方电网风电并网装机容量388万千瓦，占该地区全部电力装机容量和发电量比例分别为1.9%和0.7%。

风电并网装机容量最多的5个省（区）是内蒙古1670万千瓦、河北706万千瓦、甘肃634万千瓦、辽宁471万千瓦、山东393万千瓦。内蒙古全年风电发电量为211亿千瓦时，占全区总发电量的10%。

到2012年底，我国海上累计风电并网装机容量30万千瓦，位于英国（295万千瓦）、丹麦（92万千瓦）之后，居全球第三。

可再生能源电价补助148亿元

财政部于2013年3月29日发布财建〔2013〕83号文，将预拨各省可再生能源电价附加补助资金148.1139亿元，其中，风力发电93.1448亿元，占总额的63%，生物质能发电30.5512亿元，太阳能发电24.3279亿元，其他可再生能源900万元。

此次补助有29个省份受益。河北、内蒙古、青海获得补助资金最多，分别得19.0870亿元、18.3057亿元、14.9929亿元。财政部要求，上述资金要及时拨付给省级电网企业、地方独立电网企业，并专项用于收购本级电网覆盖范围内列入已公布的四批次可再生能源电价附加资金补助目录内的可再生能源发电上网电量等相关支出。

国家能源局核准新疆维吾尔族自治区和新疆生产建设兵团“十二五”第二批风电项目

国家能源局于2012年7月30日发布国能新能〔2012〕221号文，审核了新疆维吾尔族自治区和新疆生产建设兵团报来的风电开发备选项目，同意将前期工作充分、电网接入条件落实的项目列入“十二五”第二批风电项目核准计划，共计247万千瓦，其中新疆维吾尔族自治区212万千瓦，新疆生产建设兵团35万千瓦。

由新疆维吾尔族自治区和新疆兵团发展改革委加强对风电开发建设工作的组织协调，特别是要衔接好风电项目的电网接入条件和消纳市场，督促风电项目单位深化前期工作。

国家电网公司要积极配合开展列入核准计划的风电项目的配套电网规划和建设工作，加快落实电网接入条件和消纳市场，确保项目建设与配套电网同步投产和运行。对未列入核准计划的项目，电网企业不得接受其并网运行。

第三批风电项目公布

国家能源局2013年3月11日印发“十二五”第三批风电项目核准计划的通知，列入“十二五”第三批风电核准计划的项目共491个，总装机容量2797万千瓦；安排促进风电并网运行和消纳示范项目4个，装机容量75万千瓦，合计装机2872万千瓦。

能源局称，黑龙江、吉林、内蒙古的核准计划另行研究。同时，2013年内未能核准的项目，可结转到2014年核准。不具备建设条件的项目，应申请取消，不得置换。已列入核准计划、但在规定时限未能完成核准的项目，相关风电投资企业需说明原因。

通知还要求，各电网公司要积极配合做好列入核准计划风电项目的配套电网建设工作，落实电网接入和消纳市场，及时办理并网支持性文件，加快配套电网送出工程建设，确保风电项目建设与配套电网同步投产和运行。

能源局还就风电并网及消纳工作指出，各地应采取各种技术手段和政策措施，促进风电的市场消纳，不断提高风电在电力消费中的比重。风电运行情况好的地区可适当加快建设进度，风电利用率低的地区在解决严重弃风问题之前，原则上不再扩大风电建设规模。

此外，弃风限电严重的地区，要全面分析风电不能有效送出和消纳的原因，及早解决问题。对开发潜力较大、未来风电建设规模增长较快的地区，要加强风电消纳技术方案的研究。

2012年，全国弃风电量约200亿千瓦时，风电平均利用小时数比2011年有所下降，个别省（区）风电利用小时数下降到1400小时左右，浪费了清洁能源和投资，加剧了环境矛盾。目前，我国风电发电量仅占全部电力消费量的2%。

国家能源局启动申报分布式光伏发电规模化应用示范区

太阳能光伏发电技术迅速进步，相关制造产业和开发利用规模逐渐扩大，已经成为可再生能源发展的重要领域。光伏发电适合结合电力用户用电需要，在广大城镇和农村的各种建筑物和公共设施上推广分布式光伏系统。特别在用电价格较高的中东部地区，分布式光伏发电已经具有较好的经济性，具备了较大规模应用的条件。为落实可再生能源发展“十二五”规划，促进太阳能发电产业可持续发展，国家能源局于2012年9月14日发布国能新能〔2012〕298号文，将组织分布式光伏发电应用示范区建设。

请各省（区、市）选择具有太阳能资源优势、用电需求大和建设条件好的城镇区域，提出分布式光伏发电规模化应用示范区的建设方案。

鼓励采用先进技术并创新管理模式，特别是采用智能微电网技术高比例接入和运行光伏发电，不断创新微电网建设和运营管理模式。

国家对示范区的光伏发电项目实行单位电量定额补贴政策，国家对自发自用电量和多余上网电量实行统一补贴标准。

首批国家天然气分布式能源示范项目启动

国家发展改革委、财政部、住房和城乡建设部、国家能源局于2012年6月1日下发了《改能源〔2012〕1571号》文，下达了首批国家天然气分布式能源示范项目，确保2012年内开工建设。

首批国家天然气分布式能源示范项目共安排4个：

1. 华电集团泰州医药城楼宇型分布式能源站工程项目，地址：江苏，规模：4000kW。

2. 中海油天津研发产业基地分布式能源项目，地址：天津，规模：4358kW。

3. 北京燃气中国石油科技创新基地能源中心项目，地址：北京，规模：13312kW。

4. 华电集团湖北武汉创意天地分布式能源站项目，地址：湖北，规模：19160kW。

申报2012年度新能源汽车产业技术创新工程项目启动

为指导和规范2012年度新能源汽车产业技术创新工程项目申报，财政部办公厅、工业和信息化部办公厅、科技部办公厅于2012年10月16日联合下发了《财办建〔2012〕141号》文件。

文件规定了申报新能源汽车产业技术创新工程项目的整车、动力电池和驱动电机企业应当具备的基本条件。

文件规定了申报项目要求：

（一）新能源汽车整车项目

到2015年以前，全新平台的纯电动乘用车最高车速不低于100公里/小时；插电式混合动力乘用车在混合动力驱动模式下的汽车燃料消耗量优于乘用车第三阶段燃料消耗量目标值不少于30%；纯电动商用车最高车速不低于80公里/小时；插电式混合动力商用车最高车速不低于80公里/小时，在纯电驱动模式下续驶里程不低于50公里；燃料电池汽车技术先进、性能稳定，具备规模化应用条件。所有车辆必须加装远程信息诊断系统进行车辆安全状态的监控。

由整车企业牵头，联合电池、电机等零部件企业及有关研发单位共同申报，电池、电机零部件配套企业分别不超过2家。鼓励开展产学研联合攻关。

（二）动力电池项目

到2015年以前，形成5亿安时动力电池年生产能力，隔膜产品和制造装备批量化应用。动力电池产品必须通过国家强制性检测，2015年电池单体的能量密度达到180Wh/kg以上（模块能量密度达到150Wh/kg以上），成本低于2元/Wh，循环寿命超过2000次或日历寿命达到10年。

由电池企业牵头，联合有关材料企业及研发单位共同申报。正负极、隔膜材料、生产装备企业分别不超过2家。

2012年新能源汽车生产情况

2012年，公共服务领域节能与新能源汽车示范推广和私人购买新能源汽车补贴试点深入推进，混合动力客车推广范围将从25个示范城市扩大到全国所有城市。

2012年，列入《节能与新能源汽车示范推广应用工程推荐车型目录》628款车型共生产2.48万辆，产量同比增长94%，其中乘用车1.47万辆，商用车1万多辆；纯电动汽车1.33万辆，常规混合动力汽车1.04万辆，插电式混合动力汽车1000多辆。

光伏行业2012年行业动态

2012年全球光伏装机量达到32GW，同比增长14%。受日本市场需求的增加及国内分布式发电的启动，预计2013年将会维持在10%以上的增长。

终端需求的增加以及落后产能的退出，将使得行业逐步恢复到一个合理的状态，预计部分光伏企业将会在2013年出现止亏或者扭亏为盈的局面。

光伏装机成本下降将带动逆变器需求的增加。受组件价格下滑以及周边成本的降低，各国的装机成本在2012年均出现大幅下降，国内光伏电站建设成本已降低至7.5～8.5元/瓦的水平，属于全球最低，在国内建设电站具有较高的投资回报率。随着2013年国内分布式光伏发电市场的启动，终端装机将会进一步地增长，将带动逆变器、单晶需求的增加，是未来一段时间应重点关注的细分子行业。

多晶硅进口量大幅上扬29.5%。2012年多晶硅行业普遍亏损，使得国内较多的产能退出，行业已基本完成洗牌，产品价格在1月份也已出现回暖，商务部对欧美多晶硅双反将会使得进口多晶硅产品价格上涨，而国内拥有自备电厂以及三氯氢硅自制率较高的企业具有较低的多晶硅生产成本，将在多晶硅价格回归到一个合理水平中受益。

中国光伏企业内忧外患

美国国际贸易委员会于2012年11月7日做出终裁，认定从中国进口的晶体硅光伏电池及组件实质性损害了美国相关产业，美国将对此类产品征收反倾销和反补贴（“双反”）关税。

因外部市场萎缩、产品价格下滑，以及企业经营的一些错误决策，不少龙头企业如无锡尚德、江西赛维濒临破产。英利能源董事长兼CEO苗连生此前表示，目前光伏企业都在亏损出货，比的是谁亏损的少，整个行业面临崩盘。

国家发改委能源研究所副所长李俊峰此前预计，美国市场占整个中国光伏业出口比重的10%，我国光伏企业或将遭受20亿美元损失。而一旦欧盟也对中国企业征收相同税率，对于中国光伏企业而言将是致命的打击。

CIGS薄膜太阳电池核心技术取得重大突破

2012年，从中国科学院获悉，可取代“晶硅”原材料的“铜铟镓硒”薄膜太阳电池核心技术取得重大突破，赶超国际水平，所制备的铜铟镓硒（CIGS）太阳电池效率达到18.7%，迈入国际领先行列。

如果新的太阳电池技术大面积推广应用，不仅利于国内太阳电池大面积推广，而且还可减少对外输出太阳能产品的贸易壁垒。当前，能源危机和传统能源对环境造成的污染日益严重，开发清洁、可再生的能源就显得日趋重要。而太阳能由于清洁无污染、取之不尽、用之不竭，因此开发利用太阳能成为世界各国可持续发展能源的战略决策。

CIGS薄膜电池，其效率高、成本低、性能良好，是今后发展太阳电池的一个重要方向。

CIGS模块具有很大的发展优势，是因为CIGS在各种薄膜光伏技术中效率最高，成本却只有晶体硅太阳电池的1/3。此外，CIGS太阳能模块发电效率和年平均发电量皆优于晶硅太阳能模块。另一个优势在于，CIGS太阳电池模块能源回收期只有晶硅太阳电池模块的一半，CIGS在少于1年的时间内即可回收。因此，CIGS薄膜太阳能模块可以更有效地节省非必要的能源消耗。

国家发改委批复光伏电池技术联合工程实验室（北京）

2012年10月，国家发展改革委批复了太阳能光伏电池技术国家地方联合工程实验室（北京）。主要依托单位为北京捷宸阳光科技发展有限公司，建设期3年。建设地点为北京市通州区。

新兴产业为电容器发展带来了新的机遇

我国电容器产量位居全球第一，可以说已成为全球电容器生产大国和消费大国，我国电容器无论从数量上、质量上，还是服务上都能够满足电子整机及家用电器发展的需要，并带动了相关材料、设备行业的发展。

电容器行业“十二五”发展规划中明确指出，“十二五”期间电容器的发展重点为：新能源配套用电容器、功率型逆变电容器、功率型变频电容器、汽车电子配套电容器。可以说，节能环保、信息技术、新能源、新材料及新能源汽车等新兴产业为电容器发展带来了新的机遇。随着电容器的应用领域不断扩大，电容器行业在未来数年内存在很大的发展空间。

电源行业要闻

第三届中国电源技术年会在深圳召开

由中国电源学会主办的第三届中国电源技术年会于2012年6月20日至22日在深圳召开。会议由学会副秘书长李占师主持，电源行业知名专家学者、企业高层等相关人士出席了会议。中国电源学会副理事长、专家委员会副主席章进法，广东省电源学会理事长、中国电源学会常务理事张波发表了热情洋溢的致辞。

中国电源技术年会是以促进技术交流、技术进步、技术创新为宗旨，以电源技术人员为主体，以电源应用技术为主要内容，涵盖技术交流、技术培训、技术沙龙等项目的大型、综合性电源技术活动。本次年会，共计组织会议演讲33场，参会人数超过800人，会议获得业内人士的一致认可和高度赞扬。

本次技术年会分主会场和分会场，主会场凭借中国电源学会雄厚的专家资源，集合国内外知名专家、知名企业技术高层以及资深技术开发人员，围绕技术管理经验、技术发展动态、先进设计思想、水平较高的专项技术为主要内容，涉及主题包括无线电源、光伏逆变、LED、电动汽车、磁性元件、电源设计流程、可靠性、EMI等热点内容。参会工程师一致认为，专家们的演讲开拓了电源技术人员的视野、启发了新思路、提高了电源行业的整体技术水平。

主题分会场根据电源产品的不同分类设置不同的主题，使技术人员和工程师更有针对性的对自己从事的领域进行集中讨论、学习和交流。为增强参会代表间的相互交流，在各分会场技术交流会议之后还设立了技术沙龙环节，沙龙由知名专家担任主持人，参会人员根据设定的主题自由发言讨论，为参会者提供了一个畅所欲言、互相交流、互相学习、共同提高的平台。

自去年开办专题培训以来，其实用性与针对性受到广大电源工程师的好评。应工程师们的要求，本次会议开办了功率变换器的磁集成技术专题培训，参训学员 87 人。中国电源学会特邀国内知名专家、福州大学陈为教授授课，陈教授深入浅出地详细介绍了磁集成技术的基本概念、各种磁集成方案、磁集成的优点与问题、基本工作原理、基本分析和设计方法、各种磁集成案例，使得工程师能深刻理解并建立起磁集成的概念，能够开展集成磁件的设计与应用。参加培训的学员都表示，陈教授的演讲深入浅出，内容更加系统、更加深入，参加培训受益匪浅，培训结束后向培训学员颁发了“中国电源学会培训证书”。

中国电源技术年会已成为国内电源领域工程师们进行技术交流的最具权威的平台，受到工程师们热烈追捧和由衷称赞。

2012UPS 企业座谈会在东莞召开

《2012UPS 企业座谈会》于 2012 年 12 月 9 日在东莞塘厦镇召开，有 40 多家企业以及中国电源学会的主要领导和专家共 50 多人参加了会议。

本次会议是专业性的内部座谈会，参加单位主要是中国电源学会会员单位中的 UPS 整机生产企业，参加人员必须是各单位的负责人和学会的有关专家。

本次会议是企业的会议，由学会、协会和 6 家企业共同发起，由中国电源学会负责组织和召集。

UPS 行业是一个比较成型的行业，但是 UPS 企业的负责人从来没有一块聚会和交流。举办 UPS 企业座谈会，加强沟通和了解，讨论一些问题，达成某些共识，形成舆论导向，促进行业的健康发展，是本次会议的宗旨，也是企业的建议。

会议于 12 月 9 日上午 9 时开始，到会企业和专家首先做了自我介绍，企业介绍包括企业的产品和规模，大部分企业还介绍了销售业绩，增强了互相了解。

会议讨论和座谈的主要内容集中 3 个方面：

1. 讨论分析行业的目前现状和问题。

2. 提升国内 UPS 企业竞争力的对策和措施。

3. 如何加强产学研合作，促进企业的创新。

对于行业和市场的分析，大家普遍认为，国外品牌仍然占据大部分的高端市场，在技术、品牌、利润等方面占有一定的优势；国内中小企业普遍关注价格竞争，缺乏创新能力，这是影响国内 UPS 企业发展的主要原因。

参会企业主要是国内企业，如何面对目前的市场格局，如何提升国内企业的竞争力，是大家普遍关注的问题。大家认为，必须改变目前价格竞争，甚至恶性竞争，造成企业利润微薄的局面，增强企业的研发力量和创新能力。

有些企业介绍了产学研结合，提高产品质量和创新能力的经验。

有些专家和企业介绍了 UPS 行业发展前景，认为还有诸多发展空间和机遇，希望大家好好把握。

大家认为，企业界和学术界高层人士汇聚一起，交流信息，加强了解，各种观念、各种见解的交流和碰撞，能够扩展大家的视野，激发人们的灵感；讨论行业情况，达成某些共识，形成舆论导向，有利于行业健康发展，召开这样的会议很有必要。

本次会议由广东志成冠军集团有限公司承办，其为会议的召开做了细致的筹备和热情招待，保证会议顺利召开和圆满结束，会议全体代表向广东志成冠军集团有限公司表示衷心感谢！

第 21 届国际电气电子工程师学会国际工业电子研讨会（ISIE）在杭州召开

2012 年 5 月 28 日至 31 日，第 21 届国际电气电子工程师学会国际工业电子研讨会（ISIE）在杭州天元大厦隆重举办。本次研讨会是由国际电气及电子工程师学会工业电子学会（IEEE IES）主办，浙江大学电气工程学院承办，并且得到了业界多家知名企业的赞助和支持。会议收到 509 篇投稿论文，经 677 位专家评审，收录了 333 篇高水平的学术论文，来自全球 49 个国家和地区的 359 名注册代表参加了本次会议，其中国外来宾 198 人。众多国内外知名学者就工业电子和新能源方面的前沿热点问题进行了深入、广泛的探讨和交流。本次大会设置了 6 场专题讲座，2 场工业论坛、4 场学术墙报交流以及 56 场具体专题和分会场报告，会议议题包括：电力电子技术；电机与驱动；控制系统；智能化与应用；机电一体化；机器人；电力系统；可再生能源；传感器；系统集成；信号处理；工业信息；工厂自动化等多个方面。

电气电子工程师学会国际工业电子研讨会（ISIE）是工业电子领域的最重要的年会之一，主要探讨电力电子、电机与驱动、控制系统、电力系统、传感器、工业信息等工业电子领域的最新进展，是工业电子领域水平最高、影响力最大的国际学术年会之一。该系列国际研讨会已举办 20 届，最近几届分别在西班牙 Vigo（2007）、英国 Cambridge（2008）、韩国 Seoul（2009）、意大利 Bari（2010）、波兰 Gdansk（2011）成功举办，该系列会议具有重要的国际影响和学术意义。本次会议提供了与国内外著名学者广泛交流、合作的平台，促进本领域各个学科的发展，对于提高我国该领域的专家学者在国际上的声誉，提高本领域的国际水平有很大帮助。

本次会议由浙江大学工学部副主任、电力电子技术研究所所长徐德鸿教授和 IEEE Fellow、IEEE 期刊主编美国北卡罗莱纳州立大学 Mo-Yuen Chow 教授担任大会主席，浙江大学电气工程学院马皓教授、IEEE IES 教育委员会主席、IEEE 期刊副主编 Juan José Rodríguez-Andina 教授担任 IEEE ISIE2012 大会的技术程序委员会主席。此外，出席本次会议的嘉宾还有浙江大学副校长褚健教授、中国工程院院士汪槱生教授、美国国家工程院院士 Fred C. Lee 教授、IEEE 工业电子学会主席 Gerard-Andre Capolino 教授、IEEE Fellow Frede Blaabjerg 教授、国家基金委电工学科主任丁立健教授、浙江大学电气工程学院常务副院长韦巍教授、电气工程学院党委书记王瑞飞教授等国内外知名专家和学者。

29日到31日为大会报告与分会场报告日，来自中国、美国、印度、澳大利亚、巴西、日本、加拿大、英国、法国、西班牙、波兰、德国、丹麦等49个国家的专家学者参加了专题和分会场报告，会议期间还展出了51张学术墙报并进行了交流，大会比较全面地反映了相关领域的最前沿动态和重要进展。

为鼓励在本领域崭露头角的青年学者和研究生，IEEE工业电子学会主席Gerard-Andre Capolino教授授予了两位学生“学生论坛最佳论文奖”。此外，还有十篇论文被评为本次会议“十佳优秀论文奖”。

大会晚宴在30日晚上举行，晚宴期间，与会代表欣赏了具有中国特色的杂技、越剧、川剧变脸等精彩节目，众多国外友人啧啧称奇。

IEEE第7届国际电力电子及运动控制会议（IPEMC2012）在哈尔滨召开

2012 IEEE第7届国际电力电子及运动控制会议（2012 IEEE 7th International Power Electronics and Motion Control Conference-ECCE Asia，IPEMC2012）于2012年6月2日至5日在哈尔滨华旗饭店召开。王树国出席大会并致辞。徐殿国教授担任本次会议技术委员会主席。

本次会议由中国电工技术学会（CES）、国际电气与电子工程师协会（IEEE）、电力电子学会（PELS）和中国国家自然科学基金委员会（NSFC）主办，日本电气工程师协会工业应用学会（IEEJ-IAS）和韩国电力电子学会（KIPE）共同技术主办，我校承办。本次会议共收到来自30个国家和地区的725篇投稿。经程序委员会511位国内外专家严格评审，会议最终录用论文563篇，其中263篇论文分为53个分会场进行口头报告，300篇论文分6个分会场进行墙报（poster）交流。本次会议论文集的所有论文将被IEEE和EI收录。会议论文充分反映了国际电力电子和运动控制领域的最新研究成果。

来自美国、德国、日本、韩国、加拿大、英国、智利、瑞士等30个国家和地区的国内外560名专家、学者和学生参加了本次会议。会议邀请了中国、美国、日本、韩国、爱尔兰、以色列和英国等国的知名专家做大会报告。同时还邀请了德国、美国、加拿大和瑞士等国专家做了技术讲座。

在为期4天的会议中，与会学者通过大会报告、技术交流、口头报告和张贴交流等多种方式，交流了电力电子和运动控制领域的最新研究成果，涉及器件、封装及系统集成，电力电子变换器及其控制，电机驱动及运动控制，可再生能源发电，电力电子在电力系统中的应用以及电力电子的其他应用等7个主题。

国际电力电子与运动控制会议自1994年第一次在北京成功举办以来，每3年举办一次，已经成功举办六届，本次会议是第七届。经过中日韩3个相关学会的协商，从2012年起，国际电力电子与运动控制会议将轮流在中日韩三国举行。IPEMC-ECCE Asia国际会议已成为国内外不同领域的研究人员及从业人员进行领域最新技术、最新发展成果的重要信息交流平台。

国内首家电源主题产业园区-华南电源创新科技园揭牌

2013年1月22日下午，由广东佛山市禅城区政府主办，佛山市高新技术产业开发区禅城管理委员会承办的华南电源创新科技园招商推介会暨开园仪式在佛山市禅城区隆重举行。广东省科技厅处长王韧，佛山市委常委、禅城区委书记区邦敏，佛山市副市长刘炜，禅城区政府政务委员、张槎街道党工委书记李军，佛高区禅管委主任、张槎街道办事处主任胡安泉，中科院能源所专家，中科院微电子所专家，广东省电源学会专家，佛山市城区有关职能部门领导，佛山电源企业代表，媒体记者等300多人共同见证了这一盛会的召开。

园内配套的“五大服务平台”及一批电源企业正式签约落户。此间，佛山市禅城区政府分别与广东金融高新区和中德工业服务区共同签订合作协议，佛山市禅城区先借政府之手搭建载体和服务平台，并把金融、科技等要素都集中在电源产业这颗“未来之星”上。

佛山市副市长刘炜在会上发表了演讲。他指出，佛山是全国最早发展电源产业的区域之一，是“电源之乡”，立足于电源行业30多年，已形成了以UPS为主导的完善产业链，有着坚实的产业根基。通过佛山电源协会、企业、政府等多方共同打造全国电源产业的示范性生产基地。华南电源创新科技园以现代绿色电源产业园为定位，进行产业链招商，引进一批国内外龙头企业进驻，培育发展“可上楼”的都市型制造业。园区的建立开创了区域合作助推产业升级、园内配套“五大服务平台”、探索“工业科技地产”开发新模式的三大创新。

佛山市禅城区委书记区邦敏在随后的致辞中指出，“作为华南地区首家专题电源基地，华南电源创新科技园将依托佛山‘电源之乡’的产业基础，利用大国资全覆盖的7.46亿元投资再造21万平方米的崭新产业载体，并通过‘三旧’改造促产业提升的相关政策，把20万平方米的旧厂区逐步进行腾笼换鸟，实现产业‘上楼’。”

“电源产业多为中小企业，非常需要路子更宽的金融、科技合作和扶持。”佛山市电源行业协会会长白维说。佛山的电源产业从蹒跚起步到日渐成熟，归功于深厚的产业基础，但由于电源企业分散，行业资源较难共享，致使许多企业出现研发实力不足、创新能力不够、产品品质不高等问题。藉华南电源开园这一机会，引来金融和科技服务，是电源人最温暖的春天。

华南电源创新科技园的土地和载体都是政府投入的成果，入园企业不仅能享受政府和园区提供的政策性优惠，还能享受园区提供的科技、金融、人才、招商以及园区合作五大综合服务。同时，园区已获得“国家现代电源高新技术产业化基地培育单位”、“佛山中德工业服务区生产基地”以及“禅城区低碳试点园区”等称号，通过政产学研的通力合作，打造集产业、科技、金融、招商、人才培育为一体的现代电源主题园，这将对佛山产业升级、区域统筹发展，甚至对华南地区的电源产业产生积极的示范意义和带动作用。

相关阅读

华南电源创新科技园地处广佛都市圈及珠三角的核心区域——佛山市（国家）高新区禅城园内，是全国首个以现代电源为主题的产业园区，大力发展开关电源、逆变器、UPS、EPS等电源电子产业，是打造现代电源及节能技术科技园区的标杆，推动电源产业精细化、集约化、国际化，建设集产品研发、生产、检测、展示、交易、人才培训、孵化中心等为一体的电源产业创新基地，成为汇集金融、科技、项目、商务会展等多位一体的电源产业综合体。

园区启动区总占地面积约330亩，总建筑面积约41万平方米。其中都市型厂房23栋，面积约31.7万平方米；研发办公楼7栋，面积约6.5万平方米；车位约1500个；员工公寓、饭堂、图书馆、超市、篮球场、公园等配套设施齐备。

佛山市电源行业协会正式成立

2012年8月30日，佛山市电源行业协会揭牌仪式在佛山宾馆隆重举行。

此次揭牌仪式受到了佛山市各级领导单位的高度重视。参加仪式的主要领导有：佛山市委常委、禅城区委书记区邦敏，禅城区副区长、区经济促进局局长梁炳军，佛山市政府副秘书长李昌群，佛山市科技局副局长周佩珊，佛山市经济与信息化局副局长谢国高，佛山市外经贸局纪委书记董小明，禅城区各部门领导及张槎街道班子成员。参加此次仪式的还有来自中国电源行业的权威专家，主要专家有：中国电源学会副理事长、华中科技大学电气与电子工程学院阮新波教授，中国电源学会专家委员会常务副主席、中国电源学会副秘书长李占师先生，广东省电源行业协会理事长、华南理工大学电力学院副院长张波教授，中国科学院广州能源研究所舒杰主任，中山大学付青教授等。

佛山市电源行业协会揭牌仪式在庄严而隆重的氛围下开始，梁炳军副区长的讲话拉开了本次揭牌仪式的序幕。在揭牌仪式上，中国电源学会阮新波副理事长、李占师副秘书长、广东省电源学会张波理事长纷纷为佛山市电源行业协会的成立献上了良好的建议和由衷地祝福。在热烈的礼炮声中，中国电源学会阮新波副理事长和佛山市电源行业协会白维会长共同揭开了“佛山市电源行业协会”牌匾。揭牌仪式后，白维会长为创始会员单位颁发了证书。最后，区邦敏书记为本次活动作了总结性发言，并对佛山电源行业的发展规划做出了重要指示。

揭牌仪式结束后，佛山市委常委、禅城区委书记区邦敏与佛山市电源行业协会副会长、柏克公司董事长叶德智先生进行了亲切地交谈。区邦敏书记充分肯定了柏克自创业以来所取得的良好业绩，对柏克积极承担佛山市电源行业协会筹办活动的工作给予了高度赞扬，并勉励柏克继续为佛山电源行业协会的发展做出更多贡献。

佛山市电源行业协会的成立，是佛山市电源行业的盛事，是佛山重塑电源之乡美誉的起航点。佛山市电源行业协会秘书长、柏克公司董事副总经理何万里先生告诉记者，2011年，我国电源产业的产值规模呈现出良好发展态势，同比2010年，增长率为9.5%，产业产值接近1500亿元。佛山是我国华南区域电源企业的重要聚集地，经过30多年的不断积累沉淀，已形成了以UPS产业为主、相对完整的电源产业链。佛山市电源行业协会的成立，是扩大佛山电源产业聚集效应的重要战略行动，是佛山51家电源企业抱团走向电源产业新格局的里程碑式的重要活动。

电源安全新标准出台　绝缘要求严格

中国推出了一项新的电源安全标准，这项标准不仅适用于中国国内使用的电源，还适用于其他所有在中国生产的电源。根据业内人士的说法，新的中国安全标准GB4942.1-2011和U160950-2007标准类似，对漏电和绝缘做出了严格的规定。从2012年12月1日起，初级和次级的绝缘系数要增加1.48，或者必须增加警告标识，标明设备不能在海拔2千米以上的地区使用。

新标准意味着高端和低端的距离会增加，以便减少高海拔电击的风险，特别是在海拔2~5千米的高度，电弧更容易在低气压区域，也就是高海拔地区发生。

该标准对用于高端和低端反馈的光耦做出了严格要求，这意味着要用到更大、性能更好、价钱更贵的光耦。典型的消费类产品在电路板背面使用小型贴装的光耦，而新的标准则不允许这样做，因为安全距离太小。所以说必须在板正面使用穿孔式光耦，才能达到所要求的9毫米的距离，也就是爬电距离要求高点的光耦，这样会使电源的体积也变大很多。这样的标准对一些国内没有研发能力的小工厂将造成很大的冲击，使其产品在可靠性方面强制进行升级。

中国一直都不是安全标准的推动力量，但新规定可能带来这一领域的变化。中国生产的电源占据了市场很大的比重，一旦实行，新标准肯定会影响行业的许多部门。

2012年3月1日起实施电动车充电站标准

工业和信息化部日前发布消息，有关电动汽车充电接口和通信协议的四项国家标准被批准发布，并于2012年3月1日起实施，将有效地推动电动汽车行业在我国的发展。

这四项标准分别是《电动汽车传导充电用连接装置第1部分：通用要求》、《电动汽车传导充电用连接装置第2部分：交流充电接口》、《电动汽车传导充电用连接装置第3部分：直流充电接口》和《电动汽车非车载传导式充电机与电池管理系统之间的通信协议》。这些标准是由国家能源局、工业和信息化部组织，电力企业联合会和汽研中心等机构共同起草的。

有消息透露，国网“十二五”期间将投资200亿元，建设904座充换电站和23.3万个充电桩，基本形成覆盖公司经营区域的充电服务网络，满足50万辆电动汽车发展的需要。

“新国标的发布，体现了政府对电动汽车行业的大力支持。无论是对生产商还是消费者，这都无疑是一剂强心针。有政府的扶持，电动汽车行业势必会扶摇直上，取得更大的突破。”专家表示，政府对于电动汽车行业的支持显得尤为关键。此次发布的新国标对于该行业在我国的发展将会起到重要的作用。

铅酸蓄电池业割肉搏杀　大企业死扛期待“剩”出

环保部公布的《铅酸蓄电池生产及再生污染防治技术政策》（征求意见稿）提出，力争到2015年，达到清洁生产二级水平的铅酸蓄电池生产企业占企业总数的60%以上，废铅渣全部无害化处置；到2020年，达到清洁生产二级水平的铅酸蓄电池生产企业占企业总数的80%以上。

分析人士称，自2011年以来，国家有关部门陆续出台相关政策文件，推动铅蓄电池行业集中度提高。行业数据显示，整顿之前，铅蓄电池行业有环境备案的企业达1700家，实际在产的企业总计约3000家。截至2012年10月，在产的铅蓄电池企业仅有253家左右，大量企业停产或者退出。

行业的整治行动使铅蓄电池企业数量明显下降。中国电工技术学会铅酸蓄电池专业委员会秘书长徐红介绍说，在2011年行业进行整顿和2012年上半年《铅蓄电池行业准入条件》实施后，铅蓄电池企业已从3000多家下降到了不足500家。业内人士分析，铅蓄电池企业的数量未来还将进一步被压缩至300家左右。

虽然行业整顿导致企业数量减少，但在整治行动中得以保留的企业开始逆势扩张，这直接导致当前产能过剩、价格下跌的情况出现。铅蓄电池市场的价格大战已无法避免。从2012年4月份开始，为拉动销售，几个大品牌陆续降价，随后大量中小企业被卷入其中，原有的价格体系被打破。分析人士认为，当前铅蓄电池企业去库存压力仍然很大，随着市场竞争的加剧，2013年全行业的降价力度可能还会加大。

目前，铅蓄电池业再次迎来新政，环保部公布的《铅酸蓄电池生产及再生污染防治技术政策》（征求意见稿）让市场预期行业将进一步“瘦身”。业内专家指出，铅蓄电池业正面临严酷的洗牌，大企业也在“死扛”，成本线下的“搏杀”意味着大量中小企业要被迫退出或者接受兼并重组，期待“剩”出的大企业同样也面临考验，行业整合拖得越久风险就越大。

LED产品带动LED电源市场

目前，LED灯已经成为全球化的趋势，世界各国纷纷制订LED照明的相关扶持政策，积极推动LED照明产业发展。有人说，2012年是LED照明发展的关键一年。相关研究机构分析，在今年欧盟全面禁止白炽灯的销售后，全球LED灯需求量将由2011年的5.96亿颗，大幅增长至2013年的25亿颗。除普通家庭照明外，LED灯的用途在其他方面也得到不断延展，据第三方调查机构的研究指出，到2020年，在汽车大灯和日间行车灯市场上，全球LED灯所占的比例将会由2011年的13%增至34%。据该机构分析，2012年全球LED建筑照明灯具市场规模也将会突破30亿美元，占整体LED照明市场比重约为29%。

据市场调查统计数据显示，2011年我国生产LED路灯68万盏（不计隧道灯），同比增长58%，其中LED路灯安装量达53万盏（不计隧道灯），同比增长51.4%。如果包含隧道灯安装量的19万盏，那么去年用于LED路灯安装的大功率LED电源总量超过了70万盏，若以每盏1000~2000元的价格计算，其市场规模在10.50亿元左右。以此推算，加上地铁照明、地下停车场照明及加油站等的大功率LED电源安装，2011年其整个市场规模大约为13亿元左右。在LED照明发展的同时，必然也会带动LED驱动电源等其他LED产业的发展。相关部门预计，2013年我国LED驱动电源数量将达到700万台以上，市场规模将扩大到17.5亿。

个性化将主导LED驱动电源发展

在当前LED照明赶超传统照明的过程中，仍然需要在LED整体灯具的散热、工艺、成本上做更多的改进，最大限度地发挥LED照明的优势。作为照明应用的“神经”，驱动电源也应紧跟LED技术的发展步伐，同时还需密切关注全球各主要国家的标准体系建设，其中，个性化照明就是一个不容忽视的发展方向。

LED属于可控性光源，智能化、定制化是大势所趋。因此，驱动电源也需要围绕这类特殊的照明应用进行职能性、匹配性研发。目前，行业内的一个有趣现象是：LED照明产品正慢慢地从基本功能型，朝多功能集成的纵深层次发展，这也意味着，将来会出现更多非标准规格的产品，如强调感官的台灯、吊灯等，这种产品差异化的开发趋势将是未来市场上的一个重点。

在这一趋势下，通用特定功率的电源在新的市场中将会面临一定的挑战，特别是越来越多的附加功能（如遥控、调光等）让单一电源难以保持通用。总的来说，随着LED照明市场的发展，LED驱动电源的非通用性和定制化、多样化趋势将更加明显。

储能产业为电源设备带来新市场

储能是智能电网、可再生能源接入、分布式发电、微网以及电动汽车发展不可或缺的支撑环节。根据市场调研公司PikeResearch的预测，从2011年到2021年的10年间，将有1220亿美元投入到全球储能项目中来，储能产业必将迎来行业的快速发展阶段。

根据国家关于新能源产业的规划，预计到2020年，国家将累计投资3万亿元，大力发展可再生能源。届时，我国可再生能源在全部能源消费中将达到15%。按照市场普遍预期，2020年我国电力装机达到1500GW，风电占比10%，即150GW。配套储能装置的功率按照风电装机容量的15%计算，约为22.5GW。

随着我国智能电网的建设，储能行业的发展正在凸显。目前，各地政府和企业纷纷将储能写入发展规划。一方面，南方电网和国电集团等国内企业正大力拓展储能行业；另一方面，许多像伊顿、江森自控这样的跨国企业也在积极探路。

目前，国内已建设40多个储能应用项目，这些项目的成功实施，意味着中国的储能产业充满了希望和潜力。相信在“十二五”期间，中国的储能产业将有可能突破瓶颈，实现跨越式发展。而如此巨大的市场将会促进众多与储能相关的电源企业发展。

医疗行业成为2012年电源应用增长速度最快的领域

据市场调研公司IMSResearch，中国医疗市场的商业电源销售额到2012年将增长到1.36亿美元以上。医疗是所有电源应用领域中增长速度最快的领域，复合年增长率将达18.9%左右，但该领域的规模仍然较小。

业内权威人士表示，中国和其他发展中国家继续向医疗基础设施投资，这种趋势正在帮助推动医疗设备市场的发展。此外，发达国家对于医疗保健的需求也将随着人口平均年龄的增长而快速增加。医疗市场中的电源需求将因此非常迅速地增长，多数主要医疗设备制造商已在中国大陆建立工厂。医疗领域中的电子诊断、检验和监控设备持续发展，也将推动市场的扩展。该市场为电源制造商创造了独特的机遇，由于医疗设备领域中的标准比较严格且操作要求更加繁琐，该市场具有较高的进入门槛和较低的价格下跌速度。但是，小型电源公司难以进入这个市场，因为产品可靠性要求非常高。

动力锂电池关键材料实现全部国产

我国在静电纺丝法制备动力锂电池隔膜技术方面取得重大突破，动力锂离子电池三大关键材料电极材料、隔膜、电解液均实现了国产化。这将对我国新能源汽车的发展具有极为重要的意义。

2012年6月，在第十六届京港洽谈会的重大项目发布会上了发布了这一重大突破。据北京市科委副主任朱世龙表示，这一成果标志着我国在静电纺丝法制备动力锂电池隔膜技术方面的重大突破，对动力电池成本的降低、安全性的提升以及推广应用的产生重要的影响。

隔膜作为锂离子电池的重要组件，对电池的性能安全性有着至关重要的影响，并且是动力锂离子电池三大关键材料（电极材料、隔膜、电解液）中唯一未实现国产化的材料，其成本占单体电池成本的30%左右，隔膜国产化的难题已严重地制约了动力锂电池的推广应用。

据业内人士分析，随着“十二五”期间新能源汽车的发展，预期在未来的一两年，仅高品质动力电池隔膜的需求量将会达到每年10亿平方米量级。

各地方政府相继出台电动汽车充换电站补贴政策

江苏、上海、吉林、天津、北京多地省市政府相继出台政策，加大了对电动汽车的支持力度。各地各级政府将通过加大财政补贴力度、扩大示范领域等一系列措施，促进电动汽车在私人和公共领域的应用。其中，加快电动汽车充换电服务网络建设获多地政策的支持。

进一步加快电动汽车充换电服务网络的建设成为各方共识，获得力挺。江苏省政府出台了《江苏省新能源汽车推广应用指导意见》，计划3年内推广应用纯电动汽车500辆以上，要求各地市争创国家节能与新能源汽车试点城市，制定财政补贴政策和办法，对充换电站、充电桩建设和充换电服务在规划、用地和建设运营等方面给予政策支持。天津市政府第85次常务会议专题研究纯电动公交车运行示范工程，提出要争取国家电网公司的支持合作，加快推进充换电站等各类设施的建设，为电动汽车推广应用奠定基础。上海市政府出台了《上海市战略性新兴产业发展“十二五”规划》，将新能源汽车产业作为积极培育的两大先导产业之一，提出了上海市将落实国家私人购买新能源汽车试点和“十城千辆”公共用车试点任务，加快新能源汽车充电基础设施建设。

据悉，为配合我国各地发展电动汽车的迫切愿望，2012年，国家电网公司将继续加强充换电服务网络建设的运营。将按照充换电服务是公司主营业务的要求，在有需求的地市成立电动汽车服务公司，并将以“十城千辆”、私人购车补贴试点及出台支持政策的省市为重点，在公交车、出租车等公共服务领域加大换电模式的推广力度。推进重点城市、长三角和环渤海区域充换电服务网络建设，全年将建设充电站196座、交流充电桩1945台，推动电动汽车更好的发展。

逆变器市场一片“蓝海”

在多项扶持政策的推动下，将进一步刺激国内光伏应用市场的发展，而随着分布式光伏发电的大范围建设推广，国内太阳能光伏装机容量将会大规模增长。在此背景下，作为产业链上的重要一环，国内光伏逆变器行业将直接从中受益，市场需求将持续升温。

光伏逆变器市场是伴随着整个光伏产业的快速发展而兴起，从光伏产业的波动来看，欧美的“双反”都是针对电池和组件的，并不对逆变器构成影响，但国内的扶持政策却是刺激了整个产业链的需求，其所带来的市场需求对于逆变器完全是新增市场，因而各项政策真正刺激的是国内逆变器的需求。在国内光伏应用市场加速启动的带动下，国内光伏逆变器市场呈现出“蓝海”态势，逆变器厂商也将享受到由此带来的巨大效益。

电源管理IC市场大幅萎缩6%

2012年，全球电源管理半导体市场预计大幅萎缩6%，主要归因于全球消费市场明显疲软。

2012年电源管理芯片营业收入预计从去年的318亿美元降至299亿美元。相比之下，去年该产业在2010年314亿美元的基础上小幅增长1.5%。明年该市场将恢复增长，预计上升7.6%至322亿美元，略高于去年的水平。对于电源管理半导体产业来说，7.6%的增幅相当一般。继明年之后接下来的3年，市场将保持温和增长，2016年营业收入预计将达到387亿美元。

2012年市场下降，主要源于全球消费者支出整体放缓。尽管智能手机和平板电脑等产品很受欢迎，但整体消费市场保持低迷，有些领域的下降趋势尤其明显，比如笔记本和其他电脑平台。亚洲能源项目减速也是导致今年电源管理领域整体下滑的因素之一。鼓励住宅与商业楼宇安装节能型冷却系统的政府激励政策到期，但2012年未推出任何新的激励措施。

电源管理厂商龙争虎斗

据IHSiSuppli公司的电源管理市场份额与供应商的分

析报告，在进行一次重要收购之后，德州仪器在2012年仍然是最大的电源管理半导体厂商，占有10.0%的市场份额。该市场高度分散，有100多家供应商。

从整体来看，功率管理领域中最成功的企业去年进一步壮大。2011年，排名前20的厂商合计市场份额上升3.8个百分点，缘于这些厂商加强渗透汽车与工业等市场。这些领域需要更多的投资来开发新型电源管理技术。

许多厂商也通过收购其他企业增强了自己的地位。例如，德州仪器收购国家半导体之后，其2011年市场份额扩大了2个百分点。美国安森美半导体收购三洋之后，其排名升至第10，首次进入前10。

表现比较突出的是日本三菱，它在功率晶体管领域首次超过英飞凌，成为领先厂商，三菱把日本瑞萨科技的排名从第四挤到了第五。

电源管理供应商面临的挑战是，在这个非常拥挤的领域如何出人头地并保持盈利。在2008～2009年的萧条时期，消费市场受到沉重的打击，许多电源管理供应商试图调整市场重点，向工业、汽车和通信等高价值领域发展。虽然这似乎是个好主意，但所有电源管理厂商都走上了同一条道路。令问题更加复杂的是，许多有前瞻性的厂商早就转向了，已经在那些高价值市场建立了稳固的地位。

IHSiSuppli公司认为，离开消费型市场并进军高价值领域的策略，需要重新考虑。大家都往这些市场里面挤，显然空间不够。由于所谓的高价值市场比消费市场小得多，盈利机会也更加有限。对于电源管理厂商来说，尤其是规模较小的公司，盲目跟风很可能自讨苦吃。

“通信机房智能配电系统产业化”项目完成验收

近日，由国家发展改革委支持建设的“通信机房智能配电系统产业化”项目完成验收。该项目由河北奥冠通信科技有限公司承担建设，项目采用自主研发的通信机房智能配电技术，通过网络通信接口与中央控制室的计算机系统联网，实现计算机技术和通信技术在传统配电网监视与控制的应用，从而实现遥测、遥信、遥控等功能。经试生产验证，达到了年产5000套通信机房智能配电系统的能力。

“多功能汽车智能功率模块产业化”项目完成验收

近日，由国家发展改革委支持建设的“多功能汽车智能功率模块产业化”项目完成验收。该项目由江苏云意电气股份有限公司承担建设，该项目通过新增材料设备、建设综合厂房和试验楼，建成车用二极管生产线、车用智能调节器生产线2条，形成了年产新型多功能汽车智能功率模块产品320万套的生产能力。项目申请发明专利28项，已获授权专利28项，其中授权发明专利1项，授权实用新型专利27项。

年产70万片电力电子器件芯片生产线技改项目完成验收

近日，由国家发展改革委支持建设的“年产70万片4英寸电力电子器件芯片（方片）及4.8亿只成品生产线技改”项目完成验收。该项目由江苏捷捷微电子股份有限公司承担建设，该项目掌握了双台面技术、SIPOS+GPP复合膜钝化工艺、非对称双台面结构、内绝缘封装等关键技术，通过购置主要生产设备和新建生产车间，形成了年产70万片4英寸电力电子器件芯片（方片）及4.8亿只成品的生产能力。项目申请发明专利7项、实用新型专利6项，已获授权发明专利3项、实用新型专利6项。

“年产200MWP高原型光伏并网逆变器生产”项目完成验收

近日，由国家发展改革委支持建设的“年产200MWP高原型光伏并网逆变器生产”项目完成验收。该项目由青海聚龙世纪新能源科技有限公司承担建设，改造了标准化厂房和相关配套设施，购置并安装了光伏逆变器产品主要生产工艺与检测设备及专用设备，建成了一条年产200MWP高原型大功率光伏并网逆变器生产线及其辅助设施，并已投入试生产。

“新型片式功率场效应晶体管产业化”项目完成验收

近日，由国家发展改革委支持建设的“新型片式功率场效应晶体管产业化”项目完成验收。该项目由宁波明昕微电子股份有限公司承担建设，已完成批复建设内容，设备各项技术参数指标符合要求，生产线产能达到年产场效应晶体管4.5亿只，其中功率器件1亿只，片式功率器件3.5亿只，并取得5项实用新型专利。

国家发改委批复一批与电源相关的联合工程实验室

• 2012年10月，国家发展改革委批复了电机调速与变流技术国家地方联合工程实验室（河北）。主要依托单位为保定华仿科技有限公司，建设期为2年。建设地点为河北省保定市高新区。

• 2012年10月，国家发展改革委批复了动力电池国家地方联合工程实验室（吉林）。主要依托单位为东北师范大学，建设期3年。建设地点为吉林省长春市。

• 2012年10月，国家发展改革委批复了半导体节能器件及材料国家地方联合工程研究中心（江苏）。主要依托单位为南京大学，建设期2年。建设地点为江苏省南京市。

企业新闻

易事特再获发明专利

2012年，由易事特自主研发的“一种工频UPS隔离中线电路”技术正式获得国家发明专利授权，并颁发授权证书。此项发明专利可以有效地解决零地电压、接地系统转变、输入输出隔离的问题。这是易事特技术人员长期钻研于电源领域中所获的又一重大科研成果。至此，易事特已拥有授权专利77项，软件著作权57项，形成了强大的科研实力。

该项技术已在公司部分UPS电源产品中得到成功应用，并在伊朗等海外多个国家的电力保护领域项目中成功地安装使用，有效地解决了项目中零地电压、接地系统转变、输入输出隔离的棘手问题，形成了广泛的经济效益。

据了解，易事特在发展理念的指导下，通过设立国家级“博士后科研工作站”、“院士专家企业工作站”、“教育部光伏系统工程研究中心产业化基地”等一系列业内高端科研平台，成立由多名国际权威专家组成的国际创新团队，组建由院士、博导和博士及博士后领衔的研发技术团队，并与中科院、清华大学、浙江大学等国内二十多所知名高校深入开展产学研合作，致力于电源及新能源领域前沿技术的研究与开发，经过多年的刻苦钻研，取得了丰硕的科研成果，并形成了领先的技术优势和人才优势。

台达荣获道琼永续指数全球 ITC 第一名殊荣

台达集团继 2011 年入选道琼永续指数（DowJonesSustainabilityIndexes，DJSI）的“世界指数”（DJSIWorld）及“亚太指数”（DJSIAsia/Pacific）后，今年再度从全球 29 家 ITC 电子设备领先企业中脱颖而出，入选 2012 的“道琼永续世界指数”及“道琼永续亚太指数（DJSIAsia/Pacific）”，并一举荣获“全球 ITC 电子设备行业领导企业第一名”的殊荣。这是台达在“企业社会责任”及“永续经营”方面再度获得国际肯定。

台达集团除了积极落实“环保节能爱地球”的经营使命外，近年来更积极与全球永续发展趋势接轨，加强在人力资源发展、风险管控与环境管理等方面的策略与作法，全面推广企业永续发展，并获得国际肯定。在道琼永续指数评比中，台达集团在环境政策与管理系统、人力资本发展、风险管控、职业安全卫生等方面获得满分。在客户关系管理、反托拉斯政策、品牌管理、新兴市场策略、创新管理、供应链管理、气候变迁策略等表现亦居全球产业之首。

道琼永续指数成立于 1999 年，是全球最具公信力的企业永续评比之一，是由瑞士 SAMIndexes 与美国 DowJonesIndexes 共同推出的。道琼永续指数邀请全球 2500 家大企业，分成 58 类产业，依“经济、环境、社会”三大面进行深度评析，是全球投资人投资“永续经营企业”的重要参考指标。

阳光电源逆变器出货量跻身全球前五

据全球权威研究机构 IMSResearch 报告显示，在全球光伏逆变器市场领域中，来自中国大陆的阳光电源全年出货量大幅增长，以近 1GW 的出货量与 SMA、Power-one、Kaco、Siemens 一起位居全球前五位，并成为前十名中唯一一家来自中国的光伏逆变器企业。

作为亚洲最大的光伏逆变器企业，阳光电源自成立 15 年来，一直专注于光伏逆变等新能源电能变换技术的创新开发，沉淀积累了较为雄厚的研发实力，拥有多项逆变器核心技术。近年来，阳光电源的光伏逆变器更是加速了技术的升级优化节奏，产品不断推陈出新，多次受到全球光伏逆变器权威——PHOTON 实验室的肯定，领先国内同行业产品，跨入世界先进水平行列。

2011 年，阳光电源成功登陆资本市场，成为中国新能源电源行业第一股。目前，公司 1.5kW～1.26MW 全系列逆变器产品已先后通过 TüV、CE、ENEL-Guide、ETL、CSA、AS4777、BDEW、金太阳等多项权威认证及测试，能分别满足屋顶户用光伏系统、商用屋顶光伏系统、地面大型光伏电站系统等不同类型项目的需求，并能提供一体化的系统解决方案。

在竞争日益激烈的光伏市场上，阳光电源作为行业领先企业，正通过不断地产品研发和持续创新获得了高速动态增长，其优异的品牌影响力得到了更多中国及欧美等客户的认可，市场号召力也进一步增强。

广东志成冠军集团公司注册资金增至一亿元

2012 年 12 月 25 日，经东莞市工商行政管理局批准，广东志成冠军集团有限公司领取了新的法人营业执照，标志着集团公司注册资本由 5000 万元增至 1 亿元。

近几年来，集团公司以“加快改革，强化创新，努力实现高水平崛起”为目标，加快发展步伐，加大市场开拓力度，原有注册资本已不能适应市场发展的需要。为此，集团公司注册资本由 5000 万元增至 1 亿元，为企业进一步做大做强奠定了坚实的基础。

艾默生网络能源荣获“亚太地区弗若斯特沙利文卓越奖”

艾默生所属业务品牌、保护和优化关键基础设施的全球领导者艾默生网络能源，凭借其在数据中心制冷解决方案市场所占据的高份额，荣获“2012 年弗若斯特沙利文亚太地区市场占有率卓越奖”。

“弗若斯特沙利文亚太地区市场占有率卓越奖”仅颁发给各行业中拥有最高市场份额的公司。弗若斯特沙利文根据一系列标准，将艾默生网络能源与其主要竞争对手进行对比，其中包括市场占有率、成长策略和产品创新等。

在过去 10 年中，艾默生网络能源已充分地认识到亚洲在全球市场中的重要作用，并在本地研发、设计和制造能力等领域进行了投资。就公司的制冷产品乃至所有产品组合而言，这意味着艾默生已全面开展全球化协作，并能在利用公司全球尖端技术与工艺的同时，为客户提供满足当地条件需要的定制化解决方案。随着 TrellisTM 平台的启动，艾默生能通过这个综合平台将信息技术和配套基础设施积极地整合到 DCIM 中。对于希望保持业务竞争优势、降低运营成本和维持最高水平可用性和高效性的客户而言，这绝对是一个强大的推动力。

科华恒盛节能型 UPS 入选 2012 国家火炬计划

科华恒盛股份有限公司（简称科华恒盛）自主研发生产的“三电平高频化节能型不间断电源（UPS）”项目成功入选 2012 年度国家火炬计划，这是科华恒盛持续多年在 UPS 项目上入选国家火炬计划。作为国内唯一一家大功率 UPS 国家火炬计划入选企业，科华恒盛在过去的五年里，共承担两个国家发改委高技术产业化专项（国家发改委授予国家高技术产业化示范工程）、科技部 4 个国家火炬计划项目和国家重点新产品计划项目，成为国内同行业内入选国家火炬项目密集度最高的高新研发企业。

科华恒盛作为国内UPS行业的领军企业，24年来一直坚持“自主创新，自有品牌”的发展理念，在科研领域勤耕不挫。目前，厦门科华恒盛自主培养的3个享受国务院特殊津贴的专家担任企业技术带头人，企业先后承担了3个国家高技术产业化发展计划项目，15个国家火炬计划项目，10个国家重点新产品计划项目，拥有60余个国家专利（含软件著作权），荣获10余项科技进步奖。科华恒盛立志打造一个国际一流的UPS制造基地，塑造一个在国内外市场有影响的品牌，争创一个受社会普遍尊重的公众企业，为我国电源、新能源等领域科技项目的研发和成果转化做出了巨大贡献。

科士达重拳出击国内精密空调市场

2012年7月20日，科士达发布公告，拟使用9000万元超募资金投资精密空调项目。作为该项目配套条件，公司将新建焓差实验室等7个实验室及相关研发场地，并按一流标准建设行业领先的精密空调生产线。

根据ICTreserch研究报告，精密空调作为机房建设的核心组成部分，将会迎来巨大的市场需求空间。预计2014年，国内精密空调市场容量将超过50亿元。

作为国内UPS行业旗舰品牌厂商，科士达拥有完整的销售、服务网络。在数据中心建设进入全新发展阶段的背景下，科士达根据自身的发展战略和中长期发展规划，紧跟市场发展趋势，紧握时机，研发精密空调，不仅能够借助UPS产品搭建完整的销售服务网络，而且由于目标客户具有重叠性，精密空调产品可借助现有销售渠道进行销售。同时，将UPS和精密空调产品整合，优化企业的产品结构，扩充“安全用电环境一体化解决方案”产品线，为用户提供更完整的一体化集成解决方案，实现最大的用户增值，并在境内外激烈的竞争中获取更大的市场份额，进一步巩固公司在行业中的领先地位。

中兴通讯2012年国际专利申请量蝉联全球第一

世界知识产权组织（WIPO）发布了2012年全球国际专利申请（以下简称PCT）情况。中国电信企业中兴通讯PCT申请量为3906，是去年全球最大的PCT申请方。同时，中兴通讯也是唯一一家蝉联PCT第一的中国企业，并再度领先第二名日本松下近千件，也遥遥超出其中国同行华为一倍多（1801件），更大幅领先老牌欧美通信厂商爱立信（1197件）、诺西（326件）、阿朗（346件）。

根据WIPO数据显示，中兴通讯2012年PCT申请量同比增幅达37%，2011年中兴通讯曾以2826件PCT申请量首次跃居全球第一。截止2012年年底，中兴通讯PCT申请量已超1.1万件，全面覆盖英、法、德、美等主要发达国家以及新兴发展中国家，4G/LTE、云计算及物联网、智能终端等为主的新技术领域占比超过六成。

工信部电子知识产权中心主任赵天武对此给予高度赞扬：“作为中国企业走出去和自主创新的一面旗帜，中兴通讯是唯一一家蝉联PCT第一的中国企业，而且，这是中兴通讯在去年背负经营亏损压力下，仍然坚持不懈投入研发后所取得的成果，这是非常不容易，也是需要极大勇气的。”

长城电源荣获第七届国际发明展览会铜奖

长城电源的CW-CRPS800项目在第七届国际发明展览会上喜获铜奖。

此次长城获奖的项目为演示PMBUS数据通信解决方案，具备I2C/PMBus通信功能，采用主动式均流技术，自主设计智能冗余技术，绿色节能。同时这款电源参照最新的IntelCRPS规范设计，功率密度高达25.4/in^3，采用LLC谐振半桥拓扑线路设计，效率符合80plus铂金标准，是一个集PMBUS、高功率密度、高转换效率为一体的综合性解决方案的演示。

本届国际发明展览会共有30多个国家和地区的3000多个项目参展，是近年来国内规模最大的一次发明专利成果展示活动，此次长城能在国际发明展览会上荣获铜奖，无疑是对长城产品质量和技术的一大肯定。

茂硕电源在深交所成功挂牌上市

2012年3月16日上午，深圳茂硕电源科技股份有限公司（股票代码“002660”）在深圳证券交易所正式挂牌上市，成为深圳市南山区第100家上市企业。至此，中国LED电源行业第一股——茂硕股隆重诞生。

近年来，由于LED产业发展迅猛，茂硕电源现有产能难以满足庞大的市场需求。在这一背景下，茂硕急需通过扩建新的生产基地来解决销售快速扩张带来的产能瓶颈问题。茂硕利用此次募集资金投资于电源驱动生产项目、研发中心建设项目、信息化系统建设项目。

茂硕成功上市，为企业的高速发展创造了宽松的外部环境。据茂硕有关技术人员介绍，茂硕下一步将重点投入生产大功率LED驱动电源。事实上，2008年开始，茂硕就通过与英飞特进行合作开发大功率LED驱动电源产品，成为国内最早进入大功率LED驱动电源领域的企业之一。

另据了解，茂硕大功率LED驱动电源与国内外市场的需求密切相关。国内LED室外照明自2009年以来已呈现爆发式增长的态势，为顺应这一市场需求，茂硕产品正在向工矿灯照明、地铁照明、商用平板格栅灯、室内大功率筒灯等领域发展。另外，由于技术瓶颈，国内能够供应合格的高可靠大功率LED驱动电源的厂家较少，使得大功率LED驱动电源市场整体上处于供不应求的状况。如此就意味着早在2009年，就已经在LED路灯驱动电源市场占有率超过一半、位居行业领先的茂硕电源将拥有突出的先发优势，从而预示着公司拥有更为乐观的行业成长氛围。

南京冠亚电源第三轮融资圆满完成

2012年1月，南京冠亚电源设备有限公司（以下简称“冠亚电源”）顺利地完成了第三轮股权融资工商变更手续，本轮投资方为中兴创投和金牛创投。这是冠亚电源继引进麦顿投资、江苏省高科技投资集团之后的第三轮融资。本次融资完成之后，冠亚电源将成为中国光伏逆变器行业里资本实力最强的企业之一，其行业竞争优势将进一步增强。中兴创投作为全球著名的通信企业中兴通讯旗下的投资公司，将携手麦顿投资、江苏省高科技投资集团和金牛创投在经营策略、市场资源、技术创新等方面为冠亚电源提供全方位的支持，将冠亚电源建设成为中国以及全球逆变器行业的领先企业之一。

未来，冠亚电源将借助政策支持及机构投资者的优势，快速夯实产业基础，扩大产业规模，充分发挥公司在光伏行业10年的发展经验、技术积累、经营业绩及品牌优势，运用现代的企业经营管理模式、先进的技术，依靠高效可靠的产品质量，确保公司在光伏行业的优势地位，同时为提高中国产品在国际上的竞争力，为中国及世界的环境改善及低碳经济的建立做出更多贡献。

金升阳顺利通过TS16949质量管理体系认证

2012年11月22日，金升阳成功取得了IATF颁发的ISO/TS16949：2009证书，这意味着金升阳公司顺利成为了汽车行业的合格零部件供应商。此次认证，同时也标志着金升阳公司在设计、制造、销售和服务等领域的质量管理水平已与国际同步接轨。

ISO/TS16949是国际汽车行业的技术规范，是基于ISO9001的基础，加进了汽车行业的技术规范。此规范完全和ISO9000:2008保持一致，但更着重于缺陷防范、减少在汽车零部件供应链中容易产生的质量波动和浪费。该规范针对性和适用性非常明确，仅适用于汽车整车厂和其直接的零配件制造商。

实施ISO/TS16949标准体系，对于企业和顾客的意义重大。对于企业而言，不仅有利于成为汽车顾客的供方，更能有效地提高企业的工作效率，有利于企业建立自我检查、发现问题、需求改进、自我完善的管理机制，有效地预防产品缺陷，减少不合格品。对于顾客而言，能够真实感受到企业以顾客为关注焦点，满足顾客要求的服务。

作为第一个通过ISO/TS16949:2009的中国电源企业，金升阳再一次向业界同行展示了其坚不可摧的质量控制和管理能力。

北京动力源获得北京市著名商标

依托动力源公司的整体实力及社会影响力，从2011年开始动力源向北京市工商行政管理局申报“北京市著名商标”。历经区工商行政局的初审、复审合格后，又经北京市工商行政管理局的初审、复审的严格筛选，于2012年12月29日最终获得北京市工商行政管理局批准，北京动力源科技股份有限公司荣获北京市2011年度“北京市著名商标”的荣誉称号，并在京市工商行政管理局的官方网站以与公告。

此项荣誉的获得，对于动力源公司的品牌形象得到了进一步的提升，为公司今后的发展奠定了很好的基础。

杭州远方入选《福布斯》“最具潜力上市公司榜”

日前，《福布斯》中文版发布《中国潜力企业榜》，杭州远方仪器有限公司的母公司远方光电荣登“最具潜力上市公司100强”榜单，位列第4名。此次入选“最具潜力上市公司榜”，充分证明了国际权威机构对远方公司技术实力和市场前景的认可和信心。

远方公司创建于1993年，并于2012年3月在深交所成功上市，现已发展为全球著名的光、电检测设备供应商，主营产品包括精密变频电源、数字功率计、电磁兼容（EMC）测试仪器、光学检测仪器等。作为光、电检测设备行业的领军企业，远方公司深知任重而道远，将以既往成绩为新的起点，始终秉承“让每一位客户更加满意”的理念，坚持自主创新，为国内外高端市场提供最先进的光、电检测设备和最专业的检测分析解决方案，为全球光、电产业的快速发展和社会进步做出更多更大的贡献。

许继公司成功申报国家能源局电动汽车充换电系统研发能力建设资金项目

许继公司取得国家发改委关于批复“许继集团电动汽车充换电系统研发能力建设”项目的文件，文件同意拨付4171万元国家中央预算内资金，作为该项目的专项支持资金，标志着该项目的申报工作取得圆满成功。

“许继集团电动汽车充换电系统研发能力建设”项目，建设地点在许昌市中原电气谷新能源产业园，该项目依托许继电源公司一期新建厂房建设项目，总投资3.29亿元，新建电动汽车充换电系统研发中心与制造中心2万平方米，将新建包括电动汽车充换电系统研究室、电动汽车充换电实验室、电动汽车充换电系统实验室、电动汽车充换电系统制造中心等。搭建国内一流的电动汽车充换电系统研发平台、实验检测平台和系统实验展示平台，开展电动汽车充换电系统核心关键技术攻关，形成国际先进的电动汽车充换电系统产品研发、设计、检测于一体的综合性基地。

该项目的实施，有力地支撑了国内电动汽车充换电系统产业的发展，提升了许继集团在国家电网内技术带头的作用，对许继集团的战略发展起到重大支撑作用。

宁夏银利获得电力电子电磁元件国家地方联合工程实验室

宁夏银利电器制造有限公司于2011年底获得由国家发展和改革委员会批准的本行业内的国家地方联合工程实验室。2012年开始筹建，预计2013年底完成。

该电力电子电磁元件国家地方联合工程实验室项目，投资包括新增试验设备、建筑工程费、工程建设其他费用、预备费及建设期利息等。通过建设“工程实验室”，将为企业、高校、研究机构等众多领域使用的电磁元件从研究设计、工程转化和实验验证提供一个平台，目的是解决电磁元件长期只能依靠配套在电力电子装置中进行实际运行实验的模式，缩短新产品开发周期和实验成本，降低实验风险。并且通过不断地探索、试验和修正，建立一套中高频率条件下的设计规范、工程技术标准和实验规范。

实验室建成后将达到国内领先水平，具备本行业国家级权威检验认可资质，并以此为平台，参与国际国内技术交流和电磁元件技术标准的制定。

泛华恒兴荣获“2012年高教仪器设备优质供应商”称号

2012年10月16日，一年一届的“高教仪器设备优质供应商”评选活动在烟台落幕，由中国高等教育学会、中国高等教育学会实验室管理工作分会、中国教学仪器设备有限公司联合主办，北京泛华恒兴科技有限公司凭借其创新的产品和优质的服务荣获“2012年高教仪器设备优质供应商”称号。

此次活动以各参评企业委派专业人员现场演说，再由全国资深专家评审团现场提问，结合企业综合实力考核，以国内知名高校代表现场投票等全方位考核方式，最终评选出全国共20家优质企业，同时，泛华也是国际参评组中唯一一家获此殊荣的国内企业。

在同期举办的2012中国国际教育技术装备展览会上，泛华专业工程师现场向大家展示了为卓越工程师而专程设立的全新品牌next，引起了评审专家和专业观众的高度关注和一致好评。

华耀电子获准设立“安徽省博士后科研工作站”

经华耀公司积极沟通申报、合肥市人力资源和社会保障局推荐、安徽省人力资源和社会保障厅组织专家评审，合肥华耀电子工业有限公司“安徽省博士后科研工作站”正式获准设立。这是公司继组建“安徽省院士工作站”之后，在提升企业核心竞争力、促进高层次人才引进交流上的又一新举措，在搭建企业技术创新平台方面又上新台阶。

华耀电子作为国内知名的专业电源供应商，一直坚持以科技创新作为企业发展的动力源，公司近年来先后组建了“省级企业技术中心”、“合肥市电源电子工程技术中心”、“安徽省院士工作站”等高端科研平台，研发投入逐年提升，先后承担多项国家、省市科研项目，拥有专利34项，科研成果7项，在科技创新领域彰显出强劲实力，从众多申报企业中脱颖而出。

华耀电子安徽省博士后科研工作站成立后，将依托公司院士工作站、省级技术中心，围绕能源电子板块的战略发展引进高端技术人才，进一步增强公司的科研水平和实力，构建更加完善的人才梯队和高层次的科研创新平台，提升公司的核心竞争力，为打造中国电科集团有影响力的能源电子公司奋力迈进。

航嘉主持首次电源适配器电子行业标准审定会议

2012年11月29日，由深圳市航嘉驰源电气股份有限公司主持的《信息技术开关型电源适配器通用规范》行业标准审定会议在深圳召开，与会人员有工信部专家以及航嘉等企业的代表，经过讨论和修改，审定稿通过工业和信息化部专家组审查，将报国家工业和信息化部批准和发布。

专家组组长、工信部电子标准研究所总工程师王立建指出：该标准条款、文字、技术要求、试验方法内容清晰，可操作性强，可填补国内针对适配器没有专门检验标准的空白。适配器行业标准的建立有利于规范产品质量，引导行业良性发展；企业在参与标准制定中有效结合专利、经营专利、共享专利，增加民族企业在国际中的影响力。

《信息技术开关型电源适配器通用规范》以适配器产品公共技术类的通用要求、试验方法等进行规范，从性能、安全、电磁兼容、噪声、环境等技术参数进行要求，并针对一般产品为塑料外壳的特点，对塑料外壳的安全性失效试验要求进行描述，考虑产品使用者在各种异常状态下的安全。

西安爱科赛博参与的科研项目荣获国家科学技术进步二等奖

公司全资子公司西安赛博电气有限责任公司参与由西安交大承担的科研项目《供用电系统谐波的有源抑制技术及应用》荣获国家科学技术进步二等奖。该科研项目是公司首次荣获国家级科技奖励，也是公司与西安交大校企持续合作的重大成果，标志着公司在有源谐波抑制应用技术上迈上了一个新台阶，进一步巩固了公司在国内有源谐波治理产业领域的技术领先地位。

英飞特电子获浙江省重大专项、市著名商标两项殊荣

浙江省科技厅下达2012年度省重大科技专项计划项目文件，由英飞特申报的“新型多路LED驱动电源技术开发与可靠性研究”被列入省重大科技专项计划“LED驱动关键芯片和配套器件研发及产业化”项目。

作为一家迅速崛起的高新技术企业，英飞特电子一直以发展创新为使命，全方位集合产、学、研各互补优势，努力形成了技术集中、人才集中、市场集中的企业技术平台。凭借领先的技术优势，英飞特电子先后主导参与了国家科技支撑计划、国家863项目、科技型中小企业创新基金项目、浙江省重大科技专项、杭州市重点领域关键共性技术创新项目、杭州市重大科技创新项目等多项国家级、省级、市级重大科技项目，并积极参与LED照明及LED驱动产品标准的起草与制定工作。

同时，杭州市工商局发布公告，认定英飞特电子的“INVENTRONICS”注册商标为杭州市著名商标。

索英电气储能双向变流器获国家重点新产品计划立项

2012年8月17日，国家科技部发布了2012年度国家科技计划项目。由北京索英电气技术有限公司研制的“高效集中型储能双向变流器”，经过国家科技部的严格审查和筛选，被立项为2012年度国家重点新产品计划。项目产品具有转换效率高、安全、可靠的特性，目前已经在多处项目中应用。

此次荣获“国家重点新产品计划立项”是公司产品科研推广进程中的里程碑，将进一步激励我公司开展技术创新，并继续秉承严谨细致、专注新能源的精神，扩大产品的品牌影响力。

自公司成立以来，索英电气始终坚持技术创新来提升客户价值，推进行业进步。公司始终专注于新能源发电领

域，较早便关注到储能系统在系统能源发电领域的应用，并认识到储能是未来发展的必然选择。索英电气以提供专业系统解决方案为己任，已跻身为国内示范项目最多、应用规模最大的专业储能变流器供应商之一。

伊顿中国创新中心实验室落成助推本地研发创新

全球领先的动力管理企业伊顿公司在2012年7月25日宣布，其中国创新中心实验室正式落成，将致力于研发能效管理技术，为本地市场服务，进一步推进公司在中国的发展。

全新的中国创新中心实验室坐落于伊顿位于上海的亚太区总部，旨在研发关键技术和解决方案，以实现伊顿在中国和亚太区业务的成功发展。新实验室配备了顶尖的硬件设备和软件工具，以世界一流的设施支持在中国和全球市场的研发创新。

伊顿公司企业技术全球创新副总裁罗科睿（Chris-Roche）先生表示："伊顿中国创新中心实验室的落成不仅将有助于我们获取本地技术和人才，提高我们的创新能力，并且通过与我们全球创新中心网络的相互协作，为全球业务提供先进的产品和技术，推动行业发展。"

伊顿创新中心是伊顿公司最高端的前瞻性研发和技术创新机构，致力于为公司的全球业务提供最先进的技术创新，目前伊顿全球共拥有5个创新中心，分布于美国、中国、印度和捷克4个国家。

伊顿在创新研发方面投入巨大。如今，伊顿在全球已经拥有专利近9000项，仅2011年就成功获得了900多项专利授权。凭借其出色的创新能力，伊顿公司还在2011年被汤姆森路透评选为"全球100家最具创新力公司"。

天宝被认定为2012年国家火炬计划重点高新技术企业

国家科技部火炬高新技术产业开发中心发布了《关于发布2012年国家火炬计划重点高新技术企业评选结果的通知》，天宝集团旗下的天宝电子（惠州）有限公司被认定为国家火炬计划重点高新技术企业。

国家火炬计划重点高新技术企业由国家科技部认定，旨在促进高新技术成果的商品化、产业化和国际化，鼓励优秀企业成为提升自主创新能力、调整产业结构、转变发展方式、引领高新技术产业跨越发展的中坚力量，对发展高新技术产业具有指导性意义。

天宝公司自成立以来，一贯注重研发投入，始终把科技创新作为推动企业发展的第一动力。通过产品创新、技术创新、管理创新等平台，加快企业科技创新步伐。依托"国家火炬计划重点高新技术企业"这个国家级平台，公司可以申报国家级科技项目，并将获得更多的发展机遇，科技创新工作必将迈上新台阶。

北京星原丰泰荣获继保行业年会"先进单位"称号

北京星原丰泰在参加2012年度中国继保年会时，因公司在电源行业以及数据统计的突出成就，继电保护协会为表彰先进单位集体，并对公司成就的充分认同，授予星原丰泰"先进单位"的称号。

2012年，在继电保护及自动化设备行业骨干企业、科研所以及技术专家的积极参与和大力支持下，行业统计工作取得了优异的成绩。为表彰先进，鼓励各有关单位加强对行业统计工作的支持力度，经分会秘书处研究，决定授予星原丰泰等20家单位2012年度继电保护及自动化设备行业统计工作"先进单位"称号。

瑞谷科技被评选为"深圳知名品牌"

第九届深圳知名品牌颁奖典礼在深圳广电集团演播大厅隆重举行。瑞谷科技被评选为"深圳知名品牌"，同期被评选为"深圳知名品牌"的企业有迈瑞、中集、沃尔玛、万润科技等。

在颁奖典礼上，深圳工业总会主席团主席与荣获"深圳知名品牌"称号的企业代表，庄重地向全世界发布了"国际信誉品牌"宣言，要做国际消费者信得过的品牌。并向全世界的消费者郑重承诺：秉承诚信第一、追求质量增长、坚持创新发展。这是深圳市构筑国际信誉城市的实际行动。

金宏威荣获2012年度优秀软件企业和6个优秀软件产品

"深圳市2012年优秀软件企业评选"和"深圳市2012年度优秀软件产品评选"活动结果揭晓，金宏威成功获"优秀软件企业"和"优秀软件产品"多项荣誉证书。

本次评选活动由深圳市软件行业协会组织，经企业申报、专家评审等程序，共产生58家优秀软件企业和72件优秀软件产品。公司成功获得6件优秀软件产品，分别是："金宏威电力调度自动化系统软件V1.0"、"金宏威汽车充电站监控系统软件V1.0"、"金宏威高级应用-电网状态估计软件V1.0"、"金宏威综合网络管理软件V1.0"、"金宏威GH-C1000配网通信子站服务软件V1.0"、"金宏威调配一体化系统V1.0"。

多年来，金宏威持续投入研发实践，取得了许多可喜的成绩，2012公司获得了CMMI3级认证资格证书。荣誉的取得一方面来源于公司的持续投入，另一方面也体现了公司在软件行业领域的核心竞争力，为深圳"软件名城"建设增光添彩。

山大华天有源电力滤波器荣获山东省科技进步二等奖

山大华天自主研发的"基于DSP的并联混合有源电力滤波器"荣获山东省科技进步二等奖。

华天有源电力滤波器，是山大华天公司采用国内外最新技术和研究成果，自主开发研制的一种用于动态抑制电力谐波、动态补偿无功功率并校正三相不平衡的新型电力电子设备。该设备能对大小和频率都变化的谐波以及快速变化的无功功率和三相不平衡进行实时跟踪补偿，从而实现改善电能质量、提高供用电设备效率、降低电网损耗的效能。该设备被列入国家重点新产品，拥有发明专利4项，实用新型专利5项，计算机软件著作权4项，并通过山东省科技成果鉴定，关键技术属国内首创，达到国际先进水平，是电力谐波、无功功率波动及三相不平衡等电能质量问题综合治理设备的最佳选择。

华天有源电力滤波器已经成功应用于通信、电力、轨道交通、汽车、冶金、石油、机械等行业，效果显著，深受用户信赖。此次科技进步奖的获得更加肯定了华天有源电力滤波器的技术水平，为产品开拓市场、提高市场竞争力提供了有力保障。

宝士达电源荣获2012中国数据中心模块化UPS最佳产品方案奖

在由中国电子信息产业发展研究院主办的“2012第五届中国数据中心大会”上，组委会针对数据中心模块化UPS产品和方案进行全面评选，大会以“大数据时代的数据中心变革”为主题，全面而深入地探讨了在大数据时代来临的背景下，数据中心在构建、运维、管控和服务等方面将面临的挑战和机遇。此次会议，宝士达公司荣获“2012中国数据中心模块化UPS最佳产品方案奖”。

宝士达公司坚持高技术与高可靠性并重的原则，始终倡导引入绿色节能环保理念来开发未来的UPS产品，同时不断致力于降低UPS的生产成本，减少用户的支付压力，并推出新一代模块化UPS，从而更好地贴近和服务市场。

青岛黎明云路宽带铁基非晶带材综合制备技术达到国际先进水平

2012年，青岛黎明云路公司成功地举办了宽带铁基非晶带材新产品新技术鉴定会。公司宽带铁基非晶带材综合制备技术打破了国际垄断，开创了非晶行业新标准，产品的性能和工艺技术达到了国际先进水平，为公司申请青岛即墨市2000万资助资金提供依据。中国科学院院士胡壮麟先生当场欣然挥笔题词“做强非晶产业，服务经济国防；发展非晶技术，争创国际领先。”

“合肥华耀电子工业有限公司新型宽输入电压电源模块产业化”项目完成验收

近日，由国家发展改革委支持建设的“合肥华耀电子工业有限公司新型宽输入电压电源模块产业化”项目完成验收。该项目由合肥华耀电子工业有限公司承担建设，通过新建生产车间和购置生产和测试设备，形成了年产10万只新型宽输入电压电源模块的生产能力。

由国家发改委支持的科华UPS产业化项目完成验收

近日，由国家发展改革委支持建设的“信息设备用网络型大功率高性能不间断电源（UPS）产业化”项目完成验收。该项目由漳州科华技术有限责任公司承担建设，建成了两条信息设备用网络型大功率高性能不间断电源（UPS）生产线，形成了批量生产能力。

首台海洋潮流发电设备问世

日前，国内首台利用海洋潮流发电的新型永磁直驱式发电装置，在山东省胶州市的青岛海斯壮铁塔有限公司问世。据悉，该设备通过船舶投放到近海海域16米至40米左右的距离，只要潮流满足0.6米到1.3米/秒的流速即可发电，对于远离大陆，无法铺设电缆的海上岛屿尤其适用。

“潮流发电与潮汐发电不一样。”公司总经理助理王同学介绍说，海流（又称洋流）是海洋中海水因热辐射、蒸发、降水、冷缩等而形成密度不同的水团，再加上风应力、地转偏向力、引潮力等作用而具有相对稳定速度的流动。青岛海斯壮铁塔公司从2010年开始与中国海洋大学、哈工大威海校区联合开发研制海洋潮流永磁直驱式发电设备。项目借鉴欧洲海上风电机技术开发的成熟经验，吸收大型风电机最新的设计理念和控制技术，以及目前欧洲潮流发电机研制的最新技术，实现先进的潮流发电装置部件和整机的本土化生产。由于采用世界大型主流风机的永磁直驱技术，能耗较小，发电效率比常见的齿轮箱变速发电装置高5%～10%。

中国船舶重工集团公司第七一二研究所高压、大功率变频器节能技术开发项目通过验收

近期，由国家发展改革委支持、中国船舶重工集团公司第七一二研究所承担的国家重大产业技术开发项目——高压、大功率变频器节能技术开发项目通过专家验收。

该项目通过高压、大容量变频调速装置设计技术理论和试验研究，搭建仿真试验平台，掌握高压大容量变频器研制的关键技术及设计方法，完成原理样机研制和试验验证，突破目前国内高压大容量变频器技术瓶颈，实现具备8MVA变频器产品设计能力。通过项目实施，重点突破了高压大功率IGCT开关器件应用、直流DC-Link环节瞬间抑制、共模电压抑制、输出滤波优化、电磁干扰与兼容、变频器保护、三电平逆变桥瞬态特性分析等关键技术。其创新性提出的基于IGCT两电平+IGT三电平的混合多电平拓扑，成功实现了变频器6kV/10kV高压输出，并获得了发明专利；创新性采用的DSP+FPGA+光纤驱动板三级直通闭锁技术，有效规避了IGCT三电平拓扑桥臂直通问题。

项目研制出的高压（6kV/10kV）大容量（8MVA）变频器原理样机具有等级高，容量大，输入电网电流谐波小、效率高、输出THDV及输出dv/dt小等特点，研究成果达到了国内领先水平。该项目的顺利完成，不仅为我国打破大功率变频器由国外所垄断奠定了重要技术基础，而且有效地带动了项目单位变频器产业平台的搭建，对加快我国高盐大容量变频器产业化进程，创造良好的经济效益和社会效益具有重要的意义。

第六篇　科研与成果

项目名称：ITER 超导磁体电源设计研究
项目来源：国家重点基础研究发展计划（973 计划）项目
起止时间：2008 年 ~2012 年
承担单位：中国科学院等离子体物理研究所
参 与 人：傅鹏、高格、宋执权、许留伟
项目概要：

ITER 是世界上最大的聚变堆装置，预计 10 年建成，建成后能实现 500MW 的聚变功率。它由美国、欧盟、中国、俄罗斯、日本、印度和韩国等 7 方共同研制，也是世界上最大的科研合作项目，2005 年中国政府正式宣布中国加入。中方将承担 ITER 磁体电源、超导磁体、磁体支撑，超导馈线等相关项目。

ITER 电源系统是世界上最大的电源装置。它具有世界上最大的变流系统 2300MW，其中最大电流 67kA；它具有世界上最大的 SVC 无功补偿系统 66kV/750Mvar。为了顺利地完成该电源项目，我国科技部于 2008 年以“973”项目立项“ITER 超导磁体电源设计研究”，项目经费 7990 万元。在项目的研制过程中，我们完成了两个创新，并取得了一定的成果。

1）改变了 ITER 原电源设计。ITER 原方案是由欧盟、日本、美国、俄罗斯等国家的专家经过 7 年（1995 ~2001 年）的设计，并由工业界制作了相关样机和测试后确定的。在中方介入（2005 年）ITER 后，我们经过仔细分析发现原电源方案存在两个问题：一是在电源故障时，超导磁体电流不能形成环路，数亿焦耳的能量将烧坏超导装置和电源系统，造成巨大损失；二是该电源系统和法国电网兼容问题，可能产生电网低频振荡和系统过电压。

问题提出后，ITER 总部先后组织了两个独立的外部专家组（由世界各国电源专家组成）进行评估，最后同意中方新的电源方案，也得到了 ITER 七方相关国家的批准。该新电源方案消除了 ITER 运行的风险；同时为中方贡献了 10 亿人民币。

2）建立了中国最大的直流测试平台，最大电流为 400kA，最高电压为 2000V（可能是世界上最大的）。该平台可以满足各种直流设备的相关测试，包括国防、铁路，相关工业等领域。

项目名称：大功率高效智能波形输出电镀电源
项目来源：国家科技支撑计划项目
起止时间：2008 年 ~2011 年
承担单位：西安交通大学
参 与 人：裴云庆
项目概要：

本项目属于电化学领域应用的大功率电源，该电源系统采用高频开关电源代替传统晶闸管整流电源可以显著降低损耗，提高功率密度及控制性能。高频开关式电源比传统的工频整流电源材料减少 80% ~90%，节能 20% ~30%，体积减少到传统同容量电源的 1/5 以下，动态响应速度提高 2 ~3 个数量级。因此，电源效率、功率密度及铜铁材料等指标用量均有大幅度的改善。本项目研制的基于高频开关电源方式的智能波形电镀电源具有如下技术指标：

1）额定输出电压 24V；

2）额定输出电流可以通过并联电源模块的方式达到总电流的输出能力；

3）效率：满载输出时效率达到 88%；

4）稳流精度：1%；

5）功率因数：95%。

项目名称：大型变速恒频风电机组功率变换器技术研究
项目来源：省科技攻关重点项目
起止时间：2010 年 12 月 ~2012 年 12 月
承担单位：哈尔滨工业大学
参 与 人：徐殿国、张学广、武键
项目概要：

功率变换器是风电机组中的核心控制部分，变速恒频机组采用电力电子变换器作为风力发电机与电网之间的连接部件，通过变换器控制发电机的转速工作于最佳状态，并保证其输出的电能质量满足电网的要求。本项目的研究内容主要包括大功率变换器设计与控制技术及机组的低电压穿越控制技术。

本项目主要内容和创新点如下：

提出基于改进型的 SV-PWM 的并联控制策略，解决环流低频振荡问题，保留 SVPWM 电压利用率高的优点。基于瞬时平均电流均流法具有与主从并联控制方式一样好的均流性能；各模块完全对等，任一模块可任意投入与退出，具有冗余功能。

本项目研究并实现了适用于各种电网故障情况下风电机组控制的电网电压故障快速检测方法，提出了基于自适应噪声对消原理的电网故障情况下基波正、负序分量幅值与相角的快速检测方法，并研究检测算法在此应用场合下稳定性判据的建立问题。在自适应噪声对消原理基础上，提出了变步长检测算法，满足故障后，半个电网周期内电网信息准确快速检测的要求。

根据不同的电网故障类型，确定风电机组的安全运行模式，制定相应的控制策略，使其具备在多种类型电网故障条件下的安全运行能力。首次提出了根据电网电压跌落的程度和时间，采用不同控制策略与硬件保护电路相结合的方法。

预期指标：

（1）理论与技术成果

1）风电变换器模块并联均流与环流控制技术；

2）风电变换器冗余控制技术；

3）风电变换器的故障自诊断和容错运行技术；

4）电网故障检测技术；

5）各种电网情况下双馈电机交流励磁、永磁直驱机组控制技术。

（2）学术成果

1）在国内外学术期刊上发表论文 5 ~10 篇，其中 EI 或 SCI 检索源 2 ~4 篇；

2）申请发明专利 3 ~5 项；

3）培养博士、硕士研究生多名。

（3）所开发产品通过国家相关技术标准鉴定

本项目立足于与功率变换器生产企业合作研发风力发电设备中的功率变换器产品，并为实现产业化提供技术支撑。因此，该平台的建设将有利于推进我国风力发电技术的发展。

项目名称： 电动汽车用 DC/DC 变换器电磁兼容研究
项目来源： 国家高技术研究发展计划（863 计划）子项目
起止时间： 2011 年 12 月 ~2013 年 1 月
承担单位： 同济大学电力电子与电力传动实验室
参 与 人： 康劲松 等
项目概要：

大功率的 DC/DC 变换器作为电动汽车车载电源，不仅需要保证电子设备在正常工作环境中能正常运行，而且需要考虑在不同的恶劣电磁环境中，电子设备也能够正常工作。项目中对 DC/DC 变换器电磁兼容性进行了详细研究。

DC/DC 变换器采用移相全桥为主电路，运用软开关技术减小开关管损耗。主要从传导干扰和辐射干扰两方面进行研究。传导干扰的研究主要从 DC/DC 变换器传导干扰源入手，分析建立其传导干扰等效模型，并对电路进行仿真。辐射干扰的研究主要是基于电动汽车辐射干扰源进行分析，从天线辐射、线缆辐射、线缆间的串扰以及机箱屏蔽设计四个方面进行仿真分析。最后对电动汽车 DC/DC 变换器提出优化措施及试验测试。

针对 DC/DC 变换器传导干扰的研究，建立全桥电路传导干扰等效模型，对高频变压器进行设计，得出磁心磁场最强处是在磁心中心柱，很容易对其周围的元器件造成较大的干扰；对 DC/DC 变换器辐射干扰的仿真分析。仿真三种车载天线特性，对导线的辐射仿真、线缆的串扰仿真。使用机箱精简模型进行建模仿真，比较不同缝隙长度下的屏蔽效能。对电动汽车 DC/DC 变换器 PCB 板的设计，特别需要注意功率电路的布局和地线的设计。在电磁兼容试验中，应选择合适的测试环境和测试方法，进行更加高效、合理的试验。

项目名称： 风力-光伏混合发电与储能技术的研究
项目来源： 上海市教育委员会科研创新项目
起止时间： 2010 年 1 月 ~2012 年 12 月
承担单位： 上海电力学院
参 与 人： 屈克庆
项目概要：

随着新能源及微电网技术的不断发展，有关风光储互补发电技术及其电力电子变换技术，受到了广泛关注和研究。此项研究解决了其中的一些关键理论技术问题：如直驱式风力发电和光伏发电的最大功率跟踪控制、风光储协调控制、Z 源逆变器在直驱式风力发电应用、三电平逆变器在风光储发电应用方法、提高并网稳定性的低电压穿越方式、馈电功率的并网解耦控制、基于单 Z 源三电平 SVPWM 逆变器的蓄电池放电控制策略等。在风光储发电并网运行中，三相电力变换器能够以单位功率因素或者功率因数可调传输电能，谐波含量很小，并具有结构简便和实用性强的优点，是一种较为积极的新能源开发和节能的技术。

由于电力系统对新能源并网可靠性要求高，新能源并网涉及的科学和技术问题广泛，此课题着重探讨了其中电力电子技术的关键问题，为实现能源宽范围波动下平稳并网发电，提供理论和技术基础支持。此项研究成果应用范围广泛，可应用于直驱式风力发电技术中，与光伏发电和储能组成风光储互补发电系统，以及应用到微电网和智能电网系统中。此外，也适用于山区和平原等具有风力、太阳能等资源丰富的地区，可独立发电或并网发电的场合。

项目名称： 高速列车牵引系统寿命预测与可靠性快速评价方法的研究
项目来源： 铁道部项目
起止时间： 2011 年 6 月 ~2012 年 12 月
承担单位： 同济大学
参 与 人： 康劲松 等
项目概要：

1. 本课题是属于寿命预测算法和可靠性理论的研究，可以提高牵引系统设计技术，并指导牵引系统在生产过程中优化布局、配置生产流程、提高系统寿命，缩短可靠性试验时间等。

2. 主要内容：

1）进行了高速列车牵引系统故障模式和失效机理分析；

2）进行了牵引系统加速寿命试验方法；

3）进行了牵引系统能量回馈系统可靠性影响研究；

4）进行牵引系统性能综合评价方法研究。

3. 创新点

将马尔可夫分析应用于牵引系统可靠性分析中，建立了牵引系统马尔可夫模型。

4. 应用情况

现在与同济大学铁道与轨道交通研究院合作，在轨道交通综合试验中心进行了牵引系统控制技术、可靠性技术等方面的合作。相关技术可推广应用到新能源汽车动力系统可靠性研究中。

项目名称： 高效、高可靠性大功率 LED 驱动电源
项目来源： 科技部中小企业科技创新基金
起止时间： 2009 年 7 月 ~2011 年 7 月
承担单位： 英飞特电子（杭州）股份有限公司
参 与 人： 华桂潮、葛良安、吴新科、姜德来、姚晓莉、罗长春、毛昭祺、徐迎春
项目概要：

课题来源与背景：科技型中小企业创新基金

技术原理及性能指标：

本项目整个电源产品中采用电流控制同步整流驱动电路、多谐振软开关变换器等多项专利技术，包括了新的 DC-DC 谐振变流器拓扑和新型同步整流技术。框图中包含了零电压零电流的功率因数校正级（APFC），谐振隔离型 DC-DC，输出可以是恒流，也可以是恒压给 LED 供电。如果输出是恒流，则可以直接提供 LED 的驱动。如果输出是恒压则需要 LED 匹配的驱动器。

通过公司技术团队的近2年的努力，采用业界最先进的五元件谐振软开关变流器技术、同步整流驱动技术、宽负载下高效率因数技术、防雷击和浪涌保护设置技术等关键技术，并对工艺结构进行优化设计，选用世界一流的半导体器件，形成先进的综合技术解决方案，成功地开发了一种高效、高可靠性大功率LED驱动电源，填补了国内空白，与国外同类产品相比具有明显的技术优势。

本项目实现以下技术指标：输入全球电网电压范围（AC86～305V）；效率为95.2%（恒流93%）；功率因数为0.9964；宽使用环境温度－40～70°C；寿命为150000h（温度在45°C）；平均无故障时间：＞450000h

技术的创造性与先进性：

创造性一：提出了一种应用于恒流驱动的多元件（五元件）谐振变换技术，实现了软开关，显著降低了开关损耗，提高了效率，便于实现高频化，提高功率密度。

创造性二：提出了一种电流控制同步整流驱动电路技术，显著降低了在低压大电流输出时的二极管导通损耗。

创造性三：提出了一种提高驱动电源在轻载下功率因数的新型电路，所设计的限制开机冲击电流抑制电路，可提高电路的可靠性。

技术的成熟程度，适用范围和安全性

高效、高可靠性大功率LED驱动电源项目已经研发完成，并成熟应用于相关产品，主要系列产品有：150W三路输出恒流电源、100W两路输出恒流电源、120～200WLED恒流电源、75～120W定时调光电源等。

应用情况及存在的问题：

本项目产品形态为工业中间产品，目前已达到批量生产阶段，项目产品销售达到批量及应用阶段，产品经杭州源铭公司、浙江晶日公司等客户大批量使用，反馈非常好。产品化执行的质量标准为企业标准。

在本项目执行过程中，得到了相关国家产业政策的扶持和资金支持，较好地完成了项目合同书约定的主要技术指标。公司在政策、技术、人才、知识产权等风险问题上，无风险或属公司风险可控范围，项目实施较为顺利。项目实现销售收入1935.56万元，完成合同指标的123%。

项目名称：高效光伏并网逆变器
项目来源：国家火炬计划产业化示范项目
起止时间：2012年～2014年
承担单位：广东易事特电源股份有限公司
参 与 人：何思模、朱忠尼、徐海波、陈元娣、于玮、祁承超、汪家荣等
项目概要：

项目成果采用CVT＋MPPT光伏阵列功率控制技术、被动与主动相结合的孤岛检测技术、电磁屏蔽技术和三相并网电流控制技术，解决了中大功率光伏并网逆变器功率控制、抗干扰设计等技术问题，研制出了高效光伏并网逆变器。

高效光伏并网逆变器电压适应范围宽，MPPT效率高，工作效率高，电流畸变小，整体技术达到国内先进水平。

项目成果产品经广东省东莞市质量监督检测中心测试（D11090074），所检测指标符合CNCA/CTS 004-2009、Q/GDW 617-2011、Q/GDW 618-2011标准要求。成果产品有两项已应用于大型光伏发电站建设，取得良好的社会、经济效益。

项目旨在采用微电子、现代电力电子、现代控制理论及电力系统自动化技术，从并网发电工程角度解决中大型光伏并网发电系统电能变换环节的关键技术问题，实现中大容量太阳能光伏发电系统的研制和产业化，建立中大型光伏并网示范系统，有效推动光伏产业链的发展。

项目名称：高效恒功率超级电容充电器的关键技术研究与开发
项目来源：国家科技支撑计划－工业部分
起止时间：2012年4月～2014年12月
承担单位：徐州市恒源电器有限公司
参 与 人：李洋、何小雄、张宏艳
项目概要：

项目所属领域：高效节能环保。

主要内容：超级电容可大电流充电的特性，采用恒功率充电，当电压低时，输出充电电流很大，可达到13A；当电压高时，充电电流减少，总的功率不变，加快充电时间。

关键技术：①超级电容的恒功率充电控制技术；②充电储能过程实时监测的智能控制技术；③串联超级电容组的均压技术；④充电器的高效低耗技术。

特色及创新点：①恒功率充电，缩短充电时间；②对电容器组充电电压实时监测，实现均压；③待机时主电路关断，实现低静态功耗；④电路仿真和优化，降低电路内耗，提高充电效率。

本项目旨在创新一款独立式智能型超快速超级电容充电器系统芯片（SoC），取代传统的板级系统控制器，构建一个高效能低成本智能化超级快速充电系统，并基于该系统足够高的灵活性、足够高的效率以及足够低的系统建设和维护成本，建成具有产业化价值的应用示范工程。由此可改变能源生产和消费方式，建立新能源系统，市场前景广阔，具有较大的经济效益和社会效益，对促进国民经济发展、环境保护和企业的发展具有重大意义。实现超级电容高效恒功率快速充电技术的突破，在全国范围推广应用，促进新型绿色能源超级电容的广泛应用，可减少蓄电池及其他化学电池的应用所造成的环境污染为国家“十二五”节能减排做出贡献。

项目名称：功率变换器磁元件磁心损耗关键技术研究与应用
项目来源：国家自然科学基金项目
起止时间：2013年1月～2016年12月
承担单位：福州大学
参 与 人：陈为、汪晶慧、何建农、董纪清
项目概要：

磁性元件对功率变换器的效率、功率密度和可靠性具有重要影响。现有的磁心损耗测量技术对于测量高阻抗角的高频低损耗磁心存在难以避免的、很大的固有误差，现有的简单损耗模型也仅适用于简单正弦和方波励磁波形，

缺乏对功率变换器应用下复杂励磁波形的精确损耗模型，严重制约了磁性元件的研究、分析、设计、应用及其深入发展。本项目将从新角度研究磁心损耗测量的新方法，从原理上完全克服现有方法的固有误差，同时保持电气测量法简捷实用的优点，并能测量复杂励磁波形下的损耗；通过对新方法的误差分析，采取优化、消除以及补偿等综合措施，使得测量准确度明显优于现有的方法，满足研究分析和实际应用的要求；结合磁心损耗机理分析、损耗实验设计以及数据智能分析，研究磁心在复杂任意励磁波形下的损耗特征，揭示对磁心损耗有本质作用的具有外部电气可测性的各个影响因素，建立适用于任意复杂励磁波形下的磁心损耗通用高准确度模型。本项目的研究成果将填补国内外该领域研究和应用的空白。

项目名称：海洋船舶压载水环保处理电源

项目来源：2012 年中央预算内投资计划产业振兴和技术改造项目专项资金

起止时间：2011 年 7 月 ~ 2013 年 12 月

承担单位：武汉永力电源技术有限公司

参 与 人：张惠军、李开源、龙道志

项目概要：

本项目属于国家重点支持的高新技术领域，是一种基于高频开关技术的高效、大功率、高控制准确度的海洋船舶压载水环保处理电源系统。其主要作用是将交流 380V 经过高频变换后，产生输出为 110V、0 ~ 1700A 连续可调的直流电源，再配以专用的海水电解装置，可以有效地处理海洋船舶压载水，使之满足国际海事组织对海洋船舶压载水进行管理的环保要求。本项目已获得 2012 年中央预算内投资计划的产业振兴和技术改造项目专项资金投入。

项目名称：航天器分布式电源系统的稳定性分析方法

项目来源：国家博士后科学基金项目

起止时间：2012 年 ~ 2013 年

承担单位：深圳航天科技创新研究院、哈尔滨工业大学

参 与 人：佟强

项目概要：

供配电系统是航天器、舰船、通信基站以及大型计算机等用电设备的核心部件，它的性能和可靠性直接影响到各个用电设备乃至整个系统的运行情况。这些系统通常采用母线变换器将不稳定的源电压转化为一个稳定的母线电压，再通过多级 DC/DC 变换器将母线电压转化为多种等级的电压，为负载供电。在实际应用中，系统中各个变换器模块单独工作都是稳定的，集成在一起却往往会出现性能退化或者不稳定的情况。由于缺乏相应的理论指导，目前国内在搭建大型用电设备的电源系统时，无法预知和测试从不同厂家采购的电源模块组合在一起后的性能表现，对可能存在的潜在隐患也缺乏足够的认识，影响到用电设备长时间运行的安全性和可靠性。随着我国航天事业的快速发展，航天器电源系统的规模、功率、复杂度不断提高，电源系统的稳定性问题日益突出。此外，由于其应用环境的特殊性，对系统的重量、效率和可靠性有更为严格的要求，因此对设计者提出了更大的挑战。

本研究介绍了空间电源系统的设计要求和方法，以及以往国内外在进行分布式供电系统稳定性分析时所采用的方法，并建立了变换器阻抗特性和系统稳定性之间的联系。以变换器的输入输出阻抗特性为切入点，结合小信号和大信号分析法，分析变换器的输入电压、输出功率、穿越频率、元器件参数等因素对阻抗特性的影响，并给出设计指导原则。在设计变换器的初始阶段就兼顾到单体变换器的电气性能和整个电源系统的稳定性，大大提高了整个供配电系统的安全性和可靠性。测量源变换器的输出阻抗与负载变换器的输入阻抗比，通过它的增益和相位裕量来分析和判断分布式电源系统的整体稳定性，给出弱约束条件下系统的稳定性判据，并通过时域和频率分析建立阻抗比、特征值以及系统大信号性能表现之间的关系，给出了分布式电源系统中源变换器、滤波器的设计指导原则。此外，还对不稳定的电源系统给出了实用的改进办法。

项目名称：基于 TMS320F28335 车用永磁同步电机控制技术

项目来源：国家高技术研究发展计划（863 计划）子项目

起止时间：2011 年 8 月 ~ 2012 年 11 月

承担单位：同济大学

参 与 人：康劲松 等

项目概要：

1. 电动汽车是当今研究的热点，中国希望在电动汽车这一领域缩小与其他国家在汽车方面的差距，甚至赶超，在此领域处于世界领先地位。车用电机及其控制器则是电动汽车的核心，因而对其进行研究有重要的实际意义。本项目正是在此背景下展开，主要研究车用永磁同步电机的相关控制。

2. 主要内容：

1）研究永磁同步电机的结构。本文主要针对凸极式永磁同步电机进行分析，并推算出电机的物理关系。

2）研究永磁同步电机的控制方法。主要为①直轴电流为 0 控制；②最大转矩/电流比控制；③弱磁控制；④最大输出功率控制

3）介绍整个系统的设计。包括硬件电路和软件程序的设计，并实验分析。

3. 创新点：考虑电机参数变化，使电机控制更为精确。

4. 应用情况：开发的电机控制系统目前正在装车调试中。

项目名称：基于新型磁电集成原理的开关电源 EMI 抑制技术研究

项目来源：国家自然科学基金项目

起止时间：2009 年 1 月 ~ 2011 年 12 月

承担单位：福州大学

参 与 人：陈为、董纪清、卢增艺、陈庆彬

项目概要：

本项目从磁电综合集成的角度，研究开关功率变换器传导 EMI 的关键问题及抑制技术。研究变压器中的电磁过程对共模干扰的作用机理，提出综合了变压器磁和电特性的磁电综合模型，通过含有内阻抗和干扰源的多端口网络

来深入描述和认识变压器的 EMI 特性，进而提出抑制共模干扰的新技术以及变压器电磁能量传递功能与电磁噪声抑制功能的集成理论和方法，并提出描述变压器噪声抑制能力的端口描述参数以及测试方法和技术。通过将滤波器中的感性和容性器件在结构上和功能上的集成，充分利用和强化结构组合后有用的分布参数，而有效削弱不利的分布参数，实现了滤波器磁电特性的合成，不仅使得合成滤波器体积紧凑，更实现了功能上的提升，并进一步研究合成滤波器的分布参数建模、性能分析与设计技术。研究成果在理论上将从新的观点系统深入地认识传导电磁干扰的作用机理，在应用上通过磁电集成技术显著降低滤波器体积，提高开关功率变换器功率密度。

项目名称：三电平中点钳位 T 型三相光伏并网逆变器设计技术

项目来源：部委计划

起止时间：2011 年 6 月 ~2013 年 3 月

承担单位：复旦大学

参 与 人：马磊

项目概要：

主要内容：

本项目属于新能源与高效节能技术方向中的太阳能发电领域。项目将三电平技术应用于三相光伏并网逆变器中，主要包含了高性能中小功率 T 型三电平逆变器的设计技术。

创新点：

相对于当前主流逆变器，本项目的创新点体现在：

1）使用了新型的 T 型 IGBT 开关模块搭建三相逆变拓扑电路，规避了 I 型三电平结构可能出现的异常损坏风险；同时连接中性点的两个二极管采用 SiC 技术，降低了逆变器的开关损耗，提升了整机效率。

2）控制平台采用高可靠性的双内核浮点运算平台 Infineon Tricore 1782，通过与外部看门狗芯片 CIC61508 进行通信，形成满足 IEC 61508-2 和 61508-3 中 SIL III 的软硬件架构。

3）驱动芯片采用新型高速磁隔离芯片，同时包含退饱和过电流保护，有效保护功率器件的安全性。

4）散热系统采用热管散热器，同时去除风扇，减少逆变器整机重量和尺寸，提高了效率及功率密度。

技术指标：

逆变器技术指标见表 1。

表 1　逆变器技术指标表

直流输入电压范围	560 ~1000V
常规电压	650V
MPPT 工作电压	560 ~800V
最大输入电流/输入端数量	18A/2
最大输入功率	20.4kW
最大输出功率	20kVA
常规输出电压/频率	220V AC/50Hz
最大输出电流	30A
转换效率	98.0%
隔离方式	无变压器
工作温度	-25 ~60℃（超过 45℃将降额）
海拔	<2000m

行业作用及应用推广：

本项目成功地解决了高可靠中小功率电力电子技术、多机并联稳定性控制与集群优化控制、电网接入与优化及谐波抑制等行业技术难题，形成了具有自主知识产权的核心技术，打破国外企业的技术垄断局面，极大地带动了中国整个行业的技术进步，加速了我国由组件制造大国向系统应用大国的转变，对提升我国光伏行业的国际竞争力具有重要的意义。

目前，已经与英飞凌公司开展了广泛的合作，在推动中小功率三电平光伏逆变市场的同时，也在新型产品研发和相应的测试平台设计方面进行了深入的技术交流。

项目名称：微功率光伏逆变器集成化平面化高频磁技术研究

项目来源：国家自然科学基金项目

起止时间：2013 年 1 月 ~2015 年 12 月

承担单位：福州大学

参 与 人：毛行奎、陈为

项目概要：

微功率光伏逆变器（PVMI）高开关频率、高功率密度、低截面高度的发展趋势很明显，进一步发展面临效率降低、热设计难度急剧增大的瓶颈制约。针对 PVMI 的发展趋势和面临的瓶颈制约，结合集成化磁件可以有效提高变换器功率密度、降低损耗，平面化磁件热阻低、工艺一致性好等技术优势，本研究提出从集成化和平面化高频功率磁技术的这两个新角度，研究 PVMI 面临的独特新问题的解决方法。研究主要内容包括：高频功率磁件的集成、分析和磁功能集成的设计理论；平面集成磁件线圈损耗机理分析、建模与降耗技术研究；考虑了杂散参数的集成磁件电气模型建模与模型参数计算和测量；集成磁件容差敏感度研究及基于容差敏感度的工艺结构参数控制。研究成果不仅促进 PVMI 技术发展和太阳能利用，更加丰富了集成磁技术和平面磁技术的内涵和理论，填补了其在 DC/AC 逆变器领域研究和应用的缺失。

项目名称：直流侧电压自适应的高效率串联有源交流电压质量调节器研究

项目来源：国家自然基金面上项目

起止时间：2009 年 ~2011 年

承担单位：西安交通大学

参 与 人：肖国春、卓放、滕国飞、曾忠、卢勇

项目概要：

本项目属于电力电子领域。

随着现代科技的发展，一方面使得各种复杂的、精密的、对电能质量敏感的用电设备不断普及，人们对电能质量的要求越来越高；另一方面，也造成电能质量问题的不断增多，而且矛盾愈来愈突出。电压质量问题是电能质量主要的问题之一。

对于敏感负荷，解决电压质量问题的一种直接有效措施是在电网与敏感负荷之间加装串联电压质量调节器，通过向电网注入补偿电压来保证敏感用户端的电压质量。然

而，目前大多数连续运行的串联有源电压质量调节器都是采用变压器与电网进行耦合或隔离。由于变压器本身及其非线性等特性，它的引入带来了许多不利的因素。

为此，本项目探索一种可连续运行、无变压器，且直流侧电压可自适应的高效率、高性能串联有源交流电压质量调节器的基础理论及应用技术，内容包括：无变压器、直流侧电压可自适应的串联有源电压质量调节器的拓扑结构、基本原理、控制策略及实验验证等。这对提高重要设备的供电电压质量，节约能源和资源具有重要的意义。

本项目研制了单相容量为2kVA和三相容量为10kVA的新型串联有源交流电压质量调节器样机，实验结果表明工作效率得到了大大提高。

项目名称：T5型超长寿命“光衰控制”荧光灯电子镇流器
项目来源：其他
承担单位：广州市波特蔓照明设备有限公司
参 与 人：胡钧
项目概要：

所属领域：电子照明；创新点：光衰控制、超长使用寿命和开关寿命、高光效。

1. 技术指标

1）输入电源：AC/DC 180～260V

2）电源频率：50～60Hz或DC。

3）灯具类别：I和II类灯具。

4）能效指数：EEI = A2。

5）安全标准：EN61347-2-2. GB19510. 4。

6）性能标准：EN60929/GBT15144。

7）电磁兼容性：符合EN55015/GB17743。

8）谐波含量控制：符合EN61000-3-2/GB17625. 1。

9）抗干扰能力：符合EN61547标准。

10）预热时间：1s。

11）总谐波失真：THD <10%。

12）短路保护：有。

13）雷击保护：有。

14）过电压保护：有。

15）极性反接保护：有。

16）灯寿命终了保护：有。

2. T5型超长寿命“光衰控制”荧光灯电子镇流器

适用于灯管，T5/28W，电源电压140V～265V，输入功率≤30. 5W，光效≥90lm/W，5万小时内光衰≤5%，开关寿命1000万次无黑头，功率因数≥0. 98，灯功率28W，等电流波形系数≤1. 4。

3. DALI可寻址数字调光电子镇流器

能够自动地识别14～54W的HE、HO荧光灯，波特蔓独用的“光衰控制”专利（ZL2009 2 0060146. X）能够控制各种光源在设计参数下工作，能够大大地提高光源最常使用寿命的100%以上。数字式寻址灯光接口调光电子镇流器的光衰检测电路能够自动地控制不同型号的光源灯丝电流计输出功率。控制器通过DALI接口控制每一个光源，在控制中心（计算机）可以查看每个光源的使用情况，也可以对每一个光源进行调光。可是光源的功率从100%调光至1%（光输出从100%～5%），通过使用智能照明控制系统，最多可节约60%能源。

项目名称：大功率电能质量实验电源
项目来源：单位自选
起止时间：2011年10月～2012年12月
承担单位：武汉大学 电气工程学院
参 与 人：孙建军、李尚盛、宫金武、刘飞、查晓明
项目概要：

本项目面向电气工程领域电能质量等相关问题，面向各级电力科学研究部门研制了一种高电压、大功率实验电源。采用基于移相PWM控制的H桥链式功率变换电路，实现可编程任意电压/电流波形输出，以对被试设备进行测试。该电源具有频带宽、功率大、输入电流功率因数高、输出阻抗低、精度高、可模拟各类常见的电能质量电压/电流输出等特点。可以编程实现具有各次谐波、不平衡、暂降与波动、频率波动等电能质量问题的电压/电流波形，兼顾电压源及电流源两种特性。主要技术指标有：输出电压/电流谐波次数可达50次；频率变化范围45～66Hz，变化准确度0. 01Hz；电压/电流不平衡功率因数可调；输出电压可达12kV，带载能力可达5MW；装置输入电流Thdi < 2%，功率因数大于0. 98。通过该电源可以实现对各种中低压电气设备在各种电能质量环境下性能测试，从而完善相关型式试验的标准和手段。同时该电源还可作为智能模拟负载，实现对各种并联负荷补偿设备的功能及性能检验和测试。

项目名称：带短路保护的定电压微功率DC-DC电源模块
项目来源：单位自选
起止时间：2011年9月～2012年12月
承担单位：广东金升阳科技有限公司
参 与 人：金英姬、刘伟、谢德、王宝均、马海军、高晶
项目概要：

作为微功率电源的领先制造商，金升阳公司致力于为客户提供最优秀的电源解决方案，其产品素以小体积、高效率、高性能著称，并一直将电源的可靠性放在首位。为了满足客户提出的高可靠性、高性价比的需求，公司通过管理优化缩短研发周期、生产过程优化提高直通率、采用贴近客户设计、提高产品技术含量等措施抢占市场；并且在绿色环保和工业安全的大力推动下，经过我公司研发团队的不懈努力，针对现有定电压产品电路方案进行重大技术革新，突破现有电路无法实现短路保护功能的技术瓶颈，用最简单的电路方案巧妙地实现了具有优良一致性和高可靠性的短路保护功能，并且对电源的其他各项性能指标也进行了非常大的优化。其中的效率指标预计得到大幅度提升，达到理论极限值。

新产品除效率有较大提升外，在空耗功率的控制、抗静电能力和工作温度方面都提升了一个等级。特别值得一提的是轻负载效率，在10%轻负载的情况下，国内带短路保护的产品在常规定电压产品的市场中还是零记录，而且国外竞争对手只有零星几个企业有带短路保护的定压产品，

但其产品都存在效率低、保护及静电能力不佳等劣势。即使国外竞争对手带短路保护产品存在一些缺陷，但随着工控、电力行业的发展，对产品的短路保护要求会越来越高，国内定电压微功率的电源市场还是受到日本及德国对手的冲击比较大。故我公司急需研发出新一代的带短路保护、低纹波噪声的高可靠性、高性能产品，通过新技术新产品来巩固我公司定压产品的市场份额，保持定压产品全球的龙头地位，并推动国内电源技术的发展。

作为国内电源行业的排头兵，金升阳公司一直致力于海外市场的开拓，新一代产品的推出，已经得到国内外客户的肯定及认可，该项目的成功推出，也让金升阳代表着中国民族产业在国际电源市场上站稳了脚跟。

项目名称：级联型STATCOM装置研制及其应用技术研究

项目来源：其他单位委托

起止时间：2008年1月~2010年2月

承担单位：武汉大学

参 与 人：查晓明、孙建军、宫金武、李尚盛

项目概要：

级联型逆变器以其结构简单、扩展容易、对功率器件技术要求低等特点，已经成为中高压STATCOM装置的主要拓扑结构。本项目致力于级联型结构STATCOM装置研制及其在电力系统中的应用技术研究。

级联型STATCOM装置按结构可分为星形联结和三角形联结两种；按并网方式可分为直挂与经升压变压器并网两种；按电压等级可分为10kV以下（含10kV）及35kV以上（含35kV）两种。对于10kV以下的STATCOM，通常采用直挂方式，即逆变器通过连接电抗器直接与连接母线相连；对于35kV以上的STATCOM根据容量及功能需求，可选择直挂或经变压器并网，如通过10kV/35kV变压器，将10kV的STATCOM并入35kV母线。

STATCOM控制策略可分为装置级、系统级和与综控级三个级别。装置级控制主要指STATCOM装置的底层控制，包括输出电流控制、直流电压均衡控制及装置自身的各种保护等。系统级控制涵盖STATCOM主要功能，如功率因数补偿、无功功率控制、系统电压控制、谐波补偿等。综控级控制主要由电力系统运行部门完成，STATCOM兼容综控协议，并支持运行部门对装置的远程控制，要求STATCOM装置能够及时响应来自综控的指令，并实现各模式下的平滑转换。

STATCOM在电力系统中的应用，按应用场合可分为负荷侧无功补偿、中枢变电站无功与电压控制、发电站端无功控制。当为负荷侧无功控制时，STATCOM装置主要工作在负荷无功补偿模式，其目标值是使系统功率因数接近1。在中枢变电站中应用时，STATCOM的工作模式由综控指令决定，需处理好各控制模式之间的平滑转换，避免控制模式间的切换给系统带来的冲击。发电站端的应用主要在于风电、光伏等新能源的接入场合，STATCOM的投入增强了发电站的无功调节范围，保证了有功发电和母线电压的控制。除了上述应用外，STATCOM还可应用于抑制电力系统次同步振荡，其典型应用在汽轮发电机机端，通过采集发电机转速或发电机励磁与电枢电压、电流，提取其中的振荡模态，用于相应次同步振荡的抑制。

目前，已完成了6kV、10kV、35kV直挂STATCOM的研制，完成了10kV经变压器接入35kV的STATCOM研制。STATCOM装置级控制在已在众多现场应用中得到了验证。此外，还完成了系统级控制所有控制模式的研制，功率控制响应时间小于5ms，电压控制动态响应时间小于20ms；已实现了STATCOM装置与电力系统综合自动化控制系统的互联。经过多年的发展，相关STATCOM装置现场投入运行的已达到百余台，应用领域覆盖了负荷侧、中枢变电站、风电场、光伏电站、火电厂等几乎所有的STATCOM应用领域。

项目名称：轻型直流输电及电能质量控制研究平台

项目来源：其他单位委托

起止时间：2009年7月~2010年10月

承担单位：武汉大学

参 与 人：查晓明、孙建军、秦亮、刘飞

项目概要：

本项目设计制作了轻型直流输电（HVDC）通用实验平台，通过不同的硬件连接方式和控制算法，在通用实验平台上可以实现多种电力电子装置的实验：两电平轻型直流输电装置、二极管钳位式三电平轻型直流输电装置、两电平轻型直流输电装置、级联型静止同步补偿器、有源电力滤波器、统一潮流控制器、统一电能质量控制器、动态电压恢复器、二极管钳位式三电平逆变器。

本项目主要是为高校及科研院所提供一个通用电力电子装置的主电路和控制系统硬件平台，便于电力电子科技领域研究的迅速展开，主要创新点包括：①硬件的通用性，通过简单的改接线，可以实现各种常用的电力电子装置拓扑结构；②多端轻型直流输电系统，可以实现风力发电、光伏太阳能的接入，多组变压器抽头可以连接到电力系统动态模拟实验室，完成新能源接入和轻型直流输电技术的研究。

本平台主要技术指标如下：

1）交流侧电压等级：190V/380V/800V。

2）功率单元直流侧电压等级：700V/800V。

3）交流系统频率：50Hz。

4）接线方式：三相三线制/三相四线。

5）有功功率损耗：<5%（变流器本体）。

6）投切方式：远程控制手动、自动控制。

7）保护：过电流、交直流过电压、交直流欠电压。

8）冷却方式：风冷。

9）环境温度：-5~+45℃。

10）储藏温度：-10~+55℃。

11）相对湿度：<95%，无凝露。

12）防护等级：IP20或根据用户需求定制。

功能实现：两电平轻型直流输电装置、二极管钳位式三电平轻型直流输电装置、两电平轻型直流输电装置、级联型静止同步补偿器、有源电力滤波器、统一潮流控制器、统一电能质量控制器、动态电压恢复器、二极管箝位式三

电平逆变器。

本装置各端的容量为 50kW，可连接到 190V、380V、800V 的交流系统，硬件损耗 <5%，变流器直流侧电压可达 800V。

本装置的研究填补了国内空白，陆续为华北电力大学、浙江大学、安徽大学提供了该装置，为我国轻型直流输电系统的研究及电力电子技术的进步发挥了巨大作用。基于该平台的思想和技术，扩展了电力系统扰动发生平台，在中电普瑞、河南中试都得了大规模的应用。

项目名称：数字控制 LLC 谐振变换器
项目来源：单位自选
起止时间：2011 年 10 月 ~2012 年 11 月
承担单位：杭州奥能电源设备有限公司
参 与 人：胡炳孝、丁乐乐、简化军
项目概要：

该产品属于电力电子技术领域，可广泛应用于金融、电信、政府、邮政、教育、交通、能源等领域，主要应用于电力、铁路、通信等部门的电力蓄电池充电。

该变换器采用谐振全桥拓扑，实现了开关管的零电压零电流开关，避免了副边二极管的反向恢复，提高了充电装置的效率，其典型效率高于 95.5%。同时采用高性能双核 DSP 数字控制，控制方式采用电压电流双环控制，输出短路采用电流回缩技术，提高了变换器的可靠性。采用数字化分布式平均电流瞬时控制方法，改变了以往采用模拟电路带来的并联均流度较难提高，并机不均流度低于 5%，可实现 $1+N$ 并机。可与充电控制中心通过 RS485 接口进行通信，实现对充电装置的状态查询和实时控制，提高了充电装置的智能性和开放性

其主要技术特点如下：

1）效率高，模块效率可达到 95% ~96%。

2）重量轻，体积小。

3）采用“三相无源功率因数校正电路”，输入无中线，功率因数可达 0.94。

4）采用隔离自主均流，并机不均流度 < ±3%，可保证 20 台以上模块良好并机。

5）模块内置直流输出隔离二极管，用户无需外设。

6）风冷模块风扇为简易更换模式，无需拆装机壳就可快速更换。

7）模块具有 RS485 接口，方便接入自动化系统进行通信。

8）模块为 LCD 数码管显示，分别设置显示切换按钮、手动调压按钮、拨码开关，操作简单。

9）输出过电压保护：内置过电压保护电路，出现过压后模块自动锁死，模块故障指示灯亮，故障模块自动退出工作，不影响整个系统正常运行。

10）输出限流保护：每个模块输出电流最大限制为额定输出电流的 1.05 倍。

11）短路保护：采用回缩下垂限流方式，输出短路时模块在瞬间把输出电压拉低到零，限制短路电流在额定输出电流的 15% 以下。模块可长期工作在短路状态，不会损坏，排除故障后模块可自动恢复工作。

12）模块并联保护：模块内部有并联保护电路，故障时模块自动退出系统，不影响其他模块正常工作。

13）过温保护：模块检测散热器在温度超过 85℃ 时自动关机保护，温度降低后模块自动启动。

14）过电流保护：过电流保护可自动恢复。

项目名称：一种直流转换电路及隔离逆变器
项目来源：单位自选
起止时间：2011 年 ~2012 年 3 月
承担单位：深圳古瑞瓦特新能源有限公司
参 与 人：丁永强
项目概要：

在项目属于太阳能光伏发电领域，发明了一种直流转换电路及隔离逆变器，能够大大提高太阳能发电的稳定性及效率。目前，该专利已经应用到了生产线中，并且获得了比较大的成功。

第七篇　电源发明专利

（2012 年授权）

2006 年公开
2007 年公开
2008 年公开
2009 年公开
2010 年公开
2011 年公开
2012 年公开

说明：电源专利部分所收录专利均为2012 年获得授权的电源相关专利，按照专利公开日进行分类。

2006 年公开

电源装置以及电子设备

申请（专利）号：200510078055.5　**公开日：**2006-01-04
申请人：株式会社理光
发明人：大须贺淳
摘要：

本发明提供一种电源装置以及电子设备。在图像记录装置（1）中，电源部（10）从可安装的多个电源（20a～20n）中选择该多个电源（20a～20n）中之一作为使用电源（20a～20n），并且，从直至具有软启动功能的选择部（13）的电源线或选择部（13）以后的电源线之中，使选择部（13）的软启动功能部（Fsa、Fsb、Fsc）的残余电荷放电，并且，由放电电路（11a～11n）直至规定时间或规定电压进行电源（20a～20n）未连接的电源线或所有电源线的残余电荷的放电，判别电路（12）判别安装电源（20a～20n），选择部（13）选择判别电路（12）判别的电源（20a～20n）作为使用电源。

移动通信终端的电源管理装置及其方法

申请（专利）号：200510000337.3　**公开日：**2006-01-04
申请人：乐金电子（中国）研究开发中心有限公司
发明人：宋政旲
摘要：

本发明公开了一种移动通信终端的电源管理装置及其方法，现有的通信软切换移动通信终端在软切换之后，根据所经过的时间其预充电时间会变长，在其时间内无法驱动显示充电状态的显示部，就会存在用户怀疑终端是否发生故障，并总的充电时间延长的问题。考虑到这种问题，本发明根据移动通信终端电源键的操作，定义输出高电位的电源键信号，以及移动通信终端正常工作时，固定为高电位稳定提供电源的电源维持信号，随后其一个以上信号在高电位状态时利用工作的开关部物理性连接或切断移动通信终端系统与电池的连接，使移动通信终端被软切换时防止电池电压的降低，从而缩短预充电时间和总充电时间，不仅能够改善用户的便利也同时提高制造商的信赖度。

半导体装置、DC/DC 变换器和电源系统

申请（专利）号：200510078017.X　**公开日：**2006-01-11
申请人：株式会社瑞萨科技
发明人：白石正树　岩崎贵之　松浦伸悌
摘要：

提供一种半导体装置、DC/DC 变换器和电源系统，该半导体装置可防止自导通并能大幅度地提高电源变换效率。在把高端开关、低端开关、两个驱动器单封装化了的电源用封装系统中，由于通过把辅助开关内装在低端开关的栅-源间，并在同一个芯片上构成该低端开关的低端 MOSFET 3 和辅助开关的辅助 MOSFET 4，能够防止自导通，所以可以安装阈值电压低的低端 MOSFET 3，电源变换效率大幅度地提高。而且，关于辅助 MOSFET 4 的栅驱动，通过利用高端 MOSFET 2 的驱动器，也不需要设置新的驱动电路，而且能够以与现有制品相同的管脚配置来实现，置换是容易的。

车用电源内阻监测预警方法及其装置

申请（专利）号：200410070749.X　**公开日：**2006-01-25
申请人：金百达科技有限公司
发明人：黄永昇
摘要：

本发明是有关一种车用电源内阻监测预警方法及其装置，该方法包含：利用与待测电源直接并联关系的监测预警装置，通过一与待测电源为串联关系的外挂负载电阻的设定值，在极短的设定取样瞬间时间间隔内，通过功率晶体控制电路对待测电源进行极短时间的瞬间大电流测试，进而测得瞬间取样电压值并由监测预警装置的运算求得待测电源的内阻值，用以与预设的待测电源内阻预警值进行比对，以判断待测电源是否足以堪用；该监测比对运作是在设定之间隔时间内通过瞬间大电流进行常效性的取样与比对，适时地反应比对结果并予实时预警显示，使用车可随时掌控车用电源的最佳状况。该监测预警装置包含一微中央处理单元（MCU）、一稳压电路、一外挂负载、一电压取样电路、一瞬间电流控制电路及一显示单元组成。

具有多级存储器的压电源的能量转换

申请（专利）号：200510089923.X　**公开日：**2006-02-15
申请人：米其林技术公司　米其林研究和技术股份有限公司
发明人：P·A·廷德尔
摘要：

一种由转动轮胎的机械能产生电力的系统和对应方法，包括压电发电装置，该压电发电装置与电能收集和调节模块相连。该压电结构优选地装配在轮胎结构中，以便当车轮组件沿地面移动时，在轮胎结构中产生电荷。压电结构的电极与电能收集和调节模块耦合，其中该电能收集和调节模块整流压电结构中的合成电流，并将该合成电流调节和存储在多级储能装置（优选为多个电容器）中。稳定电压源提供存储在发电装置中的能量，并能被用于选择性地为集成在轮胎或车轮组件中的不同的电子系统供电。一个为所公开的发电装置所使用的集成轮胎电子系统的例子对应于一个轮胎监测系统，该系统将如轮胎压力、温度和识别变量这样的信息无线传送到远程位置的接收机。

电源电路以及具有电源电路的通信设备

申请（专利）号：200380108873.4　**公开日：**2006-02-22
申请人：西门子公司
发明人：W·克鲁格
摘要：

本发明电源电路具有用于给不同部件（ATB，SYSB）供电的多个电源模块和/或诸如通信设备或者个人计算机的

电气设备的接口（ATS，USB，SELV）以及用于控制第一电源模块（SB2）的控制电路（R）。该控制电路（R）连接于不同电源模块（SB1，SB2）的以下电源输出，即在所述电源输出之间，在运行时出现最大电压差。如此配置该控制电路（R），使得当最大电压差偏离参考值时，调节第一电源模块（SB2）使该偏离减小。

电源操作电路和方法

申请（专利）号：200480004727.1　**公开日：**2006-03-22

申请人：捷讯研究有限公司

发明人：杜尚·韦塞利奇　马丁·G·A·居特里

摘要：

一种电池充电电路，包括：半导体开关（Q1），其输出连接到可再充电电池（24）；电池充电控制器（20），用于从外部源接收功率，并且将输出功率提供给便携式设备（18）和所述半导体开关的输入，所述电池充电控制器的电流输出可控；和电压传感电路（30），用于：测量所述电池充电控制器两端的压降，以及通过调制所述半导体开关以在所述压降太大时减小提供给所述可再充电电池的电流量，来对所述电池充电控制器两端的所述压降做出响应；由此，控制了由所述电池充电控制器耗散的总功率，所述便携式设备接收其操作所需的功率，而所述可再充电电池接收任何额外的可用功率。

一种可以降低一印刷电路板的电源阻抗的方法

申请（专利）号：200410086158.1　**公开日：**2006-04-26

申请人：宇力电子股份有限公司

发明人：苏柏瑞

摘要：

本发明提供一种可以降低一印刷电路板的电源阻抗的方法，其包括以下步骤：(a) 于该印刷电路板的第一层中，形成一第一金属板；(b) 于该印刷电路板的第二层中，形成一第二金属板及一第三金属板；(c) 于该印刷电路板的第一层与第二层间，形成一介电层，以隔绝该第一层与该第二层；以及 (d) 将该第二金属板电连接至与该第一及第三金属板实质上相异的电位。

收集单元与多个控制装置之间通过电源线的分组通信

申请（专利）号：200480008760.1　**公开日：**2006-05-03

申请人：麦格尼特公司

发明人：亚里安德罗·弗雷佐里尼

摘要：

一种在收集单元（5）与多个控制装置（7_i）之间借助于电源线的通信方法，每个控制装置是与至少一个电气装置（1_i）相联系。消息是在收集单元（5）与控制装置（7_i）之间交换，每个控制装置至少包含：顺序消息号（Pr_N）；接收器标识号（ID_ addressee）；信息内容和/或可执行命令部分（M4）。特定标识号（ID_ i）分配给每个控制装置和收集单元。所以，借助于所述接收器标识号，可以有选择地寻址消息到特定的控制装置。

移动通信终端的耳机麦克风电源供应装置

申请（专利）号：200510070752.6　**公开日：**2006-05-17

申请人：乐金电子（中国）研究开发中心有限公司

发明人：郑载勳　林国赞

摘要：

本发明公开了属于移动通信终端的零部件范围的一种移动通信终端的耳机麦克风电源供应装置。其包括：耳机麦克风连接部，安装于移动通信终端的机身一部分上，ADC部，与耳机麦克风连接部的一侧端子连接，检测向耳机麦克风提供的模拟的工作电压，转换为数字信号并输出；MSM部，将ADC部检测的耳机麦克风的工作电压与事先设置的基准电压进行比较，计算并输出最佳的耳机麦克风工作电压控制信号；音频编码解码器部，根据MSM部的最佳耳机麦克风工作电压控制信号生成最佳耳机麦克风工作电压，通过耳机麦克风连接部向耳机麦克风提供。因此，与耳机麦克风的配件性能无关，能够始终供应一定的麦克风电压，从而极大地提高了耳机麦克风的性能。

低烟无卤膨胀阻燃聚烯烃电源插头料及其制备方法

申请（专利）号：200510101715.7　**公开日：**2006-05-24

申请人：肖其海　肖德泉

发明人：肖其海　肖德泉

摘要：

一种低烟无卤膨胀阻燃聚烯烃电源插头料及其制备方法，它由聚烯烃树脂混合物、氮磷复合阻燃剂、分散剂、润滑剂、抗氧剂按一定的重量配比经高速混合机高速混合、双螺杆配混挤出机挤成条状，冷却切粒而得。本发明由于不含卤素和铅、镉、汞、六价铬、聚溴联苯、聚溴二苯醚等有害物质，起到了保护环境的作用。它具有密度小、断裂强度值高、流动性好、工艺性能好的特点。用其生产的插头，外观光滑、有光泽、拉伸断裂强度大、抗划痕好、非移行性好。

动态 USB 电源的系统和方法

申请（专利）号：200510118830.5　**公开日：**2006-05-31

申请人：惠普开发有限公司

发明人：A·潘迪特 R·波尔 D·拜尔恩

摘要：

动态 VBUS 电源（100）提供一种为 USB 设备动态供电的系统和方法。简言之，一个实施例是一种方法，该方法包括：判定 USB 设备何时是主设备或从设备；当 USB 设备是从设备时，利用功率单元（302）通过 USB 连接器为 USB 设备供电；而当 USB 设备是主设备时，利用 USB 设备通过 USB 连接器为第二 USB 设备供电。

电源线通讯系统的包分类和串联

申请（专利）号：200480013193.9　**公开日：**2006-06-14

申请人：松下电器产业株式会社

发明人：池田浩二 黑部彰夫 黑田刚 吉泽谦辅

摘要：

本发明的通信终端设备包括：按流类型和目的地分类包的包分类部分（103）；累加由包分类部分分类的包的包累加部分（104-107），以致基于按流类型和目的地分类的包被分开存储；基于定义流的传输质量的QoS参数确定传输开始要求的QoS控制部分（113）；确定是否满足传输开始要求的传输控制部分（108）；如果传输控制部分确定满足传输开始要求，通过并置在包累加部分中累加的包而产生帧的成帧部分（109）；发送由成帧部分产生的帧到目的通信终端设备的传输部分（110）。

电源电压转换电路及其控制方法、显示器件和移动终端

申请（专利）号：200480013583.6 **公开日**：2006-06-21

申请人：索尼株式会社

发明人：仲岛义晴 木田芳利

摘要：

本发明公开了一种电源电压转换电路，其具有大电流容量的小尺寸电荷泵电路。在用于将电源电压（VDD1）转换到电源电压（VDD2）的电荷泵DC-DC转换器（10）中，电平移位器（12）将幅度为VSS-VDD1的控制脉冲转换为幅度为VSS-VDD2的控制脉冲，该控制脉冲被用作泵浦脉冲，以利用电荷泵电路（11）的MOS晶体管（Qp11、Qn11）对快速电容器（C11）充电和放电，并且在快速电容器（C11）的输出一侧控制MOS晶体管（Qp11、Qn11）的开关。

带有改进电源范围的低功率快响应稳压器的器件与方法

申请（专利）号：200410099391.3 **公开日**：2006-07-05

申请人：中芯国际集成电路制造（上海）有限公司

发明人：罗文哲 欧阳雄

摘要：

本发明提供了一种用于调节电压电平的装置和方法。该装置包括第一晶体管和耦合到第一晶体管的第二晶体管。第一晶体管被配置成接收参考电压，而第二晶体管被配置成接收反馈电压并产生第一电压。第一电压与参考电压和反馈电压之间的差相关联。此外，该装置包括第三晶体管，第三晶体管耦合到第二晶体管，并且被配置成从第二晶体管接收第一电压并至少响应于该第一电压而产生一个输出电压。此外，该装置包括第四晶体管和第一电流产生系统，其中第四晶体管耦合到第三晶体管，并且被配置成从第三晶体管接收输出电压并产生反馈电压，第一电流产生系统通过至少一个节点耦合到第四晶体管。

带有自举存储器电源的高性能寄存器文件和相关方法

申请（专利）号：200510124662.0 **公开日**：2006-07-12

申请人：国际商业机器公司

发明人：拉吉维·V.·约施 阿兹·巴维纳加瓦亚

摘要：

多端口寄存器文件，包括一个或多个多端口寄存器文件的集成电路（IC）芯片，以及从多端口寄存器文件读取数据的方法。给多端口寄存器文件中的存储锁存器的电源被选择性自举到在存取的过程中的电源电压之上。

包括可再充电电池组和附接装置的电源系统

申请（专利）号：200510124966.7 **公开日**：2006-07-12

申请人：贝尔金公司

发明人：索本·纽 约翰·沃兹沃思 伊恩·辛克莱尔 杰夫·迈耶斯 奥利弗·D·塞尔

摘要：

一种能够给具有第一电池的电子设备供电的电源系统，包括电池组（100）和附接装置（300）。该电池组包括：具有至少第一凹槽（221）的壳体（110）；壳体内的第二电池；以及下列电路中的至少一个：第一电路（500），其能够基于电子设备的耗电等级，动态改变提供给第二电池的充电电流；第二电路（600），其能够根据电池组的状态在再充电状态和非再充电状态之间动态地切换电子设备。该附接装置包括：框体（310）；从框体突出的延伸部（350）；附接件（461），适合于与凹槽一起工作，从而将电池组和附接装置相互附接并附接到所述电子设备。

具备电源接入部的充电器

申请（专利）号：200510104819.3 **公开日**：2006-07-19

申请人：乐金电子（中国）研究开发中心有限公司

发明人：朴成周

摘要：

本发明公开了一种具备电源接入部的充电器。包括：机身，内部设置有柔性印刷电路板，而且在一侧设置了可以支撑电池的电池收容部；电源接入部，位于上述电池收容部的一侧并根据上述电池收容部里是否放入电池，有选择地接入电源。继而提供了一种具备电源接入部的充电器，其只有在把电池放入充电器上时才会接入电源，因此可以避免由于用户的不注意而发生的触电事故。

电流检测电路及电源装置、电源系统、电子装置

申请（专利）号：200510129441.2 **公开日**：2006-07-19

申请人：株式会社日立制作所

发明人：丸直树 山村英穗 西须浩二 大前重雄

摘要：

本发明涉及电流检测电路、使用了电流检测电路的电源装置、使用了电流检测电路的电源系统、和使用了电流检测电路的电子装置。在对开关电源电路的输出电流进行检测的电流检测电路中，可以进行电源的输出电流方向的检测，从而在负载变动时或并联运转时的电源动作振动或发散的动作不良问题得以解决，以实现稳定动作。通过使用具有与变换器电路同步动作的多个开关元件S1～S4的电流检测电路（8），可以检测输出电流I2的电流

方向。

隔离、跟随无冲击主、备电源切换的数控稳压电源电路结构

申请（专利）号：200510022538.3　**公开日：**2006-07-26

申请人：江苏省电力公司无锡供电公司

发明人：何有钧　郑君立

摘要：

本发明涉及一种无冲击主、备电源切换的数控稳压电源电路结构，具体地说是用于1000W/220V备用电源及时跟随主电源，其主要采用交直流电源变换模块输入端连接市电，输出端分别连接直流直流电源变换模块，直流直流电源变换模块连接防反向击穿连接组合电路，光耦、推动和继电器控制电路连接主、备电源取样电路及隔离、跟随、数控稳压电源主电路，调正输出电压。它能满足变电站或发电厂直流系统的需要和其它需要高电压大电流，能自动跟随并具有隔离功能无冲击切换的高精度稳压电源场合；生产现场急需在直流系统正常运行时，能对直流系统绝缘进行监测，在排除直流系统接地故障时，能无冲击地把故障点切换，将故障点与主电源隔离开来。

利用电源岛管理集成电路上的功率

申请（专利）号：200480019586.0　**公开日：**2006-08-16

申请人：睦塞德特拉华公司

发明人：巴里·艾伦·赫贝曼　丹尼尔·L·希尔曼

摘要：

公开了一种利用电源岛管理集成电路上的功率的系统和方法。该集成电路包括多个电源岛，其中在电源岛的每一个中独立控制功率消耗。功率管理器确定电源岛之一的目标功率电平。功率管理器然后确定将电源岛之一的消耗功率电平改变到目标功率电平的动作；功率管理器将电源岛之一的消耗功率电平改变到目标功率电平的动作。

多电源电压半导体器件

申请（专利）号：200480020947.3　**公开日：**2006-08-30

申请人：日本电气株式会社

发明人：野村昌弘

摘要：

公开了一种多电源电压半导体器件，包括多个模块（31、32）（其中每个模块具有独立的时钟电路41、42）并且以可变电源（101）工作，其中，向从时钟发生器电路（10）提供给数个模块（32）的时钟信号提供可变延迟电路（20），该可变延迟电路根据可变电源（101）的电压值改变延迟量。即使可变电源（101）的电源电压改变，这也可以减小模块之间的时钟偏移。

电源装置、其用状态检测装置及其中用初始特性提取装置

申请（专利）号：200610007171.2　**公开日：**2006-09-20

申请人：日立汽能源株式会社

发明人：河原洋平　江守昭彦　山内修子　高桥广考　志田正实　工藤彰彦

摘要：

本发明涉及一种为了进行蓄电机构的状态检测，通过逐次校正必需的特性信息，而能够进行高精度的蓄电机构的状态检测的状态检测装置以及使用该装置的恶化判断装置、初始特性提取装置。计测机构（300）取得蓄电机构（200）的至少电流、电压、温度来作为计测值。运算机构（110）使用计测值与存储机构（130）中所保存的蓄电机构的特性信息，进行蓄电机构的状态检测。矛盾检测机构（120），在通过运算机构（110）所求出的状态检测的结果为变化超过给定阈值的情况下，以及相对计测机构（300）所取得的计测值反转的情况下，检测为偏离了理论值的矛盾。校正机构（140）对应于矛盾检测机构（120）所检测出的矛盾，校正存储机构（130）中所保存的特性信息。

用于避免多电源输入/输出的瞬态短路电流的上电解决方法

申请（专利）号：200510024850.6　**公开日：**2006-10-04

申请人：中芯国际集成电路制造（上海）有限公司

发明人：俞大立　程惠娟

摘要：

一种避免瞬态短路电流的技术。集成电路包括具有第一电源电压电平的第一节点。第一电平移动电路连接在第一节点和第一路径之间。第二电平移动电路连接在第一节点和第二路径之间。第一路径包括偶数个反相器级而第二路径包括奇数个反相器级。第一和第二电平移动电路以第二电源电压电平输出信号。集成电路还包括串联在第二节点和参考电压之间的PMOS晶体管和NMOS晶体管，第二节点具有第二电源电压电平。PMOS晶体管的栅极连接到第一路径并且NOMS晶体管的栅极连接到第二路径。在上电期间，当所述第二节点在所述第一节点之前加电时，连接在PMOS和NMOS晶体管之间的I/O焊盘具有高阻抗。在另一具体实施例中，第一和第二路径的反相器级可以分别被替换为上拉或下拉电路。

音频消息传送片及其制造方法以及电源电路

申请（专利）号：200480024907.6　**公开日：**2006-10-11

申请人：凸版资讯股份有限公司

发明人：伊势谷之彦　冈田贵章　清水秀郎　井手义章　福田泰弘　山上刚 花泽文浩 山崎晃

摘要：

能够记录/再现音频信息的音频信息记录/再现部分从前和背面仅在支撑片的部分区域中被夹在两个支撑片之间，这两个支撑片进一步被夹在两个表面片之间，并且将支撑片和表面片接合在一起。

一次侧控制的切换式电源调整器

申请（专利）号：200610078095.4　**公开日：**2006-10-18

申请人：崇贸科技股份有限公司

发明人：杨大勇 郑培璇

摘要：

本发明是关于一种一次侧控制的切换式电源调整器，其包含一变压器，变压器设置有一一次侧绕组与一辅助绕组，一次侧绕组与辅助绕组分别耦接正、负供电轨；一开关，其与一次侧绕组和辅助绕组相串联，用于切换变压器；一控制电路，其耦接开关与辅助绕组，产生一切换讯号以切换开关与调整切换式电源调整器的输出；一供应电容，其耦接控制电路而供应电源至控制电路；一二极体，其耦接负供电轨与供应电容。辅助绕组具有一漏电感，其在开关导通时储存一储存能量，当开关截止时，漏电感经由二极体释放储存能量至供应电容。本发明的变压器与开关的设置方式可增进切换式电源调整器的效能并可降低电磁干扰。

用于供应电源的装置

申请（专利）号：200610080394.1 **公开日：**2006-11-22

申请人：LG电子株式会社

发明人：禹景敦 金学洙

摘要：

本发明涉及用于向第一显示装置和第二显示装置供应特定电源的装置。该电源供应装置包括升压电路，升压检测电路以及输出选择电路。升压电路提升电池电压。升压检测电路检测提升的电池电压，并且向该升压电路发送检测结果。输出选择电路连接至升压电路和升压检测电路，并且有选择地向第一显示设备与第二显示设备提供提升的电池电压。该装置向第一显示装置和/或第二显示装置提供特定电压，并且从而可降低采用这些显示装置的双面板装置的尺寸。

无线终端机的电源骤降

申请（专利）号：200480030677.4 **公开日：**2006-11-29

申请人：高通股份有限公司

发明人：康殷叶 卡蒂科扬·埃蒂拉扬

摘要：

本发明揭示一种用于一调制解调处理器的集成电路，其包括若干被划分成“始终接通式”电源域及“可骤降式”电源域的处理单元。一始终接通式电源域一直通电。一可骤降式电源域则可在不需要使用所述电源域中的处理单元时断电。一始终接通式电源域内的一电源控制单元使所述可骤降式电源域在进入休眠后断电并在这些域自休眠中唤醒后对其加电。用于将所述可骤降式电源域断电的任务可包括①保存这些电源域的相关硬件寄存器；②冻结所述IC的输出引脚以最低程度地干扰外部单元；③对所述骤降的电源域的输入引脚进行箝位；④将一主振荡器断电并停用振荡器时钟等等。对所述骤降的电源域加电时执行互补的任务。

气体绝缘高压柜引入第二路操作电源的方法

申请（专利）号：200510026496.0 **公开日：**2006-12-13

申请人：中芯国际集成电路制造（上海）有限公司

发明人：刘政 金永军 施冬娟

摘要：

气体绝缘高压开关柜（GIS）第二路操作电源引入方法，包括：步骤1，检查35kV SF6气体绝缘高压开关柜直流操作电源1的容量，确认10kV真空断路器的操作电源2容量是否足够；如果是，则确认10kV真空断路器的操作电源2可以作为气体绝缘高压开关柜第二直流操作电源2；步骤2，气体绝缘高压开关柜（GIS）柜直流操作电源1与10kV真空断路器的操作电源2之间安装一个双电源自动切换开关3，气体绝缘高压开关柜（GIS）柜直流操作电源1直流屏回路出现故障时，双电源自动切换开关3自动切换到10kV真空断路器的操作电源2回路，并同时报警。

自备电源的便携式电动成套工具

申请（专利）号：200480034143.9 **公开日：**2006-12-20

申请人：佩朗股份有限公司

发明人：R·佩朗

摘要：

一种诸如整枝剪、锯、水果采集工具、剪草机、灌木铲除机、篱笆裁剪器、冲击扳手、风镐的自备电源的便携式电动成套工具，包括至少三个不同功能的子系统，即通过电致动器使工具产生机械动作的第一子系统、形成该成套工具的电能源并且主要包括可充电的电化学电池组的第二子系统、可对第二子系统的电化学电池组进行充电的第三充电器子系统，其特征在于第一子系统至少在工具使用期间通过柔性电线与第二子系统相连；并且可自动和/或由操作人员随意切断构成第一子系统的电致动器的供电，第二子系统是便携式的，它一方面包括由均包括一个元件或多个并联元件的电池串联连接而形成的锂离子或锂聚合物电池组，另一方面包括一个或多个用于控制和/或管理电池组的电气或电子模块，这些模块处在所述电池组附近，第三充电器子系统包括至少一个供电电源，该供电电源的电压和电流能够对锂离子或锂聚合物电池组进行充电，该第三子系统通过可断开的柔性电线与第二子系统电连接。

用来提供电源的设备

申请（专利）号：200610089968.1 **公开日：**2006-12-20

申请人：LG电子株式会社

发明人：禹景敦

摘要：

本发明涉及一种用来提供电源的设备，用于向多个显示装置提供电源。该用来提供电源的设备包括升压电路和电压调节电路。该升压电路配置将电池电压提升到第一电压，并将该第一电压提供到第一显示装置。该电压调节电路把第一电压调节到第二电压，并将该第二电压提供到第二显示装置。该设备向第一显示装置提供升压电路输出的电压，通过电压调节电路降低该电压，然后把降低的电压提供到第二显示装置。换句话说，本发明的该设备可以向多个显示装置分别提供大小不同的电压。

电源管理的方法与系统

申请（专利）号：200510078393.9　**公开日**：2006-12-27

申请人：纬创资通股份有限公司

发明人：李俊达　周哲明

摘要：

本发明披露了一种电源管理的方法与系统。本发明的系统可应用于计算机（例如笔记型计算机）之内，本发明的方法是通过智能型电池所提供的电流数据与温度数据为依据，并通过控制器对处理器发出指令，使得处理器执行计算机程序，进一步控制电子组件的工作频率，以实现控制系统的耗电。

2007 年公开

电源装置以及使用其的设备

申请（专利）号：200480036815.X　**公开日**：2007-01-03

申请人：松下电器产业株式会社

发明人：木崎富二夫　辻常生

摘要：

电源装置，包括具有第一线圈和第二线圈的变压器，通过使用变压器的第一线圈而产生自激振荡并为第一线圈提供振荡电压的振荡电路，将第二线圈输出的 AC 电压转换为 DC 电压并输出 DC 电压的整流电路，用以输出从整流电路输出的 DC 电压的第一和第二输出端子，以及连接于整流电路的第一和第二输出端子的二极管，使得二极管的极性与 DC 电压的极性相反。第一和第二输出端子连接到所带电荷为极性与 DC 电压相反的负载。该电源装置可以不使用具有高齐纳电压的齐纳二极管而容易地启动。

一种电磁式电源总开关

申请（专利）号：200610052142.8　**公开日**：2007-01-17

申请人：张宇群

发明人：张宇群

摘要：

本发明涉及一种电磁式电源总开关，外壳组件固接于支架上，外壳组件内设有底座总部件、触头总部件、法兰盘、线圈组件、铁芯、垫板，其中法兰盘设于线圈组件顶部，触头总部件设于法兰盘上，底座总部件罩于触头总部件上方，且其底部周缘与法兰盘相接，且相接之处设有密封圈，铁芯装于线圈组件内，线圈组件底部设有套于线圈组件的垫板，铁芯、垫板与外壳组件的底面之间设有铜垫。铜垫安装在线圈组件内并紧贴于垫板，具有隔磁、抗干扰作用。本发明的有益效果是：由于增加了垫板部件，使得磁力线聚集到铁芯的中心位置，增加了电磁吸力；增加了铜垫部件，具有隔磁、抗干扰作用。由于降低线圈工作电流，因此性能可靠，质量稳定，使用寿命长。

一种控制开关电源控制电路

申请（专利）号：200610089519.7　**公开日**：2007-01-17

申请人：北京中星微电子有限公司

发明人：尹航

摘要：

本发明公开了一种电流峰值调制装置，与以往技术不同的是，该装置在电流反馈回路中添加了一个高通滤波器用来滤除电流反馈信号中的低频部分，从而提高电路在低电压下的负载能力并且在高频下缩短了负载变化的相应时间。

存储器系统分段电源供应和控制

申请（专利）号：200480039414.X　**公开日**：2007-01-24

申请人：英特尔公司

发明人：R·M·艾利斯　S·R·穆尼　J·T·肯尼迪

摘要：

一种存储器装置，具有存储器单元，给所述存储器单元提供高于提供给存储逻辑的独立功率的独立电压功率，并且该存储器装置具有低功率状态，该低功率状态要求从所述逻辑的至少一部分移除功率，以使维护所述存储器单元中的内容的刷新操作继续进行，但是到所述存储器装置的接口的至少一部分被断电以降低功率消耗。

移动通信终端的电源控制装置及方法

申请（专利）号：200610091088.8　**公开日**：2007-01-31

申请人：乐金电子（中国）研究开发中心有限公司

发明人：具真谟

摘要：

本发明涉及移动通信终端的电源控制装置及方法。本发明针对带有重力感知传感器的移动通信终端，其特征在于：如果从重力感知传感器输出的感知信号是向终端的显示部侧方向感知重力的信号，且在预先设置的既定时间内无重力方向的变化，则以睡眠模式进行动作。从而当确认终端未使用时，可实现电源消耗最小化。

具有集成去耦元件的电源连接器

申请（专利）号：200610125725.9　**公开日**：2007-02-07

申请人：蒂科电子公司

发明人：布伦特·R·罗瑟梅尔

摘要：

电源连接器（100）由外壳（102）和安装在该外壳中的电薄片（104）组成。薄片包括在第一侧（162）和第二侧（164）之间具有厚度（T）的介电材料（160）。第二侧与第一侧相对并基本上与第一侧平行。电源迹线（170，172，174）位于薄片的第一侧上，接地迹线（200）位于薄片的第二侧上。电源迹线至少部分与接地迹线重叠，且介电材料的厚度使得电源迹线和接地迹线形成去耦电容器，从而减小通过连接器发射的功率波动。

用于电源开关器件的隔离式栅极驱动器电路

申请（专利）号：200510120060.8　**公开日**：2007-02-07

申请人：美国芯源系统股份有限公司

发明人： 金相顺 陈伟

摘要：

本发明公开了隔离式栅极驱动器电路的实施例，该隔离式栅极驱动器电路用于驱动半桥和全桥电源转换器拓扑的高压侧和低压侧开关器件。所公开的电路可以提供足够的空载时间，在宽范围的占空比上工作，并且需要单个电源（Vcc）。这种电路的典型应用包括冷阴极荧光灯（CCFL）逆变器，通过高压 DC 轨对该 CCFL 逆变器供电。

用于车辆的电源装置及其控制方法

申请（专利）号： 200610115405.5 **公开日：** 2007-02-14

申请人： 丰田自动车株式会社

发明人： 中村诚 及部七郎斋 矢野刚志

摘要：

一种用于车辆的电源装置，其包含：起第一电存储装置作用的电池；起第二电存储装置作用的电池；驱动车轮的电动发电机；选择开关，该开关选择所述第一电存储装置与所述第二电存储装置中的一个，并将所述选择的电存储装置连接到所述第一旋转电机；以及控制装置，该装置根据所述第一电存储装置与所述第二电存储装置中每一个的充电状态，对所述选择的电存储装置进行控制。在所述选择开关选择所述第一电存储装置的情况下，当进行充电、使得所述第一电存储装置的所述充电状态变为高于第一规定等级时，所述控制装置指示所述选择开关选择所述第二电存储装置。

具有撷取电源电压的装置的电感耦合读取器

申请（专利）号： 200610111805.9 **公开日：** 2007-02-28

申请人： 英赛康特雷斯公司

发明人： 布鲁诺·查拉 米契·马丁 奥立佛·卡隆

摘要：

本发明涉及一种在外部交流磁场（FLD2）存在的情况下，用于供应电源供应电压（Vccr）给在被动操作模式下的非接触式集成电路读取器（RD1）的方法，上述读取器包含实质上调整至工作频率（F0）的天线电路（ACT）。根据本发明，上述方法包含在上述天线电路（ACT）内利用上述外部磁场（FLD2）去除在上述天线电路内感应的交流电压（Vcd）的步骤，以及将上述感应电压整流来供应辅助供应电压（Vccr）的步骤。

小型电源模块及其组装方法

申请（专利）号： 200510037002.9 **公开日：** 2007-03-07

申请人： 徐晓宁

发明人： 徐晓宁

摘要：

本发明涉及一种小型电源模块及其组装方法，该装置包括多个电源部件、固定装置、叠置的 PCB 板例如玻璃纤维基板和底板。固定装置将电源部件中的开关管等发热元件或需经常维护元件可拆卸地安装在底板上。因此，本发明可以避免在维护或更换这些零件时造成 PCB 板上零件的二次损坏，并且可大大提高散热效果。

电源的 dv/dt 检测过电流保护电路

申请（专利）号： 200580007738.X **公开日：** 2007-03-14

申请人： 卢特龙电子有限公司

发明人： R·L·布拉克

摘要：

一种用于功率开关晶体管的过电流保护电路，其中，上述功率开关晶体管具有控制电极和两个主电极，且上述电路包括一种包括保护开关的电路，该电路用于检测所述功率开关晶体管的所述主电极之一处的电压随时间的变化速率，并在该变化速率超出预定值时，控制上述保护开关来将控制信号送至上述功率开关晶体管的控制电极，以便关断上述功率开关晶体管。

降低功耗的自适应电源系统与方法

申请（专利）号： 200510029767.8 **公开日：** 2007-03-21

申请人： 中芯国际集成电路制造（上海）有限公司

发明人： 罗文哲 欧阳雄 陈锋

摘要：

一种用于自适应提供电源电压的系统与方法。该系统包括振荡器，振荡器被配置接收输出电压并产生第一信号。第一信号与第一频率和第一周期相关联。此外，该系统包括：频率比较器，频率比较器被配置成接收与第一频率相关联的第一信号和与第二频率相关联的第二信号，以及在第一频率和第二频率不相等的情况下产生第三信号；以及调压器，调压器耦合到频率比较器，并且被配置成至少基于与第三信号相关联的信息产生输出电压。输出电压由电动系统接收，并且电动系统被配置成接收与时钟频率相关联的时钟信号。时钟频率与第二频率相等。

用于向片上系统提供自适应电源的系统与方法

申请（专利）号： 200510029766.3 **公开日：** 2007-03-21

申请人： 中芯国际集成电路制造（上海）有限公司

发明人： 罗文哲 欧阳雄 陈 锋

摘要：

一种用于自适应提供电源电压的系统与方法。该系统包括：输入/输出子系统，被配置成接收第一电压；模拟子系统，被配置成接收第二电压且耦合到输入/输出子系统；第一数字子系统，被配置成接收第三电压且耦合到输入/输出子系统；以及第二数字子系统，被配置成接收第四电压且耦合到输入/输出子系统、第一数字子系统和模拟子系统。此外，该系统包括：第一自适应电源，被配置接收输入电压以及产生第三电压；以及第二自适应电源，被配置接收所述输入电压以及产生第四电压。

开关式电源中故障检测的方法和装置

申请（专利）号： 200610110882.2 **公开日：** 2007-03-28

申请人： 电力集成公司

发明人： S·鲍尔勒 W·M·波利夫卡

摘要：

公开了一种检测开关式电源中反馈电路故障的技术，此时电源运行在一种输出低于调节值的模式。电源在没有反馈信号时传送给定的开关频率下的最大功率，同时输出低于调节值。如果没有反馈信号的时间持续达到故障时间，故障保护电路充分地减少平均输出功率。当没有反馈信号时，电源通过在故障时间结束之前增加开关频率来增加最大输出功率，以使输出增加到调节值。当输出达到调节值时，反馈信号的存在恢复原始的开关频率并使输出返回到未调节值。在故障时间结束时，反馈信号的缺失使故障保护电路充分地减少输出功率。

混合动力车辆用的一体化电源控制平台

申请（专利）号：200610137882.1　**公开日：**2007-04-11

申请人：北京理工大学

发明人：张承宁　曹磊　李军求

摘要：

本发明公开了一种混合动力车辆用的一体化电源平台，属于混合动力车辆的能量管理技术领域，适用于大功率驱动的混合动力车辆，尤其是混合动力客车和混合动力军用车辆。为解决目前混合动力车辆的车载电源多、能量效率低的缺点，本发明旨在提供一种多电源集成优化设计、集中布置冷却的统一电源平台。该电源平台分别由①斩波器、②逆变器1、③逆变器2、④逆变器3、⑤功率电子开关、⑥能耗制动开关、⑦能耗制动电阻、⑧整流逆变一体化装置和⑨直流母线组成。本发明的统一电源平台的电源工作效率高、散热效果好，而且一体化电源的体积、质量有所减小，有利于改善车内空间布置和改善电源冷却。

电源装置

申请（专利）号：200610127660.1　**公开日：**2007-05-09

申请人：富士通将军股份有限公司

发明人：田口泰贵　一木敏　金原弘幸

摘要：

本发明的课题是提供一种电源装置，其在大电流领域内也不增加电抗器电感即可去除电源谐波限制。在将输入电源（1）变换为直流电压，由升压斩波电路（3）获得负载（4）的电压时，开关升压斩波电路（3）的开关元件（3c），经由电抗器（升压扼流圈）（3a）短路来改善功率因数。这时，控制该电源装置的控制部（13）利用交流电源半周期中的前半部分的区间中，由输入电流检测部（10）得到的检测输入电流、和从电流波形中减少规定次数的谐波成分后的模型化波形的电流指令值的比较结果，开关该开关元件（3c）。

熔化电极电弧焊接电源的输出控制方法

申请（专利）号：200610143240.2　**公开日：**2007-05-16

申请人：株式会社大亨

发明人：上园敏郎　惠良哲生

摘要：

本发明的目的在于，在根据焊接电压 v 控制焊接电源的输出的熔化电极电弧焊接电源的输出控制方法中，抑制因电弧阴极点的形成位置的游移所引起的焊接电压中叠加有异常电压从而导致焊接状态变得不稳定。本发明是一种熔化电极电弧焊接电源的输出控制方法，将焊接电流 i 的全部通电范围细分为多个电流区域 CZ，在这些电流区域 CZ 的每一个中设定基准焊接电压值 V_c，在每一个微小周期检测出焊接电流 i 与焊接电压 v，通过该焊接电流检测值选择适合的上述电流区域 CZ，以该所选择的电流区域 CZ 的上述基准焊接电压值 V_c 为中心值计算出变动范围 $V_c \pm \Delta V_c$，将上述焊接电压检测值限制在该变动范围内，计算出焊接电压限制值 V_f，根据该焊接电压限制值 V_f 控制焊接电源的输出。

包括电路的机动车辆的车轮拱板以及包括车轮拱板和电源装置的组件

申请（专利）号：200580021587.3　**公开日：**2007-06-06

申请人：米其林技术公司　米其林研究和技术股份有限公司

发明人：M·蒂皮尼耶　C·让代

摘要：

本发明涉及一种机动车辆（10）的车轮拱板（18），包括完全包含在车轮拱板（18）的3mm 近区（26）内的闭合电路（20）。本发明还涉及一种组件，该组件包括车轮拱板和用于电路的电源装置。

包括在时钟信号频率操作的电荷泵型升压电路的电源装置

申请（专利）号：200610163646.7　**公开日：**2007-06-06

申请人：恩益禧电子股份有限公司

发明人：藤原博史

摘要：

在一种电源装置中，包括电荷泵型升压电路，适于执行待用操作以将升压电容器充电一电源电压，并执行升压操作以升压所述升压电容器的所充电电压，并且放电所述升压电容器的所升压的充电电压到平滑电容器，由时钟信号和所述时钟信号与所述电荷泵型升压电路的输出电压的负反馈控制信号之间的 AND 逻辑信号控制所述升压操作。所述负反馈控制信号是脉冲宽度调制信号，使得所述 AND 逻辑信号的频率总是与所述时钟信号的频率相同。

移动终端闹钟电源管理方法与系统

申请（专利）号：200510126310.9　**公开日：**2007-06-13

申请人：乐金电子（中国）研究开发中心有限公司

发明人：田海燕

摘要：

本发明涉及一种移动终端闹钟电源管理方法，包括如下步骤：实时地获取当前电源电量值；将所述当前电源电量值与闹铃必需的电量值进行比较；设定该移动终端在电源电量等于所述闹铃必需电量值时，自动关机或发出警告信号。本发明可以有效提高手机闹钟功能的可靠性，在电量不足时拒绝设定闹钟，确保已设定的闹钟适时启动，存在闹钟失效可能性时对用户进行提示。

计算机电源管理装置及方法

申请（专利）号：200510132997.7 **公开日：**2007-07-04

申请人：联想（北京）有限公司

发明人：李欣

摘要：

本发明提供一种计算机电源管理装置及方法。该装置包括检测单元、判断单元、计算机控制单元。其中，所述检测单元用于检测用户是否位于计算机前，并将检测结果发送到判断单元；所述判断单元用于获取操作系统的状态，并根据操作系统的状态和检测单元发送过来的用户状态，发送相应控制信号到计算机控制单元；所述计算机控制单元，用于接收判断单元发送过来的控制信号，仅当所述控制信号为有效控制信号时，对计算机进行相应操作，使计算机进入用户设定的电源管理模式。本发明的装置及方法，让用户方便的操作计算机的同时，又能达到省电的目的。

开关电源装置和用于该开关电源装置的半导体装置

申请（专利）号：200610160465.9 **公开日：**2007-07-11

申请人：松下电器产业株式会社

发明人：八谷佳明

摘要：

本发明的目的在于提供一种能够同时实现小型化和进一步降低噪声的开关电源装置。变压器的初级线圈串联连接开关元件；在次级线圈上连接整流/滤波电路；在辅助线圈上连接有波形整形电路。从变压器的初级线圈和开关元件的连接节点供给执行开关元件的导通/截止控制的控制电路的工作电压。控制电路包含：输出电压检测电路，从波形整形电路的输出电压中获取与整流/滤波电路的输出电压成比例的反馈电压，生成用于开关元件的 PWM 控制的信号；和谷底检测电路，从波形整形电路的输出电压中检测出铃流电压的谷底电平；利用在控制电路中内置的振荡器的输出信号或谷底检测电路的输出信号中的任何一个，使开关元件从截止变为导通。

用于质谱仪的 RF 电源

申请（专利）号：200580026924.8 **公开日：**2007-07-18

申请人：萨默费尼根有限公司

发明人：A·A·马卡洛夫 E·V·丹尼索夫 A·霍洛弥夫

摘要：

本发明提供了一种用在质谱仪中的射频（RF）电源。该电源将 RF 信号提供给存储设备的电极，以创建俘获场。这种离子存储设备通常用于在将离子喷射到接下来的质量分析器之前先存储离子。该 RF 场通常在离子喷射之前就消失了。本发明提供的 RF 电源包括：RF 信号源；线圈，用于接收由 RF 信号源提供的信号，还用于将输出 RF 信号提供给离子存储设备的电极；以及分路，它包括用于在第一“开”位置和第二“关”位置之间进行切换的开关，在第二“关”位置分路使线圈输出短路。

电源开关的控制

申请（专利）号：200580025914.2 **公开日：**2007-07-18

申请人：三多尼克爱特克两合股份有限公司

发明人：斯蒂芬·朱戴尔-科赫 霍斯特·科诺德根

摘要：

根据本发明，通过包含如下步骤的方法，可以实现用于装置供电的电源开关（1）的经过调整的控制：至少在开关过程的一段时期内，针对流过电源开关（1）的电流和/或施加在电源开关（1）处的电压确定一设置特性；在开关过程期间对流过电源开关（1）的电流和/或施加到电源开关（1）的电压的实际特性进行测量（4、5）和反馈（3），以及对电源开关（1）的控制进行调整（9），从而使所述实际特性基本上对应所述设置特性。

一种用于爆炸物的近爆引信电源材料及其制备方法

申请（专利）号：200610114420.8 **公开日：**2007-08-15

申请人：北京有色金属与稀土应用研究所

发明人：刘文龙

摘要：

一种用于爆炸物的近爆引信电源材料，其为海绵钙原料经熔炼、铣面及反复轧制、退火制成的金属材料钙带箔。该材料的制备方法如下：将海绵钙原料放入坩埚内，再放入熔炼炉内，将模具放入炉内对好浇铸口，用卡具固定好坩埚；接真空系统将炉内抽真空 20～40 分钟后，充 Ar 气至压力为 0.5～1.5atm；将炉体吊入碳矽棒炉内，通电、升温，随时调整气压以保持在 1atm；炉温升至 850℃～1000℃时，将炉体吊出，倾炉浇铸；浇铸完后，风冷降温 15～30 分钟，铸锭锭坯为 100℃以下出炉；取出浇铸好的金属 Ca 锭坯切头、铣面，制成金属 Ca 锭坯板；开坯，将锭坯板轧成 8.0mm 厚；反复轧制，最终制成 0.6mm，切边；将制得的金属 Ca 板轧制成品要求尺寸的金属钙箔，按宽度要求切边、分条。

鉴别电源的方法和装置

申请（专利）号：200610167562.0 **公开日：**2007-08-15

申请人：电力集成公司

发明人：D·J·贝利 B·巴拉克里斯南

摘要：

公开了一种可以被鉴别的电源。一种根据本发明的各个方面的装置包括电子产品的外部电源，该电源用编码信息调制其输出，以识别上述产品的电源。

单独运行检测方法、检测装置及其控制装置和分散型电源

申请（专利）号：200710001653.1 **公开日：**2007-08-15

申请人：欧姆龙株式会社

发明人：马渕雅夫 坪田康弘 丰浦信行 冈诚治
细见伸一 加藤匡也 今村和由

摘要：

本发明的目的在于不进行无用动作便能够实现单独运行的高速检测。具有：第1步骤，对电力系统注入功率变动；第2步骤，计测系统周期；第3步骤，根据上述计测，在本次的系统周期比它之前的系统周期增加时，在系统周期进一步增加的方向上，校正上述功率变动的注入，在本次的系统周期比它之前的系统周期减少时，在系统周期进一步减少的方向上，校正上述功率变动的注入；第4步骤，基于最近的系统周期与已过去即定系统周期的系统周期之间的偏差，生成最近的系统周期的变化图形；以及第5步骤基于上述变化图形，判定单独运行。

集成电路用电源保护电路

申请（专利）号：200610172093.1　**公开日：**2007-09-12

申请人：株式会社日立制作所

发明人：松本昌大　山田雅通　中野洋　半泽惠二　佐藤亮

摘要：

在保持与电涌保护电路和逆接保护电路同样的功能的状态下，能够实现可降低成本的集成电路用电源保护电路。作为集成电路用电源保护电路的一部分的误差放大电路（2）以集成化方式配置在集成电路（1）的内部，并且将集成电路用电源保护电路的另一部分即晶体管（11）作为与集成电路（1）独立的元件配置。集成电路（1）包括处理传感器（16）的信号的传感器信号处理电路（17）。能够通过晶体管（11）在来自电池端子（15）的电涌电压中保护集成电路（1）。在误差放大器（6）的输出端子（8）和晶体管（11）的基极端子之间配置电阻（13）进行逆接保护。另外，通过连接在电阻（13）和输出端子（8）的接点和接地之间的电阻（12），在过电压中保护集成电路（1）。在晶体管（11）的集电极和基极之间连接了起动用电阻（14）。

无断电电源装置、无断电电源系统以及关闭方法

申请（专利）号：200710085691.X　**公开日：**2007-09-12

申请人：电盛兰达株式会社

发明人：富樫藤贵

摘要：

本发明的目的在于，通过网络连接无断电电源装置和其负荷设备、并且通过该无断电电源装置被馈电的负荷设备能够适当地执行关闭处理；无断电电源装置（2、3）的通信手段（49），通过网络（5）与自行馈电的负荷设备（4）进行通信；UPS存储手段（47），存储从被通知交流电源（6）的电力异常的检测起，至负荷设备（4）开始关闭为止的等待时间；通知手段（48），在从检测出交流电源（6）的电力异常起经过相当于存储在UPS存储手段（47）的等待时间（67）的期间为止的期间内，将至关闭开始为止的剩余时间通知给通信手段（49）。

液晶显示器及其电源供应电路

申请（专利）号：200610067328.0　**公开日：**2007-09-19

申请人：奇美电子股份有限公司

发明人：陈世明　陈建智

摘要：

本发明提供一种液晶显示器及其电源供应电路，包括用以接收一交流电压的交流至直流转换器，经转换为直流电压，再由Royer转换器接收其直流电压，并输出一稳定的输出电压。除此之外，另有反馈电路，用以接收输出电压并以单一反馈控制方式，直接控制交流至直流转换器。本发明减少了多层级电路所造成的效率损耗并同时减少不必要的零组件，而所使用的单一反馈控制方式，亦免去了需配合DC-DC转换器的反馈控制方式，进而提高整体反馈控制的稳定度。

供应直流电源的装置和方法

申请（专利）号：200610127473.3　**公开日：**2007-09-19

申请人：LG电子株式会社

发明人：林善京　金大铉　金学原

摘要：

一种供应直流电源的装置和方法，其能够通过增加和减小负载变化所需的能量来补偿输入电源的功率因数，该装置包括：输入电流检测单元，用于检测输入电流量，以确定负载大小；开关控制单元，用于基于所确定的负载大小输出开关控制信号，以补偿输入电源的功率因数；滤波/整流单元，用于减少输入电流的谐波，并对输入交流电压进行整流；功率因数补偿单元，用于基于该开关控制信号将所充入的能量供应至负载；平滑单元，用于将整流的输入交流电压平滑为直流电压；及逆变器，用于将平滑后的直流电压转换为交流电压，并输出转换得到的交流电压以驱动负载。由此，尽管负载增大，也能够满足功率因数补偿标准，并通过使用低容量的电抗而能够降低制造成本。

电源顺序控制电路

申请（专利）号：200610034422.6　**公开日：**2007-09-26

申请人：佛山市顺德区顺达电脑厂有限公司　神达电脑股份有限公司

发明人：沈瑞隆　胡毓松

摘要：

本发明揭示了一种电源顺序控制电路，其包括稳压模块电路、降压模块电路、延时模块电路，其可替代原先计算机服务器系统启动时之电源顺序控制电路。该电源顺序控制电路采用一些小包装零件及逻辑控制器，电路结构简单且降低了成本，可大大提高该计算机服务器系统的性价比。

电源单元的控制电路、电源单元及其控制方法

申请（专利）号：200610140930.2　**公开日：**2007-09-26

申请人：富士通株式会社

发明人：小泽秀清　中村享

摘要：

本发明公开了一种电源单元的控制电路、电源单元及

其控制方法。为了提供能够根据来自外部的指令灵活地设置和调节输出电压的电压值的电源单元的控制电路、电源单元及其控制方法，提供了用于将从外部输入的第一电压设置信息调节为实际电压信息的电压调节部分AD，并且基于从电压调节部分AD中输出的实际电压信息控制电源单元的输出电压的电压值。即使被设置为作为供电目的地的外部设备的输出电压的关于电压设置的信息不同于实际需要的电压值，通过灵活地调节实际电压信息，从外部输入的第一电压设置信息也使得所需要的输出电压能够被建立。

电源系统和具有其的传感器系统

申请（专利）号：200710135999.0 **公开日：**2007-09-26

申请人：日立麦克赛尔株式会社

发明人：喜多房次

摘要：

在利用自然能量对二次电池充电的电源系统中，通过最佳化二次电池的充电控制，能防止二次电池的劣化，供应长期稳定的电源。监视装置（1）具有二次电池（10）和包含利用太阳电池（7）对上述二次电池（10）充电，测定太阳电池（7）的发电量和二次电池（10）的温度中的至少一方，当测定值在所规定设定值以上时，实施二次电池（10）的充电电压提高和充电电流增加中的至少一方的二次电池充电电路（6）的电源系统，适用于防范系统等中。

电源控制装置

申请（专利）号：200710007219.4 **公开日：**2007-09-26

申请人：株式会社日立制作所

发明人：城学 江守昭彦 河原洋平 铃木优人

摘要：

一种电源控制装置，蓄电机构被并联连接，具有：电流计测机构，其计测所述多个蓄电机构的电流值；电压计测机构，其计测电压；开关机构，其将所述多个蓄电机构与并联结构分离或连接；状态检测机构，其根据所述电流计测机构和所述电压计测机构的计测值，检测蓄电机构的状态；和充放电机构，其按照状态检测结果，控制电流、电压、功率，对所述多个蓄电池机构进行充电或放电，所述充放电机构，根据所述状态检测机构的状态检测结果判定所述多个蓄电机构的劣化状态，按照劣化状态进行所述开关机构的切换控制。从而使电池劣化差异均等，实现电池系统整体长寿命，提高维护性。

电子系统的电源

申请（专利）号：200580035476.8 **公开日：**2007-09-26

申请人：MK电子有限公司

发明人：迈克尔·考夫曼

摘要：

根据现有技术，由于不能充分补偿动态电流变化，对于时钟控制的高频率集成电路尤其是微处理器的时钟频率增加达到了目前的约3GHz的物理极限。本发明的目的是提供具有两位数GHz范围的电子系统的电源。为了实现动态电流变化的快速补偿，电流补偿电路（10）置于集成电路（11）附近或集成到集成电路中。控制放大器（8）借助光耦合器（9）来影响脉宽调制器（2）。所述脉宽调制器控制具有同步整流（5）的正常模式电压转换器（3，4）。本发明的特定应用领域是未来的高性能微处理器的电源，其发展被前面所述的电源问题所延迟。

一种平板电视电源的掉电时序保护电路

申请（专利）号：200710073831.1 **公开日：**2007-09-26

申请人：吴壬华

发明人：李英

摘要：

本发明公开了一种平板电视电源的掉电时序保护电路，涉及平板电视电源技术领域。该电路包括开关管Q1、开关管Q2和整流分压模块，所述整流分压模块对电源输入交流电进行整流并分压，其分压信号输出端与所述开关管Q1的基极电连接，所述开关管Q1的发射极接地，其集电极与芯片供电电源VCCP连接，所述分压信号控制所述开关管Q1的导通或关断，所述开关管Q2的漏极连接控制板输出信号的反馈端VFB，其源极接地，其栅极连接所述开关管Q1的集电极。本发明能够避免平板电视在输入瞬间掉电后显示屏出现图像紊乱的花屏现象。

电源接线板

申请（专利）号：200610163600.5 **公开日：**2007-10-03

申请人：泛达公司

发明人：J·E·卡夫尼 R·A·诺丁 S·A·杰克斯 D·贝朗 B·D·莱辛

摘要：

公开了一种电源接线板（PPP），该电源接线板将功率引入到网络的中部区域并且提供电源级和电源层级的容错。诸如物理位置、端口状态和策略实施信息之类的信息可以本地存储并且被PPP的处理器所利用，以实现网络控制和监视。网络管理系统和/或元件管理系统可以提供与PPP处理器的接口，以实现网络监视、控制和策略实施目的。

混合电源装置

申请（专利）号：200710086314.8 **公开日：**2007-10-17

申请人：三洋电机株式会社

发明人：濑尾和宏 藤井雅也

摘要：

一种混合电源装置，包括：燃料电池；蓄电设备，其经由开关与所述燃料电池并联连接；及控制电路，通过控制所述开关的接通/断开，控制所述燃料电池和所述蓄电设备的输出端子之间的连接状态。所述控制电路，基于所述燃料电池的输出电流控制所述连接状态，在将所述输出端子间连接的状态下，所述燃料电池的输出电流为规定的下限电流以下时，切断所述输出端子间的连接。

变电所电源的快速切换方法

申请（专利）号：200710020149.6 **公开日：**2007-10-17
申请人：江苏省电力公司常州供电公司
发明人：徐雯霞 倪菁 曹良 许箴 杜健
摘要：

本发明涉及一种变电所电源的快速切换方法，首先确定合环方式；在合环条件满足，指定合环的断路器合闸；解环条件满足，指定解环的断路器跳闸；延时0.1～0.5s后，根据指定解环的断路器的工作位置、电流以及两段母线电压信号判定电源是否切换成功，指定解环的断路器跳位、无电流且两段母线电压正常，则电源切换成功；指定解环的断路器合位或两段母线上的电压不正常，延时0.5～2s后供电，合解环结束。发明按设定的程序和指令使电源在继电保护装置动作之前进行合解环操作切换，保证电网供电可靠性，可用于电网分层分区运行下的多种方式的电源快速切换。

用于高智能双电源自动投切装置的投切机构

申请（专利）号：200710067567.0 **公开日：**2007-10-17
申请人：郑文秀
发明人：郑文秀
摘要：

本发明公开了一种用于高智能双电源自动投切装置的投切机构，该机构具有隔离刀，所述隔离刀通过绝缘拉杆与固定在壳体上的转轴相连接；其特征在于：所述投切机构还具有用于驱动转轴转动，从而通过绝缘拉杆带动隔离刀转动的驱动机构。本发明的优点是电力驱动转轴，从而使投切机构可自动投切。

电源和通信控制器

申请（专利）号：200580039968.4 **公开日：**2007-10-24
申请人：地下系统公司
发明人：约翰·恩格尔哈特 拉里·菲什
摘要：

电源从包围高压输电线的电磁场提取电能并且调节所得到的电能以向仪器和通信设备提供稳定的电源。通信控制器是将串行数据通信进行路由到诸如仪器处理器、电源处理器或维护端口控制器的所选通信装置的本地网络路由器。该路由器将数据发送到其它的通信设备，并且将来自通信设备的数据发送到在外部网络和仪器处理器、电源处理器和维护端口控制器之间提供基本同时通信的外部网络。

用于连接尤其是飞行器中的电源线的电连接元件

申请（专利）号：200580039994.7 **公开日：**2007-10-24
申请人：空中客车德国有限公司
发明人：于尔根·奥滕
摘要：

本发明涉及一种用于连接尤其是飞行器中的电源线（11，21）的电连接元件。该连接元件包括连接器插座（10）和可插入到连接器插座（10）中的连接器（20），其中连接器（20）在连接器插座（10）中可轴向旋转，从而建立连接器（20）和连接器插座（10）之间的力配合连接。提供了一种用于待制作成一体的连接元件（70）的独立方案，该连接元件（70）包括用于待连接的电源线（73，74）的端部的夹紧插孔（71，72）。

一种荧光灯驱动电源

申请（专利）号：200710073921.0 **公开日：**2007-10-24
申请人：深圳市麦格米特电气技术有限公司
发明人：杨东平 桂成才 张志
摘要：

本发明公开了一种荧光灯驱动电源，包括多开关变换电路、电源变压器、谐振电感、谐振电容、升压变压器、整流电路，所述电源变压器的原边绕组接所述多开关变换电路的交流输出，所述谐振电感与谐振电容串联后通过升压变压器的原边绕组与所述电源变压器的副边绕组相连，所述电源变压器的二次绕组还接有整流电路；所述升压变压器的副边绕组接负载输出。本发明中将荧光灯驱动电源和控制系统的供电电源合二为一，这样从功率因数校正电路输出到灯管只需一次能量变化，相对于现有的省去了两个变换器，系统成本大大降低，效率得到很大提高，同时系统的稳定性也得到很大的提高。

一种开关电源老化能量回馈的方法及实现电路

申请（专利）号：200710074571.X **公开日：**2007-10-31
申请人：吴壬华
发明人：吴壬华 李英 胡峻凡
摘要：

本发明公开了一种开关电源老化能量回馈的方法及实现电路。该方法是将开关电源的输出经过均流电路与并联母线相连，再由并联母线统一逆变，回馈电网。其中所述的均流电路包括可控开关Q1、采样电阻R1、比例放大电路（501）、负反馈电路（502）、分压电阻R2、R3、R4、二极管D2。本发明通过对多路输出电源的某一路输出先实现并联，然后通过并联母线实现逆变，回馈电网。从而解决了多路输出电源老化回馈的问题，这种方法不需要模块电源本身自带并联功能，大大增加了其应用范围。并且实现方法简单，成本低廉，而且回馈效率高。同时其实现电路设定准确、结构简单。本发明同样也适合单路输出的小功率电源老化回馈。

能够提供正弦波输出交流电压的不断电电源供应器

申请（专利）号：200610077702.5 **公开日：**2007-10-31
申请人：台达电子工业股份有限公司
发明人：谭惊涛 马昌赞 吴卫民 姜志强 应建平
摘要：

本发明提出一种能够提供正弦波输出交流电压的不断电电源供应器，用以提供正弦波输出交流电压。其中直流-

直流转换器单元由多个直流-直流转换器组成，所述多个直流-直流转换器的多个输入端互相并联而所述多个直流-直流转换器的多个输出端互相串联。将所述多个直流-直流转换器的输出直流电压相加以形成全波整流的直流电压，该全波整流的直流电压经由逆变器转换成正弦波输出交流电压。此外，本发明的不断电电源供应器提供能量回收转换器，将不断电电源供应器的多余能量回收来对电池组充电。本发明能够在市电异常或中断时，以简化的线路设计以及较佳的电源效率来提供正弦波输出交流电压。

电源转换器的控制电路

申请（专利）号：200710086885.1 **公开日：**2007-10-31

申请人：崇贸科技股份有限公司

发明人：杨大勇 李俊庆 曹峰诚 苏英杰

摘要：

本发明是有关于一种电源转换器的控制电路，其包括一开关而耦接电源转换器的一变压器以切换变压器；一取样电路，其耦接变压器而取样变压器的一返驰电压以产生一电压讯号；一切换电路，其依据电压讯号产生一切换讯号以控制开关，切换讯号的最小导通时间是依据电源转换器的一输入电压而改变。由于在轻载下，返驰电压的脉波宽度狭窄，本发明通过让切换讯号具有适应性的最小导通时间，用以便于侦测返驰电压，以精确控制电源转换器。

一种开关电源输出电压的调节方法及实现电路

申请（专利）号：200710074658.7 **公开日：**2007-11-07

申请人：吴壬华

发明人：吴壬华 李英 胡峻凡

摘要：

本发明公开了一种开关电源输出电压的调节方法及实现电路，通过改变单片机I/O管脚的电平，来设定数/模转换模块D/A的输出电压，当D/A的输出电压大于反馈采样点即第一反馈采样电阻（R4）和第二反馈采样电阻（R5）的连接点的电压时，D/A通过调节电阻（R3）向反馈采样点灌电流，开关电源的输出电压减小；反之开关电源的输出电压增大；其中开关电源输出电压的调节方法的实现电路包括单片机MCU、数/模转换模块D/A、输出电压采样电路和基准比较放大电路（Amp1），还包括第一短接器（JP1）、第一上拉电阻（R1）和第二短接器（JP2）、第二上拉电阻（R2）。本发明所涉及的开关电源输出电压的调节方法及实现电路使用方便、结构简单且不受环境因素影响。

使用选择性电源选通来降低功耗的设备和方法

申请（专利）号：200480044499.0 **公开日：**2007-11-07

申请人：飞思卡尔半导体公司

发明人：迈克尔·普里尔 丹·库兹明 迈克尔·济明

摘要：

一种用于降低基于晶体管的电路的功耗的方法（200），该方法包括：接收（230）低功率模式指示；响应基于晶体管的电路的复位值和在接收低功率模式指示之前基于晶体管的电路的状态，确定（240）是否向基于晶体管的电路的至少一部分供电，并有选择地向基于晶体管的电路至少一部分供电（250）。一种用于降低基于晶体管的电路（100）的功耗的设备（200），该设备连接到所述基于晶体管的电路，并且适合于接收低功率模式指示，其中该设备包括：用于响应在接收低功率模式指示之前基于晶体管的电路的状态，确定是否向基于晶体管的电路的至少一部分供电的装置（38）；以及用于电源选通的装置（40，42），其适合于响应该确定有选择地向基于晶体管的电路的至少一部分供电。

磁控管驱动电源及控制方法

申请（专利）号：200610062594.4 **公开日：**2007-11-14

申请人：阮世良

发明人：阮世良

摘要：

本发明公开了一种磁控管驱动电源及控制方法，电源包括电源端、与电源端相连接的高压电路，对高压电路进行控制驱动的第一逻辑控制电路，还包括灯丝电路，其输入与所述电源端相连接，并包括对灯丝电路进行控制驱动的第二逻辑控制电路。其方法为：对于高压功率部分，采用变频控制，通过开关频率的调节对输入功率进行调节，通过电压前馈，保证输入电源电压变化时输出功率大致稳定；灯丝电路采用半桥电路或单管电路，半桥电路一个开关管开通时间固定，另一只开关管开通时间随反馈进行变化。单管电路关断时间由主电路决定，开通时间由反馈进行控制。本发明采用灯丝电路和高压电路分开的方案，对磁控管有很强的适应能力，高压电路采用单管，降低了成本。

用于手持式电动工具机的电源连接装置

申请（专利）号：200710104904.9 **公开日：**2007-11-21

申请人：罗伯特·博世有限公司

发明人：米夏埃多·哈贝里 克劳斯·登格勒 乔鲍·克赖特尔 马丁·舒尔茨 乌尔里希·辛格尔

摘要：

本发明涉及用于设置有电动机的手持式电动工具机的电源连接装置，具有用于电源电缆的电源接线夹（12）和去干扰电容器（25），电源连接装置构造成电源连接模块（2），它可由外部操作地具有电源接线夹（12），去干扰电容器被包入地安置在电源连接模块中，由电源连接模块引出电缆（32）用于无接口地连接电动机电子装置和电动机开关（33）。本发明还涉及用于设置有电动机的手持式电动工具机的电装置，其中电源连接装置（1）作为电源连接模块（2）、电动机电子装置作为电动机电子模块（31）、电动机开关（33）作为电动机开关模块（30）分别以浇注形式构成并借助电缆（32）无接口地连接。

具备交流电充电和太阳能充电的移动式便携电源

申请（专利）号：200710042296.3 **公开日：**2007-11-21

申请人：思源电气股份有限公司
发明人：乐国杰 俞卫 宋丽 彭弈
摘要：

一种电气技术领域的具备交流电充电和太阳能充电的移动式便携电源，包括：硅光电池板、壳盖、接口线路板、壳体、内置锂电池和电池盒盖板，所述接口线路板中：交流输入接口单元完成与交流电插座的对接，低通滤波整流单元完成交流电整流和低通滤波，单端反激式脉宽调制单元完成低压直流的调制，硅光电池板接口单元完成与硅光电池板的对接，升压控制单元完成低压直流的升压变换，指示单元完成交流电充电过程中内置锂电池的状态指示，USB输出接口单元完成外部用电器充电通路。本发明综合了交流电充电和太阳能充电的功能与特点，可承受1500V的耐压实验，其漏电流小于10mA，尺寸119×71×17mm，重量不到150g。

一种压控电流源及带有压控电流源的低压差稳压电源

申请（专利）号：200710099170. X **公开日：**2007-11-28
申请人：北京中星微电子有限公司
发明人：尹航 王钊
摘要：

一种压控电流源电路及带有该压控电流源的LDO电源，由四个NMOS管MN1～MN4，电流镜和电容Cc组成。MN1栅极接至电压Vb1，源极接地；MN2栅极接至MN1栅源，源极接地；MN3栅极接至电压Vb2，源极接至MN1漏极，漏极接至电流镜输入端；MN4栅极接至MN3栅极，源极接至MN2漏极，漏极接至电流镜输出端；Cc一端接至MN2漏极，一端接至电压控制端。该电路可在更小控制电压下工作。上述LDO电源包括依次连接的差分放大电路、中间放大电路、输出放大电路、分压电路和压控电流源电路，压控电流源电路电压控制端接至输出放大电路输出管MPass输出端，其输出端接至分压电路分压点。该电源能够在低电压输入及低电压输出的情况下工作。

用于测试飞行器的机上3相电源的方法和成套工具

申请（专利）号：200610083090. 0 **公开日：**2007-12-05
申请人：空中客车德国有限公司
发明人：克特·克鲁泽 托马斯·乌伦多夫
摘要：

本发明涉及一种用于测试飞行器的机上电源线和信号线的方法，所述电源线和信号线将3相AC电机与飞行器的电源系统连接，并且所述3相AC电机具有分离的输入端子，在飞行器的机上3相AC电机工作期间，预定相位差的预定电压将施加到所述分离的输入端子上。根据本发明的方法包括下列步骤：将电源线和信号线与代替3相AC电机的测试设备（1）的输入端子（24）连接；将电压施加在电源线和信号线上；关于施加到电源线和信号线的电压和电压的相位差是否等于预定电压和预定相位差，通过测试设备（1）进行电压测试并与电压测试同时地进行相位测试。本发明还涉及一种包括测试设备（1）和多个适配器（5）的成套工具。

应急倾角驱动器电源

申请（专利）号：200710108793. 9 **公开日：**2007-12-05
申请人：通用电气公司
发明人：T·埃登费尔德
摘要：

本发明公开了一种应急倾角驱动器电源，该应急倾角驱动器电源包括用于产生电力的辅助发电机（400；500），其中该辅助发电机（400；500）是永久励磁多极发电机，适于当被以风力转子速度驱动时产生用于风轮机（100）的倾角驱动器（145）的充足的电力，并且其中辅助发电机（400；500）连接到风轮机（100）的至少一个倾角驱动器电机（145）。

采用模块化互连组件的模块化不间断电源的系统及方法

申请（专利）号：200710126677. X **公开日：**2007-12-12
申请人：伊顿动力品质公司
发明人：R·W·小约翰逊 L·R·强森
摘要：

一个模块化的不间断电源系统（UPS），包括多个UPS系统组件模块（920），每个被设置成被安装于至少一个设备机架（910），每个UPS系统组件模块具有至少一条由该UPS系统组件模块延伸并在其一端有可插入的第一连接器（924）的软性功率电缆（922）。该系统还包括一模块化功率互连组件（930），配置为连接到至少一个设备机架，该模块化功率互连组件包括壳体（105，111，113），多条位于壳体内的母线（115），和多个位于壳体表面的第二连接器（932），该第二连接器电连接到多条母线并配置为与第一连接器插入匹配以在多个UPS系统组件模块之间提供电连接。

电源电路

申请（专利）号：200710110259. 1 **公开日：**2007-12-12
申请人：恩益禧电子股份有限公司
发明人：藤原博史
摘要：

电源电路包括：被配置用于输出第一电压的第一电源；与第一电源分开提供的第二电源，以输出第二电压；和被配置用于使用第一电压作为输入电压以将输入电压朝着目标电压升高的升压电路。目标电压具有一电压宽度，且当升压电路的输出电压超出目标电压的上限时，输入电压被从第一电源的第一电压切换到第二电源的第二电压。

升压电源电路及其控制方法和驱动器IC

申请（专利）号：200710106495. 6 **公开日：**2007-12-19
申请人：恩益禧电子股份有限公司
发明人：杉山明生 宫崎喜芳 田畑贵史

摘要：

一种升压电源电路包括：升压器，用于升高输入电压，以输出升高的电压，从而对第一平滑电容器施加所述升高电压；以及控制器，用于在从工作模式过渡到待机模式时，控制第一平滑电容器中的电荷的转移目的地和转移量。

适用于数字电源控制器的混合型数字脉宽调制器

申请（专利）号： 200710043462.1 **公开日：** 2007-12-19

申请人： 复旦大学

发明人： 李舜 陈华 周锋

摘要：

本发明属集成电路技术领域，具体为一种适用于数字电源控制器的混合型数字脉宽调制器。它由自适应偏置电压产生电路、8级压控环路振荡器和数字控制部分组成。自适应偏置电压产生电路产生一个具有温度工艺补偿的偏置电压V*ctrl*来控制8级压控环路振荡器，产生不受外界温度及工艺偏差影响的16相位时钟C0～C15。数字控制部分则根据这16个相位依次错开十六分之一个周期的时钟以及外部输入的n位占空比d［n-1:0］，产生分辨率为n位的调制脉冲。本发明产生的16相时钟对工艺温度变化不敏感，使得系统即使工作在恶劣的环境下也能保持时钟的稳定性，进而保证输出调制脉冲的稳定性；并可以有效降低系统时钟频率，避免高时钟频率带来的时序限制、功耗等问题。

具有感应电源的轮胎参数监测系统

申请（专利）号： 200710089310.5 **公开日：** 2007-12-26

申请人： 硅谷微C股份有限公司

发明人： S·S·黄 S·朱

摘要：

一种用于监测诸如压力和温度等车辆轮胎参数的无电池轮胎参数传感器系统。一传感器组件具有安装在基片上的电源系统、处理器/发送器、传感器和电源线圈。该组件被安装在轮胎的侧壁或胎面壁之上或内部。一磁铁被安装在车辆上接近电源线圈在旋转期间的路径之处。移动的电源线圈穿过磁场并生成用于传感器组件元件的工作电压。该电源系统包括电压倍增器、电压调节器以及储能电容器。可在同一轮胎上安装两个或更多传感器组件以监测不同的参数。

2008年公开

以可变方式将电源电压提供到移动装置的方法和设备

申请（专利）号： 200710005895.8 **公开日：** 2008-01-02

申请人： 三星电子株式会社

发明人： 李在哲 朴海光

摘要：

一种以可变方式将电源电压提供给移动装置以便提供高输出功率和高质量声音环境的方法和设备以及利用其的移动装置。所述设备包括：音量控制单元，检测外部电源的安装，并产生与当前音量电平相对应的电压控制值；和DC-DC变换器单元，基于在所述音量控制单元中产生的所述电压控制值，以可变方式变换内部电源的电压以便驱动转换功率放大器。

电能变换设备以及包含这样的设备的变换器和不间断电源

申请（专利）号： 200710126346.6 **公开日：** 2008-01-16

申请人： MGE UPS系统公司

发明人： 王苗新

摘要：

本发明披露了一种DC电压变换设备，包括：第一变换装置；转换装置，被连接到第一变换装置；以及叠加和整流装置，被连接到第一变换装置以及转换装置，用于提供包括幅值实质上等于初级和次级脉冲电压的脉冲的幅值之和的脉冲的输出电压。披露了一种变换器，用于将DC电压变换为AC电压，包括DC电压变换设备；以及被连接在所述变换设备的叠加和整流装置的输出端上的滤波装置。还披露了一种不间断电源，包括变换器，被连接到存储装置，用于将DC电压变换为AC电压，所述变换器包括用于对所述存储装置的DC电压进行变换的DC电压变换设备。

一种磁控管驱动电源及控制方法

申请（专利）号： 200610062595.9 **公开日：** 2008-01-16

申请人： 阮世良

发明人： 阮世良

摘要：

本发明公开了一种磁控管驱动电源及其控制方法，电源包括电源端、与电源端相连接的高压电路，对高压电路进行控制驱动的第一逻辑控制电路，还包括灯丝电路，其输入与所述电源端相连接，并包括对灯丝电路进行控制驱动的第二逻辑控制电路。其方法为：对于高压功率部分，采用变频控制，通过开关频率的调节对输入功率进行调节，通过电压前馈，保证输入电源电压变化时输出功率大致稳定；对于所述灯丝电路中，采用半桥电路或单管电路，半桥电路一个开关管开通时间固定，另一只开关管开通时间随反馈进行变化；单管电路开关管关断时间由主电路决定，开通时间由反馈进行控制。本发明采用灯丝电路和高压电路分开的方案，对磁控管有很强的适应能力。

恒压电源电路

申请（专利）号： 200710137389.4 **公开日：** 2008-01-30

申请人： 株式会社理光

发明人： 藤户弘志 平野益敏

摘要：

本发明涉及恒压电源电路，可以不急剧降低输出电压地从重负载恒用压电路切换到轻负载用恒压电路，不受输出电流的瞬间变化影响。其包括：重负载用恒压电路（4），轻负载用恒压电路（6），输入控制信号（ECO）、使重负载用恒压电路（4）或轻负载用恒压电路（6）工作的切换部（10），以及电流检测电路（2）。该电流检测电路（2）包括输出晶体管M1和比较电路（12），输出与比较电路

（12）的比较结果相对应信号，切换部（10）处于其控制信号 ECO 使轻负载用恒压电路（6）工作的状态，且仅在由电流检测电路（2）输入表示输出电流在阈值电流以下的电流信号时，使轻负载用恒压电路（6）工作。

开关模式电源装置及其图像形成设备和驱动方法

申请（专利）号：200710104291.9　**公开日：**2008-02-06

申请人：三星电子株式会社

发明人：罗泰权　文斗孝

摘要：

一种开关模式电源（SMPS）装置包括：功率转换部分，根据开关信号将输入电压转换为输出电压，并基于接收输出电压的负载所汲取的功率，来输出在改变开关信号的频率中使用的原始开关信号；谐振电路，根据负载阻抗的变化、使用可变谐振频率来改变原始开关信号的占空比；以及信号控制部分，比较根据可变谐振频率谐振的原始开关信号的电压和参考电压，并且在原始开关信号的电压保持低于参考电压长于一参考时间时，改变开关信号的频率并输出具有改变后的频率的开关信号。

具有可施加至靶材的射频电源的物理气相沉积等离子体反应器

申请（专利）号：200680000183.0　**公开日：**2008-02-13

申请人：应用材料股份有限公司

发明人：卡尔·M·布朗　约翰·皮比通　瓦尼特·梅塔

摘要：

一种物理气相沉积反应器包含一真空腔体、一耦接到腔体上的真空泵、一耦接到腔体的工艺气体入口以及一耦接到工艺气体入口的工艺气体源；其中该真空腔体包含一侧壁、一顶板与接近腔体底面的一晶片支撑底座。金属溅射靶材位于顶板上且高压直流源耦接到溅射靶材上。射频等离子体源功率产生器耦接到金属溅射靶材上，且具有适合激发运动电子的频率。优选地，晶片支撑底座包含静电吸盘，以及耦接到晶片支撑底座上的一射频等离子体偏压功率产生器，其具有适于将能源耦合到等离子体离子的频率。优选地，具有直径超过约 0.5 英寸的固体金属射频馈入杆（feed rod）与金属靶材啮合，此射频馈入杆轴向延伸于靶材上方且穿过顶板并耦接到射频等离子体源功率产生器上。

有自体辅助电压源及负载故障保护的直流电源转换电路

申请（专利）号：200610171795.8　**公开日：**2008-02-13

申请人：广鹏科技股份有限公司

发明人：王仕元

摘要：

一种具有自体辅助电压源及负载开路及短路保护功能的直流电源转换电路包含有直流电压源、驱动电路及辅助电路。该驱动电路包含有开关、第一电阻、控制信号产生器、第二电阻、二极管及电感。该开关用来根据控制信号，导通或关闭一连接。该控制信号产生器用来产生该控制信号。该第二电阻的一端耦接于该控制信号产生器。该电感耦接于该第一电阻及负载之间。该辅助电路并联于该电感，其包含有辅助电容及辅助二极管。该辅助电容的一端耦接于该第二电阻的一端。该辅助二极管耦接于该辅助电容该电感之间。

改变电源适配器输出

申请（专利）号：200680005730.4　**公开日：**2008-02-20

申请人：英特尔公司

发明人：D·源

摘要：

论述了一种根据计算设备的功耗来改变耦合到计算设备的电源适配器的输出功率的方法和装置。描述了其他实施例并要求其权利。

谐振型变压器及使用该变压器的电源单元

申请（专利）号：200680006355.5　**公开日：**2008-02-20

申请人：松下电器产业株式会社

发明人：山上一彦　田畑亘　植松秀典　萩野浜三
立冈千秋

摘要：

本发明提供一种谐振型变压器，具有 O 字型磁芯、初级线圈和次级线圈。O 字型磁芯，由第一分割磁芯和第二分割磁芯形成，并具有包含第一磁隙的第一磁腿以及与此第一磁腿相对的第二磁腿。初级线圈，其卷绕在第一磁腿的外周，并至少覆盖第一磁隙。次级线圈，卷绕在第二磁腿的外周。

电源电路及具备该电源电路的电子设备

申请（专利）号：200710142363.9　**公开日：**2008-02-27

申请人：NEC 液晶技术株式会社

发明人：野中义弘

摘要：

一种电源电路，防止由单一导电型（n 型或 p 型）的 MOS 晶体管构成的用作 DC/DC 变换器的电源电路的输出电压降低并且改善效率。从电平移动电路向充电泵电路输入具有振幅［2×VDD］的控制电压，因而即使是节点电位成为［2×VDD］的场合，pMOS 晶体管也能保持截止状态，从而避免从 pMOS 晶体管的电流漏泄。由此可防止直流输出电压的降低。采用充电泵电路的节点电位作为电平移动电路的输入，因而即使是电平移动电路的节点电位为高电平的场合，也能保持 pMOS 晶体管为截止状态。

电源系统和电源系统控制方法

申请（专利）号：200710149777.4　**公开日：**2008-03-12

申请人：日产自动车株式会社

发明人：小坂裕纪　岩野浩　小宫山晋　羽二生伦之
竹田和宏

摘要：

电源系统的功率累积单元包括被配置为实现输出电压

基本上等于第一电机驱动电压的第一电压输出状态的第一切换部分，以及被配置为地实现输出电压基本上等于比第一电机驱动电压高的第二电机驱动电压的第二电压输出状态的第二切换部分。电压切换控制部分被配置为执行电压切换控制，以通过交替地操作第一和第二切换部分、以重复地在第一和第二电压输出状态之间切换，而在负载单元的电压基本上等于第一电机驱动电压的第一状态，以及负载单元的电压基本上等于第二电机驱动电压的第二状态之间切换。

组合式功率开关及具有这种开关的电源装置

申请（专利）号：200610126293.3　**公开日：**2008-03-12

申请人：任文华

发明人：任文华

摘要：

本发明涉及一种组合式功率开关及具有这种开关的电源装置。一种组合式功率开关，包括：功率 MOSFET（S）；与功率 MOSFET 串联的第一开关二极管（D_1）；与由功率 MOSFET 和第一开关二极管所组成的串联电路进行并联的第二开关二极管（D_2）；其特征在于，在第一开关二极管（D_1）上还并联有电容器（C_1）。以及一种电源装置，其特征在于，包含有至少一个组合式功率开关。本发明的装置能高速、可靠地运行，可采用软开关方式来减少其损耗、提高其效率，适合作为中、大功率的开关和电源装置使用。

用于半导体器件的具有降低的电阻的电源电压分配系统

申请（专利）号：200710138333.0　**公开日：**2008-03-19

申请人：意法半导体亚太私人有限公司　海力士半导体有限公司

发明人：D·苏　J·查

摘要：

一种用于在半导体器件（100）中分配电源电压的电源电压分配系统，包括：第一电源电压分配线布置（115a）和第二电源电压分配线布置（115b），它们适于从该半导体器件的外部接收半导体器件电源电压（VDD_ ext）并且把电源电压（VDDI，VDDE_ IO）分配给该半导体器件的相应的第一（120；132）和第二部分（125；132）；连接到第一电源电压分配线布置的电压到电压转换电路（130），其适于把该半导体器件电源电压传输到第一电源电压分配线布置上，或者把其值不同于该半导体器件电源电压的转换后的电源电压放置在第一电源电压分配线上。

具有功率限制反馈回路的电源拓扑结构

申请（专利）号：200710149356.1　**公开日：**2008-03-19

申请人：美国凹凸微系有限公司

发明人：亚力山德鲁·哈图拉　多路·慈奥卡　玛利安·尼古拉　康斯坦丁·布克

摘要：

本发明提供一种电源拓扑结构，包括交流/直流适配器或直流/直流适配器、含有有源系统的电子设备、电池和适配器控制器，该适配器控制器对适配器输出电压进行闭环控制，适配器将代表其最大功率的信号连接到一条控制线上，该控制线与该电子设备相连，电子设备也将代表瞬时功耗与适配器最大功率之间差值的误差信号连接到该控制线上。适配器根据误差信号的大小来调整其输出电压。适配器控制器根据代表适配器最大功率的信号来设定一个用于分配电池充电电流的极限值，当瞬时功耗接近适配器最大功率时电池的充电电流就趋近于零。当电子设备连接备用适配器而适配器的最大功率值发生变化时，适配器控制器会相应地调整该用于分配电池充电电流的极限值。

具单一晶体管的冷阴极荧光灯管电源转换器

申请（专利）号：200710154247.9　**公开日：**2008-03-19

申请人：奇景光电股份有限公司

发明人：白双喜　谢秀娜　张书铭

摘要：

一种具单一晶体管的冷阴极荧光灯管电源转换器，用以将直流电压转换为交流电压以供发光源使用，并包含驱动电路、开关、变压器以及电容。开关具有用以耦接于驱动电路的控制端，以及用以耦接于接地电压的接地端。变压器具有一次侧以及二次侧，其中一次侧上的线圈耦接于直流电压以及开关的信号端之间，使得交流电压产生于二次侧。电容则是耦接于开关的接地端以及信号端之间。

用于驱动磁控管的电源

申请（专利）号：200680009049.7　**公开日：**2008-03-19

申请人：松下电器产业株式会社

发明人：酒井伸一　城川信夫　末永治雄　守屋英明　木下学

摘要：

提供驱动磁控管的电源，其具有允许检测诸如空载运行之类的非正常状态，同时实现低成本且节约空间的配置。用于驱动磁控管的电源包括：高压变压器（12），用于向磁控管（11）提供高压；开关部分（13），用于利用高频驱动高压变压器；第一控制部分（14），用于将驱动信号施加到开关部分；第二控制部分（16），用于将输出指令发布至第一控制部分；以及第三控制部分（19），响应磁控管的振荡门限值的降低来校正输出指令，其中响应来自第三控制端的信号执行功率降低控制（power down control）的第一控制部分（14）的提供允许检测要在反相器控制侧处理，从而允许诸如空载运行之类的非正常状态的信号，同时实现了低成本并节约空间。

光学指向装置及其电源半导体装置

申请（专利）号：200710147976.1　**公开日：**2008-03-26

申请人：艾勒博科技股份有限公司

发明人：李芳远　洪性赫

摘要：

本发明提供光学指向装置及其电源半导体装置。光学指向装置包含：光学单元，用于使用光源向物体照射光并接收由物体所反射的光以输出光学图像；运动传感器，用于接收光学图像，读出图像数据，并计算运动值以输出运动值；移动速度传感器，用于接收运动值并计算光学指向装置的移动速度以输出移动速度；以及可变电源，用于根据移动速度产生不同的电源电压。光学指向装置可产生各个内部块所需的不同的最佳电源电压并根据移动速度以可变方式施加电源电压。因此，切断了不必要的电力供应，从而防止功率浪费。

静电除尘器电源控制器及其远程控制系统

申请（专利）号：200610154086.9　**公开日：**2008-04-02

申请人：北京信实德环保科技有限公司

发明人：才秀君　孙多春　蒋允辉

摘要：

本发明提供一种静电除尘器电源控制器及其远程控制系统，该控制器包括振打控制模块、火花检测模块、火花预测模块以及充电比优化模块。振打控制模块与静电除尘器电源和收尘板上的振打执行装置依次相连，用以产生各种振打模式所需的振打周期、振打持续时间以及执行装置在各种振打模式下所需的恒定电压；火花预测模块对二次电流波形进行二阶导数分析，预先确定火花的产生；火花检测模块对二次电流进行采样速率为64点的频谱分析判断微小火花的产生；充电比优化模块根据充电比、负载侧的二次电流和二次电压，计算除尘极板的品质因数，从而用遗传筛选法获得静电除尘器电源所需的充电比。此外，本发明还实现了对现场静电除尘器电源控制器的远程控制。

一种虚拟机系统及其电源管理方法

申请（专利）号：200610141846.2　**公开日：**2008-04-02

申请人：联想（北京）有限公司

发明人：刘春梅　汤良　王碧波

摘要：

本发明公开了一种虚拟机系统及其电源管理方法。其中，该虚拟机系统包括硬件设备、虚拟机监视器、服务操作系统以及至少一个客户操作系统。所述服务操作系统包括电源管理策略模块，用于记录与客户操作系统的电源管理操作对应的信息，并在客户操作系统的电源管理操作满足电源管理策略的情况下，通知服务操作系统执行相应的电源管理。本发明提供了电源管理策略模块，可以很好地实现客户操作系统的电源管理。

一种多路输出电源的合并式能量回馈方法及实现电路

申请（专利）号：200710077308.6　**公开日：**2008-04-02

申请人：吴壬华

发明人：吴壬华　李英

摘要：

本发明公开了一种多路输出电源的合并式能量回馈方法及实现电路。该电路包括老化负载、回馈电路、回馈母线、回馈电子负载、二极管D；多路输出电源中的一路或几路电源输出端通过老化负载与多路输出电源中其他电源输出端并联后通过所述回馈电路到回馈母线，再通过回馈电子负载回馈给电网。本发明利用老化负载，将两路比较接近的较高电压输出支路通过老化负载直接并在较低输出支路上，再通过较低支路的回馈电路，回馈电网。这样就方便地实现了两路合并式的能量回馈。实现方法简单，成本低廉，而且回馈效率高。

一种移动终端电源管理装置和方法

申请（专利）号：200610141808.7　**公开日：**2008-04-02

申请人：联想（北京）有限公司

发明人：刘永华

摘要：

本发明公开了一种移动终端电源管理装置，包括电源管理模块、受控耗电模块，传感器模块和控制模块，其中，传感器模块用于感测是否有障碍物，并把结果传送到控制模块；控制模块接收传感器模块输出的感测结果信号和电源管理模块发出的开关信号，并对这两个信号进行处理后得到控制信号，然后，将该控制信号发送到受控耗电模块，控制该受控耗电模块的开关。减少了移动终端的耗电量，增加了电池的使用寿命，从而大大提高了性能。

基于ARM的嵌入式数字化多功能逆变式软开关弧焊电源

申请（专利）号：200710031393.2　**公开日：**2008-04-09

申请人：华南理工大学

发明人：王振民　白中启

摘要：

本发明公开了一种基于ARM的嵌入式数字化多功能逆变式软开关弧焊电源，包括主电路、控制电路以及高频引弧电路；主电路包括整流滤波模块、高频逆变模块、功率变压模块、整流平滑和稳弧模块组成，控制电路包括过压欠压保护检测模块、电流电压采样检测与反馈模块、ARM微控制器和高频驱动模块组成。本发明实现了全数字化控制；对焊接电弧的瞬态能量进行实时精细化控制，使焊接过程的控制更精确和柔性化；采用软开关高频IGBT逆变技术，在进一步提高效率和逆变频率、节省制造材料的同时，提高了逆变焊机的电磁兼容能力和可靠性；能够提供手工焊/直流氩弧焊/脉冲氩弧焊等多功能的应用，同时还预留了网络化管理的接口功能。

液晶显示装置及电源电路

申请（专利）号：200710180985.0　**公开日：**2008-04-16

申请人：爱普生映像元器件有限公司

发明人：堀端浩行

摘要：

液晶显示装置及电源电路。本发明的目的在于缩小液晶显示装置的电源电路的电路规模，并谋求电路效率的提升。本发明在液晶面板的TFT衬底上形成电源电路，并将其输出供应至垂直驱动电路。电源电路是由产生正电源电位的 DC-DC 变换器、及产生负电源电位的 DC-DC 变换器所构成。这些 DC-DC 变换器是由共通电极信号 VCOM 所驱动。产生正电源电位的 DC-DC 变换器的输出为 VCOMH × 2，产生负电源电位的 DC-DC 变换器的输出为 VCOMH × -1，而可获得适于使像素晶体管导通、不导通的电位。

电源控制方法及其结构

申请（专利）号：200580049449. 6 **公开日：**2008-04-16

申请人：半导体元件工业有限责任公司

发明人：尼古拉斯·西尔

摘要：

在实施例中，电源系统配置成利用线性调节器在备用模式期间形成调节电压，并利用该调节电压形成另一调节电压。

识别电源适配器的控制电路与方法

申请（专利）号：200610063083. 4 **公开日：**2008-04-16

申请人：鸿富锦精密工业（深圳）有限公司 鸿海精密工业股份有限公司

发明人：贾玉森

摘要：

一种可识别电源适配器的控制电路，包括一适配器端和一系统端，该适配器端包括将高电压降为低电压的一降压电路和将交流电转换为直流电的一整流电路，该适配器端具有正极输出端与负极输出端，该正极输出端上连接有一分压电路，该系统端包括一开关电路，该正极输出端与开关电路连接，该分压电路设有一控制输出端，该控制输出端与开关电路连接以控制该开关电路的开启与关闭，从而识别该电源适配器是否匹配。

电镀用电源装置的风扇外壳的卡止结构

申请（专利）号：200610132241. 7 **公开日：**2008-04-16

申请人：株式会社三社电机制作所

发明人：石井秀雄 加藤冈正男 横山修二

摘要：

本发明提供包括冷却风扇的电镀用直流电源装置中，在筐体的背面板的对应冷却风扇的部位被切割的开口部，安装风扇外壳的结构，所述冷却风扇在筐体的内部通过进行排气或吸气来冷却筐体内部，所述筐体与所述风扇外壳由树脂形成。在该开口部上安装的风扇外壳，所述筐体与所述风扇外壳由树脂形成。在所述筐体与所述风扇外壳上，分别形成有将风扇外壳安装于所述开口部用的卡止爪和卡止部。

用于电源故障预测的方法、装置和系统

申请（专利）号：200710192946. 2 **公开日：**2008-04-23

申请人：英特尔公司

发明人：D·阮

摘要：

描述用于电源故障预测的方法、装置和系统的一些实施例。根据某些实施例，该系统可以包括：从直流电源汲取功率的显示设备；位于直流电源的两侧上以便测定直流电源两端的电压的两条或两条以上电线；以及耦合到上述两条或两条以上电线以测量电压的电源管理单元。在某些实施例中，电池监测单元可以耦合到上述两条或两条以上电线以便为电源管理单元测量电压，其中电池监测单元能够将测得的电压转换为数字信号，测量一段时间内的电压变化率，并将信息提供给电源管理单元。还描述了其它实施例。

卫星导航系统及其电源控制方法

申请（专利）号：200610123130. X **公开日：**2008-05-07

申请人：佛山市顺德区顺达电脑厂有限公司 神达电脑股份有限公司

发明人：刘志培

摘要：

本发明揭露一种卫星导航系统及其电源控制方法，包括卫星导航主体、侦测单元、控制单元以及电源供应单元。侦测单元用以侦测是否有外界电源所发出的信号，此信号通常为交通工具发动或熄火所产生。侦测单元接收此信号，根据此信号产生一启动信号或待机信号，并传送至控制单元。控制单元根据所接收的启动信号或待机信号使卫星导航主体执行启动动作或进入待机模式。

用于感官知觉类型机动车的电源开关

申请（专利）号：200610162922. 8 **公开日：**2008-05-07

申请人：现代自动车株式会社

发明人：金荣奎

摘要：

本发明涉及一种用于感官知觉类型机动车的电源开关，其变换量不是通过眼睛而感知的，而是通过驾驶员的手对诸如各种灯、空调或安装在座椅靠背的腰部支撑等的感觉，根据各个操作状态而感知。

补偿开关电源控制器及其方法

申请（专利）号：200710153777. 1 **公开日：**2008-05-07

申请人：半导体元件工业有限责任公司

发明人：保罗·J·哈里曼

摘要：

补偿开关电源控制器及其方法。在一个实施例中，多通道电源控制器调节误差信号的值以在负载瞬变期间最小化上冲和下冲。

电源电路及其中使用的控制电路

申请（专利）号：200710184809. 4 **公开日：**2008-05-07

申请人：株式会社日立制作所 日立空调·家用电器株式会社

发明人：能登原保夫 田村建司 船山裕治 奥山敦 梅田弘树

摘要：

本发明提供一种电源电路，包括：整流电路（2），其将交流电压变换为直流；升压斩波器电路（3），其基于导通比信号（5a）使所述整流电路的输出电压升压；平滑电路（4），其使所述升压斩波器电路的输出电压平滑；和控制单元（5），其生成所述导通比信号；所述控制单元具备下述功能：生成所述平滑电路的直流电压脉动信息，并且基于所述直流电压脉动信息对所述导通比信号进行修正或变更。

具有开关选通门电路电平变换器的可编程多电源区

申请（专利）号：200710170163.4　**公开日：**2008-05-07

申请人：阿尔特拉公司

发明人：V·山特卡　R·施路威迪拉　H·易

摘要：

提供了一种适应在相应电压电平下工作的逻辑块之间传送的信号的电平变换结构。所述结构包括在所述逻辑块之间串联连接的选通门电路。可选门电路电压电源给所述选通门电路中的一个门极供电。所述可选门电路电压电源基于配置随机存取存储器（CRAM）设置选自多个电压。在一个实施例中，半锁存器连接至所述选通门电路中的一个门电路。在此实施例中，所述半锁存器是使一个所述逻辑块中逻辑元件的功率泄漏最小化的反馈回路的一部分。还提供了一种控制功率损耗并在集成电路的各区之间提供电压电平变换的方法。

管理双频带双模式终端的电源的系统和方法

申请（专利）号：200710143775.4　**公开日：**2008-05-07

申请人：三星电子株式会社

发明人：李容馥

摘要：

本申请公开一种管理双频带双模式DBDM终端电源的方法和系统。该方法包括：当便携式终端进入便携式互联网模式时监控事件发生；当已检测到事件发生时检查电源节约模式；当电源通/断模式已被确认为是电源节约模式时，发送关于便携式终端的电话信息到移动通信基站和便携式互联网基站，中断对便携式终端移动通信单元的电源供应，并进入便携式互联网模式；以便携式互联网模式监控输入呼叫请求；当已检测到输入呼叫请求时，为移动通信单元提供电源并进入移动通信模式。

反射式高能电子衍射仪用电子枪电源

申请（专利）号：200610134202.0　**公开日：**2008-05-14

申请人：中国科学院沈阳科学仪器研制中心有限公司

发明人：薛玉茹

摘要：

本发明公开一种反射式高能电子衍射仪用电子枪电源，其中高压电源为-25kV，由高压部分、低压调整两部分组成，高压部分的谐振电路输出经10倍压整流滤波产生-25kV高压接至电子枪灯丝和栅极上；其低压调整部分中由调整管接高压部分及第2驱动管，第2驱动管接的输入信号来自高压部分及电流取样放大电路的过流保护及故障报警电路，缓启电路与过流保护及故障报警电路和电压取样放大电路相连；高压测量显示电路输入为高压部分，输出至显示器；其偏转电源包括低压信号电路、高压放大电路，低压信号电路提供两极性相反的电压信号，接至高压放大电路，最后接至偏转板。本发明工作可靠、结构简单。

电源电压和电桥电压取样电路结构

申请（专利）号：200710191252.7　**公开日：**2008-05-14

申请人：江苏省电力公司无锡供电公司

发明人：何有钧　何光华

摘要：

本发明涉及一种220V电压等级电源和电桥电压的隔离、高精度、大动态范围电压取样电路结构，特征是采用第一取样电阻到第九取样电阻和第一继电器的第一接点到第三继电器的第二接点，及第一、第二、第三电桥电阻、组成电源电压和电桥电压取样电路。A/D转换电路三路输出端子，把电源正极对地取样电压、第二电桥电阻对地取样电压、电源负极对地取样电压，送到A/D模数转换电路，由A/D模数转换电路把转换结果以二进制数据，送计算机中进行处理和存储，完成测量。本发明能满足不同电压等级隔离、高精度、大动态范围多路电压测量的场合需求；由于采用每一个取样电压单独输出到A/D模数转换电路，隔离容易实现，互相影响小，为自动换档提供了方便。

发电装置及使用于其中的电源装置

申请（专利）号：200710181680.1　**公开日：**2008-05-28

申请人：神钢电机株式会社

发明人：大久保和夫　加藤一路　高门祐三　今林弘资　三木利夫　森田正实　田村英树　中野克好　佐藤雄志　松永智彦　木村哲行　斋藤伸浩　小早川御成　山口谦司

摘要：

本发明提供一种着眼于发电装置的结构来实现发电装置本身的低成本化、或着眼于发电装置的性能来实现发电的低成本化的发电装置，以及使用于该装置中的电源装置。

过放电情况下的电池电源管理

申请（专利）号：200680016327.1　**公开日：**2008-05-28

申请人：NXP股份有限公司

发明人：兰伯特斯·F·M·德科宁　埃迪·阿齐兹

摘要：

公开了一种在过放电情况下操作电池电源管理单元（PMU）的方法。而且还公开了一种电源管理单元（PMU）以及包括电源管理单元（PMU）的装置。电源管理单元（PMU）是一系统的一部分，该系统包括电池和与该电池连接的安全电路。确定电池的安全电路的状态，并且在安全电路保持运行时，使得该装置的通/断控制不运行。因此在电池还没有返回到其正常操作模式时防止该装置上运行的应用进入到运行状态（即接通状态）。

电池状态判定方法、电池状态判定装置及电池电源系统

申请（专利）号：200710186091.2 **公开日：**2008-05-28

申请人：古河电气工业株式会社

发明人：岩根典靖 近泽启子 森井启介

摘要：

本发明涉及一种电池状态判断方法，根据所测定的温度T及充电率SOC计算出系数A、B，接着将所测定的阻抗X代入到应用了所计算出的系数A、B的响应电压相关式，计算出响应电压Vc。将该响应电压Vc与规定的阈值V0进行比较，当Vc为V0以上时判定电池正常。在步骤S13中，将内部阻抗、温度及充电率的测定值代入到内部阻抗计算式，通过步骤S14的逐次运算计算出参数C的值，决定内部阻抗的确定计算式。接着在判定电池（101）的劣化度时，在步骤S22中将用于判定劣化度的基准温度及基准充电率代入到内部阻抗的确定计算式，计算出用于判定劣化度的内部阻抗。步骤S23中将该内部阻抗与劣化度判定阈值进行比较，判定电池的劣化度。

高频电源装置及高频功率供给方法

申请（专利）号：200710188373.6 **公开日：**2008-05-28

申请人：巴尔工业株式会社 中微半导体设备（上海）有限公司

发明人：早野英一 中村刚 前川泰范 饭塚浩 陈金元

摘要：

本发明提供一种高频电源装置及高频功率供给方法，其可以精度优良地在短时间内控制并供给等离子体生成所需要的有效的高频功率。其至少包括：向等离子体处理室（5）供给第一频率f1的高频功率的第一高频电源部（11）；及供给第二频率f2(f1＞f2)的高频功率的第二高频电源部（71）。在第一高频电源部（11）中包括：振荡第一频率的高频功率的频率可变的第一高频振荡部（16）；接受第一高频振荡部的输出，并将其功率进行放大的第一功率放大部（15）；对反射波进行外差式检波的外差式检波部（13）；接收由外差式检波部检波后的信号和行波信号，并对第一高频振荡部的振荡频率和第一功率放大部的输出进行控制的第一控制部（14）。

电源保护电路

申请（专利）号：200610070502.7 **公开日：**2008-06-04

申请人：青岛海信电器股份有限公司

发明人：迟洪波

摘要：

本发明公开了一种电源保护电路，电源电路的直流电压输出端通过反向击穿稳压管连接一开关电路的控制端，所述开关电路在其控制端接收到高电平信号时动作，切断电源电路输入端的通电回路，实现过压保护的作用。另外，所述电源电路的直流电压输出端连接开关二极管的阴极，所述开关二极管的阳极连接一PNP型三极管的基极，所述PNP型三极管的集电极连接所述开关电路的控制端，发射极一方面连接所述的直流电源，另一方面通过并联的RC延迟电路连接其基极。在输出端电压出现短路时，所述PNP型三极管导通，向开关电路的控制端输出高电平信号，切断电源电路输入端的通电回路，进而实现了输出端电压短路保护的作用。

车辆电源系统和车辆

申请（专利）号：200680020220.4 **公开日：**2008-06-04

申请人：丰田自动车株式会社

发明人：石川哲浩 相马贵也

摘要：

一种车辆电源系统，其包括：二次电池（B）；在其第一连接结点接收所述二次电池的电压，并且将其升压为所述二次电池（B）的两端之间的电压，以及在其第二连接结点输出所述经过升压的电压的升压变换器（12）；在将由所述升压变换器（12）升压的电压连接到车辆的负载与将该电压从所述负载断开之间进行切换的系统主继电器（SMRP，SMRG）；以及外壳（140），其容纳了所述二次电池（B）、升压变换器（12）以及系统主继电器（SMRP，SMRG）。优选地，所述车辆电源系统进一步包括电容器（23），其一端连接到所述升压变换器（12）的第二连接结点，并且所述外壳（140）进一步容纳所述电容器（23）。优选地，所述电容器（23）包括多个串联的电气双层电容器。因此，能够提供一种车辆电源系统，其适于安装在车辆中，并且被小型化，还提供了一种其中安装了所述系统的车辆。

电源电路

申请（专利）号：200610157451.1 **公开日：**2008-06-11

申请人：群康科技（深圳）有限公司 群创光电股份有限公司

发明人：颜怀柱 周通

摘要：

本发明提供一种电源电路，其包括一第一整流滤波电路、一隔离高频变压器、一第二整流滤波电路、一晶体管、一反馈电路、一脉宽调变控制器及一补偿电路。其中，该隔离高频变压器的初级绕组一端与该第一整流滤波电路的输出端电连接，其另一端与该晶体管的源极电连接；该隔离高频变压器的次级绕组与该第二整流滤波电路的两个输入端电连接；其辅助绕组一端通过该补偿电路与该脉宽调变控制器的电压采样端电连接，其另一端接地。该晶体管的栅极与该脉宽调变控制器的控制端电连接；其漏极通过该反馈电路与该电压采样端电连接，其漏极同时接地。

形成电源控制器的方法及其结构

申请（专利）号：200710185169.9 **公开日：**2008-06-11

申请人：半导体元件工业有限责任公司

发明人：安东尼恩·罗斯帕尔 罗曼·司杜勒 卡洛尔·塔斯克

摘要：

本发明涉及形成电源控制器的方法及其结构。在一个实施例中，电源控制器配置成在跨越电源的功率开关的电压处于最小值时来开关电源的功率开关。

电机电源装置和包括该装置的电机

申请（专利）号：200710085426.1 **公开日：**2008-06-11

申请人：LG 电子株式会社

发明人：李镐在

摘要：

一种电机电源装置包括电源电路，该电源电路具有接收和转换交流电源并且输出直流电压的低电压部分，其中用于电机驱动线圈的第一电源和用于控制电机驱动线圈的控制电路的第二电源通过使用从电源该电路输出的直流电压来供给，并且电机可以包括电机电源装置。在一个方面，提供一种通过使用交流电源可以与交流电源大小无关地提供直流电压的电机电源装置。在另一个方面，即使交流电源的大小已经改变，电源电路也可以以较低成本输出适当的直流电压。在又一个方面，提供一种电机电源装置，该电机电源装置使用一个电源电路可以提供用来驱动电机驱动线圈的电源和用于控制电机驱动线圈的控制电路的电源。

车载电子系统、车载电子装置和控制便携式电子设备的电源的方法

申请（专利）号：200710197105.0 **公开日：**2008-06-11

申请人：富士通天株式会社

发明人：尾崎行辅

摘要：

一种车载电子系统、车载电子装置和控制便携式电子设备的电源的方法，其中所述车载电子系统包括：安装在车辆中的车载电子装置；以及可分离地设置到该车载电子装置的便携式电子装置，且当处于可操作的车载电子装置地检测到便携式电子装置的连接时，该车载电子装置使得该便携式电子装置可操作。

模拟恶劣工业环境的电源状况的直流电源模拟装置

申请（专利）号：200710133468.8 **公开日：**2008-06-18

申请人：江苏科技大学

发明人：姜文刚 邓志良 李建华 谢成祥 尚婕

摘要：

模拟恶劣工业环境的电源状况的直流电源模拟装置，包括：串口电平转换电路、单片机、非易失性存储器、滤波电路、功率放大电路、供电电路和输出接口；其中，所述供电电路与串口电平转换电路、单片机、非易失性存储器、滤波电路、功率放大电路相连接；单片机与串口电平转换电路、非易失性存储器（11）、滤波电路相连接；滤波电路与功率放大电路相连接，功率放大电路与输出接口相连接，所述供电电路为该装置提供输入电源；所述单片机读取存储在非易失性存储器内的参数，根据该参数控制单片机管脚上高低电平的占空比，即输出 PWM 波，该 PWM 波经过所述滤波电路与功率放大电路滤波和功率放大后通过所述输出接口输出模拟恶劣工业环境下电压不稳定的直流电。

整流电路、电源电路以及半导体装置

申请（专利）号：200710193979.9 **公开日：**2008-06-18

申请人：株式会社半导体能源研究所

发明人：盐野入丰

摘要：

本发明的课题是提供可以抑制过电流所引起的半导体元件的劣化或绝缘损坏的整流电路。其中至少包括第一电容器、第二电容器，以及二极管，它们在连结晶体管、输入端子、两个输出端子的一方的路径上按顺序串联连接。第二电容器连接到该晶体管的源区及漏区的一方和栅电极之间。此外，上述晶体管的源区及漏区的另一方和所述两个输出端子的另一方彼此连接。

电源供电电路

申请（专利）号：200610167054.2 **公开日：**2008-06-18

申请人：英业达股份有限公司

发明人：陈昆甫 乔重华

摘要：

一种电源供电电路，应用于一具有备用电池、电源供应器及关机软件的电子装置中，关机软件依据电子装置为正常关机状态及休眠状态输出对应的状态信号，电源供电电路包括：触发器用以接收非正常关机信号，并输出一触发信号，以将所接收到的非正常关机信号输出至切换器，切换器用以接收以备用电池作为供电来源的控制信号，并接收以电源供应器作为供电来源的控制信号，且依据非正常关机信号来输出一备用电池供电信号，且在未接收到非正常关机信号时输出一电源供应器供电信号；而电压转换器分别接收备用电池及电源供应器所传来的电压，并依据切换器所输出的供电信号对应地以备用电池或电源供应器进行电压转换，以作为电子装置的供电来源。

开关调节器的控制电路、方法以及电源装置、电子设备

申请（专利）号：200710199745.5 **公开日：**2008-06-18

申请人：罗姆股份有限公司

发明人：内本大介 大山学

摘要：

本发明提供一种降低消耗电流的开关调节器的控制电路、方法以及电源装置、电子设备。最小脉冲信号生成电路生成与 PWM 信号同步、且具有预定的最小占空比的最小脉冲信号。修正脉冲信号生成电路在 PWM 信号的占空比变得小于最小占空比时，将 PWM 信号的逻辑电平固定为开关晶体管截止的电平。驱动电路基于从修正脉冲信号生成电路输出的修正 PWM 信号，驱动开关晶体管。停止信号生成

电路生成以由修正脉冲信号生成电路固定了 PWM 信号的电平为触发变成第 1 预定电平的停止信号。在停止信号为第 1 预定电平时，至少使被用于脉冲调制的振荡器停止。

电源转换器的提供补偿的电路与方法

申请（专利）号：200710105476. 1 **公开日：**2008-06-25

申请人：崇贸科技股份有限公司

发明人：杨大勇

摘要：

本发明有关于一种电源转换器的提供补偿的电路与方法，其一电流感测电路接收一切换电流以产生一电流信号。一信号产生电路产生一第一补偿信号与一第二补偿信号以调整电流信号，第一补偿信号调整电流信号以限制电源转换器的输出功率，第二补偿信号调整电流信号以达成斜率补偿。第一补偿信号的斜率在功率晶体管导通时而递减，第二补偿信号的斜率则在功率晶体管导通时而递增。

游梁式抽油机断续供电下电源软投入控制方法及控制装置

申请（专利）号：200710177808. 7 **公开日：**2008-06-25

申请人：华北电力大学

发明人：崔学深 罗应立 沈金波 翟勇 杨富刚

摘要：

本发明公开了一种游梁式抽油机断续供电下电源软投入的控制方法及控制装置。本发明方法是在电动机断续供电运行状态，通过实时检测断电后定子绕组的残压来测量电动机的转速，在电动机实际速度接近同步速时，通过可控硅开关元件逐步施加电压，在短时间内完成电源的软投入。本发明控制装置包括：人机界面、检测单元、主控制器和开关元件。本发明通过检测断电后定子绕组的残压来测量电动机的转速，无需转速传感器，速度快，精度高。断续供电的通电与断电控制都是由可控硅元件执行，由于其电流过零关断的特性，消除了断电时的过电压，通电时在同步速附近控制可控硅的触发实现电源的快速软投入，避免了冲击电流和机械振动。

具有外部电源部件的显微镜

申请（专利）号：200680022548. X **公开日：**2008-07-02

申请人：卡尔蔡司微成像有限责任公司

发明人：R · 阿申巴克 T · 博彻

摘要：

本发明涉及一种带外部电源部件（9）的光显微镜。在此根据本发明的显微镜具有用于外部电源部件（9）的容纳座（8），电源部件能够可可拆卸地固定在该容纳座。容纳座（8）优选构造为显微镜座架（1）中的凹部，使得在电源部件（9）处于容纳座中时，它可以自动匹配于显微镜的外部形状。

用于广泛电源电压范围的有效电荷泵

申请（专利）号：200680023594. 1 **公开日：**2008-07-02

申请人：爱特梅尔公司

发明人：泰耶 · 塞特

摘要：

可与 Dickson 型电荷泵装置一起使用的电压升压器和调节器（303）尤其适于维持高电源电压和低电源电压两者的效率。对于高电源电压（例如，2.6 伏或更高），所述电荷泵（300）降低整体功率消耗，从而形成较有效的设计。对于低电压应用（例如，对于低于 2.6 伏的电源电压），所述电荷泵使用升压器电路（303）将时钟输入电位增加到超过典型 Dickson 阵列可用的电源电压。另外，所述电荷泵（300）避免典型 Dickson 阵列中的固有二极管电压降。

笔记本电脑供电方法及实现该方法的电源供应器

申请（专利）号：200710125310. 6 **公开日：**2008-07-02

申请人：深圳市欣旺达电子有限公司

发明人：李武岐

摘要：

本发明公开一种供电方法及实现该方法的装置，特别是一种笔记本电脑供电方法及实现该方法的电源供应器。在电源供应器上设有电池槽，电池槽处设有保护壳，电池设置在保护壳内，保护壳通过连接头与电源供应器内部电路连接，当有外接电源输入时，电源供应器给笔记本电脑供电，当无外接电源输入时，电池通过电源供应器给笔记本电脑供电。其给笔记本电脑体积的小型化设计提供了前提条件，电池体积也可以做得更大，储能更多，给使用带来很大方便，提高了使用安全性，降低了设计难度，还降低了成本。为笔记本电脑的电源通用性及标准化提供可能，增强了笔记本电脑电源的共用性和易用性。

具有受微处理器控制的电源的调光器

申请（专利）号：200680023969. 4 **公开日：**2008-07-02

申请人：路创电子公司

发明人：R · C · 小纽曼

摘要：

用于双线负载控制装置的电源为微处理器供电，该微处理器转而控制所述电源。所述电源包括储能元件，例如电容，用于产生为所述微处理器供电的 DC 电压。所述电源包括高阻抗电路，以用于允许储能元件在产生 DC 电压并且微处理器已被供电之前以第一速率接收能量。所述电源进一步包括低阻抗电路，即与可控导电装置串联电连接的电阻，以用于允许储能元件以大于第一速率的第二速率接收能量。在启动之后，所述微处理器分别通过使可控导电装置导通和不导通来选择性地启用和禁用第二能量接收电路。所述微处理器用于监控电源并响应于对电源的监控而对输送到与负载控制装置连接的电力负载的能量值进行控制。

负载控制设备的电源

申请（专利）号：200680025245. 3 **公开日：**2008-07-09

申请人：路创电子公司

发明人： A·多宾斯 R·韦特曼 D·J·佩罗 J·P·斯泰纳 吴晨明

摘要：

一种用于负载控制设备的电源，该电源被设置为与AC电压源和负载串联并且产生充足的DC电压以向所述负载控制设备的控制器供电。所述电源用于向所述负载提供基本所有的由AC电压源提供的电压，并且所述电源包括可控导电设备、触发设备以及充电电路。所述充电电路用于当所述可控导电设备不导通时对能量存储设备充电并且将电流传导至负载。当所述能量存储设备已充电至预定量能量时，所述可控导电设备开始传导全负载电流。在所述可控导电设备开始传导之前，在电源两端仅产生与触发电路的击穿电压基本相同的最小电压以允许所述能量存储设备充电。

车用2.4G无线视频接收器的电源控制装置

申请（专利）号： 200810019024.6 **公开日：** 2008-07-09

申请人： 新科电子集团有限公司

发明人： 秦春达 姜加伟

摘要：

本发明涉及一种2.4G无线视频接收器的电源控制装置，其包括：电源输出检测电路、电源电路和2.4G无线信号接收及输出处理电路；当电源输出检测电路的电源输出端的输出电流小于1mA时，电源电路的电源输出端无电源输出，2.4G无线信号接收及输出处理电路停止工作。当电源输出检测电路的电源输出端的输出电流大于100mA时，电源电路的电源输出端有电源输出，2.4G无线信号接收及输出处理电路得电并开始接收2.4G无线视频信号，然后进行输出处理。本发明中的2.4G无线视频接收器无需人为单独控制其电源，既可节电又方便了使用。

可变增益放大器以及使用其的交流电源装置

申请（专利）号： 200680025993.1 **公开日：** 2008-07-16

申请人： 松下电器产业株式会社

发明人： 中村政富美

摘要：

可变增益放大器具备与电源连接的第1和第2电源端子、跨导放大器、第1和第2PN结元件、电压降元件、第1和第2电阻、电流发生晶体管和电流镜。跨导放大器输出与第1初级晶体管基极和第2初级晶体管基极之间的电位差相应的电流。第1和第2初级晶体管的发射极通过连接点相互连接。第1和第2PN结元件分别具有与第1初级晶体管基极连接的第1端和第2端。第1PN结元件的第2端与第2PN结元件的第2端连接。电压降元件连接于第1PN结元件的第2端和第1电源端子之间。第1电阻连接于第2初级晶体管基极与作为电压源的第1输入信号源之间。电流发生晶体管具有与第1初级晶体管基极连接的集电极和与第1输入信号源连接的基极。第2电阻连接于电流发生晶体管的发射极和第2电源端子之间。电流镜与连接点连接，且使与从作为电流源的第2输入信号源流出的电流相同的电流通过该连接点。该可变增益放大器不会产生非线性失真，且能够制成小尺寸。

基于链路端口模式的链路电源的控制

申请（专利）号： 200710146420.0 **公开日：** 2008-07-16

申请人： 英特尔公司

发明人： S·鲁苏 H·穆尔约诺 A·库珀曼

摘要：

一种系统，可以包括链路端口的逻辑模式的检测，以及基于检测到的逻辑模式改变提供给链路端口的链路电源。逻辑模式的检测可以包括确定链路端口是否被伙伴链路端口端接。如果链路端口没有被端接，则链路电源可以被降低到一个不能保持多个链路端口元件的逻辑状态的值，如果链路端口被端接，则链路电源可以基本保持在Vcc。

具有全桥电路和大调节范围的电源单元

申请（专利）号： 200680023505.3 **公开日：** 2008-07-23

申请人： 奥地利西门子公司

发明人： L·塞斯纳克 M·科加德

摘要：

本发明包含一种电源单元，该电源单元由至少一个变压器（TR1）、至少一个全桥电路、次级绕组和放电电路组成，变压器（TR1）的初级绕组通过所述至少一个全桥电路被连接到直流电压输入（UE），借助该次级绕组通过桥式整流电路以及输出扼流圈（L2）和输出电容器（C2）给输出电路加载直流电压输出（UA），该放电电路由二极管（D5）、电容器（C4）和电阻器（R1）组成，用于减小次级侧的峰值电压，其中，设置另一次级绕组、另一桥式整流电路和另一放电电路，借助该另一次级绕组、另一桥式整流电路和另一放电电路通过输出扼流圈（L2）和输出电容器（C2）给输出电路加载部分直流电压输出（UA）。由此，在电阻器（R1，R2）中形成较小的损耗并且提高效率。

用于电气/电子设备的逆变器变压器和具有其的电源模块

申请（专利）号： 200710192813.5 **公开日：** 2008-07-30

申请人： 三星电子株式会社

发明人： 朴哲珍

摘要：

一种用于电气/电子设备的逆变器电源模块，包括：驱动电路板、固定在驱动电路板上的电源变压器、固定在驱动电路板上的逆变器变压器、和阻塞逆变器变压器产生的磁通以防止其外漏的阻塞单元。借助于此，逆变器变压器产生的磁通得以阻塞以防止磁通外漏，从而允许EMI噪声、发热问题和系统电路噪声等得以最小化。

双电源切换开关装置

申请（专利）号： 200710200089.6 **公开日：** 2008-07-30

申请人： 鸿富锦精密工业（深圳）有限公司 鸿海精密工业股份有限公司

发明人：郭恒祯

摘要：

一种双电源切换开关装置，用于判断和切换一第一电源和一第二电源的工作状态，以对一用电设备供电，所述双电源切换开关装置包括一可连接至所述第一电源的第一电压感应器、一可连接至所述第二电源的第二电压感应器、一切换开关、一逻辑控制电路和一电力继电器；所述第一电压感应器、第二电压感应器及切换开关的输出端均接至所述逻辑控制电路的输入端，所述第一电源、第二电源可通过所述电力继电器电连接至所述用电设备以给所述用电设备供电，所述电力继电器的控制端连接至所述逻辑控制电路的输出端并根据所述逻辑控制电路输出的控制信号在所述第一电源与第二电源之间进行切换。

芯片电泳专用程控电源系统

申请（专利）号：200810018607.7 **公开日**：2008-08-06

申请人：扬州大学

发明人：杜宇人 夏兴华

摘要：

本发明涉及一种芯片电泳专用程控电源系统，属于电子信息技术领域，解决现有电源控制系统不能同时具备宽电压范围、低电流密度、多路输出等功能，本发明采用双CPU程控电源结构，由上位PC机、上位PC机连接的监控人机界面、下位单片机、下位单片机连接的多路D/A转换电路、各D/A转换电路分别连接的电源模块、下位单片机连接的A/D转换电路以及上、下位机双CPU之间的串行通信电路组成，本发明具有程控多路直流电压输出、电压控制和数据采集精度高、稳定度好、多种芯片电泳程控模式、实时显示测试曲线，保存数据及曲线、数据查询等特点，该程控电源系统适用于芯片电泳一维和多维等多种操作模式，并可用于基于电泳分离基础上的生化分析等方向的应用。

电源组结构

申请（专利）号：200680028807.X **公开日**：2008-08-06

申请人：丰田自动车株式会社

发明人：林强 川崎博包

摘要：

本发明涉及一种电源组结构，其包括具有正极端子（24）和负极端子（25）的电池组（21）、容纳电池组（21）的电池壳体（11）、两端分别连接至正极端子（24）和一设备的总正极电缆（31）以及两端分别连接至负极端子（25）和该设备的总负极电缆（33）。电池壳体（11）形成有开口（14h），使得能够接近配置成邻近电池组（21）且电气地连接至该电池组的设备。在没有任何设备配置在电池壳体（11）内的状态下，满足总正极电缆（31）的长度L1比正极端子（24）与开口（14h）之间的最短距离短的条件和总负极电缆（33）的长度L2比负极端子（25）与开口（14h）之间的最短距离短的条件之中的至少一者。这样的构造提供了设计为防止意外接触电缆的电源组结构。

无线遥控的计算机电源锁

申请（专利）号：200810020338.8 **公开日**：2008-08-13

申请人：江苏科技大学

发明人：王长宝 周云祥

摘要：

本发明公开了一种无线遥控的计算机电源锁，以主机ATX电源的辅助电源+5VSB作为电路工作电压，将机箱上电源开关和模拟开关相串联，机箱上电源开关和模拟开关的另一端分别与计算机主板上的电源开关插针相连接，遥控器通过无线通道与无线接收、解码与锁存相连接；无线接收、解码与锁存通过信号线分别与模拟开关、与非门相连接；计算机主板上电源LED指示灯插针通过信号线与取样电路相连接；取样电路通过信号线与与非门相连接；与非门通过信号线与双色发光二极管、与非门相连接；与非门通过信号线与双色发光二极管相连接；在不改变原机箱按钮功能情况下，通过密码无线遥控方式允许机箱上开机按键有效与无效，限止他人打开计算机。

功率控制方法和电路以及电源装置

申请（专利）号：200810009463.9 **公开日**：2008-08-13

申请人：富士通株式会社

发明人：中泽重晶 矢野秀俊 田中重穗 小泽秀清

摘要：

本发明涉及功率控制方法和电路以及电源装置，本发明披露了一种用于控制电源的输出的功率控制电路，其中具有根据输入的温度信息可变地设置最大额定输出的设置部分。

一种适用于平面状炉面电加热炉的电源开关

申请（专利）号：200810026870.0 **公开日**：2008-08-20

申请人：陈梓平

发明人：陈梓平

摘要：

本发明涉及一种控制开关，尤其是一种适用于平面状炉面电加热炉的电源控制开关。该电加热炉的电源线串接一用于控制电源通断的继电器，一用于控制所述继电器工作的干簧管，一可在炉面上通过磁场信号来控制所述干簧管通断的磁体。具有在不拔出电源插头的情况下实现硬开关，彻底关断电源，既节电又杜绝控制电路误动作而产生不必要的灾患。

一种工业控制计算机开关电源的改进装置

申请（专利）号：200710047351.8 **公开日**：2008-08-20

申请人：上海爱瑞科技发展有限公司

发明人：王琪 胡夕祝 陈骐

摘要：

本发明涉及脉冲技术的技术领域，具体地说是工业控制计算机开关电源的改进装置及应用。一种工业控制计算机开关电源的改进装置，包括外壳、冷却风扇、印刷电路板、引出线束、电源接线端子及电源开关，其特征在于主机印刷电路板的引出线束接口电路上连接一个双路开关，引出线束 PS-ON 端和 +5VSB 端两根导线上分别串联接入双路开关的两个触点，从两根导线的两个焊点引出线束连接构成两路独立线组。本发明成功解决了在220V 以上直流供电的工控机开关电源上安装使用开关的难题，给计算机维修带来了方便，提高了计算机的使用寿命，适用于工业控制计算机等各种计算机技术领域。

电源电路、电源控制电路以及电源控制方法

申请（专利）号：200810005905.2　**公开日：**2008-08-20

申请人：富士通株式会社

发明人：小泽秀清　中村享

摘要：

本发明提供一种电源电路、电源控制电路以及电源控制方法，可抑制二次电池的温度随着充电而上升，并使得二次电池能够在温度较高的状态下进行充电。本发明提供了一种通过使用开关元件以及晶体管元件的 DC-DC 转换器对二次电池进行充电的电源电路，该电源电路具有电流调整电路。电流调整电路根据基准电压以及与二次电池的温度对应的第一控制电压中较低的一方和与二次电池的充电电流对应的电流检测电压之间的电压差使开关元件导通/关断，以此调整二次电池的充电电流。

检测电路及电源系统

申请（专利）号：200810000230.2　**公开日：**2008-08-20

申请人：富士通株式会社

发明人：国分政利　松本敬史　伊藤秀信

摘要：

一种减小电路规模的检测电路。多个电流放大器分别生成与流过多个电阻的电流相对应的多个检测信号。连接到多个电流放大器的误差放大器将多个参考信号分别与多个检测信号相比较，以基于该比较来生成误差信号。

用于并联式电源供应器的功率分享的切换控制器

申请（专利）号：200710136048.5　**公开日：**2008-08-20

申请人：崇贸科技股份有限公司

发明人：杨大勇

摘要：

一种用于电源供应器的功率分享的切换控制器，其包含输入电路、第一积分电路及控制电路。其中，该输入电路耦接于输入端，用来接收输入信号，以产生相移信号。该第一积分电路耦接于该输入电路，用来响应该输入信号的脉冲宽度而产生第一积分信号。该控制电路耦接于该第一积分电路，用来产生切换该电源供应器的切换信号。该切换信号响应该相移信号而使能，而该切换信号的脉冲宽度决定于该第一积分信号。

热交换型冷却装置和用于该装置的电源电路驱动装置

申请（专利）号：200680031846.5　**公开日：**2008-08-27

申请人：松下电器产业株式会社

发明人：井崎勘治　白石松夫　奥村康之　伊藤温元　石川晃一

摘要：

本发明提供一种排除高频发生杂音电波连续放射、施工时的作业工时少的热交换型冷却装置和其电源电路驱动装置。设置有将从发热体收纳箱供给的商用交流电源（307）变压到规定的电压范围的商用电源变压器（311）。并且，具有自动切换设置在使标称电压200V～250V 的大范围的商用交流电压处于规定的输出电压范围的商用电源变压器（311）的线圈上的多个分接抽头的第一继电器（210）和第二继电器（212）。

半导体装置和充电式电源装置

申请（专利）号：200710169180.6　**公开日：**2008-08-27

申请人：精工电子有限公司

发明人：小池智幸　樱井敦司　佐野和亮

摘要：

本发明提供一种半导体装置和充电式电源装置，即使用正弦波充电器给电池充电，也能正确检测电池的过充电状态。在正弦波充电器的充电电压的1/2 周期比过放电状态解除的延迟时间短的情况下，当检测出过放电状态下超过过放电检测电压并大于等于过充电检测电压的电池电压时，延迟电路将过放电状态解除的延迟时间设为零秒。

充放电控制电路和充电式电源装置

申请（专利）号：200810092018.3　**公开日：**2008-08-27

申请人：精工电子有限公司

发明人：佐野和亮　樱井敦司　小池智幸

摘要：

本发明提供一种对蓄电池的充放电进行控制的充放电控制电路，具有：分压电路，对蓄电池的电压进行分压；第一基准电压电路，输出第一基准电压；第二基准电压电路，输出第二基准电压；过充电检测比较器，比较分压电路的输出信号和第一基准电压，来检测蓄电池的过充电状态；过电流检测比较器，比较过电流检测端子的电压和第二基准电压，来检测蓄电池的过电流状态；控制电路，基于过充电检测比较器和过电流检测比较器的输出信号，对开关以及保护电路进行导通关断的控制；保护电路，基于来自控制电路的输出信号，通过导通向 VSS 端子和过电流检测端子之间的路径连接电阻，通过关断从路径断开电阻。

用于电池组的电源管理电路

申请（专利）号：200710160573.0　**公开日：**2008-08-27

申请人：美国凹凸微系有限公司

发明人：卢纯 斯蒂芬·美瑞努 罗卢杨 唐林 许建平

摘要：

本发明涉及一种用于管理充、放电及保护可充电电池的电源系统。该电源系统主要包括一电源系统。所述电源系统包括耦合于可充电电池并为该可充电电池充、放电的开关电路。该电源系统包括用于控制该开关电路的电源管理单元。该电源系统包括监测电池温度的温度感应电路、监测电池电压的电压检测器，以及监测电池电流的电流检测器。当该电源系统工作于一种操作模式时，如果该电源管理单元感应到异常状况的发生，该电源管理单元将通过关闭所述开关电路中止所述操作模式以保护电池和该电源系统。

数字电源转换器用的模式跟踪与参数估计式自适应控制器

申请（专利）号：200810081137.9 **公开日：**2008-08-27

申请人：英特尔公司

发明人：J·卡霍克 L·黄

摘要：

一个功率级控制器可自适应地控制电源开关以及改进所述功率级的功耗的效率，并检测功率级的连续导通模式（“CCM”）和断续导通模式（“DCM”）操作，而无需对输出电感电流的即时或逐个周期地感测和取样。另外，该控制器可有助于估计输出电感值、峰值电感电流值以及关于转换器操作的其它信息。

卫星低噪声块电源的自适应负载

申请（专利）号：200580051193.2 **公开日：**2008-08-27

申请人：汤姆森特许公司

发明人：约翰·J·菲茨帕特里克 布赖恩·D·巴杰格罗维茨 安德鲁·E·鲍耶 杰夫·O·艾伦德

摘要：

一种处理LNB电源输出信号（22）的方法，其包括：提供LNB选择信号以选择第一多个LNB信号作为输入信号，将音调叠加在LNB选择信号上以选择第二多个LNB信号作为输入信号，提供第一转发机选择电压以在输入信号中选择第一组转发机，提供第二转发机选择电压以在输入信号中选择第二组转发机，以及如果选择了第二多个LNB信号则激活自适应负载（40）来维持音调。

基于微型电信计算架构标准的基站电源主备倒换控制方法

申请（专利）号：200810090184.X **公开日：**2008-08-27

申请人：中兴通讯股份有限公司

发明人：宋荆汉

摘要：

本发明公开了基于微型电信计算架构标准的基站电源主备倒换控制方法，给出了具体的主备倒换控制方案。该方法中微型电信计算架构系统中载板网络通信中心板的载板管理控制器向主电源和备电源发送主备倒换指令，查询所述主电源的电源通道供电状态，获取主用通道，然后打开所述备电源电源通道的通断开关以及感应开关，关闭所述主用通道的感应开关；所述主电源去使能PM_ OK#，所述备电源倒换为新的主电源，所述主电源倒换为新的备电源，完成主备倒换。根据本发明方案，电源能够轮流负担功率输出负载，提高电源使用寿命。

带有使能控制端的计算机ATX电源

申请（专利）号：200810020337.3 **公开日：**2008-09-03

申请人：江苏科技大学

发明人：王长宝 周云祥

摘要：

本发明公开了一种带有使能控制端的计算机ATX电源，该电源外部除包含普通计算机ATX电源所有电特性外，还带有含使能控制端的插头。其内部组成除包含普通计算机ATX电源所有电路，附加有使能控制电路。其中的使能控制端主要目的是控制来自计算机主板“PS-ON”信号是否允许开启和关闭计算机ATX电源，或独立于主板“PS-ON”信号的另类开启和关闭计算机ATX电源。计算机用户根据不同管理需求，在带有使能控制端的计算机ATX电源外部可进行各种电路拓扑构成计算机开机和关机等管理控制系统，达到控制计算机开机和关机的目的。

升压型开关电源装置以及安装有该电源装置的电子设备

申请（专利）号：200810074066.X **公开日：**2008-09-03

申请人：罗姆股份有限公司

发明人：大参昌贵

摘要：

本发明相关的同步整流方式的升压型开关电源装置具有下述结构，即在同步整流晶体管的背栅极和源极之间，将在装置起动时处于接通状态的第1开关和在上述输出电压达到上述输入电压时处于接通状态的第2开关并联连接的结构。

高频加热电源

申请（专利）号：200680031287.8 **公开日：**2008-09-03

申请人：松下电器产业株式会社

发明人：守屋英明 末永治雄 酒井伸一 城川信夫 木下学

摘要：

可以提供一种用于高频加热的电源，其能够抑制在紧接在磁控管开始振荡之后的不稳定阶段中产生的输入电流过冲。可以将从磁控管（12）的不振荡到振荡的过程划分为不振荡（起动模式）、振荡（起动模式）和振荡（稳定模式）。问题在于紧接在振荡之后的不稳定状态。通过将此时的PWM设置值设置为低于稳定模式中的PWM设置值，可以抑制输入电流过冲，这是因为即使已经将稳定模式下的PWM设置值设置在最大输出值，也不可能控制为包含紧接在振荡之后的过冲的大电流，并且在磁控管进入稳定状态之后设置实际稳定模式的 PWM 设置值。

用于 CMOS 电路总线的电源管理

申请（专利）号： 200680033302.2 **公开日：** 2008-09-10

申请人： NXP 股份有限公司

发明人： 蒂姆·庞修斯 斯瓦提·萨克塞纳 尼尔·温根 尼兰詹·阿普

摘要：

本发明涉及电子电路或多个电路的受控关闭，使得所述电路的电能消耗被最小化，并且每个所述电路都处于所述电路的预定状态（42；52），在所述状态中所述电路中所有其本身的控制和消息信号被设置为 0 电平。要求保护的本发明涉及使得所述电路进入该预定状态（42；52）的一整套方法；其中所有所述信号和消息线被设置为 0；从而在其状态被定义为关闭或者待机时降低了电子电路中的功耗。

用于以预定电压来监控充电电压以检测升压电压的升压电源电路以及升压电压控制方法

申请（专利）号： 200810080685.X **公开日：** 2008-09-10

申请人： 恩益禧电子股份有限公司

发明人： 外村文男

摘要：

本发明的电源电路包括升压电容器、第一开关、第二开关、加法比较电路和控制电路。第一开关通过施加第一电压到升压电容器来对升压电容器进行充电。第二开关将第二电压串联连接到已被充电的升压电容器，从而升压其中的电压。加法比较电路将升压电容器的电压与第二电压相加，并且将比较结果与预定阈值进行比较。控制电路根据相加比较电路的比较结果来控制第一开关的开/关状态。

LED 驱动电源

申请（专利）号： 200710037934.2 **公开日：** 2008-09-10

申请人： 宁波安迪光电科技有限公司

发明人： 刘学勇 叶东明

摘要：

本发明公开了一种 LED 驱动电源，包括：一电源输入端、整流滤波单元、电压变换单元、输出单元、开关单元、PFC 控制单元和恒压定电流控制单元。所述恒压定电流控制单元包括一恒压单元和一定电流单元，所述恒压单元和定电流单元分别采集输出单元的信号并产生反馈信号给 PFC 控制单元。所述 PFC 控制单元根据所述反馈信号调整控制信号，控制所述开关单元周期性导通和关断，以调整开关单元导通和关断的周期，从而调整电压变换单元的输出，实现对输出的精确调整并提高了功率因数。

高压电源

申请（专利）号： 200710306260.1 **公开日：** 2008-09-17

申请人： 三星电子株式会社

发明人： 吴哲宇 赵钟化

摘要：

提供了一种高压电源，其包括：控制器，提供 PWM 信号和电源信号；输入单元，接收从控制器提供的 PWM 信号；比较单元，通过将由输入单元滤波到 DC 电压的 PWM 信号和参考电压信号比较，控制从控制器提供的电源信号的输出；转换单元，转换从比较单元输出的电源信号；以及整流单元，整流由转换单元输出的信号，其中高压电源还包括电源输入延迟单元，从电源信号由控制器提供用于输入到比较单元时，将电源信号到比较单元的提供延迟预定时间。该高压电源提供能够防止设备上的元件由于从输出端子输出的输出电源中的突然电压过冲而损坏，该突然电压过冲在 PWM 信号转换为高状态时会发生。相对于初始提供高压驱动电源 24V 的时刻，电源信号被延迟。

正负双电源供电电路的异常保护装置

申请（专利）号： 200810065061.0 **公开日：** 2008-09-17

申请人： 深圳创维-RGB 电子有限公司

发明人： 戴俊

摘要：

本发明主要涉及消费性电子产品领域，特别涉及电视、音响技术领域的一种正负双电源供电电路的异常保护装置，其特征是：在该双电源供电的后级输出端负载（RL）回路中，增设或兼用串联电流负反馈电阻 R371 作为检测源，再通过电阻 R46V 和电容 C46V 积分后，再经由压敏开关器件 VD46 或二极管 D46 支路，连换接于常态关断、过载导通的过载关机装置，从而实现正负双电源供电的 OCL 电路过流或其它异常及时有效保护。

一种多电源模块系统及其电源管理方法

申请（专利）号： 200810104359.8 **公开日：** 2008-09-17

申请人： 华为技术有限公司

发明人： 黄爱民

摘要：

本发明实施例公开了一种多电源模块系统及其电源管理方法，涉及一种电源系统及其电源管理方法。解决了现有的多电源模块系统冗余度比较大、电源的转换效率比较低的技术问题。该多电源模块系统包括主设备以及为主设备供电的至少两个电源模块，主设备电连接有信号处理单元，信号处理单元与电源模块通过内部通信总线相连接，信号处理单元通过内部通信总线对电源模块发送指令，设定电源模块中至少一个电源模块为正常工作模式、至少一个电源模块为备用工作模式。该多电源模块系统的电源管理方法，用于管理上述多电源模块系统。本发明主要应用于通信系统等要求供电可靠性高的场合。

音响功放系统开关电源

申请（专利）号： 200810025959.5 **公开日：** 2008-09-17

申请人： 佛山市顺德区瑞德电子实业有限公司

发明人： 汪军 程绍玉 章国宝 张平伟

摘要：

本发明涉及应用于音响功放系统的开关电源，其特征是：包括输入电路、变换电路、输出电路、检测电路、保护电路、控制电路、功率检测电路和辅助电源；所述输入电路的输出端通过、变换电路连接和输出电路依次连接的端及连接功率检测电路的输入端、检测电路的确良输入端和保护电路的输入端；所述检测电路的输出端、功率检测电路的输出端和保护电路的输出端分别连接控制电路的一个信号输入端，控制电路的输出端连接变换电路的控制信号输入端，检测电路和保护电路输入端连接后连接输出电路的一个输出端；辅助电源的输出端分别连接控制电路和功率检测电路的电源输入端。本发明能够随着负载的变化自动调整输出电压，自动降低内部损耗，具有功耗低、可靠性高、成本较低、易于市场推广的有益效果。

一种低功耗、高电源抑制比的带隙电压参考电路

申请（专利）号：200710087147.9　**公开日：**2008-09-24

申请人：应建华　陈嘉　武汉昊昱微电子有限公司

发明人：应建华　陈嘉

摘要：

一种带隙电压参考电路（1）包括一个带隙单元（5）和运算放大器（6），带隙单元（5）包括第一晶体管（T1）与第二晶体管（T2），它们被设置产生一个校准 PTAT 电压，该电压与第一以及第二晶体管的基极-射极电压差成正比，且被形成在两个主要电阻（R2，R5）两端。运算放大器包括第三晶体管（T3）、第四晶体管（T4）、自偏置电流镜电路（7）向第三晶体管（T3）与第四晶体管（T4）的集电极提供电流（8 至 10）；第一晶体管（T1）的基极-射极电压与次要电阻（R1，Rx）上电压两者叠加，从而在输出端（4）与接地端（3）之间提供电压参考，电流支路（10）的加入提高了电路的电源抑制比。

对于多个电源中选定的一个电源可进行操作的电池充电器

申请（专利）号：200810085402.0　**公开日：**2008-09-24

申请人：日立工机株式会社

发明人：渡部伸二　中野恭嗣　藤泽治久　高野信宏

摘要：

一种电池充电器，所述电池充电器被构成为使用包括商用 AC 电源和 DC 电源的两个或更多个电源中选定的一个电源。AC 电缆牢固地固定到电池充电器的本体，而 DC 电缆可拆卸地连接到电池充电器的本体。采用单一变压器，所述变压器具有第一初级线圈、第二初级线圈以及次级线圈，其中 AC 电源通过第一开关元件连接到第一初级线圈，DC 电源通过第二开关元件连接到第二初级线圈，待充电的电池组连接到次级线圈。

分布式电源用发电装置的主电路

申请（专利）号：200680035848.1　**公开日：**2008-09-24

申请人：东洋电机制造株式会社

发明人：塩田刚　田中启太　井坂勉

摘要：

使用永磁发电机的分布式电源用发电装置存在如下问题，即，因为永磁发电机的交流输出是滞后电流，所以永磁发电机的间隙磁通会退磁，而且内部感应电压会减小，所述的永磁发电机不使用 PWM 变换器而是具有多种绕组以通过风力等来获得最大输出。一种分布式电源用发电装置的主电路，是通过个别的整流器来对由产生不同感应电压有效值的多个绕组构成的永磁发电机的交流输出进行整流，所述分布式电源用发电装置的主电路的特征在于，在所述多个绕组中产生高感应电压有效值的绕组的交流输出端子与所述个别的整流器之间串联连接电容器，使得此电容器与所述永磁发电机的串联阻抗，在所述永磁发电机的额定转速范围内而成为电容性阻抗。

开关电源系统的控制电路和控制方法

申请（专利）号：200810085824.8　**公开日：**2008-09-24

申请人：富士电机电子技术株式会社

发明人：菅原聪　山田耕平

摘要：

本发明提供一种开关电源系统的控制电路和控制方法，在所述开关电源系统中，设置了延迟电路，通过该延迟电路输出控制开关设备导通/截止的脉冲信号，并使信号的下降（在开关设备为导通且脉冲信号的电平为 HIGH 的情形中）延迟。通过延迟电路的输出，控制开关电源系统中保护电路的工作/待机。因此，将保护电路设置为能够监视必要的系统电路中异常的存在或不存在的电路，且降低了轻负载或无负载时的功耗。

一种 LCD 背光高压电源转换系统

申请（专利）号：200710073695.6　**公开日：**2008-10-01

申请人：深圳 TCL 新技术有限公司

发明人：李锦乐　刘睿华

摘要：

本发明提供了一种 LCD 背光高压电源转换系统，所述的系统包括逆变器、变压器、逆变控制器和背光控制器，其中，所述的逆变器与功率因数校正器 PFC 相连，所述的 PFC 向所述的逆变器输入高压直流信号；所述的逆变器与所述的变压器相连，所述的逆变器向所述的变压器输入交流高压信号；所述的变压器的次级侧向冷阴极射线管 CCFL 输出所需的电压；所述的背光控制器从所述的变压器的次级侧获取取样电压或者电流后产生开/关控制信号，并向所述的逆变控制器输入，所述的逆变控制器根据所述的开/关控制信号产生脉宽调制波 PWM，用来控制所述的逆变器。

电源电路及显示装置

申请（专利）号：200810088545.7　**公开日：**2008-10-01

申请人：爱普生映像元器件有限公司

发明人：堀端浩行

摘要：

电源电路及显示装置。本发明的目的是在电荷泵方式的电源电路中抑制时钟频率反转时所产生的不必要的直通电流，且抑制输出电位的不足、消耗电力的增加。本发明的电源电路是为了抑制时钟频率反转时的过渡性直通电流（I1、I2），并且抑制输出电位的降低，而以配线（14）的电阻值（R4）>配线（11）的电阻值（R1）、配线（14）的电阻值（R4）>配线（12）的电阻值（R2）的方式设定电阻值（R1、R2、R4）。通过减小电阻值（R1、R2），可使时钟频率反转所致的电位的反转急速进行，可抑制直通电流（I1、I2）。此外，通过将电阻值（R4）设定为比电阻值（R1、R2）大，可抑制直通电流（I1），且抑制输出电位的降低。

等离子体处理装置、高频电源的校正方法、高频电源

申请（专利）号：200810086928.0　**公开日：**2008-10-01

申请人：东京毅力科创株式会社

发明人：佐藤贤司

摘要：

本发明提供一种等离子体处理装置、高频电源的校正方法和高频电源。该等离子体处理装置设置有：高频电源（200），其具有能够将高频电力的电力设定值与偏移值作为数字数据输入的接口单元（204），根据电力设定值和偏移值调整目标电力输出值，并从电力输出端子（202）输出与该目标电力输出值相应的高频电力；处理室（300），其经由匹配器（104）被供给经由同轴电缆（102）传送的高频电力；和电源控制单元（400），其在校正高频电源时，根据电力设定值与匹配器的输入电力的值的差值求取偏移值，通过将电力设定值与偏移值数字传送至高频电源的数据输入端子，以使匹配器的输入电力的值成为电力设定值的方式控制高频电源的输出电力。

双电源配电柜触头快速切换装置

申请（专利）号：200810024171.2　**公开日：**2008-10-08

申请人：无锡市军工电力电器有限公司

发明人：周渭江

摘要：

本发明涉及一种双电源的馈电设备，具体地说是一种双电源配电柜触头快速切换装置。按照本发明提供的技术内容，所述双电源配电柜触头快速切换装置包括：可以相互接触的开关导电排与触头导电排，其特征是：所述触头导电排折弯成两个支臂，其中的第一支臂形成触头，第二支臂连接于移动围框上，所述围框围在开关导电排与触头导电排的第二支臂的外面，在围框上设置用于将开关导电排与触头导电排的第二支臂连接在一起的压紧螺钉；在松开压紧螺钉时，围框与触头导电排的第二支臂可以沿着开关导电排上下移动，在围框与触头导电排的第二支臂移动到位时，拧紧压紧螺钉，使开关导电排与触头导电排的第二支臂实现电连接。这种切换装置可以在尽可能短的时间内完成切换的过程，以满足实际需求。

电源装置及其电子设备

申请（专利）号：200680037024.8　**公开日：**2008-10-08

申请人：罗姆股份有限公司

发明人：大参昌贵　高桥彻

摘要：

在本发明的电源设备中，在设备启动之后，箝位电路提高误差电压梯阶的上限值。这使得其能够缩短输出电压的上升时间，并减小启动时的最大电流。

无电解电容LED灯电源适配器的控制方法

申请（专利）号：200810073564.2　**公开日：**2008-10-08

申请人：深圳唐微科技发展有限公司

发明人：甘同　王桂风　王桂光　申莉萌　王希天

摘要：

本发明采用数码方法控制LED所需的稳定电压、恒定电流的恒流电源的值，采用单片机软件方法，产生多相高频方波脉冲群，用多组不同相位的高频方波脉冲，分别控制多相位电力电子开关的“通”和“断”，实现用多相高频整流的有源方法来抑平纹波；采用高频整流，特别是用多相高频整流，以及波形九十度电角度移相位移峰填谷，以有源的电力电子方法取代传统贮能电解电容，用数码方式提供LED灯所需稳定电压、恒定电流的恒流电源，用多相高频整流的有源方式，来抑平纹波的控制方法，提供一种耐高温、寿命长达数万小时、高可靠性的、与LED数万小时寿命可以匹配的LED灯无电解电容的电源适配器的控制方法。

开关电源

申请（专利）号：200810005418.6　**公开日：**2008-10-15

申请人：富士电机电子技术株式会社

发明人：日朝信行

摘要：

根据本发明的开关电源帮助减小待机时所消耗的电功率，防止开关电源启动时引起过电流，并进行防止短路的保护，所述开关电源包括开关控制电路，其功能如下：当其轻负载判断部分3基于反馈信号判断出该负载比较轻时，就进行PFM控制；当其轻负载判断部分3基于反馈信号判断出该负载并非比较轻时，就进行PWM控制；当进行PWM控制期间满足预定的条件时，设定开关器件的最小“开”周期，使得PWM控制期间的最小“开”周期比PFW控制期间开关器件的“开”周期要短；以及在最小“开”周期流逝而过之后，当流过所述开关器件的电流向更高的一侧超过可允许的数值时，关闭所述开关器件。

电源装置

申请（专利）号：200680037995.2　**公开日：**2008-10-15

申请人：松下电器产业株式会社

发明人：辻常生　宫本义彦

摘要：

电源装置具备：连接直流电源的第一开关元件、与第一开关元件连接于连接点的第二开关元件、包括连接于该连接点的初级线圈和次级线圈的变压器、具有与该次级线圈连接的输入端的低通滤波器、与该低通滤波器的输出端连接的输出端子、输出跟踪输出端子的电压的电压的检测电路、产生基准电压的基准信号产生源、根据比较检测电路输出的电压和基准电压的结果输出信号的比较部，以及使第一开关元件和第二开关元件工作的工作暂停电路。工作暂停电路根据比较部输出的信号驱动第一开关元件和第二开关元件，并且与比较部输出的信号无关，使第一开关元件和第二开关元件非导通。该电源装置中，开关元件的开关损耗小。

放电加工机的电源控制装置

申请（专利）号：200680038979.5 **公开日：**2008-10-22

申请人：三菱电机株式会社

发明人：鹈饲洋史 森田一成 佐佐木史朗

摘要：

本发明涉及一种放电加工机的电源控制装置，其具有：高频成分检测单元（高通滤波器4、整流装置5及积分电路9），其检测加工间隙的放电电压的高频成分；加工电压电平检测装置（40），其检测加工间隙的放电电压电平；无负载时间检测装置（42），其检测加工间隙的放电电压的无负载时间；高频成分比较器（78），其将检测到的高频成分与高频成分基准值进行比较；电压电平比较器（41），其将检测到的放电电压电平与电压电平基准值进行比较；以及脉冲控制装置（43），其根据高频成分比较装置的比较结果与无负载时间，控制间歇时间，并根据电压电平比较装置的比较结果，使放电脉冲截止。

可控电抗器感应耐压试验电源装置及其局部放电测量方法

申请（专利）号：200810048053.5 **公开日：**2008-10-29

申请人：湖北省电力试验研究院

发明人：胡惠然 吴云飞 阮羚 汪涛 金涛 邓万婷 沈煜

摘要：

本发明公开了一种可控电抗器感应耐压试验电源装置及其局部放电测量方法，涉及一种可控电抗器现场试验技术。本装置的结构是变频电源柜（1）、中间变压器（2）、可控电抗器（6）依次连接，为可控电抗器（6）提供试验电源；可控电抗器（6）、检测阻抗（5）、局部放电测试仪（7）依次连接，检测可控电抗器（6）的局部放电量；中间变压器（2）、电容分压器（3）、电压表（4）依次连接，测量中间变压器（2）的试验电压；补偿电抗器（8）和可控电抗器（6）连接，补偿可控电抗器（6）的无功电流。本发明适用于所有可控电抗器的感应耐压试验及其局部放电测量。

改进型振荡器及使用该振荡器的降压电源转换器

申请（专利）号：200810115218.6 **公开日：**2008-10-29

申请人：北京中星微电子有限公司

发明人：王钊 尹航 田文博

摘要：

本发明公开了一种振荡器，其包括分压电路、充电电阻、电容、比较电路和放电电路。所述分压电路与电源相连，并提供反映电源电压的分压电压。所述电源通过所述充电电阻对所述电容进行充电。所述比较电路比较电容的压降与所述分压电压，在所述电容的压降大于或等于所述分压电压时，所述比较电路输出放电控制信号控制所述放电电路对所述电容进行放电，在所述电容的压降小于所述分压电压时，所述比较电路输出非放电控制信号控制所述放电电路停止对所述电容的放电。这样，所述振荡器生成了幅度与电源电压成正比的振荡信号。

无电解电容的磁集成 Vcc 电源模块控制方法

申请（专利）号：200810073643.3 **公开日：**2008-10-29

申请人：申莉萌

发明人：申莉萌 王希天

摘要：

一种无电解电容的磁集成 Vcc 电源模块的控制方法，它是用高频方波脉冲控制电力电子开关的“通”和“断”，实现多相高频 CUK 开关电源 DC-DC 变换的控制。本发明的有益效果是，采用本技术方案的 Vcc 电源模块，因为不使用可靠性最差的电解电容元件，使本模块可靠性大幅度提升，并由于应用高速单片机及磁集成技术，使本模块的性价比，超越传统有电解电容的 Vcc 模块。

带同步整流器的开关模式电源

申请（专利）号：200680039623.3 **公开日：**2008-10-29

申请人：NXP 股份有限公司

发明人：琼·维夏德·斯特里耶克

摘要：

在用于控制同步整流开关（S2）的控制器（CC2）中包括：感测电路（SRL），用于感测在消隐时间结束之时所述同步整流开关（S2）的输出（D2），以获得一感测信号（Q）；以及控制信号产生电路（AND1），用于根据所述感测信号（Q）来产生用于同步整流开关（S2）的控制信号（G2）。

一种具有宽输入电压范围的不间断电源

申请（专利）号：200710102962.8 **公开日：**2008-10-29

申请人：力博特公司

发明人：肖学礼

摘要：

本发明涉及一种具有宽输入电压范围的不间断电源，包括交流输入端、整流器、电池支路、逆变器和输出端，整流器的输入端与交流输入端相连，电池支路并联在整流器的输出端，逆变器的输入端与整流器的输出端相连，逆变器的输出端为交流输出，所述整流器包括降压式整流器和升压式整流器，所述降压式整流器的输出端与所述升压式整流器的输入端相连；还包括控制电路，当交流输入端的输入电压高于升压式整流器的工作上限时，所述控制电路控制降压式整流器完成降压功能；当交流输入端的输入电压低于升压式整流器的工作上限时，所述控制电路控制升压式整流器完成升压功能。本发明可将UPS的工作电压范围扩展到+/-40%以上。

电源装置

申请（专利）号：200680039513.7　**公开日：**2008-10-29

申请人：松下电器产业株式会社

发明人：辻常生　宫本义彦

摘要：

电源装置具备：输入端子；与输入端子连接的第一开关元件；与第一开关元件连接的第二开关元件；初级线圈与第一开关元件和第二开关元件的连接点相连接的变压器；由与变压器的次级线圈连接的线圈和电容器的串联体组成的低通滤波器；与线圈和电容器的连接点连接的输出端子；输出端子与第一输入端连接的比较器；与比较器的第二输入端连接的交流信号产生源，比较器的输出端子经由临时振幅产生容许部与第一开关元件以及第二开关元件的各控制端子连接。

平面磁性元件及使用了该元件的电源IC组件

申请（专利）号：200680040849.5　**公开日：**2008-11-05

申请人：株式会社东芝　东芝高新材料公司

发明人：井上哲夫　佐藤光　中川胜利

摘要：

一种在第1磁性层（3）和第2磁性层（5）之间配设了平面线圈（4）的平面磁性元件（1），其特征在于，长轴的长度为L、与长轴正交的短轴的长度为S时的形状比S/L为0.7~1的磁性粒子（7）被填充到所述平面线圈（4）的线圈布线之间的间隙（W）中形成。根据具有所述结构的平面磁性元件（1），使用能够有效地获得高电感值的磁性粒子，由此能够实现高度低的感应元件等平面磁性元件。

交流电弧焊接电源

申请（专利）号：200810091821.5　**公开日：**2008-11-12

申请人：株式会社大亨

发明人：西坂太志

摘要：

本发明提供一种交流电弧焊接电源，其在非熔化/熔化电极电弧焊接中，极性切换时将电流下降到规定值。由于该电流下降速度不受负载状态的影响而高速化，因此能维持稳定的焊接。在从电极正极性切换到电极负极性时，仅使形成桥路的第二电极正极性开关元件（TP2）处于导通状态，且使第二开关元件（TR2）处于导通状态，将第二电阻器（R2）插入到通电路中来提高电流下降速度。同样，在从电极负极性切换到电极正极性时，仅使形成桥路的第一电极负极性开关元件（TN1）处于导通状态，且使第一开关元件（TR1）处于导通状态，将第一电阻器（R1）插入到通电路中来提高电流下降速度。

集成电路、电子系统及集成电路的电源控制方法

申请（专利）号：200710169361.9　**公开日：**2008-11-12

申请人：联发科技股份有限公司

发明人：陈威仁　陈建仲　林宏德　林修身　廖经祥

摘要：

本发明提供一种集成电路的电源控制方法，包括将芯片中的集成电路分成系统核心模块以及电源控制模块，其中系统核心模块由来自电源供应器的第一电压供电，系统核心模块包括中央处理单元；而电源控制模块由来自电源供应器的第二电压供电。在电源控制模块中设定电源管理机制，根据来自中央处理单元的省电模式设定信号，停止将第一电压供应至系统核心模块，从而使系统进入省电模式。本发明所提供的集成电路及其电源控制方法，可有效降低电源消耗，从而更有效地节省系统电源。

具有电压的可转换电源组的SRAM

申请（专利）号：200810096656.2　**公开日：**2008-11-12

申请人：意法半导体公司

发明人：M·A·利辛格　D·麦克卢尔　F·雅凯

摘要：

本发明涉及具有电压的可转换电源组的SRAM。一种电路，包括具有高电源电压节点和低电源电压节点的存储单元。依赖于该存储单元的电流操作模式，电源多路复用电路被提供用于可选择地将第一组电压和第二组电压之一应用到该存储单元的该高和低电源电压节点。更特别的是，该第二组电压中的低电压高于该第一组电压中的低电压，并且其中该第二组电压中的高电压小于该第一组电压中的高电压。该存储单元可以是存储单元阵列中的一员。该阵列可以包括位于全部存储器设备之内的区块或节，该存储器设备包括多个区块或节，在这种情况下，将电压应用到单独的区块/节上的该可选择应用依赖于该区块/节自身的该激活/待机模式。

开关电源电路及浪涌吸收电路

申请（专利）号：200680041945.1　**公开日：**2008-11-12

申请人：新电元工业株式会社

发明人：多田信裕

摘要：

本发明提供一种开关电源装置，能够以少量的部件构成，并能够有效地改善电源效率。该开关电源装置包括：开关电路（S1~S4），用于将直流输入电力转换为交流电力；变压器（T），具有被供给所述交流电力的初级绕组；第一整流器（D21、D22），用于将在所述变压器的次级绕组上感应出的交流电力整流为直流电力；第二整流器（D31、D32），具有与所述第一整流器的阴极连接的阳极；和电容（C），连接在所述第二整流器的阴极和规定电位节点之间，作为规定负载（F）的辅助电源而起作用。开关时

在次级侧的第一整流器（D21、D22）的阴极产生的浪涌通过第二整流器（D31、D32）供给到电容（C），负载（F）将被充电于电容中的电力作为工作电源利用。

电源装置

申请（专利）号：200810100250.7 **公开日：**2008-11-19

申请人：松下电器产业株式会社

发明人：渡边耕三 西野肇 前川和也

摘要：

本发明提供一种电源装置，具有：多个电池；切换部，切换上述多个电池间的连接；短路电池检测部，在上述多个电池中的任意一个发生内部短路的情况下，检测出发生该内部短路的电池；切换控制部，在由上述短路电池检测部检测出发生上述内部短路的电池的情况下，通过上述切换部切换上述多个电池间的连接，以构成串联连接发生该内部短路的电池和其他电池中的至少一个的闭合电路。

一种电源指示、辅助电源启动及电解电容均压电路

申请（专利）号：200810068150.0 **公开日：**2008-11-19

申请人：深圳市麦格米特驱动技术有限公司

发明人：李树白

摘要：

本发明公开了一种电源指示、辅助电源启动及电解电容均压电路，包括整流桥、IGBT桥臂，三相交流电经整流桥整流后接IGBT桥臂的输入端，第一电容（C1）、第二电容（C2）、第三电容（C3），还包括第一电阻（R1）、第二电阻（R2）、第三电阻（R3）、发光二极管（LED）、第一二极管（D4）、第二二极管（D5）。本发明通过功率电阻R1、R2，小信号电阻R3，小信号二极管D4、D5及发光二极管LED，实现了铝电解电容均压、电源上电指示及内部辅助电源启动三种功能。电路大大减小了使用的功率电阻数量，只增加了成本较低、体积较小的两个小信号二极管和一个电阻，节省了电路成本和PCB电路板面积及布线难度。同时将铝电解电容均压、电源上电指示及内部辅助电源启动三种功能集于一块电路，功耗只有原电路的1/3，较大地提升了整机效率。

电源设备及其操作方法、电子装置及其操作方法

申请（专利）号：200810097155.6 **公开日：**2008-11-19

申请人：索尼株式会社

发明人：牧野荣治 崎冈洋司 松本静德

摘要：

公开了一种电源设备，其切换第一电源、第二电源，以及第三电源之一给具有光电二极管的CMOS图像传感器中的传输栅极，所有电源提供功率给辅助设备，并且输出相应的功率给传输栅极。该设备包括：第一晶体管，其由第二电源驱动并且输出第二电源的功率到传输栅极；第二晶体管，其由第二电源驱动并且输出第一电源的功率到传输栅极；第三晶体管，其由第三电源驱动并且输出第三电源的功率到传输栅极；以及位于第二晶体管之前的第四晶体管，其由第一电源驱动并且输出第一电源的功率到第二晶体管的源极。

蓄电池充电电路、蓄电池充电电路中的电源切换方法、及电源单元

申请（专利）号：200780000216.6 **公开日：**2008-11-26

申请人：株式会社理光

发明人：野田一平

摘要：

一种公开的充电电路通过使用产生和输出第一电压的第一直流电源为蓄电池充电。将所述第一直流电源的第一电压、来自外部电源产生的第二电压、和所述蓄电池的蓄电池电压中最高的电压作为电源提供给所述充电电路。

感应耦合的射频电源

申请（专利）号：200680043566.6 **公开日：**2008-11-26

申请人：赛默飞世尔科技公司

发明人：保罗·J·玛特伯尼 罗伯特·米勒 罗格·弗莱彻

摘要：

本发明公开了一种用于实现包括功率放大器的电源的系统和方法，所述功率放大器产生具有可调节工作频率的射频功率信号。该功率放大器还产生由射频功率信号衍生出的参考相位信号。阻抗匹配向具有可变共振条件的等离子线圈提供射频功率信号。相位探针位于等离子线圈的附近以便产生与可调节工作频率相对应的线圈相位信号。此后，基于参考相位信号与线圈相位信号之间的相位关系，锁相环产生射频驱动信号。锁相环把射频驱动信号提供给功率放大器以控制可调节工作频率，以便此后可调节工作频率对可变共振条件进行追踪。

液晶屏幕电源模块

申请（专利）号：200810095051.1 **公开日：**2008-12-03

申请人：奇景光电股份有限公司

发明人：白双喜 张书铭 梁胜尧

摘要：

本发明涉及一种液晶屏幕电源模块，包括有交流转直流电路、变压器、直流转交流电路与反馈电路。交流转直流电路耦合于交流电源以产生直流信号。直流转交流电路极性交替地耦合直流信号至变压器的第一侧，以在变压器的第二侧产生交流信号来供应负载电力。反馈电路接收代表供应负载电力的第一反馈信号，并根据第一反馈信号调制由交流转直流电路产生的直流信号。

开关电源装置及其起动方法

申请（专利）号：200680044185.X **公开日：**2008-12-03

申请人：三美电机株式会社

发明人：永井民次 山崎和夫

摘要：

本发明的目的在于减小待机中的功耗。在使用了输出

小的第1电源电路（11）和输出大的第2电源电路（12）的开关电源装置中，第1电源电路（11）长时处于动作状态，第2电源电路（12）在起动时，使用在第1电源电路（11）中生成的电力起动。

逆变电源输出电流控制方法

申请（专利）号：200710049190.6　**公开日：**2008-12-03

申请人：四川省临景软件开发有限责任公司

发明人：张新忠　陈建春

摘要：

本发明涉及电源技术，特别涉及逆变电源电流控制技术。本发明公开了一种逆变电源输出电流控制方法，以提高电源效率，降低控制装置成本。本发明的技术方案是，逆变电源输出电流控制方法，包括以下步骤：a. 检测输出电流的大小；b. 当输出电流大于设定值时，根据逆变电桥当前工作模式按如下顺序改变逆变电桥工作模式：全桥模式→半桥模式→衰减模式；c. 当输出电流小于设定值时，根据逆变电桥当前工作模式按如下顺序改变逆变电桥工作模式：衰减模式→半桥模式→全桥模式。本发明的有益效果是，采用简单的控制装置即可实现，降低了控制装置成本，提高了电源效率，可以不改变输出电流频率，适用范围广。

电源管理方法和计算机单元

申请（专利）号：200810099725.5　**公开日：**2008-12-03

申请人：巴比禄股份有限公司

发明人：大屋诚

摘要：

本发明提供一种电源管理方法和计算机单元。在多个计算机单元能够通过网络以有线或无线与这些计算机单元所共用的一个或多个设备进行通信的环境中管理设备的电源的技术，提供一种维持不管时期而以良好的响应来实现从各计算机单元向设备的访问请求的状态、并且省略设备的无用的运转的技术。各计算机单元PC响应于自计算机单元的关机，判断至少一个其它计算机单元是否已经各自处于关机状态，在判断为所述至少一个其它计算机单元都已经处于关机状态的情况下，自计算机单元通过网络（14）向设备（20）发送停止指令信号。

自带动态电源的谐振驱动模块控制方法

申请（专利）号：200810073645.2　**公开日：**2008-12-17

申请人：申莉萌

发明人：申莉萌　王希天

摘要：

本发明提供一种自带动态电源的谐振驱动模块控制方法，采用的技术方案为：把传统的硬开关驱动改进为谐振软开关驱动，可用低于U_{gs}的动态电源$+V_{on}$电容泵供电驱动电压U_{gs}，在非驱动时段，栅极电压U_{gs}为$-V_{off}$负偏压，能够有效克服C_i的“米勒效应”，降解半桥或全桥直通的危害；驱动时段的电源V_{on}电容泵，以及非驱动时段负偏压$-V_{off}$电容泵，均是由隔离变压器次级绕组供电，即变压器既传递驱动频率f，也传递两个动态电容泵电源$+V_{on}$和$-V_{off}$。其优点为抗干扰能力很强，结合模块的自带负偏压驱动，有较高的可靠性，损耗小，效率较高，性价比较优。

双晶正激有源钳位开关电源

申请（专利）号：200810066287.2　**公开日：**2008-12-17

申请人：刘小荷　余朝波

发明人：刘小荷

摘要：

本发明一种双晶正激有源钳位开关电源，包括初级部分，变压器和次级部分，其中初级部分包括第一主开关管，钳位开关管，钳位电容以及第二主开关管，所述的该第二主开关管的D极与输入电源相连，S极与变压器初级绕组的同名端相连，第一主开关管的D极与变压器初级绕组的异名端相连，S极与输入地相连，钳位电容一端与变压器的同名端相连，另一端与钳位开关管的D极相连，钳位开关管的S极与变压器的异名端相连。

使用多个电源电压的半导体器件

申请（专利）号：200810108820.7　**公开日：**2008-12-24

申请人：恩益禧电子股份有限公司

发明人：高桥弘行　中川敦

摘要：

本发明涉及使用多个电源电压的半导体器件。所述半导体器件包括：第一存储器（2）；以及电压调整部（5），其被配置为接收第一电压、比所述第一电压高的第二电压和比所述第二电压高的第三电压。所述第一存储器（2）包括：存储器单元（26），其被配置为连接到字线和位线；字线驱动电路（21），其被配置为驱动所述字线；以及读出放大器（SA），其被配置为感测在所述存储器单元（26）中存储的信息。所述电压调整部（5）包括：电压修改电路（10），其被配置为以预定模式降低或者升高所述第三电压，以产生比所述第二电压高的第四电压，并且向所述读出放大器（SA）或者所述字线驱动电路（21）供应所述第四电压。

一种电源插座

申请（专利）号：200710069676.6　**公开日：**2008-12-24

申请人：俞国麟

发明人：俞国麟

摘要：

本发明涉及一种电源插座，包括一其上具有一组或一组以上插座孔单元的外壳，及一与外壳相连且带有插头的电源延长线，其特征在于所述外壳的左侧部及与左侧部相对的右侧部上各设有一可供电源延长线缠绕其上的内凹的限位口。外壳上还设有一由提手部及固定在提手部下方中部的轴组成的提手，所述的轴活动插设并限位在外壳上表面上，所述的外壳可相对轴的轴向旋转。其可将电源延长线围绕外壳而缠绕在限位口上，以实现对电源延长线的折收，当需要使用电源延长线时，操作只需握住提手，然后水平拉动电源延长线，同时，随着电源延长线拉出带动外壳相对轴360°旋转，而无需手作相对外壳的缠绕动作。

传送多种信号与电源的网络系统及其连接端口

申请（专利）号：200710112513.1 **公开日：**2008-12-24

申请人：明泰科技股份有限公司

发明人：黄俊棋

摘要：

本发明提供一种传送多种信号与电源的网络系统及其连接端口，其架构在网络的至少一个供电装置及至少一个用电装置都设有至少一个连接端口，这些连接端口的表面接近其一侧边的位置设有一第一独立导体，且这些连接端口的表面接近其另一侧边的位置设有一第二独立导体，该第二独立导体与该第一独立导体形成传输电源所需的电源回路，而本体的表面在第一独立导体与第二独立导体间，设有第一至第四差动信号组，这些差动信号组分别由所述本体的表面所设的二个导体所组成，而该供电装置与该用电装置的各该连接端口间，透过一传输线相连接在一起，且该传输线在供电装置及用电装置的第一独立导体、第二独立导体及各该差动信号组的导体间分别设有一导线。

电源保护装置及电子控制装置

申请（专利）号：200810127426.8 **公开日：**2008-12-31

申请人：富士通天株式会社

发明人：松本敏浩 佃浩司

摘要：

本发明提供一种电源保护装置，其具备开关部分（4）、第一短路检测部分（5）、第二短路检测部分（7）及开关断开部分（8），开关部分（4）串联连接在电源（2）向直流调节器（3）供电的供电线上，第一短路检测部分（5）使开关部分（4）导通规定时间后断开，根据断开后直流调节器（3）的输出电压值来检测短路，第二短路检测部分（7）根据开关部分（4）导通时流入开关部分（4）的电流值来检测短路，当第二短路检测部分（7）检测出短路时，无论第一短路检测部分（5）对开关部分（4）的控制状态如何，开关断开部分（8）都会强制性地断开开关部分（4）。

2009年公开

二级固态电源

申请（专利）号：200680021969.0 **公开日：**2009-01-07

申请人：波塔宁协会有限公司

发明人：亚历山大·阿尔卡季叶维奇·波塔宁

摘要：

本发明应用：在电气设备中作为二级电源（蓄电池）。发明本质：固态二级电源，由金属或金属的合金形式的正极（An^0）（其氟化导致产生具有高等压产生电势的一种氟化物或多种氟化物）、具有高离子传导性和低电子传导性的固体氟离子导体形式的电解质、和一种氟化物或多种氟化物的固溶体形式的具有低等压产生电势的负极（KtF^0）组成，放电过程中负极反应是 $KtF^0 + e^- \rightarrow F^- + Kt'$，放电过程中正极反应是 $An^0 + F^- \rightarrow An'F + e^-$，其中，正极和负极在比固体电解质分解的电压低的电压下对氟离子是可逆的，此时在充电-放电过程中的负极反应为 $Kt^0Fx + Xe^- \rightarrow XF^- + Kt'$，并且在充电-放电过程中的正极反应为 $An^0 + XF^- \leftrightarrow An'F + e^-$，并且正极、电解质和负极在它们的组成中包含至少一种在充电/放电循环中防止固态电池被破坏的成分。技术结果：二级固态电源的组成能够实现二级电池的高比能量特性以及大量的充电/放电循环数，确保它们的使用安全性和电能的长久保持。

电源转接器

申请（专利）号：200710025063.2 **公开日：**2009-01-07

申请人：昆山百亨光电科技有限公司

发明人：林国铨

摘要：

一种电源转接器，安装于电源线槽，包括座体、旋转开关组件和滑动开关组件，该旋转开关组件具有可分别转动伸出于该座体侧部的零线导电触片和多个火线导电触片，该滑动开关组件具有可选择触及该多个火线导电触片的滑动导电条，该座体底部设有地线导电触片，该地线导电触片、零线导电触片和滑动导电条分别引入到固定于电源引出固定座上的地线引出端、零线引出端和火线引出端，本发明提供了一种具有选择不同电压源的电源转接器，操作方便，安全可靠。

用于三相输电线的自动开关控制系统及其控制电源的方法

申请（专利）号：200810096263.1 **公开日：**2009-01-07

申请人：ABB技术公开股份有限公司

发明人：格雷姆·N·穆克卢尔 卡尔·J·拉普拉斯 戴维·哈特 威廉·M·埃戈尔

摘要：

一种自动开关，在只有单相发生故障的情况下，在一相上跳闸；当两相发生故障时，在两相上跳闸；当三相发生故障时，在所有相上跳闸。在电流输送的过程中，自动开关监测输电线的所有三相（例如，A相、B相和C相）。如果在一相上检测到故障，计时器启动，数值逐渐减少。如果计时器倒数计时结束，而故障仍然存在，那么将确定是否其它两相的任一相也在对故障计时。如果是，那么这些发生故障的相将跳闸。因此，只有发生故障的相跳闸。

一种USB OTG器件电源及其实现方法

申请（专利）号：200810105492.5 **公开日：**2009-01-07

申请人：北京中星微电子有限公司

发明人：张浩

摘要：

本发明涉及一种USB OTG电源及其实现方法，所述USB OTG电源包括电池、第一稳压器、充电泵、USB OTG

器件和总线电压端，其中电池、第一稳压器和充电泵顺序连接，第一稳压器与USB OTG器件连接，在所述USB OTG器件的主机（host）模式下，所述电池经总线电压端对下游器件供电，其特征在于：所述USB OTG电源还包括第二稳压器，所述第二稳压器的一端连接至总线电压端，另一端连接至USB OTG器件，在所述USB OTG器件的从属（device）模式下，所述总线电压端经由所述第二稳压器为所述USB OTG器件供电。本发明的USB OTG器件电源方案使得USB OTG器件能自动选择host和device两种工作模式，在device模式下只由PC端USB总线供电并且可以识别USB总线插拔，节约了电池寿命并方便了用户使用。

多输出交流电源适配器

申请（专利）号：200710200989.0　**公开日：**2009-01-07

申请人：鸿富锦精密工业（深圳）有限公司　鸿海精密工业股份有限公司

发明人：翁世芳　庄宗仁　万向成

摘要：

一种多输出交流电源适配器，其包括一具有输出接口的适配器本体及至少一输出插头用于插接于所述适配器本体的输出接口。所述适配器本体包括一整流滤波电路、一隔离变压器、一高频整流滤波电及一稳压电路。进一步地，所述输出插头还包括一调节电阻。所述输出插头与所述适配器本体的输出接口连接时，所述输出插头的所述调节电阻用于调节所述适配器本体的输出电压，并通过所述输出插头供应给电子设备。所述输出插头的调节电阻变化，则所述交流电源适配器的输出电压电流相应变化。通过更换具有不同调节电阻的输出插头，所述的多输出交流电源适配器输出不同的电压，可以为不同种类的电子设备提供电能或者充电，解决了交流电源适配器不能通用的问题。

低压差电压调节器及电源转换器

申请（专利）号：200810118105.1　**公开日：**2009-01-07

申请人：北京中星微电子有限公司

发明人：王钊　田文博　杨晓东

摘要：

本发明公开了一种低压差电压调节器，其包括误差放大器、输出管、反馈电路。其中，所述输出管接收输入电压、根据所述误差放大器的控制生成输出电压；所述反馈电路提供反映输出电压的反馈电压；所述误差放大器具有接收反馈电压的反馈输入端、接收参考电压的参考输入端及输出控制信号至输出管的输出端，所述误差放大器根据参考电压和反馈电压的差值来输出控制信号以控制所述输出管。所述低压差电压调节器还包括连接于误差放大器的输出端及反馈输入端之间的补偿电容，补偿电容的增加可以从外引入一个零点，使系统在兼容小输出电容的情况下很容易被设计成单极点稳定系统。

电源装置以及电弧加工用电源装置

申请（专利）号：200810128885.8　**公开日：**2009-01-07

申请人：株式会社大亨

发明人：服部靖　森本庆树　土井敏光　真锅阳彦　蒲生勇

摘要：

本发明提供一种电源装置以及电弧加工用电源装置，在第1、第2平滑电容器（C1、C2）间的连接点（N1）与辅助开关电路（14）的第7、第8开关元件（TR7、TR8）间的连接点（N2）之间具备切换开关（S1）。在400V体系输入时，通过导通切换开关（S1），从而将第1、第2平滑电容器（C1、C2）的各端子间电压交替地供给到逆变器电路（13）。在200V体系输入时，通过切断切换开关（S1），防止第1、第2平滑电容器（C1、C2）间的连接点（N1）的电压经由在第7、第8开关元件（TR7、TR8）的上设置的反连接的二极管（D17、D18）被供给到逆变器电路（13）侧，能够可靠地得到软开关控制的效果。从而提供一种以简单的结构能与不同的两个输入电压对应的电弧加工用电源装置。

开关电源装置

申请（专利）号：200810099047.2　**公开日：**2009-01-07

申请人：富士电机电子设备技术株式会社

发明人：西川幸广

摘要：

本发明涉及一种开关电源装置，能够抑制与开关电源装置的控制电路连接的平滑电容器的静电电容的增加，并且能够使用小型且成本低的平滑电容器，能够降低电耗并且能够减少变压器产生的可听频域的声音。该开关电源装置包括：直流电源（1），具有一次、二次和三次绕组的绝缘变压器（3），以及开关元件（2），通过使开关元件（2）导通、断开，对在绝缘变压器（3）的二次绕组（3c）上产生的高频电压进行整流，从而获得直流输出，其中，利用控制元件（2）的导通、断开等的控制电路（6），尤其能够降低待机时（脉冲串模式）的电耗。

电感器以及应用该电感器的电源电路

申请（专利）号：200780000834.0　**公开日：**2009-01-07

申请人：揖斐电株式会社

发明人：真野靖彦　苅谷隆　加藤忍

摘要：

本发明提供一种电感器及应用该电感器的电源电路。该电感器为新式的埋入基板的电感器。本发明的电感器为埋入基板的电感器（10），包括导体（32）与磁性体（30），该导体（32）沿印刷电路板（2，13）的厚度方向延伸，该磁性体（30）与上述导体之间不空开间隙地紧贴在上述导体上。该磁性体（30）由形成圆筒形的铁氧体等形成，导体（32）由在圆筒形铁氧体的内周面上析出的镀铜层构成，其沿印刷电路板的厚度方向被插入。

混沌脉冲电场谐振脱水方法及原油电脱水混沌脉冲电源

申请（专利）号：200810119161.7 公开日：2009-01-14
申请人：中国石油大学（北京）
发明人：梁志珊
摘要：

本发明涉及一种混沌脉冲电场谐振脱水方法及原油电脱水混沌脉冲电源。谐振脱水方法包括：生成混沌控制信号和脉冲控制信号；根据混沌控制信号生成具有混沌特性且幅值经过调节的高压直流电源；根据脉冲控制信号对所述高压直流电源进行处理，生成具有混沌特性的高压高频脉冲电源；向负载输出所述高压高频脉冲电源，使负载在混沌脉冲电场的作用下工作于混沌状态，使原油乳状液中的所有水珠均有机会在其谐振频率下达到最佳振荡聚结。本发明通过输出具有混沌特性的高压高频脉冲电源可以使负载在混沌脉冲电场的作用下工作于混沌状态，使所有水珠在高压高频混沌脉冲电场的作用下均有机会在其谐振频率下达到最佳振荡聚结，获得最佳谐振脱水效果。

改进型电源控制器及其方法

申请（专利）号：200810127202.7 公开日：2009-01-14
申请人：半导体元件工业有限责任公司
发明人：P·J·哈里曼
摘要：

本发明公开一种改进型电源控制器及其方法。在一个实施例中，配置电源控制器，以产生可以选择其值的基准信号。还配置该电源控制器，以响应该基准电压值的变化，产生前馈信号，而且利用该前馈信号控制输出电流的值。

电源电路、显示驱动器、光电装置及电子设备

申请（专利）号：200810146755.7 公开日：2009-01-21
申请人：精工爱普生株式会社
发明人：森田晶
摘要：

本发明公开了一种即使缩短向像素电极写入的时间，也可用低功耗抑制对置电极的电压电平变动的电源电路、显示驱动器、光电装置以及电子设备。用于向夹着光电物质与光电装置的像素电极对置的对置电极提供电压的电源电路（100）包括：运算放大器（110），用于驱动对置电极；以及运算放大器控制电路（120），用于控制运算放大器（110）的转换速率及电流驱动能力中的至少一个。运算放大器控制电路（120）在以向像素电极的写入开始定时为开始的控制期间内，将运算放大器（110）的转换速率及电流驱动能力中的至少一个增大；在经过控制期间后，运算放大器（110）的转换速率及电流驱动能力恢复控制期间前的状态。

利用时钟和电源网格标准单元设计 ASIC

申请（专利）号：200680049908.5 公开日：2009-01-21
申请人：莫塞德技术股份有限公司
发明人：T·麦 B·米勒 S·科尔曼 S·派克
摘要：

一种能够利用 ASIC 软件设计工具进行布局布线的集成电源和时钟网格。集成网格包括三种具有电源线和时钟线的网格单位单元。在不同的网格单位单元中，电源线和时钟线具有不同的方向。

电源供应器

申请（专利）号：200710201154.7 公开日：2009-01-28
申请人：鸿富锦精密工业（深圳）有限公司 鸿海精密工业股份有限公司
发明人：翁世芳 庄宗仁 张军 张俊伟
摘要：

一种电源供应器，包括电源输入模块、电源输出模块、检测模块、显示模块、选择模块及信号接入模块，电源输入模块用于将交流电转换为直流电，电源输出模块用于将所述直流电提供给与其电性连接的待测产品，检测模块用于检测电源输出模块提供给待测产品的直流电的电压值及电流值，并将所述电压值及电流值提供给显示模块以显示；选择模块用于选通信号接入模块，以使信号接入模块将从所述待测产品的部分电路中所获得的电信号提供给检测模块，检测模块根据所述电信号测量出对应的电压值及电流值。上述电源供应器可测量待测产品中部分电路的电压值及电流值，故无需购置其他测量工具，进而降低了工厂在产品测试项目中投入的成本。

可调整输出的电源转换器

申请（专利）号：200710009313.3 公开日：2009-01-28
申请人：周重甫
发明人：周重甫
摘要：

本发明公开了一种可调整输出的电源转换器，包含一转换器主体，具输入端以输入电源及输出端以输出电源，且具可将输入电源转换产生不同输出电源的电路架构；一控制器与转换器主体的电路架构连接，且具可调整改变转换器主体输出电源的电路架构，又设置回授装置，该回授装置可连接转换器主体的输出端，且使得控制器有输出电源回授时才能调整转换器主体的输出电源；一插接座系可提供分别与转换器主体的输出端及用电产品连接以提供电能传输，且插接座与前述输出端未分离时不能调整输出电源，从而可具较佳安全性，并可防止用电产品损坏。

移动终端中向多卡提供可变电源的装置及其方法

申请（专利）号：200810149590.9 公开日：2009-01-28
申请人：中兴通讯股份有限公司
发明人：章梁晴 杨平
摘要：

本发明公开了一种移动终端中向多卡提供可变电源的装置，包括：电源管理芯片 PMIC 和数字基带芯片 DBB，以及至少一个移动终端卡，所述 PMIC 设置有至少一路输出电源，所述 DBB 设置有至少一个卡接口，所述输出电源提供给所述 DBB、每个卡接口和每个移动终端卡，所述移动终

端卡通过所述卡接口连接至所述 DBB；所述 PMIC 上电完成后，所述 DBB 通过控制线设定所述 PMIC 的电源输出。本发明还公开了一种移动终端中向多卡提供可变电源的方法。本发明能够减小手机 PCB 的面积，减少耗电。

电源电路切断设备

申请（专利）号：200810131118.2　**公开日：**2009-02-04

申请人：矢崎总业株式会社

发明人：出野正博　近松靖和

摘要：

为了提供一种能够轻易地装配熔断器并且具有较少数量的零件和简单结构的电源电路切断设备，所述电源电路切断设备包括：第一连接器壳体，其具有与电源电路相连的一对电路接线端；以及第二连接器壳体，其通过与第一连接器壳体相配来闭合电源电路。第二连接器壳体包括：熔断器，其具有与一对电路接线端相连的一对接线端；壳体，其具有与设在接线端上的切口接合的锁紧臂；以及用于覆盖壳体的接收部的入口的盖子。盖子包括用于限制锁紧臂运动以致脱离接线端的限制器。

AC 连接双方向 DC-DC 转换器、使用了该转换器的混合电源系统及混合动力车辆

申请（专利）号：200680051580.0　**公开日：**2009-02-04

申请人：株式会社小松制作所

发明人：茂木淳　饭田克二

摘要：

本发明提供一种 AC 连接型升压装置，两组的电压型逆变器的直流端子被串联连接成为加极性，所述各电压型逆变器的多个交流端子与变压器连接，经由所述变压器将所述两个电压型逆变器相互 AC 连接，其中，在所述 AC 连接双方向 DC-DC 转换器的直流端子间施加的外部电压，被所述各电压型逆变器分压。

输出控制装置、电源装置、电路装置和变换装置

申请（专利）号：200810131127.1　**公开日：**2009-02-04

申请人：夏普株式会社

发明人：久保胜　仲敏男　神谷真司　大泽升平

摘要：

本发明涉及输出控制装置、电源装置、电路装置和变换装置，其中提供了一种可缩小芯片尺寸并实现低成本化的输出控制装置（1）。该输出控制装置（1）具备开关晶体管（3）和控制 IC（4），其中，上述开关晶体管（3）借助于通/断时间比率控制来控制输出电压或输出电流，上述控制 IC（4）根据上述开关晶体管（3）控制的输出电压或输出电流来控制上述开关晶体管（3）的通/断时间比率，由横向型功率 MOSFET 构成上述开关晶体管（3）。

电源电压降低检测电路

申请（专利）号：200810135000.7　**公开日：**2009-02-11

申请人：精工电子有限公司

发明人：宇都宫文靖

摘要：

本发明提供一种其电路规模小的电源电压降低检测电路，其中，NMOS 晶体管（12）基于电源电压而输出基于从电源电压减去了阈值电压的绝对值及过驱动电压后的电压的源极电压。NMOS 晶体管（17）基于该源极电压而导通、截止。PMOS 晶体管（15）基于接地电压而输出基于接地电压加上阈值电压的绝对值及过驱动电压后的电压的源极电压。PMOS 晶体管（19）基于该源极电压而导通、截止。

可自动选择供电电源的电子装置

申请（专利）号：200710075632.4　**公开日：**2009-02-11

申请人：鹏智科技（深圳）有限公司　锦天科技股份有限公司

发明人：王汉哲　赵鑫　欧阳洪升　李晓光　钟新鸿

摘要：

一种自动选择供电电源的电子装置，能够实现在多个供电电源之间自动选择一个电源为该电子装置供电。可供选择的三个供电电源包括一内部电池以及两个外部电源，该两个外部电源可为一市用电源适配器转换的直流电源和一接口电源或其他外部电源。电池电压至少大于其中一个外电源电压，在电压低于电池电压的外部电源接口和电池之间有一电源选择模块。同时有 3 个单向导通部件分别位于三个电源的电压正极端的输出路径中，其中在电池的电压正极端和单向导通部件之间还有一路径开关。通过单向导通部件、电源选择模块以及路径开关的作用，本发明中，三个供电电源选择的优先顺序分别为：电压较高的外电源、电压较低的外电源、内部电池。

一种高频电源型触发器

申请（专利）号：200810022802.7　**公开日：**2009-02-18

申请人：朱其银

发明人：朱其银

摘要：

本发明公开一种高频电源型触发器，包括电感镇流器 L，其特征在于：所述电感镇流器电压输出端 E1 串接一高频电源 E2，所述的高频电源 E2 的输出端与高压气体放电灯 5 相连接；所述的高频电源 E2，用于与镇流器输出电压叠加，提高高压气体放电灯启动时的开路电压，当高压气体放电灯启动后高频电源 E2 自动关闭。所述的高压气体放电灯 5 为金卤灯。由于采用上述结构，与现有技术相比，具有以下优点：1. 实现与金卤灯最佳匹配，大大改善了金卤灯的启动性能，从而可以提高金卤灯的制造合格率；2. 避免了高幅度脉冲对灯泡电极的溅射作用，可以延长灯泡的寿命；3. 因为开路电压提升到 0.6-0.8kV 或 0.6-1.0kV，所以能在电源电压较低的情况下启动金卤灯。

电源控制电路

申请（专利）号：200780003454.2　**公开日：**2009-02-25

申请人：英国福威科技有限公司
发明人：艾丽森·伯戴特
摘要：

一种用于控制集成电路的装置，包括：电源控制设备，用于对至少部分集成电路进行供电控制，所述电源控制设备连接至用于接收断电信号的第一输入，以及用于接收加电信号的第二输入，所述电源控制设备适于，在至少部分集成电路处于断电状态时，在第二输入端接收到加电信号的情况下，为至少部分集成电路加电，电源控制设备还适于，在至少部分集成电路处于加电状态的情况下，不管在第二输入端接收到什么信号，都将至少部分集成电路保持在加电状态，对所述装置进行配置，使第二输入还连接至集成电路的一个组件，并且所述装置包括，用于在至少部分集成电路处于加电状态时，通过第二输入向所述集成电路组件发送信号的单元。

电池电源控制方法和设备以及使用该设备的便携式装置

申请（专利）号：200810145603.5 **公开日：**2009-02-25
申请人：三星电子株式会社
发明人：禹宰浩
摘要：

提供电池电源控制方法和设备以及使用该设备的便携式装置。基于主电池和辅助电池的连接状况、主电池和辅助电池的相对电压量，从主电池或合并主电池电压与辅助电池电压的合并电源进行供电，分别或同时对主电池和辅助电池进行再充电，当便携式装置关闭时，控制主电池和辅助电池之间的连接，因此使用多个电池的便携式装置的电能可以被有效地供给。

电源系统

申请（专利）号：200780003712.7 **公开日：**2009-02-25
申请人：夏普株式会社
发明人：山田和夫 松井亮二 八木有百实 吉见直辉
摘要：

一种电源系统，其平滑太阳能光电功率发电输出，以使之能够进行时间移位。一种电源系统，包括：DC 电源串，包含蓄电池与 DC 电源的并联组合；以及 DC/AC 功率转换设备，用来将 DC 电源串联接到电力系统或者负载。使用连接在 DC 电源与蓄电池之间的开关来选择性地提供 DC 电源的输出功率或者 DC 电源与蓄电池的联合输出功率给 DC/AC 功率转换设备。通过这种方式，平滑了太阳能光电功率发电输出，以使之能够进行时间移位。

电源开关切换电路

申请（专利）号：200810224616.1 **公开日：**2009-02-25
申请人：北京星网锐捷网络技术有限公司
发明人：任谦 单宝灯
摘要：

本发明公开了一种电源开关切换电路，包括：场效应晶体管，用于在分级控制电压的控制下开启或关断，场效应晶体管包括栅极、源极和漏极，栅极连接分级控制电压，漏极连接电源输入端，源极连接负载输出端；控制电路，用于通过逻辑控制信号的控制，将该控制电路输入端输入的两路控制电压合成所述分级控制电压输出，控制电路与场效应晶体管的栅极连接。本发明的电源开关切换电路通过采用分级控制电压对场效应晶体管的栅极进行充电，通过该分级控制电压的控制可以达到抑制场效应晶体管导通时产生的浪涌电流，使得电源开关控制下的电路工作稳定，器件不易损坏，并且由于该电路仅采用一个场效应晶体管，因此成本低、体积小。

加快电源放电速度的装置

申请（专利）号：200710121214.4 **公开日：**2009-03-04
申请人：北京京东方光电科技有限公司
发明人：王洁琼
摘要：

本发明公开了一种加快电源放电速度的装置，该装置包括液晶面板、源驱动集成电路、栅驱动集成电路、电压调节电路和开关电路，其中，电压调节电路具有电源输入端、模拟电源输出端、栅极开启电压输出端和栅极关断电压输出端，模拟电源输出端与源驱动集成电路连接，栅极开启电压输出端和栅极关断电压输出端与栅驱动集成电路连接；开关电路设置在至少一个输出端上，用于在电源关断时将电源的电荷直接导入地面，提高电源的放电速度。本发明通过关机时及时释放电源电荷的技术方案，消除了画面出现的异常现象，提高了画面品质。

电源保护电路

申请（专利）号：200710201510.5 **公开日：**2009-03-04
申请人：鸿富锦精密工业（深圳）有限公司 鸿海精密工业股份有限公司
发明人：徐法清
摘要：

一种电源保护电路，包括一常开触点开关、一第一分压电阻、一第二分压电阻、一第一稳压管、一光电耦合器、一晶闸管及一继电器，一外部电源通过第一分压电阻后与常开触点开关相连，第一稳压管的阴极与第一分压电阻相连，阳极与光电耦合器的输入端相连，光电耦合器的输出端与外部电源相连，其输出端还通过第二分压电阻与常开触点开关相连，晶闸管的控制极与第二分压电阻相连，阳极与外部电源相连，阴极与常开触点开关相连，继电器内部线圈与晶闸管并联，继电器内部开关与常开触点开关并联。通过上述电源保护电路，用电器可以在电压过高时自动切断电源，并且在停止供电后又重新供电时，其不会自行接通电源，同时起到过压保护和停电保护的作用。

用于为电源提供静电放电保护的方法和装置

申请（专利）号：200810213333.7 **公开日：**2009-03-04
申请人：阿尔特拉公司

发明人：S·佩里塞蒂

摘要：

一种用于保护设备电源的静电放电（ESD）保护电路，包括主放电晶体管，其漏极耦合到设备的电源电压线，源极耦合到地。该ESD保护电路还包括控制电路，以响应于ESD事件调制主放电晶体管的体，从而创建到地的电流放电通路。

一种电源转换控制装置及电源电路

申请（专利）号：200710076726.3　**公开日：**2009-03-04

申请人：比亚迪股份有限公司

发明人：赵一飞　屈擘

摘要：

本发明适用于集成电路领域，提供了一种电源转换控制装置及电源电路，所述装置与DC-DC电路连接，检测所述DC-DC电路的电流大小，并根据检测结果控制所述DC-DC电路进行升压或降压转化；所述装置包括：第一电流检测单元，第二电流检测单元，脉宽调制控制逻辑模块以及开关控制模块。本发明中，开关控制模块根据所述脉宽调制控制逻辑模块产生的升压脉宽调制信号或降压脉宽调制信号控制相应的功率开关器件导通或关断，进而可以控制DC-DC电路进行升压或降压双向转化。

一种用于产生四极电场的射频电源

申请（专利）号：200810039605.6　**公开日：**2009-03-11

申请人：复旦大学

发明人：李晓旭　刘先年　戴志国　汪源源　丁传凡

摘要：

本发明属于电子仪器技术领域，具体为一种可用于产生四极电场的射频电源。它是由一个有磁芯的升压变压器和其它电子线路所组成，该升压变压器采用两个铁氧体磁芯，有两个初级线圈和两个次级线圈，其中，两个次级线圈分别绕在每个铁氧体磁芯的一侧，两个初级线圈的每一匝同时穿过两个磁芯。本发明中的升压变压器与传统的升压变压器相比较，在性能相同的情况下，体积只有传统升压变压器的几十分之一。因此本发明的射频电源结构简单，造价便宜，可以用作四极质谱仪，四极离子导引，或四极离子阱质谱仪的工作电源。

箱式自动双电源转换开关

申请（专利）号：200810127453.5　**公开日：**2009-03-11

申请人：黄勤飞

发明人：黄勤飞

摘要：

本发明公开了一种箱式自动双电源转换开关，包括箱体，设置在箱体上的三个主电源接线柱、三个备用电源接线柱、三个负载接线柱，和电源切换机构；所述电源切换机构包括一个主切换主轴和一个辅助切换轴，所述主切换主轴上设有三个用于与主电源接线柱投切的主投切触刀，所述辅助切换轴上设有三个用于与备用电源接线柱投切的辅助投切触刀，所述主切换主轴和所述辅助切换轴通过联锁互动机构联动。本发明利用双轴联动进行双电源切换，具有结构紧凑、体积较小的优点。

一种智能双电源转换装置

申请（专利）号：200810127452.0　**公开日：**2009-03-11

申请人：黄勤飞

发明人：黄勤飞

摘要：

本发明公开了一种智能双电源转换装置，包括两台真空断路器主体和一个机械联锁装置，其中第一台真空断路器主体处于合闸/分闸状态时，通过该机械联锁装置使第二台真空断路器主体处于分闸/合闸状态。本发明可在中、高压下可实现安全有效的双电源转换，同时还可利用真空断路器自身的特性使本发明具有过载及短路保护功能。

智能双电源投切开关装置

申请（专利）号：200810061226.7　**公开日：**2009-03-11

申请人：郑文秀

发明人：郑文秀

摘要：

本发明公开了一种智能双电源投切开关装置，包括隔离开关、用于与主电源电连接的主断路器和用于与备用电源电连接的副断路器；所述隔离开关包括主接线柱、副接线柱、出线柱、和与出线柱电连接的隔离刀；所述主断路器的出线柱与隔离开关的主接线柱电连接，所述副断路器的出线柱与隔离开关的副接线柱电连接。本发明具有工作可靠性高、安全性较好的优点。

不间断电源装置

申请（专利）号：200810135932.1　**公开日：**2009-03-11

申请人：三菱电机株式会社

发明人：畠山善博　岩崎清光　山田正树

摘要：

本发明提供一种即使在交流电源的电压异常时也能够向负载供给稳定电力的不间断电源装置，其即使在电源电压下降时，也能够延长来自交流电源的电力的利用时间，降低切断交流电源而进行后备运转的频率和时间。在交流电源（1）和负载（2）之间，并联连接第1逆变器（4），将第2逆变器（5）串联连接在比第1逆变器（4）更靠近负载侧的位置。当电源电压正常时，通过第2逆变器（5）对电源电压的变动进行补偿，如果电源电压的变动量超过基于第2逆变器（5）的电容器电压所决定的规定电压（18a），则将切换开关（6）断开，从而切断交流电源（1），使用第1、第2逆变器（4、5）进行后备运转。

电源管理系统、控制电源的方法及电子系统

申请（专利）号：200810214373.3　**公开日：**2009-03-11

申请人：凹凸电子（武汉）有限公司

发明人：卢纯　苏新河

摘要：

本发明公开了一种电源管理系统、控制电源的方法及电子系统。电源管理系统包括电源管理单元（PMU）和电流传感器。电源管理单元（PMU）控制第一电源和第二电源。第一电源经由充电路径给第二电源充电。电流传感器的第一端与第一电源和第二电源相连，其第二端经由充电路径与第二电源相连。电流传感器检测从第一电源流经电流传感器的第一电流，且检测从第二电源流经电流传感器的第二电流。与现有技术相比，本发明的电源管理系统采用单一的电流传感器来检测第一电源的第一电流和第二电源的第二电流。由此，可降低元件的数目和电源管理系统的成本、并提高系统效率。

升压电源电路及升压方法

申请（专利）号：200810128306. X　**公开日：**2009-03-11

申请人：恩益禧电子股份有限公司

发明人：藤原博史

摘要：

本发明提供一种升压电源电路及升压方法，可以与负载状态无关地以一定周期进行供电泵的升压动作。控制供电泵（10）的调节器（30）具有：分频电路（31），生成升压时钟的2倍周期的分频时钟；分压电路（33），生成电压值不同的多个分压电压；比较电路（34），比较各个分压电压和基准电压，输出多个比较结果信号；选择信号生成电路（35），与分频时钟的边沿同步地读入各比较结果信号的逻辑，并输出选择信号；DUTY变换电路（32），输出占空比不同的多个时钟；选择器（36），根据选择信号选择多个时钟的某一个或“H”电平的逻辑作为PWN信号；及门电路（37），将分频时钟和PWM信号进行逻辑积运算，生成串并联切换的控制信号。

一种波形柔性化控制的高频软开关方波逆变电源

申请（专利）号：200810218463. X　**公开日：**2009-03-11

申请人：华南理工大学

发明人：王振民　张芩

摘要：

本发明为一种波形柔性化控制的高频软开关方波逆变电源，包括主电路和控制电路；主电路由连接输入电源的整流滤波模块，高频逆变模块、功率变压模块、整流平滑模块和连接负载的二次逆变模块依次连接组成；控制电路由过压欠压保护检测模块、电流电压采样检测与反馈模块、ARM微处理器系统、一次高频驱动模块和二次驱动模块连接组成；其中输入电源与过压欠压保护检测模块和ARM微处理器系统依次相连，整流平滑模块与电流电压采样检测与反馈模块和ARM微处理器系统依次连接，ARM微处理器系统与一次高频驱动模块和高频逆变模块依次连接；ARM微处理器系统与二次驱动模块和二次逆变模块依次连接。该发明可实现方波电源的数字化和柔性化控制。

电源开关装置

申请（专利）号：200710154442. 1　**公开日：**2009-03-18

申请人：英业达股份有限公司

发明人：罗梓桂　季海毅　陈志丰

摘要：

本发明公开了一种电源开关装置，应用于具有电源模块的电子系统，该电源开关装置包括供触发第一信号的第一开关、供触发第二信号的第二开关、用以接收该第一信号及该第二信号进行逻辑运算的处理逻辑判断模块，以及与该电子系统及逻辑判断模块电性连接的控制模块，其中该控制模块是用以产生对应该电子系统的开机及关机信号传送至该逻辑判断模块，并可基于关机信号且根据该第一信号所进行的逻辑运算处理而控制开启该电源模块，复可基于开机信号且同时根据该第一信号及第二信号所进行的逻辑运算处理而控制关闭该电源模块。

绝缘栅双极晶体管不间断电源系统

申请（专利）号：200710151619. 2　**公开日：**2009-03-18

申请人：国际通信工业株式会社

发明人：金性助　白石民

摘要：

本发明为一种绝缘栅双极晶体管不间断电源（IGBTUPS：insulated gate bipolar transistor uninterruptible power supply）系统，本发明绝缘栅双极晶体管不间断电源系统可以通过微处理器监视输入电源是否顺畅地输出到负载侧，在输入稳定电源的过程中通过逆变器对内置电池充电，检测到不稳定的电源输入时遮蔽上述输入电源，通过直流/交流变换器把充电后的直流电压转换成交流电压，以无瞬断方式向负载侧供应输出电源，从而保护工作数据并稳定地结束连接到负载侧的系统，而且供应一定时间的稳定电源后输入电源依然不稳定或维持停电状态时，通过微处理器与输出遮蔽单元把连接到负载侧的系统强制结束。

一种调节电源电压的方法及装置

申请（专利）号：200710145380. 8　**公开日：**2009-03-18

申请人：华为技术有限公司

发明人：刘旭君

摘要：

本发明公开了一种调节电源电压装置，该装置包括：电流源模块、控制电路模块、转换模块和被充电模块，其中：所述电流源模块，用于产生电流；所述控制电路模块，用于根据发送间隔时间发送开关信号；所述转换模块，用于根据所述开关信号，将所述电流斩波成脉冲电流，所述脉冲电流对所述被充电模块充放电；所述被充电模块，用于通过所述脉冲电流对所述被充电模块充放电，形成输出电压，通过本发明解决了现有技术存在的调压速度慢的问题。本发明同时公开了一种调节电源电压的方法。

箱式智能双电源转换开关

申请（专利）号：200810127451. 6　**公开日：**2009-03-25

申请人：黄勤飞

发明人：黄勤飞

摘要：

本发明公开了一种箱式智能双电源转换开关，包括箱体，设置在箱体上的主电源接线柱、备用电源接线柱、负载接线柱，电源切换机构和一个三相真空断路器装置；所述三相真空断路器装置包括真空灭弧室、动触头、静触头和相应的操作机构；所述电源切换机构包括三个投切触刀；所述三相真空断路器装置中的各动触头/静触头与电源切换机构中的相应的一个投切触刀电连接；所述各主电源接线柱和各备用电源接线柱设有投切刀座；所述各主电源接线柱的投切刀座、各备用电源接线柱的投切刀座和各投切触刀均设置在箱体内。本发明具有避免电源切换机构暴露在空气中、从而有效消除因电源切换机构和投切刀座的易被氧化而带来安全隐患的优点。

充放电控制电路和充电式电源装置

申请（专利）号：200810212699.2　公开日：2009-03-25

申请人：精工电子有限公司

发明人：佐野和亮　吉川清至　小池智幸　田家良久　樱井敦司

摘要：

本发明提供一种可应对脉冲充电和脉冲放电来安全地控制二次电池的充放电的充放电控制电路和具有该充放电控制电路的充电式电源装置。设置有缩短充电禁止解除后的过充电检测的延迟时间的延迟时间切换电路，在检测出充电禁止解除后的过充电的情况下，以比通常的过充电检测延迟时间短的延迟时间禁止充电。

电源系统及其方法

申请（专利）号：200780007738.9　公开日：2009-03-25

申请人：丰田自动车株式会社

发明人：伊藤耕巳　江坂俊德　松任秀哲

摘要：

本发明提供一种电源系统及其方法，当由能够双向电压转换的电压转换装置切换电压转换方向时，不发生电功率供应的瞬时中断。电源系统包括：双向切换调节器(30)，在从低压系统到高压系统的升压方向上进行电压转换和在从高压系统到低压系统的降压方向上进行电压转换之间选择性地进行切换；以及线性调节器（35），与双向切换调节器并联连接，其沿降压方向转换电压。在电流沿降压方向流经线性调节器（35）后，流经双向切换调节器的电流方向从升压方向切换到降压方向。

一种电加热干衣机的电源线安装结构及其安装方法

申请（专利）号：200710151629.6　公开日：2009-04-01

申请人：海尔集团公司　青岛海尔洗衣机有限公司

发明人：邴进东　成荣锋　杨坤

摘要：

本发明涉及一种干衣机的电源线安装结构及其安装方法，结构包括一后盖和一位于干衣机的外侧的电源线座，电源线座固定在该后盖上，后盖上设有孔，干衣机的内电源线穿过该孔并与该电源线座和外电源线连接；方法包括将该电源线座固定在该后盖上，将该外电源线穿过该孔，以及将该外电源线与该内电源线的末端在该紧固螺栓或螺钉处连接并由该紧固螺栓或螺钉固定。本发明在安装、拆卸该电源线座以及紧固电源线的时候操作空间完全不受到限制，操作方便，不会伤害操作者的手，螺栓或螺钉也不易掉入机器内部。另外，本发明在将内电源线引出后就只需在机器外操作，有效地减小了出现意外伤害的可能性。

新型双电源双风机智能测控保护装置

申请（专利）号：200810200829.0　公开日：2009-04-08

申请人：同济大学

发明人：牟龙华　李泽淼　周伟

摘要：

一种新型双电源双风机智能测控保护装置，其为包括微控制处理器的嵌入式系统，其还包括数据采集模块、串行通信模块、辅助硬件模块、人机交互模块，以完成数据采样、保护判断、风机控制、串行通信以及人机界面交互处理的任务进行不间断通风及状态检测。采用两个微机智能测控保护装置，分别控制由不同电源供电的两台风机，分别为主机、从机，以控制智能测控保护装置不间断工作。本发明不仅能实时检测风机电流电压，对发生的故障进行及时的保护，而且还能利用互补控制策略保证通风系统可以持续不间断的供风，保证矿山生产安全；还具有通信功能，可作为矿山电气自动化系统中的一个功能模块，实现双电源双风机监测、控制、保护、通信等功能的一体化。

用于受限电源的功率供应设备以及使用功率供应设备的音频放大器

申请（专利）号：200780010062.9　公开日：2009-04-08

申请人：奥德拉国际销售公司

发明人：J·B·弗伦奇　A·J·梅森

摘要：

一种用于受限电源的功率供应设备和使用该功率供应设备的音频放大器，它包括用于提供输出功率信号的电源，该输出功率信号可以由峰均功率需求比高的负载使用。当使用这种电源给峰均功耗比高的装置供电时，如果要将峰值功率保持在受限电源的功率供应极限以下，那么该装置的平均功率输出会受到严重限制。

一种抗干扰开关稳压电源

申请（专利）号：200810218783.5　公开日：2009-04-08

申请人：崧顺电子（深圳）有限公司

发明人：陈胜兵　许晓　喻德茂　范继光

摘要：

本发明公开了一种抗干扰开关稳压电源，包括依次连接的电源输入端、整流滤波单元、高频变换单元、调宽方波整流滤波单元、电源输出端，还包括跨接于所述高频变换单元和所述调宽方波整流滤波单元两端的控制电路单元，还包括：浪涌吸收模块，用于吸收电源信号中的浪涌干扰信号，所述浪涌吸收模块位于所述电源输入端和所述整流滤波单元之间。相应地，本发明还公开了一种检验开关稳压电源电磁兼容性的方法及设备。实施本发明可提高电源抗干扰度，并可快速验证电源的电磁兼容性。

一种电源转换器的控制电路

申请（专利）号： 200810171762.2　**公开日：** 2009-04-08

申请人： 崇贸科技股份有限公司

发明人： 陈振松　徐乾尊　江定达　黄少军

摘要：

本发明是关于一种电源转换器的控制电路，其输出一切换信号用以控制一电源转换器的一开关，以控制电源转换器的输出功率，控制电路包含有一振荡器与一除频器，振荡器产生一脉波信号并耦接除频器，除频器用于除频脉波信号而产生具有一固定脉宽的一控制信号，控制信号的固定脉宽控制该切换信号的一切换周期的一最大导通时间，以确实控制开关的最大导通时间，而确实控制电源转换器的一最大输出功率。本发明可精确控制电源转换器的最大输出功率，又可增加稳定性。

通讯终端的电源开关控制系统

申请（专利）号： 200810202917.4　**公开日：** 2009-04-08

申请人： 那微微电子科技（上海）有限公司

发明人： 王伟　陆建华

摘要：

本发明涉及一种通讯终端的电源开关控制系统，包括控制模块、检测模组、切换模块、基带微处理器、射频模块、通过切换模块连接基带微处理器的基带电源和连接射频模块的射频电源；控制模块收到低功耗工作状态信息后，设置电源关断控制位和关断计数值；检测模组检测到电源关断控制位有效时发送第一次延时指令；切换模块收到第一次延时指令后延时发送低功耗控制信号，收到第二次延时指令后延时关断基带电源；基带微处理器收到低功耗控制信号后发送射频电源关断指令和第二次延时指令；射频模块收到射频电源关断指令后关断射频电源。本发明能顺序关断射频电源和基带电源，使得通讯终端进入低功耗工作状态。本发明可广泛应用于无线通信接收系统。

EMI 滤波器和开关电源

申请（专利）号： 200810142508.X　**公开日：** 2009-04-15

申请人： 艾默生网络能源有限公司

发明人： 王德臣

摘要：

本发明公开了一种 EMI 滤波器，包括至少两个并联连接的共模电感。本发明还公开了一种开关电源，包括交流滤波器、整流电路、DC/DC 变换器和直流滤波器，交流滤波器和/或直流滤波器采用该 EMI 滤波器。多个共模电感并联连接，各共模电感上电流大为减小，降低了共模电感磁芯内部磁场强度，因此不必采用横截面积很大的磁芯来防止磁芯饱和，还可以适当增加共模电感的线圈圈数来得到较高的感量，从而达到较好的滤波效果；多个共模电感可分别采用横截面积小的小磁环，因此有利于充分利用滤波器空间，比起使用单个的大磁环共模电感的滤波器，本发明能使滤波器结构紧凑，保持较小高度。

用于便携接收器和电源之间电连接的装置

申请（专利）号： 200810166130.7　**公开日：** 2009-04-15

申请人： 齐德公司

发明人： 保罗·佩茨尔　菲利普·贝雷尔
斯蒂法妮·休格宁

摘要：

用于便携接收器和承装在绝缘壳体中的 DC 的供电部之间电连接的装置，包括第一连接器，布置在供电连接部的端部且设计为电连接到第二连接器，该第二连接器牢固地安附到电源的壳体上。第一连接器（14）包括一对阴接触部（17），该接触部通过带有紧固元件（16）的绝缘壳罩（15）过模制，该紧固元件通过关联于第二连接器（20）的锁闭器件（22）协同夹持来操作，该第二连接器设置有布置在电源（11）的壳体（13）的承装部（27）中的一对阳接触部（21）。第二连接器（20）的锁闭器件（22）固定至所述壳体（13）且在承装部（27）的上方。

一种电源分配单元

申请（专利）号： 200710046997.4　**公开日：** 2009-04-15

申请人： 上海欣丰电子有限公司

发明人： 张燕萍

摘要：

本发明涉及自动化控制柜的一种电源分配单元。为了适应负载的变化等，提出的技术方案是：一种电源分配单元，包括断路器连接装置等，其特征是：所述的断路器连接装置是成对安装的断路器插座（1）；断路器插座（1）为 T 形长柱体，一端有圆孔、另一端有外螺纹；断路器插座（1）成对的穿过断路器安装板（7）：一只断路器插座（1）与断路器安装板（7）、汇流排固定连接，汇流排再通往输入接线端口；另一只断路器插座（1）与断路器安装板（7）、内部电流接线固定连接，内部电流接线再通往输出接线端口；断路器安装板（7）通过安装支架（10）与机箱（6）固定连接。有益效果是：能够适应实际负载的变化，方便的更换断路器，减少浪费，避免接线错误。

一种不间断电源

申请（专利）号： 200710123823.3　**公开日：** 2009-04-15

申请人： 深圳科士达科技股份有限公司

发明人： 蔡雄兵　杨戈戈　刘程宇

摘要：

本发明公开了一种不间断电源，包括正相升压模块、市电副相升压模块、二次电池、第一储能器、第二储能器、逆变模块和降压-升压双向变换器；正相升压模块输入与二次电池和市电耦合，其输出与第一储能器输入耦合；市电副相升压模块输出与第二储能器输入耦合；第一储能器和第二储能器输出与逆变模块输入耦合；降压-升压双向变换器连接在二次电池和第二储能器之间，用于在市电模式下将负母线直流电压降压给二次电池充电，在电池模式下将二次电池电压升压给第二储能器充电。本发明提供了一种新的拓扑结构，比现有的拓扑结构更为经济。

开关模式电源控制系统

申请（专利）号：200680024823.1 **公开日：**2009-04-15

申请人：剑桥半导体有限公司

发明人：戴维·罗伯特·考尔森 戴维·加德纳 拉塞尔·贾奎斯 菲利浦·约翰·莫耶斯

摘要：

本发明总体上涉及用于开关模式电源（SMPS）的控制系统，具体涉及数字控制方案。开关模式电源控制器采用脉冲频率调制和脉冲宽度调制来控制电源开关设备，该控制器具有：接收与输出电压相关的反馈信号的输入；驱动所述电源开关设备的输出；以及控制器，响应于来自所述输入的所述反馈信号，向所述输出提供开关控制信号，所述开关控制信号具有包括用于接通所述电源开关设备的ON部分的开关周期，而且其中，所述控制器被配置为使用至少一个存储的脉冲宽度来选择针对所述开关周期的所述ON部分的多个离散脉冲宽度之一，以及响应于所述反馈信号而改变所述开关周期的持续时间。

交流电源装置以及交流电源装置用集成电路

申请（专利）号：200780011553.5 **公开日：**2009-04-15

申请人：三垦电气株式会社

发明人：足利亨

摘要：

本发明提供交流电源装置以及交流电源装置用集成电路。具备：将直流电源（Vin）的直流电力变换为交流电力的开关元件（Q1、Q2）；将通过开关元件变换而得的交流电力的电压变换为其它电压的变压器（T1）；与变压器的输出端子连接的负载（20）；第1检测电路（30），检测表示提供给负载的电力的第1电气信号；第2检测电路（40），检测表示直流电源的电压的第2电气信号；反馈电路（50），根据通过第1检测电路检测出的第1电气信号和通过第2检测电路检测出的第2电气信号，生成反馈信号；控制电路（10），根据来自反馈电路的反馈信号生成控制信号，通过控制信号控制开关元件的导通/断开，以使提供给负载的电力达到规定值。

电源系统和包括该电源系统的车辆

申请（专利）号：200780012060.3 **公开日：**2009-04-22

申请人：丰田自动车株式会社

发明人：市川真士 石川哲浩 泽田博树 及部七郎斋 洪远龄 吉田宽史

摘要：

一种变压器ECU（2），其获得包括放电容许电力（Wout1、Wout2）的放电容许电力合计值（∑Wout）和充电容许电力（Win1、Win2）的充电容许电力合计值∑Win中至少一者的容许电力合计值。然后，变压器ECU（2）判定容许电力合计值与实际电力值中何者更大，如果实际电力值小于容许电力合计值，则变压器ECU（2）控制变压器（8-1）使得输入/输出电压值（Vh）达到规定目标电压值，并且同时控制变压器（8-2）使得蓄电池电流值（Ib2）达到规定目标电流值。

电源侦测电路

申请（专利）号：200710202136.0 **公开日：**2009-04-22

申请人：鸿富锦精密工业（深圳）有限公司 鸿海精密工业股份有限公司

发明人：熊金良 游永兴

摘要：

一种电源侦测电路，包括一取样电路及一警示电路，取样电路包括一控制开关，警示电路包括一第一场效应管、一第一、第二发光二极管及一蜂鸣器，取样电路输入端连接一电源信号输出端，取样电路通过其控制开关与第一场效应管的栅极相连，第一、第二发光二极管的阳极分别接至一电源，阴极分别接至第一场效应管的栅极、漏极，第一场效应管的漏极还通过蜂鸣器接至电源，第一场效应管的源极接地，当电源信号输出端无信号输出时，控制开关及第一发光二极管不导通，第一场效应管导通而使第二发光二极管导通且蜂鸣器发声报警，所述电源侦测电路通过简单的二极管、电阻、电容、蜂鸣器及场效应管侦测电脑电源，可及时侦测出电脑电源工作是否正常，且成本低。

片上电源电压调整

申请（专利）号：200810215740.1 **公开日：**2009-04-22

申请人：密执安大学评议会

发明人：S·潘特 D·T·布劳夫

摘要：

本发明涉及片上电源电压调整。一种集成电路（100），其具有功率调整电路（104），用于主动调整第一电源轨道V_{dd}及第二电源轨道V_{ss}之间的电压差，该第一电源轨道V_{dd}及第二电源轨道V_{ss}用于为处理电路（102）提供电功率。一电压调整电容器C_a具有连接到第一电源轨道V_{dd}的一个端；及选择性地连接到第二电源轨道V_{ss}或第三电源轨道V_{dda}的第二端。一旦电压感测电路106检测到电压欠冲，则电容器C_a连接到第三电源轨道V_{dda}，以便转储电容器C_a中的至少一部分电荷C_a V_{dda}到第一电源轨道V_{dd}以抵抗电压下降。在正常操作期间，电荷累积在电容器C_a中。提供一附加负载装置T_2以便一旦检测到过冲即降低电压差。

用IGBT串并联混合来实现低纹波的直流稳流电源

申请（专利）号：200810232386.3 **公开日：**2009-04-22

申请人：天水电气传动研究所有限责任公司

发明人：吴保宁 王有云 党怀东 燕伟康 丁军怀 马红霞 石立峰

摘要：

一种用 IGBT 串并联混合来实现低纹波的直流稳流电源，属于自动控制技术和电力电子技术领域，涉及一种基于大容量 IGBT 器件的功率变换电路，包括：进线滤波电路、移相电路；输入端整流滤波电路；储能电路；前级降压斩波电路；前无源滤波电路；后级降压斩波电路；后无源滤波电路；输出端无源滤波电路；电压传感器电路；电流传感器电路；用以控制整体电路工作的控制电路。本发明可采用水冷却或强迫风冷，优点在于：本电源长期电流稳定度高、电压（电流）纹波低、响应快、调节精度高，其装置的体积小、效率高、噪音小。

电源装置的车辆安装构造

申请（专利）号：200780013657. X　**公开日：**2009-04-29

申请人：丰田自动车株式会社

发明人：土屋豪范

摘要：

电源装置的车辆安装构造包括：驾驶座和副驾驶座，设置在车厢内并在车辆宽度方向上排列；仪表板，设置在车厢内的车辆前方并设置有电子设备；电池组组件（35），配置在驾驶座与副驾驶座之间；以及束线（380），与电池组组件（35）电连接。束线（380）被电池组组件（35）从车辆前方侧和上方侧包围。根据这样的构成，提供了一种妥当地保护了设置在仪表板上的电子设备而使其免受电磁波影响的电源装置的车辆安装构造。

开关电源的占空比检测电路、检测方法及应用

申请（专利）号：200810162909. 1　**公开日：**2009-04-29

申请人：杭州士兰微电子股份有限公司

发明人：姚云龙

摘要：

本发明提供了开关电源占空比检测电路及检测方法，包括开关控制模块、充电电压/电流转换模块、充电电流镜像模块、放电电压/电流转换模块、放电电流镜像模块、电容 C2，通过充电电压/电流转换模块、放电电压/电流转换模块将电容 C2 上的电压转换为充电电流和放电电流，再利用电流镜像模块的传递，使得传递后的充电电流和放电电流变小，从而减少对电容的充放电电流的大小，因此可以在开关电源占空比检测电路中集成电容，减少外围管脚，降低成本，实现小的纹波电压。

具有微功耗待机功能的容开电源

申请（专利）号：200710165305. 8　**公开日：**2009-04-29

申请人：王海

发明人：王海

摘要：

本发明公开了一种具有微功耗待机功能的容开电源，该电源包括有市电隔离电源、电源管理电路和电容降压整流滤波电源；其中，市电隔离电源用于提供设备主电路工作所需的电流，电源管理电路用于接收待机/开启信号，控制市电隔离电源的通断，电容降压整流滤波电源用于为电源管理电路提供工作电流。安装有本发明的具有微功耗待机功能的容开电源的电子设备，可以完成各种待机功能，并且在待机状态电能的消耗最低可达到微瓦的数量级，这个待机能耗大大小于国际能源组织提出的待机参考标准，同时还可延长设备的使用寿命。

智能型双电源转换开关

申请（专利）号：200810180001. 3　**公开日：**2009-04-29

申请人：温州大学

发明人：叶忻泉

摘要：

本发明公开了一种智能型双电源转换开关，包括真空断路器主体和双电源切换装置；所述操作机构是永磁式操作机构；所述永磁式操作机构包括开关主轴、用于驱动开关主轴转动的永磁式驱动机构、三个可被开关主轴带动而作上下运动的绝缘顶杆；所述各绝缘顶杆的一端与相应的一个真空灭弧机构中的动触头相连接。本发明的优点是结构较为简单、故障源少，具有较高可靠性。

一种智能型双电源转换开关

申请（专利）号：200810177400. 4　**公开日：**2009-04-29

申请人：温州大学

发明人：叶忻泉

摘要：

本发明公开了一种智能型双电源转换开关，包括真空断路器主体和双电源切换装置；所述真空断路器主体包括缓冲机构；所述缓冲拐臂设置在开关主轴上；所述弹簧的一端与该开关壳体相连接，另一端与缓冲拐臂相连接；所述灭弧机构垂直设置；所述开关主轴水平设置，所述永磁式驱动机构设置在开关主轴的中心下方或偏右下方；当所述永磁式驱动机构设置在开关主轴的中心下方时，所述缓冲机构的数量是两个，且分别位于开关主轴的两侧端；当所述永磁式驱动机构设置在开关主轴的偏右下方时，所述缓冲机构的数量是一个，且位于开关主轴的左侧端；所述操作机构是永磁式操作机构。本发明的优点是结构较为简单、故障源少，具有较高可靠性。

电源装置和电源装置的控制方法

申请（专利）号：200780013223. X　**公开日：**2009-04-29

申请人：丰田自动车株式会社

发明人：相马贵也　吉田宽史　茂刈武志

摘要：

蓄电装置（CA），相对于电源线（PL1）和接地线（PL2）而与蓄电池（B）并联连接。服务插头（SVP）在内部包含阻抗（R2），通过安装于蓄电装置（CA）而使阻抗（R2）连接于继电器电路（RL1）的接点间。服务插头（SVP），构成与设置于蓄电装置（CA）的通常的安全插头不同的部件。在蓄电装置（CA）的残留电荷大致为零时，由作业者适当地将服务插头（SVP）安装于蓄电装置

（CA）来代替通常的安全插头。由此，在由于蓄电装置（CA）的检查维护等而使蓄电装置（CA）成为过放电状态的情况下，通过在安装了内部具有限流装置的服务插头（SVP）的状态下起动车辆系统，能够防止冲击电流产生。

电池单元用集成电路及使用上述集成电路的车用电源系统

申请（专利）号：200810168706.3 **公开日：**2009-04-29

申请人：株式会社日立制作所 日立车辆能源株式会社

发明人：坂部启 江守昭彦 工藤彰彦 久保谦二 河原洋平 菊地睦 山内辰美

摘要：

提供一种使集成电路的可靠性提高的锂电池单元控制器，以及使车用电源系统的可靠性提高的车用的电源系统。电源系统包括：锂电池模块、多个集成电路、及传送线路。集成电路包括：选择电路，选择锂电池单元的端子电压；模数转换器，将选择的端子电压转换为数字值；及发送电路，用比较端子电压和过充电的诊断值，发送表示异常的异常信号。集成电路还具有：电压产生电路，产生已知的电压；和数字产生电路，针对已知的电压产生已知的大小关系的数字值；利用选择电路来选择电压产生电路的产生电压，利用模数转换器将产生电压转换为数字值，比较数字值和数字产生电路的产生的数字值，在比较结果与已知的大小关系不同的情况下，发送表示异常的异常信号。

电源电路、具有该电源电路的充电单元和电源方法

申请（专利）号：200780012968.4 **公开日：**2009-04-29

申请人：株式会社理光

发明人：野田一平

摘要：

公开了一种向对蓄电池充电的充电控制电路供应电源的电源电路。所述电源电路包括：直流电源，被配置用于生成并输出预定电压；以及DC-DC转换器，被配置用于检测所述蓄电池的电压，将从所述直流电源输入的所述预定电压转换成根据所检测的蓄电池电压的电压，并将转换后的电压输出到所述充电控制电路。

高功率LED灯驱动电源及其配套灯的组合

申请（专利）号：200810122241.8 **公开日：**2009-04-29

申请人：沈锦祥

发明人：沈锦祥

摘要：

本发明公开了一种高功率LED路灯驱动电源及其配套灯的组合，它包括驱动电源和灯组合电路，其特征是驱动电源由滤波整流电路、半桥逆变电路、恒定功率控制电路，电感限流电路组成，滤波整流电路的输入端输入工频220V交流电；电感限流电路由包含一个以上的高频电感共同组成，灯组合电路由包含一路以上的LED组成，每路LED由两串LED灯组成，两串LED灯反向并联构成一路灯组合电路，每串LED灯由一个以上的高功率发光二极管LED串接组成。本发明得到的高功率LED灯驱动电源及其配套灯的组合电路，具有设计合理、电路简单、驱动电源与其配套灯的组合应用特性稳定、具有较好的恒定功率特性、电源输入功率因数大于0.95，效率大于0.97，可靠性高、使用寿命长等优点，可广泛应用在各种大功率LED灯照明的场合。

永磁式双电源转换开关

申请（专利）号：200810177398.0 **公开日：**2009-05-06

申请人：郑文秀

发明人：苏杭 陈勇 郑文秀

摘要：

本发明公开了一种永磁式双电源转换开关，包括真空断路器主体和双电源切换装置；所述真空断路器主体包括三个均设有动触头和静触头的真空灭弧机构、一个用于带动动触头进行分合闸动作的操作机构；所述双电源切换装置包括三个主电源进线柱、三个备用电源进线柱、三个可在主电源进线柱和相应的备用电源进线柱之间进行切换的隔离刀和为所述隔离刀转动提供动力的驱动机构；所述各隔离刀与相应的一个静触头电连接；所述各真空灭弧机构中的动触头分别与一个出线柱电连接；所述操作机构是永磁式操作机构。本发明的优点是结构较为简单、故障源少，具有较高可靠性。

可调整前缘遮蔽时间的控制电路及电源转换系统

申请（专利）号：200710165694.4 **公开日：**2009-05-06

申请人：通嘉科技股份有限公司

发明人：张源文 王昱斌 庄明男 刘宇铨

摘要：

本发明提出一种可调整前缘遮蔽时间的控制电路，应用于一电源转换系统。该控制电路包含一可变充电电流产生电路，用以根据该反馈信号产生一与该反馈信号的电压值成比例的一充电电流；一电容；一充放电开关，耦接该电容，当该电源转换系统的功率开关导通时该充放电开关截止，当该功率开关截止时该充放电开关导通；一第一比较器，其一输入端耦接该电容及该充放电开关，当该电容的充电电压达到该第一比较器的参考电压时，该第一比较器的输出信号使该电源转换系统启动该过电流保护机制。该控制电路根据与该电源转换系统输出端的负载大小相关的一反馈信号决定一遮蔽时间，使该电源转换系统在该遮蔽时间内不启动一过电流保护机制。

用于电感耦合输电系统的单相电源

申请（专利）号：200780012613.5 **公开日：**2009-05-06

申请人：奥克兰联合服务有限公司

发明人：J·T·博伊斯

摘要：

一种ICPT系统，具有向导电路径（13）供能的单相电源并且具有在导电路径中以大于单相公用电源频率的工作频率提供交流电流的逆变器（5）。逆变装置相对于公用电

源频率调整交流电流的振幅，以便改变交流电流的振幅。拾波器具有与导电路径中的交流电流的变化振幅无关地将连续电力提供给负载（27）的储能元件（26）。

隔离型开关电源电路输出电压外部控制电路

申请（专利）号：200810232039.0 **公开日：**2009-05-06

申请人：天水华天微电子股份有限公司

发明人：张自飞 陶永强 文绍光 韩苏林

摘要：

本发明涉及一种隔离型开关电源电路输出电压外部控制电路。包括有驱动控制电路IC6，其特点是还包括有：所述的驱动控制电路IC6的两个输出端分别与场效应晶体管Q5、Q6栅极相连，场效应晶体管Q5、Q6的漏极通过与变压器B1与输出整流滤波电路和自馈供电电路对应设置，驱动控制电路IC6通过光电耦合器IC5与精密稳压源IC2和运算放大器IC4A的外围电路相连，自馈供电电路分别与三端可调式集成稳压器IC1、精密稳压源IC3、运算放大器IC4和场效应晶体管Q2、Q3、Q4的外电路相连。其可以通过自动（外部光线的强热）和手动（改变电位器阻值）调节可以改变其输出电压高低，控制灯光亮度以达到节约能源，降低运行成本的目的。

车辆用电源系统

申请（专利）号：200810174135.4 **公开日：**2009-05-13

申请人：丰田自动车株式会社 株式会社丰田自动织机

发明人：饭田隆英

摘要：

一种车辆用电源系统，其包含：电池；电动发电机，其在车辆行驶时作为由电池中的电力驱动的旋转电机运行，并在电池由接收自车外电源的电力充电时构成第一充电器；入口，其接收供自外部电源的电力；第二充电器，其接收供自外部电源的电力，并对电池进行充电；控制装置，其选择第一与第二充电器中的一个，并进行控制，以便使用所选择的充电器将从外部电源供到入口的电力转换为充电电力。因此，能提供这样的车辆用电源系统：其可在充电时由多种电源充电，并具有减小的充电损耗。

恒功率输出电源的检测保护电路

申请（专利）号：200810142051.2 **公开日：**2009-05-13

申请人：艾默生网络能源有限公司

发明人：吴连日

摘要：

本发明涉及一种恒功率输出电源的检测保护电路，包括脉宽调制控制模块，受所述脉宽调制控制模块控制的开关管Q1，用于触发所述脉宽调制控制模块的原边电流检测保护电路，其特征在于，所述恒功率输出电源的保护电路还包括用于将输入电压按一定比例叠加到所述原边电流检测保护电路的原边电流取样电压的电压叠加电路。实施本发明的恒功率输出电源的检测保护电路，可对宽输入电压范围的电源在全输入电压范围内进行恒功率输出保护的恒功率输出电源，并且电路简单，无需单独的电源设计。

多功能电源控制器

申请（专利）号：200810013107.4 **公开日：**2009-05-13

申请人：抚顺市沃尔普机电设备有限公司

发明人：李强 李红玲 陈宁 王家石 蒋宾

摘要：

本发明公开了一种多功能电源控制器，它是采用微控制器作为中央处理器，连接同步信号采集电路、触发驱动电路、数字量输入电路、A/D转换电路、按钮输入与液晶显示电路以及频率调制电路和电源滤波电路，构成完整的计算机系统，由编写的程序控制完成工作。本发明以微控制器作为主控制单元，配合适当的外围电路组成控制精确、功能完善、人机界面友好的多功能电源控制器，其中包括三路继电器输出、三路模拟量输入、四路数字量输入、六路可控硅触发信号。多功能电源控制器上集成了参数设置按钮、汉字液晶显示屏、A/D转换电路与RS232串行通信电路，所有部分均由程序控制相互配合达到控制要求，是一个高度集成化，多功能化，智能化的控制器。

数字控制电源装置

申请（专利）号：200810188753.4 **公开日：**2009-05-13

申请人：日立计算机机器株式会社

发明人：高桥史一 滨获昌弘

摘要：

本发明提供一种数字控制电源装置，具有发生PWM信号的数字控制器，根据上述PWM信号接通或关断开关元件，从输入的电压得到负载用的输出电压，上述数字控制器具有：AD转换器，其取入上述电源装置的模拟输出电流，变换为数字值，输出数字输出电流值；运算单元，其在上述AD转换器的采样频率或者成为用于得到上述PWM信号的基准的载波频率的每一个周期进行脉冲宽度的运算；和频率控制单元，其按照从上述AD转换器输出的数字输出电流值，分别可变控制上述载波频率和采样频率。

可连接网络的装置及其电源管理方法

申请（专利）号：200810173657.2 **公开日：**2009-05-13

申请人：巴比禄股份有限公司

发明人：大屋诚 后藤悟

摘要：

本发明涉及一种可连接网络的装置及其电源管理方法。该可连接网络的装置用于通过网络与一个或多个计算机相关装置进行通信。该可连接网络的装置包括：模式选择器，用于在第一电源模式和第二电源模式之间选择电源模式；电源状态切换单元，其可在第一电源模式工作，并且用于：当在没有计算机相关装置连接到网络的情况下将计算机相关装置之一连接到网络时，接通可连接网络的装置的电源，并且在没有计算机相关装置连接到网络时，关断该电源；以及电源状态保持单元，其可在第二电源模式工作，并且用于将可连接网络的装置的电源保持在同一状态，而不管计算机相关装置是连接到网络还是从网络断开。

更加紧凑并具有更高可靠性的电源系统

申请（专利）号：200580011630.8　**公开日：**2009-05-20

申请人：多样化技术公司

发明人：马塞尔·P·J·高德瑞奥　彼得·A·丹德瑞治　迈克尔·A·柯普克斯　杰弗里·A·凯希

摘要：

本发明的特征在于用于计算负载的更加紧凑并具有更高可靠性的电源系统，该系统包括连接到多个DC源的高压DC总线（32）、连接到计算负载（60）的低压DC总线（60）和电源，每个DC源通过开关连接到该高压DC总线，该开关将具有最高DC电压的DC源输送给该高压DC总线，该电源包括在高压DC总线和低压DC总线之间并联连接的多个DC/DC转换器（150、152、154、156、158、160）和被构造成调制每个DC/DC转换器以将在高压DC总线上的高压转换为在低压DC总线上输出的低压的控制器（180）。

电源系统

申请（专利）号：200780016079.5　**公开日：**2009-05-20

申请人：日本电气株式会社

发明人：大贺敬之

摘要：

本发明提供了一种电源系统，其中多个电池（405，406）通过开关组（402至404，407至409）串联连接，通过VOH端子和VOL端子分别输出较高的电压和较低的电压，通过两个降压DC-DC变换器（105，106）分别对电压进行变换。在对串联连接的放电操作期间，在除了从电池（405，406）放电的周期之外的周期中测量电池的剩余容量，并基于剩余容量控制串联连接的连接模式，从而将各个电池的放电控制到放电容量。

扩大内桥接线的微机控制备用电源自动投入的方法

申请（专利）号：200810243566.1　**公开日：**2009-05-20

申请人：江苏省电力公司镇江供电公司

发明人：汤大海

摘要：

本发明属于电力输配电网络的控制技术，涉及一种用微机控制备用电源自动投入的方法。该控制方法包括以下控制过程：第一断路器1QF的跳闸控制、第四断路器4QF的跳闸控制、第一断路器1QF合闸充放电控制、第二断路器2QF合闸充放电控制、第三断路器3QF合闸充放电控制、第四断路器4QF合闸充放电控制、第一断路器1QF合闸控制、第二断路器2QF合闸控制、第三断路器3QF合闸控制、第四断路器4QF合闸控制、异常信号控制。本发明能够应用于输配电网络为220kV及以下电压等级变电所一次主接线为双电源供电的扩大内桥接线的备用电源自动投入装置，动作原理简单、可靠性高、完全符合备用电源自动投入的基本原理。

电源控制器

申请（专利）号：200710031501.6　**公开日：**2009-05-27

申请人：珠海格力电器股份有限公司

发明人：朱江洪　张辉　钟明生　李文灿　游剑波

摘要：

本发明公开了一种电源控制器，包括主电源装置、主芯片以及信号接收装置，还包括：辅助电源装置；与主电源装置、主芯片以及辅助电源装置相连接的切换装置，用于接收所述主芯片的控制信号，切换主芯片的供电来源；以及连接于主芯片与辅助电源装置之间的电压检测装置，用于检测所述辅助电源装置的电压。采用本发明的电源控制器，当接收到关机命令后，主芯片根据该关机命令向切换装置发送信号，使通过辅助电源装置给主芯片供电，此时，主电源装置处于空载或者轻载的状态。此外，根据电压检测装置所检测的辅助电源装置中的能量，还可选择是否通过主电源装置向辅助电源装置补充能源，从而使得电器的待机功耗降低，节省了电能源。

电源切断装置

申请（专利）号：200780006775.8　**公开日：**2009-05-27

申请人：沙尔特宝有限公司

发明人：鲁道夫·冯普朗德齐斯基

摘要：

本发明涉及一种包括开关的电源切断装置，所述开关可通过至少一个辅助驱动单元启动，且设置有开关接触器。为使所述电源切断装置结构紧凑且重量较轻，同时能够根据不同的应用进行调整，电源切断装置包括辅助的用手工操作的强制断开装置，所述强制断开装置根据开关的开关接触器动作。相对于传统的电源切断接地装置，可节约一个开关点，实现更为紧凑的结构成为可能。

在聚合无线发射/接收单元中用于电源管理的方法和设备

申请（专利）号：200780016928.7　**公开日：**2009-05-27

申请人：交互数字技术公司

发明人：C·利韦　G·卢

摘要：

本发明是一种在聚合WTRU中用于最小化电源消耗的方法和设备。在优选实施方式中，通过调节由聚合WTRU支持的各种RAT的电池管理来最小化电源消耗。由聚合WTRU来使用调节的多RAT电池管理（CMRBM）单元，以最小化电源消耗。CMRBM单元监控由聚合WTRU支持的各种RAT的各电源和链路度量，并调节聚合WTRU的电源状态。

在双数据速率存储系统中使用数据加扰来抑制电源噪声

申请（专利）号：200810188780.1　**公开日：**2009-06-03

申请人： 英特尔公司

发明人： C · P · 莫扎克

摘要：

本发明的实施例总体上涉及在双数据速率存储系统中使用数据加扰来抑制电源噪声的系统、方法和装置。在一些实施例中，集成电路包括用于将数据发送到一个或多个存储设备的发送数据通路。该发送数据通路可以包括并行产生彼此不相关的 N 个伪随机输出的加扰逻辑。将输出数据和伪随机输出输入到 XOR 逻辑。该发送数据通路对基本上具有白色频谱的 XOR 逻辑的输出进行发送。描述了其它实施例并要求其权利。

三相交流电源切换电路

申请（专利）号： 200710202715. 5　**公开日：** 2009-06-03

申请人： 鸿富锦精密工业（深圳）有限公司　鸿海精密工业股份有限公司

发明人： 郭恒祯

摘要：

一种三相交流电源切换电路，包括一三相交流电源、一第一切换开关及一第二切换开关，所述三相交流电源的第一相交流电源和第二相交流电源通过所述第一切换开关选择性输出，当所述第一相交流电源正常工作时，所述第一切换开关输出所述第一相交流电源的输出电压，所述第一切换开关的输出电压及所述三相交流电源的第三相交流电源通过所述第二切换开关选择性输出，当所述第三相交流电源正常工作时，所述第二切换开关输出所述第三相交流电源的输出电压。所述三相交流电源切换电路通过两个切换开关实现了三相交流电源的自动切换功能，在所述三相交流电源的一相或两相交流电源出现异常时维持稳定的电压输出。

一种高效两线制电源调制总线及其实现方法

申请（专利）号： 200810204332. 6　**公开日：** 2009-06-03

申请人： 上海复展电子科技有限公司

发明人： 宋奕　郭兆斌　刘荣鑫

摘要：

本发明提供一种高效两线制电源调制总线及其实现方法，属于电子、电路领域。该调制总线包括用以提供电源及调制信号的两条总线，还包括有采样电路，滞回反馈电路，低通滤波电路，信号比较器。本发明利用输入到信号比较器上的滞回反馈电路，通过增加滞回反馈电压，可实现滞回反馈电路的跟随效应，使得该电源总线在实现数据信号传输时，抗干扰能力更强、错码率更低、信号传输速率更高。

复合式音频与电源转接装置及其电源适配器

申请（专利）号： 200710202784. 6　**公开日：** 2009-06-10

申请人： 鸿富锦精密工业（深圳）有限公司　鸿海精密工业股份有限公司

发明人： 刘长春　甘小林　何友光

摘要：

一种复合式音频及电源转接装置，包括一音频接口及两个三触点继电器，音频接口的第一复合连接端与第一继电器的第一触点相连，第二复合连接端与所述音频模块的一音频端相连，所述音频接口的接地端与第二继电器的第一触点相连，第一继电器的第二及第三触点分别与所述音频模块的另一音频端及所述电源模块的正极端相连，第二继电器的第一及第二触点分别与所述音频模块的接地端及所述电源模块的负极端相连。通过上述复合式音频及电源转接装置，既可收听电子产品的音频信号，又可对其进行充电，适用性较强。本发明还提供了一种电源适配器，所述电源适配器可以用于为包含所述复合式音频及电源转接装置的电子产品进行充电或供电。

在电源和电散热器之间的电连接装置及制造该装置的方法

申请（专利）号： 200810161197. 1　**公开日：** 2009-06-10

申请人： 法雷奥热系统公司

发明人： 伯特兰 · 普泽纳特　让 · 盖蒂诺伊斯　劳伦特 · 特利尔　吉尔伯特 · 特拉诺瓦

摘要：

本发明涉及在电源和电散热器之间的电连接装置及制造该装置的方法。该装置（1）位于电源（5）引脚（6、7）和至少一个加热元件（2）的端子（8、9）之间，该元件构成有空气流（4）穿过的电散热器（3）。该装置包括在加热元件（2）第一电气端子（8）和所述电源（5）具有第一电位的第一引脚（6）之间的第一电接线（10），以及在加热元件（2）第二电气端子（9）和所述电源（5）具有不同于第一电位的第二电位的第二引脚（7）之间的第二电接线（11）。第一电接线包括第一电导体（13）和至少一个第二电导体（14），第二电接线包括第三单体电导体（17），第一电导体、第二电导体和第三电导体共同并且至少部分地陷入电绝缘模制件中。

电源装置及其控制方法

申请（专利）号： 200780019608. 7　**公开日：** 2009-06-10

申请人： 丰田自动车株式会社

发明人： 冈村贤树　松原清隆　田村俊吾　大谷裕树　中井英雄

摘要：

当在空载时间中流经线圈 32 的电流（电抗器电流）在值 0 停滞的现象以开关元件 Tr1、Tr2 开关的周期发生时，判定为到达了周期性零电流停滞状态而将平滑电容器 42 侧的电压指令向下方仅修正预定电压，所述空载时间为在使开关元件 Tr1（上臂）从导通变化为关断后不久、开关元件 Tr1、Tr2 都关断的时间。由此，能够抑制在周期性零电流停滞状态时平滑电容器 42 侧的电压在未预期的情况下变得比电压指令高，能够抑制平滑电容器 42 由于过剩电压而破损，或者从马达 MG1、MG2

输出过剩的扭矩。

用于反激式开关电源的无损吸收电路

申请（专利）号：200710171214.5　**公开日：**2009-06-10

申请人：上海辰蕊微电子科技有限公司

发明人：喻明凡　任善华　林新春

摘要：

本发明公开了一种用于反激式开关电源的无损吸收电路，包括一上端管脚与变压器初级线圈串联的开关管、一连接在开关管控制脚的用于控制开关管工作的控制芯片及一由第一电感、第一二极管、第一电容和第二二极管构成的无损吸收回路，还包括一由第一电感、第三二极管和第二电容构成的用于吸收无损吸收回路产生的能量并给控制芯片提供辅助电源的供电回路，该供电回路的第三二极管的正负极端分别连接在无损吸收回路中第一电感与第一二极管之间的结点及控制芯片的电源输入端 VDD 上，所述第二电容的两端分别连接在控制芯片的电源输入端 VDD 和直流电源 VDC 的负极端上。本发明的无损吸收电路充分利用无损吸收电路中的能量，节省了辅助电源，并消除了无损吸收电路应用中的限制条件。

外置控制模式的开关稳压器集成电路、应用该集成电路的电源系统及该集成电路的控制方法

申请（专利）号：200810186041.9　**公开日：**2009-06-17

申请人：成都芯源系统有限公司

发明人：陈伟

摘要：

本发明公开了一种开关稳压器集成电路，该集成电路包括具有高位开关和低位开关的开关电路，模式选择电路，由外部电路控制来选择第一模式或第二模式，以及控制电路。根据来自于开关电路的反馈信号，当第一模式被选时，控制电路以第一定频交替闭合和断开高位开关和低位开关，当第二模式被选时，控制电路控制低位开关彻底断开，高位开关以第二变频闭合和断开。

在具有多电源域的集成电路内维持输出 I/O 信号

申请（专利）号：200810186309.9　**公开日：**2009-06-17

申请人：ARM 有限公司

发明人：B · B · 王　G · 邢　P · 索尼

摘要：

本发明涉及在具有多电源域的集成电路内维持输出 I/O 信号。集成电路配有能选择地被加电或断电的电源域 PD0、PD1、PD2 及 PD3。缓冲由这种电源域内的核心电路 10 产生的信号 12 的输出电路 8 有其自己的输出电源电压 IOV_{dd}。自适应电压感测电路 23 感测至核心电路 10 的核心电源电压何时降至阈值电平以下并产生电压低信号。若已预选的输出信号保持对关心的输出信号有效，输出电路 8 通过维持输出信号状态（输出信号被驱动为低、输出信号被驱动为高或输出信号处于高阻抗驱动状态）对电压低信号作出响应。通过在射（on-shot）脉冲预选保持模式，脉冲的值被存储在模式闩锁 24 内指示是否需要保持。当适应的电压感测电路 23 本身感测核心电路 10 的电压电平降至阈值以下时，激活保持操作。

立体式小型化电源供应器

申请（专利）号：200710198509.1　**公开日：**2009-06-17

申请人：浩然科技股份有限公司

发明人：梁见国

摘要：

本发明为一种立体式小型化电源供应器，包括：至少由两片或两片以上的第一电路板与第二电路板彼此以立体空间型态的组合在一容器的容槽中，其中第一电路板的电路与第二电路板的电路之间设有符合 ITE 产品安全规范的绝缘间距，使其面积与体积小型化，可容置在一小型容器中。

电源供应器

申请（专利）号：200710203251.X　**公开日：**2009-06-24

申请人：鸿富锦精密工业（深圳）有限公司　鸿海精密工业股份有限公司

发明人：檀义才　肖人军　袁志胜

摘要：

一种电源供应器，包括脉宽调制控制器、整流器、变压器、第一二极管及电压输出端，一交流电源经整流器连接变压器，变压器分别连接第一二极管及脉宽调制控制器，电源供应器还包括电源开关、继电器，继电器包括单刀双掷开关及电感线圈，单刀双掷开关的第一端连接第一二极管的阴极，其第三端连接脉宽调制控制器的电压端，电源开关连接电感线圈后接地，整流器的正电压端连接于第一二极管的阴极与单刀双掷开关的第一端之间的节点，负电压端接地，电源供应器根据电源开关的断开或闭合使电感线圈控制单刀双掷开关的开闭状态，进而控制脉宽调制控制器的脉冲输出端是否输出脉冲信号来控制电压输出端是否输出备用电源电压。所述电源供应器结构简单、成本低。

照明装置及其电源模组以及使用该照明装置的灯具

申请（专利）号：200710203565.X　**公开日：**2009-07-01

申请人：富士迈半导体精密工业（上海）有限公司　沛鑫半导体工业股份有限公司

发明人：徐弘光　王君伟

摘要：

一种照明装置，包括一光源模组以及与该光源模组结合的一电源模组，该光源模组包括一基板、设于该基板上的至少一固态发光元件以及多个电极端，该至少一固态发光元件与该多个电极端电连接，该电源模组包括一外壳以及多个电源端，该外壳内形成一光源插槽，该光源模组可拆卸地插设于该光源插槽内，且该光源模组的电极端与电源模组的电源端抵接。上述照明装置组装与拆卸方便，可满足其中的光源模组或电源模组因部分损坏而需要回收、维修或更换的要求。本发明还涉及一种使用该照明装置的

灯具。

一种并联通信电源系统及其控制方法

申请（专利）号：200710305997.1 **公开日：**2009-07-01

申请人：艾默生网络能源系统有限公司

发明人：曹丰年

摘要：

一种并联通信电源系统及其控制方法，主电源的正、负母排和从电源的正、负母排分别连接；从电源额定输出电压高于主电源额定输出电压；从电源还设有限流点，其输出的电流不超过限流点对应的电流。当外界负载为轻载或正常负载时，限流点为正常限流点，且正常限流点维持不变；当外界负载为重载时，限流点随着负载的变化而变化。并联的两套电源间无需通信即可实现扩容，主、从电源间具有电压偏差，并在从电源上设置一限流点，实现并联电源模块间的电流自动分配，从而使得负载在电源模块间合适分配，且参数的调节设定简单，割接过程简单，只需将两套电源的正、负母排分别连接。该系统可以用于对现有一套电源的扩容，也可以实现部分容量的1+1热备份。

MOS管的驱动电路、电源管理装置及用于驱动MOS管的方法

申请（专利）号：200810186466.X **公开日：**2009-07-01

申请人：凹凸电子（武汉）有限公司

发明人：玛利安·尼古拉 亚力山德鲁·哈图拉 丹·塞米昂 衣国莹

摘要：

本发明公开了一种MOS管的驱动电路，其至少包括：电荷泵单元和驱动器。所述电荷泵单元用于接收源电压，并输出高于源电压的输出电压。与所述电荷泵单元相连接的所述驱动器用于接收所述电荷泵的所述输出电压，并将所述输出电压转换为用于导通所述MOS管的驱动电压。

双向直流电源电路

申请（专利）号：200710308366.5 **公开日：**2009-07-01

申请人：比亚迪股份有限公司

发明人：赵一飞 屈擘

摘要：

本发明提供一种双向直流电源电路，包括检测电阻，用于检测输入电流信号；信号处理模块，用于反馈检测电阻的电压、反馈检测电流和方向控制处理，输出脉宽控制信号；脉宽调制模块，根据信号处理模块输入的控制信号输出脉宽信号；开关驱动模块，根据脉宽调制模块输出的脉宽信号，选择开关导通或截止。信号处理模块根据检测电阻较低的检测电流信号，来控制脉宽调制模块脉宽较高，开关驱动模块根据较低的脉宽控制两MOS管导通或截止，从而实现升压和降压两方向的电量转化。本发明有效降低直流电源成本。

用于弧焊电源实现电弧送丝的方法和系统

申请（专利）号：200810001730.8 **公开日：**2009-07-08

申请人：杭州凯尔达电焊机有限公司

发明人：褚华 王进成 王光辉

摘要：

公开了一种用于弧焊电源实现电弧送丝的方法。本方法是在弧焊电源和远地送丝装置之间取消控制电缆或载波电缆，送丝装置控制系统直接通过焊接电缆与弧焊电源连接，直接利用电弧的能量驱动送丝电机并可以实现对自动焊接过程的程序控制。这是一种没有控制电缆或载波电缆的送丝方法。通过输送电弧能量的焊接电缆与远地的送丝系统连接，实现对送丝电机和自动焊接过程的程序控制，保证了焊接系统的稳定工作。在自动送丝的熔化极电弧焊接设备中，去除了连在电弧焊接电源与送丝装置之间的控制电缆或载波电缆线，使这种焊接方法更加便利，提高了焊接设备的使用可靠性和稳定性。此外，还公开了一种用于实现该方法的系统。

车辆用电源控制设备

申请（专利）号：200780024459.3 **公开日：**2009-07-08

申请人：丰田自动车株式会社 古河电气工业株式会社

发明人：江坂俊德 深泽实 堤宽

摘要：

一种车辆用电源控制设备，对安装在车辆中的电气负载的通电进行控制，该控制设备包括：第一电气负载，其是安装在车辆中的电气负载的一部分；第二电气负载，其在车辆停车时比第一电气负载优先通电；电源切换ECU、ACC继电器和IG继电器，其不仅切换第一电气负载的通电，而且切换第二电气负载的通电；以及电源管理ECU、停车状态ACC继电器和停车状态IG继电器，其只切换第二电气负载的通电。该车辆用电源控制设备抑制了在操作车辆停车时使用的电气负载的时候浪费性的电力消耗。

一种高频开关电源的结构

申请（专利）号：200910116137.2 **公开日：**2009-07-08

申请人：袁忠杰

发明人：袁忠杰

摘要：

本发明公开了一种高频开关电源的结构，包括有箱体，箱体一端有风扇，箱体另一端有面板，其特征在于：具有2块控制电路板，控制电路板分别安装于支撑构件上；所述的控制电路板安装有高频逆变部件、高频变换部件、高频整流部件、高频变压器、工频整流部件、工频整流滤波电路、控制电路、散热器。所述的控制电路板对合后形成双层结构，横立或竖立。本发明通过改变高频逆变部件、高频变换部件、高频整流部件、高频变压器、工频整流部件、工频整流滤波电路、控制电路、散热器连接性能和方式，达到最优化布置，电气接线最短，干扰最小，使整体散热均衡，电源性能稳定，达到了携带轻便要求。同时，电器线路整合在电路板内，回路电感电容变小，抗污染，且干扰减少；主要部件质量、体积变小，节省资源，降低能耗

和生产成本，也便于加工、生产。

电源管理系统

申请（专利）号：200910036917.6　**公开日：**2009-07-08

申请人：珠海全志科技有限公司

发明人：丁然　邓琴　吴建舟

摘要：

本发明公开了一种电源管理系统，在包含输入电源端、电池端、系统电源端和接地端的普通电源管理系统基础上，增加了参考电源端、第一电压维持模块、第一切换模块、充电控制模块、强制拉低模块、第一电压比较模块、第二电压比较模块和逻辑控制模块。本发明提出的电源管理系统，在输入电源驱动能力不足引起系统不能正常工作的情况下，会自动减小充电电流信号，直至完全没有电流信号；如果这样输入电源仍然不足以供应系统消耗，本发明将同时启用电池，使电池与输入电源同时供应系统消耗，保证系统正常工作。

备用电源系统

申请（专利）号：200810300010.1　**公开日：**2009-07-08

申请人：鸿富锦精密工业（深圳）有限公司　鸿海精密工业股份有限公司

发明人：郭恒祯

摘要：

一种备用电源系统，包括一第一交流电源、一第二交流电源及一电源切换开关电路，所述电源切换开关电路包括一连接至所述第一交流电源的第一电压感应器、一逻辑控制电路和一固态继电器组，所述第一电压感应器的输出端接至所述逻辑控制电路的输入端，所述第一交流电源、第二交流电源通过所述固态继电器组连接至用电设备，所述逻辑控制电路的两输出端分别连接至所述固态继电器组的控制端，所述逻辑控制电路的两输出端根据所述第一电压感应器感应到的第一交流电源的电压状态分别输出一控制信号给所述固态继电器组以控制所述第一交流电源或第二交流电源给所述用电设备供电。

一种直流电源预置电压链式电压型逆变器功率单元的旁路电路

申请（专利）号：200810113842.2　**公开日：**2009-07-08

申请人：北京利德华福电气技术有限公司

发明人：朱燕华　宋海涛

摘要：

本发明提供了一种直流电源预置电压链式电压型逆变器功率单元的旁路电路，包括并联在H逆变桥的二极管整流桥和可控硅，其特征在于：还设置有预置电压电路；所述预置电压电路包括直流升压稳压电源、限流电阻、充电电阻、充电电容；所述直流升压稳压电源的输入端连接直流低压电源；该直流升压稳压电源输出与否受功率单元控制信号的控制；直流升压稳压电源的输出端正极和负极中至少一端通过限流电阻连接所述可控硅；直流升压稳压电源的另一输出端则与可控硅直接相接；所述充电电阻和充电电容串联后并联在可控硅旁。

开关电源装置

申请（专利）号：200780024639.1　**公开日：**2009-07-08

申请人：松下电工株式会社

发明人：加田恭平　伊东干夫　和田澄夫　秋定昭辅　井坂笃　小幡健二

摘要：

一种开关电源装置，包括：有源器件，用于从RCC中的该开关器件的控制端拉出一部分控制信号；以及控制信号产生电路，向该有源器件的控制端施加作为开启/关闭时间控制电压的调节电压。当该调节电压在该有源器件的该有源区中分别减小或者增大时，该有源器件拉出该控制信号，以减少或者增加该开关器件的关闭时间，同时固定该开关器件的开启时间。当该调节电压在该有源器件的该截止区中分别减小或者增大时，RCC中的定时电路的元件拉出该控制信号，以增加或者减少该开关器件的开启时间，同时固定该开关器件的关闭时间。

电源屏模块的检测方法及检测设备

申请（专利）号：200910078523.7　**公开日：**2009-07-15

申请人：北京鼎汉技术股份有限公司

发明人：李光华　周俊青

摘要：

本发明涉及电源屏模块的检测方法，包括如下步骤：a. 对模块的输入输出的电压和电流进行采样，采样电压有三路：一路采样模块的输入电压，两路采样模块的输出电压，输出电压的采样分为高压和低压两路分别进行采样；采样电流有五路：一路采样模块的输入电流，四路采样模块的输出电流；其中，电压采用光耦和隔离运放进行采样；电流用霍尔互感器进行采样，采样到的电流值经电流/电压转换电路转换成电压形式；b. 将采样到的电压、电流值及波形送入工控机，通过计算分析就得到模块的参数，如电压、电流、功率、失真度、谐波、频率、相位、纹波。

电源控制装置

申请（专利）号：200910001625.9　**公开日：**2009-07-15

申请人：富士通电子零件有限公司

发明人：长尾尚幸

摘要：

一种电源控制装置，包括：控制部分，测量提供给受控设备的电流的消耗电流值，并且控制提供给受控设备的电流的开/关；通信部分，将给定命令发送给受控设备，并且接收对给定命令的响应；以及监视部分，基于由控制部分测量的受控设备的消耗电流值来监视受控设备的状态，并且通过给定命令来监视受控设备的生存或消亡状态。

由外部电源供电的现场设备电子装置

申请（专利）号：200780025245.8　**公开日：**2009-07-15

申请人：恩德斯＋豪斯流量技术股份有限公司
发明人：罗伯特·拉拉
摘要：

现场设备电子装置包括由供电电流流经的电流调节器，用于调节和/或调制供电电流，其中供电电流由外部电源提供的供电电压驱动。另外，现场设备电子装置具有用于控制现场设备的内部操作及分析电路，以及内部供电电路，该供电电路处于由供电电压得到的现场设备电子装置内部输入电压并且向内部操作及分析电路供电。在供电电路中提供有效电压控制器，其至少间歇地由供电电流第一分量流过且在现场设备电子装置中提供第一内部有效电压，该电压被基本恒定地控制为可预定的第一电压电平。另外，供电电路具有第二有效电压控制器，其至少间歇地由供电电流第二分量流过且在现场设备电子装置中提供第二内部有效电压，该电压在可预定的电压范围上变化。供电电路中还包含电压调节器，其至少间歇地由供电电流第三电流分量流过，用于将现场设备电子装置的内部输入电压设置并保持在可预定的电压电平。根据本发明，操作及分析电路至少间歇地既由第一有效电压驱动的第一有效电流流过，又由第二有效电压驱动的第二有效电流流过。

具有漏电保护功能的电源插头

申请（专利）号：200810056112.3 **公开日：**2009-07-15
申请人：黄华道
发明人：黄华道 陆华洋
摘要：

本发明公开了一种具有漏电保护功能的电源插头，它由壳体、安装在壳体上的电源火线、零线、地线插头叶片和安装在壳体内的可实现电力连接的组件以及用于检测插头电源输出线漏电故障的控制电路构成。所述电源火线、零线、地线插头叶片安装在壳体的底部；电源火线、零线插头叶片的一端裸露在壳体的外面，另一端穿过壳体底座固定在壳体内，并通过安装在壳体内的可实现电力连接的组件以及用于检测插头电源输出线漏电故障的漏电检测保护电路与电源输出线中的火线、零线相连。当电源插头电源输出线中存在漏电现象时，可实现电力连接的组件以及用于检测插头电源输出线漏电故障的漏电检测保护电路就切断电源插头的电源输出。

中继连接器、中继连接器和底座的组合安装结构、中继连接器和放电管的组合安装结构、中继连接器和电源的组合安装结构、放电管和电源相对于中继连接器的组合安装结构、照明装置、显示装置以及电视接收装置

申请（专利）号：200780023216.8 **公开日：**2009-07-15
申请人：夏普株式会社 日本航空电子工业株式会社
发明人：鹰田良树 岩本健一 工藤高明 池永尚史
摘要：

中继连接器（14）对于配置在呈大致平板状的底座（13）的正面一侧的放电管（15），供给来自配置在底座（13）的背面一侧的电源基板（16）的电力。中继连接器（14），具备组合安装在底座（13）的绝缘性的保持具（20）、相对于放电管（15）和电源基板（16）能够电连接并安装在保持具（20）的中继端子（30）。由于中继端子（30）无需与底座（13）直接接触，底座（13）能够使用金属制的材料。

高效电源转换器系统

申请（专利）号：200780024377.9 **公开日：**2009-07-15
申请人：美国快捷半导体有限公司
发明人：S·舍克哈沃特 R·H·兰达尔 D·曹
摘要：

在一个实施例中，电源转换器系统包括可操作来连接到交流（AC）电源的第一输入端和第二输入端，以及输出端，在该输出端可将输出电压提供给负载。第一电感器和第一二极管串联连接在第一输入端和输出端之间。第二电感器和第二二极管串联连接在第二输入端和输出端之间。第一开关连接到第一电感器和第一二极管，第二开关连接到第二电感器和第二二极管。第一开关和第二开关交替起到升压开关和同步整流器的作用，以在电源转换器系统的操作期间对第一电感器和第二电感器进行充电和放电。在电源转换器系统的操作期间，辅助网络可操作来为第一开关和第二开关两者提供零电压开关（ZVS）和零电流开关（ZCS）条件。

电源系统和具备该系统的车辆、电源系统的控制方法以及存储有用于由计算机执行电源系统的控制的程序的计算机能够读取的存储媒介物

申请（专利）号：200780025790.7 **公开日：**2009-07-22
申请人：丰田自动车株式会社
发明人：及部七郎斋 洪远龄 市川真士 吉田宽史 泽田博树
摘要：

第1以及第2转换器（10、12）相互并联地连接于正极线（PL3）以及负极线（NL）。ECU（30）在要求电力（PR）比基准值小时，控制第1以及第2转换器（10、12）使得第1以及第2转换器（10、12）中的任意一方工作、且另一方转换器停止。另一方面，ECU（30）在要求电力（PR）为基准值以上时，控制第1以及第2转换器（10、12）使得第1以及第2转换器（10、12）双方工作。

电源系统和具备该电源系统的车辆以及温度管理方法

申请（专利）号：200780025981.3 **公开日：**2009-07-22
申请人：丰田自动车株式会社
发明人：市川真士 石川哲浩 矢野刚志 土屋宪司 小前政信
摘要：

要求判断部（50）比较蓄电部的电池温度 Tb1 和预先确定的温度管理值 Tb1*，若在两者之间产生了预定的阈值温度以上的偏差，则生成升温要求或者冷却要求。电流方

向决定部（54）基于蓄电部的热反应特性，决定为了满足升温要求或者冷却要求应该使电流流向充电侧以及放电侧的哪一方向。目标电流值决定部（56）决定与由电流方向决定部（54）所决定的充电/放电相关的目标电流值 Ib1*。电流控制部（ICTRL1）生成开关指令 PWC1，使得蓄电部的电池电流 Ib1 与从选择部（60）输出的目标电流值一致。

驱动电路及包含此驱动电路的电源转换器

申请（专利）号：200810001075.6　**公开日：**2009-07-22

申请人：光宝科技股份有限公司

发明人：陈志泰

摘要：

本发明有关一种驱动电路及包含此驱动电路的电源转换器。该电源转换器，包含：一主开关，受一驱动信号控制；一主变压器，通过主开关切换地接收一输入电源；一切换电路，输出一同步信号且包括一决定外接负载电源接收状态的开关；及一驱动电路，包括：一死极时间控制器，具有第二和第四开关，第四开关受同步信号控制以控制第二开关导通状态；及一反相产生器，具有一受驱动信号控制的第一和第五开关，且第五开关受第一和第二开关控制，以输出一与驱动信号呈反相的切换信号来控制切换电路，并使同步信号与切换信号间保持死极时间的间距。该驱动电路包括一死极时间控制器及一反相产生器。本发明能主动修正切换信号，确保不发生逆流现象，且使电路同步，并以驱动电路提升驱动能力。

开关电源电路

申请（专利）号：200810173703.9　**公开日：**2009-07-22

申请人：株式会社 K·A·C·日本

发明人：仲井厚一

摘要：

提供便宜、小型的具有与现有直流电源电路相同特性的开关电源电路。在 RCC 方式的开关电源电路中，通过在回扫变压器（62）中设置与输出线圈（64）磁紧密结合的感应线圈（66），经由齐纳二极管（56）将该感应线圈（66）连接到定时电容器（55）上，将从感应线圈（66）输出的交流电压整流滤波而作为二次侧直流电压检测的检测电压与齐纳二极管（56）的基准电压的差异提供到定时电容器（55），使充放电时间改变，使第二开关元件（54）的开关时间改变，从而控制第一开关元件（60）的开关时间。

多段电感组合式电源 EMI 滤波器

申请（专利）号：200910005031.5　**公开日：**2009-07-22

申请人：王家诚　王佳模

发明人：王家诚　王佳模

摘要：

本发明涉及一种大功率无极荧光灯高频电子变频器上使用的多段电感组合式电源 EMI 滤波器。其特征是具有第一滤波线圈段、第二滤波线圈段、第三滤波线圈段和第四滤波线圈段，第一滤波线圈段具有第一滤波线圈输入接口和第一滤波线圈段输出接口，第二滤波线圈段具有第二滤波线圈输入接口和第二滤波线圈段输出接口，第三滤波线圈段具有第三滤波线圈输入接口和第三滤波线圈段输出接口，第四滤波线圈段具有第四滤波线圈输入接口和第四滤波线圈段输出接口，第二滤波线圈段至少由两个第二滤波线圈段单元串联构成，第四滤波线圈段至少由两个第四滤波线圈段单元构成，且第二滤波线圈段单元与第四滤波线圈段单元一一对应。本产品能有效减少电磁干扰。

电源装置及定序器系统

申请（专利）号：200780028741.9　**公开日：**2009-07-29

申请人：三菱电机株式会社

发明人：山中孝彦

摘要：

本发明提供一种电源装置及具有该电源装置的定序器系统，该电源装置可以一边确保寿命诊断的预测精度，一边在线进行寿命诊断。在使交流电力的整流输出平滑化的平滑部中具有：第 1、第 2 滤波电容器（15a、15b）；第 1、第 2 放电用电阻（16a、16b），它们分别与上述滤波电容器的各自两端并联连接；以及第 1、第 2 开关元件（14a、14b），它们分别与滤波电容器的各自一端连接。在通常时，第 1、第 2 滤波电容器这两者与导电线路（12）电气连接，在老化诊断时，第 1、第 2 滤波电容器这两者以规定的定时交替与导电线路电气连接，且对没有与导电线路电气连接一侧的滤波电容器进行老化诊断。

具有可变电源的 SRAM 及其方法

申请（专利）号：200780028190.6　**公开日：**2009-07-29

申请人：飞思卡尔半导体公司

发明人：欧尔加·R·卢　劳伦斯·F·蔡尔兹
克雷格·D·冈德森

摘要：

一种存储器电路（14、16、18、20）具有存储器阵列（14），该存储器阵列（14）具有第一存储器单元排（13、66）、第二存储器单元排（15、68）、第一电源端子、第一电容结构（17、70）、耦合到第一存储器单元排（13、66）的第一电源线（35、67）、和耦合到第二存储器单元排（15、68）的第二电源线（39、69）。对于第二存储器单元排（15、68）被选择用于写入的情况，开关电路（44、52、56、94、96、98）将电源端子耦合到第一电源线（35、67），解除第一电源端子（35、67）到第二存储器单元排（15、68）的耦合，并且将第二电源线（39、69）耦合到第一电容结构（17、71）。结果是通过与电容结构（17、70）电荷共享，降低了到选定的存储器单元排的电源电压。这在选定的存储器单元排中的单元上的写操作中提供了更多的裕量。

电源系统以及具备该电源系统的车辆、蓄电装置的升温控制方法、以及记录有用于使计算机执行蓄电装置的升温控制的程序的计算机能够读取的记录介质

申请（专利）号：200780028391.6 **公开日：**2009-07-29

申请人：丰田自动车株式会社

发明人：市川真士 石川哲浩

摘要：

在蓄电装置（6）的升温控制时，变换器ECU（2）以经由主正母线（MPL）以及主负母线（MNL）而在蓄电装置（6）以及蓄电部（7）之间进行电力的授受的方式控制变换器（8）。具体而言，变换器ECU（2），若电压值（Vh）达到第1电压值，则将变换器（8）的目标电压设定为比第1电压值低的第2电压值；若电压值（Vh）达到第2电压值，则将变换器（8）的目标电压设定为第1电压值。

电源转换器的检错装置及其检测方法

申请（专利）号：200810003813.0 **公开日：**2009-07-29

申请人：通嘉科技股份有限公司

发明人：沈逸伦 魏大钧

摘要：

本发明提供一种用来检测回扫式电源转换器是否有异常现象发生的装置及其检测方法，其中检测装置包含有一检测电路、一比较电路以及一判断电路，检测电路根据电源转换器的输出信号产生一回授信号，比较电路则产生一指示信号，指示回授信号与一临界值间的电压比较结果，判断电路再根据指示信号判断错误是否发生。由于回授信号可立即反映出输出信号的电压高低，本发明通过比较回授信号的电压电平与一临界值，可迅速且正确地判断出是否有错误发生，以利于迅速且正确地对电源转换器进行保护。

具有针对线感应瞬态的瞬态电压抑制设备的开关模式电源以及用于抑制驱动器级中的多余振荡的机制

申请（专利）号：200780028416.2 **公开日：**2009-07-29

申请人：皇家飞利浦电子股份有限公司

发明人：Y·陈 D·方 R·庞利利奥 A·加内什

摘要：

本发明涉及一种开关模式电源（15），其采用了整流器（20）、变换器（50）和变换器驱动器（60）。所述整流器（20）基于线内电压（V_{LN}）生成经过整流的电源电压（V_{RS}），所述变换器驱动器（60）生成一个或多个驱动电压（V_{DR}），以便促进由所述变换器（50）基于所述（多个）驱动电压（V_{DR}）把所述经过整流的电源电压（V_{RS}）变换成DC总线电压（V_{DC}）。所述变换器（50）可以包括瞬态电压抑制设备（52），其响应于所述开关模式电源（15）的异常线状态而抑制所述经过整流的电源电压（V_{RS}），并且所述变换器驱动器（60）可以包括自由振荡抑制设备（61），其响应于所述变换器驱动器（60）的自由振荡状态而抑制所述一个或多个驱动电压（V_{DR}）。

具有改变其电阻值的电阻元件的电源电路

申请（专利）号：200810190241.1 **公开日：**2009-08-05

申请人：恩益禧电子股份有限公司

发明人：田畑贵史

摘要：

一种具有改变其电阻值的电阻元件的电源电路，包括控制电路和电源电阻控制电路，该控制电路在突入电流流动时输出控制信号，该电源电阻控制电路将电流供给电容负载。设置在电源和电容负载之间的电流路径中的电源电阻控制电路，响应于控制信号增加电流路径的电阻，并且响应于控制信号的停止减小电流路径的电阻，从而输出或者停止控制信号使得突入电流被抑制到小于或者等于给定值的值。

不断电电源供电模块

申请（专利）号：200810095214.6 **公开日：**2009-08-05

申请人：台达电子工业股份有限公司

发明人：陆岩松 吕飞 谭惊涛 应建平

摘要：

一种不断电电源供电模块，其包含一直流电压源、一控制模块、一控制臂桥模块、一电感元件、一切换元件及一开关元件。开关元件在切换元件使电感元件连接至直流电压源前导通，以将直流电压源所提供的直流电压通过该控制臂桥模块调节后，作为该输出交流电压，提供至该负载，并在切换元件使电感元件连接至直流电压源后关断，即不导通，以提高切换元件的使用寿命及不断电电源供电模块的可靠性。

充电电路及电源供应系统

申请（专利）号：200810009257.8 **公开日：**2009-08-05

申请人：台达电子工业股份有限公司

发明人：赖渊芳 黄敏洲 王秋丰

摘要：

本发明为一种充电电路及电源供应系统，其中充电电路至少包含：主电源电路，包含至少一个第一开关元件，且连接于电源，用以接收电源的输入电压，并转换成第一电压；直流-直流转换电路，连接于主电源电路，用以接收第一电压并产生第二电压以对储能元件充电；检测电路，连接于主电源电路与直流-直流转换电路的输出，用以检测储能元件的电压与主电源电路输出的第一电压，且产生反馈信号；以及控制器，连接于检测电路与主电源电路的第一开关元件，用以依据反馈信号来控制主电源电路的第一开关元件运行，以使第一电压随着第二电压大小而调整。本发明的充电电路具有较高的运行效率。

可降低备用电源功耗的多回转绝对型磁性编码器

申请（专利）号：200910010415.6 **公开日：**2009-08-12

申请人：孙成 孙茂钊

发明人：孙成 孙茂钊

摘要：

本发明公开一种结构简单，在保证精度的前提下，可大大延长备用电源使用寿命的可降低备用电源功耗的多回转绝对型磁性编码器，设有磁铁固定套，在磁铁固定套内固定有横向磁铁，与横向磁铁对应设置有霍尔集成电路，霍尔集成电路的输出与单片机相接；设有外部电源及备用电源，外部电源及备用电源的输出与电源切换电路相接，所述磁铁固定套外套接有监测磁铁固定盘，在监测磁铁固定盘上沿圆周均布有3～18个监测磁铁，与监测磁铁对应设置有以自动循环断电模式工作的霍尔元件，霍尔元件的输出与单片机相接；电源切换电路的输出与霍尔元件、单片机相接并通过电源开关控制电路与霍尔集成电路相接，外部电源或备用电源的输出还与单片机的开关量接口相接。

在受迫开关电源中用于功率因数校正的装置的控制装置

申请（专利）号： 200680055548. X　**公开日：** 2009-08-12

申请人： 意法半导体股份有限公司

发明人： M·法格纳尼　V·巴托洛　C·阿德拉格纳

摘要：

本发明描述了一种在受迫开关电源中用于功率因数校正的装置的控制装置；所述用于功率因数校正的装置包括转换器（20），并且所述控制装置（1）耦合于该转换器以从交流输入线电压（Vin）获得调节后的输出电压（Vout）。该控制装置（1）包括生成装置（421-423），其电容器（Cff）相关以生成代表交流线电压的均方根值的信号（Vff）；生成装置（421-424）关联到将所述电容器放电（Rff）的装置。该控制装置包括使电容器（Cff）放电的另一装置（M1，COMP1，C1；M16，COMP11，VC11；M50，COMP22，COMP33，Cint），其适合于当代表交流线电压的均方根值的所述信号（Vff）低于给定值（VC1，VC11，Vint）时，使所述电容器放电。

遥控计算机电源插板装置及遥控方法

申请（专利）号： 200910025741. 4　**公开日：** 2009-08-12

申请人： 江苏科技大学

发明人： 王长宝　赵厚宝　支海龙　李杰　赵建　尹楠　黄祖荣　蔡云兴

摘要：

本发明公布了一种遥控计算机电源插板装置及遥控方法，其计算机电源插板电源打开键与关闭键安装在鼠标上，以无线遥控的方式控制电源插板电源打开与关闭，计算机处于关机、待机、休眠时电源打开键为面板开机键开机功能。计算机处于关机、待机、休眠时，在规定时间内电源插板上所有插座断电。本发明的显著特点在于其将电源打开键与关闭键和鼠标集合在一起，运用鼠标上电源打开键打开计算机主机电源并同时启动计算机，运用鼠标上电源关闭键关闭计算机主机电源，彻底解决了关闭计算机主机电源需要按电源插座上开关的问题，同时解决了计算机完全开启，间隙使用的周边设备电源由鼠标上电源打开键与电源关闭键控制电源打开与关闭，节能，使用方便。

电源电路及液晶显示装置

申请（专利）号： 200780030531. 3　**公开日：** 2009-08-12

申请人： 夏普株式会社

发明人： 西修司

摘要：

一种具有比较器的电荷泵式电源电路，该比较器使用电容器（电容）并具备偏置抵消功能，该电源电路中，不受液晶显示装置的各像素的公共电极电位变化的影响而获得稳定输出。电源电路包括：电荷泵电路；对电荷泵电路的输出电压和电源电压进行分压的分压电路；根据比较器比较分压电路的输出电压与基准电压的比较结果来控制电荷泵电路的动作、从而使输出电压稳定化的调整电路；以及控制器，该控制器使比较器对每一个预定周期进行复位，并在公共电极电位发生反转后使比较器进行比较动作。

多电池电源系统

申请（专利）号： 200910038038. 7　**公开日：** 2009-08-12

申请人： 东莞新能源科技有限公司

发明人： 陈棠华　陈卫　赵丰刚　许瑞　夏恒涛

摘要：

本发明公开了一种多电池电源系统，其包括两个并联的电池组，两个电池组分别为高功率电池组和高能量电池组，高功率电池组由若干个阳极活性材料为$Li_4Ti_5O_{12}$的锂离子单体电芯串联而成，高能量电池组由若干个阴极活性材料为含锂复合金属氧化物、阳极活性材料为石墨的锂离子单体电芯串联而成，在机动设备启动和/或运行时，两个电池组同时为机动设备供电。相对于现有技术，本发明多电池电源系统通过高功率电池组和高能量电池组的并联使用，使机动设备既能瞬间启动，又能长时间行驶，且有效避免了启动电源能量过早用完而导致机动设备无法启动。

电源电路及电源系统

申请（专利）号： 200780030800. 6　**公开日：** 2009-08-12

申请人： 松下电工株式会社

发明人： 北村浩康　山下干弘　岩尾诚一

摘要：

本发明提供一种电源电路及电源系统，即使不使用耐压较大的开关元件也能够对应世界各地电压，并且给负载装置提供稳定的电力。所述电源电路，在断开电容（C4）与反馈线圈（L3）之间设置充电部（14）。充电部（14）的正极连接于反馈线圈（L3）的正端子，负极连接于稳压二极管（Z1）的负极。由此，在商用电源（E）的电压较大的情况下，充电部（14）动作，断开电容（C4）被迅速充电，晶体管（Q1）的导通期间缩短，从而防止晶体管（Q1）的漏极-源极之间被施加过大的电压，并且使表示商用电压（E）的电压与流至负载装置的电流之间的关系的输出特性平坦。

电源连接器的公端接触件和母端接触件

申请（专利）号： 200910064375. 3　**公开日：** 2009-08-19

申请人： 中航光电科技股份有限公司

发明人： 周文富

摘要：

本发明涉及一种电源连接器的公端接触件和母端接触件，公端接触件由其前部的板状公插头和后部的一对相互间隔、平行相对的平面板构成，该两平面板自板状公插头的尾端分别向两侧悬伸形成，所述两块平面板的下边缘各设有至少一个端接脚。母端接触件包括一对相互间隔、平行相对的平面板，从该两块平面板的相同一端各自延伸出的弹性悬臂相对设置，在两弹性悬臂之间形成公端接触件板状公插头的插合空间，两弹性悬臂的自由端相互远离形成公端接触件插入口；每一弹性悬臂上由臂根部至自由端设有至少一个内凹弧形接触部，当公端接触件插入插合空间后，两弹性悬臂对公端接触件弹性夹紧；两块平面板的下边缘各设有至少一个端接脚。

一种遥控电源插板装置及其控制方法

申请（专利）号：200910029973.7　**公开日：**2009-08-19

申请人：江苏科技大学

发明人：王长宝　周亮　吴义才

摘要：

本发明公布了一种遥控电源插板装置及控制方法。该装置由嵌入遥控电路的键盘和计算机电源插板组成，将计算机电源插板遥控开关安装在键盘上，第一开关控制插板上主机电源插座接通，第二开关控制插板上所有电源插座断开，第二开关同时具有键盘上关机快捷键 Power 功能，计算机完全开启时，键盘上第三至第五开关分别控制插板上第三至第五电源插座接通与断开。本发明解决了关闭插板电源需要按插板上电源开关的问题，控制灵活，使用方便，节约能源，具有巨大的推广应用价值。

一种具有雷涌保护的电源线电磁干扰抑制装置

申请（专利）号：200910029823.6　**公开日：**2009-08-19

申请人：国网电力科学研究院　南京南瑞集团公司

发明人：吴维宁　宋云翔　范志刚　孙洪雷

摘要：

本发明公开了一种具有雷涌保护的电源线电磁干扰抑制装置，包括第一磁性元件、电磁干扰抑制器、第二磁性元件、雷涌共模保护电路和雷涌差模保护电路，雷涌共模保护电路和雷涌差模保护电路布置在同一块环氧基板上，通过铜箔导线相连；焊接在环氧基板上的两根多芯软铜导线在第一磁性元件内同向绕制后和电磁干扰抑制器输入端相连；电磁干扰抑制器输出端和高频特性好的电容元件通过多芯软铜导线相连；分别与两个高频特性好的电容元件压接的两根多芯软铜导线在第二磁性元件内同向绕制后和输出端子相连。本发明可以在电源线电磁干扰抑制的同时，通过低成本的雷涌保护方法对瞬时强烈的雷涌冲击能量进行可靠泄放，为电源线提供雷涌保护。

一种正常工作兼合待机功能的节能开关电源

申请（专利）号：200810217053.3　**公开日：**2009-08-19

申请人：深圳创维-RGB 电子有限公司

发明人：戴俊

摘要：

本发明涉及电工电子，特别是电源技术领域。把正常工作状态和待机状态的应需电源兼合为一个开关电源。独创“间歇再生环再间歇振荡技术”，降低待机功耗，在同类产品中，待机功耗全球唯一最低。而且，增添待机间歇开关电路（53）后，使间歇振荡波形比较有规律。并且消除兼合待机电源在待机间歇振荡时容易发出声音。待机切换电路（5B）直接同 CPU 电源指令端相连接，可进行快速切换，防止待机电源从待机转为开机瞬间过程，因停止工作片刻时，容易产生“掉电”现象缺点。本发明降低整体成本显著。

开关电源电感电流控制技术

申请（专利）号：200910026208.X　**公开日：**2009-08-19

申请人：无锡矽瑞微电子有限公司

发明人：王秀莲

摘要：

本发明属于一种开关电源电感电流控制技术，采用智能关断时间控制器自动调整功率开关的关断时间以控制功率级中电感开启时刻的电流，智能关断时间控制器的输入端连接功率开关的漏端，智能关断时间控制器的输出端连接驱动单元的使能端，利用电感开启时刻的电流大小控制电感的关断时间，通过反馈最终将电感开启时刻的电流控制在指定值。其优点是：既控制了功率开关开启期间的电流，也控制了其关断时期的电流；电流检测电阻只在功率开启期间流过电流，提高了系统效率；控制机构不与输入电压直接连接，从根本上改善了系统的输入电压适用范围，降低了成本，同时也方便地补偿了输入电压对平均电流的影响，使发光二极管在不同输入电压下保持恒定的亮度。

混合动力车辆的电源控制装置及电源控制方法

申请（专利）号：200780034798.X　**公开日：**2009-08-26

申请人：丰田自动车株式会社　株式会社丰田自动织机

发明人：佐藤荣次　冲良二　竹内纯一

摘要：

ECU（40）在车辆系统起动时发动机（ENG）和主电池（B1）为低温时，预先启动发动机（ENG），在发动机启动结束后输出行驶许可信号。此时，ECU（40）停止辅机负载（60）的异常诊断动作，并且将电压指令设定比辅机电池（B2）的输出电压低、且为 ECU（40）的工作电压下限值以上的电压，对 DC/DC 转换器 30 进行反馈控制。ECU（40）响应于发动机启动的结束，将电压指令设定为辅机电池（B2）的输出电压以上的电压，对 DC/DC 转换器 30 进行反馈控制。接着解除辅机负载（60）的异常诊断动作的停止而输出行驶许可信号。

包括时钟的测量电子电源的参数的设备

申请（专利）号：200780034800.3　**公开日：**2009-08-26

申请人：法雷奥电子及系统联合公司

发明人：阿兰·蒂蒙

摘要：

本发明的设备（10），包括数据获取和处理链（12），该数据获取和处理链（12）包括：第一元件（14），用于获取第一参数，由通过电子电源电动势（VA）和高于该电源电动势（VA）的电动势（VB）之间的差确定的一电压来供电，该较高电动势（VB）由第一供应元件（16）提供；时钟（28），用于同步第一供应元件（16）和获取元件（14）的驱动元件（30）的激活信号。时钟（28）和驱动元件（30）由通过第二供应元件（32）提供的在电源电动势（VA）和地电动势（VM）之间的一中间电动势（VC）与地电动势（VM）之间的差确定的一电压来供电。

具有改进的过流保护电路的逆变器及用于其的电源和电子镇流器

申请（专利）号：200780035745.X **公开日：**2009-08-26

申请人：奥斯兰姆施尔凡尼亚公司

发明人：巴德雷什·梅赫塔

摘要：

本发明公开了一种逆变器（100），其包括：第一输入端子和第二输入端子（102、104）、逆变器输出端子（106）、第一逆变器晶体管（110）和第二逆变器晶体管（120）的串联布置、驱动器电路（130）、主电流感测电路（150、154、156）以及辅助电流感测电路（160）。主电流感测电路（150、154、156）耦合在第二逆变器晶体管（120）与驱动器电路（130）的电流感测输入端（132）之间。辅助电流感测电路（160）耦合在第二逆变器晶体管（120）与驱动器电路（130）的频率控制输入端（134）之间。在操作期间，如果流过逆变器晶体管（110、120）的电流超过预定的峰值极限，则辅助电流感测电路（160）向驱动器电路（130）的频率控制输入端（134）提供辅助信号，由此提高驱动器电路（130）使逆变器晶体管（110、120）换向所按照的驱动频率。驱动频率的提高使流过逆变器晶体管（110、120）的峰值电流减小，由此保护逆变器晶体管（110、120）使之免于过量的功耗和可能造成损坏的发热。

基于广域网的含分布式电源馈线保护方法

申请（专利）号：200910068362.3 **公开日：**2009-08-26

申请人：天津大学

发明人：张艳霞

摘要：

本发明属于含有分布式电源的配电网领域，涉及一种基于广域网的含分布式电源馈线保护方法：只在分布式电源上游第一条馈线的始端装设一套电流保护，根据接入分布式电源后系统最小运行方式下线路AB和BC末端的两相短路电流给始端的电流保护设定定值，定值的个数应等于分布式电源上游的线路数；在分布式电源上游每条馈线的末端都加装方向元件；分布式电源下游每条线路采用原有的三段式电流保护。本发明的保护方法，不需要随着新DG的不断接入频繁地更改定值，实现快速主保护的功能。

电源系统和具备该电源系统的车辆、电源系统的控制方法以及记录有用于使计算机执行该控制方法的程序的计算机能够读取的记录介质

申请（专利）号：200780036043.3 **公开日：**2009-08-26

申请人：丰田自动车株式会社

发明人：泽田博树 小松雅行

摘要：

放电分配率算出部（52），对各蓄电装置算出达到容许放电电力受到限制的SOC之前的剩余电力量，根据剩余电力量的比率算出蓄电装置的放电电力分配率。充电分配率算出部（54），对各蓄电装置算出达到容许充电电力受到限制的SOC之前的充电容许量，根据充电容许量的比率算出蓄电装置的充电电力分配率。而且，在从电源系统对驱动电力产生部供电时，按照放电电力分配率控制各转换器，在从驱动力产生部对电源系统供电时，按照放电电力分配率控制各转换器。

电源电路

申请（专利）号：200910006372.4 **公开日：**2009-08-26

申请人：株式会社理光

发明人：上里英树 吉井宏治

摘要：

本发明涉及一种用于向电子设备供给电力的电源电路。所述电源电路包括：第一电源电路（10），对来自直流电源（Bat）的电源电压进行降压，生成第一所设定值（V1）的输出电压（Vo1）输出；第二电源电路（20），将所述第一电源电路（10）的输出电压（Vo1）作为输入电压，生成比所述第一所设定值（V1）小的定电压、即第二所设定值（V2）的输出电压（Vo）输出；以及电压判定电路（30），进行所述第一电源电路（10）的输出电压（Vo1）是否为比第二所设定值（V2）大的所设定电压以上的判定。所述电压判定电路（30）在所述第一电源电路（10）的输出电压（Vo1）成为所述所设定电压以上之前，使得所述第二电源电路（20）的动作停止。提供能防止起动时输出电压过冲的电源电路。

集成媒体处理器的无线终端、及其电源控制方法和装置

申请（专利）号：200910129208.2 **公开日：**2009-08-26

申请人：深圳华为通信技术有限公司

发明人：杨辉

摘要：

本发明的实施例公开了一种集成媒体处理器的无线终端、及其电源控制的方法和装置，能够在无线终端不开启状态下播放媒体。本发明实施例提供的集成媒体处理器的无线终端，包括基带模块，用于处理基带信号；电源模块，用于当所述无线终端与主机或外部电源连接时，从主机或外部电源获得电源，向所述基带模块供电；媒体处理器，

用于处理媒体数据；电池，用于提供电源；控制逻辑模块，用于所述电源模块从主机或外部电源获得电源时，控制所述电源模块向媒体处理器供电；否则，控制所述电池向媒体处理器供电。

具有辅助保护电路的电源和电子镇流器

申请（专利）号：200780036149.3 **公开日：**2009-09-02

申请人：奥斯兰姆施尔凡尼亚公司

发明人：阿尔琼·K·乔杜里 邦加洛尔·沙拉特

摘要：

一种装置（10）包括前端电路（100）、后端电路（200）和辅助保护电路（300）。通常包括EMI滤波器和整流器电路的前端电路（100）具有第一和第二输入连接（12、14），用来接收常规的AC电压源（20）。通常包括功率因子校正以及倒相电路的后端电路（200）耦合到前端电路（100）和诸如一个或多个气体放电灯的负载（30）。辅助保护电路（300）被耦合在前端电路（100）和后端电路（200）之间。在工作期间，辅助保护电路（300）保护后端电路（200），以避免由于线路弧垂状态或相间接线错误状态引起的任何故障或损害。另外，辅助保护电路（300）显著地减小初始施加AC电力后所述装置（10）所经受的峰值涌入电流。

工程机械和交通工具的电源系统

申请（专利）号：200810009347.7 **公开日：**2009-09-02

申请人：赵明慧 毕征庆 张力

发明人：赵明慧 毕征庆 张力

摘要：

本发明涉及一种工程机械和交通工具的电源系统，包括电瓶，其特征在于还包括稳流滤波装置，所述稳流滤波装置包括输入端、弯折段和输出端，其中一个稳流滤波装置的输入端与外部电路系统连接，输出端与所述电瓶正极连接；另一个稳流滤波装置的输入端连接在所述电瓶负极，输出端悬空设置。本发明通过在工程机械和交通工具的电源系统中增加稳流滤波装置，能够起到稳流、滤波的作用，保证电瓶在受运行工况影响时电流稳定，避免对电瓶产生损害，同时保证电瓶对外供电稳定，不影响附属用电设备的正常工作。

一种模块化UPS电源

申请（专利）号：200910106217.X **公开日：**2009-09-02

申请人：深圳市捷益达电子有限公司

发明人：朱元

摘要：

本发明适用于电源电路领域，提供了一种模块化UPS电源，包括显示模块、一个或多个可插拔的功率模块、工频输入变压器模块；上述各模块均置于一机架内，工频输入变压器模块置于机架底层，工频输出变压器分层放置在每个功率模块的背后且与功率模块一一对应连接。本发明采用单机可靠性较高的工频双转换在线式UPS组成模块化电源，将其中最占体积/重量而且故障率极低的工频输入变压器和工频输出变压器与主机分离，把故障率相对集中的主机电路部分作为可插拔更换的独立功率模块，达到了可插拔更换功率模块的体积小/重量轻的要求，同时由于工频功率模块具有更高的可靠性而不用频繁更换维修，降低了维护成本，提高了电源系统的可靠性。

脱机式不间断电源装置

申请（专利）号：200810034042.1 **公开日：**2009-09-02

申请人：德观电子（上海）有限公司

发明人：王庆文

摘要：

本发明的脱机式不间断电源装置，包括一用来在市电停时提供直流电压的直流电源，一用来对直流电源充电的充电装置，一耦合于负载端的交流输出，一直流/直流转换装置，一直流/交流转换装置，一用来切换市电供电与该不间断电源装置供电的开关装置；其中所述直流/直流转换装置用来将输入的直流电压转换为正弦波脉宽直流电压，经所述直流/交流转换装置输出正弦波脉宽交流电压，再进行滤波后输出，降低了转换功率损耗；所述直流/直流转换装置也可用来将负载侧或者直流/交流转换装置产生的多余能量送回直流电源储能，实现节能效果。

在线式不间断电源装置

申请（专利）号：200810034046.X **公开日：**2009-09-02

申请人：德观电子（上海）有限公司

发明人：王庆文

摘要：

本发明的在线式不间断电源装置，包括一耦合于市电输入端的交流输入，一耦合于负载端的交流输出，一用来将输入的交流电压整流输出的整流装置，一直流/直流转换装置，一在市电停电时提供直流电压的直流电源，一第一开关装置，该开关装置导通时直流电源供电，一直流/交流转换装置，一用来切换市电供电与该不间断电源装置供电的第二开关装置；其中所述直流/直流转换装置用来将输入的直流电压转换为正弦波脉宽直流电压，经所述直流/交流转换装置输出正弦波脉宽交流电压，再进行滤波后输出，降低了转换功率损耗；所述直流/直流转换装置也可用来将负载侧或者直流/交流转换装置产生的多余能量送回直流电源储能，实现节能效果。

智能双电源转换装置

申请（专利）号：200810177399.5 **公开日：**2009-09-02

申请人：郑文秀

发明人：苏杭 陈勇 郑文秀

摘要：

本发明公开了一种智能双电源转换装置，包括壳体和设置在壳体内的主真空断路器、备用真空断路器、轨道和可沿着轨道往复移动的轨道车；轨道车在沿着轨道向着接近主电源接线触头方向移动时，带动主真空断路器和备用真空断路器向着接近主电源接线触头方向移动、最终可使主真空断路器的进线柱与主电源接线触头闭合、主真空断路器的出线柱与主电源出线触头闭合；轨道车在沿着轨道向着接近备用电源接线触头方向移动时，带动主真空断路器和备用真空断路器向着接近备用电源接线触头方向移动、最终可使备用真空断路器的进线柱与备用电源接线触头闭合、备用真空断路器的出线柱与备用电源出线触头闭合。本发明的优点是结构简化、稳定性和安全性均比较好。

并联均流的实现方法和电源装置

申请（专利）号：200910130339.2　**公开日：**2009-09-02

申请人：中兴通讯股份有限公司

发明人：翟立辉

摘要：

本发明公开了一种并联均流的实现方法和电源装置。其中，该实现方法包括：多个电源装置中被预先确定为主机的电源装置对其输出电流进行采样操作获得主机输出电流信号，并接收来自作为从机的其它电源装置的输出电流信号；主机根据主机输出电流信号和来自从机的输出电流信号进行均流处理获得目标输出电流，并将目标输出电流通知给从机。通过本发明，可以使得各电源装置能够根据该目标输出电流确定各自的输出电流，进而能够稳定、高效、低成本地实现并联均流。

可降低电源转换器音频噪声的切换控制器

申请（专利）号：200910004967.6　**公开日：**2009-09-02

申请人：崇贸科技股份有限公司

发明人：杨大勇

摘要：

本发明提出一种可降低电源转换器音频噪声的切换控制器。切换控制器包括：一切换电路、一比较电路、一启用电路与一减噪电路。减噪电路包含：一第一检查电路、一第二检查电路、一脉宽缩减电路与一限制电路。第一检查电路接收与电源转换器的一切换电流相关的一切换电流信号与一脉宽调制信号，用以产生一触发信号。第二检查电路接收触发信号以产生一控制信号。当触发信号的频率落入音频带，控制信号将被使能以限制切换电流。因而，变压器产生的音频噪声得以降低。

电源装置和具有电源装置的车辆

申请（专利）号：200780036491.3　**公开日：**2009-09-02

申请人：丰田自动车株式会社

发明人：泽田博树　藤竹良德

摘要：

一种电源装置具有：可充放电的第一和第二电池（BA、BB）；负载电路（23）；在连接着第一电池（BA）的第一节点（N1）和连接着负载电路（23）的第二节点（N2）之间变换电压的第一升压转换器（12A）；在连接着第二电池（BB）的第三节点（N3）和第二节点（N2）之间变换电压的第二升压转换器（12B）；以及将从外部电源接收的电力传递到第一节点（N1）的充放电单元（40）。优选，电源装置还具有：第一系统主继电器（SMR2A）；第二系统主继电器（SMR2B）；控制第一和第二系统主继电器（SMR2A、SMR2B）以及第一和第二升压转换器（12A、12B）的控制装置（30）。

高压脉冲电源打火计数保护装置

申请（专利）号：200910116456.3　**公开日：**2009-09-02

申请人：中国科学院等离子体物理研究所

发明人：潘圣民　傅鹏　杨雷　蒋力　李云娜　梁向阳

摘要：

本发明涉及一种高压脉冲电源打火计数保护装置，解决了目前技术的打火计数的保护较差，时间较慢，无法满足高压脉冲电源需求的问题。本发明结构简单，同时实现了计数和保护功能，有效地解决了对高压脉冲电压的打火计数保护问题，并且整个装置的反应速度快，完全能够满足国家大科学工程 EAST 的实验装置对打火计数保护的需求。

用于灯元件的电源设备以及用于给灯元件供电的方法

申请（专利）号：200780037394.6　**公开日：**2009-09-02

申请人：皇家飞利浦电子股份有限公司

发明人：H·J·G·拉德马彻　V·舒尔茨　M·温特

摘要：

本发明涉及一种用于灯元件的电源设备，其包括：电源单元（12）；具有第一种颜色（优选地是白色）的第一灯元件（30）；具有第二和第三种颜色的第二和第三灯元件（34，38），其优选地用于调谐所述第一灯元件的颜色；以及与所述第三灯元件（38）串联耦合的可控开关（42），其中所述第三灯元件（38）与所述开关的所述串联连接被设置成与所述第二灯元件（34）并联。所述电源设备的特征在于：所述电源单元（12）具有第一和第二输出端（20，22），所述第一灯元件（30）耦合到所述第一输出端（20），所述第二和第三灯元件（34，38）耦合到所述第二输出端（22）；所述电源单元（12）被适配成在所述第一和所述第二输出端（20，22）处提供可调节（优选地是可独立调节）的输出信号；并且所述第二和第三灯元件（34，38）以及所述电源单元（12）被适配成使得所述第三灯元件（38）在所述开关（42）闭合时辐射光。本发明还涉及一种用于给灯元件供电的方法。

开关电源

申请（专利）号：200780037090.X　**公开日：**2009-09-02

申请人：奥地利西门子公司

发明人：B·埃克霍纳　H·施韦格特

摘要：

本发明涉及一种开关电源，它具有变压器（1），该变压器包括至少一个初级绕组，该绕组可以通过开关元件（4）连接在直流电压上，该变压器还包括至少一个次级绕组，它可以通过包括至少一个二极管（2）的整流器电路连接在负载上，其中所述开关电源包括至少一个压电风扇（8），它在变压器（1）和/或开关元件（4）和/或二极管（2）上引起气流。产生的气流可以有目的地偏转到要被冷却的组件上，其中使气流量总体上保持较小，由此不会由于空气颗粒引起脏污。

电源装置和包括该电源装置的车辆

申请（专利）号：200780039708.6 **公开日：**2009-09-09

申请人：丰田自动车株式会社

发明人：市川真士 石川哲浩

摘要：

本发明涉及电源装置和包括该电源装置的车辆。电源装置（100）具备：能够充电的蓄电部（10）；和控制蓄电部（10）的充电的控制部（30）。控制部（30）包括：电池ECU（32），其在蓄电部（10）的充电开始时，将蓄电部（10）的充电状态的目标值设定为基于蓄电部（10）的状态的第一值（SOC1A），并且在充电开始后接收到升温指令（变更指令）时，将该目标值设定为比第一值（SOC1A）高且被预先决定的第二值（SOC1B）；和转换器ECU（34），其执行充电处理使得蓄电部（10）的充电状态变为目标值。

电源系统及具有电源系统的车辆

申请（专利）号：200780040371.0 **公开日：**2009-09-09

申请人：丰田自动车株式会社

发明人：市川真士 石川哲浩

摘要：

转换器ECU（30），从设置于车辆的各传感器和ECU获得指令蓄电部（10，20）的升温开始的升温开始信号。而且，转换器ECU（30），从电池ECU（32）获得蓄电部（10，20）的允许电力，并且从温度检测部（12、22）获得蓄电部温度（Tb1、Tb2）。转换器ECU（30），在所获得的蓄电部温度（Tb1、Tb2）的任一者低于对应的温度下限值时，基于升温开始信号生成关于低于对应的温度下限值的蓄电部的升温指令。进而，转换器ECU（30），基于所生成的升温指令从预先设定的多个控制模式中选择一种控制模式而决定为转换器（18，28）的控制模式。

具有中性线漏电保护的电源插头

申请（专利）号：200910135810.7 **公开日：**2009-09-09

申请人：创奇科技有限公司

发明人：刘德金 范伟

摘要：

本发明涉及一种电源插头，是一种具有中性线漏电保护的电源插头。包括基座、插头总成、漏电保护装置和上盖，插头总成包括插头体和与电源插座相适配的插头，插头嵌装在插头体的下端面上，插头体的上表面上设有两个呈八字形设置的固定柱，二者的自由端分别沿插头体的轴向延伸形成延伸部，该延伸部沿轴向分别设有通孔，插头体的下端面上还分别设有与插头电连接的弹性金属片，插头体自上而下穿出基座，坚固螺钉依次穿过基座和插头体延伸部上的通孔后固定在漏电保护装置上。本发明，因为可以方便地更换插头体总成上的插头以适应英式、美式、欧式或中国制式四种电源插座制式，大大提高了电源插头的适应性。

电源系统、具有电源系统的车辆、电源系统的控制方法、储存了用于使计算机执行电源系统的控制方法的程序的计算机可读取存储介质

申请（专利）号：200780039811.0 **公开日：**2009-09-09

申请人：丰田自动车株式会社

发明人：市川真士

摘要：

升温用电力指令生成部（54），在使蓄电装置升温的升温控制时，生成用于在蓄电装置间供给接收电力的升温用电力指令值（P）。升温用电力指令生成部（54），将升温用电力指令值（P）向电流控制部（56-1）输出，并且将使升温用电力指令值（P）的符号反转后的指令值（-P）向电流控制部（56-2）输出。电流控制部（56-1）基于第1电力指令值（PB1）和升温用电力指令值（P）进行电流控制，电流控制部（56-2）基于第2电力指令值（PB2）和使升温用电力指令值（P）的符号反转后的指令值（-P）进行电流控制。

电源装置

申请（专利）号：200910007969.0 **公开日：**2009-09-09

申请人：株式会社瑞萨科技

发明人：工藤良太郎 長泽俊夫

摘要：

本发明公开了一种电源装置。例如，多个半导体器件DEV［1］～DEV［N］中的每一个分别具有触发输入端子TRG_ IN、触发输出端子TRG_ OUT及将从TRG_ IN输入的脉冲信号延迟并向TRG_ OUT输出的定时器电路TM。DEV［1］～DEV［N］通过本身的TRG_ IN与本身之外的一个半导体器件的TRG_ OUT连接，相互成环状连接。DEV［1］～DEV［N］各自分别以来自TRG_ IN的脉冲信号为起点并进行开关动作，并使电流流向与本身对应的电感器L。另外，通过将开始触发端子ST设定为地电压GND，DEV［1］在启动时仅生成一次所述的脉冲信号。

电源控制电路

申请（专利）号：200780039312.1 **公开日：**2009-09-09

申请人：罗姆股份有限公司

发明人：荒木享一郎 中原宏德 今中义德 山本勋

摘要：

本发明的控制电路（10）在通常模式中DC-DC变换电路的输出电流为上限电流以上时转移到第一限流模式，在第一限流模式中输出电流低于上限电流时转移到通常模式，在第一限流模式中没有转移到通常模式而经过了第一规定

期间时转移到第二限流模式，在第二限流模式中经过了第二规定期间时转移到通常模式。

一种多路输出的开关电源电路

申请（专利）号：200910133987.3　**公开日：**2009-09-09

申请人：广州金升阳科技有限公司

发明人：尹向阳

摘要：

本发明公开一种多路输出的开关电源电路，包括具有多个输出电路的变压器和对所述变压器输入进行控制的控制器，所述变压器为正激变压器，所述各输出电路包括储能电感；至少有两个输出电路分别通过反馈电路与所述控制器的输入端连接，其中，一部分输出电路中的储能电感工作在连续模式，另一部分输出电路中的储能电感工作在断续模式。本发明电路结构简单，可提高交叉调整率性能。

一种自激式电源变换电路

申请（专利）号：200910058685.4　**公开日：**2009-09-09

申请人：成都大殷电器科技有限公司

发明人：马富　刘罡麟　虞茗畅

摘要：

本发明提供了一种自激式电源变换电路，它由开关体302、高频变压器、电容器304、电容器CX、二极管308组成；高频变压器的初级线圈中心抽头301C与电源一端连接，电容器304被连接在所述初级线圈的301A端和开关体302的第一端子，开关体302的第一端子、第三端子之间反向连接二极管308，开关体302的第三端子连接到公共端GND，开关体302的第二端子被连接到初级线圈301B端；公共端GND与电源另一端连接。本发明电源转换效率高，是利用LC电路的充放电过程的自动更替来实现持续的自激振荡。

可编程的恒定电源折返

申请（专利）号：200780033922.0　**公开日：**2009-09-09

申请人：凌力尔特有限公司

发明人：杰弗里·琳·希思

摘要：

通过一个通路元件向与所述通路元件连接的负载供电的系统和方法。一个电流限制电路，防止提供给所述负载的电流超过一个电流阈值；一个折返电路，根据一个预设条件修改所述电流阈值。所述折返电路被配置为根据所述通路元件的一个近似安全的工作区域来改变所述电流阈值。

全固态高压纳秒脉冲电源

申请（专利）号：200910049032.X　**公开日：**2009-09-16

申请人：复旦大学

发明人：刘克富　邱剑　王冬冬

摘要：

本发明属于电源技术领域，具体涉及一种全固态高压纳秒脉冲电源。该电源分成如下两部分：串联升压电路和脉冲压缩电路；串联升压电路由一系列电压单元串联连接组成，实现升压功能；每个电压单元有一与可以接通和关断的开关连接的电容器，一系列电压单元的电容器形成一个电容器组；上述开关中的一部分为充电开关，对电容器并联充电，另一部分为放电开关，使电容器串联放电；脉冲压缩电路由储能电容或是锐化电容，和磁开关以串联方式连接。本发明减小系统体积，从而能串联更多电压单元，使用电压较低的直流充电电源对脉冲发生器充电；采用的开关器件发生器寿命更长、频率更高；使用的磁开关缩短MARX电路输出的电压脉冲的上升时间，且免维护，低故障率。

太阳能照明控制电源

申请（专利）号：200910038887.2　**公开日：**2009-09-16

申请人：陆启升

发明人：陆启升

摘要：

一种太阳能照明控制电源，它通过太阳能电池板和市电的输入能够同时提供12V或24V直流电和220V/50Hz或110V/60Hz交流电输出，确保在阴雨季节能向LED灯具或其他节能灯具提供交、直流供电，达到环保节能目的。在现有太阳能充电电源的基础上，还设有交流互补供电单元和逆变器，市电经交流互补供电单元的AC/DC变换输出至直流输出开关输入端，交流互补供电单元另一输入端与蓄电池组输出输入端相连接，对蓄电池组进行电压检测并控制交流互补供电单元的AC/DC变换；在所述二极管的阴极端和供电输出控制电路另一路信号控制输出端之间接有逆变器，该逆变器输出交流电。

无断电电源装置

申请（专利）号：200880000169.X　**公开日：**2009-09-23

申请人：TDK兰达株式会社

发明人：岩井一博

摘要：

本发明的无断电电源装置，在连接于多个PLC设备之间时，不会受到该无断电电源装置的馈电状态的影响，而能够利用该多个PLC设备进行电力线通信；设有分别与该无断电电源装置（1）的受电端子（2）和一个或多个馈电端子（3）一对一对应、且收发PLC信号的多个调制解调器手段（32）；在多个调制解调器手段（32）的每一个手段和馈电电路（10）之间的电力线上，连接有除去PLC信号的多个低通滤波器电路（7、18）；控制手段（40、41）将PLC信号向其他至少一个调制解调器手段（32）发送，其中，该PLC信号是基于多个调制解调器手段（32）中的一个手段所接收的PLC信号。

多输出电源设备

申请（专利）号：200880000629.9　**公开日：**2009-09-23

申请人：株式会社理光

发明人：阿部浩久

摘要：

公开了一种低噪声的多输出电源设备，其将第一输入电压转换为多个不同的电压。该多输出电源设备包括：第一电源电路，其用于根据第一输入电压生成恒定电压，并且通过第一输出端输出恒定电压；以及一个或多个第二电源电路，其每个均包含用于根据来自第一电源电路的输出电压来生成恒定电压的电荷泵电路。每个第二电源电路根据从第二输出端输出的电流来改变用于对快速电容器充放电的充放电周期的时间段。

电源装置

申请（专利）号：200910118469.4 **公开日：**2009-09-23

申请人：株式会社理光

发明人：酒井阳一 小岛真一

摘要：

本发明涉及一种响应性良好、提高输出电压稳定性的电源装置。包括：同步整流方式的降压型变换器（10）、输出误差电压使降压型变换器的输出电压接近规定基准电压的误差放大器（3）、根据误差电压对主开关和同步整流用开关进行通断的时间予以控制的脉冲宽度信号发生电路（5）、根据脉冲宽度信号发生电路发出的信号而控制主开关和同步整流用开关通断的驱动电路（6）、与降压型变换器的输出串联连接的电感器（L1）、使降压型变换器的输出端子（100）与输入端子（101）短路的旁路开关（M3），以及控制旁路开关的模式控制电路（7）。在选择旁路开关期间，将误差放大器的基准电压侧的电压值设定成输出电压的规定的分压比，将误差放大器的输出进行反转固定。

电源电路的控制装置

申请（专利）号：200780043096.8 **公开日：**2009-09-23

申请人：丰田自动车株式会社

发明人：市川真士 大林和良

摘要：

ECU执行这样的程序，该程序包括：当点火开关开启时（S1000中是），将SMRP以及A-SMRP接通的步骤（S1010）；检测VH，当VH高于180V时（S1030中是），检测各行驶用蓄电池的电压值VB（1）、VB（2）的步骤（S1040）；当VB（1）高于150V时（S1050中是），检测出与行驶用蓄电池连接的SMRP已熔敷的步骤（S1060）；和当VB（2）高于150V时（S1070中是），检测出与行驶用蓄电池连接的A-SMRB已熔敷的步骤（S1080）。

电动汽车的电源管理装置

申请（专利）号：200880001013.3 **公开日：**2009-09-30

申请人：三菱自动车工业株式会社 三菱自动车工程株式会社

发明人：川合信幸 田中寿英 赤星尚幸 饭塚康教 牧原伸一郎 半田和功

摘要：

本发明提供了电动汽车的电源管理装置，准确简单地进行具有多个模块的电动汽车的电源部的管理。在电动汽车的电源管理装置（30）中，在构成电机（2）的电源部（5）的、集中多个电池单元构成的模块（5A～5L）中，分别安装用于检测各模块的电压和温度的模块状态检测单元（12A～12L），根据由各模块状态检测单元检测出的信息，由控制单元（10）判定各模块的状态。各模块状态检测单元通过编号通信线（21）串联，根据从连接上游的模块状态检测单元发送的ID信息，对自身赋予识别编号，向连接下游的模块状态检测单元发送包括识别编号的ID信息。控制单元通过编号通信线及通信线（22）与各模块状态检测单元连接，根据通过编号通信线及通信线发送的检测信息，对应每个模块指定各模块的异常。

电源供应网的规划方法及其相关集成电路

申请（专利）号：200810088427.6 **公开日：**2009-09-30

申请人：瑞昱半导体股份有限公司

发明人：庄佳霖

摘要：

一种电源供应网规划方法，其应用于一集成电路，该集成电路包括一标准区块以及对应一第一方向的一标准区块电源供应线，该电源供应网规划方法包括：定义一电源供应网，其包括沿着该第一方向发展的第一多条电源供应线以及沿着一第二方向发展的第二多条电源供应线，该第一多条电源供应线位于一第一金属层，该第二多条电源供应线位于一第二金属层；以及在一第三金属层定义一辅助连接网，其包括沿着该第二方向发展的多条辅助连接线；其中该第二金属层位于该第一金属层之上，以及该第三金属层位于该第一金属层之下。

双功率开关与使用双功率开关的电源供应电路

申请（专利）号：200810087632.0 **公开日：**2009-09-30

申请人：立锜科技股份有限公司

发明人：龚能辉 朱冠任 陈俊聪 邱子寰

摘要：

本发明提出一种双功率开关与使用双功率开关的电源供应电路，该双功率开关包含并联的PMOS功率开关和NMOS功率开关，各自根据预设的条件而操作。

电源装置和图像形成装置

申请（专利）号：200910132304.2 **公开日：**2009-09-30

申请人：京瓷美达株式会社

发明人：冈田雅典

摘要：

本发明提供电源装置和图像形成装置。第二变压器从图中没有表示的交流电源输入交流电压，并进行变压，且把该变压后的交流电压提供给四个第一整流电路。同样，第三变压器从图中没有表示的交流电源输入交流电压，并进行变压，且把该变压后的交流电压提供给四个第二整流电路。第一整流电路把输入的交流电压转换成正的直流电压，第二整流电路把输入的交流电压转换成负的直流电压。

并且使正的直流电压和负的直流电压叠加，输入到包含在交流电路中的变压器的次级一侧。即，使从包含在交流电路中的变压器输出的交流电压与叠加了从第一及第二整流电路输出的正负直流电压的直流电压，再进行叠加。然后把该直流电压和交流电压叠加后的电压提供给各显影部。

具有用于内核电源关闭应用的双电压输入电平转换器

申请（专利）号：200810185828.3 **公开日：**2009-09-30

申请人：台湾积体电路制造股份有限公司

发明人：张祐慈

摘要：

一种电平转换器，包括具有第一晶体管和第二晶体管的第一开关模块，每个晶体管具有漏极、栅极和源极，其中第一晶体管与第二晶体管的漏极连接到第一电压端。所述电平转换器还包括连接在第一开关模块与第二电压端之间的第二开关模块，其包括至少六个互相连接的晶体管，其中第二开关模块的每个晶体管具有分别用于接收 GATE 信号、GATEb 信号、CORE_ INPUT 信号、CORE_ INPUTb 信号、IO_ INPUT 信号或者 IO_ INPUTb 信号的栅极，其中第二开关模块被设计为当栅极信号 GATE 为逻辑低时在输出节点产生分别响应补充 IO 输入信号 IO_ INPUTb 和 IO 输入信号 IO_ INPUT 的输出信号，其与补充内核输入信号 CORE_ INPUTb 和内核输入信号 CORE_ INPUT 无关，从而减少从第一电压端流向第二电压端的泄漏电流。

功率组合电源系统

申请（专利）号：200780040407.5 **公开日：**2009-09-30

申请人：匡坦斯公司

发明人：V·维纳亚克 S·F·德罗吉 M·托马兹

摘要：

一种电源系统包括低速电源和高速电源，分别被配置在第一和第二频率范围中操作，并分别产生第一和第二输出。第二频率范围的低端至少高于第一频率范围的低端。频率阻断功率组合器电路将来自第一输出的功率与来自第二输出的功率组合起来产生组合的第三输出用以驱动负载，同时在第一和第二输出之间提供频率选择性的隔离。耦合反馈电路以通过全局反馈回路接收组合的第三输出。反馈电路基于第三输出与预定控制信号之间的差产生第一和第二电源控制信号，用于分别控制低速电源和高速电源。

电源线回卷装置及使用该装置的电动吸尘器

申请（专利）号：200910127091.4 **公开日：**2009-10-07

申请人：松下电器产业株式会社

发明人：黑木义贵 吉川达夫

摘要：

本发明提供了一种能防止电源线在吸尘器内发生重叠、从而可以顺畅的卷入拉出的使用方便的电动吸尘器。本发明的吸尘器中设有将电源线卷成一段涡旋状的电源线回卷装置，其包括：用于卷绕电源线（16）的卷绕体（20）；位于其下侧的、用于放置卷紧的电源线的、由圆盘状底壁形成的转筒（13）；将转筒以旋转自如的方式进行支承的滚筒支承轴（12）；和隔着电源线设置在与所述转筒对向的位置上且在电源线的回卷方向上可以旋转自如的旋转体（19）。这样，电源线回卷装置自身的刚性可以提高，使电源线的回卷空间保持一定，同时可以通过旋转体减小回卷阻力，保证电源线能够顺畅地进行卷绕。

一种用于汽车电磁阀质量测试的电源

申请（专利）号：200910062152.3 **公开日：**2009-10-07

申请人：武汉科技大学

发明人：周凤星 杨君 叶进军 章泰 王莉

摘要：

本发明具体涉及一种用于汽车电磁阀质量测试的电源。所采用的技术方案是：矩阵键盘［3］的三条行线和三条列线与单片机［4］对应的端口 P10 ~ P15 连接，单片机［4］的端口 P00 ~ P07、P16、P17、/WR 和/RD 与 LCD［5］对应的端口 DB0 ~ DB7、/CE、C/D、/WR 和/RD 连接；单片机［4］的端口 P00 ~ P07、P20 ~ P22、RST 和/WR 与 FPGA［6］对应的端口 DB0 ~ DB7、f_ c、q_ c、v_ c、RST 和/WR 连接。主程序模块、液晶写入模块、键盘处理模块、液晶显示参数设置模块和数据处理模块的程序写入单片机［2］的内部存储器，FPGA 内部 PWM 波形产生模块用硬件描述语言编程。本发明设计的电源可以任意设置电压幅度、频率和占空比，其电压幅度变化范围为 0 ~ 32V，频率变化范围是 0 ~ 25000Hz，占空比变化范围为 0 ~ 100%，能模拟不同种类电磁阀的实际工作状态。

复合电抗器以及电源装置

申请（专利）号：200810183731.9 **公开日：**2009-10-07

申请人：日立计算机机器株式会社

发明人：岛田尊卫 谷口辉三彰 庄司浩幸

摘要：

本发明提供一种磁耦合极性根据电流而变化的复合电抗器。复合电抗器构成为在磁性部件 1 中缠绕线圈（101、103），在磁性部件 2 中缠绕线圈（102、104），连接线圈（101、102）作为电抗器（11），连接线圈（103、104）来作为电抗器（21）。磁性部件（1、2）的磁性材料具有磁通密度越大导磁率越小的性质。通过将线圈（101）与（102）在电流在电抗器（21）中流动的电流所生成的感应电压互相减弱的方向上进行连接，从而电抗器（11、21）间的磁耦合极性根据电抗器中流动的电流而发生变化，在一方蓄积能量时另一方的电流增加，一方放出能量时另一方的电流减少的方向上进行磁耦合。

电源触头及包括电源触头的连接器

申请（专利）号：200910134733.3 **公开日：**2009-10-07

申请人：FCI 公司

发明人：克里斯托弗·G·戴利 威尔弗雷德·J·斯温

斯图尔特·C·斯托纳 克里斯托弗·J·克利沃斯基 道格拉斯·M·琼斯库

摘要：

本发明提供了用于传输电力的电连接器和触头。一个电源触头实施例包括形成第一非偏转梁和第一可偏转梁的第一板以及形成第二非偏转梁和第二可偏转梁的第二板。第一板和第二板彼此并排设置以形成电源触头。

开关电源逐周波过压保护电路

申请（专利）号：200810306644.8 **公开日：**2009-10-07

申请人：卢东方

发明人：卢东方 符平凡

摘要：

本发明涉及一种过压保护技术，尤其是涉及一种开关电源输入过压保护电路。本发明主要是通过下述技术方案得以解决的：晶闸管 SCR、二极管 D1、电容 C1 构成了电流输出主回路；电阻 R1、TVS 稳压管、电容 C2、电阻 R3 构成了作为产生晶闸管触发脉冲的控制回路一；二极管 D2、电阻 R2、TVS 稳压管、电容 C2、电阻 R3 构成了作为产生晶闸管触发脉冲的控制回路二；该保护电路利用晶闸管交流斩波原理，直接采样电网电压，根据交流输入电压的大小，自动改变晶闸管的导通时间，达到了对交流输入电源的逐周波控制，从而避免了响应时间慢的缺点，能对电网电压的波动，实现自动、即时修正，从而达到了对后级电源线路的过压保护。

内桥及单母线接线的微机控制备用电源自动投入的方法

申请（专利）号：200810243565.7 **公开日：**2009-10-07

申请人：江苏省电力公司镇江供电公司

发明人：汤大海

摘要：

本发明属于电力输配的控制技术，涉及一种用微机控制备用电源自动投入的方法。本发明的方法包括内桥接线或单母线分段接线的控制方法和单母线接线的控制方法这两种基本控制方法，其中内桥接线或单母线分段接线的控制方法包括以下控制过程：第一断路器 1DL 的跳闸控制、第二断路器 2DL 的跳闸控制、第一断路器 1DL 合闸充放电控制、第一断路器 1DL 合闸控制、第二断路器 2DL 合闸充放电控制、第二断路器 2DL 合闸控制、第三断路器 3DL 合闸充放电控制、第三断路器 3DL 合闸控制、异常信号控制。本发明动作原理简单、可靠性高完全符合备用电源自动投入的基本原理，并能适应输配电网络中内桥接线、单母线分段接线和单母线接线这三种变电所一次主接线。

开关电源辅助输出电路

申请（专利）号：200810243990.6 **公开日：**2009-10-07

申请人：熊猫电子集团有限公司 南京熊猫电子股份有限公司 南京熊猫数字化技术开发有限公司

发明人：吴晓艺

摘要：

本发明旨在提供一种开关电源辅助输出电路，其待机控制电路 M4 包括电阻 R818、R830、R831、R834、R835、三极管 V808、V809，电阻 R818 一端与基准电源连接，另一端与 V809 的发射极连接，电阻 R830 连接在三极管 V809 的发射极与基极之间，电阻 R831 连接在三极管 V809 的基极与 V808 的集电极之间，三极管 V808 的发射极接地，电阻 R834 一端与 V808 的基极相连，另一端接地，电阻 R835 的一端与 V808 的基极相连，另一端与控制信号 POWER 连接，M4 单元完成对稳压电路单元 M3 输出通断的控制。本发明在降低开关电源辅助输出电路待机功耗的同时，还提高输出电路的稳压性能。

一种多路输入交直流混合供电电源

申请（专利）号：200910036495.2 **公开日：**2009-10-07

申请人：广州金升阳科技有限公司

发明人：王中于

摘要：

本发明公开了一种多路输入交直流混合供电电源，主供电电源的输出端连接一个整流桥，每个备用供电电源的输出端分别连接一个整流桥，所有整流桥的输出端相并联，其中并联后整流桥的正输出端连接在 AC/DC 电源转换器的火线输入端，整流桥的负输出端连接在 AC/DC 电源转换器的零线输入端。优点在于：不需要额外的切换器来控制主、备用电源切换，实现高性价比电源；减小了转换时间，实现了不间断供电，增强了电源的可靠性，实现了热备份功能，使主供电电源和备用供电电源双重有效；采用多个整流桥的方式，扩大了输入电压范围，输入电压可以是不同频率，不同相位的交流，或者一个交流，一个直流，甚至两个都为直流输入。

MicroTCA 的供电系统及管理电源的传输方法

申请（专利）号：200810090412.3 **公开日：**2009-10-07

申请人：华为技术有限公司

发明人：李善甫 洪峰 陈成 饶龙记

摘要：

本发明公开了一种 MicroTCA 供电系统，包括：电源装置，以及位于背板上、且连接所述电源装置和各板槽位的线路，所述线路包括连接所述电源装置的总线，以及由所述总线分成的、并连接背板槽位的支线；所述电源装置包括：电路转换模块，用于将外部电源输入转换成管理电源并输入所述线路；所述线路，用于通过总线接收所述管理电源，并通过支线将所述管理电源输出到背板槽位。使用本发明提供的技术方案，能够简化 MicroTCA 供电系统的管理复杂度，降低系统成本。

用于便携式射线照相检测器的电源

申请（专利）号：200910127831.4 **公开日：**2009-10-14

申请人：卡尔斯特里姆保健公司 瓦里安医疗系统公司

发明人：J·R·豪弗 I·莫洛夫

摘要：

本发明提供了一种用于便携式射线照相检测器的电源。数字射线照相检测器包括以行和列放置的二维光电感应器阵列。多条信号导线连接到该光电感应器并沿着该二维阵列在第一方向上延伸。开关电源被连接到电源并且具有第一和第二存储电感器，其中该第一和第二存储电感器基本匹配，电性串联，并且包括相位相反磁通场，以及基本上沿着信号导线的第一方向对齐。

处理器的电源管理方法和装置

申请（专利）号：200780045839.5　**公开日：**2009-10-14

申请人：英特尔公司

发明人：E·罗特姆　A·阿加瓦　R·芬格

摘要：

简单地讲，公开了一种处理器和一种用于对启用了加速模式的处理器的性能状态进行设置的方法。该方法包括：确定预定时间段内的有效性能状态、基于内核利用率和所述预定时间段内的所述有效性能状态来计算目标性能状态，以及将所述启用了加速模式的处理器设置成加速模式性能状态。

电源系统和具备该电源系统的车辆及其控制方法

申请（专利）号：200780045986.2　**公开日：**2009-10-14

申请人：丰田自动车株式会社

发明人：及部七郎斋　市川真士　佐藤荣次

摘要：

在电池温度 Tb1 > 电池温度 Tb2 成立时，对于蓄电部（6-2）的升温要求变得相对较大。因此，优先决定对于蓄电部（6-2）的目标电力值 P2*。将根据电池温度 Tb1 与电池温度 Tb2 的温度偏差决定的分配率 Pr2（0.5≤分配率 Pr2≤1.0）与要求电力值 Ps* 相乘，计算出目标电力值 P2*。另一方面，从要求电力值 Ps* 中减去目标电力值 P2* 而计算出目标电力值 P1*。

用以减少电源损耗的电源转换电路及其所适用的电子装置

申请（专利）号：200810091637.0　**公开日：**2009-10-14

申请人：台达电子工业股份有限公司

发明人：徐瑞源　吕良为

摘要：

本发明为一种用以减少电源损耗的电源转换电路和其所适用的电子装置，所述电源转换电路接收第一电源信号而转换成负载所需的第二电源信号，且包含：驱动电路；启动电路，用以接收第一电源信号；转换器，连接于启动电路，用以将第一电源信号转换成第二电源信号；辅助电源，连接于启动电路与驱动电路；其中，于负载与电源转换电路连接时，驱动电路将驱动辅助电源产生第一控制信号至启动电路，使启动电路启动转换器，并转换成第二电源信号而传送至负载，以及当负载未与电源转换电路连接时，驱动电路将驱动辅助电源产生第二控制信号至启动电路，使启动电路驱动转换器不运行。本发明能够节省供电电源不必要的电力耗损。

一种状态跟踪数字控制的逆变电源

申请（专利）号：200910061768.9　**公开日：**2009-10-14

申请人：华中科技大学

发明人：彭力　康勇　陈坚　唐诗颖　胡晓

摘要：

本发明公开了一种状态跟踪数字控制的逆变电源，其特征在于：前置滤波器输入端与参考量 u_r 相接，前置滤波器输出端与减法器正输入端相接，减法器输出端与一拍延迟模块输入端相接，一拍延迟模块输出端与逆变器控制端和预测观测器第二输入端相接，预测观测器第一、第三输入端分别与电流、电压传感器的输出端相接，预测观测器输出端与状态增益矩阵输入端相接，状态增益矩阵输出端与减法器负输入端相接。逆变器输出端与电压传感器输入端及负载相接，逆变器直流端与直流电源相连，逆变器中的负载电流与电流传感器输入端相接。该逆变电源动静态特性优良，输出电压波形畸变小，本发明广泛应用在含交流稳定电源的各种供电系统中。

电子设备以及电源单元

申请（专利）号：200910134947.0　**公开日：**2009-10-21

申请人：巴比禄股份有限公司

发明人：伊藤司　江尻太一　堀部雅彦　石井俊

摘要：

一种电子设备以及电源单元，抑制内置于电子设备或连接在其外部的电源单元中的待机电力的消耗。硬盘驱动器具备：电源单元；输入切换开关，其切换是否将从商用电源提供的商用电力输入到电源单元；以及控制部，其控制输入切换开关。控制部具备：电力输入部，其被输入从个人计算机 PC 提供的电力；控制信号输入部，其从个人计算机 PC 被输入控制信号；以及切换信号输出部，其在电力被输入到电力输入部、并且控制信号被输入到控制信号输入部时，向输入切换开关输出用于切换输入切换开关的商用电力输入信号以输入商用电力。

含分布式电源配电网快速电流保护方法

申请（专利）号：200910069045.3　**公开日：**2009-10-21

申请人：天津大学

发明人：李永丽　孙景钌　李盛伟

摘要：

本发明属于配电网继电保护技术领域，涉及一种含分布式电源配电网快速电流保护方法，在每个保护装置里均采用 OC、DGOC、AOC、DGAOC 四个保护模块，其中，OC 和 DGOC 模块为定时限过电流保护模块，分别对该保护装置安装处的下游和上游的故障进行过电流保护，能够延时动作以保证故障的切除；AOC、DGAOC 模块分别根据与其配合的对端保护的动作信息，在预设的加速时间段内，加速跳开本端断路器。本发明通过对含 DG 配电网的保护进行重新配置，在不改变配电系统断路器配置的前提下可以从两端快速切除故障线路，而不用将DG退出运行。

含逆变型分布式电源配电网自适应电流速断保护方法

申请（专利）号：200910069041.5 **公开日：**2009-10-21

申请人：天津大学

发明人：李永丽 孙景钌 李盛伟

摘要：

本发明属于配电网继电保护技术领域，涉及一种含逆变型分布式电源配电网保护方法，在已有的自适应电流速断保护基础之上，提出含IIDG配电系统的自适应电流速断保护改进方案，在保护背侧接有IIDG时，仍然按照已有的没有考虑IIDG接入情况下的自适应整定值表达式的形式来对保护进行在线整定，在两相短路情况下，利用负序分量来求保护背侧的实际等值阻抗，并用当前故障状态下的等值电势来对保护进行整定；在三相短路情况下，仍然采用IIDG没有接入情况下的计算方法来求当前故障状态下的等值阻抗，并根据该等值阻抗得到相应的等值电势，用此等值电势对保护进行整定。本发明通过对传统的电流保护配置进行了改进，保证了含逆变型DG配电系统故障的可靠切除。

静电放电防护的电源箝制电路

申请（专利）号：200810093622.8 **公开日：**2009-10-21

申请人：盛群半导体股份有限公司

发明人：邓志辉 张藤宝

摘要：

本发明是指一种静电放电防护的电源箝制电路，其形成一集成电路的一部分，该集成电路具有一高压电源线及一低压电源线，该静电放电防护的电源箝制电路包括一ESD瞬时检测电路及一主电路，该ESD瞬时检测电路电性连接于该高压电源线及该低压电源线之间，该主电路由该ESD瞬时检测电路所驱动且电性连接于该高压电源线及该低压电源线之间。该主电路包括一晶体管及一场氧化层装置，该场氧化层装置的该基板电性连接于该晶体管的该基板。这种静电放电防护的电源箝制电路能以极快的速度进行电源箝制，也能忍受极大的静电放电电流，达到静电放电防护的目的。

电流传感器装置和用于不间断电源的方法

申请（专利）号：200780047243.9 **公开日：**2009-10-21

申请人：通用电气公司

发明人：福克·赫克斯特拉 罗伯特·齐杰尔斯特拉 克里斯·范卡尔肯 雷詹德拉·奈克 普拉迪普·V·

摘要：

UPS具有电流传感器，用于控制与AC源电压串联放置的UPS主电源电路的操作，以便测量由连接到UPS主电源电路的每个组件使用的净电流。由控制电路接收的、来自电流传感器的反馈用于UPS实现一致的功率因数操作。电流传感器位置和操作适用于单相和三相操作。

一种二次启动控制电路和开关电源

申请（专利）号：200810215173.X **公开日：**2009-10-21

申请人：西安民展微电子有限公司

发明人：朱樟明 任智谋

摘要：

本发明公开了一种二次启动控制电路和开关电源，所述二次启动控制电路包括：欠压锁定、启动状态寄存器、上电复位、振荡器、延时计数器和逻辑与门。实现开关电源在次级输出短路时交流输入功率的减小，提高开关电源的安全性、可靠性和达到节能的目的。

用于交流/直流开关电源中的变频振荡器

申请（专利）号：200910080910.4 **公开日：**2009-10-21

申请人：西安民展微电子有限公司

发明人：刘洪涛 雷晗 李建锋

摘要：

本发明提供用于交流/直流开关电源中的变频振荡器，属于模拟集成电路领域，该变频振荡器包括：第一振荡电路，用于产生第一振荡脉冲，并将第一振荡脉冲输入到频率合成电路中；第二振荡电路，用于产生第二振荡脉冲，并将第二振荡脉冲输入到频率合成电路中；频率合成电路，用于接收第一振荡脉冲和所述第二振荡脉冲，并根据第一振荡脉冲和第二振荡脉冲生成并输出第三振荡脉冲，第三振荡脉冲为所述变频振荡器的输出时钟信号。通过合理调整振荡器的工作频率，从而可有效降低开关电源的功耗。

一种单相电子式电能表电源

申请（专利）号：200810066661.9 **公开日：**2009-10-21

申请人：深圳市思达仪表有限公司

发明人：嵇成友 龙代文

摘要：

本发明涉及一种单相电子式电能表电源，包括工频变压器T1、整流电路D1、滤波电路C1、采样控制电路、开关电路SW1、降压DC/DC电路及升压DC/DC电路，工频交流电Vin经工频变压器T1降压后再通过整流电路D1、滤波电路C1得到直流电压端V1，V1端直接与降压DC/DC的输入端连接，降压DC/DC电路输出直流电V2给升压DC/DC电路，升压DC/DC电路输出端V3对电能表的CPU、计量芯片提供稳定的工作电源；采样控制电路的一端与V1相连，另一端与开关电路SW1的控制端相连，开关电路SW1的输入、输出端与降压DC/DC电路的输入、输出端分别相连。采用该结构的电源工作性能稳定，生产成本低，电源表工作范围可达AC40-400V。

用于管理电源通电序列的方法和装置

申请（专利）号：200780046396.1 **公开日：**2009-10-21

申请人：爱特梅尔公司

发明人： 马西米利亚诺·弗鲁利奥 斯特凡诺·苏里科 安德烈亚·贝蒂尼 莫尼卡·马尔齐亚尼

摘要：

许多电路在适当的操作可被起始之前需要最小的电压供应电平。通电控制电路通常一直使用电压供应电平检测器，且一直将所述电平与内部参考进行比较。所述内部参考通常取决于装置阈值、跟踪所述装置中的电特性的准确度，以及温度和处理变化。本发明（400）并入有典型的电源电压检测器（410）以触发参考电压产生器（420）。所述参考电压产生器（420）是能够在低电源电平下操作的与温度和过程无关的电源。将来自所述参考电压产生器（420）的输出电压电平与斜升电源电压进行比较。当所述斜升电源电压大于所述参考电压产生器输出电压电平时，产生启用信号。所述启用信号向系统电路表示存在大得足以支持标称操作的电源电压电平。

一种高功率发光二极管的隔离式驱动电源

申请（专利）号： 200910039487.3 **公开日：** 2009-10-21

申请人： 广州金升阳科技有限公司

发明人： 尹向阳 龚晟

摘要：

本发明公开了一种高功率发光二极管的隔离式驱动电源，包括整流电路、反激变换电路；所述的反激变换电路主要由变压器、功率开关管、脉宽调制控制电路连接组成，其特征在于，还包括电流采样器，用于对变压器副边输出回路中的电流进行采样；采样整形电路，用于将采样电流整形后反馈到脉宽调制控制电路；电流采样器连接于变压器副边输出回路中，电流采样器的输出再经采样整形电路整形后连接到脉宽调制控制电路；通过在变压器副边输出回路采样电流信号反馈输入到脉宽调制控制电路，脉宽调制控制电路将采样的信号于基准电压进行比较而产生脉宽调制信号，并驱动连接变压器原边的功率开关管，实现反激电路驱动发光二极管的电压输出。

电源连接器及其端子抵持结构

申请（专利）号： 200810096014.2 **公开日：** 2009-10-28

申请人： 凡甲电子（苏州）有限公司 凡甲科技股份有限公司

发明人： 陈祖林

摘要：

本发明公开了一种电源连接器及端子抵持结构；其中电源连接器包括具有若干端子收容通道的绝缘本体，每一端子收容通道中收容一个包括一对相对设置的独立导电端子的端子对；每一独立导电端子均包括基部和从基部延伸形成的接触部，至少一个独立导电端子上形成朝向另一独立导电端子延伸的抵持部，该抵持部在导电端子的接触部受力变形时抵靠在另一独立导电端子上；从而使得导电端子的接触部受到外来压力时不会过度变形，保证电力传输的稳定性。

分散型电源组的控制方法及系统

申请（专利）号： 200910004952.X **公开日：** 2009-10-28

申请人： 株式会社日立制作所

发明人： 大野康则 内山伦行 近藤真一 伊藤智道 松竹贡

摘要：

分散型电源组的控制方法，用于通过网内输电线（11）使将发电机（9）的输出变换成所需的电压和功率的电力变换器（8）与主干系统（1）连接后构成的多个风力发电机。在每个控制周期，收集各风力发电机的输出电压和输出功率的计测值，控制各风力发电机的有效及无功功率，以便满足使各风力发电机的有效功率的变动量及联系点（4）的电压变动量被各风力发电机的无功功率吸收的第1制约条件、抑制各风力发电机间的横向流动的第2制约条件、使各风力发电机的有效功率在上下限范围内的第3制约条件，而且使有效功率对于联系点中的上次控制周期而言的变动最小或使有效功率最大。既可抑制电压变动又可协调控制各分散型电源，适当分配有效及无功功率。

一种利用特殊脉冲电源电沉积铜铟硒或铜铟镓硒薄膜的方法

申请（专利）号： 200910065147.8 **公开日：** 2009-11-04

申请人： 河南大学

发明人： 杜祖亮 王晓丽 王广君 万绍明 张兴堂

摘要：

本发明具体公开了一种利用特殊脉冲电源电沉积铜铟硒或铜铟镓硒薄膜的方法：在含有铜、铟、硒离子或铜、铟、镓、硒离子的电解质溶液中，采用钟形波调节的方波脉冲，在阴极基底上电沉积制得预制膜，然后将预制膜放在有固态硒源的真空、氮气或氩气气氛下在退火，最终生成铜铟硒或铜铟镓硒薄膜；其中脉冲电沉积的参数：脉冲频率为26～400kHz，占空比为1～100%，电沉积模式为脉冲恒电位或脉冲恒电流，脉冲电位范围为0.5～4V，脉冲电流范围为0.5～3mA，沉积时间为10～120min。本发明频率高，短脉冲极化强度大；本发明通过大范围调节频率使所需沉积的离子发生谐振，使离子有效沉积；本发明可以较小的沉积电流，实现标准电极电位较负的元素的沉积，而不会出现析氢等不良现象。

主板与其显卡的电源管理方法

申请（专利）号： 200810095962.4 **公开日：** 2009-11-04

申请人： 华硕电脑股份有限公司

发明人： 吴潮崇 李侑澄

摘要：

一种主板与其显卡的电源管理方法，当主板由第一效能模式切换至第二效能模式时，主板内的微控制器会经由专属的连接接口输出一调整信号至显卡以对应调整显卡的工作参数，使电脑整体的节能与效能提升的效果更佳。

车辆的电源装置及车辆

申请（专利）号： 200780049098.8 **公开日：** 2009-11-04

申请人：丰田自动车株式会社
发明人：小松雅行
摘要：

车辆的电源装置，具备：作为主蓄电装置的电池（BA）；向用于驱动电动机发电机（MG2）的逆变器（22）进行供电的供电线（PL2）；设置在电池（BA）和供电线（PL2）之间的进行电压变换的升压变换器（12A）；相互并联设置的作为多个副蓄电装置的电池（BB1、BB2）；设置在多个副蓄电装置和供电线（PL2）之间的进行电压变换的升压变换器（12B）。升压变换器（12B）选择性地与多个副蓄电装置中的任意一个连接，来进行电压变换。

电源管理系统

申请（专利）号：200910138507.2 **公开日：**2009-11-04
申请人：台达电子工业股份有限公司
发明人：郑崇华 黄济兴 米兰约佛诺维克
摘要：

一种电源管理器及电源管理系统，该电源管理系统包含至少一电源管理子系统，其包含：一第一电源模块，耦接至一第一负载，且包含至少一第一电源供应器，用以提供电源至该第一负载；一第二电源模块，耦接至一第二负载，包含至少一第二电源供应器，其中该至少一第二电源供应器系可移除地配置于该第二电源模块，且可选择地耦接至该第二负载；以及一导通模块，包含至少一导通单元，可移除地配置于该第二电源模块以置换该至少一第二电源供应器，且可选择地连接该第一电源模块至该第二负载，用以使该第一电源模块得以提供电源至该第二负载。本发明可有效节省电源，并将电源供应器的操作效率最佳化，也可增加系统的稳定及可靠性，且能节省成本。

一种自适应供电的电源控制装置

申请（专利）号：200810094105.2 **公开日：**2009-11-04
申请人：中兴通讯股份有限公司
发明人：董强 柴岩
摘要：

本发明公开了一种自适应供电的电源控制装置，通过新增一个电源供电控制电路，使单板能够控制自适应供电（APS）集成电路（IC）芯片的电源进行供电，当单板不在位时，APS控制IC的输出电压为0V；当单板在位时，APS控制IC正常工作。采用本发明的电源控制装置，能够有效降低通信设备单板不在位时的通信设备对电能的消耗，同时增强了APS电源对不同厂家的光单板的兼容性。

电源系统、具备其的车辆以及该电源系统的控制方法

申请（专利）号：200780049226.9 **公开日：**2009-11-04
申请人：丰田自动车株式会社
发明人：市川真士 佐藤荣次
摘要：

如果蓄电部（10）以及（20）都正常，则系统继电器（SMR1）以及（SMR2）被维持为导通状态。转换器（18）按照电压控制模式（升压）进行电压变换动作；转换器（28）按照电力控制控制模式进行升压动作。当在蓄电部（10）发生任何异常而系统继电器（SMR1）被驱动为截止状态时，转换器（18）以及（28）停止电压变换动作，并且分别将蓄电部（10）以及（20）与主正母线（MPL）、主负母线（MNL）之间维持为电导通状态。

具数据通讯功能的交换式电源供应器

申请（专利）号：200810092805.8 **公开日：**2009-11-04
申请人：康舒科技股份有限公司
发明人：林维亮 朱俊杰
摘要：

本发明是关于一种具数据通讯功能的交换式电源供应器，该电源供应器是包含有一交换式电源电路、一降压电源电路及一电力线通讯单元；其中该交换式电源电路是连接至电力线以将其交流电源转换为稳定直流电源供负载使用；又该电力线通讯单元则透过该降压电源电路连接至交换式电源电路以取得工作电源，可提供一数据传输接口供具相容数据接口的装置连接，利用电力线进行数据传输，及/或依据电力线传来远端控制信号，控制直流电源输出，或将交换式电源路传来的直流电压、电流数值，透过电力线传送至远端电脑；是以，本发明电源供应器不仅可供电子装置所需的直流电源外，更提供电子装置透过电力线进行数据通讯及/或监控直流电源输出的功能。

零电压开关反激式直流-直流电源转换装置

申请（专利）号：200910099428.5 **公开日：**2009-11-04
申请人：浙江大学
发明人：张军明 黄秀成
摘要：

本发明涉及一种直流/直流电源变换装置，特别是高效率转换以及轻载下的高效率转换以及低的待机功耗的一种零电压开关反激式直流-直流电源转换装置。反激电路上增加一个辅助开关以及吸收电容，辅助开关与吸收电容相串联组成辅助支路，所述辅助支路可并联在变压器原边绕组两端，也可以并联在原边开关两端，辅助开关仅在原边开关导通前导通一段设定的时间。本发明相对于现有技术，线路漏感的能量被吸收后传输到输出端以及用来实现原边开关的软开关，电路的效率可以大大提高；漏感引起的寄生振荡被抑制，电路的EMI特性可以改善；电路的控制更加简单，可以大大提高电路在轻载的效率，降低空载下的损耗。

基于单片机控制的程控开关电源

申请（专利）号：200910072272.1 **公开日：**2009-11-04
申请人：哈尔滨工程大学
发明人：芦守平 姜瀚文 潘淳
摘要：

本发明提供的是一种基于单片机控制的程控开关电源。电网电压先经整流滤波器，整流滤波后得到的直流电压进

入高频变压器，单片机产生PWM信号控制功率开关管导通和关断、将直流电压在高频变压器处转化成高频方波，高频变压器输出的高频方波再经整流滤波器得到稳定的电压输出，单片机连接有键盘，输出电压通键盘输入单片机、同时整流滤波器的输出进行AD采样输入单片机进行运算分别用来调整PWM信号的脉宽和连接在单片机上的控制液晶显示及报警装置。本发明应用单片机代替传统的PWM控制芯片驱动MOS开关管，使用AD采集输出电压形成闭环回路，通过单片机软件编程实现开关电源的数字化控制。具有程控电压调节输出，过压保护，过流保护，输出电压电流显示等功能。

具有儿童保护装置的电源连接器

申请（专利）号：200910098751.0 **公开日：**2009-11-11

申请人：马飞成

发明人：马飞成 沈建锋

摘要：

本发明公开了具有儿童保护装置的电源连接器，包括相配装的座体和盖体，型腔体内制有定位轴，定位轴贯穿并转动配合有左保护件和右保护件；盖体型腔体内还制有扭簧定位柱，扭簧定位柱贯穿并转动配合有扭簧，该扭簧两臂分别顶接左保护件和右保护件。正常插入时，左保护件和右保护件两转臂间形成有配合插头的斜切面在插头向下沿压力下，同时向顺时针和逆时针方向旋转，挤压露出对接插头；拔出插头时，扭簧两扭臂分别压制左保护件的左定位槽和右保护件的右定位槽，将左保护件和右保护件处于复位后形成相平行的靠接状态。而当单个插孔有东西插入时，左保护件或右保护件一侧受力时，左保护件或右保护件下面中间杠杆支撑点形成杠杆效应，左保护件或右保护件向一侧倾斜扣入定位框使左保护件或右保护件无法旋转，起到了非正常使用的限制状态，从而保证了用电安全和防止意外的发生。

一种开关电源的零电流启动电路及方法

申请（专利）号：200910131728.7 **公开日：**2009-11-11

申请人：BCD半导体制造有限公司

发明人：宗强 方邵华 费瑞霞 谢佳

摘要：

本发明提供一种开关电源的零电流启动电路，包括：启动电压检测电路、正反馈电路和欠压锁定电路；所述启动电压检测电路，用于检测开关电源控制器的供电电压小于启动电压之前，控制启动电路不工作；所述正反馈电路，用于当所述启动电压检测电路检测的开关电源控制器的供电电压大于启动电压之后，锁定启动电路处于正常工作状态；所述欠压锁定电路，用于当所述启动电压检测电路检测的开关电源控制器的供电电压低于启动电路的关断电压时，打破所述正反馈电路的锁定状态。本发明还提供一种开关电源的零电流启动方法。

用于向半导体集成电路器件提供多个电源电压的电源电路

申请（专利）号：200910142796.3 **公开日：**2009-11-11

申请人：富士通微电子株式会社

发明人：小泽秀清 伊藤秀信 土屋主税

摘要：

本发明公开了一种用于向半导体集成电路器件提供多个电源电压的电源电路。电源电路包括：变换器电路(43)，用于将输入电压变换成第一电压；开关电路（44），用于将输入电压作为第二电压而输出，开关电路具有电阻值；以及开关控制电路（82），其连接到变换器电路和开关电路，用于控制开关电路的电阻值，以使得与第一电压成比例地产生第二电压。

开关电源装置

申请（专利）号：200880001404.5 **公开日：**2009-11-11

申请人：株式会社村田制作所

发明人：山口直毅 细谷达也 余川拓司

摘要：

本发明提供一种开关电源装置。通过使作为DC-DC变压器的主开关元件的第一开关元件（Q1）和作为功率因数改善电路的开关元件的第三开关元件（Q3）的导通时间同步，并且独立地进行导通期间控制，从而能够防止切换频率的上升，并且通过不产生间歇振荡，从而防止声响。进而能够防止轻负载或无负载时的第一开关元件（Q1）的切换频率上升所引起的间歇振荡控制，能够解除间歇振荡的频率进入可听频带而引起声响或脉动电压变大的问题。

一种液压伺服控制器用稳压电源

申请（专利）号：200910061985.8 **公开日：**2009-11-11

申请人：武汉科技大学

发明人：易建钢 陈奎生 陈新元 傅连东 曾良才 湛从昌 容芷君 但斌斌 梁媛媛

摘要：

本发明涉及一种液压伺服控制器用稳压电源。其技术方案是：集成稳压芯片7815［U1］和7915［U5］的输入端VIN分别与相应的整流滤波电路输出端±27V相连，该输出端VOUT分别输出±15V电压；集成稳压芯片7810［U2］和7910［U6］的输入端VIN分别与相应的±15V相连，该输出端VOUT分别输出±10V电压；集成稳压芯片7805［U3］和7905［U7］的输入端VIN分别与相应的±10V相连，该输出端VOUT分别输出±5V电压；集成稳压芯片LM317［U4］和LM337［U8］的输入端VIN分别与相应的整流滤波电路输出端±27V相连，该输出端VOUT分别输出0~±24V电压。本发明同时提供±15V、±10V、±5V和0~±24V稳定电压源，具有信号精度高、结构简单和可靠性高的优点。

电梯驱动系统中电源变化的管理

申请（专利）号：200680055707.6 **公开日：**2009-11-18

申请人：奥蒂斯电梯公司

发明人：康鹏举 M·J·阿塔拉 D·J·马文 V·布拉斯科 R·K·索恩顿 S·M·奥吉亚努

摘要：

一种装置（22）管理电梯系统中电源变化。该装置包括带有初级（62）和次级（64）的变压器（60）。电梯系统的输入连接到次级（64）。分接开关（66a，66b，66c，66d）连接到变压器（60）使得每个分接开关连接到变压器（60）上的分接头（68a，68b，68c，68d）。控制器（54）根据所感测的电源输出来操作分接开关（66a，66b，66c，66d），以在次级（64）上提供在电梯系统的公差带之内的功率。

用于内存元件的电源启动/切断序列机制

申请（专利）号：200910141040.7 **公开日：**2009-11-18

申请人：台湾积体电路制造股份有限公司

发明人：陶昌雄 陆崇基 蓝丽娇

摘要：

本发明涉及一种内存元件的电源启动/切断序列机制，具体地提供了一种在电源切断程序中控制内存元件的字线信号的方法，包含：将字线信号下拉至低逻辑状态；在字线信号下拉至低逻辑状态之后，切断从外部电源供应器至内部电源供应器的电流路径；以及在外部电源供应器至内部电源供应器的电流路径完全被切断之后，切断从外部地电压至内部地电压的一电流路径。

电源电路及电源电路控制方法

申请（专利）号：200810067265.8 **公开日：**2009-11-18

申请人：群康科技（深圳）有限公司 群创光电股份有限公司

发明人：林静忠

摘要：

本发明提供一种电源电路，其包括一主电路、一待机控制电路和一微处理器。当开启该电源电路时，该待机控制电路发送一脉冲信号至该微处理器，且该待机控制电路控制该主电路开启，使该主电路为该微处理器供电，该微处理器为一负载供电，并发送一第一控制信号至该待机控制电路，控制该主电路保持工作状态；当关闭该电源电路时，该待机控制电路再次发送一脉冲信号至该微处理器，该微处理器发送一第二控制信号至该待机控制电路，该待机控制电路控制该主电路关闭。该电源电路的待机能耗较低。本发明还提供一种电源电路控制方法。

反馈控制电路及采用该反馈控制电路的电源电路

申请（专利）号：200910108153.7 **公开日：**2009-11-25

申请人：深圳市晶导电子有限公司

发明人：韩玉喜

摘要：

本发明涉及一种反馈控制电路及采用该反馈控制电路的电源电路，所述反馈控制电路包括比较电路、脉宽调制电路、整流滤波分压电路、电阻；所述脉宽调制电路包括第一输入端和第二输入端；外界的电压信号经整流滤波分压电路处理后输入至脉宽调制电路的第一输入端；脉宽调制电路根据所接收的电压信号调整输出的脉冲信号的占空比；外界的电压信号经整流滤波分压电路处理后同时输入至比较电路；比较电路将所接收的电压信号与设定的阈值进行比较，当该电压信号大于设定的阈值时，比较电路输出保护信号至脉宽调制电路的第二输入端，脉宽调制电路接收到该保护信号后立即停止工作；所述电阻连接整流滤波分压电路的输入端和脉宽调制电路的第一输入端。

电源接触件及具有该接触件的电连接器

申请（专利）号：200910065188.7 **公开日：**2009-11-25

申请人：中航光电科技股份有限公司

发明人：熊涛

摘要：

本发明公开了一种电源接触件及具有该接触件的电连接器，电连接器中的电源接触件包括弯板桥接部件，弯板桥接部件的两侧壁板相互贴近并分别向后延伸，形成一对相互分开的平面板，两个平面板的下边缘各伸出有多个用于和电路板连接的端接脚；弯板桥接部件的每个侧壁板上各具有一个通孔，每个通孔中各相应设有一个向前悬伸且后端与对应的平面板呈一体的弹性悬臂，两弹性悬臂的前端相互分离并处于所在通孔的外口之外；本发明的接触件采用连接于一对平面板前部的弯板桥接部件作为接触件的插接端头，弯板桥接部分的端头为整体刚性结构，抗弯曲、冲击的性能均优于现有技术中的分体结构的分离式外端头，使接触件整体耐用可靠、散热性好。

存储器电源系统、存储装置及其控制

申请（专利）号：200880002903.6 **公开日：**2009-11-25

申请人：巴比禄股份有限公司

发明人：斋藤伸介

摘要：

至少从不间断电源向与网络连接的第一存储装置和第二存储装置供应电力。当输入了由不间断电源的电源状态信号生成电路生成的、表示供应备用电力的状态的信号时，第一存储器对其自身进行与供应备用电力的状态相对应的处理。第二存储装置响应于从电源状态信号生成电路向第一存储装置输入表示供应备用电力的状态的信号，对自身进行与供应备用电力的状态相对应的处理。

电源装置及其控制方法、功率放大装置

申请（专利）号：200910087546.4 **公开日：**2009-11-25

申请人：华为技术有限公司

发明人：侯召政 唐志

摘要：

本发明实施例涉及一种电源装置及其控制方法、功率放大装置。其中，所述装置包括线性电源支路和第一开关电源组，第一开关电源组包括第一电流检测器和至少两个开关电源支路；所述开关电源支路包括滞环控制器和开关

电源驱动及功率电路，所述第一电流检测器的输入端与所述线性电源支路的输出端连接，所述滞环控制器的输入端与所述第一电流检测器的输出端连接；所述开关电源驱动及功率电路的输入端与所述滞环控制器的输出端连接，输出端与所述线性电源支路的输出端并联连接。本发明实施例可以提高开关电源的带宽和跟踪精度，进而提高 ET 功率放大器的整体效率。

用于多相机电致动器的具有两个串联逆变器的电源

申请（专利）号：200780046271.9　**公开日：**2009-11-25

申请人：梅西耶-道提股份有限公司

发明人：D·马特　J·雅克　N·齐格勒

摘要：

本发明涉及一种用于对具有电动机的机电致动器供电的具有两个串联逆变器（A、B）的电源，该电动机包括形成相位的多个绕组（R1、R2、R3），每一个逆变器连接至其自己的接地（50；51）并具有电源（U1；U2），该电源（U1；U2）具有跨其连接的与要供电的绕组一样多的支路（A1、A2、A3；B1、B2、B3），每一条支路包括串联的两个受控开关（5、6），受控开关之间设置有用于连接至绕组之一的一个端部的点。根据本发明，每一个逆变器包括具有两个受控开关的附加支路（A4；B4），这两条附加支路通过桥路（7）互连，该桥路连接至附加支路中的每一条上位于开关之间的点。

一种柔性可折叠太阳能移动电源及其制造方法

申请（专利）号：200910033641.6　**公开日：**2009-11-25

申请人：中电电气集团有限公司

发明人：王宝华　邹新　刘峰　贾艳刚

摘要：

本发明公开了一种柔性可折叠太阳能移动电源，包括可折叠单元和输出接口，所述的可折叠单元包括自上而下依次叠加的太阳电池组件、柔性粘结材料层和柔性基底，太阳电池组件之间通过柔性电缆连接，可折叠单元之间通过柔性粘结材料密封熔接为一体；所述的柔性电缆引出的正负极上连接有输出接口；本发明还公开了其制造方法。本发明的可折叠太阳能移动电源重量轻，方便携带；本发明的可折叠太阳能移动电源可以很好的折叠，与现有技术相比折叠性能大大提高；本发明的制造方法使用皮革作为背板，具有制造方法简单、外型美观的优点，且皮革价格较低、易得，从而使得本发明的产品的成本降低。

更新电源微控制器

申请（专利）号：200680056577.8　**公开日：**2009-12-02

申请人：埃克弗洛普公司

发明人：肯·克里格　阿尔伯特·博尔克斯

摘要：

描述了一种系统，包括电力转换模块、数据端口、从数据端口接收数据的控制器以及包含当由控制器地时执行控制电力转换模块的操作的指令的数据存储装置。所述操作包括：在控制器的引导期间，执行数据存储装置的第一部分中的指令；在引导控制器之后，执行数据存储装置的第二部分中的指令；从数据端口接收指示将修改第二部分中的指令的信号；从数据端口接收将存储在第二部分中的已修改指令；以及响应于信号，执行第一部分中的指令以将已修改指令存储在第二部分中。

电源管理系统及计算机

申请（专利）号：200810098701.8　**公开日：**2009-12-02

申请人：华硕电脑股份有限公司

发明人：黄建文　黄百庆　许铭志

摘要：

本发明关于电源管理系统及计算机。一种电源管理系统，设置于一计算机中。该电源管理系统包含电流检测模块与芯片组。该电流检测模块设置于一外接插卡的电源接收端与计算机的电源供应器的输出电源线之间，用来检测该外接插卡所汲取的电流，并输出一电流检测信号给该芯片组。该芯片组便根据该电流检测信号，调整该外接插卡的操作电压或操作频率。

一种用于开关电源模块无源基板的铁氧体嵌板和磁芯结构

申请（专利）号：200910021868.9　**公开日：**2009-12-02

申请人：西安交通大学

发明人：杨旭　王佳宁　王兆安

摘要：

本发明涉及开关电源模块，公开了一种用于开关电源模块无源基板的铁氧体嵌板和磁芯结构。铁氧体嵌板包括垫板以及粘贴在垫板上的铁氧体单元，所述铁氧体单元为长方体，所述铁氧体单元之间的气隙中固化有铁氧体胶状聚合物；磁芯结构通过铁氧体嵌板经过裁剪、层叠、拼接或者其组合的方法而做成。

电源系统、电源系统的电力供应控制方法、控制程序及记录有控制程序的计算机可读取记录介质

申请（专利）号：200880002680.3　**公开日：**2009-12-02

申请人：松下电器产业株式会社

发明人：饭田琢磨　木村忠雄

摘要：

本发明提供用于在电源装置停止时提高蓄电装置的电力供应能力并持续供应负载装置需要的电力的电源系统。控制部包括设定在控制所述蓄电装置的充电及放电时应作为目标值的表示所述蓄电装置的充电状态的第 1 目标状态量，其中，所述状态量设定部在电源装置停止时，能够将第 1 目标状态量变更为高于第 1 目标状态量的目标值的第 2 目标状态量，以便提高蓄电装置的目标状态量。因此，在电源装置停止时，基于高于电源装置工作时的目标状态量来控制蓄电装置的充放电，从而与电源装置工作时相比能够提高蓄电装置的充电状态，由此能够提高蓄电装置的电力供应能力，使其替代电源装置持续供应负载装置需要的

电力。

一种简单的电源开机浪涌抑制电路

申请（专利）号：200910097211.0 **公开日：**2009-12-02
申请人：英飞特电子（杭州）有限公司
发明人：吴新科 华桂潮
摘要：

本发明公开了一种简单的电源开机浪涌抑制电路，包括主电路、可控硅浪涌抑制电路，所述的主电路为由电感L1、二极管D2、电容C4和开关管Q2组成的BOOST功率变换电路，所述的可控硅浪涌抑制电路包括可控硅Q1、启动电阻R2和可控硅延时触发电路。与现有技术相比，本发明的有益效果是：1. 正常工作时SCR中流过的电流有效值小，减小了导通损耗，提高电源效率。2. 无须电流检测就可以实现浪涌抑制，降低成本。3. 电源在极低温度工作时，效率不受开机浪涌抑制电路的影响。4. 可以用于电路热启动、冷启动或网侧电流波动的情况，还适合于高功率应用场合。

一种电源线斩波通讯收发电路

申请（专利）号：200910100213.0 **公开日：**2009-12-02
申请人：浙江大学
发明人：吴建德 李楚杉 何湘宁
摘要：

本发明的电源线斩波通信收发电路包括主机电路和从机电路两个部分。主机电路将数字信号调制成开关脉冲发送到电源线上，并用两种不同宽度的低电平来表示数字信号的“0”和“1”，使电源线成为一条电源通信线；从机电路从电源通信线上接收主机电路发送的脉冲信号；从机电路在主机电路发送高电平时，叠加返回代表“0”或“1”信号的低电平，从而完成电源总线上的通信过程。本发明的电源线斩波通信收发电路结构简单，在一对线上同时实现电源供电和信号通信的功能。大量的节省了物理连线的长度，简化了逻辑连线的复杂程度，通信时总线上可挂节点多，线上电压损耗小，通信质量高，并具有提升总线电压的功能，能够补偿远距离通讯所带来的通讯线电压损失。

具有回扫猫耳电源的电子镇流器

申请（专利）号：200680014931.0 **公开日：**2009-12-02
申请人：路创电子公司
发明人：M·泰帕莱 V·奇塔 D·韦斯科维奇 R·库马尔
摘要：

一种用于驱动气体放电灯的电子镇流器，该电子镇流器包括整流器，用于将AC电源输入电压转换成整流电压；逐流电路，用于产生DC总线电压；逆变器，用于转换DC总线电压到高频AC电压信号以驱动气体放电灯；控制电路，用于控制所述逆变器；以及回扫猫耳电源，用于当经整流的电压低于预定级别时向逆变器提供电流。所述回扫猫耳电源也向控制电路提供功率。优选地，所述回扫猫耳电源仅当逆变器没有直接从AC电源拉出电流时拉出电流，以便使到镇流器的输入电流基本正弦。结果是镇流器具有充分改善的功率因子和THD。并且，因为回扫猫耳电源向逆变器提供镇流器控制电路所不需要的超额的能量以用于驱动灯，所以镇流器操作更有效率。

电源装置

申请（专利）号：200880003386.4 **公开日：**2009-12-09
申请人：丰田自动车株式会社
发明人：村田崇
摘要：

本发明提供了一种电源装置（100），其中蓄电体（1）被布置在容纳冷却介质（30）的壳体（20）中。所述电源装置包括使得所述蓄电体（1）在所述冷却介质（30）中运动的运动部分。

全高频无切换接点的铁路信号智能电源屏

申请（专利）号：200910097430.9 **公开日：**2009-12-09
申请人：杭州中实四方电力自动化有限公司
发明人：刘斌 高义芝
摘要：

本发明涉及全高频无切换接点的铁路信号智能电源屏，其采用电力电子高频开关技术及计算机技术的无切换接点的静态供电系统；其特征在于：系统供电模式采用双路电源同时工作，交流“H”桥式双母线工作制；各路输出电源模块采用1+1并联均流冗余电路，每一个配电回路都由两个同等容量模块并联而成。本发明使智能电源屏真正成为无切换接点的静态供电系统，从而使铁路信号智能电源屏真正做到输入输出无中断，成为稳定、安全、可靠的电源系统。其关键技术在于高频交流模块，实现了并联、均流、同相、同频、有故障自动退出工作母线机制。

开关电源电路

申请（专利）号：200810067670.X **公开日：**2009-12-09
申请人：群康科技（深圳）有限公司 群创光电股份有限公司
发明人：赵立军 周通
摘要：

本发明涉及一种开关电源电路。该开关电源电路包括一第一整流滤波电路、一第一变压器、一开关控制电路和一第二整流滤波电路。该第二整流滤波电路包括一第一晶体管、一第二晶体管和一控制电路。外部交流电压通过该第一整流滤波电路整流、滤波后转换为直流电压并提供给该第一变压器，该第一变压器通过该开关控制电路的控制输出直流电压到该第二整流滤波电路，该第二整流滤波电路通过该控制电路控制该第一晶体管和该第二晶体管的导通与截止，从而对该第一变压器输出的直流电压进行整流。

三相电源转换为单相电压输出的方法及交流电源供

应器

申请（专利）号：200810067572.6 **公开日：**2009-12-09

申请人：中茂电子（深圳）有限公司

发明人：黄志忠 陈诠泓

摘要：

本发明适用于电源技术领域，提供了一种三相电源转换为单相电压输出的方法以及交流电源供应器，所述的方法包括下列步骤：（a）提供一中性输入端与三个电压输入端；（b）将所述三相电源的接线连接至所述中性输入端与所述三个电压输入端；（c）于所述三个电压输入端中选定二电压输入端；（d）检测所述中性输入端与二个被选定的电压输入端的电压准位，以判断所述三相电源为△接或Y接；以及，（e）若判断所述三相电源为Y接，选择所述中性输入端与一被选定电压输入端以产生一单相电压信号，若判断该三相电源为△接，选择二个被选定的电压输入端以产生一单相电压信号。本发明提供的技术方案能够判断所连接的三相电源是△接或Y接，所连接的三相电源接线是否正确。

具有保护电路的电源

申请（专利）号：200910145620.3 **公开日：**2009-12-09

申请人：ENI技术公司

发明人：保罗·G·本内特

摘要：

本发明涉及具有保护电路的电源，具体提供了一种用于向负载提供交流功率的电源电路，包括用于接收直流输入信号的逆变器。逆变器包括两个半桥。每个逆变器由一个信号源驱动，所述信号源输出交流信号。每个逆变器的输出被输入到第一级谐波滤波器。所述电源包括输出电路，所述输出电路包括相对于一点被这样设置的第一和第二整流器，使得如果逆变器试图驱动所述的一点超过预定的第一和第二电压，则相应的一个整流器导通，从而使功率和电流中的至少一个返回直流输入电源。

动态双极性压电陶瓷驱动电源和实现方法

申请（专利）号：200910069435.0 **公开日：**2009-12-09

申请人：天津大学

发明人：陈涛 张大卫

摘要：

本发明涉及一种适用于压电陶瓷等容性负载驱动的动态双极性驱动电源，包括有信号波形发生单元、直流供电电源和信号放大驱动单元。信号波形发生单元通过软件产生需要的波形信号输出到数模转换板，数模转换后输出模拟信号到电压放大电路输入端，电压放大电路输出端接功率放大电路的输入端，功率放大电路采用并联推挽的电流跟随放大形式，其输出接压电陶瓷负载的正电极，负载负极接地。驱动电源驱动正弦频率可达到20kHz，输出电压达到±150伏，输出电流峰峰值可达3安培。可输出正弦波、三角波、方波和锯齿波等标准波形，并可添加直流偏置，具有控制准确灵活、动态特性好、波形失真小等特点，可用于压电驱动器的动态控制和性能测试。

电源电池组模块、电池组、模块充电方法和具有该电池组的车辆

申请（专利）号：200880004187.5 **公开日：**2009-12-16

申请人：巴茨卡普公司

发明人：C·塞林 J·L·蒙福尔 L·内代莱克

摘要：

本发明涉及一种电源电池组模块，该电池组模块包括充电工作额定温度为20℃以上的可再充电的电池（10）。根据本发明，该模块包括电池充电管理电路（50），该电路包括：两个外部电池充电端子（21，22），其中至少一个与电池使用端子（23，24）分开，被称为第二充电端子；第一中断/连接装置（53，54），其位于所述第二充电端子（21，22）和使用端子（23，24）中的一个之间；第二连接装置（60），其位于充电端子（21，22）和加热元件（33）之间，用于至少在第一中断位置处，将充电端子（21，22）连接到加热元件（33）。

电源系统

申请（专利）号：200880004380.9 **公开日：**2009-12-16

申请人：索尼株式会社

发明人：后藤习志 富田尚 间壁志人

摘要：

本发明公开了一种电源系统，其包括燃料电池作为其能源并且不仅具有高能量密度而且还具有高功率密度并且可以以简单方式对功率消耗的急剧变化进行响应。在电源系统（10）中，燃料电池（1）连接至DC/DC转换器的输入端，而锂离子二次电池和负载（4）并联连接至输出端。设置测量二次电池（3）的端电压的电压测量装置（6）以及设置转换器（2）的目标输出电压的控制微型计算机（5），并且将目标输出电压设置成稍微高于端电压。燃料电池（1）在提高最高燃料转换效率的发电条件下工作。由于这种构造，由燃料电池（1）和转换器（2）构成的系统所起的作用同以等于二次电池（3）的端电压的电压输出由燃料电池（1）产生的功率的恒定电压/电流源一样。该输出电流相对于用于驱动负载（4）的驱动电流的过量/不足自动地通过二次电池（3）的充电或放电来调整。

电源管理系统、电池盒以及电源管理方法

申请（专利）号：200910203759.9 **公开日：**2009-12-16

申请人：凹凸电子（武汉）有限公司

发明人：比尔·丹森 高汉荣 刘柳胜

摘要：

本发明公开了一种电源管理系统、电池盒以及电源管理方法，该电源管理方法包括接收指示适配器的最大适配功率的功率识别信号；以及由电池盒根据所述电池盒的状态以及由所述适配器供电的系统负载的状态来产生控制信号以调节所述适配器的输出功率。采用本发明的电源管理系统、电池盒以及电源管理方法能在适配器输出功率达到

最大适配功率时，系统负载仍然可以正常工作。

半导体集成电路器件和电源电压控制系统

申请（专利）号：200780051398. X **公开日：**2009-12-16
申请人：日本电气株式会社
发明人：池永佳史 野村昌弘
摘要：

一种半导体集成电路器件，包括：目标电路，该目标电路的至少电源电压是可变的；电源电压提供电路，该电源电压提供电路用于向目标电路供给电源电压；以及最小能量点监控电路，该最小能量点监控电路检测在电源电压变化时使由目标电路消耗的能量的变化最小化的能量最小化电源电压。对由电源电压提供电路传送的电源电压进行控制，以便等于由最小能量点监控电路检测的能量最小化电源电压。

由汽车电源带动的汽车空调系统

申请（专利）号：200810126691. 4 **公开日：**2009-12-23
申请人：弥工科技股份有限公司
发明人：李汪声
摘要：

本发明是揭示一种由一汽车电源带动之汽车空调系统，该空调系统包含一低电压保护装置，耦合于该汽车电源，用于当该汽车电源所输出的一第一电压的侦测值低于预定值时，切断该汽车电源，以及一压缩机系统，耦合于该低电压保护装置与该汽车电源，且包括一压缩机，其中该压缩机用以产生对一汽车车厢内部空气的空调作用。

车载电子控制装置的电源异常检测电路

申请（专利）号：200810183960. 0 **公开日：**2009-12-23
申请人：三菱电机株式会社
发明人：前田哲夫 汤原理晴 藤田昌英 高田道大 矢野隆幸 八濑大介
摘要：

本发明涉及一种车载电子控制装置的电源异常检测电路。即使主电源端子为接触不良状态，也使车载电子控制装置工作，并进行异常通知或异常产生履历信息保存，以便于维修检查。在具备从车载电池（101）通过电源继电器（103）的输出接点（103a）和连接器的主电源端子（Vb）进行馈电以对微处理器（110a）供给稳定化控制电压（Vcc）的主电源电路（131a）的车载电子控制装置（100a）中，主电源端子（Vb）发生接触不良时，从输出接点（103a）通过第1电负载（105）和换向二极管（154），对主电源电路（131a）进行旁路馈电，并进行异常通知或异常产生履历信息保存。根据主电源电路（131a）的输入电压低于车载电池（101）的电源电压，检测出发生旁路馈电状态。

电源调节器及电源转换方法

申请（专利）号：200910147339. 3 **公开日：**2009-12-23
申请人：凹凸电子（武汉）有限公司
发明人：拉兹格·利普赛依 肖邦·米哈依·庞贝斯库
摘要：

本发明提供一种电源调节器及电源转换方法，用于转换输入电压至输出电压。该电源调节器包括通路设备、参考信号电路和耦合至通路设备的误差放大器。通路设备用于接收所述输入电压，且提供所述输出电压至所述电源调节器的输出端。参考信号电路由所述输出电压供电，用于提供参考信号。误差放大器由所述输出电压供电，用于比较所述参考信号和表示所述输出电压的反馈信号，且根据比较的结果产生控制信号以驱动所述通路设备。本发明电源调节器的误差放大器和用于提供参考信号至误差放大器的参考信号电路，均由电源调节器的输出电压供电，因而，可以消除由电源调节器的输入电压的变化而引起的缺陷，且电源调节器可以具有较高的电源抑制比。

一种低纹波可吸电流的开关电源的控制方法

申请（专利）号：200910181799. 8 **公开日：**2009-12-23
申请人：无锡芯朋微电子有限公司
发明人：杭中健
摘要：

一种低纹波可吸电流的开关电源的控制方法，具有两种控制状态，即在每个时钟周期电感电流始终为单向流动的大输出电流控制状态，和在每个时钟周期电感电流存在向两个方向流动的小输出电流控制状态；在每个时钟周期开始时，由时钟信号控制开关模块将电感的活动端接到输入电压上，控制模块根据反馈信号确定何时将电感的活动端接到地上，直到下一个时钟周期开始时再将电感的活动端接到输入电压上。其特征在于电感电流在每个时钟周期都始终处于从小到大和从大到小的两个变化过程，是一个连续变化的过程。解决了BUCK型开关电源在DCM模式下输出电压纹波幅度加大、频率成分复杂，以及输出端不具有从负载吸收电流能力的问题。

一种用于电源变换器的平衡电路的保护电路

申请（专利）号：200810128696. 0 **公开日：**2009-12-23
申请人：力博特公司
发明人：肖学礼 林清森 陈勇兵
摘要：

本发明涉及一种用于电源变换器的平衡电路的保护电路，包括控制芯片，还包括反映正母线侧电流的信号采样装置、反映负母线侧电流的信号采样装置，以及与所述反映正母线侧电流的信号采样装置相连以限制平衡电路中流过开关管电流强度的限流装置；所述反映负母线侧电流的信号采样装置获取反映负母线侧电流的采样信号，并叠加所述反映正母线侧电流的采样信号和反映负母侧电流的采样信号以生成叠加采样信号，所述控制芯片从所述反映负母线侧电流的信号采样装置获取所述叠加采样信号，并根据所述叠加采样信号对所述平衡电路中的开关管进行关断控制。实施本发明的用于电源变换器的平衡电路的保护电路，可及时地对开关管进行逐波限流保护，提高电路可靠性。

动态节能照明电源装置

申请（专利）号：200910181201.5 **公开日：**2009-12-23

申请人：江苏宏微科技有限公司

发明人：雷锡社 王晓宝

摘要：

本发明涉及动态节能照明电源装置，过电压保护电路包括放电管 CR1、压敏电阻 MOV1 和 MOV2 及放电管 CR2 串接构成的第一级保护电路，电容 C1 和电阻 R1 的串接支路与瞬变电压抑制二极管 TVS1 并联构成的第二级保护电路及电感 L1 和 L2；功率调节电路包括 IGBT 集成模块和并联在 IGBT 集成模块输入端的电容 Ci、串联在输出端的输出保护电路；控制电路包括脉宽调制驱动模块及单片机，脉宽调制驱动模块与单片机的脉宽调制控制端连接，脉宽调制驱动模块的输出端与 IGBT 集成模块连接，且控制电路还连接有串行通讯模块和人机界面。本发明具有耐冲击能力强、适应负载范围宽，能实现高频大功率带载无级精细调压的特点。

可省电的电源管理单元、计算机系统及其省电方法

申请（专利）号：200910162899.6 **公开日：**2009-12-30

申请人：威盛电子股份有限公司

发明人：李瑛 刘鹏

摘要：

本发明关于一种可省电的电源管理单元、计算机系统及其省电方法，其中一个计算机系统实施例中，包括了管理计算机系统的电源的一电源管理单元、记录图像数据的一存储单元以及一绘图处理模块。绘图处理模块根据一存储时脉读取存储单元所记录的图像数据，并对被读取的图像数据进行绘图处理，以输出到显示单元呈现为使用者所观看的图像画面；电源管理单元在侦测到绘图处理模块不需要对存储单元进行存取以处理及输出图像数据时，门控所述的存储时脉。借此，本发明可减少时脉信号变换所消耗的电力，进而达成为计算机系统省电的效果。

具接地弹片的电源插头内架压力盖构造改良

申请（专利）号：200810127521.8 **公开日：**2009-12-30

申请人：建通精密工业股份有限公司

发明人：苏敦礼

摘要：

本发明是一种具接地弹片的电源插头内架压力盖构造改良，主要是一种对于所述的内架体的背部所设的一压力盖的设计，具体而言是对所述的压力盖上部由前向后贯穿一缺部空间，所述的缺部空间的框壁顶部至侧边（内侧、外侧或是二侧）形成一弧缘，通过所述的弧缘防止插头各个铆线的绝缘层产生割损，并且避免芯线裸露的危险。

一种 360 度旋转的电源插头

申请（专利）号：200910041294.1 **公开日：**2009-12-30

申请人：广东明家科技股份有限公司

发明人：周建林

摘要：

本发明公开了一种 360 度旋转的电源插头，插头壳体内设有同轴设置的固定座和旋转座，插接端子沿旋转座轴向固定在旋转座上，并且插接端子的上下两端分别伸出旋转座的上、下端面，面盖上设有透空窗，旋转座的上端面设有凸台，凸台与透空窗相配合，并在透空窗内自由旋转；固定座与旋转座之间设有与插接端子数量相对应的且同心设置的环形导电环，每一导电环与一个插接端子的下端相接触，每一导电环上还设有连接脚，连接脚穿过固定座上对应的通孔后与对应的电源线相连接。由于插接端子设置在一个可以自由旋转的旋转座上，而固定座上设置环形的导电环，使得旋转座旋转过程中，接插端子的下端始终保持与导电环的电接触，从而提供一种 360 度旋转的电源插头。

设置有电源电路的装置

申请（专利）号：200910142221.1 **公开日：**2009-12-30

申请人：佳能株式会社

发明人：渡边昌彦

摘要：

本发明以低成本提供了一种用于抑制涌流的出现的设置有电源电路的装置，该装置包括：电源电路，其生成用于驱动所述负载的电压；电容器，其与用于从所述电源电路向所述负载供给电力的供给线路相连接，所述电容器用于稳定所述负载的电位；充电/放电电路，其将比所述预定量小的量的电力供给至所述电容器，并从所述电容器释放所述比所述预定量小的量的电力；充电电路，其将比所述预定量大的量的电力供给至所述电容器；以及开关电路，其使所述充电/放电电路和所述充电电路各自工作。

具有窄操作频段的谐振电路及共振式电源转换器

申请（专利）号：200810129245.9 **公开日：**2009-12-30

申请人：康舒科技股份有限公司

发明人：马小林 周军 郭兵

摘要：

本发明是一种具有窄操作频段的谐振电路及共振式电源转换器，该谐振电路包含两并联的谐振分支及一连接两谐振分支的辅助电感，各谐振分支具有相串接的串联电容与串联电感，该串联电感另一端连接一变压器的一次侧；以该谐振电路可提供两特征共同频率 fr、fm，令使用该谐振电路的共振式电源转换器的工作频率 fs 能符合 $fs > fr$ 或 $fm < fs < fr$ 这两种模式，通过两谐振分支配合该辅助电感，可缩减电源转换器在一定范围电压增益工作时的频率切换范围。

使磁能量再生的交流电源装置

申请（专利）号：200910142518.8 **公开日：**2009-12-30

申请人：莫斯科技株式会社

发明人：嶋田隆一　炭谷英夫　高久拓　矶部高范

摘要：

本发明涉及一种使磁能量再生的交流电源装置，该交流电源装置可以进行交流负载的功率因数改善，实现低成本和小型化，并且使磁能量再生，该交流电源装置的特征在于，该交流电源装置具有：由4个逆向导通式半导体开关构成的桥电路；连接在所述桥电路的直流端子之间，储存电流切断时的磁能量的电容器；与感应性负载串联连接，并插入所述桥电路的交流端子之间的交流电压源；以及向各个逆向导通式半导体开关的栅极提供控制信号，进行所述各个逆向导通式半导体开关的接通/断开控制的控制电路，所述控制电路进行以下控制：使构成所述桥电路的4个逆向导通式半导体开关中、位于对角线上的对的逆向导通式半导体开关分别同时进行接通/断开动作，并且在两对中的一对接通时，使另一对断开，而且所述控制信号与所述交流电压源的电压同步地切换。

电源设备

申请（专利）号：200680032410.8　**公开日：**2009-12-30

申请人：卢昭正

发明人：卢昭正

摘要：

本发明揭示一种电源设备，具体地说是一种包含电压振幅控制单元的电源设备，所述电压振幅控制单元采用有源功率因数校正器通过施加正或负逻辑控制电压来控制输出DC电压，所述电源设备并入有高频电源电路和高频变压器，冷阴极荧光灯（CCFL）或外部电极荧光灯（EEFL）的亮度是可控制的，且DC功率直接施加到DC负载。此方法是通过调节供应DC电压的振幅以用于控制CCFL或EEFL的高频电压振幅来实现的，因此称为电压振幅方法。由于稳定的频率、高分辨率和线性的特征，VAM广泛用于控制例如TFT-LCD TV、LCD监视器和广告灯等的放电管的辉度。本发明的脉冲宽度控制器实现对在发光放电区域内部或外部的CCFL或EEFL的辉度控制。

2010年公开

高压智能双电源控制保护器

申请（专利）号：200910167341.7　**公开日：**2010-01-06

申请人：浙江中意电气有限公司

发明人：林金良　彭亦方　钱建中

摘要：

本发明涉及一种高压智能双电源控制保护器，包括：内部隔离开关、中央处理单元和设置键电路；中央处理单元具有：Ⅰ电电源状态信号输入端、Ⅱ电电源状态信号输入端、用于检测所述内部隔离开关是否处于Ⅰ位的Ⅰ位信号输入端、用于检测所述内部隔离开关是否处于Ⅱ位的Ⅱ位信号输入端、用于检测所述内部隔离开关是否处于中位的中位信号输入端、用于检测所述内部隔离开关中的分合开关是否处于闭合状态的合位信号输入端、用于检测所述内部隔离开关中的分合开关是否处于分开状态的分位信号输入端；中央处理单元连接有用于在Ⅰ电电源和Ⅱ电电源之间进行切换的继电器驱动电路。本发明不区分主电源和备用电源，利于供电的稳定性。

新型大功率LED驱动电源

申请（专利）号：200910017825.3　**公开日：**2010-01-06

申请人：烟台奥星电器设备有限公司

发明人：姜元义　盛利涛　唐峰和

摘要：

本发明提供了一种新型大功率LED驱动电源，它包括防护滤波整流和PFC电路，防护滤波整流和PFC电路的输入端连接电源，输出端接半桥串联谐振电路，半桥串联谐振电路的输出端接同步整流电路，同步整流电路的输出端接电流采样电路和电压采样电路，电流采样电路的一路输出接负载，另一路输出接同相放大电路，同相加法器电路的一路输入接同相放大电路的输出端，另一路输入与外部输出电流控制信号连接，同相加法器电路和电压采样电路的输出端一同接反馈控制电路的输入端，反馈控制电路的两路输出分别接半桥串联谐振电路和同步整流电路，本发明能够根据外部控制信号线性调节输出电流大小，可智能调光，最大限度实现节能降耗，具有转换效率高、温升低、始终恒流输出等优点。

一种电源连接器

申请（专利）号：200910012939.9　**公开日：**2010-01-13

申请人：张应刚

发明人：张应刚

摘要：

本发明公开了一种电源连接器，由插头和插孔组成，所述插头为一柱体，有一绝缘柱芯，沿柱轴方向至少有两个电极套接在绝缘柱芯上；所述插孔为一柱形孔，沿柱轴方向至少有两个电极嵌于绝缘质孔壁中；插孔中的电极与插头上的电极有位置上的对应关系，插头插入插孔后，两者对应位置的电极形成电连接。一种电源插座，由壳体和插孔组成，所述壳体将多个作为独立构件的插孔排列固定在一起，并在壳体内将插孔上相同位置的引角通过导线串联在一起。本发明通过将两个或三个电极垂直分布在柱体插头上，不管是两个或三个电极的插头，都可以插入统一的带有三个电极的插孔中，从而克服了传统两孔、三孔插头、座不能通用的问题。

室外用交流电源防雷器

申请（专利）号：200910057762.4　**公开日：**2010-01-13

申请人：上海惠亚电子有限公司

发明人：肖武

摘要：

本发明公开了一种室外用交流电源防雷器，目前，公知的交流电源防雷器防水防尘的等级太低，一般只能用于室内环境来使用，本发明由电源输出接头、金属外壳、总接地线、内部 a 接地线、室内交流防雷器、内部 L 接线、内部 N 接线、内部 b 接地线、电源输入接线分配端子和绝缘片组成，本发明的积极效果在于具有良好防水防尘性能的金属外壳，结合选用合格的室内交流防雷器构成的室外文流电源防雷器能将第四类过压瞬态 6kV 直流输入转化为 2.5kV 的二类直流输出保护，实现防雷功能。该防雷器结构合理紧凑，体积小、内部连接导线短、工作稳定可靠。

降低电源的空载功率的装置、系统和方法

申请（专利）号：200910142579.4　**公开日：**2010-01-13

申请人：国际商业机器公司

发明人：R·S·马力克　T·M·源

摘要：

本发明涉及一种降低电源的空载功率的装置、系统和方法。该装置包括：连接模块，其确定负载是否连接至所述电源的输出端子。还包括：空载模块，其在所述连接模块确定负载没有连接至输出时，在空载间隔内关闭所述电源。监视模块在空载间隔结束时在监视间隔内开启所述电源。在所述监视间隔期间，所述连接模块确定负载是否连接至所述电源的输出端子。如果所述连接模块在所述监视间隔期间确定负载连接至所述电源，则激活模块开启所述电源。如果没有连接负载，则启动另一空载间隔。

用于开关电源中的开关的简化的初级侧控制电路

申请（专利）号：200880007046.9　**公开日：**2010-01-13

申请人：能源系统技术有限责任公司

发明人：拉尔夫·施罗德吉南特伯格格尔

摘要：

本发明涉及一种用于开关电源、特别是初级侧受控开关电源中的开关的控制电路。在此，该控制电路包括：反馈信号接头，用于采集在所述开关电源的变压器的初级侧辅助绕组上所感应的辅助电压；供电电压接头，用于为所述控制电路提供供电电压；以及地接头，用于将所述控制电路与地电平连接；其中，所述反馈信号接头通过所述供电电压接头构成，并且所述辅助电压与所述供电电压叠加。作为替换，所述辅助绕组的电压可以与用于采集初级侧峰值电流的附加接头上的电压叠加。

微功率电源变换电路

申请（专利）号：200810029404.8　**公开日：**2010-01-13

申请人：广州金升阳科技有限公司

发明人：尹向阳

摘要：

本发明公开了一种微功率电源变换电路，包括第一电阻电路、第一开关三极管、第二开关三极管、变压器、第一二极管、第二二极管、第三电容电路，其中第一电阻的一端连接输入电压端，第一电阻的另一端为第一连接线，第三绕组的异名端接第二开关三极管的基极；上述其他各组成部分按 DC-DC 转换常用电路连接；还包括第二电容电路和变压器的第四绕组，第二电容电路一端接第一连接线，第二电容电路另一端接地；所述第四绕组异名端与第三绕组同名端相连组成变压器的第二抽头；第四绕组同名端与第一开关三极管基极相连，第二抽头接第一连接线。本发明实现输出功率在 5W 及以下应用场合的输入输出端隔离度高且带有短路保护功能的直流-直流转换。

用于电容性负载的电源设备

申请（专利）号：200780051239.X　**公开日：**2010-01-13

申请人：普利莫宗产品公司

发明人：米卡埃尔·汉松

摘要：

本发明提供了一种将电能提供至电容性负载的电源设备。该设备具有变压器；正半周期驱动器和负半周期驱动器，向第一线圈提供电压的正负半周期。第二线圈形成电谐振电路并且提供电压至负载。从变压器上的第三线圈确定提供至第一线圈的电压的过零点，并且在提供至第一线圈的电压的过零点处进行提供至第一线圈的电压的正负半周期之间的交替。

不间断电源及不间断电源的旁路故障检测方法

申请（专利）号：200810134177.5　**公开日：**2010-01-20

申请人：力博特公司

发明人：张学杰　邴阳　周原

摘要：

本发明公开了一种可进行旁路反灌检测的不间断电源，包括 UPS 主电路和耦合在 UPS 主电路上的三线 UPS 旁路，UPS 主电路的母线中点分别通过假负载与 UPS 旁路输入端的三线中的每一条相连。一种可进行旁路晶闸管上电前短路检测的不间断电源，其中，UPS 主电路的母线中点分别通过假负载与 UPS 旁路输出端的三线中的每一条相连。一种可进行旁路反灌检测和旁路晶闸管上电前短路检测的不间断电源，其中，UPS 主电路的母线中点分别通过假负载与 UPS 旁路输入端的三线和输出端的三线中的每一条相连。本发明还公开了不间断电源的旁路故障检测方法。通过检测电流来实现旁路检测，不会因 UPS 连接到共同旁路源而导致检测耦合，并机时不会存在误报和漏报。

电力一体化电源系统及蓄电池放电方法

申请（专利）号：200910109600.0　**公开日：**2010-01-20

申请人：艾默生网络能源有限公司

发明人：季明明　郭卫农　李晨光

摘要：

本发明公开了一种电力一体化电源系统，包括由电网输出接口顺次相耦合的 AC/DC 整流模块、蓄电池组、DC/AC 逆变模块以及用于监控各部分工作的监控系统，还包括设置于所述 DC/AC 逆变模块的输出端至电网输出接口之间的可控通断的馈电通路，在所述蓄电池组需要放电时，所述监控系统关闭所述 AC/DC 整流模块对所述蓄电池组的输出，调节所述 DC/AC 逆变模块的输出电压的幅值和相位与电网电压相同，然后开通所述馈电通路，再通过闭环控制

调节所述DC/AC逆变模块的输出电流的相位跟踪电网电压的相位。还公开了一种电力一体化电源系统中蓄电池放电的方法，以及相应的蓄电池活化、核容、内阻检测方法。采用本发明，对电力一体化电源系统中蓄电池进行维护时能达到节能、环保的效果。

一种电源数字化控制开发平台

申请（专利）号： 200910162607.9 **公开日：** 2010-01-20

申请人： 中兴通讯股份有限公司

发明人： 张南山 贺川

摘要：

本发明披露了一种电源数字化控制开发平台，包括：平台对外接口，至少作为开发平台的输入信号及输出信号的接口；输入信号调理电路，对来自平台对外接口的电源模拟信号和开关量信号分别进行相应的适配调理；功率驱动输出电路，对DSC最小系统运算输出的功率管开关控制信号进行驱动能力适配处理后输出至平台对外接口；开关控制输出电路，对DSC最小系统运算输出的多个开关控制信号进行适配处理后输出至平台对外接口；DSC最小系统，在开发期间以DSC为核心处理器作为嵌入式软件的载体，承载嵌入式软件的运行环境。本发明实现全数字化控制，扩展性强，且控制性能好。

电源供应装置及其过电压保护单元与方法

申请（专利）号： 200810133854.1 **公开日：** 2010-01-20

申请人： 华硕电脑股份有限公司

发明人： 黄农哲 许志琬 陈开富 邱义文

摘要：

一种电源供应装置及其过电压保护单元与方法，因采用过电压保护单元监控核心电能，当核心电能的电压电平高于参考电压时，由过电压保护单元禁能电源供应单元。因此能避免核心电能的电压电平异常升高造成转换单元的电容或负载的损坏。

功率变换器中的箝位二极管复位和开关式电源中的断电检测

申请（专利）号： 200780038660.7 **公开日：** 2010-01-20

申请人： 弗莱克斯电子有限责任公司

发明人： 阿伦·琼格赖斯

摘要：

一般来说，在这里提出了一种DC/DC变换器及其关联的装置和处理。所述DC/DC变换器可以是包括耦合在第一和第二电源轨之间的多个开关装置的开关式变换器。变压器耦合到所述开关装置，使得所述开关装置通过所述变压器交换电能。整流器耦合到所述变压器，以将来自所述变压器的波形整流为基本上DC输出。所述DC/DC变换器还包括用于释放整流二极管上的电压应力的箝位二极管。电阻器可与所述箝位二极管串联耦合，以减少所述DC/DC变换器的复位时间，并且从而在负载瞬变期间防止所述电源的灾难性故障。另外，所述DC/DC变换器可以配置有监视所述变换器的栅极驱动信号的断电检测装置。

节能的模块化高压直流电源系统

申请（专利）号： 200910107307.0 **公开日：** 2010-01-20

申请人： 中兴通讯股份有限公司

发明人： 谢凤华 黎学伟 张凤英

摘要：

本发明公开一种节能的模块化高压直流电源系统，包括一交流输入电路、至少两个整流器模块、一监控模块及一直流输出电路，交流输入电路连接各整流器模块的输入端，直流输出电路连接各整流器模块的输出端，监控模块连接交流输入电路、直流输出电路及各整流器模块，其中，整流器模块总数为W，设置为冗余的整流器模块数为X，W为大于1的整数，X为整数，其中整流器模块用于转化交流电为直流电；直流输出电路用于输出从整流器模块转换出的直流电给负载；监控模块用于监控各整流器模块的总输出电流，根据总输出电流实际需要的整流器模块数N，部分或全部休眠W-N-X个整流器模块。本发明可以休眠多余的整流器模块，起到节能效果。

一种具备电源管理的汽车起停控制芯片

申请（专利）号： 200910056764.1 **公开日：** 2010-01-27

申请人： 上海汽车集团股份有限公司

发明人： 马凡 邓恒 周炜 唐华

摘要：

本发明揭示了一种具备电源管理的汽车起停控制芯片，包括：电池类参数输入引脚、第一硬件运行类参数输入引脚、第二硬件运行类参数输入引脚、存储单元、起停决策处理单元、用电负载调整单元、发动机控制信号输出引脚、发电机控制信号输出引脚、及调整信号输出引脚，在汽车短暂停车时能够在不停止整车系统运行的情况下停止发动机。本发明的有益效果在于：能够对汽车的电源资源有效管理，节约能源。

具有高表面积电极的体内电源

申请（专利）号： 200880004919.0 **公开日：** 2010-01-27

申请人： 普罗秋斯生物医学公司

发明人： H·哈菲奇 T·罗伯森 E·斯奈德 B·科扎德

摘要：

提供启用例如可植入的和可食入的器件等的体内器件的电源。本发明的体内电源的方面包括固体载体、第一高表面积电极和第二电极。内置电源的实施例被配置以当与目标生理部位接触时发射可探测的信号。还提供制作和使用本发明的电源的方法。

频率抖动电路和方法及其在开关电源中的应用

申请（专利）号： 200910102136.2 **公开日：** 2010-01-27

申请人： 杭州士兰微电子股份有限公司

发明人： 周伟江 姚云龙

摘要：

本发明提供了频率抖动电路及产生频率抖动的方法，所述频率抖动电路包括振荡电路，产生振荡频率输出信号；译码电路，所述振荡频率输出信号控制所述译码电路产生若干脉冲输出信号；延迟电路，所述振荡频率输出信号经过延迟电路，产生频率抖动输出信号，所述频率抖动输出信号同所述振荡频率输出信号相比延迟一段时间，所述脉冲输出信号控制频率抖动输出信号的延迟时间。将本发明应用在开关电源中可以降低开关电源的EMI平均噪声，能量谱密度平坦化。

一种无线数据终端上USB接口数据卡的电源

申请（专利）号：200910164898.5　**公开日：**2010-01-27

申请人：中兴通讯股份有限公司

发明人：史宇明

摘要：

本发明公开了一种无线数据终端上USB接口数据卡的电源，硬件成本低廉。该电源包括开关相位控制电路、第一路开关电源电路、第二路开关电源电路，其中：所述开关相位控制电路，连接在USB端口供电网络，以一翻转频率控制所述第一路开关电源电路及第二路开关电源电路交替处于供电状态；所述第一路开关电源电路及第二路开关电源电路，分别与所述开关相位控制电路相连，相互交替地为负载供电。与现有技术相比，本发明提供的3G多模USB接口数据卡电源，无需使用大容量储能电容器和限流电路，大幅节约了单板的硬件成本。

用于电源开关转换器的电流控制模式的电流感应器电路

申请（专利）号：200910164865.0　**公开日：**2010-01-27

申请人：香港应用科技研究院有限公司

发明人：王一涛　邝小飞　温锦泉　邝国权

摘要：

电源转换器有一个功率晶体管，其驱动电流经过电感器以提供一个受控的供电电压。当吸入电流晶体管降低经过电感器的供电电流时，功率晶体管在第一状态期间开启，但在第二状态期间关闭。供电电压的电压感应和功率晶体管上的电流感应提供反馈以控制第一状态被激活的时间量，从而控制供电电流。电流感应是由一个平行于功率晶体管的较小电流镜晶体管提供。电流镜晶体管在功率晶体管开启之后才开启，以降低干扰脉冲。开关连接功率晶体管和电流镜晶体管的源极到一个驱动传感晶体管的放大器。传感晶体管从电流镜晶体管源极产生一个感应电压。在第二状态期间，放大器输入被均衡以提供快速反应。

采用多分裂变压器的高压电源电路

申请（专利）号：200910091850.6　**公开日：**2010-01-27

申请人：北京交通大学

发明人：郑琼林　郭文杰　李中桥　郝瑞祥　游小杰　贺明智

摘要：

本发明公开了电路设计技术领域中的一种采用多分裂变压器的高压电源电路。所述高压电源电路由两套相移整流电源移相并联构成，每套相移整流电源由三组三分裂的三相变压器和三个叠桥整流单元组成；三组三分裂的三相变压器的输入侧并联，三组三分裂的三相变压器的相位分别相差相同的角度，每组三分裂的三相变压器的同一相上各个原边并联，每组三分裂的三相变压器的三相输出分别作为叠桥整流单元的输入，各个叠桥整流单元串联后输出；叠桥整流单元由三个可控整流桥和三个分别与可控整流桥并联的续流二极管构成。本发明克服了深控状态带来的晶闸管容易损坏的问题，降低了谐波损耗，减小了直流输出波动，从而提高了功率因数和电网效率。

一种可折叠太阳能移动电源及其制造方法

申请（专利）号：200910033642.0　**公开日：**2010-01-27

申请人：中电电气集团有限公司

发明人：邹新　刘峰　王宝华　贾艳刚

摘要：

本发明公开了一种可折叠太阳能移动电源，包括可折叠单元和输出接口，所述的可折叠单元包括自上而下依次叠加的太阳电池组件、柔性粘结材料层和背板，太阳电池组件之间通过柔性电缆连接，可折叠单元之间通过柔性粘结材料密封熔接为一体；输出接口与从柔性电缆引出的正负极连接，本发明还公开了其制造方法。本发明的可折叠太阳能移动电源重量轻，方便携带；本发明的可折叠太阳能移动电源可以很好的折叠，与现有技术相比折叠性能大大提高；本发明的制造方法改进了背板的下料方法，这种镂空下料的方法，解决了层压小组件时，由于EVA或PVB胶膜流动，聚氟乙烯复合膜（TPT）与组件产生相对位移的问题。

长寿命型高功率因数恒流LED驱动电源

申请（专利）号：200910069660.4　**公开日：**2010-01-27

申请人：天津市数通科技有限公司

发明人：丛严修

摘要：

一种长寿命型高功率因数恒流LED驱动电源，采用集成电路MC34262或PT4107为主的芯片连接的线路。集成电路MC34262、三极管（14N60E）、二极管、电阻和电容连接的功率因数校正电路。本高功率因数恒流LED驱动电源功率因数高大于0.9。电路高可靠，其寿命可与LED管寿命相当。输出电流可以准确的设定，输出电流稳定，不受外界市电电网波动的影响。本电路可以准确设定输出电流，输出电流可分为有20mA、300mA、700mA等档次。可适用于不同的LED显示单元，LED显示屏，LED照明灯等。

电源控制装置

申请（专利）号：200910165090.9　**公开日：**2010-02-03

申请人：株式会社电装

发明人：大河内康宏　黑田京彦　土井真

摘要：

一种电源控制装置，应用于电源装置（30），该电源装置（30）具备：以发动机（10）作为动力源进行发电的ACG（31）、和利用该ACG（31）的发电电力进行充电的电池（38），由ACG（31）和电池（38）向车身电负载供电。在该电源控制装置中，ECU（50）在电池电压大于等于规定的阈值电压的情况下，使发动机（10）在1个燃烧周期中的瞬时转速上升的加速期间内的ACG（31）的发电负载大于在瞬时转速下降的减速期间内的ACG（31）的发电负载。由此，既能够抑制对电源装置（30）所实施的向车身电负载供电的影响，又能够抑制发动机（10）的瞬时转速的变动。

稳压电源电路

申请（专利）号：200910101913.1　**公开日：**2010-02-03

申请人：宁波和真汽车电子系统有限公司

发明人：王志民

摘要：

本发明公开了一种稳压电源电路，包括稳压器，所述稳压器的电源输入端与系统电源连接，它还包括分压器件，所述的分压器件串联在稳压器与系统电源之间。上述的稳压电源电路可减少稳压器上功率损耗以保证稳压器的工作可靠性和寿命且输出电源质量高。

电源转换装置与方法

申请（专利）号：200810134768.2　**公开日：**2010-02-03

申请人：和硕联合科技股份有限公司

发明人：柯俊伟

摘要：

一种电源转换装置与方法，转换交流电压为直流电压而提供予负载，该电源转换方法包含下列步骤：接收交流电压，滤波交流电压而产生滤波电压；接收滤波电压，整流滤波电压而产生整流电压；提供大型电容，接收整流电压而产生输出电压；提供具有一次侧与二次侧的变压器，一次侧耦接大型电容而接收输出电压，二次侧产生直流电压并耦接负载；侦测交流电压，当交流电压的电压值大于预设值，使大型电容与交流电压之间呈现断路。

供电电源的缓启动电路

申请（专利）号：200910167268.3　**公开日：**2010-02-03

申请人：中兴通讯股份有限公司

发明人：石鸿斌

摘要：

本发明涉及一种供电电源的缓启动电路，属于电源控制技术领域。该缓启动电路设置在供电电源和主体单元之间，该主体单元的一个输入端连接至供电电源的一个输出端，该缓启动电路包括：开关单元、限流单元、储能单元和控制单元；其中，开关单元和限流单元并联，其并联支路的前端连接至所述供电电源的另一个输出端，其并联支路的后端连接至储能单元的一端和主体单元的另一个输入端；储能单元，其另一端连接至供电电源的一个输出端；控制单元，其第一端连接至开关单元的控制端，其第二端连接至主体单元的控制端；控制单元控制开关单元的关断和导通，以控制供电电源对主体单元进行供电。本发明的技术方案可以降低能耗，保护供电电源。

应用于电源调整器的上电过冲电压抑制装置

申请（专利）号：200810043679.7　**公开日：**2010-02-03

申请人：上海华虹NEC电子有限公司

发明人：何剑华

摘要：

本发明公开了一种应用于电源调整器的上电过冲电压抑制装置，包括：误差放大器，输出驱动管，反馈网络；还包括：源跟随器，其输入管的漏极与输入电压节点相连，栅极与输出电压节点相连，源极与电流产生电路的电流负载管相连；耦合电容，其一端连接输出驱动管的栅极，另一端连接源跟随器的输出端；电流产生电路，包括源跟随器的电流负载管，所述电流负载管与源跟随器的源极以及耦合电容相连。本发明电路面积小，功耗低，并且无论输入电压节点以多快的速度上电，输出电压都不会有无法接受的过冲电压出现，从而对改善整体性能有很大的帮助；同时无需芯片外置电容，有效降低生产成本。

开关电源装置

申请（专利）号：200910160150.8　**公开日：**2010-02-03

申请人：三垦电气株式会社

发明人：岛田雅章

摘要：

提供一种开关电源装置，其具备：具有一次线圈和二次线圈以及辅助线圈的变压器；与所述变压器的一次线圈连接的开关元件；在对所述变压器的一次线圈输入了电压时，对所述开关元件进行接通/关断控制，由此在所述变压器的二次线圈和辅助线圈中感应出电压的控制电路；用于整流平滑在所述变压器的二次线圈中感应出的电压后输出给负载的整流平滑电路；整流平滑在所述变压器的辅助线圈中感应出的电压，并且对自己具有的电容器进行充电来对所述控制电路供电的辅助电源电路；以及在启动所述控制电路时以及在所述负载为轻负载并且所述开关元件关断时，对所述辅助电源电路的电容器供给电流的启动电路。

电源供给电路

申请（专利）号：200880009673.6　**公开日：**2010-02-03

申请人：大金工业株式会社

发明人：中本良　桥本雅文　嶋谷圭介　吉坂圭一　加藤雅一

摘要：

本发明公开了一种电源供给电路。该电源供给电路包括：短接二极管桥式电路（12）的输出电力的开关元件（S）；检测输入电压降至基准值以下的点的零交叉检测部（5a）；从该检测到的零交叉点开始计时的计时部（5d）；

以及使用该计时在规定时刻开关该开关元件（S）使得输入电流的波形成为正弦波的脉冲振幅调制波形输出部（5c）。该电源供给电路还包括：若零交叉检测部（5a）的检测间隔和到该检测时刻为止的平均值之间产生差值，则将这部分差值补正到计时部（5d）的计时初值中的补正部（5e）。

电力变换装置及电源模块

申请（专利）号：200910142043.2　**公开日：**2010-02-03

申请人：株式会社日立制作所

发明人：铃木英世　堀内敬介　锦见总德　雪田笃

摘要：

本发明提供能够小型化的电力变换装置及电源模块。利用表面侧紧固装置（BLT1）将电源模块（300）的四角从其表面紧固于冷却套（19A）。然后，倒置框体（12）的上下，将螺母螺合于从冷却套（19A）的背面突出的螺栓（350），将电源模块（300）紧固于框体（12）。即，利用背面侧紧固装置（BLT2）将电源模块（300）的周缘中间点从背面侧紧固于冷却套（19A）。在与螺栓（350）相对的电源模块壳体（302）的上表面配设电源模块（300）的交流端子（159）、直流正极端子连接部（314a）和直流负极端子连接部（316a）。从而，能够实现电源模块（300）的小型化。

一种内置隔离电源的IGBT驱动电路

申请（专利）号：200910041967.3　**公开日：**2010-02-03

申请人：广州金升阳科技有限公司

发明人：尹向阳

摘要：

本发明公开一种内置隔离电源的IGBT驱动电路，包括电源电路和驱动电路，所述电源电路依次包括：一振荡电路，电源输入时产生推挽驱动信号；一变换电路，包括至少一对开关管，根据所述推挽驱动信号交替导通/关闭，实现能量的转换；一功率变压器，将能量从其初级绕组传递到次级绕组；一整流滤波电路，对所述功率变压器次级绕组分两路独立整流滤波，并引出公共端实现正、负电源输出，用于为所述驱动电路供电。将高效率的DC/DC隔离变换器与IGBT驱动电路集成，可以省去用户外接隔离电源，方便驱动器的应用；本发明易于采用混合集成厚膜电路的形式实现，有利于采用SIP封装形式，节约PCB面积。

通用型铁路信号灯智能电源电子变换器的设计方法

申请（专利）号：200910029845.2　**公开日：**2010-02-03

申请人：河海大学常州校区　常州市良久机械制造有限公司

发明人：陈秉岩　周娟　朱昌平　周国华　张福章　王怡　顾文斌

摘要：

本发明公开了一种通用型铁路信号灯智能电源电子变换器的设计方法，将变换器串接在中控室的电流继电器和铁路信号灯之间，将具有三级串联浪涌保护功能的电磁兼容、主辅电源、有源功率因素矫正电路和离线式DC-DC、外围连接各种检测电路的信号处理电路和状态输出控制电路连接而成，本发明采用浪涌保护、开关电源、微控制器和信号采集与处理等技术，安装连线简单，不受安装距离影响，提供给铁路信号灯的电源电压恒定，总转换效率≥80%，专为LED新式铁路信号灯供电，并可经内部设置后在不改变老式铁路信号灯光学系统的前提下直接使用。

待机电源的供电控制方法及其电源、主板和计算机

申请（专利）号：200810117911.7　**公开日：**2010-02-10

申请人：联想（北京）有限公司

发明人：闫涛

摘要：

本发明公开了一种待机电源的供电控制方法及其电源、主板和计算机，所述方法包括：检测所述计算机的电源连接器第一引脚的电压；在所述电源连接器未连接至所述计算机的主板连接器时，测得所述第一引脚的电压为一第一电压值，切断输出待机电压；在所述电源连接器连接至所述主板连接器时，测得所述第一引脚的电压从所述第一电压值变换为与所述第一电压值不同的第二电压值，输出待机电压；在所述电源连接器脱离与所述主板连接器的连接时，测得所述第一引脚的电压重新变换为所述第一电压值，切断输出待机电压。所述供电控制方法及利用该方法控制待机电源供电的电源、主板和计算机能够解决带电将电源连接器插入主板，造成主板不良或误动作的问题。

电源装置

申请（专利）号：200880010040.7　**公开日：**2010-02-10

申请人：丰田自动车株式会社

发明人：村田崇

摘要：

提供一种能够抑制冷却液温度的差异并以简化的结构更好地冷却包括多个电源体的蓄电模块的电源装置。电源装置包括：具有多个电源体（20a）的电源模块（20）、容纳电源模块（20）和冷却液（4）的壳体，以及扇（30），扇（30）以与电源模块（20）一并浸在冷却液（4）中的状态被配置在壳体（10、12）内，并形成冷却液（4）的层流S，层流S具有至少与电源体（20a）的长度方向上的该电源体（20a）的长度基本相同的宽度。

燃料电池系统及电源控制方法

申请（专利）号：200880010515.2　**公开日：**2010-02-10

申请人：丰田自动车株式会社

发明人：长沼良明

摘要：

本发明提供一种燃料电池系统，其为了不使用多维映射而求出空气过剩系数，根据要求电力计算低效率发电时的燃料电池（20）的指令电流值及指令电压值，并根据指令电压值和水温推测以指令电流值为基准电流时的燃料电池（20）的基准电压，求出所得的基准电压和指令电压值

的差作为空气浓度过电压目标值，根据空气浓度过电压目标值计算空气过剩系数，根据空气过剩系数计算低效率发电时的空气量，并按照计算出的空气量控制空气对燃料电池（20）的供给量。这时，根据指令电压值和水温推测出基准电压，求出基准电压和指令电压值的差作为空气浓度过电压目标值，并根据空气浓度过电压目标值算出空气过剩系数，从而不使用多维映射地求出空气过剩系数。

电源供给电路及其脉冲振幅调制控制方法

申请（专利）号： 200880010567.X　**公开日：** 2010-02-10

申请人： 大金工业株式会社

发明人： 中本良　桥本雅文　嶋谷圭介　吉坂圭一　加藤雅一

摘要：

本发明公开了一种电源供给电路，使用开关元件进行脉冲振幅调制控制（PAM 控制），防止了平滑电路内的电容的脉动电压的增大，获得电容的小型化及降低成本。该电源供给电路包括用于整流交流电力的二极管（D1～D4）的桥式电路（12）、具有相互串联的两个电容（C1、C2）且连接于桥式电路（12）输出侧的平滑电路（13），以及在所规定的时刻开关开关元件（S）的脉冲振幅调制控制部（15）。脉冲振幅调制控制部（15）包括基于所述两个电容（C1、C2）的电压差的变化检测脉冲振幅调制波形的相位偏差的相位差检测部（15d）和补正脉冲振幅调制波形的相位使得输入电流接近正弦波的相位补正部（15e）。

一种低电源电压流水线型折叠内插模数转换器

申请（专利）号： 200910195049.6　**公开日：** 2010-02-10

申请人： 复旦大学

发明人： 任俊彦　林俪　陆淼　王明硕

摘要：

本发明属于集成电路技术领域，具体为一种低电源电压流水线型折叠内插模数转换器。它由跟踪保持电路、参考电压电阻串、粗子预放大电路、细子预放大电路、第一采样开关、折叠电路、第二采样开关、内插电路、比较器和编码电路构成，其中采样开关采用栅压自举开关。该结构能够减小模数转换器关键路径的时间延迟，有效提高低电压折叠内插模数转换器的转换速率。

电源电路

申请（专利）号： 200880008168.X　**公开日：** 2010-02-10

申请人： 皇家飞利浦电子股份有限公司

发明人： M·温特　H·W·范德布罗克　G·索尔莱恩德

摘要：

在包括桥接电路（2）以及具有将被耦合到所述桥接电路（2）的初级部分和将被耦合到负载电路（4）的次级部分的谐振电路（3）的电源电路（6）中，所述次级部分配备有定义谐振频率和谐振阻抗的元件（32-34），以便能够为不同的负载电路（4）以及/或者每个负载电路（4）的不同负载（41-42）单独供电。所述元件（32-34）可以包括电容器（34）和电感器（32-33）。所述谐振频率定义将被从所述桥接电路（2）提供到所述谐振电路（3）的初级信号的特征，比如电压信号的脉冲的脉冲宽度和/或所述电压信号的脉冲频率。所述谐振阻抗定义将被从所述谐振电路（3）提供到所述负载电路（4）的次级信号的特征，比如电流信号的值或平均值。

适用于传统调光器的调光方法及其 LED 可调光驱动电源

申请（专利）号： 200910042198.9　**公开日：** 2010-02-10

申请人： 佛山市美博照明有限公司

发明人： 冯锐

摘要：

本发明涉及一种适用于传统调光器的调光方法及其 LED 可调光驱动电源。该方法是通过相位检测电路，把由导通角相位决定的 PWM 信号经过 RC 电路滤波后变成直流信号，把此信号放大后来控制恒流取样电阻阻值的变化，来达到调节 LED 电流的大小。本发明可以实现传统的调光器对 LED 灯泡进行亮度调节，使人们能方便地把传统的白炽灯泡灯具更换成 LED 灯泡灯具而依然有无级理想的调光的功能，LED 具有寿命长，无汞污染和紫外线污染，光效高，耐震动，节能等特点。属于新一代的绿色光源，因此使用本发明具有调光效果好（连续无级调光 1%-100%），光色柔和，环保节能的优点。

电源连接器及其压接接触件

申请（专利）号： 200910304642.X　**公开日：** 2010-02-17

申请人： 中航光电科技股份有限公司

发明人： 周文富

摘要：

本发明涉及一种电源连接器，同时还涉及一种压接接触件，所述的电源连接器包括连接器壳体和设置于连接器壳体内的接触件，接触件包括压接部和插接部，压接部包括基底，基底上向同侧相对延伸有压接折弯臂，所述基底与插接部之间设有桥接件，所述桥接件的上方设有分隔槽，该分隔槽将压接折弯臂与插接部相分隔；所述插接部包括一对相互间隔、平行相对的平面板和从该两块平面板的相同一端各自延伸出的相对设置的弹性悬臂，在两弹性悬臂之间形成插合空间，两弹性悬臂的自由端相互远离形成插接入口；每一弹性悬臂上由臂根部至自由端设有至少一个内凹弧形接触部。该电源连接器采用压接连线的方式，同时其接触件接触良好，使用时产热少且散热性能好。

具空间变化的电源保护装置

申请（专利）号： 200810145740.9　**公开日：** 2010-02-17

申请人： 胜德国际研发股份有限公司

发明人： 李裕隆　郭明洲

摘要：

一种具空间变化的电源保护装置，其包括：一壳体、一本体、一升降机构组以及一操作机构组，其中该壳体具有一开口与一容置空间，该开口与该容置空间彼此相通，该本体容置于该容置空间内，且该本体的壁面设置多个插座单元，该升降机构组连接于该壳体与该本体之间，用以带动该本体于该容置空间内移动，而该操作机构组用以抵顶固定该本体。使用时，控制该操作机构组，该操作机构组释放该本体，该本体受该升降机构组带动而上升，并露出该多个插座单元于该开口外，借此提供使用者更弹性的使用。

一种不间断电源

申请（专利）号：200910109359.1　**公开日：**2010-02-17

申请人：艾默生网络能源有限公司

发明人：梁恒毅　郑大鹏　余恒

摘要：

本发明公开了一种不间断电源，包括整流器、逆变器和蓄电池，整流器和蓄电池的输出分别耦合到逆变器输入，还包括太阳能电池板，太阳能电池板输出耦合到整流器输出与逆变器输入之间。本发明还公开了一种不间断电源，包括整流器、逆变器和蓄电池，整流器和蓄电池的输出分别耦合到逆变器输入，还包括太阳能电池板、第二逆变器和第三防倒灌器件，太阳能电池板输出经第三防倒灌器件与第二逆变器输入相耦合，第二逆变器输出为负载提供电源。本发明提出的改进的 UPS 结构，该结构以太阳能作为传统 UPS 的另外一种输入源，与电网和电池联合供电，可以进一步提高 UPS 的可靠性，提高系统效率，而且该能源是清洁能源，对于减少二氧化碳的排放，减少维护均有好处。

带唤醒功能的双电源供电智能无缝切换方法

申请（专利）号：200910303888.5　**公开日：**2010-02-17

申请人：深圳市科陆电子科技股份有限公司

发明人：朱伟杰

摘要：

本发明提供一种带唤醒功能的双电源供电智能无缝切换方法，其包括以下步骤：S1：提供 CPU 控制模块，该 CPU 控制模块通过一 MOS 管分别与主电源以及辅助电源相连；S2：提供 CPU 监测模块，用于监测电源的状态；S3：提供多个唤醒源电路，其分别与 CPU 控制模块以及 MOS 管相连，所述的 CPU 控制模块可以随时进行待机唤醒功能；S4：CCPU 控制模块根据 CPU 监测模块监测到电源的状态，对主电源，辅助电源的无缝切换是通过硬件自动切换的；S5：在备用电源供电的情况下，CPU 控制模块可以随时切断该备用电源供电，使双电源供电系统进入完全待机状态。

单电源转为双电源的方法与电压跟随器和虚地伪地生成器及直流稳压电源

申请（专利）号：200910053855.X　**公开日：**2010-02-17

申请人：上海大学

发明人：朱明　夏根明　张金龙　陈怡　司霞

摘要：

本发明涉及单电源转为双电源的方法与电压跟随器和虚地伪地生成器及直流稳压电源，属自动控制、电源技术与电子设备领域。跨接在单电源的两个电源线之间两个串联电阻的公共端作为虚地 Sgnd，经驱动生成伪地 Pgnd，与单电源的两个电源线构成三线制的正负双电源系统。限流型电压跟随器由运放与电阻构成，而虚地伪地生成器由限流型电压跟随器与电阻构成，单输入双输出直流稳压电源由稳压集成电路、限流型电压跟随器或虚地伪地生成器、阻容等组成。本发明仅采用半导体器件与阻容元件构成，结构简单可靠、成本低廉、体积小、适用性强，在自控系统、电子电路与电子仪器设备等方面有广泛的应用价值。

开关电源电路

申请（专利）号：200910042112.2　**公开日：**2010-02-17

申请人：陆东海

发明人：陆东海

摘要：

本发明公开了一种开关电源电路，包括：一次转换模块，由开关管控制与其相连的感性元件的储能及放能过程，以对电源输入端输入的电能进行转换，并从电源输出端输出转换后的电能；尖峰能量收集模块，在所述开关管由导通转为截止时，收集由感性元件漏感引起的会导致开关管击穿的尖峰能量；二次转换模块，对所述尖峰能量收集模块所收集的尖峰能量进行转换，将转换后的能量送回电源输入端或电源输出端。采用本发明实施例，可防止开关电源的开关管被击穿，并提高开关电源的转换效率。

电源再生变流器

申请（专利）号：200780052536.6　**公开日：**2010-02-17

申请人：三菱电机株式会社

发明人：林良知　岩田明彦

摘要：

本发明涉及一种电源再生变流器。其具有：平滑电容器（71），其将由三相感应电动机（5）产生的感应电动势进行积蓄；再生晶体管（81～86），它们将所述平滑电容器的端子电压进行开关，而向三相交流电源（3）进行电力再生动作；线间电压检测部（6），其检测所述三相交流电源的线间电压；基本波形生成部（10），其根据所述线间电压检测部的输出信号，生成定义为没有混杂电源电压畸变成分的所述三相交流电源的线间电压波形的基本波形；基极驱动信号生成部（7），其基于所述基本波形生成部的输出信号，生成用于再生晶体管的接通/断开控制的基极驱动信号；以及基极驱动信号输出部（9），其输出所述基极驱动信号。

太阳光模拟器驱动电源

申请（专利）号：200910144509.2　**公开日：**2010-02-17

申请人：合肥雷科电子科技有限公司

发明人：周军　崔斌　曹江洪

摘要：

本发明涉及一种太阳光模拟器驱动电源，采用BUCK电路结构进行高频变换及峰值电流采样的斜率补偿；在BUCK电路和负载之间串接准预电离及点火电路。所述BUCK电路含有三相整流桥V3，工频滤波电感L1、L3，电感L1与电容C1并接在主开关V1的集电极，所述主开关V1的发射极与储能电感L2和续流二极管V2连接，所述主开关V1的基极与控制电路连接；所述电感L3与电容C1、续流二极管V2及输出滤波电容C2并接。所述准预电离及点火电路中，采用过压保护器件取代触发点火的可控硅，实现点火电路自动点火及关闭。本发明体积小、重量轻，可适应负载复杂变化伏-安特性，获得高稳定度的驱动电流，适用于所有的长弧氙灯、氪灯等非线性气体放电灯的驱动。

一种静电除尘器高压电源

申请（专利）号：200810088373.3　**公开日：**2010-02-24

申请人：张跃

发明人：张跃

摘要：

一种静电除尘器高压电源，包括开关稳压电源、高压电源、电流电压控制电路，本发明还连接有自动调整模块，自动调整模块由依次连接的电流采样电路、脉冲转换电路、逻辑门阵列、放大电路组成，自动调整模块检测高压电源负载电流大小和持续时间，自动调整模块输出连接电流电压控制电路，分别为其提供不同基准电压。本发明多档恒流限压控制，静电电源实现多档自动控制，电源故障自动报警，功能齐，适应性好，技术性能优良。

用于调节电源电压的方法

申请（专利）号：200780052768.1　**公开日：**2010-02-24

申请人：温科·昆茨　马亚·阿塔纳西耶维奇·昆茨　安德烈·沃多皮韦茨

发明人：温科·昆茨　马亚·阿塔纳西耶维奇·昆茨　安德烈·沃多皮韦茨

摘要：

根据用于调节电子电路的电源电压Uo的方法，通过参考电压和调节的电源电压Uo的一部分之间放大的差来控制具有可变电阻率的调节元件，以及外部电源电压Ui被加至所述调节元件的输入端，因此首先检测调节电路和电子电路刻开始运行的时刻，并随后在所述时刻设定这样的参考电压值使调节的电源电压Uo等于电子电路的最大可允许电源电压并且被供电的电子电路将其自身置于最大电流消耗状态。然后以规则的时间间隔测量所述调节元件上的工作压降（Ui-Uo）w并随后每次都将参考电压降低一定数量，直到所述工作压降（Ui-Uo）w低于或等于选定的所述工作压降的最适当值（Ui-Uo）optim为止。被供电的电子电路在所述工作压降（Ui-Uo）w已超出选定的所述压降的最适当值（Ui-Uo）optim时将其自身置于正常的电流消耗状态。根据变形的实施例，随后就不间断地测量工作压降（Ui-Uo）w并且如果其值由于外部电源电压Ui内的干扰而下降到低于选定的所述工作压降的最小值（Ui-Uo）min，那么就在干扰对电子电路有潜在危险的情况下在存储器中设定标记，该标记表明在调节电路和电子电路随着存储器中的标记设定而开始第一次运行之后，应该以增加了一定数量ΔUow的所述工作压降（Ui-Uo）w给电子电路供电。本发明的用于调节电源电压的方法使得将电源电压自动设置为可能的最高值成为可能，由此相对于降低干扰水平，仍然保证了其质量。

电源供电电路及应用方法

申请（专利）号：200810120553.5　**公开日：**2010-02-24

申请人：杭州士兰微电子股份有限公司

发明人：赵启永　陈淼　宋卫权

摘要：

本发明提供了一种电源供电电路及其应用方法，所述的电源供电电路包括电压选择模块、电平转换模块、电压输出模块，还可以包括信号输入模块、信号输出模块或电压检测模块，本发明所述的电源供电电路的端口IN_ VPP作为供电端口可以复用。

风扇系统及其电源逆向保护装置

申请（专利）号：200810211086.7　**公开日：**2010-02-24

申请人：台达电子工业股份有限公司

发明人：戴伟隆　陈建桦

摘要：

本发明提供了一种风扇系统及其电源逆向保护装置。该风扇系统电性连接电源，包括电源逆向保护装置、电压调节器、驱动器及风扇。电源逆向保护装置电性连接该电源，包括：电压调节器开关，自电源接收输入信号并决定第一输出信号并输出，以及启动装置，电性连接电源及电压调节器开关并分别接收该输入信号及第一输出信号，且经由第一输出信号以决定是否输出第二输出信号至该风扇。电压调节器电性连接该电源并自电源接收该输入信号，并输出调节信号。驱动器电性连接电压调节器，用以接收该调节信号并输出驱动信号。风扇分别电性连接驱动器与电源逆向保护装置，并分别接收驱动信号与第二输出信号，且依据该驱动信号与第二输出信号而运转。

嵌制电源热插拔所造成电压突波的电路及相关芯片

申请（专利）号：200810183965.3　**公开日：**2010-02-24

申请人：茂达电子股份有限公司

发明人：陈昆民　邓子正　蔡明融　黎清胜

摘要：

本发明是一种嵌制电源热插拔所造成电压突波的电路及相关芯片，用于一电子装置，该电压突波嵌制电路，用以嵌制热插拔所造成的一电压突波，包含有：一缓冲单元，耦接于一输入电源端，用来接收该电压突波的一突波电流；以及一嵌制单元，耦接于输入电源端与该缓冲单元，用来根据该输入电源端的一输入电压，控制该缓冲单元接收该突波电流。

控制电路、电源转换器以及控制方法

申请（专利）号：200810214049.1　**公开日：**2010-02-24

申请人：通嘉科技股份有限公司

发明人：张源文　陈俊德　陈仁义　朱益杉

摘要：

一种控制电路，适用于一电源转换器。当该电源转换器的一功率开关导通时，一电流比较电路通过一多功能端点比较一流经一功率开关的电流以及一参考值。当该电流达到该参考值时，该电流比较电路使该功率开关关闭，当该功率开关关闭时，一过低电压检测电路通过该多功能端点检测该电源转换器的一输入电压是否低于一预设值。

可自动转换电压的电源电路

申请（专利）号：200910192403.X　**公开日：**2010-02-24

申请人：天宝电子（惠州）有限公司

发明人：洪光岱

摘要：

本发明公开了一种输出电压可调的开关电源电路。所述电路包括直流输出连接器单元及通过开关电源的直流输出线间的转接插头插座与连接器单元连接的控制单元，所述控制单元包括：用于对连接器内部信号线编码进行识别的译码电路；与译码电路连接，用于给译码电路提供工作电源的稳压电源电路；与光电耦合器连接，通过光电耦合器对开关电源输出电压进行调节的输出电压调整电路；与输出电压调节电路连接，其受译码电路信号触发进而控制输出电压调整电路的输出强度的开关控制电路。所述直流输出连接器单元采用三态编码系统。本发明由输出端所连接的不同规格的连接器来编程改变输出电压，实现开关电源的输出电压完全在设定电压范围内准确可调，且电路简洁，成本低。

开关电源设备

申请（专利）号：200910165276.4　**公开日：**2010-02-24

申请人：三垦电气株式会社

发明人：岛田雅章

摘要：

一种开关电源设备，具有产生控制开关元件（3）的接通/断开周期的驱动信号的控制器。控制器包括：负载测试器，用于当开关元件被从接通切换到断开之后检测到驱动信号的沿时，测试开关电源设备；在开关元件的断开周期中开关元件的底部检测器；底部跳跃状态测试器；以及底部跳跃操作测试器，如果设备处于重负载状态，则执行伪谐振操作，该伪谐振操作在第一最小电压点处接通开关元件，并且如果设备处于轻负载状态且如果底部跳跃状态持续了第一预定时间，将伪谐振操作转换为底部跳跃操作。

电源管理装置以及电源管理方法

申请（专利）号：200810213393.9　**公开日：**2010-03-03

申请人：亚洲光学股份有限公司

发明人：陈宴召　王荣庆

摘要：

本发明揭露一种电源管理装置，包括电源电路和控制单元。电源电路接收具有电压值的输入电源，并通过第一电压转换器和第二电压转换器分别将上述电压值转换成具有第一电压值的第一转换信号以及具有第二电压值的第二转换信号。第一电压转换器根据第一重置信号重新起始，以及第二电压转换器根据第二重置信号重新起始。控制单元接收相应第一转换信号和相应第二转换信号，并比较第一电压值与第一参考范围以及第二电压值与第二参考范围，当第一电压值未介于第一参考范围内且第二电压值介于第二参考范围内时，发送第一重置信号，当第一电压值介于第一参考范围内且第二电压值未介于第二参考范围内时，发送第二重置信号。

用于电子系统的优化电源

申请（专利）号：200880012901.5　**公开日：**2010-03-03

申请人：拉姆伯斯公司

发明人：J·L·泽贝　J·金　Y·U·弗兰斯
H·M·恩古延

摘要：

公开了一种依据与有线通信链路有关的性能度量，调节耦合到有线通信链路的电子装置的电源电压的方法。基于该性能度量生成电压调节信号。该电压调节信号随后用于更新到该电子装置的电源电压。

利用电源开关延迟来实现的误触保护方法及电脑装置

申请（专利）号：200810198135.8　**公开日：**2010-03-03

申请人：佛山市顺德区汉达精密电子科技有限公司

发明人：邱佳昌

摘要：

一种利用电源开关延迟来实现的误触保护方法。初始化嵌入式控制器，并且判断该电源键是否被按下。若该电源键被按下，则该嵌入式控制器判断该内存中是否有预设开关延迟时间。若有预设开关延迟时间，则该嵌入式控制器执行开关延迟服务，并且判断该电源键被按压的时间是否大于该预设开关延迟时间。若该电源键被按压的时间大于该预设开关延迟时间，则该嵌入式控制器启动该电脑装置的电脑系统。

一种显示器、控制显示器电源的方法和计算机

申请（专利）号：200810118473.6　**公开日：**2010-03-03

申请人：联想（北京）有限公司

发明人：周浩强　李权

摘要：

本发明提供一种显示器、控制显示器电源的方法和计算机，其中显示器包括，示屏幕，用于显示图像；显示器接口，用于根据来自主机的信号输出模块所输出的电信号，

发出电平控制信号；电源转换模块，用于将来自外部电源的电流进行转换，并根据所述电平控制信号，导通或者切断显示器的供电通路；显示器控制电路，用于当所述显示器的供电通路导通时，为所述显示屏幕供电；并根据所述信号输出模块输出的电信号控制所述显示屏幕的显示。本发明的实施例具有以下有益效果，不仅在设备的主机处于关闭、休眠或显示器未连接设备主机的状态下实现对显示器主电源的控制，而且在显示器接上交流电并正常运行的情况下，还能方便的对显示器的供电进行个性化的主动控制实现节能。

用于电池电源管理的堆栈式晶粒封装

申请（专利）号：200880000179.3 **公开日：**2010-03-03

申请人：万国半导体股份有限公司

发明人：陆俊　张爱伦　张啸天

摘要：

本发明提供一种用于电池电源管理的堆栈式晶粒封装。电池防护封装包含有一电源控制回路（IC），其是堆栈于整合式双共享漏极金属氧化物半导体场效应晶体管（MOSFETs）或两个分离式 MOSFETs 上。此电源控制 IC 若不是堆栈于一 MOSFET 顶面上，就是迭置于两 MOSFETs 的顶面上。

电源单元

申请（专利）号：200910160702.5 **公开日：**2010-03-03

申请人：矢崎总业株式会社

发明人：池田智洋　庄子隆雄　柳原真一　井上秀树

摘要：

一种电源单元（1）包括：多个电池（4），每个电池都具有位于其一端的正极（8）和位于另一端的负极（7）；以及汇流条模块（3），其将各个电池串联起来。汇流条模块（3）包括：多个汇流条（9），每个汇流条都具有一对连接部件（91、92），它们分别被连接到相邻电池（4）相互靠近的电极（7、8）上，汇流条具有连接部件（90），其将两连接部件（91、92）相互连接起来；多个接线端（16、17），其用于对电极（7、8）和连接部件（91、92）进行夹紧，从而使电极（7、8）与连接部件（91、92）实现电连接；以及板件（10），汇流条（9）和接线端（16、17）被附接到该板件上。电极（7、8）被制成平板的形状，且被汇流条（9）相互连接起来的各个电极（7、8）的厚度方向是相互垂直的。

电源系统及组电池的充电方法

申请（专利）号：200780052449.0 **公开日：**2010-03-03

申请人：松下电器产业株式会社

发明人：青木护　杉山茂行　铃木刚平

摘要：

本发明涉及包括二次电池的电源系统及组电池的充电方法，更详细而言，涉及即使使用简易的恒压充电器也不会使作为电源的组电池劣化的技术。本发明的目的在于提供一种能够在以恒压对每单位重量的能量密度高于铅蓄电池的二次电池充电时，降低二次电池因过充电而变形的危险，提高安全性的电源系统以及充电方法。根据本发明，在包括串联连接有多个单元电池的组电池、和对所述组电池施加规定的额定充电电压 V_c 进行充电的恒压充电器的电源系统及组电池的充电方法中，作为所述多个单元电池的各自的平均放电电压的合计的合计电压 V_x 以及所述额定充电电压 V_c 被设定为满足 $0.98V_x \leq V_c \leq 1.15V_x$ 的关系。

开关电源装置

申请（专利）号：200910167381.1 **公开日：**2010-03-03

申请人：三垦电气株式会社

发明人：岛田雅章

摘要：

开关电源装置，具备：具有一次线圈和二次线圈的变压器、与变压器的一次线圈连接的开关元件、在对变压器的一次线圈输入了电压时，通过对开关元件进行接通/关断控制来在变压器二次线圈中感应电压的控制电路、在对变压器二次线圈中感应的电压进行整流滤波后输出给负载的整流滤波电路，所述控制电路具备：控制所述开关元件来防止在所述负载为轻负载时流过所述开关元件的电流为一定值以下的电流控制部、进行控制以便在所述负载为轻负载时，根据与针对所述负载的输出电压相对应的反馈信号，对所述开关元件进行间歇振荡动作的间歇控制部。

电源管理接口

申请（专利）号：200910177138.8 **公开日：**2010-03-03

申请人：崇贸科技股份有限公司

发明人：杨大勇　林奕圻　吴永盛　卢文璋　杨世仁

摘要：

本发明提供一种电源管理接口，其包括开关、传送电路，以及接收电路。开关耦接于交流电源线，用以控制电源线信号传送给负载。传送电路产生切换信号，以控制开关，且根据传送数据来实现电源线信号的相位调制。接收电路接收电源线信号，以检测电源线信号的相位并产生接收数据来控制负载的电源。接收数据是根据电源线信号的相位检测来产生，且接收数据与传送数据相关联。

电源跟踪方法和装置

申请（专利）号：200910174588.1 **公开日：**2010-03-03

申请人：华为技术有限公司

发明人：侯召政

摘要：

本发明实施例公开了一种电源跟踪方法，所述电源跟踪方法，包括：控制器接收待跟踪信号；根据所述待跟踪信号输出对应的控制信号，控制至少两套电平选择电路从对应的至少两组隔离电平中选取至少一个跟踪电平，且每套电平选择电路从对应的一组隔离电平中选取至多一个跟踪电平，其中，隔离电源根据待跟踪信号的电平区间，提供所述至少两组隔离电平，每组隔离电平中包括至少两个跟踪电平；所述选取的跟踪电平经过所述电平选择电路，对负载电路供电。本发明实施例还公开了一种电源跟踪装置，本发明适用于对参考信号进行电源跟踪。

宽频电源下的异步电动机限流软起动方法

申请（专利）号：200910187666.1　**公开日：**2010-03-03

申请人：中国北车集团大连机车车辆有限公司

发明人：张瑞珍　蔡志伟

摘要：

本发明的宽频电源下的异步电动机限流软起动方法，采用多级分频限流软起动，根据 Ua、Ub、Uc 同步信号、发电机的发电频率及电流有效值，确定各晶闸管导通时刻和导通时间，在电动机的同步转速与实际转速的转速差等不大于转速差设定值时，闭合主回路旁路接触器，转为直接驱动。结构简单、体积小、重量轻、维护方便、性能优良、可靠性高、经济性好。

双模调制且模式平滑转换的开关电源控制方法及电路

申请（专利）号：200910059843.8　**公开日：**2010-03-10

申请人：成都诺奇尔微电子技术有限公司

发明人：郭文南

摘要：

本发明涉及一种直流开关电源的双模式运行的控制方案，用于直流稳压并提高电源轻载时的效率。在较重负载下，系统采用脉冲宽度调制（PWM）模式。轻载时，系统自动进入脉冲频率调制（PFM）模式，根据检测到的电流和负载电压，并依据相应的逻辑输出稳定的直流电压。在PFM 模式下，电源的等效开关频率随负载减轻而降低，减少了开关损耗，从而提高轻载时的效率。当负载跳变时，系统自动在 PFM 和 PWM 模式间平滑过渡，并确保输出电压的快速动态响应。在 PWM 模式下系统集成了输入电压前馈控制，增强了负载电压抗输入电压跳变的能力。本发明适用于便携媒体播放器、智能手机、负载点电源等的供电控制。

隔离变压器式多级电压输出可移动式三相稳压电源

申请（专利）号：200910180586.3　**公开日：**2010-03-10

申请人：秦山核电有限公司

发明人：马明泽　黄志军　余前军　任洪涛　王浩钧

摘要：

本发明属于稳压电源技术领域，具体涉及一种隔离变压器式多级电压输出可移动式三相稳压电源，提供一种可靠性高、能够在一定范围内自动调压，具有多级电压输出的可移动的隔离变压器式多级电压输出可移动式三相稳压电源。其特征在于：它包括补偿式稳压器和隔离变压器，隔离变压器连接在补偿式稳压器的输出端。本发明采用隔离变压器，其次级绕组带中心抽头，可输出 380V/220V/110V 三种电压，实现了多种电压等级的供电；使负荷变成不接地系统，提高了供电的可靠性。在装置的上部安装有吊耳，在装置下面安装有滚轮，使其成为一个移动的稳压供电站。

电源控制装置、电源装置的控制方法以及存储有用于使计算机执行电源装置的控制方法的程序的计算机能够读取的存储介质

申请（专利）号：200880013259.2　**公开日：**2010-03-10

申请人：丰田自动车株式会社

发明人：平泽崇彦

摘要：

电机驱动装置（100）具备第一～第三系统主继电器（SMRB、SMRG、SMRP）、限制电阻（RP）和控制装置（30）。在电机驱动装置（100）起动时，控制装置（30）基于电压 VH 来实施第一及第三系统主继电器（SMRB、SMRP）的熔敷判定。并且，控制装置（30），在判定为第一及第三系统主继电器（SMRB、SMRP）都已熔敷时，禁止其后使用电动发电机（MG1、MG2）使电容器（13）进行放电的放电处理。

单板电源智能控制的方法及系统

申请（专利）号：200910093669.9　**公开日：**2010-03-10

申请人：中兴通讯股份有限公司

发明人：万里

摘要：

本发明公开了一种单板电源智能控制的方法，包括：检测业务单板中是否有业务空闲的业务单板，如果有业务空闲的业务单板，再检测是否有网管系统下发给所述业务空闲的业务单板的电源控制指令，若有则将所述电源控制指令发送给所述业务空闲的业务单板，若没有则向所述业务空闲的业务单板发送关断电源的电源控制指令。本发明同时公开了一种单板电源智能控制的系统。本发明能使空闲业务单板关断自身的电源，达到了能源节约及避免该空闲业务单板的空耗。由于技术方案的实现利用的基本是现有网络配置，实现成本较低。

一种载板管理器及基站电源模块的单板上电控制方法

申请（专利）号：200810141805.2　**公开日：**2010-03-10

申请人：中兴通讯股份有限公司

发明人：马广宇　林彬　康红辉

摘要：

本发明为一种载板管理器及基站电源模块的单板上电控制方法，载板管理器包括信息获取状况判断模块、单板类型判断模块、单板信息判断模块、供电模块以及 PM 运行模式设置模块；所述方法包括：a. 单板插入载板槽位，CM 未获取 PM 供电配置信息时，指示 PM 为单板提供 MP；b. CM 确定单板的类型，单板为优先上电单板时，指示 PM 为单板提供 PP 并进入步骤 c，单板为非优先上电单板时，结束流程；c. CM 接收 PM 供电配置信息，PM 供电配置信息中不包含单板在所述槽位的供电配置信息时，关闭单板

的电源。本发明解决了 MicroTCA 载板初始运行阶段，接口板得不到供电导致的 CM 无法获取 PM 供电配置信息的问题。

用于通过电源信号提供设备之间握手的系统和方法

申请（专利）号： 200880014390.0　**公开日：** 2010-03-17

申请人： 苹果公司

发明人： D · 法拉尔　L · 海尔　B · 桑德

摘要：

在通信电缆和可操作来与通信电缆紧密配合的设备中提供握手电路。在设备可以使用这种通信通道的电源信号之前，两个握手电路必须通过具有降低的电压的电源信号来充分地互相识别。降低的电压使得可以给电缆插头提供安全的、受保护的功率，该功率不能对人造成损害。降低的电压也减少了在设备充分地识别自己以前设备可以从电缆接收初始电源信号的机会。从而，膝上电脑可以连接到便携式音乐播放器，但是膝上电脑提供到电缆的电源信号的电压在电缆上可以被降低，直到便携式音乐播放器的握手电路充分地执行了与电缆上的握手电路之间的握手操作。

一种电源控制装置及开关机方法

申请（专利）号： 200910180392.3　**公开日：** 2010-03-17

申请人： 中兴通讯股份有限公司

发明人： 段顶柱　刘团辉　王蔚

摘要：

本发明公开了一种电源控制装置，包括根据适配器的输出电压产生适配器供电信号的适配器供电信号产生单元，在电池供电时产生开关机信号的开关机信号产生单元，在电池供电时产生供电保持信号的供电保持信号产生单元，根据适配器供电信号、开关机信号或供电保持信号产生使能信号，控制电源芯片的上电、供电和掉电的使能信号产生单元，在电池供电时终止供电保持信号的产生的保持信号终止单元。本发明还公开了一种开机方法和关机方法。本发明的电源控制装置可以为嵌入式系统提供稳定的电源供电，并且实现了较为复杂的终端产品的开关机电源控制流程；本发明通过电路的控制实现系统的上电、供电和掉电过程，电路简单易用，成本低，可靠性高。

一种燃料电池电源管理系统

申请（专利）号： 200910013182.5　**公开日：** 2010-03-17

申请人： 新源动力股份有限公司

发明人： 王克勇　侯中军　孙德尧　陈明　孙茂喜　明平文

摘要：

一种燃料电池电源管理系统，包括燃料电池发电系统、负载和电源管理单元，电源管理单元包括低压控制器、高压控制器，启动低压电瓶、一级电压变换器、二级电压变换器、电瓶充电电路、开关 I 和开关 II，燃料电池发电系统与二级电压变换器输入端连接，二级电压变换器输出端输出三路电源：一路通过开关 II 与负载连接，第二路与高压控制器连接，第三路通过电瓶充电电路与启动低压电瓶相连；所述启动低压电瓶的输出端输出二路电源：一路通过开关 I 与低压控制器连接，另一路通过一级电压变换器和一个二极管与二级电压变换器输入端相连。本装置可以实现燃料电池发电系统在无需外部供电的条件下启动，具有实现简单、成本低和系统结构简单等优点。

并联不间断电源电路

申请（专利）号： 200810211859.1　**公开日：** 2010-03-17

申请人： 台达电子工业股份有限公司

发明人： 陆岩松　谭惊涛　陈潇　余浩　应建平

摘要：

本发明公开了一种并联不间断电源电路，包括：中性线；电池，其具正极和负极；以及多个 PFC 升压变换器。每个 PFC 升压变换器包括功率因数校正电路，功率因数校正电路包括：电感，其具有第一端和第二端，该第一端耦合到该正极；整流桥，其包括耦合到第一中点的第一和第二旁路二极管，且具有第一和第二端，其中该第一中点耦合到该电感的该第二端，且该第二端耦合到该负极；开关桥，其包括耦合到第二中点的上开关和下开关，且具有第一和第二端，其中该第一端耦合到该整流桥的该第一端，且该第二端耦合到该整流桥的该第二端；控制开关，其耦合到该第二中点的该中性线；以及逆变器。

一种电力系统广域备用电源自动投切控制方法

申请（专利）号： 200910193100.X　**公开日：** 2010-03-17

申请人： 华南理工大学　广东电网公司肇庆供电局

发明人： 余涛　黄炜　胡海峰　邓轩然　马秉伟　陈曦　陈莉莉　张艳峰　张杰明　杨海健　胡细兵

摘要：

电力系统广域备用电源自动投切广域控制方法：1）主站端采集电力系统广域状态信息和开关信息；2）主站端给出变电站负荷馈线开关动作列表；3）主站端下发负荷馈线开关动作列表；4）厂站端接收负荷馈线开关动作列表；5）厂站端检测备用电源自动投切装置（2）；6）厂站端先合上本备用电源自动投切装置电源侧的线路开关，再按照控制指令切除掉要求切除的负荷馈线，并向主站端（1）发出信息。本控制方法控制备用电源自动投切时考虑到远方备用电源侧设备的安全性，可避免电力系统事故蔓延，且不易受地方小电源干扰，不会造成误动和拒动事故，还能实现与安全控制装置协调动作，直接提高备用电源自动投切装置的利用率和变电站供电的可靠性。

一种提高电源轻载功率因数的电路

申请（专利）号： 200910153406.2　**公开日：** 2010-03-17

申请人： 英飞特电子（杭州）有限公司

发明人： 华桂潮　姚晓莉　葛良安　任丽君

摘要：

本发明公开了一种提高电源轻载功率因数的电路，包括滤波器，轻载检测电路，驱动控制电路，开关管

S1，整流桥 BD1 和功率因数校正电路，其特征在于所述的滤波器设置在整流桥 BD1 的前级或后级，并至少包括一个滤波电容；所述的轻载检测电路输出控制信号给驱动控制电路，驱动控制电路控制开关管 S1 在电路重载时导通而在电路轻载时截止，从而使滤波电容处在工作或开路状态。

具有改进的模式转换效能的切换式降压电源供应器及控制方法

申请（专利）号：200810213495.0　**公开日：**2010-03-17

申请人：立锜科技股份有限公司

发明人：冯介民　曾国隆　黄建荣　詹玮豪

摘要：

本发明提出一种具有改进的模式转换效能的切换式降压电源供应器及其控制方法。所述方法包含以下步骤：提供一个切换式电源供应器，该切换式电源供应器包括一输出驱动级，以将一输入电压转换为一输出电压，此输出驱动级于定频模式时受控于一第一脉宽调变信号，于跳频模式时受控于一第一电压信号，其中该第一脉宽调变信号根据该第一电压信号而产生；以及于跳频模式转换至定频模式时提供一第二电压作为第一电压的起始点，此第二电压接近定频模式下的第一电压的目标值。

电源供应装置及均流控制方法

申请（专利）号：200910192983.2　**公开日：**2010-03-17

申请人：旭丽电子（广州）有限公司　光宝科技股份有限公司

发明人：李景艳　赵清林　叶志红　李明珠　罗斐

摘要：

一种电源供应装置，用以提供一供应电压，该电源供应装置包含：第一谐振电路、第二谐振电路、第一转换电路及均流调节电路。第一谐振电路将一第一输入电压转换成供应电压；第二谐振电路的输出端与第一谐振电路的输出端并联且将一第二输入电压转换成供应电压；第一转换电路用以提供第一输入电压给第一谐振电路；均流调节电路根据与第一谐振电路及第二谐振电路的输出信号有关的第一误差信号，调整控制第一转换电路提供给第一谐振电路的第一输入电压，使得第一谐振电路与第二谐振电路的输出电流相同。本发明还涉及一种均流控制方法。

用于一电源转换器的初级侧反馈控制装置及其相关方法

申请（专利）号：200810215395.1　**公开日：**2010-03-17

申请人：绿达光电股份有限公司

发明人：王燕晖　林金延　洪家杰　吴继浩

摘要：

用于一电源转换器的初级侧反馈控制装置及其相关方法。该初级侧反馈控制装置包含有一控制单元、一比较器及一采样保持单元。该控制单元用来根据一反馈信号，产生一脉冲信号，以控制该电源转换器的一开关晶体管的导通及关闭状态；该比较器耦接于该电源转换器的一辅助绕组，用来根据该辅助绕组的电压电平，产生至少一控制信号；该采样保持单元耦接于该辅助绕组、该比较器及该控制单元，用来根据该比较器所输出的该至少一控制信号，产生该反馈信号。

一种市电和电池双路供电的多路输出辅助开关电源

申请（专利）号：200910192995.5　**公开日：**2010-03-17

申请人：佛山市柏克电力设备有限公司

发明人：罗蜂　潘世高　黄敏

摘要：

一种市电和电池双路供电的多路输出辅助开关电源，包括市电输入、交流-直流转换电路和反激式开关电源，市电输入经交流-直流转换电路为反激式开关电源供电，反激式开关电源输出至少一路电源，关键是：还包括电池输入、市电隔离二极管和电池隔离二极管，市电隔离二极管设置在交流-直流转换电路的输出端和反激式开关电源的供电端之间，电池输入经电池隔离二极管连接反激式开关电源的供电端。还包括市电自启动电路，设置在交流-直流转换电路的输出端和反激式开关电源的开机启动电路控制端之间。还包括电池低压关机电路，其输出端连接开机启动电路的控制端。本发明实现单相市电和电池双路供电，实现市电自启动，电池低压关机的功能。

一种可自动检测负载的开关电源低待机损耗控制电路

申请（专利）号：200910206527.9　**公开日：**2010-03-17

申请人：华南理工大学

发明人：丘东元　徐平凡　张波

摘要：

本发明公开一种可自动检测负载状态的开关电源低待机损耗控制电路，包括串接在开关电源主电路中的主开关管 Sm 及其驱动电路、负载状态自动检测电路和供电电路。主开关管 Sm 用于控制整个开关电源工作或不工作。本发明根据自动检测负载状态的结果对主开关管 Sm 进行导通或关断控制，当开关电源无连接负载时，主开关管 Sm 关断，开关电源的供电被切断，输出电压为零，实现开关电源部分零待机损耗。接入负载后，主开关管 Sm 导通，开关电源正常工作。本发明电路不需要专门的控制芯片，设计简单、成本低、自身损耗小、可靠性高，适用于各种开关电源。

用于低功率开关电源的数字脉冲频率/脉冲幅度（DPFM/DPAM）控制装置

申请（专利）号：200880008639.7　**公开日：**2010-03-17

申请人：爱萨有限公司

发明人：阿里克桑达·普罗迪克　王琨　埃米尔·帕拉扬德

摘要：

用于 DC-DC 开关转换装置的数字控制装置可以在小负

载条件下操作。控制装置可以适合用在开关模式电源中，为手持设备和其它低功率电子装置提供调整的输出电压。与数字逻辑的传播时间相比，为了产生长时间间隔，DPFM/DPAM 可以采用具有两组延迟单元和围绕所述环追赶的两个信号的环形振荡器。

一种 LED 灯泡用小型化高功率输出、隔离式驱动电源

申请（专利）号：200910182686. X　**公开日：**2010-03-17

申请人：陆群

发明人：唐克毅　陆群

摘要：

一种 LED 灯泡用小型化高功率输出、隔离式驱动电源，电源输入端与高压整流滤波电路（1）相连输出高压直流信号，其特征在于：高压直流信号与逆变电路相连输出高压高频交流信号，该信号的电压以正、反两个方向交变，并施加于高频变压器（T1）的初级绕组（N1），使磁芯中的磁通以正、反两个方向交变，从次级绕组（N2）输出高频低压交流信号，高频低压交流信号经低压整流滤波电路（5）输出低压直流信号，该低压直流信号通过线性恒流驱动电路（6）或 PWM 开关恒流驱动电路输出低压恒流电源驱动 LED 发光。由于本发明高频变压器磁芯工作于第Ⅰ、Ⅲ象限，与现有技术相比在变压器体积相同的情况下，可输出大一倍的功率；同样，在输出功率相同的情况下，其体积可大大缩小，从而达到了电源小型化和高输出的目的。

具有调光功能的电源装置及照明器具

申请（专利）号：200910171689. 3　**公开日：**2010-03-17

申请人：东芝照明技术株式会社　株式会社东芝

发明人：大武寛和　寺坂博志　西家充彦　平松拓朗

摘要：

本发明是有关于一种可实现稳定的调光控制的电源装置及照明器具。当根据调光信号产生部 31 的调光信号 k 而在 k1、k2、…k7 的范围内改变调光率时，在根据与所述调光率 k1、k2、…k7 相对应的负载特性而调光率较小的区域中，依据恒定电流特性来对发光二极管 19 ~21 进行点灯控制，随着调光率变深而使从恒定电流特性到恒定电压特性的倾向逐渐增强来对发光二极管 19 ~ 21 进行点灯控制。

控制电源的方法和装置以及具有这种装置的电源

申请（专利）号：200880020129. 1　**公开日：**2010-03-24

申请人：洛尔希焊接技术有限公司

发明人：比格尔·耶施克

摘要：

本发明涉及一种控制焊接设备、切割设备或者等离子涂层设备的电源的方法，其中，电源包括测量部和能控制的、时钟控制的功率部，并且其中，借助于测量部确定测量值，测量值表示功率部的待控制特征变量的数值，并且其中应用测量值来控制功率部。为了这样进一步改进该方法，即，在短时间内能够确定待控制的特征变量的数值，而根据本发明提出，从预定初始值开始关于预定积分时间对与功率部的待控制的特征变量相关联的测量变量进行至少近似的积分，并且根据由此得到的积分值确定测量值，积分时间的时长相应于时钟控制的功率部的一个或者多个时钟周期，并且连续重复该过程。此外本发明还提出执行所述方法的装置以及具有这种装置的电源。

诊断由间歇电源供电的单机系统中的有缺陷元件的方法

申请（专利）号：200880015718. 0　**公开日：**2010-03-24

申请人：原子能委员会

发明人：安托万·拉布鲁尼　西尔维·吉尼斯

摘要：

该诊断方法应用到包括发电机、功率调节器和能量存储元件的单机系统。该方法包括分别比较（F2，F22）能量存储元件的功率或真实充电电流（Pbatt/Ibatt）和预定义的功率或电流阈值。如果该真实充电功率或电流（Pbatt/Ibatt）小于所述阈值，则使得能量存储元件断开连接（F3，F23）。然后通过比较（F8，F13）该真实充电功率（Pbatt）、与代表能量存储元件的理论充电功率（Pthbatt）和发电机能够传递的最大功率（Pmpp）的值中的最小值（F7），并通过比较真实（Ubatt）和理论（Uthbatt）充电电压（F10），或通过比较真实（Ibatt）和理论（Ithbatt）充电电流（F26），来检测异常行为。

电源适配器和负载的双向控制

申请（专利）号：200880014133. 7　**公开日：**2010-03-24

申请人：惠普开发有限公司

发明人：T·P·索耶斯

摘要：

一种系统包括计算机和外部电源适配器，所述外部电源适配器被配置为连接所述计算机，为所述计算机提供电源。所述计算机包括计算机控制电路，其生成提供给所述外部电源适配器并且使得外部电源适配器输出电压改变的计算机控制信号。所述外部电源适配器包括适配器控制电路，其生成提供给所述计算机并且使得所述计算机改变功率提取的适配器控制信号。所述计算机和适配器控制电路在共用导体上产生控制信号，该共用导体连接所述计算机和所述外部电源适配器。

电源系统及组电池的控制方法

申请（专利）号：200780053266. 0　**公开日：**2010-03-24

申请人：松下电器产业株式会社

发明人：青木护　杉山茂行　铃木刚平

摘要：

本发明提供一种电源系统以及组电池的控制方法。电源系统包括：串联连接有多个电池，从该电池的串联电路向设备供电的组电池；被发电的电力并列地供给到并联连

接的所述组电池及所述设备的发电机；对所述多个电池分别进行强制放电的多个强制放电部；检测所述各电池的状态的电池状态检测部；以及当通过所述电池状态检测部检测出所述多个电池中的至少其中之一处于表示该电池未达到满充电的第1状态时，通过所述强制放电部，让被检测出处于该第1状态的电池放电，直至通过所述电池状态检测部检测出其已达到充电深度低于所述第1状态的第2状态为止的控制部。

单元电池及电源

申请（专利）**号：**200880019457. X　**公开日：**2010-03-24

申请人：丰田自动车株式会社

发明人：土屋宪司

摘要：

一种电池（2），该电池包括与壳体（20）中的孔（26）相适配的绝缘部件（40）以及电极端子（60、70），各电极端子贯通绝缘部件（40）并延伸到壳体（20）之外。绝缘部件（40）包括：将各电极端子（60、70）与孔（26）的内表面隔离并封闭各电极端子（60、70）与所述内表面之间的界面的第一绝缘部（42）；以及在绝缘部（40）的外端部沿各电极端子（60、70）的表面形成的第二绝缘部（48）。

电源系统、具备该电源系统的车辆以及充放电控制方法

申请（专利）**号：**200880020396. 9　**公开日：**2010-03-24

申请人：丰田自动车株式会社

发明人：饭田隆英

摘要：

车辆首先开始在EV行驶模式下行驶（时刻t1）。在此，当产生对第一蓄电部的复位要求（SOC1复位要求）时，以使第一蓄电部积极地放电的方式进行电流控制。在变为能够由外部电源进行充电的状态的时刻t2以后，复位对象的第一蓄电部的放电电流被维持在一定电流值，并且不是复位对象的第二蓄电部以至少包含第一蓄电部的放电电流的充电电流被充电。然后，当在时刻t3在第一蓄电部的电池电压（放电电压）上出现特征点时，在该时刻t3的定时，第一蓄电部的SOC的推定值被复位为预先确定的基准值。

车辆的电源装置

申请（专利）**号：**200880018687. 4　**公开日：**2010-03-24

申请人：丰田自动车株式会社　株式会社丰田自动织机

发明人：饭田隆英

摘要：

车辆的电源装置具备：相对于主负载（14、22）电并联设置的第一电池和第二电池（B1、B2）；设置在第一电池（B1）与主负载之间的升压转换器（12A）；设置在第二电池（B2）与主负载之间的升压转换器（12B）；辅机电池（B3）；DC/DC转换器（33）；辅机负载（35），其由来自辅机电池（B3）或DC/DC转换器（33）的电力进行驱动。控制装置（30）以反映流向辅机负载（35）的电流变动的方式来确定对于电池（B1、B2）的充电电流或放电电流。由此，能够提供降低了对于多个蓄电装置的充放电的偏差的车辆的电源装置。

智能电源供应方法和系统

申请（专利）**号：**200780053137. 1　**公开日：**2010-03-24

申请人：黄金富

发明人：黄金富

摘要：

一种智能电源供应方法和系统，由电源控制装置（2）根据用电设备（3）所需的负载电源，向电源供应装置（1）发出负载电源信息，然后由电源供应装置（1）输出负载电源信息所指定的电压、电流和极性的负载电源，使得不同的用电设备可以使用同一个电源供应装置。

控制并联备用电源的方法以及具有并联备用电源的装置

申请（专利）**号：**200880014664. 6　**公开日：**2010-03-24

申请人：皮勒集团有限公司

发明人：F·赫贝纳　O·珀舍尔

摘要：

每个并联备用电源（2）在输入侧以可断开的方式经由扼流线圈连接至AC电源（5），并且在输出侧连接至共用负载总线（4），并且由所述并联备用电源（2）供应的功率是独立可变的，在所述AC电源发生故障的情况下至少将受所述故障影响的所述并联备用电源（2）与所述AC电源（5）断开，并且在所述AC电源恢复之后将所述并联备用电源（2）依次重新连接至所述AC电源（5）。在这种情况下，为了使得由所述不同备用电源（2）供应的功率彼此匹配，当一些备用电源（2）在输入侧连接至所述AC电源（5）而其他备用电源（2）在输入侧没有连接至所述AC电源（5）时，确定所述AC电源（5）和所述负载总线（4）之间的相位角（$\Delta\phi$），并且根据该相位角（$\Delta\phi$）调节由还没有重新连接至所述AC电源（5）的每个备用电源（2）供应的功率。

万用直流电源供电装置

申请（专利）**号：**200810149315. 7　**公开日：**2010-03-24

申请人：余昌翰　余冠良　余佩珊　余韦德　余佩玲　李静霞

发明人：余昌翰　余冠良　余承峰

摘要：

本发明提供一种万用直流电源供电装置，为一种插座与插头的设计，包含：直流转换插座、电压插头，该电压插头附于各种电子产品上；使用电池或由市内交流电源经整流转接器而提供直流电送入直流转换插座的输入端，直流转换插座的输出端与电压插头连接，于是使各种电子产品都可以借本发明万用直流电源供电装置配合任一交流电

源而使用。

电源系统、具备该电源系统的车辆、电源系统的控制方法以及存储有用于使计算机执行该控制方法的程序的计算机能够读取的存储介质

申请（专利）号：200880018541. X **公开日：**2010-03-24

申请人：丰田自动车株式会社

发明人：市川真士

摘要：

下限值设定部（52），在比蓄电装置的电压（Vb1、Vb2）之中的最大值高、且不受设置于转换器的死区时间的影响的电压的范围内，根据温度（Tb1、Tb2）和要求电力（Pb1*、Pb2*）来对目标电压（Vh*）的下限值（Vth）进行可变设定。最大值选择部（53），将蓄电装置的电压（Vb1、Vb2）和电动发电机的要求电压（Vm1*、Vm2*）之中的最大值作为目标电压进行设定。目标电压设定部（54），比较目标电压与下限值（Vth），当目标电压低于下限值（Vth）时，将下限值（Vth）设为目标电压（Vh*）。

开关模式电源

申请（专利）号：200810149319. 5 **公开日：**2010-03-24

申请人：比亚迪股份有限公司

发明人：王蒙 杨小华

摘要：

提供了一种开关模式电源，包括整流滤波器（1）、控制器（2）、开关管（3）和变压器（4），变压器（4）的初级线圈（41）连接到开关管（3）的一端，开关管（3）的另一端连接到控制器（2）的电流检测端，整流滤波器（1）的输出端连接到控制器（2）的电源输入端，控制器（2）的驱动波形输出端连接到开关管（3）的控制端，控制器（2）用于根据输入的反馈电压输出驱动波形来控制开关管（3）的通断，以稳定次级线圈（42）输出的电压或电流，其中，变压器（4）的辅助线圈（43）连接到控制器（2）的电压输入端以输入反馈电压。本发明提供的开关模式电源，由于采用从辅助线圈反馈电压的方法，具有电路简单、环路稳定性好的优点。

具有可更换零件的密码识别式自带电源电动手术器械

申请（专利）号：200880012925. 0 **公开日：**2010-03-31

申请人：爱惜康内镜外科公司

发明人：凯文·史密斯 托马斯·贝尔斯 德里克·德维尔 卡洛斯·里韦拉 马修·帕尔默

摘要：

一种手术器械包括具有接收部分的端部执行器，接收部分用于可拆卸地接收可更换零件。接收部分有通信接头。连接到端部执行器的手柄推动端部执行器。手柄有与通信接头电气连接的控制器，以用于鉴别置于端部执行器的可更换零件。可更换零件可拆卸地连接到接收部分，并且有加密装置，当所述零件位于接收部分时所述加密装置与所述通信接头可拆卸地电气连接。所述加密装置在被所述电气控制器询问时鉴别所述可更换部分。

焊接电源

申请（专利）号：200880019943. 1 **公开日：**2010-03-31

申请人：埃萨布公司

发明人：佩尔·拉伯格 托马斯·卡尔松 汉内斯·勒夫格伦 佩尔·廷奥

摘要：

本发明描述了一种用于向焊接电极（2）供应电流的焊接电源（1）以及用于控制该焊接电源的方法和计算机程序。焊接电源（1）包括用于输出来自焊接电源（1）的电流的输出端（3）以及用于控制焊接电源（1）的控制单元（9）。控制单元（9）布置成控制焊接电源（1），以使电流以一系列交替的具有正顶值（Imax+）的正电流脉冲（11）和具有负顶值（Imax）的负电流脉冲（12）的形式供应到输出端（3），并在正电流脉冲（11）与负电流脉冲（12）之间的切换之前，使电流脉冲中的电流分别从负顶值（Imax）和正顶值（Imax+）降低到负切换值（Ix-）和正切换值（Ix+）。控制单元（9）布置成依据来自输出端的电流和第一设定值控制焊接电源（1），至少与下列各项之一有关：降低电流脉冲中的电流的时间点以及负切换值（Ix-）和正切换值（Ix+）中的至少一个的水平。

车辆用电源装置和其中的蓄电装置的充电状态推定方法

申请（专利）号：200880020650. 5 **公开日：**2010-03-31

申请人：丰田自动车株式会社

发明人：市川真士

摘要：

本发明提供一种车辆用电源装置，具备：电池（B1、B2）；充电装置（充电器（6）、升压转换器（12A、12B）、变换器（14、22）），其被构成为能够进行内部充电动作和外部充电动作，所述内部充电动作是利用由电动发电机（MG1、MG2）发电产生的电力来进行充电，所述外部充电动作是与车辆外部的电源（8）连接来进行充电；以及控制装置（30），其对电池（B1、B2）的充电状态进行检测，并且进行充电装置的控制。控制装置（30）执行第一推定处理和第二推定处理，所述第一推定处理是在内部充电动作时推定充电状态，所述第二推定处理是在外部充电动作时推定充电状态。

运输系统的电源设备

申请（专利）号：200880022937. 1 **公开日：**2010-03-31

申请人：通力股份公司

发明人：佩卡·贾科南

摘要：

本发明一种涉及运输系统的电源设备（14），所述电源设备包括：电机的电力整流器（power rectifier）（1）、AC电压电路（8）、控制电压电路（13）、安全设备（10）的

电源电路（7），以及安装在 AC 电压电路和控制电压电路之间的 AC/DC 变换器（9），其适于：将电力从 AC 电压电路（8）供给控制电压电路（13）和电力整形电路（power shaping circuit）（4）。

电源装置

申请（专利）号：200880022640.5 **公开日**：2010-03-31

申请人：精工电子有限公司

发明人：柳濑考应 石曾根升 玉地恒昭 尾崎彻 皿田孝史 让原一贵 岩崎文晴

摘要：

本发明的电源装置具备：使多个电源单元电气上独立而构成的组电源；通过切换元件选择性地将电源单元的端子之间连接起来，从而任意地将各电源单元连接起来的切换器；分别检测电源单元的端子间的电位差的电压检测器；使向负载供给的电压稳定的电压调整器；检测向负载供给的负载电流的电流检测器；根据电压检测器检测出的电压信号、基于负载的消耗功率和组电源的输出功率形成的控制信号，控制切换器，控制切换元件的 ON/OFF 状态的控制器。

用于电源连接器的端子、电源连接器以及电源连接器组件

申请（专利）号：200810160893.0 **公开日**：2010-03-31

申请人：凡甲电子（苏州）有限公司 凡甲科技股份有限公司

发明人：郑义宏 刘阔正

摘要：

本发明关于一种用于电源连接器的端子，所述端子包括一对相对设置且间隔预定距离的壁。根据本发明的建议，所述端子还包括桥接所述一对壁的前端的端子防护结构。本发明还提供一种包含这种端子的电源连接器以及电源连接器组件。

用于自动调节三相电源的电压的变压装置

申请（专利）号：200880000292.1 **公开日**：2010-03-31

申请人：益富株式会社

发明人：岛津智幸 常见晟治

摘要：

一种自动调节三相电源的电压的变压装置，包括三个输入端子、三个输出端子、Y 型连接三相变压器、开关组和开关切换电路。三个输入端子分别连接到三相电源的三条主线，而三个输出端子连接到负载设备。Y 型连接三相变压器包括铁芯、R 相绕组电路、S 相绕组电路和 T 相绕组电路。在 R 相绕组电路中，R 相主绕组、R 相第一辅绕组、R 相第一开关、R 相第二辅绕组和 R 相第三辅绕组以该顺序串联连接于输入端子 Rin 与中性点 O 之间，输出端子 Rout 连接到 R 相主绕组的另一端。R 相第二开关与 R 相第一辅绕组和 R 相第一开关的串联电路并联连接。R 相第三开关与 R 相第一辅绕组、R 相第一开关和 R 相第二辅绕组的串联电路并联连接。R 相第四开关与 R 相第二辅绕组和 R 相第三辅绕组的串联电路并联连接。开关切换电路基于输出端子的电压电平来控制开关，以便以交替方式在第一模式至第四模式之间切换。

电源系统、电源系统的电力供给控制方法及其电力供给控制程序

申请（专利）号：200880021316.1 **公开日**：2010-03-31

申请人：松下电器产业株式会社

发明人：饭田琢磨 木村忠雄

摘要：

本发明提供的电源系统（10）包括：向负荷装置（200）提供电力的电源装置（100）；在电源装置（100）停止时，代替电源装置（100）向负荷装置（200）提供电力的蓄电装置（300）；以及监视蓄电装置（300）的状态，通过检测蓄电装置（300）的异常状态来控制从蓄电装置（300）向负荷装置（200）的电力供给的电力供给控制装置（500），其中，电力供给控制装置（500）当取得预测电源装置（100）的停止的灾害信息时，通过缩短监视蓄电装置（300）的状态的监视周期，在电源装置（100）停止时，可以可靠地监视蓄电装置（300）的状态，因此可使备份功能尽可能长时间地持续。

固定工作时间控制的多相电源转换器的控制电路及方法

申请（专利）号：200810169861.7 **公开日**：2010-03-31

申请人：立锜科技股份有限公司

发明人：李忠树 黄建荣 郑仲圣

摘要：

一种固定工作时间控制的多相电源转换器的控制电路，所述控制电路包括一误差放大器，一加法器，一调节器，一工作时间产生器和一最小电流比较器，其特征在于：所述误差放大器，检测所述输出电压产生一第一误差信号；所述加法器，结合所述多个信道中的信道电流产生一总合信号用以调节所述第一误差信号产生一第二误差信号；所述调节器，根据所述第二误差信号及一锯齿波信号产生一调节信号；所述工作时间产生器，根据所述调节信号产生一控制信号驱动所述多个信道其中一个选定信道；所述最小电流比较器，检测所述选定信道中的信道电流以决定是否使能所述工作时间产生器。

多输出开关电源装置

申请（专利）号：200880023700.5 **公开日**：2010-03-31

申请人：三垦电气株式会社

发明人：京野羊一

摘要：

多输出开关电源装置具备：通过接通/关断第 1 开关元件（Q1），调整对变压器的一次线圈施加直流电压的时间的控制电路；对变压器的第 1 二次线圈中产生的电压进行整流滤波来取出第 1 输出电压的第 1 整流滤波电路；与一

端与整流滤波电路的输出端子连接的开关元件（Q2）的另一端连接，对在变压器的第2二次线圈的另一端产生的电压进行整流滤波来取出第3输出电压的第3整流滤波电路；以及根据变压器的第1二次线圈中产生的电压、第2输出电压以及第3输出电压，调整开关元件（Q2）的接通/关断的时间的控制电路（13）。

多输出开关电源装置

申请（专利）号： 200880019649.0 **公开日：** 2010-03-31

申请人： 三垦电气株式会社

发明人： 京野羊一

摘要：

本发明提供一种多输出开关电源装置，其具有：电压产生电路（Q1，Q2，T1a，10a），其通过使直流电源（1）间断来产生脉冲电压；串联共振电路，其具有电流共振电容器（Cri2）、变压器（T2）的一次绕组（P2）和开关元件（Q3），通过电压产生电路产生的脉冲电压被施加到该串联共振电路；整流平滑电路（D2，C2），其对变压器的二次绕组（S2）中产生的电压进行整流平滑，从而取出直流输出电压；以及控制电路（11），其根据所述直流输出电压使开关元件接通和断开。

开关电源

申请（专利）号： 200810148821.4 **公开日：** 2010-03-31

申请人： 比亚迪股份有限公司

发明人： 彭应葱

摘要：

提供了一种开关电源，该开关电源包括电感L1、输入单元（1）、控制芯片（4）、变压器（5）、电流反馈单元（6）、电压反馈单元（7）、开关管（10）以及输出单元（9），其中输入电压连接电感L1的一端，电感L1另一端连接所述输入单元（1），控制芯片（4）电连接到输入单元（1）开关管（10）、电流反馈单元（6）以及电压反馈单元（7），电流反馈单元（6）与开关管（10）连接，电压反馈单元（7）与输出单元（9）电连接，变压器（5）与输入单元（1）、电流反馈单元（6）、控制芯片（4）以及输出单元（9）耦合。

一种有源卡电源通断控制装置

申请（专利）号： 200910190577.2 **公开日：** 2010-04-14

申请人： 深圳市旺龙智能科技有限公司

发明人： 李标彬　黄永康　符文平　黄诚　龚小辉

摘要：

本发明所要解决的技术问题是提供一种便于用户使用，能够解决停车场中安全问题和管理问题，并能够节约电力消耗的有源卡电源通断控制装置。对此提供一种有源卡电源通断控制装置，包括如下功能模块：电源模块（100），用于为该有源卡电源通断控制装置提供电源；无线识别模块（300），用于收发无线身份识别信息；以及，电源控制模块（200），用于控制所述电源模块（100）和所述无线识别模块（300）的通断。

传真机电源专用插座

申请（专利）号： 200910167862.2 **公开日：** 2010-04-14

申请人： 陈清尧

发明人： 陈清尧

摘要：

本发明公开了一种传真机电源专用插座，其电路结构特征在于：包括信号接收电路、控制电路、+12V供电电源和传真机电源插座；信号接收电路由电话线、二极管D1、传真机和光耦G组成；控制电路由三极管VT1、VT2、集成电路块N1、外围阻容器件和继电器J组成；+12V供电电源由开关K1、变压器T、整流器ZL、集成电路块N2、滤波电容器C4、C5和指示灯LED2组成；传真机电源插座由插头BU、直通开关K2和三孔插座S组成；当传真机插接在插座S上，传真机处于待机状态时电源断开，有来电信号或发送传真时电源自动接通，不影响正常接收和发送图文，既缩短传真机的待电时间节省电能，还可减少被雷电击坏的机会。

一种用于开关稳压电源控制器的环路补偿电路

申请（专利）号： 200910167916.5 **公开日：** 2010-04-14

申请人： 电子科技大学

发明人： 甄少伟　罗萍　周泽坤　吴惠明　陈君

摘要：

一种用于开关稳压电源控制器的环路补偿电路，属于电子技术领域，涉及一种应用于功率集成电路中PWM控制模式的开关稳压电源控制器的环路补偿电路。本发明提出的环路补偿电路包括相位超前补偿单元电路和低频增益单元电路，其中相位超前补偿单元电路实现相位超前补偿，通过运算放大器OP1、电阻R1、R2和电容C1实现，相位超前的度数即是开关稳压电源控制环路的相位裕度；低频增益单元电路为开关稳压电源提供低频增益，通过运算放大器OP2、电阻R3和R4实现，从而保证变换器较小的稳态误差。本发明可采用较小的电容和电阻实现环路补偿，有利于实现整个开关稳压电源的单芯片集成，可提高开关稳压电源的可靠性，并节约开关稳压电源的成本。

超小型自激式光电倍增管专用高压模块电源

申请（专利）号： 200910070816.0 **公开日：** 2010-04-14

申请人： 天津市东文高压电源厂

发明人： 刘云滨　殷生鸣　于亮

摘要：

本发明涉及一种用于光谱学、质量光谱学与固体表面分析、环境监测、生物技术及医疗应用等方面仪器设备中的超小型自激式光电倍增管专用高压模块电源，它包括封装在壳体内的电源电路，电源电路上焊接有数根引针，电源电路包括辅助电路、振荡电路、过流保护电路、倍压整流电路、滤波电路、电压采样电路、电压反馈电路及基准电路，本发明的有益效果是：高稳定度，很低的EMI和输出纹波；输入电压范围宽；温漂小，长期稳定性好；外形尺寸小，重量轻，易于安装。

无线网卡电源管理电路及具有所述电路的无线上网终端

申请（专利）号：200910229628.8 **公开日**：2010-04-21
申请人：青岛海信移动通信技术股份有限公司
发明人：张鹏 陈香雷
摘要：

本发明公开了一种无线网卡电源管理电路及具有所述电路的无线上网终端，包括一颗对输入电流具有限制功能的DC/DC稳压器，所述DC/DC稳压器的输入引脚连接电源接入端，DC/DC稳压器的输出引脚连接至上网卡的后续功能电路，为后续功能电路提供工作电源。本发明的无线网卡电源管理电路结构简单，电源转换效率高，系统整体功耗低，所用器件少，走线简单，成本低，电路板的空间占用面积少，从而可以有利于无线上网终端的小型化设计，且能够稳定可靠地对连接使用所述无线上网终端的电脑进行保护。

一种降低芯片电源焊盘键合引线上电流的方法

申请（专利）号：200910197804.4 **公开日**：2010-04-21
申请人：上海宏力半导体制造有限公司
发明人：何军
摘要：

本发明提供了一种降低芯片电源焊盘键合引线上电流的方法，所述芯片上设有多个电源焊盘以及多个置于所述芯片四角用于缓解芯片应力的虚拟焊盘，所述电源焊盘和所述虚拟焊盘皆连接电源总线，且通过键合引线与引线框架电连接。本发明降低了每根键合引线上的电流，因此减少了键合引线上的电感，降低了因电感引起的噪音，而且整个键合工艺较易实现，没有额外的占用芯片的面积。

微电网光伏微电源控制系统

申请（专利）号：200910044611.5 **公开日**：2010-04-21
申请人：湖南大学
发明人：罗安 彭双剑 于力 吕志鹏 兰征 吕文坤 蔡平 康珍 周贤正
摘要：

本发明公开了一种微电网光伏微电源控制系统，包括通过固态开关STS分别接入微电网和负荷的光伏微电源主电路及通过驱动板与光伏微电源主电路连接的光伏微电源控制器，所述光伏微电源控制器包括：最大功率点跟踪控制模块、有功和无功功率计算模块、蓄电池充放电控制模块、功率角控制模块、无功功率-电压控制模块和PWM生成器。本发明所述微电网光伏微电源控制系统专门针对光伏微电源并网微电网进行控制，保证其稳定性，从而有效实现高效、环保和优质供电的微电网，对大电网起到有益补充。

一种双电源切换开关

申请（专利）号：200910213503.6 **公开日**：2010-04-28
申请人：江苏大全凯帆电器有限公司
发明人：张金泉 马建亚 郭锴钒
摘要：

本发明涉及一种双电源切换开关，其包括两开关机构以及进行两开关机构切换开合闸的动触头操作机构，且两开关机构对称地设置设置于动触头操作机构两侧，通过动触头操作机构的不同旋转方向实现其中一开关机构动触头组与静触头的合闸，而另一开关机构动触头组与静触头的开闸，另外，动触头上设置有上、下两个动触点，则静触头包括用于与上、下两个动触点对应开合闸的上下两个静触头，且下静触头为弯杆，通过设定该弯杆的下静触头水平段和下静触头倾斜段的角度范围为100°～130°，实现开关机构开闸时双分断，因此，本发明不但能有效地提高PC级双电源的转换速度，而且能实现动触头双分断，增强动触头触点的灭弧能力，提高产品安全系数。

一种开关电源的保护装置及方法

申请（专利）号：200910223800.9 **公开日**：2010-04-28
申请人：中兴通讯股份有限公司
发明人：阎建法
摘要：

本发明公开了一种开关电源的保护装置及方法，通过设计一个保护电路，将变压器的其中一个输出绕组VCC作为保护电路的供电电源，并将保护电路中晶闸管电路的输出端通过控制器件与PWM芯片的VCOMP端相连；VCC设置为无反馈稳压功能，随输出负载的增大而增大，当VCC的电压大于保护电路中稳压管的击穿电压时，稳压管反向导通，晶闸管电路进入深度饱和状态，控制器件导通，使VCOMP端降为低电平，PWM芯片停止工作，从而使开关电源停止工作。采用本发明所提供的装置及方法，通过一个保护电路不仅可以实现对开关电源的锁定保护，还大大降低了成本，具有实际应用价值。

隔离主直流系统分支电源一极接地故障电路结构

申请（专利）号：200910174449.9 **公开日**：2010-04-28
申请人：江苏省电力公司无锡供电公司
发明人：何有钧 何光华 赵东升
摘要：

本发明涉及一种隔离主直流系统分支电源一极接地故障电路结构，其利用分路继电器使分路主、备电源二极管并列运行，确保电源可靠性，利用备用电源高主电源5V和正或负极短路继电器接点短路正或负极并列二极管，逼使点第n回路负或正极并列二极管截止；彻底分时隔离主直流系统每一分支回路电源一极接地故障，从而为每一分支回路对地绝缘电阻监测作隔离功能。其优点是：为每一分支回路高灵敏度和高精度测量对地绝缘电阻奠定基础，从而达到用全直流方法，全面的在线监测直流系统绝缘。

多模式工作UPS电源

申请（专利）号：200910174461.X **公开日**：2010-04-28
申请人：佛山市柏克电力设备有限公司

发明人：罗蜂 潘世高 黄敏

摘要：

一种多模式工作UPS电源，包括市电输入、蓄电池、整流器、逆变器，旁路静态开关、逆变静态开关、MCU单片机控制电路、外部输入电路、外部输出电路，市电输入一路依次经整流器、逆变器、逆变静态开关至交流输出，另一路经旁路静态开关至交流输出，蓄电池连接在整流器输出端和逆变器输入端的连接点，MCU单片机控制电路输出旁路静态开关控制信号至旁路静态开关、输出逆变静态开关控制信号至逆变静态开关、输出逆变器控制信号至逆变器，输出工作状态数据信号至外部输出电路，输入市电输入采样信号、输入外部输入电路输入的信号。本发明克服现有UPS电源只有单一双变换在线工作模式的不足，提出一种具有多种工作模式的供电电源。

大功率开关电源过热、过压保护时降额电路和方法

申请（专利）号：200910185587.7 **公开日**：2010-04-28

申请人：安徽正鑫厨房科技有限公司

发明人：林勇 刘杰

摘要：

本发明公开了一种大功率开关电源过热、过压保护时降额电路和方法，通过采集正在运行的大功率开关电源的电压和温度信号，并与设定的电压和温度保护值进行比较，如果正在运行的被测大功率开关的电压和温度采样信号值分别大于设定的电压和温度保护值，即出现过热或过压保护时，则以原有工作功率的10%作为降额，逐步降低正在运行的大功率开关电源的实时工作功率，直到不再出现过热或过压保护为止。本发明在出现过热或过流保护时，采用降额方法，在不影响大功率开关电源的工作前提下，实时保护了大功率开关电源，明显提高了大功率开关电源的使用实效。

单板电源供电方法及电路

申请（专利）号：200910223607.5 **公开日**：2010-05-05

申请人：中兴通讯股份有限公司

发明人：张国胜

摘要：

本发明公开了一种单板电源供电方法及电路。上述方法应用于包括单板电源模块、至少一个功耗电路的单板，该方法包括：单板电源模块分别对至少一个负载进行供电，其中，单板电源模块分别与至少一个功耗电路中的每个功耗电路串联连接，且每个功耗电路的输出端分别连接至至少一个负载中的一个负载。根据本发明提供的技术方案，可以减少单板电源芯片数量，节约PCB面积、降低单板成本。

功率因子校正控制器及其控制方法与其应用的电源转换器

申请（专利）号：200910193346.7 **公开日**：2010-05-05

申请人：旭丽电子（广州）有限公司 光宝科技股份有限公司

发明人：赵清林 李明珠 叶志红 唐雪锋 郭新 冯宇丽

摘要：

一种功率因子校正控制器，是应用于一电源转换器中的一临界导通模式的功率因子校正电路。其依据电源转换器的一输出电压来产生一控制电压，并且设计一第一临界值来检测控制电压，以依据负载程度的差异来控制功率因子校正电路工作于不同的特定模式，从而减少电源转换器在轻载和空载时的损耗，并且提高能量传输效率。

一种可实现多种输出电压波形的电镀电源电路

申请（专利）号：200910246074.2 **公开日**：2010-05-05

申请人：华南理工大学

发明人：张波 张桂东 肖文勋 丘东元

摘要：

本发明提供一种可实现多种输出电压波形的电镀电源电路。本发明以电感、第一开关管和储能电容作为Buck-Boost电路环节；以第一开关管和第二开关管、储能电容和变压器作为推挽逆变电路环节。Buck-Boost电路环节和推挽逆变电路环节共用第一开关管，构成单相升降压推挽逆变电路，降低了成本，降低控制电路的复杂性，提高电路的可靠性。本发明通过Buck-Boost电路环节的调制，提高逆变电路的输出电压调节范围，适用于宽输出交流电压范围的应用场合。本发明的输出电压波形由正高电平、正低电平和负电平三种电平组成，这三种电平的脉冲宽度与幅值均可调，可以满足部分特殊电镀工艺所需要的多种电压波形。

LED照明灯电源控制器的高效低耗供电电路

申请（专利）号：200910228575.8 **公开日**：2010-05-05

申请人：天津市数通科技有限公司

发明人：丛严修

摘要：

一种LED照明灯电源控制器的高效低耗供电电路，从220V交流电经整流后的220V直流电由LED照明灯和电阻、二极管串联电路分压，从LED照明灯和电阻、二极管串联电路上截取20V电压作为LED灯恒流驱动电路的电源，再将LED灯恒流驱动电路的输出恒流20V电压叠加到供给LED照明灯的从220V直流分压得到的20V电压上。该控制器的智能芯片的电源供电电路无效耗能少，器件发热低，不浪费电能，不产生辅助热损耗，寿命长，总功效高。

LED电源

申请（专利）号：200910246193.8 **公开日**：2010-05-05

申请人：刘大银

发明人：刘大银

摘要：

一种LED电源，包括：整流电路，所述整流电路的一输出端连接于一第一场效应晶体管的漏极和一第一电阻，所述第一场效应晶体管的漏极和栅极之间连接一第二电阻，

所述第一电阻的另一端连接于一第一齐纳二极管的阴极，所述第一齐纳二极管的阳极连接于一第二齐纳二极管的阴极、一第三电阻的一端、一第一双极结型晶体管的基极，所述第一场效应晶体管的栅极和所述第一双极结型晶体管的集电极连接；所述第一场效应晶体管的源极连接于一恒流源电路的一输入端，所述恒流源电路的另一输入端、所述第一双极结型晶体管的发射极、所述第三电阻的另一端、所述第二齐纳二极管的阳极同时连接于所述整流电路的另一输出端。本发明具有较长的使用寿命。

补充电源系统

申请（专利）号：200910147302.0　**公开日：**2010-05-12

申请人：日产自动车株式会社

发明人：出口慎一

摘要：

本发明涉及一种补充电源系统，其中多个DC/DC转换器（5，6和7）并联连接并基于辅助负载（11和12）所使用的电功率量改变要启动的DC/DC转换器（5，6和7）的数量。此外，基于预定的顺序依次启动DC/DC转换器（5，6和7）。

一种电源冗余备份方法和装置

申请（专利）号：200910224818.0　**公开日：**2010-05-12

申请人：成都市华为赛门铁克科技有限公司

发明人：周誉

摘要：

本发明实施例公开了一种电源冗余备份方法和装置。其中方法的实现方式为：检测为用电系统供电的供电电源的工作状态；若所述供电电源故障，将备用电源接入所述用电系统为所述用电系统供电；在备用电源接入所述用电系统为所述用电系统供电之前，通过缓冲电源为所述用电系统供电。上述技术方案由于在供电电源故障后备用电源接入用电系统为用电系统供电，实现了电源冗余备份，并且在电源正常的情况下只有一组电源为用电系统供电，这样电源就能够处于较高的负载下工作，从而提高了电源的供电效率。

一种EMI滤波电路及使用该滤波电路的LED电源驱动电路

申请（专利）号：200910107326.3　**公开日：**2010-05-12

申请人：海洋王照明科技股份有限公司　深圳市海洋王照明技术有限公司

发明人：周明杰　陈清桥

摘要：

本发明涉及一种用于接收输入交流电的整流桥（100）和用于接收整流后的直流电压的后级模块（200），还包括连接在所述整流桥（100）和所述后级模块（200）之间用于EMI滤波的第一共模滤波模块（300）。本发明还涉及使用该滤波电路的LED电源驱动电路。实施本发明的EMI滤波电路和LED电源驱动电路，只需使用一级共模电感就可达到理想EMI滤除效果，因此电路设计简单，用到的器件较少；并且由于将共模电感的位置放到整流桥的后面和后级模块的前面，因此降低了共模电感的温度，并且可以使得后级模块的电容与共模电感组合，加强了滤波效果。

一种LED灯具的电池电源控制方法及系统

申请（专利）号：200910107070.6　**公开日：**2010-05-12

申请人：海洋王照明科技股份有限公司　深圳市海洋王照明工程有限公司

发明人：周明杰　王之孟　廖启博

摘要：

本发明涉及一种LED灯具的电池电源控制方法及系统，该方法包括：通过微处理器内置或外接的模数转换器采样电源电压值，并对采样电源电压值进行滤波处理；如果处理后电源电压值低于预设的下限值，发出相应占空比和频率的脉宽调制信号；LED灯根据脉宽调制信号发出相应的光。该系统中包括对电池电源电压进行采样，并对所述采样电源电压值进行滤波处理的电压检测模块。灯具在通电时，使用电压检测模块实时检测电池电源电压，当所检测到的电源电压低于预设值时，通过发出相应占空比和频率的脉宽调制信号来控制LED灯发出相应的光，以提示使用者及时充电，而不至于在电池电量耗光时使用者才去充电，从而延长了电池的寿命。

应用于LCD超高亮LED直下式背光模组大功率驱动电源

申请（专利）号：200910189644.9　**公开日：**2010-05-12

申请人：超亮显示系统（深圳）有限公司

发明人：韩心海

摘要：

本发明公开了一种应用于LCD超高亮LED直下式背光模组大功率驱动电源，主要包括如下模块组成：主机MCU模块、LED背光驱动模块、温度传感器、亮度传感器、RS232串口通讯模块，所述的主机MCU模块内置有ADC转换器和硬件PWM发生器；主机MCU模块把环境亮度和背光温度结合来改变PWM参数输出给LED背光驱动模块，然后主机MCU模块通过RS232串口通讯模块把PWM参数等数据发送给从机，从机根据这些数据来改变PWM参数输出给从机的LED驱动背光模块。本发明驱动LED矩阵背光达到设计的背光超高亮度，实现良好的均匀度和亮度一致性可调，满足户外阳光下等特殊场合的显示要求。

2.5V/A氘灯专用电源

申请（专利）号：200910250210.5　**公开日：**2010-05-12

申请人：天津市东文高压电源厂

发明人：刘云滨　殷生鸣　于亮

摘要：

本发明涉及一种广泛应用于液相色谱仪的UV检测器、分光光度计、电泳仪、分析仪、血液检查等多种生化分析测试仪器中的2.5V/A氘灯专用电源。该电源包括安装在壳体内的电源电路，电源电路上焊有两个连接器及状态指示灯 LD1、状态指示灯 LD2，电源电路由灯丝供电电路、阳极高压电路、辅助控制电路组成，辅助控制电路分别与灯丝供电电路、阳极高压电路连接；灯丝供电电路包括：控制及驱动电路、电压及电流反馈电路、软启动电路、整流滤波电路；本发明的有益效果是：整机具有启停控制及状态检测功能；阳极电流（管流）纹波小，稳流精度高；灯丝供电具有开机后的软启动及启动后降耗功能；温漂小，长期稳定性好，可靠性高；整体结构紧凑，同比外形尺寸小，重量较轻，易于安装。

汽车电源电子管理系统

申请（专利）号：200910191873.4 **公开日：**2010-05-19

申请人：重庆集诚汽车电子有限责任公司

发明人：曾建军 陈伟 胡仁彬 胡彬 杨康 雷泽东 程陆军

摘要：

本发明提出了一种汽车电源电子管理系统，用于与 PEPS 系统配合，实现对车身电源的控制；包括微控制器电路，由微控制器及其外围电路组成，用于根据 PEPS 系统的控制指令，用于输出控制信号到状态锁存电路；状态锁存电路，监控微控制器电路的工作状态，如微控制器电路工作正常，则将微控制器电路输出的控制信号转发到输出驱动电路，否则锁存当前的输出状态，直到微控制器电路工作正常；输出驱动电路，接收状态锁存电路传递的控制信号，根据该控制信号执行对电源继电器的控制逻辑；以及输出检测电路，检测电源工作状态，将电源工作状态信息发送给微控制器电路。

一种快速调整铂金通道热通量、提高电源效率方法

申请（专利）号：200910075843.7 **公开日：**2010-05-19

申请人：河北东旭投资集团有限公司

发明人：宋金虎 郑权 刘文泰 李兆廷

摘要：

一种快速调整铂金通道热通量、提高电源效率方法，解决现有技术中由于回路电流较高而不能准确计算变压器参数，进而需要较多的变压器规格，以及直接电加热档位设计偏大、电能利用率偏低的技术难题，采用的技术方案是，根据铂金通道的整体设计要求对于各区段的适配变压器分成 A、B 两类三规格结构设计，根据铂金通道的各区段设计要求对于各区段功率适配选择调整在变压器满负荷的 60% ~90% 区间输出，借助于适配变压器的规格选配、变压组合调整工艺参数变化或电加热负载老化使变压器满负荷维持在 60% ~90% 区间输出。本发明避免回路电流过高而导致无法对铂金负载的电参数进行精确技术的问题出现；输出电压随机精确调节，解决了电能利用低的问题。

不间断电源中开关管的逐波限流方法及装置

申请（专利）号：200910188638.1 **公开日：**2010-05-19

申请人：艾默生网络能源有限公司

发明人：王生范 郭 磊 倪 同

摘要：

一种不间断电源中开关管的逐波限流方法及装置，采用表征该 PFC 开关管工作状态的 I/O 信号（DSP_ IO_ PFC +、DSP_ IO_ PFC-）和开关管限流信号（PFC_ LIMIT_ I）进行运算，从而使开关管限流信号中存在表征开关管工作状态的信号，然后再用此信号去影响 PFC 开关管驱动信号，使得市电工作模式下能正常限流，而在电池模式下高频段限流和工频段不限流，避免了 PFC 开关管在工频段限流恢复后无法再次导通、出现限流发生后一个周期内有 10MS 内无通路的问题。工频段 PFC 开关管驱动信号（DSP_ PFC_ DRV +、DSP_ PFC_ DRV-）采用小于 100% 的大占空比发波而不是采用等于占空比等于 100% 的恒高电平，从而进一步保证电池模式下工频段不限流。

并联直流开关电源双均流母线均流控制电路及控制方法

申请（专利）号：200910073437.7 **公开日：**2010-05-19

申请人：哈尔滨工程大学

发明人：张强 姚绪梁 游江 张敬南 程鹏 张文义 巩冰 孟繁荣 张镠钟 罗耀华

摘要：

本发明提供的是一种并联直流开关电源双均流母线均流控制电路及控制方法。包括有 N 个并联运行的直流开关电源，其中 N = 1、2、……，所有直流开关电源通过两条不同的公共均流母线联系在一起。所述直流开关电源包括直流电源主电路、中央处理器 CPU、PWM 生成电路、A/D 转换电路、电压检测电路、电流检测电路，还具包括均流信号生成电路、第一均流母线和第二均流母线。本发明具有很好的冗余度和抗干扰性；有利于提高电源系统及负载的可靠性和安全性；可以降低每个电源的调节频率，有效避免输出电流产生低频振荡；提高整个电源系统的工作效率和输出电压质量，更好地满足负载的需求。

机动交通工具的电源及电子设备的控制方法及控制系统

申请（专利）号：200910153759.2 **公开日：**2010-05-19

申请人：杨益平 郑雅羽 陈朋

发明人：杨益平 郑雅羽 陈朋

摘要：

本发明公开了一种机动交通工具的电源及电子设备的控制方法及控制装置，所述的电源及电子设备包括由发电系统和电池系统并联构成的供电系统、电子设备、电源模块以及用于导通供电系统和电源模块的第一开关，供电系统和电源模块之间设置带第二开关的第一支路；第一开关导通时，指令第二开关导通，使得供电系统和电源模块通过第一支路导通；当第一开关断开时，指令第二开关在预定的时间或条件下断开；当所述的预定的时间或条件上未发生时，第一开关又恢复导通，则预定的时间或条件取消，第二开关继续保持导通。本发明控制方法及系统充分利用

了其现有的供电系统，在简单的电路上同时实现其供电系统和其电子设备的智能化管理。

两电源盘的非连体自动切换方法及嵌入式控制模块

申请（专利）号：200910223280.1 **公开日：**2010-05-19

申请人：大庆油田有限责任公司

发明人：宁曰湧

摘要：

本发明公开了一种适用于不间断运行的各种插槽结构的电子设备中两电源盘的非连体自动切换方法及嵌入式控制模块。其特征是：将两个相同的控制模块A模块及B模块分别嵌入甲、乙两个相同的电源盘内的空余位置固定，并由导线与各自所在的电源盘连接；分别嵌入了A、B模块的两电源盘插接在机箱内的相邻插槽，使两电源盘互为主备关系，并使B模块中的红外光接收器面向A模块中的红外光发射器，B模块中的红外光发射器面向A模块中的红外光接收器。利用两模块间红外光的相互作用，控制完成两电源盘的双向自动切换。已嵌入模块的两电源盘之间无电路连接，可分别更换、分别维修，且两者通用。两电源盘既可自动切换，又可人工启动。

交流励磁机定子直流励磁电源的远程自动投退方法

申请（专利）号：200910023924.2 **公开日：**2010-05-19

申请人：西安陕鼓动力股份有限公司

发明人：李勇 王航 李孝民

摘要：

交流励磁机定子直流励磁电源的远程自动投退方法，通过在交流励磁机定子直流励磁电源回路内设置一个可远程控制的灭磁开关，在可编程控制器柜内设置一个灭磁开关合闸继电器、一个灭磁开关分闸继电器，通过可编程控制器发出信号控制以上继电器的通/断，向交流励磁机定子直流励磁电源回路内设置的可远程控制的灭磁开关发出合闸或分闸控制信号，各个控制信号的发出由可编程控制器根据外部输入的发电机并网真空断路器辅助接点通/断信号进行内部的编程及逻辑联锁，最终通过系统编程实现交流励磁机定子直流励磁电源的远程自动投退功能，实现了程序化的操作模式，满足了现场无人值守的交流励磁机定子直流励磁电源的远程自动投退功能。

一种卫星电源分系统工作状态自动判读系统

申请（专利）号：200910237624.4 **公开日：**2010-05-26

申请人：航天东方红卫星有限公司 大田基业软件（北京）有限公司

发明人：王志勇 姬云龙 阎梅芝 刘洋 李敬博 赵生林 张云霞

摘要：

一种卫星电源分系统工作状态自动判读系统，包括电源数据采集模块、电源数据归一化处理模块、电源数据处理模块、电源工作状态调度模块、电源工作状态判读模块、电源工作状态异常报警模块和图形化显示模块。本发明根据采集处理的电源分系统遥测数据工程值和地面测试设备数据工程值从电源工作状态数据库中自动调用相应的判据，根据判据对电源分析的工作状态进行实时判断、报警、显示，降低了测试人员的工作强度，解决了人工监视判断过程中，因人而异，容易出错等问题，确保了电源分系统工作状态判读的一致性，提高了卫星电源分系统的工作可靠性。

半导体集成电路、自发光显示面板模块、电子设备以及用于驱动电源线的方法

申请（专利）号：200910179801.8 **公开日：**2010-05-26

申请人：索尼株式会社

发明人：长谷川洋 礒部铁平

摘要：

本发明提供了一种半导体集成电路、自发光显示面板模块、电子设备以及用于驱动电源线的方法。该半导体集成电路包括电源线驱动电路，被构造成驱动连接至像素的电源线，该像素以矩阵形式布置在自发光显示面板上。

一种车载电源抗浪涌装置

申请（专利）号：200810071906.7 **公开日：**2010-05-26

申请人：厦门雅迅网络股份有限公司

发明人：汤益明 李家祥 蔡运文 岳鹏

摘要：

本发明一种车载电源抗浪涌装置，涉及一种直流电源附属设备。它的N沟道MOS管D端连接汽车电源，S端向负载提供直流输出；该MOS管的S端与G端之间设充电泵电路，为G端提供驱动电压；该MOS管的D端与G端之间设启动电路，在汽车电源最初提供输入电压时为G端提供初始驱动电压，启动本装置；该MOS管G端与地线之间设箝位电路，在D端的电压高于箝位电压而低于关断电压时控制S端输出略低于箝位电压，在D端的电压低于箝位电压时控制S端输出略低于D端的电压；该MOS管D端与地线之间设过压保护电路，其输出端连接该MOS管G端，控制该MOS管在D端电压高于关断电压时切断S端输出。解决抵抗持续的高浪涌电压冲击的问题。

开关电源软启动电路

申请（专利）号：200910117731.3 **公开日：**2010-05-26

申请人：天水华天微电子股份有限公司

发明人：刘吉海 霍伟强 文世博 苏新越 韩苏林 文绍光 陶永强

摘要：

本发明公开了一种开关电源软启动电路，是稳压开关电源电路，在稳压开关电源电路中的比较稳压环路上连接辅助稳压环路构成一个双环路电压稳压网络；辅助稳压环路是由第一电阻（R1）、第二电阻（R2）、第三电阻（R3）、第一电容（C1）、第一稳压基准（U1）构成；第一电阻（R1）、第二电阻（R2）、第三电阻（R3）串联连接，第一电阻（R1）另一端与第五电阻（R5）连接，第一电容

（C1）与第二电阻（R2）并联连接，第一稳压基准（U1）的阴极与第二稳压基准（U2）阴极连接，第一稳压基准（U1）的控制极与第二电阻（R2）和第三电阻（R3）的接点连接，第一稳压基准（U1）的阳极与第三电阻（R3）另一端、第二稳压基准（U2）阳极连接。本发明优化了开关电源的输出电压上升曲线，改善了系统的性能，降低了系统的故障率。

一种基于双H桥的单相到三相交流电源变换电路

申请（专利）号： 200910242407.4 **公开日：** 2010-05-26

申请人： 华北电力大学

发明人： 朱永强 田军 赵红月

摘要：

本发明属于电力电子和节能技术领域，特别是提供了一种基于双H桥的单相到三相交流电源变换电路。该电路由具有四个接线端口的电源转接口将单相交流电源接线端、三相交流输出端、两个低通滤波器、两个单相全桥式逆变器连为一体，具体连接方式为：单相交流电源接线端与电源转接口的单相电源接口连接，三相交流输出端与电源转接口的三相负载接口连接，由一个单相全桥式逆变器和一个低通滤波器组成的两个逆变电源分别通过单相逆变电源接口与电源转接口连接。该电路可以很好地实现单相到三相交流电源的变换，并能在比较宽泛的范围内适应负荷的变化，而且所用的电力电子器件还相对较少，与包含三相电机的用电设备结合起来具有很好的节能效果和应用前景。

一种开关电源的绝缘栅双极型晶体管驱动电路

申请（专利）号： 200910219353.X **公开日：** 2010-05-26

申请人： 西安迅湃快速充电技术有限公司

发明人： 蔡晓 毛建华 王丰 张引长

摘要：

一种开关电源的绝缘栅双极型晶体管驱动电路，包括变压器，供电电路，信号电路和放大输出电路，该变压器包括一个由初级线圈构成的初级绕组和次级绕组，该次级绕组至少包括绕在同一个磁芯上的第一次级线圈和第二次级线圈；供电电路与变压器次级绕组中的第一次级线圈连接；信号电路由变压器的次级绕组中的第二次级线圈与二极管连接构成，其接收第二次级线圈耦合过来的驱动信号，将从变压器的驱动信号经过整流处理后送给放大输出电路；保护电路与绝缘栅双极型晶体管的输入端连接，保护电路包括第一稳压二极管和第二稳压二极管。

放电电磁干扰滤波器的启动电路用于电源供应器的省电

申请（专利）号： 200910206675.0 **公开日：** 2010-05-26

申请人： 崇贸科技股份有限公司

发明人： 黄伟轩 蔡孟仁 林乾元 邹明璋 李全章 王国骅

摘要：

本发明是有关于一种放电电磁干扰滤波器的启动电路，以用于电源供应器的省电，其包含一侦测电路而侦测一电源，以产生一取样信号，并包含一取样电路而耦接侦测电路，以依据取样信号产生一重置信号，重置信号用以放电电磁干扰滤波器的一储存电压。

数字电视终端及控制其外接设备电源开关的方法、装置

申请（专利）号： 200810216495.6 **公开日：** 2010-05-26

申请人： 深圳创维数字技术股份有限公司

发明人： 朱培侠 杨忠国

摘要：

本发明适用于数字电视终端领域，提供了一种数字电视终端及控制其外接设备电源开关的方法、装置。所述方法包括下述步骤：当数字电视终端开机时，控制开启市电环出，为数字电视终端的外接设备提供电源供给；当数字电视终端接收到待机信号时，查询用户是否需要关断外接设备电源；若当用户需要关断所述外接设备电源时，则数字电视终端关断所述数字电视终端的市电环出。本发明中，主板对待机信号或待机结束信号进行处理，生成市电环出控制信号，电源板根据市电环出控制信号控制数字电视终端外接设备电源的开启关断，用户可通过控制数字电视终端电源实现对数字电视终端及其外接设备的同时开关机，实现简单，操作方便，减少了不必要的能量损耗。

电动车电源锁钥匙忘拔提示装置

申请（专利）号： 200910232619.4 **公开日：** 2010-06-02

申请人： 江苏科技大学

发明人： 王长宝 张再跃 程科

摘要：

本发明公开了一种电动车电源锁钥匙忘拔提示装置。该提示装置是由电池的正极依次串接第一开关、第二开关至二极管的a端，二极管的b端分别连接到稳压电路的电源输入端和扬声器的一端，稳压电路的电源输出端连接到控制器的电源输入端，控制器的输出端串接电阻与三极管的基极b相连接，三极管的集电极c与扬声器的另一端相连接，电池的负极分别与稳压电路的负极、控制器的负极、三极管的发射极e相连接，永久磁铁以磁力与第二开关连接。当电动车停驾放下支撑脚5秒后，电动车电源锁钥匙没有拔出时，即发出报警提示声响，直到钥匙拔出为止，从而防范发生不必要的电动车被盗事件。本发明比现有电瓶防盗、电动车车体防盗产品更有实用意义。

一种多电源域集成电路的动态验证装置及方法

申请（专利）号： 200910241463.6 **公开日：** 2010-06-02

申请人： 北京中星微电子有限公司

发明人： 李树杰

摘要：

本发明提供一种多电源域集成电路的动态验证装置及方法，装置包括：配置单元，用于：为属于同一个电源域的每个电路单元对应配置一个掉电模块，所述掉电模块中

存储所述电源域的当前电源状态；验证单元，用于：更新所述掉电模块中的所述当前电源状态，在所述当前电源状态为掉电状态时，使所述掉电模块将对应的电路单元中的所有信号强制赋值为高阻态；在所述当前电源状态由掉电状态转变为上电状态时，使所述掉电模块取消对所述所有信号的强制赋值并且对所述所有信号赋值为不定态。本发明能够模拟出电源域掉电的状况和效果，实现多电源域的集成电路的掉电状况的测试验证。

一种智能电源插板装置及其控制方法

申请（专利）号：200910034738.9　**公开日：**2010-06-02

申请人：江苏科技大学

发明人：王长宝　黄徐进

摘要：

本发明公开了一种智能电源插板装置及其控制方法，键盘上设有第二按钮控制主机插座的电源接通与切断；所述第二按钮在主机插座的电源切断情况下，通过第一光电耦合器使继电器吸合，主机插座、AC-DC电源转换电路的电源接通，电容C使D触发器置位，Q端经三极管控制第二光电耦合器导通，保持继电器吸合，所述第二按钮在主机插座通电情况下，通过第一控制器输出脉冲至D触发器CP时钟端，Q端为低电平，经三极管控制第二光电耦合器截止，继电器释放，切断主机插座、AC-DC电源转换电路电源。显著特点在于切断主机插座电源时，智能电源插板上只有第一指示灯有电和第一、第二光电耦合器有漏电流存在，本发明计算机电源插板节能，使用方便。

低压电源

申请（专利）号：201010000034.2　**公开日：**2010-06-02

申请人：电子科技大学

发明人：陈星弼

摘要：

本发明公开了一种低压电源，包括第一导电类型的半导体衬底；在衬底的一主表面下的至少两个第二导电类型的半导体区；在两个第二导电类型的半导体区之间的重掺杂的第一导电类型的半导体区，且重掺杂的第一导电类型的半导体区不与两个第二导电类型的半导体区接触；当两个第二导电类型的半导体区相对于衬底被反偏置时，衬底的耗尽区扩展到重掺杂的第一导电类型的半导体区，重掺杂的第一导电类型的半导体区构成低压电源的一个端口；两个第二导电类型的半导体区中的任意一个构成低压电源的另一个端口。本发明由嵌位区直接作为低压电源或作为初级低压电源的一个输出端，不需要制造耗尽型的器件，降低了制造工艺的复杂性和制造成本。

一种限流条件下实现瞬时大电流的电源装置

申请（专利）号：200910201510.4　**公开日：**2010-06-02

申请人：启攀微电子（上海）有限公司

发明人：白建雄　吴珂

摘要：

本发明公开了一种限流条件下实现瞬时大电流的电源装置，它包括储能电容、限流模块、开关电源和开关电源转换器，输入电压通过所述限流模块的第一输出端依次连接所述开关电源转换器和所述开关电源的第一输入端，所述开关电源的输出端输出输出电压并与负载连接，所述储能电容的一端连接在所述开关电源转换器的输出端和所述开关电源的第一输入端之间，所述储能电容的另一端接地，所述限流模块的第二输出端与所述开关电源的第二输入端连接；在正常工作、瞬时大电流和储能电容储能三个工作状态，分别由不同通路产生的电流为负载供电，采用更小的储能电容，得到更高的工作效率和输出功率，实现本发明的目的。

移动终端电源管理方法及移动终端

申请（专利）号：200910189572.8　**公开日：**2010-06-02

申请人：中兴通讯股份有限公司

发明人：杨平

摘要：

本发明涉及无线通信技术领域，提供了一种移动终端电源管理方法。所述移动终端包括用于管理电源的电源管理芯片，所述电源管理芯片设有用于控制供电电源输出的晶体电源，所述电源管理方法包括以下步骤：根据控制信号控制晶体电源，使其开启或关闭；晶体电源响应控制进行开启或关闭，并产生相应的提示信号；根据所述提示信号控制供电电源的输出，使系统处于工作状态或深度睡眠状态。本发明还提供了一种移动终端的电源管理装置及设有该电源管理装置的移动终端。本发明简化了移动终端供电电源的控制流程，提高了移动终端系统在正常工作状态和深度睡眠状态之间控制的效率。

汽车用电源控制装置

申请（专利）号：200910174070.8　**公开日：**2010-06-09

申请人：欧姆龙株式会社

发明人：笠井义之　小野田知子

摘要：

本发明提供一种可适当地进行更接近驾驶者意图的电源转变的汽车用电源控制装置。该汽车用电源控制装置具有：多个开关部（6～9），其对电源电路和电池进行连接；以及控制部（5），其进行根据按钮型操作开关（2）的操作次数按预定顺序控制开关部的驱动，控制部包含：第1检测部，其检测操作开关的操作；输出部，其在由第1检测部检测出操作开关的操作的情况下，输出驱动下一个开关部的驱动命令；以及第2检测部，其在从输出了驱动命令的时刻到所驱动的开关部的接点切换之间的期间检测操作开关的操作次数，按顺序对开关部驱动与第2检测部检测出的操作次数相应的次数，当驱动了预定顺序的最后开关部时结束相应处理，或者当驱动了预定顺序的最初开关部时结束相应处理。

无缆遥控自容式电源泳池自动清洁机

申请（专利）号：200910224034.8　**公开日：**2010-06-09

申请人：付桂兰
发明人：付桂兰 余浅 邹常胜 刘建 王必昌 宫欣茹 吕晓洲 岑璞
摘要：

本发明涉及一种无缆遥控自容式电源泳池自动清洁机，其包括通讯浮体、通讯脐带电缆、自容式直流电源、供电电缆和泳池水下清洁机与遥控器；通讯浮体漂浮在水面上，浮体上面露出水面接收遥控器发出的信号，通过脐带通讯电缆控制自容式直流电源工作；实现泳池清洁机行走、刷洗、过滤、爬壁及清洗水垢线全部功能。无缆遥控自容式电源泳池自动清洁机取消了较长的供电电缆，因而可不受电缆长度制约，到达泳池所有地方进行清洗，同时消除了电缆缠绕、挂卡等弊端。

光源的活动式电源装置及其方法

申请（专利）号：200810168361.1 **公开日：**2010-06-09
申请人：宁翔科技股份有限公司
发明人：叶长青
摘要：

本发明是有关于一种光源的活动式电源装置及其方法。该光源的活动式电源方法，以至少一条独立不具有电力的承载线路连接若干连接座，各连接座相对应供光源或电源连接头装卸，且在承载线路上保留任一连接座供一电源连接头安装，而能够达成承载线路上各连接座的光源电力流通。该光源的活动式电源装置，包含：一承载线路，多数连接座，至少一电源连接头，以及至少一光源；或包含：多数承载线路，多数连接座，至少一电源连接头，以及至少一延伸线。通过这些，运用前述方法及装置能随时更换电源连接及配置方式，不仅跳脱出必须预先布线的技术限制，而且能够让前述所有设备简单的重复再利用。

电源供应组件

申请（专利）号：200810173422.3 **公开日：**2010-06-09
申请人：英业达股份有限公司
发明人：宋二振 郑再魁
摘要：

本发明公开了一种电源供应组件，适用于电子装置，电源供应组件包括至少一电路板组件以及至少一电性连接电路板组件的电源供应器。电路板组件包括二电路板、至少一支撑件以及多个锁固件。电路板具有多个位于电路板相对两侧的第一锁固孔及第二锁固孔。支撑件连接于电路板之间，其包括连接部与多个固定部。连接部具有第一侧缘及第二侧缘。固定部从第一侧缘以及第二侧缘往电路板下方延伸，其分别具有对应于第一锁固孔的第三锁固孔与对应于第二锁固孔的第四锁固孔。第三锁固孔与第四锁固孔在排列方向上不相互对准。锁固件锁固于这些锁固孔。

便携式计算机的电源管理方法及电源装置与计算机系统

申请（专利）号：200810172543.6 **公开日：**2010-06-09
申请人：纬创资通股份有限公司
发明人：郭富聚 朱良斌 周旸 张澄伟 张启正
摘要：

本发明涉及便携式计算机的电源管理方法及电源装置与计算机系统。具体地，用于一便携式计算机系统的电源管理方法，该便携式计算机系统包含有多个储电装置用来储存电源并输出一放电电流至该便携式计算机系统，该电源管理方法包含接收一电源，并产生一对应的充电电流，以对该多个储电装置的一储电装置进行充电；以及比较该放电电流与该充电电流，并据以调整该便携式计算机系统的耗电量。本发明可改善多电池系统的供电方式，使得使用者可在进行充电的同时，正常使用便携式计算机系统的功能，同时适当地调整便携式计算机系统的耗电量，使充、放电的速度相同或减缓放电的速度，进而延长使用时间。

中央处理器的电源管理装置

申请（专利）号：200810175707.0 **公开日：**2010-06-09
申请人：英业达股份有限公司
发明人：黄丽红 王卫钢 刘士豪
摘要：

本发明的目的在于提供一种计算机的电源管理装置，用于中央处理器的电源供应单位。电源管理装置包含节电模块和功率转换器。功率转换器具有多相直流-直流转换器。直流-直流转换器包含开关装置，用于控制直流-直流转换器的使能。节电模块借由向中央处理器取得功耗信息，用以调整功率转换器输出的相数。利用直流-直流转换器的开关装置来禁能不需要的直流-直流转换器，增加电源供应单元的转换效率。避免使用低消耗功率的中央处理器时，浪费电源供应单位的功率输出。

用于等离子显示面板的开关电源电路

申请（专利）号：200910003178.0 **公开日：**2010-06-09
申请人：三星电机株式会社
发明人：田泌植 柳东均 崔远赞 尹在汉 金起穆 李正洛 梁胜宪
摘要：

本发明涉及一种用于等离子显示面板的开关电源电路，包括：输入单元；PFC（功率因数校正）单元；输出单元；以及待机单元，其中，待机单元包括待机模块，用于通过连接至输入单元的AC滤波级来输出待机电压；顺序模块，用于顺序地施加输出单元的电能以及控制模块，其连接在待机模块和顺序模块之间并仅在施加有PS_ ON信号的情况下将从待机模块输出的待机电压输入至顺序模块。

用于等离子体显示面板的开关电源电路

申请（专利）号：200810184084.3 **公开日：**2010-06-09
申请人：三星电机株式会社
发明人：田泌植 柳东均 崔远赞 尹在汉 金起穆 李正洛 梁胜宪
摘要：

本发明提供了一种用于等离子体显示面板的开关电源电路，其包括：EMI滤波单元、PFC单元、输出单元、和待机单元。EMI滤波单元可以包括：连接至工频线路输入电源的第一线路滤波器、连接至第一线路滤波器的第一电容器和放电电阻器、连接至第一电容器和放电电阻器的第二线路滤波器、连接至第二线路滤波器的第二电容器，以及设置在第一线路滤波器与第一电容器和放电电阻器之间的继电单元。待机单元可以连接至第一线路滤波器和继电单元之间的接触点。

存储器阵列的电源线解码方法

申请（专利）号：200810201786.8　**公开日：**2010-06-09

申请人：中芯国际集成电路制造（上海）有限公司

发明人：欧阳雄　李智　黄强

摘要：

本发明提供一种存储器阵列的电源线解码方法，即一种在集成电路存储器装置中选择性地提供电压供给的方法。所述方法提供集成电路装置，所述集成电路装置包括第一多个存储器单元。每个存储器单元包括电源端子和接地端子。所述方法包括从所述第一多个存储器单元中选中第二多个存储器单元。所述方法向每个被选中的存储器单元的电源端子提供第一电源电压、并向每个未被选中的存储器单元的电源端子提供第二电源电压至。所述第二电源电压低于所述第一电源电压。在一个实施例中，所述方法向每个被选中的存储器单元的接地端子应用第一接地电压、向每个未被选中的存储器单元的接地端子应用第二接地电压。所述第二接地电压高于所述第一接地电压。

自动启动电路及具自动启动电路的不间断电源供应器

申请（专利）号：200810170988.0　**公开日：**2010-06-09

申请人：台达电子工业股份有限公司

发明人：李嘉祥　杨滨隆

摘要：

本发明提供一种自动启动电路，适用于不间断电源供应器，用以检测不间断电源供应器的储能单元的状态而自动驱动不间断电源供应器的开关电路，使不间断电源供应器可以自动启动，该自动启动电路包含：状态检测电路，连接于储能单元连接端，借由储能单元连接端检测储能单元的状态，并依据储能单元的状态产生对应的启动控制信号；以及次开关驱动电路，连于状态检测电路、开关电路的控制端以及共接端，用以依据启动控制信号判断是否驱动开关电路导通进而启动不间断电源供应器。其中，该自动启动电路只会在启动瞬间才会消耗少量的电能，在启动后不会消耗额外的电能，因此可以改善不间断电源供应器的整体性能。

混合电池管理系统、电池管理方法和混合备电电源系统

申请（专利）号：200810217248.8　**公开日：**2010-06-09

申请人：华为技术有限公司

发明人：秦真　费珍福　罗光　李秉文　毕广春　安强新　杨翰川

摘要：

本发明实施例公开了一种混合电池管理系统，包括用以输入交流电的交流输入模块、用以将交流电转换为直流电的整流模块，还包括：直流输出配电模块，除具有外接现有电池的输出电路外还增加外接混合备用电池的输出电路；监控模块，用以根据市电的正常和异常状态对所述两种电池进行无缝切换，控制所述两种电池分别进行充电、放电。相应的本发明实施例还公开了一种电池管理方法和混合备电电源系统。本发明实施例通过以上方案，在现有电池管理系统中的直流输出配电模块增加外接混合备用电池的输出电路，并配备不同的电池管理方法，延长电池使用寿命和备电时间，降低了电信运营商经济成本。

一种实现电源倒换的装置与方法

申请（专利）号：200810224602.X　**公开日：**2010-06-09

申请人：中兴通讯股份有限公司

发明人：孙计安　李勇　马广宇

摘要：

本发明公开了一种实现电源倒换的装置和方法，所述装置至少包括一第一电源电路和一第二电源电路，第一电源电路包括：第一可控开关，接入第一电源电路的输入端和输出端之间；第一检测电路，用于检测第一可控开关的输入端电压和第一可控开关的输出端电压，当检测到第一可控开关的输入端电压高于第一可控开关的输出端电压时，控制第一可控开关闭合，当检测到第一可控开关的输入端电压低于第一可控开关的输出端电压时，控制第一可控开关断开；同样第二电源电路包括第二可控开关和第二检测电路，且使输入第一电源电路的电源电压高于输入第二电源电路的电源电压。采用所述装置与方法，当主电源出现故障时，能够满足负载电流较大时备电源的切换。

周期讯号产生电路、电源转换系统以及使用该电路的方法

申请（专利）号：200810170320.6　**公开日：**2010-06-09

申请人：通嘉科技股份有限公司

发明人：叶文中

摘要：

本发明提供一种周期讯号产生电路、电源转换系统以及使用该电路的方法。该周期讯号产生电路包含一主延迟电路以及一可变延迟电路。该主延迟电路接收一回授周期讯号，经历一第一延迟时间后，以输出一输出周期讯号。该可变延迟电路接收该输出周期讯号，根据一第二延迟时间以及该输出周期讯号，更新该回授周期讯号。该第二延迟时间是周期性地变化，且该第二延迟时间小于该第一延迟时间。

除去了噪音的电源装置

申请（专利）号：200910174074.6　**公开日：**2010-06-09

申请人：联想（新加坡）私人有限公司

发明人：织田大原重文 浦河宪浩

摘要：

本发明提供一种可以在维持轻负载时的效率的同时降低噪音的电源装置。FET驱动器（125）在PWM模式、和通过低于PWM模式的频率进行动作的间歇模式，以及通过高于可听频带的频率进行动作的无噪音模式的某一种模式下控制开关元件（127、129）。在轻负载时最初在间歇模式下进行动作。微传声器（101）收集在电源装置（100）周边发生的噪音。当微传声器收集到的声音信号超过预定的电平时，从间歇模式转移到无噪音模式。由此，仅在实际发生噪音时在无噪音模式下进行动作。

具有双重功能接脚的电源管理芯片

申请（专利）号：200810169263. X **公开日：**2010-06-09

申请人：立锜科技股份有限公司

发明人：王克丞

摘要：

本发明提出一种具有双重功能接脚的电源管理芯片，其输出脉宽调变信号控制上下桥功率晶体管的切换，以将输入电压转换为输出电压，该上下桥功率晶体管互相电连接于一节点，该电源管理芯片包含：一双重功能接脚，供与输入电压或该节点电连接；电压感测电路，与该双重功能接脚电连接，以供侦测输入电压的位准；以及时脉侦测电路，与该双重功能接脚电连接，以供侦测该双重功能接脚所接收的信号是否呈现振荡。

具有双电源电压系统的逆变直流电焊机

申请（专利）号：200910258311. 7 **公开日：**2010-06-16

申请人：上海广为电器工具有限公司 上海广为美线电源电器有限公司 上海广为拓浦电源有限公司

发明人：范晔平 刘记周 徐德进 沈静 胡成绰

摘要：

一种具有双电源电压系统的逆变直流电焊机，包含电路连接的电源电压识别电路、辅助电源电路、逆变主回路、电流给定电路，以及控制电路，该电源电压识别电路包含电路连接的电压采样电路、电压识别电路和继电器电路，该辅助电源电路包含电路连接的整流电路、备压电路、电源电路，电压采样电路采样输入电压信号，将电压信号输入到电压识别电路，识别是高压还是低压，若为高压，则继电器不动作，若为低压，则继电器吸合，备压电路工作，把整流电压提高到高压电源系统的整流电压。本发明既能适用于如家庭作业，装潢，维修等低电压电源系统，又能适用于如工厂焊接等高压电源系统。

便携式风光互补独立电源装置

申请（专利）号：201010116422. 7 **公开日：**2010-06-16

申请人：江南大学

发明人：潘庭龙 吴定会 纪志成 沈艳霞 赵芝璞 高春能

摘要：

本发明提供了一种便携式风光互补独立电源装置，其所需电能由半球型太阳能电池阵列、三叶垂直轴风力发电系统提供，且太阳能发电和风力发电可以独立或同时工作；发出的电能经过充电器整流模块给储能模块充电，逆变电源模块再将储能模块中的电能变换成220V工频单相交流电源向外部供电。半球型太阳能电池阵列、三叶垂直轴风力发电系统都安装在一个空腔圆柱体主支架上，圆柱体主支架通过辅助支架固定支撑，圆柱体主支架上安装多个指示灯以直观体现主要模块的工作状态。所述风光互补独立电源装置的各部件都可以快速安装、拆卸，不用时可以把拆卸下的各部件安放在圆柱体主支架腔体内部，安装在圆柱体主支架上的手提把方便个人提携出行。

利用恒流扫频电源激振检测变压器绕组状态的系统和方法

申请（专利）号：200810203340. 9 **公开日：**2010-06-16

申请人：上海市电力公司 上海交通大学

发明人：姜益民 金之俭 朱子述 饶柱石 傅坚

摘要：

一种利用恒流扫频电源激振检测变压器绕组状态的系统和方法，测控分析模块控制扫频电源通过励磁变压器将输出的恒流扫频激励信号施加在被检测变压器的高压侧，振动传感器测量被测变压器绕组在不同激振频率下的振动响应信号，振动信号采集器对振动传感器测得的信号进行采集和预处理，测控分析模块对接收到的处理后的振动响应信号数据进行频谱分析，显示并记录变压器绕组在频域上的谐振频率曲线，与先前测量得到并记录的谐振频率曲线，以及变压器三相线圈的振动频率曲线比较，判断变压器绕组的状态，得到测量结果。本发明能有效地、高灵敏度地检测出变压器绕组的松动和变形状况，及时检修或更换，避免因绕组结构损坏而导致变压器发生突然短路的故障。

检测器用电源装置以及具有该电源装置的光或放射线检测系统

申请（专利）号：200780053756. 0 **公开日：**2010-06-16

申请人：株式会社岛津制作所

发明人：吉牟田利典

摘要：

本发明提供一种检测器用电源装置，对检测光或者放射线的检测器提供多个电源，由于具有：电源输出单元，能分别输出提供给检测器的多个电源；探测单元，探测外部电力提供源的电力提供状态；控制单元，根据探测单元的探测结果判断出异常时，进行以规定的顺序停止电源输出单元的各电源的异常停止处理；和蓄电单元，在控制单元判断出异常时，对控制单元提供电力，并允许控制单元进行异常停止处理，因此并不具有大容量的不间断电源设备，即使在来自外部电力提供源的电力提供状态出现异常时，也能够保护检测器。

定影设备和用于感应加热元件的电源电路

申请（专利）号：200910221650.8　**公开日：**2010-06-16
申请人：佳能株式会社
发明人：石川润司
摘要：

本发明涉及一种定影设备和用于感应加热元件的电源电路。该定影设备包括：感应加热线圈，用于使包括导电发热元件的热生成构件产生热；升压电路，用于对通过整流交流电源而获得的直流电压进行升压；开关元件，用于输入由所述升压电路升压后的直流电压，并向所述感应加热线圈提供交流电流；驱动电路，用于驱动所述开关元件；温度检测单元，用于检测所述热生成构件的温度；以及控制单元，用于通过控制所述升压电路的升压比和所述驱动电路对所述开关元件的驱动频率，对提供至所述感应加热线圈的电力进行控制，以使得由所述温度检测单元检测到的温度达到目标温度。

一种与电源无关的电流参考源

申请（专利）号：200910216375.0　**公开日：**2010-06-16
申请人：四川和芯微电子股份有限公司
发明人：刘辉
摘要：

本发明公开了一种与电源无关的电流参考源，用于产生一种与电源无关的电流参考源，其电路结构至少包括一个电阻 Rs 和四个场效应管 M1、M2、M3、M4 形成的镜像电路，在镜像电路外还设置有一条镜像的电流支路，该支路的电流流入电阻 Rs；本发明是对传统的与电源无关电流参考源电路进行了修改，推导出的电流公式多了一个可调变量，这样，让决定参考电流的因素多了一个，设计起来更加自由；尤其值得关注的是在需要很小参考电流的情况下，运用此公式可知，不用增加 NMOS 的宽长比和电阻阻值，就可以在增加一个电流镜像支路的情况下轻松获得。

主动式电流限制电路及使用该电路的电源调节器

申请（专利）号：200810161896.6　**公开日：**2010-06-16
申请人：盛群半导体股份有限公司
发明人：简铭宏
摘要：

本发明主要为电流限制电路又称为过电流保护（Over-Current Protection，OCP）电路，及使用该电路的电源调节器，目的在保护功率组件以及负载电路。过往的电流限制电路都会利用电阻与场效晶体管，将检测到的过电流转换成电压，然后再开启一 P 型晶体管，使得一充电电流将功率晶体管的栅极电压给箝制住，以达到限制电流的目的。不过，电阻与场效晶体管的工艺变化，以及组件本身的温度特性，往往会导致限流电流相当大的误差。所以，本发明将利用电流比较的方式，来提升电流限制电路的精准度。

一种具有主动式返送电流限制电路的电源调节器

申请（专利）号：200810161894.7　**公开日：**2010-06-16
申请人：盛群半导体股份有限公司
发明人：简铭宏
摘要：

本发明主要为电源调节器，其包括：一 P 型功率晶体管；一反馈电路；一差动放大器；一包含 N 型晶体管电流镜的保护电路；以及一不包含电阻的主动式返送电流限制电路。当该 P 型功率晶体管发生短路电流时，增加该保护电路中该直流电流镜输出端的电流以限制流经该 P 型功率晶体管的电流。本发明亦揭示一主动式返送电流限制电路其亦可增加该保护电路中该直流电流源输入端的电流达到相同目的。

显示装置的电源电路以及使用其的显示装置

申请（专利）号：200910226059.1　**公开日：**2010-06-16
申请人：株式会社日立显示器
发明人：高田直树　笠井成彦　江里口卓也　冈田侑树
后藤充　小谷佳宏
摘要：

本发明提供一种电源电路以及显示装置，在应用于消耗电流变动的显示板的情况下，也能够提高电功率。电源电路使用升压断继开关电路升压输入电压并输出。频率控制电路是使控制断继开关电路的开关的时钟信号的频率与电源电路的负载相应地变化。频率控制电路根据垂直同步信号和水平同步信号，将显示装置的动作分成高负载的显示有效期间和低负载的垂直回扫期间。频率控制电路将高负载期间的时钟信号的频率设定得比低负载期间高。

电源连接器及使用该电源连接器的电源传输线组

申请（专利）号：200810173385.6　**公开日：**2010-06-16
申请人：台达电子工业股份有限公司
发明人：徐瑞源　陈雅惠
摘要：

本发明为一种电源连接器及使用该电源连接器的电源传输线组，该电源传输线组至少包括：电源连接器，包括绝缘本体、第一导电元件与第二导电元件，该绝缘本体设置于第一导电元件与第二导电元件间，其中第二导电元件具有第一导接部，第一导接部设置于绝缘本体外且包括第一连接段部以及第二连接段部；以及电源缆线，包括外绝缘包覆层、第一组多芯导线与第二组多芯导线，该第二组多芯导线具有内绝缘包覆层，其中第一组多芯导线与第二组多芯导线分别具有裸露导接部分，且分别连接与固定于第一导电元件与第二导电元件的第一导接部的第一连接段部，该内绝缘包覆层的至少部分延伸出外绝缘包覆层的端部开口且其一端部以第二连接段部固定。

具有电源分级管理的插座装置

申请（专利）号：200810178263.6 **公开日：**2010-06-16
申请人：胜德国际研发股份有限公司
发明人：李裕隆 郭明洲
摘要：

本发明涉及一种具有电源分级管理的插座装置，从远端一遥控器接收一控制信号，该插座装置包括了至少一个插座、一通信模块及一微处理器。其中，所述插座可以区分成多个插座群组，包括有至少一不可控插座群组与至少一可控插座群组。通信模块则用以接收该控制信号。微处理器耦接于该通信模块与所述插座群组，其根据该控制信号，用以分级控制所述可控插座群组是否供电，该具有电源分级管理的插座装置可让使用者清楚了解需要开/关区域的范围，以及提供多种控制集合的插座群组给不同供电需求的负载使用，进而解决传统遥控插座无法提供弹性用电的缺点。

可挠式电源装置

申请（专利）号：200810174899.3 **公开日：**2010-06-16
申请人：财团法人纺织产业综合研究所
发明人：林文婷 陈宏昌 蔡晓宽
摘要：

本发明是一种可挠式电源装置，包含可挠式织物电容、电压源、充电部与控制电路。电压源电性耦接可挠式织物电容。充电部电性耦接电压源，用以对电子产品或二次电池进行充电。充电部与可挠式织物电容并联，且当可挠式织物电容充电至预定程度时，将放出电流至充电部。控制电路电性耦接可挠式织物电容、电压源与充电部，用以控制充电部与可挠式织物电容的充放电。

一种煤矿用便携式本安电源

申请（专利）号：200910175287.0 **公开日：**2010-06-16
申请人：煤炭科学研究总院太原研究院 煤炭科学研究总院山西煤机装备有限公司
发明人：李小军 李秀轩 张林慧 袁利才 黄海飞 龙先江 何世虹
摘要：

本发明涉及一种煤矿用便携式本安电源，主要结构由镍氢电池盒、接线盒、镍氢电池、滑插组件盒、电缆接插座、电路板、腰带盒、绝缘体组成，采用镍氢充电电池充电储存，经电路板控制、保护、管理、检测，最后由两路输出，供仪器仪表使用，此本安电源设计先进合理、结构紧凑、体积小、便于携带、绝缘性好，适应范围广，可两路输出 +5V 直流电源，可供小型照明、仪器仪表使用，安全稳定可靠，接插使用方便，是十分理想的煤矿井下使用的小型便携式本安储能电源，此电源也可在地面或野外作业使用。

网络集中式备用电源自动投入方法

申请（专利）号：201010017231.5 **公开日：**2010-06-16
申请人：国电南瑞科技股份有限公司
发明人：韩韬 杜红卫 徐希
摘要：

本发明公开了一种网络集中式备用电源自动投入方法，包括下列步骤：①网络报文监听处理，判定是否启动备用电源自动投入分析模块；②对已定义了备用电源自动投入的设备进行拓扑带电分析，判定设备是否拓扑失电；③判定是否闭锁备用电源自动投入功能；④判定设备所在区域是否存在遥测跃变；⑤确定备用电源自动投入所定义的设备是否为可恢复设备；⑥确定电网当前的运行方式从而决定采用何种备用电源自动投入方案；⑦给出备用电源自动投入动作方案，备用电源自动投入的最终出口逻辑将是一系列开关序列遥控操作。采用本发明的方法实现了现有硬件备用电源自动投入装置无法解决的站间备用电源自动投入问题。

相位异常检知装置及具相位异常检知功能的电源供应器

申请（专利）号：200810174480.8 **公开日：**2010-06-16
申请人：环隆电气股份有限公司
发明人：洪明照 沈英至
摘要：

一种电源供应器及其相位异常检知装置，该装置用以检知一同步整流器输出的一相位信号，包括：一相位判断单元，耦接于该同步整流器，该相位判断单元接收该相位信号，并且在该相位信号异常时，输出一相位异常信号；一整流单元，耦接于该相位判断单元，该整流单元整流该相位异常信号，以输出一低电位信号；一稳压单元，耦接于该整流单元，该稳压单元接收该低电位信号，以产生一截止信号；一开关，耦接于该稳压单元，该开关受控于该截止信号，以截止；及一警示单元，耦接于该开关，该警示单元根据该开关的截止，以产生警示。本发明利用相位异常检知装置检知一同步整流器输出的相位信号是否发生异常，并于异常时发出警示，实现即时检知。

一种数模转换控制的 DC-DC 开关电源软启动电路

申请（专利）号：200910234284.X **公开日：**2010-06-16
申请人：无锡芯朋微电子有限公司
发明人：邹宇彤
摘要：

本发明公开了一种数模转换控制的 DC-DC 开关电源软启动电路，该电路包括振荡器，计数器，数模转换器，误差比较器，PWM 比较器，开关控制器；开关控制器的 Q 输出端接外部开关整流管的栅极，QN 输出端接外部续流管的栅极，PWM 比较器的输出端与振荡器的输出端连接到开关控制器的输入端，PWM 比较器的输入端分别接振荡器的输出端和误差放大器的输出端，误差比较器的输入一端是输出采样电压，另外一端是输入数模转换器产生的电压，误差比较器的输出端输出的是采样电压和数模转换器产生的电压的差值放大信号，计数器的一端连接的是振荡器的输出，另外一端是清零信号，输出是 8 位的并行信号。在电源加电时控制误差比较器输入端的基准电压的大小，使其从小到大成阶梯状上升，使输出端的电压跟随这个基准电压缓慢上升，避免了启动过程中的过冲电压，实现了软启动的功能。

插频模式级联离线 PFC-PWM 开关电源转换器控制系统及控制方法

申请（专利）号：200910153618.0 **公开日：**2010-06-16

申请人：杭州士兰微电子股份有限公司

发明人：严先蔚

摘要：

本发明提供了插频模式级联离线 PFC-PWM 开关电源转换器控制系统及控制方法：PFC 模块进行交流电压到直流电压的转换，通过 PFC 控制信号产生模块产生 PFC 模块的第一开关组的控制信号，调整 PFC 模块的输入电流，第一电容输出的直流电压稳定保持在设定值；PWM 模块将 PFC 模块的输出电压转换到控制系统的输出电压，通过插频模式 PWM 控制信号产生模块产生第二开关组的控制信号，使得控制系统的输出电压达到设定直流电压值，第一电容充电的过程中，第二电容间隔充电。本发明改善了 DC-DC 部分的频率特性，降低了电容的纹波电压和成本，提高了级联离线 PFC-PWM 开关电源转换器的功率因数调整系数。

一种适用于集成电路的 50A 等级低压大电流电源

申请（专利）号：200910215971.7 **公开日：**2010-06-16

申请人：华南理工大学

发明人：张波 张桂东 肖文勋 丘东元 赵亮

摘要：

本发明提供一种适用于集成电路的 50A 等级低压大电流电源，主要包括：由整流桥、第一电感、第二开关管和储能电容构成的充电电路环节；由第一开关管、储能电容、第二开关管、第三二极管和变压器的原边绕组构成的能量释放电路环节，由第一二极管、储能电容、第二二极管、第三二极管和变压器的原边绕组构成的续流电路环节，和由变压器的副边绕组、第四二极管、第五二极管和第二电感构成的能量输出电路环节。本发明通过对储能电容电容的充放电来实现能量的传递；只用两个开关管，且主开关管的电压应力较低，成本低；通过调节两个开关管的占空比，实现电路的输出电压调节；本发明还能实现输入功率因数校正的功能。

电容降压电源电路及其装置

申请（专利）号：200910238980.8 **公开日：**2010-06-16

申请人：深圳和而泰智能控制股份有限公司

发明人：安飞虎 刘建伟 姜西辉

摘要：

本发明公开一种电容降压电源电路，包括电容降压电路和稳压电路，火线端通过连接到电容降压电路，电容降压电路通过稳压电路连接零线端，电容降压电路和稳压电路分别连接外部处理器，电容降压电路用于在处理器待机时提供预定的较小电容量，且在处理器工作时提供预定的较大的电容量，稳压电路在处理器待机时具有较低稳压负载电压，且在处理器工作时具有较大的稳压负载电压。本发明还公开了一种采用上述电容降压电源电路的装置。本发明电容降压电源电路及其装置能够有效地降低待机功耗，实现待机功耗小于 0.5W，适用于符合家电产品待机节能要求的低成本电容降压供电方案，对成本的降低有很重要的意义。

一种液晶电视电源系统

申请（专利）号：200910109892.8 **公开日：**2010-06-16

申请人：深圳创维-RGB 电子有限公司

发明人：王俊永

摘要：

本发明公开一种液晶电视电源系统，种液晶电视电源系统，包括有连接交流输入的继电器与待机电路、与继电器连接的滤波电路、与滤波电路连接的整流电路、与整流电路连接的功率因数校正电路，所述继电器还连接有低功耗待机控制电路，所述功率因数校正电路连接有 DC-DC 变换电路与 DC-AC 正弦高压变换电路。本发明液晶电视电源系统可以为液晶电视机各个系统提供相应的电压、电流需求，超低待机功耗、正常工作时电压转换效率高、系统相对简单、单位体积输出的功率大，充分满足了液晶电视机对电源的苛刻要求。

电源装置

申请（专利）号：200810180226.9 **公开日：**2010-06-23

申请人：英业达股份有限公司

发明人：李书懿

摘要：

本发明涉及一种电源装置，包含：第一及第二平板、第一及第二滑轨、充电板以及插头。第二平板平行于第一平板；第一及第二滑轨分别位于第一及第二平板，分别包含第一弧形轨道、第一直线轨道及第二弧形轨道、第二直线轨道；充电板相对的两边缘形成有第一及第二卡挚轴，卡挚于第一及第二直线轨道；插头垂直设置在充电板第一面；充电板在第一位置时，第一及第二卡挚轴是在第一及第二直线轨道中，插头朝向一垂直于第一面的第一方向；充电板通过第一卡挚轴沿第一及第二弧形轨道绕行以进行翻转至第二位置时，插头朝向与第一方向反向的第二方向。

一种数控电源过压保护电路

申请（专利）号：200810188674.3 **公开日：**2010-06-23

申请人：艾默生网络能源系统北美公司

发明人：朱建华 吕有根

摘要：

本发明涉及一种数控电源过压保护电路，包括软启动电路、整流电路、滤波电路、辅助电源和监控电路，交流电经软启动电路输入到整流电路整流，再经滤波电路滤波后，将直流电输入到辅助电源，辅助电源为监控电路提供直流电压，所述监控电路检测所述数控电源的交流电压和/或母线电压并生成过压保护信号；该数控电源过压保护电路还包括过压保护电路，所述过压保护电路用于从监控电路接收过压保护信号和/或从母线获取母线电压，并根据所述监控电路过压保护信号和/或所述母线电压控制所述软启动电路。实施本发明的数控电源过压保护电路，无需外供电源、设计简单，并且可以在获得数字控制器的保护所需时间较长的情况下，由过压保护电路快速进行保护。

多间隙金属气体放电管电源过电压保护模块

申请（专利）号： 200910303137.3　**公开日：** 2010-06-23

申请人： 东莞市新铂铼电子有限公司

发明人： 曾献昌

摘要：

本发明涉及多间隙金属陶瓷气体放电管（以下简称 M-GDT）电源过电压保护模块，主要由 M-GDT 组成。M-GDT 的端电极 A 与电源的相线 L 导电连接，M-GDT 的端电极 A’与电源的零线 N 或保护地 PE 导电连接，M-GDT 的中间电极 K1 ~ Kn 分别与压敏电阻 MOV1 ~ MOVn 的一端导电连接，MOV1 ~ MOVn 的另一端与 M-GDT 的端电极 A 或端电极 A’导电连接。本发明的产品无安全隐患、通流能力大、无续流、可靠性高及稳定性好。

具有低功耗的不间断电源供应器

申请（专利）号： 200810185917.8　**公开日：** 2010-06-23

申请人： 台达电子工业股份有限公司

发明人： 杨滨隆　李嘉祥

摘要：

本发明涉及一种具有低功耗之不间断电源供应器，其包含储能单元、交流-直流转换电路、充电电路、选择电路、主检测电路、主控制电路以及次控制电路。该不间断电源供应器由主控制电路或次控制电路控制不间断电源供应器运行，借此不间断电源供应器会依据不间断电源供应器的运行信息，例如不间断电源供应器的输出电流，而适时地启动主控制电路或次控制电路运行，还可以适时地关闭次控制电路或主控制电路运行，以提高不间断电源供应器的整体效率以及供电时间，还可以适时地关闭相对高耗电的控制器而不影响该不间断电源供应器的运行与供电。

一种多功能便携式电源

申请（专利）号： 200810218252.6　**公开日：** 2010-06-23

申请人： 深圳市傲翔天宇电子科技有限公司

发明人： 黄泽鑫　黄泽彪

摘要：

本发明公开一种集手机充电器和便携式电源于一体的多功能便携式电源。包括外壳、设置在外壳内的充电电路和设置在外壳外侧的充电插头，外壳前盖上底部固定设有长条形的固定板，固定板上通过一个以上弹性部件安装有活动的底板，外壳前盖上顶部固定安装有顶板，顶板上开有滑槽，滑槽内设有两个可滑动的调节杆，每个调节杆上固定安装有一个充电电极，两个充电电极分别与充电电路输出端的正电极和负电极电连接，外壳内固定安装有一充电电池，充电电池与充电电路输出端的正电极和负电极电连接。本发明在充电器内部设有充电电池，可在没有外接电源的情况利用内部充电电池对手机电池进行充电，其使用方便。

不断电电源供应器

申请（专利）号： 200810181717.5　**公开日：** 2010-06-23

申请人： 台达电子工业股份有限公司

发明人： 赖渊芳

摘要：

本发明涉及一种不断电电源供应器，包含：输入开关电路；交流-直流转换电路，连接于输入开关电路与直流总线之间；总线电容，连接于直流总线；储能单元，选择性地连接于储能单元连接端与共接端之间；充电电路，连接于输入开关电路与储能单元连接端；直流-直流转换电路，连接于储能单元连接端与直流总线；以及系统控制电路，连接于输入开关电路、交流-直流转换电路、充电电路与直流-直流转换电路，以控制运行，且在不断电电源供应器启动时，系统控制电路控制交流-直流转换电路停止运行，使直流-直流转换电路对总线电容充电。根据本发明可以防止不断电电源供应器的启动电流过大，造成不断电电源供应器有冲击电流的情况发生。

具内部辅助电源的通用序列总线外接装置

申请（专利）号： 200810181942.9　**公开日：** 2010-06-23

申请人： 飞利浦建兴数位科技股份有限公司

发明人： 翁伟光

摘要：

一种具内部辅助电源的通用序列总线外接装置，连接于一计算机主机的一通用序列总线端口（USB port），且该通用序列总线端口的一正电源端可提供一最大输出电流，包含：一负载电路，具有一正电源端，使得该通用序列总线端口的该正电源端可单向地供应一主电流至该负载电路的该正电源端；其中，该负载电路的该正电源端可接收一负载电流以驱动该外接装置；一辅助电源电路，具有一输出端，使得该辅助电源电路的该输出端可单向地供应一辅助电流至该负载电路；其中，当该负载电流需求小于该最大输出电流时，该负载电流全数由该主电流所提供；以及，当该负载电流需求大于该最大输出电流时，该负载电流由该主电流与该辅助电流共同提供。

分解槽不间断电源电控箱

申请（专利）号： 200810306316.8　**公开日：** 2010-06-23

申请人： 贵阳铝镁设计研究院

发明人： 于杨

摘要：

本发明公开了一种分解槽不间断电源电控箱，它包括搅拌电机（5），搅拌电机（5）分别与第一电源电路（1）

和第二电源电路（2）连接，第一电源电路（1）与第一控制单元（3）连接，第二电源电路（2）与第二控制单元（4）连接；其中第一电源电路（1）及第一控制单元（3）安装在第一电控箱体内，第二电源电路（2）及第二控制单元（4）安装在第二电控箱体内，第一电控箱体与第二电控箱体安装在槽钢支架上，槽钢支架与分解槽的顶部连接。在第一电控箱体与第二电控箱体的顶部有防雨罩。第二电控箱体的几何尺寸与第一电控箱体相同。本发明结构简单、更换方便，使用效果好，检修及维护方便，安全。

复合微能源电源输出管理控制系统

申请（专利）号：200910250994.1　**公开日：**2010-06-23

申请人：重庆大学

发明人：廖海洋　温志渝

摘要：

本发明公开了一种复合微能源电源输出管理控制系统，主要包括负载供能组和自主控制电路供能组，另外，为实现能量备用，满足不间断供电的要求，还设计了备用切换储能组，本发明成功地解决了单一 MEMS 微型发电器件发出的电量微小，难以直接为功率较大的负载供能的难题，充分满足复合微能源系统间歇式为负载提供大电流输出的要求；本发明采用了创新的负载供能、自主控制电路供能和备用切换储能三组架构，其设计合理，供能全面，连接方式多样，灵活性高，可根据实际需要应用于多种负载场合，有效地降低了转换成本。

过电流保护电路及应用其的电源转换器

申请（专利）号：200810179498.7　**公开日：**2010-06-23

申请人：联咏科技股份有限公司

发明人：郑岚瑝　谢致远

摘要：

本发明是一种过电流保护电路及应用其的电源转换器。过电流保护电路包括软性启动单元及运算放大器。软性启动单元根据一直流电平输出一软性启动信号，软性启动信号是于一软性启动时间内逐渐增加至直流电平。运算放大器根据软性启动信号及切换转换器的电感电流输出过电流信号至反馈控制电路，使得反馈控制电路输出的驱动信号的工作周期于软性启动时间内逐渐增加。

相位超前补偿网络、电源转换器及闭环控制系统

申请（专利）号：200810177803.9　**公开日：**2010-06-23

申请人：香港理工大学

发明人：曾启明　陈伟乐

摘要：

本发明公开了一种相位超前补偿网络、电源转换器及闭环控制系统，该相位超前补偿网络设置于电源转换器闭环控制系统内，闭环控制系统还包括：电源转换器和控制模块，其中，电源转换器，接收输入电压，并产生输出电压，并将所述输出电压反馈至所述控制模块，电源转换器包括-电感，电源转换器通过控制所述电感电流来完成能量转换；控制模块，输入参考电压和所述电源转换器的输出电压，产生一控制信号至所述电源转换器，用以调节所述电源转换器的动态响应；相位超前补偿网络与所述电源转换器的电感并联，相位超前网络包括串联的电容和电阻。本发明能实现低成本高效率的电源转换器电感电流检测，并提高该电源转换器闭环控制系统的稳定性。

多输出的电源转换电路

申请（专利）号：200810179804.7　**公开日：**2010-06-23

申请人：台达电子工业股份有限公司

发明人：张世贤　柯柏年

摘要：

本发明涉及为一种多输出的电源转换电路，该电路包含一变压器、一电源切换电路、一第一整流滤波电路、一第二整流滤波电路、一第一开关电路、一电压调整电路、一反馈电路以及一电源控制电路。其中，该反馈电路根据该电源状态信号选择性地依据该第一直流电压或该第二直流电压产生该反馈电压。该多输出的电源转换电路的反馈电路会根据系统电路的电源状态信号选择性地使用第一反馈参数根据第一直流电压产生反馈电压或使用第二反馈参数根据第二直流电压产生反馈电压。本发明在电源状态信号为表示电源待命状态时，可以使电压调整电路的输入端与输出端间的电压差维持在最小值，而相对减少多输出的电源转换电路不必要的电能损失且增加效率。

单级交换式电源转换电路

申请（专利）号：200810179803.2　**公开日：**2010-06-23

申请人：台达电子工业股份有限公司

发明人：张世贤　颜智鸿

摘要：

本发明涉及一种单级交换式电源转换电路，包括：变压器、电压电平产生电路、第一开关电路、第二开关电路、整流滤波电路、反馈电路以及控制电路。该单级交换式电源转换电路会根据电子产品的运行状态适时地调整单级交换式电源转换电路中开关元件运行的数目，以降低单级交换式电源转换电路于待命状态时不必要的切换损失而增加整体运行效率，相对减少热能的产生使电子产品以及单级交换式电源转换电路在待命状态时有较低的运行温度。此外，本发明还具有功率因数校正的功能，所以交流输入电流的电流分布不会过于集中且功率因数较高。再者，本发明的单级交换式电源转换电路为单级式，可使用简单的电路即具有功率因数校正的功能。

交换式电源转换电路

申请（专利）号：200810176000.1　**公开日：**2010-06-23

申请人：台达电子工业股份有限公司

发明人：张世贤　李志轩

摘要：

本发明提供一种交换式电源转换电路，用以转换电压而提供给负载，其包括：电源电路，包含开关电路与第一

磁性组件，借由开关电路的导通或截止使电源电路将输入电压转换为输出电压；反馈电路，其输入端与电源电路的输出端连接，用以根据输出电压产生反馈信号；以及控制电路，与交换式电源转换电路的输入端、开关电路以及反馈电路的输出端电连接，用以控制开关电路导通或截止；其中，控制电路固定开关电路的截止时间长度，而开关电路的导通时间长度根据反馈信号调整，且根据输入电压的值限制开关电路的导通时间长度于一最大导通时间长度以内。交换式电源转换电路在动作时，其内部的组件可正常运行而不会烧毁。且负载上的负载电流可被精确控制。

极低耗电的电源转换控制器与相关方法

申请（专利）号：200810182842.8 **公开日：**2010-06-23

申请人：晨星软件研发（深圳）有限公司 晨星半导体股份有限公司

发明人：林宋宜 洪国强

摘要：

本发明公开了一种极低耗电的电源转换控制器与相关方法，可以降低成本。电源转换控制器包括迟滞比较器、比较器、逻辑闸、内部电压调节器、控制电路及电流源；迟滞比较器，具有第一迟滞参考电压与第二迟滞参考电压，用以产生迟滞比较输出信号；比较器接收补偿信号，与回授参考电压比较产生回授控制信号；逻辑闸，用以接收迟滞比较输出信号以及回授控制信号，产生电源控制信号；内部电压调节器耦接至逻辑闸，根据电源控制信号决定是否产生内部工作电压。

电源设备和图像形成设备

申请（专利）号：200910260497.X **公开日：**2010-06-23

申请人：佳能株式会社

发明人：林崎实 鮫岛启祐

摘要：

本发明公开了一种电源设备和图像形成设备，用于从交流电压源获得直流电的电源设备包括用于输出第一直流电的第一 DC-DC 转换器，和用于低于来自第一 DC-DC 转换器的第一直流电的第二直流电的第二 DC-DC 转换器，所述第一 DC-DC 转换器的输出电压被变为较低的直流电，并且所述第二 DC-DC 转换器在连续导通状态下被驱动。

超小型氙灯高压模块电源

申请（专利）号：200910260099.8 **公开日：**2010-06-23

申请人：天津市东文高压电源厂

发明人：刘云滨 殷生鸣 于亮

摘要：

本发明涉及一种氙灯高压模块电源，它包括封装在壳体内的电源电路，电源电路上焊接有数根引针，电源电路包括振荡驱动电路、保护电路、电压提升及稳压电路、功能控制电路、电压反馈电路、触发控制电路和高压输出电路，电压提升及稳压电路分别与保护电路、电压反馈电路及功能控制电路连接，保护电路通过振荡驱动电路与高压输出电路连接，电压反馈电路分别与功能控制电路、保护电路及高压输出电路连接，高压输出电路与触发控制电路连接；本发明的有益效果是：超低的输入电压；使用方便灵活的多种控制功能；待机损耗小；长期稳定性及可靠性高；外形尺寸小，重量轻，易于 PCB 安装。

用于发热装置与电源的散热器

申请（专利）号：200880100458.7 **公开日：**2010-06-30

申请人：莫列斯公司

发明人：维克托·萨德雷 凯文·奥康纳 查利·曼拉帕兹 蒂莫西·黑根 塞缪尔·C·雷米

摘要：

一种用于将发热装置对接到电源上的互连设备。在互连设备上设置被覆镀层的部件，以便在将发热装置连接到互连设备上时为发热装置提供散热器功能，并且在发热装置和电源之间提供电路径。还披露了一种制造互连设备的方法。

输出电压检测电路及交换式电源供应器

申请（专利）号：200810184922.7 **公开日：**2010-06-30

申请人：台达电子工业股份有限公司

发明人：王冠盛 林昆祈 王颖杰 张书毫

摘要：

本发明涉及一种输出电压检测电路及交换式电源供应器，该输出电压检测电路会依据输出电流流经过的导电布局所产生的补偿电压及输出电压对应产生检测信号，由于利用导电布局的补偿电压补偿电源线的传导压降，使得检测信号可以反映出电源线的传导压降，相对地使传送到系统电路的系统电路电源端电压的电压值变化量较小，且电压调整率较小。本发明的制造成本相对较低且体积较小。更不需要额外增加两条连接于系统电路电源端的检测线，所以不会使整体线材变较粗，可以应用于一些限制整体线材大小的外接式或便携式电源供应器。

电源供应装置及其控制方法与放电方法

申请（专利）号：201010019532.1 **公开日：**2010-06-30

申请人：旭丽电子（广州）有限公司 光宝科技股份有限公司

发明人：余伟诚 许昀杰

摘要：

本发明关于一种电源供应装置，具有一开关电路；输出电路，透过该开关电路与外部电源连接，以输出主电源；待机电路，连接至该外部电源，以输出待机电源；放电电路，连接于该输出电路与该外部电源之间，以产生放电路径；以及控制电路，连接至该外部电源，且根据一正常工作模式，导通该开关电路以让该外部电源之电源信号传递至该输出电路，以及根据一待机工作模式，不导通该开关电路，以让该电源信号之一第一周期或一第二周期传递至该待机电路，并且于移除该外部电源时，导通该放电电路，使得电源供应装置得以透过放电电路进行放电。

等离子显示器开关电源时序的控制方法

申请（专利）号： 200910210665.4 **公开日：** 2010-06-30

申请人： 四川虹欧显示器件有限公司

发明人： 唐蕾 姜运国 付金莲

摘要：

本发明提供了一种等离子显示器开关电源时序的控制方法，包括以下步骤：对显示器的开关电源电压进行采样，将采样电压作为单片机的输入信号；单片机根据输入信号确定电源开关的时序，发出时序控制信号；单片机根据时序控制信号控制与其相连接的继电器导通或者关闭；与继电器相连接的电源芯片使能端根据继电器的导通或者关闭实现对显示器开关电源的控制。

自发光型显示装置、半导体装置、电子设备，以及电源线驱动方法

申请（专利）号： 200910261314.6 **公开日：** 2010-06-30

申请人： 索尼株式会社

发明人： 长谷川洋 礒部铁平

摘要：

本发明公开了自发光型显示装置、半导体装置、电子设备，以及电源线驱动方法。该自发光型显示装置包括：像素阵列部，具有为有源矩阵驱动系统准备的像素；电路，用于设置各个显示帧的峰值亮度水平；以及驱动电路，用于可变地控制施加给连接至各个像素的电源线的驱动电压的总施加期间长度和驱动电压的振幅以获得设定的峰值亮度水平，当设定的峰值亮度水平低于设定值时，驱动电路将驱动电压分割为多次脉冲波形，并且根据峰值亮度水平可变地控制每次输出时的驱动电压的振幅，以使至少一次输出时的驱动电压的振幅低于非发光期间的最大驱动电压。

一种电源插座

申请（专利）号： 201010109777.3 **公开日：** 2010-06-30

申请人： 江苏科技大学

发明人： 王长宝 胡广朋 顾勇 陆虎

摘要：

本发明公开了一种电源插座，由电源插头、插座主体、气囊组成。其中插座主体包括压力检测控制单元、可控开关电路；电源插头通过外部连接线与插座主体的可控开关电路相连接；气囊的气管与插座主体的压力检测控制单元相连接。使用时将气囊置于枕头下，通过传递人体头部的压力控制切断插座的电源，解决了上床休息时实时自动切断电热毯的输入电源问题。本发明的一种电源插座为心脏病患者、中风病人、年老体弱者、特别是高龄老人使用电热毯提供了极大的方便，安全可靠，具有很大的实用性。

电源系统过电压防护用大功率金属陶瓷气体放电管

申请（专利）号： 200910107556.X **公开日：** 2010-06-30

申请人： 东莞市新铂铼电子有限公司

发明人： 曾献昌

摘要：

电源系统过电压防护用大功率金属陶瓷气体放电管，涉及在电子设备、电源系统中防雷击、防电磁脉冲带来的过电压及操作过电压对电子设备所造成的损害中应用的放电管。包括外电极、内电极及金属化瓷环，内电极包括一空腔体，空腔体伸进外电极的筒体内，在外电极的筒口部位与内电极伸进外电极的筒口部位间安装金属化瓷环并进行气密性封接，构成密闭的气体放电间隙并在其间充以惰性气体；可容纳气体的空腔体的顶壁中心部位开有一中心气孔，在空腔体的底部开有多个进气孔，放电间隙与空腔体间通过中心气孔及进气孔形成气体环流通路。其效果是：聚过电压过后交流电源系统电压过零时能可靠自行关闭、体积小及大功率为一身，性能优，生产成本低。

一种铅酸电池欠压保护方法及电源管理系统

申请（专利）号： 201010042788.4 **公开日：** 2010-06-30

申请人： 深圳市宏电技术股份有限公司

发明人： 唐睿

摘要：

本发明适用于蓄电池领域，提供了一种铅酸电池欠压保护方法及电源管理系统；所述方法包括步骤：A1：判断市电是否连接；A2：当市电连接，铅酸电池也连接时，根据供电优先级，选择市电给取电设备供电，所述市电给所述铅酸电池充电，欠压保护电路解锁；当市电不连接，铅酸电池连接时，判断铅酸电池电压是否低于设置的阈值电压；A3：当铅酸电池电压低于设置的阈值电压时，铅酸电池被欠压保护，供电被切断，欠压保护电路上锁。在本发明提供的铅酸电池欠压保护方法中，当市电不连接，铅酸电池连接，且当铅酸电池电压低于设置的阈值电压时，铅酸电池被欠压保护，供电被切断，欠压保护电路上锁；防止了铅酸电池欠压放电，延长了铅酸电池的使用寿命。

自适应弱电源侧纵联距离保护实现方法

申请（专利）号： 200910113655.9 **公开日：** 2010-06-30

申请人： 深圳南瑞科技有限公司

发明人： 习伟 李辉 岳蔚 潘军军

摘要：

本发明公开了一种自适应弱电源侧纵联距离保护实现方法，要解决的技术问题是提高纵联距离保护性能。本发明包括以下步骤：故障检测元件满足判据，启动纵联保护装置，正、反方向故障判别元件判断都不满足判据，低电压判断元件判断满足低电压判据，采用启动后的弱馈侧纵联逻辑判断方法。本发明与现有技术相比，不依赖于弱馈控制字投退对弱电源侧判断，依据故障特征进行判断，在电力系统运行方式变化后，即使强弱电侧的相互转换，也可以保证故障时正确动作，简化定值整定。

具有温度补偿控制的电源供应装置

申请（专利）号： 200810190231.8 **公开日：** 2010-06-30

申请人：立锜科技股份有限公司
发明人：邱子寰
摘要：

本发明涉及一种具有温度补偿控制的电源供应装置，用以选择性地自外部电源或电池供电予负载，或自该外部电源对该电池充电，该电源供应装置包含：降压切换电路，电连接于该外部电源和该负载之间；以及温度补偿控制电路，根据感测温度控制该降压切换电路的操作，以调整该降压切换电路的输出电压。

具有低待机功率的电源装置

申请（专利）号：200810241849.2 **公开日：**2010-06-30
申请人：国琏电子（上海）有限公司 寰永科技股份有限公司
发明人：葛炽昌 张志彰 陈嘉坤
摘要：

一种具有低待机功率的电源装置，用于将输入电源转换为所需的电源规格输出，其包括输入单元、功率因数单元、第一电子开关、输出单元及控制信号端口。功率因数单元包括输入端、输出端、功率因数校正电路及第一侦测回路。第一侦测回路电连接于输出端与功率因数校正电路之间，第一电子开关与第一侦测回路串联，并受控于该控制信号端口。通过该第一电子开关的设置，就可以在待机状态时，进一步使得该第一侦测回路形成开路，减少了待机状态下的电力消耗，达到更严苛的待机耗电标准。

一种基于单输入的正负双电源系统

申请（专利）号：201010112047.9 **公开日：**2010-06-30
申请人：浪潮（北京）电子信息产业有限公司
发明人：李超 吴安 娄山林
摘要：

一种基于单输入的正负双电源系统，包括：电源输入单元，用于产生输入直流电源；同步时钟发生单元，用于产生同步的第一时钟信号和第二时钟信号；所述第一/第二时钟信号为正/负；正/负电压输出电路，包括第一/第二输出端和第一/第二参考地端，用于以所述第一/第二时钟信号作为同步时钟信号，根据所述输入直流电源在所述第一/第二输出端和第一/第二参考地端之间产生第一/第二电压；所述第一参考地端连接至所述第二输出端，作为所述系统的共同参考地端，所述第一输出端作为所述系统的正电源输出端，输出第一直流电源；所述第二参考地端作为所述系统的负电源输出端，输出第二直流电源。

放电加工机节能放电电源

申请（专利）号：200810188894.6 **公开日：**2010-07-07
申请人：财团法人工业技术研究院
发明人：陈德训 林瑞宽 麦朝创 郭晨晖
摘要：

本发明揭露一种放电加工机节能放电电源，其包含有：一交流电源；一交流转直流电压转换装置；一直流转直流电压转换装置；一限流单元；一限时单元；以及一控制单元。为此减少不必要的电源浪费，达到节能的目的。

测试设备的电源供应装置

申请（专利）号：200910036419.1 **公开日：**2010-07-07
申请人：金宝电子（中国）有限公司
发明人：陈忠贤
摘要：

本发明公开了一种电源供应装置，适于配置于一测试设备，且电源供应装置包含一电子式切换单元、一选择信号产生单元、一电源调整单元以及一整合稳压单元。电子式切换单元接收一第一直流电源，并根据一切换信号而输出所述第一直流电源。选择信号产生单元输出一选择信号。电源调整单元具有数个调整电路，并与选择信号产生单元电性连接。电源调整单元依据选择信号由所述调整电路的其中之一输出一调整信号。整合稳压单元分别与电子式切换单元及电源调整单元电性连接，并分别依据第一直流电源及调整信号而输出一第二直流电源。

一种高压电源调试检测仪

申请（专利）号：200810247363.X **公开日：**2010-07-07
申请人：北京有色金属研究总院
发明人：牟洪山 张希顺 孙继光 刘安生 马通达 杜志伟 杜风贞 张智慧
摘要：

本发明公开了一种高压电源调试检测仪，它包括工控机、第一数字输入输出单元、第一光纤驱动接口、第二光纤驱动接口和光纤。第二光纤驱动接口的信号输入输出端口经由该第一数字输入输出单元与该工控机上的总线相连，该第二光纤驱动接口的光纤连接端口经由光纤与第一光纤驱动接口的光纤连接端口相连，该第一光纤驱动接口的信号输入输出端口通过 I^2C 串行总线与至少一串行方式的被控设备的控制端口相连。本发明采用光纤隔离技术，具有双向通讯功能，既能控制高压电源的开关和升压过程，也能读取高压电源反馈的电压状态等信息，适用于调试与检测数字控制的高压电源的运转情况。

电脑系统与其电源控制装置

申请（专利）号：200810188979.4 **公开日：**2010-07-07
申请人：英业达股份有限公司
发明人：吕俊颖
摘要：

揭示一种电脑系统与其电源控制装置，该电源控制装置包括一温度传感器、一第一电压转换器、一重置单元、一二极管以及一第二电压转换器。温度传感器用以感测一测量温度，并据以输出一感测信号。第一电压转换器用以将一电脑系统的一电源电压转换为一第一电压。重置单元操作在第一电压下，并依据电脑系统的电源电压的电位，来切换其输出端所产生的一重置信号的电位。此外，二极管用以依据感测信号而决定是否将重置信号切换至一第二电位。第二电压用以依据具有一第一电位的重置信号而产生一启动信号，以使能电脑系统中的一嵌入式控制器。

改良式电感器、电源保护器及电源插座

申请（专利）号：200910001610.2 **公开日：**2010-07-07

申请人：胜德国际研发股份有限公司

发明人：李裕隆 程聪华 许博桦

摘要：

本发明提供一种应用改良式电感器的电源保护器及具有该电源保护器的电源插座，该电源插座包含一本体、一电源插头、至少一个插座以及一电源保护器，其中该电源保护器包含，一改良式电感器、多个保险丝及多个突波吸收器，并且该电源保护器通过与电源插座的线路作相对应的电连接，使该插座达抑制突波及稳定电流的功效。

线圈基板结构、基板保持结构以及转换电源装置

申请（专利）号：200910261145.6 **公开日：**2010-07-07

申请人：TDK 株式会社

发明人：中堀涉 菅正树 八锹淳

摘要：

提供一种提高散热性且充分地确保安装区域的线圈基板结构以及转换电源装置。线圈基板结构（100）具备：具有一次侧变压器线圈部（41）的第1线圈基板（110）、与该第1线圈基板（110）重叠且具有二次侧变压器线圈部（42）的第2线圈基板（120）、用于磁连接变压器线圈部（41、42）的变压器铁芯（130）。在此，线圈基板（110、120）以变压器线圈部（41、42）在基板厚度方向上重叠的方式彼此错开地重叠，因此，能够增大线圈基板（110、120）的散热面面积。此外，在变压器线圈部（41、42）中，从基板厚度方向看时，输送方向（A）的宽度小于与该输送方向（A）交叉的交叉方向（B）的宽度。因此，能够在输送方向（A）上缩小线圈基板（110、120）的层叠区域。

可群组化的可遥控电源插座装置及其群组化遥控方法

申请（专利）号：200910000079.7 **公开日：**2010-07-07

申请人：胜德国际研发股份有限公司

发明人：李裕隆 郭明洲

摘要：

一种可群组化的可遥控电源插座装置及其群组化遥控方法，包含有一微处理器；耦接于该微处理器的有一通讯模块、一电源保护控制模块、一群组化单元、至少一可控插座组以及一开关，该开关耦接于微处理器、电源保护控制模块和可控插座组之间，用以控制可控插座组供电与否。当该可遥控电源插座装置所属的遥控器置入、插入或滑入群组化单元的容纳槽中时，该可遥控电源插座装置便启动群组化遥控功能，可用除了所属的遥控器之外的其它遥控器进行开关遥控。

矿用本安电源截流自恢复保护装置

申请（专利）号：200910261781.9 **公开日：**2010-07-07

申请人：中国矿业大学

发明人：伍小杰 于月森 戴鹏 左东升 朱荣伍 王贵峰

摘要：

一种矿用本安电源截流自恢复保护装置，由检测电路、单稳态电路、信号隔离叠加电路、驱动加速电路组成，检测电路分为两路，一路与单稳态电路相连接，另一路与信号隔离叠加电路相连接，单稳态电路的输出与信号隔离叠加电路相连接，信号隔离叠加电路的输出与驱动加速电路相连接。本发明适用于矿用本安电源输出短路保护，能实现矿用本安电源在输出端短路的情况下，彻底地关断输出电流，并且能够在故障解除时实现输出电压自恢复功能，减少短路故障时电源释放的能量，从而减少短路时产生的火花释放的能量，防止短路火花点燃易燃易爆气体。并且能降低短路时开关器件的损耗，提高了效率，解决了散热问题。

一种高可靠低功耗开关电源模块

申请（专利）号：200810236592.1 **公开日：**2010-07-07

申请人：中国航空工业第一集团公司第六三一研究所

发明人：田龙 白永刚 郭晨 霍跃庆 杨宁 冯菲

摘要：

本发明涉及一种高可靠低功耗开关电源模块，包括DC/DC转换单元、设置在DC/DC转换单元输入端的输入保护单元、设置在DC/DC转换单元输出端的输出保护单元、AAP开关单元，其加电使能控制开关信号取自基于输入地线的电压信号或基于任一输出地线的电压信号，其输出端与DC/DC转换单元的各输出使能控制端连接。本发明解决现有技术中开关电源模块内部辅助和保护电路存在的设计不合理、能耗高、可靠性差、稳定度低、调试不方便等缺点，具有能耗低、设计简单、可靠、稳定等优点。

高压电源装置和包括其的图像形成设备

申请（专利）号：200910253627.7 **公开日：**2010-07-07

申请人：佳能株式会社

发明人：山本哲也

摘要：

本发明涉及一种高压电源装置和包括其的图像形成设备。在通过驱动压电元件输出高电压的电源中，将所述压电元件开始被驱动的初始频率范围中的开关元件的接通时间段设置为较小的值。

一种适用于开关电源的辅助源电路

申请（专利）号：201010133996.5 **公开日：**2010-07-07

申请人：英飞特电子（杭州）有限公司

发明人：华桂潮 姚晓莉 葛良安

摘要：

本发明公开了一种适用于开关电源的辅助源电路，包括第一二极管和第二二极管，第一电感，第一电容，第二电容，其特征在于：所述的第一电容的一端接输入电压 V_{in} 的正端，第一电容另一端接第一电感的一端和第二二极管的阳极，第一电感的另一端接第一二极管的阴极，第二二极管的阴极接第二电容的正端，输入电压 V_{in} 的负端接第一二极管的阳极和第二电容的负端，第二电容上的电压为辅助源电路的输出电压 V_o。本发明的有益效果是：1、在宽范围输出的电路中，可以提供全输出范围的辅助电源电压。2、损耗低，结构简单，成本低。3、可实现主电路开关管的无损吸收。

固定输出隔离高压模块电源

申请（专利）号： 201010105971.4　**公开日：** 2010-07-07

申请人： 天津市东文高压电源厂

发明人： 刘云滨　殷生鸣　于亮

摘要：

本发明涉及一种用于质量光谱学与固体表面分析、高能物理检测、半导体元件检测系统、环境监测及尘埃粒子计数器、医疗应用等方面仪器设备中的固定输出隔离高压模块电源。它包括封装在壳体内的电源电路，电源电路上焊接有数根引针，电源电路包括振荡及控制电路、驱动电路、高压取样及反馈电路、整流滤波电路，振荡及控制电路通过驱动电路与整流滤波电路连接，整流滤波电路通过高压取样及反馈电路与振荡及控制电路连接；本发明的有益效果是：输入与输出完全隔离；温漂小，稳定度高，输出纹波低，长期稳定性好；外形尺寸小，重量轻，易于PCB安装。

一种开关电源中动态磁平衡调整电路及开关电源

申请（专利）号： 201010119167.1　**公开日：** 2010-07-07

申请人： 北京嘉昌机电设备制造有限公司

发明人： 于小冬　徐曙东

摘要：

本发明提供一种开关电源中动态磁平衡调整电路及开关电源。调整电路应用于半桥逆变电路中，包括：第一采样单元，用于采集半桥逆变电路的上下桥臂的中点电压，将该中点电压发送至比较单元；第二采样单元，用于采集整流后电压的中点值，将该中点值发送至比较单元；比较单元，用于将中点电压和中点值进行比较，并将比较结果发送给控制单元；控制单元，当比较结果为中点电压大于中点值时，用于减小驱动上桥臂开关管的脉冲的占空比，直到中点电压等于中点值；当比较结果为中点电压小于中点值时，用于减小驱动下桥臂开关管的脉冲的占空比，直到中点电压等于中点值。能够有效调整偏磁，提高工作可靠性。

带锁定功能的激光电源过流保护电路

申请（专利）号： 201010120860.0　**公开日：** 2010-07-14

申请人： 厦门大学

发明人： 蔡志平　周敏　张爱文　许惠英　王晓忠　张爱清　叶新荣

摘要：

带锁定功能的激光电源过流保护电路，涉及一种电源过流保护电。设有电流取样转换电路、保护电流额定值设定器、比较控制电路、功能变换电路和回路电流调整管。电流取样转换电路输出端和保护电流额定值设定器输出端接比较控制电路输入端，比较控制电路的比较结果控制信号输出端接功能变换电路输入端，功能变换电路输出端接回路电流调整管，控制回路电流调整管实现整个回路非直接切断式的安全可靠的过流保护功能。可有效实现激光电源驱动电流的过流保护功能，又能在过流时将驱动电流锁定在设定的额定值上，实现激光电源过流保护电路的锁定功能，避免通常的过流保护电路中直接切断驱动电流所带来的不便。

夹式电源

申请（专利）号： 201010111201.0　**公开日：** 2010-07-14

申请人： 华中科技大学

发明人： 徐雁　朱明钧　徐垦　肖霞

摘要：

一种夹式电源，属于电源技术领域。架空的中高压输电线（含过江电缆），按发展需要带有电子监测和指示设备，该设备的电源由于绝缘要求难以从地面获得。常规的电池供电方式，其能量在较短时间内会被耗尽。本发明所述的夹式电源包括与传输线相连的夹式连接器、导线及感应取能装置，感应取能装置包含一个绕有线圈的导磁体及整流电路和保持电路。本电源可从输电线上取能供电子监测和指示设备使用。

可携式电子装置的电源切换电路

申请（专利）号： 200910001435.7　**公开日：** 2010-07-14

申请人： 和硕联合科技股份有限公司

发明人： 严宏炜　邱丽智

摘要：

本发明揭露一种可携式电子装置的电源切换电路，可携式电子装置可耦接扩充装置。电源切换电路包括第一电源端、第二电源端、第一开关模块、第二开关模块以及电源接脚。第一开关模块耦接第一电源端，第二开关模块耦接第二电源端，电源接脚分别耦接第一开关模块与第二开关模块。当可携式电子装置未耦接扩充装置时，第一开关模块与第二开关模块关闭，使得第一电源端所提供的第一电源与第二电源端所提供的第二电源无法通过第一开关模块与第二开关模块提供至电源接脚。

电源装置

申请（专利）号： 201010139858.8　**公开日：** 2010-07-14

申请人： 三垦电气株式会社

发明人： 臼井浩　京野羊一

摘要：

本发明的电源装置，不采用专用的感温元件，而采用肖特基势垒二极管（SBD）进行过热保护。该过热保护电路在直流电源装置（1A）中，使由与整流二极管（D51A）热耦合的肖特基势垒二极管（SBD）（D51B）的温度引起的反向漏电流（Ir）流入到输出电压检测电路（10A）内的光耦合器（PC1）。由此，当肖特基势垒二极管（SBD）（D51B）的反向漏电流（Ir）增大时（整流二极管（D51A）的温度由于过载而上升时），使输出电压检测电路（10A）的反馈信号增大，使输出电压降低，从而进行直流电源装置（1A）的过热保护。

伪连续模式开关电源的单环脉冲调节控制方法及其装置

申请（专利）号： 201010004308.5　**公开日：** 2010-07-14

申请人： 西南交通大学

发明人： 秦明　许建平　牟清波　王金平

摘要：

本发明公开了一种用于工作于伪连续模式的开关电源单环脉冲调节控制方法及其装置：在每个开关周期起始时刻，根据开关变换器输出电压 V_o 与基准电压 V_{ref} 之间的关系选择该开关周期内的有效控制脉冲。其控制脉冲选择规则为：若 V_o 低于 V_{ref}，采用控制脉冲 PH_1 和 PH_2 分别控制伪连续开关变换器中的开关管 S_1 和 S_2；反之，若 V_o 高于 V_{ref}，采用控制脉冲 P_{L1} 和 P_{L2} 分别控制开关管 S_1 和 S_2。各控制脉冲的占空比和时序均为预设的固定值。该方法可用于控制工作于伪连续模式的大功率开关变换器，其控制技术简单易行，稳定性和抗干扰能力强，变换器工作范围大，动态性能良好，且适用于各种拓扑结构的开关变换器。

电子设备及其电源装置

申请（专利）号： 200910300173.4　**公开日：** 2010-07-14

申请人： 鸿富锦精密工业（深圳）有限公司　鸿海精密工业股份有限公司

发明人： 鲁建辉

摘要：

一种电子设备，其包括电源装置、控制单元及负载。所述电源装置用于接收外部电压，以向负载提供第一工作电压及向控制模块提供第二工作电压。所述控制模块接收所述第二工作电压以向负载提供控制信号。负载在所述第一工作电压及所述控制信号作用下工作。所述电源装置包括电源转换单元，用于转换所述外部电压为所述第二工作电压。所述电源装置还包括延迟模块，所述延迟模块在接收所述外部电压时向所述控制模块提供所述第二工作电压，在停止接收所述外部电压时的一预定时段内继续向所述控制模块提供所述第二工作电压，且在所述预定时段后停止向所述控制模块提供所述第二工作电压。

智慧型箝制电路及包含此箝制电路的电源供应器

申请（专利）号： 200910000161.X　**公开日：** 2010-07-14

申请人： 旭丽电子（广州）有限公司　光宝科技股份有限公司

发明人： 余伟诚　许昫杰

摘要：

本发明是有关于一种智慧型箝制电路，适用于设置在一电源供应器中，并切换地接收一交流电压以控制一受箝制开关，包括：一开关切换器，受交流电压控制而切换于导通状态和截止状态间；一传压单元，受开关切换器控制而根据一产生自交流电压的待机电压送出一耦合电压；及一侦测器，基于耦合电压和一供电良好信号来控制受箝制开关；当电源供应器从开机模式进入停机模式时，会切换为停止接收交流电压，开关切换器便切换为截止并造成耦合电压为低电位，且供电良好信号因进入停机模式而处于低电位，侦测器因此截止受箝制开关。本发明改善稳定性并提高生产良率，能在虚拟关机模式时缩短警告时间长度，并能确保重置后的重新开机程序可顺利进行。

三端口式交直流两用电源供应器

申请（专利）号： 200910002225.X　**公开日：** 2010-07-14

申请人： 康舒科技股份有限公司

发明人： 张顺德　林维亮

摘要：

本发明关于一种三端口式交直流两用电源供应器，当交流电源正常输入本电源供应器时，一交直流转换电路输出一中压直流电源，由一双向直流转换电路的一第一输入输出端取得所述中压直流电源，并将其转换为一低压直流电源后由一第二输入输出端输出；当交流电源移除时，所述双向直流转换电路的第二输入输出端可直接连接一外部直流电源，由所述双向直流转换电路将外部直流电源升压至中压直流电源后输出至第一输入输出端，令本电源供应器于交流电源移除时仍可正常输出中压直流电源；是以，本发明由于采用单一双向直流转换电路，而可简化为三端口式结构。

高效率的全域型交换式电源供应器

申请（专利）号： 200910001461.X　**公开日：** 2010-07-14

申请人： 康舒科技股份有限公司

发明人： 鲁群　左有毅　林维亮

摘要：

本发明关于一种高效率的全域型交换式电源供应器。所述高效率的全域型交换式电源供应器主要包括一信号检测单元、二直流电源单元及一串并联控制单元，其中所述信号检测单元用以检测目前输入交流电源大小，并将判断结果输出至串并联控制单元，所述串并联控制单元依据目前交流电源电压的大小，将两直流电源单元予以串并联连接，以调整匹配目前输入交流电源电压的交换式电源电路，提升整体电源转换效率。

开关电源及电感电流峰值补偿装置

申请（专利）号： 200910156999.8　**公开日：** 2010-07-14

申请人：杭州士兰微电子股份有限公司

发明人：姚云龙

摘要：

本发明提供了开关电源，当开关电源的功率开关导通时，开关电源的电感电流流经电感电流检测电路，通过电感电流检测电路提供检测电压；电感电流峰值补偿装置输入基准电压和所述检测电压，并进行比较，输出补偿电压，补偿电压同基准电压和/或检测电压进行叠加后提供给第一比较器；第一比较器的输入端分别输入下列情况中的一种：①补偿后的基准电压和补偿后的检测电压；②补偿后的基准电压和检测电压；③基准电压和补偿后的检测电压；第一比较器的比较结果提供给逻辑控制电路，逻辑控制电路的输出经驱动电路驱动后连接功率开关的栅极。采用本发明使得实际的电感电流峰值保持与基准电流相同，有效控制由电感电流峰值，保护开关电源。

电除尘三相高压直流电源 DSP 嵌入式控制器

申请（专利）号：200810120918.4　**公开日：**2010-07-21

申请人：金华大维电子科技有限公司

发明人：施小东　祝建军　施建伟　施秦峰

摘要：

本发明涉及电除尘三相高压直流电源 DSP 嵌入式控制器，由硬件系统和软件系统组成，其特征在于：硬件系统包括 DSP 的控制核心单元，同步信号电路、触发脉冲电路、数字量输出电路、数字量输入电路、模拟量采集、通讯连接、人机显示、操作键盘、电源模块、光电隔离；软件系统的正常运行启动由系统上电复位或键盘复位开始运行，经过初始化后交由 DSP/BIOS 操作系统管理控制软件中断模块、硬件中断模块、任务模块。本发明解决了电除尘用三相晶闸管调压高压直流电源的存在问题，增加控制系统可靠性，加入电除尘系统的整体优化，才能使提高电除尘效果，达到环保要求。

一种充放电动态均压电路及使用该电路的供电电源

申请（专利）号：201010112357.0　**公开日：**2010-07-21

申请人：深圳市盛弘电气有限公司

发明人：魏晓亮　冼成瑜

摘要：

本发明涉及一种充放电动态均压电路，用于由多个电池单元串联形成的供电电源中，在供电电源的放电过程中：在第一晶体管导通时，供电电源对多个电池单元中电压较低的电池单元优先充电以使该多个电池单元达到均压；在对供电电源的充电过程中：在第三晶体管断开时，由变压器的原边线圈、第一晶体管和供电电源构成 BUCK 续流回路从而对多个电池单元中电压较低的电池单元优先充电以使该多个电池单元达到均压。本发明还涉及一种使用该充放电动态均压电路的供电电源。本发明通过变压器原副边线圈关系，有效利用 BOOST 电路放电过程的 Ton 时间段和 BUCK 电路充电过程的 Toff 时间段对供电电源中串联的电池单元进行动态均压。

用于一便携式电子装置的电源供应装置

申请（专利）号：200910001040.7　**公开日：**2010-07-21

申请人：纬创资通股份有限公司

发明人：吴德隆　李俊达　余宗达

摘要：

本发明涉及用于一便携式电子装置的电源供应装置。具体地，用于便携式电子装置的电源供应装置，包含接收端，用来接收指示信号，该指示信号用来指示该便携式电子装置的外接电源的嵌合情形；储电模块，用来储存电能；开关模块，耦接于该储电模块、该便携式电子装置的系统电路及该接收端，用来根据该指示信号及控制信号，控制该储电模块至该系统电路间的电流路径；以及控制模块，耦接于该储电模块、该开关模块及该接收端，用来由该储电模块所储存的电能驱动，以根据该指示信号，产生该控制信号。本发明是根据外接电源的嵌合情形，正确地切换便携式电子装置的供应电源，使电力资源更有效地被利用，以延长便携式电子装置的使用时间。

航模接收机备用电源无功耗电子切换装置

申请（专利）号：201010113127.6　**公开日：**2010-07-21

申请人：黄宇嵩

发明人：黄宇嵩

摘要：

随着航模活动的不断发展和普及，热衷于大级别航模爱好者越来越多，然而有很多爱好者停留在小级别航模机载设备耗电的认知水平，在外场飞行中常忽视或忘记了航模接收机电池的剩余电量问题，因而时常发生因接收机缺电酿成非操纵性的事故。本发明根据航模接收机、舵机耗电特点和对电池组的技术要求，解决航模接收机在空中缺电时能干脆利落地切换由备用电源负责接收机应急供电，能够有效遏制因航模接收机电池组缺电而发生坠机事故。本发明借鉴反映快捷的电脑在线式应急电源设计构思，以微功耗电压检测器为核心，采用 P 沟道大功率场效应管作为主电源、备用电源的切换执行元件，辅以少量分立电子元件组成，电路不仅结构简捷、可靠，而且电路无需调试。

高频开关电源智能在线检测优化管理控制方法及其装置

申请（专利）号：201010111213.3　**公开日：**2010-07-21

申请人：北京奥福瑞科技有限公司

发明人：不公告发明人

摘要：

本发明提供了一种高频开关电源智能在线检测优化管理控制方法，包括：采集多个开关电源模块的、表征其各自的工作状态的特征信号；对所述特征信号进行放大及滤波处理；对所述处理后的信号进行模数转换后获得所述多个电源模块的特征值数据；根据所述特征值数据和故障判断特征子集识别、记录需要退出的故障电源模块及其故障权重等级；根据所述特征值数据和性能判断特征子集，以及所述记录的故障权重等级，对所述多个电源模块进行优劣排序；根据需要按照排序结果选择排位较高的电源模块为所述故障模块的替换模块；关闭与所述故障电源模块相对应的开关以使其离线，以及开启与所述替换模块相对应的开关以使其在线。

一种隔离式高轻载效率的低输出电压大电流开关电源

申请（专利）号：201010114560.1　**公开日：**2010-07-21

申请人：东南大学

发明人：徐申　孙大鹰　孙伟锋　阚明建　陆生礼　时龙兴

摘要：

本发明公布了一种隔离式高轻载效率的低输出电压大电流开关电源，包括有源钳位初级开关电路（1）、隔离变压器（2）、同步整流电路（3）、输出滤波电路（5）、输出采样电路（6）、误差放大隔离电路（7）和脉宽调制控制电路（10），还包括辅助续流管（4）、负载检测电路（8）和隔离驱动电路（9）。本发明大大降低了开关变换器的轻载功耗，而且其结构简单，成本低，可靠性好。

宽电压输入的反激式电源过功率补偿的方法及装置

申请（专利）号：201010118600.X　**公开日：**2010-07-21

申请人：福建捷联电子有限公司

发明人：余祚尚　李宗晏

摘要：

本发明涉及一种宽电压输入的反激式电源过功率补偿的方法及装置，包括反激式电源的反激式变压器，OPP过功率补偿电路，及作为反激式电源PWM控制IC，其特征在于：在所述变压器初级侧增加一个绕组，并将该绕组一端作为异名端接变压器初级侧参考地，而另一端作为同名端将耦合出来的电压通过OPP过功率补偿电路传输到作为反激式电源PWM控制IC的OPP过功率保护检测功能端CS做OPP过功率补偿。本发明能让宽电源（输入在90Vrms-264Vrms交流电）过功率保护点更接近，且由于轻载时OPP过功率补偿电路不工作，即输出轻载时，OPP补偿电路不损耗能量，可应用于待机功耗要求很低的反激式宽电源中，使用方便、安全，同时也会降低因输出过载或短路而造成开关MOS管等零件损坏的问题。

一种开关电源中输出吸收电路及开关电源

申请（专利）号：201010119160.X　**公开日：**2010-07-21

申请人：北京嘉昌机电设备制造有限公司

发明人：于小冬　徐曙东

摘要：

本发明提供一种开关电源中输出吸收电路及开关电源，其中吸收电路包括：电容、第一二极管、第二二极管、第一电感、第二电感和开关管；整流桥的正输出端依次通过串联的电容和第一二极管接地，其中，第一二极管的阴极接地，阳极与电容的一端连接；整流桥的正输出端依次通过串联的第二电感、第二二极管和第一电感接地；其中，第二二极管的阴极连接第一电感的一端，阳极连接第二电感的一端；所述开关管连接于所述第一二极管的阳极和第二二极管的阳极之间；当变压器的次级绕组有方波输出时，所述开关管导通；当变压器的次级绕组没有方波输出时，所述开关管关闭。该吸收电路可以有效地吸收振荡电压尖峰，并且不损耗能量。

具有不同负载提示及过载保护电流自动选择的电源转换器

申请（专利）号：200910197819.0　**公开日：**2010-07-21

申请人：纽福克斯光电科技（上海）有限公司

发明人：洪伟弼

摘要：

本发明提出一种具有不同负载提示及过载保护电流自动选择的电源转换器，包括依次电性连接的电源输入端、电源转换器和电源输出端，所述电源转换器包括：第一功率电源输入端和第二功率电源输入端，设置于所述电源输入端；第一功率电源指示灯和第二功率电源指示灯，其中，所述电源转换器具有功率电源判断电路，当判断为第一功率电源输入时，同时点亮第一功率电源指示灯和第二功率电源指示灯，当判断为第二功率电源输入时，仅点亮第二功率电源指示灯。本发明提出的电源转换器，具有输入功率电源提示功能以及过载保护电流自动选择功能，方便用户知悉输入的电源是大功率电源还是小功率电源，并自动选择不同的过载保护电流。

低功耗多支点长行程同步支撑跟踪采光太阳能家用电源

申请（专利）号：201010127954.0　**公开日：**2010-07-21

申请人：北京印刷学院

发明人：张立君

摘要：

一种可由电机驱动，可实现太阳光采集自动跟踪的低功耗多支点长行程同步支撑跟踪采光太阳能家用电源，它可由两台电机通过由直齿轮、连杆、长直连杆、长丝杠、正向螺纹螺母、反向螺纹螺母等组成的机械传动机构带动多个太阳能电池板完成同步自动跟踪太阳光运动，可用来带动多个太阳能电池板实现太阳光采集的群同步自动跟踪。

液压杆传动多点支撑齿形带驱动群同步跟踪采光太阳能家用电源

申请（专利）号：201010128468.0　**公开日：**2010-07-21

申请人：北京印刷学院

发明人：张立君

摘要：

一种可由电机和液压杆驱动，可实现太阳光采集自动跟踪的液压杆传动多点支撑齿形带驱动群同步跟踪采光太阳能家用电源，它可由两个液压杆、电机、同轴双齿形带轮、齿形带、蜗杆和蜗轮等组成的机械传动机构带动多个太阳能电池板完成同步自动跟踪太阳光运动，可用来带动多个太阳能电池板实现太阳光采集的群同步自动跟踪。

具内部辅助电源的通用序列总线外接装置

申请（专利）号： 200910002589.8 **公开日：** 2010-07-28

申请人： 飞利浦建兴数位科技股份有限公司

发明人： 翁伟光

摘要：

一种具内部辅助电源的通用序列总线外接装置，连接于一计算机主机的一通用序列总线端口，且该通用序列总线端口的一正电源端可提供一最大输出电流，包含：负载电路，具有一正电源端，使得该通用序列总线端口的该正电源端可单向地供应一主电流至该负载电路的该正电源端；其中，该负载电路的该正电源端可接收一负载电流以驱动该外接装置；以及一辅助电源电路，具有一输出端，使得该辅助电源电路的该输出端可单向地供应一辅助电流至该负载电路的该正电源端；其中，当该负载电流需求升至一第一临界电流值时，该负载电流由该主电流与该辅助电流共同提供；以及，当该负载电流需求降至一第二临界电流值时，该负载电流全部由该主电流所提供。

可远程管理的电源控制器

申请（专利）号： 201010121606.2 **公开日：** 2010-07-28

申请人： 深圳市克莱沃电子有限公司

发明人： 张杰

摘要：

一种可远程管理的电源控制器，包括多个电源输出单元，其特征在于，该电源控制器设有一个控制单元，该控制单元包括CPU及与之相连的显示单元、存储单元、串口通信级联单元、网络单元、时钟单元、ADC及取样单元、传感器单元、驱动单元、输出检测单元、保护单元及电源单元，该电源控制器通过所述串口通信级联单元与上位PC机通信，并通过所述网络单元与互联网连接，由上位PC机从串口通信级联单元提取该电源控制器的电压、电流、电能用量及与该电源控制器所连接的机柜内的温度、湿度、烟雾、门禁、水浸的微细环境状态的数据，实现对该电源控制器及所连接的机柜内微细环境的远程监测、控制与管理。

光纤网络终端系统及其电源供应模块

申请（专利）号： 200910002594.9 **公开日：** 2010-07-28

申请人： 台达电子工业股份有限公司

发明人： 杨永宏

摘要：

本发明为一种光线网络终端系统及其电源供应模块，该电源供应模块适用于一光纤网络终端系统，其包括：备用电池单元，具有至少一第一卡接元件；以及电源供应单元，具有至少第二卡接元件，用以与对应的备用电池单元的第一卡接元件相互滑设卡接，使电源供应单元可拆卸地连接固定于备用电池单元。本发明的电源供应模块使电源供应单元可拆卸地连接于备用电池单元上，使得电源供应单元可依据空间大小及距离插座远近而调配或变更其所设置的位置，因而使得电源供应模块的安装作业在施作上较为便利，且更具弹性。

具有开回路保护的电源供应器

申请（专利）号： 201010117354.6 **公开日：** 2010-07-28

申请人： 崇贸科技股份有限公司

发明人： 黄伟轩 蔡孟仁 林乾元 李全章

摘要：

本发明是有关于一种具有开回路保护的电源供应器，其包含有一变压器、一开关、一信号产生电路、一回授侦测电路、一低压侦测电路与一延迟电路，变压器接收一输入电压，开关耦接变压器并切换变压器，信号产生电路产生一切换信号控制开关切换，回授侦测电路依据电源供应器的一回授信号产生一拉高信号，低压侦测电路依据拉高信号与输入电压产生一延迟信号，延迟电路依据延迟信号计数一延迟时间，以产生一截止信号至信号产生电路，以拴锁切换信号。本发明利用低压侦测电路侦测输入电压是否过低，以决定是否进行开回路保护。

一种多路输出电源时序控制装置及方法

申请（专利）号： 201010111274.X **公开日：** 2010-07-28

申请人： 福建星网锐捷网络有限公司

发明人： 任谦

摘要：

本发明公开了多路输出电源时序控制装置及方法，该装置包括至少一个电源输出电路，每个电源输出电路包括DC-DC开关电源模块和电压跟踪模块；电压跟踪模块用于在DC-DC开关电源模块上电或者下电过程中，将该DC-DC开关电源模块的输出电压值与给定的电压跟踪信号的电压值进行比较，将用于指示电压升高或降低的调整信号反馈至该DC-DC开关电源模块，DC-DC开关电源模块用于根据反馈调整信号，使输出的电压值与电压跟踪信号的电压值一致。本发明采用受同一个电压跟踪信号控制的电压跟踪模块对DC-DC开关电源模块输出第一电压信号进行反馈，使各DC-DC开关电源模块的上电下电时序一致。

电源转换方法及其电路

申请（专利）号： 201010129908.4 **公开日：** 2010-07-28

申请人： 深圳市普博科技有限公司

发明人： 赵天锋

摘要：

本发明公开了一种电源转换方法，实现从电源输入端到电源输出端的电源转换，包括：开关单元从电源输入端输入电源信号；取样单元控制电源输出端的电流大小；处理单元启动驱动单元；驱动单元对输入的电源信号进行电压转换后输出转换电压；反馈单元将转换电压的信息反馈至处理单元；处理单元根据转换电压的信息判断转换电压是否正常；若正常，则进行电源输出；若异常，则停止电源输出。本发明还公开了一种电源转换电路。本发明所公开的电源转换方法及其电路，通过反馈电路对电源输出端进行实时检测，处理单元及时对电源输出进行控制，提高了后续电路电源应用的可靠性和安全性。

小体积自恢复型保护正输出高压模块电源

申请（专利）号：201010125051.9 **公开日：**2010-07-28

申请人：天津市东文高压电源厂

发明人：刘云滨 殷生鸣 于亮

摘要：

本发明涉及一种小体积自恢复型保护正输出高压模块电源，包括封装在壳体内的电源电路，电源电路上焊接有数根引针，电源电路包括控制电路、辅助及驱动电路、自恢复型保护电路、高压反馈电路、倍压整流及滤波电路，控制电路通过辅助及驱动电路、倍压整流及滤波电路分别与自恢复型保护电路、高压反馈电路连接，自恢复型保护电路和高压反馈电路分别与控制电路连接；本发明的有益效果是：输出调节范围宽，可从零起调；高压输出可通过外部控制电压或电位器调节；输出转换效率高；有外部启停控制功能；具有对输出过载或短路时的自恢复型保护功能；温漂小，稳定度高，输出纹波低，长期稳定性好；外形尺寸小，重量轻，易于PCB安装。

液压杆传动多点支撑直齿条驱动群同步跟踪采光太阳能家用电源

申请（专利）号：201010128479.9 **公开日：**2010-07-28

申请人：北京印刷学院

发明人：张立君

摘要：

一种可由电机和液压杆驱动，可实现太阳光采集自动跟踪的液压杆传动多点支撑直齿条驱动群同步跟踪采光太阳能家用电源，它可由两个液压杆、电机、直齿轮、长直齿条、蜗杆和蜗轮等组成的机械传动机构带动多个太阳能电池板完成同步自动跟踪太阳光运动，可用来带动多个太阳能电池板实现太阳光采集的群同步自动跟踪。

液压杆传动多点支撑直连杆驱动群同步跟踪采光太阳能家用电源

申请（专利）号：201010128476.5 **公开日：**2010-07-28

申请人：北京印刷学院

发明人：张立君

摘要：

一种可由电机和液压杆驱动，可实现太阳光采集自动跟踪的液压杆传动多点支撑直连杆驱动群同步跟踪采光太阳能家用电源，它可由两个液压杆、电机、直齿轮、连杆、长直连杆、蜗杆和蜗轮等组成的机械传动机构带动多个太阳能电池板完成同步自动跟踪太阳光运动，可用来带动多个太阳能电池板实现太阳光采集的群同步自动跟踪。

液压杆传动多点支撑链接驱动群同步跟踪采光太阳能家用电源

申请（专利）号：201010128460.4 **公开日：**2010-07-28

申请人：北京印刷学院

发明人：张立君

摘要：

一种可由电机和液压杆驱动，可实现太阳光采集自动跟踪的液压杆传动多点支撑链接驱动群同步跟踪采光太阳能家用电源，它可由两个液压杆、电机、同轴双链轮、链条、蜗杆和蜗轮等组成的机械传动机构带动多个太阳能电池板完成同步自动跟踪太阳光运动，可用来带动多个太阳能电池板实现太阳光采集的群同步自动跟踪。

直齿条驱动群同步多连杆长行程同步支撑跟踪采光太阳能家用电源

申请（专利）号：201010127983.7 **公开日：**2010-07-28

申请人：北京印刷学院

发明人：张立君

摘要：

一种可由电机驱动，可实现太阳光采集自动跟踪的直齿条驱动群同步多连杆长行程同步支撑跟踪采光太阳能家用电源，它可由两台电机通过由直齿轮、长直齿条、长丝杠、正向螺纹螺母、反向螺纹螺母等组成的机械传动机构带动多个太阳能电池板完成同步自动跟踪太阳光运动，可用来带动多个太阳能电池板实现太阳光采集的群同步自动跟踪。

链接驱动群同步多连杆长行程同步支撑跟踪采光太阳能家用电源

申请（专利）号：201010127961.0 **公开日：**2010-07-28

申请人：北京印刷学院

发明人：张立君

摘要：

一种可由电机驱动，可实现太阳光采集自动跟踪的链接驱动群同步多连杆长行程同步支撑跟踪采光太阳能家用电源，它可由两台电机通过由直齿轮、同轴双链轮、链条、长丝杠、正向螺纹螺母、反向螺纹螺母等组成的机械传动机构带动多个太阳能电池板完成同步自动跟踪太阳光运动，可用来带动多个太阳能电池板实现太阳光采集的群同步自动跟踪。

齿形带驱动群同步多连杆长行程同步支撑跟踪采光太阳能家用电源

申请（专利）号：201010127962.5 **公开日：**2010-07-28

申请人：北京印刷学院

发明人：张立君

摘要：

一种可由电机驱动，可实现太阳光采集自动跟踪的齿形带驱动群同步多连杆长行程同步支撑跟踪采光太阳能家用电源，它可由两台电机通过由直齿轮、同轴双齿形带轮、齿形带、长丝杠、正向螺纹螺母、反向螺纹螺母等组成的机械传动机构带动多个太阳能电池板完成同步自动跟踪太阳光运动，可用来带动多个太阳能电池板实现太阳光采集的群同步自动跟踪。

生物体内信息获取装置以及电源提供控制方法

申请（专利）号：200880105744.2 **公开日：**2010-08-04

申请人：奥林巴斯医疗株式会社

发明人：木许诚一郎

摘要：

电源接通信号检测部（191）检测电源切断时来自磁开关（180）的控制信号的输出模式。并且，在输出模式与接通模式一致的情况下，电源接通信号检测部（191）将检测信号输出到电源提供控制部（170）。电源切断信号检测部（193）检测电源接通时来自磁开关（180）的控制信号的输出模式。并且，在输出模式与切断模式一致的情况下，电源切断信号检测部（193）将检测信号输出到电源提供控制部（170）。电源提供控制部（170）根据所输入的检测信号，对电源部（160）的驱动电力的提供状态和切断状态（电源的接通和切断）进行切换。

一种铝合金双丝双脉冲焊接方法及其焊接电源

申请（专利）号：200910193567.4 **公开日：**2010-08-04

申请人：华南理工大学

发明人：薛家祥 姚屏 蒙万俊 魏仲华

摘要：

本发明公开了一种铝合金双丝双脉冲焊接方法及其焊接电源，具体方法为脉冲波形在高频的基础上进行低频调制，得到周期性变化的强弱脉冲群，通过两路脉冲群的相位配合实现铝合金的高效优质焊接。焊接电源包括一体化的IGBT软开关主电路、DSP控制电路以及人机交互系统。本发明首次提出在双丝焊机上实现双脉冲铝合金焊接，实现了全数字化控制，利用软件模块直接产生8路PWM信号，控制两个主电路，减少了通信所带来的控制上的问题。同时通过将两个主电路集中于同一焊机中，使整体结构比主从式焊机大为减小，此外还采用了瞬时能量控制等方法实现双脉冲的精细控制。

集光源及电源于一体的LED灯具电路板及其制造方法

申请（专利）号：201010005229.6 **公开日：**2010-08-04

申请人：广州南科集成电子有限公司

发明人：吴俊纬

摘要：

本发明公开了一种连接可靠、生产快速简便、生产效率高、产品合格率高的集光源及电源于一体的LED灯具电路板及其制造方法。LED灯具电路板包括至少两个模块单元板（1），模块单元板（1）之间相固定连接，模块单元板（1）的正面设有用于固定LED芯片（2）并构成LED芯片（2）之间电连接的金属层（13）、背面设有焊接电路元件并构成电路的电源线路（14），相连接的模块单元板（1）的电源线路（14）之间通过跳线相电连接。制造方法是将预制电路板制成连片，将连片的电路板整体进行贴片并打线、涂覆荧光粉及硅胶，固化后焊接电路元件，将模块单元板（1）切割成独立的部分并通过连接部相连，通过跳线将各电源线路（14）相电连接。可应用于LED照明领域。

一种高电源电压抑制比的带隙基准电压源

申请（专利）号：201010120181.3 **公开日：**2010-08-04

申请人：东南大学

发明人：吴建辉 沈海峰 张萌 曲子华 顾俊辉 刘鹏飞 顾丹红 马潇 赵炜 时龙兴

摘要：

一种高电源电压抑制比的带隙基准电压源包括启动电路（1），正负温度系数电流产生电路（2），运放（3）及基准电压产生电路（4）；启动电路（1），正负温度系数电流产生电路（2），运放（3）及基准电压产生电路（4）的直流电输入端分别连接直流电源Vcc，启动电路（1）的输出端接正负温度系数电流产生电路（2）的第一输入端，正负温度系数电流产生电路（2）的第一输出端与运放（3）的第一输入端相连，正负温度系数电流产生电路（2）的第二输出端与运放（3）的第二输入端相连，正负温度系数电流产生电路（2）的第三输出端与基准电压产生电路（4）的第一输入端相连接，运放（3）的第一输出端接正负温度系数电流产生电路（2）的第二输入端。

连接片与应用该连接片的电源单体的连接方法

申请（专利）号：200910196683.1 **公开日：**2010-08-04

申请人：上海瑞华（集团）有限公司

发明人：帅鸿元 陆政德 方翔宇

摘要：

本发明揭示了一种连接片与应用该连接片的电源单体的连接方法，其中该连接片由导电材料制成，用于连接正极或负极凸出本体的电源单体，该连接片具有至少一个开口，且所述开口的形状与所述电源单体的正极或负极一致，且开口尺寸小于或等于所述电源单体的正极或负极。利用物体热胀冷缩的特性，将以上连接片加热后，开口套接于电源单体的电极上，而后冷却实现连接片与电源单体的自然结合。其连接牢固，且具有装配方便，成本低廉；不容易破坏单体的结构；易于维护；有利于电源模块的扩容等优点。

一种兆瓦级风电蓄电池组合独立电源系统

申请（专利）号：201010142293.9 **公开日：**2010-08-04

申请人：中国海洋石油总公司 中海油新能源投资有限责任公司 上海交通大学

发明人：尚景宏 蔡旭 林伟明 朱鹏 罗锐 曹云峰 李征 施刚

摘要：

本发明涉及一种兆瓦级风电蓄电池组合独立电源系统，包括：若干组风电机组，其各输出端并联接入高压主母线；一蓄电池储能调节系统包括：若干充放电管理系统，每一充放电管理系统交流侧并联接入公共母线上后，再接入高压主母线；以及一系统主监控器，其通过若干CAN接口与各充放电管理系统进行信息交互，并按照充放电管理系统的指令工作；若干组蓄电池组，每一蓄电池组连接对应的充放电管理系统的直流端，并在上、下限电压值范围内与高压主母线和蓄电池储能调节系统形成的PCC点进行有功功率、无功功率的双向调节，使PCC点的电压和频率稳定；一外部备用电源，其在蓄电池储能调节系统中的系统主监控器的控制下为高压主母线供电，使PCC点的电压和频率稳定；一卸载电荷，其在蓄电池储能调节系统中的系统主监控器的控制下消耗掉高压主母线输出的电能，使PCC点的电压和频率稳定。本发明易于实现，节约了成本，能够输出高质量电能，可以应用在海上油田平台和偏远地区供电。

400Hz大功率逆变电源的无线并联控制方法及其控制系统

申请（专利）号：201010122702.9　**公开日：**2010-08-04

申请人：中国科学院电工研究所

发明人：高范强　李子欣　王平　李耀华　朱海滨

摘要：

一种400Hz大功率逆变电源的无线并联控制方法，利用有功功率P的积分值和无功功率Q来调节多个逆变电源并联系统中各个逆变器的输出电压的相位和幅值，以对负载进行均分。应用所述的控制方法的控制系统，至少包括一个400Hz的逆变电源模块，所述的400Hz的逆变电源模块包括逆变器（11），用以驱动所述逆变器（11）的PWM驱动电路（21），位于逆变器（11）输出侧的串联电感（201）、位于公共母线端的输出相位检测电路（301）、位于所述的逆变器的输出端上输出电压检测器（12）、串联于所述的逆变器的输出端上的负载电流检测器（13）和控制单元（22）。逆变器的输出端串联一个并联电感，通过并联开关连接到公共母线上；控制单元通过运行控制算法实现对逆变器的控制。

无需辅助直流电源的三相模块化多电平换流器启动方法

申请（专利）号：201010141636.X　**公开日：**2010-08-04

申请人：浙江大学

发明人：徐政　屠卿瑞　翁华　黄弘扬　薛英林

摘要：

本发明公开了一种在无需辅助直流电源的情况下，三相模块化多电平换流器的自励充电启动方法，该方法利用交流系统线电压在换流器桥臂间产生的相间电流，在检测桥臂电流方向和各个子模块电容电压的同时，通过控制各桥臂子模块中上下两个电力电子开关的通断，完成对桥臂上各个子模块电容的充电过程，且所有桥臂的充电过程可以同时进行，实现了三相模块化多电平换流器在自励方式下的快速正常启动。

一种大功率开关电源降压电路

申请（专利）号：201010143627.4　**公开日：**2010-08-04

申请人：杭州电子科技大学

发明人：刘敬彪　袁芬艳　盛庆华

摘要：

本发明涉及一种大功率开关电源降压电路。现有的降压电路在压差过大的情况下容易产生很大的电流脉冲，破坏系统的稳定性。本发明包括前级电流滤波电路、一级降压电路、二极管D、二级降压电路和两个反馈电路；前级电流滤波电路的一端与直流输入电压的正极连接，一级降压电路与一个反馈电路并联后的一端与前级电流滤波电路的另一端连接，并联后的另一端与二极管D的阳极连接；二级降压电路与另一个反馈电路并联后的一端与二极管D的阴极连接，另一端作为电压输出端；两个反馈电路采用完全相同的电路结构。本发明利用两级连续降压，突破了压差过大的屏障，可以将高压直流电压稳定、高效、精确、安全地进行降压。

长行程液压杆传动单点支撑链接驱动群同步跟踪采光太阳能家用电源

申请（专利）号：201010133784.7　**公开日：**2010-08-04

申请人：北京印刷学院

发明人：张立君

摘要：

一种可由电机和长行程液压杆驱动，可实现太阳光采集自动跟踪的长行程液压杆传动单点支撑链接驱动群同步跟踪采光太阳能家用电源，它可由由活塞杆和小活塞缸体和大活塞缸体构成的长行程液压杆、电机、直齿轮、同轴双链轮、链条、蜗杆和蜗轮等组成的机械传动机构带动多个太阳能电池板完成同步自动跟踪太阳光运动，可用来带动多个太阳能电池板实现太阳光采集的群同步自动跟踪。

充电式石墨炉电源

申请（专利）号：200910237805.7　**公开日：**2010-08-11

申请人：北京普析通用仪器有限责任公司

发明人：黄伟　王大明

摘要：

本发明公开了一种充电式石墨炉电源，包括充电电源、充电控制器、第一升温控制器、主控制器、石墨炉温度传感器、充电电源电压传感器、外接电源电压传感器；所述充电控制器用于接入外接电源给所述充电电源充电，所述第一升温控制器用于接入所述充电电源给石墨炉供电，所述石墨炉温度传感器用于检测石墨炉的温度，所述充电电源电压传感器用于检测所述充电电源的电压，所述外接电源电压传感器用于检测外接电源的电压，所述主控制器用于控制所述充电控制器和所述第一升温控制器。使用本发明，既可以使用充电电源单独对石墨炉供电，也可以使用外接电源和充电电源同时对石墨炉供电，保证了供电稳定性，从而保证了石墨炉升温速率。

高电源抑制比低失调的基准源电路

申请（专利）号：200910060378. X **公开日：**2010-08-11

申请人：四川和芯微电子股份有限公司

发明人：武国胜 吴召雷 黄俊维

摘要：

本发明公开了高电源抑制比低失调的带隙基准源电路，其特征在于：设置有一个隔离单元，用于消除基准源电压变化和反馈电路失调电压对基准源电路的影响，所述隔离单元位于电流放大器的输出端、输入端与正温度系数电流源的端口之间；所述反馈电路的输入端位于隔离单元和电流放大器之间，用于屏蔽反馈电路失调对正温度系数电流源的影响；本发明设置的隔离单元用于提高电源抑制和屏蔽反馈电路对参考源产生的失调，电路正常工作时，可以输出稳定参考源；电路的电源抑制比不仅达到130dB以上，而且可以有效地抑制反馈电路对电路产生的失调；电路结构简单，高电源抑制比和低失调。

电源管理集成电路

申请（专利）号：200880101742. 6 **公开日：**2010-08-11

申请人：NXP股份有限公司

发明人：萨莎·里斯蒂奇 因松·范洛 帕特里克·E·G·斯梅茨

摘要：

一种电源管理集成电路，包括多个电源电路，将在多个连接到电源的电源输出端子处接收到的电能提供给多个电源输出端子。多个电源电路耦接在电源输入端子和各个电源输出端子之间。电源管理集成电路包括活动配置存储器和具有至少一个端子的通信接口，通信接口从电源管理集成电路之外将配置数据上载到配置存储器。控制电路根据来自活动配置存储器的配置数据来控制各个电源电路的操作参数。因此，在不需要电源管理集成电路能够以可动态配置的方式在不同的电源状态之间进行切换，在切换期间不需要对配置进行外部控制。

一种插槽电源控制方法及装置

申请（专利）号：201010137687. 5 **公开日：**2010-08-11

申请人：成都市华为赛门铁克科技有限公司

发明人：张平

摘要：

本发明实施例涉及控制技术领域，公开了一种插槽电源控制方法及装置，用于对PCIE插槽的热插拔进行控制。其中，一种插槽电源控制方法包括：接收外部输入的至少一个PCIE插槽对应的热拔请求，将该PCIE插槽上加载的固定电源切换至可控电源，在满足预设时间值时，卸载该PCIE插槽上加载的可控电源。本发明实施例可以对PCIE插槽的热插拔进行控制，节省电源热插拔芯片的数量。

变压器及使用该变压器的电源装置

申请（专利）号：200880107784. 0 **公开日：**2010-08-11

申请人：松下电器产业株式会社

发明人：杉村智宏 户谷寿文 森元贞雄

摘要：

本发明提供一种变压器，其包括：缠绕了第一初级绕组（12）和第一次级绕组（13）、具有第一贯通孔（14）的第一绕线管（15）；缠绕了第二初级绕组（16）和第二次级绕组（17）、具有第二贯通孔（18）的第二绕线管（19）；以及由剖面为T字形状的中磁脚（23）、第一外磁脚（24）、和第二外磁脚（25）构成的2个分割磁芯（26），其中，中磁脚（23）由从背磁板（20）垂直地连接的纵壁部（21）和横壁部（22）构成，第一外磁脚（24）设置在由纵壁部（21）隔开的一侧，第二外磁脚（25）设置在由纵壁部（21）隔开的另一侧；从第一贯通孔（14）的两侧分别插入第一外磁脚（24）使它们对接，从第二贯通孔（18）的两侧分别插入第二外磁脚（25）使它们对接，并且使中磁脚（23）对接。

电信专用的电源控制分配装置

申请（专利）号：201010121375. 5 **公开日：**2010-08-11

申请人：深圳市克莱沃电子有限公司

发明人：张杰

摘要：

一种电信专用的电源控制分配装置，它具有一条块状基座（10），基座（10）上沿长度方向的一个侧面设有多个电源分配单元（20），与所述侧面垂直的另一侧面设有分别控制每个电源分配单元（20）的多个控制单元（30），在基座（10）的一端或两端设有一个或两个电源接线盒（40），所述电源接线盒与电源母线（50）相连接，多个电源分配单元模组（20）及多个控制单元（30）通过分线（52）并接在与电源母线（50）连接的主线（51）上，所述主线（51）与分线（52）采用压注方式设于所述基座（10）内。本发明由一个控制单元控制一个电源分配单元，便于用户根据需要有选择地进行手动通、断操作，且便于安装、布线。

电子装置及其控制外部电源供应装置的方法

申请（专利）号：200910003885. X **公开日：**2010-08-11

申请人：宏碁股份有限公司

发明人：阮冠旗 吕基男 徐瑞庆

摘要：

本发明涉及一种电子装置及其控制外部电源供应装置的方法。所述电子装置电性连接一个具有开启状态及关闭状态的外部电源供应装置，所述电子装置包含开关模块及内部电源模块。所述开关模块在被触发时产生开关信号。内部电源模块接收开关信号，由此产生触发信号至所述外部电源供应装置，以触发外部电源供应装置由关闭状态转为开启状态，从而使外部电源供应装置提供电源至电子装置。

系统电源监控装置及其方法

申请（专利）号：200910004342.X　**公开日：**2010-08-11

申请人：精英电脑股份有限公司

发明人：张文昌

摘要：

本发明公开一种系统电源监控装置及其方法，其中系统电源监控方法适用于电子装置。系统电源监控方法包含以下步骤，首先从充电模块取得充电资料。然后，根据充电资料判断充电模块是否停止对电池充电或电池容量高于预设电池容量。若充电模块对电池进行充电且电池容量低于预设电池容量，则判断充入电池的充电电流值是否小于预设电流值。若充电电流值小于预设电流值且系统功率值小于预设功率值，则控制元件减少预设功率值，若充电电流值大于预设电流值且系统功率值大于预设功率值，则控制元件增加预设功率值，以进一步更准确调校电子装置功率。

电源系统

申请（专利）号：200880108076.9　**公开日：**2010-08-11

申请人：松下电器产业株式会社

发明人：杉山茂行　青木护

摘要：

本发明提供一种电源系统，包括至少一个水溶液二次电池；每个电池的电池容量小于所述水溶液二次电池的至少一个非水二次电池；可分别使非水二次电池强制放电的至少一个强制放电部；以及分别测量所述非水二次电池的电压，当所述非水二次电池的电压达到强制放电开始电压Va时，利用所述强制放电部分别使所述非水二次电池强制放电至强制放电结束电压的控制部。

一种高低效率整流模块电源系统及其控制方法

申请（专利）号：201010132883.3　**公开日：**2010-08-11

申请人：艾默生网络能源有限公司

发明人：胡龙文　杨靖　王渭渭

摘要：

本发明涉及一种高低效率整流模块电源系统的控制方法，所述电源系统包括两个以上整流模块，所述两个以上整流模块至少具有两种不同的效率，所述控制方法包括根据整流模块的效率从高到低为其设置优先级，并根据负载控制需要数量的整流模块工作，并控制剩余整流模块休眠。本发明还相应提供了一种高低效率整流模块电源系统。本发明通过将高效率整流模块与低效率整流模块相结合，并控制高效率整流模块优先工作，低效率整流模块休眠来提高系统效率并控制系统成本。

一种软开关逆变弧焊电源的两级连续PWM控制方法

申请（专利）号：201010132769.0　**公开日：**2010-08-18

申请人：河海大学常州校区

发明人：姚河清　傅强　张俊涛　徐勇　张振淑　姚瑶　王欣仁

摘要：

本发明公开了一种焊接电源控制技术领域中的软开关逆变弧焊电源的两级连续PWM控制方法，软开关逆变主电路采用全桥逆变结构，固定臂的占空比保持不变，调节移动臂的占空比实现PWM控制，当PWM控制信号Uc>0时，固定臂占空比最大保持不变，调节移动臂的占空比实现输出功率的调节；当PWM控制信号Uc≤0时，移动臂的占空比为零保持不变，调节固定臂占空比实现输出功率的调节。本发明在现有的软开关逆变电源的PWM控制基础上增添了一级对固定臂的PWM控制，实现软开关逆变电源输出功率在零到额定功率的全范围的连续可调，无论主电路工作在全桥或半桥逆变的状态下，其PWM载波体系始终一致。

计算机系统、电源控制系统及其方法

申请（专利）号：200910008905.2　**公开日：**2010-08-18

申请人：纬创资通股份有限公司　纬创资通（昆山）有限公司

发明人：刘勇　唐浩　施卫东　纪明星

摘要：

本发明涉及计算机系统、电源控制系统及其方法。计算机系统包括存储模块、芯片组、电源模块及电源控制系统。电源模块供应电源信号。电源控制系统控制电源模块传输至存储模块及芯片组的电源信号，电源控制系统包括输入信号模块，输入一信号；控制模块，与输入信号模块电性连接；第一开关电路，与电源模块、控制模块及存储模块电性连接；及第二开关电路，与电源模块、控制模块及芯片组电性连接。输入信号模块输入信号后，控制模块控制第一开关电路及第二开关电路，以切断电源模块与存储模块及芯片组的电源信号传输，再将第一开关电路及第二开关电路导通以恢复电源信号传输。本发明不拆除计算机系统的硬件架构即可对存储模块及芯片组进行重置。

电源组合

申请（专利）号：200910300440.8　**公开日：**2010-08-18

申请人：鸿富锦精密工业（深圳）有限公司　鸿海精密工业股份有限公司

发明人：叶振兴　陈晓竹

摘要：

一种电源组合，包括一本体及一风扇，所述电源组合还包括至少一装设于所述风扇的托座，每一托座的一端设有弹性件，所述本体开设有一用于容置所述风扇的容置腔，所述容置腔形成有安装壁，当所述装设有托座的风扇容置于容置腔时，所述弹性件扣合于所述安装壁。本发明电源组合采用分体式设计，风扇可轻易拆装，便于风扇的维护和替换。

电源连接器

申请（专利）号：200880109020.5　**公开日：**2010-08-18

申请人：株式会社东芝

发明人： 关野正宏 清水纪雄 室永晃 畑裕作 金纲务 芦田和英 江草俊 佐藤宪治 重久研司

摘要：

本发明提供一种在能够对应大电流充电和低电流充电这两者的电源连接器中，通过最佳地配置两种连接器部，维持低电流充电时的监视精度以及基板的体积效率，同时兼顾体积效率以及散热性，有助于紧凑化以及可靠性的提高，进而，能够确保使用时的安全性，实现成本降低的电源连接器。构成大电流充电用连接器部的插针插入孔（4）以及连接器插针（2）配置在电源连接器（1）的两端部附近，构成低电流充电用连接器部的插头插入孔（9）以及连接器插针（11）以被插针插入孔（4）以及连接器插针（2）夹着的方式配置。

模块化电源控制分配系统

申请（专利）号： 201010111550.2 **公开日：** 2010-08-18

申请人： 深圳市克莱沃电子有限公司

发明人： 张杰

摘要：

一种模块化电源控制分配系统，它具有一条形槽状基座（10），基座（10）槽体内沿长度方向设有多个可拔插的电源分配单元模组（20）及一个电源监测模块（30），在基座（10）的一端或两端设有一个或两个电源接线盒（40），所述电源接线盒与电源母线（50）相连接，所述电源监测模块（30）与和电源母线（50）连接的主线（51）相连接，多个电源分配单元模组（20）及与电源母线（50）连接的主线（51）与分线（52）采用压注方式设于所述基座（10）内。本发明的系统能自行调整电源分配单元模组的数量并选择所需制式，便于灵活选配和方便的更换及增、减各功能模块，并可现场安装及带电更换。

一种电源保护装置

申请（专利）号： 201010176110.5 **公开日：** 2010-08-18

申请人： 英飞特电子（杭州）有限公司

发明人： 葛良安 华桂潮 姚晓莉

摘要：

本申请实施例公开了一种电源保护装置。其中，包括：一个过压检测模块、一个限流模块、一个控制开关、一个电容和一个保护模块，其中，过压检测模块的两个输入端分别与输入电源的正端和负端相连，输出端与控制开关的控制端相连；限流模块的一端与输入电源的正端相连，并作为驱动器的正向输入端，另一端分别与控制开关和电容的一端相连；控制开关和电容的另一端接地；保护模块的第一端接地，控制端与电容未接地的一端相连，第二端作为驱动器的负向输入端。根据本申请实施例，可以防止当用户误将输入电源为低压直流电源的内置式驱动器连接到交流市电电网时，造成驱动器损坏。

一种充电管理电路及电源适配装置

申请（专利）号： 201010137356.1 **公开日：** 2010-08-18

申请人： 深圳市斯尔顿科技有限公司 深圳市莫廷影像技术有限公司

发明人： 龚小明 郭华龙 孔令涛

摘要：

本发明适用于电池供电设备技术领域，提供了一种充电管理电路及电源适配装置，该充电管理电路包括升/降压单元、电压检测单元以及控制单元。在本发明中，本充电管理电路将电源适配器输出的充电电压调节成与充电电池的饱和电压相匹配的电压，这样使得电源适配器输出的充电电压得到了有效地扩展，电源适配器就不会因为其输出的充电电压小于充电电池的饱和电压，而不能将电池电量充满。

电池共用的不间断电源系统

申请（专利）号： 201010131241.1 **公开日：** 2010-08-18

申请人： 艾默生网络能源有限公司

发明人： 吴胜章

摘要：

本发明公开了一种电池共用的不间断电源系统，包括蓄电池和至少两个UPS，还包括与所述至少两个UPS一一对应配置的开关单元和电容，所述至少两个UPS中的每一个UPS与相对应配置的开关单元串联地耦合到所述蓄电池形成独立的回路，各电容分别跨接在相应的UPS的正、负端上，各开关单元的开通时间不相重叠。根据本发明，可控制各个开关单元使各UPS之间没有回路，从而保证系统稳定运作，达到多个UPS共用同一电池的效果。

小型高压冷阴极触发管模块电源

申请（专利）号： 201010138378.X **公开日：** 2010-08-18

申请人： 天津市东文高压电源厂

发明人： 刘云滨 殷生鸣 于亮

摘要：

本发明涉及一种小型高压冷阴极触发管模块电源，包括封装在壳体内的电源电路，电源电路上焊接有数根引针，电源电路包括高压反馈及控制电路、高压输出电路、触发电路，高压反馈及控制电路分别与高压输出电路和触发电路连接；数根引针露于壳体外，一侧为三根引针按电源输入端+Vin、输入地GND、外部触发控制端TC顺序排列，另一侧为四根引针，按阴极K、触发极Trig、高压输出端+HV、输出地HGND顺序排列。本发明的有益效果是：该电源电路结构简单，触发快速，高压输出稳定性及可靠性高；触发高压脉冲输出与输入隔离；外形尺寸小，重量轻，易于PCB线路板安装。

可避免光伏逆变器辅助电源反复启停的电路

申请（专利）号： 201010154709.9 **公开日：** 2010-08-18

申请人： 合肥日源电气信息技术有限公司 合肥阳光电源有限公司

发明人： 曹仁贤 王鼎奕 梅晓东 姚丹

摘要：

本发明涉及一种可避免光伏逆变器辅助电源反复启停

的电路，该电路为卸荷负载投切电路，卸荷负载投切电路接在输入母线电容和光伏逆变器的辅助电源之间，太阳能电池板通过输入母线电容向辅助电源供电。本发明通过在光伏逆变器的辅助电源上加载卸荷负载投切电路，在辅助电源关机、没有工作时，卸荷负载投切电路挂载在光伏逆变器的直流母线上，以抑制太阳能电池板在弱光时过高的开路电压，避免了过高的太阳能电池板的开路电压引发辅助电源开机；反之，当太阳能电池板的输出能力足够使辅助电源启动时，卸荷负载投切电路被移除，整个辅助电源系统正常工作。

开关电源负载扰动前馈控制电路

申请（专利）号： 201010133931.0　**公开日：** 2010-08-18

申请人： 北京新雷能科技股份有限公司　深圳市雷能混合集成电路有限公司

发明人： 柏建国　邓礼宽

摘要：

本发明公开一种开关电源负载扰动前馈控制电路，涉及高频开关电源技术领域。本发明通过将负载扰动的信息加入到功率因数校正 PFC 电路控制环路中形成前馈控制，当负载扰动使输出功率增大时，PFC 电路的电流环基准也跟着增大，由于 PFC 电路的电流环是闭环控制，所以 PFC 电路的电感电流也相应增大，使得整个 PFC 电路能够迅速响应负载扰动，反之亦然。另一方面，由于负载扰动前馈控制只在负载变化时起作用，对稳态指标 THD 和 PF 不会产生影响。因此能够避免现有技术中负载扰动指标与 THD 指标和 PF 指标的矛盾关系，实现负载扰动指标提高的同时也能够提高功率因数 PF 和输入电流谐波 THD 指标。

小型双路正负输出高压模块电源

申请（专利）号： 201010164095.2　**公开日：** 2010-08-18

申请人： 天津市东文高压电源厂

发明人： 刘云滨　殷生鸣　于亮

摘要：

本发明涉及一种小型双路正负输出高压模块电源，包括封装在壳体内的电源电路，电源电路上焊接有数根引针，电源电路包括基准电路、限压控制电路、高压反馈及控制电路、过流保护电路、高压启停控制电路和高压输出电路，高压反馈及控制电路分别与基准电路、限压控制电路、过流保护电路、高压启停控制电路和高压输出电路连接；本发明的有益效果是：正负输出调节范围宽，可同时从零起调并可通过外部控制电压或电位器调节；输出转换效率高；有外部启停控制高压功能；低温漂，高稳定度，输出纹波小，长期稳定性好；外形尺寸小，重量轻，易于 PCB 安装。

矩阵变频器在直流电源供电时的控制方法

申请（专利）号： 200910056874.8　**公开日：** 2010-08-18

申请人： 上海三菱电梯有限公司

发明人： 刘玉兵

摘要：

本发明公开一种矩阵变频器在直流电源供电时的控制方法，在直流电源供电的情况下，将直流电源的正极和负极分别对应连接到矩阵变频器的三个输入端，即 R 输入端、S 输入端和 T 输入端，矩阵变频器将直流电变换成交流电，驱动马达运转。本发明能够在三相交流电源停电的情况下采用直流电源控制马达的正常运转。

电源供应装置以及电源供应方法

申请（专利）号： 200910009439.X　**公开日：** 2010-08-25

申请人： 英业达股份有限公司

发明人： 黄扬轩

摘要：

本发明涉及一种电源供应装置以及电源供应方法，电源供应装置包括主电池模块、第二电池模块以及电压转换模块。计算机系统由主电池模块或第二电池模块供给电源。当主电池模块与第二电池模块进行供电切换时，由电压转换模块供给电源予计算机系统直到切换完成。

一种用于双电源转换开关中的传动机构

申请（专利）号： 201010149972.9　**公开日：** 2010-08-25

申请人： 浙江森泰电器厂

发明人： 李克俭　胡志明

摘要：

本发明公开了一种用于双电源转换开关中的传动机构，包括壳体、拨动齿轮、设置在拨动齿轮上的传动柱、滑柱、被拨动齿轮带动且沿滑柱滑动的传动板；传动板上设有导轨孔和传动孔；传动孔包括拨动孔区和换位孔区；换位孔区的基本形状是一个弧线孔，拨动孔区是一个与导轨孔设置防线垂直的直线孔，弧线孔和直线孔邻接并连通；传动柱位于传动板的传动孔中；拨动齿轮带动传动柱在一定角度内绕拨动齿轮转轴往复转动，传动柱在传动孔的换位孔区中转动时不带动传动板移动，传动柱在移动至传动孔的拨动孔区后带动传动板沿滑轨做直线往复运动。本发明结构独到，有效保证长期工作稳定性和可靠性。

一种双电源开关及其中性线重叠转换方法

申请（专利）号： 201010105826.6　**公开日：** 2010-08-25

申请人： 深圳市泰永科技股份有限公司

发明人： 黄正乾　冯科让　龚李伟

摘要：

本发明公开了一种双电源开关及其中性线重叠转换方法，该双电源开关的常用 N 相动触头组件包括分别固定和可转动地安装在常用驱动方轴上的常用驱动部和连接部；备用 N 相动触头组件包括分别固定和可转动地安装在备用驱动方轴上的备用驱动部和连接部；常用驱动部用于与备用连接部配合，驱动备用 N 相动触头组件的动触头与 N 相静触头电性接触，或者断开与 N 相静触头之间的电性接触；备用驱动部用于与常用连接部配合，驱动常用 N 相动触头组件的动触头断开与 N 相静触头之间的电性接触，或者与 N 相静触头电性接触。本发明所述双电源开关在转换过程中可以避免中性线“腾空”，有效保护了用电设备。

一种 UPS 电源

申请（专利）号：201010142225. 2　**公开日：**2010-08-25

申请人：艾默生网络能源有限公司

发明人：肖学礼

摘要：

本发明公开了一种 UPS 电源，包括一个 UPS 整流电路和电池，所述电池一端通过一个开关连接到所述 UPS 整流电路，另一端与中线耦合，其特征在于：还包括一个降压式 Buck 电路，所述降压式 Buck 电路作为电池充电电路挂接在电路中利用交流电源的正半周或负半周给电池充电，所述降压式 Buck 电路的输入端与 UPS 整流电路的一端正母线端或负母线端耦合，所述降压式 Buck 电路的输出端与中线耦合，所述降压式 Buck 电路的负载即为电池。本发明中采用降压式 Buck 电路作为电池充电电路，能利用电源的正半周或负半周对电池充电，不需要隔离变换电路作充电电路，有效减小了设备的体积，降低了成本。

一种小型高压点火模块电源

申请（专利）号：201010138377. 5　**公开日：**2010-08-25

申请人：天津市东文高压电源厂

发明人：刘云滨　殷生鸣　于亮

摘要：

本发明涉及一种小型高压点火模块电源，包括封装在壳体内的电源电路，电源电路上焊接有数根引针及高压输出引线，电源电路包括输入控制及驱动电路、高压输出电路，输入控制及驱动电路与高压输出电路连接；该电源电路结构简单，设计新颖，便于控制；高压点火间距大，长期工作可靠性高；输入端与高压输出端软隔离；外形尺寸小，重量轻，易于 PCB 安装。

一种改进的开关电源脉冲序列控制方法及其装置

申请（专利）号：201010144880. 1　**公开日：**2010-08-25

申请人：西南交通大学

发明人：秦明　许建平

摘要：

本发明公开了一种改进的开关电源脉冲序列控制方法及其装置：在每个开关周期起始时刻，根据开关变换器输出电压 V_o 与基准电压 V_{ref} 之间的高低关系，以及负载大小所处的范围，在多个不同占空比的控制脉冲之中选择该开关周期的有效控制信号，从而实现对开关变换器的控制。该控制方法原理简单、设计便捷、适用于各种拓扑结构的变换器，采用该控制方法的开关变换器输出电压纹波较小、动态响应快、电压精度高、稳定性和抗干扰能力强。

隔离固定对称输出高压模块电源

申请（专利）号：201010164091. 4　**公开日：**2010-08-25

申请人：天津市东文高压电源厂

发明人：刘云滨　殷生鸣　于亮

摘要：

本发明涉及一种隔离固定对称输出高压模块电源，包括封装在壳体内的电源电路，电源电路上焊接有数根引针，电源电路包括控制及驱动电路、高压反馈电路、对称高压整滤及输出电路，控制及驱动电路通过对称高压整滤及输出电路与高压反馈电路连接，高压反馈电路与控制及驱动电路连接；本发明的有益效果是：输入与输出完全隔离，且双路对称高压输出；温漂小，输出纹波低，在定负载条件下，两路输出高压具有良好的对称性，长期稳定性好；外形尺寸小，重量轻，易于 PCB 安装。

一种电力机车在库内动车和调试电源供电方法及装置

申请（专利）号：201010138367. 1　**公开日：**2010-08-25

申请人：株洲高新技术产业开发区壹星科技有限公司

发明人：谢成昆　袁春明

摘要：

一种电力机车在库内动车和调试电源供电方法及装置，采用一种移动式供电系统供电的方式为电力机车库内动车或测试和检测提供临时电源；由库内车间配电间提供三相交流 380V 电源，并将三相交流 380V 电源通过 380V 电源线输送到设在库内车间任意位置且可以移动的移动式供电系统内，再在移动的移动式供电系统内通过移动式供电系统内的变流系统将 380V 三相交流电源转换为 600V 直流电源，再由移动式供电系统上的电源线将直流 600V 直流电源输送给电力机车电源输入口，为电力机车库内动车或测试和检测提供直流 600V 临时直流电源。

用于反激式开关电源的输出电流恒定控制电路及控制方法

申请（专利）号：201010148122. 7　**公开日：**2010-08-25

申请人：上海宣研电子科技有限公司

发明人：林新春　董坚　江磊

摘要：

本发明公开了一种用于反激式开关电源的输出电流恒定控制电路及控制方法，包括初、次级线圈、辅助线圈、控制电路、与控制电路相连的信号处理电路、开关管、电流取样电阻，开关管控制端接收控制电路的信号，一端与初级线圈相连，另一端串联电流取样电阻，且输出电流信号给控制电路；辅助线圈输出信号给信号处理电路、控制电路。方法包括设定开关电流阈值；检测开关管和信号处理电路输出的信号，经处理实现第一、二时间段具有固定比例；输出电流 = 初次级线圈圈数比 * 电流阈值 * （A/(A+1))/2，A = t1/t2。本发明采用一个新的信号控制来实现反激式开关电源中输出电流恒定或限流，使电源系统具有更简单的结构和成本，更高的效率。

一种中频电源电路

申请（专利）号：200910078178. 7　**公开日：**2010-08-25

申请人：青岛大学

发明人：罗马　傅强　杨艳

摘要：

本发明提出一种中频电源电路，包括：串联的第一电压源和第二电压源；分别与第一电压源和第二电压源连接的第一平波电抗器和第二平波电抗器；分别与第一平波电抗器和第二平波电抗器连接且相互串联的第一谐振电容和第二谐振电容；以及，与第一平波电抗器和第一谐振电容相连的第一功率器件，和与第二平波电抗器和第二谐振电容相连的第二功率器件；和，连接在第二节点和第五节点之间的炉体感应线圈。本发明提出的中频电源电路具有谐振系统的Q值越高，其输出功率越大的特性，从而可将炉壁做厚，极大地提高了炉体的有效工作时间，降低生产成本，在金属熔炼和感应透热等领域具有非常重要的意义。

基于压电效应和电磁感应现象的振动驱动式复合微电源

申请（专利）号：201010142644.6　**公开日：**2010-08-25

申请人：中北大学

发明人：丑修建　张文栋　薛晨阳　刘俊　熊继军　张斌珍　牛康康　耿文平

摘要：

本发明涉及微能源领域，具体是一种基于压电效应和电磁感应现象的振动驱动式复合微电源。适应了微电子机械系统发展对微能源的需要，包括基底、外围基座、悬臂梁、质量块，基底与外围基座的下表面键合固定，质量块中央开设有竖直通孔，质量块的上表面和/或下表面上加工有感应线圈；基底上表面固定有微型永久性柱状磁体，悬臂梁上设有PZT压电薄膜；外围基座上设置有若干外接引线键合焊盘，感应线圈两端和PZT压电薄膜的两极化表面分别经引线与相应的外接引线键合焊盘连接。本发明结构合理、简洁，易于小型化与集成化，能以高输出能量密度和高输出效率为微电子机械系统提供电源，实现微电子机械系统自给供电，满足微电子机械系统发展对微能源的需要。

网络机柜用电源互接式风扇模块

申请（专利）号：201010164864.9　**公开日：**2010-08-25

申请人：深圳市图腾通讯科技有限公司

发明人：陈力

摘要：

本发明涉及一种网络机柜所用的风扇模块，特别是一种带有电源输出插座的网络机柜用电源互接式风扇模块。所述风扇模块多个并排相邻安装时，一个风扇模块的电源可以通过电源插头与相邻的另一个风扇模块电源插座的直接互相插接或通过一电源线互接而连通。由这种风扇模块组成的风扇组件的供电只需要外接一条电源线。单个使用风扇模块或多个风扇模块并排安装组成的风扇组件，可以满足不同规格的网络机柜对不同通风量的需求。

大功率电源的散热方法以及一体化散热机箱

申请（专利）号：201010147790.8　**公开日：**2010-08-25

申请人：镇江市东亚电子散热器有限公司

发明人：杜斌　杜小荣

摘要：

一种大功率电源的散热方法，电源的机箱采用封闭式设计，构成一体化散热机箱，它包括底部、上盖和侧壁。所述机箱的底部是铝挤型散热器，在该散热器的平滑一面朝向机箱内部；设有散热叶片的一面朝外；机箱的上盖是整体型材，上盖设有用于安装电源的外部连接器件和/或控制器件的位置；机箱的侧壁2由四片独立的单片形型材拼装构成；单片形型材的上下两端分别与机箱的底部和上盖连接；在装入电源的器件、连接好电路后，在机箱内灌胶。本技术方案使得模具制作成本低，组装方便，防水防盗性强，特别适用于大功率逆变电源盒使用。另外，由于机箱是整体设计，对于大功率电源电路本身的电磁兼容设计要求就大大降低。

一种评测光纤陀螺电源敏感性的装置及方法

申请（专利）号：201010145927.6　**公开日：**2010-09-01

申请人：浙江大学

发明人：熊增辉　舒晓武　刘承

摘要：

本发明公开了一种评测光纤陀螺电源敏感性的装置和方法，采用计算机、信号发生器、功率放大电路、线性阻抗稳定网络、电源、耦合网络、示波器和数据采集卡组成的测试装置，首先通过计算机控制信号发生器产生不同类型的信号模拟电源纹波和噪声并记录各类信号信息，再将各类信号耦合至光纤陀螺供电电源线中，同时采集光纤陀螺的输出数据，最后通过分析比较静态即无信号注入时与不同类型、频率的信号注入时，光纤陀螺零偏、零偏稳定性和随即游走系数这几个指标的变化来评测光纤陀螺的电源敏感性。本发明提供的装置和测试方法操作简单，且能准确评价光纤陀螺受电源纹波、噪声影响的程度和频率范围。

一种电源测试控制方法、系统及电源测试方法

申请（专利）号：201010128531.0　**公开日：**2010-09-01

申请人：深圳市东辰科技有限公司

发明人：张书成

摘要：

本发明适用于测试技术领域，提供了一种电源测试控制方法、系统及电源测试方法，所述方法包括下述步骤：读取预先配置的电源测试流程信息，所述电源测试流程信息包括电源测试标准参数和电源测试项目信息；根据所述电源测试项目信息，向电源测试辅助设备发送对所述电源测试项目进行测试的指令，控制所述电源测试辅助设备对待测电源的各项参数进行测试；接收所述电源测试辅助设备反馈的测试结果参数；将所述电源测试辅助设备反馈的测试结果参数与所述电源测试标准参数进行比对，判断所述电源测试项目是否通过；当所述电源测试项目通过时，

生成并保存测试报表，完善了现有的电源测试流程，减少漏测和误判情形，提高了测试质量和效率。

一种低压双电源转换开关操作机构

申请（专利）号：201010149965.9 **公开日：**2010-09-01

申请人：浙江森泰电器厂

发明人：李克俭 胡志明

摘要：

本发明公开了一种低压双电源转换开关操作机构，包括壳体、电机、原动齿轮、分局原动齿轮两侧的主、副电源分合闸机构；主电源分合闸机构包括主拨动齿轮、主滑轨、主拨板；原动齿轮带动主拨动齿轮做圆周往复转动，主拨动齿轮带动主拨板沿主滑轨做直线往复运动，主拨板带动外接主塑壳断路器的扳动手柄使其进行分合闸操作；副电源分合闸机构包括副拨动齿轮、副滑轨、副拨板；原动齿轮带动副拨动齿轮做圆周往复转动，副拨动齿轮带动副拨板沿副滑轨做直线往复运动，副拨板带动外接副塑壳断路器的扳动手柄使其进行分合闸操作。本发明结构独到，有效保证长期工作稳定性和可靠性。

移动电源箱

申请（专利）号：201010119722.0 **公开日：**2010-09-01

申请人：江阴市亿达电器有限公司

发明人：张旦芬

摘要：

本发明涉及一种移动电源箱，包含有箱体（1），所述电源箱（1）内设有一隔板（11），所述隔板（11）上开有一通孔，有一转轴（3）穿过该通孔且相对旋转安装于箱体（1）内，所述转轴（3）一端设有穿孔轴（31），另一端设有旋转支撑轴（32），所述转轴（3）靠近穿孔轴（31）一端上缠绕有电线（6），所述转轴（3）靠近旋转支撑轴（32）一端开有若干接线槽（33），且该端上套置有与接线槽（33）数量相对应的导电滑环（4），所述导电滑环（4）经接线槽（33）引出进电接线端（41），所述隔板（11）和箱体（1）的一侧壁之间设有与导电滑环（4）相对应的碳刷座（5）。本发明移动电源箱，能够随时移动并能实现不间断供电。

一种太阳能电源残余电能收集电路

申请（专利）号：201010110744.0 **公开日：**2010-09-01

申请人：广州大学

发明人：刘华

摘要：

一种太阳能电源残余电能收集电路包括：太阳能光伏电池板（1）正端连接继电器K的公共端，负端连接于电路残余电能收集电路的负端，继电器K用于电路工作转台转换；超级电容组（2），连接到继电器K的（常闭触点），Boost升压电路（3）分别连接于超级电容组（2）、电容C及电压比较及控制电路（5），电压比较及控制电路（5）控制Boost升压电路（3），将超级电容组（2）中收集的太阳能光伏电池板（1）发出的残余电能收集到电容C；负载或蓄电池组（4）连接于PWM控制电路，通过PWM控制电路，将电容C中的电能收集到蓄电池内，或用于负载；实现残余电能的电路收集，提高太阳能效率。

具有可靠输出电压的智能高频开关电源

申请（专利）号：201010157593.4 **公开日：**2010-09-01

申请人：石家庄国耀电子科技有限公司 深圳市国耀电子科技有限公司

发明人：张耀南 董银虎 葛鹏 初庆来 韩玉杰 管恩怀 张希俊 王树贵 陈云雪 李占尊 朱志勇 赵赫

摘要：

一种具有可靠输出电压的智能高频开关电源，它包括监控单元、光电耦合器、积分电路、差分放大器、误差放大器和功率变换电路，所述监控单元输出的PWM信号分成两路，一路经次级以参考电压为偏置电压的第一光电耦合器和第一积分电路处理后送到差分放大器的一个输入端，另一路经反相器处理后再经第二光电耦合器和第二积分电路处理后送到差分放大器的另一个输入端，所述差分放大器的输出信号与参考电压叠加后送入误差放大器的同相输入端，误差放大器的反相输入端接反馈网络，输出端控制功率变换电路。本发明能够在调压信号失效时或监控单元退出工作时，稳定而可靠地工作，保证了电池组和用电设备的安全。

电源、数据信号、音频模拟信号时分复用的单总线通信系统

申请（专利）号：201010125972.5 **公开日：**2010-09-01

申请人：浙江大学

发明人：吴建德 顾云杰 何湘宁

摘要：

本发明公开了一种电源、数据信号、音频模拟信号时分复用的单总线通信系统，包括接在电源/通信总线上的电源模块和至少两个通信模块，电源/通信总线的始端和终端分别跨接一个阻抗匹配电阻，通信模块包括：整流稳压电路、数据信号发送电路、数据信号接收电路、音频模拟信号发送电路、音频模拟信号接收电路和通信控制电路。本发明的总线供电通信系统电路结构简单，大大简化了电路的复杂度并降低了成本。在构成多节点总线通信方式时，支持主从通信和对等通信。

光碟机电源管理装置及方法

申请（专利）号：200910118272.0 **公开日：**2010-09-08

申请人：广明光电股份有限公司

发明人：谢景星 林森

摘要：

一种光碟机电源管理装置及方法，由具有复数个接脚的连接界面连接主机及光碟机。退片键连接于一接脚。进片传感器连接另一接脚。电源回路供给光碟机电源，且受

主机控制开关光碟机电源。在计时光碟机未使用时间超过预设时间，由光碟机的微处理器通知主机关闭光碟机电源，并由主机供给弱电流给连接退片键及进片传感器的接脚，检测信号变动，开启光碟机电源，以节省电力。

一种电源插板装置及其控制方法

申请（专利）号：201010158562.0 **公开日：**2010-09-08

申请人：江苏科技大学

发明人：王长宝 生佳根

摘要：

本发明公布了一种电源插板装置及其控制方法。该装置由嵌入到计算机键盘的遥控电路、安装在主机内的主机运行状态信息获取电路和计算机电源插板组成；遥控电路以无线方式与计算机电源插板相连接，主机运行状态信息获取电路以外部连接线的方式与计算机电源插板相连接。本发明的显著特征是：以主机运行状态信息获取电路直接从计算机主板上获取正确指示电源开启的电源输出、S1状态灯输出、S3状态灯输出信息，判别出当前计算机工作状态；克服了现有计算机节能插座通过取样检测主机电源的输入电流值，与预存的计算机各种状态下主机电源的输入电流值比较，判别出当前计算机工作状态存在的缺陷。该发明的电源插板装置检测可靠、控制灵活、使用方便。

一种遥控电源拖板装置

申请（专利）号：201010171322.4 **公开日：**2010-09-08

申请人：江苏科技大学

发明人：王长宝 沈勇 周亮

摘要：

本发明公布了一种遥控电源拖板装置。该装置包括电源拖板和安装在计算机主机内以无线方式与电源拖板相连接的状态检测发送电路；所述状态检测发送电路的输入端与计算机状态灯相连接。状态检测发送电路用于检测计算机系统运行状态，根据计算机系统运行状态自动发送相应的电源拖板上插座的电源接通与切断编码信息，电源拖板接收到相应插座的电源接通与切断编码信息，直接控制插座的电源接通与切断；当计算机主机电源处于切断状态时，按动机箱上电源按键POWER SW，状态检测发送电路具有自动发送主机插座的电源接通编码信息，并启动计算机。该发明装置的电源拖板在计算机之间可任意互换，使用方便，控制可靠，有很大的使用价值和社会意义。

一种计算机专用电源拖板装置

申请（专利）号：201010167493.X **公开日：**2010-09-08

申请人：江苏科技大学

发明人：王长宝 黄辉

摘要：

本发明公布了一种计算机专用电源拖板装置。该装置由安装在计算机主机内的计算机状态检测控制电路以外部连接线的方式与计算机电源拖板相连接；所述计算机状态检测控制电路包括以串接的方式连接的电池和开关；本发明的显著特征是：开关为计算机机箱上电源按键POWER SW，在计算机主机电源处于切断状态时，按动开关引电池为计算机专用电源拖板装置工作电源，控制接通计算机主机电源，并启动计算机；计算机主机电源处于接通状态时，开关具有电源按键POWER SW开关机功能；计算机系统处于休眠或关机时，延时5分钟自动切断计算机主机的电源；计算机主机电源处于切断状态时，本发明计算机专用电源拖板装置功耗为零。

一种通信电源电路

申请（专利）号：201010131228.6 **公开日：**2010-09-08

申请人：艾默生网络能源有限公司

发明人：柳雄文

摘要：

本发明公开了一种通信电源电路，包括整流模块、电池、优先负载和非优先负载，所述非优先负载直接连接所述整流模块的输出端，所述优先负载依次通过串联的BLVD接触器和LLVD接触器耦合到所述整流模块的输出端，所述电池通过分流器耦合到所述BLVD接触器和所述LLVD接触器的连接节点上。由于非优先负载由整流模块直接供电而不需要通过接触器，供电路径最短，故能显著节能。

圆筒型单相直线异步电动机驱动智能化双电源转换开关

申请（专利）号：200910073133.0 **公开日：**2010-09-08

申请人：哈尔滨泰富实业有限公司

发明人：杨天夫 高显功 许泽生 李耀生 朱陶生

摘要：

本发明提供一种简捷、驱动运行时机械接触少的圆筒型单相直线异步电动机驱动智能化双电源转换开关。由圆筒型单相直线异步电动机初级、杆状次级、触头机构和操作柄组成。利用直线电机可以高速直线运动的特点，采用了高性能的圆筒型单相直线异步电动机做动力，驱动双电源转换开关的触头机构，实现对供电电源的选择切换、瞬时切换。这种驱动方式利用电能直接转换为推、拉力，使机构简单，动作受机械结构、摩擦力影响微小，切换速度极大提高，同时摆脱了传动机构的受阻，电磁引力推动行程有限等问题，可靠性极大提高。由于直线电机的杆状次级可以任意长，行程不受限制，使电动操作机构远离带电体，对于高电压电源切换安全性好。

开关电源装置

申请（专利）号：200880112022.X **公开日：**2010-09-08

申请人：株式会社村田制作所

发明人：西山隆芳 原隆志 植木浩一

摘要：

本发明提供一种开关电源装置，具有：变压器或电感器；开关元件，其与该变压器或电感器连接，对输入电源进行开关转换；和由数字电路构成的开关控制电路，其检测作为控制对象的电流·电压并且根据其值进行开关元件的接通关断控制；将采样的时刻设为除开关元件的接通时刻或关断时刻以外的接通期间中的 n 点（n 为 3 以上的整数）以上，并根据电流值随时间变化的倾斜度是否超过规定值来检测变压器或电感器有无磁饱和，针对该磁饱和进行电路动作上的保护。由此，不会受到开关噪声的影响，能够高速且可靠地进行有无磁饱和的判断。

液晶显示器的独立式电源供应模组

申请（专利）号：200910118909.6 **公开日：**2010-09-08

申请人：华映视讯（吴江）有限公司 中华映管股份有限公司

发明人：锺维纹 林琦修 林明璋

摘要：

一种液晶显示器的电源供应模组包含一系统电源供应模组以及一背光电源供应模组。该系统电源供应模组用来驱动液晶显示器的面板模组。该背光电源供应模组利用一功率因素矫正器来将一交流输入电压转换为一直流电压，再利用一直流/交流换流器来将该直流电压转换一交流驱动电压，用来驱动液晶显示器的背光模组。该电源供应模组可支持复数个液晶显示器。

切换模式电源供给装置及其控制方法

申请（专利）号：201010174420.3 **公开日：**2010-09-08

申请人：南京乐金熊猫电器有限公司

发明人：高石浩

摘要：

本发明涉及切换模式电源供给装置及其控制方法，为此，本发明中的切换模式电源供给装置，其特征在于，包括：输出被输入的常用交流电源的开关部；输入到上述常用交流电源并输出的功率开关；根据控制信号而输入到从上述功率开关输出的电源并输出的电源切断部；对从上述开关部、上述功率开关或上述电源切断部输出的电源进行整流的整流部；对上述被整流的电压进行平滑的平滑部；将上述被平滑的直流电压转换为多个电压并输出的变压部；以及存储动作状态并生成用于控制上述开关部、上述功率开关及上述电源切断部的动作的控制信号的控制部，其中，在停电后来电时，上述整流部根据上述被存储的动作状态而对通过上述开关部供给的电源进行整流。

光网混合供电不间断逆变电源的电能控制方法

申请（专利）号：201010301375.3 **公开日：**2010-09-08

申请人：哈尔滨工业大学

发明人：吴凤江 骆素华 赵克 孙力 孙立志

摘要：

光网混合供电不间断逆变电源的电能控制方法，属于电力电子领域，本发明为解决现有光网混合供电的不间断电源不能最大限度的利用太阳能的问题。本发明方法在电网正常时，太阳能电池电能控制模块工作于最大功率输出模式，网电能量控制模块采用直流电压恒定控制模式，由充放电控制模块对蓄电池进行充电控制，自动实现电能流出电网还是回馈到电网，以最大化利用太阳能；在电网失电时，由蓄电池和太阳能电池共同为负载供电，太阳能电池电能控制模块根据直流电压值决定处于最大功率输出模式还是处于直流电压恒定控制模式，进而实现长期不间断运行。

一种降低电源功耗的方法、零电流自锁开关及电源装置

申请（专利）号：200910126460.8 **公开日：**2010-09-08

申请人：中兴通讯股份有限公司

发明人：曾祥希 任健 曹诚 常磊 李保海

摘要：

本发明提出一种电源装置，包含电源模块、上电脉冲输入模块、断电脉冲输入模块和零电流自锁开关，上电脉冲输入模块、断电脉冲输入模块、电源模块与零电流自锁开关的相连，上电脉冲输入模块输入上电控制信号给零电流自锁开关，开关状态变为打开，电源模块通过零电流自锁开关对工作电路模块供电；断电脉冲输入模块输入断电控制信号给零电流自锁开关，开关状态变为关闭，电源模块停止对工作电路模块供电。本发明还提出一种零电流自锁开关和降低电源功耗的方法。本发明通过控制信号控制控制电源的通断，在工作电路工作完毕的时候直接关闭电源，不需要进入休眠状态，从而降低了功耗。

车载电源系统

申请（专利）号：200880112941.7 **公开日：**2010-09-15

申请人：丰田自动车株式会社

发明人：伊藤润 盐野嗣广

摘要：

本发明涉及车载电源系统 1，其包括操作开关，该操作开关用于在 IG 电源接通或车辆动力源起动的 ON 状态、不同于 ON 状态并且辅助电源接通的 ACC 状态以及车辆动力源停机和辅助电源关断的 OFF 状态之间进行转换，其中在从 OFF 状态转换之后的 ACC 状态中在换档杆处于驻车位置的情况下，当操作开关被操作时，进行从 ACC 状态至 ON 状态的转换。

一种便于测量电源输出电压的装置

申请（专利）号：201010169135.2 **公开日：**2010-09-15

申请人：浪潮电子信息产业股份有限公司

发明人：刘超

摘要：

本发明提供一种便于测量电源输出电压的装置，在电源输出线缆的插头与主板的电源插座之间设置一个与插头和插座对应串联插接在一起的连接件，该连接件通过线缆平行连接一个插头数量排序与插头和插座一致的测量插座，使用普通的电压测试仪器通过该测试插座带电测试电源的各路输出电压，包括计算机加电、到 bios post 自检、到计算机进入系统下运行负载全程的实时电压测量；在连接件或测量插座上集成一个开关，控制第 16PIN 绿色线和第

17PIN 黑色地线的通断，通过开关控制使绿色和黑色线连通或断路，从而测量电源空载的电压输出状况。

电源装置和电压监视方法

申请（专利）号：200780101244.7　**公开日：**2010-09-15

申请人：富士通株式会社

发明人：小椋仁成

摘要：

稳压器 A、稳压器 B 和稳压器 C 的输出电压供给至各负载元件，并且输入以专用的常驻电源动作的代表值决定逻辑电路。代表值决定逻辑电路从稳压器 A、稳压器 B 和稳压器 C 的输出电压中选择被推测为最为异常的输出电压，并将选择结果通知选择器。选择器仅选择来自输出由代表值决定逻辑电路选择的被推定为最为异常的输出电压的稳压器的输出电压，并将其输入至平滑化电路。然后，由平滑化电路平滑化后的直流电流被 AD 转换器量化，并传递至系统监视处理器。由此，即使是将次级电源置换为稳压器的情况下，由平滑化电路、AD 转换器、系统监视处理器构成的用于电压监视的电路也能够使用与现有结构相同的结构。

一种用于自激式开关电源变换器的脉冲驱动变压器组件

申请（专利）号：200910105730.7　**公开日：**2010-09-15

申请人：王京申

发明人：王京申

摘要：

一种用于自激式开关电源变换器的脉冲驱动变压器组件，该脉冲驱动变压器组件（3）为自激式开关电源变换器内的功率电子开关组件（Sk）提供驱动信号。由于采用了磁放大器技术，或者正交变压器技术，使得被该脉冲驱动变压器组件所驱动的功率电子开关组件（Sk）能在极大幅度的直流脉动电源下正常工作，因此自激式开关电源变换器无需用电解电容器来完成连接市电电网的电源交流输入侧的滤波，通常无需功率因数补偿（PFC）就能满足要求。由于“磁耦合电流负反馈”作用，使得被该脉冲驱动变压器组件驱动的功率开关三极管性能明显改善，整机可靠性得以提升。本发明具有低成本和高可靠的优点，尤其对节能灯和电子镇流器有益效果显著。

准连续激光电源

申请（专利）号：200910061113.1　**公开日：**2010-09-15

申请人：武汉奇致激光技术有限公司

发明人：颜晓曦　王宏根　孙文　彭国红

摘要：

本发明涉及一种电源装置。本发明公开了一种准连续激光电源，包括整流电路、氙灯、数字电位器、跟随器、线性加法电路、比较器、基本驱动电路、场效应开关管、霍尔电流检测器、小于 10 微法的电容、电感，所述数字电位器与整流电路并联，数字电位器的输出端与跟随器的输入端连接，跟随器的输出端和最低电流值输入端连接后与线性加法电路的输入端连接，线性加法电路的输出端与比较器的输入端连接，比较器的输出端通过基本驱动电路与场效应开关管的控制端连接，电容与氙灯并联，霍尔电流检测器分别与比较器、电感、场效应开关管连接。本发明成本低，电磁干扰小，能提高电磁兼容性，在激光器的电光效率和电磁兼容性方面都能做到很好兼顾。

防爆全站仪安全保护装置及防爆安全电源

申请（专利）号：201010175600.3　**公开日：**2010-09-15

申请人：孙宇　刘家鸣

发明人：孙宇　刘家鸣　刘月苏

摘要：

本发明涉及一种防爆全站仪安全保护装置及防爆安全电源，电压输入端、第一电容、第一三极管、感应线圈、第二三极管、场效应管、电压输出端，所述第一电容两端分别与所述电压输入端的负极和所述第一三极管的基极连接；所述第一、二三极管的发射极与所述感应线圈的一端和所述电压输入端的负极连接，所述第一三极管的集电极与所述第二三极管的集电极连接；所述感应线圈的另一端与所述场效应管的源极连接；所述场效应管的栅极与所述第一、二晶体管的集电极连接，漏极与所述电压输出端的负极连接。该防爆全站仪保护装置用于防爆全站仪，使防爆全站仪在矿井下工作，可防止瓦斯爆炸，保障工人生命安全，减少国家资源损失。

一种适用于开关电源功率管驱动电路的零电压切换电路

申请（专利）号：201010186467.1　**公开日：**2010-09-15

申请人：复旦大学

发明人：蔡曙江　许海峰　皮常明　李文宏

摘要：

本发明属于集成电路技术领域，具体为一种适用于开关电源功率管驱动电路的零电压切换电路。该电路包括一个比较器，一个开关管及其控制逻辑，一个带有异步低电平复位端的 D 触发器。比较器检测信号是否降至零，如果降至零，则向 D 触发器发出上升沿信号，D 触发器进而输出开启信号。开关管及其控制逻辑可以在非必要时间关闭比较器，以节省功耗。D 触发器的异步低电平复位功能使得零电压切换电路不影响功率管的关闭过程。本发明的零电压切换电路结构简单，功耗低，功能可靠，适用于开关电源功率管的驱动电路。

路由器专用自控电源开关

申请（专利）号：201010106197.9　**公开日：**2010-09-15

申请人：龙启桂

发明人：龙启桂

摘要：

本发明涉及一种路由器专用自动控制电源开关。为了解决局域网中共享路由器电源不能以上网的需要实现自动控制而长年不间断供电方式的弊端，本发明路由器专用自控电源开关，提供一种采用检测网线信号的有无来实现自动控制电源的开关。其优点在于1、有上网信号即自动供电，无信号自动断电，2、控制距离与网线传输距离同步，3、通过无源隔离耦合的形式获得网络信号作自动信号源对网络不产生侵扰影响，4、是完全独立于网络之外的一个网络配套设备自动控制不改变原有操作，5、实现按需用电降耗节能延长设备寿命。实现ROUTER路由器和MODEM调制解调器的电源完全自动化控制，节电省钱安全。

双级交换式电源转换电路

申请（专利）号：200910128628.9 **公开日：**2010-09-15

申请人：台达电子工业股份有限公司

发明人：张世贤

摘要：

一种双级交换式电源转换电路，其包括：第一级电源电路，接收输入电压且通过第一开关电路导通或截止产生总线电压；第二级电源电路，接收总线电压且通过第二开关电路导通或截止产生输出电压；输出检测电路，根据输出电压和/或输出电流产生输出检测信号；电源控制单元，根据输出检测信号分别控制第一开关电路与第二开关电路运行，而分别使第一级电源电路的第一级电压增益值与第二级电源电路的第二级电压增益值根据输出检测信号改变，使输出电压或输出电流维持在一额定值，总线电压根据输出检测信号而动态变化。本发明能接收电压变化较大的输入电压；不需要于输入端额外增加功率因数校正电路，不会造成整体电路复杂度提高使制造成本增加。

一种用于高频开关电源同步整流电路结构

申请（专利）号：201010157434.4 **公开日：**2010-09-15

申请人：西安交通大学

发明人：裴云庆　张维民　邓明海

摘要：

本发明公开了一种用于高频开关电源同步整流电路结构。提出了一种基于铜底板的场效应晶体管并联结构及场效应晶体管与高频变压器、散热器连接方式。在采用共漏极接法的全波同步整流电路中，将多只表面贴装类型封装的场效应晶体管的漏极与铜底板焊接，栅极和源极与印刷电路板焊接，再与高频变压器输出端子连接。在使用中将安装了场效应晶体管的铜底板与散热器连接在一起，散热器同时作为输出正母线。最后将高频变压器端子与印刷电路板、铜底板、散热器压接在一起，同时起固定和支撑作用。

客车电源柜接线端子温度监测系统

申请（专利）号：200910254492.6 **公开日：**2010-09-22

申请人：西安铁信科技发展有限责任公司

发明人：熊楚枫　李临生

摘要：

客车电源柜接线端子温度监测装置，系用来测试客车车辆电源柜接线端子温度的装置，主要由数据采集器、数据发送器、列车广播线、GPRS模块、因特网、地面监控中心构成，数据采集器和发送器以及地面监控中心都安装有相应的测控软件。本发明可以对客车车辆电源柜接线端子的温度进行监测，全列车的数据可以通过任何一个分机进行查看，同时被发送器所巡检，并通过GPRS无线平台传递到地面监控中心。当有测点的温度超过规定数值时，报警信息可以迅速传遍整个列车的分机，一起发出报警，并及时传送到地面控制中心。本发明适用于所有客车车辆的电源控制柜。

一种多电源供电服务器的安全关闭方法和系统

申请（专利）号：201010143912.6 **公开日：**2010-09-22

申请人：艾默生网络能源有限公司

发明人：郑春华

摘要：

本发明涉及一种多电源供电服务器的安全关闭方法和系统，所述方法包括：获取多路输入电源的当前供电状态并依据获取的多路输入电源的供电状态生成逻辑信号；监测所述逻辑信号的状态并依据所述逻辑信号的状态决定是否启动所述服务器的安全关机处理流程。还涉及一种多电源供电服务器的安全关闭系统，包括：供电状态采集模块、监测模块、安全关机模块。本发明的技术方案无需使用串口通讯，也无需使用智能通讯卡，实时性强、安全可靠且不占用用户网络资源。

变压器以及开关电源装置

申请（专利）号：201010146546.X **公开日：**2010-09-22

申请人：TDK株式会社

发明人：中堀涉

摘要：

本发明的目的在于提供一种能够谋求提高可靠性且降低成本的变压器和开关电源装置。其中，卷绕初级侧绕组（41A~41D）以及次级侧绕组（42A~42D），使第1脚部（UC1、DC1）和第3脚部（UC3、DC3）各内部发生的磁通都向着第1方向，同时使第2脚部（UC2、DC2）和第4脚部（UC4、DC4）各内部发生的磁通都向着与所述第1方向相反的第2方向。因此，与U型芯的情况相比，磁芯（40）的磁通密度降低，芯损减少。又，与E型芯的情况相比，散热路径扩大，磁芯（40）、初级侧绕组（41A~41D）以及次级侧绕组（42A~42D）的冷却变得容易。

线圈部件、变压器以及开关电源装置

申请（专利）号：201010142309.6 **公开日：**2010-09-22

申请人：TDK株式会社

发明人：池泽辉

摘要：

本发明涉及线圈部件、变压器及开关电源装置。线圈部件（1）具备卷绕于第1轴线（A1）周围的第1线圈绕组（2A）、卷绕于第2轴线（A2）周围与第1线圈绕组2A

并列设置的第2线圈绕组（2B）、电连接第1线圈绕组（2A）的一个端部第2端子部（26）与第2线圈绕组（2B）的一个端部第2端子部（26）的连接构件（3）、安装于连接构件3且具有电绝缘性和热传导性的热传导性构件（5）；第1与第2线圈绕组（2A，2B）被卷绕，使流过第1与第2线圈绕组（2A，2B）的电流产生贯穿第1线圈绕组（2A）的开口（14）、且在与贯穿第1线圈绕组（2A）开口（14）的方向相反方向上贯穿第2线圈绕组（2B）开口（16）的磁通，使第1和第2线圈绕组（2A，2B）产生的热从热传导性构件（5）散热。

摩托车及汽车启动电源用锂电池正极浆料及锂电池

申请（专利）号：201010196106.5　**公开日：**2010-09-22

申请人：温岭市恒泰电池有限公司

发明人：张荣华　邓军

摘要：

本发明涉及摩托车及汽车启动电源用锂电池正极浆料及使用该正极浆料的锂电池；本锂电池正极浆料包括以下重量份的成分组成：$LiFePO_4$：1.0～4.0份；Li_2CO_3：0.05～0.2份；导电剂：0.05～0.4份；水性黏合剂：0.1～1.0份；去离子水：0.5～2份；极性溶剂：0.1～0.35份。本锂电池的正极片是涂覆有上述混合型正极浆料的铝箔。本发明的锂电池混合型正极浆料采用磷酸铁锂材料和碳酸锂材料进行配伍生产的锂电池比容量及比能量方面优良，功率高，锂电池安全性能好，循环使用寿命长，生成成本低，可以取代铅酸电池作为摩托车及汽车启动电源电池，填补国内磷酸铁锂电池使用在启动电源的技术空白。

UPS不间断电源用铅酸蓄电池正极活性材料

申请（专利）号：201010181748.8　**公开日：**2010-09-22

申请人：江苏双登集团有限公司

发明人：薛奎网

摘要：

本发明公开了一种UPS不间断电源用铅酸蓄电池的正极活性材料，主要由铅粉、丙纶纤维、硫酸、去离子水混合而成，改进之处是所述铅粉为游离铅、氧化铅、二氧化铅的混合物，所述硫酸密度为1.25～1.30g/mL，该材料中加入三氧化二锑和碳纤维，各组分按合理、规范的含量范围混合成粘性铅膏，视密度为4.10～4.45g/cm^3。本发明的活性材料结合力、利用率高、导电性好，用于制备UPS不间断电源用铅酸蓄电池，能明显提高电池充电接受能力、大电流起动放电性能和深循环寿命。

电源分配装置

申请（专利）号：201010112929.5　**公开日：**2010-09-22

申请人：优特私人有限公司

发明人：杨春

摘要：

在一个实施例中，公开了一种改进的电源分配装置，其包括至少一个伸长导体（4126、4128）的导管。该导管具有一个开口（4154），一个连接器能够插入该开口与导体（4126、4128）电连接。这种改进涉及使用多个设置在开口（4154）和导体（4126、4128）之间的导电元件（5100），以及多个弹性支承构件（5200），使得每个导电元件（5100）由各自的支承构件（5200）分别支承，并且可由一个所述连接器替换以提供与导体间的通路。还公开一种用于电源分配装置的改进的电源供给连接器。

一种复合电源

申请（专利）号：201010123407.5　**公开日：**2010-09-22

申请人：中国科学院上海微系统与信息技术研究所

发明人：谢晓华　娄豫皖　张建　张华辉　颜剑　夏保佳

摘要：

本发明提供一种复合电源，其特征在于该复合电源由铅酸蓄电池A和其他具有高功率体系B组成，其中B包括锂离子电池、镍氢电池、电化学电容器或其他具有高功率特性的电池。根据实际情况，将B布置在A的周围，两者之间可直接接触，也可通过导热材料接触。对B进行适当的电气连接，然后再与A进行适当的电气连接，组合成复合电源。在复合电源的充放电过程中，由于A的热容大，B产生的热量能较快地散出，且各单体之间的温度分布较均匀，大大提高了B的安全性与使用寿命。同时，万一B出现安全隐患，A还可作为一个很好地防止复合电源燃烧或爆炸的屏障，使得整个复合电源的安全性大大提高。

燃料电池混合电源系统

申请（专利）号：201010185293.7　**公开日：**2010-09-22

申请人：武汉理工大学

发明人：刘莉　全书海　陈启宏　狄艾威　谢长君　张立炎　石英

摘要：

本发明公开了一种燃料电池混合电源系统，包括燃料电池、超级电容、蓄电池、级联电力变换器以及控制器。级联电力变换器包括相互连接的第一和第二电感、第一和第二MOSFET管、第一、第二、第三和第四二极管。控制器获取蓄电池的温度信号、超级电容、蓄电池以及燃料电池的电压信号和电流信号，以及负载的电流信号并根据获取的信号控制第一MOSFET管、第二MOSFET管的导通与关断。本系统无需两个DC/DC变换器，只需一个级联电力变换器，因而体积小、重量小、系统效率高。

用于电子式电能表的电源管理供电系统

申请（专利）号：201010185219.5　**公开日：**2010-09-22

申请人：威胜集团有限公司

发明人：冯燕　熊政　易龙强

摘要：

本发明公开了一种用于电子式电能表的电源管理供电系统，包括弱电主供电回路、电源监控电路、掉电存数供电电路、电池供电电路、低功耗唤醒电路，还包括主控芯片低功耗管理电路，所述低功耗唤醒电路与主控芯片低功耗管理电路相连，主控芯片低功耗管理电路与所述弱电主供电回路相连，掉电存数供电电路及电池供电电路与弱电主供电回路连接，其中弱电主供电回路中的电源管理芯片采用多路输出 DC/DC 高效电源管理芯片，主电源芯片采用 DC/DC 高效电源芯片，掉电存数供电电路中的电源芯片采用 DC/DC 高效电源芯片，最终使弱电主供电回路始终有多路电源有效输出。本发明系统既能使高性能的芯片应用于电子式电能表，又能使电子式电能表在各供电工作模式下稳定工作。

轴带发电机与逆变器构成的恒频恒压正弦波电源机

申请（专利）号： 201010182200.5 **公开日：** 2010-09-22

申请人： 泰豪科技股份有限公司

发明人： 林政安

摘要：

一种轴带发电机与逆变器构成的恒频恒压正弦波电源机，由动力装置、发电机、逆变器三部分构成；其特征是发电机转子上有 20 极的永磁励磁和电励磁，转子上无绕组；定子槽中安置双星形六相绕组，定子铁芯外圆设有环形励磁绕组，励磁由电压调节器 AVR 控制，AVR 由相电压以及频率两个参量输入进行增磁或弱磁、恒压控制，发电机是一种变速恒压轴带无刷发电机；逆变器由六相桥式整流器和 4 个晶体管 IGBT 开关逆变电路、滤波电路、DSP 控制电路构成，电源机输出的是恒频恒压正弦波电源。优点是：1、体积小，重量轻；2、控制简化、运行可靠；3、工作稳定、性能优良、滤波电容小，电磁兼容性好；4、效率高。

改善瞬时变化反应的电源供应电路、及其控制电路与方法

申请（专利）号： 200910128947.X **公开日：** 2010-09-22

申请人： 立锜科技股份有限公司

发明人： 詹爵魁 林水木

摘要：

本发明涉及一种改善瞬时变化反应的电源供应电路、及其控制电路与方法，该改善瞬时变化反应的电源供应电路包含：功率级电路，包含至少一个功率晶体管开关，通过该功率晶体管开关的切换，而将输入电压转换为输出电压；误差放大器，将与输出电压有关的反馈信号与一参考信号相比较，产生误差放大信号；输入电压瞬间变化萃取电路，其萃取输入电压瞬间变化并产生与该瞬间变化量有关的信号；以及脉宽调变（PWM）比较器，其至少根据一锯齿波信号、该误差放大信号、及该与瞬间变化量有关的信号，而产生脉宽调变信号，以控制功率级电路中的该功率晶体管开关。

一种开关电源的时钟外同步装置

申请（专利）号： 201010118174.X **公开日：** 2010-09-22

申请人： BCD 半导体制造有限公司

发明人： 林雄杰 贾立刚 陈经祥 李国军 巫炜 陈桂枝 吴德钦 刘伟

摘要：

本申请实施例公开了一种开关电源的时钟外同步装置。包括：振荡器、频率比较模块和频率选择模块，其中，所述频率比较模块对所述振荡器输出的内部时钟信号和 SYNC 管脚输出的外部时钟信号进行比较，当所述外部时钟信号的频率在预置数值区间时，输出选择控制信号控制所述频率选择模块选择外部时钟信号，否则，输出选择控制信号控制所述频率选择模块选择内部时钟信号；所述频率选择模块按照所述频率比较模块输出的选择控制信号选择所述内部时钟信号和外部时钟信号中的一个作为开关电源的工作时钟信号。根据本申请实施例，可以扩大开关电源的应用环境，保证开关电源系统的正常工作。

电源转换器和误差放大器

申请（专利）号： 201010144521.6 **公开日：** 2010-09-22

申请人： 无锡中星微电子有限公司

发明人： 杨喆 董贤辉 王钊

摘要：

本发明公开了一种电源转换器，其包括有功率开关的输出电路，用于在功率开关的导通和关断控制下将一输入电压进行调制为一输出电压；电压反馈电路，用于采样输出电压得到一反馈电压；将输出误差放大信号进行钳位的误差放大器，用于将参考电压和反馈电压进行误差放大以得到误差放大电压；脉宽调制比较器，用于将误差放大电压与三角波信号进行比较以生成脉宽调制信号，所述脉宽调制信号用来控制所述功率开关的导通和关断。电源转换器通过对可将输出误差放大信号进行钳位的误差放大器的引用来有效地改善电源转换器的负载响应。

开关电源及其输出电流的调节方法

申请（专利）号： 201010154821.2 **公开日：** 2010-09-22

申请人： 上海明石光电科技有限公司

发明人： 陈忠

摘要：

一种开关电源及其输出电流的调节方法，所述开关电源包括：变压器、脉冲频率调制控制器和开关晶体管，所述脉冲频率调制控制器输入反馈电压和采样电压，所述反馈电压与所述辅助线圈输出的电压关联，所述采样电压与所述开关晶体管的第二端的电压关联，所述脉冲频率调制控制器还输入控制信号，所述脉冲频率调制控制器根据所述反馈电压、采样电压和控制信号产生所述驱动电压，用于控制开关晶体管切换所述原边线圈的导通或关断，以调整所述副边线圈的导通时间与关断时间。本发明改善了开关电源的输出电流的调节灵活度。

一种开关电源控制电路及原边控制的反激式开关电源

申请（专利）号： 201010157899.X **公开日：** 2010-09-22

申请人： 上海新进半导体制造有限公司

发明人： 宗强 朱慧珍 赵平安 朱亚江

摘要：

本发明公开了一种开关电源控制电路，所述电路包括：运算放大器的正输入端接开关电源控制电路的反馈电压输入端，其负输入端接基准电压，其输出端接采样保持单元的电压输入端；采样信号产生单元的输入端接反馈电压输入端，其采样信号输出端接采样保持单元的采样信号输入端；采样保持信号的输出端接开关信号产生单元的电压输入端；电流比较器的正输入端接开关电源控制电路的检测电流输入端，其负输入端接基准电流，其输出端接开关信号产生单元的电流输入端；开关信号产生单元的开关信号输出端经所述驱动单元接所述开关电源控制电路的开关信号输出端。采用本发明实施例，能够解决因输出峰值电流的大小而造成输出电压不同的问题。

自动电源配置

申请（专利）号：200880113668. X　**公开日：**2010-09-22

申请人：伯斯有限公司

发明人：R·N·利托维斯基

摘要：

一种向可拆卸负载（6170a，6170b，6670，7170a，7170b，7670，7770a，7770b，8180a，8180b，8680b）供电的电路（6100，6600，7100，7600，7700，8100，8600），结合了电源（6110，6610，7110，7610，7710，8110，8610）、功率转换器（6130，6630，7130，7630，7730，8130，8630）和电容器阵列（6135，6635，7135，7635，7735，8135，8635）。在连接可拆卸负载（6170a，6170b，6670，7170a，7170b，7670，7770a，7770b，8180a，8180b，8680b）时，电容器阵列（6135，6635，7135，7635，7735，8135，8635）的电容器被自动地配置成互连的期望串联、并联、或者组合串联和并联配置，以适应正耦合到负载（6170a，6170b，6670，7170a，7170b，7670，7770a，7770b，8180a，8180b，8680b）的电容器的电压范围的限制，和/或实现将被提供到负载（6170a，6170b，6670，7170a，7170b，7670，7770a，7770b，8180a，8180b，8680b）的电力的其它期望特性。此外，在连接可拆卸负载（6170a，6170b，6670，7170a，7170b，7670，7770a，7770b，8180a，8180b，8680b）时，可以将由功率转换器（6130，6630，7130，7630，7730，8130，8630）施加的对电流的限制设置为期望水平，以实现将被提供到负载（6170a，6170b，6670，7170a，7170b，7670，7770a，7770b，8180a，8180b，8680b）的电力的期望特性和/或电容器阵列（6135，6635，7135，7635，7735，8135，8635）的充电和放电性能的期望特性。

处理电源所造成图像异常的电路与方法

申请（专利）号：200910128032. 9　**公开日：**2010-09-22

申请人：联咏科技股份有限公司

发明人：洪明辉　罗仲志

摘要：

一种处理电源所造成图像异常的方法，使用于数字摄影装置中，包括启动该数字摄影装置的电源。接着，开始传送所摄取的图像的一条线数据，其中该条线数据有虚置像素区域与有效像素区域。先传送该虚置像素区域后继续传送该有效像素区域的多个像素数据。处理要输入给水平驱动器的水平驱动电流，使该水平驱动电流在开始输出该有效像素区之前，已经实质上趋于稳定状态。重复上述步骤，继续传送所摄取的该图像的另一条线数据，直到在该数字摄影装置的该图像被完全传送后停止。

一种用于汽车音响单片机的电源供电电路

申请（专利）号：201010138989. 4　**公开日：**2010-09-29

申请人：惠州市德赛西威汽车电子有限公司

发明人：方加强　王满红

摘要：

本发明涉及汽车音响相关技术领域，特别是一种用于汽车音响单片机的电源供电电路，包括电源芯片IC，以及与电源IC的输出脚相连的第一储电元件，电源芯片的输出脚与第一储电元件的连接点与MCU的电源脚连接。本发明能够进一步简化供电与电源脉冲试验之间的关系，进一步减小外界不确定因素对电源脉冲实验的影响，缩短电源脉冲的试验次数，节省开发时间和成本。通过这个方案可以进一步完善软硬件的设计。

提高通信电源单相交流电网适应能力的控制方法

申请（专利）号：201010187396. 7　**公开日：**2010-09-29

申请人：中达电通股份有限公司

发明人：戚青山　王伟

摘要：

本发明公开了一种提高通信电源单相交流电网适应能力的控制方法，用于具有直流配电单元、电池组、监控单元、多个相互并联的整流模块的通信电源系统，所述控制方法是，当通信电源系统启动时，在所述监控单元的控制下，保持一个所述整流模块运行、其它整流模块进入待机状态；整流模块的输出电压从电池组电压开始输出，保持一段时间，再逐渐升高。只保持一个整流模块运行，可提高通信电源系统的效率，降低交流输入电流；整流模块输出电压从电池组开始输出，且保持一段时间再逐渐升高，可达到减小交流冲击电流的目的。通过上述手段，可大幅提高通信电源系统对于单相交流电网的适应能力，使其在极其恶劣的单相交流电网环境下仍然能够正常启动和运行。

具供电线线损补偿功能的电源控制电路

申请（专利）号：200910170354. X　**公开日：**2010-09-29

申请人：尼克森微电子股份有限公司

发明人：丁明强　江俊德

摘要：

一种具有供电线线损补偿功能的电源控制电路，应用于一功率转换器。功率转换器的一电源输出透过一供电线耦接至一负载。此电源控制电路包括一反馈电路、一控制器与一补偿电阻。其中，反馈电路用以侦测功率转换器的一输出电压，以产生一反馈信号。控制器依据反馈信号调整功率转换器的输出电压的电位。补偿电阻与该供电线构成一供电电路回路，并与该反馈电路构成一反馈电路回路，以垫高该反馈信号的电位。

链条传动群同步齿形带连动多点同步支撑跟踪采光太阳能家用电源

申请（专利）号：201010117912.9 **公开日：**2010-09-29

申请人：张晋

发明人：张晋

摘要：

一种由电机驱动，可实现太阳光自动跟踪采集的链条传动群同步齿形带连动多点同步支撑跟踪采光太阳能家用电源，它可由两台电机通过由直齿轮、同轴双链轮、链条、蜗杆、蜗轮、齿形带轮、齿形带、同轴双齿形带轮、长丝杠、长螺母等组成的机械传动机构带动多个太阳能电池板完成同步自动跟踪太阳光运动，该太阳能家用电源可固定在外墙面上并可用来带动多个带动太阳能电池板实现太阳光采集的群同步自动跟踪。

长行程多点同步支撑跟踪采光太阳能家用电源

申请（专利）号：201010117885.5 **公开日：**2010-09-29

申请人：张晋

发明人：张晋

摘要：

一种由电机驱动，可实现太阳光自动跟踪采集的长行程多点同步支撑跟踪采光太阳能家用电源，它可由两台电机通过由直齿轮、连杆、长直连杆、蜗轮、蜗杆、伞齿轮、长丝杠、长螺母丝杠、长螺母等组成的机械传动机构带动多个太阳能电池板完成同步自动跟踪太阳光运动，该太阳能家用电源可固定在外墙面上并可用来带动多个带动太阳能电池板实现太阳光采集的群同步自动跟踪。

低功耗多支点丝杠传动同步支撑跟踪采光太阳能家用电源

申请（专利）号：201010117882.1 **公开日：**2010-09-29

申请人：张晋

发明人：张晋

摘要：

一种可由电机驱动，可实现太阳光采集自动跟踪的低功耗多支点丝杠传动同步支撑跟踪采光太阳能家用电源，它可由两台电机通过由直齿轮、同轴双齿形带轮、齿形带、长丝杠、正向螺纹螺母、反向螺纹螺母等组成的机械传动机构带动多个太阳能电池板完成同步自动跟踪太阳光运动，可用来带动多个太阳能电池板实现太阳光采集的群同步自动跟踪。

同轴传动多点同步支撑跟踪采光太阳能家用电源

申请（专利）号：201010117915.2 **公开日：**2010-09-29

申请人：张晋

发明人：张晋

摘要：

一种由电机驱动，可实现太阳光自动跟踪采集的同轴传动多点同步支撑跟踪采光太阳能家用电源，它可由两台电机通过由直齿轮、连杆、长直连杆、蜗轮、长蜗杆、长丝杠、长螺母等组成的机械传动机构带动多个太阳能电池板完成同步自动跟踪太阳光运动，该太阳能家用电源可固定在外墙面上并可用来带动多个带动太阳能电池板实现太阳光采集的群同步自动跟踪。

多输入比较器和电源转换电路

申请（专利）号：201010144285.8 **公开日：**2010-09-29

申请人：无锡中星微电子有限公司

发明人：王钊　董贤辉　杨晓东

摘要：

本发明提供一种多输入比较器，其包括第一差分晶体管，其栅极作为所述多输入比较器的第一电压输入端，所述第一电压输入端接收第一电压；与第一差分晶体管形成差分晶体管对的第二差分晶体管，其栅极作为所述多输入比较器的第二电压输入端，所述第二电压输入端接收第二电压；第一电阻和第二电阻，第一电阻的一端与第一差分晶体管的源极相连，第二电阻的一端与第二差分晶体管的源极相连，第一电阻的另一端与第二电阻的另一端相连，其中第一电阻与第一差分晶体管相连的节点作为所述多输入比较器的电流输入端，所述电流输入端连接注入电流源；或第二电阻与第二差分晶体管相连的节点作为所述多输入比较器的电流输入端，所述电流输入端连接抽取电流源。

电源电路

申请（专利）号：200880114901.6 **公开日：**2010-09-29

申请人：皇家飞利浦电子股份有限公司

发明人：R·奥特　H·M·佩特斯　V·G·P·C·范登伯罗埃克　C·德佩

摘要：

本发明涉及用于向至少一个负载输出供电的电源电路（10）和方法。电路包括主电源单元（12），其具有电压输入（14）、主切换元件（26）以及电抗元件（28）。切换元件（26）可被控制以递送输出电压或电流（I_{out}）。具有负载输出的输出单元（20a、20b、20c）连接到主电源单元（12）。为了利用精确的脉冲驱动例如LED、OLED或激光二极管的、连接到负载输出的负载，每个输出单元（20a、20b、20c）具有负载切换元件（38），其将主电源单元（12）连接到负载输出或者将主电源单元（12）从负载输出断开。还提供了开关电容器单元（34），每个均具有电容器（C）和电容器切换元件（40）。电容器单元可被操作以使得电容器保持基本充电到不同电压电平。根据本发明的第二方面，每个输出单元（20a、20b、20c）具有连接到负载输出的开关电容器单元（34），其中所述开关电容器单元（34）具有电容器（C）和电容器切换元件（40）。负载切换元件（38）和电容器切换元件（40）被同步控制。

陶瓷基板、陶瓷基板的制造方法和电源模块用基板的制造方法

申请（专利）号：200880114640.8　**公开日：**2010-09-29

申请人：三菱综合材料株式会社

发明人：殿村宏史　北原丈嗣　石塚博弥　黑光祥郎　长友义幸

摘要：

含有硅的陶瓷基板，该基板表面的二氧化硅和硅的复合氧化物的浓度为2.7Atom%以下。

起重磁铁用电源电路

申请（专利）号：201010154825.0　**公开日：**2010-10-06

申请人：住友重机械工业株式会社

发明人：原章文　冈西贤二

摘要：

本发明提供一种起重磁铁用电源电路，其能够以简单的结构实现低发热且实现信赖度的提高以及低成本化。在控制向起重磁铁（2）的电力的供给的H桥式电路部（4）中，设成具备并联连接在有触点开关（41a～41d）的缓冲电路（45a～45d）的结构。由此，通过缓冲电路（45a～45d）能够吸收不必要的电弧电压，所以能够代替以往的无触点开关而利用有触点开关（41a～41d）。因此，与以往相比，能够较低地抑制发热且不需要冷却装置而简化装置结构。并且，有触点开关（41a～41d）与以往的无触点开关相比，廉价且发生故障的危险性低且维修也容易，所以可以实现信赖度的提高以及低成本化。

电源传输线路、光源模块及面板显示模块

申请（专利）号：201010158591.7　**公开日：**2010-10-06

申请人：友达光电股份有限公司

发明人：林俊贤　李宗鸿　潘治良

摘要：

本发明公开一种电源传输线路及包含此电源传输线路的光源模块及面板显示模块。电源传输线路连接至发光装置以形成光源模块，且包含有基板层、电源传输层、金属遮蔽层、第一保护层及第二保护层。基板层具有第一面及第二面，而电源传输层及金属遮蔽层分别形成设置于第一面及第二面上。金属遮蔽层覆盖于电源传输层中传输段的投影范围。第一保护层及第二保护层分别设置于电源传输层及金属遮蔽层背向基板层的一面，以提供电源传输层及金属遮蔽层保护。

一种空调控制器向总线加载电源的方法及控制器

申请（专利）号：200910106285.6　**公开日：**2010-10-06

申请人：欧威尔空调（中国）有限公司

发明人：黎祥松　吕东建　廖俊　方晖

摘要：

本发明涉及一种空调控制器向总线加载电源的方法，包括步骤：a）电压检测模块检测总线的电压，并将检测信号发送给单片机；b）单片机根据电压检测模块的检测信号，判断总线上是否已经有电源加载，如果否，则控制电源加载模块向总线上加载电源；如果是，则返回步骤a）；c）过流检测模块检测总线的电流，并将检测信号发送给单片机；d）单片机根据过流检测模块的检测信号，判断总线是否过流；如果是，则控制电源加载模块断开该控制器对总线的电源加载，并返回步骤a）。本发明还公开了一种控制器和附加控制器。采用本发明提供的方法和控制器的空调系统，具有容错性较好，容易安装及安装成本低的优点。

电源检测模块及其计算机外设设备与其电源检测方法

申请（专利）号：200910133842.3　**公开日：**2010-10-06

申请人：建兴电子科技股份有限公司

发明人：花志雄　李英明　翁伟光

摘要：

一种电源检测方法，适用于计算机外设设备。此方法包括下列步骤。首先，接收数据通信接口的电源信号。接着，判断电源信号是否能驱动计算机外设设备的主功能装置。之后，依据判断结果选择性地提供电源信号给主功能装置以驱动主功能装置的运作。

电源开关模块及具有该电源开关模块的电子装置

申请（专利）号：201010208756.7　**公开日：**2010-10-06

申请人：友达光电股份有限公司

发明人：陈群元　李尹婷

摘要：

本发明公开一种电源开关模块，适用于附有各种连接器的电子装置，包含一可滑动防尘盖以及一开关单元。当可滑动防尘盖移动至开启位置时，可开启开关单元而提供电子装置所需的电源，且露出电子装置的连接器。当可滑动防尘盖移动至关闭位置时，可关闭开关单元而关闭电子装置所需的电源，且遮蔽连接器。另外，具有此电源开关模块的电子装置亦公开于本发明。

电源电路、通信系统及电源提供方法

申请（专利）号：200910265464.4　**公开日：**2010-10-06

申请人：联发科技股份有限公司

发明人：余龙昆　杨文蔚

摘要：

本发明涉及电源电路、通信系统及电源提供方法。在本发明的一个实施方式中，提供一种电源电路，用于工作在非活动时期与活动时期的功率放大器，电源电路包括电源供应单元、电流限制单元、存储单元与转换单元。电源供应单元，用于提供第一电流。电流限制单元，用于处理第一电流以产生第二电流。存储单元用于提供存储电压，存储单元在非活动时期由第二电流充电且在活动时期由第三电流放电。转换单元用于在活动时期根据存储电压、第二电流与第三电流，提供活动功率至功率放大器。通过本

发明所提供的电源电路、通信系统及电源提供方法，可使用低供电装置提供用于功率放大器与低供电装置内的所有元件工作的足够的电流。

一种能量回馈装置中电源相位检测装置和检测方法

申请（专利）号：200910081162.1 **公开日：**2010-10-06

申请人：北京中纺锐力机电有限公司

发明人：丁金龙

摘要：

本发明公开了一种能量回馈装置中电源相位检测装置和检测方法，该装置包括回馈功率电路、回馈控制电路、移相变压器、低通滤波电路和电源相位检测电路；电网电压经移相变压器输出给低通滤波电路，低通滤波电路滤波后给电源相位检测电路，最后输出给回馈控制电路从而控制回馈功率电路。该能量回馈装置中电源相位检测装置成本低，结构简单，滤波效果好，对电源实现隔离、降压、滤波的同时，检测信号对电源基波不产生相移。该能量回馈装置中电源相位检测方法能够有效提高电网电压畸变情况下能量回馈装置的工作效率以及工作可靠性，对电网电压的适应能力增强。

开关电源、控制开关电源的控制电路以及开关电源的控制方法

申请（专利）号：200780101508.9 **公开日：**2010-10-06

申请人：富士通媒体部品株式会社

发明人：米泽游 三岛直之

摘要：

本发明涉及一种开关电源，其包括：第一开关（SW1），其设置于节点（N21）和（N31）之间；第二开关（SW2），其设置于节点（N11）和（N22）之间；电容器（C1），其设置于第二开关和节点（N22）之间；第三开关（SW3），其设置于节点（N21）和（N12）之间；延迟电路（L1），其设置于第三开关（SW3）和节点（N12）之间，使用于对电容器（C1）进行充电的电流延迟；以及第1二极管（D1），其设置于节点（N13）和（N22）之间，第1二极管（D1）以节点（N13）侧为阴极。

一种全封闭式中频电源控制柜

申请（专利）号：201010213080.0 **公开日：**2010-10-06

申请人：无锡应达工业有限公司

发明人：陈 鹰 高仁昌

摘要：

本发明公开了一种全封闭式中频电源控制柜，包括一柜体，该柜体的两侧面为门板，其特征在于，所述的门板分为若干个区域，每一区域由一或两个门组成，相邻两区域之间通过一无磁不锈钢板进行隔离，所述的柜体内部沿柜体的正面向后面依次划分为整流区域、逆变区域和电容器区域，还包括一设置于门板内侧的门锁连杆机构。本发明的全封闭式的中频电源控制柜，将变频装置中所有的主电路及控制系统集成在一个全封闭式的钢柜中，客户端只要接通进线电源，在控制柜的中频输出端只需直接接到负载端即可。

一种超低电源电压的带隙基准源

申请（专利）号：201010202323.0 **公开日：**2010-10-13

申请人：复旦大学

发明人：李一雷 韩科锋 谈熙 闫娜 闵昊

摘要：

本发明属于集成电路设计技术领域，具体为一种超低电源电压的带隙基准源。该带隙基准源由亚阈值管M1和亚阈值管M2，低电压运放，若干分压电阻，电流镜M3、M4、M5和输出电阻R6组成；本发明利用工作在亚阈值区的MOSFET的温度特性以及其两端低电压的特性，配合低电压运放，实现在超低电源电压（<0.6V）下提供基准电压。该基准的输出电压与输出端的电阻有关，因此是可配置的。随着集成电路的工艺发展，其电源电压也不断降低。本发明非常适合于未来先进工艺的集成电路。

开关电源电流检测电路

申请（专利）号：201010164412.0 **公开日：**2010-10-13

申请人：北京鼎汉技术股份有限公司

发明人：黄传东 黄杰辉

摘要：

本发明公开了一种开关电源电流检测电路，包括：电流信号转换成电压信号装置，接于被检测电流回路；电流隔离检测电路，与电流信号转换成电压信号装置的两端相连接，其输出端输出电流检测信号；快速过流隔离检测电路，与电流信号转换成电压信号装置的两端相连接，及时输出比较电路过流检测信号，用于给电路提供快速过流保护。本发明电路简单，有效地解决了模拟信号与采样控制系统的电气隔离问题，而且成本低。

高电压侧测量系统供电电源

申请（专利）号：201010193754.5 **公开日：**2010-10-13

申请人：北京交通大学

发明人：刘平竹

摘要：

本发明公开了一种高电压侧测量系统供电电源，包括电流互感器TA、保护电路、整流电路、限压电路、滤波电路、第一隔离二极管及第二隔离二极管、充电控制电路、超级电容器组以及稳压电路。本发明通过采用超级电容器组作为储能元件，克服了蓄电池使用寿命短的缺陷，进而提高高电压侧测量系统供电电源的稳定性，并降低费用。本发明采用特殊的充电控制电路使取能元件电流互感器TA取得的电能在先满足供电的前提下最高效的给超级电容器组充电，而本发明采用的稳压电路使超级电容器组的电能利用率大为提高，进而提高超级电容器组的供电时间。

机车空调高频软开关不间断电源及其实现方法

申请（专利）号：201010157309.3 **公开日：**2010-10-13

申请人：成都方脉科技有限公司

发明人：黄方智

摘要：

本发明公开了一种机车空调高频软开关不间断电源，主要由接触网接入端及三相逆变电路组成，其特征在于：该接触网接入端所引入的输入电压经多重滤波网络后依次与一级整流滤波电路、高频逆变电路、高频升压变压器、二级整流滤波电路、PWM 斩波电路及三相逆变电路后形成输出电压，同时，在 PWM 斩波电路与三相逆变电路之间还并联有蓄电池电路。本发明还公开了一种机车空调高频软开关不间断电源的实现方法。本发明不仅能对接触网脉冲峰值电压进行抑制，而且其 PWM 斩波电路采用单相桥式逆变升压电路，用模拟电路的方法进行控制，因此还具有动态品质好、抗干扰能力强等特点。

一种基于燃料电池备用电源系统的控制方法

申请（专利）号：201010144160.5 **公开日：**2010-10-13

申请人：昆山弗尔赛能源有限公司

发明人：马天才 娄洁良 李峰 蔡武久 徐先朝 殷程程

摘要：

本发明公开一种基于燃料电池备用电源系统的控制方法，包括以下步骤：1）通过备用电源系统内的蓄电池电流和母线电压两个参数的检测来判断外部电源状态；2）当检测到外部电源掉电时，备用电源系统中的蓄电池组为外部用电设备供电，并实时准备启动备用电源系统内的燃料电池系统，且根据蓄电池放电电流的大小值来决定启动燃料电池系统的时间；3）当确定需启动燃料电池系统时，通过调节燃料电池系统内的风机转速来控制输出到外部用电设备的功率。本发明可使以燃料电池系统为核心的备用电源系统各功能模块能够有机高效地运行，提高效率。

用于自适应移动电源系统开关型适配器的控制方法

申请（专利）号：201010190478.7 **公开日：**2010-10-13

申请人：魏其萃

发明人：翁大丰 魏其萃

摘要：

用于自适应移动电源系统开关型适配器的控制方法，由峰值电流发生器，峰值电流检测器，零电流检测延时器，PWM 发生器及 MOSFET 驱动器功能块组成。可以高精度地控制降压式开关变换器的电感电流峰值从而高精度地控制输出平均电流。能够平滑地降低降压式开关变换器的开关频率从而降低相应的开关损耗而满足能源之星 2.0 的不同负载条件下的要求。使输出纹波电流能够在所允许的范围内，开关型适配器的输出呈现具有恒流恒压特性保护功能的电流源。

制备多晶的直流还原系统中的多路斩波器电源系统

申请（专利）号：201010163163.3 **公开日：**2010-10-13

申请人：北京交通大学 北京京仪椿树整流器有限责任公司

发明人：贺明智 郑琼林 何雄 李志君 孙利娟

摘要：

一种制备多晶的直流还原系统中的多路斩波器电源系统，涉及用多路斩波器模块进行串并联工作制备多晶还原设备的电源。目的是实现直流还原系统中的多路斩波器模块的并联运行；模块化的斩波器直流电源系统在要求较大电流供电时无需另外增加一台大功率斩波器，大大减小电源系统的体积，成本降低，工作的可靠性。该系统由多路斩波器调压模块组成，需要独立调压时斩波器模块 $U_1 \sim U_n$ 分别单独给硅棒负载 $R_1 \sim R_n$ 供电；需要并联调压时斩波器模块 $U_1 \sim U_n$ 输出端的正极短接，即 U_{1+}，U_{2+}，…，U_{n+} 连接在一起，输出端的负极短接，即 U_{1-}，U_{2-}，…，U_{n-} 连接在一起，此时多路斩波器模块并联为 R_1，R_2，…，R_n 串联后的负载提供能量。

单片 Cuk 开关电源电路

申请（专利）号：201010199218.6 **公开日：**2010-10-13

申请人：谭松

发明人：谭松 关英

摘要：

本发明涉及一种单片 Cuk 开关电源电路，由输入低通滤波器、整流滤波电路、开关尖峰吸收电路、Cuk 高频变换器、单片开关电源集成电路 IC2 以及稳压反馈控制电路组成，其中输入低通滤波器、整流滤波电路与 Cuk 高频变换器连接，开关尖峰吸收电路一端与整流滤波电路的输出端连接，另一端连接单片开关电源集成电路 IC2 的漏极，稳压反馈控制电路一端与 Cuk 高频变换器输出端连接，另一端连接单片开关电源集成电路 IC2；Cuk 高频变换器的输入一端连接单片开关电源集成电路 IC2。该电路能实现电源能量连续传递，具有输出纹波尖峰小，负载能力强、且成本较低廉等优点。

开关电源的线损补偿电路

申请（专利）号：201010173246.0 **公开日：**2010-10-13

申请人：西安英洛华微电子有限公司

发明人：宋利军 郭晋亮 卢璐 方建平

摘要：

本发明是一种开关电源的线损补偿电路。它分为电流型和电压型，电流型电路由多阶 RC 低通滤波器、电压/电流转换电路和电流镜像电路构成；电压型电路由多阶 RC 低通滤波器、减法器和补偿电阻构成。本发明用补偿电路产生了一个与输出电流 Iout 成比例的补偿电流 Icpr 或补偿电压 Vcpr，用该补偿电流或补偿电压来抵销由于 Iout 变化所引起的输出导线上的压降，从而恢复控制环路的稳压控制功能，使输出恒定。本发明的特点是设计思路巧妙、电路简单、易于实现。本发明进一步的改进是采用了开关 RC 滤波器，从而大大减小 RC 滤波器的电容体积，便于集成，进一步提高电路性能和简化电路结构，提高了开关电源工作的可靠性。

电源转换器的电源电路结构

申请（专利）号：201010156474.7 **公开日：**2010-10-13

申请人：株式会社日立制作所

发明人：伊东知 仲田清 小柳阿佐子 三岛彰 丰田瑛一 佐藤常雄 绫野秀树

摘要：

一种电源转换器，至少由转换器和滤波器电容构成，所述转换器由多个半导体器件组合构成，并具备构成输入侧的正侧端和负侧端以及构成输出侧的交流端，所述滤波器电容分别经由正侧导体和负侧导体连接于所述正侧端和负侧端之间，所述正侧导体和所述负侧导体在相对角位置具有一组连接部分并且形成为平板状，按照连接所述一组连接部分的线相交叉的方式在同方向上相互平行地配置各导体面，将所述各导体的一个连接部分连接于所述滤波器电容并且将所述各导体的另一个连接部分连接于所述正侧端和所述负侧端。

电源噪声消除电路及固体摄像装置

申请（专利）号：201010135873.5 公开日：2010-10-13

申请人：株式会社东芝

发明人：冈元立太 小田俊一

摘要：

本发明提供一种电源噪声消除电路及固体摄像装置，基准电压生成电路生成基准电压并输出给放大器基准电压线，电源噪声加法电路将重叠在电源中的电源噪声加到由基准电压生成电路生成的基准电压上，差动放大器将垂直信号线的电压与放大器基准电压线的电压之间的差分放大。

可调光的LED开关电源

申请（专利）号：201010170671.4 公开日：2010-10-13

申请人：金杲易光电科技（深圳）有限公司

发明人：管永红

摘要：

本发明公开了一种可调光的LED开关电源，包括滤波整流电路、无源功率因数校正电路、变压整流电路、稳压电路、电流采样电路、光耦传递反馈电路、开关控制电路及可调光电路，输入的交流信号先通过所述滤波整流电路及所述无源功率因数校正电路后输出，输出的信号经过变压整流电路转换后一路经所述稳压电路进入所述电流采样电路进行信号采样后输出给与所述电流采样电路连接的LED光源，且另一路通过所述光耦传递反馈电路进入所述开关控制电路以控制所述LED光源的开或关；所述可调光电路分别连接所述无源功率因数校正电路的输出端和所述电流采样电路，以实现对所述LED光源调光。

平板电视机电源交流输入检测电路及其检测方法

申请（专利）号：201010208135.9 公开日：2010-10-20

申请人：四川长虹电器股份有限公司

发明人：范 欣 贾宗华 廖红明 戴德军

摘要：

本发明涉及开关电源技术，它公开了一种平板电视机电源输入检测电路，对电源输入电压准确检测。其技术方案的要点是：平板电视机电源输入检测电路，包括分压电路、比较电路及电平检测电路；所述分压电路连接比较电路，比较电路连接电平检测电路；分压电路对电源交流输入进行分压，分压信号经过比较电路与基准值进行比较，在电平检测电路中产生高、低电平，电平检测电路对高、低电平持续时间进行计数，并根据与预设门限值的比较来判断电源交流输入是否满足开启条件。此外，本发明还公开了一种平板电视机电源输入检测方法。本发明的有益效果是：实时对交流输入电压进行检测，避免因输入电压不符合要求造成烧毁电源的情况，特别适用于平板电视机。

投影机电源组件冷却系统

申请（专利）号：201010198899.4 公开日：2010-10-20

申请人：深圳雅图数字视频技术有限公司

发明人：孔祥飞 唐文天 曾万军 罗凤飚 朱康明 刘明星

摘要：

本发明公开了一种投影机电源组件的冷却系统，包括电源支架、设置于所述电源支架一侧以排出冷却后气体的风扇、设置于投影机壳体的进气孔、连接所述进气孔和所述电源支架以导引并分配风量的导风件和避免进入空气未经冷却被直接排出壳体外的挡风板。采用上述结构设计的投影机电源组件的冷却系统，由于使用电源支架将灯泡电源板与主板电源板完全隔离，形成两个独立的冷却通道，配合挡风装置与导风装置，从而使冷却效果更好。

交流稳压电源整体校准方法

申请（专利）号：201010124525.8 公开日：2010-10-20

申请人：沈阳飞机工业（集团）有限公司

发明人：何秋红 王守坤 杨洋 孙士祥

摘要：

交流稳压电源整体校准方法，步骤如下：按下述的校准项目空载时稳压电源示值误差、电源电压调整率、负载调整率、失真度、频率误差和输出电压稳定性进行校准，每个项目的步骤是：①设备连接，②读取数值，③按各公式计算；优点：交流稳压电源整体校准避免了拆卸表头对设备的损坏，提高了检测工作效率，缩短了校准周期，提高了校准精度。

栅极电源控制电路及液晶显示器的驱动电路

申请（专利）号：201010201945.1 公开日：2010-10-20

申请人：友达光电（苏州）有限公司 友达光电股份有限公司

发明人：唐友良

摘要：

一种栅极电源控制电路及具有栅极电源控制电路的该液晶显示器驱动电路，该栅极电源控制电路包括：第一输入电路、第二输入电路、控制模块和输出电路，该控制模块将来自第一输入电路的第一电压转化为削角电压，该削角电压与该第二输入电路的第二电压合并成所述高准位电压信号，通过该输出电路进行输出；其中该第二输入电路为分压电路，设置在该第一输入电路与该输出电路之间，该分压电路将所述第一电压转换成所述第二电压，使所述高位准电压信号的最小值大于等于所述第二电压。使得液晶显示器的闪烁值调节变得安全方便。

一种电池、USB和直流电源供电的切换电路

申请（专利）号：201010219426.8　**公开日：**2010-10-20

申请人：北京中星微电子有限公司

发明人：王陆冰　房汝明

摘要：

本发明提供了一种电池、USB和直流电源供电的切换电路，通过由电子元件和/或分立器件的搭建电路实现了设备中电池供电、USB供电和直流电源供电之间的切换，按照供电的优先级进行了顺利选择，不再需要芯片来实现，大大地降低设备成本，节省了开支。

快速跟踪电源的控制方法、快速跟踪电源及系统

申请（专利）号：201010188621.9　**公开日：**2010-10-20

申请人：华为技术有限公司

发明人：侯召政

摘要：

本发明公开了一种快速跟踪电源的控制方法、快速跟踪电源及系统。本发明实施例的快速跟踪电源采用由组合式可控电压源控制负载电压，由组合式可控电压源与跟踪电流源并联为负载提供电流，其中，由跟踪电流源负责提供负载的低频大电流以实现对负载电流的高效低频跟踪，而尽量地减小组合式可控电压源的输出电流，与此同时，通过组合式可控电压源中的供电电压切换单元对组合式可控电压源中的线性放大器的供电电压范围进行调整，使得线性放大器的供电电压范围减小，从而减小组合式可控电压源的功耗，而且，由于线性放大器的供电电压范围减小，所以线性放大器还可以实现更高的跟踪带宽，可以提高快速跟踪电源功率放大的整体效率。

具有恒压/恒流输出的开关电源及其控制方法

申请（专利）号：201010175571.0　**公开日：**2010-10-20

申请人：杭州矽力杰半导体技术有限公司

发明人：陈伟

摘要：

本发明涉及一种具有恒压/恒流输出的开关电源及其控制方法，它包括有：PWM控制电路、功率开关器件，其中，第一反馈电路，用以检测次级电感电路并产生一表征所述开关电源电路的输出电流信息的第一误差放大信号；第二反馈电路，用以检测输出电压并产生一表征所述开关电源电路的输出电压信息的第二误差放大信号；当所述开关电源处于第一负载状态时，切换控制电路输出第一控制信号至所述PWM控制电路，所述开关电源输出一恒定的电压；当所述开关电源处于第二负载状态时，切换控制电路输出第二控制信号至所述PWM控制电路，所述开关电源输出一恒定的电流。

一种用于开关电源反馈电压检测和采样保持的电路及方法

申请（专利）号：201010231488.0　**公开日：**2010-10-20

申请人：周光友

发明人：周光友

摘要：

本发明提供了一种用于开关电源反馈电压检测和采样保持的电路及方法。本发明提供的电路包括：时钟控制电路，控制采样时钟；采样保持电路，对输入电压分两路分时采样，并选择较大值输出；等待状态控制电路，控制采样并等待波形稳定；学习状态控制电路，控制学习状态的时序；增量控制电路，控制实现两次相邻采样的增量电路；系统控制电路，协同其他电路一起控制有限状态机；以及延时电路，实现需要的延时。本发明提供的方法是把一个完整的开关电源开关周期划分为五个状态，依次为PWM开状态、等待状态、学习状态、检测状态以及去磁结束状态，这五个状态构成有限状态机，通过控制有限状态机的状态转换和输出，实现对反馈电压的检测和采样保持。

臭氧高压电源

申请（专利）号：201010223852.9　**公开日：**2010-10-20

申请人：天津市东文高压电源厂

发明人：刘云滨　殷生鸣　于亮

摘要：

本发明涉及一种臭氧高压电源，包括电源整机箱体及箱体内的电源电路，电源电路包括控制电路、电流反馈电路、过温保护电路、输入过压保护电路、供电电路、驱动及输出电路，控制电路分别与电流反馈电路、过温保护电路、输入过压保护电路、供电电路、驱动及输出电路连接，供电电路与驱动及输出电路连接，驱动及输出电路与电流反馈电路连接；本发明的有益效果是：工作频率高，整机耗能低；具有输入过压、功率转换过热及输出过流等保护功能；配有输出功率手动微调和报警指示；长期工作稳定性好，重量较轻，外形美观。

电源系统

申请（专利）号：201010164720.3　**公开日：**2010-10-20

申请人：凹凸电子（武汉）有限公司

发明人：王怡仁　李胜泰　柳达　郭传炯

摘要：

本发明公开了一种电源系统，包括开关电路、谐振回路、反馈电路和控制电路。开关电路提供第一交流信号并包括第一开关和第二开关。谐振回路耦合至开关电路，接收第一交流信号并产生第二交流信号以给负载供电。反馈电路耦合至负载，用于监控负载的电气条件和提供反馈信号。控制电路耦合至开关电路，用于根据反馈信号控制开关电路以控制提供至负载的电能。控制电路集成在第一芯片，第一开关集成在第二芯片，第二开关集成在第三芯片。

第一芯片、第二芯片和第三芯片安装且电气连接至和通孔技术兼容的平台。平台和谐振回路安装在印刷电路板上。本发明的电源系统将控制电路、开关和反馈电路集成在同一平台，提高了设计和应用的灵活性及电源系统的可靠性。

带可转动接头的LED路灯电源组件

申请（专利）号： 201010197013.4 **公开日：** 2010-10-27

申请人： 东莞勤上光电股份有限公司

发明人： 吴洪戈

摘要：

带可转动接头的LED路灯电源组件，属道路交通照明领域。包括路灯接头和电源组件主体以及面盖，路灯接头通过内外齿环用螺栓在定位槽中与电源组件主体旋转可调固定；电源模块通过固定板固定在电源腔体的卡槽内，面盖上设置光控模块与电源模块顶接，面盖通过铰链和钩与电源组件主体连接；电源组件主体成型时形成带侧壁的电源腔体，电源腔体两侧分别形成外半侧壁，面盖两侧具有与其相适应的面盖侧壁，外半侧壁与侧壁之间在中部位置设置加强筋，外半侧壁、加强筋以及侧壁形成空腔结构安装光源组件的两个支撑臂，由面盖侧壁包覆，两个支撑臂另一端端部由端盖固定。组装拆卸方便，维修更换易损部件不会影响其它部件，方便调节安装角度。

用于控制计算机系统中电源的使用的系统和方法

申请（专利）号： 201010116470.6 **公开日：** 2010-10-27

申请人： 惠普开发有限公司

发明人： T·P·肖耶斯 J·K·简索恩

摘要：

本发明涉及用于控制计算机系统中电源的使用的系统和方法。在一个实施例中，电源适配器（102）包括电源（116），以输出用于给被供电设备（104）供电的功率。电源适配器输出表示电源所输出的、由被供电设备使用的功率量的信息，以便控制由被供电设备使用的功率量。

电源转换电路

申请（专利）号： 200910301704.1 **公开日：** 2010-10-27

申请人： 鸿富锦精密工业（深圳）有限公司 鸿海精密工业股份有限公司

发明人： 芮毅

摘要：

一种电源转换电路，包括一多相PWM控制器，用于提供若干PWM信号，其接收CPU发出的控制信号以控制一PWM信号是否被输出；一单相PWM控制器，其接收所述控制信号以控制PWM信号是否被输出；若干第一电压转换单元，用于接收若干PWM信号以输出第一电源；一第一电子开关单元，用于接收多相PWM控制器中的所述一PWM信号及单相PWM控制器的PWM信号，其还接收所述控制信号以选择性地输出该两PWM信号给一第二电压转换单元，以输出第一电源或第二电源；及一第二电子开关单元，用于接收第一电源或第二电源，其还接收所述控制信号以选择性地输出第一电源或第二电源给CPU。所述电源转换电路可减少主机板的布线空间。

旋转选择推出式多国电源转接器

申请（专利）号： 201010183801.8 **公开日：** 2010-10-27

申请人： 智嘉通讯科技（东莞）有限公司

发明人： 张锡帆 高圣荣

摘要：

本发明公开一种旋转选择推出式多国电源转接器，其包括有壳体和设置于壳体中的插座、至少两种不同规格的插脚，该壳体包括上盖和底座，该底座相对一中心转轴可转动地组接于上盖上，该插座安装于该上盖中，该不同规格的插脚安装于该底座中并随底座同步转动，且该不同规格的插脚围绕该中心转轴周向分布，同时，各插脚相对于该中心转轴可平行滑动的设置，使各插脚具有一滑移伸出壳体外的工作位置和滑移缩回于壳体内的隐藏位置；该上盖的侧壁上设置有一平行于插脚伸出方向延伸的定位滑槽，对应该定位滑槽设置有可沿定位滑槽自由滑动的滑移组件，当其中一插脚旋转至该滑移组件的功能区时，由该滑移组件推动该插脚伸出壳体外之其工作位置。

一种开关电源的输入电压欠压保护电路

申请（专利）号： 201010003199.5 **公开日：** 2010-10-27

申请人： 杭州海康威视数字技术股份有限公司

发明人： 范冲 钱学锋 胡扬忠 邬伟琪

摘要：

本发明提供一种开关电源的输入电压欠压保护电路，包括整流单元、第一电容、第一电阻、第二电阻、电压比较器、稳压管和NMOS管；整流单元的输入端连接交流电源；整流单元的输出端依次通过串联的第一电阻和第二电阻接地；整流单元的输出端通过第一电容接地；第一电阻和第二电阻的公共端连接电压比较器的反相输入端；电压比较器的正相输入端通过第三电阻连接整流单元的输出端，电压比较器的正相输入端通过稳压管接地；电压比较器的输出端连接NMOS管的栅极；NMOS管的源极接地，NMOS管的漏极连接PWM控制器的控制引脚。该欠压保护电路可以避免开关电源频繁地开启与关闭，从而提高开关电源的性能。

连续提供电源的切换控制方法及其装置与电源供应系统

申请（专利）号： 200910132135.2 **公开日：** 2010-10-27

申请人： 联咏科技股份有限公司

发明人： 王思婷 萧乔蔚 吴忠文

摘要：

可连续提供电源的切换控制方法，用于包含有第一电源供应单元与第二电源供应单元的电源供应系统，该切换控制方法包含有产生第一输入信号与第二输入信号；对该第一输入信号与该第二输入信号执行逻辑运算程序，以产生第一控制信号；将该第二输入信号延迟一延迟时间，以产生第二控制信号；根据该第一控制信号，控制该第一电源供应单元与一负载间的耦接关系；以及根据该第二控制信号，控制该第二电源供应单元与该负载间的耦接关系。

一种电源切换电路

申请（专利）号：201010003200.4　**公开日：**2010-10-27

申请人：杭州海康威视数字技术股份有限公司

发明人：范冲　张亮　钱学锋　胡扬忠　邬伟琪

摘要：

本发明提供一种电源切换电路，包括：低电压电源依次通过串联的第一电阻和第二电阻接地；高电压电源依次通过串联的第四电阻和第五电阻接地；第一 NMOS 管的栅极连接第一电阻和第二电阻的公共端，漏极连接第四电阻和第五电阻的公共端，源极接地；第二 NMOS 管的栅极连接第四电阻和第五电阻的公共端，漏极依次通过串联的第七电阻和第六电阻接高电压的电源，源极接地；第一 PMOS 管的栅极连接第六电阻和第七电阻的公共端，源极连接高电压电源，漏极通过第二二极管作为第一电压输出端；低电压电源通过第一二极管作为第二电压输出端。该电路结构简单，有效减少 PCB 板的面积，而且功耗低，成本低。

一种矿用三相数字化电源装置

申请（专利）号：201010211277.0　**公开日：**2010-10-27

申请人：太原理工大学

发明人：宋建成　刘国瑞　曲兵妮　樊志坚　许春雨　田慕琴

摘要：

一种矿用三相数字化电源装置是输入切换单元直接和矿井电网相连接，其输出接输入变压器一次侧；输入变压器二次侧经输入电抗器接入 AC/DC 单元，AC/DC 单元输出接 DC/AC 单元输入；DC/AC 单元经输出滤波器接至输出变压器一次侧，输出变压器副边直接和负载相连；旁路供电单元输入接输入变压器二次侧，输出接输出变压器一次侧；保护单元通过采集输入电压、输入零序电流和输出电流来判断装置是否运行正常；显示单元通过通信总线与 AC/DC 单元和 DC/AC 单元相连接；隔爆外壳将整个装置电气部分封装在其腔体内。本发明装置调节速度快，调节精度高，输入功率因数高，谐波污染小，提高了煤矿井下重要电控设备的供电质量。

可使用不同电池电源电压的射频功率放大器及其操作方法

申请（专利）号：201010152409.7　**公开日：**2010-10-27

申请人：美国博通公司

发明人：李明远　阿里·阿弗萨希　阿里亚·雷扎·贝扎特

摘要：

本发明涉及一种可使用不同的电池电源电压的射频功率放大器及其操作方法。跨导级具有带射频信号输入的跨导器件。共源共栅级具有至少一个共源共栅晶体管，所述共源共栅级与跨导级串联在电池电压节点和地之间，所述共源共栅级具有射频信号输出和至少一个偏压输入给所述至少一个共源共栅晶体管。针对低电池电压，共源共栅偏压反馈电路施加固定的偏置电压给所述至少一个偏压输入；针对高电池电压，共源共栅偏压反馈电路施加反馈偏置电压给所述至少一个偏压输入，其中所述反馈偏置电压是基于所述电池电压节点的电压的。该射频功率放大器支持两个以上的不同电池电源电压。

一种电源短路保护回路

申请（专利）号：201010213166.3　**公开日：**2010-11-03

申请人：广州视景显示技术研发有限公司

发明人：臧波　李远　安三荣　郭敏强

摘要：

本发明涉及一种电源短路保护回路，包括电源保护模块；所述电源保护模块包括过压保护模块、过流保护模块和短路保护模块；过压保护模块、过流保护模块和短路保护模块的两端都分别与电源输出模块、电源反馈模块连接。本发明能避免电源内部短路时引起元件温度过高和器件损耗，排除安全隐患，以保护电源电路正常持久而可靠的工作。

开关电源及其使用的频率抖动生成装置和方法

申请（专利）号：200910107187.4　**公开日：**2010-11-03

申请人：辉芒微电子（深圳）有限公司

发明人：谷文浩　方磊

摘要：

本发明涉及一种开关电源及其使用的频率抖动生成装置和方法。所述开关电源包括输入电路、输出电路和反馈控制回路。其中的反馈控制回路又包括变压器、控制器和功率开关管，该功率开关管的漏极连接到变压器的原边线圈、源极和栅极连接到控制器；其中的输出电路连接到所述变压器的副边线圈。其中所述控制器是根据自身生成的具有输出适应频率摆幅的抖动频率和反馈控制回路提供的反馈信号来改变开关管的开关周期以调节输出电压。实施本发明的开关电源、频率抖动方案和装置，能够使用便宜、简单的 EMI 滤波器来进行 EMI 滤波，还能够在轻负载条件下将开关电源的输出噪声保持在较低水平。而且，本发明还可通过感应负载电流，进而对频率抖动的摆幅进行调节。

电源模块

申请（专利）号：200910302019.0　**公开日：**2010-11-03

申请人：鸿富锦精密工业（深圳）有限公司　鸿海精密工业股份有限公司

发明人：鲁建辉

摘要：

一种电源模块，包括整流滤波单元、具有一反馈端的脉宽调制单元、电压变换单元、预设有一基准电压的取样比较单元及过压保护单元。整流滤波单元用于对来自交流电源输入的交流电进行整流和滤波以产生初级直流电，脉宽调制单元用于在反馈端为第一电平状态时提供脉冲电压，并在反馈端为第二电平状态时停止提供脉冲电压。电压变换单元基于脉冲电压将初级直流电变换为负载直流电。过压保护单元连接在取样比较单元与脉宽调制单元的反馈端之间，该取样比较单元用于对负载直流电进行取样以产生取样电压，并在取样电压值大于基准电压值时产生反馈信号，该过压保护单元根据该反馈信号将脉宽调制单元的反馈端锁定为第二电平状态。

双电源供电的变换器

申请（专利）号： 201010216575.9 **公开日：** 2010-11-03

申请人： 艾默生网络能源有限公司

发明人： 张超华 吕华军 王 瑛 阎天勇 董亚武

摘要：

本发明公开了一种双电源供电的变换器，该双电源供电的变换器的变压器原边具有原边绕组 A、原边绕组 B 两个原边绕组，双电源供电的变换器的电压选择电路将较高电压输入端输入的电压接入匝数大的原边绕组 A、或将较低电压输入端输入的电压计入匝数小的原边绕组 B，使得高压输入端的电压输入变换器时，仍然保持较大的占空比，从而解决了容易引起间歇性的振荡，输出纹波大的技术问题。本发明结构简单、自适应性强、可靠性高、成本低。

一种可数控的低噪声高电源纹波抑制低压差稳压器

申请（专利）号： 201010147896.8 **公开日：** 2010-11-10

申请人： 北京利云技术开发公司

发明人： 罗可欣 张龙 牟英良 王佳 张国先 解学明 陈琳

摘要：

本发明涉及一种可数控的低噪声高电源纹波抑制低压差稳压器，属于集成电路技术领域。包括由外部电源供电的偏置电路、低压差稳压器输出电压供电的偏置电路、偏置电流切换电路和数控调节电路组成的参考电压产生电路，由第一误差放大器和第二误差放大器组成的误差放大器，以及由大 PMOS 管、频率补偿电路、电阻分压电路和电源滤波电路组成的低压差稳压器输出电路。本发明的低压差稳压器，通过控制 Vth 倍乘器中的电阻控制片上 LDO 的参考电压，从而数控调节片上 LDO 的输出电压。数控调节功能能保证 LDO 在不同的工作条件下，使输出电压更好地满足设计要求。本发明所设计的 LDO 具有低噪声、高电源纹波抑制、可数控等特点。

电源触头及包括电源触头的连接器

申请（专利）号： 201010167655.X **公开日：** 2010-11-10

申请人： FCI 公司

发明人： 克里斯托弗·G·戴利 威尔弗雷德·J·斯温斯图尔特·C·斯托纳 克里斯托弗·J·克利沃斯基 道格拉斯·M·琼斯库

摘要：

本发明提供了用于传输电力的电连接器和触头。一个电源触头实施例包括形成第一非偏转梁和第一可偏转梁的第一板以及形成第二非偏转梁和第二可偏转梁的第二板。第一板和第二板彼此并排设置以形成电源触头。

直流电源插头焊点打磨机

申请（专利）号： 201010182771.9 **公开日：** 2010-11-10

申请人： 广东工业大学

发明人： 胡永俊 成晓玲 李风 高攀

摘要：

本发明公开了一种直流电源插头焊点打磨机，在机架上分别安装振动送料机、与振动送料机相连接的过道、一对转轮和转轮上方的打磨装置，所述打磨装置由打磨电机和连接在打磨电机上的打磨头构成；所述打磨装置有两个，一个竖立放置，打磨头是圆柱型；另一个是 45 度倾斜放置，打磨头是 90 度蘑菇头；所述两个打磨头分别打磨直流电源插头的正极和负极；所述振动送料机将直流电源插头按规定方向顺序排列，通过过道送入一对转轮的入口处；所述一对转轮分别连接两个转轮电机；本发明提供一种无需人手加工，而高效、全自动打磨直流电源插头正极和负极的打磨机。

一种含分布式电源的智能配电网络潮流分析装置及方法

申请（专利）号： 201010224037.4 **公开日：** 2010-11-10

申请人： 沈阳工程学院

发明人： 张铁岩 赵琰 关焕新 邓玮 赵丹 田卫华 巴超 孙秋野 董艳博

摘要：

一种含分布式电源的智能配电网络潮流分析装置及方法，包括检测模块、A/D 转换模块、主网络分析模块、连接模块、从网络分析模块、键盘和液晶显示模块、通讯模块和上位机，本发明所提出的及分布式电源的智能配电网络潮流分析方法，编程简单，计算速度快，而且根据分布式电源的有功输出概率密度计算出 P，充分考虑了分布式发电的实际情况，在迭代过程中，根据节点无功功率作为收敛条件判断依据，并根据迭代过程中节点电压不同利用公式 $Q=-\frac{V^2}{x_P}+\frac{-V^2+\sqrt{V^4-4P^2x^2}}{2x}$ 对节点无功进行修正，充分考虑了分布式电源点无功功率与节点电压的关系，使计算更准确。

直拨设置输出电压的直流稳压电源

申请（专利）号： 201010231190.X **公开日：** 2010-11-10

申请人： 江苏省电力公司徐州供电公司

发明人： 厉洪伦

摘要：

本发明公开了一种直拨设置输出电压的直流稳压电源，涉及工程测试用直流电源技术领域。它有一隔离型电源电压变换器和电压设置开关 K2；隔离型电源电压变换器的副边绕组有多个电压抽头，每个电压抽头和电压设置开关K2中切换掷刀K2-1对应的一个固定接点连接；切换掷刀K2-1的另一端连接有整流滤波器；整流滤波器的输出端连接有宽范围可设置稳压器；宽范围可设置稳压器通过电压设置开关K2的切换掷刀K2-2输出；在隔离型电源电压变换器的最高电压输出端和宽范围可设置稳压器之间连接有基准电源恒流伺服系统。优点是：电路构成原理简单、成熟，性能稳定、可靠，造价低廉。

氧化锌避雷器直流特性试验用高压电源

申请（专利）号：200910062037.6　**公开日：**2010-11-17

申请人：武汉特试特电气有限公司

发明人：汪泓

摘要：

本发明涉及氧化锌避雷器直流特性试验用高压电源，包括控制电路模块、PWM发生器、MOSFET驱动器和功率管、高频变压器、保护电路，还包括倍压整流电路；其高频变压器输出低压端接有取样电阻、电流测量端子及电流反馈电路；倍压整流电路输出端接有分压器、电压测量端子及电压反馈电路。其控制电路模块设有恒压控制电路和恒流控制电路以及级联的恒压/恒流转换开关，反馈电路的信号与设定的信号值作比较，输入到恒流控制模块中的误差放大器，进入闭环控制系统，确保输出信号稳定。本发明能稳定、可靠工作在恒压、恒流两种模式，内设保护电路，保证电源工作安全。

三相电源输入缺相检测电路

申请（专利）号：201010210034.5　**公开日：**2010-11-17

申请人：苏州能健电气有限公司

发明人：肖庆恩　傅建民　林盈杰　邓杰　尤林森

摘要：

本发明提供了一种三相电源输入缺相检测电路，包括：第一限流电阻、第二限流电阻和第三限流电阻；第一二极管、第二二极管、第三二极管；一连接到所述第一二极管、第二二极管、第三二极管阴极的光耦，所述第一二极管、第二二极管、第三二极管阴极连接到光耦原边第一输入端；分别连接所述三相输入的第四电阻、第五电阻和第六电阻，所述第四电阻、第五电阻和第六电阻连接到光耦原边第二输入端；与所述光耦第一原边输入和所述光耦原边第二输入端并联的第四二极管，和一与光耦第一副边输出端相连的第一上拉电阻，以及和所述第一上拉电阻连接的上拉电源。本发明的有益效果主要体现在：外围器件较少，电路成本低，抗干扰能力强，可靠性高。

电源电路

申请（专利）号：201010175158.4　**公开日：**2010-11-17

申请人：三洋电机株式会社　三洋半导体株式会社

发明人：山本竜司　稻川裕一

摘要：

提供一种电源电路，在电源电路中进行相位补偿并且改善波动去除率。电源电路具备功率晶体管、差动放大器、I/V转换电路、反相放大器，差动放大器具有第一电流路径和第二电流路径，该第一电流路径是第一电阻元件、第一电流镜晶体管以及第一控制晶体管串联连接而成，该第二电流路径是第二电阻元件、第二电流镜晶体管以及第二控制晶体管串联连接而成，具备相位补偿用电容元件和波动去除率改善用电容元件，该相位补偿用电容元件与反相放大器并联连接，该波动去除率改善用电容元件连接在第一电阻元件和第一电流镜晶体管之间的连接点与接地端之间，或者连接在第二电阻元件和第二电流镜晶体管之间的连接点与接地端之间。

单按键多电源开关控制架构及其方法

申请（专利）号：200910135283.X　**公开日：**2010-11-17

申请人：英业达股份有限公司

发明人：李志坚

摘要：

本发明涉及一种单按键多电源开关控制架构及其方法，应用于单机壳多主机板的服务器系统中，其包含有一微处理器、一面板按键、多个发光元件，以及多个开关元件。其中面板按键为设置于服务器系统的操作面板上，并与微处理器相连。发光元件为与微处理器相连。开关元件为一对一地连接微处理器与主机板。

一种电源装置及嵌入式计算机

申请（专利）号：200910107315.5　**公开日：**2010-11-17

申请人：杨延辉

发明人：杨延辉

摘要：

本发明适用于计算机技术领域，提供了一种电源装置及嵌入式计算机，电源装置包括输入电源的输入端，还包括：与输入端连接的±12V单端初级电感变换器，其将输入电源转换为+12V电压和-12V电压输出；与输入端连接的±5V同步降压变换器，其将输入电源转换为+5V电压和-5V电压输出。在本发明中，±5V同步降压变换器与±12V单端初级电感变换器采用并联方式连接，上述两个变换器分别独立工作，因此使得电源装置的效率高，减小了总功耗，因此该电源装置可靠性比较好。

电脑系统的电源控制电路与控制方法

申请（专利）号：200910141606.6　**公开日：**2010-11-17

申请人：华硕电脑股份有限公司

发明人：邱义文

摘要：

本发明是一种电脑系统的电源控制电路与控制方法。此电脑系统中具有一嵌入式控制器的电源控制电路，其包括：一稳压器接收至一第一电压，可于稳压器被使能时将第一电压转换为一嵌入式控制器的工作电压；一检测控制电路接收第一电压并判断一按键信号，当按键信号未动作时禁能稳压器，当按键信号动作时持续使能稳压器；以及，一嵌入式控制器连接至稳压器用以接收一工作电压，并输出多个电源控制信号；其中，嵌入式控制器还可提供一电源开启信号至检测控制电路，使得检测控制电路持续使能该稳压器。

具备电源控制的计算机系统及电源控制方法

申请（专利）号：200910139378.9 **公开日：**2010-11-17

申请人：微星科技股份有限公司

发明人：张征宇 简君介 陈威豪 许瑞昌 许聪海

摘要：

一种具备电源控制的计算机系统及电源控制方法。在此，计算机系统至少设置有第一存储单元和第二存储单元，并且利用第一存储单元存储计算机系统基本运作时所必要的系统程序。其中，在电源供应模块和第二存储单元之间的供电路径上设置有一开关，以使电源供应模块经由开关供给第二存储单元运作所需的电力。当第二存储单元无需运作时，利用开关切断第二存储单元的供电，来有效地节省计算机系统的电源消耗。

电源连接器

申请（专利）号：201010226581.2 **公开日：**2010-11-17

申请人：胡佩红

发明人：胡佩红

摘要：

一种电源连接器，所述的电源连接器包括电极盒（1）、面板罩（5），主要特点在于：所述的电源连接器还包括隔板（2）、安全罩（3）和面板（4）；在电极盒（1）内设置弹簧巢、弹簧定位柱、上下电极座、中心处附有圆孔的隔板定位柱、接线柱洞、接线柱、电极等。在接线柱和电极之间连接有导线，在隔板插头孔（16）的上侧设置地线电极座（15），在地线电极座（15）上装有地线电极（34″）。安全罩为圆盘状。面板（4）为方形体，其上设有面板插头孔（25）、隔板压片等，面板罩（5）紧扣在所述的面板（4）上。本发明构思巧妙，结构简单，成本低廉；不打火花不掉电不起弧，工作电流达到25A以上，扩大了使用领域。

电源能量静态转换装置

申请（专利）号：200910074343.1 **公开日：**2010-11-17

申请人：薄中学

发明人：薄中学

摘要：

本发明涉及一种采用有控制极的半导体器件的电源能量静态转换装置。其结构是在外框体的边框内侧面上制有线槽，在线槽中绕有输出绕组，在所述外框体中设有若干并列的铁芯；在所述并列铁芯的左半部分的铁芯上套接有正向线圈绕组，在所述并列铁芯的右半部分的铁芯上套接有反向线圈绕组；所述正、反向线圈绕组的接线端共接直流变频控制器。本发明具有明显的使用经济性、工作稳定性和车辆运行的适应性。使用本发明作为电动汽车或混合动力汽车的能量转换装置，配以普通规格的低压直流电平，即可达到车辆行驶要求。

用于灯的直流电源

申请（专利）号：200910022570.X **公开日：**2010-11-24

申请人：赵娓

发明人：赵娓

摘要：

本发明是用作灯的直流电源，通过电流反馈将交流或直流输入转换成等于预定值的恒定直流电流输出。主要包括输入电源、输出为恒定直流电流转换器、反馈、灯。本发明的主要优点是输出为恒定直流电流通过灯，使灯发出恒定亮度灯光，没有低频灯光，减少眼睛疲劳；没有高频灯光，不含电磁辐射；具有反馈亮度调节功能，最大限度地保护视力和人体健康。

通过关断电源实现故障安全的方法

申请（专利）号：201010235352.7 **公开日：**2010-11-24

申请人：北京交通大学

发明人：马连川 王悉 袁彬彬

摘要：

本发明公开了一种通过关断电源实现故障安全的方法，包括步骤：为被控系统建立两条并联的供电支路，即上电启动-正常关断支路和安全关断支路；上电复位时导通所述上电启动-正常关断支路的控制开关，给被控系统供电；由状态识别模块通过状态指示信号判定被控系统的工作状态是否正常，如果是，则导通安全关断支路的控制开关，建立电源给被控系统供电；安全关断支路导通并延迟一定时间后，由复位/延迟控制模块断开上电启动-正常关断支路的控制开关；由状态识别模块实时监控被控系统的状态，当状态指示信号显示被控系统运行异常，则输出关断信号断开安全关断支路的控制开关。本发明的方法能够更加彻底地消除安全隐患。

以电源开关作为遥控操作装置的遥控技术

申请（专利）号：200910115383.6 **公开日：**2010-11-24

申请人：冯水生

发明人：冯水生

摘要：

以电源开关作为遥控操作装置的遥控技术一种结构简单的有线遥控技术方法，由电源、开关、导线、用电器组成的一个串联电路。在该串联电路中：开关既作电路通断装置又作遥控操作装置；导线既作电能传送装置又作指令传送装置；用电器为受控设备其包括接收识别装置、电能转换装置，该接收识别装置包括蓄电电路、微型处理器、等。遥控指令可通过人工直接控制开关的方式，对开关进行短暂的断开控制时，则会在导线上产生相应的断电脉冲，蓄电电路是在断电脉冲期间维持接收识别装置所需的电压、使微型处理器能接收识别导线中的断电脉冲，从而可实现该串联电路中的开关不仅对用电器作通电和断电的遥控，还对该用电器作其它功能的遥控。

用于液晶显示装置的电源供应方法及电源供应装置

申请（专利）号：200910143284.9　**公开日：**2010-11-24

申请人：纬创资通股份有限公司

发明人：陈以尚　许君豪

摘要：

本发明涉及用于液晶显示装置的电源供应方法及电源供应装置。用于液晶显示装置的电源供应装置，包含交流整流器，耦接于交流电源，转换该交流电源为直流电源；方波产生器，耦接于该交流整流器，根据该直流电源产生第一振荡信号；交流电压/电流转换模块，耦接于该方波产生器，提供交流电压予该液晶显示装置的背光模块；以及多个直流电压/电流转换模块，提供多个电压源予该液晶显示装置的多个负载电路，每一直流电压/电流转换模块包含控制电路、电压/电流转换单元及反馈控制单元。本发明可以使用较少次数的电压/电流转换，将电压/电流输送到所有需要供应电源的零组件，达到减少电压/电流效率上的减损及降低零组件成本的效益。

一种 MEMS 复合微能源系统电源

申请（专利）号：201010228032.9　**公开日：**2010-11-24

申请人：哈尔滨工业大学

发明人：刘晓为　张宇峰　李玉玲　王浩驰　邹善亮

摘要：

一种 MEMS 复合微能源系统电源包括 MEMS 微型直接甲醇燃料电池、MEMS 微型太阳能电池、MEMS 微型超级电容器单元、超低功耗温度传感器 LM75B、微处理器 ATmega168p、电源管理芯片 MAX1586B 和外壳，超低功耗温度传感器 LM75B 紧贴在 MEMS 微型直接甲醇燃料电池上；MEMS 微型直接甲醇燃料电池与电源管理芯片 MAX1586B 的主电源管脚连接，MEMS 微型太阳能电池与电源管理芯片 MAX1586B 的备用电源管脚连接，MEMS 微型直接甲醇燃料电池和 MEMS 微型超级电容器单元并联连接，电源管理芯片 MAX1586B 与 8 位 AVR 系列微处理器 ATmega168p 连接。本发明将多种不同类型的 MEMS 微能源复合到一个电源模块中，整体提高了 MEMS 微能源的工作性能和稳定性；提供多个标准输出；具有轻巧便携，使用寿命长占用空间小，系统自身功耗低；绿色环保，可重复利用的特点。

具有信息留言功能的电源插座装置及其信息留言方法

申请（专利）号：200910141273.7　**公开日：**2010-11-24

申请人：胜德国际研发股份有限公司

发明人：李裕隆　郭明洲

摘要：

本发明提供了一种具有信息留言功能的电源插座装置及其信息留言方法，其中电源插座装置包括有一运算处理模块；耦接于运算处理模块的有一通讯模块、一储存单元、一指示单元、一显示单元，以及一扬声单元；一电源保护控制模块，耦接于上述所有模块和单元，用以提供装置运作所需的电力；以及至少一电源插座，耦接于该电源保护控制模块，让需要电力的电子装置插接撷取电力。将信息留言的功能设置在电源插座装置上，能减少另外摆设留言板所占的体积，而电源插座装置直接的电力供应也解决了电子留言板要更换电池的问题，配合无线通讯，提升信息留言的方便性。

一次电源系统

申请（专利）号：201010199366.8　**公开日：**2010-11-24

申请人：北京汇众实业总公司

发明人：韦永高　黄安帮　赵俊杰　郑瑞晨　张明亮　许沛丰　陈延昌

摘要：

本发明实施例提供了一种一次电源系统，包括：交直流转换单元、蓄电池组、误差放大器和模式切换单元，交直流转换单元包括自适应调整模块，模式切换单元包括浮充模块和活化模块，活化模块的电压低于浮充模块的电压，交直流转换单元用于将交流电源转换为直流电源提供给蓄电池组及负载；误差放大器用于采集交直流转换单元的反馈电压，并根据反馈电压来利用自适应调整模块调整交直流转换单元的输出电压，以及用于为一次电源系统选择浮充模式或活化模式，活化模式时交直流转换单元的输出电压低于浮充模式时的输出电压。本发明实施例取消了对蓄电池的寿命损害极大的均充模式，同时又可以保证蓄电池的活性，避免了蓄电池发生沉积，从而较大程度的延长了蓄电池的寿命。

一种高可靠性电源系统

申请（专利）号：201010235287.8　**公开日：**2010-11-24

申请人：山东华辰泰尔科技发展有限公司

发明人：侯绍森　曹现余　张佳杰　秦德贵

摘要：

一种高可靠性电源系统，包括背板部分和线卡部分，其特征在于：在背板部分设置有至少两条背板电源总线，每一背板电源总线分别与每一受电线卡连接，其中每一背板电源总线都分别连接有 N 个主用电源和 M 个备用电源进行供电，其中 $N \geqslant 1$，$M \geqslant 0$；线卡部分设置一电源总线选择电路，电源总线选择电路的输入端分别通过一个隔离型 DC/DC 模块与每一背板电源总线连接，电源总线选择电路的输出端连接线卡上中间层电源总线，线卡上中间层电源总线再连接每一 DC/DC，输出电压。

一种双电源平稳切换装置及方法

申请（专利）号：201010182068.8　**公开日：**2010-11-24

申请人：海能达通信股份有限公司

发明人：严春荣

摘要：

本发明涉及一种双电源平稳切换装置，用于为给用电设备供电的主电源与备份电源提供平稳切换，其包括主/备份电源切换单元，继电器控制单元、充电管理单元、主电源切换辅助单元和备份电源切换辅助单元。本发明还涉及一种双电源平稳切换方法。实施本发明的双电源平稳切换装置及方法，将克服用电设备易掉电的缺陷，负载电压波动小，不需大容量的电容进行辅助切换，并且不需配合散热器使用。

次级电流采样的电流型多路输出 DC-DC 开关电源

申请（专利）号：201010227239.4　**公开日：**2010-11-24

申请人：电子科技大学

发明人：张怀武　陈鉴宇　龚军勇　杨青慧　钟智勇　王兴蔚

摘要：

次级电流采样的电流型多路输出 DC-DC 开关电源，属于电子技术领域。该开关电源主变压器 T1 次级侧至少包括两路输出电路，在对其中一路输出电路的输出电压进行电压采样的同时，在该输出电路的整流续流电路和与该输出电路相连的主变压器 T1 的次级绕组之间还串联了一个耦合变压器 T2，在耦合变压器 T2 的次级通过电流采样电路对耦合电流进行采样。本发明电压采样电路和电流采样电路是针对同一路输出电路进行电压采样和电流采样，这样所得的电流采样信号完全不受其它路输出电流和变压器 T1 初级励磁电流的影响，实现了对同一输出电路输出电流的精确采样；同时采样耦合变压器 T2 还保证了电源的初次级相互隔离。

稳流型隔离模块激光电源

申请（专利）号：201010198729.6　**公开日：**2010-11-24

申请人：天津市东文高压电源厂

发明人：刘云滨　殷生鸣　于亮

摘要：

本发明涉及一种稳流型隔离模块激光电源，包括封装在壳体内的电源电路，电源电路上焊接有数根引线，电源电路包括控制及驱动电路，还包括输出反馈电路、组合高压输出电路，控制及驱动电路通过组合高压输出电路与输出反馈电路连接，输出反馈电路与控制及驱动电路连接；本发明的有益效果是：输入输出完全隔离；外部具有输出高压启停控制端，使控制方便、灵活；温漂小，长期工作稳定性好；模块化设计，重量轻，外形尺寸小，易于 PCB 安装。

负压负载用的电源供应器

申请（专利）号：200910143381.8　**公开日：**2010-11-24

申请人：康舒科技股份有限公司

发明人：张涛　马小森

摘要：

本发明关于一种负压负载用的电源供应器，其包含有一交换式电源单元、一监视单元、一第一及第二辅助电源单元；其中交换式电源单元包含有整流单元、功率因数校正电路及一直流对直流电源电路，该第一辅助电源单元输入端连接至该功率因数校正电路输出端，将直流电流转换并提供该监视单元工作电源，而该第二辅助电源单元的输入端与直流对直流电源电路输出端连接，供负压负载并联，在交流电源中断时将负压负载的负压电源转换为监视单元的工作电源；因此，本发明第一辅助电源单元连接至功率因数校正电路输出端，且不与第二辅助电源单元同时动作，能有效提升具有辅助电源电路的电源供应器的转换效率。

可扩充交换式电源电路

申请（专利）号：200910302538.7　**公开日：**2010-11-24

申请人：群康科技（深圳）有限公司　群创光电股份有限公司

发明人：林静忠

摘要：

本发明是关于一种可扩充交换式电源电路，其包含一整流滤波电路、多个交换式电源模组和至少一同步信号产生单元；其中多个交换式电源模组电压输出端并联连接到一输出端，而各同步信号产生单元串接于各两相邻并联交换式电源模组之间，以依据第一交换式电源模组的变压器电压信号产生一同步信号并输出到第二交换式电源模组，令该第二交换交换式电源模组的脉宽调变信号的脉宽不与第一交换交换式电源模组的脉宽调变信号的脉宽重叠，以补平第二输出电流能量缺口，而不必使用大输出电容，并能提高整体输出电流；所以，本发明可依据不同负载额定功率调整交换式电源模组和同步信号产生单元数量。

将电源提供给电源控制设备的控制电路的方法

申请（专利）号：201010205679.X　**公开日：**2010-11-24

申请人：卢特龙电子公司

发明人：罗伯特·C·Jr·纽曼

摘要：

电子控制系统中的一设备允许两线或三线操作。电源（150）将电源提供给其内设置有两线和三线的闭合电路。使用两个独立的过零检测器以便在两线和三线配置中可汇集定时信息。两个过零检测器（110）被监控并用于自动配置电子控制。过压电路检测其处于断开状态的 MOSFET 的一过压条件并且导通 MOSFET，以便希望其不会到达雪崩区。过流电路检测流过 MOSFET 的电流何时超过预定电流门限值并且断开 MOSFET 以便其不过超过 MOSFET 的安全操作区（SOA）曲线。采用锁存电路（120）以使即使在清除了故障条件之后保持保护电路一直有效。采用了锁定电路（130）以防止一个保护电路在由于故障条件而断开了其他电路之后也被断开。希望将保护电路输出配置成可绕过并不考虑正常导通和断开电阻且几乎直接作用于 MOSFET 的栅极。最好是，该系统具有与低频可控传导设备并联的高效开关型电源。

一种超导储能脉冲功率电源

申请（专利）号：201010225070.9　**公开日：**2010-11-24

申请人：西南交通大学

发明人：李海涛　董亮　王豫　邵慧　陈天腾

摘要：

本发明公开了一种超导储能脉冲功率电源，包括初始充电电源、电源开关、续流开关，超导储能电感的失超触发装置模块及负载；所述超导储能电感的失超触发装置模块由多个并联设置的电源电路模块组成。各电源电路模块模块内包含：一个充放电开关与一非线性放电电阻并联设置在一个超导脉冲功率变压器的原边绕组回路中，功率二极管连接在所述超导脉冲功率变压器的次边绕组回路中。采用本发明的结构可以实现多模块串联充电和并联放电，利用超导脉冲功率变压器对输出脉冲电流的放大和叠加后，有效地实现脉冲大电流。具有储能密度高，单位功率电源重量轻体积小的优点。

一种开关电源的新型MOS管驱动电路

申请（专利）号：201010239878.2　**公开日：**2010-11-24

申请人：佛山市顺德区瑞德电子实业有限公司

发明人：汪军　郑魏　周治国

摘要：

本发明涉及一种开关电源的新型MOS管驱动电路，包括MOS开关管Q2和驱动信号输入端，其特征是：在MOS开关管Q2的控制输入端与驱动信号输入端的连接处设有驱动电路（1）；所述驱动电路（1）由快速关断通路（11）、放电通路（12）和防止浪涌冲击通路（13）连接而成；快速关断通路（11）和防止浪涌冲击通路（13）并联后跨接在MOS开关管Q2的控制输入端与驱动信号输入端之间，放电通路（12）跨接在MOS开关管Q2的栅极与接地端之间。本发明可以加快MOS管的关断、有效控制MOS管的驱动电流上升速度，改善整个开关电源EMC特性，具有电路简单、性能稳定可靠、容易实现、成本低廉的有益效果。

控制电量的设备、电源控制设备和减少电灯闪烁的方法

申请（专利）号：201010205676.6　**公开日：**2010-11-24

申请人：卢特龙电子公司

发明人：理查德·L·布莱克　罗伯特·C·Jr·纽曼

摘要：

电子控制系统中的一设备允许两线或三线操作。电源（150）将电源提供给其内设置有两线和三线的闭合电路。使用两个独立的过零检测器以便在两线和三线配置中可汇集定时信息。两个过零检测器（110）被监控并用于自动配置电子控制。过压电路检测其处于断开状态的MOSFET的一过压条件并且导通MOSFET，以便希望其不会到达雪崩区。过电流电路检测流过MOSFET的电流何时超过预定电流门限值并且断开MOSFET以便其不过超过MOSFET的安全操作区（SOA）曲线。采用锁存电路（120）以使即使在清除了故障条件之后保持保护电路一直有效。采用了锁定电路（130）以防止一个保护电路在由于故障条件而断开了其他电路之后也被断开。希望将保护电路输出配置成可绕过并不考虑正常导通和断开电阻且几乎直接作用于MOSFET的栅极。最好是，该系统具有与低频可控传导设备并联的高效开关型电源。

一种电表及用于电表的电源

申请（专利）号：201010223585.5　**公开日：**2010-12-01

申请人：洪金文

发明人：洪金武　洪金文

摘要：

本发明的实施例公开了一种电子电表，该电子电表主要包括电表功能电路和电源电路，该电源电路包括交换元件、隔离功率变压器、输入整流滤波电路、输出整流滤波电路和控制与回授电路。该变压器同一磁芯上绕有只少一个一次绕组和一个二次绕组，一次绕组通过交换元件连接到输入整流滤波电路，二次绕组连接到输出整流滤波电路，输出整流滤波电路连接到电表功能电路。电表功能电路中的掉电信号可以从电源电路中的任意一点获取，电源工作在开关模式，开关状态由控制与回授电路信号决定。

一种高压恒流启动的内部电源电路

申请（专利）号：201010229125.3　**公开日：**2010-12-01

申请人：昌芯（西安）集成电路科技有限责任公司　深圳市泰德工业产品设计有限公司

发明人：代国定　方展忠　刘文昊　杨令

摘要：

本发明公开了一种高压恒流启动的内部电源电路，用于产生稳定的内部电源电压，包括耐高压LDMOS管隔离电路、恒流充电电路、电压基准电路及电平移位电路；所述耐高压LDMOS管隔离电路包括一个限流电阻R1和一个N沟道耐高压LDMOS管MN1，所述耐高压LDMOS管MN1用作调整管，输入端连接电源引脚HVin，同时接受所述恒流充电电路和所述电平移位电路中过压控制电路的信号，保证电路的正常启动和输出电压的稳定。本发明采用高压LDMOS管进行高压隔离，可使电路具有更高的击穿电压和更大范围的安全工作区以及更低的导通电阻。

高低压电源系统真空过电流熔断保护装置

申请（专利）号：201010220650.9　**公开日：**2010-12-01

申请人：曾泓瑞

发明人：曾泓瑞

摘要：

高低压电源系统真空过电流熔断保护装置，涉及电气化铁路高压接触网电源系统与低压铁路信号电源系统间的障碍保护领域。包括连接端子、密封电极、带中空夹层的金属化陶瓷及熔丝；金属化陶瓷呈管状，金属化陶瓷的两端分别密封安装所述密封电极，并使金属化陶瓷内处于高真空状态以形成真空灭弧室；两个所述连接端子置于金属化陶瓷的管外，并与密封电极一一对应电性连接；熔丝顺着所述金属化陶瓷的管长安装于管内，熔丝的两端分别与各自对应的所述密封电极电性连接。其有益效果在于：高真空的绝缘性很高，其灭弧效果很好，从而防止高压电源对低压电源系统及电子设备造成的严重损害；用途广，如电气化铁路等高低压电源系统共存的电力系统。

电源连通结构及使用该电源连通结构的灯具

申请（专利）号：200910107776.2 **公开日：**2010-12-01

申请人：海洋王照明科技股份有限公司 深圳市海洋王照明技术有限公司

发明人：周明杰 宋明松

摘要：

本发明涉及一种电源连通结构及使用该电源连通结构的灯具，该电源连通结构，包括：端子以及灯座组件，端子内设有两导电座，两导电座上分别连接有导线并通过导线连接电源的正、负极；灯座组件上设有两导电片，两导电片的内端分别连接有导线并通过该导线连接光源的正、负极；灯座组件与端子通过两导电片的外端与两导电座相插接而构成可拆卸式连接。该灯具包括：光源部分及电气部分，光源部分包括所述灯座组件以及光源，电气部分包括所述端子，所述光源部分与电气部分通过转轴连接而构成可翻转式连接，可使两导电片相应地插入或拔出两导电座，使光源发光或熄灭。本发明的电源连通结构无需导线连接，且灯具的结构简单、使用安全。

电源控制电路及包含电源控制电路的电池模块

申请（专利）号：200910145299.9 **公开日：**2010-12-01

申请人：和硕联合科技股份有限公司

发明人：林志雄 黄士贺

摘要：

本发明提供一种电源控制电路及包含电源控制电路的电池模块。根据本发明的电源控制电路设置于电子装置中，以连接太阳能电源供应装置，电子装置包括第一电池与第二电池。电源控制电路包含处理单元以及控制单元。当处理单元连接太阳能电源供应装置时，处理单元输出第一控制信号。并且，控制单元接收第一控制信号，以控制第一电池与第二电池轮流对电子装置放电，且控制第一电池与第二电池轮流由太阳能电源供应装置充电。当连接太阳能电源供应器时，本发明可有效率地利用太阳能所转换的电能来延长电子装置的使用时间。

零线判断高效率三相四线开关电源

申请（专利）号：201010241320.8 **公开日：**2010-12-01

申请人：武汉盛帆电子股份有限公司

发明人：李中泽

摘要：

本发明公开了一种零线判断高效率三相四线开关电源，它的高频滤波抗干扰电路连接开关稳压电源电路，在整流电路和高频滤波抗干扰电路之间设零线判断电路和带线路选通功能的稳压电路，整流电路分别连零线判断电路输入端和带线路选通功能的稳压电路输入端，零线判断电路输出端和带线路选通功能的稳压电路输出端均接入高频滤波抗干扰电路，零线判断电路控制信号输出端连接带线路选通功能的稳压电路。本发明使得开关电源在缺少零线的情况也能工作，并使开关电源中如果零线与相线之间错相，也能防止开关电源损坏，增强了开关电源的实用性和可靠性，有利于三相四线开关电源在更多用电设备上的推广使用。

用于功率放大的供电方法、电源装置及基站射频系统

申请（专利）号：200910142159.6 **公开日：**2010-12-01

申请人：华为技术有限公司

发明人：刘旭君

摘要：

本发明提供一种用于功率放大的供电方法、装置及系统，所述方法包括：控制设备根据接收到的电流给定信号控制N个第一开关设备闭合或者断开，使N条支路的电流源输出与电流给定信号对应的电流；当第一开关设备断开时，对应支路上的电流源输出电流至第二开关设备；当第一开关设备闭合时，对应支路上的电流源被短路接地；第二开关设备用来对电流进行单向传输，将电流源输出的电流传输至负载，防止电流从负载流向第一开关设备；线性放大单元对接收到的待放大电压信号进行放大，使放大后的电压信号与待放大电压信号呈线性关系，并调整负载的电压至放大后的电压信号。降低经过开关设备的电流，提高该开关设备的速率，由于开关设备不浮地，容易控制。

一种节能控制装置，具有该装置的电源连接器及开关装置

申请（专利）号：200910085874.0 **公开日：**2010-12-08

申请人：光积昌

发明人：光积昌

摘要：

本发明公开了一种节能控制装置，包括一电源输入接口，用于外接一电源；一电源输出接口，用于外接一用电器；一控制单元，用于控制由该电源输入接口输送的电压或电流的大小或者用于控制该电源输出接口的接通与关断；一取样单元，用于采集该外接用电器的电力参数；一中央处理单元，与该控制单元和该取样单元连接，用于处理来自该取样单元的输出信号，并对控制单元发出控制信号，以及一数据存储单元，与该中央处理单元连接，存储为中央处理单元工作所需的数据。由于本发明的节能控制装置可以根据用电器用电状况对用电器进行反馈控制或根据管理设备来的控制信号对用电器进行节能控制，因而可以单独使用。

基于GPU的集成电路电源地线网络的并行仿真方法

申请（专利）号：201010228645.2 **公开日：**2010-12-08

申请人：清华大学

发明人：蔡懿慈 周强 石晋

摘要：

本发明公开一种基于GPU的集成电路电源地线网络的并行仿真方法，主要是利用GPU强大的浮点数处理和并行

处理能力，以及预条件共轭梯度算法来加速集成电路电源地线仿真计算的方法。本发明将集成电路电源地线网络简化为二维规则网络，CPU 将所述二维规则网络划分为满足 GPU 硬件要求的两个以上的分块，并向 GPU 传输分块信息；GPU 接收 CPU 传输的集成电路电源地线网络的分块信息，并将各分块信息读入到与其线程组对应的局部内存中；GPU 对上述分块信息进行预条件共轭梯度计算；GPU 将计算结果输出给所述 CPU。本发明与目前主流的 CPU 上的相同算法相比，它的计算效率能提高 20 倍左右。

快速设计电源网络的方法

申请（专利）号：200910052451.9　**公开日：**2010-12-08

申请人：复旦大学

发明人：陈珊珊　周晓方　王琳凯

摘要：

本发明涉及一种快速设计电源网络的方法，其基于保证芯片功耗要求，通过移除均匀电源网络中传导电流相对较少的电源条，生成一个不均匀电源网络，用于布局后对电源网络的优化，在满足芯片供电需求的同时，尽可能地节约布线资源；本发明设计电源网络方法，与传统的设计方案相比，不但节省了布线资源而且显著减少设计的迭代时间。

具电源闸控功能的绘图处理系统及方法

申请（专利）号：200910139291.1　**公开日：**2010-12-08

申请人：财团法人资讯工业策进会

发明人：杨佳玲　王柏翰　郑育镕

摘要：

本发明提供一种具有电源闸控功能的绘图处理系统及电源闸控方法。所述电源闸控方法，适用于一绘图处理单元，其中，所述绘图处理单元具有一统合着色器单元，且所述统合着色器单元包括多个的着色器。所述电源闸控方法包括：绘制多个的前画面；计算绘制每一前画面的一第一运作着色器数量及对应的一画面速度；根据每一前画面的所述第一运作着色器数量及对应的所述画面速度，用以决定绘制所述这些前画面之后的一下一个画面的一第二运作着色器数量；及根据所述第二运作着色器数量，通过一或多个电源闸控元件来启动对应的着色器。一种绘图处理单元，具有改进的电源闸控功能，得以根据各种绘图应用程序的需求来达到节省功耗的目的。

一种细双丝数字化软开关逆变焊接电源系统及其控制方法

申请（专利）号：201010240297.0　**公开日：**2010-12-15

申请人：薛家祥

发明人：薛家祥

摘要：

本发明涉及焊接设备技术领域，尤其涉及一种细双丝数字化软开关逆变焊接电源系统及其控制方法，本发明的系统包括采用一体化结构内置安装于同一个焊接电源机箱中的过压欠压保护检测电路、人机交互系统、内置有焊接工艺专家数据库软件系统的 ARM 主控制器、两路电路结构相同的有限双极性软开关全桥逆变主电路，以及两路电路结构相同的驱动与检测电路；有限双极性软开关全桥逆变主电路以绝缘栅双极性晶体管 IGBT 作为开关元件。本发明在保证焊接质量和焊接稳定性的前提下能提高焊接效率，可有效降低焊接现场电磁干扰的影响，消除两根焊丝之间相互的电磁干扰，安全性能高，且可减小设备体积、降低设备成本，以及比较节能。

一种提高带隙基准源输出电源抑制比的方法及相应的电路

申请（专利）号：201010255933.7　**公开日：**2010-12-15

申请人：北京大学

发明人：聂辉　鲁文高　陈中建　赵汗青　方然　王冠男　张雅聪　吉利久

摘要：

本发明提供一种提高带隙基准源输出电源抑制比的方法及相应的电路，属于微电子模拟集成电路设计领域。本发明利用带隙基准核心电路在误差放大器的环路控制内，且误差放大器的电源电压抑制比等于或近似为 1，实现带隙基准源宽电源电压范围、低功耗、自偏置等特性，本发明带隙基准源产生电路通过对其中运算放大器电路的合适设计，在其他性能保证的情况下，显著提高带隙基准源的电源抑制比。电路实现复杂度低，可在相同代价的情况下实现更有竞争力的性能，具有很高的实际应用价值。

一种防误操作安全电源开关

申请（专利）号：201010246802.2　**公开日：**2010-12-15

申请人：济南尼克焊接技术有限公司

发明人：尹兆明　特里希·派克

摘要：

本发明提供一种防误操作安全电源开关，其结构包括防误操作推钮、开关上盖、开关下盖、动滑块和触压开关模块，其中，开关上盖、开关下盖的中间为凹槽状，防误操作推钮设置在开关上盖的上部，开关上盖扣在开关下盖的上部，左端通过铰链轴连接在一起，右端通过翻边相互扣接在一起，开关上盖的中间开有条孔，防误操作推钮的底部设置有插条，插条穿过条孔与动滑块中间的盲孔插接在一起，动滑块的右侧与开关上盖的右端之间设置有水平复位弹簧，动滑块的底部加工成半圆弧面，半圆弧面与设置在开关下盖上的半圆弧面定滑块滑动连接，本发明的优点是能够确保家用电器或工具确实在需要工作时才能接通电源，防止误操作对人体或周围环境造成损伤或破坏，提高家用电器或生产工具的安全性。

电源插头内架

申请（专利）号：201010235895.9　**公开日：**2010-12-15

申请人：苏州宝兴电线电缆有限公司

发明人：杨苏平　杨建刚

摘要：

一种电源插头内架，包括本体和包覆于本体外部的壳体，壳体包括第一侧表面、第二侧表面、第三侧表面、第四侧表面、上表面和下表面，第一侧表面用于固定第一电源插片，第三侧表面用于固定第二电源插片，上表面用于固定第三电源插片，第一侧表面、第三侧表面、上表面两两之间设置有至少一根向外凸出的隔水筋；壳体的材质为PVC。由于本发明在电源插头的插片之间增加了隔水筋，当水进入电源插头时，隔水筋能够阻止水在极与极之间流通，避免了短路危险，提高了电源插头的电气性能的通过率。并且改变壳体的材质后，增强了壳体与本体之间的相熔性。

录井仪紧急状态下UPS电源断电控制器

申请（专利）号： 201010242877.3 **公开日：** 2010-12-15

申请人： 杭州泛太石油设备科技有限公司

发明人： 付建中 陈俊杰 祝勤林 徐红飞 吴劲松

摘要：

本发明涉及一种录井仪紧急状态下UPS电源断电控制器。本发明的目的是提供一种能在紧急情况下快速切断包括UPS电源在内的所有电源、防止由于电器通电引起爆炸事故的录井仪紧急状态下UPS电源断电控制器。本发明的技术方案是：该断电控制器，包括一组UPS电源主机、一组UPS电源电池、防爆箱及两只应急开关，其中一只应急开关与防爆箱连接，用来切断仪器房内所有供应电源，其特征在于：与该应急开关联动的另一只应急开关与控制电路相连，控制电路通过其中的电磁阀及联动机构与执行电路连接，执行电路串接在UPS电源电池与UPS电源主机之间。本发明适用于石油钻井等行业。

多功能时序电源控制器

申请（专利）号： 201010270330.4 **公开日：** 2010-12-15

申请人： 东莞精恒电子有限公司

发明人： 杨明龙

摘要：

本发明公开了一种多功能时序电源控制器，其包括一MCU模块及与所述MCU模块电连接的一电压检测电路模块、一电流检测电路模块、一按键模块、一存储器、一延时电路模块、一LCD显示模块、一USB接口及两RS485接口。所述电压检测电路模块及电流检测电路模块分别用于检测受控AC通道的总输入电压和总输入电流，并将相应的电压和电流信号传输至所述MCU模块。所述延时电路模块用于控制所述若干受控AC通道。所述LCD显示模块用于实时显示负载的工作状态。所述USB接口用于与PC上位机电连接。所述两RS485接口用于与两另外的多功能时序电源控制器电连接。本发明可实时显示负载的工作状态，可以实现时序电源多功能化、智能化及远程化。

一种多功能串稳电源

申请（专利）号： 201010263805.7 **公开日：** 2010-12-15

申请人： 江西联创通信有限公司

发明人： 刘以华 吴韦

摘要：

本发明公开了一种多功能串稳电源，其电池组与充放电控制电路相连接，变压及整流滤波电路的输出端连接一次稳压电路的输入端，一次稳压电路的输出端与充放电控制电路输入端及二次稳压及本安输出电路的输入端连接，二次稳压及本安输出电路的输出端和三次稳压及本安输出电路的输入端连接，且之间设置有过电压保护电路。本电源可广泛应用于井下等含有爆炸性混合气体的场合、军用通信场合，能长期正常运行、能耐高低温、能长时间地将本安输出端进行短路、功能完善、防水性能、防爆性能突出，长期运行可靠性极高。

用于开关电源的高精度峰值电感电流的控制装置

申请（专利）号： 201010234661.2 **公开日：** 2010-12-15

申请人： 魏其萃

发明人： 翁大丰

摘要：

本发明公开了一种用于开关电源的高精度峰值电感电流的控制装置，由峰值电流发生器（1）等组成；峰值电流发生器（1）根据所需控制的输出电流设置产生相应的峰值电流参考值作为峰值误差校正放大器（3）的一输入端控制信号；峰值电流检测器（2）用于检测实际的电感峰值电流其输出为峰值误差校正放大器（3）的另一输入端信号；峰值误差校正放大器（3）用于校正放大误差；峰值电流控制器（4）是将检测的实际电感电流与峰值误差校正放大器的输出比较以确定产生相应的PWM控制信号；PWM控制信号经MOSFET驱动器（5）功率放大，以控制MOSFET导通和关断。本发明能解决已有的峰值电感电流控制方法不适用于开关电源的恒流应用问题。

节能型电容器降压双电源双隔离控制模块

申请（专利）号： 201010234344.0 **公开日：** 2010-12-15

申请人： 介国安

发明人： 介国安

摘要：

本发明节能型电容器降压双电源双隔离控制模块涉及自动控制电源、电动机保护器电源、泵类保护与液位控制双电源双隔离电路，其特征在于是电容器降压电路与辅助电源电路与主稳压电源电路三者构成串联，再与交流电源连接构成负载回路，辅助电源与主稳压电源经变压器隔离实现双电源，变压器进行第一次隔离，光耦进行第二次隔离，对外部控制开关实现双隔离，适用于电容器降压电源远距离安全控制。

一种LED-TV电源电路

申请（专利）号： 201010235668.6 **公开日：** 2010-12-15

申请人： 深圳创维-RGB电子有限公司

发明人： 戴奇峰 巢铁牛 许峰

摘要：

本发明公开一种 LED-TV 电源电路，LED-TV 电源电路，包括有 PFC 控制器、LLC 控制器、与 PFC 控制器和 LLC 控制器的取样支路控制脚 VINS、PFC 输出电压传感检测端 VFB 以及 LLC 输入电压检测端 VSEN 连接的开关切换装置，以及延迟装置。本发明创作通过切换装置关断 PFC/LLC 电路取样支路，关断 PFC/LLC 控制器取样支路，同时为了防止在使用切换开关时 PFC/LLC 控制器出现“失控”的危险，增加了延迟装置，从而既很好地达到了降低待机功耗的目的，又保证了电源系统的可靠性。

一种场效应管抑制浪涌大功率智能型调光多路输出电源

申请（专利）号：201010244010.1　**公开日：**2010-12-15

申请人：东莞市石龙富华电子有限公司

发明人：黄子田　蓝天　於红峰　王坚　邓玉峰　朱合进　庞里生

摘要：

本发明提供了一种场效应管抑制浪涌大功率智能型调光多路输出电源，所述电源包括：一抑涌单元；一 LLC 谐振变换单元；一同步整流单元；一个以上的恒流输出智能调光单元；所述抑涌单元中一功率电阻器与场效应晶体管的源极和漏极并接在一起，由于场效应晶体管的导通电阻非常小，使得浪涌抑制电路损耗很低，因而提高了电源的总体效率。本发明通过对 LLC 谐振网络参数的优化设计，获得高达 95% 输出效率。本发明的恒流输出智能调光单元电路在感应到人体红外线时，提高输出电流的占空比来提高输出电流平均值；反之，无人路过时，降低输出电流的占空比但不降低峰值，这样在保证 LED 发光效率的同时，不会产生灯光不落地问题。

使用三相交流电源的位相控制型电泳电渗脱水器

申请（专利）号：200880125531.6　**公开日：**2010-12-22

申请人：韩国水处理技术有限公司

发明人：李荣彩

摘要：

本发明为已被本发明申请人提交的“电渗脱水器（韩国专利申请 10—2004-007759 号）”、“位相控制型电子脱水器（韩国专利申请 10—2005-009928 号）”和“电渗脱水器（韩国专利申请 10—2007-046494 号）”的后续发明，涉及一种使用三相交流电源的位相控制型电泳电渗脱水器，尤其涉及一种位相控制型电泳电渗脱水器，其在形成包括圆柱形旋转鼓、与所述旋转鼓成一定空间在无限轨道上运转的履带和卷绕于旋转鼓和履带之间用于将污泥传送与脱水的两个过滤布带的电渗脱水器时，通过使接入电渗脱水器的脱水区域的直流电源接入结构具体化由此可以根据污泥体积可变地控制旋转鼓与履带之间产生的电场强度，并改善接入直流电源的旋转鼓的结构，可将旋转鼓自身消耗的不必要的电源损耗最小化。

便携式 USB 电源模式模拟器工具

申请（专利）号：201010170278.5　**公开日：**2010-12-22

申请人：通用汽车环球科技运作公司

发明人：J·M·奎扎达　R·F·柯奇霍夫　R·A·德斯蒂芬诺

摘要：

本发明涉及便携式 USB 电源模式模拟器工具。一种模拟工具包括具有内置 USB 通信口和微控制器的印刷电路板组件即 PCBA。主计算机将使用者可选择的配置数据传输到微控制器，微控制器将数据转换为固态信号。这些固态信号被提供到电气测试台或测试车辆内的电源管理器模块。一种可与 PMM 一起使用的模拟低电流点火开关的方法包括：将使用者可选择的配置数据从主计算机传输到具有微控制器的 PCBA，将配置数据转换为模拟一组期望电源模式参数的一组固态信号，和将固态信号传输到 PMM 以因此模拟低电流点火开关的运行。

一种远程电源控制系统及其控制方法

申请（专利）号：201010263915.3　**公开日：**2010-12-22

申请人：重庆恩菲斯软件有限公司

发明人：雷辉

摘要：

本发明公开了一种远程电源控制系统及其控制方法，其硬件设备包括一个电源输入接口、N 个电源输出接口、继电器开关以及中央控制器，其特征在于：中央控制器上还连接有网络接口、烟感传感器、温/湿度传感器、电压/电流互感器、存储器以及按钮开关；其软件控制主要包括登录系统界面、查看系统状态、设备管理、端口管理以及报警管理，其显著效果是：控制系统既可通过按钮开关实现本地控制，又可通过远程 PC 机实现远程控制，还可以通过各种传感器进行工作状态和工作环境的智能监控和预警，而且在控制系统中内嵌操作系统，远程 PC 机输入 IP 地址便可直接登陆操作系统的应用界面，节省了下载和安装监控软件这一繁琐步骤，操作方便，使用快捷。

电源管理装置及应用其的销售点终端装置

申请（专利）号：200910173055.1　**公开日：**2010-12-22

申请人：广达电脑股份有限公司

发明人：钟彦郎　陈良安　许国展　沈明彦

摘要：

本发明涉及电源管理装置及应用其的销售点终端装置。该销售点终端装置，包括 POS 单元、周边装置、变压器及电源管理装置。周边装置受控于 POS 单元。变压器用以根据市电电源信号提供第一电源信号。电源管理装置提供第一电源信号驱动 POS 单元，电源管理装置还判断第一电源信号是否满足预设条件。其中，当第一电源信号不满足预设条件时，电源管理装置提供第二电源信号并根据第二电源信号驱动周边装置。当第一电源信号满足预设条件时，电源管理装置根据第一电源信号驱动周边装置。

开关电源及开关电源防护方法

申请（专利）号： 201010244547.8 **公开日：** 2010-12-22

申请人： 华为终端有限公司

发明人： 狄伟

摘要：

本发明公开了一种开关电源和开关电源防护方法，属于电子技术领域。该开关电源包括：谐振模块和电压转换模块，谐振模块的工作频率范围与电压转换模块的工作频率范围有交集；谐振模块的输出端与电压转换模块的输入端耦合，谐振模块用于当开关电源接收到连续过压脉冲，且连续过压脉冲的重复频率在该交集之内时，吸收连续过压脉冲的能量，以减少电压转换模块承担的能量。所述方法包括：当开关电源接收到连续过压脉冲，且连续过压脉冲的重复频率在该交集之内时，谐振模块吸收连续过压脉冲的能量，以减少电压转换模块承担的能量。本发明实现了开关电源对连续过压脉冲的防护，提高了开关电源的防护能力。

具有快速瞬态响应的开关电源

申请（专利）号： 201010248402.5 **公开日：** 2010-12-22

申请人： 东南大学

发明人： 孙伟锋 杨淼 金友山 刘思超 徐申 陆生礼 时龙兴

摘要：

一种具有快速瞬态响应的开关电源，在开关电源原有PWM控制环路增加迟滞控制环路，包括迟滞控制器和控制信号选通器，迟滞控制器用于检测开关电源输出电压的大小，将开关电源输出电压与基准电压相比较。当开关电源负载电流突变时，开关电源输出电压波动。若开关电源输出电压处于所设置的迟滞电压范围（基准电压±（10～30mV））内，则迟滞控制器的输出端 SEL_p 和输出端 SEL_n 均为低电位，控制信号选通器选择PWM控制器的输出信号 Q_{p1} 和输出信号 Q_{n1} 作为栅极信号驱动电路的输入信号；若开关电源输出电压的波动超出设置的迟滞电压范围，则迟滞控制器的输出端 SEL_p 或输出端 SEL_n 输出高电位，控制信号选通器选择迟滞控制器的输出信号 Qp_2 和输出信号 Qn_2 作为栅极信号驱动电路的输入信号，控制开关电源功率级开关管的工作，稳定输出电压。

一种MOS管和IGBT管混合桥路逆变式焊割电源

申请（专利）号： 201010289075.8 **公开日：** 2010-12-22

申请人： 深圳市华意隆实业发展有限公司

发明人： 杨振文 吴月涛

摘要：

本发明涉及焊割电源产品领域，具体涉及一种MOS管和IGBT管混合桥路逆变式焊割电源。本发明主要包括：按电流流向而顺序连接的：输入EMC电路、一次侧整流滤波电路、混合器件逆变电路、隔离变压器、二次侧整流滤波电路以及主控制板电路；所述电流在主控制板电路处进入混合器件逆变电路；所述混合器件逆变电路由四只MOS管和四只IGBT管桥接而成。由于本发明采用MOS管和IGBT管组成混合桥路。让两种电力开关器件按一定规律组合，并且按一定规律开通和关断。使得本发明具有逆变频率较高，而且电力开关器件发热较小，比传统的焊割电源都更加节能、节材、高效。

一种恒流电源电路

申请（专利）号： 200910108330.1 **公开日：** 2010-12-22

申请人： 海洋王照明科技股份有限公司 深圳市海洋王照明技术有限公司

发明人： 周明杰 许健 孙艳丽 谭威

摘要：

本发明涉及一种恒流电源电路，包括恒流源、与所述恒流源连接的电流变换器以及与所述电流变换器连接的整流滤波电路，其中所述整流滤波电路包括相互连接的整流电路和滤波电路，所述整流电路和滤波电路之间连接有一开路保护支路。本发明通过在整流滤波电路中增加一开路保护支路，其可以在负载电路出现断路或开路时，达到保护整个电路的作用，从而解决了电路出现开路后高压击穿元器件的问题。

用于电子装置的保持器、电源和射频发射器单元

申请（专利）号： 201010254359.3 **公开日：** 2010-12-22

申请人： 贝尔金公司

发明人： 奥利弗·D·塞尔 杰弗里·D·迈耶斯 维詹德拉·纳尔瓦德 索尔本·诺伊 欧内斯托·V·奎因特洛斯 伊恩·辛克莱尔 约翰·F·沃兹沃思

摘要：

一种用于电子设备的附件单元，包括：无线电频率发射器，用于发送从电子设备接收到的数据信号；用于电子设备的保持器，所述无线电频率发射器被连接到所述保持器，所述保持器包括：第一连接器，其用于连接到所述电子装置；电能获取单元，其连接到所述保持器并且用于接收来自外部电源的电能；以及第二连接器，其将所述保持器连接到电能获取单元，并且用于辐射从无线电频率发射器接收到的无线电频率信号。

高效率低功耗低成本LED驱动电源

申请（专利）号： 201010240151.6 **公开日：** 2010-12-22

申请人： 福建捷联电子有限公司

发明人： 林仲民 翁超群

摘要：

本发明涉及一种高效率低功耗低成本LED驱动电源，其特征在于：包括依次电性连接的AC-DC电路及DC-DC电路，所述的DC-DC电路将所述的AC-DC电路输出的16V电压经升压储能电感、开关管、Boost升压回路驱动芯片AZ7500、升压二极管组成的Boost升压回路产生直流36V电压为LED驱动模块供电，所述Boost升压回路驱动芯片AZ7500具有外围能设定工作频率、软启动功能、输出OVP侦测、开关管电流OCP侦测；所述LED驱动模块的LED灯

低压端连接具有均流功能、过温保护、串行反馈接口的均流回路芯片 AP3609，实现 LED 灯的均流设置，所述的 AP3609 的 FB 端与升压芯片 AZ7500 连接，实现 LED 灯电流反馈 Feedback 侦测。本发明将 AC-DC 电路和 DC-DC 电路一体化，工作效率高，电路简单，可实现单层板设计，具有较好的市场价值。

一种中频电源感应加热装置的最大功率因数控制方法

申请（专利）号：201010190756.9 **公开日：**2010-12-22

申请人：湘潭科创机电有限公司

发明人：蔡罗强 杨柏辉 杨柏辉

摘要：

本发明公开了一种中频电源感应加热装置的最大功率因数控制方法。其步骤是：利用电流互感器测量中频电源电流；控制器根据逆变器控制脉冲计算中频电源电压；将中频电源电流和电压进行相位比较，计算中频电源功率因数；控制器根据此功率因数值去控制中频电源感应加热装置频率，使中频电源感应加热装置保持最大的功率因数值。本发明可使中频电源感应加热装置保持最大的功率因数值，一般都可以达到97%以上。

低压差调节器及提升其电源抑制比的方法

申请（专利）号：200910171589.0 **公开日：**2010-12-29

申请人：联发科技股份有限公司

发明人：管建葳 徐研训

摘要：

本发明提供低压差调节器及提升其电源抑制比的方法，其中低压差调节器，包括：电压缓冲器，用于接收输入电压，输入电压包含第一电平的 DC 分量和 AC 分量，且电压缓冲器将输入电压转换后输出已转换电压，已转换电压具有低于第一电平的第二电平的 DC 分量和跟随输入电压的 AC 分量的 AC 分量；控制级具有由已转换电压供电的第一放大器；以及输出级，具有与第一放大器的输出端连接的功率晶体管，由输入电压供电且由控制级控制以输出具有第三电平的输出电压。由于输入电压和已转换电压均包含 AC 分量，因此消除了 AC 扰动，提升了电源抑制比。

半导体装置及其制造方法和使用它的电源装置

申请（专利）号：201010185534.8 **公开日：**2010-12-29

申请人：瑞萨电子株式会社

发明人：桥本贵之 平尾高志 秋山登

摘要：

提供一种半导体装置及其制造方法和使用它的电源装置。在横型功率 MOSFET 中，不仅抑制了单元间距的增大，还提高了耐压，降低了反馈电容和接通电阻。相对于 n^+ 型硅衬底（1）的主面（72）垂直地设置作为耐压保持区域的高电阻的 n^- 型硅区（3），使高电阻的 n^- 型硅区（3）与 n^+ 型硅衬底（1）连接。另外，与高电阻的 n^- 型硅区（3）相接地在从 n^+ 型硅衬底（1）的主面（72）到达 n^+ 型硅衬底（1）的沟槽（61）内隔着绝缘体（4）填充有导电体（5），把上述导电体（5）与源电极（13）电连接。

多用途电源断路器智能分合装置

申请（专利）号：201010285110.9 **公开日：**2010-12-29

申请人：武汉维京网络科技有限公司

发明人：王富元 卓越 史向平

摘要：

本发明公开了一种多用途电源断路器智能分合装置，涉及一种电源分合装置。本发明包括前后依次连接的供电端（50）、通用开关（40）和用电端 60；设置有前后依次连接电参数检测电路（10）、运算处理电路（20）和机械转换器（30）；电参数检测电路（10）和供电端 50 连接；机械转换器（30）和通用开关（40）连接。本发明具有快速响应和全保护功能，解决了一模多功能的问题；结构占用空间小，安装维护方便，无需模块的连接线缆，增强了可靠性和防护效果；应用广泛，不仅适合各类通信基站工作，而且还可广泛应用于铁路、石油、电力、广播电视等无人值守的各类基础设备自动保护和安全防护。

应急电源切换电路

申请（专利）号：200910108225.8 **公开日：**2010-12-29

申请人：海洋王照明科技股份有限公司 深圳市海洋王照明工程有限公司

发明人：周明杰 郑平 叶浩 樊亮

摘要：

本发明涉及一种应急电源切换电路，包括整流单元、直流采样单元以及判断单元，其中所述整流单元的输入端连接到市电，所述直流采样单元的输入端连接到所述整流单元输出端的回路中并用于采集该回路中的电信号，所述判断单元连接到所述直流采样单元的输出端以根据该直流采样单元的输出判断市电是否断开，该判断单元在确认市电断开时输出切换到应急电源的指令。本发明通过将市电信号转换为直流电并根据对直流电的检测判断市电是否断开，缩短了市电信号的采集时间。

电源启动控制电路和电源

申请（专利）号：200910108271.8 **公开日：**2010-12-29

申请人：海洋王照明科技股份有限公司 深圳市海洋王照明工程有限公司

发明人：周明杰 陈永伦

摘要：

本发明涉及一种电源启动控制电路及使用该电源启动控制电路的电源，该控制电路包括欠压保护支路、稳压支路和电流控制支路。欠压保护支路可通过调节稳压管的稳压值，实现不同的欠压保护启动，可以减少低压损耗。稳压支路可通过两个异向串联的稳压管，实现稳压功能。电流控制支路具有限流调节功能。本发明的电源启动控制电路和电源可以实现欠压保护、稳压和限流调节功能。

电源转换电路

申请（专利）号：200910303548.2　**公开日：**2010-12-29

申请人：鸿富锦精密工业（深圳）有限公司　鸿海精密工业股份有限公司

发明人：芮毅

摘要：

一种电源转换电路，包括多相 PWM 控制器，提供若干第一 PWM 信号及一第二 PWM 信号；单相 PWM 控制器，提供一第三 PWM 信号及接收 CPU 发出的一控制信号，并根据所述控制信号控制所述单相 PWM 控制器是否工作；若干第一电压转换单元，分别接收所述若干第一 PWM 信号，以输出所述第一电源给 CPU；第二电压转换单元；及电子开关单元，接收所述第二 PWM 信号及第三 PWM 信号，所述电子开关单元还接收 CPU 发出的控制信号，并根据所述控制信号选择性地输出所述第二 PWM 信号或所述第三 PWM 信号给所述第二电压转换单元，以使所述第二电压转换单元输出所述第一电源或第二电源给 CPU。所述电源转换电路可减少主机板的布线空间。

一种桥式输出电源电压自适应可变的音频功率放大器

申请（专利）号：201010242176.X　**公开日：**2010-12-29

申请人：复旦大学

发明人：彭振飞　虞佳乐　冯勇　杨姗姗　洪志良

摘要：

本发明属于功率放大器技术领域，具体为一种桥式输出电源电压自适应可变的音频功率放大器。该放大器由信号电平检测电路、桥式输出驱动电路和电源电压变换电路组成。本发明使用增益压缩和扩展技术，在输入信号幅度较小时，桥式输出两侧信号差分放大；在输入信号幅度较大并且幅度超过设定阈值时，桥式结构一侧的输出信号钳位于固定电位，另一侧输出信号以两倍增益放大。这种增益控制方法可保证信号极小失真，与自适应电源电压技术相结合可显著提高音频功率放大器的效率，并可扩展输出信号的动态范围。该电路可以应用于诸如手机，MP3，笔记本电脑等电池供电的便携式设备中。

一种宽电压电源供给 LED 应急灯电路

申请（专利）号：200910108274.1　**公开日：**2010-12-29

申请人：海洋王照明科技股份有限公司　深圳市海洋王照明工程有限公司

发明人：周明杰　王学军

摘要：

本发明涉及一种宽电压电源供给 LED 应急灯电路，包括稳压单元、控制单元和 LED 驱动单元；所述稳压单元与外接电源相连，对其稳压并滤波，输出供所述控制单元工作；所述控制单元还与电池连接，在不接外接电源时由电池供电；所述控制单元判断稳压单元有无电流输出，分别产生关断和开启控制信号给 LED 驱动单元；LED 驱动单元在接收到关断控制信号时，关断电池为 LED 驱动单元供电的通路，LED 由外接电源通过外围电路直接驱动；LED 驱动单元在接收到开启控制信号时，开启电池为 LED 驱动单元供电的通路，由 LED 驱动单元恒流驱动 LED。本发明实现宽电压电源输入，稳压输出，并能去除电磁干扰，电路结构简单，性能稳定。

2011 年公开

放电加工机的电源控制装置

申请（专利）号：200880126337.X　**公开日：**2011-01-05

申请人：三菱电机株式会社

发明人：鹈饲洋史　森田一成

摘要：

本发明的目的在于得到一种放电加工机的电源控制装置，其即使由于产生异常放电而出现放电电压降低，也可以准确地检测出放电状态，而最佳地控制放电脉宽及间歇时间，放电脉冲控制装置（22）在电压电平比较器（21）的比较结果表示异常放电时，对加工间隙中产生的放电脉冲的脉宽进行切断。而且，通过由放电脉冲控制装置（22）、第 1 脉冲计数器（24）、第 2 脉冲计数器（25）以及间歇脉冲控制装置（26）构成的间歇时间控制部（29），在基于高频率成分比较器（8）的比较结果和电压电平比较器（21）的比较结果，检测出异常放电时，变更设定异常放电用的间歇时间，并将其向放电脉冲控制装置（22）传送。放电脉冲控制装置（22）对异常放电时的间歇时间进行变更控制。由此，最佳地控制放电脉宽及间歇时间。

一种汽车音箱单片机及外围设备的电源掉电处理方法

申请（专利）号：201010145684.6　**公开日：**2011-01-05

申请人：惠州市德赛西威汽车电子有限公司

发明人：方加强　王满红

摘要：

本发明涉及汽车音响技术领域，特别是一种汽车音箱单片机及外围设备的电源掉电处理方法，包括：（11）清除处理线程和定时器；（12）依次停止单片机的各内部模块；（13）分别检查各内部模块是否已经停止完成；（14）如果所有的内部模块已经停止完成则进入低频模式，并退出；所述步骤（12）中，按照内部模块的耗电量依次停止各内部模块，优先关闭耗电量大的内部模块。

电源功率管理方法、装置及模块化设备

申请（专利）号：201010266178.2　**公开日：**2011-01-05

申请人：北京星网锐捷网络技术有限公司

发明人：林宇建　谢水新

摘要：

本发明提供一种电源功率管理方法、装置及模块化设备，方法包括：根据各电源模块的可供功率大小、各业务模块的所需功率大小以及各业务模块的优先级别，设置对应于各电源模块以及各种电源模块的组合无法供电时、业务模块的下电策略；实时地检测各电源模块的供电状态；

若检测到任一电源模块无法正常供电时，按照下电策略，控制对应的业务模块进行下电操作。本发明在无需为模块化设备增添额外的电源，且无需在电源输出功率不足时临时对各业务模块进行功率的轮询判断操作的基础上，便实现了业务模块的快速下电，快速地解决了电源输出功率不足的问题，避免了因总线电源过载时间过长而导致整机下电现象的出现。

一种基于嵌入式系统的无线网卡动态电源管理方法

申请（专利）号：201010281531.4　**公开日：**2011-01-05

申请人：华南理工大学

发明人：刘发贵　邢晓勇　吴泽祥　曹立正

摘要：

本发明提供了一种基于嵌入式系统的无线网卡动态电源管理方法，包括四个步骤：1）对无线网卡的使用状态进行划分，包括第一状态 Active，表示无线网卡忙于收发数据，第二状态 Standby/Waiting，表示无线网卡没有收发数据，但无线信号发射器未断电，第三状态 Sleep，表示无线网卡的无线信号发射器断电，但其他耗电单元仍工作，第四状态 Off，表示无线网卡的所有耗电单元都处于断电状态，第五状态 Idle，表示无线网卡在 Standby 与 Sleep 状态间定期转换；2）通过对嵌入式系统内核的操作实现无线网卡的负载检测；3）根据步骤2）所获得的负载情况实现无线网卡的状态转换；4）采用半马尔科夫模型对无线网卡动态电源管理进行优化。

主板模块和电源模块外置的显示器

申请（专利）号：201010267737.1　**公开日：**2011-01-05

申请人：福建捷联电子有限公司

发明人：肖建华

摘要：

本发明涉及一种主板模块和电源模块外置的显示器，包括主板模块、Converter 模块和 Adapter 模块，其特征在于：将主板模块、Converter 模块从显示器整机上移除，所述主板模块、Converter 模块和 Adapter 模块整合在一盒子内，所述显示器整机内设有总线转接板，所述总线转接板上设有 LVDS 接口、灯管电源接口、Key 信号接口一体化的输入接口，所述盒子上设有与显示器整机的输入接口相对应的输出接口，所述盒子的输出接口经连接线连接到显示器整机的输入接口，所述盒子上设有 AC 输入接口和信号输入接口；本发明方便设计、生产、运输，使得售后维修更方便，有利于用户方便、实惠选购。

一种多维状态数字控制的逆变电源

申请（专利）号：201010284052.8　**公开日：**2011-01-05

申请人：华中科技大学

发明人：彭力　康勇　陈坚　刘虔　白雪竹

摘要：

本发明公开了一种多维状态数字控制的逆变电源，包括微处理器、逆变器、直流电源、电压传感器和电流传感器，微处理器包括前置滤波器、多维状态运算器、状态增益矩阵、一拍延迟模块和减法器；前置滤波器输入端与参考量 u_r 相接，其输出端与减法器正输入端相接；减法器输出端与一拍延迟模块输入端相接；一拍延迟模块输出端与逆变器控制端相接；多维状态运算器第一输入端与电流传感器输出端相接，多维状态运算器第二输入端与电压传感器输出端相接，其输出端与状态增益矩阵输入端相接；状态增益矩阵输出端与减法器负输入端相接。该逆变电源动静态特性优良，输出电压波形畸变小，本发明广泛应用在含交流稳定电源的各种供电系统中。

用于预离子化表面波发射的等离子体放电源的系统和方法

申请（专利）号：200880127015.7　**公开日：**2011-01-12

申请人：应用材料股份有限公司

发明人：迈克尔·W·斯托厄尔

摘要：

描述了一种用于处理衬底表面的系统和方法。一个实施方式包括一种用于在衬底上沉积膜的方法，该方法包括产生多个第一功率脉冲，该多个第一功率脉冲中的每一个都具有第一脉冲振幅，提供该多个第一功率脉冲到第一放电管，使用该多个第一功率脉冲在第一放电管附近产生等离子体，在该多个第一功率脉冲中的每一个功率脉冲之间维持等离子体，使得在该多个第一功率脉冲中的每一个功率脉冲期间不再点燃等离子体，使用等离子体来分解原料气体，和将至少一部分所分解的原料气体沉积到衬底上。

一次电源加扰仪

申请（专利）号：201010259986.6　**公开日：**2011-01-12

申请人：中国航天科技集团公司第九研究院第七七一研究所

发明人：成渭民　张宏科　李智　冯亚青　冯乔

摘要：

本发明公开了一种一次电源加扰仪，所述电路结构由电源模块 A、电源模块 B、电源模块 C、二极管 D1、二极管 D2、二极管 D3、MOS 管 Q1、MOS 管 Q2、MOS 管 Q3、单片机控制模块、驱动模块、电位器、LCD 液晶显示模块以及键盘组成；本发明一次电源加扰仪通过给电源模块（A/B/C）输出上分别串联二极管和电子开关后为电子系统提供电源输出，设定 A/B/C 各自电压，并设定 K1/K2/K3 的开通/关断时间，则在两个电子开关的公共输出端得到时长可设定的电压跳变，从而实现对过压浪涌、欠压浪涌、微掉电的功能模拟。该技术思路巧妙，电路简单，控制可靠。目前，已生产出满足航空、航天军用标准要求的浪涌电压发生器产品多台，可以模拟过压浪涌、欠压浪涌、微掉电等功能。

一种防电源毛刺攻击的检测电路

申请（专利）号：200910088706.7　**公开日：**2011-01-12

申请人：北京中电华大电子设计有限责任公司

发明人：马哲

摘要：

本发明涉及一种防电源毛刺攻击的检测电路。本发明提供一种易于在 CMOS 工艺集成的高速的负电源 Glitch 检测电路。传统电路如果检测集成电路电源上出现的高频毛刺，则需要较大的功耗才能对较高频率的电源毛刺响应，本发明的目的在于以较低的功耗代价来实现高频电源 Glitch 的检测。本发明的电源 Glitch 检测电路包括采样模块、稳压模块、保持模块，以及放大电路模块；采样模块由串联电阻连接电源、地实现对电源上毛刺的采样；稳压模块由 R、C 构成；保持模块通过输入对管、NMOS 管与电容参数的合理匹配实现；放大模块对于保持模块的输出信号放大输出检测标志位。

一种电源、地上毛刺的快速低功耗检测电路

申请（专利）号：200910088707.1 **公开日：**2011-01-12

申请人：北京中电华大电子设计有限责任公司

发明人：马哲 张建平

摘要：

本发明涉及一种电源、地上毛刺的快速低功耗检测电路。本发明提供一种对集成电路电源、地上出现的 glitch（毛刺）进行快速检测的电路，本发明的检测电路包括采样模块、正 glitch 检测模块、负 glitch 检测模块以及与非门；采样模块由电阻、电容构成，实现对电源、地上出现的 glitch 采样作用；正 glitch 检测模块由 MOS 开关管、下拉管、对地电容、反相器构成；负 glitch 检测模块由 MOS 开关管、下拉管、对地电容、反相器构成；与非门对正、负 glitch 的输出进行与非运算后作为本检测电路的输出。

一种交流可程式电源高精度测量电路

申请（专利）号：201010279239.9 **公开日：**2011-01-12

申请人：山东精久科技有限公司

发明人：华要宇 李贤杰 杨献木 刘霄锐 白佩佩

摘要：

本发明公开了一种交流可程式电源高精度测量电路，包括 CS5460A 芯片，所述 CS5460A 芯片连接 CPU 和外围电路，其特征是：所述 CS5460A 芯片引脚 15 通过电容 C1 连接引脚 16，所述电容 C1 一端通过串接的电阻 R1 和电容 C4 接地，所述电容 C1 另一端通过电容 C3 接地，所述电容 C3 一端还通过串接的电阻 R3、电感 L1 连接电流输入负端，所述电容 C4 的一端还通过串接的电阻 R4、电感 L2 连接电流输入正端。本发明可以精确测量和计量有功电能、瞬时功率、电流有效值、电压有效值、电流瞬时值、电压瞬时值，很大程度提高采样测量精度、输出电压稳定度、输出波形失真度。

电源控制装置及使用电源控制装置的系统

申请（专利）号：200910151958.X **公开日：**2011-01-12

申请人：新唐科技股份有限公司

发明人：王政治

摘要：

本发明提供一种电源控制装置及使用电源控制装置的系统。所述电源控制装置，用以控制一主机自一省电模式安全进入一工作模式，其中所述主机在所述省电模式即将进入所述工作模式之际发出一电源切换信号。所述电源控制装置包括一稳压器及一控制负载。其中所述稳压器用以接收一输入电压，并以一输出端用以提供一输出电压至所述主机；而所述控制负载用以当接收所述电源切换信号时，自所述稳压器的所述输出端汲取一电流，并在一既定时间后送出一启动信号至所述主机以通知所述主机进入所述工作模式。

一种电源插板装置及其控制方法

申请（专利）号：201010278809.2 **公开日：**2011-01-12

申请人：江苏科技大学

发明人：王长宝 刘彩生 徐明 张海洋 顾勇

摘要：

本发明公开了一种电源插板装置及其控制方法，该装置由桌面上电源插板开关箱和以外部连接线相连接的计算机电源插板组成；其特征是所述电源插板开关箱箱体上装有电源开关、按钮开关、第一指示灯、第二指示灯；当电源开关置于 ON 位置时，计算机电源插板上插座的电源接通，当电源开关切换到 OFF 位置时，检测当前主机的电流与按钮开关学习的电流比较，决定是否切断计算机电源插板上插座的电源。该发明装置通过电源插板开关箱箱体上电源开关、按钮、第一指示灯、第二指示灯操作和观察通电状态，灵活、方便，可靠。

灶具用数字控制型电源变换器

申请（专利）号：200910108604.7 **公开日：**2011-01-12

申请人：深圳市鑫汇科科技有限公司

发明人：丘守庆 许申生

摘要：

一种灶具用数字控制型电源变换器，包括整流器；由 IGBT 和 LC 并联谐振回路组成功率逆变电路，该谐振回路连接于整流器与 IGBT 源极之间；SoC 控制芯片，内集成 MPU，连接 MPU 的 PPG、ADC、通信接口等，MPU 一输出通过第一与门接 PPG，PPG 输出的脉冲信号通过第二与门至 IGBT；MPU 根据测得的电流信号和电压信号计算当前功率值，并与来自通讯口的上位机要求功率比较改变 PPG 的设置脉冲宽度值，在磁能转换检测电路输出允许信号时，PPG 输出设定脉冲宽度的脉冲信号推动 IGBT，实现功率的调节。由于该变换器能通过通信接口接受人机操作指令，动态改变变换器的输出功率，因此，适当改变其谐振回路中的感性负载结构可广泛适用于微波炉、电磁炉等高频加热设备使用。

一种自举控制电路及包含该自举控制电路的开关电源

申请（专利）号：201010229050.9 **公开日：**2011-01-12

申请人：昌芯（西安）集成电路科技有限责任公司　深圳市泰德工业产品设计有限公司

发明人：代国定　方展忠　胡波　杨令　黄鹏

摘要：

本发明公开了一种自举控制电路及包含此自举控制电路的开关电源。本发明为解决现有高压PN结二极管的损耗问题，以及高压肖特基二极管高温漏电的问题，利用高压PMOS管及其时序逻辑控制电路代替高压PN结二极管或者高压肖特基二极管，提供一种自举电容的时序逻辑控制电路。利用开关电源中数字调制电路生成的调制信号，通过时序逻辑控制高压PMOS管，控制自举电容驱动NMOS开关管的导通与关断，提高开关电源的效率，可靠性和安全性。

一种小卫星电源分系统的综合测试方法

申请（专利）号：201010253639.2　**公开日：**2011-01-19

申请人：航天东方红卫星有限公司

发明人：李立　王建军　陈逢田　吴亚光　程城

摘要：

一种小卫星电源分系统的综合测试方法，利用太阳方阵模拟器替代太阳电池阵，使用卫星综合测试系统的地面有线测控台进行有线指令发送和重要参数采集，利用地面测控设备、遥测遥控前端、测试计算机进行遥控指令发送和遥测数据采集。卫星加电后，合理控制太阳方阵模拟器升电和退电的操作时机、遥控指令发送时机，设置电源分系统的工作状态，对各类参数和状态进行监测判读，完成各类测试项目。另外，采用注入正常或故障数据块、程序块的方式，测试系统的上注功能、可靠性和容错性。本发明方法测试覆盖性好、流程清晰明确、操作简单可靠，便于工程实施。

基于热电制冷器的宽电源功耗限制型恒温控制器

申请（专利）号：201010270102.7　**公开日：**2011-01-19

申请人：吉林大学

发明人：汝玉星　田小建　单江东　高博　吴戈

摘要：

本发明的基于热电制冷器的宽电源功耗限制型恒温控制器属于电子技术的技术领域。结构有温度设置电路（2）和温度取样电路（4）通过选择开关连接显示驱动电路（3）；温度设置电路和温度取样电路通过减法器相减后，输出信号送到PI控制电路（5），PI控制电路的输出信号送到限流电路（6）进行限流，限流后的信号送到功率控制电路（7），功率控制电路产生的控制信号送到功率输出电路（8），由功率输出电路输出功率用于驱动热电制冷器（TEC）。本发明双重负反馈结构使控温精确度在±0.1℃，稳定度在±0.002℃；功率输出电路采用多管扩流技术是最大输出功率高达150W；限流电路能有效保护仪器的稳定工作。

轻触电子电源开关

申请（专利）号：201010510088.3　**公开日：**2011-01-19

申请人：浙江万盛电气有限公司

发明人：黄华道

摘要：

本发明的目的在于提供一种轻触电子电源开关，其包括底座、扣合于底座上的装饰面板、设于底座内的电源输入端和电源输出端，其特征在于：所述装饰面板具有通孔，通孔下方设有至少一轻触面板，轻触面板边缘被装饰面板的通孔边缘限位，轻触面板下方设置弹性支撑件，弹性支撑件下方设有一分别与电源输入端和电源输出端电连接的电路板，电路板上设有将轻触面板的按压动作转换为电源输入端和电源输出端导通或断开动作的轻触开关。本发明的有益效果在于：装饰面板表面高于轻触面板表面，不易发生误动作或碰撞损坏；轻触开关动作无噪音；弹性支撑件结构合理，不容易生锈，节省材料且装配方便。

推启式轻触电源开关

申请（专利）号：201010509825.8　**公开日：**2011-01-19

申请人：浙江万盛电气有限公司

发明人：黄华道

摘要：

本发明提供一种推启式轻触电源开关，包括底座、扣合于底座上的装饰面板、设于底座内的电源输入端和电源输出端，装饰面板和底座之间设有至少一推启面板，推启面板可沿装饰面板和底座的间隙滑动，推启面板下方设有推杆，电源输入端的火线输入端子连接有输入连接片，电源输出端包括至少一个火线输出端子，每一火线输出端子连接有输出连接片，输出连接片上带有静触点，输入连接片上设有弹性开关片，弹性开关片中部与输入连接片铆接或点焊连接，弹性开关片一端带有与静触点位置对应的动触点，弹性开关片另一端与推杆相抵。本发明的有益效果在于：装饰面板表面高于推启面板表面，不易发生误操作或碰撞损坏；轻触开关动作无噪音。

直流输出不断电源供应器

申请（专利）号：201010519891.3　**公开日：**2011-01-19

申请人：康舒电子（东莞）有限公司

发明人：李金桥　何念姣　杨勇

摘要：

本发明是涉及一种直流输出不断电源供应器，包括一直流供电回路、一直流放电回路、一设于直流放电回路上的放电回路切换模块、一通过放电回路切换模块和直流供电回路连接的电池、一和前述放电回路切换模块与电池连接的电源转换器；其中，该直流供电回路是连接在一交流电源和一直流电源负载之间，该电源转换器的输入端是和交流电源连接，又放电回路切换模块中包含一电子式的切换控制电路，其通过数个晶体管控制所述电池是由电源转换器进行充电，或通过直流供电回路对直流电源负载放电；利用前述的电子式切换控制电路可解决以往利用继电器切换回路所造成体积过大的问题。

电源转换装置的辅助电源自举电路

申请（专利）号：201010299612.7 **公开日：**2011-01-19

申请人：杭州中恒电气股份有限公司

发明人：袁明祥

摘要：

一种电源转换装置的辅助电源自举电路，包括输入滤波电容、防浪涌电阻、防浪涌开关、自举充电电阻、自举储能电容和辅助电源，输入滤波电容一端和高压输入正端相连，输入滤波电容另一端与防浪涌开关的公共端相连，防浪涌开关的常开点和高压输入负端相连，防浪涌电阻并接在防浪涌开关的公共点和常开点之间，自举充电电阻的一端和防浪涌开关的常闭点相连，自举充电电阻的另一端和自举储能电容的一端相连，自举储能电容的另一端和高压输入负端相连，辅助电源的控制供电端并接在自举储能电容的两端。本发明提供一种降低功耗、减少占用空间和提高可靠性的电源转换装置的辅助电源自举电路。

万安培级开关整流电源系统

申请（专利）号：201010275778.5 **公开日：**2011-01-19

申请人：张家港宏峰电器设备有限公司

发明人：钱雪锋

摘要：

本发明公开了一种体积小、效率高、而且电网的波动不会对其输出造成影响的万安培级开关整流电源系统，包括：至少两路相互独立的开关整流电源，每路开关整流电源包括：输入整流电路、逆变电路、变压电路和整流输出电路，所有的整流输出电路并联输出。本发明采用了多个相互独立的开关整流电源并联输出，实现了上万安培级的电流输出，整个开关整流电源系统的体积很小，造价低，效率较高，通常达到90%以上；而且，电网的波动不会对其输出造成影响。本发明主要用于工业电镀、阳极铝氧化、钢管短路退火加热、电铸抛光、电解污水处理、有色及稀土电解冶炼等行业。

便携式计算机系统及相关电源供应装置与充电方法

申请（专利）号：200910157586.1 **公开日：**2011-01-26

申请人：纬创资通股份有限公司

发明人：吴德隆 李俊达 陈建良

摘要：

本发明涉及便携式计算机系统及相关电源供应装置与充电方法。具体地，提供一种便携式计算机系统，包含主机、储电装置及底座。该储电装置设于该主机中，用来检测由第一电源插孔至第一电源端的电流，以产生第一检测结果，并根据第一控制信号，对第一充电电池进行充电。该底座以可插拔方式嵌合于该主机，用来检测由第二电源插孔至第二电源端的电流，以产生第二检测结果，并根据第二控制信号，对第二充电电池进行充电。该底座包含控制装置，用来根据该第一检测结果及该第二检测结果，输出该第一控制信号及该第二控制信号，以控制对该第一充电电池及该第二充电电池的充电运作。本发明除了可提升使用时的便利性外，同时可保护系统正常运作。

可同时作为传输信号及作为电源供输手段的连接装置

申请（专利）号：200910054897.5 **公开日：**2011-01-26

申请人：昆山三泰新电子科技有限公司

发明人：林明政

摘要：

本发明涉及一种可同时作为传输信号及作为电源供输手段的连接装置，包括：一串口部，其具有复数支管脚，其由一缆线电性连接至一外围串口设备；一信号/电源切换装置，其电性连接于串口部的其中一管脚上，其为一跳线选择装置；一串口信号端，其电性连接于信号/电源切换装置上其中一跳线选择接端上；一电源端，其电性连接于信号/电源切换装置的另一跳线选择接端上。本发明在既有标准EIA-RS-232、EIA-RS422及EIA-RA-485规范的连接器定义下，提供一种可弹性选择为电源输出规格的连接器设计，大大增加了使用便利性。

通信电源系统内各模块间智能均衡负载的方法

申请（专利）号：201010228030.X **公开日：**2011-01-26

申请人：深圳键桥通讯技术股份有限公司

发明人：李太伟 叶君华 薛舟 丁涛 李月彬 罗安禄

摘要：

一种通信电源系统内各模块间智能均衡负载的方法，将所述各模块分开为电源模块Ⅰ组和电源模块Ⅱ组，将所述电源模块Ⅰ、Ⅱ两组各组内模块的直流电力输出端互相并联，再将所述电源模块Ⅰ、Ⅱ组两组的直流电力输出端互相并联后连接至负载，同时为所述电源模块Ⅰ、Ⅱ组两组分别设置各自的均流信号线，该两均流信号线均只连接各该同一组各模块电流反馈控制电路，而与所述各电源模块之间电力电路不相连接。设置两均流信号线之间的耦合电路，用以按照给定的规律分配Ⅰ、Ⅱ两组电源模块的负载，即在正常运行时，电源模块Ⅱ组始终只承担不大于设定值的小部分负载，其余的大部分负载都由电源模块Ⅰ组承担。本发明的有益效果是：能控制其中一组按需求大小输出负载电流，控制方法简单可靠、容易实施，而且对电源模块的内部均流控制电路不需要作调整；由于不需要对电源模块的内部均流控制电路作任何调整，因此，在设计或制造有均衡负载输出比例要求、或是分组电源输出负载电流大小可控的电源系统时，可直接对现有的电源模块来组系统，易于实施。

自动换极的高压电源

申请（专利）号：201010185818.7 **公开日：**2011-02-02

申请人：宁波市镇海华泰电器厂

发明人：汪孟金 李玮 孙浙胜 朱亮

摘要：

一种自动换极的高压电源，由直流电源电路，直流稳压电源电路，滤波及储能电路，定时电路，控制脉冲发生器电路，脉冲变压器，工作指示电路，开关电路和高压电极组成，由定时电路产生定时信号第一时间段和第二时间段，在两段时间切换时能够随之切换脉冲变压器与滤波及储能电路之间的开关，使得脉冲变压器输出电压的极性随之变换；控制脉冲发生器电路产生脉冲信号并施加到开关电路上；开关电路受到控制，当脉冲到来时，其导通，脉冲结束时，其截止；从而在高压电极上形成与定时信号第一时间段和第二时间段内相对应的极性相反的高压脉冲电压信号。

一种无电抗器无分流器电流型PWM逆变式焊割电源

申请（专利）号： 201010541362.3　**公开日：** 2011-02-09

申请人： 深圳市华意隆实业发展有限公司

发明人： 杨振文　吴月涛

摘要：

本发明一种无电抗器无分流器电流型PWM逆变式焊割电源包括：输入滤波电路、一次侧整流滤波电路、逆变电路、隔离变压电路和二次侧整流滤波电路以及主控制板电路，逆变电路包括：由第一、第二、第三、第四绝缘栅场效应电力开关器件桥接组成的逆变桥，与所述第一、第二、第三、第四四只绝缘栅场效应电力开关器件的栅极分别单独串接的第一、第二、第三、第四驱动电阻，分别连接在第一、第二、第三、第四绝缘栅场效应电力开关器件两极之间的第一、第二、第三、第四、第五阻容吸收电路，该种结构的焊割电源结构简单体积小、实施成本较低。

一种LED日光灯具电源的组件式安装结构及其制作方法

申请（专利）号： 201010259100.8　**公开日：** 2011-02-09

申请人： 北京首钢自动化信息技术有限公司

发明人： 姜纪人　李振玲　刘剑勤

摘要：

一种LED日光灯具电源的组件式安装结构及其制作方法，属于LED照明灯具应用的技术领域。包括LED灯板、LED电源组件、电源盖、滑动卡箍、半圆形铝管、半圆形扩散灯罩、堵头、交流电源电缆插座、直流电源电缆插头；半圆形扩散灯罩上的平面部分将LED光源与LED电源组件密封在上下两个腔体内，LED灯板安装在半圆形铝管的外平面上，半圆形扩散灯罩与半圆形铝管卡装，堵头分别安装在卡装好的半圆形铝管、半圆形扩散灯罩的两端，电源放置放在半圆形铝管的电源安装位置上，电源盖盖严电源安装槽，滑动卡箍用于卡紧电源盖。优点在于，结构简单，使LED电源及灯管的更换简单，降低了用户的更换成本，对LED日光灯作为绿色能源的推广有着十分重要的现实意义。

一种用于按摩椅的自动切换双电压输入电源

申请（专利）号： 201010531679.9　**公开日：** 2011-02-09

申请人： 厦门蒙发利科技（集团）股份有限公司

发明人： 邹剑寒　江阔善

摘要：

一种用于按摩椅的自动切换双电压输入电源，涉及一种电源。提供具有自动切换双电压输入功能，可实现按摩椅在高低不同市电下使用的用于按摩椅的自动切换双电压输入电源。设有高低电压自动切换模块和双输入变压器；切换模块输出端子接双输入变压器初级绕组，双输入变压器次级绕组外接按摩椅；切换模块设有输入端子、采集电路、判断切换电路、输出端子和直流稳压电路；输入端子分别与市电电源、直流稳压电路输入端、采集电路输入端和判断切换电路输入端连接，直流稳压电路输出端接判断切换电路电源输入端，采集电路输出端接判断切换电路输入端，判断切换电路输出端通过输出端子接双输入变压器初级绕组，初级绕组设至少2组，次级绕组设至少1组。

一种电源供电方法、装置及系统

申请（专利）号： 200910055721.1　**公开日：** 2011-02-09

申请人： 联芯科技有限公司

发明人： 范团宝　董永

摘要：

本发明公开一种电源供电方法、装置及系统。所述方法包括：将来自USB接口的电源电压进行限流处理；将经过限流处理的电源电压进行稳压处理；将经过稳压处理的电源电压进行转换，形成给USB接口供电的电源电压。本发明能够提高USB接口无线终端供电的电源的稳定性与可靠性，并且节省硬件成本、减少硬件体积。

一种模拟蓄电池直流电源

申请（专利）号： 201010519975.7　**公开日：** 2011-02-09

申请人： 重庆全能电器有限公司

发明人： 王盛学　左陶

摘要：

本发明提供一种模拟蓄电池直流电源，它包括电源变换器、主回路电流检测装置、馈电负载控制器和馈电负载，馈电负载控制器根据反馈电压大小来调节馈电负载的大小；馈电负载控制器包括依次连接的信号放大电路、信号处理电路和信号输出驱动电路；信号放大电路用于将主回路电流检测装置输出信号整形放大；信号处理电路由若干个光柱驱动器串联而成，每一个光柱驱动器的输出端口通过信号输出驱动电路与馈电负载连接。本模拟蓄电池改进的硬件驱动电子负载系统，利用硬件进行控制，具有比软件控制更快的反应速度，有效地改善了软件控制中由反馈造成的时间上的滞后，因此提高了电子负载的响应速度，降低了对IGBT等开关器件工作能力的要求，延长了设备使用寿命。

可编程纳秒双脉冲集成电源

申请（专利）号： 201010502233.3　**公开日：** 2011-02-09

申请人： 南京工程学院

发明人： 张建华　葛红宇　李宏胜　方力

摘要：

一种可编程纳秒双脉冲集成电源，包括调压与整流电路和斩波电路，所述调压与整流电路输入端连接工频交流电，调压与整流电路输出端连接斩波电路的输入端，斩波电路的输出端即为本电源输出端；所述斩波电路的输出端分别连接工具电极和加工工件；斩波电路连接有高频控制电路，由高频控制电路输出控制信号控制斩波电路的输出，进而控制工具电极和加工工件中的电流方向，即在工具电极与工件之间得到要求的正负脉冲；所述高频控制电路包括高频逻辑控制电路和放大电路，高频逻辑控制电路输出高频逻辑控制信号，该信号经放大电路放大后，得到控制斩波电路的控制信号。与现有技术相比，本发明脉宽调节范围宽、最小脉宽窄、脉冲频率高、参数设置方便，易于接入微细电化学加工计算机数控系统，能够实现电源参数的在线实时调整。

一种汽车电源管理系统

申请（专利）号： 200910172929.1　**公开日：** 2011-02-16

申请人： 奇瑞汽车股份有限公司

发明人： 杨长富　程琳　董明　刘慧军

摘要：

本发明涉及一种电源管理系统，包括监测单元和控制单元，监测单元用来监测蓄电池的参数，并进行简单分析；控制单元包括分析单元和处理单元，分析单元接收监测单元监测到的参数信息，进行分析判断，处理单元接收分析单元的指令，发出相应的处理信息，其特征在于：处理单元进行预警处理、静态电流管理以及蓄电池充放电管理，所述静态电流管理包括熄火未防盗电流管理和停车防盗电流管理。通过监测蓄电池的状态，控制整车用电器的适用状态，同时控制发电机的发电功率以及输出电压，并向驾驶员提供蓄电池的状态信息，最大程度的优化整车的电平衡。

直流电源综合电能检测仪

申请（专利）号： 201010261365.1　**公开日：** 2011-02-16

申请人： 浙江涵普电力科技有限公司

发明人： 徐国明　陈水明　王祥

摘要：

本发明涉及一种直流电源综合电能检测仪，包括测量电能的测量主机、检测熔丝状态的遥信主机和显示通讯主机，测量主机、遥信主机均和显示通讯主机通过通讯电缆相连。测量主机采样输入回路和输出回路上的电压、电流值，再计算出功率和电能数据，遥信主机检测输入回路和输出回路上的熔丝状态（是否断裂），显示通讯主机通过通讯电缆读取测量主机获得的各种参数值以及遥信主机获得的各熔丝状态，并相应地显示数据和触发报警。本发明既能显示电压、电流参数，又能显示功率、电能参数，并且报警类型丰富，可实现过压和欠压报警、电流预警、电流上下限报警、熔丝断等多种用电情况的报警，满足 IDC 机房电源管理的需要。

一种零待机功耗电脑电源

申请（专利）号： 201010551300.0　**公开日：** 2011-02-16

申请人： 东莞市金河田实业有限公司

发明人： 陈平平

摘要：

本发明涉及一种零待机功耗电脑电源，包括控制部分和受控部分，控制部分包括整流滤波电路、DC/DC 变换电路、直流电压滤波输出电路、启动电路、PWM 控制电路、继电器 SK1、控制电路，以及与电脑主板连接的数字电路；控制电路与电脑主机的开关 S1、PWM 控制电路连接；PWM 控制电路与启动电路、DC/DC 变换电路连接；整流滤波电路与交流输入端、继电器、启动电路、DC/DC 变换电路连接；直流电压滤波输出电路与数字电路、继电器、DC/DC 变换电路连接；继电器与受控部分连接；数字电路通过电脑主板与受控部分连接，本发明的电脑在待机模式下功耗为零，并且可以手动开机，自动或者手动关机，结构简单。

系统级封装电源完整性设计的混合网格划分方法

申请（专利）号： 201010523544.8　**公开日：** 2011-02-16

申请人： 上海交通大学

发明人： 刘春天　毛军发　唐旻

摘要：

一种电子技术领域混合网格划分方法，特别涉及的是一种系统级封装电源完整性设计的混合网格划分方法。包括以下步骤：①将不规则电源/地平面利用凸划分处理，分解为一系列凸多边形；②利用基于矩形网格的递归划分技术获得最优化矩形网格，并在矩形网格的边长上设置辅助端口，建立端口之间的转移阻抗关系；③剩余结构采用三角形网格填充，并对三角形网格进行等效电路建模；④在矩形网格和三角形网格的交界处建立端口间的电气关系；⑤联立总体方程，进行求解。本发明提出的混合网格划分技术具有适用范围广，内部节点少，分析精度与效率高等优点。

具电源电压降补偿功能的像素电路与发光面板

申请（专利）号： 201010527280.3　**公开日：** 2011-02-16

申请人： 友达光电股份有限公司

发明人： 曾思衡　蔡子健

摘要：

本发明涉及一种发光面板与具电源电压降补偿功能的像素电路。此发光面板包括多个像素电路以及多个补偿电路，每一像素电路包括侦测开关。当像素电路所工作的实际工作电位经侦测开关输出至相对应的补偿电路后，相对应的补偿电路根据实际工作电位与原始工作电位间的关系来调整电性耦接至相对应的像素电路的数据线上的数据。

带有状态显示的轻触电子电源开关

申请（专利）号： 201010509841.7　**公开日：** 2011-02-16

申请人： 浙江万盛电气有限公司

发明人：黄华道

摘要：

本发明提供一种带有状态显示的轻触电子电源开关，其包括底座、扣合于底座上的装饰面板、设于底座内的电源输入端和电源输出端，装饰面板具有通孔，通孔下方设有至少一轻触面板，轻触面板边缘被装饰面板的通孔边缘限位，轻触面板下方设置弹性支撑件，弹性支撑件下方设有一分别与电源输入端和电源输出端电连接的电路板，电路板上设有将轻触面板的按压动作转换为电源输入端和电源输出端导通或断开动作的轻触开关；电路板上设有用于开关状态显示的指示灯，轻触面板上设有将指示灯灯光引出的引光件。本发明的有益效果：装饰面板表面高于轻触面板表面，不易发生误动作或碰撞导致损坏，开关状态显示一目了然，使用方便。

一种医疗电源管理电路

申请（专利）号：201010525205.3　**公开日：**2011-02-16

申请人：珠海市鑫和电器有限公司

发明人：岳国宾

摘要：

一种医疗电源管理电路，包括待机芯片、过压取样输入端、欠压取样输入端、第一电压门限电路、第二电压门限电路及开关电路，其中，过电压取样输入端通过第一电压门限电路连接开关电路的控制端，欠压取样输入端通过第二电压门限电路连接开关电路的控制端，开关电路的通路端与待机芯片的待机控制端连接。本发明在原医疗电源控制开关待机的待机芯片上，直接连接电压门限等各外围电路，得到过压、欠压甚至过流保护的功能，可以保证在某路电源输出不稳定时及时断开各路输出，防止出现输出通断不统一的问题，使得医疗设备的安全用电能够得到较好的保障。

零电流软开关技术的新型辅助逆变电源

申请（专利）号：201010534111.2　**公开日：**2011-02-16

申请人：永济新时速电机电器有限责任公司

发明人：高永军　唐子辉　裴建红

摘要：

本发明涉及为动车组辅助负载提供三相工频电源的辅助逆变电源，具体为一种零电流开关技术的新型辅助逆变电源。解决现有动车组辅助逆变电源开关损耗过大、电磁环境影响自身以及其他设备工作的问题。包括高压斩波电路、整流电路和逆变电路，高压斩波电路包括第一至第四IGBT、第一至第四电容、第一至第二变压器，整流电路包括分别由第一至第四二极管、第五至第八二极管构成且输出端相互串联的两个整流桥，两个整流桥的输出端分别并联有由电容和IGBT构成的串联支路。本发明斩波电路中的IGBT的开关时刻均是在电流为零时进行的，因而可以使IGBT器件的开关损耗接近于零损耗，同时也有效降低了电磁干扰。

一种用于开关稳压电源的PWM或PSM双模调制控制电路

申请（专利）号：201010294518.2　**公开日：**2011-02-16

申请人：电子科技大学

发明人：甄少伟　罗萍　余小强　杨康　贺雅娟　张波

摘要：

一种用于开关稳压电源的PWM或PSM双模调制控制电路，属于电子技术领域。包括可控电流基准源Iref、比较器和切换控制电路Load_ SM；其中可控电流基准源Iref在一对相位相反的控制信号D0和D1的控制下产生两个参考电压信号vref0和vref1；比较器实现主开关管漏端电压SW和参考电压的比较输出；切换控制电路Load_ SM实现PWM或PSM调制模式的自动切换并更新控制信号D0和D1。本发明能根据负载的轻重情况选择PWM或PSM调制模式，以保证系统在整个负载范围内都具有较高的效率。本发明不需要电流采样电路来采样功率开关管上的电流，而是直接将电流转换成电压与基准电压比较，从而判断负载情况。本发明大部分为逻辑电路，自身功耗低，占用芯片面积较小，能显著提高系统的效率。

电源线拉扭试验机

申请（专利）号：201010286106.4　**公开日：**2011-02-23

申请人：倪云南

发明人：史长杰　倪云南

摘要：

本发明涉及一种电源线拉扭试验机，其特征在于包括机架及控制系统，夹具设置在机架工作台面的一端，导柱固定安装在基板上，移动座板滑动安装在导柱上；拉扭钩通过深沟轴承及推力轴承安装在移动座板上，拉扭钩的后端通过法兰连接扭力传感器，扭力传感器通过齿轮副连接步进电机；移动座板连接钢丝绳，钢丝绳绕过设置在机架工作台面上的第一滑轮连接挂重；托举气缸垂直安装在挂重下方的机架上，用于托住挂重的托举盘安装在托举气缸的活塞杆上；移动座板上固定连接有齿条，齿条下方设有制动销。本发明结构简单紧凑，使用方便，在一台试验机上完成拉力试验和扭力试验，提高电动器具电源线拉力试验及扭力试验的可靠性及精确度。

电源补偿方法及电源补偿电路

申请（专利）号：201010512097.6　**公开日：**2011-02-23

申请人：北京星网锐捷网络技术有限公司

发明人：肖群　张寿棋

摘要：

本发明提供一种电源补偿方法及电源补偿电路。方法包括：分别采样最远端负载电压和最近端负载电压；采用加法电路对最远端负载电压和最近端负载电压进行叠加处理，得到叠加电压；采用分压电路对叠加电压进行分压处理，得到参考电压；将参考电压输入至电压源的反馈端，以使电压源根据反馈的参考电压，调整输出给负载的电压，该电压源为具有反馈功能的稳压源，该调整步骤保证参考电压趋于固定值。本发明将远端负载与电源之间的可变压降平均分布到近端负载电压和远端负载电压上，保证在调整的电压源下所有负载芯片的工作电压偏离在固定的范围下，从而有效地克服了现有的电源补偿方法中出现的单端反馈的弊端。

一种低闪烁噪声、高电源抑制的低压基准源

申请（专利）号：201010299541.0 **公开日：**2011-02-23

申请人：浙江大学

发明人：张昊 王昊

摘要：

本发明公开了一种低闪烁噪声、高电源抑制的低压基准源，包括启动电路、自级联电流镜、运算放大器、温度系数补偿电路和基准输出级电路，所述的电流镜包括三个自级联结构的电流源，利用低阈值电压PMOS管实现的自级联结构电流镜，在低压基准源中提高了电源抑制，降低了闪烁噪声，同时运算放大器由中的输入MOS管采用原生MOS管，进一步减小了闪烁噪声，同时在低压电路中节省了电压余度，所述的温度系数补偿电路扩展为高阶温度系数补偿电路后，进一步减小了基准源输出电压随温度的变化，提高了基准输出电压的稳定性。

电源管理芯片保护方法、电路系统和数据卡

申请（专利）号：201010254352.1 **公开日：**2011-02-23

申请人：华为终端有限公司

发明人：狄伟 邹美

摘要：

本发明公开了一种电源管理芯片保护方法、电路系统和数据卡，属于数据卡领域。该方法包括：获取与流经所述电源管理芯片的电流成正比关系的监控电流；将所述监控电流通过低通滤波器，获取所述监控电流的直流分量；比较所述直流分量与预设阈值的大小；当所述直流分量大于或者等于所述预设阈值时，发出所述电源管理芯片已损坏的提示。本发明通过对经过数据卡电源管理芯片上电流的监控，主动察觉电源管理芯片损坏的情况，并根据电源管理芯片的实时情况提示用户，准确监控数据卡电源管理芯片的状况，能够随时监控，对问题出现的判断更准确，提高用户的体验。

用时基电路制作的多用延时电源插座

申请（专利）号：201010556696.8 **公开日：**2011-02-23

申请人：黄勇

发明人：黄勇

摘要：

本发明属于电子控制技术领域，涉及一种用时基电路制作的多用延时电源插座。用时基电路制作的多用延时电源插座，由启动电路、阻容降压电路、全桥整流电路、稳压电源及滤波电路、延时及控制电路、延时开和延时关电源插座、工作状态指示电路组成，其特征是：延时及控制电路中的集成电路选用时基电路NE555（IC1），功率控制元件使用直流继电器（J）。本发明在设计上以不改变原有大功率用电设备的结构和内部电路为原则，是以解决大功率用电器的安全用电为目的。使用延时电源插座一是可减少不必要的电力浪费；二是可以有效规避市电线路用电高峰、降低市电线路负荷；三是可有效杜绝大功率用电器引发的火灾，保障用电安全。

一种电源模块电路板的制作方法、电源模块及其磁芯

申请（专利）号：201010521469.1 **公开日：**2011-02-23

申请人：华为技术有限公司

发明人：黄良荣 陈海亮 陈健

摘要：

本发明实施例公开了一种电源模块电路板的制作方法、电源模块及其磁芯，为节省电路板的布局空间，有利于电源模块的高密小型化设计，同时又有利于磁芯散热而发明。本发明实施例的方法包括：将电源模块磁芯的一部分埋入电路板内部，与所述电路板形成一个整体，并在所述电路板表面形成粘接面；将电源模块磁芯的另一部分裸露在所述电路板外部；将所述电源模块磁芯的两个部分通过胶水粘接方式实现电气连接。本发明实施例可用于电源模块中，所述电路板及其磁芯是电源模块的必不可少的部件。

危险品在途监测的车载传感器电源

申请（专利）号：201010531805.0 **公开日：**2011-03-02

申请人：长安大学

发明人：赵祥模 惠飞 杨澜 史昕 雷涛 刘占文 杨小军

摘要：

本发明公开了一种危险品在途监测的车载传感器电源，包括安装在车内的蓄电池、锂电池和电源变换器，所述的电源变换器由电压监测及双电源切换模块、充/放电逻辑判断切换模块、充放电保护模块、充电恒流变换输出电路、5V/8A电压转换模块和12V/1A电压转换模块组成，其中，充放电保护模块由锂电池过放判断及通断模块和锂电池过充判断及通断模块组成；具有两路隔离输出、双电源智能切换功能、硬件电源保护功能、抗电磁干扰和支持宽温工作，能够满足24V电气系统车辆的各类5V、12V车载传感器需求，进行安全、稳定和高效供电。本发明提高了车载传感器的可靠性，保证在工程车辆电源波动和熄火的情况下传感器及其数据采集系统的稳定工作。

含分布式电源的配电系统孤岛形成方法

申请（专利）号：201010297271.X **公开日：**2011-03-16

申请人：天津大学

发明人：林济铿 王旭东 李胜文

摘要：

本发明涉及智能配网、新能源。为克服现有技术的不足，提供一种含分布式电源的配电系统孤岛形成方法，本发明采取的技术方案是，首先利用包含多个树背包问题

Tree　KnapsackProblem，缩写为TKP的孤岛建立和孤岛合并过程得到初始孤岛划分方案；然后对初始孤岛进行相应的分析和调整，而得到最终的孤岛方案；所述得到初始孤岛划分方案是采用分支定界算法求解TKP，其过程为：首先求解TKP的关键项Critical-item，然后利用拉格朗日松弛方法在多项式时间内，即计算时间复杂性为O（n^2），n表示节点总数，找到TKP的上界。本发明主要应用于快速解决含分布式发电配电系统最优孤岛划分问题。

电源供应控制电路

申请（专利）号：200910151199.7　**公开日：**2011-03-16

申请人：远翔科技股份有限公司

发明人：陈炫全　林登财

摘要：

一种电源供应控制电路为电性连接于电源供应模块，借以提供一负载电流至负载电感，该电源供应控制电路包含电感驱动模块以及控制模块。其中，电感驱动模块包含了共享一电感电路的第一回路与第二回路。在第一供电模式下，第一回路为导通状态且负载电流由电源供应模块经由第一回路流至接地端。当控制模块发送切换信号至电感驱动模块时，第一回路即关闭且第二回路即导通，在电感电路中的负载电感的电流惯性作用下，负载电流即由接地端经由第二回路流至高电位端。

一种电煎锅可分离式电源接插头/接插座连接结构

申请（专利）号：200910041715.0　**公开日：**2011-03-23

申请人：冯锦钊

发明人：冯锦钊

摘要：

本发明涉及一种电煎锅可分离式电源接插头/接插座连接结构，包括锅体及其活动手柄，活动手柄一端为外部电源输入插头，另一端安装有接插座，所述锅体底部的发热体延伸出可与接插座接插配合的接插头，所述锅体上在靠近接插头位置的附近设置有限位凸块，活动手柄上的接插座端部设置有端子固定座，端子固定座上对应限位凸块位置安装在活动摇杆，以便活动手柄上的接插座与锅体上的接插头接插配合时，通过调节活动摇杆以使活动摇杆卡定锅体上的限位凸块；此款电煎锅可分离式电源接插头/接插座连接结构，具有结构合理、电源线与锅体之间的连接牢固，操作简易，且安全性高的优点；再者，可拆卸的活动手柄既方便收藏，又易于清洁，配合锅体使用时，亦可作手柄使用，避免因无手握地方而造成烫伤等事故，烹饪时亦可手握活动手柄，实现爆锅烹调。

一种能实现电源和输入、输出信号三隔离的测试方法及电路

申请（专利）号：201010503643.X　**公开日：**2011-03-30

申请人：佛山市中格威电子有限公司

发明人：黄涛　刘志辉　刘燕　罗高诚　余梦林　王健才　肖静　吴明剑　邱小辉　吴卫恒

摘要：

本发明提供一种能实现电源和输入、输出信号三隔离的测试方法，首先将待测试的电路板安装在测试台上，启动电路给单片机发出启动信号，电源适配器开始通电，直流信号隔离放大器模块电路输入端未检测到电压信号时，则其信号输出端电压也为零；当检测到有电压信号时，则其输出端输出相等的或按一定比例的电压信号，并送到单片机电路进行数据处理，同时，隔离运放模块、霍尔电流传感器模块、单片机电路在第一电源电路、第二电源电路供电下正常工作，保证信号的安全隔离作用，本方案无需外接电位器等其他元件，免零点和增益调节，响应速度快，同时具有2000VAC隔离电压，抗干扰能力强，提高了安全性和可靠性。

电源指示结构

申请（专利）号：200910167052.7　**公开日：**2011-03-30

申请人：胜德国际研发股份有限公司

发明人：许荣辉　吴丞峰

摘要：

本发明提供一种电源指示结构，用于一遥控装置，该遥控装置具有一壳体、及一设于该壳体的显示孔，该电源指示结构包括：一主动件，具有一开启端与一关闭端，主动件枢接于该壳体，且主动件与壳体枢接处位于开启端与关闭端之间；一指示件，移动地设置于该壳体，指示件具有一第一识别部与一第二识别部；以及一连动件，其连接于主动件与指示件之间，以连动该指示件移动；在该主动件受到外力而摆动时，该指示件受该连动件连动而使该第一识别部或该第二识别部显露于该显示孔。本发明利用机械式的构造而达成指示电源状态的功效，让使用者可通过显露在该显示孔的识别部来得知目前被控制物的电源状态，而且无须使用电力，可增加遥控装置的电池使用寿命。

电源控制装置

申请（专利）号：201010256735.2　**公开日：**2011-03-30

申请人：日立汽车系统株式会社

发明人：佐藤千寻　栗本裕史

摘要：

本发明提供一种电源控制装置，能够与使用环境无关地维持高精度的时间修正以及时钟功能。该电源控制装置中，从GPS天线（10）由GPS电波接收到高精度时钟时，使电源控制单元（4A）中的时钟控制部（5）的保持部（19）内部的相位同步电路PLL锁存，从而总生成高精度时钟，在不能正常接收GPS电波时，以不从属于来自内部时钟生成部（15）的自发时钟的方式，让从属于GPS电波的高精度时钟自足，在时刻管理部（23）中基于高精度时钟对从电波天线（13）接收标准电波时得到的当前时刻信息进行自动修正。初级电压生成部（7）避免在点火开关（3）接通操作中电池电压（1a、2a）的电压变动，即使开关（3）被断开也可继续生成高精度时钟。

多主板控制电源风扇的服务器

申请（专利）号：200910163393.7 **公开日：**2011-03-30

申请人：英业达股份有限公司

发明人：刘倩 林祖成

摘要：

本发明提供一种多主板控制电源风扇的服务器，用于解决两块主板争相为电源风扇控速的问题。此服务器包括第一主板、第二主板与电源背板。电源背板具有第一电源连接器、第二电源连接器与选择电路。第一电源连接器用于连接第一主板；第二电源连接器用于连接第二主板。第一主板当其开机时提供一第一选择信号；第二主板当其开机时提供一第二选择信号。选择电路接受第一、第二选择信号，并选择性地输出一第一电源控制信号或一第二电源控制信号至电源背板，以由第一主板或第二主板控制电源风扇转速，借以避免两主板的竞争现象。

显示器的驱动电源控制装置

申请（专利）号：201010541172.1 **公开日：**2011-03-30

申请人：华映视讯（吴江）有限公司 中华映管股份有限公司

发明人：吴子明 黄教霖

摘要：

一种显示器的驱动电源控制装置，其包括一电压侦测单元、一开关单元以及一电压调整单元。电压侦测单元在接收一输入电压之后，产生一电压信号。开关单元电性连接电压侦测单元，并接收电压信号。当开关单元接收电压信号之后，开关单元呈关闭状态。当开关单元接收电压信号之前，开关单元呈开启状态。电压调整单元电性连接开关单元，并用于调整一驱动电源电压。当开关单元呈开启状态时，电压调整单元增加驱动电源电压。当开关单元呈关闭状态时，电压调整单元降低驱动电源电压。

自动控制组合电源开关

申请（专利）号：201010282496.8 **公开日：**2011-03-30

申请人：浙江万盛电气有限公司

发明人：黄华道 黄松和

摘要：

一种自动控制组合电源开关，它主要由透明镜面、透光上盖、底框、光敏电阻、发热电阻、热双金属片、静导电片、弹性动导电片、动导电固定接线端片组合构成；所述光敏电阻设置在透光上盖内的透明镜面后方，所述光敏电阻延伸有两只导电引脚，其中一只导电引脚与发热电阻一端相连，另一只导电引脚与引线端相连；它具有结构简单、合理，装配方便，节省材料，制造成本低，精度高等特点。

自动控制的组合电源开关

申请（专利）号：201010282488.3 **公开日：**2011-03-30

申请人：浙江万盛电气有限公司

发明人：黄华道 黄松和

摘要：

一种自动控制的组合电源开关，它主要由透明镜面、透光上盖、底框、光敏电阻、发热电阻、热双金属片、静导电片、弹性动导电片、动导电固定接线端片组合构成；所述光敏电阻设置在透光上盖内的透明镜面后方，所述光敏电阻延伸有两只导电引脚，其中一只导电引脚与发热电阻一端相连，另一只导电引脚与引线端相连；它具有结构简单、合理，装配方便，节省材料，制造成本低，精度高等特点。

用于多电源芯片的电源总线结构

申请（专利）号：200910194447.6 **公开日：**2011-03-30

申请人：上海宏力半导体制造有限公司

发明人：何军

摘要：

一种用于多电源芯片的电源总线结构，包括：贯穿全芯片的一组全局电源总线以及与所述全局电源总线电气连接的各组电源，其中，相邻两组电源中至少有一组电源具有一组局部电源总线，所述电源组中具有多个电源单元，其中至少一个电源单元具有分隔高电位局部电源总线与低电位全局电源总线的静电放电器件；至少另一个电源单元具有分隔低电位局部电源总线与高电位全局电源总线的静电放电器件。在芯片的电源组数目较多的情况下，所述电源总线结构可以减少芯片的面积。

客车车辆检修地面供电电源监控系统

申请（专利）号：200910117435.3 **公开日：**2011-03-30

申请人：兰州交通大学

发明人：马殿元 姚闯 张伟

摘要：

本发明涉及一种客车车辆检修地面供电电源监控系统，该系统由一台安装有监控软件系统的监视控制及管理中心计算机、通信网络、多台数据采集与控制及操作提示装置和多个地面供电电源柜电气线路组成；所述通信网络分别与所述监视控制及管理中心计算机、数据采集与控制及操作提示装置相连；所述数据采集与控制及操作提示装置与所述地面供电电源柜电气线路相连。本发明的应用可减少误操作，减少检修用电安全事故的发生，同时还可自动统计用电情况，从而达到精细化、自动化管理，实现节能降耗的目的。

一种具备补零电路的开关电源系统

申请（专利）号：200910056375.9 **公开日：**2011-03-30

申请人：无锡博赛半导体技术有限公司

发明人：陈俊

摘要：

本发明揭示了一种具备补零电路的开关电源系统，包括：在分压点和放大器的第一输入端之间连接有补偿电阻；以及在开关电源芯片输出端和所述放大器的第一输入端之间连接有补偿电容，且第一电阻值与所述补偿电阻阻值的比值至少要小于所述第一电阻值和第二电阻值的比值的两个数量级。本发明的有益效果在于：得到的内部零点频率几乎不受开关电源反馈分压电阻的影响，从而使系统不需任何其他外部补偿元件也可以在更广的电压范围、电流范围和频率范围里稳定，响应速度快，抗干扰能力强。

具有瞬时控制功能的切换式电源电路与其控制电路与方法

申请（专利）号： 200910165974.4　**公开日：** 2011-03-30

申请人： 立锜科技股份有限公司

发明人： 刘国基　赵恒生

摘要：

本发明提出一种具有瞬时控制功能的切换式电源电路与其控制电路与方法。该具有瞬时控制功能的切换式电源电路包含：一功率转换电路，其接受一输入电压，并转换产生一输出电压；反馈电路，其侦测输出电压并产生一代表输出电压的反馈信号；与该功率转换电路的输出端耦接的输出电容；以及控制电路，其接收反馈信号，并产生控制信号以控制功率转换电路的转换操作，其中此控制电路包括一电压平衡电路，在输出电压过高时令输出电容放电，输出电压过低时对输出电容充电。

开关电源装置

申请（专利）号： 201010289702.8　**公开日：** 2011-03-30

申请人： 株式会社村田制作所

发明人： 细谷达也　竹村博

摘要：

本发明提供一种开关电源装置，在第1开关元件（Q1）导通期间向变压器（T）的初级线圈（T1）积蓄能量、在第1开关元件（Q1）关断期间从变压器（T）的次级线圈（T2）释放能量的开关电源装置中，在第1开关元件（Q1）的控制端上连接关断期间延时电路（15）构成第1控制电路（11），在从次级线圈（T2）释放能量之后，仍然按给定时间让三极管（Tr3）持续导通，让第1开关元件（Q1）的关断期间延长给定时间。并且，在轻负载时通过让第2控制电路（12）内的光电晶体管（PC3）导通，让第2开关元件（Q2）的导通时间比从次级线圈（T2）释放能量的时间要短。在轻负载、无负载时通过降低循环电流降低导通损失、并且可以实现开关电源的高效率化和小型轻量化。

全域型交换式电源供应器及其串并式直流电源转换电路

申请（专利）号： 200910169356.7　**公开日：** 2011-03-30

申请人： 康舒科技股份有限公司

发明人： 林维亮

摘要：

本发明关于一种全域型交换式电源供应器及其串并式直流电源转换电路，其中该串并式直流电源转换电路包含有一变压器、一全桥开关电路、一切换开关及一脉宽调变控制器；其中该全桥开关电路包含有二并联的第一及第二开关组，各主动开关组包含有二相串接的一上臂主动开关及一下臂主动开关，而该变压器包含有中间抽头的一次侧线圈及一二次侧线圈，该一次侧线圈二端分别连接于第一及第二开关组的串联节点，其中间抽头则通过该切换开关连接到地；因此，通过脉宽调变控制器控制第一及第二开关组及切换开关的启闭，即能令变压器一次侧线圈呈串联或并联结构，进而改变变压器的匝数比。

可携式通讯装置的电源管理方法以及系统

申请（专利）号： 200910161400.X　**公开日：** 2011-03-30

申请人： 英华达股份有限公司

发明人： 黄健智　陈志豪

摘要：

本发明公开一种可携式通讯装置的电源管理方法以及系统，该可携式通讯装置的通讯处理单元以及信息处理单元通过通用序列总线接口以及通用型的输入输出接口以电性连接，该电源管理系统及方法进行下列步骤：将一电源按键受触压所产生的第一指令传送给信息处理单元；该信息处理单元响应该第一指令，以通过该通用型的输入输出接口发送一休眠指令至通讯处理单元；接续，该通讯处理单元响应该休眠指令，会关闭该通用序列总线接口；此外，该通讯处理单元及该信息处理单元进入休眠状态，以使休眠状态可携式通讯装置中的通用序列总线接口不再虚耗电力。

TIG电源辅助的双TIG复合热源焊接设备及方法

申请（专利）号： 201010520993.7　**公开日：** 2011-04-06

申请人： 哈尔滨工业大学

发明人： 吕世雄　黄永宪　敬小军　曲杰　磨安详　于冲冲　郑传奇　徐永强　张芙蓉

摘要：

本发明提供一种在不同熔滴过渡模式下，通过电阻热或电弧产热对焊丝进行加热，提高焊丝熔覆效率的TIG电源辅助的双TIG复合热源焊接设备及方法。所述的TIG电源辅助的双TIG复合热源焊接设备，它是由主TIG电源、TIG主焊枪、导丝嘴、副TIG电源、送丝装置和工件组成的，主TIG电源分别连接TIG主焊枪和工件，主TIG电源、TIG主焊枪、主焊接电弧和工件构成主焊接回路；焊接方法是在常规钨极氩弧焊系统中引入副TIG电源，将副TIG电源的两电极分别接在送丝嘴和工件上，形成导电回路，焊接过程中通过改变副TIG电源电流的大小形成不同的熔滴过渡方式。本发明设备简单、成本低，便于在工业生产中推广。

LED驱动电源防水与散热结构装置

申请（专利）号： 201010271976.4　**公开日：** 2011-04-06

申请人： 张志海

发明人： 张志海

摘要：

本发明公开了一种LED驱动电源防水与散热结构装置，涉及照明领域。该结构装置包括：电源外壳、密封胶圈、密封油膈、绝缘导热填充液及油膈呼吸孔等组成。该装置提高了电源的密闭性能与散热效率，避免了由于填充物的热胀冷缩给电源电路元器件造成的伤害，提高了驱动电源的可靠性，同时减轻了电源自身重量，降低了成本，方便生产维修，并且维修时填充液可以回收再使用，本发明主要用在诸如LED电源及一些需要防水防尘的户内外电器装置上。

用于随钻仪器的后备电源电路

申请（专利）号：201010559931.7 **公开日：**2011-04-06

申请人：上海神开石油化工装备股份有限公司 上海神开石油设备有限公司 上海神开石油科技有限公司

发明人：毕东杰 王敏 吴大囡

摘要：

本发明提供一种用于随钻仪器的后备电源电路，该电路包含稳压电路、触发电路、开关电路和控制电路；稳压电路的输入端电路连接电源和触发电路，该稳压电路的输出端分别与开关电路和控制电路电路连接；控制电路与开关电路之间电路连接成回路；触发电路的输出端与控制电路电路连接。本发明可在有限时间内对随钻仪器供电，保证随钻仪器可将监测数据或控制参数可完整保存，不会因为突然断电而丢失数据；本后备电源电路元器件少，结构简单且实用性强。

模块化多电平变流器中的功率模块的工作电源

申请（专利）号：201010531049.1 **公开日：**2011-04-06

申请人：清华大学

发明人：刘文华 宋强 陈远华 刘文辉 李建国

摘要：

本发明涉及一种模块化多电平变流器中的功率模块的工作电源，属于电气自动化设备领域。对于多电平变流器中的任一个功率模块，隔离直流电容器和单相隔离变压器的原边串联后，另两端分别接到该功率模块的两个交流输出端，单相隔离变压器的副边输出连接到直流稳压电源的两个交流输入端，直流稳压电源的两个直流输入端分别连接到该功率模块的直流电容器（组）两端，直流稳压电源的两个直流输出端分别连接到所述的直流混合器的直流输入端，直流稳压电源的反馈输入端连接到所述的直流混合器的反馈输出端。采用本发明的工作电源，使得功率模块控制电源具有很高的可靠性和很低的成本，且可以满足功率模块冗余运行的要求。

一种开关电源电路

申请（专利）号：201010607270.0 **公开日：**2011-04-06

申请人：东莞易步机器人有限公司

发明人：王刚建 郭盖华 李一鹏

摘要：

一种开关电源电路，包括保险丝F1、电感L1、L2、电容CAP2-CAP9、C4-C11、芯片U3、光藕U4、二极管D1、D3、D4、D5、D6、三端可调分流基准源Q3、电阻R6-R11和变压器E1。本发明的开关电源电路实现了直流电压降压功能，具有功率小，体积小，效率高和成本低的优点；采用电容并联的方法降低电容的要求，可使用ESR值稍微高点的电容器对整个系统性能影响不大，并且当有部分电容出故障时，电路仍然能够正常工作，不至于出现灾难性故障。

一种实现数控电位器调节的压电陶瓷驱动电源

申请（专利）号：201010523039.3 **公开日：**2011-04-06

申请人：广西大学

发明人：陈华 贺斌 聂雄

摘要：

一种实现数控电位器调节的压电陶瓷驱动电源，由单片机系统、前级高压稳压电路、数控电位器、功率放大电路、高压稳压电源和放电回路连接组成。前级高压稳压电路输出端与数控电位器的正负端连接，数控电位器分压后通过调整端连接功率放大电路的同相输入端，功率放大电路由低压功放和高压功放组成，采用电压跟随的放大形式，通过高压稳压电源供电，其输出端正端连接放电回路的正极，放电回路的输出端正端连接压电陶瓷驱动器的正极，驱动器的负极接地。该驱动电源可实现对电压精密控制，输出电压稳定，分辨率可自由扩展，静态功耗小。

一种从高压电力线路中获取低压电源的方法

申请（专利）号：201010532364.6 **公开日：**2011-04-06

申请人：烟台东方威思顿电气有限公司

发明人：邓文栋

摘要：

本发明是一种从高压电力线路中获取低压电源的方法。通过调整电压V1来调整输出功率，通过开关变换电路（20）获得低电压大电流输出；第三绕组（21c）感应电压经整流滤波及迟滞电路（30）后送转换比率调整电路（40）；转换比率调整电路（40）向开关变换电路（20）发出占空比调整信号，需要加大输出功率时，暂时减小占空比，使第一绕组（21a）的平均电流小于电容器（2）的平均电流，使V1上升；需要减小输出功率时，暂时增加占空比，使第一绕组（21a）的平均电流大于电容器（2）的平均电流，使V1下降；当功率达到平衡时，调整占空比，使第一绕组（21a）的平均电流等于电容器（2）的平均电流，V1保持不变。

AC-DC开关电源控制芯片的低功耗反馈电路

申请（专利）号：201010556485.4 **公开日：**2011-04-06

申请人：西安英洛华微电子有限公司

发明人：许煌樟 方建平 宋利军

摘要：

本发明是一种AC-DC开关电源控制芯片的低功耗反馈电路。它具有一个电阻分压器，在该电阻分压器中串有一个控制芯片反馈端输出电流的限流电阻，在该限流电阻上设有一个由泄流电阻和泄流开关串联构成的并联支路，泄流开关由一个比较器控制，比较信号由准谐振检测信号和参考电压比较得到。本发明通过增大所述限流电阻的阻值来减小空载时控制芯片反馈端的输出电流，以降低空载损耗，它巧妙地复用准谐振检测信号来间接侦测输出电压 V_0，在 V_0 在下冲时使控制芯片反馈端泄流，防止了单纯增大限流电阻而引起的控制芯片响应速度的降低。本发明较好地解决了电源空载损耗大的问题，具有电路结构简单、便于集成和成本低的优点。

一种单相电源驱动的超声波电机

申请（专利）号：201010564517.5　**公开日：**2011-04-06

申请人：中国科学院上海硅酸盐研究所

发明人：罗豪甦　罗来慧　赵祥永　徐海清　林迪　王升　李晓兵　狄文宁　任博　张耀耀　许春东

摘要：

本发明公开了一种单相电源驱动的超声波电机，包括定子、上转子、下转子、机械输出杆以及压紧部件，其特征在于：所述压电片为2片，设于空心金属直管外侧的同一横截面上，且两片压电片的延伸平面构成夹角；所述两片压电片中的一片与交流电源相连接，另一片与空心金属直管相连接；所述空心金属直管接地；所述压电片的材料为弛豫铁电单晶。本发明的超声波电机可设计为直径在5mm以内的圆柱型结构，只需单相电源驱动，克服了常用的环形超声波电机存在的体积大、驱动电路复杂等缺陷，具有体积小、驱动电路简单、加工容易等优点，可实现和其他的电子设备集成在一起，可控性好，能广泛应用在相机对焦、医疗仪器、微小型机器人以及低温环境等领域中。

一种有电源开关的电压力锅

申请（专利）号：201010295256.1　**公开日：**2011-04-13

申请人：林安毅

发明人：林安毅

摘要：

一种有电源开关的电压力锅，包括外壳、中环、锅盖、中罩和控制装置，所述锅盖上有抓手，中环上沿直径线对称设置有前、后把手，还包括一常开式按钮开关和配电盒；所述常开式按钮开关设置在配电盒内，配电盒位于外壳的一侧，配电盒的内腔与外壳的内腔相通，配电盒与后把手可拆卸连接；抓手后端的下端面与常开式按钮开关配合；常开式按钮开关一端与电源线电连接、另一端与控制装置电连接。只有当锅盖的扣牙与中罩上的扣牙完全啮合，抓手的前、后端与把手完全相对时，常开式铵钮开关闭合，则电源与控制装置接通，此时操作控制装置，电发热盘加热；克服了现有技术中，锅盖的扣牙与中罩上的扣牙没完全啮合，操作控制装置，电发热盘仍可加热的缺陷。

一种内置电源型LED日光灯管安全灯头

申请（专利）号：201010516840.5　**公开日：**2011-04-13

申请人：杭州圣恩泽科技有限公司

发明人：袁婷婷　张敏果

摘要：

本发明涉及一种内置电源型LED日光灯管安全灯头，其特征在于：具有圆形壳体，所述壳体被隔板分隔为前、后两部分，前面为封闭式腔体，后面为用于与灯管灯体结合的敞口结构，所述封闭式腔体的前端面装有一对灯头插针，腔体中间设有与壳体内径松配合的位置传感器单元，所述位置传感器单元为绝缘材料，所述位置传感器单元与前端面之间装有暴露于前端面外并具回缩功能的位置传感球，位置传感器单元与隔板之间装有压簧，所述位置传感器单元和隔板上分别设有相互对应的施电触点和受电触点，所述灯头插针与施电触点电连接。本发明使用方便，并极大地提高了用电的安全性。

遥控电源开关控制器

申请（专利）号：201010289338.5　**公开日：**2011-04-13

申请人：陈清尧

发明人：陈清尧

摘要：

本发明公开了一种遥控电源开关控制器，其特征在于：包括遥控发射器、遥控接收器、控制器供电电源、触发互锁存驱动电路和功率承载放大电路，遥控发射器和接收器分别由SMC2262和SMC2272集成电路构成组件，控制器供电电源由市电降压、整流、滤波和稳压获取12V直流供电电压，触发互锁存驱动电路采用由双D触发集成电路块CD4013、放大三极管和继电器等器件组成，功率承载放大电路由交流接触器和插座组成；本发明可用于远距离电源遥控控制，如：农村沼气池化粪液电机提灌浇茶果园、电动机型喷药、抽水洗车、园林浇水等，本发明无障碍有效遥控距离可达1.2千米，障碍遥控距离可达500米至1千米。

燃料电池备用电源控制系统及其控制方法

申请（专利）号：201010531969.3　**公开日：**2011-04-13

申请人：北京万瑞讯通科技有限公司

发明人：冀中华　张平

摘要：

本发明提供的燃料电池备用电源控制系统，包括燃料电池电堆、氢气回路、空气通路、冷却内循环回路、冷却外循环回路、电力输出回路和中央控制器，其中电力输出回路包括分别与中央控制器相连的直流电力变换装置、储能装置、逆变器、隔离二极管、充电控制器、主机开关和交流接触器。其优点在于：在系统负载突变时，通过系统能量管理的合理化，有效实现为用户供电零等待，在第一时间为用户提供足够的电力供应，并且通过电堆的程控预热、输出电流线性增加等措施大幅度提高燃料电池的寿命。本发明同时提供了该系统的控制方法，通过系统启动控制方法、系统预热控制方法、负载突变控制方法和关机控制方法，实现了整机电源为用户供电零等待的目的。

井下智能本安型电源网

申请（专利）号： 201010577568.1　**公开日：** 2011-04-13

申请人： 山西科达自控工程技术有限公司

发明人： 付国军　贾华忠　刘凯华　高波　张志峰

摘要：

本发明井下智能本安型电源网，属于井下电源网技术领域。所要解决的技术问题是：在井下电源网中接入本安电源时不用断电也不用断开电缆。采用的技术方案为：井下智能本安型电源网，包括：提供恒定电流的直流或者交流恒流源，连接恒流源输入端和输出端的主闭合回路；在所述主闭合回路上通过钳形结构挂接有电源网络节点、可移动卡钳式智能本安电源，电源网络节点和智能本安电源之间通过电力线载波的方式通信。在本井下智能本安型电源网中安装本安电源时，不需要接线盒，只需在需要安装本安电源的场所，有恒流源供电电缆就可以了，智能本安电源采用互感器原理，结合类似钳形表卡座的结构，只要把智能本安电源卡在恒流源的供电电缆上就可以了。

自偏置电源管理集成电路芯片电源

申请（专利）号： 201010558146.X　**公开日：** 2011-04-13

申请人： 魏其萃

发明人： 翁大丰

摘要：

本发明公开了一种自偏置电源管理集成电路芯片电源，是由开关型感性直流-直流或交流-直流变换器的功率电路的电感 L、开关型感性直流-直流或交流-直流变换器的功率电路的主功率开关 S 以及非线性网络组成；主功率开关 S 与电感 L 的组合为所述非线性网络提供高效电流源；非线性网络控制所述主功率开关 S 的导通截止；非线性网络为可控切换直通支路和充电支路功能的网络，非线性网络控制高效电流源对芯片电源旁路电容 Cd 充电。本发明是针对开关型感性直流-直流或交流-直流变换器、并充分利用电感工作特性所建立的；其能简化已有的两组电路来建立电源管理集成电路芯片电源方案，并且使其芯片电源能迅速和可靠地建立起来。

可提供直流电源的太阳能控制系统及其控制方法

申请（专利）号： 201010585871.6　**公开日：** 2011-04-13

申请人： 广东美的电器股份有限公司

发明人： 王斌　李强

摘要：

一种可提供直流电源的太阳能控制系统及其控制方法，可提供直流电源的太阳能控制系统包括太阳能控制器和太阳能电池板阵列，其特征是太阳能电池板阵列的输出与太阳能控制器连接，太阳能控制器的输出直接连接到需要直流电源的用电器并与该用电器的直流电源侧的高压储能电解电容并联；太阳能控制器包括主控 MCU、DC-DC 隔离变换电路、DC 电压隔离取样单元电路和 DC 电压取样单元电路，太阳能电池板阵列由两个以上的控制与变换单元组成，每个控制与变换单元包括一个太阳能电池板和一个 MPPT 与 BOOST 控制单元。本发明实现太阳能经 DC-DC 变换后与市电经过整流的直流电直接并联，其具有操作灵活、性能稳定和用范围广的特点。

一种振荡器及使用所述振荡器的开关电源控制系统

申请（专利）号： 200910190116.5　**公开日：** 2011-04-13

申请人： 辉芒微电子（深圳）有限公司

发明人： 朱建培　马浩瑞

摘要：

本发明涉及一种振荡器及使用所述振荡器的开关电源控制系统。所述振荡器包括：占空比检测模块（100），用于检测主功率管的占空比状况以获取输入电压变化情况；镜像电流模块（200），用于根据所述输入电压变化情况生成镜像电流；输出电压抑制模块（300），用于接收并基于所述镜像电流产生随输入电压变化的振荡频率。实施本发明，可提供一种电源抑制比高，输出电流受输出电压影响小的振荡器，并将该振荡器用于开关电源控制系统，从而提供一种电源抑制比高，输出电流受输出电压影响小的开关电源控制系统。

安装有电源电路的组件及电动机驱动装置

申请（专利）号： 200980113997.9　**公开日：** 2011-04-13

申请人： 大金工业株式会社

发明人： 石关晋一　佐藤俊彰

摘要：

在印刷基板上，安装有第一功率模块、第二功率模块及检测电路。在各个功率模块的表面上安装有散热片。在印刷基板的检测电路的安装部位和散热片的基部之间的空间，设置有用来对从散热片一侧传向检测电路一侧的电磁波进行屏蔽的电磁屏蔽件。

一种用于负电源电压的薄层 SOI 集成功率器件

申请（专利）号： 201010289540.8　**公开日：** 2011-04-20

申请人： 电子科技大学

发明人： 乔明　王猛　胡曦　庄翔　赖力　赵远远　张波

摘要：

一种用于负电源电压的薄层 SOI 集成功率器件，属于半导体功率器件领域。本发明在 SOI 层上至少集成了 nLIGBT、pLDMOS 和 nLDMOS 中的两种或三种高压器件，同时还可集成低压 MOS 器件；不同的器件之间通过埋氧层和与埋氧层相连的介质隔离区实现完全隔离；介质隔离区采用常规的硅局部氧化 LOCOS 工艺或浅槽隔离技术实现；SOI 层的厚度为 $0.5 \sim 3\mu m$；高压 nLIGBT 和 nLDMOS 器件的厚栅氧化层的介质电场强度小于 $5 \times 10^6 V/cm$，以满足负电源电压高压集成电路对器件栅极和源极间耐高压的要求。本发明具有寄生效应小、速度快、功耗低、抗辐照能力强等优点；实现了高低压器件的兼容；满足了负电源电压的工作环境要求。采用本发明可以制作各种性能优良的高压、高速、低导通损耗的功率器件，用于负电源电压的高压应用。

一种具有漏电保护功能的电源插头

申请（专利）号：201010586588.5　**公开日：**2011-04-20

申请人：中山市开普电器有限公司

发明人：邹建华　曾昭立　郭兰旺

摘要：

本发明公开了一种具有漏电保护功能的电源插头，包括有外壳、在所述的外壳一侧上设有外露于其表面的复位按钮和测试按钮，在所述的外壳的另一侧上设置有电源火线插脚和中性线插脚以及线路板，在所述的外壳内设置有与所述的火线插脚和中性线插脚相连的静触点和能与所述的静触点接通或断开的动触点，其技术方案的要点是，所述的外壳内设有控制所述的动触点与静触点接通或断开的脱扣装置。本发明目的是克服了现有技术的不足，提供一种安全保护性能强、结构简单、设计合理、便于批量生产、能够实时检测电源电缆漏电故障并及时切断电源与负载连接的具有漏电保护功能的电源插头。

电源控制电路及具有电源控制电路的电子装置

申请（专利）号：200910307139.X　**公开日：**2011-04-20

申请人：群康科技（深圳）有限公司　群创光电股份有限公司

发明人：范永华　林静忠

摘要：

本发明涉及一种电源控制电路，包括一第一晶体管开关、一RC电路、一电源开关控制电路以及一输入讯号控制电路。当电源开关控制电路经由微控制单元接地，RC电路对地放电，且第一晶体管开关导通，使得电源供应器对微控制单元供电。当微控制单元输出一控制信号至输入信号控制电路，RC电路对地放电，且第一晶体管开关导通，使得电源供应器对微控制单元供电。当微控制单元停止输出控制信号至输入信号控制电路，RC电路充电，且第一晶体管开关截止，使得电源供应器对微控制单元不供电，以有效达到节能的目的。

单片机的电源控制系统

申请（专利）号：201010567556.0　**公开日：**2011-04-27

申请人：中颖电子股份有限公司

发明人：曹中信　许成珅　沈建东

摘要：

本发明提供一种单片机的电源控制系统，包括：内部稳压源模块，与单片机内核相连接；外部稳压源模块，分别与外部电源和内部稳压源模块相连接；唤醒按键；电源控制模块，分别与单片机内核、外部稳压源模块、内部稳压源模块和唤醒按键相连接；以及单向导通模块，分别与单片机内核和外部电源相连接。在单片机进入省电模式时，由于单片机内核上供应有低压电源，能够在维持单片机内核中部分电路工作的同时，指示内部稳压源模块进入低功耗状态或者关闭状态，和/或指示外部稳压源模块进入关闭状态。由于内/外部稳压源模块在工作时本身会消耗一定的电能，将其关闭之后能够进一步降低单片机及整个电路系统的待机功耗，同时不影响单片机从省电模式中唤醒。

开关电源逻辑控制电路

申请（专利）号：201010604848.7　**公开日：**2011-04-27

申请人：东莞市盈聚电子有限公司

发明人：赵星宝　何爱平

摘要：

开关电源逻辑控制电路，包括主电源控制电路和待机逻辑控制电路；所述主电源控制电路的输入端与所述待机逻辑控制电路的控制输出端连接，所述主电源控制电路的输出端与主电源逆变电路的输入端连接，所述待机逻辑控制电路的输出端同时与辅助电源的稳压电路输入端连接。本发明的开关电源逻辑控制电路能实现外部信号控制电源的各路输出是否导通有效，满足了开关机的控制要求，同时能够降低待机功耗，满足相关能效标准，具有非常好的节能效果。

一种单电源降压式待机电路

申请（专利）号：201010229584.1　**公开日：**2011-04-27

申请人：四川九州电子科技股份有限公司

发明人：雷宏　王华书　唐勤华

摘要：

本发明公开了一种新型的电源待机电路，是通过控制信号来使电源自身进入工作和待机状态，而且不需要其他任何的辅助电源，区别于传统的电源待机方式，该电源的输出电压由待机供电电压和主供电电压两部分组成；当电源接收到待机信号时关断主供电电压降低功耗，待机供电电压保持不变，继续为待机控制电路提供工作电压，主供电电压关断时不是真正意义上的关断，而是采用按一定比例降低输出电压的方式来实现待机，降低电压的比例越大待机功耗就越低，此项待机技术电源响应快速可靠，待机功耗超低，成本低，易于移植和普及。

一种模数转换器、转换方法及应用其的数字电源控制器

申请（专利）号：201010612571.2　**公开日：**2011-04-27

申请人：杭州矽力杰半导体技术有限公司

发明人：沈旭真　秦琳

摘要：

本发明提供一种模数转换器、转换方法及应用其的数字电源控制器，在第一时钟信号的控制下，在前一个时钟周期T内对模拟电压进行采样，在下一个时钟周期T内对参考电压进行采样，具体的采样是由触发器来完成的，而触发器的采样时间是由第一级延迟锁相环产生的时钟信号来控制的。这样在两个时钟周期T内便可以完成模数转换，由于时钟周期与内部时钟频率是倒数关系，因此，该模数转换器的采样频率与内部时钟频率的关系是二倍的关系。这样在相同的采样频率下，本发明的模数转换器相对于传统的模数转换器的内部时钟频率大大降低，这样可以降低功耗，并且电路上也容易实现。

开关电源的外壳

申请（专利）号：201010617978.4 **公开日：**2011-04-27

申请人：常州赛莱德科技有限公司

发明人：包李华 孙磊

摘要：

本发明公开了一种开关电源的外壳，该外壳包括底座和与底座相配合的盖体，底座和盖体均为铝合金型材一体件；盖体的前后向长度比底座的前后向长度短，且盖体的前端距离底座的前端10至30毫米，盖体的后端距离底座的后端5至20毫米。底座包括底板、左侧板和右侧板；底板在其与盖体的后端之间的部位上设有2至6个安装孔。底座的底板、左侧板和右侧板上还设有一定数量的安装螺孔。该外壳由于采用4个面三长一短的设计，使得外壳的后部形成一个类似鳍片的固定部，因此通过紧固件与底座后部的安装孔或者底座上的安装螺孔均可将开关电源安装至用电设备上，该外壳制造成本较低，且固定方位较多、固定效果较好。

电源管理暂停功能的测试方法

申请（专利）号：200910207567.5 **公开日：**2011-05-04

申请人：英业达股份有限公司

发明人：陈宗楠

摘要：

本发明涉及一种电源管理暂停功能的测试方法。该方法包括：先设定一基准时间。接着，对中央处理单元执行压力测试，并记录此时的工作频率，以作为参考频率。之后，执行策略并在策略正常运作时，发送一策略暂停命令。而在暂停策略时，检查中央处理单元目前的工作频率是否等于参考频率。若目前的工作频率不等于参考频率，则返回一错误消息。本发明提供的测试方法，可在被测系统执行策略检测无误之后，在各暂停时段将策略暂停，来测试被测系统是否能够稳定运作。通过该方法能够自动测试电源管理暂停功能，相当方便。

电源插座

申请（专利）号：201010254738.2 **公开日：**2011-05-04

申请人：仁宝电脑工业股份有限公司

发明人：谢圣明

摘要：

一种电源插座，适于连接电源插头。电源插头具有管状端子与配置在管状端子内的夹持端子。电源插座包括绝缘座体、正极端子以及负极端子。绝缘座体具有容置腔，电源插头适于插置在容置腔中。正极端子设置在绝缘座体内且位于容置腔的中央处。负极端子设置在绝缘座体内且位在容置腔的一侧。在电源插头插入容置腔的过程中，管状端子先接触负极端子后，夹持端子再接触正极端子，以使电源插头与电源插座互相电性连接。

插头可变换方向且可更换的电源转换器

申请（专利）号：200910180000.3 **公开日：**2011-05-04

申请人：立德电子股份有限公司

发明人：陈冠志

摘要：

本发明是一种插头可变换方向且可更换的电源转换器，其包含有：一本体，其顶面凹设有一具有两个导电元件的环形容室，本体顶面内凹有四个滑槽与环形容室相通，另各滑槽的一侧壁底端上凹设有一卡掣槽；一中空插头，其内部设有两中介导电元件，插头自底面突设有设置在环形容室内的一柱体，其穿设有相通于插头内部的四弧孔，另柱体的柱面突设有对应本体上的滑槽以及卡掣槽的四个卡掣块，插头顶面设有至少两个插头片，各插头片一端进入在插头内部，且以导电物分别与一中介导电元件电连接；凭借上述结构使插头为可拆卸，且可变换装设完成后插头片相对于本体的位置。

配电监控系统的FTU终端电源实时监测装置

申请（专利）号：201010563697.5 **公开日：**2011-05-04

申请人：东莞市开关厂有限公司

发明人：梁永昌 刘美集 吴镇林 汪正科 邓桂芳 李洋

摘要：

本发明涉及配电技术领域，特别是涉及配电监控系统的FTU终端电源实时监测装置，包括电源输入防雷交流滤波电路、整流直流滤波电路、电源转换模块电路、主控屏监测系统、操作电源模块、控制电源模块、运算电源模块、工作电源模块、通信电源模块、操作电源监测单元、控制电源监测单元、运算电源监测单元、工作电源监测单元和通信电源监测单元；本发明的配电监控系统的FTU终端电源实时监测装置，其能够提高配电网的智能化监控和管理，使配电网络运行更为安全可靠、经济优质而又高效；功能全面、性价比高，主控屏监测系统操作方便、安全可靠，监测实时性高，使用和维护方便高效。

压电驱动式微型电磁机器人的一体式驱动电源及方法

申请（专利）号：201010527282.2 **公开日：**2011-05-11

申请人：华南理工大学

发明人：杜启亮 蓝雪松 田联房 张勤 青山尚之

摘要：

本发明提供了一种压电驱动式微型电磁机器人的一体式驱动电源及方法，所述驱动电源包括供电电源、显示单元、微处理器、定时器、多通道D/A转换器、功率放大单元和线圈电流放大单元，所述供电电源分别与显示单元、微处理器、定时器、多通道D/A转换器、功率放大单元和线圈电流放大单元连接；所述微处理器分别与显示单元、定时器、多通道D/A转换器连接，所述多通道D/A转换器分别与功率放大单元、线圈电流放大单元连接，所述功率放大单元外接压电驱动式微型电磁机器人内部的压电陶瓷致动器，所述线圈电流放大单元外接压电驱动式微型电磁机器人内部的线圈元件。本发明具有设计合理、工作可靠、便于携带等优点。

投影机及其电源控制方法

申请（专利）号： 200910212108.6 **公开日：** 2011-05-11

申请人： 中强光电股份有限公司

发明人： 蔡明伦 简文章

摘要：

一种投影机及其电源控制方法。此投影机包括：用以供应电池电源的电池；用以接收并传输外部电源的接口；选择单元，用以接收电池电源及外部电源，并依据控制信号而输出电池电源及外部电源的其一以作为投影机的操作电压；发光元件；驱动器，用以接收驱动信号并驱动发光元件；以及中央处理单元，用以当电池电量不足且接口接收外部电源时，输出第一状态的控制信号以控制选择单元选择并输出外部电源，并依据外部电源的电量来调整中央处理单元所输出的驱动信号的强度，以使投影机维持运作。

电子装置及其电源控制模块

申请（专利）号： 200910206763.0 **公开日：** 2011-05-11

申请人： 和硕联合科技股份有限公司

发明人： 严宏炜

摘要：

本发明揭露一种电子装置及其电源控制模块，其中电子装置配合连接外部电源，且电子装置包含系统单元、电源供应单元、电源控制模块以及控制单元。控制单元耦接系统单元及电源控制模块。其中当电源供应单元连接外部电源时，电源供应单元提供第一操作电压至电源控制模块，电源控制模块提供第一控制信号至控制单元，控制单元接收第一控制信号并据以提供第二控制信号至电源供应单元，使电源供应单元提供多个系统工作电压至系统单元。

一种用于电热水器中的电击式三相电源发热芯

申请（专利）号： 201110006750.6 **公开日：** 2011-05-11

申请人： 宋有忠

发明人： 宋有忠 邹光辉

摘要：

本发明公开了一种用于电热水器中的电击式三相电源发热芯，包括三片中心极板和两片外向极板，所述三片中心极板水平方向相互间隔、平行排列在两外向极板之间，中心极板为三相极板，其端边凸端头分别与三相电源连接；两外向极板相互连成一体，其一端边凸端头连接地线；三片中心极板与两外向极板之间以绝缘夹条相互隔离，两外向极板外向面为绝缘面。本发明通过极板电击水分子加热升温，加热速度快，省电节能，使用时有水才有电流，无水断去电流，任何情况下，不存在干烧现象，无安全隐患，相比之下使用寿命长。

一种缓变电源管理电路

申请（专利）号： 201010537261.9 **公开日：** 2011-05-18

申请人： 中国兵器工业集团第二一四研究所苏州研发中心

发明人： 刘尊建 卢剑寒 臧子昂 鲁争艳 聂月萍

摘要：

本发明公开一种缓变电源管理电路，包括电压基准电路、电压采样电路、比较电路、功率输出电路及反馈电路，由比较器的比较结果来控制功率输出电路中的 PMOS 管的导通与截止，从而控制电源是否对用电系统供电，本发明的管理电路适用于管理电压从零缓慢变化的电源；无需额外的工作电源对其供电；其能够在电源电压大于阈值电压后，开始对用电系统供电；其保证电源一旦给用户供电之后，在电源电压低于阈值而高于关闭电压时仍然能够继续供电，也就避免了电压波动造成供电中断；其保证当电源电压低于关闭电压时，能够迅速切断对供电系统的供电，以保护用电系统；其工作效率高，损耗小；该管理电路的阈值控制精度高，误差小；且结构简单、成本低廉。

基于模式匹配的电源/地线网络与布图规划的协同设计方法

申请（专利）号： 201010608455.3 **公开日：** 2011-05-18

申请人： 清华大学

发明人： 马昱春 周强 蔡懿慈 李佐渭 王晓懿

摘要：

基于模式匹配的电源/地线网络与布图规划的协同设计法属于集成电路计算机辅助设计领域，其特征在于：是一种首先创建一个电源/地线网络模式表，将预先建立的 112 种网格形式的重要信息数据存放在该表中，然后对于给定的一个版图，可以从已经建立好的电源/地线网络模式表中根据一定的模式选择机制选择适当的电源/地线网络，同时采用电源/地线网络的增量式布图规划方法，达到电源/地线网络与布图规划的有效协同设计的方法，它具有快速，易于扩展的优点，可扩大能够处理的芯片的规模。

防爆型蓄电池电源装置

申请（专利）号： 201010591538.6 **公开日：** 2011-05-18

申请人： 淮南市通霸蓄电池有限公司

发明人： 左权 陆远 毛玉生

摘要：

本发明提供的防爆型蓄电池电源装置包括上、下箱体和箱盖，以及若干锁紧装置和连接杆，各铅酸蓄电池安装的消氢式工作栓包括壳体、顶盖和滤气杯座、滤气杯、第一滤气片和第二滤气片。滤气杯座的外壁与下壳体内壁间设有缝隙，滤气杯内置有消氢元素，顶盖设有另一缝隙。本发明防爆型蓄电池电源装置的优点是：采用双层结构，减少了使用空间。锁紧装置对上、下箱体之间起到连接、定位、固定的作用，便于两层箱体同时起吊和分别起吊，使用十分方便，更适合井下应急通风充电室的使用。使用消氢式工作栓，降低甚至消除了氢气排放，完全杜绝了水雾溢出，提高了电源装置使用的安全性能。不仅可作牵引动力电源使用，同时也可作固定应急电源使用。

宽电压输入、稳压输出型电源模块

申请（专利）号： 201010610370.9 **公开日：** 2011-05-18

申请人： 青岛四方车辆研究所有限公司 青岛四研铁路电气研究开发有限公司

发明人： 张鹏 殷培强 张亚伟 崔凤钊 王伟 王磊 张志文 李震 孙国斌 王乾 刘陆洲 林鸿 王亮 薛浩飞 徐燕芬 彭文静 刘晓静 曲鹏 孙丛君 迟久鸣

摘要：

本发明涉及一种宽电压输入、稳压输出型电源模块，所述的电源模块包括保护电路、电压转换电路和稳压输出电路，保护电路通过一个滤波电路与电压转换电路连接，电压转换电路直接与稳压输出电路连接；所述的保护电路包括过流保护电路和EMC保护电路，过流保护电路与输入电压连接，并通过EMC保护电路与滤波电路连接。本发明结构合理、可靠性高，实用性强，具有宽电压输入、稳压高精度输出，且抗干扰能力强、隔离电压高、转换效率高，可以在任何恶劣的电气环境下使用。本发明经过过流保护电路，可以使输入电压出现过流或短路时电路中的器件不至于被损坏；经过EMC电路的保护，可以将输入电压中的噪声和纹波降低，抗干扰能力强。

限制开关电源中的最大开关电流的方法和装置

申请（专利）号： 201010551692.0 **公开日：** 2011-05-18

申请人： 电力集成公司

发明人： A·B·詹格里安 A·J·莫里什

摘要：

公开了一种限制开关电源中的最大开关电流的方法和装置。示例性的开关稳压器电路包括耦合到电源的能量传递元件的电源开关。控制器产生被耦合成由该电源开关接收的驱动信号以控制该电源开关的转换。该控制器包括一个短导通时间检测器。该短导通时间检测器被用来检测该开关的阈值数量的一个或多个连续短导通时间的出现。该控制器还包括一个耦合到该短导通时间检测器的频率调节器。该频率调节器被用于响应该短导通时间检测器来调节包括在控制器中的振荡器的振荡频率。

用于单相感应电机的可控双电源串联的非对称逆变器

申请（专利）号： 201010614672.3 **公开日：** 2011-05-18

申请人： 黑龙江大学

发明人： 王丁

摘要：

用于单相感应电机的可控双电源串联的非对称逆变器，属于电力电子技术领域，本发明为解决单相感应电机采用的逆变电源导致电机存在速度波动的问题。本发明包括两个直流电源DC1和DC2、两个开关管Sm1和Sm2、三相全桥逆变电路，DC1、Sm1和DC2依次串联，DC1和Sm1串联后的两端并联Sm2，DC1、Sm1和DC2依次串联后的一个输出端连接三相全桥逆变电路的一个输入端，另一个输出端连接三相全桥逆变电路的另一个输入端，主线圈的匝数N_1与辅助线圈的匝数N_2不相等，匝数多的线圈并联在第一、三桥臂的两个输出端之间，匝数少的线圈并联在第二、四桥臂的两个输出端之间，Sm1和Sm2状态互补，DC1大于DC2。

自动切换电源的机顶盒及接口式机顶盒

申请（专利）号： 201010296613.6 **公开日：** 2011-05-18

申请人： 深圳市九洲电器有限公司

发明人： 付琪琳

摘要：

本发明涉及自动切换电源的机顶盒，包括电源模块，其中自动切换电源的机顶盒还包括：第一供电模块：用于通过电视机的信号接口对电源模块进行供电；第二供电模块：用于通过外部电源对电源模块进行供电；以及供电切换模块：用于自动切换第一供电模块和第二供电模块对电源模块进行供电。自动切换电源的机顶盒为包括信号输出接口和电源接口的接口式机顶盒，信号输出接口分别与第一供电模块和电视机的信号接口连接，电源接口分别与第二供电模块和外部电源连接。本发明还构造一种自动切换电源的接口式机顶盒，本发明采用双电源供电并根据电源供电情况自动切换供电电源，使得即使机顶盒的一路电源被断开机顶盒也能正常运行，保证了机顶盒可靠有效的工作。

机顶盒及其电源控制装置和方法

申请（专利）号： 201010541863.1 **公开日：** 2011-05-18

申请人： 中国电信股份有限公司

发明人： 赵长煦

摘要：

本发明公开一种机顶盒、机顶盒电源控制装置及其方法，该机顶盒电源控制装置包括：电视机电信号采集模块，从电视机输入电源线路采集电流感应信号，并将其发给信号处理模块；信号处理模块，用于接收电流感应信号并将其转换为电压信号，当判定电压信号小于预定阈值时，输出断开电源控制信号；以及执行模块，接收来自信号处理模块的断开电源控制信号，根据断开电源控制信号断开机顶盒的电源。本发明提供的机顶盒电源控制装置和方法，能够实现IPTV用户在关闭（待机）电视机同时切断IPTV机顶盒的电源，使得用户不必单独关闭机顶盒，这样释放了大量数据流，缓解整个IPTV视屏链路的流量压力，还能省电并更好地维护机顶盒，方便用户操作。

一种中低速磁浮列车的车载电源系统

申请（专利）号： 201010560556.8 **公开日：** 2011-05-25

申请人： 北京控股磁悬浮技术发展有限公司 中国人民解放军国防科学技术大学

发明人： 齐洪峰 陈贵荣 龙志强 李杰 刘少克 骆力 王永宁

摘要：

本发明公开了一种中低速磁浮列车的车载电源系统，

所述列车包括两辆头车和N辆中间车；所述车载电源系统采用分散布置，为列车的各子车分别设置独立的牵引高压供电装置和辅助电源装置；各子车上设置的牵引高压供电装置和辅助电源装置结构相同；相邻两辆子车的牵引高压供电装置通过DC1500V母线相连；相邻两辆子车的辅助电源装置分别通过DC330V母线、AC380V母线、DC110V母线相连。采用本发明实施例，能够使得列车的牵引与电制动、悬浮导向和辅助系统都能取得稳定的供电功能，确保磁浮列车的运行安全和高质量的运行品质。

冷冻系统除霜器的加热装置及其电源供应装置

申请（专利）号：200910220975.4 **公开日：**2011-05-25

申请人：财团法人工业技术研究院

发明人：陈宜舜 张文瑞 杨恺祥

摘要：

本发明公开了一种冷冻系统除霜器的加热装置及其电源供应装置，该除霜器用以对一冷冻系统的一蒸发器进行除霜。蒸发器位于冷冻系统的一腔室内。除霜器包括一加热器、一多孔板以及一电源供应装置。加热器位于蒸发器的下方。加热器用以对其周围的气体进行加热。多孔板位于加热器与蒸发器之间。多孔板具有多个微孔。这些微孔供被加热器加热的气体通过，并且阻止自蒸发器滴下的水滴通过。电源供应装置电性连接于加热器。

一种计算机电源芯片的上电方法

申请（专利）号：201010603939.9 **公开日：**2011-05-25

申请人：苏州华芯微电子股份有限公司

发明人：石万文 贾力

摘要：

本发明提供一种计算机电源芯片的上电方法，对+5V辅助电源的输入电压和基准电压或基准电流进行检测、分析和判断，达到控制芯片其他单元的使能信号、稳压单元的开启信号和开关管的开启信号的目的，对稳压电路集成到芯片内部的一类计算机电源主控芯片各单元的工作状态进行有序控制，从而保证计算机电源安全地工作。

电源管理系统

申请（专利）号：200910223538.8 **公开日：**2011-05-25

申请人：英业达股份有限公司

发明人：黄丽红 林祖成

摘要：

一种电源管理系统，包括电源供应器、电源分配板、开机电路以及至少一个主机板。该主机板接收该电源供应器所供应的主电源，并依据该开机电路所发出的开机信号，决定将所接收的主电源转换为待机电压及/或工作电压，因为电压的转换是在主机板内部进行，所以电源分配板的电子元件的配设就无需再随着各种主机板需求的电压值不同而改变，如此，该电源管理系统可根据不同种配置的主机板提供不同供电需求，以大幅减少服务器的设计与制造成本。

PXIe嵌入式系统控制器的电源管理装置

申请（专利）号：201010620848.6 **公开日：**2011-05-25

申请人：北京航天测控技术开发公司

发明人：付旺超 王石记 殷晔 周志波 徐鹏程 杜影 郭新楠 安佰岳

摘要：

本发明公开了一种PXIe嵌入式系统控制器的电源管理装置，（1）机箱背板输出的PWRBTN_ C#信号上拉至常3.3V电源（+3.3Vaux）后连接到嵌入式系统控制器核心处理模块的PWRBTN#信号端，其中+3.3Vaux是机箱提供的+5Vaux转换产生的；（2）核心处理模块输出的SUS_ S3#通过三极管器件取反，然后上拉至+5Vaux后连接到机箱背板的PS_ ON_ C#的信号端；（3）机箱背板输出的PWR_ OK_ C信号上拉至+5V后输入双路三极管，然后上拉至+3.3V后连接到核心处理模块的PWR_ OK信号端；该+5V和+3.3V是机箱电源按钮被开启时由机箱电源产生的。本发明结合机箱背板信号特点，通过在嵌入式系统控制器上设计电路配合机箱实现电源的智能管理功能。

一种用于地球物理勘探的拖缆高压直流电源

申请（专利）号：201110021376.7 **公开日：**2011-05-25

申请人：中国海洋石油总公司 中海油田服务股份有限公司

发明人：邱永成 朱耀强 董立军 阮福明

摘要：

本发明提供了一种用于地球物理勘探的拖缆高压直流电源，包括：EMI滤波模块滤除高频信号后将交流电输送到缓冲模块；缓冲模块将交流电进行缓冲后输送到整流及滤波模块；整流及滤波模块将交流电进行整流、滤波变为平滑直流电后输送到电压变换模块；电压变换模块直流电进行电压变换后输送到输出模块；输出模块将直流电通过接口予以输出；控制模块采集输出模块中输出直流电的各项参数，并进行计算与判断，发出控制指令，控制开关与输出模块动作。本发明采用控制模块，可进行数据采集，并对该数据进行分析、计算，从而做成判断并显示与发送相应指令，实现对水下采集电缆供电的控制及供电状态的实时监控。

电子装置及其电源控制方法

申请（专利）号：201010612382.5 **公开日：**2011-06-01

申请人：鸿富锦精密工业（深圳）有限公司 鸿海精密工业股份有限公司

发明人：鲁凡林 赵鑫 游瑞翔 李晓光 王汉哲 谢冠宏

摘要：

一种电子装置，包括主控制系统、触摸屏控制单元、电源开关和触摸屏。触摸屏包括对应电源开关的红外光线。触摸屏控制单元与触摸屏由一电源不间断供电。该触摸屏控制单元包括扫描控制模块、触摸侦测模块和电源控制模块。扫描控制模块不间断的扫描对应该电源开关的光线的通断状态。触摸侦测模块根据扫描结果判断用户每次对对应该电源开关的光线的阻隔是否超过一第一预设时间。电源控制模块在对应该电源开关的光线被阻隔超过该第一预设时间时控制该主控制系统电源的开闭。本发明还提供一种电子装置的电源控制方法。本发明提供的电子装置及其电源控制方法，使用户只需触摸电源开关达预设时间就可开闭主控制系统的电源以实现开关机，方便了用户。

适用于开关电源转换器的时钟频率选择电路

申请（专利）号：201010600611.1　**公开日：**2011-06-01

申请人：复旦大学

发明人：王科军　李文宏　宫艳

摘要：

本发明属于集成电路技术领域，具体为适用于开关电源转换器的时钟频率选择电路。该时钟频率选择电路包括两个比较器，一个FSM有限状态机，两个多路复用器。该电路主要应用于开关电源DC/DC转换器中，其优点是，不需要增加比较器的数目，只需要修改FSM有限状态机编码就可以任意多个备选频率的选择。从而降低系统的静态功耗，提高开关电源转换器的系统效率。

交流电源供给式线放电加工机

申请（专利）号：201010624492.3　**公开日：**2011-06-08

申请人：斗山英维高株式会社

发明人：李炳元　米哈伊尔·帕夫洛维特斯

摘要：

本发明涉及能够防止线放电加工机中的电压下降，并且能够在不损失输入电源的能量的同时，使加工品的表面品质和加工精度得到提高的交流电源供给式线放电加工机。为此，本发明的特征在于，包括：电源部，其供给直流（DC）电源；转换部，其进行转换，使得在谐振电路中按照规定谐振频率产生谐振；谐振电路，其构成为使用电感和电容的串联或串并联电路，并在规定谐振频率下，输出最小放电电流；以及放大电路，其将电源的大小放大规定幅度，使用转换电路、谐振电路及放大电路，将从电源部供给的直流（DC）电源转换成交流（AC）电源，并将其供给至放电电极之间。

用于单相感应电机的可控双电源并联的非对称逆变器

申请（专利）号：201010614657.9　**公开日：**2011-06-15

申请人：黑龙江大学

发明人：王丁

摘要：

用于单相感应电机的可控双电源并联的非对称逆变器，属于电力电子技术领域，本发明为解决单相感应电机采用的逆变电源导致电机存在速度波动的问题。本发明包括两个直流电源DC1和DC2、两个开关管Sm1和Sm2、三相全桥逆变电路，DC1和Sm1串联，DC2和Sm2串联，两条串联支路并联后的一个输出端连接三相全桥逆变电路的一个输入端，另一个输出端连接三相全桥逆变电路的另一个输入端，主线圈的匝数 N_1 与辅助线圈的匝数 N_2 不相等，匝数多的线圈并联在第一、三桥臂的两个输出端之间，匝数少的线圈并联在第二、四桥臂的两个输出端之间，Sm1和Sm2状态互补，DC1大于DC2。

一种SOC电源负载自适应控制方法

申请（专利）号：200910243492.6　**公开日：**2011-06-29

申请人：北京中电华大电子设计有限责任公司

发明人：李坤　周建锁

摘要：

本发明是一种SOC电源负载自适应控制方法，主要应用于SOC芯片的内部电源控制系统中。通过电压探测装置，获取系统工作电压实时状态，动态地调整内部数字逻辑电路的工作频率，使之供电电源驱动能力和负载始终处于一个最佳的工作状态。本发明采用的电源负载自适应控制方法，可以提高SOC电源系统的稳定性，增强SOC芯片长时间动态运行的鲁棒性，避免系统处于一种过载或者欠载的状态。

三相不间断电源的电网掉电检测方法

申请（专利）号：201010615387.3　**公开日：**2011-07-06

申请人：易事特电力系统技术有限公司

发明人：王美力

摘要：

本发明涉及交流逆变电源领域，尤其涉及三相不间断电源的电网掉电检测方法，对已全波整流的三相电网电压进行实时采样，一个工频周期采样180次，判断每次采样到的三相瞬时电压累加和是否低于设定的掉电检测点，如果UPS的三相输入电压已经持续2ms低压异常，则认为电网掉电。此发明利用三相电网的特性，即任何时刻的三相瞬时电压的绝对值累加和是在1.732～2倍峰值电压范围内，本发明能准确，快速检测出三相电掉电情况，检测时间稳定，并且系统可靠性强。

低压交流控制回路中防晃电辅助电源及供电方法

申请（专利）号：201110009887.7　**公开日：**2011-07-13

申请人：西安润辉科技发展有限公司

发明人：张勇

摘要：

本发明涉及防晃电辅助电源供电方法，特别是在低压交流控制回路中防晃电辅助电源及供电方法，其特征是：包括回路控制开关、电流输出控制单元、储能单元、直流电源转换电路、中央控制单元、用电设备（如交流接触器等），低压交流电压端通过回路控制开关的一路开关K1加载在用电设备的两端，用电设备同时通过回路控制开关的另一路开关K2与电流输出控制单元的输出端电连接，电流输出控制单元的输入端与直流电源转换电路输出端电连接，直流电源转换电路输出端同时与储能单元充电端电连接。

它既可以在电源波动时对供电回路继续供电，又可以在模块本身故障或电源电压低于其工作电压时不会对原有控制回路造成影响。

净水机专用自供电源装置

申请（专利）号：201110032547.6　**公开日：**2011-07-20

申请人：浙江沁园水处理科技有限公司

发明人：叶秀友　梁建林　彭开勤　潘君飞　方雪勇

摘要：

本发明公开了一种净水机专用自供电源装置，包括能提供电力的智能电源控制系统，其中：所述的智能电源控制系统包括线束连接的内部电源系统和智能控制单元，所述智能控制单元线路连接有配设在水机进水口的能量转换装置，能量转换装置能将水机水流运动产生的机械能转化为电能，所述内部电源系统能进行电力储存并能经线路为水机电路系统提供工作电力。本发明将水机中水流自然流动产生的机械能转化为供水机内部电路系统使用的电能，实现了电力自给，既节省能源又安全环保，具有安装方便、运行稳定的特点。

芯片的电源完整性的仿真方法和系统

申请（专利）号：201110057707.2　**公开日：**2011-07-20

申请人：浪潮（北京）电子信息产业有限公司

发明人：鞠华方　刘鹏

摘要：

本发明提供一种芯片的电源完整性的仿真方法和系统，所述方法，包括：获取芯片与印刷电路板的电源平面的第一连接点以及所述第一连接点在所述印刷电路板的地平面对应的第二连接点；仿真所述芯片在一负载变化频率时每个第二连接点的电位信息；以所述第一连接点的地电位为对应的第二连接点仿真得到的电位信息，仿真在同一负载变化频率下所述芯片的电源完整性信息。

一种直流网络电源控制器

申请（专利）号：201110053933.3　**公开日：**2011-07-27

申请人：傲视恒安科技（北京）有限公司

发明人：蔡明　董大为

摘要：

本发明属于通信技术领域，涉及一种直流网络电源控制器，其包括电源模块和主控模块，主控模块包括中央控制模块、显示模块、输入模块、通道控制保护模块和网络通信模块，网络通信模块、显示模块、输入模块、通道控制保护模块均与中央控制模块相接，显示模块和输入模块与通道控制保护模块相接，中央控制模块与通过对中央控制模块进行控制以实现对通道控制保护模块所输出电流值进行控制调整和初始设定及复位控制的监控系统相接，中央控制模块通过网络通信模块以网络通信方式与监控系统进行通信，本发明电路简单、接线方便、控制调整以及操作方式灵活、输出电流大，能够有效地解决现有技术所存在的操作繁琐、输出电流小等实际问题。

一种比例式电压跟随器及采用该跟随器的恒流电源

申请（专利）号：201110028125.1　**公开日：**2011-07-27

申请人：深圳茂硕电源科技股份有限公司

发明人：顾永德　苏周　徐兵　唐开锋　董洁

摘要：

本发明公开一种比例式电压跟随器及采用该跟随器的恒流电源，电压跟随器包括电流取样模块、隔离电路模块、电压比例放大模块和输出控制模块，电流取样模块采样输入电流，并将采样结果输出给隔离电路模块，经过隔离电路模块的隔离后输出给电压比例放大模块，由电压比例放大模块进行放大后，由输出控制模块输出，比例式电压跟随器采样Buck电路恒流控制模块输出的正极电压并转换成控制信号输出给恒压反馈环路模块，由恒压反馈环路模块反馈给PWM驱动模块，PWM驱动模块控制脉冲开关降压模块调整电压。本发明电路结构简单，应用非常巧妙，通过本发明按正常情况Buck电路的效率能保持在95%以上。

放电加工机用电源装置

申请（专利）号：200980134079.4　**公开日：**2011-08-03

申请人：三菱电机株式会社

发明人：桥本隆　民田太一郎　永井孝佳

摘要：

开关元件SW1以MHz数量级的频率进行开闭动作。电抗器L1向电极间供给与电极间的寄生电容的谐振所致的谐振电流。不流过直流电源V1。电容器C1与寄生电感Lx成为串联谐振状态，由此，谐振电流不受寄生电感Lx的影响而从电抗器L1理想地供给到电极间。向电极间施加正负非对称的高频电压，实现电流脉冲的短脉冲化，因此能够进行面粗糙度高的精加工。

电源热插拔控制方法、电路及设备

申请（专利）号：201110059583.1　**公开日：**2011-08-17

申请人：福建星网锐捷网络有限公司

发明人：陈会光

摘要：

本发明提供一种电源热插拔控制方法、电路及设备，其中方法包括：当电源变换模块通过接插件与工作系统的电源总线接触时，断开所述电源变换模块与所述电源总线之间的供电通路；检测所述电源变换模块侧的电压值和所述工作系统侧的电压值；根据所述电源变换模块侧的电压值和所述工作系统侧的电压值接通所述电源变换模块与所述电源总线之间的供电通路。本发明可以有效解决热插拔电源在插拔瞬间的打火现象，提高了工作系统的可靠性。

多片式电源插座

申请（专利）号：201010615280.9　**公开日：**2011-08-17

申请人：上海航天科工电器研究院有限公司

发明人：郭卫东

摘要：

本发明公开了一种多片式电源插座，包括绝缘座体、导电铜排、绝缘块、定位条及螺钉，所述绝缘座体上设有数个方孔及第一锁槽，导电铜排上设有锁口、折弯段及数个圆孔，绝缘块上设有连接片、螺钉孔及螺帽；所述绝缘块的连接片插入绝缘座体的其中一个方孔内，数片导电铜排的头部分别插入绝缘座体对应的方孔内，导电铜排经折弯段调节使尾部依次重叠置于绝缘块的箱体两侧，螺钉穿过圆孔、螺钉孔与螺帽啮合，定位条卡接于第一锁槽、第二锁槽及锁口内。本发明解决了多片导电铜排通过插头与其他设备互连的问题，具有连接可靠性好、安装方便且体积小、散热效果好的优点。

操作机构及配备该操作机构的电源转换开关装置

申请（专利）号：201110099466.8　**公开日：**2011-08-31

申请人：常熟开关制造有限公司（原常熟开关厂）

发明人：丁晓辉　顾怡文　褚文　王玮　徐星　管瑞良

摘要：

一种操作机构及配备该操作机构的电源转换开关装置，属于开关附件技术领域。包括机架、壳体、齿轮传动装置、电动操作装置、手动操作杆和位置状态转换操作装置，特点是：还包括机械隔离装置，该装置设在机架的上部，与齿轮传动装置相配合，并且还与位置状态转换操作装置相配合，当位置状态转换操作装置转动至手动操作模式的第一位置时，则对机械隔离装置作用，使齿轮传动装置与电动操作装置之间的齿轮传动链断开；当位置状态转换操作装置转动至自动操作模式的第二位置时，则对机械隔离装置释放，使齿轮传动装置与电动操作装置之间齿轮传动链连接。优点：在手动操作时省力和有助于保护电源转换开关装置及保障操作人员的安全。

具有开关器件反压限制功能的感应加热电源相位跟踪系统

申请（专利）号：201110058329.X　**公开日：**2011-08-31

申请人：清华大学　清华大学电力电子厂

发明人：周伟松　赵前哲

摘要：

具有开关器件反压限制功能的感应加热电源相位跟踪系统，属于感应加热电源的相位跟踪技术领域。本发明在PLL锁相跟踪电路中，在鉴相器的输入端在对实际负载电压进行采样、第一整形电路、调整延时、第二整形电路后加入一个开关器件反压限制电路，该电路包括：自动调整延时的负载电压相位方波信号形成电路，感应加热电源中开关器件所串联二极管承受的反向电压的峰值采样电路以及PID控制电路，以便根据所述的反向电压的大小自动调整负载电压相位方波信号（u）的延时补偿时间，去改变负载电压相位信号（u0）和开关器件开关换流相位信号（i0）之间的相位差，改善相位跟踪特性，以避免开关器件所串联二极管所承受负载反向电压过高引起的损坏。

一种多台电源并联的供电装置及LED显示装置

申请（专利）号：201110052464.3　**公开日：**2011-09-07

申请人：深圳冠顺微电子有限公司　深圳市久嘉电源有限公司

发明人：朱威

摘要：

本发明适用于LED显示屏供电电源领域，提供了一种多台电源并联的供电装置及LED显示装置。本发明利用一次侧电流控制二次侧的并联和均流，使并联的多台电源电流均衡，这样发热均衡，寿命也均衡。而且如果其中一台电源发生故障，其他电源仍能正常工作，并不影响显示屏的使用。

一种提高核电站应急电源可靠性的方法和系统

申请（专利）号：201110131086.8　**公开日：**2011-09-21

申请人：中国广东核电集团有限公司　大亚湾核电运营管理有限责任公司

发明人：戴忠华　陈军琦　王成铭　朱钢　李书周　林杰东　王永年　苏广超　吴宇坤　彭顺　罗育智　林鸿江　黄卫刚

摘要：

本发明涉及一种提高核电站应急电源可靠性的方法和系统，包括至少一路高容量蓄电池蓄能系统（固定性的蓄能系统和/或移动式的蓄能系统），作为核电站最终动力应急电源的补充或替代。当核电站现有设计的动力应急电源全部失效后启动，向核电站应急厂用设备供电，维持核电站的堆芯余热排出和乏燃料池的冷却，保证核电站的安全。本发明提供的一种提高核电站应急电源可靠性的方法和系统，其可防抗极端自然灾害，能够避免极端自然灾害时的应急电源共模失效，可增强核电站应急电源的可靠性，可至少降低反应堆堆芯熔化概率21.6%，提高了核电站的整体核安全水平。

一种适用低温环境的汽车应急启动方法及应急启动电源

申请（专利）号：201110090859.2　**公开日：**2011-09-28

申请人：海日升电器制品（深圳）有限公司

发明人：沈凌韬

摘要：

本发明实施例公开了一种适用低温环境的汽车应急启动方法及应急启动电源，包括：在汽车应急启动前，启动电源内置电池对汽车蓄电池进行小电流充电；所述启动电源内置电池在小电流充电过程中放热，使自身温度升高；所述启动电源内置电池随着自身温度升高，电池容量恢复；在所述启动电源内置电池的温度达到预设的温度阈值时，停止对所述汽车蓄电池的小电流充电；所述启动电源内置电池与所述汽车蓄电池配合，向汽车启动器提供启动电流使汽车启动。本发明实施例所提供的适用低温环境的汽车应急启动方法及应急启动电源，利用小容量电池即可实现汽车的应急启动，使其能兼顾低温环境下的汽车启动问题，同时启动电源内置电池的能量得到充分利用。

小型电源变压器

申请（专利）号：201110042593.4 **公开日：**2011-10-05

申请人：杭州久良科技发展有限公司

发明人：潘峰

摘要：

本发明是一种小型电源变压器，可以同时输出两路固定值的电压和一路连续可调的电压，克服了现有的变压器只有固定输出或者只有可调输出方面的问题。本发明设计两组匝数相同的二次绕组，同时设计一种调节装置，两组二次绕组在调节装置的作用下实现连续可调的目的。将变压器的两组二次绕组的线圈抽头分别引出，可用作两路固定输出。

一种电源转换开关装置的操作机构

申请（专利）号：201110099467.2 **公开日：**2011-10-12

申请人：常熟开关制造有限公司（原常熟开关厂）

发明人：丁晓辉 周振忠 王玮 管瑞良

摘要：

一种电源转换开关装置的操作机构，属于开关附件技术领域。包括机架、罩置在机架外的壳体、设置在机架上的位置状态转换操作装置和电源位置处于常用电源位置、备用电源位置或断开电源位置的并且与合分闸机构传动主轴相连接的电源状态指示件，其特点是：还包括有一误操作阻止装置，该误操作阻止装置包括限位盘、导杆和拉簧，限位盘固定在合分闸机构传动主轴上，在该限位盘的边缘部位开设有一导杆腔，导杆可相对机架滑动，导杆的一端与导杆腔相配合，另一端与位置状态转换操作装置相配合，拉簧的一端与导杆朝向限位盘的一端固定，拉簧的另一端与机架相连接。优点：可杜绝误操作确保对负载端检护的检护人员的人身安全。

一种LED驱动电源专用铝电解电容器及其制作方法

申请（专利）号：201110079774.4 **公开日：**2011-10-19

申请人：肇庆绿宝石电子有限公司

发明人：刘泳澎 陈国燕 包厚华 黄建伟

摘要：

本发明属于电解电容器技术领域。具体公开一种LED驱动电源专用铝电解电容器及其制作方法，该铝电解电容器包括铝壳、正导针、阳极箔、负导针、阴极箔及电解纸，电解纸置于阳极箔和阴极箔之间并与阳极箔和阴极箔一起卷绕成芯包，芯包上套有盖体并置于铝壳内，所述负导针与阴极箔的钉接处设有一贴箔，该贴箔覆盖住阴极箔和负导针的钉接孔，所述阳极箔为高耐压的阳极箔，所述阴极箔上添加有非活性金属，所述电解纸为高紧度、低厚度的电解纸。该铝电解电容器耐高温性能强，使用寿命长，且结构小型化。上述铝电解电容器中使用配套的专用高闪火电压电解液，确保铝电解电容器的较长的高温负荷寿命，及耐高温波电流能力。

大功率简化型电解电镀高频开关电源及其控制方法

申请（专利）号：201110163651.9 **公开日：**2011-10-19

申请人：湖南大学

发明人：罗安 马伏军 谢宁 张寅 王刚 王晓 刘芸

摘要：

本发明公开了一种大功率简化型电解电镀高频开关电源及其控制方法，大功率简化型电解电镀高频开关电源包括基于三相二臂的三相逆变器，由单相半桥逆变器、高频耦合变压器和低压全波整流器串联组成的高频DC/DC变换器，基于三相二臂的三相逆变器由两个开关臂和直流侧两串联电容支路并联组成，单相半桥逆变器由一个开关臂和直流侧两串联电容支路并联组成，两者共用一组直流侧电容，三相逆变器的输入端通过三相电感L与电网相连，三相逆变器的输出端与单相半桥逆变器相连，该开关电源开关器件少、损耗小、效率高、直流电流纹波小，响应速度快、电压电流畸变小。本发明的方法提高了三相逆变器的响应速度，实时跟踪负载功率的变化。

电源专用变压器

申请（专利）号：201110071581.4 **公开日：**2011-10-26

申请人：常州市林科电器有限公司

发明人：张旦

摘要：

本发明涉及一种电源专用变压器，包括变压器骨架，变压器骨架纬向上下两凹槽内依次绕置有初级线圈和次级线圈，通孔内具有铁芯并通过包覆在变压器骨架外围上的钢片紧固而成，槽孔嵌置有保险丝，保险丝安装在初级线圈和次级线圈绕组以外并且紧贴铁芯的外侧部，初级线圈一端与其中一个电源连接件相连接，另一端与保险丝一端相连接，保险丝的另一端与另一个电源连接件相连接，次级线圈两端分别连接在第二台阶两端的导线连接件上。本发明的电源专用变压器，变压器骨架采用王字型结构或抽屉式结构，能够有效避免线圈之间短路的可能，此结构设计合理，便于更换保险丝，大大提高了安全性能和避免了因损坏而更换整个变压器造成的浪费。

一种直流远供电源系统

申请（专利）号：201010165325.7 **公开日：**2011-11-09

申请人：深圳市锦龙通信技术有限公司

发明人：谢朝晖

摘要：

一种直流远供电源系统，其包括局端模块，远端模块，通信设备和局端控制模块；局端控制模块由输入过欠压保护功能电路和输出过压和强电入侵保护功能电路组成，其中输入过欠压保护功能电路通过检测输入电压，驱动整个电路在输入过欠压保护；输出过压和强电入侵保护功能电路限制局端电源输出电压上限为DC400V，超过400V，稳压管反向导通，驱动电路工作，从而起到过压保护功能；本发明达到降低通讯设备断电时间，降低建设成本和运维成本，便于安装、施工，提高用电安全，延长通讯设备寿命的优点；广泛应用于移动基站建设、EPON 建设、室内（外）机房建设等。

一种基于背景墙技术的站用电源及其组装方法

申请（专利）号：201010158787.6 **公开日：**2011-11-09

申请人：深圳市泰昂能源科技股份有限公司

发明人：冷旭东 吕刚 罗德胜

摘要：

本发明涉及一种基于背景墙技术的站用电源及其组装方法，其中所述站用电源包括支架，支架上设置有馈线开关模块和进线开关模块；其中，馈线开关模块包括馈线背景墙，馈线背景墙内设置有出线单元；馈线背景墙表面设置有馈线开关和连接馈线开关的馈线开关进线接口和连接出线单元的馈线开关出线接口；进线开关模块包括进线背景墙，进线背景墙内设置有进线开关组件、ATS 开关组件以及控制室组件；进线背景墙表面设置有连接 ATS 开关组件的两路进线端子，连接第二智能电路的第二通讯端子和连接控制室组件的出线端子。本发明使得站用电源设计更加标准，节约了成本，提高劳动生产率，实现标准化作业，检修更换更加方便。

电源装置的异常判断装置以及异常判断方法

申请（专利）号：201110184046.X **公开日：**2011-11-23

申请人：丰田自动车株式会社

发明人：守屋孝纪

摘要：

本发明提供一种电源装置的异常判断装置以及异常判断方法。该异常判断装置用在具有向用电负载（6）供电的蓄电池（2）、检测所述蓄电池（2）的电流的电流传感器（4）、和检测所述蓄电池（2）的电压的电压传感器（5）的电源装置中，其特征在于，当通过电压传感器（5）检测出的电压大于预定的第一变动量，并且通过电流传感器（4）检测出的电流小于预定的第二变动量时，则判断为蓄电池（2）的开路故障，而在没有判断到蓄电池（2）的开路故障的情况下，当蓄电池（2）的内部电阻大于等于预定值时，则判断为电流传感器（4）的中间固定故障。

向核电站提供应急动力电源的方法和系统

申请（专利）号：201110131119.9 **公开日：**2011-11-23

申请人：中国广东核电集团有限公司 大亚湾核电运营管理有限责任公司

发明人：张善明 卢长申 戴忠华 陈军琦 王成铭 朱钢 李书周 林杰东 王永年 苏广超 李俊 吴宇坤 林鸿江

摘要：

本发明适用于百万千瓦级先进压水堆核电站关键技术和电池管理技术，同时涉及到百万千瓦级先进压水堆核电站关键技术和电池管理技术结合的能量系统节能综合优化技术，公开了一种向核电站提供应急动力电源的方法和系统，其可抵抗核电站现有应急电源系统不能抵抗的超设计基准工况，如地震叠加海啸的严重自然灾害等；本发明所提供的向核电站提供应急动力电源的方法和系统，其以核电站的设计基准和超设计基准考虑设计，可在超设计工况的严重自然灾害中正常运行，可降低核电站堆芯熔化概率 21.6%，提高核电站的安全性。

大功率高效用能型高频开关电源的综合控制方法

申请（专利）号：201110163686.2 **公开日：**2011-11-23

申请人：湖南大学

发明人：罗安 马伏军 王逸超 帅智康 吴敬兵 吴传平 邓才波

摘要：

本发明公开了一种大功率高效用能型高频开关电源的综合控制方法，大功率高效用能型高频开关电源包括三相电流型逆变器，还包括由单相全桥逆变器、高频耦合变压器和低压整流器依次串联组成的高频 DC/DC 变换器，三相电流型逆变器的输入端接一组三相 Y 型连接的电容，并通过三相电感 L 与电网相连，三相电流型逆变器与高频 DC/DC 变换器的单相全桥逆变器相连，本发明的方法实现了系统的快速响应，迅速地跟踪负载的变化，实现了系统的高效用电，减少了系统的电压电流畸变率。

两相逆变电源系统及其综合控制方法

申请（专利）号：201110209751.0 **公开日：**2011-11-23

申请人：湖南大学

发明人：罗安 吴传平 孙运宾 马伏军 王晓 肖华根 楚烺

摘要：

本发明公开了一种两相逆变电源系统及其控制方法，采用三相 PWM 整流器获得直流侧电压，实现电网侧的高功率因数，减少能量的损耗；同时本发明的两相逆变器只包含 4 个功率开关管与传统的两相逆变电源相比要少一个开关臂，使两相电源的结构更简单，成本大幅度降低，并提高了系统的可靠性；三相 PWM 整流器采用电压外环，电流内环的双闭环控制策略可实现直流侧电压高精度的控制和电网侧电流的高功率因数控制；直流侧两串联电容的均压外环控制和输出电流内环控制构成的双闭环控制策略，实现了输出电流的快速跟踪和两个直流侧电容的均压。

带电源控制通断的离合器

申请（专利）号：201110181323.1 **公开日：**2011-12-14

申请人：无锡市凯旋电机有限公司

发明人：余海龙

摘要：

本发明涉及带电源控制通断的离合器，带电源控制通断的离合器，包括在箱体内转动架设有输出轴，在输出轴上固定有棘轮与凸轮，棘轮的外圆开设有圆弧形槽，在凸轮上固定有安装轴，在安装轴上转动安装有棘爪支架，在棘爪支架上固定有离合轴，离合轴与棘轮外圆的圆弧形槽选择性配合，在安装轴上安装有扭簧，扭簧压住棘爪支架使离合轴嵌入棘轮外圆的圆弧形槽内；在箱体内设有使棘爪支架绕着凸轮上的安装轴发生转动从而使嵌入圆弧形槽内的离合轴与圆弧形槽脱离的驱动装置。本发明中的圆弧形槽棘轮强度高，与离合轴啮合可靠；棘爪支架与棘轮同步运动，无声音；棘爪支架与凸轮安装成一体，同步精度高。

冗余式大电流电源电缆组件及其装配方法

申请（专利）号： 201110231881.4 **公开日：** 2011-12-14

申请人： 南京全信传输科技股份有限公司

发明人： 郑木广 张欢 唐宇 李峰 樊群 陈祥楼 赖洪林

摘要：

本发明是冗余式大电流电源电缆组件及其装配方法，其结构是由若干个电缆导体分支基本线束汇总的电缆导体主干线束的分叉处套一个模缩套，每一个电缆导体分支基本线束的一端是A端子，在A端子处套标识，每一个电缆导体分支基本线束的另一端是B端子。优点：电缆采用分叉分支设计，其结构柔软，装配容易，可以根据不同的截面积线束压接相应规格的端子，以满足不同空间大小的装配模式。可循环使用并均可进行对接装配。整根电缆外护套采用耐油、耐磨、耐高温材料，对整根电缆完全密封保护，有效保证电缆的安全可靠使用。布线容易，可根据现场不同的布线空间进行布线，传输系统所占的有效空间小。与相同截面积的铜片相比较，增大了过电流。

LED旋转式内置电源日光灯

申请（专利）号： 201110212169.X **公开日：** 2011-12-21

申请人： 宁波同泰电气股份有限公司

发明人： 仇富军

摘要：

本发明公开了一种LED旋转式内置电源日光灯，包括灯管、电源组件、灯板组件、两个上管头和两个下管头，每个上管头上均设有灯脚，电源组件和灯板组件位于灯管内，两个下管头分别套接于灯管两头，每个下管头外侧均嵌套一个上管头，电源组件和灯板组件之间设有实现电源组件和灯板组件电连接的排针，排针上设有针脚，电源组件与灯板组件上均设有与针脚相焊接的接插孔，电源组件和灯板组件上的接插孔均与对应的电连接线路导通；两个上管头开口端均设有包括一个以上的调位凸台和限位凸台，两个下管头内均设有隔板，隔板与下管头内壁的连接处均设有包括一个以上的调位挡块与限位挡块。本发明产品，其连接稳定性好，电气性能高，可调节光照角度。

电源指示灯、电源指示模块和电源分配单元

申请（专利）号： 201010209836.4 **公开日：** 2011-12-28

申请人： 深圳市克莱沃电子有限公司

发明人： 张杰

摘要：

本发明涉及一种电源指示灯，包括外壳、内壳和指示灯，所述内壳可插拔地锁扣在所述外壳内，所述指示灯插装在所述内壳中，且所述指示灯的两个插脚从所述外壳底部伸出。本发明还涉及一种电源指示模块，包括壳体和可插拔地安装在壳体内的上述电源指示灯，电源指示灯的两个插脚分别插装于壳体底部的第一电源插脚和第二电源插脚形成电连接。本发明还涉及一种插装有上述电源指示模块的电源分配单元。本发明的电源分配单元不用断电、不用拆卸便可以很轻松地进行电源指示灯的更换或修复。

2012年公开

电源系统以及具备该电源系统的电动车辆

申请（专利）号： 200980156416.X **公开日：** 2012-01-04

申请人： 丰田自动车株式会社

发明人： 冈村贤树

摘要：

控制装置（30），当基于蓄电装置（B）的过充电信息判定为产生了剩余电力时，开始剩余电力消耗电路（20）中的剩余电力的消耗动作。而且，控制装置（30）对从开始消耗动作的时刻起经过的经过时间进行计时，当计时得到的经过时间超过了预先设定的最小导通期间时，将剩余电力消耗电路（20）从动作切换为非动作。上述最小导通期间基于预想由于搭载马达驱动系统（100）的电动车辆的行驶状况的突变使得从交流电动机（M1）产生过大的再生电力的模式而设定。

发电厂热控电源柜接线图自动生成方法

申请（专利）号： 201110324888.0 **公开日：** 2012-01-11

申请人： 河北省电力勘测设计研究院

发明人： 田松 胡力国 杨金芳 张益国

摘要：

本发明公开了一种发电厂热控电源柜接线图自动生成方法，该方法基于热控设计技术、计算机技术，以EXCELVBA为设计平台，包括a. 输入热控专业中的电负荷清单；b. 输入预定的规则参数；c. 根据电负荷清单和规则生成电源柜系统配置清单；d. 生成EXCEL格式的电源柜系统接线图，并在EXCEL软件中生成设备材料清单、电缆出线清单以及电缆清册。采用本发明只需进行简单的选择及文字输入，就可以自动生成EXCEL格式或AutoCAD格式的电源柜系统图、接线图，省时省力，缩短了工作周期，大大提高了工作效率。

一种浮动电源连接器

申请（专利）号： 201110152744.1 **公开日：** 2012-01-18

申请人： 上海航天科工电器研究院有限公司

发明人： 李朝兴

摘要：

本发明公开了一种浮动电源连接器，它包括外壳、托板支架、卡板、接触件、弹性卡爪、铆装螺母、上绝缘板、下绝缘板及安装螺钉；本发明接触件的定位环可在下绝缘板及上绝缘板内浮动，铆装螺母可在托板支架内浮动，在

电源连接器与安装面板装配时，外壳、上绝缘板、下绝缘板和铆装螺母的浮动位移量，用于补偿电源连接器与安装面板的误差，有效保护电源连接器接触件的尾端与印制板间的焊点不被损伤，从而保证电子设备的使用可靠性，延长电子设备的使用寿命。

一种开关电源中的平面变压器

申请（专利）号：201110174502.2 **公开日：**2012-02-22

申请人：中国电子科技集团公司第五十八研究所

发明人：易峰 张又丹 何颖 郭海平 刘洪涛

摘要：

本发明提供了一种开关电源中的平面变压器，其包括磁芯和绕组，所述磁芯包括两个底面、绕组磁芯柱、隔离磁芯柱，所述绕组磁芯柱和隔离磁芯柱位于两底面之间与两底面垂直，两底面之间夹有多层PCB板，绕组磁芯柱和隔离磁芯柱分别穿过多层PCB板上的通孔；所述绕组为印制在多层PCB板上的线圈，绕组包括原边绕组、副边绕组，原边绕组和副边绕组都环绕在绕组磁芯柱上；不同的绕组在多层PCB板的各层上交错排列，通过过孔互联；所述隔离磁芯柱屏蔽在绕组和外部电路之间。其优点是：本发明在占用的面积和高度很小，寄生效应和干扰小，能在很高频率下准确无误地传递信号，并减小了电磁干扰的影响。

一种原边控制的恒流开关电源控制器及方法

申请（专利）号：201110034534.2 **公开日：**2012-02-29

申请人：杭州士兰微电子股份有限公司

发明人：谢小高 吴建兴

摘要：

本发明公开了一种原边控制的恒流开关电源控制器及方法。原边控制的恒流开关电源控制器包括电流采样端、接地端、供电端、驱动端、电压检测端、频率设定端和相位检测端；前沿消隐模块、比较器模块、正弦半波基准产生模块、采样保持模块、电压/频率转换模块、驱动脉冲产生模块、驱动模块：本发明只需采样原边电流即可实现输出恒流，同时可全输入电压范围内实现非常高的功率因数，结构简单，易集成。

一种原边控制的恒流开关电源控制器及方法

申请（专利）号：201110034597.8 **公开日：**2012-02-29

申请人：杭州士兰微电子股份有限公司

发明人：谢小高 吴建兴

摘要：

本发明公开了一种原边控制的恒流开关电源控制器及方法。所述的恒流开关电源控制器包括：采样保持模块、副边二极管导通时间检测电路、乘法器模块、平均电流环、锯齿波产生模块、比较模块、定时触发器、驱动脉冲产生模块和驱动模块。本发明的控制器，无需光耦和副边反馈电路，只需检测原边电流峰值，即可实现输出恒流控制，因此实时性较好，控制环路容易稳定，电路动态性能较好，应用于有功率因数要求的场合，由于采用定频恒导通时间控制，无需乘法器，结构简单，可以实现全输入范围内输入电流的高功率因数，此外由于电路是定频工作，更加容易通过电磁兼容标注；进一步，所述控制器可以集成为单芯片。

一种原边控制LED恒流驱动开关电源控制器及其方法

申请（专利）号：201110034531.9 **公开日：**2012-02-29

申请人：杭州士兰微电子股份有限公司

发明人：姚云龙 吴建兴

摘要：

本发明公开了一种原边控制LED恒流驱动开关电源控制器及其方法和使用该开关电源控制器构成的开关电源，所述的开关电源控制器包括振荡器电路、输入交流平均值计算电路、导通时间控制电路、逻辑控制电路以及驱动电路。控制器采用原边控制的办法来控制LED恒流驱动，实现了可控硅调光、高低压输入情况下输出电流相同、高功率因数，直接使用变压器隔离，提高了电路的安全性能，外围电路简单，降低了电路成本，PCB布版空间很小，有利于产品小型化。

一种原边控制LED恒流驱动开关电源控制器及其方法

申请（专利）号：201110034538.0 **公开日：**2012-02-29

申请人：杭州士兰微电子股份有限公司

发明人：姚云龙 吴建兴

摘要：

本发明公开了一种原边控制LED恒流驱动开关电源控制器及其方法和使用该开关电源控制器构成的开关电源控制装置，所述的开关电源控制器由输入调光角度检测电路、乘法器、开通信号控制电路、过零检测电路、比较器、触发器以及驱动电路构成。电路采用原边控制的办法来控制LED恒流驱动，实现了可控硅调光、高低压输入情况下输出电流相同、高功率因数，直接使用变压器隔离，提高了电路的安全性能，外围电路简单，降低了电路成本，PCB布版空间很小，有利于产品小型化。

中高频逆变电源防放电母线结构

申请（专利）号：201110381629.1 **公开日：**2012-03-21

申请人：江苏东方四通科技股份有限公司

发明人：刘扬 卢卫国

摘要：

本发明涉及一种中高频逆变电源防放电母线结构，包括：由两个电解电容通过串联母线串联连接形成的电解电容串联组，每个电解电容上分别设置有两个螺钉，电解电容串联组的负极与负极母线相连接，电解电容串联组的正极与正极连接板和正极母线相连接，正极母线与负极母线之间设置有第一绝缘板，第一绝缘板的面积大于正极母线、负极母线和串联母线平贴安装的重合面积，所述串联母线的上方设置有塑料片，正极母线的上方设置有第二绝缘板，第二绝缘板的面积大于正极母线。本发明在存在导电粉尘和导电纤维的场合中使用时，也不会出现母线间爬电距离变小或短接现象。

大功率开关电源低压大电流开关变压器串并联结构

申请（专利）号：201110381655.4　**公开日：**2012-05-02

申请人：江苏东方四通科技股份有限公司

发明人：刘扬　卢卫国

摘要：

本发明涉及一种大功率开关电源低压大电流开关变压器串并联结构，由两台中高频变压器组成，中高频变压器包括：环形磁芯，输入绕组穿绕于环形磁芯上，输出绕组由内部设置有冷却水路的铝铸件壳体包覆在环形磁芯和输入绕组的外侧和中间形成，外圈和内圈单匝输出，外圈和内圈的端部构成该输出绕组的输出端，铝铸件壳体和安装在铝铸件壳体上的铜排将输入绕组包覆在内部，形成闭合磁路，两台中高频变压器的输入绕组串联连接构成总输入绕组，两台中高频变压器的两个内部加工有冷却水路的铝铸件壳体的外圈相连接构成总输出绕组中心端，两台中高频变压器的两个内圈构成该总输出绕组的两输出端。本发明适用于高频变压器和中频感应加热电源变压器。

第八篇　电 源 标 准

2012 年终止标准

电力变压器、电源装置和类似产品的安全
第 5 部分：一般用途隔离变压器的特殊要求
标准编号：GB 19212.5—2006
实施日期：2007-03-01 作废日期：2012-05-01
发布部门：中华人民共和国国家质量监督检验检疫总局
中国国家标准化管理委员会
替代情况：被 GB 19212.5—2011 代替

三相交流稳频稳压电源机组及系统 技术条件
标准编号：JB/T 8982—1999
实施日期：2000-01-01 作废日期：2012-04-01
发布部门：中华人民共和国机械工业部
替代情况：被 JB/T 8982—2011 代替

核电厂安全级静止式充电装置及逆变装置的质量鉴定
标准编号：GB/T 15473—1995
实施日期：1995-10-01 作废日期：2012-06-01
发布部门：国家技术监督局
替代情况：被 GB/T 15473—2011 代替

管形荧光灯镇流器能效限定值及节能评价值
标准编号：GB 17896—1999
实施日期：2000-06-01 作废日期：2012-09-01
发布部门：国家质量技术监督局
替代情况：被 GB 17896—2012 代替

电动汽车传导充电用插头、插座、车辆耦合器和车辆插孔 通用要求
标准编号：GB/T 20234—2006
实施日期：2006-12-01 作废日期：2012-03-01
发布部门：国家发展和改革委员会
替代情况：被 GB/T 20234.1—2011 代替

2012 年新实施标准

电工

输变电设备

变流变压器
第 3 部分：应用导则
标准编号：GB/T 18494.3—2012
实施日期：2012-11-01
发布部门：中华人民共和国国家质量监督检验检疫总局
中国国家标准化管理委员会
标准简介：

GB/T18494 由三部分组成：

第 1 部分适用于一般“工业”用的变流变压器（如：制铜、铝熔炼和某些气体电解）；

第 2 部分适用于高压直流输电用的换流变压器；

第 3 部分即本应用导则，适用于 0.2 至 0.12 节所涉及的内容。

GB/T 18494.1 适用于“工业”用变流变压器，适用于铝熔炼、铜精炼及生产某些气体的电源变压器，也适用于轧钢机和船舶驱动系统。第 1 部分不适用于安装在电机车上的牵引用电力拖动装置，但仍适用于固定式牵引系统中的变流器应用装置。此外，对于范围广泛的较小容量的变流器，第 1 部分及第 3 部分均同样适用。

GB/T 18494.2 适用于高压直流（HVDC）输电用的换流变压器。高压直流输电系统有两种类型：一种为“背靠背”型，另一种为“输电”型。在这两种系统中运行的变压器，其运行和评估是包括在第 2 和第 3 部分之内的。

电工

其他

半导体变流串级调速装置总技术条件
标准编号：GB/T 12669—2012
实施日期：2012-11-01
发布部门：中华人民共和国国家质量监督检验检疫总局
中国国家标准化管理委员会
标准简介：

本标准规定了半导体变流串级调速装置的术语和定义、技术要求、试验、标志、包装、运输和贮存。

本标准适用于利用半导体电力变流器调节交流绕线转子异步电动机、内馈混极式无刷交流电机和混极式无刷双馈交流电机速度的串级调速装置。

电动汽车非车载传导式充电机与电池管理系统之间的通信协议
标准编号：GB/T 27930—2011
实施日期：2012-03-01
发布部门：中华人民共和国国家质量监督检验检疫总局
中国国家标准化管理委员会
标准简介：

本标准规定了电动汽车非车载传导式充电机与电池管理系统质检基于控制器局域网的通信物理层、数据链路层及应用层的定义。本标准适用于采用传导式充电方式的电动汽车非车载充电机与电池管理系统（或具有充电控制功能的其他车辆控制单元）之间的通信协议。

往复式内燃机驱动的交流发电机组 第 11 部分：旋转不间断电源 性能要求和试验方法
标准编号：GB/T 2820.11—2012
实施日期：2013-02-01
发布部门：中华人民共和国国家质量监督检验检疫总局
中国国家标准化管理委员会
标准简介：

GB/T2820 的本部分规定了由机械和电气旋转设备组合而成的旋转不间断电源（UPS）的性能要求和试验方法。本部分适用的电源主要为用户提供不间断交流电。当无市电输入运行时，输入能量由储存的能量或者往复式内燃机提供，由一台或多台旋转电机输出电能。

本部分适用的交流电源，主要为固定陆用和船用设施提供不间断电能。不包括为航空、陆上车辆和机车供电的电源。也不包括通过静态变换产生输出电能的电源。本部分对使用旋转 UPS 改善交流供电品质、实现电压和/或电流变换及削减峰值等情况进行了描述。对于某些特殊用途（例如医院、近海岸、非固定应用、高层建筑及核设施等），可能需要附加一些其他的要求，本部分的规定应作为基础。

电动汽车交流充电桩电能计量

标准编号：GB/T 28569—2012

实施日期：2012-11-01

发布部门：中华人民共和国国家质量监督检验检疫总局
中国国家标准化管理委员会

标准简介：

本标准规定了电动汽车交流充电桩电能计量的技术要求及电能计量装置的配置安装要求、试验方法和检验规则。

本标准适用于交流充电桩的电能计量。

煤矿通风机用隔爆兼本质安全型变频调速控制器

标准编号：GB/T 28556—2012

实施日期：2012-11-01

发布部门：中华人民共和国国家质量监督检验检疫总局
中国国家标准化管理委员会

标准简介：

本标准规定了Ⅰ类煤矿通风机用隔爆兼本质安全型变频调速控制器的术语和定义、型式和基本参数、技术要求、试验方法、检验规则以及标志、包装、运输、贮存等要求。

本标准适用于Ⅰ类煤矿通风机用隔爆兼本质安全型变频调速控制器。

YVF 系列变频调速高压三相异步电动机技术条件（机座号 355～630）

标准编号：GB/T 28562—2012

实施日期：2012-11-01

发布部门：中华人民共和国国家质量监督检验检疫总局
中国国家标准化管理委员会

标准简介：

本标准规定了 YVF 系列变频调速高压三相异步电动机的型式、基本参数与尺寸、技术要求、检验规则、试验方法，以及标志、包装及保用期的要求。

本标准适用于由变频器供电的、变频调速运行的高压笼型三相异步电动机，机座号为 355～630，电动机适用于拖动一般用途的恒转矩和二次方转矩特性的负载。

电能质量术语

标准编号：DL/T 1194—2012

实施日期：2012-12-01

发布部门：国家能源局

标准简介：

本标准适用于电力行业电能质量技术和管理的有关领域。

火电厂高压变频器运行与维护规范

标准编号：DL/T 1195—2012

实施日期：2012-12-01

发布部门：国家能源局

标准简介：

该标准规定了火电厂高压变频器成套设备的基本技术要求、使用条件、运行与维护方法。该标准在认真研究国内外相关专业标准的基础上，结合我国电力行业的特点编制而成。由中国电力企业联合会提出。由电力行业电能质量及柔性输电标准化技术委员会归口。

工商业电力用户应急电源配置技术导则

标准编号：DL/T 268—2012

实施日期：2012-07-01

发布部门：中华人民共和国国家质量监督检验检疫总局
中国国家标准化管理委员会

标准简介：

本标准规定了工商业电力用户应急电源配置原则和技术要求。本标准适用于对供电连续性要求高，断电可能会造成人身安全、经济损失及社会影响的工商业电力用户应急电源配置。

火力发电厂热工电源及气源系统设计技术规程

标准编号：DL/T 5455—2012

实施日期：2012-12-01

发布部门：国家能源局

标准简介：

本标准适用于汽轮发电机组容量为 125MW 级至 1000MW 级机组的凝汽式火力发电厂和 50MW 级及以上供热式机组的热电厂仪表与控制电源系统及气源系统的设计。

爆炸性气体环境用镇流器

标准编号：JB/T 11190—2011

实施日期：2012-04-01

发布部门：中华人民共和国工业和信息化部

标准简介：

本标准规定了爆炸性气体环境用镇流器的产品分类、基本参数、要求、试验方法、检验规则、标志、包装、运输、贮存等内容。

本标准适用于镇流器的设计、制造与检验。镇流器适用于ⅡA、ⅡB、ⅡC 级 T1～T4 组爆炸性气体环境中，作为厂房内或厂区照明灯具（高压汞灯、高压钠灯、金属卤化物灯）的配套装置。

三相交流稳频稳压电源机组及系统技术条件

标准编号：JB/T 8982—2011

实施日期：2013-04-01

发布部门：中华人民共和国工业和信息化部

标准简介：

本标准规定了三相交流稳频稳压电源机组及系统的基本参数、技术要求、试验方法、检验规则以及标志、包装等。

本标准适用于电动机拖动的同步发电机组及其稳频稳压装置的整套系统。电源系统作为小型三相交流电机及其他电器试验用的低波动率、宽调节范围的电源设备，也可作为符合本标准技术指标的其他用电器的电源设备，或作为变频电源设备。

隔爆型变频调速三相异步电动机技术条件
第1部分：YBBP系列隔爆型变频调速三相异步电动机（机座号80~355）

标准编号： JB/T 11201.1—2011
实施日期： 2012-04-01
发布部门： 中华人民共和国工业和信息化部
标准简介：

本标准规定了YBBP系列隔爆型变频调速三相异步电动机的型式、基本参数与尺寸、技术要求、试验方法与检验规则及标志、包装等要求。

本标准适用于YBBP系列隔爆型变频调速三相异步电动机（机座号80~355）。凡属本系列电动机派生的其他要求的电动机也可参照本标准执行。

LED显示屏通用规范

标准编号： SJ/T 11141—2012
实施日期： 2012-06-01
发布部门： 中华人民共和国工业和信息化部
标准简介：

本标准规定了LED显示屏的术语和定义、分类、技术要求、检验方法、检验规则，以及标志、包装、运输和贮存要求，适用于LED显示屏产品。本标准是我国自主制定的电子行业标准。

直流稳定电源通用规范

标准编号： SJ/T 11432—2012
实施日期： 2012-06-01
发布部门： 中华人民共和国工业和信息化部
标准简介：

本标准适用于从交流或直流源取得电能，提供直流输出功率的稳定电源，规定了直流稳定电源的术语、性能要求、电磁兼容性要求以及除电磁兼容性以外的试验等。

通信、广播

通信电源用光伏电缆

标准编号： YD/T 2337—2011
实施日期： 2012-02-01
发布部门： 中华人民共和国工业和信息化部
标准简介：

本标准规定了太阳能通信电源用光伏电缆的要求、试验方法、检验规则、标志、包装、运输和贮存。

本标准适用于连接太阳能通信电源光伏组件之间、电池阵列之间及阵列与光伏逆变器直流端之间直流额定电压为1.8kV、交流额定电压U_0/U为0.6/1kV的电缆。

通信用电源线端子

标准编号： YD/T 2345—2011
实施日期： 2012-02-01
发布部门： 中华人民共和国工业和信息化部
标准简介：

本标准规定了额定电压600/1000V及以下通信用电源线端子的分类与命名、要求、试验方法、检验规则、标志、包装、运输和贮存。

本标准适用于额定电压600/1000V及以下通信用电源线导体用过渡接线端子。

电子元器件与信息技术

电磁兼容　试验和测量技术　电能质量测量方法

标准编号： GB/T 17626.30—2012
实施日期： 2013-02-01
发布部门： 中华人民共和国国家质量监督检验检疫总局
中国国家标准化管理委员会
标准简介：

GB/T 17626的本部分规定了50Hz交流供电系统中电能质量参数测量方法及测量结果的解释。各有关参数的测量方法均采用能提供可靠的、可重复结果的术语描述，但不涉及测量方法的实现手段。本部分涉及的是现场测量方法。

本部分适用于所指的参数测量仅限电力系统中能处理的电压现象。本部分涉及的电能质量参数是指电网频率、供电电压幅值、闪烁、供电电压暂降和暂升、电压中断、瞬态电压、供电电压不平衡、电压谐波和间谐波、供电电压中的载波信号以及快速电压变化。根据测量目的的不同，可能需要对上述全部参数或部分参数进行测量。

电磁兼容　试验和测量技术　主电源每相电流大于16A的设备的电压暂降、短时中断和电压变化抗扰度试验

标准编号： GB/T 17626.34—2012
实施日期： 2012-09-01
发布部门： 中华人民共和国国家质量监督检验检疫总局
中国国家标准化管理委员会
标准简介：

本部分规定了与低压供电网连接的电气和电子设备对电压暂降、短时中断和电压变化抗扰度试验方法和优选的试验等级范围。

本部分适用于主电源每相额定电流超过16A的电气和电子设备（每相额定电流超过200A的电气和电子设备的指南见附录E）。本部分适用于安装在居民区和工业区连接到50Hz或者60Hz交流网络的可能发生电压暂降和短时中断的单相和三相设备。

本部分不适用于连接到400Hz交流网络的电气和电子设备。与这些网络连接的设备的试验将在以后的标准中涉及。

能源、核技术

管形荧光灯镇流器能效限定值及能效等级

标准编号： GB 17896—2012

实施日期： 2012-09-01

发布部门： 中华人民共和国国家质量监督检验检疫总局
中国国家标准化管理委员会

标准简介：

本标准规定了管形荧光灯电子镇流器的能效等级、能效限定值、节能评价值和电感镇流器的能效限定值，以及试验方法。

本标准适用于220V、50Hz交流电源供电，标称功率在4～120W的管形荧光灯用电感镇流器和电子镇流器。

本标准不适用于配合非预热启动灯的电子镇流器。

核电厂安全级静止式充电装置及逆变装置的质量鉴定

标准编号： GB/T 15473—2011

实施日期： 2012-06-01

发布部门： 中华人民共和国国家质量监督检验检疫总局
中国国家标准化管理委员会

标准简介：

本标准规定了安装在核电厂安全壳外的安全级静止式充电装置及逆变装置的质量鉴定方法，以保证其在规定的工作条件下能执行预定的功能。

本标准不适用于指导充电装置及逆变装置在电厂电力系统中的应用，也不规定这些装置的具体性能要求。

压水堆核电厂棒电源系统安装技术规程

标准编号： NB/T 20114—2012

实施日期： 2012-04-06

发布部门： 国家能源局

标准简介：

本标准规定了压水堆核电厂建造期间电源系统安装及检查的基本要求。本标准适用于压水堆核电厂建造期棒电源系统的电动发电机组的安装、电气盘柜的安装、电缆敷与端接。

铁路

电力牵引 轨道机车车辆和公路车辆用旋转电机
第3部分：用损耗总和法确定变流器供电的交流电动机的总损耗

标准编号： GB/T 25123.3—2011

实施日期： 2012-06-01

发布部门： 中华人民共和国国家质量监督检验检疫总局
中国国家标准化管理委员会

标准简介：

GB/T25123 的本部分适用于符合 GB/T25123.2 的电动机。

变流器供电的电动机的总损耗可用损耗总和法来确定，这些损耗由负载试验和空载试验得到。总输入功率等于基波频率的输入功率和其他所有频率的输入功率之和。实际上，其他所有频率的输入功率包括了由变流器电源中电压和电流谐波所产生的损耗，它可以通过采用适当的测量仪表，测量电动机负载状态时的总输入功率和基波频率的输入功率来求得。

由于基波频率所产生的损耗不能直接测量，因此需通过测量基波频率的负载电流和基波频率的空载输入功率来求得。

车辆

电动汽车传导充电用连接装置
第1部分：通用要求

标准编号： GB/T 20234.1—2011

实施日期： 2012-03-01

发布部门： 中华人民共和国国家质量监督检验检疫总局
中国国家标准化管理委员会

标准简介：

GB/T20234 的本部分规定了电动汽车传导充电用连接装置的定义、要求、试验方法和检验规则。

本部分适用于电动汽车传导式充电用的充电连接装置，其应符合：

1）交流额定电压不超过690V，频率50Hz，额定电流不超过250A；

2）直流额定电压不超过1000V，额定电流不超过400A。

如果充电连接装置的供电接口使用了符合 GB2099.1 的标准化插头插座，则本部分不适用于这些插头插座。

电动汽车传导充电用连接装置
第2部分：交流充电接口

标准编号： GB/T 20234.2—2011

实施日期： 2012-03-01

发布部门： 中华人民共和国国家质量监督检验检疫总局
中国国家标准化管理委员会

标准简介：

GB/T20234 的本部分规定了电动汽车传导充电用交流充电接口的通用要求、功能定义、型式结构、参数和尺寸。

本部分适用于电动汽车传导充电用的交流充电接口，其额定电压不超过440V（AC），频率50Hz，额定电流不超过32A（AC）。

如果交流充电接口的供电接口使用了符合 GB2099.1 的标准化插头插座，则本部分附录B和附录C规定的结构尺寸和安装尺寸不适用于这些插头插座。

电动汽车传导充电用连接装置
第3部分：直流充电接口

标准编号： GB/T 20234.3—2011

实施日期： 2012-03-01

发布部门： 中华人民共和国国家质量监督检验检疫总局
中国国家标准化管理委员会

标准简介：

GB/T20234 的本部分规定了电动汽车传导充电用直流

充电接口的通用要求、功能定义、型式结构、参数和尺寸。

本部分适用于充电模式 4 及连接方式 C 的车辆接口，其额定电压不超过 750V（DC）、额定电流不超过 250A（DC）。

充电模式和连接方式的定义参见 GB/T20234. 1—2011 的附录 A。

电动汽车用传导式车载充电机

标准编号： QC/T 895—2011

实施日期： 2012-07-01

发布部门： 中华人民共和国工业和信息化部

标准简介：

本标准规定了电动汽车传导式车载充电机的基本构成、参数、功能、要求、试验方法、包装、储运方法及标志与标识。

本标准适用于纯电动汽车及可外接充电式混合动力电动汽车的车载充电机。

轻工、文化与生活用品

轮椅车

第 21 部分：电动轮椅车、电动代步车和电池充电器的电磁兼容性要求和测试方法

标准编号： GB/T 18029. 21—2012

实施日期： 2013-02-01

发布部门： 中华人民共和国国家质量监督检验检疫总局
中国国家标准化管理委员会

标准简介：

GB/T18029 的本部分规定了最大速度不超过 15km/h 残疾人用室内和（或）室外型电动轮椅车和电动代步车电磁辐射和电磁抗扰度的要求和测试方法。GB/T18029 的本部分也适用于外接电驱动助力套件的手动轮椅车，不适用于能乘载 1 人以上的交通工具。

GB/T18029 的本部分也规定了与电动轮椅车和电动代步车一起使用的电池充电器的电磁兼容性要求和测试方法。

为便于通过试验结果进行性能比较，对于可调轮椅车和代步车，也给出了参考配置。

其他

消防设备电源监控系统

标准编号： GB 28184—2011

实施日期： 2013-08-01

发布部门： 中华人民共和国国家质量监督检验检疫总局
中国国家标准化管理委员会

标准简介：

本标准规定了消防设备电源监控系统的术语和定义、要求、试验方法、检验规则、标志和使用说明。

本标准适用于在一般工业与民用建筑中安装使用的消防设备电源监控系统，其他环境中安装的消防设备电源监控系统亦可参照本标准。

充电电池废料废件

标准编号： GB/T 26932—2011

实施日期： 2012-05-01

发布部门： 中华人民共和国国家质量监督检验检疫总局
中国国家标准化管理委员会

标准简介：

本标准规定了充电电池废料废件的分类、要求、试验方法、检验规则、包装、标志、运输、贮存及合同（或订货单）等。

本标准适用于各生产工序、使用过程及流通领域产生的充电电池废料废件。

集中式蓄电池应急电源装置

标准编号： JG/T 371—2012

实施日期： 2012-08-01

发布部门： 中华人民共和国住房和城乡建设部

标准简介： 暂缺

电动汽车充电机（桩）

标准编号： JJG（粤）015—2011

实施日期： 2012-12-30

发布部门： 广东省质量技术监督局

标准简介：

本规程适用于电动汽车非车载充电机和交流充电桩电能计量性能的现场首次检定、后续检定和使用中的检查。

延续实施标准

电工

输变电设备

变流变压器

第 1 部分：工业用变流变压器

标准编号： GB/T 18494. 1—2001

实施日期： 2002-06-01

发布部门： 中华人民共和国国家质量监督检验检疫总局

标准简介：

本标准规定了组装在半导体变流设备内的电力变压器和电抗器的技术要求、设计和试验。本标准不适用于一般交流配电变压器。

变流变压器

第 2 部分：高压直流输电用换流变压器

标准编号： GB/T 18494. 2—2007

实施日期： 2007-08-01

发布部门： 中华人民共和国国家质量监督检验检疫总局
中国国家标准化管理委员会

标准简介：

GB/T 18494 的本部分适用于具有两个、三个或多个绕组的高压直流输电用三相和单相油浸式换流变压器。

电力变压器、电源装置和类似产品的安全
第 6 部分：剃须刀用变压器和剃须刀用电源装置的特殊要求

标准编号： GB 19212.6—2006
实施日期： 2007-03-01
发布部门： 中华人民共和国国家质量监督检验检疫总局
中国国家标准化管理委员会
标准简介：

本部分适用于装有一个或多个输出插座，单相、空气冷却隔离变压器的剃须刀用电源装置，其额定电源电压不超过交流 250V，额定输出不小于 20VA 和不大于 50VA，额定频率不超过 500Hz。

电力变压器、电源、电抗器和类似产品的安全
第 1 部分：通用要求和试验

标准编号： GB 19212.1—2008
实施日期： 2009-06-01
发布部门： 中华人民共和国国家质量监督检验检疫总局
中国国家标准化管理委员会
标准简介：

GB 19212 的本部分规定了电力变压器、电源、电抗器和类似产品的安全方面的要求，如电气、温度和机械等方面的安全要求。

电力变压器、电源装置和类似产品的安全
第 2 部分：一般用途分离变压器的特殊要求

标准编号： GB 19212.2—2006
实施日期： 2007-03-01
发布部门： 中华人民共和国国家质量监督检验检疫总局
中国国家标准化管理委员会
标准简介：

本部分适用于驻立式或移动式、单相或多相、空气冷却、配套用或非配套用的分离变压器，其额定电源电压不超过交流 1000V，额定频率不超过 500Hz，额定输出不超过：单相变压器 1kVA，多相变压器 5kVA。

电力变压器、电源装置和类似产品的安全
第 3 部分：控制变压器的特殊要求

标准编号： GB 19212.3—2006
实施日期： 2007-03-01
发布部门： 中华人民共和国国家质量监督检验检疫总局
中国国家标准化管理委员会
标准简介：

本部分适用于驻立式或移动式、单相或多相、空气冷却、配套用或其他应用的隔离变压器，其额定电源电压不超过交流 1000V 或无纹波直流 1415V，额定频率不超过 500Hz，额定输出没有限制。本部分适用于干式变压器。

电力变压器、电源装置和类似产品的安全
第 4 部分：燃气和燃油燃烧器点火变压器的特殊要求

标准编号： GB 19212.4—2005
实施日期： 2006-08-01
发布部门： 中华人民共和国国家质量监督检验检疫总局
中国家标准化管理委员会
标准简介：

本部分规定了变压器各个方面（例如：电气、温度和机械方面）的安全要求。本部分适用于同定式、单相、空气冷却（自然冷却或强制冷却）、配套用（内装式或非内装式）燃气和燃油燃烧器点火系统用的变压器，其额定电源电压不超过交流 1000V、额定频率不超过 500Hz，额定输出电流不超过交流 500mA。空载输出电压和额定输出电压不应超过交流 15000V。本部分适用于按安装规程或设备规范，不要求电路之间采用双重绝缘或加强绝缘的变压器。本部分适用于干式变压器。其绕组可以是密封或非密封的。本部分适用于包含有电子电路的变压器。本部分不适用于拟接到变压器输入端子和输出端子或插座的外部电路及其器件。

电力变压器、电源装置和类似产品的安全
第 7 部分：一般用途安全隔离变压器的特殊要求

标准编号： GB 19212.7—2006
实施日期： 2007-03-01
发布部门： 中华人民共和国国家质量监督检验检疫总局
中国国家标准化管理委员会
标准简介：

本部分适用于驻立式或移动式、单相或多相、空气冷却、配套用或其他应用的安全隔离变压器，其额定电源电压不超过交流 1000V，额定频率不超过 500Hz，额定输出不超过：对单相变压器 10kVA，对多相变压器 16kVA。

电力变压器、电源装置和类似产品的安全
第 8 部分：玩具用变压器的特殊要求

标准编号： GB 19212.8—2006
实施日期： 2007-03-01
发布部门： 中华人民共和国国家质量监督检验检疫总局
中国国家标准化管理委员会
标准简介：

本部分适用于玩具用变压器，其额定电源电压不超过交流 250V，额定频率为 50Hz/60Hz，额定输出电压不超过交流 24V 或无纹波直流 33V，额定输出不超过 200VA，额定输出电流不超过 10A。

电力变压器、电源装置和类似产品的安全
第 9 部分：电铃和电钟变压器的特殊要求

标准编号： GB 19212.9—2007
实施日期： 2008-04-01
发布部门： 中华人民共和国国家质量监督检验检疫总局
中国国家标准化管理委员会
标准简介：

本部分规定了变压器各个方面的安全要求。本部分适用于固定式、单相、空气冷却、独立或配套用供电铃和电钟用的安全隔离变压器。

电力变压器、电源装置和类似产品的安全
第 10 部分：Ⅲ类手提钨丝灯用变压器的特殊要求
标准编号：GB 19212. 10—2007
实施日期：2008-04-01
发布部门：中华人民共和国国家质量监督检验检疫总局
中国国家标准化管理委员会
标准简介：

本部分规定了变压器各个方面的安全要求，本部分适用于驻立式或移动式、单相、空气冷却、配套用Ⅲ类手提钨丝灯用的安全隔离变压器。

电力变压器、电源装置和类似产品的安全
第 13 部分：恒压变压器的特殊要求
标准编号：GB 19212. 13—2005
实施日期：2006-08-01
发布部门：中华人民共和国国家质量监督检验检疫总局
中国家标准化管理委员会
标准简介：

本部分规定了变压器各个方面（例如：电气、温度和机械方面）的安全要求。本部分适用于驻立式或移动式、单相或多相、空气冷却（自然冷却或强制冷却）、配套用或独立的恒压自耦变压器、恒压分离变压器、恒压隔离变压器、恒压安全隔离变压器。

电力变压器、电源装置和类似产品的安全
第 14 部分：一般用途自耦变压器的特殊要求
标准编号：GB 19212. 14—2007
实施日期：2008-04-01
发布部门：中华人民共和国国家质量监督检验检疫总局
中国国家标准化管理委员会
标准简介：

本部分规定了变压器各个方面的安全要求。本部分适用于驻立式或移动式、单相或多相、空气冷却、独立或配套用的自耦变压器。

电力变压器、电源装置和类似产品的安全
第 16 部分：医疗场所供电用隔离变压器的特殊要求
标准编号：GB 19212. 16—2005
实施日期：2006-08-01
发布部门：中华人民共和国国家质量监督检验检疫总局
中国家标准化管理委员会
标准简介：

本部分规定了变压器各个方面（例如：电气、温度和机械方面）的安全要求。本部分适用于驻立式、单相或多相、空气冷却（自然冷却或强制冷却）的组别Ⅱ医疗场所供电用隔离变压器。它与 IT 电源系统固定导线呈永久性连接，其额定电源电压不超过交流 1000V、额定频率不超过 500Hz，额定输出不应小于 3kVA 且不超过 10kVA。

电力变压器、电源装置和类似产品的安全
第 18 部分：开关型电源用变压器的特殊要求
标准编号：GB 19212. 18—2006
实施日期：2007-03-01
发布部门：中华人民共和国国家质量监督检验检疫总局
中国国家标准化管理委员会
标准简介：

本部分适用于开关型电源用、单相或三相、空气冷却的配套用（分离变压器、隔离变压器、安全隔离变压器）电力变压器。其额定电源电压不超过交流 1000V；额定频率为 500Hz～1MHz，额定输出不超过：单相变压器 10kVA，多相变压器 16kVA；空载输出电压或额定输出电压不超过：分离变压器交流 1000V 或无纹波直流 1415V，隔离变压器交流 500V 或无纹波直流 708V，安全隔离变压器交流 50V 方均根值（和）或无纹波直流 120V。

电力变压器、电源装置和类似产品的安全
第 20 部分：干扰衰减变压器的特殊要求
标准编号：GB 19212. 20—2008
实施日期：2009-01-01
发布部门：中华人民共和国国家质量监督检验检疫总局
中国国家标准化管理委员会
标准简介：

本部分的全部技术内容为强制性。GB19212《电力变压器、电源装置和类似产品的安全》目前拟分为 24 个部分，本部分为 GB19212 的第 20 部分。本部分是在 GB19212. 1-2003 的基础上制定的，需与 GB19212. 1-2003 配合使用。本部分根据 IEC61558-2-19：2000 重新起草。本部分规定了各个方面的安全要求。本部分适用于驻立式或移动式、单相或多相、空气冷却、独立或配套用的隔离或安全隔离变压器，其额定电源电压不超过交流 1000V，额定频率不超过 500Hz，额定输出不超过 10kVA。

电力变压器、电源装置和类似产品的安全
第 21 部分：小型电抗器的特殊要求
标准编号：GB 19212. 21—2007
实施日期：2008-04-01
发布部门：中华人民共和国国家质量监督检验检疫总局
中国国家标准化管理委员会
标准简介：

本部分适用于驻立式或移动式、单相或多相、空气冷却、独立或配套用的通用小型电抗器，包括交流、预励磁和电流补偿电抗器，也适用于无额定容量限制的小型电抗器。

电力变压器、电源装置和类似产品的安全
第 24 部分：建筑工地用变压器的特殊要求
标准编号：GB 19212. 24—2005
实施日期：2006-08-01
发布部门：中华人民共和国国家质量监督检验检疫总局
中国家标准化管理委员会
标准简介：

本部分规定了变压器各个方面（例如：电气、温度和机械方面）的安全要求。本部分适用于驻立式或移动式、单相或多相、空气冷却（自然冷却或强制冷却）、配套或独立、建筑工地用的隔离或安全隔离变压器，其额定电源电压不超过交流1000V、额定频率不超过500Hz。额定输出不应超过：25kVA，对单相变压器；40kVA，对多相变压器。建筑工地用隔离变压器的空载输出电压和额定输出电压超过交流50V但不超过交流250V。建筑工地用安全隔离变压器的空载输出电压和额定输出电压不超过交流50V。按安装规程或设备规范，建筑工地用变压器用于要求保护的场合。当变压器装入GB 7251．4—2006中规定的建筑工地用低压成套开关设备和控制设备中时，GB 7251．4—2006中的附加要求也适用于成套设备。本部分适用于干式变压器。其绕组可以是密封或非密封的。本部分适用于包含有电子电路的变压器。本部分不适用于拟接到变压器输入端子和输出端子或插座的外部电路及其器件。

阀器件堆、装置和电力变流设备的端子标记

标准编号：GB/T 16859—1997

实施日期：1998-03-01

发布部门：国家技术监督局

标准简介：

本标准适用于阀器件堆、装置及由工厂组装的整体变流设备的主电路的端子标记。端子标记是针对由半导体阀器件构成的堆、装置及设备的。

量度继电器和保护装置

第11部分：辅助电源端口电压暂降、短时中断、电压变化和纹波

标准编号：GB/T 14598.11—2011

实施日期：2011-12-01

发布部门：中华人民共和国国家质量监督检验检疫总局
中国国家标准化管理委员会

标准简介：

本部分规定了对电力系统保护所用的量度继电器和保护装置，包括与这些装置一起使用的控制、监视和过程接口设备的交流和直流电源的一般要求。本部分基于：①IEC61000-4-11　交流电压暂降、短时中断、电压变化；②IEC61000-4-17电压纹波；③IEC61000-4-29直流电压暂降、短时中断、电压变化。试验的目的是验证被试装置在被激励并受到由诸如电压暂降、短时中断、电压变化和纹波时能否正确工作。本部分的各项要求适用于新的量度继电器和保护装置，所规定的所有试验仅为型式试验。本部分的目的是规定：所用术语的定义、试验严酷等级、试验设备、试验配置、试验程序、验收准则、试验报告。

半导体变流器、变压器和电抗器

标准编号：GB/T 3859.3—1993

实施日期：1994-09-01

发布部门：国家技术监督局

标准简介：

本标准规定的仅是关于变流器、变压器的特殊性能要求。

半导体变流器　变流联结的标识代号

标准编号：GB/T 21226—2007

实施日期：2008-05-20

发布部门：中华人民共和国国家质量监督检验检疫总局
中国国家标准化管理委员会

标准简介：

本标准规定的仅仅是最主要和最常用的、由阀器件构成的变流联结，并可用于作为堆和装置整个额定值代号的一部分。本标准适用于GB/T 3859所包括的变流器设备的二极管、变流器装置的变流联结。

半导体变流器　包括直接直流变流器的半导体自换相变流器

标准编号：GB/T 3859.4—2004

实施日期：2004-12-02

发布部门：中华人民共和国国家质量监督检验检疫总局
中国国家标准化管理委员会

标准简介：

本部分适用于电力变流器中至少有一部分是自换相型的所有类型半导体自换相变流器。例如：交流变流器、间接直流变流器和直接直流变流器。GB/T3859.1中的要求，只要不与本部分相矛盾，也同样适用于自换相变流器。对于某些特殊应用，如不间断电源设备（UPS），交、直流调速传动和电气牵引设备，可使用另外的标准。

半导体变流器基本要求的规定

标准编号：GB/T 3859.1—1993

实施日期：1994-09-01

发布部门：国家技术监督局

标准简介：

本标准规定了半导体电力变流器的有关定义、类型、参数、基本性能和试验要求。本标准适用于电子阀构成的电力电子变流器和电力电子开关。就运行方式而言，主要是基于电网换相的整流器、逆变器、或兼有这两种运行的变流器。

电力变压器、电源装置、电抗器和类似产品　电磁兼容（EMC）要求

标准编号：GB/T 21419—2008

实施日期：2008-09-01

发布部门：中华人民共和国国家质量监督检验检疫总局
中国国家标准化管理委员会

标准简介：

本标准适用于IEC60989和GB19212所包括的独立绕组变压器、电抗器和电源装置。本标准规定了频率范围为0Hz～1000MHz的发射与抗扰度的电磁兼容要求。

半导体变流器与供电系统的兼容及干扰防护导则

标准编号：GB/T 10236—2006

实施日期：2007-04-01

发布部门：中华人民共和国国家质量监督检验检疫总局

中国国家标准化管理委员会

标准简介：

本标准规定了半导体变流器与供电系统兼容的问题，并提供相互干扰的处理原则和方法。本标准是 GB/T 3859 在半导体变流器与供电系统兼容方面的补充。本标准适用于电网换相半导体变流器，其他类型的半导体变流器可以参考使用。

半导体变流器

第 6 部分：使用熔断器保护半导体变流器防止过电流的应用导则

标准编号：GB/T 17950—2000

实施日期：2000-08-01

发布部门：中华人民共和国国家质量监督检验检疫总局

标准简介：

本标准作为应用导则，适用于带有熔断器的半导体变流器，熔断器用来保护构成变流器主臂的半导体。本标准限于单拍或双拍联结的电网换相变流器，也适用于满足 GB/T13539. 1 和 GB13539. 4 要求的熔断器。适当时，本标准的通用条款也对第 2 章引用标准 GB/T3859 和 IEC1287-1 所包括的变流器给出了指导。

半导体变流器应用导则

标准编号：GB/T 3859. 2—1993

实施日期：1994-09-01

发布部门：国家技术监督局

标准简介：

本标准给出的是关于变流器应用方面的资料，包括计算方法和有关性能的进一步说明。本标准主要涉及电网换相变流器，所叙述的内容及计算方法均以电网换相变流器为基础，但是某些章节（例如等效结温计算、安全运行方面的资料等）亦可用于其他变流器。

半导体变流器　变压器和电抗器

标准编号：GB/T 3859. 3—1993

实施日期：1994-9-1

发布部门：国家技术监督局

标准简介：

本标准规定的仅是关于变流变压器的特殊性能要求。

船用半导体变流器通用技术条件

标准编号：GB/T 14548—1993

实施日期：2005-10-1

发布部门：中华人民共和国国家质量监督检验检疫总局
中国国家标准化管理委员会

标准简介：

本标准规定了船用半导体变流器的技术要求、试验方法和检验规则等。本标准适用于半导体整流二极管、各种类型的晶闸管以及其他电力电子器件所构件的船用静止变流器。

半导体器件　分立器件

第 6 部分：晶闸管

第三篇：电流大于 100A、环境和管壳额定的反向阻断三极晶闸管空白详细规范

标准编号：GB/T 13151—2005

实施日期：2005-10-01

发布部门：中华人民共和国国家质量监督检验检疫总局
中国国家标准化管理委员会

标准简介：

《半导体器件　分立器件第 6 部分：晶闸管第三篇　电流大于 100A、环境和管壳额定的反向阻断三极晶闸管空白详细规范（GB/T 13151—2005）（IEC 60747—6—3：1993)》等同采用 IEC 60747—6—3：1993《半导体器件分立器件第 6 部分：晶闸管第三篇：电流大于 100A、环境和管壳额定的反向阻断三极晶闸管空白详细规范》（英文版）。本标准代替 GB/T 151—1991《100A 以上环境或管壳额定反向阻断三极晶闸管空白详细规范》。本标准等同翻译 IEC 60747—6—3：1993。

基于 DL/T860 的变电站低压电源设备通信接口

标准编号：DL/T 329—2010

实施日期：2011-05-01

发布部门：国家能源局

标准简介：

本标准适用于变电站低压电源设备之间及与变电站其他部分进行通信的智能电子设备的设计、制造和试验要求。变电站用各种电源设备的技术要求已在 DL/T 5044、DL/T 1074、DL/T 459 和 DL/T 856 等标准中明确，这些标准加上本标准所增补的技术要求广泛适用。

静态继电保护装置逆变电源技术条件

标准编号：DL/T 527—2002

实施日期：2002-12-01

发布部门：中华人民共和国国家发展和改革委员会

标准简介：

本标准规定了静态继电保护装置逆变电源的技术要求、试验方法、检验规则及包装、运输、贮存的要求。本标准适用于静态继电保护装置（设备）使用的逆变电源，作为产品设计、制造、试验和选用的依据。

火电厂风机水泵用高压变频器

标准编号：DL/T 994—2006

实施日期：2006-10-01

标准简介：

本标准根据《国家发展改革委办公厅关于下达 2004 年行业标准项目补充计划的通知》（发改办工业［2004］1951 号）的要求制定的。风机水泵类等采用变频率调速技术实现节能运行是我国节能的一项重点推广技术。火电厂风机水泵用电动机多为 6kV 及以上高压大功率电机，国内外厂家生产的高压变频器已在我国火电厂开始投入运行。由于火电厂生产流程、操作规则以及环境要求均具有一定的特殊性，有必要对电力行业用高压变频器的生产、技术要求和试验内容等进行相应的规定。

中频感应加热用半导体变频装置

标准编号： JB/T 8669—1997

实施日期： 1998-02-01

发布部门： 湘潭牵引电气设备研究所

标准简介：

JB/T 8699—1997　本标准是对 ZB K46 001—1987 进行的修订。本标准规定了感应加热用半导体变频装置的技术要求，检验，标志、包装、运输与贮存。本标准适用于以半导体器件（晶闸管或功率晶体管）所构成的感应加热用半导体变频装置。其频率范围为 50～10000Hz。对 10000Hz 以上的感应加热用半导体变频装置亦可参照采用。

工业电池用充电设备

标准编号： JB/T 10095—2010

实施日期： 2010-07-01

发布部门： 中华人民共和国工业和信息化部

标准简介：

本标准规定了工业电池用充电设备的术语、定义、基本参数、技术要求、检验和试验、标志、包装、运输和贮存等内容。本标准适用于直流功率 1kW 以上、直流电压等级 1000V 以下，被充电电池可以是铅酸蓄电池，也可以是锂电池或者其他具有相同特性的蓄电池，为电动搬运车、电动汽车、蓄电池化成和类似设备提供动力的电池充电的设备。电力工程及邮电、通信用电池的充电、浮充电用整流设备也可参照使用。合适时，该设备也可作为一般工业用直流电源。本标准不适用于码头、船坞和其他海上用途的电池充电，以及家用电器和应急照明用电池的充电，也不适用于消防泵和消防车的电池充电。本标准中的快速充电设备不适用于铅酸贫液蓄电池的充电。

补偿式交流稳压器

标准编号： JB/T 7620—1994

实施日期： 1995-06-01

发布部门： 中华人民共和国机械工业部

标准简介：

本标准规定了补偿式交流稳压器（以下简称稳压器）的型号、基本参数、技术要求、试验方法和检验规则。本标准适用于补偿变压器和调压变压器及其控制电路构成的干式交流稳压器。

电力变流器用纯水冷却装置

标准编号： JB/T 5833—1991

实施日期： 1992-10-01

发布部门： 中华人民共和国机械电子工业部

标准简介：

本标准规定了纯水冷却装置的技术要求和试验方法。本标准适用于电力变流器用纯水冷却装置，也适用于对水质有一定要求的其他电气设备用纯水冷却装置（以下简称冷却装置）。

小功率电流电压变换器通用技术条件

标准编号： JB/T 10635—2006

实施日期： 2007-04-01

发布部门： 国家发展和改革委员会

标准简介：

本标准规定了小功率电流电压变换器的技术要求、试验方法、检验规则、标志、包装、运输、贮存、供货的成套性及质量保证等。本标准适用于电力系统继电保护及自动化装置中使用的小功率电流电压变换器。本标准适用于感应式的电流一电流、电流一电压及电压一电压变换器，其他类型的小功率电流电压变换器可参考采用。

半导体电力变流器型号编制方法

标准编号： JB/T 1505-1975

实施日期： 1975-07-01

发布部门： 中华人民共和国机械工业部

标准简介：

本标准适用于符合 JB 1500—75《半导体电力变流器通用技术条件》的各种电力变流器产品。

旋转整流管

标准编号： JB/T 9686—1999

实施日期： 2000-01-01

发布部门： 国家机械工业局

标准简介：

本标准规定了旋转整流管的型式尺寸、额定值、特性、检验要求和模拟应用试验方法。本标准适用于按管壳额定正向平均电流为 16～500A 的螺栓形旋转整流二极管（以下简称整流管）。本标准的整流管适合在有离心加速度（恒加速度）力作用的场合下使用。

KE 型 50A 至 500A 电焊机用晶闸管

标准编号： JB/T 6324—1992

实施日期： 1993-01-01

发布部门： 中华人民共和国机械工业部

标准简介：

本标准规定了工频电阻焊机和电弧焊机的主电路用晶闸管的型式、尺寸、参数、检验和标志等技术要求。本标准适用于电阻焊机和电弧焊机用按管壳额定的 KE 型 50A 反向阻断三级晶闸管（以下简称晶闸管）。

电力变流变压器

标准编号： JB/T 8636—1997

实施日期： 1998-01-01

发布部门： 沈阳变压器研究所

标准简介：

本标准是对 JB 2530—1979《电力变流变压器》的修订。其技术性能参数有如下变化：①有关型谱和技术要求详细内容均引自相应标准，不重复叙述；②删除了“型式容量”章节；③增加了额定参数一章；④提出基波电压、基波电流等新概念；⑤对温升试验提出了限值和要求，规定了试验等效电流计算公式，规定了试验方法。本标准规定了网侧系统标称电压220kV及以下的油浸式、干式电力变流变压器（以下简称变压器）的参数，试验和试验方法，标志、包装等通用技术要求。本标准适用于半导体电力变流器中的变压器，包括内附的平衡电抗器、饱和电抗器等。本标准不适用于高压直流输变电用的变压器和单相牵引变压器。本标准只对变压器的通用部分提出要求，各类型的变压器应根据其自身的特点，在本标准的基础上编制相应标准，以对特殊部分作出补充规定。对采用其他冷却介质的变压器，可参照采用本标准。本标准于1997年9月5日首次发布。

牵引变电站用整流器

标准编号： JB/T 9689—1999

实施日期： 2000-01-01

发布部门： 国家机械工业局

标准简介：

本标准适用于工矿企业电气化运输、城市公共交通、市郊电气化铁道、井下电机车等牵引变电所作直流电源整流器。本标准仅对该整流器的特殊性提出要求，而与其他半导体电力整流器相同的共性部分，应符合GB/T 3859.1和GB/T 3859.2中的有关规定。

电化学用整流器

标准编号： JB/T 8740—1998

实施日期： 1998-11-01

发布部门： 全国电力电子学标准化技术委员会

标准简介：

JB/T 8740—1998　本标准是根据我国目前电化学工业的现状以及　GB/T 3859.1～3—1993，对ZB K46 006—1988《电化学用整流器》进行修订。本标准规定了电化学用整流器的有关定义、基本参数、技术要求、检验及试验方法。本标准适用于电化学工业作为电解直流电源使用的大功率电力半导体二极管整流管和晶闸管整流器。对于类似负载特性的石墨化、碳化硅等大功率电炉用整流器，本标准可参照使用。

电泳涂漆用整流器

标准编号： JB/T 8675—1997

实施日期： 1998-02-01

发布部门： 全国电力电子学标准化技术委员会

标准简介：

JB/T 8675—1997《电泳涂漆用整流器》是半导体电力变流器的一种。本标准系参照GB/T 3859—1993编制的，并引用了该标准的部分内容。本标准规定了电泳涂漆整流器的技术要求，试验方法和检验规则等。本标准适用于电泳涂漆用各型整流器，也可部分或全部用于类似用途或对电源有相同要求的整流器。

分布式电源接入配电网测试技术规范

标准编号： Q/GDW　666—2011

实施日期： 2011-11-14

发布部门： 国家电网公司

标准简介：

本标准适用于国家电网公司经营区域以内同步电机、异步电机、交流器形式接入10KV及以下电压等级配电网的分布式电源。

单相R型铁心电源变压器

标准编号： SJ/T 11245—2001

实施日期： 2002-05-01

标准简介：

本标准规定了R型铁心电源变压器的技术要求、检验规则及标志、包装、运输、贮存等要求。本标准适用于工作电压不高于500V、电源频率1000Hz以下、重量不大于12kg的电子设备用干式R型铁心电源变压器。

进出口电源变压器、供电单元和类似装置检验规程
第1部分：通用要求

标准编号： SN/T 0811.1—2005

实施日期： 2005-12-01

发布部门： 中华人民共和国国家质量监督检验检疫总局

标准简介：

本部分规定了对进出口电源变压器、供电单元和类似装置的要求、检验及判定。本标准不适用于连接到变压器输出端子或插座的外部电路和元件。本部分适用于干式变压器，其绕组可能是包封或未包封。该部分也适用于与变压器相关的设备的特定项目，电子线路的变压器也适用于本标准。

电工

电气照明

灯具
第2-12部分：特殊要求电源插座安装的夜灯

标准编号： GB 7000.212—2008

实施日期： 2010-02-01

发布部门： 中华人民共和国国家质量监督检验检疫总局
中国国家标准化管理委员会

标准简介：

GB 7000的本部分规定了使用电光源、电源电压不超过交流250V50/60Hz电源插座安装的夜灯的要求。本部分应与GB 7000.1一起使用。

杂类灯座
第2-2部分：LED模块用连接器的特殊要求

标准编号： GB 19651.3—2008

实施日期： 2010-04-01

发布部门： 中华人民共和国国家质量监督检验检疫总局
中国国家标准化管理委员会

标准简介：

GB 19651 的本部分适用于杂类内置式连接件（包括LED 模块（模块）内部连接用连接件），该连接件和基于LED 模块的 PCB（印制电路板）一起使用。

灯的控制装置

第 4 部分：荧光灯用交流电子镇流器的特殊要求

标准编号： GB 19510.4—2009

实施日期： 2010-12-01

发布部门： 中华人民共和国国家质量监督检验检疫总局
中国国家标准化管理委员会

标准简介：

本部分规定了 IEC60081 和 IEC60901 所述荧光灯以及其他高频荧光灯使用的电子镇流器的特殊要求，这种电子镇流器使用 50Hz 或 60Hz、1000V 以下交流电源，但其工作频率不同于电源的频率。

灯的控制装置

第 5 部分：普通照明用直流电子镇流器的特殊要求

标准编号： GB 19510.5—2005

实施日期： 2005-08-01

发布部门： 中华人民共和国国家质量监督检验检疫总局
中国国家标准化管理委员会

标准简介：

本部分规定了采用无瞬态浪涌电源进行工作的直流电子镇流器的特殊安全要求。此种镇流器用于休闲设备，例如大篷车，并直接使用不带充电器的电池进行工作。性能要求在 GB/T 19656 中给出。

灯的控制装置

第 6 部分：公共交通运输工具照明用直流电子镇流器的特殊要求

标准编号： GB 19510.6—2005

实施日期： 2005-08-01

发布部门： 中华人民共和国国家质量监督检验检疫总局
中国国家标准化管理委员会

标准简介：

本部分规定了用于汽车、火车、电车和船舶等公共运输工具的直流电子镇流器的特殊安全要求，这种镇流器的工作电源有可能出现瞬态变化及浪涌现象。性能要求在 GB/T 19656 中给出。

灯的控制装置

第 7 部分：航空器照明用直流电子镇流器的特殊要求

标准编号： GB 19510.7—2005

实施日期： 2005-08-01

发布部门： 中华人民共和国国家质量监督检验检疫总局
中国国家标准化管理委员会

标准简介：

本部分规定了航空器照明用直流电子镇流器的特殊安全要求，其工作电源有可能出现伴随的瞬态变化和浪涌电流。性能要求在 GB/T 19656 中给出。

灯的控制装置

第 8 部分：应急照明用直流电子镇流器的特殊要求

标准编号： GB 19510.8—2009

实施日期： 2010-12-01

发布部门： 中华人民共和国国家质量监督检验检疫总局
中国国家标准化管理委员会

标准简介：

本部分规定了持续应急照明和非持续应急照明用直流电子镇流器的特殊安全要求。本部分包括了对 IEC60598-2-22 所述应急照明灯具用的镇流器和控制装置的特定要求。应急照明用直流电子镇流器可以装有也可以不装电池。本部分还包括其他直流电子镇流器性能要求的所有工作条件要求。这是因为不工作的应急照明设备将会对安全造成危害。

灯的控制装置

第 9 部分：荧光灯用镇流器的特殊要求

标准编号： GB 19510.9—2009

实施日期： 2010-12-01

发布部门： 中华人民共和国国家质量监督检验检疫总局
中国国家标准化管理委员会

标准简介：

GB19510 的本部分规定了用于 1000V 以下 50Hz 或 60Hz 交流电源的荧光灯用镇流器的特殊要求（不包括电阻型镇流器）。与其配套的荧光灯可以带预热阴极，也可以不带预热阴极，可以带启动器工作，也可以不带启动器工作，这些灯的额定功率、尺寸及特性应符合 IEC 60081 和 IEC 60901 中的规定。本部分适用于完整的镇流器及其组成部件，例如：电抗器、变压器和电容器。热保护式镇流器的特殊要求在附录 B 中给出。本部分涉及的是在电网频率下正常工作的灯所用的镇流器，不包括高频工作的交流电子镇流器，该镇流器的要求见 GB 19510.4。

灯的控制装置

第 10 部分：放电灯（荧光灯除外）用镇流器的特殊要求

标准编号： GB 19510.10—2009

实施日期： 2010-12-01

发布部门： 中华人民共和国国家质量监督检验检疫总局
中国国家标准化管理委员会

标准简介：

GB 19510 的本部分规定了高压汞灯、低压钠灯、高压钠灯和金属卤化物灯用的镇流器的特殊要求。本部分适用于采用 50Hz 或 60Hz 1000V 以下交流电的镇流器，与其配套的放电灯的额定功率、尺寸及特性应符合 IEC60188、IEC60192、IEC60662 和 IEC61167 的规定。本部分适用于完整的镇流器及其组成部件，例如：电抗器、变压器和电容器。

灯的控制装置

第 13 部分：放电灯（荧光灯除外）用直流或交流电子镇流器的特殊要求

标准编号： GB 19510.13—2007

实施日期： 2009-01-01

发布部门： 中华人民共和国国家质量监督检验检疫总局
中国国家标准化管理委员会

标准简介：

本部分首次发布。GB 19510《灯的控制装置》现有 13 个部分，本部分为 GB 19510 的第 13 部分。本部分应与 GB 19510.1—2004 一起使用，它是在对 GB 19510.1—2004 的相应条款进行补充或修改之后制定而成的。本部分规定了直流或交流电子镇流器的一般要求和安全要求。

灯的控制装置

第 14 部分：LED 模块用直流或交流电子控制装置的特殊要求

标准编号： GB 19510.14—2009

实施日期： 2010-12-01

发布部门： 中华人民共和国国家质量监督检验检疫总局
中国国家标准化管理委员会

标准简介：

GB19510 的本部分规定了使用 250V　以下直流电源和 1000V　以下、50Hz 或 60Hz 交流电源的 LED 模块用电子控制装置的特殊安全要求，该电子控制装置的输出频率不同于电源频率。本部分中规定的 LED 模块控制装置是设计在安全特低电压或等效安全特低电压或更高的电压下能够为 LED 模块提供恒定的电压或电流的控制装置。非纯电压源和电流源类型控制装置也包括在本部分之内。适用于本部分的 GB19510.1—2009 的附录和所使用的名词灯也理解为包含 LED 模块。

普通照明用 LED 模块安全要求

标准编号： GB 24819—2009

实施日期： 2010-11-01

发布部门： 中华人民共和国国家质量监督检验检疫总局
中国国家标准化管理委员会

标准简介：

本标准规定了普通照明用发光二极管（LED）模块的一般要求和安全要求：在恒定电压、恒定电流或恒定功率下工作的不带整体式控制装置的 LED 模块；采用 250V 以下直流或 1000V 以下 50Hz 或 60Hz 交流电源的自镇流 LED 模块。

普通照明用 50V 以上自镇流 LED 灯　安全要求

标准编号： GB 24906—2010

实施日期： 2011-02-01

发布部门： 中华人民共和国国家质量监督检验检疫总局
中国国家标准化管理委员会

标准简介：

本标准规定了在家庭和类似场合作为普通照明用的、把稳定燃点部件集成为一体的 LED 灯（自镇流 LED 灯）。本标准对该种灯规定了安全和互换性要求，以及试验方法和检验其是否合格的条件。本标准适用于如下范围：①额定功率 60W 以下；②额定电压大于 50V 且小于或等于 250V；③灯头符合表 1 要求。本标准的要求只涉及型式试验。关于全部产品的检验和批量产品的检验方法将在 GB 24819—2009 的附录 C 中定义。

普通照明用 LED 和 LED 模块术语和定义

标准编号： GB/T 24826—2009

实施日期： 2010-05-01

发布部门： 中华人民共和国国家质量监督检验检疫总局
中国国家标准化管理委员会

标准简介：

本标准规定了普通照明用 LED　和 LED　模块及相关的术语和定义。本标准适用于编写有关普通照明用 LED 的各类标准及其有关的技术文献。

灯用附件　钨丝灯用直流/交流电子降压转换器　性能要求

标准编号： GB/T 19654—2005

实施日期： 2005-08-01

发布部门： 中华人民共和国国家质量监督检验检疫总局
中国国家标准化管理委员会

标准简介：

本标准规定了使用 250V 以下直流电源和 50Hz 或 60Hz，1000V 以下交流电源，其工作频率不同于电源频率的电子降压转换器的性能要求，这种转换器应与 IEC 30657 所规定的卤钨灯及其他钨丝灯一起使用。

道路照明用 LED 灯　性能要求

标准编号： GB/T 24907—2010

实施日期： 2011-02-01

发布部门： 中华人民共和国国家质量监督检验检疫总局
中国国家标准化管理委员会

标准简介：

本标准规定了道路照明用 LED 灯的术语和定义、分类与命名、技术要求、试验方法、检验规则、标志、包装、运输和贮存。本标准适用于集 LED 器件及其控制驱动电路和灯具于一体、采用交流 220V/50Hz 电源供电的道路照明用 LED 灯。符合本标准的灯，在额定电源电压的 92% ~ 106% 以及 -30 ~ 45℃范围内，应能正常启动和燃点。

灯用附件　放电灯（管形荧光灯除外）用镇流器性能要求

标准编号： GB/T 15042—2008

实施日期： 2009-09-01

发布部门： 中华人民共和国国家质量监督检验检疫总局
中国国家标准化管理委员会

标准简介：

本标准规定了高压汞灯、低压钠灯、高压钠灯和金属卤化物灯等放电灯用镇流器的性能要求。第 12 ~ 15 章对特定类型的镇流器均规定了具体要求。本标准所论述的是使用 50Hz 或 60Hz、1000V 以下交流电源的电感式放电灯用镇流器，灯的额定功率、尺寸及特性均应符合相应 IEC 的灯标准的规定。

普通照明用自镇流 LED 灯　性能要求

标准编号： GB/T 24908—2010

实施日期： 2011-02-01

发布部门： 中华人民共和国国家质量监督检验检疫总局
中国国家标准化管理委员会

标准简介：

本标准规定了普通照明用自镇流 LED 灯的性能要求、试验方法、检验规则及标志、包装、运输、贮存等。本标准适用于在家庭和类似场合作为普通照明用的、把稳定燃点部件集成为一体的 LED 灯（自镇流 LED 灯）。

普通照明用 LED 模块　性能要求

标准编号： GB/T 24823—2009

实施日期： 2010-05-01

发布部门： 中华人民共和国国家质量监督检验检疫总局
中国国家标准化管理委员会

标准简介：

本标准规定了普通照明用 LED　模块的分类、技术要求、试验方法、检验规则、标志、包装、运输、贮存等。其模块形式有各种发光单件方式（例如对称、非对称、矩形、椭圆）及组合方式。其 LED 可安装在平面上，也可安装在曲面上。本标准适用于在恒定电压、恒定电流或恒定功率下工作的、不带整体式控制装置的 LED 模块及采用 250V 以下直流或 1000V 以下 50Hz 或 60Hz 交流电源的自镇流 LED 模块。不带整体式控制装置的 LED 模块简称为“LED 模块”，不带整体式控制装置的 LED 模块及自镇流 LED 模块统称为“模块”。本标准中的“镇流”术语泛指变压、限流或稳流，这与气体放电光源正常工作所需的“镇流”含义有所不同。

管形荧光灯用交流电子镇流器　性能要求

标准编号： GB/T 15144—2009

实施日期： 2010-03-01

发布部门： 中华人民共和国国家质量监督检验检疫总局
中国国家标准化管理委员会

标准简介：

本标准规定了管形荧光灯及其他高频工作的管形荧光灯用电子镇流器的性能要求，这种镇流器使用频率为 50Hz 或 60Hz，电压在 1000V　以下的电源，其工作频率不同于电源的频率，与其匹配使用的管形荧光灯应符合 GB/T10682 和 GB/T17262 的要求。

普通照明用 LED 模块测试方法

标准编号： GB/T 24824—2009

实施日期： 2010-05-01

发布部门： 中华人民共和国国家质量监督检验检疫总局
中国国家标准化管理委员会

标准简介：

本标准规定了普通照明用 LED 模块的基本性能的测量方法。本标准适用于功率大于或等于 1W，在恒定电压、恒定电流或恒定功率下稳定工作的、外置控制的 LED 模块，以及采用直流 250V 以下或交流 50Hz 或 60Hz、1000V 以下电源供电的稳定工作的自镇流 LED 模块。非本标准范围内的 LED 产品，如有需要，也可以参考本标准。

金卤灯用低频方波电子镇流器

标准编号： GB/T 26697—2011

实施日期： 2011-12-01

发布部门： 中华人民共和国国家质量监督检验检疫总局
中国国家标准化管理委员会

标准简介：

本标准提供了金卤灯用低频方波电子镇流器的性能要求和工作特性。电子镇流器工作电源频率为 50Hz，最大电源电压为 250V。电子镇流器的输出频率可以是 50Hz 之外的某些频率。本标准覆盖的灯的工作电流频率为 50 ~ 400Hz（适用于某些单独的频率范围），与其匹配使用的金卤灯应符合 GB/T18661 和 IEC61167 的要求。方波电子镇流器定义为灯工作电流波形基本为方波，并符合本标准 5. 4. 4. 1 节中要求的上升/跌落时间的电子镇流器。

装饰照明用 LED 灯

标准编号： GB/T 24909—2010

实施日期： 2011-02-01

发布部门： 中华人民共和国国家质量监督检验检疫总局
中国国家标准化管理委员会

标准简介：

本标准规定了额定电源电压 250V 以下频率为 50Hz 交流或直流装饰照明用 LED 灯的产品分类、技术要求、检验规则、标志、包装运输和贮存的要求。本标准适用于由 LED 及相关附件组成的灯。该产品适用于室内或室外装饰照明。

管形荧光灯用镇流器　性能要求

标准编号： GB/T 14044—2008

实施日期： 2009-09-01

发布部门： 中华人民共和国国家质量监督检验检疫总局
中国国家标准化管理委员会

标准简介：

本标准规定了使用 50Hz 或 60Hz、1000V 以下交流电源，与管形预热阴极荧光灯一起工作的（非电阻型）镇流器的性能要求，其所用荧光灯可以带或不带启动器或启动装置工作，灯的额定功率、尺寸和特性均应符合 IEC 60081 和 IEC 60901 的规定。本标准适用于完整的镇流器及其零部件，例如，电阻、变压器和电容。本标准不包括 GB 19510. 4 所规定的高频工作的管形荧光灯用交流电子镇流器。

管形荧光灯用直流电子镇流器　性能要求

标准编号： GB/T 19656—2005

实施日期：2005-08-01
发布部门：中华人民共和国国家质量监督检验检疫总局
中国国家标准化管理委员会
标准简介：

本标准规定了额定电压不超过250V并与符合IEC 60081的荧光灯匹配使用的直流电子镇流器的一般性能要求。本标准应与GB 19510.5、GB 19510.6、GB 19510.7、GB 19510.8一起使用。本标准规定了通用性能要求、普通照明、公共交流运输工具照明和航空器照明用电子镇流器的性能要求。

管形荧光灯用无频闪电子镇流器　性能要求
标准编号：GB/T 26692—2011
实施日期：2011-12-01
发布部门：中华人民共和国国家质量监督检验检疫总局
中国国家标准化管理委员会
标准简介：

本标准规定了高频工作的管形荧光灯用无频闪电子镇流器的性能要求。本标准适用于使用频率为50Hz、60Hz的交流电源或直流电源，电压在1000V 以下，其工作频率不同于电源的频率，与其匹配使用的管形荧光灯应符合GB/T10682和GB/T17262的要求。

LED模块用直流或交流电子控制装置　性能要求
标准编号：GB/T 24825—2009
实施日期：2010-05-01
发布部门：中华人民共和国国家质量监督检验检疫总局
中国国家标准化管理委员会
标准简介：

本标准规定了使用250V 以下直流电源和50Hz或60Hz、1000V以下交流电压，其工作频率不同于电源频率的电子控制装置的性能要求，此控制装置与GB24819所规定的LED模块一起工作。本标准规定的LED控制装置设计提供恒定电压和电流。不符合纯电压和电流类型不被排除本标准之外。

环境标志产品技术要求管型荧光灯镇流器
标准编号：HJ/T 232—2006
实施日期：2006-03-01
标准简介：

本标准规定了管型荧光灯镇流器类环境标志产品的定义、基本要求、技术内容和检验方法。本标准适用于220V、50Hz交流电源供电，标称功率在18～40W的管型荧光灯所用独立式电感镇流器和电子镇流器（以下简称镇流器）。本标准不适用于非预热启动的电子镇流器。

矿灯用LED及LED光源组技术条件
标准编号：MT/T 1092—2008
实施日期：2010-07-01
发布部门：国家安全生产监督管理总局
标准简介：

本标准规定了矿灯用LED及LED光源组的术语和定义、符号、要求、试验方法、检验规则及标志、运输和贮存。本标准适用于矿灯用LED及LED光源组。

灯用附件　高频冷启动管形放电灯（霓虹灯）用电子换流器和变频器性能要求
标准编号：QB/T 2986—2008
实施日期：2008-12-01
发布部门：中华人民共和国国家发展和改革委员会
标准简介：

本标准规定了高频冷启动管形放电灯（霓虹灯）用电子换流器和变频器的性能要求。电源包括50Hz/60Hz、1000V以下的交流电源或者1000V以下的直流电源。此类换流器和变频器是一种装有触发和稳定部件的转换器，这种转换器能在直流与电源频率不同的频率下使霓虹灯工作。与转换器匹配的霓虹灯是辉光放电灯管，本标准不包括弧光放电的低气压荧光灯用电子镇流器。

单端金属卤化物灯用LC顶峰超前式镇流器性能要求
标准编号：QB/T 2511—2001
实施日期：2001-11-01
发布部门：中国轻工业联合会
标准简介：

本标准规定了1000V以下、50Hz交流供电的单端金属卤化物灯用LC顶峰超前式镇流器的分类、技术要求、试验方法、检验规则和标志、包装、运输、贮存。本标准适用于175～1500W单端金属卤化物灯用LC顶峰超前式镇流器（以下简称“镇流器”）。本标准与GB14045共同使用。

电源插座安装的夜灯
标准编号：QB　2908—2007
实施日期：2008-06-01
发布部门：中华人民共和国国家发展和改革委员会
标准简介：

本标准规定了使用电光源、电源电压不超过交流250V、50/60Hz的电源插座安装的夜灯的要求。本标准应与GB 7000.1一起使用。

灯用附件　放电灯（荧光灯除外）用直流或交流电子镇流器性能要求
标准编号：QB/T 2878—2007
实施日期：2008-01-01
发布部门：中华人民共和国国家发展和改革委员会
标准简介：

本标准规定了直流或交流电子镇流器的性能要求。电源包括50Hz或60Hz、1000V以下的交流电源。此类镇流器是一种装有触发和稳定部件的转换器，这种转换器能在直流或与电源频率不同的频率下使用放电灯工作。与镇流器匹配的放电灯包括高压汞灯、高压钠灯和金属卤化物灯。本标准不包括荧光灯和低压钠灯用镇流器以及如剧院和机动车辆用特种灯用镇流器。

单端无极荧光灯用交流电子镇流器

标准编号： QB/T 2871—2007

实施日期： 2007-08-01

发布部门： 中华人民共和国国家发展和改革委员会

标准简介：

本标准规定了1000V以下、50Hz交流电源供电，工作频率超过电源频率的单端无极荧光灯用交流电子镇流器的术语和定义、一般要求和安全要求、性能要求以及试验方法。本标准适用于单端无极荧光灯。

镇流器型号命名方法

标准编号： QB/T 2275—2008

实施日期： 2008-07-01

发布部门： 中华人民共和国国家发展和改革委员会

标准简介：

本标准规定了各种气体放电灯用的电感式和电子式镇流器的型号命名方法。本标准适用于各种气体放电灯的电感式和电子式镇流器。

高压钠灯用预置功率电感镇流器

标准编号： QB/T 2941—2008

实施日期： 2008-07-01

发布部门： 中华人民共和国国家发展和改革委员会

标准简介：

本标准适用于不更换高压钠灯来改变灯功率用预置功率电感式镇流器，这些镇流器使用50Hz、1000V以下交流电源。上述这类镇流器在额定输出功率时应首先满足GB/T 15042—2005的要求。本标准应与GB 19510.10—2004和GB/T 15042—2005一起使用，本标准镇流器适用的高压钠灯应符合GB/T 13259的要求。

进出口灯具检验规程

第8部分：管形荧光灯用镇流器

标准编号： SN/T 1588.8—2007

实施日期： 2008-03-01

标准简介：

本部分规定了进出口管形荧光灯用镇流器的要求、检验及判定。

电工

其他

不间断电源设备

第1-1部分：操作人员触及区使用的UPS的一般规定和安全要求

标准编号： GB 7260.1—2008

实施日期： 2009-04-01

发布部门： 中华人民共和国国家质量监督检验检疫总局
中国国家标准化管理委员会

标准简介：

GB 7260分为3个部分，本部分为GB 7260的第1-1部分。本部分是首次发布。本部分适用于直流环节具有储能装置的电子式不间断电源设备。本部分包括的不间断电源设备（UPS）的主要功能是保证交流电源输出的连续性。UPS也可使电源保持规定的特性，从而提高电源质量。本部分适用于预定安装在操作人员触及区内、用于低压配电系统的移动式、驻立式、固定式或嵌装式的UPS。本部分规定了保证操作人员和可能触及设备人员的安全要求。当特别说明时，也适用于维修人员。

不间断电源设备

第1-2部分：限制触及区使用的UPS的一般规定和安全要求

标准编号： GB 7260.4—2008

实施日期： 2009-04-01

发布部门： 中华人民共和国国家质量监督检验检疫总局
中国国家标准化管理委员会

标准简介：

本部分为GB 7250的第1-2部分。本部分的全部技术内容为强制性。本部分是首次发布。本部分适用于直流环节具有储能装置的电子式不间断电源设备。本部分包括的不间断电源设备（UPS）的主要功能是保证交流电源输出的连续性。UPS也可使电源保持规定的特性，从而提高电源质量。本部分适用于预定安装在限制触及区内，低压配电系统的移动式、驻立式、固定式或嵌装式UPS。本部分规定了保证维修人员安全的要求。

不间断电源设备（UPS）

第2部分：电磁兼容性（EMC）要求

标准编号： GB 7260.2—2009

实施日期： 2010-02-01

发布部门： 中华人民共和国国家质量监督检验检疫总局
中国国家标准化管理委员会

标准简介：

本部分适用于安装在下述场所的UPS：①单台UPS或由数台UPS互连与相关控制器/开关装置构成单一电源组成的UPS系统；②连接至工业、住宅、商业和轻工业的低压供电系统的任何操作者可触及区或独立电气场所。本部分拟作为C1类、C2类和C3类产品在投放市场前进行EMC合格评定的产品标准。本部分考虑了UPS的物理尺寸和功率额定值范围涉及的不同的试验条件。本部分不覆盖特殊安装环境，也未考虑UPS故障情况。本部分不覆盖直流供电的电子镇流器或基于旋转式机组的UPS。本部分规定了：EMC 要求、试验方法和最低性能的电平。

半导体变流串级调速装置总技术条件

标准编号： GB 12669—1990

实施日期： 1991-10-01

发布部门： 国家技术监督局

标准简介：

本标准规定了半导体变流串级调速装置的技术要求和试验方法。本标准适用于利用半导体电力变流器调节交流绕线转子异步电动机速度的串级调速装置（以下简称装置）。本标准侧重于低于电动机同步转速的串级调速装置。对超同步串级调速装置尚需附加规定。

家用和类似用途电自动控制器管形荧光灯镇流器热保护器的特殊要求

标准编号： GB 14536.4—2008

实施日期： 2010-02-01

发布部门： 中华人民共和国国家质量监督检验检疫总局
中国国家标准化管理委员会

标准简介：

GB 14536.1 中的该章，除下述内容外均适用。本部分适用于对管形荧光灯镇流器热保护器作出评定。本部分适用于使用 PTC 和 NTC 热敏电阻的热保护器，其额外的要求见附录 J。

低压直流电源设备的性能特性

标准编号： GB/T 17478—2004

实施日期： 2005-02-01

发布部门： 中华人民共和国国家质量监督检验检疫总局
中国国家标准化管理委员会

标准简介：

本标准规定了输出直流电压在 250V 以下，功率小于 30kW，由 600V 以下交流或直流源电压供电的低压电源设备（包括开关型）确定技术要求的方法。该电源在 I 类设备中使用，或者在有足够电气、机械保护条件下独立运行。本标准适用于有任何输出路数，由交流或直流供电的所有类型的电源以及为其他未知应用定制的产品。对于那些作为已有专门产品标准的设备的一部分而开发的电源，这些专门产品标准同样适用；尤其当产品标准不足以覆盖这些电源的某些性能特性时，补充采用本标准可作为一种有用的选择。本标准允许规定满足特定用途的电源设备所需的性能水平的技术参数，建立与该类设备有关的基本定义，并确定具体的技术要求。这些使制造商及用户能够根据规定的技术要求，选择和确定其电源设备的适用范围。

起重及冶金用变频调速三相异步电动机技术条件
第 1 部分：YZP 系列起重及冶金用变频调速三相异步电动机

标准编号： GB/T 21972.1—2008

实施日期： 2009-03-01

发布部门： 中华人民共和国国家质量监督检验检疫总局
中国国家标准化管理委员会

标准简介：

GB/T21972 的本部分规定了 YZP 系列起重及冶金用变频调速三相异步电动机的型式、基本参数与尺寸、技术要求、检验规则、试验方法以及标志、包装及保用期的要求。本部分适用于变频器供电的各种起重机械及冶金辅助设备电力传动用三相异步电动机，凡属本系列电动机所派生的各种系列电动机均可参照执行。

电工名词术语　电焊机

标准编号： GB/T 2900.22—2005

实施日期： 2006-04-01

发布部门： 中华人民共和国国家质量监督检验检疫总局
中国国家标准化管理委员会

标准简介：

本部分规定了电焊机的专用名词，包括一般术语、产品名称、结构及附件等。本部分适用于电焊机产品及其标准制订，编制技术文件，编写和翻译专业手册、教材及书刊等。与电焊机有关的各类标准中的使用的名词术语必须符合本部分和有关的专业名词术语标准。本部分中未作规定的名词术语，需要时可在有关的标准和技术文件中给予规定。

变频调速专用三相异步电动机绝缘规范

标准编号： GB/T 21707—2008

实施日期： 2008-12-01

发布部门： 中华人民共和国国家质量监督检验检疫总局
中国国家标准化管理委员会

标准简介：

本标准为首次制订。本标准的制定参照了 IEC62068-1. Ed. 1、IEC60034-25 和 IEC60034-18-41。本标准中规定了由变频调速专用三相异步电动机的绝缘结构规范。本标准适用于电压等级为 1140V 及以下采用散绕组的变频调速专用三相异步电动机。

变频电机用 G 系列冷却风机技术规范

标准编号： GB/T 22712—2008

实施日期： 2009-10-01

发布部门： 中华人民共和国国家质量监督检验检疫总局
中国国家标准化管理委员会

标准简介：

随着变频电机应用的日益广泛，冷却风机作为变频电机的配件，市场也日趋增大，且规格品种繁多，迫切需要制定一个技术规范来规范市场，以利于国民经济的发展。由于目前市场上变频电机品种繁多，性能指标和安装尺寸有较大地不同，在本标准中难以统一，所以本标准以 YVF2（IP54）变频调速专用变频电机三相异步电动机所配用的 G 系列冷却风机作为基本系列。其他的变频调速专用三相异步电动机可参照本标准选用冷风机。凡属该风机所派生的各种风机也可参照执行。本标准为首次发布。本标准规定了变频器供电的 YVF2（IP54）变频调速专用三相异步电动机用 G 系列冷却风机的型式、基本参数与尺寸，技术要求，检验规则，标志、包装及保用期的要求。本标准适用于变频器供电的 YVF2（IP54）变频调速专用三相异步电动机用 G 系列冷却风机（轴流式），由变频器供电的其他系列的变频调速专用三相异步电动机也可参照此标准选用风机。

变频器供电同步电动机设计与应用指南

标准编号： GB/T 24625—2009

实施日期： 2010-04-01

发布部门： 中华人民共和国国家质量监督检验检疫总局
中国国家标准化管理委员会

标准简介：

本标准规定了变频器供电的三相或多相同步电动机定额、结构型式、性能要求、冷却方式、试验方法及验收规则、同时也包含对变频器的要求。本标准适用于变频电源驱动的同步电动机。本标准未规定者，均应符合 GB755 中的有关规定。

变频器供电三相笼型感应电动机试验方法

标准编号： GB/T 22670—2008

实施日期： 2009-11-01

发布部门： 中华人民共和国国家质量监督检验检疫总局
中国国家标准化管理委员会

标准简介：

本标准规定了变频器供电三相笼型感应电动机的试验方法。本标准适用于变频器供电的三相笼型感应电动机。本标准不适用于牵引电机。

低压直流电源

第 3 部分：电磁兼容性（EMC）

标准编号： GB/T 21560. 3—2008

实施日期： 2008-11-01

发布部门： 中华人民共和国国家质量监督检验检疫总局
中国国家标准化管理委员会

标准简介：

本部分为首次发布。GB21560 分为 7 个部分，本部分为 GB21560 的第 3 部分。本部分规定了功率等级不超过 30kW、交流输入或直流输入电压不超过 660V、直流输出电压不超过 250V 的各种电源装置的电磁兼容性要求。本部分适用于作为具有直接功能的单元而开发的电源装置。本部分与 IEC612040-3：2000 相比，存在如下技术性差异：根据我国标准，本部分第 1 章将输入电源电压范围上限从 IEC61204-3 规定的不超过 600V 改为不超过 660V，输出电压范围上限则从 IEC61204-3 规定的不超过 200V 改为不超过 250V。

电能质量三相电压不平衡

标准编号： GB/T 15543—2008

实施日期： 2009-05-01

发布部门： 中华人民共和国国家质量监督检验检疫总局
中国国家标准化管理委员会

标准简介：

本标准规定了三相电压不平衡的限值、计算、测量和取值方法。本标准适用于标称频率为 50Hz 的交流电力系统在正常运行方式下由于负序基波分量引起的公共连接点的电压不平衡及低压系统由于零序基波分量而引起的公共连接点的电压不平衡。瞬时和暂时的不平衡问题不适用于本标准。

旋转电机 电压型变频器供电的旋转电机 Ⅰ型电气绝缘结构的鉴别和型式试验

标准编号： GB/T 22720. 1—2008

实施日期： 2009-10-01

发布部门： 中华人民共和国国家质量监督检验检疫总局
中国国家标准化管理委员会

标准简介：

本部分为 GB/T 22720 的第 1 部分。本部分为首次发布。GB/T 22720 的本部分规定脉宽调制变频器供电的定子/转子绕组绝缘结构的评估标准。本部分适用于变频器供电的单相或多相交流电机定子/转子绕组绝缘结构。本部分阐述了用典型试样或完整电机进行的鉴别、型式试验，以验证与电压型变频器的匹配程度。本部分不适用于：①仅由变频器起动的旋转电机；②额定电压有效值≤300V 的旋转电机；③牵引电气设备和结构。

不间断电源设备（UPS）

第 3 部分：确定性能的方法和试验要求

标准编号： GB/T 7260. 3—2003

实施日期： 2003-08-01

发布部门： 中华人民共和国国家质量监督检验检疫总局

标准简介：

本标准修改采用 IEC 62040-3：1999，本标准规定了确定不间断电源设备（UPS）性能的方法和试验要求。本标准为 UPS 的基础标准，所有 UPS 产品符合其规定，其他 UPS 相关标准亦应以本标准的规定为准。

低压直流电源

第 6 部分：评定低压直流电源性能的要求

标准编号： GB/T 21560. 6—2008

实施日期： 2008-11-01

发布部门： 中华人民共和国国家质量监督检验检疫总局
中国国家标准化管理委员会

标准简介：

本部分为首次发布。GB/T21560 分为 7 个部分，本部分为 GB/T21560 的第 6 部分。本部分适用于一般用途电源。这些电源进行交流到直流或直流到直流的变换。输入特性，本部分适用于额定值 660V 及以下的所有交流或直流电源。输出特性，本部分仅适用于直流电压低于 250V，且功率 2. 5kW 及以下的电源。本部分与 IEC612040-6：2000 相比，存在如下技术性差异：根据我国标准，本部分第 1 章将输入电源电压范围上限从 IEC61204-6 规定的不超过 600V 改为不超过 660V，输出电压范围上限则从 IEC61204-6 规定的不超过 200V 改为不超过 250V。

额定电压 450/750V 及以下橡皮绝缘电缆

第 6 部分：电焊机电缆

标准编号： GB/T 5013. 6—2008

实施日期： 2008-09-01

发布部门： 中华人民共和国国家质量监督检验检疫总局、
中国国家标准化管理委员会

标准简介：

GB/T 5013 的本部分给出了橡皮绝缘电焊机电缆的技术要求。每种电缆均应符合 GB/T 5013.1 规定的要求和本部分的特殊要求。

普通电源或整流电源供电直流电机的特殊试验方法

标准编号： GB/T 20114—2006

实施日期： 2006-06-01

发布部门： 中华人民共和国国家质量监督检验检疫总局
中国家标准化管理委员会

标准简介：

本标准适用于额定输出 1kW 及以上的普通电源或整流电源供电的直流电机，但其他 IEC 标准所涵盖的电机除外，如 IEC 60349。本标准的目的是制定用于测试普通电源或整流电源供电的直流电机特性参量的试验方法。本标准所描述的任一项或全部试验项目都不应理解为对任何指定电机都要求执行。特定试验应依据制造商和用户之间的协议进行。

YGP 系列辊道用变频调速三相异步电动机技术条件

标准编号： GB/T 21969—2008

实施日期： 2009-03-01

发布部门： 中华人民共和国国家质量监督检验检疫总局
中国国家标准化管理委员会

标准简介：

本标准规定了 YGP 系列辊道用变频调速三相异步电动机的型式、基本参数与尺寸、技术要求、检验规则、试验方法以及标志、包装及保用期的要求。本标准适用于各种辊道用变频调速三相异步电动机。凡属本系列电动机所派生的各种系列电动机均可参照执行。

电能质量公用电网间谐波

标准编号： GB/T 24337—2009

实施日期： 2010-06-01

发布部门： 中华人民共和国国家质量监督检验检疫总局
中国国家标准化管理委员会

标准简介：

本标准规定了公用电网谐波电压的允许阻值及测量取值方法。本标准适用于交流额定频率为 50Hz，标称电压 220kV 及以下的公用电网。

半导体电力变流器电气试验方法

标准编号： GB/T 13422—1992

实施日期： 1992-12-01

发布部门： 国家技术监督局

标准简介：

本标准规定了半导体电力变流器电气试验方法的试验条件、试验一般规定和试验程序。本标准适用于各种类型的变流器，包括整流器、逆变器以及兼有两种运行方式的变流器和各种电力电子开关的试验方法，至于应进行的试验项目应在各自产品标准的检验规则中作出规定。本标准对各种变流器电气试验的共性问题作出规定，有关不同变流器的特殊性问题可以在该种变流器的分类标准或其他标准中作出规定。本标准不适用于机动车用变流器和航空电器用机载变流器。

电能质量　供电电压偏差

标准编号： GB/T 12325—2008

实施日期： 2009-05-01

发布部门： 中华人民共和国国家质量监督检验检疫总局
中国国家标准化管理委员会

标准简介：

本标准代替 GB/T 12325—2003《电能质量　供电电压允许偏差》。本标准规定了电网供电电压偏差的限值、测量和合格率统计。本标准适用于交流 50Hz 电力系统在正常运行条件下供电电压对系统标称电压的偏差。本标准与 GB/T 12325—2003 相比主要变化如下：①标准名称改为《电能质量　供电电压偏差》；②为便于理解和实施，前三个术语与 GB 156 协调一致（见 3.1～3.3），修改了“电压偏差”的定义（见 3.4），增加了“电压合格率”术语（见 3.5）；③增加 20kV 电压等级的电压偏差限值（见 4.2）；④正文增加“供电电压偏差的测量”，以增强标准的可操作性；⑤增加了“附录 A 电压合格率统计”、“附录 B 电网电压监测及地区电网电压合格率的统计”。

低压交流电源（不高于 1000V）中的浪涌特性

标准编号： GB/Z　21713—2008

实施日期： 2008-11-01

发布部门： 中华人民共和国国家质量监督检验检疫总局
中国国家标准化管理委员会

标准简介：

本指导性技术文件为首次发布。本指导性技术文件描述低压交流电源中的浪涌电压、浪涌电流环境，不包括其他的电能质量问题。标准中所考虑的浪涌持续时间不超过半个工频周期，这些浪涌可以是周期性的，也可以是随机事件，可以出现在相线、零线以及地线之间。

逆变应急电源

标准编号： GB/T 21225—2007

实施日期： 2008-05-20

发布部门： 中华人民共和国国家质量监督检验检疫总局
中国国家标准化管理委员会

标准简介：

本标准规定了逆变应急电源的定义，产品分类和特征参数，技术要求，试验方法，检验规则及标志、包装、运输和贮存。本标准适用于一般工业、民用等场所在应急状态向照明、动力等及其混合负载提供交流电能的 EPS。

发电厂、变电站电子信息系统 220/380V 电源电涌保护配置、安装及验收规程

标准编号： DL/T 5408—2009

实施日期： 2009-12-01

发布部门： 国家能源局

标准简介：

本规程规定了发电厂、变电站（含箱式变电站）电子信息系统220/380V电源电涌保护器的选择、配置原则。本规程适用于发电厂、变电站（含箱式变电站）电子信息系统220/380V电源电涌保护器的选择、配置、安装及验收。

低压变频调速装置技术条件

标准编号： DL/T 339—2010

实施日期： 2011-05-01

发布部门： 国家能源局

标准简介：

本标准适用于660kV及以下电压，50Hz/60Hz三相交流电源供电的变频调速装置。

环境标志产品技术要求充电电池

标准编号： HJ/T 238—2006

实施日期： 2006-03-01

标准简介：

本标准规定了充电电池类环境标志产品的基本要求、技术内容和检验方法。本标准适用于除镍铬电池外的各类充电电池。

感应加热用变频机组电控设备

标准编号： JB/T 4086—1997

实施日期： 1998-02-01

发布部门： 湘潭牵引电气设备研究所

标准简介：

本标准是根据中频电热行业研究、设计、制造和使用的实际需要，对JB 4086—1985进行的修订。本标准规定了变频机组供电的中频感应加热用电控设备的要求，试验方法，抽样与检验，标志、包装、运输与贮存。本标准适用于变频机组供电的中频感应熔炼、透热、淬火、烧结、焊接等工况的电控设备。其频率范围为高于工频50（60）Hz，低于或等于10000Hz。

电动工具电源线护套

标准编号： JB/T 9605—1999

实施日期： 2000-01-01

发布部门： 国家机械工业局

标准简介：

本标准适用于电动工具电源线进线处保护用的护套（以下简称护套）。

YVF2系列（IP54）变频调速专用三相异步电动机技术条件（机座号80～315）

标准编号： JB/T 7118—2004

实施日期： 2004-06-01

发布部门： 中华人民共和国国家发展和改革委员会

标准简介：

本标准规定了YVF2系列电动机的型式、基本参数与尺寸、技术要求、检验规则、试验方法、标志、包装及保用期的要求。本标准适用于YVF2系列变频调速专用三相异步电动机。凡属本系列电动机所派生的各种系列电动机也可参照执行。

电热器具用电源开关

标准编号： JB/T 8440—1996

实施日期： 1997-01-01

发布部门： 中华人民共和国机械工业部

标准简介：

本标准规定了电热器具用电源开关的分类、基本要求、试验方法、检验规则、包装、贮存等技术规范。本标准适用于供家用和类似用途电阻性发热源的电热器具使用的由手、脚或其他人体动作驱动的电源开关，开关额定电压不超过440V，额定电流不超过63A。本标准不适用于与电自动控制器结合成一体的组合开关。

电控设备用低压直流电源

标准编号： JB/T 8948—1999

实施日期： 2000-01-01

发布部门： 国家机械工业局

标准简介：

本标准规定了电控设备用低压直流电源的产品型号、技术要求、试验方法、检验规则、产品包装、运输及贮存的要求等。本标准适用于额定频率为50Hz或60Hz、400Hz，额定电压不超过1000V及额定电压为直流且不超过400V供电的、输出额定直流电压不超过400V，额定功率不大于30kW的低压开关成套设备及电气传动控制设备用的低压直流电源（以下简称电控用直流电源）。本标准适用于自成一体的组件（单元）。本标准不适用于充电、浮充电整流器（直流电源）。

船用充电发电装置技术条件

标准编号： JB/T 7596—2010

实施日期： 2010-07-01

发布部门： 中华人民共和国工业和信息化部

标准简介：

本标准规定了船用充电发电装置的分类、型式和基本参数、试验方法、检验规则、标志及包装储运等。本标准适用于额定功率为1.2～18kW，由柴油机驱动，对蓄电池充电及其他电阻性负荷供电的船用充电发电装置。

真空管式高频感应加热电源装置

标准编号： JB/T 5267—1991

实施日期： 1992-07-01

发布部门： 全国工业电热设备标准化技术委员会

标准简介：

本标准规定了对真空管式高频感应加热电源装置的各项要求，包括产品分类、技术要求、试验方法、检验规则、等级划分、标志、包装、运输、贮存、订购和供货等。本标准适用于真空管式高频感应加热电源装置，该装置可作为表面与局部加热淬火、透热、熔炼和焊接等高频感应加热设备的电源。

煤矿蓄电池式电机车用防爆特殊型电源装置
标准编号：JB/T 7568—1994
实施日期：1995-06-01
发布部门：中华人民共和国机械工业部
标准简介：

本标准规定了煤矿蓄电池式电机车用防爆特殊型电源装置（以下简称电源装置）的规格参数、技术要求、试验方法、检验规则等。本标准适用于有沼气或煤尘爆炸危险的井下煤矿铅酸蓄电池式电机车用电源装置。

煤矿防爆特殊型电源装置用铅酸蓄电池
标准编号：JB/T 8200—2010
实施日期：2010-07-01
发布部门：中华人民共和国工业和信息化部
标准简介：

本标准规定了防爆特殊型电源装置用铅酸蓄电池的产品品种和规格、技术要求、试验方法、检验规则、标志、包装、运输和贮存。本标准适用于煤矿蓄电池式电力机车用防爆特殊型电源装置中的铅酸蓄电池的检验之用。

电动工具用变频机组
标准编号：JB/T 9607—1999
实施日期：2000-01-01
发布部门：国家机械工业局
标准简介：

本标准规定了电动工具用同轴旋转式变频机组的基本技术要求和试验方法。本标准适用于将三相50Hz交流电能转换为三相150、200、300、400Hz交流电能的同轴旋转式变频机组。

矿灯充电架
标准编号：MT 68—2002
实施日期：2002-09-01
发布部门：国家经济贸易委员会
标准简介：

本标准中的第4章第4.3.8条、第4.4.2条、第4.4.5条为强制性的，其余为推荐性的。本标准是根据矿灯制造技术、矿灯充电控制技术的不断发展，对MT/T 68—1992《自动电压控制型 酸性矿灯充电架通用技术条件》和MT 129—1985《碱性矿灯充电架通用技术条件》进行修订的。本标准将各类矿灯（酸性、碱性）充电架归人，标准名称相应改为《矿灯充电架》，提高了标准的适用性，在MT/T 68—1992和MT 129—1985的基础上增加了产品型号编制方法、湿热性能试验、充电指示器的防尘抗静电试验。

煤矿电机车电源装置用隔爆型插销连接器
标准编号：MT/T 875—2000
实施日期：2001-05-01
发布部门：国家煤炭工业局
标准简介：

本标准规定了煤矿电机车电源装置用隔爆插销连接器的产品分类与基本参数、技术要求、试验方法、检验规则、标志、包装、运输和贮存。本标准适用于煤矿电机车电源装置用隔爆插销连接器（以下简称插销连接器）。

电源用磁性氧化物磁芯（EC－磁芯）的尺寸
标准编号：SJ 2743—1987
实施日期：1987-10-01
发布部门：中华人民共和国电子工业部
标准简介：

本标准规定了磁性氧化物制成的适用于高磁通密度的E形磁芯的几何尺寸的磁路尺寸，这个系列的磁芯明确规定用于电源变压器，例如用作开关频率为25KHZ开关电源的磁芯。本标准列出了这些磁芯的优选尺寸及其公差，这些尺寸和公差对机械和电气互换性是很重要的。

军用装备直流供电电源总规范
标准编号：SJ 20825—2002
实施日期：2003-03-01
标准简介：

本规范规定了军用装备直流供电电源总规范的技术要求、质量保证规定和交货准备等，对特殊电源的详细要求应在产品规范中规定。本规范适用于军用装备常用的直流供电电源，是该类电源产品研制、设计、生产和验收的主要技术依据，也是制定相关电源产品规定和其他技术文件应遵循的原则和基础。

电源用磁性氧化物ETD磁芯的尺寸
标准编号：SJ/T 10282—1991
实施日期：1992-01-01
标准简介：

本标准规定了磁性氧化物制成的ETD磁芯在机械互换性方面的主要尺寸和用于这类磁芯线圈骨架的基本尺寸，以及计算这类磁芯所用的有效参数值。本标准规定的磁芯主要用作在高磁通密度下应用的电源变压器和扼流圈。

刷镀电源完好要求和检查评定方法
标准编号：SJ/T 31056—1994
实施日期：1997-01-01
标准简介：

本标准规定了刷镀（涂镀）电源的完好要求和检测评定方法。本标准适用于TD类刷镀（涂镀）电源，其他类型刷镀电源亦可参照本标准执行。

军用电子设备电源模块灌封工艺规程
标准编号：SJ 20596—1996
实施日期：1997-01-01
标准简介：

本规程规定了军用抗恶劣环境电子设备中，电源模块绝缘，导热灌封工艺的材料、工艺、设备、环境要求等内容。本规程适用于军用电子设备电源模块，也适用于电子设备中高发热部件、器件的绝缘导热灌封和整机绝缘导热灌封。

进出口电力系统直流电源设备检验规程

标准编号： SN/T 1412—2004

实施日期： 2004-12-01

发布部门： 中华人民共和国国家质量监督检验检疫总局

标准简介：

本标准规定了进出口电力系统直流电源设备的抽样、检验及检验结果的判定。本标准适用于电力系统中直流电源设备。该设备用于电力系统发电厂、变电站等电气设备、安全自动监控装置和通信电路中的直流电源系统，是作为控制、信号、通信、保护及直流事故照明、动力装置等的直流电源设备。本标准也适用于其他行业，如冶金、化工、铁路等系统中厂内变电站等的直流电源设备。

电气化铁道用中倍率镉镍蓄电池直流电源装置

标准编号： TB/T 2892—1998

实施日期： 1998-09-01

发布部门： 中华人民共和国铁道部

标准简介：

本标准规定了电气化铁道用中倍率镉镍蓄电磁直流电源装置的使用环境条件，技术要求、结构、试验方法及检验规则，及铭牌标字、包装、运输、贮存的要求。本标准适用于电气化铁道的牵引变电所、开闭所、电力系统110kV以下的变电站、工矿企业配电装置和其他自动化铁道的牵引变电所、开闭所。电力系统110kV以下的变电站、工矿企业配电装置和其他自动化装置的户内式直流电源装置。

移动通信手持机锂电池充电器的安全要求和试验方法

标准编号： YD 1268.2—2003

实施日期： 2003-06-05

发布部门： 中华人民共和国信息产业部

标准简介：

本部分规定了移动通信手持机锂电池充电器的安全特性的技术要求，并规定了相应的试验方法。本部分适用于移动通信手持机锂电池充电器（以下简称充电器）。

通信、广播

接入网设备与远端模块电源系统的综合再利用

标准编号： GB/T 26260—2010

实施日期： 2011-06-01

发布部门： 中华人民共和国国家质量监督检验检疫总局
中国国家标准化管理委员会

标准简介：

本标准规定了接入网设备与远端模块电源系统进行综合再利用的技术要求、试验方法及判定与原则。本标准适用于接入网设备与远端模块等配套电源系统的综合再利用。

移动通信电源技术要求和试验方法

标准编号： GB/T 13722—1992

实施日期： 1993-06-01

发布部门： 国家技术监督局

标准简介：

本标准规定了移动通信电源的技术要求和试验方法。本标准适用于供地面、内河或沿海作移动业务使用的额定输出电压为48V以下的直流稳压电源。

通信用太阳能电源系统

标准编号： GB/T 26264—2010

实施日期： 2011-06-01

发布部门： 中华人民共和国国家质量监督检验检疫总局
中国国家标准化管理委员会

标准简介：

本标准规定了通信用太阳能电源系统的定义、组成、要求、试验方法、检验规则和包装储运。本标准适用于向通信设备供电的离网型光伏发电系统或混合发电系统，不适用于向电网送电的光伏发电系统和柴油发电机组等发电装置。

移动通信手持机用锂离子电源充电器

标准编号： GB/T 21544—2008

实施日期： 2008-11-01

发布部门： 中华人民共和国国家质量监督检验检疫总局、
国家标准化管理委员会

标准简介：

本标准规定了移动通信手持用锂离子电源充电器的要求、试验方法、检验规则和标志、包装、储存、运输。本标准适用于移动通信手持机用锂离子电源的充电器。

视听设备和系统　标牌——电源标志

标准编号： GB/T 18122—2000

实施日期： 2000-10-01

发布部门： 中华人民共和国国家质量监督检验检疫总局

标准简介：

本标准适用于音频、视频、电视和视听工程领域的电子设备及系统，特别是对使用人员无需进行技术培训的设备。本标准仅适用于使用不超过单相250V交流电压或不超过50V的直流电压、通过插头和插座连接电源的设备。

卫星通信地球站无线电设备测量方法

第二部分：分系统测量

第四节：上变频器和下变频器

标准编号： GB/T 11299.8—1989

实施日期： 1990-01-01

发布部门： 中华人民共和国电子工业部

标准简介：

本标准规定了卫星通信地球站发射机和接收机内上、下变频器电性能的测量适用于本系列标准GB11299.1《卫星通信地球站无线电设备测量方法》“总则”图1所示的分系统。

通信用风能电源系统
标准编号：GB/T 26263—2010
实施日期：2011-06-01
发布部门：中华人民共和国国家质量监督检验检疫总局
中国国家标准化管理委员会
标准简介：

本标准规定了通信用风能电源系统的定义、组成、要求、试验方法、检验规则和包装储运。本标准适用于向通信设备供电的风能发电系统或混合发电系统，不适用于向电网送电的风能发电系统和柴油发电机组等发电装置。

通信建设工程预算定额
第一册 通信电源设备安装工程
标准编号：GXG 75-4.1—2008
实施日期：2008-07-01
标准简介：

《通信电源设备安装工程》预算定额覆盖了通信设备安装工程中所需的全部供电系统配置的安装项目，内容包括10kV以下的变、配电设备、电力缆线布放、接地装置及供电系统配套附属设施的安装与调试。本册定额不包括10kV以上电气设备安装；不包括电气设备的联合试运转工作。

多路微波分配系统（MMDS）下变频器技术要求和测量方法
标准编号：GY/T 173—2001
实施日期：2001-10-01
发布部门：国家广播电影电视总局
标准简介：

本标准规定了采用多路微波分配方式、工作在2500MHz～2700MHz频率范围内的广播电视系统用MMDS下变频器的技术要求和测量方法。对于能够确保同样测量不确定度的任何等效测量方法也可以采用。有争议时，应以本标准为准。

卫星直播系统一体化下变频器技术要求和测量方法
标准编号：GY/T 232—2008
实施日期：2008-03-15
发布部门：国家广播电影电视总局
标准简介：

本标准规定了卫星直播系统一体化下变频器的技术要求和测量方法。对于能够确保同样测量不确定度的任何等效测量方法也可采用。有争议时，应以本标准为准。本标准适用于广播电视卫星直播系统一体化下变频器的开发、生产、使用和运行维护。

有线电视系统接收机变换器入网技术条件和测量方法
标准编号：GY/T 125—1995
实施日期：1996-01-01
发布部门：广播电影电视部
标准简介：

本标准规定了有线电视接收机变换器（以下简称变换器）的性能参数要求和测量方法，对于能确保同样测量准确度的任何等效测量方法也可以应用。有争议时，应以本标准为准。本标准适用于入网的有线电视接收机变换器电性能参数的检测，并作为入网评价的技术依据。

数据通信用电源系统
标准编号：YD/T 1818—2008
实施日期：2008-11-01
发布部门：工业和信息化部
标准简介：

本标准规定了数据通信用电源系统的定义、分类、系统组成、技术及系统配置要求。本标准适用于数据通信机房电源系统及进入数据通信机房的各类数据通信设备的电源系统。

通信用模块化不间断电源
标准编号：YD/T 2165—2010
实施日期：2011-01-01
发布部门：工业和信息化部
标准简介：

本标准规定了通信用模块化不间断电源的术语和定义、要求、试验方法、检验规则和标志、包装、运输、贮存等。

通信局（站）电源系统维护技术要求
第1部分：总则
标准编号：YD/T 1970.1—2009
实施日期：2009-09-01
发布部门：工业和信息化部
标准简介：

本部分规定了通信局（站）电源系统结构组成、维护原则、维护技术目标、主要设备的有效使用年限和能用检测方法。本部分适用于通信局（站）中的高、低压变配电系统、直流系统、交流不间断电源UPS系统、逆变系统、发电机组系统、接地系统、动力环境监控系统、光伏与风力发电系统、蓄电池等系统设备。

数据设备用交流电源分配列柜
标准编号：YD/T 2322—2011
实施日期：2011-06-01
发布部门：中华人民共和国工业和信息化部
标准简介：

本标准规定了数据设备用交流电源分配列柜的系统结构、电源配置、监控测量、防雷与接地等方面的性能要求和技术指标，以及定义、分类、命名、试验方法、检验规则和标志、包装、运输和贮存。本标准适用于数据设备用网络机柜配套使用的交流电源分配列柜，与其他设备配套使用的电源配电柜、交流电源列柜以及直流电源列柜也可参照执行。

接入网电源技术要求
标准编号：YD/T 1184—2002

实施日期： 2002-02-01
发布部门： 中华人民共和国信息产业部
标准简介：

本标准规定了接入网电源的技术要求。本标准适用于接入网用户端网络单元及以下的交换和业务终端设备的电源设备和系统。

微波无人值守电源技术要求
标准编号： YD/T 501—2000
实施日期： 2000-03-31
发布部门： 中华人民共和国信息产业部
标准简介：

本标准规定了微波无人值守站电源系统及设备的技术要求。本标准适用于无人值守站电源系统设计、设备选型等。

通信电源用阻燃耐火软电缆
标准编号： YD/T 1173—2010
实施日期： 2011-01-01
发布部门： 工业和信息化部
标准简介：

本标准规定了通信电源用阻燃耐火软电缆的分类与命名、要求、试验方法、检验规则、标志、包装、运输及贮存。

移动通信手持机用锂离子电源及充电器
标准编号： YD/T 998—1999
实施日期： 1999-07-01
发布部门： 中华人民共和国信息产业部
标准简介：

本标准规定了移动通信手持机用锂离子电源的技术要求、试验方法、检验规则及包装、标志、贮存、运输。本标准适用于移动通信手持机用锂离子电源，用于其他用途的锂离子电源也可参考使用。

通信设备用直流远供电源系统
标准编号： YD/T 1817—2008
实施日期： 2008-11-01
发布部门： 工业和信息化部
标准简介：

本标准规定了通信设备用直流远供电源系统的定义、分类、要求、测试方法，及设备的标志、包装、运输和存储。本标准适用于通过通信线缆进行直流电能远距离传送和接收的供电系统。本标准不适用于 TNV 电路的远供系统。

通信用铜包铝电源线
标准编号： YD/T 2320—2011
实施日期： 2011-06-01
发布部门： 中华人民共和国工业和信息化部
标准简介：

本标准规定了交流额定电压 600/1000V 及以下通信用铜包铝电源线的分类与命名、要求、试验方法、检验规则、标志、包装、运输和贮存。本标准适用于通信局（站）、建筑物等电源输、配电系统中的通信用铜包铝电源线。

无线射频拉远单元（RRU）用线缆
第 2 部分：电源线
标准编号： YD/T 2289. 2—2011
实施日期： 2011-06-01
发布部门： 中华人民共和国工业和信息化部
标准简介：

本部分规定了无线射频拉远单元（RRU）用电源线的分类与命名、要求、试验方法、检验规则、标志、包装、运输及贮存。本部分适用于交流额定电压为 600/1000V 的通信局（站）无线射频拉远单元（RRU）用电源线。

通信用逆变设备
标准编号： YD/T 777—2006
实施日期： 2006-10-01
发布部门： 中华人民共和国信息产业部
标准简介：

本标准规定了通信用直流-交流正弦波逆变设备（以下简称逆变设备）为适应通信设备的特殊要求所必须具备的技术条件、试验方法和检验规则。本标准适用于向通信设备供电的正弦波逆变设备。

无触点补偿式交流稳压器
标准编号： YD/T 1270—2003
实施日期： 2003-06-05
发布部门： 中华人民共和国信息产业部
标准简介：

本标准规定了无触点补偿式交流稳压器的技术要求、试验方法、检验规则和标志、包装、运输、贮存。本标准适用于采用低压电器及电子器件组成的无触点补偿式交流稳压器。

室外型通信电源系统
标准编号： YD/T 1436—2006
实施日期： 2006-10-01
发布部门： 中华人民共和国信息产业部
标准简介：

本标准规定了室外型通信电源系统（以下简称系统）的定义、分类、技术要求、结构要求、环境适应性要求、试验方法、检验规则以及标志、包装、运输和贮存。本标准适用于放置在室外固定地点的，由不间断电源或逆变器、高频开关电源、蓄电池及相应配电设施组合的通信电源系统。本标准不适用于室外型柴油发电机组、车船载移动电源系统及利用自然环境能量发电的电源系统。

移动通信手持机用锂离子电源及充电器　充电器
标准编号： YD/T 998. 2—1999

实施日期： 1999-06-01

发布部门： 中华人民共和国信息产业部

标准简介：

本标准规定了移动通信手持机用锂离子电源充电器的技术要求、试验方法、检验规则和标志、包装、贮存、运输。本标准适用于移动通信手持机用锂离子电源的专用充电器。其他对锂离子电源充电的充电器也可参照使用。

移动通信手持机用锂离子电源及充电器 锂离子电源

标准编号： YD/T 998.1—1999

实施日期： 1999-06-01

发布部门： 中华人民共和国信息产业部

标准简介：

本标准规定了移动通信手持机用锂离子电源的技术要求、试验方法、检验规则及包装、标志、贮存、运输。本标准适用于移动通信手持机用锂离子电源，用于其他用途的锂离子电源也可参考使用。

移动通信手持机锂电池及充电器的安全要求和试验方法

标准编号： YD 1268—2003

实施日期： 2003-06-05

发布部门： 中华人民共和国信息产业部

标准简介：

本标准规定了移动通信手持机锂电池的安全性能要求，包括正常使用及可能发生误操作时的安全性要求和试验方法。本标准适用于移动通信手持机锂电池（以下简称电池）和锂电池芯（以下简称电池芯）。本部分规定了移动通信手持机锂电池充电器的安全特性的技术要求，并规定了相应的试验方法。本部分适用于移动通信手持机锂电池充电器（以下简称充电器）。

移动通信终端电源适配器及充电/数据接口技术要求和测试方法

标准编号： YD/T 1591—2009

实施日期： 2010-01-01

发布部门： 工业和信息化部

标准简介：

本标准规定了移动通信终端充电/数据接口、交流电源适配器及线缆的技术要求和测试方法，包括所涉及的物理特性、电气特性、安全特性、电磁兼容性、环境适应性和识别标识等。本标准适用于采用有线供电方式的终端、交流电源适配器及其连接线缆；不适用于需要特殊供电和应用的移动终端，如仅用于企业、行业的特殊移动设备等。其他便携式或家用小型电子设备的供电或充电也可以参照使用。

移动通信终端车载直流电源适配器及接口技术要求和测试方法

标准编号： YD/T 2306—2011

实施日期： 2011-06-01

发布部门： 中华人民共和国工业和信息化部

标准简介：

本标准规定了移动通信终端车载直流电源适配器及接口的技术要求和测试方法，包括车载直流电源适配器及其接口的物理特性、电气特性、安全特性、电磁兼容性、环境适应性等。本标准适用于供电系统为直流 12V 或 24V，具有点烟器接口的车辆环境内使用的为移动通信终端供电的电源适配器。

通信局（站）电源、空调及环境集中监控管理系统 第 1 部分：系统技术要求

标准编号： YD/T 1363.1—2005

实施日期： 2005-11-01

发布部门： 中华人民共和国信息产业部

标准简介：

本部分规定了通信局（站）电源、空调及环境集中监控管理系统的系统组成、监控内容、系统管理、硬件配置、软件功能和系统维护等要求。本部分适用于各类通信局（站）单独设置的通信电源、空调及环境集中监控管理系统以及以此为基础构成的不同规模的监控系统网络。

通信局（站）电源、空调及环境集中监控管理系统 第 2 部分：互联协议

标准编号： YD/T 1363.2—2005

实施日期： 2005-11-01

发布部门： 中华人民共和国信息产业部

标准简介：

本部分规定了通信局（站）电源、空调及环境集中监控管理系统的互联通信协议接口。本部分适用于各类通信局（站）单独设置的通信电源、空调及环境集中监控管理系统以及以此为基础构成的不同规模的监控系统网络。

通信局（站）电源、空调及环境集中监控管理系统 第 4 部分：测试方法

标准编号： YD/T 1363.4—2005

实施日期： 2005-11-01

发布部门： 中华人民共和国信息产业部

标准简介：

YD/T 1363 的本部分规定了通信局（站）电源、空调及环境集中监控管理系统的测试方法。本部分适用于各类通信局（站）单独设置的通信电源、空调及环境集中监控管理系统以及以此为基础而构成的不同规模的监控系统的测试。

通信局（站）电源系统维护技术要求 第 2 部分：高低压变配电系统

标准编号： YD/T 1970.2—2010

实施日期： 2011-01-01

发布部门： 工业和信息化部

标准简介：

本部分规定了通信局（站）高低压变配电系统的使用条件、维护项目、周期、指标要求和检测方法。

通信局（站）电源系统总技术要求
标准编号：YD/T 1051—2010
实施日期：2011-01-01
发布部门：工业和信息化部
标准简介：

本标准规定了通信局（站）电源系统的结构形式、交流供电系统、直流供电系统、防雷接地、主要电源设备技术性能要求和电源系统的监控、环境条件等要求。

通信局（站）电源系统维护技术要求
第10部分：阀控式密封铅酸蓄电池
标准编号：YD/T 1970. 10—2009
实施日期：2009-09-01
发布部门：工业和信息化部
标准简介：

本部分规定了通信局（站）用阀控式密封蓄电池使用条件、维护项目、周期、指标要求和检测方法。本部分规定了通信局（站）中直流系统、交流不间断电源UPS系统、逆变系统、发电机组系统、光伏与风力发电系统等供电系统所配置的铅酸蓄电池。

无触点感应式交流稳压器
标准编号：YD/T 1325—2004
实施日期：2005-03-01
发布部门：中华人民共和国信息产业部
标准简介：

本标准规定了无触点感应式交流稳压器（以下简称稳压器）的定义、分类与命名、技术要求、试验方法、检验规则、标志、包装、运输和贮存。本标准适用于交流电压为500V以下稳压器。

通信局（站）电源、空调及环境集中监控管理系统
第3部分：前端智能设备协议
标准编号：YD/T 1363. 3—2005
实施日期：2005-11-01
发布部门：中华人民共和国信息产业部
标准简介：

本部分规定了通信局（站）内为实现集中监控而使用的电源设备在设计、制造中应遵循的通信协议，同时也规定了通信局（站）电源、空调及环境集中监控管理系统中监控模块和监控单元之间的通信协议。本部分适用于各类通信局（站）电源、空调及环境集中监控系统和在此基础上构成的不同规模的监控系统。

通信用高频开关整流器
标准编号：YD/T 731—2008
实施日期：2008-11-01
发布部门：中华人民共和国工业和信息化部
标准简介：

本标准规定了通信用高频开关整流器的要求、试验方法、检验规则和包装储运。本标准适用于通信用高频开关整流器。

通信用开关电源系统监控技术要求和试验方法
标准编号：YD/T 1104—2001
实施日期：2001-03-21
发布部门：中华人民共和国信息产业部
标准简介：

本标准规定了通信用开关电源系统监控模块的监控内容、技术要求、通信协议、试验方法等。本标准适用于各类通信局（站）单独设置的通信用开关电源系统监控模块及以此为基础构成的不同规模的监控系统网络。微波、光缆、移动通信等通信局（站）中纳入通信设备监控系统的通信智能电源监控可参照本标准有关部分执行。

通信用半导体整流设备
标准编号：YD/T 576—1992
实施日期：1992-10-01
标准简介：

本标准规定了通信用半导体整流设备（以下简称整流设备）为适应通信设备的特殊要求所必须具备的技术条件。本标准适用于由半导体整流二极管、各种类型的晶闸管以及其他电力电子器件所构成的、与蓄电池并联浮充向通信设备供电的半导体整流设备。

通信设备用电源分配单元（PDU）
标准编号：YD/T 2063—2009
实施日期：2010-01-01
发布部门：工业和信息化部
标准简介：

本标准规定了通信设备机柜内部使用的交流电源分配单元的定义、分类和规格、要求、试验方法、检验规则及标志、包装、运输、贮存等。本标准适用于局站通信设备用电源分配单元（简称PDU）。

通信用直流-直流模块电源
标准编号：YD/T 1376—2005
实施日期：2005-12-01
发布部门：中华人民共和国信息产业部
标准简介：

本标准规定了通信用直流-直流模块电源（以下简称模块电源）的要求、试验方法、检验规则和包装贮存。本标准适用于非独立使用、板上安装的通信用直流-直流模块电源。

通信用高频开关电源系统
标准编号：YD/T 1058—2007
实施日期：2007-12-01
发布部门：中华人民共和国共和国信息产业部
标准简介：

本标准规定了通信用高频开关电源系统（以下简称系统）的组成、系列、要求、试验方法、检验规则、标志、包装、运输和储存。本标准适用于直流输出电压为-48V (24V) 的通信用高频开关电源系统。

通信用变换稳压型太阳能电源控制器技术要求和试验方法

标准编号：YD/T 2321—2011

实施日期：2011-06-01

发布部门：中华人民共和国工业和信息化部

标准简介：

本标准规定了通信用变换稳压型太阳能电源控制器的定义、分类、要求、试验方法、检验规则、标志、包装、运输、贮存等。本标准适用于采用DC/DC变换稳压控制技术的太阳能电源控制器，不适用于并网太阳能电源控制器。

通信用应急电源（EPS）

标准编号：YD/T 2062—2009

实施日期：2010-01-01

发布部门：工业和信息化部

标准简介：

本标准规定了通信用应急电源（以下简称EPS设备）的定义、分类、要求、试验方法、检验规则及标志、包装、运输、贮存。本标准适用于输出容量为0.5~10kVA，应用于微机站、直放站等场所的EPS设备。

通信用交流稳压器

标准编号：YD/T 1074—2000

实施日期：2000-09-01

发布部门：中华人民共和国信息产业部

标准简介：

本标准规定了通信用交流稳压器（以下简称稳压器）的要求、试验方法、检验规则和标志、包装、运输、贮存。本标准适用于由补偿变压器和接触调压器以及低压电器和电子器件组成的向通信设备供电的干式交流稳压器。

通信用太阳能供电组合电源

标准编号：YD/T 1073—2000

实施日期：2000-09-01

发布部门：中华人民共和国信息产业部

标准简介：

本标准规定了通信用太阳能供电组合电源（以下简称组合电源）的要求、试验方法、检验规则和标志、包装、运输、贮存。本标准适用于以太阳能光伏电池作主供电源，由交流配电单元、直流配电单元、整流器、监控器和太阳能光伏电池电压稳定装置等构成的向通信设备供电的组合电源设备。本标准不包含对太阳能光伏电池的要求。

通信电源设备安装工程设计规范

标准编号：YD/T 5040—2005

实施日期：2006-10-01

发布部门：中华人民共和国信息产业部

标准简介：

本规范适用于新建通信电源设备安装工程。扩建和改建工程可参照执行。

通信局（站）电源系统维护技术要求

第6部分：发电机组系统

标准编号：YD/T 1970.6—2009

实施日期：2009-09-01

发布部门：工业和信息化部

标准简介：

本部分规定了通信局（站）发电机组系统的使用条件、维护项目、周期、指标要求和检测方法。本部分适用于通信局（站）发电机组系统中的发电机设备、机组控制屏、转换设备、配电设备、启动系统、通风排烟系统、燃油系统等设备。

通信局（站）电源系统维护技术要求

第4部分：不间断电源（UPS）系统

标准编号：YD/T 1970.4—2009

实施日期：2009-09-01

发布部门：工业和信息化部

标准简介：

本部分规定了不间断电源（UPS）系统的使用条件、维护和现场验收项目、周期、指标要求及检测方法。本部分适用于通信局（站）中UPS系统。

通信局（站）电源系统维护技术要求

第3部分：直流系统

标准编号：YD/T 1970.3—2010

实施日期：2011-01-01

发布部门：工业和信息化部

标准简介：

本部分规定了通信局（站）直流系统的使用条件、维护项目、周期、指标要求和检测方法。

通信用不间断电源（UPS）

标准编号：YD/T 1095—2008

实施日期：2008-11-01

发布部门：工业和信息化部

标准简介：

本标准规定了通信用在线式、互动式与后备式静止型不间断电源（UPS）的技术要求、试验方法、检验规则和标志、包装、运输、贮存。本标准适用通信用在线式、互动式与后备式输出电压为正弦波的静止型不间断电源。

电子元器件与信息技术

通信用电感器和变压器磁芯

第四部分：分规范　电源变压器和扼流圈用磁性　氧化物磁芯（可供认证用）

标准编号：GB 9628—1988

实施日期：1989-02-01

发布部门：中华人民共和国电子工业部

标准简介：

本分规范规定了有质量评定的磁性氧化物磁芯的性能、额定值及检验要求。

通信用电感器和变压器磁芯
第四部分：空白详细规范 电源变压器和扼流圈用磁性氧化物 磁芯评定水平A（可供认证明）
标准编号：GB 9629—1988
实施日期：1989-02-01
发布部门：中华人民共和国电子工业部
标准简介：

本规范规定了评定水平为A的电源变压器和扼流圈用磁性氧化物磁芯的额定值、性能、检验要求和补充资料。

气体激光器电源系列
标准编号：GB 12083—2012
实施日期：2013-02-15
发布部门：国家技术监督局
标准简介：

本标准规定了气体激光器电源输出电压和输出电流值的系列、调节范围和允许的波动范围；同时规定了输出电压和输出电流之间的允许匹配。本标准适用于连续工作状态的气体激光器的固定的和可调的直流电流源和直流电压源。

电磁兼容 试验和测量技术 直流电源输入端口纹波抗扰度试验
标准编号：GB/T 17626. 17—2005
实施日期：2005-12-01
发布部门：中华人民共和国国家质量监督检验检疫总局
中国国家标准化管理委员会
标准简介：

本部分规定了电气和电子设备的直流电源输入端口的纹波抗扰度试验方法。本部分适用于由外部整流系统或正在充电的蓄电池供电的设备的低压直流电源端口。本部分的目的是建立一个通用的和可重现的基准，以在试验室条件下对电力和电子设备进行来自于如整流系统和/或蓄电池充电时叠加在直流电源上的纹波电压的抗扰度试验。本部分规定了：试验电压的波形、试验等级范围、试验发生器、试验配置和试验程序。

电子设备用固定电容器
第14部分：分规范 抑制电源电磁干扰用固定电容器
标准编号：GB/T 14472—1998
实施日期：1998-09-01
发布部门：国家技术监督局
标准简介：

本标准适用于抑制电磁干扰用固定电容器和电阻器-电容器的组件，这些电容器和电阻器-电容器组件将用于电气和电子设备，并跨接到电源线，且电源线之间的电压不超过500V直流或交流有效值，或任一电源线与地之间的电压不超过250V直流或交流有效值，频率不超过100Hz。本标准规定了适用于连接电源的抑制干扰电容器的各项试验。有关设备规范也可以规定应使用符合本规范要求电容器的其他电路位置。本标准也适用于在一个外壳内装有两个或多个电容器的组合电容器。本标准也适用于电阻器-电容器的串联组件，但组合件的等效串联电阻应不超过1kΩ。本标准也适用于电阻器-电容器的并阻组件，但此电阻器是作为电容器的放电电阻。

电磁兼容 试验和测量技术 直流电源输入端口电压暂降、短时中断和电压变化的抗扰度试验
标准编号：GB/T 17626. 29—2006
实施日期：2007-09-01
发布部门：中华人民共和国国家质量监督检验检疫总局
中国国家标准化管理委员会
标准简介：

GB/T17626的本部分规定了在电气和电子设备的直流电源输入端口对电压暂降、短时中断和电压变化的抗扰度试验方法。

电磁兼容 试验和测量技术 交流电源端口谐波、谐间波及电网信号的低频抗扰度试验
标准编号：GB/T 17626. 13—2006
实施日期：2007-07-01
发布部门：中华人民共和国国家质量监督检验检疫总局
中国国家标准化管理委员会
标准简介：

GB/T17626的本部分规定了低压电网中每相额定电流小于等于16A的电气和电子设备对骚扰频率高至2kHz的谐波、谐间波的抗扰度试验方法，并提出了基本试验等级的范围。

电子设备用固定电容器
第14部分：空白详细规范 抑制电源电磁干扰用固定电容器评定水平D
标准编号：GB/T 14473—1998
实施日期：1998-09-01
发布部门：国家技术监督局
标准简介：

空白详细规范是分规范的一种补充文件。

按能力批准评定质量的电子设备用电源变压器分规范
标准编号：GB/T 15183—1994
实施日期：1995-03-01
发布部门：国家技术监督局
标准简介：

本规范规定了按GB/T 14860规定的能力批准程序放行的电源变压器详细规范编制方法。本规范包括空白详细规范（BDS）。空白详细规范规定了格式并指出了适合于这种形式元件的试验；而最终选择列入检验一览表中的试验是由该规范的编写者决定的。该规范还规定了相应的额定值和特性。本规范规定的元件与单频率、基本为对称波形的最大传输功率有关。

微小型计算机系统设备用开关电源通用规范
标准编号： GB/T 14714—2008
实施日期： 2008-12-01
发布部门： 国家标准化管理委员会
标准简介：

本标准规定了微小型计算机系统设备用开关电源的技术要求、试验方法、检验规则、标志、包装、运输、贮存等。本标准适用于微小型计算机系统设备用开关电源，是制定产品标准的依据。本标准代替 GB/T 14714—1993《微小型计算机系统设备用开关电源通用技术条件》。本标准与 GB/T 14714—1993 的主要区别如下：①标准名称修改为“微小型计算机系统设备用开关电源通用规范”；②表 1 中关于电压分类，增加 3.3V 和负电压，取消 24V，将大于 60V 的电压并入“其他”，将“最小调节范围”修改为“稳压范围”，其他各项指标也作了部分修订；③增加电源适应能力的要求；④电磁兼容增加抗扰度限值和谐波电流限值的要求；⑤可靠性要求由 3000h 更改为 4000h；⑥主要性能试验增加测试电流计算方法，确定了额定负载的计算方法，并在相关的试验中作了修订。

信息技术设备用不间断电源通用技术条件
标准编号： GB/T 14715—1993
实施日期： 1994-06-01
发布部门： 国家技术监督局
标准简介：

本标准规定了信息技术设备用不间断电源通用技术条件。本标准适用于信息技术设备用不间断电源，其他场合使用的不间断电源可参照本标准，本标准是制定型号产品标准的依据。

单端和双端荧光灯用电子镇流器的电磁发射试验方法
标准编号： GB/T 22148—2008
实施日期： 2009-07-01
发布部门： 中华人民共和国国家质量监督检验检疫总局
中国国家标准化管理委员会
标准简介：

与 GB 17743 的要求相对应，本标准在使用基准灯具的基础上，详细描述了Ⅰ类荧光灯具用电子镇流器的无线电骚扰特性的独立测量方法。本标准覆盖了使用 G5 或 G13 灯头的双端荧光灯和使用 2G7、2G11、G24q、GX24q 灯头的单端荧光灯用电子镇流器。

电子设备用电源变压器和滤波扼流圈总技术条件
标准编号： GB/T 15290—1994
实施日期： 1995-07-01
发布部门： 国家技术监督局
标准简介：

本标准规定了电子设备用电源变压器和滤波扼流圈的技术要求、试验方法、检验规则及标志、包装、运输、贮存。本标准适用于电子设备用的干式电源变压器、滤波扼流圈，其工作电压不高于 5000V、电源频率不高于 1050Hz、重量不大于 70kg。

按能力批准评定质量的电子设备用开关电源变压器分规范
标准编号： GB/T 15184—1994
实施日期： 1995-03-01
发布部门： 国家技术监督局
标准简介：

本规范规定了按 GB/T 14860《通信和电子设备用变压器和电感器总规范》规定的能力批准放行的开关电源变压器详细规范编制方法。本规范还规定了相应的额定值和特值。本规范规定的元件与工作在开关状态的半导体器件连在一起用以传输功率，其输入波形为正弦或非正弦、对称或非对称的波形。

电磁兼容　环境　工业设备电源低频传导骚扰发射水平的评估
标准编号： GB/Z　18039.2—2000
实施日期： 2000-12-01
发布部门： 中华人民共和国国家质量监督检验检疫总局
标准简介：

本指导性技术文件推荐了评估工业环境中安装在非公用电网中的装置、设备和系统发射所产生的骚扰水平的程序，并只限于供电电源中的低频传导骚扰。

普通照明用 LED 灯具（固定式、可移式、嵌入式）
标准编号： DB35/T 810—2008
实施日期： 2008-07-10
发布部门： 福建省质量技术监督局
标准简介：

本标准为地方标准，发布单位为福建省质量技术监督局。本标准规定了普通照明用 LED 灯具的型号与代号、技术要求、试验方法、检验规则、标志、包装、使用说明、贮存和运输。本标准适用于以 LED 为光源的工作电压不超过 250V 的普通照明灯具，如吸顶灯、吊灯、壁灯、台灯、落地灯、筒灯、射灯等。

变频调速节能改造技术规范
标准编号： DB37/T 1107—2008
实施日期： 2009-01-15
发布部门： 山东省质量技术监督局
标准简介：

本标准为地方标准，发布单位为山东省质量技术监督局。

变频变压电源通用技术条件
标准编号： DB37/T 727—2007
实施日期： 2007-12-01
标准简介：

暂无

道路照明用 LED 灯具
标准编号： DB35/T 813—2008
实施日期： 2008-07-10
发布部门： 福建省质量技术监督局
标准简介：

本标准为地方标准，发布单位福建省质量技术监督局。

LED 路灯
标准编号： DB44/T 609—2009
实施日期： 2009-07-01
发布部门： 广东省质量技术监督局
标准简介：

本标准规定了 LED（发光二极管）路灯的定义、产品分类、型号和命名、技术要求、试验方法、检测规则以及标志、使用说明书、包装、运输和贮存要求等。本标准适用于 250V 以下直流电源及 1000V 以下交流供电的道路、街路、隧道照明和其他室外公共场所 LED（发光二极管）路灯。本标准应与 GB 7000.1 等相关标准的有关章节一起阅读。

混合集成电路 HDCD2812D15 型 DC/DC 变换器详细规范
标准编号： SJ 52438/9—2001
实施日期： 2002-01-01
发布部门： 中华人民共和国信息产业部
标准简介：

本规范规定了混合集成电路 HDA2812D15 型 DC/DC 变换器（以下简称电路）的详细要求。该电路的质量保证等级为 H 和 HI 级。本规范适用于电路的研制、生产和采购。

LC410-9005-E-E-1E-B-3、LC410-9007-H-E-1E-B-3 型电源滤波器详细规范
标准编号： SJ 51518/1—2004
实施日期： 2004-12-01
标准简介：

本规范规定了 LC410-9005-E-E-1E-B-3、LC410-9007-H-E-1E-B-3 型电源滤波器（以下简称“产品”）的详细要求。

400Hz 静止变频电源通用规范
标准编号： SJ 20915—2004
实施日期： 2004-12-30
标准简介：

本规范适用于电子装备所使用的各种静止变频电源，是产品研制、生产和验收的主要技术依据，也是制定相关产品规范和其他技术文件应遵循的原则和基础。

进出口信息技术设备检验规程
第 6 部分：信息技术设备用电源适配器
标准编号： SN/T 1429.6—2007
实施日期： 2008-03-01
标准简介：

本部分规定了对进出口信息技术设备用电源适配器的要求、检验及判定。

电子电源术语及定义
标准编号： SJ/T 1670—2001
实施日期： 2002-01-01
标准简介：

本标准规定了电子电源常用名词术语的定义。本标准适用于电子电源专业范围内制定各种标准、编制各类技术文件，也适用于科研、科学等方面。

混合集成电路 HMSF-600 型电源滤波器详细规范
标准编号： SJ 52438/10—2001
实施日期： 2002-01-01
发布部门： 中华人民共和国信息产业部
标准简介：

本规范规定了混合集成电路 HMSF-600 型电源滤波器（以下简称电路）的详细要求。该电路的质量保证等级为 H 级和 H1 级。本规范适用于电路的研制、生产和采购。

发光二极管（LED）显示屏测试方法
标准编号： SJ/T 11281—2007
实施日期： 2008-01-20
发布部门： 中华人民共和国信息产业部
标准简介：

本标准规定了发光二极管（LED）显示屏的机械、光学、电学等主要技术性能指标的分级和测试方法。本标准适用于各类发光二极管（LED）显示屏（以下简称显示屏）的测试。

交流电容器老化电源完好要求和检查评定方法
标准编号： SJ/T 31381—1994
实施日期： 1994-06-01
发布部门： 中华人民共和国电子工业部
标准简介：

本标准规定了交流电容器老化电源的完好要求和检查、评定方法。本标准适用于 P80-1/ HM 型和 P80-4/HM 型交流电容器老化电源，类似型式的交流电容器老化电源亦可参照执行。

VYJ9S 系列野战电源电缆规范
标准编号： SJ 20988—2008
实施日期：
标准简介：

本规范规定了 VYJ9S 系列野战电源电缆的要求、质量保证规定和交货准备等。本规范适用于 VYJ9S 系列野战电源电缆（以下简称电缆）的研制、生产、订货和验收。

CS42 型电源用矩形电连接器规范
标准编号： SJ/T 11323—2006
实施日期： 2006-02-01

标准简介：

本规范规定了 CS42 型电源用矩形电连接器的型号命名、技术要求、质量评定程序、标志、包装、运输和贮存等要求。本规范适用于 CS42 型电源用矩形电连接器。

LED 显示屏通用规范

标准编号： SJ/T 11141—2003

实施日期： 2003-10-01

发布部门： 中华人民共和国信息产业部

标准简介：

本标准规定了 LED 显示屏的定义，分类，技术要求，检验方法，检验规则以及标志、包装、运输、贮存等要求。本规范适用于 LED 显示屏产品。它是 LED 显示屏产品设计、制造、测试、安装、验收、使用、质量检验和制订各种技术标准、技术文件的主要技术依据。

能源、核技术

高压钠灯用镇流器能效限定值及节能评价值

标准编号： GB 19574—2004

实施日期： 2004-12-02

发布部门： 中华人民共和国国家质量监督检验检疫总局
中国国家标准化管理委员会

标准简介：

本标准规定了高压钠灯用镇流器能效限定值、节能评价值、目标能效限定值、检验与计算方法和检验规则。本标准适用于额定电压 220V、频率 50Hz 的交流电源，额定功率为 70～1000W 高压钠灯用的独立式和内装式电感镇流器。

金属卤化物灯用镇流器能效限定值及能效等级

标准编号： GB 20053—2006

实施日期： 2006-07-01

发布部门： 中华人民共和国国家质量监督检验检疫总局
中国家标准化管理委员会

标准简介：

本标准规定了金属卤化物灯用镇流器能效限定值、节能评价值、能效等级、检验与计算方法和检验规则。本标准适用范围为额定电压 220V、频率 50Hz 的交流电源，额定功率为 175～1500W 单端金属卤化物灯用 LC 顶峰超前式的独立式和内装式电感镇流器。

单路输出式交流-直流和交流-交流外部电源能效限定值及节能评价值

标准编号： GB 20943—2007

实施日期： 2007-12-01

发布部门： 中华人民共和国国家质量监督检验检疫总局
中国国家标准化管理委员会

标准简介：

本标准适用于额定输出功率不大于 250W 的电源。

《金属卤化物灯用镇流器能效限定值及能效等级》第 1 号修改单

标准编号： GB 20053—2006/XG1—2007

实施日期： 2007-09-01

发布部门： 中华人民共和国国家质量监督检验检疫总局
中国国家标准化管理委员会

标准简介：

本标准规定了金属卤化物灯用镇流器能效限定值、节能评价值、能效等级、检验与计算方法和检验规则。本标准适用范围为额定电压 220V、频率 50Hz 交流电源，额定功率为 175W～1500W 单端金属卤化物灯用 LC 顶峰超前式的独立式和内装式电感镇流器。

离网型风能、太阳能发电系统用逆变器
第 2 部分：试验方法

标准编号： GB/T 20321.2—2006

实施日期： 2007-01-01

发布部门： 中国国家标准化管理委员会

标准简介：

本部分规定了离网型风能、太阳能发电系统用逆变器工作性能的试验条件、试验内容和试验方法。本标准适用于离网型风能、太阳能发电系统用逆变器（以下简称逆变器）的工作性能试验。

离网型风能、太阳能发电系统用逆变器
第 1 部分：技术条件

标准编号： GB/T 20321.1—2006

实施日期： 2007-01-01

发布部门： 中国国家标准化管理委员会

标准简介：

本部分规定了离网型风能、太阳能发电系统用逆变器的术语、基本参数及型号编制、技术要求、试验方法、检验规则和标志、包装、运输及贮存等内容。

核电厂优先电源

标准编号： GB/T 13177—2008

实施日期： 2009-08-01

发布部门： 中华人民共和国国家质量监督检验检疫总局
中国国家标准化管理委员会

标准简介：

本标准代替 GB/T 13177—2000《核电厂优先电源》。本标准规定了核电厂优先电源（PPS）和优先电源与安全级（1E 级）电力系统、开关站、输电系统以及替代交流电源（AAC）接口的设计准则。本标准适用于核电厂优先电源。本标准与 GB/T 13177—2000 相比主要修改了 4.4 节、5.1.2 节、5.1.4.1 节、5.3.3.3 节、5.3.4.4 节、6.3.2、7.2 节的部分内容。

家用太阳能光伏电源系统技术条件和试验方法

标准编号： GB/T 19064—2003

实施日期： 2003-09-01

发布部门： 中华人民共和国国家质量监督检验检疫总局

标准简介：

本标准规定了定义、分类与命名、技术要求、文件要求、试验方法、检验规则以及标志、包装等。本标准适用于太阳电池方阵、蓄电池组、充放电控制器、逆变器及用电器等组成的家用太阳能光伏电源系统。

风力发电机组　全功率变流器

第1部分：技术条件

标准编号：GB/T 25387.1—2010

实施日期：2011-03-01

发布部门：中华人民共和国国家质量监督检验检疫总局
中国国家标准化管理委员会

标准简介：

本部分规定了风力发电机组全功率交直交电压型变流器的相关术语和定义、通用要求、试验方法、检验规则等。本部分适用于风力发电机组全功率交直交电压型变流器。

远动设备及系统

第2部分：工作条件

第1篇：电源和电磁兼容性

标准编号：GB/T 15153.1—1998

实施日期：1999-06-01

发布部门：国家质量技术监督局

标准简介：

本标准适用于对地理上广布的生产过程进行监视和控制，并以串行编码方式进行数据传输的远动设备及系统。本标准也可供远方保护设备或系统，以及支持配电自动化系统的配电线载波系统参考采用。

核辐射探测器用直流稳压电源

标准编号：GB/T 10261—2008

实施日期：2009-04-01

发布部门：中华人民共和国国家质量监督检验检疫总局
中国国家标准化管理委员会

标准简介：

本标准于1988年12月第一次发布。本标准代替GB/T 10261—1988《核仪器用高、低压直流稳压电源测试方法》。本标准规定了核辐射探测器用直流高压稳压电源的产品分类、要求、试验方法、检验规则以及标志、包装、运输和贮存等。本标准适用于由交流或直流供电的室内核辐射探测器用直流高压稳压电源。本标准与GB/T 10261—1988相比主要变化如下：①增加了前言；②引用了新的规范性文件；③增加“遥控控制率”等术语；④增加技术要求、检验规则等产品标准的内容；⑤增加了资料性附录A，内容是核仪器用直流稳压电源的特定测试方法。

风力发电机组　全功率变流器

第2部分：试验方法

标准编号：GB/T 25387.2—2010

实施日期：2011-03-01

发布部门：中华人民共和国国家质量监督检验检疫总局
中国国家标准化管理委员会

标准简介：

本部分规定了风力发电机组全功率交直交电压型变流器的试验条件和试验方法。本部分适用于风力发电机组用全功率交直交电压型变流器的试验和检验。

风力发电机组　双馈式变流器

第1部分：技术条件

标准编号：GB/T 25388.1—2010

实施日期：2011-03-01

发布部门：中华人民共和国国家质量监督检验检疫总局
中国国家标准化管理委员会

标准简介：

GB/T25388的本部分规定了双馈式变速恒频风力发电机组交直交电压型变流器的相关术语和定义、通用技术要求、试验方法、检验规则及其产品的相关信息等。本部分适用于双馈式变速恒频风力发电机组交直交电压型变流器，即双馈式变流器。

风力发电机组　双馈式变流器

第2部分：试验方法

标准编号：GB/T 25388.2—2010

实施日期：2011-03-01

发布部门：中华人民共和国国家质量监督检验检疫总局
中国国家标准化管理委员会

标准简介：

GB/T25388的本部分规定了双馈式风力发电机组交直交电压型变流器的试验条件、试验内容和试验方法。本部分适用于双馈式风力发电机组交直交电压型变流器性能试验。

风力发电机组　电能质量测量和评估方法

标准编号：GB/T 20320—2006

实施日期：2007-01-01

发布部门：中国国家标准化管理委员会

标准简介：

本标准规定了风力发电机组电能质量特性参数、测量程序和功率质量的评估。本标准适用于风轮扫掠面积大于或等于40m^2的并网型风力发电机组。

电力整流设备运行效率的在线测量

标准编号：GB/T 18293—2001

实施日期：2001-7-1

发布部门：国家质量技术监督局

标准简介：

本标准规定了实际负载条件下在线测量电力整流设备运行效率的测试条件、方法、程序，包括直流电流测量变换器的在线校验方法和交、直流功率或电能测量综合误差的测试、计算及其修正方法。本标准适用于电冶金、电化学等行业使用的脉波数为6及以上的电力整流设备。发、供电系统和其他用电企业需要进行交、直流功率或电能测量综合误差分析与修正时，也可参照执行。逆变设备运行效率的在线测量，也可参照执行。

电力系统用蓄电池直流电源装置运行与维护技术规程
标准编号： DL/T 724—2000
实施日期： 2001-01-01
发布部门： 中华人民共和国国家经济贸易委员会
标准简介：

本标准规定了电力系统用蓄电池直流电源装置（包括蓄电池、充电装置、微机监控器）运行与维护的技术要求和技术参数，适用于电力系统各部门直流电源的运行和维护。

电力用直流电源监控装置
标准编号： DL/T 856—2004
实施日期： 2004-06-01
发布部门： 中华人民共和国国家发展和改革委员会
标准简介：

本标准规定了电力用直流电源监控装置的使用条件、术语和定义、基本功能要求、电气与安全性能要求、设计和结构、检验规则和试验方法、标志、包装和贮运等。本标准适用于电力用直流电源监控装置（以下简称监控装置）的设计、生产、选择、订货和试验。

发电厂、变电所蓄电池用整流逆变设备技术条件
标准编号： DL/T 857—2004
实施日期： 2004-06-01
发布部门： 中华人民共和国国家发展和改革委员会
标准简介：

本标准规定了发电厂、变电所蓄电池用整流逆变设备（以下简称整流逆变设备）的技术要求、试验方法、包装及贮运条件。本标准适用于直流电源系统中的蓄电池用整流逆变设备的试验、选择和订货。

永磁风力发电机变流器制造技术规范
标准编号： NB/T 31015—2011
实施日期： 2011-11-01
发布部门： 国家能源局
标准简介：

本标准按照 GB/T1. 1—2009 给出的规则起草。本标准由能源行业风电标准化技术委员会（NEA/TCI）归口。

电动汽车交流充电桩技术条件
标准编号： NB/T 33002—2010
实施日期： 2010-10-01
发布部门： 国家能源局
标准简介：

本标准规定了电动汽车交流充电桩基本构成、功能要求、技术要求、试验项目、产品资料等方面的要求。本标准适用于采用传导式充电方式充电桩的选型、配置和检验。

电动汽车非车载传导式充电机技术条件
标准编号： NB/T 33001—2010
实施日期： 2010-10-01
发布部门： 国家能源局
标准简介：

本标准规定了电动汽车用非车载传导式充电机（以下简称充电机）的基本构成、功能要求、技术要求、实验方法、检验规则及标识。本标准适用于采用传导式充电方式的电动汽车用非车载充电机。

风电场电能质量测试方法
标准编号： NB/T 31005—2011
实施日期： 2011-11-01
发布部门： 国家能源局
标准简介：

本标准适用于通过 110（66）kV 及以上电压等级线路接入电网的装机容量大于 40MW 的风电场。

双馈风力发电机变流器制造技术规范
标准编号： NB/T 31014—2011
实施日期： 2011-11-01
发布部门： 国家能源局
标准简介：

本标准按照 GB/T1. 1—2009 给出的规则起草。本标准由能源行业风电标准化技术委员会（NEA/TCl）归口。

电动汽车非车载充电机监控单元与电池管理系统通信协议
标准编号： NB/T 33003—2010
实施日期： 2010-10-01
发布部门： 国家能源局
标准简介：

本规范规定了电动汽车非车载充电机监控单元与电池管理系统（Battery Management System，简称 BMS）之间的通信协议。本规范适用于采用传导式充电方式的电动汽车用非车载充电机。

反向阻断型普通半导体闸流管（普通可控整流器）
标准编号： SJ 1102-76
实施日期： 1977-10-01
标准简介：

本标准适用于额定通态平均电流为 1～50A 的反向阻断型普通半导体闸流管（以下简称产品）。该产品主要用于整流，逆变，电机调速、无触点开关及自动控制等方面。产品除应符合本标准外，还应符合 SJ 1101-76《半导体闸流管（可控整流器）二类总技术条件》的规定。

低压直流电源通用规范
标准编号： SJ 20365—1993
实施日期： 1993-07-01
发布部门： 中华人民共和国电子工业部
标准简介：

本规范规定了低压直流电源的通用技术要求、质量保证规定以及交货准备要求。本规范适用于军用电子设备的低压直流稳压电源（以下简称电源）。本规范是制定各种特定电源产品规范的依据。

铁路

电力机车、电力动车组主变流器用水散热器

标准编号： GB/T 25331—2010

实施日期： 2011-03-01

发布部门： 中华人民共和国国家质量监督检验检疫总局
中国国家标准化管理委员会

标准简介：

本标准规定了电力机车、电力动车组主变流器用水散热器的技术要求、试验方法、检验规则以及标志、包装、贮存等要求。本标准适用于电力机车、电力动车组主变流器用新造水散热器的设计、制造和验收。

轨道交通 机车车辆用电力变流器
第1部分：特性和试验方法

标准编号： GB/T 25122.1—2010

实施日期： 2011-02-01

发布部门： 中华人民共和国国家质量监督检验检疫总局
中国国家标准化管理委员会

标准简介：

GB/T25122 的本部分规定了机车车辆用电力电子变流器的术语和定义、使用条件、一般特性和试验方法。本部分适用于为机车车辆（电力机车、内燃机车、动车、客车及拖车等）牵引电路与辅助电路供电的电力电子变流器。本部分也适用于其他牵引机车车辆（例如有轨电车、地铁、城市轨道交通车辆）的电力电子变流器。本部分适用于完整的变流器机组及其配置，包括：①半导体器件组件；②集成冷却系统；③中间直流环节的部件，包括与直流环节相连的滤波器；④半导体驱动单元（SDU）及有关传感器；⑤保护电路。本部分不适用于为半导体驱动单元（SDU）提供电气控制电源和变流器工作有关的其他设备（如传感器）供电的变流器。

轨道交通 机车车辆用电力变流器
第2部分：补充技术资料

标准编号： GB/T 25122.2—2010

实施日期： 2011-02-01

发布部门： 中华人民共和国国家质量监督检验检疫总局
中国国家标准化管理委员会

标准简介：

GB/T25122 的本部分说明了机车车辆电力电子变流器（例如外部换相整流器、自换相整流器、斩波器和逆变器）的基本电路结构、控制方法、工作方式和性能。本部分列出了典型的图表和例子进行论述，但并没有论述变流器的所有方面。本部分是 GB/T25122.1—2010 的补充技术资料。

轨道交通 机车车辆 组合试验
第3部分：间接变流器供电的交流电动机及其控制系统的组合试验

标准编号： GB/T 25117.3—2010

实施日期： 2011-02-01

发布部门： 中华人民共和国国家质量监督检验检疫总局
中国国家标准化管理委员会

标准简介：

GB/T25117 的本部分适用于机车车辆上电动机、间接变流器及其控制系统所构成的组合系统，其目的是规定：①机车车辆变流器、交流电动机及其控制系统所构成的电传动系统的性能特性；②验证这些性能特性的试验方法。

铁路450MHz 车站电台电源技术要求和试验方法

标准编号： TB/T 2678—1995

实施日期： 1996-10-01

标准简介：

本标准规定了铁路450MHz 车站电台电源的适用范围、基本性能、技术要求及试验方法。本标准适用于铁路450MHz 列车无线调度通信设备车站电台电源的产品设计、生产及检验。

交-直传动电力机车电力变流器动态负荷试验台技术条件

标准编号： TB/T 3186—2007

实施日期： 2008-05-01

标准简介：

本标准规定了交-直传动电力机车电力变流器动态负荷试验台的技术要求、试验方法、检验规则、包装、标志及贮存等。本标准适用于交-直传动电力机车电力变流器试验用动态负荷试验台。

铁路信号电源屏 条3部分：继电联锁信号电源屏

标准编号： TB/T 1528.3—2002

实施日期： 2003-02-01

发布部门： 中国人民共和国铁道部

标准简介：

本部分规定了继电联锁电源的术语和定义、产品分类、技术要求、检验规则、标志、包装、运输、贮存等。本部分适用于继电联锁信号设备的供电电源设备。

电力机车控制电源柜试验台

标准编号： TB/T 3214—2009

实施日期： 2010-05-01

发布部门： 中华人民共和国铁道部

标准简介：

本标准规定了电力机车控制电源柜试验台的技术要求、试验方法、检验规则、标志、包装、运输和贮存等。本标准适用于直流 110V 机车控制电源柜试验用试验台。

电力机车辅助变流器

标准编号： TB/T 3215—2009

实施日期： 2010-05-01

发布部门：中华人民共和国铁道部

标准简介：

本标准规定了交-直传动电力机车辅助变流器的使用条件、特性、技术要求、试验项目、试验方法及检验规则等。本标准适用于交-直传动电力机车上使用的辅助变流器。

直流110V机车控制电源柜技术条件

标准编号：TB/T 1395—2003

实施日期：2003-09-01

发布部门：中华人民共和国铁道部

标准简介：

本标准是对铁道行业标准TB/F1 395—1981（《110V控制电源屏技术条件》的修订，主要参考了 TB/T 1333.1—2002《铁路应用机车车辆电气设备第1部分：一般使用条件和通用规则》、TB/T 3021—2001《铁道机车车辆电子装置》以及TB/T 3034—2002《机车车辆电气设备电磁兼容性试验及其 限值》标准而制定的。在内容上主要增加了有关电磁兼容性方面的要求。

铁路450MHz机车电台电源技术要求和试验方法

标准编号：TB/T 2677—1995

实施日期：1996-10-01

标准简介：

本标准规定了铁路450MHz机车电台电源的适用范围、基本性能、技术要求及试验方法。本标准适用于铁路450MHz机车电台电源的产品设计、生产及检验。

LED铁路信号机构通用技术条件

标准编号：TB/T 3242—2010

实施日期：2011-04-01

发布部门：中华人民共和国铁道部

标准简介：

本标准规定了LED铁路信号机构（以下简称机构）的产品型号、产品分类、技术要求、试验方法、检验规则及标志、包装、运输、贮存。本标准适用于机构的设计、制造、检验和维修。

机车空调电源

标准编号：TB/T 3141—2006

实施日期：2007-05-01

标准简介：

本标准规定了电力机车和内燃机车用空调电源的技术要求、试验方法及验收规则等。本标准适用于电力机车和内燃机车上的机车空调电源。

铁路信号电源屏

第4部分：计算机联锁信号电源屏

标准编号：TB/T 1528.4—2002

实施日期：2003-02-01

发布部门：中国人民共和国铁道部

标准简介：

本部分规定了计算机联锁信号电源屏的术语和定义、产品分类、技术要求、检验规则、标志、包装、运输、贮存等。本标准适用于计算机联锁信号设备的供电电源设备。

铁路中间站通信电源设备技术条件

标准编号：TB/T 2169—2002

实施日期：2002-07-01

发布部门：中华人民共和国铁道部

标准简介：

本标准规定了铁路中间站用通信电源设备及铁路通信站用组合电源设备的通用技术要求。本标准适用于交流标称电压为220V/380V、标准频率为50Hz，交流输出电流不大于100A，直流额定电压为－48V、直流输出电流不大于200A，以低压电器和电子器件组成的铁路中间站电源柜。本标准可作为“铁路中间站电源柜”及“铁路通信站组合电源柜”产品设计、制造、采购、使用及质量检验的依据。

铁路信号电源屏

第6部分：区间信号电源屏

标准编号：TB/T 1528.6—2002

实施日期：2003-02-01

发布部门：原中国人民共和国铁道部

标准简介：

本部分规定了区间信号电源屏的术语和定义、产品分类、技术要求、检验规则、标志、包装、运输、贮存等。本部分适用于区间信号设备的供电电源设备。

铁道客车双端荧光灯用直流电子镇流器

标准编号：TB/T 2219—2005

实施日期：2006-01-01

发布部门：中华人民共和国铁道部

标准简介：

本标准规定了由直流电源供电的铁道客车双端荧光灯（以下简称荧光灯）用直流电子镇流器（以下简称镇流器）的技术要求、试验方法、检验规则、标志、包装、运输、贮存等。本标准适用于由直流电源供电的铁道客车双端荧光灯用直流电子镇流器。

铁路信号电源屏

第5部分：驼峰信号电源屏

标准编号：TB/T 1528.5—2005

实施日期：2005-12-01

标准简介：

本部分规定了驼峰信号电源屏（以下简称电源屏）的术语和定义、产品分类、技术要求、检验规则、标志、包装、运输、贮存等。本部分适用于驼峰信号设备的供电电源设备。

铁路信号用变压器、继电器、硅整流器雷电冲击试验

标准编号：TB/T 2313—1992

实施日期：1992-12-31

发布部门：中华人民共和国铁道部

标准简介：

本标准规定了铁路信号用变压器、继电器、硅整流器雷电冲击试验的术语、试验波形、冲击波发生器电路、试验的环境条件、试验程序、试验记录以及变压器、继电器、硅整流器雷电冲击试验耐压值。本标准适用于和外线及轨道连接的铁路信号用部分变压器、部分继电器、部分硅整流器雷电冲击试验。

铁路信号电源屏

第2部分：试验方法

标准编号：TB/T 1528.2—2005

实施日期：2005-12-01

标准简介：

本部分规定了铁路信号电源屏（以下简称受试设备）的术语和定义、试验要求和试验方法等。本部分适用于铁路继电联锁信号电源屏、计算机联锁信号电源屏、驼峰信号电源屏、区间信号电源屏、25Hz信号电源屏等受试设备。但各类受试设备需要进行的试验项目和技术指标应在各自技术标准的检验规则中作出规定。

铁路信号电源屏

第7部分：25Hz信号电源屏

标准编号：TB/T 1528.7—2002

实施日期：2003-02-01

发布部门：原中国人民共和国铁道部

标准简介：

本标准规定了25H信号电源屏的术语和定义、产品分类、技术要求、检验规则、标志、包装、运输、贮存等。本标准适用于25Hz信号设备的供电电源设备。

铁路应用　机车车辆　逆变器供电的交流电动机及其控制系统的综合试验

标准编号：TB/T 3117—2005

实施日期：2005-12-01

发布部门：中华人民共和国铁道部

标准简介：

本标准规定了机车车辆逆变器、交流电动机和相关控制系统所组成的电传动系统的性能、特性和用试验来检验其性能、特性的方法。本标准适用于机车车辆上电动机、逆变器及其控制的组合系统。

铁路信号电源屏

第1部分：总则

标准编号：TB/T 1528.1—2002

实施日期：2003-02-01

发布部门：原中国人民共和国铁道部

标准简介：

本部分规定了铁路信号电源屏（以下简称电源屏）的术语和定义、产品分类、技术要求、检验规则、标志、包装、运输、贮存等。本部分适用于铁路信号继电联锁、计算机联锁、驼峰信号、25Hz相敏轨道电路、区间自动闭塞等设备的供电电源设备。

铁道客车用交流电子镇流器

标准编号：TB/T 2918—2003

实施日期：2004-04-01

发布部门：原中国人民共和国铁道部

标准简介：

本标准规定了由220V交流电源供电的铁道客车管形荧光灯用交流电子镇流器技术要求、试验方法、检验规则、标志、包装、运输、贮存等。本标准适用于有220V交流电源供电的铁道客车管形荧光灯用交流子镇流器。

铁道客车车厢用灯

第2部分：卧铺车厢用LED床头阅读灯

标准编号：TB/T 3085.2—2003

实施日期：2004-04-01

发布部门：中华人民共和国铁道部

标准简介：

本部分规定了LED系列床头阅读灯（以下简称"阅读灯"）的技术要求、试验方法、检验规则、标志、包装、运输、贮存等。本部分适用于铁道客车卧铺车厢用LED系列床头阅读灯。

电子

电子测量仪器　电源频率与电压试验

标准编号：GB 6587.8—1986

实施日期：1987-07-01

发布部门：国家标准局

标准简介：

本标准规定了电子测量仪器电源频率与电压试验的要求和方法。依据本标准确定仪器在规定的电源频率与电压工作范围内对电源的适应能力。

混合集成电路HDC28S5/1000型DC/DC变换器详细规范

标准编号：SJ 52438/2—1997

实施日期：1997-10-01

发布部门：中华人民共和国电子工业部

标准简介：

本标准规定了混合集成电路HDC28S5/1000型DC/DC变换器（以下简称电路）的详细要求。本标准适用于电路的研制、生产和采购。

镉镍密封碱性蓄电池充电器总规范

标准编号：SJ/T 10289—1991

实施日期：1992-01-01

发布部门：国家机械电子工业部

标准简介：

本标准规定了各种镉镍密封碱性蓄电池用充电器的一般技术要求、试验方法、检验规则和标志、包装、运输、贮存等。本标准适用于交流电源供电的各种镉镍密封碱性蓄电池用充电器。本标准不适用于作为一个部件安装在其他设备内的充电器。

舰船扩声系统电源通用规范
标准编号：SJ 20576—1996
实施日期：1997-01-01
标准简介：

本规范规定了舰船扩声系统电源要求、质量保证规定和交货准备等。本规范适用于舰船扩声系统用低压直流稳压电源，本规范是制定电源产品规范的依据。

半导体桥式整流器热阻测试方法
标准编号：SJ 20787—2000
实施日期：2000-10-20
发布部门：中华人民共和国信息产业部
标准简介：

本标准规定了半导体桥式整流器稳态热阻的测试方法。本标准适用于单相和三相半导体桥式整流器稳态热阻的测试。

混合集成电路 DC/DC 变换器测试方法
标准编号：SJ 20646—1997
实施日期：1997-10-01
标准简介：

本标准规定了混合集成电路 DC/DC（直流/直流）变换器主要性能参数的测试方法。本标准适用于各种军用电子设备的混合集成电路 DC/DC 变换器参数测试。

混合集成电路 HDCD2815S15 型 DC/DC 变换器详细规范
标准编号：SJ 52438/6—2000
实施日期：2000-10-20
发布部门：中华人民共和国信息产业部
标准简介：

本标准规定了混合集成电路 HDCD2815S15 型 DC/DC 变换器（以下简称电路）的详细要求。本标准适用于电路的研制、生产和采购。

混合集成电路 HDC28D15/1000 型 DC/DC 变换器详细规范
标准编号：SJ 52438/1—1997
实施日期：1997-10-01
发布部门：中华人民共和国电子工业部
标准简介：

本标准规定了混合集成电路 HDC28D15/1000 型 DC/DC 变换器（以下简称电路）的详细要求。本标准适用于电路的研制、生产和采购。

方形密封镉镍可充电单体蓄电池
标准编号：SJ/T 10621—1995
实施日期：1995-10-01
发布部门：中华人民共和国电子工业部
标准简介：

本标准规定了方形密封镉镍可充电单体蓄电池的试验和要求。

混合集成电路系列与品种 DC/DC 变换器系列的品种
标准编号：SJ 20759—1999
实施日期：1999-12-01
发布部门：中华人民共和国信息产业部
标准简介：

本标准规定了输入电压为 28V 的脉宽调制式厚膜混合集成 DC/DC 变换器系列及其品种，并给出了每一个品种的主要电参数、外形图、引出端系列的主要方式以及选择和应用导则。本标准适用于 DC/DC 变换器生产、研制、开发时系列和品种的选择，也适用于电子设备在设计和制造时对 DC/DC 变换器的选型。

舰船电子设备直流稳压电源通用规范
标准编号：SJ 20736—1999
实施日期：1999-12-01
发布部门：中华人民共和国信息产业部
标准简介：

本规范规定了直流稳压电源的要求、质量保证规定和交货准备等。本规范适用于舰船电子设备用直流稳压电源（以下简称电源），本规范是制定电源产品规范的依据。

舰船电子设备不间断电源通用规范
标准编号：SJ 20735—1999
实施日期：1999-12-01
发布部门：中华人民共和国信息产业部
标准简介：

本规范规定了舰船电子设备不间断电源的要求、质量保证规定和交货准备等。本规范适用于舰船电子设备用各类不间断电源。本规范是制定不间断电源（以下简称电源）产品规范的依据。

石油

KDC-A02 型彩电用按钮式电源开关详细规范
标准编号：SJ 3132—1988
实施日期：1988-10-01
发布部门：中华人民共和国电子工业部
标准简介：

适用于本规范的电源开关的全部要求由本详细规范和 SJ 3129《彩色电视接收机用电源开关总规范》组成。

抗干扰型交流稳压电源通用技术条件
标准编号：SJ/T 10541—1994
实施日期：1994-12-01
发布部门：中华人民共和国电子工业部
标准简介：

本标准规定了具有抗干扰功能的交流稳压电源的术语、技术要求、试验方法、检验规则以及标志、包装、运输、贮存等。本标准是抗干扰型交流稳压电源设计、生产、质量检验和使用的技术依据，也是制定本类产品标准的依据。本标准适用于单相或多相工频输入、单相或多相工频输出的抗干扰型交流稳压电源（以上简称电源）。本标准不适用于测量用交流校准仪。

半导体集成电路 JW117、JW117M、JW117L型三端可调正输出稳压器详细规范

标准编号： SJ 20297—1993

实施日期： 1993-07-01

发布部门： 中华人民共和国电子工业部

标准简介：

本规范规定了半导体集成电路 JW117、JW117M、JW117L 型三端可调正输出稳压器（以下简称器件）的详细要求。本规范适用于器件的研制生产和采购。

变频变压电源通用规范

标准编号： SJ/T 10691—1996

实施日期： 1996-11-01

发布部门： 中华人民共和国电子工业部

标准简介：

本规范规定了变频变压电源（以下简称电源）的要求、试验方法、检验规则和标志、包装、运输、贮存要求。本规范适用于电子设备进行电源频率与电压试验用的变频变压电源也适用于进行电磁兼容性试验的各种专用和通用的变频变压电源。

半导体集成电路 JW1930-12、JW1930-15、JW1932-5 型三端低压差固定正输出稳压器详细规范

标准编号： SJ 20302—1993

实施日期： 1993-07-01

发布部门： 中华人民共和国电子工业部

标准简介：

本规范规定了半导体集成电路 JW1930-12、JW1930-15、JW132-5 型三端低压差固定正输出稳压器（以下简称器件）的详细要求。本规范适用于器件的研制生产和采购。

半导体集成电路 JW723 型多端可调精密稳压器详细规范

标准编号： SJ 20305—1993

实施日期： 1993-07-01

发布部门： 中华人民共和国电子工业部

标准简介：

本规范规定了硅单片 JW723 型多端可调精密稳压器（以下简称器件）的详细要求。本规范适用于器件的研制生产和采购。

抗干扰型交流稳压电源测试方法

标准编号： SJ/T 10542—1994

实施日期： 1994-12-01

发布部门： 中华人民共和国电子工业部

标准简介：

本标准规定了抗干扰型交流稳压电源的稳态性能、动态性能、抗干扰性能的测试方法。本标准适用于单相或多相工频输入、单相或多相工频输出的抗干扰型交流稳压电源的性能测试。

KDC-A03 型彩电用按钮式电源开关详细规范

标准编号： SJ 3133—1988

实施日期： 1988-10-01

发布部门： 中华人民共和国电子工业部

标准简介：

适用于本规范的电源开关的全部要求同本详细规范和 SJ 3129《彩色电视接收机用电源开关总规范》组成。

电子设备用低压直流稳压电源系列

标准编号： SJ 1500-79

实施日期： 1979-10-01

标准简介：

本标准规定了电子设备用 48V 以下的低压直流稳压电源系列。

测量用稳定电源装置

标准编号： SJ/Z 9035—1987

实施日期： 1987-10-19

发布部门： 中华人民共和国电子工业部

标准简介：

本推荐标准适用于以下装置：①稳定的电源装置，提供电气测量用的电压与电流的校准值；②与该装置连用的附件。

KDC-A04 型彩电用按钮式电源开关详细规范

标准编号： SJ 3134—1988

实施日期： 1988-10-01

发布部门： 中华人民共和国电子工业部

标准简介：

适用于本规范的电源开关的全部要求由本详细规范和 SJ 3129《彩色电视接收机用电源开关总规范》组成。

半导体集成电路 JW7905、JW7906、JW7909、JW7912、JW7915、JW7918、JW7924、JW79M05、JW79M06、JW79M09、JW79M12、JW79M15、JW79M18、JW79M24 型三端固定负输出稳压器详细规范

标准编号： SJ 20304—1993

实施日期： 1993-07-01

发布部门： 中华人民共和国信息产业部

标准简介：

本规范规定了硅单片 JW7905、JW7906、JW7909、JW7912、JW7915、JW7918、JW7924、JW79M05、JW79M06、JW79M09、JW79M12、JW79M15、JW79M18、JW79M24 型三端固定负输出稳压器（以下简称器件）的详细要求。本规范适用于器件的研制生产和采购。

仪器、仪表

直热式稳压型负温度系数热敏电阻器

标准编号： JB/T 9477. 3—1999

实施日期： 2000-01-01

发布部门： 国家机械工业局

标准简介：

本标准规定了直热式稳压型负温度系数热敏电阻器（以下简称电阻器）的产品分类、技术要求、试验方法、检验规则、标志、包装、运输、贮存等。本标准适用于稳压型直热式负温度系数热敏电阻器。该电阻器用于频率在150Hz以下的交流和直流电路中，作为稳压或稳幅的自动调节元件。

磁放大式电子交流稳压器可靠性要求与考核方法

标准编号： JB/T 5409—1991

实施日期： 1992-07-01

发布部门： 中华人民共和国机械电子工业部

标准简介：

本标准规定了单相工频输入和输出的电子控制磁放大调整形式电子交流稳压器的可靠性要求与考核方法。本标准适用于ZBN25001《磁放大式电子交流稳压器》（已作废被JB/T 9299—1999代替）的规定范围，并假设相邻失效间时间的统计分布规律。

锂离子蓄电池充电设备通用要求

标准编号： JB/T 11142—2011

实施日期： 2011-08-01

发布部门： 中华人民共和国工业和信息化部

标准简介：

本标准规定了锂离子蓄电池充电设备的术语和定义、型号和基本参数、技术要求、试验、标志、包装、运输和贮存。本标准适用于由大于或等于6A·h的锂离子蓄电池组成的锂离子蓄电池模块或锂离子蓄电池总成的充电设备，也可用于镍基蓄电池及铅酸蓄电池模块和总成的充电设备，以及采用电缆与蓄电池模块或总成连接，交流额定电压不超过660V、直流额定电压不超过1000V的充电设备。

工业自动化仪表用电源电压

标准编号： JB/T 8207—1999

实施日期： 2000-01-01

发布部门： 国家机械工业局

标准简介：

本标准规定了由外界供电的工业自动化仪表的交流电源电压、频率和直流电源电压的公称值。本标准适用于工业自动化仪表。电源电压和频率的允差由JB/T 9237. 2—1999《工业自动化仪表工作条件动力》（已作废被GB/T 17214. 2—205代替）规定。

交流输出稳定电源

标准编号： JB/T 7397—1994

实施日期： 1995-05-01

发布部门： 中华人民共和国机械工业部

标准简介：

本标准规定了交流输出稳定电源的术语、技术性能和试验方法等。

测量用交流稳压电源装置

标准编号： JB/T 6786—1993

实施日期： 1994-01-01

发布部门： 中华人民共和国机械电子工业部

标准简介：

本标准规定了测量用交流稳压电源装置（以下简称装置）的技术要求、试验方法、检验规则及包装等。本标准适用于在电测量时能提供交流电压校准值的装置，也适用于这些装置的附件。

磁放大式电子交流稳压器

标准编号： JB/T 9299—1999

实施日期： 2000-01-01

发布部门： 国家机械工业局

标准简介：

本标准适用于单相工频输入和输出的电子控制磁放大调整形式的电子交流稳压器。本标准不包括测量用交流稳压电源（校准源）。本标准是属电源设计、生产、质量检验和使用的共同技术依据，也是制订符合本标准范围的产品企业标准的依据，相应产品企业标准的规定要求不应低于标准的要求。

锂离子蓄电池充电设备接口和通讯协议

标准编号： JB/T 11143—2011

实施日期： 2011-08-01

发布部门： 中华人民共和国工业和信息化部

标准简介：

本标准规定了锂离子蓄电池充电设备接口和通讯协议的术语和定义、拓扑结构和接口、通讯协议、数据格式和状态转换。本标准适用于由大于或等于6A·h的锂离子蓄电池组成的锂离子蓄电池模块或锂离子蓄电池总成的充电设备，也可用于镍基蓄电池及铅酸蓄电池模块和总成的充电设备以及采用电缆与蓄电池模块或总成连接，交流额定电压不超过660V、直流额定电压不超过1000V的充电设备。

单相C型铁芯电源变压器和滤波阻流圈典型计算

标准编号： SJ/Z 2165—1982

实施日期： 1983-01-01

标准简介：

中标分类：仪器、仪表>>仪器、仪表综合>>N01技术管理，发布日期：1982-09-15，

实施日期： 1983-01-01，页数：98页。

无线双工移动通信系统　中心台发射机电源通用规范

标准编号：SJ 20504—1995

实施日期：1995-12-01

发布部门：中华人民共和国电子工业部

标准简介：

本规范规定了无线双工移动通信系统中心台发射机电源（以下简称中心台发射机电源）的要求、质量保证规定、交货准备和说明事项。本规范适用无线双工移动通信系统中心台发射机电源。

体育场馆用LED显示屏规范

标准编号：SJ/T 11406—2009

实施日期：2010-01-01

发布部门：中华人民共和国工业和信息化部

标准简介：

本规范主要规定了体育场馆用LED显示屏的定义、分类与分档、技术要求、试验方法、检验规则以及标志、包装、运输、贮存要求等内容。适用于体育场馆用LED显示屏的设计、制造、质量检验、安装和验收。

工程建设

电气装置安装工程电力变流设备施工及验收规范（附条文说明）

标准编号：GB 50255—1996

实施日期：1996-12-01

发布部门：国家技术监督局、中华人民共和国建设部

标准简介：

本规范适用于电力电子器件及变流变压器等组成的电力变流设备安装工程的施工、调试及验收。

微机控制变频调速给水设备

标准编号：CJ/T 352—2010

实施日期：2011-05-01

发布部门：中华人民共和国住房和城乡建设部

标准简介：

本标准规定了微机控制变频调速给水设备的术语和定义、分类和型号、工作条件、要求、试验方法、检验规则、标志、包装、运输和贮存。本标准适用于工作压力不大于2.5MPa、水温不大于80℃的生活、生产给水系统用微机控制变频调速给水设备。本标准不适用于采用变频电机或水泵集成变频器及消防给水设备。

电能质量测试分析仪检定规程

标准编号：DL/T 1028—2006

实施日期：2007-05-01

发布部门：中华人民共和国国家发展和改革委员会

标准简介：

本标准规定了电能质量测试分析仪的技术要求及检定方法等。本标准适用于新生产和使用中的电能质量测试分析仪和多功能测量仪器的电能质量测量功能部分的检定。本标准也适用于电压检测仪测量误差的检定。本标准不适用于暂态谐波的检定。

电气装置安装工程　质量检验及评定规程

第13部分：电力变流设备施工质量检验

标准编号：DL/T 5161.13—2002

实施日期：2002-12-01

发布部门：中华人民共和国国家经济贸易委员会

标准简介：

本章适用于需要安装基础的整流逆变类盘、蓄电池柜、稳压器柜、隔离变压器等的基础安装。

LED车道控制标志

标准编号：JT/T 597—2004

实施日期：2005-02-01

发布部门：中华人民共和国交通部

标准简介：

本标准规定了LED车道控制标志产品（以下简称标志）的组成与分类、技术要求、试验方法、检验规则以及标识、包装、运输与贮存等内容。本标准适用于公路上LED车道控制标志，其他道路可参照使用。

高速公路监控设施通信规程

第3部分：LED可变信息标志

标准编号：JT/T 606.3—2004

实施日期：2005-02-01

发布部门：中华人民共和国交通运输部

标准简介：

JT/T606的本部分规定了LED可变信息标志的通信规程，并给出了通信过程中采用的数据格式。本部分适用于高速公路监控系统中的上位机与安装于路侧的LED可变信息标志之间的数据通信。

铁路通信电源设计规范（附条文说明）

标准编号：TB　10072—2000

实施日期：2001-04-01

发布部门：中国人民共和国铁道部

标准简介：

本规范适用于铁路通信站、中间站通信机械室等固定站的新建、改建铁路通信电源设计。

体育场馆设备使用要求及检验方法

第1部分：LED显示屏

标准编号：TY/T 1001.1—2005

实施日期：2005-12-01

发布部门：中华人民共和国国家体育总局

标准简介：

TY/T 1001的本部分规定了体育场馆用LED显示屏的定义、分类、使用要求、检验方法及合格判定规则。本部分适用于田径场综合体育馆、游泳馆、跳水馆的LED显示屏。其他体育场馆可参考执行。本部分不包括计时记分系统内的显示屏和场馆内引导方向的显示屏。

通信电源集中监控系统工程设计规范
标准编号： YD/T 5027—2005
实施日期： 2006-10-01
发布部门： 中华人民共和国共和国信息产业部
标准简介：

本规范适用于新建的通信电源集中监控系统（以下简称监控系统）的工程设计。改扩建工程可参照执行。

通信电源集中监控系统工程验收规范
标准编号： YD/T 5058—2005
实施日期： 2006-10-01
发布部门： 中华人民共和国信息产业部
标准简介：

本规范是通信电源集中监控系统工程施工质量检查、工程初验、工程试运行和工程终验的依据。本规范适用于新建的通信电源集中监控系统工程，对于改建、扩建工程验收可参照本规范执行。

车辆

汽车用 LED 前照灯
标准编号： GB 25991—2010
实施日期： 2012-01-01
发布部门： 国家质量监督检验检疫总局　国家标准化管理委员会
标准简介：

本标准规定了汽车用 LED 光源/模块或含有 LED 光源/模块的前照灯配光性能、光色、温度循环等的试验方法和检验规则等。本标准适用于 M、N 类汽车使用的 LED 前照灯，或主要由 LED 光源或 LED 模块形成远光或近光的 LED 前照灯。

电动车辆传导充电系统　电动车辆交流/直流充电机（站）
标准编号： GB/T 18487.3—2001
实施日期： 2002-05-01
发布部门： 中华人民共和国　国家质量监督检验检疫总局
标准简介：

本标准与 GB/T 18487.1 结合，给出传导连接到电动车辆的交流/直流充电机（站）的具体要求。对于交流充电站，本标准不包括不具有充电控制功能的盒式装置，它配有给电动车辆提供能源的插座。

电动车辆传导充电系统的一般要求
标准编号： GB/T 18487.1—2001
实施日期： 2002-05-01
发布部门： 中华人民共和国国家质量监督检验检疫总局
标准简介：

本标准适用于交流标称电压最大值为 660V，直流标称电压最大值为 1000V 的电动车辆充电设备。本标准适用于电动道路车辆充电的设备。本标准不适用于发动机起动、照明和点火装置或类似用途的，家用或其他类似的蓄电池充电系统的充电设备。本标准也不适用于轮椅、室内电动汽车、有轨电车、无轨电车、铁路交通工具以及工业用载重车（如叉式起重车）等非道路用蓄电池充电系统的充电设备。本标准不涉及Ⅱ类车辆。本标准规定了对充电设备的基本结构要求，即对供电装置和车辆连接的特性及操作环境的要求；对充电设备的技术要求及针对此要求电动车应有的特性；对供电电压和电流的要求；对充电模式功能的要求；电动车辆连接及对其接口的要求；对专用的插孔、连接器、插头、插座和充电电缆等的要求。本标准还规定了防电击保护等安全要求，但不包括与维护有关的其他安全要求。

道路车辆　由传导和耦合引起的电骚扰
第 2 部分：沿电源线的电瞬态传导
标准编号： GB/T 21437.2—2008
实施日期： 2008-09-01
发布部门： 中华人民共和国国家质量监督检验检疫总局、中国国家标准化管理委员会
标准简介：

本部分规定了安装在乘用车及 12V 电气系统的轻型商用车或 24V 电气系统的商用车上设备的传导电瞬态电磁兼容性测试的台架试验，包括瞬态注入和测量。本部分还规定了瞬态抗扰性失效模式严重程度分类。本部分适用于各种动力系统（例如火花点火发动机或柴油发动机，或电动机）的道路车辆。

电动汽车 DC/DC 变换器
标准编号： GB/T 24347—2009
实施日期： 2010-02-01
发布部门： 中华人民共和国国家质量监督检验检疫总局　中国国家标准化管理委员会
标准简介：

本标准规定了电动汽车 DC/DC 变换器的要求、试验方法、检验规则、标志、包装、运输、贮存等。本标准适用于电动汽车动力电源系统用 DC/DC 变换器。附件和控制系统低压（12V、24V）电源系统使用的 DC/DC 变换器可参照本标准相关内容。本标准中涉及的 DC/DC 变换器的功率等级为千瓦级（1～200kW），不包括模块式小功率 DC/DC 变换器。

电动车辆传导充电系统　电动车辆与交流/直流电源的连接要求
标准编号： GB/T 18487.2—2001
实施日期： 2002-05-01
发布部门： 中华人民共和国国家质量监督检验检疫总局
标准简介：

本标准连同 GB/T 18487.1 给出了电动车辆与交流或直流电源的连接要求。当电动车辆与供电电网连接时，交流电压最大值为 660V，直流电压最大值为 1000V。本标准不涉及Ⅱ类车辆。本标准不覆盖保养维修方面的所有安全事项。本标准不适用于无轨电车、铁路机车、工业卡车和原设计为非道路用的车辆。

汽车用电源总开关技术条件
标准编号：QC/T 427—1999
实施日期：
标准简介：

本标准规定了汽车用电源总开关的技术要求、试验方法、检测规则、标志、包装、运输和储存。本标准适用于标称电压12V、24V机械式、电磁式汽车电源总开关。

电动汽车传导式充电接口
标准编号：QC/T 841—2010
实施日期：2011-03-01
发布部门：中华人民共和国工业和信息化部
标准简介：

本标准规定了电动汽车传导式充电接口的术语与定义、技术参数、充电模式、分类及功能定义、结构尺寸、性能要求、试验方法和检验规则。该标准规定了两种充电接口：一种是为车载充电机提供交流电能的接口，另一种是为电动汽车提供直流电能的接口。本标准适用于交流额定电压为220V和直流额定电压不超过750V的电动汽车用传导式充电接口。

电动汽车电池管理系统与非车载充电机之间的通信协议
标准编号：QC/T 842—2010
实施日期：2011-03-01
发布部门：中华人民共和国工业和信息化部
标准简介：

本标准规定了电动汽车电池管理系统（简称BMS）与非车载充电机（简称充电机）之间的通信协议。本标准适用于电动汽车非车载充电。该标准的CAN标识符为29位，通信波特率为250kbit/s，但该标准不限于29位标识符和250kbit/s通信波特率。如使用其他格式，可参照该标准制定其CAN标识符。标准数据传输采用低位先发送的格式。

矿业

煤矿铅酸蓄电池防爆特殊型电源装置
标准编号：MT/T 334—2008
实施日期：2009-01-01
发布部门：国家安全生产监督管理总局
标准简介：

本标准规定了煤矿铅酸蓄电池防爆特殊型电源装置的产品分类、要求、试验、方法、检验规则、标志、包装、运输和贮存。本标准适用于在具有甲烷或煤尘爆炸危险的煤矿井下使用的电源装置。

矿用直流电源变换器
标准编号：MT/T 863—2000
实施日期：2000-05-01
发布部门：国家煤炭工业局
标准简介：

本标准规定了煤矿架线电机车车灯，电笛及通信信号用直接电源变换器的分类与型号、技术要求、试验方法、检验规则、标志、包装、运输和贮存。

煤矿用直流稳压电源
标准编号：MT/T 408—1995
实施日期：1995-10-01
发布部门：中华人民共和国煤炭工业部
标准简介：

本标准规定了煤矿用直流稳压电源的产品分类、技术要求、试验方法、检验规则、标志、包装、运输和贮存。本标准适用于单相交流供电，额定输出电压60V以下的煤矿用直流稳压电源（以下简称稳压电源）。

矿用本质安全输出直流电源
标准编号：MT/T 1078—2008
实施日期：2010-01-01
发布部门：国家安全生产监督管理总局
标准简介：

本标准规定了矿用本质安全输出直流电源的产品分类、技术要求、试验方法、检验规则、标志、包装、运输和贮存。本标准适用于矿用安全输出直流电源。

矿用变频调速装置
标准编号：MT　1099—2009
实施日期：2010-07-01
发布部门：国家安全生产监督管理总局
标准简介：

本标准规定了煤矿具有爆炸性危险气体环境用变频调速装置（以下简称变频调速装置）的型式、规格、试验方法、检验规则、标志、包装、和储运。本标准适用于1140V及以下煤矿用变频调速装置。

煤矿蓄电池电机用隔爆型充电机
标准编号：MT　1093—2008
实施日期：2010-07-01
发布部门：国家安全生产监督管理总局
标准简介：

本标准规定了煤矿蓄电池电机用隔爆型充电机的产品分类、要求、试验方法、检验规则、标志、包装、运输和贮存。本标准适用于煤矿蓄电池电机用隔爆型充电机（以下简称充电机）。

矿灯充电架型号编制方法
标准编号：MT/T 455—2006
实施日期：2006-12-01
发布部门：中华人民共和国国家发展改革委员会
标准简介：

本标准规定了矿灯充电架型号的编制原则、型号的组成和排列方式、编制方法和管理及申报办法。本标准适用于煤矿地面室内用的充电架，不适用于单个矿灯充电器。

采煤机电气调速装置技术条件
第2部分：变频调速装置
标准编号：MT/T 1041.2—2008
实施日期：2009-01-01
发布部门：国家安全生产监督管理总局
标准简介：

MT/T1041的本部分规定了采煤机行走部变频调速装置的要求、试验方法、检验规则、标志。本部分适用于采煤机行走部分的变频调速装置。

电源中减小电磁干扰的设计指南
标准编号：SJ 20156—1992
实施日期：1993-05-01
发布部门：中国电子工业总公司
标准简介：

本指导性技术文件规定了抑制电源传导干扰和辐射干扰的方法。本指导性技术文件适用于电源的电磁兼容性设计，旨在降低电源的传导和辐射干扰。

轻工、文化与生活用品

家用和类似用途电器的安全　电池充电器的特殊要求
标准编号：GB 4706.18—2005
实施日期：2006-09-01
发布部门：中华人民共和国国家质量监督检验检疫总局
中国国家标准化管理委员会
标准简介：

本部分全部技术内容为强制性。GB 4706是家用和类似用途电器的安全的系列标准，分为以下几部分：第一部分为通用要求；第二部分为特殊要求。本部分是电池充电器的特殊要求部分。

教学电源
标准编号：JY　0361—1999
实施日期：2000-06-01
发布部门：中华人民共和国教育部
标准简介：

本标准适用于中学教学中分组和演示实验用的电源。

实验室设备　电源系统
标准编号：JY/T 0374—2004
实施日期：2005-04-01
发布部门：中华人民共和国教育部
标准简介：

本标准规定了学校实验室设备电源系统（简称电源系统）的分类与命名、要求、试验方法、检验规则、标志、标签、使用证明书、包装、运输、贮存等。本标准适用于小学实验室中固定在实验台（桌）上教师可控制的电源系统，不适用于中小学实验室中独立使用的电源。

电动自行车用蓄电池及充电器
第1部分：密封铅酸蓄电池及充电器
标准编号：QB/T 2947.1—2008
实施日期：2008-07-01
发布部门：中华人民共和国国家发展和改革委员会
标准简介：

本部分规定了电动自行车用蓄电池及充电器的术语、代号、要求、试验方法、检验规则及标志、包装、运输和贮存。本部分适用于GB 17761《电动自行车通用技术条件》中规定的电动自行车用蓄电池以及其充电器。

电动自行车用蓄电池及充电器
第2部分：金属氢化物镍蓄电池及充电器
标准编号：QB/T 2947.2—2008
实施日期：2008-07-01
发布部门：中华人民共和国国家发展和改革委员会
标准简介：

本部分规定了电动自行车用金属氢化物镍蓄电池及充电器的术语和定义、型号命名、要求、试验方法、检验规则及标志、包装、运输和贮存。本部分适用于GB 17761《电动自行车通用技术条件》中规定的电动自行车用金属氢化物镍蓄电池组以及其充电器。

电动自行车用蓄电池及充电器
第3部分：锂离子蓄电池及充电器
标准编号：QB/T 2947.3—2008
实施日期：2008-07-01
发布部门：中华人民共和国国家发展和改革委员会
标准简介：

本部分规定了电动自行车用锂离子蓄电池及充电器的术语和定义、型号命名、要求、试验方法、检验规则及标志、包装、运输和贮存。本部分适用于GB 17761《电动自行车通用技术条件》中规定的电动自行车用锂离子蓄电池组及其充电器。

风光互补供电的LED道路和街路照明装置
标准编号：QB/T 4146—2010
实施日期：2011-04-01
发布部门：工业和信息化部
标准简介：

本标准规定了采用风能和太阳能互补发电、蓄电池储能供电、以LED为光源的道路和街路照明装置的安全和性能要求。本标准适用于离网型、以风光互补供电的照明装置。

其他

弧焊设备
第1部分：焊接电源
标准编号：GB 15579.1—2004
实施日期：2004-08-01
发布部门：中华人民共和国国家质量监督检验检疫总局
中国国家标准化管理委员会
标准简介：

本部分适用于为工业和专业用途而设计的由不超过GB156—1993（已作废，被GB/ 56—2003代替）标准中表1规定的电压供电或由机械设备驱动的弧焊和类似工艺所用的电源。本部分不适用于为非专业人员使用的限制负载的手工电弧焊电源。本部分对弧焊电源以及等离子切割系统在结构和性能方面的安全要求作出了规定。

高速公路LED可变限速标志

标准编号：GB 23826—2009

实施日期：2009-12-21

发布部门：中华人民共和国国家质量监督检验检疫总局 中国国家标准化管理委员会

标准简介：

本标准规定了发光二极管（LED）可变限速标志的分类与组成、技术要求、试验方法、检验规则和标识、包装、运输、贮存。本标准适用于高速公路以LED为发光单元的可变限速标志，其他道路可参照使用。

船用半导体变流器通用技术条件

标准编号：GB/T 14548—1993

实施日期：1994-02-01

发布部门：国家技术监督局

标准简介：

本标准规定了船用半导体变流器的技术要求、试验方法和检验规则等。本标准适用于半导体整流二极管、各种类型的晶闸管以及其他电力电子器件所构件的船用静止变流器。

电能质量　暂时过电压和瞬态过电压

标准编号：GB/T 18481—2001

实施日期：2002-04-01

发布部门：中华人民共和国国家质量监督检验检疫总局

标准简介：

本标准规定了交流电力系统中作用于电气设备的暂时过电压和瞬态过电压要求、电气设备的绝缘水平，以及过电压保护方法。当涉及过电压方面电能质量问题时，应根据本标准的规定，结合电网、设备特点和使用环境参照相关的专业标准执行。本标准不适用于因静电、触及高压系统以及稳态波形畸变（谐波）引起的过电压。

电力工程直流电源设备通用技术条件及安全要求

标准编号：GB/T 19826—2005

实施日期：2006-07-01

发布部门：中华人民共和国国家质量监督检验检验总局 中国国家标准化管理委员会

标准简介：

本标准规定了电力工程直流电源设备的通用技术条件和安全要求，以及检验方法、检验规则、标识、包装、运输和贮存等方面的要求。本标准适用于电力系统发电厂、变电站及其他电力工程中，为直流控制负荷、直流动力负荷等供电的直流电源设备。本标准也作为产品设计、制造、检验和使用的依据。本标准也适用于冶金、石化、铁路等行业电力工程所使用的直流电源设备。对于未涵盖的其他直流电源设备可参照使用。

可充电电池用冲孔镀镍钢带

标准编号：GB/T 20253—2006

实施日期：2006-10-01

发布部门：中华人民共和国国家质量监督检验检疫总局中国国家标准化管理委员会

标准简介：

本标准规定了可充电电池用冲孔镀镍钢带的要求、实验方法、检验规则、标志、包装、运输、储存及合同内容。本标准适用于金属氢化物-镍、镉-镍、锌-镍碱性可充电电池正极、负极骨架材料所使用的冲孔镀镍钢带。

船舶电气设备　设备　半导体变流器

标准编号：GB/T 22193—2008

实施日期：2009-04-01

发布部门：中华人民共和国国家质量监督检验检疫总局 中国国家标准化管理委员会

标准简介：

本标准适用于使用如二极管、反向阻塞三端晶闸管等半导体整流件的船用静止变流器。变流可以是交流变直流、直流变交流、直流变直流，以及交流变交流。

高速公路LED可变信息标志

标准编号：GB/T 23828—2009

实施日期：2009-07-01

发布部门：中华人民共和国国家质量监督检验检疫总局中国国家标准化管理委员会

标准简介：

本标准规定了发光二极管（LED）可变信息标志的分类与组成、技术要求、试验方法、检验规则和标识、包装、运输、贮存。本标准适用于高速公路以LED为发光单元的可变信息标志，其他道路可参照使用。

渔船电子设备电源的技术要求

标准编号：GB/T 3594—2007

实施日期：2008-03-01

发布部门：农业部

标准简介：

本标准规定了渔船电子设备电源设计的基本技术要求。本标准适用于各种作业方式渔船上安装的电子设备，如各种无线电通信设备、无线电导航设备、电子助渔仪器、船内通信及报警系统、自动控制设备及电源变换装置等。

电能质量　电力系统频率偏差

标准编号：GB/T 15945—2008

实施日期：2009-05-01

发布部门：中华人民共和国国家质量监督检验检疫总局

中国国家标准化管理委员会

标准简介：

本标准规定了标称频率为50Hz的电力系统频率偏差限值、测量及合格率的统计方法。本标准不适用于电气设备的频率偏差限值。

电能质量监测设备通用要求

标准编号： GB/T 19862—2005

实施日期： 2006-04-01

发布部门： 中华人民共和国国家质量监督检验检疫总局
中国国家标准化管理委员会

标准简介：

本标准规定了电能质量监测设备的通用要求。本标准适用于户内使用的、对交流电力系统及其设备进行电能质量监视测量的下述设备：①固定式监测设备；②便携式监测设备。

电能质量　公用电网谐波

标准编号： GB/T 14549—1993

实施日期： 1994-03-01

发布部门： 国家技术监督局

标准简介：

本标准规定了公用电网谐波的允许值及其测试方法。本标准适用于交流额定频率为50Hz，标称电压110kV及以下的公用电网。本标准不适用于暂态现象和短时间谐波。

电焊机型号编制方法

标准编号： GB/T 10249—2010

实施日期： 2010-11-10

发布部门： 中华人民共和国国家质量监督检验检疫总局
中国国家标准化管理委员会

标准简介：

本标准规定了电焊机型号的编制方法。本标准适用于一般使用条件下的电焊机产品。

水声设备用低压直流稳压电源　技术条件

标准编号： CB/T 957—1995

实施日期： 1996-08-01

发布部门： 中国船舶工业总公司

标准简介：

本标准规定了水声设备用低压直流稳压电源的基本参数、技术要求、测量方法及检验规则等。本标准适用于水声设备中采用的各种稳压电源，对于非水声设备采用的稳压电源也可参照使用。

太阳能LED灯具通用技术条件

标准编号： DB37/T 1181—2009

实施日期： 2009-03-01

发布部门： 山东省质量技术监督局

标准简介：

本标准为地方标准，发布部门为山东省质量技术监督局。

景观装饰用LED灯具

标准编号： DB35/T 811—2008

实施日期： 2008-07-10

发布部门： 福建省质量技术监督局

标准简介：

本标准为地方标准，发布单位为福建省质量技术监督局。

投光照明用LED灯具

标准编号： DB35/T 812—2008

实施日期： 2008-07-10

发布部门： 福建省质量技术监督局

标准简介：

本标准为地方标准发布单位为福建省质量技术监督局。

LED道路交通诱导可变信息标志

标准编号： GA/T 484—2010

实施日期： 2011-03-01

发布部门： 中华人民共和国公安部

标准简介：

本标准规定了LED道路交通诱导可变信息标志的分类、命名、技术要求、试验方法、检验规则、标识、包装、运输与贮存。本标准适用于道路交通诱导可变标志的设计、制造和验收。

环境保护产品技术要求　电除尘器高压整流电源

标准编号： HJ/T 320—2006

实施日期： 2007-02-01

发布部门： 国家保护总局

标准简介：

本标准适用于高压静电除尘器的整流电源（以下简稍整流电源），也适用于除雾、除焦油及其他环境保护用途的高压整流电源。

环境保护产品技术要求　电除尘器低压控制电源

标准编号： HJ/T 321—2006

实施日期： 2007-02-01

发布部门： 国家环境保护总局

标准简介：

本标准适用于电除尘器所配套的低压控制电流。

电火花加工机床可靠性试验规范

第1部分：脉冲电源

标准编号： JB/T 6559.1—2006

实施日期： 2007-05-01

发布部门： 国家发展和改革委员会

标准简介：

本部分适用于电火花加工机床脉冲电源的可靠性测定

试验。

磁耦合直流电流测量变换器校准规范
标准编号：JJF 1047—1994
实施日期：1994-08-01
发布部门：国家技术监督局
标准简介：

本规范为推荐指导性校准技术文件，适用于新制造、使用中和修理后的测量用磁耦合直流电流测量变换器的校准。控制用磁耦合直流电流测量变换器的校准可参照使用。

直流稳压电源检定规程
标准编号：JJG（航天）6—1999
实施日期：1999-08-31
发布部门：中国航天工业总公司
标准简介：

本检定规程规定了直流稳压电源的技术要求、检定条件、检定项目、检定方法、检定结果的处理和检定周期。

船用通信导航设备的安装、使用、维护、修理技术要求 第11部分：蓄电池与充电设备
标准编号：JT/T 680.11—2007
实施日期：2007-08-01
标准简介：

本部分规定了船舶电台的蓄电池和充电设备的安装、使用、维护、修理技术要求。本部分适用于JT/T 680.1所规定的范围。

电除尘用晶闸管控制高压电源
标准编号：JB/T 9688—2007
实施日期：2007-09-01
发布部门：中华人民共和国国家发展和改革委员会
标准简介：

本标准规定了电除尘用工频、晶闸管移相调压控制高压电源的型谱、技术要求。本标准适用于电除尘用工频、晶闸管移相调压控制高压电源，不适用于其他半导体电力变流器。

电焊机专用转换开关
标准编号：JB/T 10498—2005
实施日期：2005-09-01
发布部门：中华人民共和国国家发展和改革委员会
标准简介：

本标准规定了电焊机或类似电焊机的专用转换开关的安全要求及性能要求、试验方法、检验规则等。

电焊机用冷却风机的安全要求
标准编号：JB/T 8588—1997
实施日期：1997-07-25
发布部门：中华人民共和国机械工业部
标准简介：

本标准规定了电焊机用冷却风机的安全要求及其试验方法和检验规则。本标准适用于在各类电焊机内使用的由电容运转异步电动机驱动的各种轴流式或离心式电焊机用冷却风机（以下简称风机）。由罩极式异步电动机驱动的风机应参照执行本标准。本标准推荐的风机型号编制方法，见附录B（提示的附录）。本标准推荐的风机的外形尺寸及安装尺寸，见附录C（提示的附录）。

等离子喷焊电源
标准编号：JB/T 9192—1999
实施日期：2000-01-01
标准简介：

本标准是对ZB J64 015—1989进行的修订。本标准规定了等离子喷焊电源的技术性能要求及使用条件。本标准适用于与等离子喷焊设备配套的专用硅整流弧焊电源，也适用于将整流弧焊机经改制后用作等离子喷焊的电源。其他类型的整流弧焊机，凡用于等离子喷焊的，亦应参照使用。

电影放映用整流器
标准编号：JB/T 11090—2011
实施日期：2012-4-1
发布部门：中华人民共和国工业和信息化部
标准简介：

本标准规定了电影放映用整流器的术语和定义、型号规格与基本参数、技术要求、试验方法、检验规则及标志、包装、运输、贮存。本标准适用于晶闸管整流式和开关电源式的负载为高压短弧氙灯的电影放映用整流器。

弧焊整流器
标准编号：JB/T 7835—1995
实施日期：1996-6-1
发布部门：中华人民共和国机械工业部
标准简介：

本标准规定了弧焊整流器的产品型式和基本参数、安全要求、技术条件、检验规则以及标志、包装、运输、贮存等。本标准适用于一般使用条件下的各种类型的弧焊整流器（以下简称电源）。对于某些特殊要求，可以在本标准的基础上由用户与制造厂协商，在专用技术条件或企业标准中予以规定。

整体式LED路灯的测量方法
标准编号：LB/T 001—2009
实施日期：2009-09-01
发布部门：国家半导体照明工程研发及产业联盟
标准简介：

本推荐技术规范规定了整体式LED路灯基本性能的测量方法。本推荐性技术规范适用于交流50Hz/220V电源供电的并在内置控制器（自镇流）或外置控制器驱动下稳定工作的用于道路和街路照明的整体式LED路灯。超出本推荐性技术规范范围的LED路灯或类似产品的测量可参考本推荐性技术规范。

民用航空器维修　地面维修设施
第7部分：电瓶充电修理作业场所
标准编号：MH/T 3012.7—2008
实施日期：2009-02-01
发布部门：中国民用航空局
标准简介：

代替标准号：MH　3145.77—2001　民用航空器维修标准。

飞机地面电源机组
标准编号：MH/T 6019—1999
实施日期：2000-03-01
标准简介：

本标准规定了飞机地面电源机组技术要求、试验方法、检测规程及包装、标志、储运。本标准适用于由内燃机驱动发动机，向飞机供给检查和启动电能的交流400Hz、115/200V（三相）、115V（单相）和直流28.5V地面电源机组，包括固定式、汽车式、挂车式电源机组。

程控电话交换机电源通用规范
标准编号：SJ/T 10693—1996
实施日期：1996-11-01
发布部门：中华人民共和国电子工业部
标准简介：

本标准规定了程控电话交换机电源系统的技术要求、试验方法、检验规则及标志、包装、运输、贮存等。本标准适用于各类程控电话交换机的基础电源系统和设备（以下简称电源设备）。

电源装置维护检修规程
标准编号：SHS　06006—2004
实施日期：2004-06-21
标准简介：

本规程规定了直流电源装置、电解用大功率晶闸管整流器、UPS装置及酸（碱）性蓄电池的维护检修周期、项目、质量标准、定期检查项目要求、常见故障与处理方法、交接程序与验收要求。

机载雷达用栅控行波管组合高压电源通用规范
标准编号：SJ 20396—1994
实施日期：1994-12-01
标准简介：

本规范规定了机载雷达用栅控行波管组合高压电源通用要求、质量保证规定以及交货准备要求。本规范适用于机载雷达用栅控行波管组合高压电源，其他机载电子设备的组合高压电源也可参照采用。本规范是制定高压电源产品规范的基本依据。

机载电源变换设备通用规范
标准编号：SJ 20799—2001
实施日期：2002-01-01
标准简介：

本规范规定了机载电源变换设备的要求、质量保证规定和交货准备等要求。本规范适用于机载电子设备用AC/DC、DC/DC和DC/AC电源变换设备。

彩色电视机接收机用电源开关空白详细规范
标准编号：SJ 3130—1988
实施日期：1988-10-01
发布部门：中华人民共和国机械电子工业部
标准简介：

适用于本规范规定的彩色电视广播接收机用电源开关的全部要求由本规范和SJ 3129《彩色电视接收机用电源开关总规范》组成。

KDC－A01型彩电用按钮式电源开关详细规范
标准编号：SJ 3131—1988
实施日期：1988-10-01
发布部门：中华人民共和国电子工业部
标准简介：

适用于本规范的开关的全部要求由本详细规范和SJ 3129《彩色电视接收机用电源开关总规范》组成。

LG2型行电源滤波电感器详细规范
标准编号：SJ 20096—1992
实施日期：1993-05-01
发布部门：中国电子工业总公司
标准简介：

本规范规定的LG2型行电源滤波电感器，其全部要求由本规范和SJ 20037-92《射频固定和可变电感器总规范》作出规定。本规范适用于机敏雷达光栅显示器及同类显示器行电源滤波用LG2型电感器。

通道级电源控制接口
标准编号：SJ 20153—1992
实施日期：1993-05-01
发布部门：中国电子工业总公司
标准简介：

本标准规定了设计生产的设备在电源时序和控制方面能兼容的电源控制接口，其中包括电源控制接n线和可选的紧急断电特检的定义和描述。本标准适用于军用计算机与外围设备。

出口电焊机检验规程
标准编号：SN/T 0233—1993
实施日期：1994-05-01
发布部门：中华人民共和国国家进出口商品检验局
标准简介：

本标准规定了出口电阻焊机、电弧焊机的抽祥、检验及检验结果的判定规则。本标准适用于出口电阻焊机和电弧焊机的检验。

半导体分立器件　QL73 型硅三相桥式整流器详细规范

标准编号： SJ 50033. 50—1994

实施日期： 1994-12-01

发布部门： 中华人民共和国电子工业部

标准简介：

本规范规定了 QL73 型硅三相桥式整流器（以下简称器件）的详细要求。本规范适用于器件的研制、生产和采购。

第九篇　高等院校和科研机构简介

（按单位名称汉语拼音字母顺序排列）

1. 北方工业大学
2. 北京航空航天大学
3. 重庆大学
4. 电子科技大学
5. 东南大学
6. 福州大学
7. 复旦大学
8. 广东工业大学
9. 广西大学
10. 哈尔滨工业大学
11. 合肥工业大学
12. 湖南工程学院
13. 华南理工大学
14. 华中科技大学
15. 辽宁工业大学
16. 南京工程学院
17. 南京航空航天大学
18. 清华大学
19. 山东大学
20. 山东劳动职业技术学院
21. 上海大学
22. 上海电力学院
23. 上海海事大学
24. 上海应用技术学院
25. 深圳航天科技创新研究院
26. 四川大学
27. 苏州市职业大学
28. 天津大学
29. 同济大学
30. 武汉大学
31. 西安交通大学
32. 西安理工大学
33. 西北工业大学
34. 燕山大学
35. 漳州职业技术学院
36. 浙江大学
37. 中国兵器工业集团第二〇六研究所
38. 中国兵器装备集团兵器装备研究所
39. 中国科学院等离子体物理研究所
40. 中国矿业大学（北京）

1. 北方工业大学

高校介绍:

北方工业大学坐落在北京风景秀丽的西山脚下，是一所以工为主，理、工、文、经、管、法相结合的综合性大学。校园占地32.05万平方米，环境优美，交通便利，是一所花园式的文明校园。

信息工程学院

北方工业大学信息工程学院设有计算机科学与技术、电子信息工程、通信工程、微电子学和数字媒体艺术5个一本招生的本科专业，计算机应用技术、信号与信息处理、计算机软件与理论和电路与系统等4个硕士学位授予点，现有全日制在校学生近1900人。

学院具有一支优秀的师资队伍，教学科研能力强。学院的实验中心设备先进，已具备了开设大型实验、综合性实验的能力。学院重视学生的创新能力、自学能力和工程素质能力的培养，注重学生良好学习习惯和优良学风的培养，管理严格，教学严谨，每年都有几十名毕业生考取全国著名大学的研究生。

学院现有计算机科学与技术、电子信息工程、通信工程、微电子学四个系，北京市重点建设学科1个，北京市人才十大培养基地1个，北京市品牌建设专业2个。学院积极开展科研活动，近年来承担国家自然科学基金等国家纵向课题及横向课题几十项，并在模糊控制、集成电路设计、计算机应用、绿色电源、信号处理等方面取得重大科研成果，多次获得国家科技进步奖和省、部级科技进步一、二、三等奖，多项成果处于国内领先水平。

学院重视国际交流和合作，与英国、德国、日本、美国等多所大学开展了联合办学和学术交流，建立了良好的合作关系。

地址：北京市石景山区晋元庄路5号北方工业大学信息工程学院

邮编：100041

电话：010-88803797

邮箱：xinxi@ncut. edu. cn

网　址： http：//cie. ncut. edu. cn/xueyuan/chinese/index. asp

2. 北京航空航天大学

高校介绍:

北京航空航天大学（简称北航）成立于1952年，是一所具有航空航天特色和工程技术优势的多科性、开放式、研究型大学。学校现隶属于工业和信息化部，是国家“211工程”和“985工程”建设的重点高校。

学校现有院系26个，本科专业52个，硕士学位授权点144个，一级学科博士学位授权点14个，二级学科博士学位授权点49个。学科涵盖理、工、文、法、经济、管理、教育、哲学等8个门类，在航空、航天、动力、信息、材料、制造、交通、仪器和管理等领域形成明显的比较优势。北京航空航天大学原有的11个国家重点学科，9个进入全国前5名，2个名列全国第7名。2007年新一轮国家重点学科评审和增补，有8个一级学科被评为国家重点学科，位于全国高校第7名，国家重点二级学科由11个增加到28个。

学校现有教职工3803人，其中专任教师2230人，1640人具有高级职称。院士17人，中组部“千人计划”10名，长江学者35人，国务院学科评议组成员11人，博士生导师583人，国家杰出青年基金获得者30人，“973”计划首席科学家18名，跨世纪优秀人才13人，新世纪优秀人才112人；国家级教学名师3人，国家自然科学基金委创新研究群体4个，教育部创新团队9个，国家级教学团队1个，国防科技创新团队6个。

建校以来，北京航空航天大学共培养11万余名毕业生。目前，全日制在校生总数为22856人，其中本科生12616人，硕士研究生6808人，博士研究生3432人，研究生和本科生的比例为1：1.23。在校攻读学位的外国留学生534人，是国内接收外国工科研究生最多的高校之一。

学校科研实力雄厚。2006年，获批筹建航空科学与技术国家实验室，成为我校航空航天特色和研究型大学的重要标志。同时，学校还拥有航空发动机气动热力实验室、软件开发环境实验室、虚拟现实技术与系统重点实验室、飞行器控制一体化技术实验室、可靠性与环境工程实验室、国家计算流体力学实验室和国家空管新航行系统技术重点实验室等7个国家级重点实验室，25个省部级重点实验室，3个国家级工程中心以及3个省部级工程中心。

自动化学院

北京航空航天大学自动化科学与电气工程学院（简称自动化学院）的前身是北京航空学院飞机设备系，始建于1954年8月。在50多年的发展过程中，自动化学院教师秉承了学院奠基者敢为人先的开拓精神、百折不挠的顽强意志、求真务实的工作作风、钩深驭远的师者风范，在教学和科学研究方面均取得了优异的成绩。学院作为主要完成单位曾先后研制成功我国第一架轻型旅客机“北京一号”、第一架高空高速无人侦察机、靶机、蜜蜂系列轻型飞机和第一架共轴式双旋翼直升机、我国第一台歼击机飞行模拟器和第一台民用飞机飞行模拟器等，创造了多项全国第一。获得国家科技进步一等奖1项、二等奖5项、三等奖1项，国家技术发明一等奖1项、二等奖1项，省部级一等奖13项，其他各种奖励百余项。

学院现有教师161人，其中，教授39人，副教授77人，院士1人，千人计划1人，国家级突出贡献专家1人，教育部长江学者创新团队1支，长江学者特聘教授3人，讲座教授1人，国家杰出青年基金获得者2人，新世纪百千万人才工程人选2人，北京市教学名师1人，享受政府特殊津贴人员4人，新（跨）世纪优秀人才6人。学院承载3个一级学科和9个二级学科，其中2个国家重点一级学科，5个国家重点二级学科，拥有7个博士点，9个硕士点和一个工程硕士专业学位点。在教学方面，获国家教学成果一等奖2项、二等奖1项，北京市教学成果一等奖4项，二等奖4项。

学院师资雄厚，教学设备精良，拥有北京市教学示范中心1个，北京市优秀教学团队2个，国家级精品课1门，北京市精品课3门，国家级双语示范课程1门，北京航空航天大学“十佳”优秀教师6人。学院为学生进行科学研究与创新实践提供条件完善和设备先进的基地。

北京航空航天大学自动化学院已经成为我国重要的航空航天自动化领域高素质人才培养基地和科研基地。学院以学科建设为主线、以创新人才引育为核心、以科研创新为引领、以教学创新为根本、以创新基地建设为基础、以机制创新为驱动、以国际合作交流为参照、以加强党的建设与思想政治工作为保证，努力打造空天信融合特色的国际知名自动化学院。

学院坐落在北京航空航天大学新主楼E座，院机关位于8层，学院教职员工将竭诚为校友、同学和朋友提供优良的服务，为打造国内一流国际知名的自动化学院而努力！

地址：北京市海淀区学院路丁11号

网址：http：//dept3. buaa. edu. cn：81/templates/T_ index/index. aspx？ nodeid =1

3. 重庆大学

高校介绍：

重庆大学是教育部直属的全国重点大学，是国家“211工程”和“985工程”重点建设的高水平研究型综合大学。

重庆大学创办于1929年，早在20世纪40年代就成为拥有文、理、工、商、法、医等6个学院的国立综合性大学。马寅初、李四光、何鲁、冯简、柯召、吴宓、吴冠中等大批著名学者曾在学校执教。经过1952年全国院系调整，重庆大学成为国家教育部直属的、以工科为主的多科性大学，1960年被确定为全国重点大学。改革开放以来，学校大力发展人文、经管、艺术、教育等学科专业，促进了多学科协调发展。2000年5月，原重庆大学、重庆建筑大学、重庆建筑高等专科学校三校合并组建成新的重庆大学，使得一直以机电、能源、材料、信息、生物、经管等学科优势而著称的重庆大学，在建筑、土木、环保等学科方面也处于全国较高水平，奠定了高水平大学建设的坚实基础。

电气工程学院

重庆大学电气工程学院（原电机系）创建于1936年。1940年电机系分为电机、机械两系。1953年学校将电机系更名为电信系。1955年电信系全体学生和大部分专业课教师调往北京，与天津大学无线电系合并组建北京邮电学院；重庆大学又恢复电机系，除发电厂、电力网及电力系统专业外，增设电机及电器专业。

在历届系主任税西恒、冯简、闵启杰、吴大榕、刘宜伦、王际强、江泽佳等一大批著名学者的引领下，奠定了今天电气工程学院坚实的学术基础，形成了严谨的治学传统。在电气工程领域享有很高声誉的江泽佳先生，自1951年至1982年一直担任电机系主任。他的教育思想和治学态度对历届电机系的师生有重大而深远的影响。

改革开放后，电机系先后更名为电气工程系、电气工程学院，并增设高电压与绝缘技术、电工理论与新技术、电力电子与电力传动3个专业方向。2000年，学院与原重庆建筑大学电气工程系合并组建成新的电气工程学院，增设建筑电气与智能化专业方向。徐国禹、杨顺昌、曾祥仁、孙才新、舒立春、周雒维先后任系主任、院长，为学院的发展做出了重要贡献。

学院现有教职工180余人，其中，中国工程院院士1名、外聘院士7名，国务院学位委员会学科评议组召集人1人、国家自然科学基金工程与材料学部专家咨询委员会成员及专家评审成员1人、教育部科技委学科组成员1人、教育部教学指导委员会成员2人、国家创新研究团队1个、长江学者特聘教授4人、国家杰出青年基金获得者1人、全国百篇优秀博士学位论文获得者3人、教育部跨（新）世纪优秀人才6人，博士生导师28人、教授38人、副高职称教师40人。学院在读博士生、硕士生、本科生共3200余人。

学院拥有电气工程国家一级重点学科、输配电装备及系统安全与新技术国家重点实验室、电气工程一级学科博士学位授权点和博士后流动站、国家工科电工电子基础课程教学基地和国家级示范中心。在2006年学科评估中电气工程一级学科名列全国前五名。

学院下设建筑电气与智能化、电机与电器、电力系统及其自动化、高电压与绝缘技术、电力电子与电力传动、电工理论与新技术6个系及建筑电气与楼宇智能化、电工技术、电力系统、高电压技术及系统信息监测、电机与电器、电力电子与电力传动6个研究所。

近年来，学院荣获国家级科技进步奖、教学成果奖5项，省部级科技、教学成果奖40余项；承担国家级研究项目50余项，省部级研究项目100余项；发表高水平论文1300余篇；获专利20余项；出版学术著作40余本。

重庆大学电气工程学院已经成为国家“211工程”、“985工程”重点建设单位。

电力电子与电力传动系

电力电子与电力传动系是依托电气工程二级学科电力电子与电力传动组建的。本系拥有1个博士点，1个硕士点。目前有教授6人，副教授3人，讲师3人，高级工程师、工程师各1人，其中博士生导师4人。与国际著名公司建立了3个联合实验室：重庆大学-美国TI公司DSP实验室、重庆大学-日本OMRON-PLC实验室以及重庆大学-美国MicroChip的PIC单片机实验室。此外，在“211”二期建设中将建成电能质量监控实验中心和电气传动综合测试实验中心，配备有试验台和各种测试分析仪器。

主要研究方向有：现代输变电系统电力电子装置及其智能控制技术，电力电子电路的拓扑变换与应用；电力电子装置与系统；电力系统谐波治理；电气传动与智能控制技术，交流传动及控制技术；电动汽车驱动控制技术等。

地址：重庆市沙坪坝区沙正街174号

邮编：400030

电话：023-65102434

传真：023-65102434

邮箱：zhangbin4288@ cqu. edu. cn
网址：http：//www. cee. cqu. edu. cn

4. 电子科技大学

高校介绍：

电子科技大学是教育部直属全国重点大学，坐落在四川的省会，西南经济、文化、交通中心——成都市。

学校占地 4000 余亩，设有研究生院和 15 个学院（部），另有示范性软件学院、继续教育学院、职业技术学院和网络教育学院以及电子科技大学成都学院、电子科技大学中山学院两个独立学院。全校教职工 3400 余人，其中专任教师2000 余人，教授 343 人，中国科学院、中国工程院院士 7 人，国家“千人计划”入选者 3 人，国务院学位委员会学科组委员 3 人，长江学者特聘教授、讲座教授 20 人，国家杰出青年科技基金获得者 12 人，国家级教学名师奖获得者 2 人，全国优秀教师 4 人，全国师德先进个人 2 人，国家自然科学基金委创新群体 1 个，教育部创新团队 2 个，国防科技创新团队 1 个。全校现有各类全日制在读学生 25000 余人，其中博士、硕士研究生 9000 余人。

学校现有一级学科国家重点学科 2 个（含 6 个二级学科国家重点学科），国家重点（培育）学科 2 个，一级学科省级重点学科 12 个，二级学科省级重点学科 3 个；国家级重点实验室 5 个，部省级重点实验室 36 个。学校现有一级学科博士学位授权点 8 个，二级学科博士学位授权点 36 个，硕士学位授权点 62 个，MBA、MPA 和工程硕士（含 13 个工程领域）等 3 种专业学位授权点；博士后流动站 10 个；本科专业 44 个，其中国家级特色专业建设点 10 个，省级特色专业 19 个。学校承担了国家科技攻关、国家自然科学基金以及国务院有关部委、四川省和国内大中型企业委托的各级各类科研项目，“十五”期间年度科技经费以年均 26% 的速度递增，2008 年达到 5. 5 亿元。50 多年来，学校科技成果获国家级奖励 50 项、部省级奖励 600 余项，发表论文（专著）3. 3 万余篇（部），申请专利 1000 余项。

随着全球经济信息化以及我国电子信息产业的蓬勃发展，电子科技大学的建设和发展跨入新的历史阶段。学校将秉承“求实、求真，大气、大为”的精神，毫不动摇地以人才培养为根本，坚定不移地走内涵式发展道路，以服务国家、地方经济建设和国防建设为己任，锐意创新，携手奋进，努力把电子科技大学建设成为在电子信息学科领域具有世界先进水平的一流大学。

物理电子学院

电子科技大学物理电子学院成立于 2001 年 10 月，现设有应用物理系、电子信息科学与技术系、真空电子技术系、高能电子学研究所、应用物理研究所和现代物理研究所。学院现有教职工 198 人，拥有一支以中科院院士刘盛纲教授为学术带头人，3 位“千人计划”入选者、1 位长江学者讲座教授、1 位国家杰出青年基金获得者、33 位博士生导师、40 位教授、55 位副高级专业技术职称人员为核心，在国内外具有一定影响的师资队伍。拥有教育部新世纪优秀人才支持计划入选者 6 位，四川省“百人计划”入选者 1 位，四川省学术和技术带头人 6 位，78% 的教师具有博士学位。

学院在“电子科学与技术”、“物理学”两个一级学科博士学位授予权点中设有博士后流动站，还设有“物理电子学”（国家重点学科）、“无线电物理”、“光学”、“等离子体物理”、“凝聚态物理”、“理论物理”6 个二级学科点。学院目前在 7 个学科点招收硕士和博士研究生。现有在校博士研究生 169 人，硕士研究生 521 人。

学院在“应用物理学”（四川省特色专业）、“电子信息科学与技术”（四川省特色专业）、“真空电子技术”（国防特色紧缺专业）等 3 个本科专业有在校学生 1116 人。2008 年，新增“核工程与核技术”本科专业。学院实施了学生工作指导委员会、班导师制等学生管理机制，学生工作的各项指标（英语四六级、毕业率、就业率等）一直名列学校前茅。多年来，学院为国家培养了一大批优秀人才，深受用人单位欢迎。

学院拥有微波电真空器件国家级重点实验室、国家“863 计划”强辐射重点实验室、太赫兹科学技术四川省重点实验室、中国科学院太赫兹科学与技术发展战略研究基地、激光与毫米波系统实验室等多个国家和省部级研究室，拥有国内高校中唯一能进行大功率微波、毫米波器件的理论研究、计算模拟、制管到测试的系统研制基地。微波电真空器件国家级重点实验室进入了国家的“拓展提高序列”。

学院在太赫兹研究、微波电真空器件、等离子体电子学、新型受激辐射器件、毫米波理论与技术、计算电磁学及应用、固体光学和热学、空间光学等研究领域具有明显的特色优势，承担了国家重大专项、国家 973 计划、国家 863 计划、ITER 计划、国家支撑计划、国家自然科学基金、国家重点基础研究和攻关项目以及对外引进等大量高水平科研项目。“十一. 五”期间，承担了我国第一个太赫兹技术的“973”项目，独立承担国家重大专项 1 项，多学科参与国家重大专项 5 项，参与国家支撑计划 2 项，参与国际 ITER 计划，科研项目类型多样化，在国内已具有较好的影响力。学院科研总经费近 2 亿元，获得省部级科技奖励 10 项，申请和授权专利 74 项，发表科技论文 1354 篇，其中 3 大检索收录论文 966 篇。2003 年，刘盛纲院士获得了毫米波、红外线领域的国际最高奖 K. J. Button 大奖，成为我国第一位获此殊荣的科学家。学院还获批教育部创新团队 1 个。研制出了国内第一支 220GHz 太赫兹回旋管、8mm 高功率回旋行波管、3mm 二次谐波渐变复合腔回旋管和 8mm 高功率回旋速调管，研制的微波管 CAD 软件已成为我国微波管 CAD 设计的首选软件。

学院重视校企合作，建有“电子科技大学 · 美的微波管技术及微波能应用联合实验室”、“电子科技大学 · 宇光电子器件工程中心”、“电子科技大学 · 宝通天宇超宽带电子学联合实验室”、“电子科技大学 · 雷奥风电传感器新能源技术应用联合实验室”、“电子科技大学 CST 培训中心”等校企联合实验室。

学院十分重视与国内外相关机构的交流与合作，举办了中国-英国/欧洲毫米波与太赫兹技术学术研讨会（2008

年）、首届IEEEMTT-S（微波理论与技术协会）国际微波研讨会（2008年）、国际微波毫米波技术会议（ICMMT）（2010年）等国际会议。2010年，举办了由16位院士、国内众多科研院所的学者以及企业界人士等参加的中国太赫兹科学技术及应用发展研讨会。派出骨干教师出国进修、合作研究、考察访问达100余人次，参加国内外大型学术会议500余人次，邀请美国、俄罗斯、德国、英国、日本等国家及国内相关专家来短期讲学、交流100余人次。

沧桑巨变，风雨彩虹。物理电子学院将继承和发扬"求真，求实，大气，大为"的"成电精神"，把握机遇，开拓进取，为把学院建成为国内一流、国际知名的高水平研究型二级学院而努力奋斗。

地址：四川省成都市建设北路二段四号

邮编：610054

电话：028-83202590

传真：028-83202009

网址：http：//202.115.12.8/default.aspx

5. 东南大学

高校介绍：

东南大学是中央直管、教育部直属的全国重点大学，是"985工程"和"211工程"重点建设的大学之一。学校坐落于历史文化名城南京，占地面积5880亩，建有四牌楼、九龙湖、丁家桥等校区。东南大学前身是创建于1902年的三江师范学堂，1921年经近代著名教育家郭秉文先生竭力倡导，以南京高等师范学校为基础正式建立国立东南大学，成为当时国内仅有的两所国立综合性大学之一。1928年学校改名为国立中央大学，设理、工、医、农、文、法、教育7个学院，学科之全和规模之大为全国高校之冠。1952年全国院系调整，学校文理等学科迁出，以原中央大学工学院为主体，先后并入复旦大学、交通大学、浙江大学、金陵大学等校的有关系科，在中央大学本部原址建立了南京工学院。1988年5月，学校复更名为东南大学，校庆日为每年6月6日。2000年4月，原东南大学、南京铁道医学院、南京交通高等专科学校合并，南京地质学校并入，组建了新的东南大学。

目前，学校设有29个院（系），拥有75个本科专业，29个博士学位一级学科授权点，49个硕士学位一级学科授权点，5个国家一级重点学科（涵盖15个二级学科），5个国家二级重点学科，1个国家重点（培育）学科，11个江苏高校优势学科建设工程一期项目立项学科（群），14个江苏省一级学科重点学科，28个博士后科研流动站。有3个国家重点实验室，3个国家工程研究中心，2个国家工程技术研究中心，1个国家专业实验室，11个教育部重点实验室，5个教育部工程研究中心。

电气工程学院

东南大学电气工程学院历史悠久，其办学历史可追溯到1923年成立的国立东南大学电机系。从中央大学、南京工学院、到今天的东南大学都一直设有电气工程相关学科和专业。曾经有大批国内外学术界知名的专家、学者在学院工作，如吴玉麟、陈章、吴大榕、程式、杨简初、严一士、闵华、周鹗、陈珩等。电气工程学院现设有电气工程一级学科博士学位授权点，含电机与电器、电力系统及其自动化、电力电子与电力传动、高电压与绝缘技术、电工理论与新技术、应用电子与运动控制、电气信息技术和新能源技术等二级学科，其中，电机与电器、电力系统及其自动化两个二级学科为江苏省重点学科。设有电气工程博士后流动站和电气工程及其自动化本科专业。电气工程学院是国家"211工程"、"985工程"一期、二期的重点建设单位，是教育部电气工程及其自动化专业教学指导分委员副主任单位。电气工程及其自动化本科专业是江苏省高等学校品牌专业，2006年6月又首批通过教育部工程教育专业认证。

学院拥有Rockwell自动化实验室、电力电子实验室、电机实验室、微特电机实验室、电力系统仿真实验室、计算机实验室等设备先进的实验室。近年新建了伺服控制技术教育部工程研究中心、南京市电气设备与自动化工程技术中心、东南大学-香港德昌电机联合研究中心、东南大学电力需求侧管理研究所、东大-中电联合研发中心、东大-金智联合研发中心、东大-南自通华电力电子研究中心、东南大学风力发电研究中心等，强化了科研与经济建设的结合。

目前，电气工程学院有专任教师50余人，其中教授22人（含博士生导师19人），副教授和高级工程师20人。专任教师中有博士学位的教师占70%，另有在职攻读博士学位的教师8人。博士后流动站博士后研究人员10人。有兼职院士1名、长江学者1名、国家杰出青年基金获得者2名、省级优秀骨干教师4名，省333工程培养对象2名，省六大人才高峰学术带头人2人，省青蓝工程学术带头人2名，国家教育部优秀骨干教师1名，享受国务院政府特殊津贴的12名。

科研团队或重点实验室介绍

东南大学电气工程学院可追溯至1923年成立的国立东南大学电机系。学院拥有的电气工程学科现为国家"211工程"和"985工程"重点建设学科，江苏省一级重点学科和江苏省的国家一级重点学科培育建设点，自主设立的"新能源发电和利用"学科为江苏省优势学科。该学科是教育部电气工程及其自动化专业教学指导分委员副主任单位，在2003年和2006年的全国一级学科评估中，电气工程学科的综合排名均位列全国前十。

近三年来，承担了国家"863"高技术项目、国家科技支撑项目、国家自然科学基金重点项目、国家海洋局重大项目专项等省部级以上项目100余项，取得了一批达到国内外领先水平的重要研究成果，科研经费每年以30%的速度增长，近三年科研经费总量达到7355万元。申请发明专利近180项，获发明专利授权50余项。2001年以来，获得国家级教学成果奖3项、省部级教学成果奖3项，发表SCI论文65篇，EI论文398篇，出版"十一五"国家规划教材6部，出版专著6部，译著两部。近三年全国优秀博士学位论文提名2人，江苏省优秀博士学位论文5篇，2012年江苏省优秀硕士学位论文4篇。此外，还有省级优秀骨干教师3名、省"333工程培养对象"3名、省"六大人才高峰"学术带头人6名、省"青蓝工程学术带头人"6名、教育部优秀青年教师资助获得者2名，先后有25人次入选长江学者、国家杰出青年基金（B类）等各项国家级和省部级人才工程。建设有伺服控制技术教育部工程研究中心、江苏省智能电网技术与装备重点实验室、国家级工程实践教育中心、电力工程江苏省实验中心及一批企业联合研究中心，强化了教学、科研与经济建设的结合。

地址： 江苏省南京市四牌楼2号

邮编： 210096

电话： 025-83792260

传真： 025-83791696

网址： www. seu. edu. cn

6. 福州大学

高校介绍：

福州大学是福建省和教育部共建的国家"211工程"重点大学。现有国家级重点学科和重点（培育）学科各1个，国家"211工程"重点学科7个，省级特色重点学科和省级重点学科近30个；博士后流动站8个，一级学科博士点9个、二级学科博士点54个。现有教职工3000多人，其中院士5人（含双聘院士3人），国家千人计划特聘教授、国家科技三大奖获得者、长江学者、国家杰出青年基金获得者、新世纪百千万人才工程国家级人选、闽江学者等领军人才近40人。学校正朝着建设我国东南强校的奋斗目标迈进，努力为国家和海峡西岸经济区建设作出更大的贡献。

电力电子与电力传动研究所

福州大学电力电子与电力传动研究所，主要从事电力电子变流技术、电力电子高频磁技术、电力传动系统、新能源发电技术、航空航天电源系统等本学科领域的创新性研究。福州大学电力电子与电力传动学科是该校省特色电气工程重点学科、一级学科博士点和博士后流动站中研究力量最为强大的二级学科，培养本学科博士后、博士生、硕士生和本科生等各层次的高级专门人才。该所是福建省电源学会的支撑单位，现任所长是陈道炼教授。

电力电子与电力传动学科是电力技术、电子技术、电机技术和控制技术四者结合的新兴交叉学科。一方面电力电子与电力传动学科的发展与高效节能、新能源发电、电机控制、电网谐波治理、智能电网等密切相关，对民用工业和国防工业（如飞机、导弹和舰艇）的发展具有十分重要意义；另一方面电力电子与电力传动学科的发展对电气工程其他二级学科的发展起到了重要的推动作用。

科研团队或重点实验室介绍

福州大学电力电子与电力传动研究所的师资力量雄厚，已经形成一支强年龄结构和知识结构合理的研究团队。该研究团队由十多名具有博士学位的研究人员组成，其中教授3人、副教授4人。主要从事电力电子变流技术、电力电子高频磁技术、电力传动系统、新能源发电技术、航空航天电源系统等本学科领域的创新性研究。

陈道炼教授担任该所团队负责人。陈道炼教授，1964年8月生，曾在南京航空航天大学电力电子与电力传动专业获学士、硕士、博士学位和博士后，曾任南京航空航天大学电力电子与电力传动学科教授（博导），自2005年10月任福州大学闽江学者特聘教授（博导）。主持国家和省部级科技项目20余项和一批科技成果转化项目，培养博士和硕士生50余人，发表学术论文100余篇，以第一成果完成人获国家技术发明二等奖1项、省部级科学技术一等奖2项、二等奖1项，获授权发明专利14项，出版专著3部。兼任国家和省部级科技项目评委，任国内外权威期刊特约审稿人和多种期刊编委。现为IEEE高级会员、新世纪百千万人才工程国家级人选、福建省高校领军人才，兼任中国电源学会常务理事及其专家委员会副主席、中国电工技术学会电力电子学会常务理事和福建省电源学会理事长，获全国优秀科技工作者、享受国务院政府特贴专家、卢嘉锡优秀导师奖和江苏省优秀博士后等荣誉称号。

福州大学电力电子与电力传动研究所的科研成果颇丰。先后承担了国家自然科学基金4项、教育部高校博士点基金2项、省自然科学重点基金1项、省科技计划重大项目和重点项目3项、省自然科学基金和省高新技术项目近20项、科技开发项目30余项，获国家技术发明二等奖1项、省部级技术发明一等奖1项和其他省、部级科技进步奖多项，获国家发明、实用新型专利30余项，在国内外重要期刊发表学术论文200余篇，出版学术专著与教材近10部。

依托国家"211工程"、省特色重点学科建设项目、中央财政支持地方高校发展专项资金电力电子与电力传动研究生教育创新创业实践公共平台，福州大学电力电子与电力传动研究所具备了充分的软硬件研究条件。现拥有多种通用电路仿真和绘图软件、单相与三相功率分析仪、高频数字示波器、多频率RLC测试仪、频谱分析仪、动态信号分析仪、线性阻抗稳定网络、宽频带大功率放大器、雷击浪涌模拟发生器、多功能信号发生器、可编程电子负载、精密阻抗分析仪、电力质量分析仪、智能电量测量仪、三相干式隔离变压器、工频磁场发生器、周波跌落发生器、信号发生器、变频电源、绝缘测试仪、电工仪表等一批先进的科研仪器设备。

地址： 福建省福州市大学新区学园路2号

邮编： 350108

电话： 0591-22866597

传真： 0591-22866581

邮箱： chendaolian@ sina. com

网址： http: //dqxy. fzu. edu. cn/dq/

7. 复旦大学

高校介绍：

复旦大学是中央部属高校，首批全国重点大学，国家"985工程"和"211工程"首批重点建设高校，是国家"111计划"和"珠峰计划"首批大学，东亚研究型大学协会、环太平洋大学联盟、九校联盟（c9）、21世纪国际大学联盟的成员。学校综合实力在亚洲名列前茅，在全球也享有较高声誉。设有直属院（系）30个，设有本科专业70

个，一级学科博士学位授权点 29 个，博士学位授权学科、专业点 154 个（其中自设 30 个，专业学位 1 个），硕士学位授权学科、专业点 229 个（其中自设 51 个，专业学位 10 个），并设有 29 个博士后科研流动站；设有 11 个一级学科国家重点学科、19 个二级学科国家重点学科，3 个国家重点（培育）学科、上海市重点学科 20 个，有国家重点实验室 5 个，教育部工程研究中心 4 个，教育部重点实验室 12 个，卫生部重点实验室 9 个，总后卫生部重点实验室 1 个，上海市重点实验室 7 个，“985 工程”科技创新平台 5 个，“985 工程”哲学社会科学创新基地 7 个。复旦专利申请情况如下：外观设计 13 项，实用新型 413 项，发明专利 4793 项；专利授权情况如下：外观设计 7 项，实用新型 331 项，发明专利 1421 项；软件著作权或集成电路布图设计版权申请 148 项，版权登记 9 项。

信息科学与工程学院光源与照明工程系

复旦大学光源与照明工程系是国内外知名的从事光源与照明教学科研的专门机构，同时在光伏并网接入领域也享有显著的声誉，与国内外学术界有着广泛的交流和合作。

目前，主要从事光源、光源光学、光源电子学、照明与视觉及光伏发电并网等研究。“八五”、“九五”、“十五”期间，该系承担的照明电器领域的开发任务一直处于国内同行领先地位，先后完成了几十项重大项目，获得包括国家科技进步一等奖、二等奖在内的国家级、省部级的发明奖和科技进步奖 15 项。近年开展光伏发电前沿技术及产业化、LED 的驱动电路设计、光源测试方法等工作，取得多项专利，并发表多篇国内外优秀论文。

在光伏发电接入领域，目前光源与照明工程系已经设计出 10kW 逆变器、250kW 逆变器、500kW 逆变器，三相逆变器产品通过 TUV 认证和德国电网入网许可，2kW 逆变器通过了奥地利奥森纳国际权威试验室 7 国入网标准的认证检测，其设计满足 IEC 62109、VDE 0126、EN 50178 等多项国际标准和欧洲低电压指令认证要求，入选国家教委重大项目成果，各项指标达到国际先进水平，并且已经通过了国家工信部的国家级检测和德国 TUV/VDE 等国际认证。目前拥有 1500m^2 的光伏并网逆变器实验室。同时与中国电科院新年能源所、国家太阳能光伏产品质量监督检验中心合作，在系统优化与控制技术上展开了深入的合作。

科研团队或重点实验室介绍

科研带头人为孙耀杰博士和林燕丹博士两位。

孙耀杰，博士，教授，毕业于西安交通大学机械电子工程系，现任复旦大学信息学院电光源系副主任，复旦大学电光源所副所长，曾任日本 MywayLabs 电力电子实验室高级研究员。中国电源学会理事、中国电源学会学术委员会委员、国家光伏发电及产业化标准推进组成员，江苏省创新团队领军人才，江苏省高层次创新创业人才。长期从事电力电子与自动控制技术方面研究和工程实践，是国内较早从事新能源并网发电控制技术与系统检测技术研发工作的研究人员。研究方向：光伏发电与风力发电的智能控制，电气系统功能安全评估与系统检测，智能电网中新能源接入与传感网多尺度数据融合技术等。

林燕丹，女，博士，副教授，2005 年获复旦大学与德国达姆斯塔特技术大学（TU-Darmstadt）联合培养博士学位。现任职于复旦大学信息科学与工程学院，主要从事新型光源的应用、评估和优化设计的研究，智能照明控制和驱动电路的视觉理论基础研究。发表论文 70 余篇，其中 SCI、EI 收录 19 篇。获得发明专利 1 项，实用新型专利 6 项。

邱婧婧，女，硕士，科研助理，研究方向为 LED 照明人体工效学中照明环境的评估与评价，心理学。

马磊，男，硕士，科研助理，研究方向为光伏并网逆变器新技术、接入电网安全技术等。

主要学术成果：

1）利用大功率电力电子技术和光伏发电并网逆变控制技术的研究成果，成功地研制出兆瓦级大功率并网装置，获江苏省科技进步二等奖；中、小功率分布式并网逆变器在国际权威机构德国 PHOTON 的测评中，排名亚洲第一，全球第 11，最重要的两项指标：电能转换效率和最大功率跟踪精度，获“双 A”最高等级评价。上述两项成果均达到了国际一流技术水平，创造经济效益 9 亿元人民币，形成了一系列核心专利技术和学术论文，部分成果和研究结论也成为国家标准/行业标准制定的依据。

2）客舱 LED 情景照明智能控制技术研究，已经成功应用到 ARJ21 和 C919 的工程样机中，成为中国商飞宣传的四项重要技术特点之一，增强了复旦大学在该领域的影响力。

3）入选国家“光伏发电及产业化标准推进工作组”，主编/参与 4 项国家/行业标准的编写，多项标准的审定，推动了行业的技术进步和规范化。

在研项目：

1）半导体照明与智能照明控制系统获国家“973”和“863”等多个基金项目的支持；

2）用户侧智能用电与分布式发电系统的研究，获国家专项基金、上海市和江苏省多项基金的支持；

3）联合中国电科院，企业开展智能电网研究，相关传感技术、设备技术、控制技术及决策支持系统技术的研究与应用，与光伏发电、风电、用户直流用电的整合研究与应用等。

科研条件：

团队长期从事电力电子与自动控制技术方面研究和工程实践，是国内较早从事新能源综合利用与分布式发电控制技术研发工作的研究人员，研究方向涉及光伏发电与风力发电的智能控制技术，智能电网中新能源接入与传感网多尺度数据融合技术，通过项目的积累建立了光伏系统并网控制与能量变换实验室、智能电网接入控制实验室、PV 电弧检测实验室和太阳电池表面涂层实验室。

与国际上知名企业——英飞凌科技公司在光伏并网逆变器的功率 IGBT 器件、控制芯片等基础项目研究等方面的合作，建立复旦大学英飞凌新能源联合实验室，现有 TASKING 公司的 Safety Function 专用软件内部安全评估系统 5 套，各类专用软件若干。

实验室设备如下：实验室建有大功率光伏并网电气测

试系统，照明电器与控制综合测试系统，包括：

1）IGBT 短路与瞬态特征测试台；

2）直流电弧实验系统；

3）30kW 微网模拟用可编程 DC 源，电网模拟 AC 源；

4）横河功率计与数字录波仪；

5）多台深存储数字示波器、信号发生器、专用高压探头等常用仪器；

6）半物理仿真软件开发平台；

7）视觉疲劳与照明工效测试半物理仿真系统；

8）500W 线性化光源电器功率信号发生系统。

地址：上海市杨浦区邯郸路 220 号兴业光学楼 323 室

邮编：200433

电话：021-55665508

传真：021-55664542

邮箱：yjsun@ fudan. edu. cn

8. 广东工业大学

高校介绍：

广东工业大学是一所以工为主，工理经管文法结合协调发展的省属重点大学。学校坐落在广州，校园占地面积 3348 亩；有 19 个学院，5 个博士后科研流动站，5 个一级学科博士学位授权点，21 个二级学科博士学位授权点，17 个一级学科硕士学位授权点，3 个省攀峰重点学科一级学科，7 个省优势重点学科一级学科；部分学科为广东省“211 工程”三期重点建设学科。在校生约为 47000 人。

学校有 1 个国家级工程中心，1 个教育部重点实验室，6 个省级重点实验室，2 个省级工程中心，组建省部院产学研创新联盟 19 个，1 个省发改委工程实验室，1 个省经信委工程中心。学校还与地方政府和工业界联合建立了“广州国家现代服务业集成电路设计产业化基地”、“华南工业设计创新园”等多个跨学科创新平台，每年到校科研经费约为 3 亿元。

学校现有 7 个国家级特色专业，16 个省级特色专业，13 个广东省名牌专业，1 门国家级精品课程，21 门省级精品课程，1 门国家级双语教学示范课程，1 个国家级实验教学示范中心，10 个省级实验教学示范中心，1 个国家级教学团队。

学生在科技创新、文化体育活动取得了较好成绩，2011 年，获省“挑战杯”竞赛桂冠；第十二届“挑战杯”全国大学生课外学术科技作品竞赛中，获一等奖 2 项，二等奖 2 项，在全国 500 多所参赛高校中排名第 28 名。学校篮球队连续三年获全国大超联赛总冠军，2011 年获第八届亚洲大学篮球锦标赛冠军等；舞蹈节目获全国大学生艺术展演一等奖等。

自动化学院

广东工业大学自动化学院现有教职工 128 人，专任教师 99 人，全国优秀教师 1 人，获国家杰出青年科学基金 1 人，教育部跨世纪优秀人才培育对象 1 人，全国高校优秀骨干教师 1 人，教育部创新团队 1 个，新世纪优秀人才支持计划 1 人。博士生导师 13 人，硕士生导师 53 人，教授 26 人，副教授 52 人，有博士学位的教师 62 人。学院全日制在校生 3600 多人，其中，本科生 3170 多人，硕士研究生 390 多人，博士研究生 40 多人。

学院拥有“控制科学与工程”博士后科研流动站；“控制科学与工程”一级学科博士学位授权点；“控制科学与工程”和“电气工程”2 个一级学科硕士学位授权点；广东省首批名牌、特色专业 2 个。

学院拥有省特色重点学科 1 个；省级重点学科 1 个；省级重点课程 4 门；省级精品课程 5 门，并被列入广东省“211 工程”三期重点建设学科。

学院拥有教育部重点实验室“机械装备制造与控制技术实验室”，广东省重点实验室“广东省物联网信息技术重点实验室”、广东省高等学校重点实验室自动化装备与集成、广东省高等学校重点实验室电力节能与新能源、广东省高等学校教学重点实验室先进控制技术，以及广东省高等学校实验教学示范中心电气与控制。

学院承担大量国家、省部级科研项目，每年到校科研经费逾 2000 万元。近 3 年获得教育部自然科学一等奖 1 项、广东省科学技术一等奖 2 项、二、三等奖各 2 项、广州市科学技术奖一等奖 1 项，以及东莞市科学技术奖特等奖 1 项。

科研团队或重点实验室介绍

电力电子技术研究团队在科研带头人章云、张淼等教授的带领下，现有核心研究成员 6 人，其中教授 3 人、副教授 2 人，讲师 1 人，获博士学位 6 人。主要从事电力电子技术的研究工作。

近 5 年来团队成员主持和参与国家级自然科学基金重点项目和国家“863”计划项目、国家自然科学基金等国家级项目 8 项，广东省重大科技专项、省部产学研、广东省自然科学基金、广东省科技攻关项目和粤港招标等一批省部级项目，完成多项企业委托项目的研发，部分已产生经济效益愈 2000 万。在国内外权威期刊发表论文 100 多篇，其中 30 余篇被三大索引收录，获广东省科技进步二等奖 1 项。

目前，团队拥有科研实验室 300 多平方米，教学、科研仪器设备 200 余万元，同时团队承建了拥有广东省高等学校电力节能与新能源重点实验室，在实验室构建了多台套电力电子设备，可开展控制理论、电力电子与电力拖动、新能源发电控制技术、电力节能新技术等的研究工作。

地址：广东省广州市番禺区大学城外环西路 100 号

邮编：510006

电话：020-39322552

邮箱：dgx@ gdut. edu. cn

网址：http：//automation. gdut. edu. cn/

9. 广西大学

高校介绍：

广西大学创办于 1928 年。1939 年广西大学成为国立大学，是国内有较大影响的综合性大学。1952 年，毛泽东主席亲笔为广西大学题写了校名。1953 年，在全国高校院系调整中广西大学被停办，师生以及设备和图书资料被调整到中南和华南地区的19所大学。1958年，广西大学恢复重建。1997年，广西大学与广西农学院合并，组建新的广西大学。新的广西大学在1999年成为国家“211工程”学校。

现在的广西大学已发展成为一所区域特色研究型大学，设有30个学院，学科涵盖哲、经、法、文、理、工、农、管、教、艺等10大学科门类，有97个本科专业，36个一级学科硕士点，186个二级学科硕士点，8个一级学科博士点，58个二级学科博士点和9个博士后科研流动站。全校现有在职教职工3596人，其中专任教师2064人。全校有全日制在校生29680人，其中博士研究生434人，硕士研究生6523人，本科生22723人。有来自30多个国家的留学生1022人，成人教育学历生20000人。

学校坚持以学科建设为核心，以“211工程”建设为载体，不断加大学科建设的力度。学校现有2个国家重点学科，1个国家重点（培育）学科，7个国家“211工程”重点建设学科群，21个自治区重点学科；有1个国家重点实验室和1个省部共建国家重点实验室培育基地，15个省部级重点实验室、工程研究中心和研究基地，20个自治区高校重点实验室和研究基地。

电气工程学院

广西大学电气工程学院成立于1997年4月，其前身可追溯到1938年广西大学理工学院创建的电机工程学系。经过多年的建设，学院得到了很大的发展，目前设有2个系（电气工程系和自动化系）和4个本科专业（电力系统及其自动化（1938）、农业电气化与自动化（2000）、电力工程与管理（2003）、自动化（1971））；1个区级电气工程实验中心，1个区级电力系统优化与节能技术重点实验室；1个自动化研究所；1个电气工程博士后流动站。2011年教育部批准设立电气工程一级学科博士点和控制科学与工程一级学科硕士点。

电气工程学院现有教职工105人，专任教师74人，其中教授16人，副教授、高工和副研究员共25人，讲师33人；教师中具有博士学位的21人、具有硕士学位的35人；博士生导师9人，硕士生导师28人。

学院针对电气工程和自动化领域的新趋势、新问题，紧密结合西部大开发和广西地方经济建设与社会发展的实际，进行深入的理论研究和技术辐射与支撑，取得了丰硕的成果。在电力系统最优化理论、电力系统广域保护、电力系统自动化技术、工业企业智能控制技术、现代防雷接地技术等方面，已经成为学院科学研究和技术开发的重点和特色，学院正在成为广西电气工程与自动化领域的技术难题研究中心和学术与资料交流中心。

科研团队或重点实验室介绍

1. 团队简介

广西大学电气工程学院“电力电子系统分析与控制”研究团队共有4名教师，其中教授2人、副教授1人、讲师1人，团队负责人陆益民教授。本研究团队一直致力于电力电子系统基础理论及其应用技术的研究。近年来围绕电力电子系统的拓扑结构、控制方法、电气检测技术等方面开展了大量的研究工作，并取得了一系列的研究成果。

2. 主要研究方向

电力电子变换器拓扑分析及控制；工业特种电源开发；电气精密测量技术。

3. 已完成成果

本团队已完成1项国家自然基金项目、1项国家科技型中小企业技术创新基金项目、3项广西自然科学基金项目、1项广西区科技攻关项目、1项广西高校优秀人才资助计划项目、1项南宁市科学研究与技术开发计划项目、1项广西教育厅科研项目以及多项企业横向项目。研制了医用X射线机电源、通信电源、焊接电源、冲击接地电阻、电气设备介质损耗测量装置、无功补偿装置快速复合继电器等电力电子装置。获得国家专利多项，团队负责人为广西青年科技奖获得者。在《中国电机工程学报》、《电工技术学报》、《控制理论与应用》、《机械工程学报》等学术刊物和IEEE等重要国际会议发表论文50余篇。

4. 在研项目

1）国家自然科学基金项目：忆阻器的动力学特性及其在电力电子软开关中的应用，2012.1—2015.12。

2）教育部留学回国人员科研启动基金：自由活塞能量转换器的运动控制与优化，2010.5—2013.5。

3）南宁市科技攻关与新产品试制项目：5kW单相高功率因数医用X射线机的研制。

5. 科研条件（实验设备等）：与伟创力深圳有限公司共建电力电子与电力传动实验室。

地址：广西省南宁市大学路100号

邮编：530004

电话：0771-3232264

网址：http：//www.ee.gxu.edu.cn/

10. 哈尔滨工业大学

高校介绍：

哈尔滨工业大学隶属于工业和信息化部，是由工信部、教育部、黑龙江省共建的国家重点大学，是首批进入国家“211工程”和“985工程”建设的若干所大学之一。

1920年，中东铁路管理局为培养工程技术人员创办了哈尔滨中俄工业学校——即哈尔滨工业大学的前身，学校成为中国近代培养工业技术人才的摇篮。2000年，同根同源的哈尔滨工业大学、哈尔滨建筑大学合并组建新的哈尔滨工业大学。同时在威海市和深圳市分别设有哈尔滨工业大学（威海）和哈尔滨工业大学（深圳）研究生院，形成了“一校三区”的办学格局。

学校以 “规格严格，功夫到家”为校训，以朴实严谨的学风培养了大批优秀人才，以追求卓越的创新精神创造了丰硕的科研成果。学校以适应国家需要、服务国家建设为己任，形成了以航天特色为主，拓宽通用性为准则，充分发挥学科交叉、融合的优势，形成了由重点学科、新兴学科和支撑学科构成的较为完善的学科体系，涵盖了哲学、经济学、法学、教育学、文学、历史学、理学、工学、管理学等9个门类。学校坚持“面向国家重大需求，面向国际学术前沿”，为工业化、信息化和国防现代化服务，为地方经济社会发展服务，突出国防、航天优势，紧密结合工业、信息、机电、能源、材料、资源环境、土木建筑等领域国民经济和社会发展的重大国家需求，不断提高学术研究水平、科研创新能力和科研竞争力，解决了国内外相关领域内一系列创新性好、探索性强的前沿基础科学问题，取得了一批具有世界领先水平的原创性科研成果。

电气工程及自动化学院电气工程系/电力电子与电力传动研究室

哈尔滨工业大学电气工程及自动化学院设有2个系（自动化测试与控制系、电气工程系）；9个研究所，7个研究室，4个面向全校开课的技术基础课教研室，5个实验中心，11个与国际和国内著名公司建立的联合实验室或实验中心，1个图书资料室。现有教职工282人，其中国家工程院院士2人、博士导师50人、基础教学带头人6人。45周岁以下获得博士学位的教师占全院教师的53.8%。

学院有2个博士后流动站、2个一级学科博士点、5个二级学科博士点、6个硕士点、3个本科专业。有学生2000余人，其中博士研究生200余人、硕士研究生400余人、本科生2000余人，另有工程硕士200余人。

学院重视培养学生的全面素质，提高学生的动手能力。为学生创造了多学科交叉的学习条件和环境。逐步淡化专业界限，拓宽学生视野使毕业生适应社会发展需要。达到基础知识扎实、知识面宽广、综合素质高、创新能力强。因此，毕业生倍受各行业青睐，学院为鼓励学生努力学习还设置了多项奖学金。

学院同国内外有广泛的交流与合作。已与美、英、法、俄、日、中国香港、中国台湾等10多个国家和地区的几十所著名大学或公司建立了密切的学术交流与长期的合作关系。

学院具有很强的科研实力，5年来累计科研经费达3亿多元，获科研成果奖120余项，发表学术论文3000余篇，其中被SCI、EI、ISTP检索300余篇，出版学术专著、教材60余部。获教学成果奖50余项，资料室藏书26000余册。

科研团队或重点实验室介绍

科研条件:研究室在国家“211工程”和“985工程”及学校和学院的支持下,建设了“电气节能新技术科技创新研究平台”、“超精密测试科技创新平台”“高性能伺服数字控制技术科技创新研究平台”。在这些平台建设的基础上,研究室分别在如下几个方向上建立了试验模拟测试系统。

照明电源方向：组建了光电色综合测试系统，并添置了高档数字示波器DSO7104A、DPO4104、FLUKE190C，TPS2024、TDS3032C，功率分析仪HIOKI3193，HID电子镇流器测试仪、多台数字电参数测试仪、RCL参数测试仪PM6304、可编程交流电源供应器61705、可编程电子负载63202、温度巡检仪JK8/16， 红外成像仪T360等设备。

现代变频控制方向：组建了感应电机控制试验平台，并添置了高档示波器DL850、DPO4104、DL2054、TPS2024、TDS3034，数字功率计WT1600，dSpace实时快速原型及硬件在回路仿真一体化系统等，同时还自制了多台同步电动机变频调速实验平台。

新能源方向：组建了双馈风力发电系统模拟试验平台和永磁直驱风力发电模拟试验系统，并添置了高档示波器DL2054、DPO4104A、TDS3034C、TPS2024、DL1640，示波记录仪DL850，多通道功率分析仪WT1800，可编程交流电源供应器61512，可编程之流电源供应器62150H-600S，可编程直流负载63210，多台单相光伏发电并网逆变器Sunny boy5000TL，防孤岛检测装置ACLT-3803M，风电主控装置开发系统等。

高效伺服系统方向：组建了交流伺服系统先进控制策略研发平台，添置了高档示波器DPO4104、TDS3032B、TPS2024，高精度功率分析仪NORMA5000，频率响应分析仪FRA5022，脉冲/函数/信号发生器81150A，功率分析仪WT3000，马达测试系统HD-815-8NA等。

电能质量管理方向：自制了电压跌落发生器、SVG、APF试验系统，购置了高档示波器DPO4104、TDS3032B、TPS2024，功率分析仪HIOKI3194、3196，发电机在线线圈电阻温度测试仪，专家型功率分析仪F1760，示波记录仪DL750。

运动控制和微网研究方向：组建了小型风光互补发电试验系统，添置了高档示波器DPO4104、TDS3034C、TPS2024，可程控直流电源供应器62150H-600S，可编程直流电源62120-100-50，手持式数字示波表F199C，示波记录仪DL850，数字功率计（多通道功率分析仪）WT1800，台式频谱仪ESL3，超级电容储能装置SP-2R5-J3070Y，太阳电池板BP3160，太阳电池板BP3160，太阳电池板BP3160，任意波形发生器AFG3022B，任意波形发生器AFG3022B等。

网络与控制技术方向：组建了电力线载波通信试验系统，添置了高档示波器MSO7104A、DL1640、DPO4104、TDS3032、TPS2024，网络/频谱/阻抗分析仪4396B，AFDX网络分析仪HWA-ATAP-4，航电交换机CAV-AFOXSW-24P-C，航电接口卡CNIL-A2PX等。

电磁兼容实验室：构建了由TRA2000为主体的EMS测试系统和以ER55C为主体的射频传导及辐射骚扰测量系统，为了更好地测试和分析噪声，还添置了由EMI分析仪EA-2100和人工电源网络LN2-16组成的共差、模分离测试系统，该实验室还将继续进行建设。

地址：黑龙江省哈尔滨市南岗区西大直街92号哈尔滨工业大学电机楼10032室

邮编：150001

电话：0451-86413420

传真：0451-86413420

邮箱：哈尔滨工业大学354信箱

11. 合肥工业大学

高校介绍：

合肥工业大学是教育部直属的全国重点大学，是国家“211工程”重点建设高校和“985工程”优势学科创新平台建设高校。创建于1945年，1960年批准为全国重点大学。学校设有19个学院、3个联合共建的国家级科研基地、1个国家技术转移示范中心、40多个省部级重点科研基地、1个国家甲级综合建筑设计研究院。学校有3个国家重点学科、27个省级重点学科；有10个博士后科研流动站、40个博士学位授权点、139个硕士学位授权点。

电气与自动化工程学院

合肥工业大学电气与自动化工程学院设有电力电子与电力传动国家级重点学科、电气工程一级学科博士点和博士后流动站。设有5个二级学科博士点，6个硕士专业和2个工程硕士专业；设有自动化、电气工程及其自动化2个本科专业。拥有国家“111引智项目工程”可再生能源并网发电科学与技术创新基地、教育部光伏系统工程研究中心、安徽省工业自动化工程研究中心、安徽省新能源与节能重点实验室、安徽省飞机雷电防护重点实验室等国家和省部级科研基地。目前，全院有教职工147人，其中专任教师105人。教师中教授21人，副教授71人，长江学者1人，国家杰出青年科学基金获得者1人，国家“百千万人才工程”人选1人，教育部新世纪优秀人才3人；另现已聘任长江学者讲座教授1名，兼职教授24名。在科学研究方面，学院形成了基础研究的高水平和科研成果的高转化率的明显特色。依托国家重点学科建设的可再生能源并网发电创新引智基地和教育部光伏系统工程中心。以光伏利用、风力发电、基于可再生能源的分布式发电技术、柔性输配电技术、特种电源、新型电气传动为主要研究方向，在太阳能和风能并网发电技术、基于可再生能源的分布式发电技术、高低压变流与特种电源技术、特种永磁电机设计、新型电力传动、等离子体的电磁场约束技术、电能质量控制等方面已经形成明显优势和特色。自2006年以来，学院教师共承担科研项目500多项，其中国家和省部级项目88项；获省部级科学技术一等奖2项，二等奖4项，三等奖5项；完成科研纵向项目合同经费3000余万元，横向项目合同经费约1.2亿元；发表学术论文1100余篇，被EI/SCI收录350余篇，出版著作30部，获发明专利14项。

重点实验室介绍

教育部光伏系统工程研究中心，国家可再生能源并网发电科学与技术创新引智基地（“111”基地），安徽省新能源与节能重点实验室，安徽省飞机雷电防护重点实验室（与企业共建），安徽省工业自动化工程研究中心

地址：安徽省合肥市包河区屯溪路193号

邮编：230009

电话：0551-2901408

12. 湖南工程学院

高校介绍：

湖南工程学院初创于1951年，坐落在一代伟人毛泽东的故乡湘潭市。2000年6月，经教育部批准，由湘潭机电高等专科学校与湖南纺织高等专科学校合并组建而成。学校实行中央与湖南省共建，以湖南省管理为主的管理体制。2011年10月，经国务院学位委员会批准，学校成为硕士专业学位研究生授权单位。

学校工程应用型人才培养特色鲜明，已形成了电气、机械、化工、管理、纺织等优势专业群，是教育部确定的首批“卓越工程师教育培养计划”实施单位。学校现有1个国家级特色专业、7个省级特色专业、11门省级精品课程，6个省级示范实验室（中心），9个省级优秀实习基地，1个国家大学生文化素质教育基地（联合），3个省级教学团队。金工实习基地是教育部确定的全国高校金工实习教学指导人员培训与考试中心。

学校以“锲而不舍，敢为人先”为校训，贯彻落实科学发展观，坚持质量立校、人才强校、特色兴校。全校师生员工在　“三步走”战略目标和“十二五”　规划蓝图的指引下，积极进取，开拓创新，努力把学校建设成为位居全国同类院校先进行列的特色鲜明的高水平工程应用型大学。

电气信息学院电气工程教研室

电气信息学院已有近60年的专业办学历史，其前身是创办于1951年的隶属于中央机械工业部的湘潭电器工程学校，当时就设有电机制造、电器制造、电瓷等专业。学校曾相继更名为湘潭电机学院（本科）、湘潭电机制造学校（简称湘潭电校）、湘潭机电高等专科学校（专科），2000年湘潭机电高等专科学校和湖南纺织高等专科学校合并为湖南工程学院，组建电气信息学院。近60年来，电气信息学院为社会输送了1万多名毕业生，他们中的大多数成为企业的技术骨干和中、高层管理人员，在电气行业中享有盛誉。

电气信息学院设有自动化、电气工程及其自动化、电子信息工程、电子科学与技术、测控技术与仪器5个本科专业和电机与电器等专科专业。其中自动化专业、电气工程及其自动化2个专业为湖南省重点专业。控制理论与控制工程学科为湖南省“十一五”重点建设学科。

电气信息学院拥有较为完备的实验设备和优良的实验实习条件，拥有中央与地方共建的“电气与信息基础实验中心”，此外还包括电机原理与电机控制实验室、电力电子技术室、新能源实验室、电器原理实验室、继电保护实验室、电器智能化实验室、电机电器型式试验室、高压电器与电气绝缘实验室、PLC及控制网络实验室、自控原理实验室、过程控制实验室、通信原理与高频电路实验室、集成电路CAD实验室、光电检测实验室以及自动化工程实训中心等10多个专业实验室。实验设备总值3000多万元。电气与信息基础实验中心为“十一五”湖南省高等学校基础课示范实验室。

科研团队或重点实验室介绍

带头人：颜渐德，本科研团队有2位博士、4位硕士研究生。电力电子变换技术、新能源控制、并网等。

已完成成果：大功率隔爆型矿用变频器、新型EPS电源。

在研项目：分布式微网、并网技术。科研条件：投入400万元的新能源实验室，配有FLUKE系列电能质量、电参数表，Agilent的万用表、示波器等，系列智能电子负载

等。

地址：湖南省湘潭市书院路 17 号

邮编：411101

电话：0731-58688935

传真：0731-58688935

邮箱：Xianglai0502@ 163. com

网址：www. hnie. edu. cn

13. 华南理工大学

高校介绍：

华南理工大学是直属教育部的全国重点大学，坐落在南方名城广州，占地面积 294 多万平方米。校园分为两个校区，北校区位于广州市天河区石牌高校区，校园内湖光山色、绿树繁花，民族式建筑与现代化楼群错落有致，文化底蕴深厚，是教育部命名的“文明校园”。南校区位于广州市番禺区广州大学城内，是一个环境优美、设施先进、管理完善、制度创新的现代化校园。南北校区交相辉映，是莘莘学子求学的理想之地。

电力学院

华南理工大学电力学院前身为中山大学工学院电机系，1952 年划归华南理工大学，1994 年华南理工大学开始与当时的广东省电力工业局联合共建。学院设有电力工程系、电力电子工程系、动力工程系等 3 个系，设有电工理论新技术中心、广东省电力工程技术研究开发中心、新能源中心、电力实验中心、电力系统工程研究所、能源洁净利用研究所、电力经济与电力市场研究所等 7 个中心（研究所）。现有 1 个广东省重点学科，1 个博士后科研流动站，1 个一级学科博士点，6 个博士点和 10 个硕士点。在校学生共有 3260 人，其中博士后 10 多人，博士研究生 102 人，硕士研究生 387 人，工程硕士 479 人，本科生 1117 人，成人教育学生 1165 人。

学院现拥有一支学术水平较高、结构合理、力量雄厚的师资队伍，现有教职工 110 人，其中专任教师 87 人（教授 26 人，博士生导师 20 人，副高职称 36 人，高级职称占教师总数的 67%），拥有博士学位的 67 人，占教师总人数的 76%；45 岁以下的中青年教师约占 62%。教师队伍中有中国工程院院士 1 人，双聘院士 5 人，国家“千人计划”特聘教授 1 人，“长江学者奖励计划”特聘教授 1 人，享受国务院政府特殊津贴专家 6 人，霍英东青年教师基金获得者 2 人。多名中青年教授是教育部“新世纪优秀人才支持计划”资助对象、广东省“千百十工程”培养人选。

近年来，学院共获得国家自然科学基金重点项目及面上项目、973 国家重点基础研究子项目、863 计划课题及广东省自然科学基金重点及面上项目等几十个纵向项目，并获得南方电网公司、广东电网公司和粤电集团公司的几百个横向科技项目。近三年，实到科研经费 1.2 亿元，在核心期刊发表论文近 600 篇，被三大索引收录近 300 篇次，申请专利 200 多项，专利授权 100 多项，出版专著 20 多部。

学院以九号楼、电力实验楼和热工实验楼作为办公、科研和实验基地，用房面积约有 5600 平方米。现有 3 个创新学科平台（电力系统交直流混合实验研究基地、广东省电力电子重点实验室、高效低污染燃烧实验室）；4 个特色实验室（雅达电源实验室、新能源中心、HyperSim 交直流数字仿真系统、高效低污染燃烧实验室）；7 个校外实习基地（葛洲坝水电厂、沙角发电总厂、广州黄埔发电厂、韶关发电厂、广州科琳电源设备有限公司、云浮火力发电厂、广州微型电机厂）；这些给学院的教学实践活动带来了极大的便利，学生的实践教学效果明显提高。

学院坚持育人为本、质量第一的办学指导思想，将人才培养、专业改革和学科建设紧密结合，努力推进课程建设和教材建设，重视教学改革与教学研究。长期以来，学院形成了严格管理、从严治院的优良传统，积极实践优良学风和教风建设，获得了社会的高度评价，毕业生以其专业基础扎实、动手能力强、综合素质高而受到社会及用人单位的厚爱，供需比约为 1:6，毕业生一次就业率一直排在学校前列。

地址：广州市天河区五山路 381 号/广州市番禺区广州大学城

邮编：510640

电话：020-87110613

传真：020-87110613

电子邮箱：service@ scut. edu. cn

网址：http：//202. 38. 194. 204/

14. 华中科技大学

高校介绍：

华中科技大学是国家教育部直属的全国重点大学，由原华中理工大学、同济医科大学、武汉城市建设学院于 2000 年 5 月 26 日合并成立，是首批列入国家“211 工程”重点建设和国家“985 工程”建设高校之一。

学校学科齐全、结构合理，基本构建起研究型大学的学科体系。拥有哲学、经济学、法学、教育学、文学、历史学、理学、工学、农学、医学、管理学等 11 大学科门类；设有 93 个本科专业，291 个硕士学位授权点，238 个博士学位授权点，31 个博士后科研流动站；现有一级国家重点学科 7 个，二级国家重点学科 15 个（内科学、外科学按三级），国家重点（培育）学科 7 个。

电气与电子工程学院

华中科技大学电气与电子工程学院是国内电气工程学科领域实力最雄厚的教学科研单位之一，其源于原武汉大学、湖南大学、中山大学、南昌大学、广西大学等南方主要大学的电机学科，于 1953 年全国院系调整时合并组成华中工学院电机系，1988 年改称华中理工大学电力工程系，2001 年建立华中科技大学电气与电子工程学院。2007 年，学院获得人事部、教育部授予的“全国教育系统先进集体”称号。

学院师资力量雄厚，有中国工程院院士 2 人、中国科学院院士 1 人、国家海外高层次人才引进计划（千人计划）学者 5 人、长江学者 5 人、博士生导师 43 人、教授 52 人、副教授 61 人。学院设有电机及控制工程系、电力工程系、高电压工程系、应用电子技术系、电工理论与新技术系、电磁新技术系、电气测量技术系和国家级电工电子实验教学示范中心（电工）、国家电工电子工科基础课程教学基地（电工）。目前，在校本科生1900余人、研究生1000余人。2009年以来，学院获得国家科技进步二等奖1项，省部级科技奖励6项，全国百篇优秀博士学位论文1项、提名1项，年到校科研经费过亿元。

学院是国内首批硕士点、博士点、博士后流动站和一级学科博士学位授权单位，所属的“电气工程”一级学科为国家首批一级学科重点学科，电机与电器、电力系统及其自动化和电工理论与新技术等3个学科为国家二级学科重点学科，电力电子与电力传动为湖北省重点学科。本科生招生和培养专业为电气工程及其自动化；研究生招生和培养学科覆盖了国务院学位办在电气工程一级学科下设立的所有5个二级学科，即电机与电器、电力系统及其自动化、高电压与绝缘技术、电力电子与电力传动、电工理论与新技术，并在国内率先获准设立了脉冲功率与等离子体和电气信息检测技术2个二级学科。学院主要研究方向覆盖了电能生产、传输、应用、变换、检测、控制和调度、管理等的全过程。

学院拥有强电磁工程与新技术国家重点实验室（筹），国家脉冲强磁场科学中心（筹），新型电机国家专业实验室，聚变与电磁新技术等教育部重点实验室，电力安全与高效湖北省重点实验室，电力安全与高效教育部工程研究中心，新型电机与特种电磁装置教育部工程中心等多个国家及省部级研究基地。学院正在牵头建设的国家重大科技基础设施项目——脉冲强磁场实验装置，建成后将成为世界四大脉冲强磁场科学中心之一。学院拥有国内高校唯一的J-TEXT托克马克磁约束聚变实验装置，也是“磁约束核聚变教育部研究中心”的挂靠单位。

学院每年招收计划内博士研究生50余名，硕士研究生200余名，本科生400余名。学院以“一流教学、一流本科”为目标，坚持把人才培养的质量放在第一位，努力办人民满意的、尽可能好的教育，大力培养具有创新精神与合作意识、具有国际视野与国际意识的国际型人才。学院拥有“电工电子系列课程”和“电机系列课程”两个国家级教学团队，《电机学》、《电力电子学》、《电气工程基础》3门国家级精品课程和《电路理论》国家级网络精品课程，建设了电工电子首批国家级实验教学示范中心、“电气工程及其自动化”国家第一类特色专业建设点、“具有国际竞争力的电气学科创新人才培养实验班”国家级人才培养模式创新实验区。据不完全统计，50多年来，学院已累计培养各类高级专门人才逾万人，获国家科技进步奖及省部级以上科研奖励200余项，出版学术著作200多部，为我国电气科学技术与教育事业的发展做出了重大贡献。

学院全体师生员工以建设国际一流的电气工程学科为目标，以发展电工高新技术和电力技术为主导，凝炼学科方向，汇聚学术队伍，构筑学科基地，醇化学术氛围，团结务实，求真创新，共创电气工程学科更美好的未来。

地址：湖北省武汉市珞瑜路1037号　华中科技大学主校区西九楼

邮编：430074

电话：027-87543228

传真：027-87545438

邮箱：ceee@ mail. hust. edu. cn

网址：http：//ceee. hust. edu. cn

15. 辽宁工业大学

高校介绍：

辽宁工业大学坐落在依山傍海、交通发达的辽宁西部中心城市——锦州。校园占地面积1000余亩，建筑面积36万余平方米，各类在校学生18000余人，是一所以工为主，理、工、经、管、文协调发展的省属全日制多科性大学。

学校现有21个教学院、部、中心，一级学科硕士学位授权点7个，二级学科硕士学位授权点35个，工程硕士授权领域9个，47个本科专业。形成了以本科教育为主，兼有研究生教育、留学生教育等多层次的办学格局。

学校拥有省重点实验室5个，省高校重点实验室3个，中央与地方共建高校特色优势学科实验室5个，省级工程技术研究中心2个。“材料物理与化学”是辽宁省特色学科项目；“控制理论与控制工程”是辽宁省培育学科项目；思想政治教育是辽宁省哲学社会科学重点建设学科。车辆工程、材料科学与工程、机械设计制造及其自动化为国家高校特色专业建设点，同时也是辽宁省示范专业；艺术设计、电气工程及其自动化为辽宁省特色专业。材料科学与工程学院为辽宁省高等学校重点学科领域研究生培养基地；汽车与交通工程学院是辽宁省汽车制造紧缺人才培养基地；“光伏材料工程研究中心”是辽宁省高等学校对接产业集群协同创新基地。

电子与信息工程学院

辽宁工业大学电子与信息工程学院现有3个本科专业：电子信息工程、通信工程、计算机科学与技术；3个留学生专业：电子信息工程、通信工程、计算机科学与技术；3个硕士研究生专业：电力电子与电力传动、通信与信息系统、计算机科学与技术（一级学科）。

科研团队或重点实验室介绍

主要研究方向：高效率功率变换、高效能电子照明、电力半导体器件及应用、电力电子电容器及应用、感应加热、光伏逆变及风电逆变等。

参加国家“863”计划电动汽车重大专项“解放牌混合动力城市可车用超级电容器”（项目编号：2003AA501234、2005AA1560），承担两项子课题。国家自然科学基金3项。辽宁省自然科学基金10余项。

出版学术专著16部。

近年来在国内外学术期刊发表学术论文200余篇。

地址：辽宁省锦州市士英街169号

邮编：121001

电话：0416-4198700

邮箱：13841685729@ 163. com

网址：http：//www. lnit. edu. cn

16. 南京工程学院

高校介绍：

南京工程学院前身是始建于1946年的南京电力高等专科学校，学校具有鲜明的电力行业特色。办学以来，学校电力系统、继电保护、电网监控等专业已为江苏、浙江、安徽、河南、山东、福建等电力公司培养电力专门人才5万余名。同时，学校电气工程与继电保护专业的毕业生广泛分布于南京南瑞继保有限公司、国电南京自动化有限公司、许继集团、四方继保有限公司等行业知名企业，校友中涌现出了中国工程院院士沈国荣（现南瑞继保董事长）以及一大批省、市级电力公司高管和骨干技术人员。

学校十分强调应用型人才的培养，电气工程及其自动化是国家特色专业建设点，也是江苏省特色专业，电网保护与监控工程中心由江苏省重点建设资助。另外，学校联合国内7所电气龙头企业和科研院校共同成立的“配电网智能技术与装备协同创新中心”是江苏省首批高校2011协同创新工程培育资助项目。

电力工程学院/江苏省配电网智能技术与装备协同创新中心/新型电力控制技术研究室

团队专注于电力电子技术在电力系统中的应用研究，围绕飞轮储能、风力发电、光伏并网、海上直流汇聚、电能质量补偿控制、微电网保护等方面开展研究。

科研团队或重点实验室介绍

1）孙玉坤，教授，研究方向：特种电力传动及应用、功率变换与电能质量。主持完成和正在研究的国家自然科学基金、国家“863”项目5项，省部级项目10余项。获得国家技术发明奖二等奖1项，国家教学成果二等奖1项。获得省部级科技进步奖一、二等奖5项，省部级教学成果特等奖3项。授权和受理发明专利8项。发表研究论文120余篇，其中SCI、EI收录70余篇。

2）张亮，博士，讲师，研究方向：大功率电力电子在电力系统中的应用。参与863计划、国基自然科学基金等课题5项；主持在研纵向、横向课题3项，发表论文15篇，其中EI收录10篇。

地址：南京市江宁科学园弘景大道1号

邮编：211167

电话：025-86118400

传真：025-86118400

邮箱：zhldream@126. com

网址：www. njit. edu. cn

17. 南京航空航天大学

高校介绍：

南京航空航天大学创建于1952年10月，是新中国自己创办的第一批航空高等院校之一。1978年被国务院确定为全国重点大学，1981年经国务院批准成为全国首批具有博士学位授予权的高校，1996年进入国家“211工程”建设大学，2000年经教育部批准设立研究生院。现隶属于工业和信息化部。

经过50多年的建设，学校已基本形成以工为主，理工结合，工、管、理、经、文、法、哲、教等多学科协调发展，具有航空、航天、民航特色的研究型大学学科体系。学校现设有航空宇航学院、能源与动力学院、机电学院、民航学院等14个学院；设有无人机研究院、直升机技术研究所等112个科研机构，其中国家重点实验室1个、国防科技重点实验室1个、国防科技工业技术研究应用中心1个、省部级重点实验室8个、省部级研究中心和科研基地9个；建有教学机构16个，其中国家工科基础课程教学基地2个、国家级实验教学示范中心3个、省级实验教学示范中心11个。现有本科专业50个，硕士学科点127个，博士学科点52个（其中一级学科博士学位授权点10个），博士后流动站12个。有飞行器设计、工程力学、机械制造及其自动化等9个国家级重点学科，导航制导与控制、电力电子与电力传动2个国家重点（培育）学科，以及15个国防特色学科和14个江苏省重点学科。

自动化学院电气工程系

南京航空航天大学自动化学院的前身——航空仪表制造、飞机电气设备安装与测试两个专科成立于1952年，发展至今已成为一个在控制科学与工程、电气工程、仪器科学与技术、生物医学工程、武器系统与运用工程等领域具有广泛影响、多学科的教学、科研群体。2000年10月20日新成立的自动化学院是全院教职工经过艰苦奋斗和开拓发展的一个新的里程碑。学院下属四系一所两中心：自动控制系、电气工程系、测试工程系、生物医学工程系，飞行控制研究所以及电子教学中心、电工教学中心。中国工程院院士冯培德教授为我院名誉院长。

经过多年的建设和发展，学院现拥有3个博士后流动站，3个一级博士学位授予权学科（含11个二级博士学位点），13个硕士学位授予权学科，5个本科专业。2个国家重点（培育）学科，2个江苏省一级重点学科，2个国防重点学科。拥有1个国家级高等学校优秀教学团队，1个国防科工局国防科技创新团队，1个江苏省高等学校优秀科技创新团队。现建有1个部级航空科技重点实验室，2个教育部工程研究中心，1个江苏省高校重点实验室，1个江苏省实验教学示范中心，联合建设了1个国家级教学基地和1个国家级实验教学示范中心。

自动化学院师资力量雄厚，已经形成一支结构合理、团结奋进、富于开拓创新精神的高水平学术梯队。近年来，教学和科研硕果累累，每年承担国家“863计划”、“973计划”项目、国家自然科学基金、国防预研项目、航空基金、博士点基金以及省部委下达项目、横向合作项目和各类攻关项目几十项，近两年的年科研经费到款超过6000万元。目前，已形成若干有特色、处于国内领先地位或具有国际水平的研究领域，多次获得国家级、省部级教学成果和科研成果奖，在国内航空航天界同行中获得很好的声望。

学院十分重视学术交流和国际合作。1981年以来，陆续向国外派出访问学者或留学人员160余人，许多留学人员已学成回国，成为科研教学的骨干力量。学院主办过多次国际和国内学术会议，邀请外国专家、教授来校讲学，并且与多所国外大学建立了富有成效的合作关系。

学院现有在校学生3200多人。50多年来，学院已培养一万多名本科生和数千名研究生，他们中有的已经成为院士、学科带头人、国内外知名专家，有的成为企业或科研院所的技术骨干，为我国的国民经济与国防建设做出了重要的贡献。

电气工程系建设有航空电源航空科技重点实验室、教育部航空航天电源技术工程研究中心、江苏省新能源发电与电能变换重点实验室、南京市模块电源工程中心等省部级重点实验室和工程中心，在航空电源研究方面处于国内领先水平。

电气工程学科为江苏省重点一级学科；电力电子与电力传动学科1994年、2001年和2006年连续三次被评为江苏重点学科；2002年被评为国防科工委国防重点学科，是我国电气工程领域仅有的两个国防重点建设学科之一；2007年被评为国家重点（培育）学科。学科团队评为“国防科技创新团队”以及“江苏省高校优秀科技创新团队”。

近年来电气工程系承担了国家“973计划”项目、“863计划”项目，国家自然科学基金重点项目、国防863子专题、总装备部项目、国家高新工程项目等重要国家及省部级项目。获得国家技术发明二等奖1项，省部级科技进步一等奖2项，二等奖15项，三等奖多项。获得国家授权发明专利100余项，申请发明专利220多项。

地址：南京市御道街29号南京航空航天大学自动化学院

邮编：210016

电话：025-84893500

传真：025-84893500

邮箱：nhcaedw@ nuaa. edu. cn

网址：http：//cae. nuaa. edu. cn/ee

18. 清华大学

清华大学是中国最高学府，是中国综合实力最强的大学之一。工学、理学、经济学、管理学、法学、医学、文学、艺术学、历史学等都是它的强项。清华大学是国家重点支持建设的两所大学之一，是国家首批“211工程”和“985工程”系列的重点大学、九校联盟（C9）的成员。清华大学设有建筑学院、土木水利学院、机械工程学院、航天航空学院、信息科学技术学院、理学院、生命科学学院、医学院、地球科学学院（筹）、人文社会科学学院、新闻与传播学院、法学院、马克思主义学院、经济管理学院、公共管理学院、美术学院、应用技术学院等，以及生物信息与系统生物学、医学系统生物学研究中心等院系。清华大学已成为一所具有理、工、文、法、医学、经济、管理、艺术等学科的综合性大学。

自动化系

早在20世纪50年代，清华大学就设置了与自动化学科有关的一批专业。1970年5月，学校将有关的专业联合归并，组建了国内第一个自动化系。经过30多年的发展，自动化系在教学和科研上取得了丰硕的成果，为我国培养了大批的学士、硕士和博士，成为我国自动化科学与技术的重要研究和开发基地、培养自动化领域各层次高级专门人才的摇篮，在我国现代化建设中发挥了重要作用。

自动化系的一级学科为“控制科学与工程”，在2001年全国重点学科评审中，“控制理论与控制工程”和“模式识别与智能系统”两个二级学科均排名第一。在2006年全国一级学科的评估中，我系“控制科学与工程”一级学科名列全国第一。目前，该一级学科下设“控制理论与控制工程”、“模式识别与智能系统”、“系统工程”、“检测技术与自动装置”、“导航、制导与控制”、“企业信息化系统与工程”、“生物信息学”7个二级学科。研究生按二级学科招生，按一级学科培养。高年级本科生可根据需要自主选修相关学科方向的专业课程。

自动化系有多位教师从事电源相关的教学与科研，开设《电力电子技术基础》、《电力拖动与运动控制》、《电力电子电路的微机控制》等相关课程，近年相关的科研项目有：大型风电场并网与传输的关键技术、风电场微观选址、智能型电储能装置电能的高效利用与节电、智能决策支持系统中的多技术集成框架、变电站综合自动化系统、双馈式和直驱式风力发电机组用电源的研制、大功率直流压缩机驱动系统。

地址：北京市海淀区清华园1号

邮编：100084

电话：010-62770559

传真：010-62786911

19. 山东大学

高校介绍：

山东大学是一所历史悠久、学科齐全、学术实力雄厚、办学特色鲜明，在国内外具有重要影响的教育部直属重点综合性大学，是国家“211工程”和“985工程”重点建设的高水平大学之一。

山东大学是中国近代高等教育的起源性大学。其医学学科起源于1864年，为近代中国高等教育历史之最。其主体是1901年创办的山东大学堂，是继京师大学堂之后中国创办的第二所国立大学，也是中国第一所按章程办学的大学。从诞生起，学校先后历经了山东大学堂、国立青岛大学、国立山东大学、山东大学以及由原山东大学、山东医科大学、山东工业大学三校合并组建的新山东大学等几个历史发展时期。百余年间，山东大学秉承“为天下储人才”、“为国家图富强”的办学宗旨，踔厉奋发，薪火相传，为国家和社会培养了40余万各类人才，为国家和区域经济社会发展做出了重要贡献。

控制科学与工程学院

控制科学与工程学院前身是创建于1949年的原山东工学院电机工程系，是山东大学工科类创建最早的学院之一，至今已有60多年的历史。1989年电机工程系更名为自动化工程系，新山东大学成立后，2001年1月更名为控制科学与工程学院。

控制科学与工程学院跨仪器仪表类和电气信息类两大

学科，拥有控制科学与工程、生物医学工程 2 个一级学科博士学位授权点和控制理论与控制工程、电力电子与电力传动、检测技术与自动化装置、模式识别与智能系统、系统工程、生物医学工程、物流工程等 7 个二级工学博士与硕士学位授权点，并有控制工程、仪器仪表工程、生物医学工程和物流工程等 4 个工程硕士学位授权点和控制理论与控制工程教育硕士学位授予权。“控制理论与控制工程”二级学科是国家重点学科，另外学院还建有“电力电子节能技术与装备”教育部工程研究中心、2 个省级重点学科、2 个省级重点实验室和 1 个国家特色专业、2 个省级品牌专业。

控制科学与工程学院建有学士-硕士-博士完整的人才培养体系；建立了教学-科研-产业协调发展的工作体系；建立了一支高水平、高质量、结构合理、力量雄厚的师资队伍，在人才培养、科学研究、学科建设、科技成果转化等方面都得到很大发展。学院目前有教职工 152 人，其中教授 42 人、博士生导师 28 人、教育部长江学者特聘教授 2 人、国家杰出青年基金获得者 1 人、“新世纪百千万人才工程”国家级人选 1 人、泰山学者岗位 2 个、有一年以上海外经历的教师占 30% 以上。近年来，学院教师承担国家重大专项，国家“863”、“973”计划项目，国家自然科学基金重点项目等 40 余项，获国家级科技进步奖 4 项、省部级科技进步奖 30 余项。在国内外著名学术期刊上发表学术论文 1300 余篇，出版学术著作、教材 40 余部。

学院下设自动化、测控技术与仪器、生物医学工程和物流工程 4 个本科教学系，并有设备先进的计算中心和实验中心。拥有自动控制、电力电子与电力传动、过程控制等 8 个研究所。还设有物流工程研究中心、机器人研究中心、控制论研究中心以及集产、学、研于一体的高技术产业——山东山大奥太电气技术有限公司。目前，控制科学与工程学院有在校本科生 1500 余人，硕士、博士生 500 余人。

学院按自动化类和生物医学工程专业招收本科生。自动化类包括自动化、测控技术与仪器、物流工程 3 个专业。

地址：山东省济南市经十路 17923 号

邮编：250061

电话：0531-88395114

传真：0531-88565167

邮箱：webmaster@ sdu. edu. cn

网址：http：//control. sdu. edu. cn/default. aspx

20. 山东劳动职业技术学院

高校介绍：

山东劳动职业技术学院（山东劳动技师学院）是山东省人力资源和社会保障厅直属的全日制普通高等院校，也是全省办学历史悠久、实力雄厚、底蕴深厚、规模较大、特色鲜明的高职院校。2012 年，被人力资源和社会保障部等十部委授予“国家技能人才培育突出贡献奖”。

学院位于省会济南市。现有槐荫和长清两个校区，总占地面积 1050 亩，总建筑面积 28 万平方米；拥有实习工厂，机械制造、数控技术、电气技术、焊接技术、计算机应用、汽车工程、经济管理等实训中心（场地），各类实习、实训和生产设备 3000 余台（套）；资产总值 4.5 亿元。学院设有机械工程系、机制工艺系、电气及自动化系、汽车工程系、信息工程与艺术设计系、经济管理系和基础部等 7 个教学系部。

学院现有一支高素质的教师队伍，“双师型”教师达 60% 以上。有一批在教学、科研等方面成果显著，在职业教育界有一定影响的专业和学科带头人，有“全国技术能手”2 名，有“山东省技术能手”24 名。国家批准高职教育办学规模为 1.2 万人，技工教育办学规模为 8000 人。学院现有在校学生 1.8 万名。

学院是“全国职业教育先进单位”、“国家高技能人才培养示范基地”、“山东省高校首批技能型特色名校”、“国家重点技工院校”、“国家职业技能鉴定所”、“国家级数控技术实训基地”、“全国技工院校骨干师资培训基地”、“国家级高等职业教育机电类实训基地”、“山东省骨干示范性职业技术学院建设单位”、“山东省职业教育先进集体”、“山东省技师培训基地”、“山东省高校文明校园”、“山东省高校平安校园”、“山东省德育工作优秀高校”、“山东省大学生创业教育示范院校”、“山东省高校毕业生就业工作先进集体”。

电气及自动化系

全系现有教职员工 63 人，目前有全日制在校生 2600 余人，设有三年制大专、三年制技师、两年制高技和三年制中级 4 个层次。

三年制大专层次：设置电气自动化技术、应用电子技术、楼宇智能化工程技术、机电一体化技术、生产过程自动化技术等 5 个专业。电气自动化技术专业 2004 年被确立为山东省教育厅示范专业；楼宇智能化工程技术和生产过程自动化技术两个专业是教育部 2009 年和 2010 年公布的薪资、就业率持续走高的需求增长型专业；应用电子技术被评为校级特色专业。

三年制技师层次：设置电气自动化技术、机电一体化技术、楼宇自动控制设备安装与维修、农业电气化及自动化 4 个专业。

两年制高技层次：电气自动化设备安装与维修专业 2009 年被评为山东省技工院校名牌重点专业。农业电气化及自动化专业是山东省技能扶贫专业之一。

科研团队或重点实验室介绍

1. 师资队伍

全系现有教职员工 63 人，其中高级职称 8 人，博士 2 人，硕士 19 人，具有技师和高级技师职业资格证书 35 人，国家职业资格技能鉴定高级考评员 5 人。3 人获得“山东省技术能手”，1 人获得“济南市技术能手”，1 人获得“济南市技工院校优秀教师”，1 人“山东省省直机关优秀青年岗位能手”，2 人获得“山东省高校十佳百优辅导员”。教师先后承担完成省、部级科研项目十余项，出版教材 40 余部。电气自动化一体化教学团队被评为校级优秀教学团队。

2. 实训科研条件

电气及自动化系现有济南和长清两处实训中心，长清实训中心由专业教学团队和校外专家共同设计建成的，实验、实训场所的建设融入了现代职业教育教学理念，兼顾了“行动导向”教学方法的运用，主要实验实训设备为行业企业广泛应用的真实设备。在“理论实习技术一体化”的专业建设框架下，采用德国最新职教理念——“教学环境一体化”，使实训培养环节构建成为生产过程导向的实训环境。同时电气实训中心也是企业培训、师资培训和技能鉴定的场所。

3. 服务社会

2005 年至今，完成 7 届金蓝领维修电工技师、高级技师培训，完成山东省技工院校骨干师资培训、中国重汽员工技能提升培训等社会培训工作，并多次承担山东省乃至全国技能竞赛裁判工作。

4. 就业与社会声誉

毕业生就业率达 95% 以上，在各大装备制造企业从事设备维护修理、售后服务等工作。我系与齐鲁电机制造有限公司、山东安迪斯电梯工程公司等多家单位开展订向培养。

2004 年山东省技工院校维修电工技能大赛中，3 名教师分别获得教师组 1、2、8 名。4 名学生获得学生组 1、2、3、4 名。

2004 年“广州数控杯”全国技工院校维修电工技能大赛高级组 3 名学生选手分别获得全国第 2、3、7 名，中级组选手获得第 9 名。

2009 年我系学生选手获省职业院校技能大赛电子产品设计与制作一等奖。

2010 年我系学生选手获省职业院校技能大赛嵌入式电子产品开发三等奖。

2011 年我系学生选手获得省职业院校技能大赛电子产品设计与制作二等奖；获得山东省机电产品创新设计竞赛中 2 个二等奖，1 个三等奖。

2012 年 4 月我系学生选手在山东职业院校技能竞赛电气产品设备安装与调试项目中获二等奖；在山东职业院校技能竞赛电子产品设计与制作项目中获三等奖。

地址：山东省济南市经十路 23266 号

邮编：250022

网址：http：//www. sdlvtc. cn/

21. 上海大学

高校介绍：

上海大学是上海市属、国家“211 工程”重点建设的综合性大学。现设有 27 个学院和 2 个校管系；设有 71 个本科专业、42 个硕士学位一级学科授权点、166 个硕士学位二级学科授权点、20 个博士学位一级学科授权点、72 个博士学位二级学科授权点、19 个自主设置二级学科博士点、13 个博士后科研流动站；拥有 4 个国家重点学科、9 个上海市重点学科；拥有 2 个科技部与上海市共建的国家重点实验室培育基地，1 个国家体育总局体育社会科学重点研究基地，1 个教育部重点实验室，1 个教育部省部共建重点实验室，1 个教育部工程研究中心，并拥有多个上海市重点实验室及国家级实验教学示范中心等。上海大学积极实施人才强校战略，初步形成了由名师领衔、层次清晰、结构合理的国际化、高素质、基本满足学校发展需要的师资队伍，并已在多数学科领域中形成了若干有特色、有影响、有潜力的学科团队。

机电工程与自动化学院

上海大学机电工程与自动化学院是一个机、电、测、控多学科交叉的学院，下设精密机械工程系、机械自动化工程系、自动化系和工程技术训练中心。

学院的教学科研涵盖机械工程、控制科学与工程、仪器科学与技术、电气工程 4 个一级学科，并在以上大多数学科领域内实现了博士后、博士、硕士、本科各级各类人才培养的全覆盖。拥有 7 个本科专业，3 个一级学科硕士点（涵盖多个二级学科硕士点）以及 3 个二级学科硕士点，2 个一级学科博士点（涵盖多个二级学科博士点）以及 2 个二级学科博士点；3 个博士后科研流动站。学院现有在校本科生近 3000 名，硕士研究生、博士研究生 1000 余名。

学院拥有教育部新型显示技术与系统集成重点实验室、上海市机械自动化及机器人重点实验室、上海市电站自动化重点实验室、上海市教委自动化制造装备及驱动技术工程研究中心、上海机器人研究所、上海大学计算机集成制造与机器人中心、上海大学精密机械研究所、上海电机与控制工程研究所、上海大学-华中科技大学联合快速制造中心、上海大学机电工程设计院、上海大学微电子研究与开发中心、上海大学中瑞微系统集成技术中心、上海大学警用装备与公共安全工程研究中心，以及教育部、上海市教委工程训练实验教育示范中心等基地。学院先后建成了机械基础实验平台、数字化设计制造教学实验平台和机电一体化产品综合实验平台等 5 个本科教学专业实验平台、1 个自动化信息与网络控制实验中心和 1 个大学生创新中心。

20 世纪 80 年代以来，学院所属的多个学科先后得到了国家及上海市政府的支持。“十五”期间，机械电子工程被列入第一期上海市重点学科，先进机器人技术与现代制造系统、仪电自动化分别被列入第二期上海市重点优势学科和重点特色学科。1998 年起，先进制造及自动化学科连续三期被列入国家“211 工程”重点建设学科。“十一五”期间，学院所属的能源工程优化调控技术被列入国家“211 工程”重点学科“能源工程与新技术”学科三大方向之一。2001 年机械电子工程学科被列为国家重点学科。

重点实验室介绍：

上海市电站自动化技术重点实验室是由上海大学、上海电力学院、上海自动化仪表股份有限公司和上海外高桥电厂联合成立的产学研一体的综合实验室。实验室通过上海大学自动化系提供应用基础研究、人才培养及对外开放平台，通过上海电力学院提供应用研究支撑平台，通过上海自动化仪表股份有限公司提供产业化研发支撑平台，通过上海外高桥电厂提供产业应用技术需求平台。实验室通过特色鲜明的“四位一体”的模式搭建了以社会应用需求和产业化为导向，以高校基础研究和技术开发为主要形式，以对外平台开放交流为辅助方法的产学研平台。

地址：上海市延长路149号
邮编：200072
电话：021-56331562
传真：021-56331183
邮箱：yraun@ mail. shu. edu. cn
网址：http：//www. auto. shu. edu. cn/

22. 上海电力学院

高校介绍：

上海电力学院是中央与上海市共建，以上海市管理为主的全日制普通高等院校。学校分设两个校区，其中，杨浦校区位于上海市区东部长阳路，浦东校区位于浦东新区学海路。学校全日制在校生规模10000余人。学校现有教职工1000余人，专任教师700余人。

学校创建于1951年，目前已经发展成为以工为主，兼有管、理、经、文等学科，主干学科电力特色明显的高等学校。学校设有能源与机械工程学院、环境与化学工程学院、电气工程学院、自动化工程学院、计算机科学与技术学院、电子与信息工程学院、经济与管理学院、数理学院等共12个二级学院，以及两个直属学部。

学校现有热能与动力工程、电气工程及其自动化、电子信息工程、计算机科学与技术、工商管理、信息与计算科学、英语等29个本科专业以及电气自动化技术高职专业。学校目前在动力工程及工程热物理、电气工程、化学工程与技术3个一级学科共8个硕士点独立招收和培养硕士研究生。

电气工程学院/电力电子技术研究中心

上海电力学院电气工程学院电子工程系，也冠名为电力电子技术研究中心。该中心拥有先进的实验设备，优良的学术环境，是上海电力学院办学的重要成果之一。其电力电子与电力传动学科是上海市教委重点学科，自2011年开始招收电力电子与电力传动专业硕士研究生，研究目标立足于先进的电能变换技术，主要研究方向有新型电力电子器件及应用、新型电能变换技术，电力传动系统、可再生能源利用中的电力电子技术等电力生产、传输及应用中的电能变换技术。

科研团队或重点实验室介绍

1. 科研带头人

赵晋斌，男，1972年出生，博士、教授。1999年赴日本国立大分大学工学研究科电力电子与电力传动专业留学，师从中野忠夫教授和锅岛隆教授，从事开关电源控制策略和拓扑结构的研究。2005年3月获得博士学位后，以研究员身份进入日本三大通信电源公司之一的欧利生电气公司研究开发本部研究开发室工作，从事分布式并网发电系统、数据中心用直流开关电源和混合动力车载电源的研究。在13年的海外学习和工作中，和瑞萨科技、丰田汽车、日本电信电话公司NTT、东京电力公司等世界著名公司及日本新能源·产业技术开发机构NEDO等国家研究机构一起合作开展了多项重大研究项目，积累了丰富的经验。此外，与大分大学、长崎大学、大阪大学、NTT设施公司研究开发本部、富士电机等建立了长期、密切的合作关系。

现为IEEE会员、日本电气学会会员和日本电子情报通信学会会员，电源学会高级会员。IEEE Transactions on Industry Applications、IEEE Industrial Electronics Magazine、IEEE ECCE和IEEE APEC等国际杂志和会议审稿人。2011年9月作为上海市东方学者特聘教授被上海电力学院引进。

主要研究方向为电力电子电路、装置与系统，电力电子电路的智能化及模块化控制技术，现代电力电子技术在电力系统中的应用，新能源发电技术。

2. 团队简介

2011年9月由赵晋斌教授牵头，带领以米阳教授，屈克庆副教授，李芬老师和硕士研究生为主的团队，建立了电力电子研究中心。主要师资队伍如下：

1）赵晋斌，男，1973年生，博士、教授、硕士生导师、上海市东方学者；

2）米阳，女，1972年生，博士、教授、硕士生导师、新加坡访问学者；

3）屈克庆，男，1970年生，博士、副教授、硕士生导师，德国访问学者；

4）李芬，女，1985年生，博士、讲师。

3. 主要研究方向

1）开关电源及其拓扑研究；

2）新能源发电及并网逆变技术；

3）电能与电能质量；

4）微电网稳定与控制。

4. 科研概况

迄今为止，在IEICE TRANS、IEICE EXPRESS ELECTRONICS、IEEE ECCE、IEEE APEC、PESC、INTELEC、EPE和PEDS等杂志以及会议上发表学术论文40篇（SCI收录4篇、EI收录20篇）。申请日本发明专利12项（4项授权）、美国发明专利3项、欧洲发明专利2项和中国发明专利14项。主持了上海市教委东方学者课题资助，上海市科委重点科技攻关，上海市科委浦江计划，上海市教委科研创新，上海市人才发展资金等重大项目和参与了上海空间电源研究所等相关项目，并取得相应成果。

5. 实验室建设

在学校和相关合作企业的大量经费的支持下，已基本建成电力电子研发实验室，购置了一批包括NFES2000模拟交流电网，WT1804数字功率分析仪和DLM2024数字示波器等电力电子试验及测试设备和专用仪器。目前，本学科已初步形成具有优势和特色的稳定研究方向和一只具有良好发展潜力的高水平学术梯队，具备良好的学术氛围和研究条件，未来的发展道路会越远越好。

地址：上海市杨浦区长阳路2588号
邮编：200090
电话：021-35305346
传真：021-35305346

23. 上海海事大学

高校介绍：

上海海事大学是一所以航运技术、经济与管理为特色，具有工学、管理学、经济学、法学、文学和理学等学科门类的多科性大学。

中国高等航海教育发轫于上海，1909年晚清邮传部上海高等实业学堂（南洋公学）船政科开创了我国高等航海教育的先河。1912年成立吴淞商船学校，1928年更名为吴淞商船专科学校。1959年交通部在沪组建上海海运学院。2004年经教育部批准更名为上海海事大学。

院系介绍

自1995年起，电力电子与电力传动学科通过十余年上海市教委重点学科建设，建立了重点学科的主要研究基地，1999年建立了“航运技术与控制工程”交通部重点实验室，2001年获得“电力电子与电力传动”博士点，2007年建立了“电气工程”博士后流动站，为学科的进一步发展提供良好的研究环境和开发平台，形成了将电力电子与电力传动技术应用于港口、船舶和航运系统的鲜明特色，使本学科在目前国内港口和船舶电力传动与控制领域处于领先水平，在国际船舶电工界也有一定影响和知名度。

现该学科目前是上海市教委“港航电力传动与控制工程”重点学科，拥有电气工程及其自动化、自动化、检测技术3个本科专业；电气工程一级学科硕士点，控制理论与控制工程、检测技术与自动化装置2个二级学科硕士点，以及中法联合硕士项目；1个博士点和博士后流动站。

在科学研究方面，建立了电力传动与控制研究所。已逐步形成了电力拖动与控制系统研究以港航运输设备的传动控制为主线，计算机仿真技术研究以港航模拟器的开发为主线，智能信息与智能控制研究以港航系统状态监测、故障诊断与容错控制为主线的研究特色。自主研发了船舶电力推进模拟器，构建了船舶电力推进研究的先进平台。研制成功了国内第一条燃料电池试验船“天翔1号”，于2005年11月在上海市第6届国际工业博览会上正式亮相，宣告中国第一条燃料电池电力推进船的诞生，填补了国内空白，并达到国际先进水平，为未来中国新能源在船舶中的应用和“全电船”的研究引领新的方向。上海市登山计划项目“临港新城可再生能源发展应用研究”的研究成果分别在上海国际工业博览会和北京国际节能减排和新能源科技博览会成功展出。

在研究基地建设方面，2001年建成电工、电子实验中心；2005年建成“电气传动控制系统实验室”、“微机网络型自动化电站实验中心”、“电力电子装置与仿真实验研究室”等一批研究性实验室；2008年与施耐德电气公司（Schneider Electric）建立了“船舶电站”联合实验室。目前，正在建设上海市教委重点学科研究基地“海上清洁能源综合发电系统”。

学校与上海振华港机（集团）公司、上海国际港务（集团）股份有限公司、施耐德电气公司等国内外著名企业建立了战略联盟，为产、学、研相结合承接重大项目搭建了广阔的舞台。与施耐德电气公司联合研发智能化的船舶电能管理（PMS）系统，具有自主知识产权的船舶PMS装置已于2005年12月在中国国际海事展览会成功展出，并列入施耐德电气2006年的新产品目录，成为产、学、研相结合成功的范例。学科始终如一地坚持港口机械和电气设备的研究方向，为企业的产品更新和技术进步提供强有力的前期预研和技术支持，形成了港口机电设备设计、研发与运行监测和管理一体化的研究体系和人才队伍，为上海建设国际航运中心服务。

学科具有广泛的国际联系和合作关系，多年来，中法国际合作项目研究卓有成效，与法国中央理工大学、法国海军学院、布莱斯特海洋科技园区等建立了中法国际合作关系，建立了中法联合伽利略系统与海上安全智能交通研究所，开展科学研究和学术交流，与波兰和法国联合培养博士和硕士研究生。连续6届主办国际电工学术会议（IMEDCE），具有国际影响力。

本学科目前设有三个研究方向：

1）新能源电力电子装置与船舶电力系统研究方向，本研究方向主要从事电力电子变流技术在可再生能源电能变换以及电能质量控制等方面的研究与开发。本研究方向以应用基础研究为特征，以海上清洁能源发电为主要领域，建立了一个起点高、特色明、研究开发能力强的教学科研基地，在应用基础理论研究、应用技术开发、学术交流和产学研联合、人才培养等方面发挥引领性和关键性的作用。根据国家科技发展方针和上海市科技发展战略，面向科技前沿，海上清洁能源及船舶电力传动的重大科技问题，开展创新性研究，获取原创新成果，取得自主知识产权，在海洋新能源开发、电力电子变流新拓扑，混合可再生电源并网技术等方面形成了特色和优势。

2）港航传动控制技术及应用研究方向，具有鲜明的港航特色，在港口与船舶大型机电设备技术改造方面具有良好的研究基础和发展前景，特别是近年来在港口设备节能技术，比如开展了多电机共直流母线交流传动系统建模、节能控制与能量管理方面的研究。目前与施耐德电气建立了“国际海事效能管理及安全系统设计与研究中心”进一步开展港航系统节能及安全控制的联合研究。

3）信息处理与港航系统仿真技术研究方向，主要是运用计算机技术、控制技术，仿真技术、局域网技术和多媒体技术推进船舶、港口与航运技术的信息化、自动化和智能化发展。目前，已在复杂系统的状态监测、集成智能故障诊断与容错控制技术研究方面取得了多项创新性研究结果。上述研究成果与方法可以推广应用于解决当前可再生能源分布式发电与智能电网问题。

本学科将进一步完善师资队伍的学术梯队结构，提高教育水平，培养各类人才，特别是港、航企业急需的电气工程高级技术人才；提升科研实力和学术水平，促进产、学、研相结合，为国家建设提供技术支撑作用，特别是在更好的为上海市建设国际航运中心服务。

地址：上海市浦东大道1550号

邮编：200135

电话：021-58855200

网址：http：//www.shmtu.edu.cn/

24. 上海应用技术学院

高校介绍：

上海应用技术学院是由全国示范性高工专——上海轻工业高等专科学校、上海冶金高等专科学校、上海化工高等专科学校以及原国家轻工业部所属上海香料研究所合并组建而成，是一所具有近60年办学历史的以工为主、特色鲜明的多科性全日制普通本科高等学校。在多年的办学实践中，学校坚持以“应用技术”为本，强化内涵建设，走出了一条应用技术型本科院校的特色发展之路。2007年，学校顺利通过了教育部本科教学工作水平评估；2010年10月，占地面积近1500亩的奉贤校区正式落成，学校主体搬迁至新校区。近年来，学校的内涵建设和外延拓展均实现了跨越式发展。学校已连续6次获得上海市“文明单位”称号。

学校现有奉贤新校区和市区老校区两个校区，占地面积共1106870.2平方米，校舍建筑面积649309.25平方米，徐汇老校区位于上海漕河泾新兴技术开发区内，奉贤新校区坐落于奉贤海湾地区。学校实行校、院两级管理体制，现设有材料科学与工程学院、机械工程学院、电气与电子工程学院、计算机科学与信息工程学院、城市建设与安全工程学院、化学与环境工程学院、香料香精技术与工程学院、艺术与设计学院、经济与管理学院、外国语学院、人文学院、思想政治学院、生态技术与工程学院、理学院、轨道交通学院、工程创新学院、高等职业学院、继续教育学院、体育教学部等19个二级学院（部）。学校以全日制本科教育为主，积极发展技术型、工程型研究生教育和留学生教育，现有全日制学生18148人，其中本科生15640人，研究生861人。学校现有教学科研仪器设备总值2.59亿元；图书馆纸质藏书146.06万册，电子图书67.39万册，中外文网络数据库37个；拥有完善的计算机网络服务体系，建成了“万兆主干、千兆汇聚、百兆桌面”的三层校园网络架构，提供视频课程点播570个。

工程创新学院

为了实践学校的办学理念——“培养具有创新精神和实践能力的、具有国际视野的、以一线工程师为主的高层次应用技术人才”，拟在实现学校办学定位和人才培养规格的前提基础上，依照国际上合作开发的最新工程教育模式和教学大纲，通过较完整的4年工程专业教育体系的培养，以使学生达到：富有理想，具有较强的事业心、责任感、充满活力；具有较强的项目开发、设计和构造能力；具有较强的团队精神和领导能力；具有较强的中、英语语言表达和沟通能力；具有较强的创新和创业能力；在校期间获得国际国内职业资格认证证书的目标。在学校领导支持和关心下创建了工程创新学院。

上海应用技术学院副校长刘宇陆教授兼任工程创新学院首任院长，现任院长由副校长陈东辉教授兼任，教务处长周小理教授兼任副院长。常务副院长由电气与电子工程学院常务副院长、工程实训中心主任、电气工程学科带头人钱平教授出任。教师及教学管理人员92%以上为硕士、博士研究生。

工程创新学院创办以来，开办了电气工程及其自动化专业和自动化（机电一体化），被学校确定为工程创新实验班。首两届共招生160名，从2009年和2010年各专业入学新生中择优录取。

2009年加入教育部CDIO工程教育模式改革试点学校，2011年学校成为教育部卓越工程师培养计划试点学校。工程创新学院成为实施这两项试点工作的主要平台，参与试点的专业扩大到电气工程及自动化、化学工程与工艺、轻化工程、软件工程，从2011年开始招收4个专业的卓越班。学校为此制定了一系列的配套政策，为卓越班学生的成长、成才创造最好的条件。

在学校领导的重视和各兄弟二级学院的支持配合下，工程创新学院卓越班均配备教学水平高、教学能力强、教学经验丰富的教师。学校将不断地在师资配置、教学资源、实践环境投入大量人力、物力，搭建宽松、和谐、有利于个性发展的人才成长平台，努力培养高层次应用技术工程人才。

科研团队或重点实验室介绍

科研带头人：叶银忠，工学博士，教授。团队主要成员：钱平教授，吴梦初高工等。

主要研究领域：故障诊断与容错控制，电力电子与电力传动，工程系统测量与控制，电源。

课题组负责人对电力电子技术、电源技术、故障诊断与容错控制技术作出了长期的研究。1985年以论文《线性系统参数故障检测与诊断的两级Kalman滤波算法》获工学硕士学位，同年发表的论文《动态系统的故障检测与诊断技术综述》得到了广泛引用；1989年以论文《关于容错控制技术的研究》获工学博士学位。已在控制理论与控制工程、电力电子与电力传动、工程系统测量与控制等领域主持或作为主要参加者完成了10多项国家级和部市级科研项目，发表论文90余篇、出版著作2部。专著《现代故障诊断与容错控制》（周东华、叶银忠著）2002年获国家新闻出版总署全国优秀科技图书三等奖，科研成果“生产过程的故障检测与容错控制”1995年获国家教委科技进步三等奖，“网络型集装箱船舶轮机模拟器”2001年获上海市科技进步二等奖，“散货港口自动化运输系统容错控制”2004年获上海市科技进步奖三等奖。现为上海应用技术学院副院长、教授、硕士生导师，上海海事大学电力电子与电力传动学科博士生导师，自2001年以来担任中国自动化学会技术过程的故障诊断与安全性专业委员会副主任委员。

在故障诊断领域的主要学术成果包括：提出了多种基于模型的动态系统故障诊断方法、以小波分析为主体的基于信号处理的故障诊断方法和以神经网络为主体的智能化诊断方法，并研究开发了船舶拖轮舵桨装置控制系统、船舶柴油主机、水下机器人、动车组NPC逆变器等工程系统的故障诊断技术。

科研条件：本课题组所在院系已经建立了分布式电源实验室和现代供配电综合控制实验室，拥有一套微电网实验装置。具备了风光互补LED照明控制系统、2kW太阳能自动跟踪电源系统、10kW 太阳能发电系统、1kAh 蓄电池储能系统、供配电技术综合实训系统。

地址：上海市海泉路 100 号

邮编：201418

电话：021-60873226

传真：021-60873226

邮箱：qping@ sit. edu. cn

网址：www. sit. edu. cn

25. 深圳航天科技创新研究院

研究院介绍：

深圳航天科技创新研究院为中国航天科技集团公司直属研究院，由集团公司、深圳市人民政府和哈尔滨工业大学共同出资组成。拥有哈尔滨工业大学的人才优势，依靠深圳电力电子类产品成熟的加工、制造、物流体系以及完善的科研及管理机制，服务于航天电源类产品的开发，并向普通军用及民用产业拓展。所研发的产品覆盖了分布式电源系统的各个组成部分，具备研究分布式电源系统稳定性所需的软硬件条件。已成功完成基于 S3R 和 S4R 的航天一次电源、数字 DC/DC 变换器、包络跟踪电源、行波管电源、光伏逆变器、卫星电源地面仿真评测系统等一系列研发，部分产品正在走向航天应用阶段。

深航院致力于电力电子领域前沿技术的研究，与中国空间技术研究院总体部成立“航天器供配电系统技术评测联合实验室”，与中国空间技术研究院通信卫星事业部成立“空间电源系统技术创新联合实验室”。已建成的 5 个市级重点实验室和 1 个市级公共技术平台的基础上，继续拓展和提升其发展。在建好现有市级重点实验室的基础上加强规范管理制度，注重后续提升发展，使得所支持的重点实验室更好地服务于技术创新和发展。

电力电子与电力传动中心

DC/DC 项目组产品有数字 DC/DC 电源模块、模拟 DC/DC 电源模块、高压输出电源模块、高压配电器等。其中数字 DC/DC 电源模块具有自主知识产权的数字 DC/DC 核心控制芯片已成功流片，应用该芯片，研制高功率密度星载数字 DC/DC 电源模块，有利于替代进口，实现航天产业自主可持续发展。目前已通过国军标鉴定试验和空间环境考核，以及搭载验证。模拟 DC/DC 电源模块有 100V、42V、28V 多种输入母线，单路、双路、多路输出模式，集成了输入滤波器，型谱化、定制化，采用自主研发的高可靠磁反馈控制技术，各路输出纹波小，具有上电时序控制功能。高压输出电源模块有离子泵高压电源和电子倍增器高压电源两种。其中离子泵高压电源 28V 输入母线，输出电压 0 ~6000V 连续可调，对负载电流检测准确度高，具有过电流保护自恢复功能。电子倍增器高压电源 28V 输入母线，输出电压 -3000 ~0V 连续可调，输出电压纹波小，具有高压开关放电功能，迅速放电。高压配电器实现 8 路高压输出，3 个电压等级，最高为 -2400V，交叉备份，并能通过 RS422 协议对各路工作状态进行控制和读取。

科研团队或重点实验室介绍

深航院致力于电力电子领域前沿技术的研究，与中国空间技术研究院通信卫星事业部成立“空间电源系统技术创新联合实验室”，与中国空间技术研究院总体部成立“航天器供配电系统技术评测联合实验室”。与哈尔滨工业大学深圳研究生院的电力电子学科密切合作，积极开展前沿性科研工作，拥有一批博士后以及博士、硕士研究生组成的科研骨干力量。深航院拥有深圳市电力电子重点实验室，占地约 1000 平方米，共有员工 65 人，其中具博士学位人员 11 人，具硕士学位人员 27 人。研究所学术带头人张东来教授，为总装 863 专家组专家。外聘合作教授包括加拿大工程院院士、IEEE 院士吴斌教授，丹麦奥尔堡大学陈哲教授等，拥有哈尔滨工业大学的人才优势，依靠深圳电力电子类产品成熟的加工、制造、物流体系以及完善的科研及管理机制，服务于航天电源类产品的开发，并向工业及民用产业拓展。

地址：广东省深圳市南山区科技园科技南十路深圳航天科技创新研究院

电话：0755-26727059

传真：0755-26727199

网址：http：//www. chinasaat. com/

26. 四川大学

高校介绍：

四川大学是教育部直属全国重点大学，是“985 工程”和“211 工程”重点建设的高水平研究型综合大学。四川大学地处中国历史文化名城——“天府之国”的成都，有望江、华西和江安三个校区，占地面积 7050 亩，校舍建筑面积 254. 6 万平方米。四川大学由原四川大学、原成都科技大学、原华西医科大学三所全国重点大学合并而成。四川大学学科门类齐全，覆盖了文、理、工、医、经、管、法、史、哲、农、教、艺等 12 个门类，有 30 个学科型学院及研究生院、海外教育学院等学院。现有博士学位授权一级学科 44 个，博士学位授权点 277 个，硕士学位授权点 361 个，是国家首批工程博士培养单位。截至 2012 年年底，有专任教师 4292 人，具有正高级职称的 1188 人，有中国科学院和中国工程院院士 12 人。现有全日制普通本科生 4 万余人，硕博士研究生 2 万余人，外国留学生及港澳台学生 2000 余人。

电气信息学院

四川大学电气信息学院由原成都科技大学电力工程系、自动化系、应用电子技术系合并组建而成，其核心实体已有 60 多年的办学历程。学院设有 6 个教学研究单位：电气工程系、自动化系、通信工程系、医学信息工程系、电工电子基础教学实验中心和电气信息工程专业实验中心；拥有智能电网四川省重点实验室。已形成本科、硕士、博士等多层次的办学体系。现有教职工 143 人，其中博士生导师 7 人，教授 18 人。

科研团队或重点实验室介绍

张代润教授研究团队长期保持在 10 ~ 12 名研发人员，主要研究方向有：交流调压技术、电能质量控制技术、高频开关电源技术、电机传动控制理论和技术、非线性电路功率理论及其应用等。研究项目包括：有源电力滤波器（APF）；静止无功补偿器（SVC——TCR&TSC），静止无功发生器（SVG）；晶闸管控制串联补偿器（TCSC）；动态电压恢复器（DVR）；统一电能质量调节器（UPQC）；特种电源及其控制技术；特种电机及其控制技术；非线性电路功率理论等。研究团队在电力电子技术、电力传动技术方向的研究与开发工作，特别是在电能质量控制技术和交流调压技术方面有自己的特色。获建设部“中联重科杯”2004年华夏建设科学技术二等奖；获发明专利2项，新型实用专利1项，另已申请发明专利5项；参编“电力电子技术”和“电机学学习指导”教材。研究团队拥有从事电力电子与电力传动研究的基本软件和硬件条件，同时依托四川大学智能电网四川省重点实验室、四川大学电能质量与电磁环境学四川省重点实验室、四川大学电力电子技术实验室、四川大学电机及拖动实验室，拥有大容量可编程电源、大容量可编程负载、大容量电机、大容量负载等各种测试设备。研究团队有电机设计方面的工作经验，熟悉电机制造工艺，有电力电子装置和系统的分析、设计、调试和实验方面的工作经验，熟悉电力电子技术的相关工艺。

地址：四川省成都市一环路南一段24号

邮编：610065

电话：028-85469866

传真：028-85400976

邮箱：zhgdr@ 126. com

27. 苏州市职业大学

高校介绍：

苏州市职业大学成立于1981年5月，经教育部批准，由苏州市人民政府主办的一所公办全日制普通高等专科学校。作为江苏省办学历史最悠久的职业大学之一，学校的办学历史可追溯到创办于1911年的苏州工业专科学校。

电子信息工程学院

苏州市职业大学电子信息工程学院现有普通全日制学生2000余人，教职工80余人，其中有江苏省教学名师1人，教授5人，硕士生导师2人，副高职称教师30多人，省优秀教学团队1个。江苏省电子信息与智能控制技术实验实训基地、江苏省光伏发电工程技术研究开发中心建在我院。

电子信息工程学院设有应用电子技术、电气自动化技术、电子信息技术、通信技术、微电子技术5个专业。应用电子技术专业为国家级教学改革试点专业、省级品牌专业；电气自动化技术专业为省级品牌专业；应用电子、微电子和电子信息专业为省“十二五”高等学校重点建设专业群。近三年教师发表论文近400余篇，被三大检索收录90多篇。学生在全国和省、市级技能比赛中频频获奖，获得全国大学生电子设计大赛、智能机器人大赛一等奖。

科研团队或重点实验室介绍

“江苏省光伏发电工程技术研究开发中心”于2010年9月经江苏省教育厅批准，以苏州市职业大学为依托单位，以苏州汉达工业自动化有限公司为合作单位，以浙江大学为技术支持单位设立的省级光伏工程中心。

光伏工程中心以高效硅薄膜电池及其生产工艺、大容量光伏并网逆变器、分布式太阳能光伏并网系统及BIPV电站、光伏发电配套产品生产工艺及其检测装置技术等为研究方向，结合国家和江苏省在光伏发电方面的重大需求，建立以“学产研一体化”为基本特征的太阳能光伏发电利用和光伏产品公共服务平台，为促进光伏产业的发展和相关企业的迅速成长，解决光伏发电相关企业在开发生产过程中遇到的技术难题和困难，建立完善的太阳能光伏发电利用和光伏产品公共服务平台体系，向企业提供技术研究信息、产品的技术认证、科技成果的转换、技术交流、技术培训、人才培养、市场对接等，为光伏发电产业的发展提供优质高效的服务。

光伏工程中心有光伏薄膜电池研究团队和光伏逆变系统研究团队，团队研究人员近20人，其中教授2人，副教授5人，博士2人，硕士17人。光伏工程中心拥有600多平方米的实验室，15kW光伏电池阵列。经过几年的建设，已购置了较完备的光伏发电研究所需的仪器设备，如多功能数字示波器、智能电子式负载、大功率模拟电源、DSP控制系统、光伏发电实验平台、电能质量分析仪、光伏逆变器自动测试仪、防孤岛试验台等。还有镀膜、光刻、测试等薄膜电池开发设备，具有良好的软硬件条件。

中心负责人曹丰文，现任苏州市职业大学电子信息工程学院教授、高级工程师，苏州大学硕士生导师，江苏省级教学名师，省级优秀教学团队带头人，江苏省高等职业教育实训基地“电子信息与智能控制实验实训基地”负责人，江苏省光伏发电工程技术研究中心负责人，省级品牌专业“应用电子技术专业”负责人，省级品牌专业“电气自动化专业”负责人。兼任苏州市电子学会副理事长、中国电源学会电力传动专委会理事。曾获省级优秀教学成果一、二等奖4项。获教育部高职高专电子信息教指委精品课程1项，省级精品课程（排名第二）1项，省级精品教材1部。在本项目中负责总体规划、设计与实施。

曹丰文教授，2000年2月—2001年1月，作为国内高级访问学者在浙江大学电气工程学院师从IEEE Fellow、IET Fellow何湘宁教授进行光伏发电领域关键技术的研究。2007年4月—2007年10月，在美国Ohio State University进行访问研究，在IEEE Fellow Longya Xu教授的指导下，进行High Efficiency Photovoltaic Systems的项目研究。曾参加过国家自然科学基金和省自然基金项目研究，主持完成了江苏省教育厅自然科学基金项目以及多个市级、校级和横向课题研究。获市级科技进步奖1项、双杯奖2项。共发表论文60余篇，其中SCI、EI收录20余篇。

地址：苏州市致能大道106号

邮编：215104

电话：0512-66503386

传真：0512-66506691

网址：http：//www. jssvc. edu. cn/

28. 天津大学

高校介绍：

天津大学是教育部直属国家重点大学，其前身为北洋大学，始建于1895年10月2日，是中国第一所现代大学，素以“实事求是”的校训、“严谨治学”的校风和“爱国奉献”的传统享誉海内外。1951年经国家院系调整定名为天津大学，是1959年中共中央首批确定的16所国家重点大学之一，是“211工程”、“985工程”首批重点建设的大学。

电气与自动化工程学院

天津大学电气与自动化工程学院素以严谨治学、务实求真而闻名，先后培养出以原清华大学校长高景德院士、北京邮电大学名誉校长叶培大院士、著名华人企业家荣智健先生等为代表的一大批各类杰出人才。

学院现设2个系、5个中心、2个研究所。学院2个一级学科电气工程和控制科学与工程均具有博士学位授予权和设有博士后流动站。学院的8个二级学科（电力系统及其自动化、电机与电器、高电压与绝缘技术、电力电子与电力传动、电工理论与新技术、控制理论与控制工程、检测技术与自动化装置和模式识别与智能系统）均具有博士和硕士学位授予权，其中电力系统及其自动化和检测技术与自动化装置为国家重点建设学科。学院设有电气工程及其自动化、自动化2个宽口径的本科生专业和1个高等职业技术教育专业楼宇自动化技术。

学院有一支高效、精干、勇于开拓的师资队伍，现有中国工程院院士1人，俄罗斯工程院院士1人，长江学者特聘教授2人，长江学者讲座教授2人。

在实验教学方面，学院具有各类专业实验室近50个，各类实验仪器设备约2500台套，设备总值2529万元人民币，实验室总面积5500㎡。其中与国内外各大公司企业合作建立的专业实验室4个，国家211工程项目资助建设与改造实验室8个，如EDA、CAI、CAD、电工电子等实验室。另外，学院还设立了开放实验室，以培养学生的创新能力。

学院具有雄厚的科研实力，近5年来，共完成科研项目300余项，获国家级和省（部）级科学技术进步奖30余项，发表科技论文1000多篇，取得了丰硕的科技开发成果。2009年全院承担的科研项目经费已超过2600万元，在天津大学名列前茅。而且已形成多个在国内很有影响、具有自己特色的研究方向，如电力系统规划、运行与控制理论，电力系统微机保护与变电站综合自动化，新型电机及其控制技术，交、直流传动及调速技术，两相/多相流检测技术，计算机工业控制技术等。所完成的科研项目，已在全国多个相关生产技术领域推广应用，受到实际应用部门的高度评价。

学院坚持走产学研相结合、多种渠道办学的道路，先后同大庆油田、天津电力局、华北电力集团公司、大港电厂、海尔集团、渤海石油集团公司、华北油田、山西电力局、西安仪表厂、天津高频设备厂、胜利油田、建设部人事劳动教育司、河南电力局、美国霍尼韦尔公司以及香港理工大学、中国台湾中原大学、英国曼彻斯特大学、美国康奈尔大学、彼得堡工业大学、莫斯科大学、日本九州工业大学等几十家中外企业和高校建立了长期合作伙伴和学术交流关系。尤其是同美国霍尼韦尔公司合作，由公司投资130万美元建立的楼宇自动化中心，其实验室规模和软硬件装备水平达到同行业国际领先、亚太地区第一。同天津电力局、河南电力局、天津大港电厂合作，筹措资金400万元人民币建立的电力研究与培训中心，内设教室、学生宿舍、教师公寓等配套设施，总面积达3300㎡。所有这些都为学院的学科建设、教学与科研的发展奠定了良好基础。

地址：天津市南开区卫津路92号天津大学电气与自动化工程学院

邮编：300072

电话：022-27405477

传真：022-27406272

邮箱：autju@ 163. com

网址：http：//www2. tju. edu. cn/colleges/automate/

29. 同济大学

高校介绍：

同济大学创建于1907年，是教育部直属全国重点大学，国家“211工程”和“985工程”重点建设高校，也是首批经国务院批准成立研究生院的高校。在百余年的办学历程中，同济大学始终注重“人才培养、科学研究、社会服务、国际交往”四大功能均衡发展，综合实力位居国内高校前列。

目前，同济大学已基本构建起了综合性、研究型、国际化知名高水平大学的整体框架，学科设置涵盖工学、理学、管理学、医学、经济学、文学、法学、哲学、艺术、教育学等10大门类。

学校拥有3个国家重点实验室、1个国家工程实验室、3个国家工程（技术）研究中心以及24个省部级重点实验室和工程（技术）研究中心。承担了一系列国家重大科研专项、重大工程，取得了大跨度桥梁关键技术、燃料电池轿车研发、耦合式城市污水处理、城市交通智能诱导、结构抗震防灾技术、软土盾构隧道设计等一大批标志性科研成果。

在日常教学实践中，同济大学始终坚持“通识教育与专业教育结合，理论教学与实践教学”并重，努力使每一位进到同济的学生，经过大学阶段的学习、熏陶以后，具有鲜明的“同济特色”，即具有“工程基础、科学精神、人文素养、国际视野”4个方面的综合特质。

2010年，作为国内首批试点高校，同济大学开始实施“卓越人才培养计划”，积极致力于“卓越工程师”、“卓越医师”、“卓越律师”等培养模式的实践与探索。担任“中欧工程教育平台”中方秘书处，并作为主要单位发起成立了“卓越人才培养合作高校”联盟。

电子与信息工程学院

同济大学电子与信息工程学院电气工程系是由上海交通大学原机车车辆工程系电力机车专业发展而来。电气工程系包括“电气工程”一级学科硕士点和“电机与电器”、“电力系统及其自动化”、“电力电子与电力传动”3个二级学科硕士学位授权点、“电气工程”工程硕士学位授权点。

并在“控制科学与工程”（一级学科）、“载运工具运用工程”（二级学科）博士点，培养博士生。拥有一批优秀的研究生导师队伍，具有较完善的科研、实验条件。

本学科为适应智能电网、清洁能源、新能源汽车、轨道交通等领域的需求，在新能源利用及电气装备、电气绝缘与电力设备诊断、电力系统保护与监控、电力电子与牵引自动化、传动控制与系统仿真、智能配电网与微网等方向开展了研究，取得了一批具有国际、国内先进水平的研究成果。目前承担国家级和省部级项目近20项，包括国家自然科学基金、国家863计划电动汽车重大专项、国家科技支撑计划、国际合作项目、国家火炬计划、上海市科委科技项目、上海市经委科技项目、上海市教委科技项目、铁道部科技发展计划、国家电网公司科技项目、浙江省科技计划项目、上海市轨道交通科研专项等。

近年来在IEEE Transactions on Power Delivery、Journal of Electrical Engineering and Technology、中国电机工程学报、电工技术学报、铁道学报、电力系统自动化等国内外重要学术刊物上发表学术论文300余篇，其中被SCI、EI、ISTP检索100余篇；出版学术专著和教材10余部；申请国家发明专利近20项。

学院的主要研究方向为：新能源利用与新型电气装备、电气绝缘与电力设备诊断、电气设备检测与控制、电器智能化、电力系统保护与监控、分布式发电与微网、智能配电网、牵引供电与仿真、电能质量分析与控制、新能源控制技术、电力电子与牵引自动化、电力电子与电源技术、新能源变换与系统集成技术、电气系统的智能控制与应用技术、传动控制与系统仿真、列车网络与牵引控制、计算机仿真与控制等。

科研团队或重点实验室介绍

团队带头人康劲松，男，2003年获得同济大学博士学位。同济大学教授，博士生导师。2007年作为国家公派访问学者在加拿大Ryerson University的LEADER学习一年，现一直保持着密切的合作关系。科研团队现有教师3人，研究生13名。

长期从事电力电子与电力传动学科的教学和科研工作。研究方向：电力牵引与传动控制，新能源变换与控制，现代电源技术。研究领域有轨道车辆、电动汽车的电力牵引与传动控制技术，风能、太阳能等高效能量变换与控制技术，新型高效大功率电源技术，系统监控与节能技术等。

康劲松教授现作为电气工程系学科委员会成员负责电力电子与电力传动学科发展与规划等相关工作。现为中国电源学会变频专委会委员，上海电源学会理事。作为期刊审稿人，期刊包括《Journal of Engineering and Computer Innovation》、《Vehicle Technology》、《电机工程技术学报》、《电工技术学报》、《同济大学学报》、《华中科技大学学报》等。

作为主编完成了普通高等教育“十一五”国家级规划教材《电力电子技术》。

作为骨干技术人员完成了国家“八五”、“九五”铁道车辆领域重大专项项目。

作为第二负责人完成了国家“十五”、“十一五”863电动汽车重大专项子项目科技攻关项目。作为项目合作单位负责人，完成了国家自然基金项目。

作为项目负责人，完成了教育部、军工合作、山东省高速集团重大项目等科研攻关项目。

作为项目负责人，目前正承担“十二五”863电动汽车重大专项子项目、国际合作项目、铁道部重点课题等科研攻关项目。

在国内外学术期刊和学术会议上发表50余篇论文，其中SCI/EI/ISTP检索30篇，获得国家实用新型专利2项，正申请国家发明专利3项，软件著作权1项。研究成果曾获上海市科技进步奖三等奖，已培养硕士20余人。

在科学研究与合作方面，研究室特别注重理论与工程实际相结合的研究理念，先后与中国铁道科学研究院机车车辆所、同济大学铁道与轨道交通研究院、株洲南车时代电气股份有限公司、汇川技术有限公司、上海燃料电池汽车动力系统有限公司、上海电驱动有限公司等建立了良好的合作关系，共同承担科研项目，为研究室学生实习和就业奠定了良好的基础。

在实验设备方面，实验室拥有电气工程学科试验研究平台、新能源利用与新型电气装备研究平台、电力系统保护与监控研究平台、车辆电力电子与传动系统研究平台、轨道涡流制动试验研究平台、轨道交通仿真驾驶与控制研究平台、基于RT-LAB仿真器的牵引供电系统-列车牵引传动系统-列车运行控制系统综合仿真平台等学科支撑平台。

在学术交流与合作方面，研究室鼓励学术参加国内、国际学术会议与交流，先后在电工技术前沿问题学术论坛、中国高校电力电子年会、中国控制会议等国内会议，以及IEEE协会的PEAM、IPEMC等国际会议上发表论文。

地址：上海市嘉定区曹安公路4800号电信楼352

邮编：201804

电话：021-69589870

邮箱：jinsongkang@163.com

网址：http://blog.sina.com.cn/u/2239276440

30. 武汉大学

高校介绍：

武汉大学是国家教育部直属重点综合性大学，是国家“985工程”和“211工程”重点建设高校。学校占地面积5166亩，建筑面积256万平方米。

武汉大学学科门类齐全、综合性强、特色明显，涵盖了哲、经、法、教育、文、史、理、工、农、医、管理等11个学科门类。学校设有人文科学、社会科学、理学、工学、信息科学和医学六大学部37个学院（系）。有114个本科专业。5个一级学科被认定为国家重点学科，共覆盖了29个二级学科，另有17个二级学科被认定为国家重点学科。6个学科为国家重点（培育）学科。36个一级学科具有博士学位授予权。250个二级学科专业具有博士学位授予权，347个学科专业具有硕士学位授予权。有32个博士后流动站。设有3所三级甲等附属医院。

武汉大学名师荟萃，英才云集。学校现有专任教师3600余人，其中正副教授2400余人，有7位中国科学院院士、9位中国工程院院士、3位欧亚科学院院士、8位人文社科资深教授、15位“973项目”首席科学家（含国家重大基础研究计划）、4位“863项目”计划领域专家、4个国家创新研究群体、37位国家杰出青年科学基金获得者、15位国家级教学名师。

武汉大学科研实力雄厚，成就卓著。学校有5个国家重点实验室、2个国家工程技术研究中心、2个国家野外科学观测研究站、12个教育部重点实验室和5个教育部工程研究中心；还拥有7个教育部人文社会科学重点研究基地、10个国家基础科学研究与人才培养基地、8个国家级实验教学示范中心和1个国家大学生文化素质教育基地。

电气工程学院

武汉大学电气工程学院源于1934年成立的武汉大学电机工程系。学院前身为1959年武汉水利电力学院成立的电力工程系，是我国电力工业高级人才培养的摇篮，在国内外电气工程领域一直享有很高的知名度。

学院目前已建成较为完整的学科体系，包括电气工程博士后流动站，电气工程一级学科博士学位授权点，高电压与绝缘技术、电力系统及其自动化、脉冲功率与等离子体技术、电力电子与电力传动、汽车电子工程、电力建设与运营和电工理论与新技术7个博士学位授权点，高电压及绝缘技术、电力系统及其自动化、电力电子与电力传动、电工理论及新技术、测试计量技术及仪器、脉冲功率与等离子体技术6个硕士学位授权点，电气工程专业学位工程硕士点，教育部第一类特色专业电气工程与自动化本科专业。现有“高电压与绝缘技术”、“电力系统及其自动化”及“电力电子与电力传动”3个省部级重点学科和湖北省电气工程一级重点学科，“国家电工电子实验教学示范中心”、“国家工科基础课程电工电子教学基地”等教学平台以及“雷电防护与接地技术教育部工程研究中心”、“高电压与绝缘技术重点实验室（部级）”、“武汉雷电防护设备质量监督检验中心（省级）”“高电压大容量开关电器研究开发平台”和“武汉大学智能电网研究院”等科研平台。

学院下设高电压技术研究中心、电力系统研究中心、电机与电力电子研究中心、基础教学与实验研究中心。现有在岗教职工146人，其中教授31人，副教授43人，讲师25人。学院有双聘院士3人，长江学者特聘教授1人，国家杰出青年获得者1人，国务院学位委员会学科评议组成员1人，教育部高等学校教学指导委员会委员2名，有9名教授享受政府特殊津贴，80%的在职教师具有博士学位。此外，另有一大批国内外知名学者被聘为学院客座教授或兼职教授。学院每年招收计划内博士研究生40余名，硕士研究生220余名，本科生340余名。

2007年至2011年，主持国家自然科学基金重大项目1项，主持和参与“973”课题5项，主持和参与支撑计划课题2项，参与“863”重大专项2项，主持面上基金项目26项，国防“973”、“863”、预研基金和其他国防项目10余项；承担了科研和服务项目1000余个，科研经费2.15亿元。获省部级及以上科技进步奖18项，发明专利24项。出版教材和专著18本，发表论文2000余篇，其中三大检索收录719篇。100多项科研成果被转换为现实生产力，一大批研究成果在国内占据于领先地位，有些科研成果已达到国际领先水平。

近80年来，学院在科学研究方面为国家的科技进步作出了自己的贡献，累计为国家培养了各类、各层次毕业生3万余名，他们大都成为电力行业技术骨干、领导者、实业家或成为高校及科研院所学术带头人，包括有被誉为“中国计算机之父”的张孝祥院士、我国第一个自行设计建造的核电站——秦山核电站的总设计师欧阳予院士、我国核武器引爆控制系统和遥测系统的开拓者之一俞大光院士，以及我国核聚变电磁工程和大型脉冲电源技术的主要开拓者潘垣院士等。

科研团队或重点实验室介绍

武汉大学电气工程学院大功率电力电子技术课题组是电气工程学院重点培养的科研团队，团队包括有教授1名、副教授2名，讲师2名，博士后2名，博士研究生10名、硕士研究生19名。团队学术带头人查晓明是武汉大学电气工程学院教授、博士生导师，电气工程学院副院长，电机与电力电子中心主任，武汉大学“卓越工程师教育培养计划”专家委员会委员，IEEE会员，中国电源学会理事，武汉市电源学会副理事长，《电源学报》、《电力电子》期刊编委会委员，中国电力电子与电力传动学科高校学术年会组织委员，全国变频调速设备标准化技术委员会委员，电力行业电能质量与柔性输电标准化委员会委员，IPEMC2009等多个国际学术会议技术程序委员会委员，国家自然科学基金、教育部科技奖励等评议专家。

课题组主要研究方向有：电力系统中大功率电力电子控制技术；高压大功率电机的变频调速技术。近年来，团队发表论文50余篇，其中被SCI等3大检索收录10余篇。获得湖北省技术进步二等奖1项、军队科技进步一等奖1项、科技部“十一五”科技计划执行优秀团队奖1项、申请国家发明专利10余项。目前，课题组承担的主要科研任务有：国家自然科学基金面上项目2项，国家自然科学基金青年基金2项，国家自然科学基金重大基金子课题一项，国家科技部973子课题一项，湖北省科技攻关计划项目一项。

地址：武汉市武昌区珞珈山
邮编：430072
电话：027-68775879
传真：027-86651507
邮箱：xmzha@ whu. edu. cn
网址：http：//dqgcxy. whu. edu. cn/

31. 西安交通大学

高校介绍：

西安交通大学是国家教育部直属重点大学，为我国最早兴办的高等学府之一。其前身是1896年创建于上海的南洋公学，1921年改称交通大学，1956年国务院决定交通大学内迁西安，1959年定名为西安交通大学，并被列为全国重点大学。西安交通大学是“七五”、“八五”首批重点建设项目学校，是首批进入国家“211”和“985”工程建设，被国家确定为以建设世界知名高水平大学为目标的学校。2000年4月，国务院决定，将原西安医科大学、原陕西财经学院并入原西安交通大学组建新的西安交通大学。

电气工程学院

西安交通大学电气工程学院其前身创建于1908年邮传部上海高等实业学堂（交通大学前身）电机专科，是中国高等教育创办最早的电工学科，是全国电工二级学科设置齐全、师资力量雄厚、实验设备先进的电气工程学院之一。历经百年沧桑，经过几代人的努力，今天已成为我国电气工程领域人才培养和研究创新重要基地。

学院目前主体学科为电气工程一级国家重点学科，并涵盖控制科学与工程、仪器科学与技术2个一级学科。拥有电力设备电气绝缘国家重点实验室、国家工科基础课程电工电子教学基地、陕西省智能电器及CAD工程研究中心。现有教职工190人，其中院士2名，国家教学名师1名，“长江学者”4名，“国家杰出青年”2名，陕西省教学名师3名，教育部新世纪人才15名，教授51名（其中博士生导师34名），研究员2名，副教授及高级工程师75名；拥有教育部创新团队1个，国家级教学团队2个，陕西省优秀教学团队1个。另聘有双聘院士3名，海外兼职教授4名。

学院设有电气工程与自动化、测控技术与仪器2个本科专业，其中电气工程与自动化专业在全国排名第一，在国际上享有盛誉。目前在校本科生1679名，各类研究生1688名，其中博士生209名、工学硕士生770名。

百年来，学院本着兴学强国，尚实严谨的精神，以育人为本，历经几代电气人的传承与创新，形成了“起点高、基础厚、要求严、重实践”的办学特色。迄今，已为国家培养本专科生18000余名，硕士研究生2909名，博士研究生398名。其中包括钱学森、邱爱慈等30位两院院士和邹韬奋、江泽民、陆定一、蒋正华、王安等众多著名的专家和杰出人物。

学院教学改革成绩显著。10余年来编写出版各类教材、科研专著、译著150余种，建成国家级电工电子教学示范中心，获国家精品课程5门、国家教学成果奖8项、优秀教材4部；陕西省精品课程3门、陕西省教学成果奖29项、省部级优秀教材11部。学院是教育部全国高校电气工程及其自动化专业教学指导分委员会主任单位，也是电气工程领域工程硕士教育协作组的组长单位。

电气工程学科紧紧围绕国家重大需求和学科创新开展科学研究，2003年以来电气工程学科承担国家级科研项目79项、国家电网公司和国家南方电网公司有关特高压输电项目15项。制定了国家电网公司750kV系统用主设备技术规范Q/GDW103—2003至Q/GDW108—2003等6项标准，为世界第一套高海拔750kV输变电主设备技术规范；制定了国家电网公司1000kV交流特高压输变电设备试验规范，为国际首创。2009年我校被评为“特高压交流试验示范工程”建设特殊贡献单位，邱爱慈院士和彭宗仁、马志瀛、李盛涛、郭洁4位教授被评为特殊贡献专家。

2005年以来，电气工程学科获国家科学技术进步奖二等奖4项，省部级奖20项；授权发明专利181项。在国内核心期刊发表学术论文1800余篇，其中SCI收录论文385篇、EI收录论文910余篇。在电工学科领域主办的国际学术会议共3次，在国际上产生了重大的影响。本学科已与美国、日本、加拿大、法国、德国、英国、瑞典、荷兰、波兰、韩国、新加坡等14个国家近60所大学和研究机构建立了长期科技协作关系，在国际上已有较高的学术地位。

地址：陕西省西安市咸宁西路28号

邮编：710049

电话：029-82668621

邮箱：xueping@ mail. xjtu. edu. cn

网址：http：//ee. xjtu. edu. cn/new_ ee/index. php

32. 西安理工大学

高校介绍：

西安理工大学属中央和陕西省共建、以陕西省管理为主的高校。学校建校于1949年5月1日，前身是北京机械学院和陕西工业大学于1972年合并组建的陕西机械学院，1994年1月经批准更名为西安理工大学。

学校现设材料科学与工程学院、机械与精密仪器工程学院、印刷包装工程学院、自动化与信息工程学院、计算机科学与工程学院、水利水电学院、经济与管理学院、艺术与设计学院、理学院、人文与外国语学院、土木建筑工程学院、高等技术学院、继续教育学院、国防生教育学院等15个学院和体育教学部、思想政治理论课教学科研部。设有23个实验教学中心，其中有1个国家实验教学示范中心，5个陕西省高等学校实验教学示范中心；有1个国家技术推广中心、1个国家地方联合工程研究中心、1个省部共建国家重点实验室培育基地，2个教育部重点实验室，7个陕西省重点实验室、7个陕西省工程研究中心。

电气工程系

西安理工大学有关电源技术的科研与教学主要设置在自动化与信息工程学院的电气工程系。

电气工程系现设有电气工程博士后流动站（2000年1月设立）、电力电子与电力传动博士点（1993年4月设立）电气工程一级学科硕士点（2011年1月设立，其中最早的二级学科硕士点1983年设立）。已培养博士50余名（其中获全国优秀博士论文1人、陕西省优秀博士论文5人），培养硕士300余名，培养学士3000余名。

电力电子与电力传动学科是陕西省重点学科，电气工程及其自动化专业是国家级特色专业。

电气工程学科现有教授（或相当专业技术职务）16人，副教授（或相当专业技术职务）11人，讲师（或相当专业技术职务）15人。近5年来发表学术论文450篇，被SCI、EI、ISTP等三大检索收录150余篇，出版学术专著6部，获国家级科技奖1项，省部级奖5项，发明专利合计15项。

学科近年来完成了一批高水平的科研项目，目前在研科研项目56项，其中国家及国务院各部门项目1项，国家自然科学基金6项，省部级项目10项，目前承担的科研经费合计1000余万元。

科研团队或重点实验室介绍

学科与电源技术相关的研究方向及研究内容如下：

1. 交流电机变频调速技术

我校在交流变频技术研究尤其是交流变频调速装置国产化方面，是工作开展最早、走在全国技术前沿的院校之一。科研成果已技术转让国内外10余个厂家，所培养的研究生在多家知名企业担任交流变频调速器的研发负责人，在全国具有较大影响力。目前，与企业合作开发新一代工业用变频调速器，也在进行矩阵变频器等新型变频器的开发。

2. 用于材料大面积特种功能表面改性的特种电源

1）“镁铝合金微弧氧化系列设备的研究开发”获2005年国家科技进步二等奖，现已有30余条生产线正式投入产业化应用；

2）大功率液态等离子复合脉冲抛光工业电源的技术性能处于国内领先地位，已获多项省部级工业攻关项目资助；

3）高性能闭合场非平衡磁控溅射特种高频开关电源已通过中试，将投入产业化应用；

4）新型复合电镀特种电源进入中试阶段。

3. 静止型无功功率补偿装置

这个研究方向是我校20年来一贯的研究方向之一，始终结合电力电子技术的最新发展和电力系统的工程实际应用，开展了SVC、STATCOM和MCR等新型无功补偿技术和装置的研究。开发的SVC全数字控制系统已在国内多家钢厂应用并出口。

4. 电力谐波滤波器的研究

针对电力电子设备的非线性特性给电力系统造成的谐波污染，开展了电网谐波的测试分析和治理工作，完成了国家“产业化前期关键技术与成套装置研制开发项目”中的子项目《交流连续可调滤波器的研究》，在有源调谐型混合滤波器方面开展了一定的开创性工作。

5. 新能源发电与储能技术

主要研究内容有光伏发电与风力发电并网技术、超级电容器储能技术、超导储能技术、微电网中的微源控制技术等。

与企业合作开发的三相光伏并网逆变器已通过金太阳认证，并已在甘肃、陕西等省市并网发电。

6. 谐振型电力电子变换器

围绕高频软开关技术、PWM优化技术、IGBT串并联技术和电磁兼容技术等展开研究，完成了陕西省自然科学基金“高频链软开关逆变器的研究”、省级重点工程配套项目60kW/20kHz中频电源、10kW/80kHz感应加热电源等多个项目。

西安理工大学电气工程系在办学上注重学生综合素质的培养，特别是工程实践和创新能力的培养，鼓励和支持学生积极参加全国、市省和知名企业举办的科技竞赛。近年来，在电源行业知名的“英飞凌杯”全国大学生科技竞赛中，电气系学生都取得了第一、第二名的好成绩。

西安理工大学电气工程系愿与电源行业的朋友在人才培养和技术开发各方面广泛合作，共同推动我国电源技术进步和产业发展。

地址：西安市金花南路5号110信箱

邮编：710048

电话：029-82312461转各分机　82312223（直拨）

传真：029-82312650

邮箱：duanjd@ xaut. edu. cn

网址：http：//zdh. xaut. edu. cn/

33. 西北工业大学

高校介绍：

西北工业大学坐落于古都西安，是我国唯一一所以同时发展航空、航天、航海工程教育和科学研究为特色，以工理为主，管、文、经、法协调发展的研究型、多科性和开放式的科学技术大学，隶属工业和信息化部。

学校占地面积5100亩，其中友谊校区1200亩，长安校区3900亩。设有15个专业学院，58个本科专业，101个硕士点，57个博士点和14个博士后流动站。现有2个一级国家重点学科，7个二级国家重点学科，2个国家重点培育学科，20个博士学位一级授权学科。建有7个国家重点实验室，27个省部级重点实验室和19个省部级工程技术研究中心。到2011年3月，学校共有研究生10861人，其中全日制博士研究生2782人，硕士研究生6018人，专业学位研究生2061人，本科生14183人，留学生178人。

现有教职工3600余人，其中教授、副教授等高级职称人员1500余人，博士生导师478人，中国科学院、中国工程院院士15人，“千人计划”入选者5人，“长江学者”重大成就奖、特聘教授、讲座教授17人，国家级突出贡献专家7人，全国模范教师、优秀教师5人，国家教学名师奖获得者3人，国家杰出青年基金获得者10人，“中国青年科技奖”获得者10人，入选国家“百千万人才工程”18人、“新世纪优秀人才”64人。学校现有7个国家级教学团队，4个教育部创新团队，1个国家自然科学基金委创新研究群体，8个国防创新团队和1个国防优秀创新团队。

电子信息学院

西北工业大学电子信息学院的前身是创建于1958年的电子工程系，1970年哈尔滨军事工程学院空军工程系航空武器控制、航空武器设计专业并入该系。2003年更名为电子信息学院。

学院现有136名教职工中，专任教师108人，其中教授32人（含博士生导师25人）、副教授36人，实验技术人员19人，其中高级工程师11人。教师博士率达到61.5%。

教职工中获国家政府特殊津贴4人，全国高等学校优秀骨干教师1人，部级“突出贡献专家”1人，国防科工委“511人才工程”1人，教育部新世纪优秀人才支持计划4人，教育部教学指导委员会分委员会委员2人，陕西省师德标兵1人，陕西省教学名师2人，陕西省高校优秀青年教师标兵1人，中国教育工会陕西省委员会“先进女职工”1人，陕西省先进工作者1人，陕西高等学校优秀党员2人。另外，聘有22名海内外著名专家学者为兼职、客座教授。

目前在院学生2150余人，其中本科生1260余人，硕士、博士生863人、留学生近30人。建院6年来，培养航空航天等领域和国民经济主战场各层次优秀电子信息技术人才8500余名。研究生就业率始终为100%，本科生就业率稳定在98%以上。

目前设有5个本科专业、10个硕士点、7个博士点以及3个博士后流动站。拥有“电路与系统”国家重点学科；“电子科学与技术”、“信息与通信工程”博士授予权一级学科；1个陕西省名牌专业，1个教育部一类特色专业；1门国家精品课程，4门陕西省精品课程。建设有“航空火力与指挥控制系统”航空科技重点实验室和“信息获取与处理”陕西省重点实验室以及中俄、中法等5个国际合作实验室和陕西省电子实验教学示范中心。

近5年，承担国家自然科学基金、“863计划”、“973计划”等各类科研项目70余项，科研经费总额近亿元。有30余项教学、科研成果获国家、省部级优秀成果奖，共计发表学术论文950余篇，被SCI、EI、ISTP收录的论文达330余篇。

地址：西安市友谊西路127号

邮编：710072

34. 燕山大学

高校介绍：

燕山大学位于河北省秦皇岛市，其前身为1958年哈尔滨工业大学重型机械系及相关专业成建制迁至齐齐哈尔市的东北重型机械学院，1978年被确定为全国重点高等院校。1985年至1997年学校整体南迁秦皇岛市，1997年1月经原国家教委批准，更名为燕山大学。学校占地面积4000亩，建筑面积100万平方米。现有教职工3000人，其中专职教师2000人，教师中教授367人（含博士生导师171人），副教授509人，其中，国务院政府特殊津贴专家88人，长江学者奖励计划特聘教授4人，国家杰出青年基金获得者8人，国家有突出贡献专家1人，国家“百千万人才工程”人选9人，国家973计划项目首席科学家1人。现有普通高等教育本硕博在校生39000人。

学校现设有研究生院和20个学院，学校现设有11个博士后流动站，11个博士学位授权一级学科；有27个硕士学位授权一级学科，18个工程硕士专业学位授权领域和工商管理硕士、公共管理硕士等专业硕士学位授予权；有62个本科专业，已呈现出以工为主，文、理、经、管、法、教等多学科共同发展的学科格局。

学校拥有5个国家重点学科、4个国防重点学科和13个省级重点学科；建有“亚稳材料制备技术与科学”国家重点实验室、“冷轧板带装备及工艺”国家工程技术研究中心、“先进制造成型技术及装备”国家地方联合工程研究中心、国家大学科技园、24个省部级重点实验室和工程技术研究中心。1996年以来，学校连续获得国家科技奖励20项，其中国家科技进步一等奖3项、二等奖11项、三等奖2项、国家技术发明二等奖2项、国家自然科学二等奖2项。承担“973计划”、“863计划”、国家自然科学基金和国家社会科学基金项目500余项。

电气工程学院

燕山大学电气工程学院源于1960年成立的东北重型机械学院自动控制系。现有教职工227人（教师166人，实验员38人，行政和辅导员23人），其中教授57人（含博士生导师32人，长江学者特聘教授1人，国家杰出青年基金获得者2人，教育部新世纪人才3人，德国洪堡学者3人），副教授53人。现有学生3858人，其中博士研究生110人，硕士研究生948人，本科生2800人。

电气工程学院现有“控制科学与工程”、“仪器科学与技术”和“电气工程”三个博士后科研流动站，3个博士学位授权一级学科（16个博士学位授权二级学科），4个硕士学位授权一级学科（14个硕士学位授权二级学科），4个工程硕士专业学位授予权领域，4个本科专业。1个河北省强势学科，2个河北省重点学科，3个河北省重点实验室，1个河北省实验教学示范中心，1个国家级特色专业，1个国防主干学科，1个河北省本科教育创新高地，1个河北省教学团队。

科研团队或重点实验室介绍

燕山大学电力电子与电力传动学科是国内最早开展该领域研究的院校之一。本学科具有电气工程一级学科博士学位授予权和硕士学位授权，设有电气工程博士后科研流动站。该学科是河北省重点学科，建有“电力电子节能与传动控制”河北省重点实验室。曾承担国家“八五”、“九五”科技攻关项目、国家自然科学基金重点项目及面上项目、省部级项目40多项，其中承担的2项国家自然科学基金重点项目为“新型中小功率高频逆变电源的控制技术和拓扑技术研究”和“基于可再生能源的分布式发电系统能量变换、控制与并网运行研究”。近30年来，在高频功率变换及控制、交直流传动控制、逆变电源及其控制、可再生能源发电及应用技术、开关电源、电能质量控制、电气节能技术、电力电子系统故障诊断与可靠性等方面研究成果丰富。尤其在大功率功率变换拓扑及控制、逆变电源及其控制、可再生能源发电及应用技术方面形成了特色。

地址：河北省秦皇岛市河北大街西段438号

邮编：066004

电话：033-58057041

传真：033-58072979

网址：http：//ysu. edu. cn

35. 漳州职业技术学院

高校介绍：

漳州职业技术学院前身为创办于1984年的漳州职业大学，是由漳州市人民政府举办的一所全日制公办普通高职院校。2002年4月，经福建省人民政府批准，更名为漳州职业技术学院。学院坐落于漳州市区风景秀丽的马鞍山麓，是漳州市高校园区的主体学校。近年来，学院找准培养一线高技能人才的办学定位，适时抓住福建省建设海峡西岸经济区、漳州市实施“工业强市”发展战略的良机，确立了“规模适度，夯实基础，强化特色，争创一流”的办学思路，办学质量和办学水平不断提高，各方面成效显著。学院占地1250亩，建筑面积33万平方米。现有全日制在校生14000多人；专兼职教师900多人，其中高级职称教师210多人，“双师”素质教师350多人。学院设置了10个系和公共教学部、成教部等教学单位；开设了电子应用技术、计算机网络技术、食品加工技术、物流管理、数控技术、建筑工程技术等66个以工科为主，农、文、经、管应用科类协调发展，紧密对接经济发展的高职专业；有国家示范性高等职业院校建设计划项目重点专业8个，省级精品专业7个，省级精品课程29门，省级高职教学改革综合试验项目2个，中央财政支持的实训基地1个，高等职业学校骨干教师国家级培训基地2个，省级实训基地3个，省级教育改革试点项目6个，省级教学团队7个。构建了基于工作过程的系统化课程体系，建有以生产性实践教学为主线的CAD设计实训室、CAI仿真实训室、数控实训中心、机械实训鉴定中心、汽车实训鉴定中心等功能齐全的实验实训室及校外实习实训基地280多个，配置图书资料113万册，教学仪器设备总值1.07亿元。拥有福建省规模最大、鉴定工种最全、鉴定人数最多，并具有高级技师鉴定资格的国家职业技能鉴定站，鉴定项目和鉴定工种分别达34个和73个，涵盖了学院所有专业领域。

目前，学院正以国家支持海峡西岸经济发展和建设百所示范高职为契机，进一步推进人才培养模式改革，致力于校企紧密合作，服务区域经济，力争把学院建成东南沿海高职名校。

电子工程系

电子工程系设有应用电子技术、电子信息工程技术、电气自动化技术、计算机控制技术、液晶显示与光电技术5个专业，其中应用电子技术专业是国家示范性高等职业院校重点建设专业和福建省重点专业、精品专业，拥有一支稳定的“双师”素质教师队伍。成立了电子产品研发生产部，建有实验实训室14个、校内实训基地5个、电子产品生产线5条、校外实训基地41个。目前已形成万利达班、科能班等“订单”式人才培养模式，学生在全国电子设计大赛中多次获一、二等奖。多年来毕业生一次就业率均达95%以上，其中很多已成为企业的技术骨干。

科研团队或重点实验室介绍

电子信息工程技术专业是培养具备电子技术和信息系统的基础知识，具备设计、开发、应用和集成电子设备和信息系统的基本能力，能从事各类电子设备和信息系统的研究、设计、制造、应用和开发的高等技术应用人才。可面向高新技术企业中的电子信息类、电子与计算机类生产企业，流通领域中的电子信息类产品的销售与售后服务部门、各企事业单位中电子信息类产品的使用和维护等部门。

本专业教学团队现有专任教师13人，其中副教授（高级工程师）6人，讲师（工程师）2人，硕士（含在读）及以上学位教师7人，教学名师2人。聘请15位高级工程技术人员及能工巧匠作为本专业的兼职教师，教师队伍中具备“双师”素质的占专业课教师总数的80%。

本专业教学团队教师具有较强的教研和科研能力，结合教学实践，开展教研和科研活动。近五年来，教学团队承担了国家教研子课题2项、省级教研课题2项、省级科研课题2项、院级科研课题六项，在国家级、省、市级的学术刊物上发表论文20多篇，出版教材10多部。

本专业拥有电子电工实验实训室、高频电子线路实验实训室、电气实验实训室、单片机实训室、电子工艺实训室、移动通信实训室、程控交换实训室、光纤通信实训室等近10个实训室，其中电子电工实验室在2000年通过了省教育厅组织的专家评估，程控交换实训室和移动通信实训室、单片机实训室是在示范性建设期间建立的。现有实验室总面积800m²，仪器设备总值400万元。本专业所有教师均参加了各种技能培训，有80%的教师具有双师素质。

电子实训基地拥有一个800平方米的校内实训车间，车间的布局仿造工厂实际生产环境布置，用于给学生提供校内进行工厂实训的场所，实训期间学生分别扮演流水线操作工、质检、调试、维修、仓管等角色，采用企业的管理制度进行管理，让学生在校内就能体验真实的工作环境。此外，电子实训基地还有26间实训室，这些实训室可以为应用电子、电子信息、自动化等专业的学生开设30多门专业课和基础课的实训。除了校内实训场所以外，还与漳州周边的众多相关企业建立的良好的合作关系，为学生提供实训和工厂见习、顶岗实习等机会。灿坤电子有限公司每年为我系学生安排了十几个班级的企业实习岗位。

科研带头人张建国副教授，于西北工业大学航天系自动控制专业本科毕业，任漳州市政协委员，中国农工民主党漳州市委委员，参政议政专委会副主任，漳州职业技术学院支部主任委员，漳州市电子协会常务理事、秘书长、学术工作委员会主任。现任漳州职业技术学院电子工程系副主任，专业领域是电子信息技术、自动化技术及计算机应用的教学和科研。在国内专业刊物发表教学和科研论文30多篇，主编出版高职高专教材3部，主持完成省级科研项目3项。获得江西省五小成果先进个人、南昌飞机制造公司革新能手、新长征突击手，福建省青年科技博览会金奖、福建省自然科学优秀论文奖2项，漳州市青年科技博览会金奖，漳州市自然科学优秀论文奖4项，漳州市“漳州市优秀教师”及漳州职业技术学院“名师”称号。

地址：福建省漳州市马鞍山路1号

邮编：363000

电话：0596-2660203

传真：0596-2660262

网址：http：//new. fjzzy. org

36. 浙江大学

高校介绍：

浙江大学是教育部直属、省部共建的普通高等学校，是首批进入国家“211工程”和“985工程”建设的若干所重点大学之一。浙江大学前身求是书院成立于1897年，为中国人自己最早创办的新式高等学府之一。1952年，在全国高等院校调整时，曾被分为多所单科性学校，部分系科并入兄弟高校。1998年，同根同源的浙江大学、杭州大学、浙江农业大学、浙江医科大学合并组建新的浙江大学。经过一百多年的建设与发展，学校已成为一所基础坚实、实力雄厚，特色鲜明，居于国内一流水平，在国际上有较大影响的研究型、综合型大学。

电气工程学院

浙江大学电气工程学院（简称电气学院）由原浙江大学电机工程学系发展而来。该系历史悠久，始建于1920年，是我国创建最早的电机系之一。

电气学院位于浙江大学玉泉校区，设置有电机工程学、系统科学与工程学、应用电子学3个系和电工电子基础教学中心，3个系下属有电气工程及其自动化、自动化、电子信息工程、系统科学与工程4个本科专业。学院所属专业学科主要领域涉及电气工程、控制科学与工程、系统科学、电子科学与技术4个一级学科。学院设有“电气工程”、“控制科学与工程（共享）”、“电子科学与技术（共享）”3个学科博士后科研流动站，具有“电气工程”一级学科博士学位授予权，拥有10个二级学科，其中9个博士点、10个硕士点。学院拥有电气工程一级学科国家重点学科，覆盖电机与电器，电力系统及其自动化、电力电子与电力传动、电工理论与新技术、高电压与绝缘技术、电力工程管理与信息化、航天电气技术等7个二级学科，另有系统分析与集成为省重点学科，电工理论与新技术为省重点扶植学科。电气工程学科先后被列入国家 “211”和“985”工程重点建设项目。

历年来，学院为社会培养了大批基础扎实、知识面广、适应能力强的人才，计本科毕业生16699名，授予硕士学位2591名，授予博士学位522名，出站博士后98名，毕业外国留学生91名。在学院学习或工作过的两院院士共21名。目前在校本科生1280名，硕士研究生1843名（其中工程硕士研究生1190名），博士研究生313名，在站博士后41名。

学院师资力量雄厚，既有资深博学的知名教授，如首批中国工程院院士汪槱生教授，中国科学院院士、原浙江大学校长韩祯祥教授，也有一批朝气蓬勃的中青年学术骨干。学院现有教职工179名，其中教授43名（含博士生导师37名）、副教授（副研究员）65人、高级工程师（高级实验师）14人、讲师24人。教学科研岗位人数121人，其中具有博士学位的比例为76.9%。

浙江大学电力电子与电力传动学科是全国首批设立的国家重点学科，设有首批博士学位（1981年）和硕士学位（1981年）授予点和电气工程一级学科博士后流动站，建有电力电子技术国家专业实验室和电力电子应用技术国家工程研究中心，并连续被列为国家“九五”、“十五”、“十一五”“211”工程重点建设学科。30几年来，研究成果丰硕，尤其在大功率中、高频谐振变换器、感应加热及其成套技术、高频开关功率变换电路拓扑和软开关技术、谐波治理及电磁兼容方面的研究水平已接近或达到国际水平，在国际同行中已具有较高的学术声誉。主要研究方向有高压高功率电力电子器件、感应加热电源及其成套系统、电力电子先进控制技术与网络化技术、高频功率变换拓扑与特种电源系统、电力电子系统集成与模块化技术、电力电子在电力系统中的应用及电力电子传动技术等。在新能源电力电子技术方面，已建成燃料电池发电系统、光伏发电系统、风力发电系统、新能源发电微网等多个试验平台。

地址：浙江大学玉泉校区电气工程学院

邮编：310027

电话：0571-87952707

传真：0571-87951625

邮箱：party@ zju. edu. cn

网址：http：//ee. zju. edu. cn/index. php

37. 中国兵器工业集团第二〇六研究所

研究所介绍：

中国兵器工业集团第二〇六研究所是中国兵器工业集团公司所属的国家重点电子工程技术开发、研制及批量生产的整机研究所。主要从事电子工程、通信、微波、毫米波、自动控制、信号处理、计算机、无线电计量、电子结构、高精度传动结构等高新技术领域的开发应用研究工作。

特种电源部

特种电源部主要为本所电子工程、通信、微波、毫米波、自动控制、信号处理、计算机、无线电计量等产品配套研发生产所用的特种电源。

特种电源部也为国家相关部门、科研院所配套研发生产特种电源。开发生产的产品已广泛应用于雷达、导航、加速器、电子束焊机、试验基地、军工科研院所以及其他企事业单位的电子系统中，并在国家大科学系列工程中开发提供了国内稀缺的相关特种电源设备，为国家填补了空白，也为相关系统安全稳定运转提供了良好的保障。

科研团队或重点实验室介绍

特种电源部的科研带头人为史平君，本部共有职工63人，其中高级工程师以上职称17人，工程师24人。设有低压特种电源组、高压电源组、脉冲电源组、特种变压器设计组、电源结构组和系统控制组，还附设一个有20多人的特种变压器生产车间。供特种电源研发的各种仪器仪表齐套，各种实验配套设施齐备完好。

已研发并生产的产品有：

1. Kicker电源

输出电压：5～100kV。

脉冲高压稳定性：1‰。

2. －150kV电子束焊机高压电源及高电位灯丝电源

输出电压：直流电压0～－150kV连续可调。

输出电流：直流电流0～200mA随负载自动变化。

输出电压纹波：≤0.1%。

电压稳定度：≤0.1%。

3. 导航雷达发射机高压电源级高及高电位灯丝电源

脉冲电压：6～11kV。

稳定度：≤0.1%。

4. 雷达发射机电源及高电位灯丝电源

输出电压：0～－32kV。

最大输出功率：66kW。

5. 磁刺激充放电装置

输出电压：DC2～3kV，3A，输出电压可调，最大输出功率应达到10000W以上。

磁场强度：线圈表面处测量峰值1～2T。

6. 脉冲功率源

高压电压：0～30kV（连续可调）。

脉冲宽度：600～1100μs（连续可调）。

工作频率：10Hz/100Hz两档可选。

脉冲前后沿：≤500ns。

7. 四相等离子电源

输出电压：Upp＝64kV。

输出频率：0～50kHz，四相。

8. 切束高压脉冲电源

输出电压：0～6kV。

上升、下降沿：＜10ns。

脉冲形式：慢频率25Hz（脉宽约为600μs），快频率约为1MHz（脉宽约为530ns）。

9. 50kV、30kW低温等离子电源

输出电压：DC10～50kV连续可调。

输出电流：≤600mA。

10. 医用加速器二极枪老练系统

灯丝电源输出：交流，灯丝端最大容量11V/4.5A。

真空电源输出：＋4.5kV条件下，负载短路带载能力不小于8mA。

11. CSNS离子源脉冲电源

CSNS离子源脉冲电源用于离子源引出负氢离子，该电源可采用固态开关充放电方式产生脉冲高压，容性负载。由于离子源工作的需要，整个电源电路悬浮在－50kV高压上工作。

1）输出脉冲高压25kV，脉冲电流600mA，脉冲上升时间≤5μs，脉宽10～900μs。

2）脉宽、重复频率连续调。

3）具备充电电源过电流、过电压保护功能。出现过电流、过电压或真空度不好时，切断充电电源。

4）具备本地和远程两种控制方式。

12. 微波机电源及高电位灯丝电源

1）工作方式：高压电源有直流和脉冲两种工作方式，可切换使用。

2）主高压电源技术参数。

脉冲高压：－8.0kV连续可调。

工作电压：－5.0kV连续可调。

脉冲电流：10～500mA连续可调。

脉冲后沿：≤1μs。

3）灯丝电源技术参数：

灯丝电压：AC 5.5V范围内微调。

灯丝电流：启动时12A，工作时≤10A。

隔离度：20kV。

灯丝电压及电流在灯丝变压器后级测量。

地址：西安市132信箱（长安区凤栖东路）

邮编：710100

电话：029-85616213

传真：029-85616213

邮箱：Sw5880@126，com

网址：www.bq206.com.cn

38. 中国兵器装备集团兵器装备研究所

研究所介绍：

中国兵器装备集团兵器装备研究所位于北京市昌平区，是以军工研究为主的科研单位，已有40多年的历史。改革开放以来，逐渐发展成为以军为主、军民结合的综合科研部门。我院具有雄厚的科研、生产、检测实力，建立了先进、完善的质量管理体系，1996年就通过了GJB/Z9001—1996质量体系认证。我院响应装备集团“军品立位，民品兴业”的方针，发展民用产品，服务经济发展。

兵装系列电源是众多军转民品产品中的主要产品之一，已有10多年的科研生产历史。我院研制、生产的系列电源有激光电源、大功率电源、医疗电源、矿山电源近百多余个品种，广泛应用于军工产品、工业控制、通信、医疗设备、电子仪器等领域，中国电源学会团体会员单位（中源团字817号），是全国具有开发和规模生产开关电源产品实力的少数单位之一。由研高工带队的技术部全部具有本科以上学历，瞄准国外领先水平，全力打造中国的电源精品，可为用户提供全面合理的电源解决方案。

我质量保证体系对研制、生产的开关电源产品进行严格质量控制，质量方针是：应用先进技术，精心设计、精心生产，质量第一、信誉第一，用户至上、服务周到。以管理求效益，以质量求生存。产品性能稳定、质量可靠，具有完善的售后服务保障能力，典型产品通过了北京市电子产品质量监督站的检验，产品远销全国及世界各地，深受广大客户信赖。

地址：北京市昌平区南口镇马坊1号（102202）

电话：010-69785164 69773296

传真：010-80190320

邮箱：shf26@sina.com.cn

网址：http：//www.coapower.cn

39. 中国科学院等离子体物理研究所

研究所介绍：

中国科学院等离子体所从事核聚变装置研制。总职工人数650人左右，硕博研究生350人左右。现正在承担的项目主要有国家“十二五”大科学工程1项、国家大科学装置实验研究1项、国家973项目7项、国家973项目课题9项，科技部国际合作项目3项，平均科研经费每年5～6亿元左右。

电源及控制研究室

电源及控制研究室：主要从事各种大功率电源的研制和直流设备相关测试。可以研制大功率晶闸管变流器、基于IGBT的大功率中性束电源和微波电源，以及相关的大功率特种电源和实时控制系统。大功率直流测试包括各种直流开关、大功率变流电源。

科研团队或重点实验室介绍

电源研究室是由中国科学院电工所20世纪70年代在合肥基地相关人员组建，现有职工60人，在读硕博研究生40人。

成功研制出亚洲最大的电感线圈，基于IGBT技术的100kV/100A高压微波电源，基于晶闸管技术的210MW四象限变流电源，15kA/2.4kV双向直流晶闸管开关，以及获得中科院科技进步一等奖的国防项目303电磁轨道炮和503电磁轨道炮。

主要科研试验平台有：4台500V/50kA直流飞轮发电机，120MW交流飞轮发电机组，我国最大的直流测试平台（最大直流电流400kA，最高电压2000V，稳态直流120kA/500V），以及200MW/110kV，66kV高压变电站。

现主要承担了国家大科学工程中性注入电源和微波电源研制（30MW），“973”项目、国际合作项目ITER变流电源系统（1312MW）。现有总经费11.5亿元。

地址：合肥市1126信箱，合肥市蜀山湖路350号
邮编：230031

40. 中国矿业大学（北京）

高校介绍：

中国矿业大学是教育部直属的全国重点大学，由地处北京和徐州的两个办学实体组成。中国矿业大学（北京）是在原北京矿业学院基础上发展起来的一所研究型大学。1978年，经国务院批准，中国矿业学院北京研究生部成立，恢复招收和培养研究生；1997年7月，经原国家教委和北京市批准，成立了中国矿业大学（北京），1998年恢复招收本科生。学校位于北京市高校云集的海淀区学院路，东眺国家奥林匹克公园，西望颐和园、圆明园与香山，学校占地面积24万平方米，总建筑面积34万平方米，图书馆藏书60余万册，电子图书40万册。

中国矿业大学是一所具有矿业和安全特色，以工为主，理、工、文、管、法、经相结合的全国重点大学，是列入国家“211工程”、“985工程”“优势学科创新平台”建设以及全国首批具有博士和硕士授予权的高校之一，是全国首批产业技术创新战略联盟高校。学校的前身是创办于1909年的焦作路矿学堂；1950年学校由焦作迁至天津，更名为中国矿业学院；1952年全国高校院系调整时，清华大学、原北洋大学和唐山铁道学院的相关科系调整到中国矿业学院，为学校的发展奠定了良好的基础；1953年学校迁至北京，更名为北京矿业学院；“文革”期间学校搬迁、更名，形成异地办学格局；1978年经国务院批准，学校恢复中国矿业学院校名，成立中国矿业学院北京研究生部；1988年更名为中国矿业大学。1960年和1978年，学校先后两次被确定为全国重点高校。2000年2月，学校整体成建制划归教育部管理，成为教育部直属高校。

信电系

机电与信息工程学院下设有4个系和1个研究所，即机械电子工程系、信息与电气工程系、计算机科学与技术系、材料科学与工程系、信息工程研究所。现有2个国家重点学科（电力电子与电力传动、机械设计与理论），3个博士后流动站（电气工程、机械工程、控制科学与工程），1个一级博士学科点（机械工程），9个二级博士学科点（机械制造及自动化、机械工程电子、机械设计与理论、车辆工程、电力电子与电力传动、通信与信息系统、控制理论与控制工程，检测技术自动化装置、计算机应用技术），19个硕士点（流体机械制造及自动化、机械工程电子、机械设计与理论、车辆工程、测试计量技术及仪器、材料物理与化学、材料学、材料加工工程、电机与电器、电力系统与自动化、电力电子与电力传动、电路与系统、通信与信息系统、信号与信息处理、控制理论与控制工程、检测技术与自动化装置、计算机系统结构、计算机软件与理论、计算机应用技术）。本科专业目前设有机械工程及自动化、测控技术与仪器、材料科学与工程、电气工程及其自动化、计算机科学与技术、信息工程、工业设计7个本科专业。其中机械工程及其自动化专业为国家级特色专业，电气工程及其自动化专业为北京市市级特色专业，电气工程实验室为北京市实验教学示范中心。我院与中煤集团北京煤机制造有限责任公司合作申报成功了北京市高等学校市级校外人才基地。

机电与信息工程学院具有一批学术造诣较高、教学经验丰富的老教师和富有朝气、学历较高的中青年教师。现有在职教职工共计79人，其中教授15人（博导12人），副教授22人，高级工程师7人。中青年教师中有近70%拥有博士学位。长期以来学院在机械、自动控制、电气与电子、通信、计算机和材料等领域为国家培养大批高级技术人才，完成了国家“十五”科技攻关、国家863重点及一般项目、国家自然科学基金项目、“973”等较高级别的科研课题若干项，取得了很多较高水平的研究成果，获得国家级和省部级科技进步奖多项，机械工程及其自动化专业教学团队获得北京市优秀教学团队。

学院目前拥有在校研究生、本科生近1700名。学生中近年来先后有个人和集体获省部级以上奖项多次，其中获得“北京市三好学生”称号4人，北京市大学生数学竞赛三等奖以上20人，全国大学生英语竞赛三等奖以上7人，北京市物理竞赛三等奖以上8人，全国大学生数学建模大赛二等奖以上6人，全国大学生电子设计大赛三等奖6人，全国ITAT教育工程就业技能大赛三等奖4人，首都大学生“挑战杯”系列竞赛三等奖以上15人，1人获首都高校英语风采大赛网络翻译第一名，全国周培源大学生力学竞赛优胜奖1人，全国大学生“飞思卡尔”杯智能汽车竞赛3人，首都高校第四届“亿维讯-CAI杯”机械创新设计大赛10人，有4个团体获得北京市先进班集体、优秀团支部等团体奖项，20余人次还获得校董事会、IET、邝寿堃奖学

金，在校各类文体比赛活动中更是夺得多项冠军。学院还积极配合建立国外联系，每年培养本科留学交换生 2-3 名，公派出国留学博士生若干名。

10 年来学院毕业生就业状况良好，如 2009 届本科生 274 人，一次性就业率达到 97.45%，本科生读研 102 人，其中推荐免试研究生 42 人，包括清华大学 2 人、北京大学 3 人、中科院电工所 1 人、北京航空航天大学 2 人、北京理工大学 1 人、北京科技大学 1 人、本校 32 人，考上研究生 60 人，包括清华大学 2 人、中科院 5 人、上海交通大学 1 人、东南大学 1 人、海军工程大学 1 人、北京航空航天大学 4 人、北京邮电大学 2 人、北京科技大学 3 人、北京理工大学 1 人、北京有色金属研究总院 1 人、吉林大学 1 人、西南交通大学 1 人、中北大学 1 人、本校 36 人。部分学生就业于国家安监局、广东出入境检验检疫局、中国神华神东公司、中煤华宇公司、太原煤科院、西安煤科院、中铁工程设计咨询集团公司、新浪公司、三一重装、京东方、各大矿业集团等。

学院将以科学发展观为指导，坚持以学科建设为龙头，以人才培养为根本，加强教学和科研工作，为学校以跨越式发展做出应有的贡献。

地址：北京市海淀区学院路丁 11 号
邮编：100083
电话：010-62331257-8344
传真：025-83791696
邮箱：jdxy@ cumtb. edu. cn
网址：http：//jdxy. cumtb. edu. cn/

第十篇　会员企业简介

（按单位名称汉语拼音字母顺序排列）

副理事长单位

1. 艾默生网络能源有限公司

地址： 广东省深圳市南山区科发路 1 号
邮编： 518057
电话： 400-8876510
传真： 0755-86010112
网址： www. emersonnetwork. com. cn
简介：

艾默生网络能源有限公司是艾默生所属业务品牌（纽约证券交易所股票代码：EMR），是“关键业务全保障 TM”的全球领导者，为通信网络、数据中心、医疗保健和工业设施提供从网络到芯片全方位的保障。

艾默生网络能源有限公司拥有业界最宽、最完整的网络能源产品线，拥有业界领先的网络能源技术、研发、产品制造及服务平台。艾默生网络能源有限公司致力于将科技与应用工程技术完美结合，致力于为客户提供最有竞争力的端到端一体化网络能源柔性解决方案，致力于为客户创建竞争优势。艾默生端到端一体化网络能源柔性解决方案涉及通信电源、CP 客户定制电源、UPS、机房专用精密空调、户外一体化通信机柜、服务器机柜系统、ATS 自动切换开关、STS 静态切换开关、动力网络保护产品、蓄电池、低压配电柜、SPM 服务器电源管理系统、PSMS 动力网络与环境监控系统、电力操作电源等产品领域。所有的解决方案在全球范围内均能得到本地的艾默生网络能源专业服务人员的全面支持。

2. 广东易事特电源股份有限公司

EAST®易事特

地址： 广东省东莞市松山湖科技产业园区工业北路 6 号
邮编： 523808
电话： 0769-22897777
传真： 0769-87882853
邮箱： huangwl@ eastups. com
网址： www. eastups. com
简介：

广东易事特电源股份有限公司长期致力于 UPS 电源、光伏发电等新能源产品的研发、生产和销售，是全球领先的整体电源解决方案供应商和国内电源行业强力进军国际市场的标志性企业集团。公司总部座落于国家级高新技术产业开发区——广东东莞松山湖高新技术产业开发区。公司已连续多年保持在国内市场占有率领先地位，拥有业内最完善的营销服务体系，即在国内市场建立了 156 个营销网点，七大区服务中心，保证在市级城市可以做到 2 小时内响应服务；此外，公司在海外设立了五大营销中心，产品远销全球 100 多个国家和地区。

3. 茂硕电源科技股份有限公司

MOSO®茂硕电源
股票代码：002660

地址： 广东省深圳市南山区科技园科发路 8 号金融基地 2 栋 9 楼
邮编： 518108
电话： 0755-27657000
传真： 0755-27657908
邮箱： 618@ mosopower. com
网址： www. mosopower. com
简介：

茂硕电源科技股份有限公司（股票代码：002660）长期致力于 LED 照明驱动电源、消费类电子产品电源、适配器等新能源产品的研发、生产和销售，是全球领先的电源解决方案供应商和国内电源行业的标志性企业。自 2006 年成立以来，公司已连续多年保持在国内市场占有率领先地位，已通过了国家级高新技术企业资格认定，是最早获得国家级高新技术企业的专业电源制造企业。公司于 2012 年 3 月 16 日在深圳证券交易市场中小板块成功挂牌上市，是目前国内 LED 驱动电源行业里唯一一家上市企业。

茂硕电源集产品研发、制造、销售及服务于一体，已在北京、杭州、中国台湾、欧洲、美国设立了子公司或办事处，能够为国内外客户提供迅捷的专业服务。优秀的人才、先进的技术、科学的管理，以及务实、进取的创业精神，使得茂硕电源能够持续处于行业领先位置，是茂硕电源真正的核心竞争力。

4. 深圳市航嘉驰源电气股份有限公司

Huntkey 航嘉

地址： 广东省深圳市龙岗区布吉镇坂田坂雪大道航嘉工业园
邮编： 518129
电话： 0755-89606815
传真： 0755-89606333
邮箱： secy@ huntkey. net
网址： www. huntkey. com
简介：

航嘉电气股份有限公司创立于 1995 年，是从事 IT 产品及电力、电子系统研发、设计、制造及销售一体化的专业服务机构，总部位于深圳，有 11 万平米的航嘉（深圳）工业园和 38 万平米的航嘉（河源）工业园，是中国大陆最大的 PC 电源生产基地。公司是国际电源制造商协会（PSMA）

会员、中国电源学会(CPSS)副理事长单位、深圳市高新技术产业协会副会长单位、深圳市首届优秀民营企业。

公司拥有一支高水平的专业研发队伍和与国际接轨的研发体系，并与国内外高等院校、研究机构拥有多项合作，共同拓展电力电子应用领域。为保持产品技术研发上的领先优势，不断加大研发投入力度，建立了先进的研发和实验平台，先后设立了EMC、MTBF、环境可靠性、安规、静音、风洞、电网环境模拟等专业实验室，具备TUV/CE、UL认证及泰尔认证的能力。“Huntkey航嘉”获“中国驰名商标”，是电源行业最具竞争力的品牌，自2000年起连续十年蝉联中国PC电源行业首位，世界电源行业2008年排名第五位。

航嘉多年来服务于联想、华为、海尔、方正、同方、中兴、DELL、BESTBUY等海内外知名企业，得到客户高度认同，多次荣获联想全球“Perfect Quality Award”品质大奖和华为“优秀合作供应商”奖。

5. 台达电子企业管理（上海）有限公司

地址：上海市浦东新区民雨路182号

邮编：201209

电话：021-68723988

传真：021-68723996

网址：www.deltaww.com www.delta-china.com.cn

简介：

台达集团创立于1971年，为电源管理与散热管理解决方案的领导厂商，并在多项产品领域居世界级重要地位。台达营运据点遍布全球，在中国内地、中国台湾、美国、泰国、日本、墨西哥、印度、巴西以及欧洲等地设有研发中心和生产基地。

面对日益严重的气候变迁议题，台达秉持“环保 节能 爱地球”的经营使命，运用电源设计与管理的基础，整合全球资源与创新研发，深耕三大业务范畴，包含“电源及零组件”、“能源管理”与“智能绿色生活”。同时，台达积极发展品牌，以“Smarter. Greener. Together.-共创智能绿色生活”为品牌精神，持续提供高效率且可靠的节能整体解决方案。

台达持续重视企业社会责任，并与全球永续发展接轨。2012年，台达再度入选道琼永续指数（Dow Jones Sustainability Indexes，简称DJSI）之“世界指数”及“亚太指数”，并荣获全球ITC电子设备行业领导企业第一名之殊荣。

关于台达集团的详细资料，请参见：www.deltaww.com与www.delta-china.com.cn

6. 天宝国际兴业有限公司

地址：香港特别行政区九龙观塘海滨道151-153号广生行中心6楼10-11室

电话：+852-27905566

传真：+852-23420146

邮箱：mkt@tenpao.com

网址：www.tenpao.com

简介：

天宝集团国际有限公司于1979年创立，是一家建基香港、专营电源的跨国企业，集团成员包括天宝国际兴业有限公司、天能逆变技术有限公司、天源充电技术有限公司、汇祥精密部件有限公司、汇鑫五金实业有限公司和惠州汇和印刷有限公司等，为了更好地发展本销及LED电源驱动业务，集团更与惠州市锦湖实业发展有限公司和惠州市天然光电科技有限公司发展成关系企业。

贯彻天宝30多年持久专注在电源业务拓展的精神，产品线从消费电源的不同领域广泛应用扩展至工业电源的新能源领域，产品涵盖变压器、整流器、开关电源、充电器、LED电源驱动、太阳能逆变器、电动汽车充电机、充电桩及充电站等。

为达致跨越世界、持续发展的目标，集团规模将不断扩大，现有厂房占地逾10万平方米，并另购地20万平方米，作未来规划投入扩建集团厂房及设施使用。

7. 厦门科华恒盛股份有限公司

地址：福建省厦门市思明区软件园二期望海路65号北楼

邮编：361008

电话：0592-5160516

传真：0592-5162166

网址：www.kehua.com.cn

简介：

科华恒盛股创立于1988年，2010年深圳A股上市（股票代码 002335）。25年电源研发制造经验，服务于全球70多个国家和地区，是智慧电能领导者。

公司现拥有员工近2000余人，在厦门、漳州、深圳、北京四地设立了5家全资子公司、1家中外合资公司、3个电源研究中心、4个现代化电源生产基地、1个业界最先进的UPS及EMC检测中心。

专注电源技术，致力于动力创新，科华恒盛先后承担20余项国家级、省部级火炬计划项目，参与了20多项国家和行业标准的制定，获得国家专利、软件著作权等知识产权100余项。旗下拥有高端电源解决方案、新能源产品方案、数据中心解决方案三大产品体系，“KELONG”被认定为中国驰名商标。

科华恒盛电源产品及解决方案广泛应用于工业、交通、金融、通信、政府、新能源、数据中心等领域。北京鸟巢、上海世博、三峡枢纽、金税工程、首都机场、广电总局、广州亚运等众多重点工程都选择KELONG。

8. 阳光电源股份有限公司

地址：安徽省合肥市高新区天湖路 2 号
邮编：230088
电话：0551-65327877
传真：0551-65327800
邮箱：info@ sungrowpower. com
网址：www. sungrowpower. com
简介：

阳光电源股份有限公司（股票代码：300274）是一家专注于太阳能、风能等可再生能源发电电源的研发、生产、销售和服务的国家重点高新技术企业。主要产品有光伏逆变器、风能变流器、分布式发电电源等，并提供新能源发电系统的开发建设和运营管理等服务，是亚洲最大的光伏逆变器专业制造商、国内领先的风能变流器企业。

阳光电源自 1997 年成立以来，始终以市场需求为导向、以技术创新作为企业发展的动力源，培育了一支研发经验丰富、自主创新能力较强的专业研发队伍。在新能源电源领域，公司先后承担了 10 余项国家重大科技计划项目，主持起草了多项国家标准，引领行业发展，是行业内为数极少的掌握多项自主核心技术的企业之一。

产品先后成功应用于北京奥运鸟巢、上海世博会、西部大型光伏电站、国家“送电到乡”工程、南疆铁路、福建沿海风电场、陕西榆林风电场、江西都昌风电场等众多重大光伏和风力发电项目，光伏逆变器连续多年位居国内市场第一。产品陆续通过 TüV、CE、Enel-GUIDA、AS4777、CEC、CSA、BDEW 等多项国际权威的认证测试，已批量销往德国、意大利、法国、比利时、澳大利亚、美国、加拿大等多个国家。全球权威机构 IMS 的研究报告显示，2011 年，阳光电源光伏逆变器出货量跻身全球前五。

近年来，阳光电源的创新发展成就也受到了社会各界的广泛关注和赞誉。吴邦国、贾庆林、华建敏等党和国家领导人先后对公司表示亲切关怀，并给予充分肯定。公司先后荣获“国家重点新产品”、“中国驰名商标”、中国新能源企业 30 强、全球新能源企业 500 强、安徽“最佳雇主”等荣誉，是国家级博士后科研工作站设站企业、国家高技术产业化示范基地、国家级企业技术中心、《福布斯》2010 年～2012 年“中国潜力企业榜”上榜企业等。

未来，阳光电源将秉承“致力于清洁高效”的发展使命，立足光伏、风电业务，创新拓展可再生能源发电领域与电力电子技术紧密结合的新业务，积极参与全球竞争，持续提升客户满意度，努力将公司打造成为受人尊敬的全球一流企业。

常务理事单位

9. 北京韶光科技有限公司

地址：北京市海淀区知春路 108 号豪景大厦 B 座 2002 室
邮编：100086
电话：010-62105512
传真：010-62101976
邮箱：xuyp@ shaoguang. com. cn
网址：www. shaoguang. com. cn
简介：

北京韶光科技有限公司成立于 1998 年，是国内最早从事代理仙童功率器件产品的公司，公司主要致力于半导体器件的推广 MOFET、IGBT 单管及模块、超快恢复二极管。同时公司还代理韩国半导体大卫、美格纳的功率模块并向客户提供一流的服务。

公司的产品主要应用于开关电源 AC/DC、逆变电源、UPS/EPS 电源、通信电源、车载电源、电焊机、特种电源、电动机控制器、高频感应加热、纺织机械、仪器仪表等。

本公司备有大量的现货库存。价格具有竞争性。并且可为客户配套服务。

公司在北京、深圳、南京、上海、佛山、成都设有办事处。

以质量和诚信占有市场是本公司始终坚持的宗旨。以创新和共赢求发展。光阴如织，时间似箭，世界在变，商海也在剧变，唯一不变的是，我们对事业永恒的追求。挑战与机遇同在，我们时刻充满自信。

10. 北京星原丰泰电子技术股份有限公司

地址：北京市昌平区沙河镇豆各庄工业园 9 号彩易达科技园
邮编：102206
电话：010-80733900
传真：010-80733900
邮箱：jingwenhua@ saps. cn
网址：www. saps. cn
简介：

北京星原丰泰电子技术股份有限公司（SAPS）成立于 2004 年，坐落于北京市昌平区沙河镇豆各庄彩易达科技园内，总面积为 10000 平方米，注册资金 1700 万元人民币。公司现拥有员工 230 余人，其中大专以上学历的员工占 70% 以上。

公司是专业从事高频模块电源研发、生产与销售的高新技术企业。公司主要生产满足工业级以上应用标准的 AC-DC 系列、DC-DC 系列及 DC-AC 系列高频模块电源产品与开板组合电源。公司依托在电源研发方面与行业应用方面的技术积累，为客户提供具有行业针对性的整体电源解决方案，以及电源产品的行业应用服务。

公司通过多年的模块电源技术开发及制造经验的积累，逐渐形成了一系列的核心技术和先进的电源生产检测工艺，并拥有完整的半自动化电源生产线及严格的质量管理、控制工艺流程。目前，公司产品已广泛应用于通信、铁路、电力、工控、公路、军工、新能源等领域。

11. 东莞市乐科电子有限公司

LEKE® 东莞市乐科电子有限公司
DONGGUAN LEKE ELECTRONIC CO.,LTD

地址：广东省东莞市塘厦镇科苑城鹿苑路 168 号乐科工业园
邮编：523718
电话：0769-87289666
传真：0769-87288518
邮箱：yzy@ dgleke. com. cn
网址：www. leke. com. cn

简介：

东莞市乐科电子有限公司成立于 1997 年 10 月，位于毗邻深圳特区的东莞市塘厦镇科苑城信息产业园，厂房占地面积 2 万余平方米，由电源事业部、线材事业部组成拥有高素质员工队伍 1800 多人，各种专业人才 300 余人。乐科电子是一家专业从事 EPS 应急电源、UPS 不间断电源、模块化光伏并网系统、逆变电源、空气净化器及客户定制 LCD/LED-TV 电源、PC 电源和各种线材、端子线、连接器及等研发、生产、销售与服务为一体的民营高新技术企业。

12. 广东凯乐斯光电科技有限公司

地址：广东省佛山市顺德区勒流清源工业区三路 1 号（B）
邮编：528322
电话：0757-25527922
传真：0757-25530710
邮箱：clipao@ 163. com
网址：www. mod. com. cn

简介：

广东凯乐斯光电科技有限公司成立于 1994 年，是一家集研发、生产、销售于一体的高端商业照明国家级高新技术企业；公司有完整的生产线，集模具研发制造、LED 封装、装配、智能喷涂车间为一体，产品涵盖光源、电器、传统商业照明、LED 商业照明、LED 户外、COSMO 路灯；公司定位于高端商业照明路线，专注于商业照明、酒店照明、大型零售照明系统产品的开发、销售和照明解决方案；产品主要有 LED 路灯、LED 天花灯、LED 射灯、LED 筒灯、LED 格栅射灯、LED 庭院灯等近千个品类。公司目前已通过了 ISO 9001 质量管理体系认证和 ISO14001 环境管理体系认证、CE 认证、CCC 认证，符合 RoHS 标准。公司拥有专业的电子和结构研发工程师组成的研发团队，并聘请国内著名电光源专家及德国著名的灯具结构专家做顾问，确保提供安全、稳定、不断创新的照明产品；每年研发各种产品满足市场需求，公司“MOD”品牌在国内外市场获得了认可，并且有相当高的知名度，与国内外知名厂商保持长期的合作关系（包括飞利浦、欧司朗、松下、GE、罗格朗等）。并且公司与国外知名体育用品销售商（NIKE、ADIDAS、李宁等）保持长期的品牌建立合作关系。

13. 广东新昇电业科技股份有限公司

地址：广东省佛山市三水区乐平工业园创新大道东 5 号
邮编：528137
电话：0757-87362807
传真：0757-87362828
邮箱：wushh9150@ 163. com
网址：www. fsnre. com

简介：

广东新昇电业科技股份有限公司创立于 1994 年，公司现坐落于佛山市三水工业园。公司面积 82700 平方米，员工 1100 多名。公司产品包括各类型变压器、逆变器、LED 光源及灯饰灯具等。

公司目前拥有：“广东省优秀企业、广东省民营科技企业、高新技术企业、广东省清洁生产企业”等荣誉称号，2010 年 5 月，公司的测试中心获得了 CNAS 证书；6 月，公司获批组建广东省绿色电子照明工程技术研究开发中心。2011 年 9 月，公司认定广东省企业技术中心获得通过。

公司先后通过了 ISO 9001：2008 质量管理体系、ISO14001：2004 环境管理体系认证和 GB/T28001：2001 职业健康安全管理体系；产品通过了 CQC、3C、TUV、VDE、UL、SGS、CE 等国际权威机构的安全认证。

公司品牌“NRE”在国内外业界享有很高的声誉，已经申请欧盟、美国等国家和中国香港地区的商标注册。

未来，公司将继续追求提高技术与注重细节的品质管理原则，保持并扩大在业界的领先地位，为国家和社会做出应有的贡献。

14. 广东志成冠军集团有限公司

CHAMPION

地址：广东省东莞市塘厦镇田心工业区
邮编：523718
电话：0769-87725486
传真：0769-87927259
邮箱：zcz@ zhicheng-champion. com
网址：www. zhicheng-champion. com

简介：

广东志成冠军集团有限公司（简称志成冠军集团）位于毗邻深圳特区的东莞市塘厦镇，是一家集科、工、贸、投资于一体的国家火炬计划重点高新技术企业，始创于1992年8月，注册资金一亿元，占地面积15万平方米，自有资产逾5亿元。

公司设有4个研发机构，4个生产厂区，32个分公司办事处，有员工1000余名，其中各类专业人才500多名。技术上以国内多所著名高校为依托、致力从事于电子信息、先进制造、新能源与高效节能等高新技术领域的自主创新，研发、生产、销售不间断电源（UPS）、逆变电源（INV）、应急电源（EPS）、高压直流电源、电动汽车充电站及管理系统、太阳能光伏并网发电系统、新型阀控密封式免维护铅酸蓄电池、磷酸铁锂钒电池、嵌入式多媒体软件、网络安防监控系统等，产品广泛应用于上层建筑和经济基础的各个领域，覆盖国内和70多个国家与地区市场，拥有一百余项专利及40项计算机软件著作权。其中，大容量不间断电源的发明专利获中国专利奖金奖，不间断电源、应急电源和蓄电池被评为“广东省名牌产品”，注册商标被评为“广东省著名商标”和“中国驰名商标”。同时，公司2008年被国家标准化管理委员会批准为“中国电力电子学标准化技术委员会不间断电源分技术委员会”秘书处承担单位，负责组织不间断电源国家标准的制修订工作。

15. 河北先控捷联电源设备有限公司

先控电源
SICON EMI

地址：河北省石家庄市开发区湘江道319号天山科技工业园15号

邮编：050035

电话：0311-85903698

传真：0311-85903718

邮箱：dongmei. li@ sicon. com. cn

网址：www. sicon. com. cn

简介：

先控捷联电源设备有限公司是一家集研发、制造、销售电源保护装置的专业公司。先控电源专注于电力电子技术的应用与研究，以UPS电源产品和风能、太阳能并网发电设备作为公司现阶段的主流产品和研发方向，以创造行业领先的技术和产品为目标，在世界范围内逐步把先控打造为国际知名品牌和一流的产品供应商。

先控电源秉承“唯有创新、绝不模仿”的发展理念，拥有全部产品的完整知识产权，先后取得了冗余静态开关技术、顺位主从同步控制技术、电压平衡变压器等14项实用新型专利及三电平输出逆变电路、数字化平均电流控制功率因数校正技术等4项发明专利和模块化UPS产品的多项软件著作权等。先控电源现为中国电源学会常务理事、信息产业部标准化协会会员单位，公司全面通过了英国劳氏ISO 9001（国际标准化委员会）—2008质量体系认证和ISO14000环境体系认证，系列模块化UPS产品获得了泰尔认证、CE认证及CQC节能认证和9烈度抗震测试的认证。

先控新一代的模块化UPS电源，以其设计理念的先进性和更高的可用性，一经推出就受到市场和用户的青睐，其中CMS系列模块化UPS电源，是目前业界效率最高、体积最小、功率密度最大的产品，并成功地应用于IDC、通信、电力、石油化工、公安国防、工商税务、交通、医疗、广播电视等各个领域。

经过多年坚持不懈的努力和付出，先控已获得了数据、通信、轨道交通等行业用户的高度信任和认可，中国电信、中国联通、中国移动、2008年北京奥运会、2009年武广高铁、2010年上海世博会、达沃斯（天津）年会等国家重大项目中，先控电源均荣幸地成为电源供应商，为这些国家级重大项目的顺利完成提供了可靠的电力保障。

先控模块化UPS在行业的发展中保持领先位置，因为先控专注于模块化UPS的研发和生产，始终保持技术的前瞻性，有完全自主知识产权和核心技术，是绿色节能模块化UPS的专业领航者。为客户提供更安全、更节能、更环保的供电解决方案，是先控人始终努力的方向！

16. 鸿宝电气集团股份有限公司

HOSSONI 鸿宝®

地址：浙江省乐清市柳市镇车站路198号鸿宝工业园

邮编：325604

电话：0577-62771555

传真：0577-62777738

网址：www. hossoni. com

简介：

鸿宝电气集团股份有限公司是专业从事电源领域研发、制造、销售、技术服务为一体化的大型国家级高新技术企业。公司拥有浙江乐清、上海嘉定两大生产基地和一家专业的现代物流管理公司，公司厂房占地400多亩，员工3500多人。公司拥有十六个大型专业分公司，并在全国各地设有500余家销售公司和特约经销处。在国外设有三十多家销售公司和100多家独家销售代理。

公司主要生产的产品有稳压电源、应急电源、不间断电源、风力发电机、风光互补并网逆变系统、LED路灯、蓄电池、变频器、软起动器、充电器、逆变器、变压器、断路器、建筑电气等五十多个系列，3000多个品种的电源产品。

鸿宝电气集团股份有限公司是中国电源学会常务理事单位，公司在同行业中率先被认定为“国家级高新技术企业”、“国家免检产品”、“中国驰名商标”、省“重合同守信用企业”、“浙江出口名牌”、“质量信得过产品”等。同时通过了ISO 9001质量管理体系和ISO14001环境管理体系认证。所生产的产品先后获得国际UL、CE、CB、SEMKO、SASO质量认证以及国内CCC、CQC、信息产业部TLC等质量认证。

17. 瑞谷科技（深圳）有限公司

地址：广东省深圳市南山区琼宇路3号特发信息工业大厦

邮编：518057
电话：0755-88856601
传真：0755-89741995
邮箱：sales@ szlvt. com xzw@ szlvt. com
网址：www. szlvt. com
简介：

瑞谷科技（深圳）有限公司，2000 年 8 月由台湾上市公司侨威集团投资成立。目前为公司员工控股，侨威注资，结合风险投资的股份有限公司。是专业从事高端电源及新能源产品具研发和制造的合资企业。

公司产品主要有各种高功率密度的 AC / DC 的客户定制电源、基站系统电源、嵌入式电源、LED 驱动、服务器电源、标准模块电源、逆变器等，被广泛应用于通信、新能源、云计算、军事、医疗、服务器、LED 照明等可靠性要求很高的领域。

瑞谷一直致力于高端电源技术的研发和应用，不断扩大国产高端电源的市场份额，为振兴民族产业尽职尽责。由于公司的突出贡献，先后获得了“国家级高新技术企业”、“深圳市南山区 2009—2011 年领军企业”、“深圳市 LED 产业联合会副会长单位”、“深圳市南山区高层次创新型人才训练基地”、“2010 年中国电气行业电源十佳企业”等资质及荣誉。

18. 深圳华德电子有限公司

Wate® 华德

地址：广东省深圳市南山区南海大道兴华大厦 5 栋 6 楼 A
邮编：518067
电话：0755-26693168
传真：0755-26693918
邮箱：wangg@ watt. com. cn
网址：www. watt. com. cn
简介：

深圳华德电子有限公司建立于 1987 年，是随经济特区共同发展成长的专业电源技术公司。

公司注重高端电源产品及技术的开发研究，已成规模的电源产品，涵盖了数据通信、医疗设备、工业设备、测量仪器、汽车及工程机械动力控制系统、高端计算机及服务器、民用航空飞行器等领域。

在不断发展和完善产品研发及销售平台的基础上，公司积极地引进国内外先进技术和专利技术，采取自主设计、定制、合作开发等灵活的方式，为全球的客户提供最佳的解决方案、高可靠产品及优质服务。

公司不断强化企业的现代化管理水准和体系建设，重视人才、重视质量。以自动化的生产能力和先进的生产工艺使产品品质得到有效地保证。

19. 深圳科士达科技股份有限公司

地址：广东省深圳市南山区高新中区科技中二路软件园 1 栋 4 楼
邮编：518057
电话：0755-86169858
传真：0755-86168482
邮箱：chenglc@ kstar. com. cn
网址：www. kstar. com. cn
简介：

深圳科士达科技股份有限公司成立于 1993 年，是专注于电力电子技术领域，产品涵盖 UPS 不间断电源、数据中心关键基础设施（UPS、蓄电池、精密配电、精密空调、网络服务器机柜、动力环境监控）、太阳能光伏逆变器的国家火炬计划重点高新技术企业。2000 ~ 2010 年科士达国内 UPS 销量以领先优势连续十一年排名本土品牌第一位，是产能规模和市场占有率领先的中国大陆本土 UPS 研发生产企业，数据中心关键基础设施一体化解决方案提供商，新能源电力转换系统整体解决方案提供商。科士达产品至今已覆盖亚洲、欧洲、北美、非洲八十多个主要国家和地区市场。2010 年 12 月 7 日，公司在深圳证券交易所成功上市（股票代码：002518）。

20. 深圳可立克科技股份有限公司

地址：广东省深圳市宝安区福永街道桥头社区正中工厂区 7 栋 1 ~ 5 层、8 栋 2 层
邮编：518103
电话：0755-29918302
传真：0755-29918005
邮箱：brainchow@ clickele. com
网址：www. clickele. com
简介：

深圳可立克科技股份有限公司（下称可立克）成立于 2004 年，是一家在电源和磁性元件领域内快速成长且具有高增长性的高新技术企业，专业从事特种磁性元件、适配器、专业充电器、定制电源、LED 照明电源等产品的研发设计、生产、销售和服务。

公司自成立以来，保持了快速发展的态势。在过去的几年里，可立克在行业中取得了良好的成绩，产品畅销国内外市场，70% 产品远销欧美、澳洲、南美及亚洲等国家和地区，是亚太地区乃至国际市场有影响力的磁性元件和电源厂商之一。

在技术和工艺上，可立克紧跟国际行业技术前沿，兼收并蓄，不断引进吸收先进技术和设计理念，拥有一整套现代化的电源验证和检测实验室（如 EMI、EMS 等）；拥有 200 多人的研发队伍；年实现研发项目 3000 多个，研发中心已成为区级技术中心，每年获得多项专利。

公司一直坚持“卓越、创新、坦诚、分享”的核心价值观，坚持以人为本，走科技强企之路，并于 2010 年已获得广东省著名商标企业，产品价值逐步在行业体现。未来将继续努力拓展品牌推广，进一步提升可立克在行业的品牌认知度，为塑造中国民族品牌奋斗不息，将“亲和、诚信、稳健与活力”的品牌个性传遍世界，为可立克的明日腾飞创造更加坚实的基础。

21. 深圳市金宏威技术股份有限公司

地址： 广东省深圳市南山区高新区高新南九道9号威新软件科技园8号楼

邮编： 518057

电话： 0755-26506655

传真： 0755-26955898

邮箱： xuguo@ jhw. com. cn

网址： www. jhw. com. cn

简介：

深圳市金宏威技术股份有限公司成立于2001年，公司运营部位于深圳，是集研发、生产、销售与服务为一体的2012年国家火炬计划重点高新技术企业。公司提供的解决方案与产品已经广泛应用于国家电网、南方电网、五大发电集团及多个行业客户。

公司三大业务：电网智能化、系统集成、电子电源。

公司持续创新：工业通信、视频监控产品电网化，配用电产品实用化，新能源产品智能化，服务能力专业化。

22. 石家庄通合电子科技股份有限公司

地址： 河北省石家庄市湘江大道319号天山科技园12号楼

邮编： 050035

电话： 0311-86967416

传真： 0311-86080936

邮箱： dongjiang@ sjzthdz. com

网址： www. sjzthdz. com

简介：

通合电子是一家致力于电力电子功率变换技术创新，以高频功率变换及相关电子产品研发、生产、销售、服务于一体，为客户提供系统能源解决方案的高新技术企业。是国内首家实现功率变换全程软开关技术的电力电子企业。

本公司基于“谐振电压控制型功率变换”和“谐振式软开关DC/AC逆变”等国际先进的核心专利技术研发了高频软开关功率变换设备系列产品。主要包括风能、光伏并网设备、铁路电源、通信电源、消防电源、广播发射机电源、新能源汽车充换电系统、智能高频开关电力直流屏、智能微机监控系统等多个系列百余种产品，广泛应用于电力、高速列车、通信、广播电视、火灾报警、新能源汽车充电厂站、风能、太阳能发电并网技术、船舶、军工等多个领域。公司拥有长期合作客户670余家，产品销售范围覆盖全国几十个省市地区。并配套出口到印度、缅甸、孟加拉、马来西亚和非洲、欧美等国家和地区。截止2012年底，公司的电力功率变换设备年产量突破8万台（折合为标准台），出货量跃居于电力配套市场首位，市场占有率超过40%，成为电力配套市场第一大供应商。EPS消防电源国内市场占有率达到30%，居第一位。在电动汽车充换电站设备及车载充电机的市场占有率达到30%。通合公司的“高频软开关功率变换设备”系列产品以领先的技术优势、可靠的质量保证和卓越的服务品质得到了国内外客户的一致好评，成为行业客户的首选品牌之一。

通合公司作为国内电力电源行业具备领先技术优势的企业，承担推动行业进步的重任，具有一支高素质的专业设计开发团队。通合公司的长远目标是用世界领先的技术，赢得顾客忠诚的产品质量和规范化的管理创国际一流的品牌，以此实现公司的社会价值。

十年来我们一直秉承坚韧、执着、务实、平等的企业精神。以贡献、共益、感念、高效、创新的核心价值观为导向。始终贯彻科学的技术、优质的产品、满意的服务、科学的管理、持续改进的质量方针。

23. 温州现代集团有限公司

电能质量优化专家

地址： 浙江省温州市龟湖路金丝桥20号

邮编： 325000

电话： 0577-88823874

传真： 0577-88845711

邮箱： joexzz@ 126. com

网址： www. wzmodern. com

简介：

温州现代集团有限公司坐落于中国民营经济发源地——温州，是由原创办于1979年的温州市精密电子仪器厂经公司化改制，在1994年组建成立了温州现代集团有限公司，下辖温州现代电力成套设备有限公司、温州现代电器制造有限公司、上海华陶电器有限公司、苏州现代电工仪器有限公司等几个全资分公司。

公司是电能质量产品（谐波治理/滤波补偿装置、稳压（节电）电源/变频电源、干式变压器/电抗器等电能质量综合治理产品）的开发、设计和生产制造专业厂家，JB/T7620—1994标准起草单位，ISO 9001：2008质量体系认证，信息产业部通信设备进网许可认证，美国通用电气（GE）公司中国地区稳压电源唯一供应商，美国EMERSON公司稳压电源OEM商，航天科技集团环境试验认证，军用抗干扰电源定点生产厂家，是浙江省区外高新技术企业。

公司产品已广泛应用于冶金、通信、国防军工、医疗设备、大型数据中心、精密仪器、实验室、广播电视、楼宇电梯、数控机床、生产流水线、交通设施、金融、教育、工矿企业等国民经济各个领域。所提供的优质设备和完善的售后服务得到了用户的一致好评。

24. 西安爱科赛博电气股份有限公司

地址：陕西省西安市高新区新型工业园信息大道 12 号
邮编：710119
电话：029-85691870
传真：029-85692080
网址：www. actionpower. co
简介：

西安爱科赛博电气股份有限公司是由原西安爱科电子有限责任公司、西安赛博电气有限责任公司业务整合，改制成立的股份制公司，位于西安高新区新型工业园，占地面积 20 亩，厂房面积 18000 平方米，员工人数 380 人。

公司是陕西省第一批国家高新技术企业、国家火炬计划和重点新产品支持企业、陕西省电能质量工程技术研究中心承建企业、陕西省和西安市企业技术中心、西安市电力电子产业联盟核心成员。具有国内业界一流的研发团队，掌握领先的自主知识产权核心技术。

公司专注于电力电子电能变换和控制领域，为用户提供电源、电能质量控制、新能源并网变流产品和解决方案，涉及新能源、电力、交通、航空军事、工业、科学研究诸多领域，是相关行业领先的设备制造商和解决方案提供者。

公司从事特种电源和先进工业电源业务已有 16 年，为航空、军工、加速器、特种工业领域提供先进可靠的大功率电源设备和定制化解决方案，已形成系列产品和通用共享产品平台，参与过上海光源等多项国家大科学工程和军工重点型号工程，是相关领域的领先企业。

公司在国内最早推出工业应用的有源电力滤波器（APF）产品，是国内仅有的几家有能力制造静止无功发生器（SVG）的厂家之一，已经形成有源电力滤波器和静止无功发生器系列产品，成功应用于电力、石油、冶金、交通等 20 多个行业，累计运行数量超过 2 千台，是先进电能质量控制设备领域的领先企业。

依托电源和电能质量领域成熟的技术和产品平台，公司向新能源和智能微电网领域拓展，为用户提供大功率光伏并网逆变器、储能双向变流器、微网控制设备和控制系统等电力电子变流设备和应用解决方案，成为该领域专业、稳定、持续的设备制造商和解决方案提供者。

25. 西安芯派电子科技有限公司

芯派科技 SEMiPOWER

地址：陕西省西安市高新区高新一路 25 号创新大厦 MF6
邮编：710075
电话：029-88253717
传真：029-88251977
邮箱：zhuwei@ semipower. com. cn
网址：www. semipower. com. cn
简介：

西安芯派电子科技有限公司是一家专业从事中大功率场效应管晶体管及电源管理 IC 开发设计，集研发、生产和销售为一体的高新技术企业。公司拥有的自主品牌 SAMWIN 系列产品已在手机充电器、UPS 电源系统、便携及台式计算机电源系统、汽车逆变电源系统、HID 汽车照明系统、LED 照明系统以及电动车、手持电动工具等多个领域得到广泛应用。公司的核心产品 MOSFET 在 NOKIA、LG、APPLE、SAMSUNG、飞利浦、长城电脑、惠普、NFA 等国际知名品牌产品中使用。公司坚持创新发展，即将推出的低压大电流场效应管晶体管（TRENCH MOSFET）以及深结高压场效应管晶体管（COOL MOSFET）系列产品将再次填补国内相关产品空白，为广大客户提供更多优质可靠的场效应管晶体管产品。

同时公司携手西安高新创业园，投资逾 3000 万元设立国内首家大功率分立器件及电源管理集成电路测试应用中心。该测试中心拥有优秀的核心技术团队和完备的各项行业测试设备，能够为客户提供完整的产品应用方案、产品可靠性测试及产品失效分析，为我们的合作伙伴建立高效可靠的应用技术平台。

26. 厦门信和达电子有限公司

地址：福建省厦门市软件园二期望海路 57 号 602 室
邮编：361008
电话：0592-5205266
传真：0592-5205265
邮箱：xuxiaomei@ xmholder. com
网址：www. xmholder. com
简介：

厦门信和达电子有限公司成立于 2000 年，从事贴片电子元器件代理与销售业务。通过几年的努力，公司不断成长壮大，业绩蒸蒸日上。2000 年取得 TDK 代理权，同时取得中国台湾地区 YAGEO 代理权，2004 年取得 KEMET 代理权。2009 年设立工业产品事业部（简称 IBU），专门负责国内工业控制市场的开发。

目前工业事业部代理的品牌包括：BHC（电解电容）、ARCOTRONICS（薄膜电容）、EVOX RIFA（电解电容、薄膜电容）、NESSCAP（超级电容）、Amphenol（连接器）、MERSEN（熔断器）、SCHALTBAU（接触器）、DEHN（防雷器）等。

IBU 专注于风电、太阳能、电动汽车、轨道交通、工业自动化控制等领域，提供专业的技术支持及产品配套能力，致力于成为客户可以信赖的合作伙伴。

27. 浙江科达磁电有限公司

地址：浙江省湖州市德清县武康镇经济开发区曲园北路 525 号

邮编：313200
电话：0572-8085881　8085882
传真：0572-8085880
邮箱：kda@ kdm-mag. com
网址：www. kdm-mag. com
简介：

浙江科达磁电有限公司（KDM）成立于2000年9月，位于杭州北部，离上海150公里，占地面积40000平方米，是中国最具规模的软磁金属磁粉心制造商，也是国家高新技术企业。

公司通过了ISO 9001：2008和ISO14001：2004体系认证，所有产品均符合欧盟RoHS规范。目前公司年产能5亿只金属磁粉心，主要产品：铁硅铝磁粉心（Sendust Cores）、硅铁磁粉心（Si-Fe Cores）、铁硅镍磁粉心（Neu Flux Cores）、铁镍磁粉心（High Flux Cores）、铁镍钼磁粉心（MPP Cores）、铁粉心（Iron Powder Cores）及纳米晶磁粉心（Nanodust Cores）等。产品主要应用于高效率电源、太阳能、风能、新能源汽车等领域。

理 事 单 位

28. 安伏（苏州）电子有限公司

地址：江苏省苏州市工业园区星龙街428号21幢
邮编：215126
电话：0512-67671500
传真：0512-62833080
邮箱：jason. chen@ efore. com. cn
网址：www. efore. com
简介：

安伏（苏州）是Efore集团在中国的全资子公司，总部位于芬兰Espoo，是专业设计、制造和销售电源相关产品的国际化公司。创立于1975年，在欧洲、亚洲设有工厂，在芬兰、瑞典、中国设有技术研发中心。安伏集团利用先进的全球物料系统，优秀的设计和制造能力为通信、工业、电子行业客户提供产品设计及制造服务。

安伏专注于一流设计的一体化定制电源解决方案、直流电源系统以及产品维护，密切配合客户需求，为客户提供有效的电源产品以及电子产品。

安伏在产品的研发中致力于减少能耗、提高效率，以及环境友好。

多年的专注经营与管理，如今，安伏已成为众多知名企业的合作伙伴。

29. 安徽省友联电力电子工程有限公司

地址：安徽省合肥市潜山南路188号蔚蓝商务港B座1921
邮编：230031
电话：0551-63644000
传真：0551-63644000
邮箱：lxs@ unionelec. cn
网址：www. unionelec. cn
简介：

安徽省友联电力电子工程有限公司成立于1996年，为中国电源学会理事单位。经历17年的创业成长历程，已经成为集研发、制造、销售、服务为一体的专业电源企业，我们秉承“动力、服务、创新、品牌”的企业宗旨，朝着专业化供配电系统方案、高可靠电源系统集成、绿色机房工程、专业服务、社会公共安全等方向不断努力，并且这一领域的深度和广度继续迈进。

经过多年的积累，我们在此领域获得了丰富的实践经验，拥有了一批优秀的设计、制造、销售、技术支持及服务的专业人才，使得我们可以根据用户的具体需求，选用最适合您的组合，为您提供最优化的配电和电源解决方案。我们为您提供的稳定的电力环境，将高可靠地保护您的通信、网络、办公设备，让您的数据信息安全、可靠地经过每一个地方，避免供电问题引起的任何损失。

公司自主研发、设计、制造的车载综合电源系统获得多项专利，已经成功应用于人民防空、安全生产、军队、公安、供电、水利、广播电视等应急指挥车。

30. 北京泛华恒兴科技有限公司

泛华恒兴
PANSINO SOLUTIONS

地址：北京市海淀区西小口路66号东升科技园A4楼
邮编：100192
电话：010-82156688
传真：010-82156006
邮箱：yan. wang@ pansino. com. cn
网址：www. pansino-solutions. com
简介：

北京泛华恒兴科技有限公司（以下简称：泛华恒兴）是国内领先的行业测控专家及测控技术专业公司，为各行业用户，尤其是“航空、航天和军工领域”高科技企业提供专业测试测量解决方案和成套检测设备。公司成立于2010年9月，地处北京市海淀区中关村高科技园区，泛华恒兴拥有一批熟悉各个领域的测控行业专家，拥有丰富的测试测量工程经验和多项自主知识产权，并已成为北京中关村地区企业联合会会员及航空航天产业联盟单位。

作为测控系统整体解决方案提供商，泛华恒兴的产品涵盖机、电、软和系统级自主产品及环境试验设备；涉及的行业包括：ATE产品、旋转机械（发动机）、电子技术（雷达）、教学课件、系统及工具级软件、硬件产品及技术。

泛华恒兴提供的专业和完善的测控产品开发、销售、集成、校准和培训等服务，有助于用户实现更精准、更高要求的测试测量任务。

泛华恒兴致力于“柔性测试”技术的研发，以虚拟仪器技术为核心，融合了测试测量、机电一体化、网络通信及软件等多种技术，实现测试系统的精确性、可靠性、适应性、灵活性和拓展性，推动现代测试技术在实际应用中的快速发展。

31. 北京新创四方电子有限公司

地址： 北京市朝阳区酒仙桥北路甲 10 号 201 号楼 C3
邮编： 100015
电话： 010-57589000
传真： 010-57589169
邮箱： bingzi@ bingzi. com
网址： www. bingzi. com

简介：

北京新创四方电子有限公司（前身为北京创四方电子有限公司）是一家专业致力于各类小型精密电磁器件，精密电压、电流传感器以及大结构特种电抗器的高新技术企业，公司位于北京市朝阳区中关村电子城 IT 产业园，集开发、生产和销售及配套为一体，拥有“BingZi 兵字”和“TransFar 创四方”两大自有品牌，产品覆盖全国并远销海外。公司自从 1992 年诞生中国第一款全封闭式变压器以来，产品品种和业务规模得到快速的发展，今天“BingZi 兵字”已成为业界知名品牌。公司投资兴建的占地面积 60 余亩（40000 平方米），建筑面积 22000 平方米的福建生产基地一期工程已建成投产，二期工程近 4000 平方米的厂房已落成竣工，公司将以崭新的风貌展现在广大客户面前。公司系中国电源学会理事单位，中国电子商会电源专业委员会暨北京电源行业协会常务理事单位，北京福建企业总商会常务副会长单位，ISO 9001—2008 质量体系认证单位，中国电子行业知名品牌单位。

经过多年的发展，公司汇聚了一批高素质的专业技术人才，在各类产品上都能实现有针对性的专业性设计和高品质制造。不论是对全封闭印制电路板焊接式电源变压器、触发变压器及精密电压/电流互感器，还是电流、电压传感器而言，都具有结构布局合理、隔离耐压高、环境适应能力强、功率器件应力承受均衡、散热好等显著优点，可广泛应用于工业控制系统、电力电子装置、智能仪器仪表、通用电器设备以及铁路、通信等不同行业复杂的使用环境中。

公司的设计将以市场需求为导向，不断创新，关注客户并努力为客户创造价值，与业界同仁携手并进，共同为电子元器件市场和电力电子行业的繁荣与发展做出应有的贡献。

32. 北京中大科慧科技发展有限公司

北京中大科慧科技发展有限公司
ZDKH Technology Development Co., Ltd

地址： 北京市海淀区上地三街 9 号 F 座 904
邮编： 100085
电话： 010-82486889
传真： 010-82484848
邮箱： lihong@ zdkh. net
网址： www. zdkh. net

简介：

北京中大科慧科技发展有限公司是，国家高新技术企业、军队集中采购入围企业、中关村高新技术企业以及中关村瞪羚企业。是国内领先的数据中心电能管理设备提供商、信息安全服务商和 IT 运维管理解决方案提供商。

公司致力于打造全方位的数据中心综合治理平台，为企业的运营提供安全、高效、洁净的数据中心安全管理平台和服务环境。IDP（Integrated defend Procession，综合管理）设备（系统），通过了行业权威单位的全面测试、得到了行业专家的一致认可。公司产品在金融、通信、能源、医疗等行业拥有四个唯一：资质唯一、方案唯一、产品唯一、成功案例唯一。

公司产品基于 IT 系统集成，全方位解决客户的安全与系统管理问题，并融合先进技术，提供智能化、一体化的以电能质量为核心的综合安全管理系统。公司多年研发与实践，彻底找到了数据中心（各行业）的智能安全运营所欠缺的重要一环：“综合系统安全运营管理”，包括对能源的安全高效管理、对数据中心整体架构的安全控制，并利用成熟的 IT 系统构架，在成功引进了海外及相关行业的先进技术，结合 IT 运维管理软件，成功研发了的 IDP 数据中心综合安全保护系统。产品功能全面而成熟，得到国家质量技术监督局的认可，通过国家电力科学院的型式试验，并获得了国家知识产权部门认定的技术专利和著作权，也被国家质量协会、电源学会、中国赛迪等多家专业协会的认可和一致好评。我们为客户提供创新的产品、优质的服务和完备的解决方案。帮助客户更快地提升机房安全及管理水平，彻底解决了各行业的安全隐患，为客户提供全面完善的系统安全管理方案和系统而不断进取！

33. 北京中宇豪电气有限公司

地址： 北京市朝阳区酒仙桥路 4 号
邮编： 100015
电话： 010-64323288
传真： 010-84790680
邮箱： filter@ zhongyuhao. com
网址： www. zhongyuhao. com

简介：

北京中宇豪电气有限公司于 1997 年成立，现注册资金一千零五十万元人民币，至今已有 16 年历史，为国内 EMC/EMI 电源领域资深知名企业，具有较强的生产技术实力。十多年的积累，公司拥有试验设计（Design of experiments）等核心技术。

产品已被广泛应用于信息安全、EMC 测试、航空航天、工业控制、测量仪器、医疗仪器、军用设备、变频逆变和电力驱动系统等各行各业，产品范围覆盖电磁干扰控制的所有领域。公司主导生产八百多种规格的单相（三相）交流（直流）电源滤波器、变频器输入滤波器、变频器输出滤波器、医疗器械专用滤波器、馈通滤波器、正弦波滤波器。

ZYH 系列核心滤波器有，电快瞬变脉冲抑制滤波器、高插入损耗滤波器产品。并凭借独特的技术优势，可靠的质量保证研发了数百种品质超群性能稳定科技含量高 DC-DC，AC-DC 模块电源，包括定电压、定电压稳压、非隔离、宽电压系列及超宽电压系列品种。

公司通过了 ISO 9001：2000 国际质量体系认证，产品通过 UL、CUL、ROHS、CE 等国家安规认定。尤其针对电子设备、系统和分系统传导电磁干扰、空间电磁辐射方面为用户进行了多次讲座。

34. 成都金创立科技有限责任公司

地址： 四川省成都市新都区班竹园镇鸦雀口四组
邮编： 610506
电话： 028-83988111
传真： 028-83989066
邮箱： jcl. cdjcl@ 163. com
网址： www. cdjcl. com

简介：

成都金创立科技有限责任公司是以等离子体技术产业化推广为目标的高科技公司。公司依托大型科研机构和控股企业，技术积累深厚、科研开发能力强。公司凭借先进的开关电源、镀膜电源、脉冲电源、自动控制技术，集研发、生产、销售、服务为一体。专业生产销售真空镀膜电源、大功率开关电源和专用脉冲电源、热等离子体电弧发生器成套设备，自动控制系统等设备。公司遵从平等互利、友好合作、坚持服务至上、质量第一的经营理念；竭诚为科技界、实业界提供技术产品和技术服务。公司发展的战略目标是要力争成为国内外有特色的特种电源和专用控制系统供应商。

35. 大连宝士达电源股份有限公司

POWERSTAR宝士达
network power systems

地址： 辽宁省大连市高新园区高能街 26 号-1
邮编： 116025
电话： 0411-84820118
传真： 0411-84820868
邮箱： info@ powerstarups. com
网址： www. powerstarups. cn

简介：

大连宝士达电源股份有限公司作为领先的高品质 UPS 电源生产商，长期致力于电源保护系统的设计、制造、销售及服务，为客户提供可靠的电源系统解决方案。

公司成立于 2002 年，生产经营面积约 5000 平方米，注册资金壹仟零柒万元。在中国主要中心城市设有分公司和办事处，员工达 100 余人。

宝士达公司坚持高技术与高可靠性并重的原则，始终倡导引入绿色节能环保理念来开发未来的 UPS 产品，同时不断致力于降低 UPS 的生产成本，减轻用户的支付压力，并推出新一代工业级模块化 UPS，更好贴近和服务市场，使其生产的 UPS 电源在 UPS 市场占有重要份额，目前推出市场的产品广泛应用于电信、移动、金融、证券、广电、公安、医疗、电力、交通、铁路、国防、电子政务、电子商务、科研院所等领域，为用户信息系统提供一个安全、可靠、高效的电源环境。

36. 佛山市新光宏锐电源设备有限公司

金武士®

地址： 广东省佛山市国家高新技术开发区禅城园区张槎街道塱沙路塱宝工业园西区三路 8 号 3 楼
邮编： 528000
电话： 0757-82236302
传真： 0757-82305809
邮箱： sun@ sunshineups. com
网址： www. sunshineups. com

简介：

佛山市新光宏锐电源设备有限公司成立于 1996 年，是专业从事不间断电源（UPS）开发、生产和销售的创新型企业，年产量超 70 万台。产品涵盖电力系统的三大领域：电力保护、电力储存和电力转换，包括了后备式、高频在线式、工频在线式 UPS 及逆变电源、应急电源、蓄电池等系列产品，能满足不同行业用户的需求。产品行销南亚、西亚、非洲、拉丁美洲等 100 多个国家和地区。

公司一直秉持“有品质才有市场，有创新才有永续经营”的品质政策，赢得了客户的认可。公司已通过了 ISO 9001 国际质量标准认证，产品通过节能产品认证、泰尔认证、CE 认证等多项标准认证。

为响应国家节约能源、开发新型环保能源的政策，投入巨资设立了佛山市 UPS 电源与新能源工程技术研究开发中心。拥有 60 多位开发人员，同时与科研院校进行合作，通过技术创新、开发新产品，产品达到国际先进水平，保证了公司产品的先进性和市场竞争力。

37. 佛山市众盈电子有限公司

地址： 广东省佛山市禅城区张槎一路125号北区2座
邮编： 528000
电话： 0757-82962331
传真： 0757-82021699
网址： www. svcpower. com. cn
简介：

我司建立于2002年，经过十年的默默耕耘，目前已经发展成为一家集设计研发、生产及销售为一体的综合性企业，产品远销海内外。

公司总部坐落于佛山市民营科技园（张槎园），占地20000平方米，配置了多条先进的现代化生产线，引进了ICT\ATE等自动测试仪器，配备自动插件中心（AI Center）、SMT中心（SMT Center）。现有专业工程师30余人，专业生产员工300余人。我们专业从事生产不间断电源系统（UPS）、稳压电源等。SVC是我司已注册并热销各地的品牌。

在这里总有一些凡事严格苛刻的完美主义者，他们是真正令人尊敬的专家。所以无论是大项目的科技攻关，还是小小的细微差异，他们都会全力以赴，务求出品精良，尽善尽美。

我们在积极推广自身品牌的同时，也为客人提供优质的OEM服务。我们为客人提供高质量的产品和极具竞争力的价格。实事求是、始终以顾客为关注焦点是我们不变的出发点。因此，我们赢得了客人的信任和持续的订单。

38. 广东创电科技有限公司

CHADI®
创电电源

地址： 广东省佛山市南海区桂城街道深海路17号瀚天科技城A区2号门4楼
邮编： 528200
电话： 0757-85133800
传真： 0757-85133800
邮箱： lzq301@ vip. 163. com
网址： www. chadi. com. cn
简介：

广东创电科技有限公司是国内较早从事电源系统设备研制和工程服务的专业厂家，公司创办于1997年（前身是广东创电电源有限公司），主营项目包括不间断电源（UPS）、应急电源（EPS）、配电系统、地铁信号交直流系统、工业、国防、电力系统用UPS、电源监控产品及LED新光源智能驱动电源等，并根据客户要求订制特殊电源产品。公司秉承用户至上、不断提供高品质产品和完善的售后服务的经营宗旨，于1999年全面通过了德国TüV ISO 9001质量管理体系认证，多年来已为全国各大领域的电源系统用户提供各类大功率电源设备。目前公司产品用户已遍布全国各地，主要用户包括地铁、空军、二炮、海军、油田、公安、金融、电信、邮政、广电、医疗等各大领域，在国外已开拓了印度、德国、黎巴嫩、南非、巴西、委内瑞拉等国市场。公司多年来一直与华南理工大学进行科研项目合作技术开发，已成功开发出多项目前国内最先进的电源技术及产品，并不断加强在新光源、新能源领域的研发合作。创电公司已获颁“国家高新技术企业”、“广东省民营科技企业”、“佛山市南海区雄鹰计划重点扶持企业”等荣誉称号。

39. 广州成启半导体有限公司

HOMSEMI
SEMICONDUCTOR

地址： 广东省广州市萝岗区科学城彩频路7号之一D栋102B
邮编： 518000
电话： 020-32069463
传真： 020-32069465
网址： www. homsemi. com
简介：

HOMSEMI半导体创立于2006年，是研发、生产功率场效应晶体管和IGBT的高新科技企业。公司在成立之初，从国外引进国际最先进的MOSFET工艺制程技术，成为国内最先进的MOSFET厂商之一。得益于政府对半导体产业的关怀和支持，我公司发展迅速，目前已通过合资或合作的形式在中国大陆和台湾地区设有多个封装测试基地和芯片制造基地，并在广州科学城设立了应用实验室和物流中心。

在发展的过程中，我们建立了高素质的晶圆设计、工艺开发、封装测试、品质控制技术团队，封测基地拥有先进的生产设备和生产管理体系，并率先通过了ISO 9001质量管理体系、TS16949质量管理体系和ISO14001环境管理体系认证。公司崇尚：创新、平等、诚信、互助，并导入学习型组织企业文化建设，建立了高质、高效的管理运作团队。

2008年，为适应中国对功率半导体不断增长的需求，HOMSEMI半导体与广州成启半导体有限公司结成合作联盟，在广州市科学城成立了应用实验室和物流中心，建立了完备的电源产品实验环境，为客户提供完整的产品应用方案、产品可靠性测试及产品失效分析。处于第一线的应用工程师能把客户的需求直接反映到芯片的设计工作上，使我们能生产出其他公司难以模仿的，真正为客户创造价值的产品。

2010年，HOMSEMI TRENCH（沟槽工艺）MOSFET工艺制程投入使用，技术达到国际领先水平。

2011年，HOMSEMI 1200V系列IGBT投产，成为大中华区最先投产IGBT的厂商之一。

今天，HOMSEMI的MOSFET和IGBT产品已经在电源、汽车照明、UPS、电动机驱动等领域广泛应用，HOMSEMI良好的信誉和稳定的质量得到客户的广泛认同。

我们的使命：深入了解客户的应用需求，提供最适合的产品。做最贴近客户应用需求的功率半导体供应商，与客户双赢互惠，共同发展。

40. 广州金升阳科技有限公司

MORNSUN®

地址：广东省广州市萝岗区科学城科学大道科汇发展中心科汇一街5号
邮编：510663
电话：020-38601850
传真：020-38601272
邮箱：market@ mornsun. cn
网址：www. mornsun. cn
简介：

广州金升阳科技有限公司，成立于1998年7月。作为首批国家级高新技术企业，本着敢为人先的精神，历经15年的发展，公司注册资金达到3000万元，厂房面积14000平方米，拥有百余项专利，员工1000余人。成为国内集生产、研发和销售为一体的规模最大、品种最全的工业模块电源的制造商之一。

金升阳人以稳健和踏实的经营作风，坚韧不拔、不屈不挠的开拓精神，图创百年企业之大策。矢志于磁电隔离技术和产品的研究与应用，创造了高品质的AC-DC、DC-DC、隔离变送器、IGBT驱动器、LED驱动器等系列产品，其中多个产品系列已经顺利通过了UL、CE、EN60601-1、UL60601-1、[Exia] IIC等认证。与此同时金升阳公司在行业内率先通过了ISO 9001：2008质量管理体系认证、TS16949汽车行业质量管理体系认证、ISO14001环境管理体系认证、OHSAS18001职业健康安全管理体系认证。

广州金升阳科技有限公司先后获得广州市“市级企业技术中心”认定，并通过市级“市级工程技术研发中心”立项，上榜福布斯2012中国最具潜力非上市公司100强榜单，AC-DC电源模块获自主创新奖和TOP-10电源产品奖（国内唯一）。2002年金升阳产品开始远销世界各地，目前已经建立了全球营销网络，并获得了包括GE、SIEMENS、Honeywell、艾默生等在内的众多行业领袖企业的赞誉。

41. 杭州池阳电子有限公司

地址：浙江省杭州市萧山国家经济开发区鸿发路312号
邮编：311231
电话：0571-22868370
传真：0571-22868308
邮箱：amberwang@ acepower. com. cn
网址：www. acepower. com. cn
简介：

杭州池阳电子有限公司创建于1997年12月。目前占地面积约8200平方米，拥有总资产约8000万人民币，员工人数800人。

为了满足公司生产需要，于2010年在浙江省嘉兴桐乡经济开发区购买了约42100平方米土地，总投资额2500万USD，2011年5月动工建设，2012年12月建设完成，于2013年4月正式投产。

本公司专业开发、生产和销售电源适配器、LED驱动电源、电暖产品等电子产品，广泛应用于各种通信设备、医疗设备、健身器材、工业控制及照明领域。

公司理念：
以人为本，激发潜能
强调主观能动性和团队合作
强调管理文化和执行文化创新
质量为本，顾客至上
以质量求生存，以服务立信誉
以管理增效益，以创新造辉煌

42. 基美电子（苏州）有限公司

地址：江苏省苏州市工业园区阳浦路99号
邮编：215024
电话：0512-88163388
传真：0512-88163188
网址：www. kemet. com
简介：

KEMET是全球最知名的电容器生产商之一，在无源电子技术领域占有全球领导地位。公司总部坐落于美国南卡罗纳州格林维尔市，并在美国、中国、墨西哥、德国、保加利亚等10个国家拥有23个生产工厂，并拥有遍布全球的销售和分销网络。

KEMET公司拥有完善的电容器产品线，产品涵盖二氧化锰钽、有机钽、陶瓷、铝电解、有机铝、薄膜、纸介质等各种类型电容，年产量达数百亿颗。KEMET电容被广泛运用于各种电子产品领域，包括计算机、电信、汽车、军事、航空航天、医疗、照明、工业/仪表和各消费类产品。无论是第一颗通讯卫星、海盗号探测器、阿波罗登月飞船、爱国者导弹、和平号空间站，还是火星探路者号探头、旅居者号火星车中都能见到KEMET高可靠性电容的身影。

43. 江苏宏微科技股份有限公司

Power for the Better

地址：江苏省常州市新北区华山中路18号三晶科技园
邮编：213022
电话：0519-85166088
传真：0519-85162291
网址：www. macmicst. com
简介：

江苏宏微科技股份有限公司是由一批长期在国内外从

事电力电子产品研发和生产，具有多种专项技术的科技专家组建的高科技企业，企业的宗旨是自主创新，设计、研发、生产国际一流的 IGBT、FRD、VDMOS 分立器件及其模块，打造民族品牌，成为提供绿色高效节能电子产品和电力电子系统解决方案的专家。

公司被认定为国家高新技术企业、国家高新技术产业化基地，企业院士工作站、国家 IGBT 和 FRD 标准起草单位之一，承担多项国家项目、2 项省级项目，已获得 8 项国家发明专利、6 项实用新型专利。

公司自主研发生产的 FRED、VDMOS、IGBT 等电力半导体器件及模块多项填补国内空白，广泛应用于电焊机、变频器、UPS、逆变电源、电动汽车等行业，并出口欧洲、美国、韩国和东南亚等国家；公司自主研制的具有国内首创、国际领先的动态节能电源在广东、广西、江苏和上海等地的城市道路、超市、工厂和办公楼宇照明中应用，节电率均达到 30% 以上。由于在新型电力电子技术方面取得的卓越成绩，公司得到了温家宝总理的殷切寄语“大胆创新、不怕失败、超越前进”。

44. 洛阳隆盛科技有限责任公司

隆盛科技
ROSEN
ROSEN TECHNOLOGY

地址：河南省洛阳市凯旋西路 25 号
邮编：471009
电话：0379-63327696
传真：0379-63917137
邮箱：rosen. rosen@ 163. com
网址：www. rosen-tech. com

简介：

洛阳隆盛科技有限责任公司成立于 1996 年 4 月，总部位于牡丹花城——洛阳，直属于中航工业第六一三研究所。公司专业从事各类电源产品的设计、开发、生产和服务，并代理销售 Vicor、GAIA、COSEL 等世界著名品牌的电源模块。

公司自主设计开发的“Rosen”军用模块化电源和“Vcan”工业用模块化电源系列品牌，可靠性高、体积小、重量轻、效率高，并具有多种保护功能，能满足各种环境要求。产品已达到世界先进水平，性能处于行业领先地位。目前，面向航空航天、舰船雷达、指挥通信、军用车载及地面控制等军用领域和高端的工控、铁路、电力、通信等工业领域，公司已累计向国内二百多家用户提供了数万余台套电源产品，承担并完成多项国防及民生重点工程型号的电源研发生产任务，由于性能卓越、质量稳定，获得广大客户和业内的肯定和认同，被誉为“身边的模块化电源专家”。

公司拥有大型的生产、研发基地和试验检验中心；集聚了设计经验丰富的电源专家和专业技术高超的工程技术人员；配备了包括全自动电源测试系统在内的精良先进的测试仪器；配备了全套的电源加工生产和各种环境筛选试验设备。公司通过了 GJB9001B 质量管理体系认证，拥有完善的质量管理体系，被中国电源学会评为“理事单位”，中国电子商会评为“中国电源行业诚信单位”。作为美国 Vicor 公司授予的“中国地区经销商”和“产品应用开发中心”，公司还不断地为用户提供着最优秀的电源解决方案和强大的技术支援。在北京、上海、南京、西安、成都、武汉等地，公司都设有专门的销售和服务机构，建立了完整的服务保障体系。

每个隆盛人都遵循着“致力先进的技术和产品，创造用户的成功和机会”的经营理念，发扬“诚信守法、团结奉献、激情进取、创新超越”的企业精神，用军工技术打造优质电源，以可靠质量赢得用户信赖，不遗余力的为国内外客户提供一流的产品和服务！

隆盛电源服务热线：400-0379-613

45. 宁夏银利电器制造有限公司

地址：宁夏银川市经济开发区光明路 45 号
邮编：750021
电话：0951-5045200 5041081
传真：0951-5019240
邮箱：sales@ yinli. com. cn
网址：www. yinli. com. cn

简介：

宁夏银利电器制造有限公司成立于 1992 年，现位于银川国家级经济开发区，注册资本 2000 万元，占地面积 2 万多平方米，员工人数 226 人，是国家级高新技术企业。公司已全面建立健全了科学完善的综合管理 QES 体系，并于 2012 年取得了轨道交通国际质量 IRIS 认证。

公司拥有国家专利 16 项；拥有多台全套先进的变压器、电感的生产和检测设备；拥有线绕、箔绕和 VPI 真空压力浸漆等先进的专业生产设备，拥有雄厚的技术研发基础及强大的科学生产能力，拥有具备国家级权威检验认可资质的“国家联合地方工程实验室”。

公司自主研发设计生产的产品品种丰富、系列健全，涵盖面广。自 1999 年起，公司涉足于轨道交通、新能源、电能质量、航天航空、船电等行业，并在技术条件要求苛刻的新兴工业环境中不断地取得经验、获得成果、赢得声誉。为国内外诸多客户提供质量保障的产品，及时完善的售后服务。

46. 赛尔康技术（深圳）有限公司

Salcomp

地址：广东省深圳市宝安区沙井镇芙蓉工业区赛尔康大道
邮编：518125
电话：0755-27255111
传真：0755-27255255
邮箱：yh. liew@ salcomp. com
网址：www. salcomp. com

简介：

赛尔康技术（深圳）有限公司是一家芬兰独资企业。赛尔康成立于1975年，公司总部位于芬兰。赛尔康在全球各地设有销售中心，在芬兰、深圳和台北设有研发中心，在中国、巴西和印度设有生产基地。

赛尔康致力于开发和提供最具创新和绿色环保的手机电源适配器产品及其他电源方案。经过30多年的发展，赛尔康在全球手机电源适配器行业已处于世界领先地位，公司年度总业绩达到4亿美元，主要客户涵盖了排名世界前列的手机制造商。赛尔康自主研发的产品亦适用于无绳电话、蓝牙耳机、路由器、POS机、平板电脑、数码相框等。

赛尔康技术（深圳）有限公司位于深圳市宝安区沙井芙蓉工业区，是深圳市评定的“高新技术企业”和“工业百强企业”，同时赛尔康深圳的研发中心是深圳市评定的“企业技术中心”。赛尔康深圳现有4500多名员工，主要从事销售、研发和制造工作。

47. 三科电器集团有限公司

SAKO三科®

地址：浙江省乐清市经济开发区纬十一路258号三科科技园

邮编：325600

电话：0577-62666888　62666030

传真：0577-62666018

邮箱：sako@ sako. cn

网址：www. sako. cn

简介：

三科集团坐落于浙江省乐清经济开发区三科科技园，是一家现代化的专业电源制造商，创办于1997年。目前已拥有深圳、杭州、温州三大制造基地，专业研发、制造、销售、服务UPS、EPS、开关电源、LED电源、变频器、稳压电源等系列电源产品，销售网点遍及全国100多个城市、全球30多个国家和地区，是国家级高新技术企业、中国电源学会理事单位、浙江省电源学会理事单位。

三科集团先后通过了ISO 9001质量管理体系、ISO14001环境管理体系、OHSMS28001职业健康安全管理体系等国际标准管理体系认证，主要产品取得了3C产品认证、CQC产品认证、CE认证、ROHS认证等，公司始终坚持自主研发的创新之路，目前已荣获50多项国家专利。

面对经济全球化的浪潮，三科集团正紧紧围绕着“专业营销、专业研发、专业制造”的经营战略，坚定地朝着“打造全球知名电源品牌”的宏伟目标迈进。

48. 陕西柯蓝电子有限公司

CRIANE 柯蓝电子

地址：陕西省西安市高新区草堂科技产业基地秦岭大道西2号科技企业加速器11号楼3C

邮编：710304

电话：029-65659350

传真：029-87669428

邮箱：criane@ criane. com

网址：www. criane. com

简介：

陕西柯蓝电子有限公司一家集产品开发、生产、销售及技术支持服务为一体、专注于为各类电源设备以及电力高压试验及特性测试提供高可用性的产品和维护管理方案的专业化公司。

公司产品功能涉及大功率柴油发电机组、大功率UPS及逆变器的检测；蓄电池的充电、放电、检测、活化及接地电阻的测试与维护等；电能质量分析仪、谐波测试仪、设备能效测试仪等节能检测产品；电力高压试验及特性测试仪表主要包括直流电阻测试类检测仪，变压器类检测仪，绝缘电阻类检测仪，高压开关类检测仪，继电保护类检测仪，电缆、互感器、避雷器、电容器类测试仪，高压试验设备类检测仪，油化类测试仪等产品。

柯蓝电子产品已经在全国各电信运营商、电力系统、通信专网、铁路系统、船舶制造、石油煤炭、金融系统、交通系统、公安系统及大型工矿企业等行业领域广泛应用。

49. 深圳古瑞瓦特新能源有限公司

Growatt powering tomorrow

地址：广东省深圳市宝安西乡街道西成工业区12栋B栋三层西

邮编：518000

电话：0755-27472287

传真：0755-27472131

邮箱：info@ ginverter. com

网址：www. ginverter. com

简介：

古瑞瓦特新能源（growatt）有限公司是以“技术创新”著称的全球专业光伏逆变器生产供应商。公司产品囊括1kW～1MW全系列光伏逆变器，产品经国际权威机构认证，逆变效率最高达98%，属世界领先水平。

2011年古瑞瓦特新能源以巨大优势荣膺国内同行业出口榜首，从成立到成长为国际市场的领军企业仅用了18个月的时间。目前，公司已经成为澳大利亚最大的逆变器供应商、唯一在美洲大批量安装并得到认可的中国光伏逆变器厂商（安装超过5000个屋顶），也是中国出口欧洲排名第一的逆变器厂商。

50. 深圳麦格米特电气股份有限公司

MEGMEET

地址：广东省深圳市南山区科技园北区朗山路紫光信息港5楼

邮编：518057

电话：0755-86600500

传真：0755-86600999

邮箱：frank. dai@ megmeet. com
网址：www. megmeet. com
简介：

深圳麦格米特电气股份有限公司成立于2003年，注册资本金1.33亿，是中国定制电源、电机驱动变频器和PLC的领导品牌制造商之一。麦格米特致力于电力电子技术及相关控制技术平台的建立，为客户提供核心部件及全面解决方案。

麦格米特全球分支机构：

中国深圳：深圳麦格米特电气股份有限公司
　　　　　深圳市麦格米特驱动技术有限公司
上海：麦格米特应用技术（上海）有限公司
株洲：株洲麦格米特电气有限责任公司
香港：Fesicu Hong Kong Limited
美国加州硅谷：MEGMEET USA INC.

同时在中国深圳建有以下资源：

◆ 国际一流公司的管理团队

◆ 业界最高水平的260多位工程师的研发团队。

◆ 13，000多平米先进制造中心，月产100余万件产品的产能。

◆ 投资四千万多万建立的完整电力电子产品测试及技术评估平台。

◆ 超过60项电力电子技术专利。

◆ 在全球拥有500多家客户，有1500多万件产品被不同用户使用，应用领域涵盖铁道、交通、电力、风能、通信、计算机、医疗、军工、汽车、工业自动化及平板显示技术。

51. 深圳桑达国际电源科技有限公司

地址：广东省深圳市南山区科技园桑达科技大厦11层
邮编：518057
电话：0755-86316375
传真：0755-86316446
邮箱：luximei@ sed-ipd. com
网址：www. sed-ipd. com
简介：

深圳桑达国际电源科技有限公司，是由POWER-ONE和深圳市桑达实业股份有限公司共同组建，于1995年注册成立的合资企业，坐落于广东深圳市南山区科技园。公司主要从事LED驱动电源、BMS及锂电池后备电源、BMS检测仪、光伏控制器、便携式发电系统、家用光伏发电系统、光伏并网逆变器等产品的研发、生产、销售及相应专业服务。公司已通过国家高新技术企业认定，获得ISO 9001质量管理体系认证、ISO14000环境管理体系认证和OHSAS18000职业健康安全管理体系，是深圳市高新技术产业协会副会长单位、深圳外商投资协会副会长单位、2011～2012年度全国外商投资双优企业、深圳市LED产业标准联盟标准制定单位之一、“LED路灯驱动电源通用技术要求”标准制定主导单位、中国电源学会理事单位，是开关电源应用行业和可再生能源发电设备行业中的知名企业。

52. 深圳市铂科磁材有限公司

地址：广东省深圳市南山区高新技术产业园郎山路28号2栋3楼
邮编：518000
电话：0755-81478742
传真：0755-29574277
邮箱：sales@ pocomagnetic. com
网址：www. pocomagnetic. com
简介：

铂科磁材源于美国核心实验室的突破性技术，在中国历经多年研发、应用磨砺。完成全系列金属磁粉心产品。

产品特点：

■ 完全使用无机物粘结，不存在老化、安全稳定；

■ 无噪声；

■ 个性化服务：可根据客户需要针对产品形状、性能做定制服务。特别是效能提升的改善。

53. 深圳市金威源科技股份有限公司

地址：广东省深圳市宝安区新安街道68区留仙二路
邮编：518101
电话：0755-83433146
传真：0755-29799837
邮箱：chenrong@ gold-power. com
网址：www. gold-power. com
简介：

金威源，全球领先的电源解决方案服务商。具有高度自主知识产权的高科技信息核心骨干企业，集产品研发生产及销售为一体，拥有世界领先的产品研发平台、可靠性测试平台和现代化自动生产制造平台。针对通信、太阳能绿色环保、汽车应用电子和新能源领域形成了六大核心产品系列，标准通信电源、远供电源、高压直流电源、太阳能光伏、LED电源、汽车充电控制电源，产品广泛应用于通信、电力电子、自动化控制、铁路、军工、医疗、LED、太阳能发电和汽车充电控制系统。客户已遍布欧美、日本、印度、中东、巴西、非洲等国家和地区。

凭着快捷、创新、卓越，为用户增值的经营理念，为全球用户提供完善的电源解决方案。已成为，中国移动、中国电信、中国联通、Indonesia PT. TELKOM、India Reliance、华为、中兴、京瓷、阿朗、大唐电信、国内外著名企业的优选服务商。

我们为客户在特定领域或行业提供创新性、个性化的解决方案和产品服务，快速的、准确地为您提供产品技术支持，提供全方位、多元化的解决方案，高效全面的解决用户需求。

54. 深圳市京泉华科技股份有限公司

地址：广东省深圳市宝安区观澜街道库坑新圩龙工业区1号京泉华工业园

邮编：518110

电话：0755-27040111

传真：0755-27040555

邮箱：everrise@ everrise. net

网址：www. jqh. cc

简介：

深圳市京泉华电子有限公司（JQH）成立于1996年，专业设计、生产各类开关电源适配器、电源适配器、三相变压器、高（低）频电源变压器、背光源逆变器、平板变压器、SMD变压器、SMD电感、网络变压器和其他相关电子产品。

公司在2002年和2005年获得了符合国际惯例的ISO 9001：2000版质量管理体系认证及ISO14001：2004环境管理体系认证，主要产品通过了UL、CUL、TUV、CE、VDE、CSA、CCC、FCC、CQC、EK、PSE等认证。产品广泛应用于电信设施、计算机、网络设备、电子仪表和测试设备、电视机、空调设备、音像系统、微波炉、显示器、节能灯、电磁炉、电熨斗等商业及个人领域，公司拥有独立的研发能力，可根据客户要求进行设计定型。

公司以质量第一、顾客至上、科学管理、争创一流为方针，积极拓展国内外市场，不断开发、引用现代化的技术和设备，提高产品竞争力。

京泉华诚挚期待与新老客户在长期的合作中互惠互利、携手共创美好明天！

55. 深圳市晶福源电子技术有限公司

地址：广东省深圳市南山区西丽南岗第二工业区第十二栋5楼

邮编：518055

电话：0755-26632536

传真：0755-26505986

邮箱：support@ jfy-tech. com

网址：www. jfy-tech. com

简介：

深圳市晶福源电子技术有限公司是一家专业致力于太阳能和风能逆变器、DC/DC电源模块、DC/AC铃流模块、AC/DC开关电源产品的研发、生产、销售为一体的高科技民营企业，拥有来自国际知名企业的一流的研发团队。公司位于深圳市南山区，成立于2003年5月，并于2004年9月成功通过了UCS的ISO 9001：2000质量管理体系认证，并在2009年升级到ISO 9001：2008。

晶福源努力给市场带来全方位的太阳能、风能及电源解决方案，目前主要的产品有2～30kW太阳能/风能逆变器、3～700W的DC-DC电源模块、3～75W铃流模块和3～500W的AC-DC开关电源，目前还根据客户需求提供定制化电源产品。产品广泛应用于新能源发电、通信、工业自动化控制、军工、车载、安防、电器消费品等领域。现已成为多家大型太阳能系统安装商、通信设备制造商的合格供应商，产品受到客户的一致好评。

公司从2003年成立，发展势头迅猛，几乎每年销售额增长都在100%以上，目前有8000多平方米的厂房，电源类产品月发货超过10万片。通信电源目前主要的客户有武汉烽火通信科技股份有限公司、中兴通信、国人通信等。

公司以“追求卓越、超越自我”为宗旨，致力于“广纳人才、培养技能、全面造就、共同发展”的人本文化建设，大力倡导“创新、务实、敬业、诚信、互助”的从业精神，为客户提供高品质、高附加值、低价格的产品和服务。

56. 深圳市联运达电子有限公司

地址：广东省深圳市宝安西乡西成工业城茂成大楼东段六楼

邮编：518102

电话：0755-27825520

传真：0755-27826541

邮箱：sandy _ q9018@ 188. com

网址：www. sz-lyd. com

简介：

联运达（香港）实业股份有限公司——深圳市联运达电子有限公司是一家专业生产开关电源、LED防水电源、电源适配器、充电器的厂家，目前以12～360W大小功率的产品在电源行业里技术及认证均处于领先水平，一流的技术，热情的服务，强大的研发实力与生产高效能力将是您理想的选择，公司LOGO（POADAPTOR）即英文POWER ADAPTOR缩写，具有独立的研发、生产及销售机构，公司的产品规格繁多且外形优美。公司产品设计时严格按照安规标准：EN 61347、EN55015、IEC950、60335、61558、EN60335、61558、UL1950、1310、1012，产品由3～150W（电压由3～48V，电流由0.3～10A）共400种型号全系列通过美国UL，加拿大cUL、CSA，欧洲TUV/GS、CE，英国BS，澳大利亚SAA、C-Tick，韩国EK，日本PSE，以及ROHS、FCC、LVD、EMC、CEC、MEPS、ERP、CB等认证。

联运达电源涵盖所有大中、小功率AC、DC电源适配器，特种电源和各类电池充电器，公司秉着“科技以人为本”的理念。“质量是生命”的原则，按照ISO 9001—2000

版的标准建立了从进料、生产到销售等一套完善的品质保证体系。

联运达电源已广泛应用于：案液晶显视器、LCDTV、DVR监控、DVB、监控系统、电子冰箱、电动车充电、小型家电、医疗器械、工业装备、LED照明、视听影相、按摩美容、数码通信等；用户遍及美国、加拿大、韩国、日本、澳大利亚、欧洲各地及中国大陆，及时满足客户的不同需求，此外公司能根据客户的需求定做各种电源，联运达实业热忱欢迎您的光临和洽谈。

57. 深圳市锐骏半导体有限公司

Ruichips®

地址：广东省深圳市福田区下梅林梅华路207号安通大厦东座5楼

邮编：518049

电话：0755-82907976

传真：0755-83114278

邮箱：sales@ ruichips. com

网址：www. ruichips. com

简介：

锐骏半导体总部坐落于中国第一个经济特区深圳，公司位于深圳中心区，专业从事MOSFET等分立器件系列的设计及半导体微电子相关产品研发的高科技企业。公司是由海归精英、市场营销专家共同出资创办，有多位高级研发人员曾任职于行业知名半导体企业及上市公司。

我们致力于打造世界上一流的设计、应用和销售为一体，拥有自主知识产权的中国民族品牌！锐骏半导体特别专注于大功率大电流MOSFET分立器件，自从我们2009年后，锐骏半导体已迅速成为大功率大电流MOSFET解决方案的国内领先供应商之一，可为客户提供相关应用最完整的解决方案，最优质的服务。

我们已经实现了这个目标，提供一个具有成本效益的新一代大功率大电流MOSFET，同时也为客户提供定制的系统设计。依托于持之以恒的研发投入，锐骏半导体一直在稳定、持续、快速的发展，为客户提供优质、创新、低成本的集成电路产品和应用系统。

58. 深圳市中电熊猫展盛科技有限公司

www.jensin.cn

地址：广东省深圳市南山区西丽镇红花岭第二工业区3栋3、4楼

邮编：518055

电话：0755-86238746　86238876

传真：0755-86238829

邮箱：eng@ jensin. cn

网址：www. jensin. cn

简介：

公司成立于1996年，集研发、生产、销售于一体的高科技企业，有厂房面积5000平米，生产设备精良，工艺技术处于同行领先水平，具备严格的质量管理体系和丰富的制造经验。

公司拥有多名高级工程师和专业技术人员，员工总数两百多人，月产量20～30万台，严格按ISO 9001：2008国际标准进行生产管理和质量控制，产品通过CCC、UL、CE、VDE、PSE、DEWKO、TUV等认证。

公司着力开发、生产各种开关电源，广泛用于通信行业，LED照明，办公设备，电力电源，军工产品等领域。

以良好的信誉、优质的服务赢得用户的信赖，与国内外各界企业合作，共同创造美好未来！

59. 四川长虹欣锐科技有限公司

CHANGHONG长虹

地址：四川省绵阳市高新区绵兴东路35号

邮编：621000

电话：0816-2417231

传真：0816-2417198

邮箱：sinew. sales@ changhong. com

网址：www. changhong-sinew. com

简介：

四川长虹欣锐科技有限公司始建于2007年6月，属四川长虹集团旗下控股子公司。公司主要从事平板电视电源、适配器、商用电源、工业电源、军品电源、汽车电子、相关新能源产品的研发、生产、销售和服务。公司位于广元市经济技术开发区长虹工业园内，占地20万平方米，目前拥有电源生产线16条，年生产能力600万台（套）。

公司先后与日本Sanken、Renesas，美国Fairchild、On semi、Microsemi和四川大学等企业和高校建立了长期技术合作关系，并与Fairchild、On semi和Sanken公司建立了联合实验室。截止目前，公司拥有国家专利16项。凭借强大的综合实力，公司通过ISO 9001、ISO14001体系认证，被授予国家高新技术企业、四川省企业技术中心和四川省知识产权试点企业等称号。

秉承“专业、专注、专心”的经营理念，公司以市场为导向，以客户为中心，抓住机遇、锐意进取，致力于打造具有中国影响力的电源产品供应商与服务商。

60. 太仓电威光电有限公司

地址：江苏省太仓市城厢镇新毛区新港西路66号

邮编：215414

电话：0512-82775558

传真：0512-82776898

邮箱：hr@ powerepe. com

网址：www. powerepe. com

简介：

本公司于1999年台北成立，专业从事各类电子式安定器研发与生产，为应市场需求并于2000年在江苏省太仓市设立公司，本着“专业研发、专业生产、共享生产、创造双赢”发展策略，全方位满足客户之需求，提供客户最完美之服务与产品质量。公司占地面积21，700平方米。

公司主要产品：车用HID电子式镇流器、移动式HID光源、小功率HID电子式镇流器、各类电子式开关电源产品、金卤灯舞台灯专用HID电子式镇流器、投影光源用UHP电子式镇流器、陶瓷金卤灯电子式镇流器、LED用电子式驱动器。

61. 无锡新洁能股份有限公司

地址：江苏省无锡市高浪东路999号B1号楼2层

邮编：214131

电话：0510-85622825

传真：0510-85627839

邮箱：zhuyz@ ncepower. com

网址：www. ncepower. com

简介：

无锡新洁能股份有限公司（NCE Power Semiconductor）是中国现代大功率半导体器件的领航设计企业，专业从事各种大功率半导体器件与功率集成器件设计、生产和销售。目标成为全球最具价值的功率半导体器件与服务提供商。与华虹-NEC及长电科技的紧密协作，新洁能是中国第一家研发并上量成功大功率-超结-MOSFET的设计企业；此外，各种大功率Trench-MOSFET、1200V IGBT产品处于热销中，客户包括多家世界品牌公司。

公司把产品质量视为企业的生命；产品性能与可靠性超越同行，产品应用偏向高端。注重公司品牌和信誉。立足自主创新，拥有自主知识产权和“新功率”“NCE Power”产品品牌，在全球已取得几十项发明专利。

公司以诚信对待，忠诚服务一路相伴走来的所有客户和合作者，致力于建立合作共赢的长期协作关系。

62. 西安龙腾新能源科技发展有限公司

地址：陕西省西安市经开区凤城十路出口加工区

邮编：710021

电话：029-86658666

传真：029-86658666-5555

邮箱：info@ lonten. cc

网址：www. lonten. cc

简介：

西安龙腾新能源科技发展有限公司是一家致力于光伏逆变器、新型功率半导体器件与高性能电源的研发、生产、销售及服务的高新技术企业。

公司位于西安出口加工区，由一批在太阳能光伏、电力电子、半导体等相关行业的资深从业人员创立。管理团队由具备国际化视野及上市公司管理背景的专业化人员组成。公司将技术创新视为企业发展的核心竞争力，建有国内一流水准的研发中心及试验室。

公司推出的光伏逆变器产品具有多项核心技术专利，先进的功率变换及数字控制技术，简约现代的工业造型设计，人性化的操作界面，严格的质控体系，使得系列产品具有强大的市场竞争实力。公司推出的高压超结场效应管晶体管（Super Junction MOSFET）系列产品具有高能效、高可靠性及高性价比的优点，已在PC及服务器电源、LED照明系统、HID照明系统、充电器等多个领域得到应用。

公司的长期发展目标是成为全球光伏并网逆变器市场主要厂商及功率半导体器件重要供应商。

63. 厦门埃尔华进出口有限公司

地址：福建省厦门市湖滨南路51号名官大厦20楼B座

邮编：361004

电话：0592-2237175　2237176

传真：0592-2237170

邮箱：kschoi@ almar. com. hk

网址：www. almar. com. cn

简介：

埃尔华企业有限公司

香港总公司（www. almar. com. cn）

地址：香港荃湾白田霸街23-39长丰工业大厦20楼9室

电话：+852-24153289

传真：+852-24136600

邮箱：nike@ almar. com. hk（王先生）/mp@ almar. com. hk（潘先生）

埃尔华企业有限公司成立于1987年，在1990年埃尔华企业有限公司被日本RUBYCON公司任命为中国和中国香港地区一级代理商。专业代理日本RUBYCON公司生产的红宝石铝电解电容器、塑料薄膜电容、PC-CON固体电容等。

埃尔华企业有限公司有二十多年扎根在电源行业经历，积累了宝贵的经经历。本公司愿做绿叶，为行业的发展助一臂之力。

64. 厦门市爱维达电子有限公司

地址：福建省厦门市海沧区霞阳路39号之二
邮编：361026
电话：0592-8105999
传真：0592-5746808
邮箱：evadaups@ evadaups. com
网址：www. evadaups. com
简介：

厦门市爱维达电子有限公司于1998年1月创立于汕头，1999年8月总部迁至厦门，成立了厦门市爱维达电子有限公司（以下简称爱维达）。爱维达是一家致力于提供全面电源解决方案及电源保护产品的设计、开发、生产、和销售的高科技公司，是科技部认定的高新技术企业、福建省电源学会常务理事单位、中国电源学会理事单位、厦门电力电器产业联盟理事单位、光电协会理事单位、中国UPS电源行业十强企业，并获得“福建省著名商标”、“厦门市著名商标”称号，还承担过多项厦门市科技计划和国家重点新产品计划等。

爱维达生产的EVADA® UPS有系列UPS（不间断电源），电力专用不间断电源，EVADA® LED驱动电源；EVADA® 直流远供电源，风能、光伏等绿色电源。产品功率容量从0.5kVA到800kVA，产品齐全。公司凭借雄厚的技术实力，优秀的产品为用户提供完整的电源解决方案，产品已广泛应用于通信、金融、电力、铁路、政府、企业等系统，用户遍及全国各地。

爱维达目前主要客户有中国移动、中国电信、中国联通、国家电网、南方电网、中国人寿、中国人保、中石化、国税总局、广电总局、中央政府采购及各省政府采购等。特别是三大通信运营商自2006年集中采购以来，爱维达公司以优良的品质和良好的服务，连续6年均是他们UPS首选品牌之一，也一举进入行业十强；现在国家电网、南方电网和各省级电网均是爱维达的主要客户，爱维达公司生产的电力逆变器在电力行业排在前三名；另外，爱维达公司在全国还拥有近百家经销商和产品配套商，这些经销商把许多爱维达产品销售到各行各业。

65. 英飞凌科技（中国）有限公司

地址：上海市浦东张江高科技园区松涛路647弄7-8号
邮编：201203
电话：021-61019001
传真：021-61019347
网址：www. infineon. com. cn
简介：

总部位于德国纽必堡的英飞凌科技股份公司，为现代社会的三大科技挑战领域——高能效、移动性和安全性提供半导体和系统解决方案。2012财年（截止到9月30日），公司实现销售额近40亿欧元，在全球拥有约26，700名雇员。英飞凌科技公司的业务遍及全球，在美国苗必达、亚太地区的新加坡和日本东京等地拥有分支机构。英飞凌公司目前在法兰克福股票交易所（股票代码：IFX）和美国柜台交易市场（OTCQX）International Premier（股票代号：IFNNY）挂牌上市。

66. 英飞特电子（杭州）股份有限公司

INVENTRONICS
英飞特电子

地址：浙江省杭州市滨江区六和路368号海创基地三楼北区
邮编：310053
电话：0571-56565866
传真：0571-86601139
网址：www. inventronics-co. com
简介：

英飞特电子（杭州）股份有限公司是一家致力于高效、高可靠性LED驱动器的研发、生产、销售和技术服务的国家级高新技术企业，是全球领先的LED驱动器供应商。

公司汇聚了世界一流的研发人才和管理人才，拥有省级研发中心、企业博士后工作站，并建有美国UL和德国TUV核准的国际化安规实验室。在极富创新精神的管理与研发团队的不断探索下，英飞特已具备了LED驱动器全球领航的研发实力。公司成立五年来，以平均每周申请一项专利技术的速度开发和保护核心技术，并相继承担国家科技支撑计划、国家863计划、国家创新基金、浙江省重大专项、杭州市重大专项等10余项重点科技项目。在科技创新战略和知识产权战略的保驾护航下，公司已设立世界一流企业研发中心，并与美国弗吉尼亚理工大学、浙江大学等国内外科研院所开展产学研合作，形成了多位一体的创新体系。

67. 浙江特雷斯电子科技有限公司

TRESS®
特雷斯

地址：浙江省温州市乐清柳市镇排岩头工业区
邮编：325604
电话：0577-61677775
传真：0577-62715225
邮箱：tresstech@ tresstech. cn
网址：www. tress-power. com
简介：

“特雷斯”专业从事新能源、电源领域科研、开发、生产、信息及服务一体化的高新技术企业。公司经过不懈努力，以品种全、质量高、服务优为广大客户所认可，多次获得市政府“优秀企业”、“先进企业”、“诚信民营企业”等光荣称号。

目前，公司研发的产品基本含盖了国内外最优秀的产品，它们代表了当今世界电源制造的最高水平。公司拥有海归博士后、博士领衔的研发团队组成的产品研发中心，并坚持以科技为先导与各大高校保持长期、良好的研发合作，以引进吸收国际先进技术，建立严格的质量控制体系。在上海、湖北分别建立研发设计中心。

公司以代理分销的经营方式，以多层次、多方式开展“决战终端”的战略。“特雷斯”以优良的产品品质、完善的服务体系、高效的广告策划、快捷的物流保障，赢得了越来越多的用户对“特雷斯”产品的友好、支持和信赖。

68. 中国长城计算机深圳股份有限公司

中国航天事业合作伙伴
A COOPERATIVE PARTNER OF CHINA SPACE

地址：广东省深圳市南山区科技园长城计算机大厦
邮编：518108
电话：0755-29519372
传真：0755-29519395
网址：www. greatwall. cn

简介：

长城电源事业部隶属于中国电子产业集团旗下中国长城计算机深圳股份有限公司，自1989年开始从事开关电源的生产，具有24年的电源开发设计经验。全系列产品通过CCC认证，并在国内电源行业中率先通过了ISO 9001质量体系认证，荣获首张中国节能证书，是国内最大的电源供应商之一，各类计算机电源年产能1500万台，同时长城电源也是中国电源国家标准的主要起草单位之一。长城电源凭借优良的产品质量、贴心的服务深受广大消费者的青睐，牢牢占据国内近38%的市场份额，多年来一直稳居国内电源第一品牌。2008年，长城电源凭借其强大的实力被认定为中国航天专用产品，其产品已被长城、宏碁、浪潮、曙光、清华同方、清华紫光、海尔、神舟、联想、ECS等国内外著名品牌计算机所选用，产品远销欧美、日韩等国家和地区。

长城电源大事记：

1989年　率先从事电源的研发生产，开创中国电脑电源产业

1993年　成为联想、浪潮、长城等国产品牌电脑的OEM合作厂商

1996年　长城电源事业部成立

1997年　母公司中国长城计算机深圳股份有限公司在深交所A股上市

1998年　在电源行业率先通过ISO 9001国际质量标准认证

1999年　率先倡导长城安全认证，引领国内电源行业进入安全时代

2000年　成为国内DIY市场电脑电源领导品牌，国内市场占有率第一

2002年　长城电源事业部迁入占地28万平方米的长城电脑石岩基地

2003年　率先通过中国强制安全认证，引领电源行业进入CCC时代

2006年　长寿将军在国内率先通过MTBF65000小时权威测试

2006年　获得国内首张节能证书，将节能环保理念引入电源行业

2007年　静音大师在国内率先通MTBF120000小时权威认证

2007年　在电源行业独家入选国家《节能产品政府采购清单》

2008年　长城电源正式启用新标志，成为中国航天专用小品

2009年　被评为节能工作先进单位，发布节电王80PLUS系列产品，引领行业进入节能时代。

2010年　发布低碳战略，全线产品导入RoHS制造工艺，倡导绿色环保制造

2012年　发布服务器电源战略，打破国外对服务器电源的垄断，填补国内空白。

会员单位

广东省

69. TÜV南德意志集团

地址：广东省深圳市福田区福强路4001号深圳文化创意园H馆6楼
邮编：518048
电话：0755-33323274
传真：0755-82709993
邮箱：esther. yao@ tuv-sud. cn
网址：www. tuv-sud. cn

简介：

140多年前诞生于德国，TÜV南德意志集团是业内领先的技术服务公司，为您提供资讯、检验、测试、专家指导、认证和培训服务。17，000多名员工遍及全球800多个办事处，着力为您提供技术、体系和实际运作中的优化服务。

TÜV南德意志集团大中华区的总部设在上海，其主要分公司分布在北京、广州、香港和台北，以及超过40个贯

穿整个区域的分支机构及办事处。2012 年，TÜV 南德意志集团大中华区拥有约 3，000 名专注于各个领域的专家和训练有素的工作人员。到目前为止，TÜV 南德意志集团大中华区已与约 20，000 家公司有过合作，包括政府机构、中小型企业和跨国公司。

70. 创意银河电机（深圳）有限公司

地址：广东省深圳市龙华镇东环二路油松第十工业区慧华园

邮编：518109

电话：0755-29781299

传真：0755-29781400

邮箱：rd07@ cgesz. com

网址：www. cgesz. com

简介：

创意银河电机（深圳）有限公司（简称 CGE）成立于 2002 年，系创意电子（香港）有限公司下属之独资企业。目前公司拥有各类专业人才和员工 800 人左右，CGE 主要从事 LCD/LED TV 电源、LED 电源及智能型电子镇流器的设计、生产与销售。

公司多年来一直与香港大学进行科研项目合作技术开发，并不断加强在新能源照明，汽车领域的研发合作，CGE 已获颁“深圳市高新技术企业”等荣誉称号。

CGE 拥有雄厚的研发设计及生产的能力，拥有一批优秀的研发人员及生产、检测的设备，CGE 创立十多年以来一直秉承“优质创新，服务客户”为宗旨，以“保证质量、确保交期、降低成本、持续改进”的质量方针为竞争策略，增强 CGE 的素质，不断完善 CGE，为客户提供更满意的产品和服务。CGE 拥有优秀及丰富设计经验的研发设计队伍，专业生产管理人员及销售服务人员。

71. 东莞宏强电子有限公司

地址：广东省东莞市南城区宏远路 22 号

邮编：523087

电话：0769-22414096

传真：0769-22414097

邮箱：sj _ zhang@ decon. com. cn

网址：www. decon. com. cn

简介：

自 1989 年创业以来，集团的核心业务是铝电解电容器和其配套原材料的销售。集团总部位于香港，于 1995 年在广东东莞设立了东莞宏强电子有限公司，主要经营业务是研发、制造和销售高品质铝电解电容器。其后集团又在江苏高邮设立了另一铝电解电容器生产基地，至今集团拥有月产 2 亿只各种类型铝电解电容器的生产能力。

在决定电容器性能的主要材料中，即铝电极箔的生产方面，集团位于江苏和新疆的铝箔生产公司产量位居中国大陆前列，其产品也供应其他电容器生产商，电容器材料的研发能力实现了产品的高品质与高可信，是我们的一大优势。

运用长期积累下来的技术，我们有决心一定会开发出创造时代潮流的新产品，为创造丰富多彩的未来继续作出不懈努力！

72. 东莞华兴电器有限公司

地址：广东省东莞市清溪镇三中金龙工业区

邮编：523651

电话：0769-82995698

传真：0769-82995693

邮箱：info@ wahhing. com. hk

网址：www. wahhing. com. hk

简介：

东莞华兴电器有限公司创建于 1997 年，位于中国最发达的制造业基地——广东省东莞市清溪镇，占地面积 110，000 平方米，现有员工 1，500 余人。

本公司是一家专业从事电源变压器、电源转换器、环型变压器、灌注型变压器、开关电源和充电器等产品，自主研发、制造和销售的大型港资企业。公司在东莞、深圳、厦门和香港建有多家生产和销售基地，奉行国际化的品牌战略，客户均为世界著名电器制造商，如 CASIO、PHILIPS、SONY、iRobct、THOMSON、PANASONIC、OMRON、SAMSUNG 等。

73. 东莞立德电子有限公司

地址：广东省东莞市塘厦镇第一工业区

邮编：523710

电话：0769-87727748

传真：0769-87922625

邮箱：Hover hu@ l-e-i. com　hoverhu@ 126. com

网址：www. lei. com. tw

简介：

东莞立德电子有限公司位于东莞市塘厦镇第一工业区，公司注册资本：8000 万港元，员工总人数近 4000 人。总公司于 2002 年 12 月于台北交易所正式公开上市，全球事业处分布在 10 个不同的地点遍及 6 个国家和地区。东莞立德电子有限公司主要生产和销售变压器、整流器、充电器、电源供应器、半导体、元器件专用材料（多层线路板）、新型电子元器件（电力电子器件、电子镇流器、不间断电源）、锂离子电池、数字放声设备（激光唱机）、宽带接入网通信系统设备（网络卡）、交换设备（交换机）、高端路由器（路由器）、数字音/视频编译码设备、电子专用设备（电源供应器、电磁锁）等各类电子元器件系列产品。

74. 东莞市东扬电器有限公司

地址：广东省东莞市南城新城区百安中心 A 座 1607 室
邮编：523071
电话：0769-23185908 23185928
传真：0769-22416418
邮箱：dongya@ dongguan. gd. cn
网址：www. dong-yang. com. cn
简介：

东莞市东扬电器有限公司成立于 1995 年中外合资，是中国电源学会会员单位。主要产销稳压器，变压器，调压器、直流电源等电源设备以及 UPS 不间断电源。本产品适用于 SMT、CNC、线切割、慢走丝、印刷机械、纺织机械、电子医疗设备、实验室等精密机械及整厂稳压。产品主要品牌是东扬牌，主要是以自产自销形式。东扬电器以优良的产品品质、完善的售后服务赢得广大客户的信赖与鼎力支持。非凡的产品品质，印证了公司“质量第一，客户至上”的宗旨。东扬在同广大客户同发展共进步，产品及服务也越做越好。

75. 东莞市港龙电源设备有限公司

地址：广东省东莞市常平镇横江厦工业二路
邮编：523516
电话：0769-81188878
传真：0769-81188978
邮箱：gl _516@ 126. com
网址：www. glbyq. com. cn
简介：

东莞市港龙电源设备有限公司是变压器、稳压器、调压器、UPS \ EPS 不间断电源、变频电源等电源产品集设计、销售和生产为一体的公司，是广东地区最具诚信和实力的电源产品供应商。公司成立于 2002 年是中国电源学会会员单位，大陆总部坐落在广东省东莞市常平镇横江厦工业二路，占地面积 7000 余平方米。公司创办以来，坚持“以质量求生存，以技术求发展，以个性化服务于客户”的发展纲领，不断引进和吸收国内外先进技术、新工艺、新器件，使产品品质不断提高，功能不断完善，性能更加可靠，港龙人本着“追求永无止境”的理念，不断创新、努力开拓，经过多年拼搏奋斗，公司现已取得多项国内领先技术，建设了以高科技为基础的初具规模的电源生产基地。

作为中国电源行业崭露头角的新兴企业，经过 10 来年的积累，本公司已发展为国内规模最大、稳压器自制率最高的制造商之一，公司从硅钢片选材、裁制到铁心绕制、热处理，与线圈的绕制及平面处理，均采用行业内先进的技术，保证每一台产品的质量及成本优势。公司拥有各种先进的生产检测设备以及遍布全国的售后服务网络，严格的质量管理标准及完善的售后服务体系，在同行业中率先以通过 ISO 9001 质量管理体系为目标，并已获得多项质量认证。但质量认证只是我们对产品质量的基本要求，在实际生产过程中，我们精益求精，力争产品在质量、功能、价格、交货期上均能领先于业内。

本公司承诺：凡是从我公司购买的每一件产品，从收到产品开始均实行一年免费保修，终生维护。

76. 东莞市冠佳电子设备有限公司

地址：广东省东莞市塘厦镇莆心湖浦龙工业区莆田路七号
邮编：523710
电话：0769-87921555
传真：0769-87818287
邮箱：cs@ burnin. com. cn
网址：www. burnin. com. cn
简介：

东莞市冠佳电子设备有限公司成立于 2003 年 3 月，历经多年快速发展。现有厂房面积 6300 平方米。拥有高素质团队 120 多人，其中 30% 以上属于工程研发人员。拥有车床、铣床、冲床、剪床、折床、喷涂房、自动生产线等各类机械/钣金/电子加工设备，拥有电力电子及自动化项目研发/测试各类仪器设备，建有东莞市标准工程研发中心及实验室。专业从事老化（烧机）设备，节能负载/电子负载，自动化设备的研发、制造、销售、服务。

公司拥有“冠佳（冠佳电子）”注册商标的所有权，冠佳从事的自动化/节能系统解决方案在国内同行业中享有非常高的知名度，产品已遍布全国大多地区及数家知名厂商。2009 年冠佳（冠佳电子）经多年努力与品牌整合，获得“省市优秀民营科技企业”等荣誉。

77. 东莞市金河田实业有限公司

地址：广东省东莞市厚街镇科技工业城
邮编：523943
电话：0769-85585691-8012
传真：0769-85587456-8012
邮箱：iso@ goldenfield. com. cn
网址：www. goldenfield. com. cn
简介：

东莞市金河田实业有限公司成立于 1993 年，是一家集研发、生产、销售、服务于一体的民营高新技术企业。主要产品有电脑机箱、开关电源、多媒体有源音箱、键盘、鼠标等，是国内主要的"电脑周边设备专业制造商"之一。

金河田是国家高新技术企业，是中国优秀民营科技企业、广东省民营科技企业、广东省知识产权优势企业、广东省创新型试点企业和东莞市工业龙头企业等。金河田公司自主品牌"金河田"商标是中国驰名商标和广东省著名商标；金河田主导产品电脑机箱、开关电源、多媒体有源音箱均为广东省名牌产品。

金河田产品销售和服务网点已覆盖全国各大中城市，并进入了韩国、印度、俄罗斯、阿联酋、德国、巴西、澳大利亚等40多个国家和地区。

78. 东莞市科达电子有限公司

地址：广东省东莞市企石镇新南敬业工业园
邮编：523499
电话：0769-81928128　81928129
传真：0769-81928126
邮箱：livelye@ live. cn
网址：www. kedaups. com
简介：

科达电子（KedaUPS electron）是领先的大型电源产品服务及制造商。致力于可靠电源产品的研发、生产、销售和服务，以卓越的技术为企业、政府以及各行业客户提供创新的产品及电源一体化解决方案。

科达科技成立于1995年，2000年4月进入中国·东莞，主营产品有UPS不间断电源、EPS应急电源、交/直流稳压电源、铅酸免维护蓄电池、变频电源、智能远程监控控制等。

多年的技术积累和研发投入，使科达具备了领先的自主研发与创新实力。成立于2005年的科达研发中心拥有最优秀的技术及产品研发团队，掌握了多项智能电源与网络兼容的核心技术，是业内领先的专业电源产品研究机构。科达全面实施ISO 9001：2000国际质量管理体系，以先进的流程规范产品研发，竭力提供贴近客户需求的电源产品。

79. 东莞市欧西普电子有限公司

OUXIPER歐希譜

地址：广东省东莞市塘厦镇振兴围益民路56号
邮编：523700
电话：0769-87864890
传真：0769-87289871
邮箱：ouxiper@ ouxiper. net
网址：www. ouxiper. net
简介：

东莞市欧西普电子有限公司成立于2005年，是一家集设计、开发、制造、销售、服务于一体的综合性企业，专业的技术人才和完善品质保证体系，拥有雄厚的技术力量，十多年丰富的研发经验和专业管理方式，确保生产一流的产品，公司同时建立了十分专业的供应体系和售后团队，成为业界极受好评的专业安全机房设备供应商。

本公司本着"互利发展、资源共享、服务第一"的原则；"追求品质、突破、创新"的企业方针；敬业、创新、开拓、进取是我们的企业精神，互联网开发和全方位信息及技术服务，是我们企业发展的定位；秉承"客户至上，质量第一"的经营理念。为您提供最好的产品及一流的服务是我们的目标，真诚欢迎各界朋友与我们洽谈、合作。

本公司主营STS（静态切换开关）、ATS、PDU等系列产品，已广泛服务于各类计算机系统、消防系统、医院、宾馆、商场、高速公路、隧道、地铁、通信界、航空公司……等重要用电环境中。

80. 东莞市友美电源设备有限公司

WooMi 友美电源设备有限公司
WOOMI POWER TECH CO.,LTD.

地址：广东省东莞市寮步镇凫山村长富工业区兴山路27号
邮编：523401
电话：0769-88953166
传真：0769-83239410
邮箱：hsk@ woomijn. com
网址：www. woomijn. com
简介：

东莞市友美电源设备有限公司是专业从事电源及节能设备研发、制造、销售的综合型高科技企业。公司已通过ISO 9001：2000国际质量体系认证，是中国电源学会会员单位、中国节能协会理事单位。公司系列产品在国内、国际上获得了多项专利和中国节能产品认证（CSC认证）。公司自主研发的数控式路灯节能控制系统荣获广东省科技进步一等奖，并被授予"广东省高新技术企业"称号。

在ISO 9001：2000国际质量体系认证的保障下，本公司凭借丰富的经验及精湛的技术制造的：AVR数控式稳压器、智慧型SBW稳压器/变压器、全数字化UPS不间断电源、DC直流开关电源、线性电源、调压器等特种电源产品一直深受广大客户的青睐。

友美电源产品已被国防科研单位指定为供应厂家。在市政、金融、医疗、铁路、邮电、广播电视等需要高品质电源的领域都有相当好的口碑，并多次获到政府部门颁发的嘉奖和荣誉。

友美人的奋斗目标：制造中国电源、节能行业第一品牌！

友美人的企业宗旨：诚信、创新、服务、共赢。

81. 东莞优玛电气器材有限公司

UMART 優瑪電源

地址：广东省东莞市塘厦镇大坪工业区四黎南路381号
邮编：523722
电话：0769-87869777
传真：0769-87928985
邮箱：cs@ umartups. com
网址：www. umart. com. cn

简介：

优玛（UMART）集团创立于1983年，由留美华人组成，专业于精密电源的研发和制造。优玛电气是隶属于优玛集团之一的工业电源企业，是少数具有全系列不间断电源及邮电用整流电源的专业公司。

优玛（UMART）1997在中国建立生产基地（ISO 9001认证合格工厂），占地1600平方米，提供电源系统产品自300VA～3600kVA，已有单机500kVA的电源长期可靠运行，产品获得国家技术专利（专利号：03223064.8），为包括通信、金融、政府、军事、能源、交通、医疗以及制造业等领域的业务提供长期可靠的电源保障。

产品介绍：不间断电源、稳压器、变压器、变频电源、变频器、消防应急电源、直流稳压电源、逆变器、静态转换开关、铅酸免维护电池等；

系统工程：防雷工程、监控工程、节能工程、IDC机房工程等。

82. 佛山市柏克新能科技股份有限公司

BAYKEE®

地址：广东省佛山市禅城区张槎一路119号大布顶工业区
邮编：528051
电话：0757-82207158
传真：0757-82207159
邮箱：baykee@ baykee. net
网址：www. baykee. net
简介：

柏克是高端的电源制造商，致力于为客户提供高端技术、产品与一体化解决方案，成功服务于武广高铁、京沪高铁、广州亚运会、上海世博会场馆、广州电视塔、广州白云机场、渝湘高速、粤赣高速、贵广高速及国内诸多重大工程。

柏克与中国科学院建立了紧密的战略合作关系，拥有13项技术发明专利。基于最先进和最稳定的技术保证系统，柏克向用户提供最优品质的500VA～800kVA的UPS系列产品、500W～800kW节能型应急电源、500～3200kVA稳压电源、变频电源、逆变电源、蓄电池等产品及各种解决方案。八大产品系列和UPS选件100%适应各种电力设备及环境，自选开发的UPS监控软件能满足各种网络环境的需求。

柏克的生产基地导入了先进的管理体系，五个大区服务中心和覆盖全国主要市县的完善服务网络全天候检测用户信息，并即时提供优质服务。凭借全面的技术优势及优质的服务平台，柏克成功地服务于钢铁、机械、冶金、石化、港口、石油和天然气、电力、银行等诸多领域。

柏克非常重视人力资源的科学化管理，建立了完善的、以培训为导向的人才队伍建设机制，是中国UPS行业为数不多的将培训导入公司日常管理的企业之一。柏克建立了“宽容、坚忍、进取、严谨、善学、感恩”的企业文化，并开创了电源行业第一本高端企业文化杂志——《大格局》。稳定的团队结构、具有超强凝聚力的团队、开放的学习精神是柏克缔造卓越品质的基石。

柏克的所有产品均严格按照国际标准生产，通过了ISO 9001质量管理体系认证、ISO14001环境管理体系认证、泰尔认证、中国节能产品认证等系列认证，全部产品均处于有效的质量监控之中，质量检测指标优秀，品质优异，值得您信赖！

83. 佛山市宝星科技发展有限公司

Prostar

地址：广东省佛山市南海区罗村联和工业西二区石碣朗大道1号
邮编：528000
电话：0757-81285481
传真：0757-81285480
邮箱：info@ prostar-cn. com
网址：www. prostar-cn. com
简介：

佛山市宝星科技发展有限公司主要从事不间断电源（UPS）、消防应急电源（EPS）、专用逆变器、蓄电池等电源产品以及太阳能光伏发电系统，风力发电系统等可再生能源发电产品的专业设计、研发、制造公司，自主运营并全权负责Prostar全球业务的推广和服务。经过十多年的市场开拓，宝星公司业务迅速发展，销售、物流、服务等机构日益完善。凭借雄厚的技术研发实力，可靠的产品品质，完备、快捷、高效的售后服务，得到了国内各行业用户的一致肯定和好评，产品广泛应用在中国的政府、金融、电信、电力、财税、制造等系统，尤其是2008年北京奥运会的竞赛场馆项目，Prostar　UPS系统相继中标北京老山自行车场馆、五棵松篮球场馆、奥林匹克公园网球中心等奥运场馆项目，以优质、可靠的电力安全保护系统为北京奥运会保驾护航。宝星公司本着“以专业诚恳的态度，造世界一流品质”目标为己任，坚持不断学习和勇于创新的精神，勇攀事业新高峰。

84. 佛山市迪智电源有限公司

地址：广东省佛山市顺德区容桂南区达盛路一横路15号首层
邮编：528306
电话：0757-26968229　26123607
传真：0757-80344401　26123607
邮箱：dss@ dss-power. com　dsspower@ 163. com
网址：www. dss-power. com　www. dsspower. com. cn
简介：

佛山市迪智电源有限公司是一家专业从事AC-DC、DC-DC系列开关电源研究、开发和制造的高新技术企业，公司位于广东省佛山市顺德区，公司面积3000多平方，拥有有专业的研发队伍，多年的设计研发、生产、销售经验，可以灵活高效的根据客户的要求为客户提供全面的电源解决方案，公司产品类型包括：电源适配器、各种电池充电器、标准化工业电源、RO纯水机变压器、LED防水和防雨、LED灯条电源、裸版型电源灯等，所有产品经过全电脑测试，100%满负载老化，广泛应用于显示屏、净水器、RO纯水机、空气净化器、空气雾化器、香薰机、邮电、通信、电力、仪器仪表、半导体制冷制热、医疗设备、监控系统及铁路信号等领域。

公司推行“8S”管理，以“质量求生存、效率求发展”为宗旨，“科技领先、品质至上”为方针，率先通过了ISO 9001国际质量认证体系，八大系列产品通过3C、CE、CB、GS、TUV、PS、SAE等认证，部分产品正在申请UL的认证。

公司在北京、上海、杭州等全国各大中城市建立了几十个销售网点，建立了完善的质量跟踪与售后服务体系，能快捷、周到地为客户提供全方位的服务。公司总部以及各销售网点保持一定量的标准产品库存，能及时满足您的需要。如果您不能找到合适的型号，我们的工程师在了解您的需求后，能够迅速提出相应的电源解决方案，为您定制出特殊规格的电源。希望我们能够成为长期的合作伙伴。

85. 佛山市富士川电业有限公司

地址：广东省佛山市南海区狮山工业园C区恒丰路
邮编：528225
电话：0757-86696021
传真：0757-86696022
邮箱：ad@ fsc8. com
网址：www. fsc8. com
简介：

佛山市富士川电业有限公司是一家设计、制造、销售环型变压器、方型变压器、高频变压器、特种变压器、开关电源的专业制造商。公司拥有生产厂房面积近6000平方米，员工近300人，并拥有先进的生产设备及检测设备，已具备年产1000万台各类变压器的生产能力，相关产品安规认证（CE、CQC等）和管理体系认证（ISO 9001等），先后已获得通过。

公司管理制度完善，工作流程规范、企业文化良好、企业机制科学、技术力量雄厚。从成立至今公司申报并先后获得通过多项专利，其中包括EI变压器和环型变压器大幅度降低空载功耗设计专利，受到生产风能、太阳能逆变器和UPS厂家的好评，欢迎广大变压器用户来电、来访、询价打样、洽谈合作。

86. 佛山市哥迪电子有限公司

地址：广东省佛山市禅城区江湾二路34号
邮编：528000
电话：0757-82724179
传真：0757-82721428
邮箱：info@ gedi-lighting. com
网址：www. gedi-lighting. com
简介：

佛山市哥迪电子有限公司是一家专门从事照明产品研发、生产、销售的综合性合资企业。公司创办于1987年，是最早进入照明行业的企业之一。

公司一直信奉“以质量求生存，以信誉求发展，以管理求效益”管理理念。在充分引进吸收国内外先进技术的基础上，哥迪电子不断与国内多个科研机构交流合作，使技术更成熟，产品更稳定。产品全部采用高品质原辅材料，采用先进的生产设备、检测设备及仪器，保证了前期研发的准确性和先进性。以严格的生产管理体系为保障，使产品质量达到了国际先进水平。

公司质量管理体系顺利通过了TUV德国莱茵公司的ISO 9000：2001认证，关键产品取得了VDE、UL、CUL、GS、SAA、TUV、CE、EMC等各种认证。

二十年风雨兼程，哥迪一路走来，以诚立商，在竞争日益激烈的电子市场立于不败之地。今后，哥迪将以更高的效率研发新品，以更大的诚意谋求与海内外客户的合作。

87. 佛山市汉毅电脑设备有限公司

汉毅
Han Yi

地址：广东省佛山市禅城区汾江南路里水大道11号综合楼
邮编：528000
电话：0757-83835908
传真：0757-83835018
邮箱：hanny@ hanny. com. cn
网址：www. hanny. com. cn
简介：

开关电源专业生产厂家，年产开关电源1000万件。

1. 企业通过ISO 9001：2008质量管理体系认证。

2. 已有六大系列近百种规格开关电源分别通过UL、CUL、TUV、CE、S-MARK、SAA、KTL、CB产品安全认证。

3. 中国电源学会会员单位、广东省电源学会常务理事单位，具有中华人民共和国进出口企业资格。

4. 专业配套生产开关电源，配套范围：饮水机、电子冰箱、雾化器、LED广告灯、照明节能灯、数字功放、液晶显示器等。

5. 拥有多项技术专利和独特工艺，质量可靠，性价比高。

6. 产品深受客户的信赖，从1999年起，一直是美的集团的“优秀供应商”；被广东省轻工协会授予“质量信得过企业”称号。

7. 美的集团、海尔冰箱、科龙集团、星星集团、新世纪安吉尔等多家大型知名企业和品牌都是我们稳定的客户。

8. 产品出口美国、意大利、英国、德国、日本、韩国、澳大利亚等世界各国。

88. 佛山市凯拓电源设备有限公司

地址：广东省佛山市禅城区江湾一路𦰡唐东二街23号之三2楼

邮编：528000

电话：0757-82662728

传真：0757-82662727

邮箱：info@ kaitop. com

网址：www. kaitop. com

简介：

佛山市凯拓电源设备有限公司是美国、中国台湾、大陆三方合作的专业设计、制造不间断电源（UPS）和全密封免维护电池的公司，全权负责大陆地区的业务推广和服务。公司主要产品：在线式UPS、电力/通信专用逆变电源、应急电源EPS、开关电源、蓄电池，功率容量2～400kVA。采用当今世界最先进的IGBT和DSP技术，更有高性能CPU芯片与智慧型、远程监控管理软件的完善结合，为广大客户提供了高品质的电力保障，满足了不同顾客的需求。

佛山市凯拓电源设备有限公司拥有众多的经验丰富的工程技术人员，全员经过专业技术培训和考核。公司通过国际ISQ9001国际认证联盟Iqnet（世界三十多个成员国）认证，严格、细致的品质管理，给予客户极大的信心。多年来，产品不断出口到欧美、中东、东南亚等了地区。凯拓UPS电源已广泛应用于机关、公安、交警、广电、税务、医院、金融、证券、邮政、电信、移动、电力、石化、机场、铁路、高速公路及其他大型工矿企业。

“技术巩固、技术创新、服务至上、价格合理”是我们与客户合作的基础，也是我们对客户的郑重承诺。我们将不断通过技术创新，给更多的用户创造高科技带来的效益，为电源事业做出应有的贡献。

89. 佛山市力迅电子有限公司

Netion®

地址：广东省佛山市三水区范湖工业园

邮编：528138

电话：0757-87360282

传真：0757-87360189

网址：www. netion. com. cn

简介：

佛山市力迅电子有限公司始建于2001年，是一家专业研发、生产、销售UPS不间断电源、EPS应急电源、阀控式铅酸蓄电池及配套电源产品的电源制造企业。公司位于佛山市三水区乐平镇范湖工业区，总资产5500多万元。

公司通过了ISO 9001、ISO14001、GB/T2008体系认证，各产品均通过泰尔认证，多个系列产品通过CE、RoHs、FCC等国际认证，并且获得多个行业入网许可以，拥有多项专利。力迅产品被广泛应用于广电、通信、电力、政府机构、工业、科研院校等行业领域，畅销欧洲、美洲、东南亚、中东、非洲等世界各地。

公司秉承“领先的技术、钻石的品质、星级的服务”的一贯理念，以“创新不断，动力无限”的专业精神，致力于成为全球用户心目中最可信赖的“世界领先的电源专家”。

90. 佛山市南海区平洲广日电子机械有限公司

地址：广东省佛山市南海区平洲夏西工业区一路3号

邮编：528251

电话：0757-87691200

传真：0757-86791244

邮箱：windingchina@ yahoo. com. cn

网址：www. windingchina. com

简介：

广日电子机械有限公司是中国最大的环形绕线机械制造商之一。专业生产环形变压器绕线机、环形电感线圈绕线机、稳压器与调压器专用绕线机、矩形绕线机/包带机、环形小孔包带机、电力变压器绕线机、EI型变压器绕线机、环形包绝缘胶带机以及环形线圈匝数/匝比测量仪等产品。

本公司已通过德国TUV9001（2000）国际质量体系，良好的品质和完善的售后服务已赢得了众多客户的青睐和支持，产品远销东南亚及欧美等国家和地区。

91. 佛山市南海区泰琪丰电子有限公司

Techfine

地址：广东省佛山市南海区罗村佛罗路6号一之3号厂房

邮编：528226

电话：13923179435

传真：0757-81809896

邮箱：995991210@ qq. com

简介：

佛山市南海区泰琪丰电子有限公司位于经济发达、交通便利、美丽的珠江三角洲—佛山市南海区罗村，是一家专业生产、加工、产销不间断电源的企业。公司创建于2003年，拥有各类专业人才职工200余人，厂房面积3000多平方米，产品远销海内外。

为进一步提供产品质量和本公司质量管理水平，本公司依据GB/T 19001—2008、IDT ISO 9001：2008标准要求制定《质量手册》，建立高效的质量保证体系。自该质量保证体系建立运行以来，本公司的产品质量比往年明显提升。

92. 佛山市南海赛威科技技术有限公司

SiFirst®

地址：广东省佛山市南海区桂城深海路 17 号瀚天科技城 A 座 6 楼 4 区
邮编：528200
电话：021-55820281
传真：021-33817832
邮箱：jillian. li@ sifirsttech. com
网址：www. sifirttech. com. cn
简介：

佛山市南海赛威科技技术有限公司成立于 2009 年，是由佛山市南海区高技术产业投资有限公司投资的佛山市首家集成电路设计企业。

公司总部位于佛山市南海瀚天科技城。在上海设有 50 人团队的研发中心。在深圳设有 30 人团队的商务中心，在台湾设有办事处。业务覆盖全国，辐射全球。

赛威科技拥有一支由留美博士、硕士及国内顶尖半导体设计公司的资深专家组成的创新型精英团队，他们曾在国内外著名半导公司工作十年以上，具有广泛的理论基础和丰富的实践经验，在模拟与数字混合电路芯片设计领域里领导开发出多款世界一流的芯片产品。

赛威科技致力于高性能高品质绿色电源、数字电源、照明电源三大领域芯片的开发、销售、服务。

赛威科技始终坚持自主创新，致力于全面打造卓越的绿色节能技术平台，在技术、品质、和服务上追求至善至美，引领绿色节能“芯”时代。

93. 佛山市上驰电源科技有限公司

地址：广东省佛山市南海区桂城街道简平路 1 号天安数码新城 B 座 603
邮编：528000
电话：0757-81230549
传真：0757-81230548
邮箱：scpower@ 126. com
网址：www. scpower. cn
简介：

佛山市上驰电源科技有限公司是一家专业生产 UPS 控制板及 UPS 不间断电源、EPS 消防应急电源、逆变器、太阳能并网机等电源产品的企业。公司拥有一批高素质专业人才，经过多年的电源产品自主研发、设计、实践和经验积累，掌握着电源控制的核心技术。

“铸上品 驰天下”是上驰人的创业精神和目标。公司秉承致力成为行业领先、受人尊敬的电源供应商，不断创造价值，造福社会的宗旨。遵守“客户至上、信誉第一”的服务承诺，坚持严谨、务实、创新、高效的工作态度，不断研发生产高技术、高质量、适应市场需求的产品，为客户提供优质的服务。

放眼未来，在全球经济一体化的形势下，机遇与挑战并举，竞争与发展共存，上驰人将不懈努力，与国内外各界新老朋友携手共进，共创美好明天。

94. 佛山市顺德区冠宇达电源有限公司

GVE®

地址：广东省佛山市顺德区伦教熹涌工业区
邮编：528308
电话：0757-27736306
传真：0757-27725706
邮箱：gve01@ gve-cn. com
网址：www. gve-cn. com
简介：

佛山市顺德区冠宇达电源有限公司是专业多年生产开关电源的中型厂商，工厂面积 8000 平方米，月产量 50 万台，品种多（5 大系列：电源适配器 5 ~ 150W、充电器 5 ~ 150W、LED 电源、工业内置电源、大功率电源 500 ~ 5000W），产品通过 UL、FCC、CCC、CE、GS、CB、PSE、KETI、SAA…等各国认证，产品三年质保，年返修率小于 0. 1%，长期供货于美的、格力、海尔…等各大企业客户。

95. 佛山市顺德区扬洋电子有限公司

地址：广东省佛山市顺德区陈村工业园西区广隆中路 8 号
邮编：528313
电话：0757-23303065
传真：0757-23303063
邮箱：sales@ umgz. com
网址：www. umgz. com
简介：

佛山市顺德区扬洋电子有限公司成立于 2002 年，经过 10 来年的努力奋斗，取得了辉煌的业绩。公司设有电源事业部和电感元器件事业部。

电源事业部致力于 LED 驱动电源方案的提供及 LED 驱动电源的生产与销售。电感元器件事业部专注于生产高频变压器，滤波器及电感类等产品。

公司一直坚持“务实进取，学习创新，团队合作，注重分享，诚实守信，互相尊重”的经营理念和“客户至上，精益求精”的质量方针，充分发挥产业链的优势，以专心、专业、专注的精神，致力于向社会各界提供环保，安全的 LED 驱动电源及电感类产品。

公司拥有精干的技术团队，先进的自动化仪器设备，完善的生产和检测设备，并配备了可靠性试验设备，为产品的质量保证提供了坚实的基础。目前已通过了 ISO 9001：

2008 质量管理体系认证及 UL 绝缘系统认证，全部产品承诺符合欧盟 ROHS 指令和 REACH 要求，部分产品通过了 CQC、CE 等认证。我们密切与各大高校及研究院合作，以获得最大的技术支持。

我们坚持质量第一，信誉第一，服务第一。我们孜孜不倦地努力，期待着与广大客户一道追求卓越，共创辉煌。请关注我们的产品，关注我们的品牌。

96. 广东大比特资讯广告发展有限公司

Big-Bit 大比特资讯 Big-Bit Information

地址： 广东省广州市天河区黄埔大道西翠园街 36 号 2 楼
邮编： 510630
电话： 020-37880700
传真： 020-37880701
邮箱： isc@ big-bit. com
网址： www. big-bit. com　www. globalsca. com
简介：

历经 13 的创业发展，大比特资讯已成长为中国电子制造业优秀的资讯提供商。

业务范围涉及，行业门户网站、平面媒体宣传、市场调查、行业专题研讨会策划、展览展示、人力资源服务等一系列围绕中国电子制造业提升竞争力的服务举措。

大比特资讯旗下拥有以下成熟媒体：

大比特电子变压器网：www. big-bit. com

大比特半导体器件应用网：www. globalsca. com

中国电子制造人才网：www. emjob. com

《磁性元件与电源》杂志（月刊）

97. 广东恩亿梯电源有限公司

NET 恩亿梯

地址： 广东省惠州市惠阳区永湖镇麻溪工业区
邮编： 516267
电话： 0752-3710088
传真： 0752-3710622
邮箱： netups@ netups. cn
网址： www. netups. cn
简介：

广东恩亿梯电源有限公司是美国 NET 集团在中国内地的合作企业。成立于 2002 年，以惠州生产基地为中心，在全国各大、中城市均设有分公司及办事处，为广大用户提供全面的售前、售中及售后服务支持。

公司具有先进齐全的生产检测设备，优秀的研发技术人才。主要从事以 UPS 电源、EPS 电源、稳压电源、节电柜等电源产品的研发、生产、销售为一体的高科技企业。公司均严格按照国际标准生产，通过了 ISO 9001 质量管理体系认证、ISO14001 环境管理体系认证、泰尔认证、国防入网许可证、电信设备进网许可证、广电设备进网许可证和出口许可证、CE 认证、中国节能产品认证等系列认证。面对日益激烈的电源市场，公司针对中国大陆电力不足波动大、传输干扰强、频率稳压性差等现象，研发出适应中国用电环境、品质优良、性能稳定的电源产品。

公司坚持以人为本，以科技为依托，以用户为中心，以发展专业电源产品为己任，用优良的产品和诚挚的服务换您真心笑容。欢迎选购、代理。

98. 广东丰明电子科技有限公司

地址： 广东省佛山市顺德区北滘镇工业园环镇东路 1 号
邮编： 528311
电话： 0757-26601282　13531437337
传真： 0757-23608828
邮箱： x2sale@ bm-cap. com
网址： www. bm-cap. com
简介：

广东丰明电子科技有限公司成立于 2004 年，是一家港资企业，位于经济发达的珠江三角洲黄金腹地——顺德北滘工业园。公司拥有现代化的工业生产基地，占地面积三万多平米，设备原值近 9000 万元，总投资规模过亿元，员工共有一千多名，电容器年生产产能约 7 亿只，公司后续还将不断投资完善生产设备的自动化、技术更新及提升，力争公司人均产能再上新台阶。

公司目前主要生产电力电子电容、交直流滤波电容、高频高压谐振电容、IGBT 吸收电容、CBB60、CBB61、CBB65、CBB20、CBB21、CBB80、MKP-X2 型金属化薄膜电容器，产品广泛应用于各类电子设备、变频器、电源、光伏风电新能源行业、工业感应加热设备、照明灯具、空调器、电冰箱、洗衣机、电磁炉等家用电器及电力系统中。其中，风扇用电容器、空调风机用电容器、电磁炉专用电容器三大主导产品的产销量连续领先业界多年，稳居全国第一。

为了增强客户对公司产品的信心，我们已经获得了 CQC、UL、CUL、TUV、VDE、CB 等多项国内外产品认证，通过丰明人倾力打造的“BM”商标电容器现正销往全国各地电机、电器制造商，并远销东南亚、非洲及欧美等国。后续公司还计划专项增资实验室检测硬件的扩充与完善，建立起行业内具有先进水平的产品实验室。

公司以“科技、品质、环保”为核心，秉承“研发的产品市场满意、制造的产品我们满意、交付的产品顾客满意”的质量方针，以“顾客满意”为宗旨，坚持严格的质量管理，全面建立和执行 ISO 9001 国际质量管理体系和 ISO14001 国际环境管理体系，现已发展成为品种齐全、质量可靠、绿色环保、技术先进、配套能力强的规模性企业，赢得了众多合作伙伴的一致好评，并被多家客户评为优秀供应商。

公司全体丰明人竭诚欢迎广大用户的来电垂询和莅临，我们一定向您提供最优质的产品、最合理的价格、最佳的合作方式、最热情的服务，为我们共同的利益而真诚合作！

99. 广东风华高新科技股份有限公司利华电解电容器分公司

地址：广东省肇庆市风华路18号
邮编：526000
电话：0758-2865128
传真：0758-2865488
邮箱：lhservice@ china-fenghua. com
网址：www. china-fenghua. com
简介：

利华电解电容器分公司是广东风华高新科技股份有限公司属下的主要子公司，企业的主导产品是全系列的铝电解电容器，目前月生产能力为1.2亿只。电解电容器主要用于整流电源中的滤波、能量的储存和转换、信号的旁路和耦合、音频和分频、单相电机起动等电路中，广泛用于计算机及其外部设备、程控交换机和电话机等通信类产品、节能灯、镇流器、LCD电视机、DVD、VCD、空调、照相机、节能灯等消费类产品以及航空、航天等军工产品。利华公司拥有雄厚的技术力量，先进的生产设备工艺，完善的检测手段，致力于成为全球最佳元器件供应商之一。

100. 广东和昌电业集团有限公司

地址：广东省广州市黄埔区黄埔东路1401号亚纲大厦1410室
邮编：510530
电话：020-62958188
传真：020-62958882
邮箱：it@ hichain. com. cn
网址：www. hichain. com. cn
简介：

广东和昌电业集团有限公司（简称：和昌集团）是一家集环保PVC、低烟无卤电缆料、铜导体、电线电缆、成套电缆及电气控制设备研发、制造、销售、服务为一体的现代化企业集团，总部设在广州黄埔区，生产基地位于肇庆高新区。2012年先后被评为广州市著名商标、肇庆高新区高新技术企业等荣誉称号。

产品通过中国3C、德国VDE、美国UL、CE安规认证，严格按ISO 9001：2008、ISO/TS16949：2001质量管理体系生产，取得ISO14001环保认证，符合欧盟ROHS、REACH环保标准，广泛运用于电梯、通信系统、轨道交通、后备电源、数控机床、医疗设备等行业，同时为客户提供全方位的低压弱电类线缆整体解决方案。凭借着雄厚的资金，精锐的管理与营销团队，坚强的技术后盾，完善的服务体系以及良好的用户信誉，和昌立足于国内，同时不失时机的深入拓展国际市场，倾力打造行业领先品牌。今后，和昌将全力推进企业文化建设，进一步完善企业管理，深挖内部潜力，促进企业与员工的共同发展，树百年和昌以回馈社会。

集团成员：广州市和昌线缆有限公司、肇庆市和昌线缆有限公司、肇庆中乔电气实业有限公司。

101. 广东金华达电子有限公司

地址：广东省广州市天河区棠下涌东路大地工业区C栋5楼
邮编：510665
电话：020-61031498
传真：020-61031481
邮箱：13922298699@ 139. com
网址：www. 020k. net
简介：

广东金华达电子有限公司成立于1995年7月，总部设于中国广州市，是一家中外技术合作高新科技企业，主要从事通信电源、电力电源、汽车照明等电源，防雷配电设备研发、生产、销售、工程设计施工等业务。公司自成立以来致力于打造“金华达”品牌，严格执行“技术领先、质量可靠、服务满意，客户至上”的经营方针，经过近年来的努力，金华达通信、电力电源产品广泛应用于通信、电力、铁路、军队等行业。并以优良的品质和服务，赢得了广大客户信赖。

2003年金华达与欧洲企业合作共同开发了高级时尚车灯系列——金华达HID高压氙气车灯系列。主要用于奔驰、宝马、奥迪等高级汽车前车灯。目前金华达HID高压氙气车灯系列的各项技术指标及品质达国际中高、国内领先地位，并符合ECE R98的近光配光性能要求。为国内车灯的革命注入了新的活力。产品热销海内外，并已在全国大部分地区拥有销售、服务网络。

102. 广东省佛山科星电子有限公司

地址：广东省佛山市南海区平洲工业园环胜路2号
邮编：528251
电话：0757-81285150
邮箱：ricky@ kestar. com. cn
网址：www. kestar. com. cn
简介：

广东省佛山科星电子有限公司是一家大型开发、生产全系列氧化锌压敏电阻器（Varistor）、SPD浪涌抑制防护器和防雷产品等保护元器件的专业企业。公司通过了ISO 9001质量管理体系和ISO14000环境管理体系认证。全系列产品通过UL、CE、VDE等多项国际安全认证。公司产品类型丰富，应用广泛，主要产品有 MYG 通用型压敏电阻、MYL 防雷型压敏电阻、MYE 高负荷型压敏电阻、MYP 高能压敏电阻银片、TMOV、MYN 以及拥有独立知识产权的各种 SPD 防雷装置器件等。公司技术力量雄厚，拥有本科以上文化程度的技术人员数十人，其中有从事本行业研究工作数年到几十年的多名高级职称人员及硕士以上研究人员。企业的品牌在市场上有着良好的美誉度，国内外有较为完善的市场网络和客户群体。

103. 广州东芝白云菱机电力电子有限公司

GTMBU

地址：广东省广州市白云区江高镇神山管理区大岭南路 18 号

邮编：510460

电话：020-26261623

传真：020-26261285

邮箱：gtmbusg@ 126. com

网址：www. gtmbu. com. cn

简介：

广州东芝白云菱机电力电子有限公司成立于 2004 年 2 月，是由广州白云电器设备股份有限公司和东芝三菱电机产业系统株式会社共同出资组建的中外合资公司，注册资金 3510 万元。公司主要设计、制造不间断电源系统、传动装置及变频器、直流电源柜等电源产品。

公司被认定为广东省高新技术企业，荣获广州市白云区 2010 年度促进专利授权奖二等奖、2011 年度促进专利授权奖三等奖。

生产制造的高压 IGBT 变频器被认定为广东省自主创新产品、广东省高新技术产品；10kV、6kV 高压 IGBT 变频器，G8000C（380V/380V），Midstar2000（380V/380V、380V/220V）在线式通信用不间断电源，GZDW35-220/200 微机控制高频开关直流电源柜等产品被认定为广州市自主创新产品。

公司通过了质量环境职业健康安全三大管理体系认证。被评为广州市安全生产标准化达标企业。

104. 广州广日电气设备有限公司

EFG 广州广日电气设备有限公司 Electricity Facilities Guangri Guangzhou Co.,Ltd.

地址：广东省广州市番禺区石楼镇国贸大道南 636 号之五

邮编：511447

电话：020-84654222

传真：020-84654898

邮箱：sale@ efg. cn

网址：www. efg. cn

简介：

广州广日电气设备有限公司成立于 1998 年 10 月，是广州广日集团属下一家内地与香港合资的国有控股企业。公司先后在上海、天津、广州大石、广州东圃、成都设立分公司和生产基地，拥有员工 600 多人。

公司集研发、生产于一体，主要产品包括：电梯配件类产品，LED 照明类产品、矿用类产品、以及电子类产品，其中电源类产品作为电子类产品的重要组成部分，在公司中有一个专业的、高素质的开发团队。公司开发的电源产品包括 LED 驱动电源、工业电源以及其他各类客户定制电源。

公司坚持以“奉献社会、服务客户、讲求诚信、服务百年”为宗旨，通过了德国莱茵 TUV 认证审核，并获得 ISO 9001、ISO14001、OHSAS18001 国际质量认证体系证书，优质的产品和良好的售后服务得到社会各界的一致认可和好评，公司也因此获得了国家高新技术企业，全国用户满意企业、中国质量过硬知名品牌、社会突出贡献奖、广东省工程技术研究开发中心、AAAA 级标准化良好行为企业等荣誉。

105. 广州华工科技开发有限公司

地址：广东省广州市五山华南理工大学 28 号楼西侧二楼

邮编：510641

电话：020-85511281

传真：020-85511287

邮箱：gqgong@ 32163. com

网址：www. 32163. com

简介：

广州华工科技开发有限公司是直属华南理工大学的全民所有制企业，承办学校的科研成果项目转让、技术服务等对外业务，是对外进行技术开发和成果转化的重要窗口，实行科、工、贸结合，具有法人资格。公司自 1986 年以来，率先引进国外先进的电力电子器件。特别自 1992 年 3 月以来，本公司作为日本富士电机公司功率半导体器件中国代理，多次与日本富士电机公司的工程技术人员组织应用技术交流会，为各单位提供了大量的技术资料和应用技术，并为各生产厂家和科研单位提供了大量的富士电机电力电子器件，对促进电力电子技术的发展作出积极的贡献。

本公司是日本富士电机电子设备技术株式会社功率半导体件中国代理、日本日立 AIC 有限公司电容器中国代理、日本三社电机株式会社整流模块代理。本公司引进、开发、经营日本等国外的先进电力电子元器件和节电装置，积极向国内高等院校、研究院及国内变频器生产企业推介上述公司最新器件和技术。本公司实力雄厚，重守信誉，每种元件皆为原厂定购，保证质量。始终保持“库存最多、交货最快、价格最低”的宗旨为广大用户提供优质服务。欢迎各界人士前来选购和洽谈业务、开展联营业务。

106. 广州凯盛电子科技有限公司

Kaisen 凯盛科技 —创造节能环保新生活—

地址：广东省广州市黄浦区浦南路沧联工业园 C、D 栋

邮编：510760

电话：020-62958818-833　15915750902

传真：020-62958225

邮箱：LLJ20080808@126. COM

网址：www. gzkaisen. com

简介：

广州凯盛电子科技有限公司成立于2000年，前身是广州市黄埔威格电器设备厂，于2006年更名为广州凯盛电子科技有限公司。公司坐落在环境优美、名企云集的广州市黄埔区埔南路沧联工业园内。公司坚持严格的质量管控，为世界各地客户提供多种规格的电源，树立以人为本的企业文化。

公司主要是开发、生产和销售PC电源、LED电源以及特殊规格电源，产品广泛应用于诸多著名的电脑公司、家具、建筑、商业照明、户外发光广告字、显示屏等IT行业。

公司不仅具有标准的无尘车间、先进的生产技术、进口自动化生产设备、检测仪器，还拥有专业工程师等各类高级专业人才20余名，在产品研发、生产制造和品质管理等方面有雄厚的实力。公司通过了ISO 9001质量管理体系认证，产品通过了UL认证、CE认证、SEMKO认证、CCC认证。

目前公司已建立了完善的营销网络，通过提升产品品质和服务水平，强化服务意识，不断满足客户的各类产品需求。广州凯盛电子科技有限公司正处于飞速发展的阶段，相信通过我们的不懈努力，能成为全世界节能环保的绿色电源产品，成为世界一流水准的电源企业！

107. 广州市白云化工实业有限公司

BAIYUN

地址：广东省广州市白云区广州民营科技园云安路1号

邮编：510540

电话：020-36703113

传真：020-36703110

邮箱：huangshaoyuan@china-baiyun. com

网址：www. china-baiyun. com

简介：

广州市白云化工实业有限公司（原广州白云粘胶厂，以下简称白云化工） 主要从事各类建筑密封胶和高分子新材料的研究开发及生产经营。公司成立于1985年，位于广州市高新技术产业开发区民营科技园内，占地面积4万多平方米。现有员工186人，其中博士后3人，博士5人，硕士17人，具有高中级职称的有30多人，大专以上学历的员工占65%。

白云化工是国内同行业中唯一通过英国BSI公司ISO 9001/ISO14001/OHSAS18001质量环境安全健康管理体系国际认证的企业，是建设部唯一的建筑密封胶技术产业化示范建设基地、人事部授予的博士后科研工作站、广东省工程技术研究开发中心、广东省技术创新优势企业、广州市高新技术及科技示范型企业。2002年，建成我国第一条达到世界先进水平的硅酮密封胶连续化生产线。公司产品检测中心设备先进完善，能按中国、美国、欧洲、日本等标准进行产品的性能检测。公司是GB/T14683—2003《硅酮建筑密封胶》、GB/T16776—2005《建筑硅酮结构胶》、JCT486—2001《中空玻璃用弹性密封胶》等国家和行业标准主要起草单位。

公司奉行“科技兴企、以人为本”的方针，立足“国内第一，国际领先”。遍布全国三十多个城市的服务网点，是我们“质量第一，服务领先”的有力保证！展望未来，我们将一如既往地服务社会，“把最好的产品贡献给人类”！

108. 广州市宝力达电气材料有限公司

Bothleader®

地址：广东省广州市花都区花山镇南村

邮编：510880

电话：020-86947862

传真：020-86947863

邮箱：info@gzbld. com

网址：www. gzbld. com

简介：

广州市宝力达电气材料有限公司是电气绝缘漆的专业研发和制造厂家、中国电器工业协会绝缘材料分会及中国电源学会会员单位、全国绝缘材料标准化技术委员会成员、我国绝缘漆行业国家标准和行业标准的主要起草单位。

本公司具有丰富的生产制造经验及各类中高级技术人才，拥有强大的研制开发能力，通过精心的设计，先进的生产工艺及完善的检测手段，确保产品性能优异、质量稳定，并完全能满足用户的特殊要求。

公司注重产品质量及职业健康安全管理，先后取得了ISO 9001：2008质量管理体系认证证书、危险化学品生产企业安全生产许可证、危险化学品从业单位安全标准化二级企业证书、广东省环保慈善单位称号。

广州市宝力达电气材料有限公司是广州市守合同重信用企业，以“专业、诚信”为宗旨，以顾客要求为最高标准，以用户满意为最终目的，以严格管理创最佳产品，竭诚为国内外用户提供优质产品和服务。

109. 广州市昌菱电气有限公司

地址：广东省广州市天河北路900号高科大厦A410房

邮编：510630

电话：020-22233181

传真：020-22233183

邮箱：lee@cl-ele. com

网址：www. cl-ele. com

简介：

广州市昌菱电气有限公司是一家以供应UPS电源为核

心的电源综合解决方案供应商。是日本三菱 UPS 中国总代理、东芝三菱 TMEIC 品牌 UPS 中国全国代理、日本共立（KYORITSU）双电源转换开关中国代理。

广州市昌菱电气有限公司的主要成员由三菱电机（香港）有限公司原三菱 UPS 中国事业部人员组成。公司拥有包括多名留学生在内的博士、硕士等高级人才，公司董事长原在三菱 UPS 的基干工厂——神户工厂从事技术工作，后调任三菱电机（香港）有限公司三菱 UPS 中国事业部经理，统管三菱 UPS 在中国的销售和服务工作。其他工程技术人员也在日本三菱 UPS 神户工厂接受过严格的专业训练，多年来一直负责三菱 UPS 在中国的技术支持工作，在三菱 UPS 中国事业的发展过程中发挥了重要作用。

2008 年 5 月，广州市昌菱电气有限公司获得 ISO 认证机构颁发的 ISO 9001：2008 质量管理体系认证证书（证号：11408Q10251R0S），成为 UPS 销售与服务行业少有的通过 ISO 认证的企业。引入国际标准的 ISO 质量管理体系，使昌菱电气的管理水平迈上了一个新台阶，为企业提高核心竞争力和进入国际竞争创造了有利的条件。

110. 广州市华德电子电器设备有限公司

Wate® 华德　广州市华德电子电器设备有限公司 Guangzhou Wate Electron and Wiring Equipment Co.,Ltd.

地址：广东省广州市白云区石井镇横沙村黄丽路 18 号

邮编：510180

电话：020-81970003　81799770

传真：020-81970003

邮箱：cgz@ huadedianzi. com

网址：www. wate. com. cn

简介：

广州市华德电子电器设备有限公司，前身是国有大型计算机公司开关电源厂，建立于 1985 年。具有十几年开关电源的设计和生产经验。

本公司是集开发、设计、生产、销售、服务为一体的企业。工艺精湛，并通过 ISO 9001 体系认证，CE、CCEE（长城）、CCC 认证。我公司的产品有 AC-DC、DC-DC、DC-AC 开关电源。包括工业电源、通信电源、电脑电源。本公司有设计生产 15～2000W 电源的能力，现成标准产品 15～1500W 的电源。也可根据用户特殊要求，设计、生产、各类开关电源。

本公司凭先进的技术，多年的开发生产经验，先进的检测设备，完善的品质管理体制，及完善的售后服务，在国内同类产品中处于领先地位，赢得了广大客户的信赖与支持。我们真诚的感谢各客户对我公司帮助和支持，欢迎各行各业与我们合作，让我们共同创造优质产品。

111. 广州市锦路电气设备有限公司

地址：广东省广州市天河区中山大道 89 号 C211 房

邮编：510665

电话：020-85566613

传真：020-85565253

邮箱：cici@ gzkingroad. com

网址：www. gzkingroad. com

简介：

广州市锦路电气设备有限公司努力融合创新，不断开拓进取，永续稳健运营，自 2004 年成立以来，长期致力于 UPS 电源、EPS 电源、机房通信产品及机房节能产品的研发、生产、销售及服务，是国内领先的绿色电源系统集成供应商之一，同时还和国际著名品牌：美国 3M 公司、美国 PROTEK 公司、法国 SOCOMEC 公司等展开了深入、密切的合作。

公司产品品质卓越、性能稳定，优质服务于广州亚运会主会场、亚运场馆、广州塔、广州地铁、武汉地铁等标志性行业客户，并荣获客户的一致好评。

公司坚持于“大行业、大客户、大项目、大团队”的营销理念，秉承“开拓，进取，创新”的创业精神，保证产品从研发到售后服务整个环节的高质高效地运转，最大限度地满足客户发展与改进的需求，以“科技创新”的观念不断提升客户的竞争力和赢利能力。

112. 广州市凝智科技有限公司

RICHCOMM 凝智科技　机房与UPS动力环境监控管理专家

地址：广东省广州市萝岗区科学城科学大道中 99 号科汇金谷科汇三街 10 号 C1-8 楼

邮编：510660

电话：400-606-9106

传真：020-82306916

邮箱：service@ richcomm. com. cn

网址：www. richcomm. com. cn

简介：

广州市凝智科技有限公司——机房与 UPS 动力系统安全管理产品专家。自 1999 年创立以来一直致力于智能 UPS 监控管理产品及机房动力环境与设备监控管理的软硬件系统的研制和开发。经过多年的努力和专注发展，公司已成为国内领先的智能 UPS 监控管理产品及机房监控管理解决方案产品的开发商和提供商。

113. 广州市维能达软件科技有限公司

地址：广东省广州市天河区龙口东路五号龙晖厦 14 楼

邮编：510635

电话：020-87549506

传真：020-87589980

邮箱：sale@ vnata. com

网址：www. vnata. com

简介：

广州市维能达软件科技有限公司自 2009 年成立以来，一直专注于 UPS 监控、机房环境监控等软件服务，重视产品质量和技术含量，目前可为用户定制从硬件设计到软件开发的整体解决方案，产品通过了 ISO 9001 国际质量认证以及中国强制性产品认证（3C 认证）等。

维能达争做 UPS 管理领航者，深入了解广大用户的实际需求，为不同行业的用户量身定做合适的 UPS 监控解决方案，利用客户现有的设备资源、网络资源等，做出具有成本低、技术成熟、远程集中监控、可扩展性强、安全性高、人性化、智能化等特点的优秀监控系统。

产品基于机房现场数据采集、分析、管理，极大地提高了 UPS 电源的使用效率，为用户节约大量资源并提供良好的解决途径。主打产品已经兼容 APC、MGE，Emerson、Eaton、Powerware、Delta、Santak 等国外品牌，Kstar、East、Kelong 等国内品牌。

公司倡导以客户为本，把“客户需求就是我们努力方向”作为公司服务宗旨。公司拥有一批管理经验丰富，技术水平精湛的工程队伍，为提供专业、先进、高可靠性的产品和优质、高效、全方位的服务提供了保证，深受广大客户的赞誉和好评，与众多知名公司保持着良好合作关系。维能达的 UPS 监控产品被广泛用于政府、金融、电力、交通、电信、广电，医疗、军事等国家重点工程。

114. 广州市先锋电镀设备制造有限公司

地址： 广东省广州市南沙区横沥镇前进村
邮编： 511466
电话： 020-84961566　84873354
传真： 020-84961455
邮箱： xianfeng@ pyxianfeng. com　xianfeng. 8hy@ 126. com
网址： www. pyxianfeng. com
简介：

广州市先锋电镀设备制造有限公司（原番禺先锋电镀设备二厂）位于珠江三角洲中心地带的广东省广州市南沙区。本公司成立于 1986 年，是早期引进国外先进技术，集设计、开发、制造于一体的专业生产各种电源及其他配套设备的生产厂家，为多个行业开发生产行业所需的特种电源及设备，1986 年开始用大功率晶体管在整流设备，在表面处理行业推广，代替直流发电机及硒整流设备，取代价格较贵的进口设备，使表面处理行业生产质量及效率得到大大提高；与稀土电解行业的专家一同，了解稀土电解特性，为稀土行业研制出加热及电解一体的稀土电解电源；后开发了大功率的开关电源，当时在国内处于领先的地位，使电镀表面处理，及其他大功率电解行业得到推广应用，促进了行业的节能减排。产品提供给多个行业并销往全国各地及东南亚、南美等国家。

115. 广州市昱诚电子技术有限公司

地址： 广东省广州市白云区机场路棠景街 6 号寓景大厦 505
邮编： 510403
电话： 020-37157272　36137270
传真： 020-86311921
邮箱： scg7201@ 163. com
网址： www. yuchengnet. com
简介：

广州市昱诚电子技术有限公司成立于 2000 年，运营总部设于广州，是专门从事民航空管专网通信设备、导航系统的集中监控设备及动力机房一体化解决方案的研究、开发与销售的高科技企业。公司注册资金 1010 万元，现有员工 35 人。经营产品涵盖光传输网络、程控电话交换机网络、多媒体通信网路、呼叫中心网络、数据网络、动力机房一体化产品等众多领域，是一家在民航行业经验丰富、实力雄厚、信誉卓著的信息网络解决方案提供商。

昱诚公司一直致力于主要为民航提供最优良的网络信息化系统建设方案，不断整合公司产品优势、技术优势及服务优势，还与华为、艾默生、H3C、IBM、DELL、SUN 等多家行业领航者保持长期紧密的合作关系，成为华为公司民航行业授权代理商及系列产品工程资格，艾默生公司民航行业高级授权代理商及系列产品工程资格，H3C 公司银牌代理商及在民航行业的唯一合作伙伴，自 2005 年 8 月起，历时两年时间我公司与 H3C 公司共同成功开发了适合民航业务传输的 FA36 设备，解决了雷达信号及甚高频电台信号的 IP 网络传输问题，实现了雷达信号在 FA36 传输网内广播，获得了中国民用航空总局空中交通管理局颁发的《使用许可证》，还得到了民航总局、民航中南空管局等各级领导的一致好评。

经过数年的飞速发展，昱诚已经拥有超前的设计理念、高超的技术能力和丰富的务实经验，能为客户提供多样化、个性化、多层次的服务，量身定制的解决方案。作为专业的信息网络系统集成公司，昱诚秉诚“以质为根，以诚为本，以德为先，以信为生”的理念，高质量的满足客户的需求。昱诚以强大的企业凝聚力，以客户为中心的服务宗旨以及开放合作、自主创新的企业文化，推动着公司在激烈的市场竞争中持续高速发展。今后，昱诚继续以高品质的技术、产品、解决方案和服务推动着中国民航网络信息化的建设，并致力于成为通信行业一流的信息网络解决方案提供商。

116. 海丰县中联电子厂有限公司

地址： 广东省汕尾市海丰县金园工业区 A 六座
邮编： 516411
电话： 0660-6400997

传真：0660-6405708

邮箱：eee@ zldyc. com

网址：www. zldyc. com

简介：

公司成立于1991年，位于海丰县城金园工业区。拥有自已的工业园区，占地面积为14600平方米。自建厂房建筑面积为4千多平方米；拥有现代化生产流水线4条，具有完善的生产、研发和检测设备。公司目前有员工一百多人，其中科研、工程技术人员30多名。

公司为国内电源行业知名高新技术企业及国内最早进入开关电源邻域的专业研发生产厂家之一。专业从事各类开关电源、充电机等电源设备的研发、生产、销售，可为客户度身定制各种开关直流稳压电源和充电机等系列产品（电压1000V内，电流6000A内）。公司推出的系列开关电源和系列充电机已在UPS/EPS、电力自动化、广播电视、仪器仪表、通信系统和工业控制、电镀氧化、元器件老化、部队等邻域广泛应用，用户遍及全国各地。

公司的产品品种多、种类全，产品详情请登录公司的网站查看。

117. 华为技术有限公司

地址：广东省深圳市龙岗区坂田华为基地

邮编：518129

电话：0755-28780808

传真：0755-89550100

邮箱：fumoli@ huawei. com

网址：www. huawei. com

简介：

华为是全球领先的信息与通信解决方案供应商。华为于1987年成立于中国深圳，发展到2011年已经将近12万员工。华为围绕客户的需求持续创新，与合作伙伴开放合作，在电信网络、终端和云计算等领域构筑了端到端的解决方案优势。华为致力于为电信运营商、企业和消费者等提供有竞争力的综合解决方案和服务，持续提升客户体验，为客户创造最大价值。目前，华为的产品和解决方案已经应用于140多个国家，服务全球1/3的人口。

华为以丰富人们的沟通和生活为愿景，运用信息与通信领域专业经验，消除数字鸿沟，让人人享有宽带。为应对全球气候变化挑战，华为通过领先的绿色解决方案，帮助客户及其他行业降低能源消耗和二氧化碳排放，创造最佳的社会、经济和环境效益。

118. 惠州 TCL 王牌高频电子有限公司

地址：广东省惠州市仲恺高新技术开发区75号小区

邮编：516006

电话：0752-2096506

传真：0752-2096615

邮箱：xxl@ tcl. com

网址：www. tclrf. com

简介：

惠州TCL王牌高频电子有限公司是一家从事开关电源产品研发、生产、销售一体的高科技现代化企业，综合实力位于全国同类企业前列，公司位于广东省惠州市仲恺高新技术开发区，工厂面积约4万平方米，现有员工1500余人，其中科研技术人员200多名。

公司有着十几年的电子产品生产经验，拥有8条电源产品自动化装调生产线和15条高速SMT生产线。生产工艺完善，电源的年生产能力达1000多万只。公司已通过ISO 9001和ISO14001、QC080000等认证，被评为“广东省高新技术企业”。公司拥有两个独立的研发中心，配备完善的高端实验仪器，以规范的开发流程和完备的实验手段，确保为客户提供满意的电源产品及配套服务。

公司作为TCL集团股份有限公司、泰科立（产业）集团旗下一员，依托集团资源与品牌优势，做客户值得信赖的伙伴和雄厚实力的方案提供商，是我们不懈追求的奋斗目标！

119. 江门市安利电源工程有限公司

地址：广东省江门市新会今古洲经济开发区今兴路20号

邮编：529141

电话：0750-6192880

传真：0750-6192881

邮箱：7506192880@ 163. com

网址：www. jmanli. com

简介：

江门市安利电源工程有限公司是专业从事大功率变频电源设备的研发设计、生产制造、销售、安装调试一条龙服务的电源设备工程公司。公司本着“专业、专心、专注、专一”的工作态度，提供技术先进、性能可靠的大功率变频电源设备系列产品及提供最完整的端到端一体化整体大功率变频电源解决方案及服务。

我公司的变频电源设备产品广泛应用在各大工业制造工厂、码头、修造船厂、浮船坞、海洋钻井平台及外国轮船上。目前已生产出单台功率容量由50～3000kVA大功率变频电源设备系列产品，并采用公司自主研发具有世界最高水平的大功率变频电源同步并联运行技术—模块驱动信号主从同步并联技术，实现最多达4台大功率变频电源无环流可靠并联运行，总功率容量达12MW。是我国目前单台功率容量以及并联总功率容量最大的变频电源设备。

120. 理士国际技术有限公司

地址：广东省肇庆国家高新开发区理士电池工业园
邮编：526238
电话：0758-3103299
传真：0758-3103300
邮箱：domestic@ leoch. com
网址：www. leoch. com
简介：

理士国际技术有限公司（理士国际）是香港联交所主板上市公司（股票代码：00842. HK），其股份被纳入恒生指数综合成分股和被摩根斯丹利资本国际纳入中国指数成股份，是一家全球化的高科技企业，专门从事蓄电池的研制、开发、制造及销售，现已在中国、美国、欧洲、新加坡、马来西亚、香港、布隆迪、哥伦比亚、丹麦、印尼、俄罗斯、西班牙、坦桑尼亚、泰国、乌干达、也门、斯洛文尼亚、沙特阿拉伯等国家和地区设有生产基地、分公司或分销机构，产品销往全球100多个国家和地区。

理士国际在中国的肇庆、深圳、东莞、江苏、安徽建有五个区域性的生产基地和30多个办事处及仓库，占地面积超过87万平方米，员工总数13000余人。理士国际在实践中不断开拓创新、努力进取，成功通过了ISO 9001、TS16949、ISO14001、OHSAS18001、UL、CE等一系列认证，其理士（LEOCH）品牌先后被评为中国驰名商标、省著名商标、省名牌、出口名牌等荣誉称号。理士国际在国内经过多年成长，现已成为，中国最大的蓄电池出口商、中国最大的备用蓄电池生产商、中国最大的消费类蓄电池生产商、中国最大的UPS蓄电池生产商、中国通信公司顶级蓄电池供应商、中国摩托车行业顶级蓄电池供应商。

中国动力电池和汽车蓄电池增长最快的企业之一。理士国际注重技术升级和行业发展工作，组建了超过400人的技术研发队伍，引进了国际一流的铅酸蓄电池行业专家Reihim博士等专家作为公司顾问，并设有博士后流动站和省级技术研发中心，与华南师范大学等高校设立产学研基地，目前拥有各类专利技术320多项，是中国铅酸蓄电池行业中技术领先的企业，理士国际积极参与行业建设，用自身的力量推动行业发展，先后参与制定各项铅酸蓄电池国家标准和行业标准十余项，并组织和参与各项行业会议，受到业界的一致好评，是一家集资本、技术、产业、营销于一体的大型企业。

121. 深圳安固电子科技有限公司

ANDGOOD®

地址：广东省深圳市龙岗区坂田街道东村十四巷1号
邮编：518129
电话：0755-28896787
传真：0755-28894255
邮箱：andgood@ 188. com
网址：www. andgood. cn
简介：

深圳市安固电子科技有限公司成立于2005年6月，是一家集LED照明、LED驱动电源、安防监控电源、车载电源等产品研发、制造、销售及服务于一体的高科技企业。公司拥有一批在节能高效开关电源领域有丰富经验和技术专长的专业技术人才。为适应LED照明事业的发展需要，公司注资3300万元人民币在福建购买了近50亩土地投建工业园，并于2011年6月成立安上（漳州）科技有限公司，工业园投产后将成为现代化的后方生产基地。

公司主要产品：

LED照明灯具、LED驱动电源

安防监控系统后备专用电源

城市公交IC卡车载读卡机专用电源

公司产品种类齐全，LED照明系列主要有，路灯、隧道灯、荧光灯、射灯、洗墙灯等；生产的LED驱动恒流恒压电源具有高效率、高功率因数、高可靠性等特点。安防监控后备电源是最早在国内考勤门禁系统及监控报警系统中推广应用开关电源的成功案例，其高效节能的特性，合理的结构稳定可靠的品质，得到客户的广泛赞誉，产品92%以出口为主；公司开发生产的城市公交IC卡车载读卡机专用电源系列在北京公交、北京地铁、深圳公交及澳门公交等全国各大城市中得到了广泛的应用。

本公司所有电源产品符合CE、UL安规认证及电磁兼容要求，我们不但有自己研发的众多通用型优良产品，更可以为客户量身定做多款物美价廉的产品，为客户赢得更多利润空间。

我们本着“优良的产品品质、合理的价格、迅速的交期及完善的售后服务”为宗旨。重质量、重人才、重研发、重管理、重服务，力争在本行业中创出优秀品牌和佳绩。

122. 深圳奥特迅电力设备股份有限公司

奥特迅

地址：广东省深圳市南山区高新技术产业园南区南一道29号南座
邮编：518057
电话：0755-26520500
传真：0755-26615880
邮箱：atcsz@ 163. net
网址：www. atc-a. com
简介：

深圳奥特迅电力设备股份有限公司，是大功率直流设备整体方案解决商，是直流操作电源细分行业的龙头企业。公司成立于1998年，位于深圳高新技术产业园区，是国家级高新技术企业，于2008年在深圳证券交易所成功上市，公司销售额连续九年位居同业榜首并负责起草或参与制定了多项国家及电力行业标准。

奥特迅秉持“拥有自主知识产权，独创行业换代产品”之理念，致力于新型安全、节能电源技术的研发，创新新型电源技术在多领域的应用，研究开发的多项技术填补国内空白，产品有直流操作电源系列、核电安全电源系列、电动汽车充电站完整解决方案、通信高压直流电源系列。

主要应用在电动汽车、通信、核电、智能电网、太阳能储能、水电、风能等新能源领域，如在举世瞩目的长江三峡工程、西电东送工程、南水北调工程、岭澳核电站、大亚湾核电站以及全国最大规模的深圳大运中心充电站均有奥特迅的产品在运行。

123. 深圳备倍电科技有限公司

备倍电
POWFULL

地址： 广东省深圳市南山区南油登良路商服大厦 423 号
邮编： 518054
电话： 0755-26640365
传真： 0755-26402325
邮箱： lovelgao@ fab-chain. com
网址： www. fab-chain. com
简介：

深圳备倍电科技有限公司（外贸窗口：香港泽田通商有限公司）是专注于消费类电子外设产品开发与生产的集成服务提供商，目前主要产品为移动电源系列和 LED 开关电源，并为各种便携式设备提供配套定制电源服务。

本公司的前身是深圳盛弘电器有限公司的两块业务单元之一，因另一业务的单元为中低压设备（有缘电力滤波器、太阳能逆变器等新能源，目前相关产品的技术属于国内领先水平），后业务实现剥离，在 2008 年底成立香港泽川通山有限公司的外贸窗口，从事独立的移动电源研发、销售，因开拓国内市场需要，于 2010 年成立深圳备倍电科技有限公司（一般纳税人）。

市场主要是分为国内和国外客户，国内主要是礼品商定制，OEM、ODM 配套，并有网络授权经销商；国外客户主要分布在北美、欧洲、日、韩等国家和地区的渠道商。

深圳备倍电科技有限公司，实行自主生产与研发。拥有强大的技术研发团队，一批在从事本行业多年的、经验丰富的技术管理人员。我们凭“真诚、实干、创新、卓越”的企业精神，精湛的技术和生产管理经验，规模不断扩大，产品品种不断创新，技术实力持续增强。拥有 1000 平方米生产车间组装车间，及测试老化设备。公司将在产品和服务方面不断调整，努力为广大客户提供更优质的产品和更优良的服务！

124. 深圳博科源科技有限公司

地址： 广东省深圳市宝安区沙井街道万安路马鞍山工业区 C2 栋 3 楼
邮编： 518104
电话： 0755-27438239
传真： 0755-27438229
邮箱： bkypower@ 163. com
网址： www. bky-power. com
简介：

深圳博科源科技有限公司是一家集开发、生产、销售服务于一体的高科技企业，主要专业生产大、中、小功率（300 ~ 500kW）可调直流稳压恒流开关电源，DC-DC 电源、充电机。变频电源、中频电源、稳压电源、线性电源、应急电源、UPS 及变压器等产品。深圳博科源科技有限公司系中国电源学会、中国电子学会会员。公司以多年研制、生产电源的经验为基础，加之从日本引进先进生产技术，并配合全新的设计理念，服务数字化通信世界。

公司本着“科技为本、质量至上、精益求精、优质服务”的质量方针与经营理念，严谨的工作态度、严格执行 ISO 9001—2000 质量管理体系，建立并完善了质量保证体系，为产品的销售奠定了坚实的基础。

公司厂房面积 3200 多平方米，拥有一批先进的生产设备和 4 条现代化生产流水线，现有员工 100 多名，其中 40 余名是具有从事多年电源研发、生产管理、销售经验的中、高级专业人员。公司的每一个产品从研究开发、元器件筛选、生产调试、整机测试老化、质量检测等各环节均有专门的流程规则，并执行严格的把关，绝不让有质量隐患的产品出厂。产品主要应用于：通信、电台、国防、科研、电力电子、电镀电解、蓄电池充电、器件老化、工控设备及工具电源等。

公司急顾客所急、忧顾客之所忧，在不断提高产品质量的同时并以最实惠的价格、完善的售后服务、准时的交货承诺服务于广大客户。公司可根据客户要求快速定制各类特殊规格用于不同功能用途的大功率电源及充电机等产品（电压 0 ~ 3000V，电流 0 ~ 3000A 内可定制）。

本公司拥有完善的售后服务队伍，具有先进的测试、维修、培训设施。公司为了充分发挥其在各方面的优势并考虑满足广大用户的最大实际需要，现在各主要省市自治区诚征经销商，在您了解我们公司情况后，如有意向成为我们的合作伙伴，欢迎来电来函洽谈具体事宜。深圳博科源科技有限公司是您值得信赖的合作伙伴！

125. 深圳格尔法科技有限公司（原深圳市星河时代电气有限公司）

地址： 广东省深圳市福田区深南中路核电大厦 3 层
邮编： 518031
电话： 0755-83615866
传真： 0755-61640777
邮箱： goafar@ 163. com
网址： www. gp1998. com
简介：

深圳格尔法科技有限公司是一家专业研制、生产、销售通信电源、电力电源、逆变电源、高频开关电源、直流屏、变频电源、EPS 及 UPS 等产品的高科技企业，公司拥有一批富有经验和成果的专业人员，拥有多项自主知识产权及专利产品，并与华中科技大学、航空航天大学等科研院所开展了紧密的合作，系列产品经多年的市场检验与不断优化，以体积小、重量低、效率高、智能化程度高、维护操作方便、高可靠性等诸多优点，在通信、电力、铁路等各个领域得到了广泛应用。

优势产品：通信专用 AC-DC、DC-DC、DC-AC 模块，广泛应用于3G 扩容工程！

通信、电力直流屏及套件，为多家成套企业 OEM 生产！

“智慧源泉，科技结晶”，格尔法一如既往追求高标准、高品质，以最优性价比的产品来回报广大客户。我们将跟随国际电力电子技术的发展步伐，不断研发高性能的电源产品，创造民族产业的新旗帜！

126. 深圳华天启科技有限公司

地址：广东省深圳市松岗镇罗田井山路 14 号
邮编：518105
电话：0755-27103658
传真：0755-81732210
邮箱：szhuaqi@ 163. com
网址：www. huatianqi. com

简介：

深圳市华天启科技有限公司是一家民营高新科技企业，专业从事有机胶粘剂产品的开发、生产和销售。公司坐落在美丽的鹏城-深圳。公司产品类型有，粘接密封类胶粘剂、敷形类胶粘剂、灌封类胶粘剂、导热类胶粘剂等。产品囊括了单组分室温硫化硅橡胶、双组分室温硫化硅橡胶、双组分加成型硅橡胶、导热硅脂（散热膏、传温油）、有机硅树脂、环氧树脂灌封胶等胶粘剂。主要应用于电子、电器、通信、IT、灯饰、汽车、航空等领域。随着全球电子电器及 IT 电路高集成、高精密的发展，对其相应配套的化工材料提出了更高的要求。为满足其要求我公司在原材料采购、产品测试、产品批量生产、产品销售以及售后服务都严格按照 ISO 9001 质量管理体系执行，确保了产品的稳定性和可靠性。在产品研发方面不断加强同国内多家知名的研究所及大学开展合作，拥有独立的 3 个实验室和检测中心。雄厚的技术实力，完善的生产销售管理，先进的生产工艺，齐全的检测手段使我厂产品有了坚固的质量保证，并不断扩展产品应用领域。

一直以来，“华天启”都怀着一颗感恩的心，怀着冷静的思考，怀着一种深刻的行业责任，并以这种专业而锐意进取的精神创造出优质、安全、高效的产品回报给社会。我们固执地坚信：我们完全能为阁下提供尽善尽美安全高效的产品及服务。

127. 深圳华意隆电气股份有限公司

地址：广东省深圳市南山区西丽镇红花岭工业南区五区三栋
邮编：518055
电话：0755-86000398　86007952
传真：0755-86000571
邮箱：sz@ szhuayilong. com
网址：www. szhuayilong. com

简介：

深圳华意隆电气股份有限公司是一家集研发、生产、销售、服务为一体的专业从事逆变焊割设备制造的高新技术企业，拥有自营进出口权。

经过多年的技术创新和品牌经营，公司先后被授予“中国名优品牌”、“质量、服务、信誉 AAA 级企业”。

目前公司在职员工近 1000 名，具有雄厚的自主研发、设计和生产制造能力。拥有的和正在申请的国家专利共计 90 余项。并荣获多种奖项。

公司主要产品有，全数字化多功能逆变焊机、逆变直流手工弧焊机系列、逆变手工/氩弧焊机系列、逆变等离子切割机系列、逆变二氧化碳气体保护焊机系列、逆变埋弧焊机系列、数字化脉冲氩弧焊机、数字化单管逆变气体保护焊机系列等 26 大系列，共计二百余种产品。涵盖了民用型、工业型、数字化、经济型焊机四大类，广泛应用于建筑、桥梁、钢筋架构、火电厂、汽车、造船以及五金加工等各大行业。工程案例遍及全国各地，同时建立物流配送、售后服务中心，及时有效的为客户提供服务与技术保障。

128. 深圳晶辰电子科技股份有限公司

地址：广东省深圳市宝安区松岗街道塘下涌同富路 10 号
邮编：518105
电话：0755-29866866
传真：0755-29866865
邮箱：webmaster@ jewel-etech. com
网址：www. jewel-etech. com

简介：

深圳晶辰电子科技股份有限公司成立于 2001 年 3 月，是国内知名的电源制造商，平板电视电源行业的开拓者和技术领先者。公司集产品研发、制造、销售为一体，生产经营各类开关电源，并提供相关的技术支持服务。

作为国家级高新技术企业、深圳市企业技术中心、宝安区开放性研究开发基地，晶辰电子拥有一支高素质的研发队伍，致力于各类平板显示（LCD、PDP、LED）开关电源、PC 电源、医疗和通信动力电源、大功率锂电池充电电源、电源适配器、升压板、LED 路灯驱动电源、LED 照明电源等系列产品的研发与设计。一整套持久、完善的研发管理体系、保证了产品从原理方案论证、设计开发、例行实验、新品试产的标准化，也使得晶辰电子的产品通过了包括 CCC、UL、CSA、PSE、VDE、BSI、CE 在内的 129 项国际安规认证。

秉着“以客为尊、人才为本、品质第一、永续创新、高效务实、协作共享”的经营理念，晶辰电子在市场上树立了良好的企业形象，与国内外众多国际知名企业建立了长期友好的合作伙伴关系。

129. 深圳欧陆通电子有限公司

欧陆通 HONOTO

地址：广东省深圳市宝安区西乡街道洲石路 111 号富源工业城 C7、C8 栋

邮编：518145

电话：0755-33857166-10

传真：0755-81453115-218

邮箱：david@ honor-cn. com

网址：www. honor-cn. com

简介：

深圳欧陆通电子有限公司是我国南部最大的电源供应器生产商之一，占地面积 25000 平方米，员工 2800 多人。公司集开发、生产、销售于一体，主要产品有适配器、充电器、直流转换器、电子变压器、感应器和 LED 驱动电源、工业电源（IPC）、太阳能发电逆变器、充电桩电源等。产品广泛适用于显示器、音响、电话机、手机、电脑外置硬盘及打印机、交换机、路由器、电视机、机顶盒、电子书、数码相框、扫描仪、工控系统、电力系统、轨道交通、医疗器械、电动汽车以及太阳能与风力发电领域等。

“务实、品质、创新、服务”是公司的经营理念，公司产品通过了 UL、CUL、CE、VDE、GS、CCC、PSE、EK、NOM、PSB、GOST、BSMI、SAA 等认证，产品出口到世界各地。

公司产品市场分布为，产品 65% 销往美国及欧洲，15% 销往日本、韩国，20% 销往国内及其他地区。

130. 深圳市艾丽声电子有限公司

地址：广东省深圳市宝安区黄田恒昌荣高新产业园 10 栋 3、4 楼

邮编：518128

电话：0755-29962166

传真：0755-29962211

邮箱：info@ alenson. com

网址：www. alenson. com

简介：

深圳市艾丽声电子有限公司是一家高科技民营企业，成立于 1998 年。公司自成立以来，从无到有、从小到大，在科技创新、生产制造、人才培养等方面实现了跨越式的发展。艾丽声坐落于全球电子产品生产聚集地深圳宝安，距深圳国际机场和广深高速的福永出口都在 10 分钟以内车程；离宝安和鹤洲两个高速公路出入口均在 15 分钟车程以内；紧邻 107 国道，交通十分便利。公司拥有超过 13000 平方米的厂房面积，以及从注塑、喷油、丝印、移印、SMT、组装及包装的 6 个专业化生产车间，超过 50 人的研发团队，总人数在 600 人以上。艾丽声专注于电子产品的研发、生产与服务，产品涉及太阳能便携式移动电源、智能太阳能控制器、太阳能充电器、恒压型智能水泵控制器、UPS 不间断电源逆变器、太阳能逆变器、古兰经播放器等几个主要领域。产品销往欧美、东南亚、中东以及非洲多个国家和地区，是海外多家上市集团公司在中国大陆地区的长期合作伙伴。

在公司的发展历程中，形成了良好的企业文化氛围，同时也汇聚了一大批优秀的技术、管理人才和优质供应商，为公司的长足发展提供了必要的保障。艾丽声一直秉承“诚信经营、品质优先”的宗旨，全心全意为客户提供一流的产品与服务。结合自身实际，公司积极探索科学高效的管理方式，业已形成在品质、交货期、效率与制造成本控制等方面较为完善的运作机制。

主要产品：太阳能便携式移动电源系列、智能太阳能控制器系列、太阳能充电器系列、专用变频器系列、UPS 不间断电源逆变器系列、太阳能逆变器系列、古兰经播放器

131. 深圳市安科讯实业有限公司

ACT®

地址：广东省深圳市盐田区北山大道北山工业区 5 号楼

邮编：518083

电话：0755-25552808

传真：0755-25558229

邮箱：info@ szaction. com　support@ szaction. com

网址：www. szaction. com

简介：

深圳市安科讯实业有限公司成立于 1999 年，是一家集产品研发、生产和销售为一体的高新技术企业。依靠多年积累的行业技术经验和自身强大的研发创新能力，在彩色平板显示领域不断取得突破，现有产品包括：数字电视、数码相框、手机、笔记本、电源等。产品主要销往欧美、澳大利亚、亚洲等 20 多个国家和地区。

通过 ISO 9001：2008、TS16949：2002 及 ISO14001：2004 体系认证，建立了一套从产品研发、生产到出货的全过程品质管理体系，产品取得了 CCC、CE、FCC、UL 等产品认证证书。

132. 深圳市安托山技术有限公司

地址：广东省深圳市宝安区沙井镇新沙路安托山高科技工业园6栋
邮编：518104
电话：0755-33842888
传真：0755-33923833
邮箱：market@ atstek. com. cn
网址：www. atstek. com. cn

简介：

深圳市安托山技术有限公司是一家致力于通信电源、系统电源、逆变电源、LED 驱动电源开发、生产、销售、服务的专业电源厂家，产品辐射通信、工业控制、军工及其他高科技领域。公司已通过 ISO 9001 质量体系认证、ISO14001 环境体系认证。

公司位于深圳市宝安区沙井安托山高科技工业园内，拥有厂房面积 12000 平方米，拥有雄厚的资金、尖端的人才，先进完善的设备，卓越的管理。具备世界级先进的生产设备和现代化的标准生产厂房，在设计、工艺和设备等方面均达到国内先进水平，公司拥有通信电源电子产品、通信电源机加工产品生产线两条，能完全独立开发生产通信电源的电子部品、机械部品。生产工艺机械化、自动化程度高；并配备有一级实验室，引进国际先进检测设备，建立完备的试验、检测系统，确保产品保持国际国内领先水平。

133. 深圳市比亚迪锂电池有限公司

地址：广东省深圳市龙岗区宝龙工业城宝坪路 1 号
邮编：518116
电话：0755-89888888
传真：0755-89643262
邮箱：rita. he@ byd. com
网址：www. byd. com. cn

简介：

深圳市比亚迪锂电池有限公司（以下简称比亚迪锂电池公司或公司），成立于 1998 年，是比亚迪股份有限公司（以下简称比亚迪股份）的全资子公司。2001 年，比亚迪股份启用事业部制管理，遂将比亚迪锂电池公司内部命名定为第二事业部。目前，第二事业部拥有深圳、上海、惠州、商洛四大生产基地，下设深圳锂电工厂、上海锂电工厂、网络能源工厂、太阳能电源工厂、工具电池工厂、储能电池及汽车电池厂、设备与工程厂等 9 个生产部门及人力资源部、财务部、项目管理部等 10 个职能部门，拥有员工 2 万余人。

公司产品规划由生产单一的锂离子电池，逐渐转向为客户提供全套能源解决方案。现有产品主要包括铁电池、锂离子电芯、电池 Pack、聚合物电池，以及新兴产品电动自行车电池、EV/HEV 电池、硅铁模块、UPS、DPS、太阳电池片、太阳电池模组等，主要应用于手机、无绳电话、笔记本、数码产品、电动工具、后备电源、通信设备备电、太阳能路灯及照明设备、电动车船、各类储能电站等领域。

134. 深圳市必事达电子有限公司

地址：广东省深圳市宝安区福永街道城建工业园
邮编：518000
电话：0755-27379031
传真：0755-26644736
邮箱：13902918520@ 139. com
网址：www. c-con. net. cn

简介：

成立于 1999 年的华拓国际企业有限公司，在国内拥有广东深圳、重庆、浙江兰溪三大生产基地。产业主要集中在新能源、新材料、自动化设备和 LED 四大领域。

公司是数码相机、电容储能点焊、电梯、频闪灯等应用的特种材料电容器的国内主要供应商。公司在重庆投资生产锂电池软包装铝 PP 膜、LED 用铝基板。在深圳投资生产自动化设备和 LED 成灯。在浙江兰溪投资生产锰酸锂粉、锂电池和超级电容。

135. 深圳市长运通光电技术有限公司

地址：广东省深圳市南山区科技中二路深圳软件园 4 栋 201
邮编：518057
电话：0755-86168222
传真：0755-86168622
邮箱：cyt@ szcyt. cn
网址：www. szcyt. com

简介：

深圳市长运通光电技术有限公司（CYT）于 2003 年诞生于深圳，是一家集研发、生产和销售为一体的国家高新技术企业，国家集成电路设计深圳产业化基地重点企业、深圳市自主创新行业的龙头企业和广东省半导体照明产业联合创新中心发起企业。

公司坚持以“核心技术，劲显价值；开拓创新，引领潮流”为技术发展理念，以电源管理 IC 和 LED 照明解决方案为核心，充分发挥电源管理 IC 的技术优势，把电源管理技术与 LED 技术完美结合，开发具有自主知识产权、国际先进水平的 LED 照明光电解决方案——“双核三高”核心技术，即以去电源化驱动和高压 LED 芯片为核心技术，以高光效、高寿命、高性价比为产品标准。

公司坚持以“市场导向、质量第一”为产品制造理念，先后通过了 ISO 9001：2008、ISO14001 等质量体系认证。

公司自主品牌“Doton”LED系列照明产品，通过了CCC、CQC、UL、CE、SAA、ROHS等认证。公司以客户需求为导向，为客户提供差异化的产品和解决方案。市场营销网络覆盖内地及港澳台、欧美、大洋洲、东南亚等100多个国家和地区。

公司坚持以“专业、专心、专注、诚信赢未来”为经营理念，实施以技术创新和客户需求为导向的双轮驱动战略。公司拥有完整的研发体系架构，以专业创造价值。2012年5月28日，广东省省长朱小丹在全省推广应用LED照明产品工作会议上指出：“去电源化高压LED芯片等关键核心技术攻关取得阶段性进展，为全面降低LED生产成本提供坚实支撑”。

136. 深圳市东辰科技有限公司

地址： 广东省深圳市宝安区宝城68区留仙二路鸿辉工业区2号厂房
邮编： 518101
电话： 0755-26632038
传真： 0755-26633000
邮箱： market@ dctec. com. cn
网址： www. dctec. com. cn

简介：

公司成立于2004年，注册资本3068万元，是专注于Dctec品牌高频开关电源的研发、生产与销售的高科技企业。东辰科技坚持以服务客户为己任，立足于自主研发，专业从事高频开关电源的定制服务。

东辰聚集和培养了大量电源行业的精英，组成了强大的研发、生产、品控和管理队伍。拥有1万多平方米的研发与生产基地，员工近500人。于2005年3月顺利通过ISO 9001质量体系认证，从2006年3月开始导入ROHS管理体系，多数产品通过了UL、TUV、CE、CSA、CCC、PCT、EK、IRAM、NOM等多项认证，并获得了数十项产品发明专利。

现有600余种AC-DC、DC-DC、DC-AC客户定制产品的种类和系列，功率覆盖2W到10000W等级，广泛应用于移动通信、网络通信、工业控制、医疗设备、高速铁路、新能源以及其他高科技领域。欢迎广大客户来电咨询，我们将为您提供专业的参考建议和解决方案。

稳定压倒一切！深圳市东辰科技有限公司！

137. 深圳市富凌控制技术有限公司

地址： 广东省深圳市南山区中山园路9号君翔达大厦B栋
邮编： 518000
电话： 0755-86567103
传真： 0755-86567102
邮箱： cso@ bbpower. cn
网址： www. bbpower. cn

简介：

富凌控制是一家致力于高端光伏逆变器研发、生产和销售的高新技术企业，分别在浙江和深圳设立研发制造基地，总面积达20，000平方米，包括位于中国硅谷—深圳的2000平方米的研发中心和世界领先的自动生产线2条，年产高低压变频器和光伏逆变器达20万台，跻身为亚洲最大的高端光伏逆变器制造商之一。

始于科研，精于科研的富凌研发精英团队一直专注于技术的创新。除了与浙江大学等单位组建合作研发机构外，我们自主研发的专利也超过10多种。其中，富凌深圳研发中心拥有中国最优的光伏逆变器拓扑结构全球专利及其他光伏逆变器专利多项。不断的技术创新和潜心专注的科研，被我们视为基业长青的源泉。同时，在生产质量方面，富凌领导层同样坚信科学。一方面完善了公司整体运作、生产流程等，通过了ISO 9001—2008，涵盖了从进料管理、PCBA组装、成品组装、到产品包装、售后服务等各个环节；与全球变频器和光伏逆变器核心元件制造商英飞凌（Infineon）以及日本富士电机建立了长期的战略合作伙伴关系，多次荣为英飞凌”最佳战略合作伙伴”单位。在强化科研创新和质量保证的前提下，从供应链的源头出发，步步为营降低成本，提高了变频器和光伏逆变器的性价比。多年来，雄厚的科研实力和完善的质量管理体系一直是富凌产品优异的质量和性能的保障。

138. 深圳市伽玛电源有限公司

地址： 广东省深圳市宝安区西乡街道固戍社区航城大道安乐工业区厂房B4栋3楼B
邮编： 518101
电话： 0755-83487300
传真： 0755-83487301
邮箱： hx. huang@ gamatronic. com. cn
网址： www. gamatronic. com. cn

简介：

在高科技领域，以色列这个充满神秘色彩的国度一直享有盛名，GA已经跻身于电源、电子行业近40载，目前已经与全球范围内80多个国家建立广泛的联系，为用户提供高端电源产品以及高效的一体化解决方案。

GA由约瑟夫·格仁（Josef Goren）创立于1970年，已经成为以色列经营电源的专业型尖端企业之一。1994年在特拉维夫证券交易所上市。GA于2004年正式进入中国，经过近5年的发展，已经成为模块UPS专家，占据行业领先地位。

GA总部和工厂位于有“圣城”之称的耶鲁撒冷，在英国、中国、巴西设有代表处，全面负责区域市场的市场拓展和维护。

GA聚焦高标准的技术和研发理念，不断进行技术创新，推出符合对持续、可靠、纯净电源需求日益增加的关键行业领域，如国防、医疗机构、信息中心以及电信等。

139. 深圳市港泰电子有限公司

KNT

地址：广东省深圳市宝安区松岗镇东方大田洋工业区田洋三路 1-A

邮编：518052

电话：0755-27139706/9708/9136

传真：0755-27139137

邮箱：info@ kntecn. com

网址：www. kntecn. com

简介：

深圳市港泰电子有限公司成立于 2000 年，多年来致力于研发和生产各种类型的工频、高频变压器及电抗器。是一家技术实力雄厚的专业生产企业。公司拥有一支专业、稳定、高素质的研发队伍；主要核心技术人员和管理者都具备多年的变压器行业工作经验。公司一贯坚持："质量第一，顾客至上"的方针，以满足用户需求为宗旨，积极开拓国内、国际市场。产品严格执行中国 CQC、美国 UL、欧洲 CE 等认证要求，建立了完善的品质保证体系。并获得 ISO 9001：2008 国际质量体系认证。

公司主要产品有：逆变电源变压器、自耦变压器、隔离变压器、控制变压器、电抗器以及高频电子变压器、开关电源变压器、驱动变压器、通信器材变压器、PFC 功率因素变压器、SMD 贴片变压器、电源滤波器、电感线圈等。

140. 深圳市港特科技有限公司

港特科技
KTRANSFORMERS

地址：广东省深圳市宝安区松岗街道楼岗工业区厂房 C 栋一至四层

邮编：518105

电话：0755-29095011　29095012　29095055

传真：0755-29095058

邮箱：ktt@ kttchina. com

网址：www. kttchina. com

简介：

港特公司具有十余年丰富的变压器研发、生产经验的积累，已成为电源行业知名的优质供应商，公司始终坚持"诚信是企业的生命，创新是公司的灵魂"的企业发展理念。本公司引进了先进的生产与检测设备，以完善的品质管理，严格的生产工艺要求以及优质的售后服务，更以专业的技术研发使之不断地创新突破。

141. 深圳市好科星电子有限公司

地址：广东省深圳市宝安区福永和平村和秀西路 68 号

邮编：518103

电话：0755-33813990　33813991

传真：0755-33813989

邮箱：hkxdz@ hkxdz. com

网址：www. hkxdz. com

简介：

深圳市好科星电子有限公司是专业研发，制造大、中、小功率（150W ~ 100kW）开关直流稳压，恒流电源及全自动充电机的生产厂家。集设计、开发、生产、销售为一体的企业。公司本着"科技为本，质量至上，精准求精，优质服务"的质量方针与经营理念，严谨的工作态度，建立并完善了质量保证体系，为产品的销售奠定了坚实的基础。公司拥有先进的生产设备和现代化的生产流水线。公司的每一个产品从研发、元器件筛选、生产调试、整机测试老化、质量检测等各环节均有专门的流程规则，并执行严格把关，绝不让有质量隐患的产品出厂。产品主要应用于：通信、电台、国防、科研、电力电子、电镀电解、蓄电池充电、器件老化工控设备及工具电源等。公司急顾客之所急，忧顾客之所忧，在不断提高产品质量的同时并以最实惠的价格，完善的售后服务，准时的交货承诺服务于广大客户。我们可以根据您的要求量身定做各种规格的开关电源及充电机。好科星电源将是您值得信赖的合作伙伴。DC-DC 电源，电源广泛应用于电力直流屏系统、工控、通信、科研、蓄电池充电等设备。

142. 深圳市核达中远通电源技术有限公司

地址：广东省深圳市南山区桃源街道留仙大道 1268 号众冠红花岭工业北区 1 栋

邮编：518055

电话：0755-26515709

传真：0755-26515601

邮箱：wangyong@ vapel. com

网址：www. vapel. com

简介：

深圳市核达中远通电源技术有限公司隶属广东核电集团，是国家核准认定的高新技术企业，专业致力于 VAPEL 品牌高频开关电源的研发、生产和销售。公司已通过 ISO 9001 国际质量体系认证和 ISO14001 国际环境体系认证，是诺基亚西门子、爱立信、摩托罗拉、华为、中兴、UT 斯达康等国内外知名企业的优秀供应商和指定供应商。

总部设在深圳，现有员工 1500 余人，拥有 5 万多平方米的开发和生产基地。公司拥有 400 多名的研发队伍，具有强大的新产品开发和快速响应能力，延续并跟踪国际电源大公司的先进的设计理念，针对国内外电网的实际情况，紧跟世界电源新技术的发展，推出各种满足用户需求的高性能、高可靠的 VAPEL 电源产品。为了迎合目前日益激烈地市场竞争和高新科技高速发展的需要，公司投入巨资建立高标准的测试实验室，配置国际先进的测试设备和采取国际先进的测试手段，进行各种元器件应力分析、高低温及其循环试验、振动试验、冲击试验、交变湿热试验、安规测试、EMC 测试、MTBF 分析试验、FMEA 分析试验、加速老化试验等，从而保证了 VAPEL 电源产品的高可靠性。电源已通过 UL、TUV、CE、CSA、CCC、TLC 等国内外的产品安规认证。现有 5000 余种 AC-DC、DC-DC、DC-AC 的标准产品、非标准产品、客户定制产品的种类和系列，功率覆盖 2W 到 12000W 等级，广泛应用于通信、电力、工业控制、仪器仪表、医疗、铁路、军工及其他高科技领域；有通信系统电源、GSM 和 CDMA 无线基站电源、直放站电源、路由器电源、网络交换机电源、SDH 电源、仪器仪表电源、医用电源、铁路机车电源、汽车电源、电力电源、工控电源、逆变器电源、军工电源等。

欢迎广大新老客户订购或订制电源，我们将为您提供最完善的服务。

143. 深圳市华之美半导体有限公司

H&M 华之美半导体
SEMI www.hmsemi.com

地址： 广东省深圳市福田区福虹路世贸广场 A 座 3408/B 座 16D

邮编： 518033

电话： 0755-83679705

传真： 0755-83679711

邮箱： manager@ hmsemi. com

网址： www. hmsemi. com

简介：

深圳市华之美半导体有限公司（H&M　Semiconductor）是国内电源管理 IC 和功率半导体器件领先的设计与销售企业，专业从事各种电源管理 IC 和功率半导体器件的设计、生产和销售。

公司成立以来，产品已涵盖了电源管理 IC（锂电充电/LDO/DC-DC/电压基准源/稳压 IC 等）、MOSFET（场效应管晶体管）、EEPROM、音频、时钟、数码管显示驱动 IC 等诸多种类上百个型号。

公司目标成为国内最具价值的电源管理 IC 和功率半导体器件的供应商之一。

公司是深圳半导体协会成员、中国电源学会成员。

公司立足于自主创新，拥有和致力于“H&M　SEMI”自主品牌产品的推广。

144. 深圳市环球众一科技有限公司

GTS

地址： 广东省深圳市宝安西乡劳动第二工业区 2 栋 1 楼 &2 楼

邮编： 518102

电话： 0755-27798480

传真： 0755-27798960

邮箱： amy. tang@ gtstest. com

网址： www. gtstest. com

简介：

深圳市环球众一科技有限公司（以下简称 GTS）立足于深圳，作为环球中检联合检测机构成员，面向国际贸易市场，是一家主要从事电磁兼容（EMC）测试、安规（Safety）测试、无线射频和电信终端类产品（RF，Telecom）测试、化学（Chemical）测试认证和代理的专业服务机构。GTS 为标准化的第三方检测实验室，得到欧、美、亚各大认证机构授权。为商用及家用电器产品、信息技术类产品、音视频类产品、灯具类产品、玩具类产品、机械类产品以及电动工具等产品，专业提供 UL、GS、CE、CCC、CSA、ETL、FCC、RoHS、PAHs、SASO、REACH、KC、PSE 等多国测试与认证，以及各国能效测试服务。

我们通过与 UL、TUV、ITS、SGS、CSA、NEMKO、CQC 等权威机构的合作及大量国际认证检测工作的磨炼，积累了丰富的经验，为您提成专业、快捷、满意的认证服务，让您的产品顺利进入国际市场，迅速实现“全球通”!

在无线射频和电信终端类产品（RF，Telecom）测试方面，国家通讯终端产品质量监督检验中心，广东省通讯终端口质量监督检验中心作为我们环球中检联合检测机构的技术支持平台，在深圳本地提供无线射频和电信终端类产品的测试、抽检和认证服务。

同时，GTS 可提供产品整改咨询、出货前检验及验货服务，高效、权威、公正、快捷!

145. 深圳市汇业达通讯技术有限公司

地址： 广东省深圳市宝安区观澜环观南路高新技术产业开发区泰豪科技园

邮编： 518110

电话： 0755-89800910

传真： 0755-27521017

邮箱： huiyeda0239@ 163. com

网址： www. huiyeda. com

简介：

深圳市汇业达通讯技术有限公司专业从事高频模块化交直流电源系统与模块的研发、生产及销售为一体的高科技企业。

公司成立于 1996 年，严格按照 ISO 9001：2008 及现代企业模式管理，有一支经验丰富且高素质的研发团队：70% 以上具有本科以上学历，由博士、硕士及重点大学优秀本科生组成。在国内率先研发出具有自主知识产权以 DSP 为主控芯片的数字模块化电源技术，已拥有智能高频开关直流电源系统、模块化 UPS 和 EPS、模块化逆变电源、一体化数字电源、轨道交通专用电源、通信电源、新能源汽车充电站电源以及其他多种功率等级的工业电源产品，所有产品均通过了国家权威部门的检测和电磁兼容 EMC 测试。

公司通过多年来的努力，产品广泛应用于电力、电厂、轨道交通、石化、冶金、新能源等领域，同时还出口到南美、东南亚、中东、东欧以及非洲等国家和地区，赢得了良好的声誉，得到用户的一致好评。

146. 深圳市捷益达电子有限公司

Jeidar

UPS systems

地址： 广东省深圳市宝安区固戍东方建富愉盛工业园 12 栋 2 楼

邮编： 518126

电话： 0755-26696338

传真： 0755-26811099

邮箱： jeidar@ 163. com

网址： www. jeidar. com

简介：

深圳市捷益达电子有限公司

成立时间：1993 年 7 月。

公司性质：研发、生产、销售、服务为一体的电源专业制造商。

项目经营：产品涵括了商用及电力不间断电源（UPS）、逆变电源（INV.）、EPS 应急照明电源、蓄电池及相关的设备管理软件，以及为不间断电源提供的专业技术咨询与支持服务。

市场地位：中国电源行业的领先者。

发展目标：实现 UPS 产业化，成为具有国际竞争力的中国电源专业企业。

发展战略：追求名品牌战略，持续推动品牌建设；确保公司在市场价值链中的地位，建立和不断调整适合市场竞争的经营组合体制；以建立终端用户为基础，依托渠道经销商为节点的营销模式；立足拥有自主知识产权和拥有核心技术；按照国际、国家标准建立规范的制造业体制，推行适合公司发展的管理模式。

147. 深圳市金顺怡电子有限公司

地址： 广东省深圳市南山区西丽镇官龙工业区东区 A15 号

邮编： 518055

电话： 0755-26749900

传真： 0755-26749903

邮箱： plan@ szjsy. com. cn

网址： www. szjsy. com. cn

简介：

深圳金顺怡电子有限公司创立于 1995 年 8 月。专业化生产各类型的电子变压器、电源变压器、电抗器、电感等，应用于光伏逆变器、UPS、EPS、逆变电焊机、电力操作电源、高频智能开关电源等电子产品。

本公司具有丰富的制造特种变压器的经验和完善的生产工艺为保证。能够完全达到欧盟的 ROHS 要求。测试手段齐全、技术力量雄厚、产品质量可靠。深得广大客户的信赖！每年给世界五百强企业艾默生提供大量的变压器、电感、电抗，凭借可靠的品质、工艺手段，已成为艾默生、华为、山特、科华等最终实的供应商。

148. 深圳市巨鼎电子有限公司

深圳市巨鼎電子有限公司

SHENZHEN JUDING ELECTRONICS CO.,LTD.

地址： 广东省深圳市宝安区宝田一路 636 号百利园五楼

邮编： 518102

电话： 0755-26974799

传真： 0755-26974522

邮箱： sales@ judingpower. com

网址： www. judingpower. com

简介：

本公司是一家专业的高频开关电源制造商，成立于 1998 年，一直专注于开关电源的研发、生产、销售与服务，致力于为客户提供高品质的、高可靠的电源产品和完美的电源解决方案。

我们的产品包括 AC-DC 一次电源、DC-DC 二次电源、ADAPTER 适配器电源、DC-AC 逆变电源、PFC 功率因素校正电源及 UPS 不间断电源等六大系列，一千多种标准与非标电源产品，单机电源功率涵盖 0. 5W 到 5000W。

本公司产品目前在国内电子检测设备和银行监控等应用领域处于领先地位，其中集中供电电源成为唯一一家入围多家银行监控工程的产品。

“高质求生存，低价赢客户，优服促发展”是公司的经营宗旨。制造高品质、高可靠性的电源产品仅仅是我们迈出的第一步，为每一个客户提供最完美的电源解决方案才是我们的最终目标“创新源于专业制造，放心自在‘巨鼎电源’”！

每一个产品，我们，巨鼎人，都将为您精诚打造！

149. 深圳市科陆电源技术有限公司

地址： 广东省深圳市南山区留仙大道 1298 号南山区人才公寓东明花园二楼

邮编： 518055

电话： 0755-26610640　26638977

传真： 0755-26632050

邮箱： auto@ szclou. com

网址： www. szclou-power. com

简介：

深圳市科陆电源技术有限公司（以下简称科陆电源），是一家专业从事电力电源产品（直流操作电源设备、不间断 UPS 电源设备、电力用直流和交流一体化不间断电源设备、电力专用电源设备等）的研发、生产、销售与服务的公司。成立于2005年、其前身是深圳市科陆电子科技股份有限公司的电源事业部。

科陆电源自成立以来，紧密依托高新技术，以发展民族工业为己任，创造国际品牌、永居电力行业高峰为目标，得以持续快速发展；其产品先后在1000MW及以下的发电行业、750kV及以下等级的变电站行业，以及在轨道交通、石油化工、水利行业都得以广泛使用。产品具备的技术先进性、安全可靠性、易操作性、抗干扰性、可扩展性、开放性，适用性的特点，得到广大的用户一致好评。

目前，公司拥有几十项国家专利及软件著作权，其电力电源产品全部具有自主知识产权，使用“科陆”商标。

科陆电源是中国电源学会、全国电力系统直流电源委员会委员单位；也是广东省电机工程学会交直流电源专业委员会常务委员会委员。

科陆电源的愿景：“打造世界级能源服务商”。

150. 深圳市科瑞爱特科技开发有限公司

地址： 广东省深圳市宝安区西乡镇固戍二路南昌健裕第二工业区B栋7F
邮编： 518102
电话： 0755-26521348
传真： 0755-26522816
邮箱： 631045164@qq.com
网址： www.szcreate.com/cn
简介：

深圳科瑞爱特公司成立于2003年，是一家集开发、研制、生产、销售通信智能高频开关电源、逆变器、逆变电源、直流电源系统及通信电源系统的高新技术企业。已经通过高新技术企业认定证书ISO 9001：2000质量管理体系认证，信息产业部进网检验报告，拥有多项新开发的产品申请专利。

产品已经广泛用于大中型电厂、变电站、冶金、石化、纺织、铁路、交通、金融、通信（移动、联通）等各个领域，并深受客户、专家、学者的一致好评。低碳环保、节能减排，开创新能源新局面，给我国民族信息产业的发展贡献了应有的力量！

151. 深圳市库马克新技术股份有限公司

地址： 广东省深圳市宝安区石岩镇宏发工业园三栋二楼
邮编： 518108
电话： 0755-81785111
传真： 0755-81785108
邮箱： business@cumark.com.cn
网址： www.cumark.com.cn
简介：

深圳市库马克新技术股份有限公司（CUMARK）是一家在电力电子传动和自动化及其相关领域的国家级高新技术企业，主要在电力电子电源与传动、过程自动化、智能电网等领域，为有色金属、钢铁、石油、化工、煤炭、电力、环保、制药、食品、烟草、机械、市政等大中型工矿企业和市政工程提供涵盖工艺控制、节能控制咨询、系统设计、系统设备采购、系统设计集成和现场安装调试一体化服务。

公司成立于2001年3月19日，在公司全体员工的共同努力下，公司实现了快速发展，现已成为在复杂电力电子传动和自动化领域拥有多项核心专利技术和产品，拥有国家级高新技术企业、调速电气传动系统国家标准起草单位、国家发改委备案的节能服务公司、中国节能协会节能服务产业委员会常务理事单位、深圳市知名品牌等资质荣誉，是步入腾飞的未来新星！

库马克总部位于深圳市福田中心区，研发生产基地位于深圳市宝安区石岩镇宏发工业园。现已在全国各大省市均设有办事处和售后维修服务中心，可为各地客户提供优质、快捷的本地化服务。

152. 深圳市联德合微电子有限公司

地址： 广东省深圳市南山区艺园路马家龙田厦IC产业园2-008号
邮编： 518052
电话： 0755-26982076
传真： 0755-26983407
邮箱： service@lpme.com
网址： www.lpme.com
简介：

深圳市联德合微电子有限公司于2002年4月5日由几位技术、销售、管理方面的专业人士共同发起成立，注册资本555万元人民币。专业从事民用电源芯片、高压器件的研发与销售，是经认定的国家级高新技术企业、集成电路设计企业与软件企业，是工信部组织的“中国半导体照明技术标准工作组”成员单位。目前公司分别在深圳和成都设立了研发中心，共拥有员工55人，其中从事IC、软件等高新技术产品开发的技术人员占56%以上。

作为以芯片研发、销售为主的高科技企业，我们拥有一支强大的高素质的研发队伍，聚集了众多从业多年并积累了丰富经验的IC设计、工艺工程师，拥有先进的设计工具和测试手段。已授权的各类型知识产权35项，其中PCT国际申请3项，国内发明专利10项。

公司采用无工厂化模式，专注于特殊BICMOS、BCD高压工艺及IC的开发与应用，并与国内知名的晶圆代工生产企业建立了研发合作伙伴关系。公司已研发并投入量产的IC产品共9个系列50余种，主要包括：高压AC-DC电源管理芯片、LED驱动芯片、PFC、大功率高压MOS管、

PDP 驱动芯片等。已广泛应用于电源管理、LED 照明、电力计量、汽车电子、工业自动化、多媒体、通信、安防等领域。

153. 深圳市南方默顿电子有限公司

地址： 广东省深圳市宝安区松岗街道东方社区大田洋工业区东方华丰工业园（华美路段）D 栋 4 楼 1 号
邮编： 518105
电话： 0755-27143393
传真： 0755-27143830
邮箱： merdn88@ 163. com
网址： www. merdn. com
简介：

深圳市南方默顿电子有限公司是一家自研发、生产、销售到售后服务一体化的专业 UPS 生产制造公司。公司一贯秉承“品质第一，客户至上，追求卓越”的经营理念与奋斗目标，长期致力于科技研发与技术创新，以给消费者提供更合适的产品；完整的系统技术，优异的产品品质，以给客户提供完整的电力解决方案。

南方默顿生产基地坐落于经济优越、科技领先的广东深圳。公司品牌与 OEM 并行，在印度、泰国、日本等地都有极佳的品牌知名度与市场占有率，并为各国知名度品牌 OEM 生产。

南方默顿生产通过了 ISO 9001 国际质量管理体系认证以及 ISO14001 国际环境体系认证，所生产的 UPS 产品也通过了 CE、CQC 等产品品质认证，未来的南方默顿公司更会致力于技术的创新与服务的提升，援引学术高端科技与力量，奔向国际电源行业新标航。

154. 深圳市尼康继峰电子有限公司

地址： 广东省深圳市光明新区公明街道松白工业区 C 区 3 栋
邮编： 518000
电话： 0755-61138966
传真： 0755-61138989
邮箱： niconjf@ hotmail. com
网址： www. nicon. cn
简介：

深圳市尼康继峰电子有限公司成立于 1990 年，专业从事铝电解电容器研发、生产、经营。公司现有厂房面积近 40000 平方米，员工 400 余人，拥有硕士、本科等高素质的管理人员和工程技术人员十多名，月产能引线式 12000 万只、焊针式 100 万只、螺栓式 2 万只以及导电高分子铝固态电容器 200 万只。

依托于西安交通大学的科研实力，于 1995 年开发出国内第一款 PC 电源用高频低阻抗铝电解电容器，后续推出长寿命、耐大纹波、笔形、阻燃型等系列产品以及导电高分子铝固态电容器全系列产品，在全国处于领先水平，广泛应用于主板、显卡、电表、PC 电源、LCD 电源、路灯电源、适配器、专业功放音响等消费类电子领域以及焊机、UPS、变频器、通信设备等高端工业电源领域。

155. 深圳市欧硕科技有限公司

地址： 广东省深圳市宝安区民治街宝山工业区 A8 栋 2 楼
邮编： 518131
电话： 0755-29044852
传真： 0755-81758961
邮箱： sales@ szapd. com
网址： www. szapd. com
简介：

深圳市欧硕科技有限公司专注于研发、生产绿色节能 LED 电源。公司已为国内外多家 LED 灯饰、灯具企业提供了多款电源产品。产品以精湛的工艺、卓越的品质、合理的价格和完善的服务多次获得客户的赞许和肯定。

公司秉承“诚信、创新、至善”的宗旨，致力于为 LED 灯饰、灯具企业提供优质的产品和服务，成为广大客户的首先 LED 电源供应商。

我们真诚期待与您的精诚合作，携手同进，共创美好未来!

156. 深圳市帕瓦科技有限公司

地址： 广东省深圳市龙岗区龙岗街道龙东社区爱南路 78 号利好工业园 5 栋 5 楼
邮编： 518116
电话： 4008636588
传真： 0755-28968689
邮箱： root@ szpower-tech. cn
网址： www. szpower-tech. cn
简介：

深圳市帕瓦（Power）科技有限公司是专业从事电源及节能设备研发、制造、销售的综合性高科技企业。Power 产品已在市政、金融、医疗、广播电视等需要高品质电源的领域都有相当好的口碑，深受广大客户的青睐，自 2006 年成立以来，先后获得“电源学会会员单位”、“高新技术企业”等荣誉称号。

Power 科技运用丰富的电能效率管理经验及现代化的电能损耗诊断分析手段，从低压电网侧入手，对客户的电效和降耗的管理结构、配电系统、动力设备、照明系统以及产品流程等方面，进行系统的综合性分析和诊断，为客户提供系统的电能损耗现场诊断和分析评估，从而帮助客户有效地降低电能消耗和设备故障率，提高产品品质和设备利用效益，降低直接和间接运作成本，提升企业的盈利能力和市场竞争能力。

我们的企业目标：“提升电能质量”和“降低用电成本”。

我们的服务承诺：“让我们尽心尽力，让客户称心如意”。

157. 深圳市鹏源电子有限公司

深圳市鹏源电子有限公司
Forever Power Shenzhen Advantage Power Limited

地址： 广东省深圳市福田区新闻路侨福大厦 4F
邮编： 518034
电话： 0755-82947272
传真： 0755-82947262
邮箱： sales@ szapl. com
网址： www. szapl. com
简介：

鹏源电子是一家专业为新型能源产品提供核心电子零件的代理商，既提供包括各类 IGBTs、MOSFET、快速二极管、整流桥、晶体管、碳化硅二极管和场效应管晶体管和控制 IC 等关键的半导体器件，也提供薄膜电容器、铝电解电容器和滤波器等产品，能为功率变换的各个环节提供关键的元器件。

我们拥有专业的销售工程师团队，能为客户提供准确、高效和经济的元器件方案，让客户的设计处于业界前沿。在通信电源、UPS、电力电源、变频器、电焊机、风能、太阳能、SVG 等领域，我们都有成熟和领先的元器件方案，能有效减少工程师挑选元器件的时间，缩短产品开发的周期。

产品众多、现货充足是我们的优势之一，无论是跨国企业还是国内厂家，都能得到我们迅速、可靠和专业的服务。

我们代理的产品包括 IXYS、Westcode、CREE、icel、Panjit、CET、NEM、Wavefront、擎力科技等，服务的客户包括 Emerson、Siemens、GE、Philips、中兴通信、中国南车等。我们致力于为客户提供一站式的服务，是电力电子行业首选的供应商。

158. 深圳市普德新星电源技术有限公司

新星

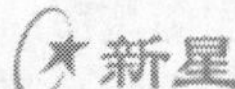

地址： 广东省深圳市南山区前海路 4 号能源工业区 1 栋 3 楼
邮编： 518054
电话： 0755-26483257-826
传真： 0755-86051389
邮箱： hsg@ kondawei. com
网址： www. powerld. com
简介：

深圳市普德新星电源技术有限公司是一家专业从事开关电源开发设计、生产、销售与服务的公司，是中国电源协会（CPSS）会员、德国 TUV ISO 9001 质量管理体系认证企业。1991 年在中国硅谷中心中关村成立北京新星普德电源技术有限责任公司，首创公司品牌——新星开关电源。1998 年在深圳南山高新技术开发区成立深圳市康达炜电子技术有限公司。公司由最初的十几人规模发展到现有员工 1200 多人，生产面积 20000 平方米，可月产各类电源 100 万台。

公司产品涵盖了整机型 AC-DC 电源、基板型 AC-DC 电源、多路隔离输出电源、DC-DC 电源、AC-DC 模块、DC-DC 模块、适配器电源等七大系列二千余品种，目前公司开发、生产的新星开关电源已经遍及全国各地，产品远销欧美与东南亚国家。现与创维、PHILIPS、lenovo 联想、ZTE 中兴、TCL、华三通信等著名品牌公司合作。

公司自成立以来，秉承“顾客至上，真诚合作，勤奋创新，追求卓越”的经营理念和“顾客至上、群策群力、持续改善、争创一流”的质量方针；提倡“尊重知识，尊重人才，实事求是”的科学原则；坚持“以人为本，唯才是举”的人才理念。公司落实决策民主化、管理权威化的原则、制度因人而设、决不因人而废、做到管理有效是公司的管理政策。创造利润回馈顾客和员工，为振兴民族产业贡献自己一份力量，是公司的使命。

当今世界工业的高速发展，为新星电源提供了广阔平台。公司将以此为契机在电源领域勇于开拓，不断创新，立志成为世界级开关电源供应商！

159. 深圳市瑞必达科技有限公司

地址： 广东省深圳市宝安区福永桥头富桥二区北 A3 栋
邮编： 518057
电话： 0755-33981668　3981458
传真： 0755-83475180
邮箱： sales@ ritarpower. com
网址： www. rbdpower. com
简介：

深圳市瑞必达电源有限公司是成立于 2006 年，是瑞达国际全资子公司，专业从事各类开关电源、充电器等相关产品研发、生产、销售及服务于一体的公司。拥有一流的生产、检测、试验设备及仪器：采用全自动开关电源测试系统、AT 插件机、贴片机、波峰焊、回流焊、AOI、RoHS 光谱分析仪、EMC 测试系统、环境试验箱、高温老化房、数据采集等先进生产和检验设备。为产品的优良品质提供了有效保证，公司生产的系列电源，已广泛地应用于航空航天、电信、电动车、医疗、多功能家具、体育娱乐设备、工厂设备及 LED、电动工具等领域。工厂已通过了 TUV ISO19001—2000 质量体系认证，产品通过了 TUV、CB、CE、UL、FCC、PSE、C-Tick、Gost、CCC、能源之星等质量安全认证，产品销往欧洲、美洲、大洋洲等 40 多个国家和地区。

160. 深圳市瑞晶实业有限公司

深圳市瑞晶实业有限公司

地址： 广东省深圳市南山区西丽镇丽山路民企科技园 3 栋 6 楼
邮编： 518055
电话： 0755-88860609
传真： 0755-26515068
邮箱： zhen. xiuping@ rjsz. net
网址： www. rjsz. net
简介：

公司成立于 1997 年，是一家集科、工、贸于一体的民营股份制企业，坐落于深圳市内著名的大型工业区-西丽红花岭工业区，濒临深圳著名学府——深圳大学城，以及西部风景旅游点：西丽湖度假村、动物园等。工业区内配套完善，交通十分便利。

公司目前主要从事开关电源类产品的研制、开发、生产。现公司拥有 10000 平米生产平台，1000 名员工和一批专业技术骨干，生产装配线 20 条及 4 台 SMT 自动贴片机，各种专业电子测试仪器，信赖性测试设备，及可同时 BURN-IN 7200pcs 的老化室。日平均产能 35k，峰值产能可达到 50k。2005 年的年产值已超过亿元大关。

1999 年开始为国外内主流通信设备及相关厂商提供各类规格的开关电源、工业电源、LED 驱动电源。主要客户包括了深圳中兴通信股份有限公司、福建星网锐捷通信股份有限公司、德赛电子（惠州）有限公司、韩国 LG 等大型厂商。

2006 年中国电子科技集团公司（CETC）第九研究所（原信息产业部电子九所）与我公司合资合作，资产整合后注册资本为 959 万元，现今公司是国有控股的军转民形式的股份制科技企业，依托于九所这一强大技术后盾，致力于发展成为国内一流的电源产品研制、生产、销售一体化的专业公司。

2009 年，深圳市瑞晶实业有限公司成为深圳市 LED 产业标准联盟核心会员单位（该联盟是深圳市计量院与标准局牵头创建），积极参加深圳市 LED 产业标准的制定工作，并已成为深圳市有关 LED 产业中电源产品核心生产厂家。

161. 深圳市盛弘电气有限公司

地址： 广东省深圳市南山区西丽中山园路 1001 号国际 E 城 D1 栋 6 层
邮编： 518000
电话： 0755-86511588
传真： 0755-86513100
邮箱： service@ sinexcel. com
网址： www. sinexcel. com
简介：

深圳市盛弘电气有限公司是一家专注于电力电子技术应用的高科技公司。盛弘为智能电网、新能源产业提供高性价比的电力电子产品及解决方案，包括有源滤波器、光伏并网逆变器、非车载充电机、定制电源。

盛弘电气荣获首届中国（深圳）创业创新大赛三等奖、深圳南山“创业之星”创业大赛第三名，是深圳市软件企业。盛弘电气通过了 ISO 9001：2008 质量管理体系认证，是一家管理规范、发展迅速的高科技公司。

盛弘电气自主研发的 Sinexcel 有源滤波器，目前已申请 6 项专利，其中 3 项为软件算法发明专利。Sinexcel 有源滤波器具有高效率、模块化、全功能等创新技术特点。

盛弘电气的使命是通过电力电子技术创新，以用户需求为导向提供高性价比电力电子产品及解决方案，使电能更高效为人类服务，用电能创造美好生活。

162. 深圳市思凡贝特科技有限公司

贝特科技

地址： 广东省深圳市宝安区沙井街道新玉路圣佐治科技工业园 3A-4 栋
邮编： 518125
电话： 0755-27639970
传真： 0755-27639971
邮箱： 317282163@ 163. com
网址： www. safebata. com
简介：

德国贝特国际集团是一家致力于 UPS 不间断电源、逆变电源、清洁能源、阀控免维护电池等技术领域集研发、生产、销售、服务于一体的全球电源领导厂商，其卓越的产品品质、创新的技术以及完善的售后服务体系都已成为业界的标准。

德国贝特国际集团在全球拥有国际先进的生产和检测设备，和完整的销量网络和售后服务体系。其产品销售及服务网络遍布全球，广泛应用于通信系统、电力系统、金融系统、紧急供电系统以及安全系统等。德国贝特 UPS 不间断电源是最值得依赖的国际知名品牌产品，在国际上被誉为：“全球电源解决之道”的专业电源解决方案专家。

深圳思凡贝特科技有限公司依托德国贝特国际集团的先进技术、品牌销售和服务网络，其设计生产的贝特品牌产品采用国际上更为先进的设计理念，具有更长的使用寿命及稳定可靠的卓越品质，是保护网络设备稳定运行的首选品牌。其研发和生产的所有产品都有严格的质量保证，符合 ISO 9001 国际标准。

思凡贝特科技凭借 20 多年的专业经验和对行业发展的敏感预测，不断投入在新技术、新应用和新概念的研发，不仅提高了产品的可靠性，而且随着新技术的应用同时降低了产品的成本，大大提升了产品的性价比，得到更为广泛的市场认可。

思凡贝特科技还致力于为客户提供全方位的专业电源管理服务，以及一体化的动力系统解决方案。贝特科技不仅注重硬件的研发，其设计开发的专业管理软件更具有强大的兼容性，可以应用于多种操作平台，使系统管理更为简捷及时，令管理人员真正体会到“运筹帷幄，决胜千里”之感。

163. 深圳市天音电子有限公司

地址：广东省深圳市宝安区石岩镇三祝里工业区9号
邮编：518108
电话：0755-27634674
传真：0755-27570445
邮箱：szty@ sztianyin. com
网址：www. sztianyin. com
简介：

2006年，深圳市天音电子有限公司进军电子行业……今天的天音是中国具有相当规模的电源及数据线生产的专业制造商，是集产品开发、生产、营销、物流、服务于一体的实办企业。工厂面积达18000平方米，研发人员20多人，管理人员120多人，员工人数800多人，并拥有25条生产线及先进的高科技设备仪器，其业务涵盖电源适配器、充电器、数据线等三大系列，年产量电源适配器、充电器达2000万个，公司产品以优良的质量和合理的价格畅销中国大陆各省、市、自治区，中国台湾，中国香港，远销日本、德国、法国、美国，欧洲等30多个国家和地区，产品得到客户的广泛认可和好评。

公司自成立以来秉承“客户是上帝”的服务理念，本着“诚信务实、科技创新、共同发展”的经营战略，全心全意服务客户。

164. 深圳市威日科技有限公司

地址：广东省深圳市宝安区民治街道上塘松仔园综合楼2楼南分隔体（办公场所）
邮编：518109
电话：0755-28132066　29787232
传真：0755-29787235
邮箱：vr2008@126. com
网址：www. weiri. net. cn
简介：

深圳市威日科技有限公司/深圳市兆伟科技开发有限公司位于深圳宝安区龙华二线拓展区内，是以开发、生产电子元件检测仪器和元件数控自动生产设备为主的高科技型公司。现公司有九大类别30余种型号产品：精密LCR测试仪、精密直流电阻测试仪、变压器综合参数测试仪、直流叠加程控恒流源、磁性材料功耗测试仪、绝缘耐压安规测试仪器、无刷电机程控绕线机、CNC自动排线式绕线机、无刷电机数控驱动器，威日公司还正在研制开发电容纹波测试仪、精密电解电容测试仪、高频功率计、开关电源综合参数测试仪等新产品。公司所投产的所有产品都要收集国内外最新的相关产品进行详细研究，综合各家之所长，并加上本公司独创的电路及根据从广大用户收集来的意见改进的电路。形成既有先进性又符合用户需求的独创产品。

165. 深圳市西格玛泰变压器有限公司

地址：广东省深圳市宝安区石岩街道办光明路36号西格玛泰工业大厦（石岩汽车站后侧，泉宝工业区）
邮编：518108
电话：0755-29827108
传真：0755-29827008
邮箱：cgsb1@ szxgmt. com
网址：www. szxgmt. com
简介：

深圳市西格玛泰变压器有限公司成立于2003年6月28日，专业从事高低压空芯电抗器、高低压铁心电抗器、各类干式变压器的研发、设计、制造、营销和技术服务。

现有员工100余人，厂房4300平方米，经营管理和工程技术人员全部具备大专以上学历或中级以上职称，部分人员从事本行业已超过十九年。

与华中科技大学、厦门大学、沈阳变压器研究所长期进行技术合作。

空芯电抗器的研发、制造处于国内行业前列。产品已销京、津、沪、渝等到20多个省、市、自治区和港、澳、台，以及加拿大、澳大利亚、西班牙、阿联酋、意大利、新加坡等国家与地区。

成交客户391家，已为艾默生电气、清华紫光、科陆电子、骆驼股份等多家上市公司供应各类电抗器、变压器30余万台套。

自行设计、制造的变压器，配套客户产品安装在人民大会堂和钓鱼台国宾馆，已安全、高效运行8年。

166. 深圳市希顺有机硅科技有限公司

地址：广东省深圳市光明新区塘家社区塘家南路A28号
邮编：518000
电话：0755-29596265
传真：0755-29596296
邮箱：zhangronghui@ sisun. cn
网址：www. sisun. cn
简介：

深圳市希顺有机硅科技有限公司是一家高科技股份制

企业，公司成立于1999年，致力于工业电子胶粘剂的研发、生产和销售，产品以无毒、无腐蚀、环保的有机硅胶粘剂为主导，配套有环氧胶、塑料胶、快干胶、UV胶、厌氧胶及多种特殊胶粘剂，构成多元化的产品体系，产品广泛应用于电子、电器、灯饰、机械、太阳能、传感器等多个工业制造领域。公司立足于为客户提供成套的粘接、灌封、散热、密封等解决方案，通过十多年的高速发展，现已成为胶粘行业知名企业，公司经营的最终目标是成为中国顶尖的胶粘剂制造商和服务商，成为中国最好的硅胶厂。

公司总部设在深圳，在成都、上海、浙江等全国多地设置分公司或分支机构，业务范围遍布全球；公司拥有雄厚的研发实力，先后与中国国家有机硅工程中心、中国氟硅协会及国内多家科研院所建立合作关系并保持着紧密的联系和合作，为公司的持续发展提供了有力的技术保障，公司研发中心下设加成型有机硅实验室、缩合型有机硅实验室、环氧实验室，分析、检测设备齐全，本着“为客户量身定做，解决胶粘难题”的宗旨，精心为客户开发出放心的产品，公司产品目前处于可以完全替代国外同类进口产品的状态，在满足客户需求的情况下，大幅度为客户降低成本，为有机硅产品的国产化作出了卓越的贡献；公司产品品质保证，公司通过了ISO 9001认证，ISO/TS16949：2009技术规范认证，SGS环保无毒测试认证及UL94-V0安全测试认证、FDA食品级无毒认证，在国内市场享有卓越的声誉。

公司目前与康佳、TCL、JVC、三星、伟创力、富士康、华龙、九洲、阿特斯、长城电源、珈伟、湖南兴业、冠德、南玻集团等国内外知名企业建立了长期合作伙伴关系，是中国电子、电器、照明、太阳能、汽车制造业用胶粘剂最大供应商之一。

公司非常重视企业文化建设，在成长的历程中逐步沉淀了有希顺特色的希顺文化。肩负整合各种社会资源，为中国建最好的硅胶厂的使命，本着相互尊重，正直坦诚，诚信守法，团结合作，追求卓越五项基本原则，努力把希顺建成一家拥有一流人才，承载中国最高硅胶技术，广受社会尊重，最具竞争力的国际化企业。

167. 深圳市新能力科技有限公司

地址： 广东省深圳市宝安区留仙二路润恒电子厂区2号4楼

邮编： 518000

电话： 0755-83409828

传真： 0755-83417632

邮箱： sinoly@ sinoly. com

网址： www. sinoly. com

简介：

深圳市新能力科技有限公司成立于1999年5月，一直以来致力于大功率高频开关变流技术及计算机控制技术的研究、开发和生产。是国家科技部、财政部、深圳市科技局、财政局重点扶持的高科技企业。

公司产品现包括电力高频开关电源模块、微机高频开关电源监控器、智能电力参数仪表、智能电能表、电能质量谐波分析仪表、电力操作电源小系统、BZW系列壁挂电源、GZDW微机控制高频开关直流系统。并分别通过了原电力工业部电力设备及仪表检测中心和国家继电器检测中心的严格检验。

公司秉承“创新、合作、服务、双赢”的经营理念，坚持“全员参与，制造优质产品，持续改进，满足客户需求”的方针，坚持“求实创新，质量第一；用户至上，服务社会”的服务宗旨，以可靠的质量，优良的性能，互惠的价格，殷实的服务，与社会各界广大用户同发展、共进步！

168. 深圳市新未来电源技术有限公司

地址： 广东省深圳市南山区西丽镇珠光村第二工业区4栋1楼115室

邮编： 518055

电话： 0755-26589529

传真： 0755-26951925

邮箱： nfcsw2008@ vip. 163. com

网址： www. SZ-nfc. com

简介：

深圳新未来电源技术有限公司是广西新未来信息产业股份有限公司的全资子公司，由广西新未来信息产业股份有限公司的电源产品部，于2001年迁至深圳成立广西新未来信息产业股份有限公司深圳分公司，于2006年成立深圳新未来电源技术有限公司，公司注册资本为1000万元。公司成立伊始，即以“科技创造新未来”的理念，立足于高端电源产品的研发。通过几年的艰苦研发，逐渐形成了模块化并联技术为主的系列电源产品，其中又以并联模块化逆变电源和模块化UPS翘楚同业，并被国家科技部认定为“2004年国家级火炬计划产品”、“2005年国家级重点新产品”等。公司通过了ISO 9001：2000质量体系认证，建立了完善的质量管理体系。电源产品已通过泰尔认证，电力、铁路等电源产品也通过了相关国家级检测。所有指标均已达到并超过国家标准和相关行业标准。与国际知名电源公司艾默生网络能源有限公司紧密合作，是艾默生网络能源有限公司的核心合作伙伴。

广西新未来信息产业股份有限公司成立于是1997年，是一家集模块化电源、软件开发、安防智能化、GPS监控及压敏电阻等于一体的大型集团公司，公司注册资本为4558万元，经政府认定为高新技术企业，是国家“863”计划信息技术领域课题的承担单位。

深圳新未来电源技术有限公司本着打造一流产品，追求产品的新技术、高质量，不断研究开发高可靠性的电源产品，始终与世界最先进的技术保持同步。公司从2002年开始销售并联逆变电源，有 11 年的电力逆变电源和铁路信号电源研发生产销售经历。公司电源产品已经系列化，涵盖模块化逆变电源/UPS、单体逆变电源/UPS，在铁路和电力行业有近 3 万只电源模块在线运行，可为电力系统提供最可靠的整套电源应用解决方案，能够为客户创建竞争优势。公司下设总经理办公室、人力资源、行政、市场、技术、工程、计划、采购、生产、品质等部门、拥有模块调试生产线、机柜组装生产线、高低温老化室等生产设备。现有员工近 100 人，同时在深圳有近 660 平方米的厂房。

公司产品目前广泛应用在电力系统、国内的大部分发电和供电企业都有我公司的产品在运行。在中国的电力系统有良好的人脉。公司对电力系统的市场营销和渠道开发有丰富的经验，销售通路通畅。公司现有专业的专职销售人员 20 余人，面向全国各省电力终端市场，他们对所辖区域的电力系统特别熟悉，基本上都能完成或者超额完成公司所下达的销售任务。

169. 深圳市新亚电子制程股份有限公司

地址：广东省深圳市福田中心区益田路 6003 号荣超商务中心 A 栋 9 楼
邮编：518048
电话：0755-23818505
传真：0755-23818501
网址：www. sunyes. cn
简介：

深圳市新亚电子制程股份有限公司成立于 2003 年，总部位于深圳市福田区，专业从事电子制程方案研发推广和电子制程产品系统供应服务。公司承接了控股股东新力达集团自 1989 年以来在电子制程相关行业的积累，20 多年来，新亚与众多国际著名企业建立起战略合作伙伴关系，形成了高保障、低成本的产品供应链，已成功为近万家国际知名企业导入电子制程方案的应用技术支持及配套服务。

2012 年度，公司将继续围绕核心行业、核心客户，在优化制程产品线的基础上，提升公司的盈利能力，实现主营业务收入及净利润的增长。一方面，公司将延续传统服务模式，配套传统代理产品及自有电子工具、防静电系列产品，与核心客户建立长期稳定的战略合作关系；另一方面，公司已拥有电子硅橡胶、电子胶粘剂、工业胶粘剂等具有一定竞争力的自有产品，公司将沿用成熟的电子制程服务模式进行业务拓展。同时，公司希望通过整合上游资源，不断提高自有产品比重，进而持续提高公司核心竞争力。公司也将继续发挥规模优势，提升制程服务网点对周边电子制造区域辐射能力，重点围绕核心客户推广电子制程解决方案。

公司也将继续加大制程技术与制程产品的研发投入。随着电子制程技术中心项目的实施，相应的技术、产品研发工作将有序进行，针对重点行业，引进相关专业人才，应用现代化设备，实现制程技术与产品的不断优化与创新，确保公司在技术与产品上的竞争优势。

170. 深圳市兴龙辉科技有限公司

地址：广东省深圳市龙岗区横岗镇西坑村西湖工业区 19 栋
邮编：518002
电话：0755-89737829　89737228
传真：0755-89737108　89737118
邮箱：admin@ unitefortune. com
网址：www. gd-battery. com
简介：

兴龙辉科技有限公司成立于 1998 年，是一家专门从事设计、制造镍氢电池、锂电池、聚合物电池的生产企业。产品广泛应用于数码/摄像机、PDA、手机、无绳电话等。

自公司成立以来，我们始终坚持”技术第一，品质卓越，顾客至上”的原则。其先进的品质检测设备及严格的质量管理体系确保金龙电池在生产过程中品质更完善，性能更稳定。

经过多年的研究与发展，凭借良好的产品品质与不断的技术创新，我们金龙品牌电池已逐渐成为国内电池业最畅销产品。其产品同时远销美国、欧洲、东南亚、中东等国家与地区。

我们热烈欢迎新老客户拜访我公司参观与指导，并期待着与您进一步的合作！

171. 深圳市雄韬电源科技股份有限公司

地址：广东省深圳市大鹏镇同富工业区雄韬科技园
邮编：518120
电话：0755-84318730
传真：0755-84318700
邮箱：juliewj@ vision-batt. com
网址：www. vision-batt. com
简介：

雄韬电源是全球最大的蓄电池生产企业之一，成立于 1994 年。现有员工 2500 人，两大生产基地-深圳雄韬科技园及越南雄韬总占地面积 250，000 平方米。在中国大陆、中国香港地区，以及越南、欧洲、美国、印度拥有制造基地或销售中心，分销网络遍布全球 100 多个国家和地区。

公司产品涵盖密封铅酸、锂电子电池两大品类：密封铅酸蓄电池包括 AGM、深循环、胶体、纯铅四大系列；锂电子电池包括钴酸锂、锰酸锂、磷酸铁锂。

公司在全球 100 多个国家和地区的通信、电动交通工具、光伏、风能、电力、UPS、电子及数码设备等领域为客户提供完善的产品应用与服务。目前，在全球的主要合作伙伴有艾默生（EMERSON）、沃达丰（VODAFONE）、APC-MGE、伊顿（EATON）、中国移动、中兴、南方电网等。

172. 深圳市扬力科技有限公司

地址：广东省深圳市南山区蛇口荣村工业区伟百富大厦D栋512室
邮编：518000
电话：0755-88860769
传真：0755-26898369
邮箱：landy. li@ greatpowercorp. com
网址：www. greatpowercorp. com
简介：

深圳市扬力科技有限公司是一家专业开关电源设计公司，创建于2005年3月，坐落于美丽的深圳市南山区，中国电源学会会员单位。

公司已获数项有关开关电源方面的专利，致力于研发高可靠性、高功率密度AC-DC、DC-DC电源。拥有一批高素质、充满活力、极具创新精神的高技术人才，本科以上学历占总人数80%以上，其中博士、硕士占40%，主要研发人员来自于各大知名电源公司。雄厚的技术力量、高效的设计能力、严格的测试流程，保证了所研发产品的高效性和可靠性。现已拥有大功率AC-DC模块电源、全系列的1/8和1/4 DC-DC模块电源、并能承接各种客户订制电源的设计。

公司强调以人为本，创建一个和谐、积极向上的工作氛围。

173. 深圳市英可瑞科技开发有限公司

地址：广东省深圳市南山区马家龙工业区77栋
邮编：518052
电话：0755-26586000
传真：0755-26545384
邮箱：increase@ increase-cn. com
网址：www. increase-cn. com
简介：

深圳市英可瑞科技开发有限公司成立于2002年，是一家总部设立在深圳市的民营国家级高新技术企业。公司从成立之初就立足于电力电子领域，走自主研发、技术创新的道路，专业从事于电力电子产品的研发、生产、销售。公司业务范围包括电力电源、通信电源、大功率可并联逆变电源、汽车充电站用电源、电力UPS、EPS及其他特殊工业电源等。

自公司成立以来，在全体员工的共同努力下，英可瑞公司在技术研发能力、产品品质、和市场占有率几方面在电源行业内已经占有一定的地位。合作的国内企业已经多达数百家，生产的电源产品已经大量运行在国内及世界各地，广泛地应用于电力、铁路、城市交通、冶金、能源等多种行业。生产的产品先后参与保障了：青藏铁路、北京奥运会、上海世博会、广州亚运会相应电源设备的顺利平稳运行。

公司有着一支高素质的研发队伍，这使我们成为技术和革新的先锋，在公司各部门人员的配合下，我们不仅为客户提供我们现有的产品和经验，同时我们也能提供解决问题的新产品和新方案。

174. 深圳市英威腾电源有限公司

invt

地址：广东省深圳市南山区北环路猫头山高发工业区高发科技工业园1栋东5楼
邮编：518055
电话：0755-26783941
传真：0755-26782664
邮箱：chinasales@ invt. com. cn
网址：www. invt-power. com. cn
简介：

深圳市英威腾电源有限公司是英威腾电气股份有限公司（股票代码：002334）的全资子公司，是国内领先的高端电源解决方案供应商。公司致力于向全球客户提供高性能、高品质的产品与全方位的服务。公司凭借研发、产品、服务、产能规模等方面的综合优势，始终处于业界的领先地位。

产品包括UPS、EPS、逆变电源等，广泛应用于政府、金融、通信、教育、交通、国防、广播电视、医疗卫生、能源电力等行业领域。公司掌握核心技术，拥有自主知识产权，产品以高可靠性、高性价比，赢得了广大客户的一致赞誉。

快速为客户提供全方位、个性化的完整解决方案是公司的经营宗旨，持续创新是公司追求的目标。不断推出的具有竞争力的电源完整解决方案满足了各行各业用户对于供电系统高可靠性和高智能化的需求。我们将致力于通过技术创新和品牌全球化运营，成长为电源及电力电子相关领域令国人骄傲的世界级企业。

175. 深圳市正能实业有限公司

地址：广东省深圳市南山区蛇口港湾大道南20号北区
邮编：518067
电话：0755-26698797
传真：0755-26698765
邮箱：zhengneng@ zhengneng. com
网址：www. zhengneng. com
简介：

深圳市正能实业有限公司成立于1999年，是一家民营高新技术企业。公司总部员工80余人，其中研发人员40余人，生产基地800余人。多年来主要从事功率电子学、电气控制及相关成套设备的研究、开发和生产，尤其擅长于高频开关电源微机控制技术；从而在电力和通信高频开关电源以及智能监控领域，有很强的市场竞争能力，其主要产品有，分布式电源、电力操作电源、通信直流电源、电力充电模块、通信智能高频开关充电模块、小系统监控模块、直流变换器、工频高频逆变器、UPS、EPS等。2008年，公司成立新能源事业部，以实力雄厚的专业技术人员，结合高等院校的专家、教授，共同研制、开发的主要产品都通过微处理控制、采用智能化、数字化、PWM调制、SPWM调制及无触点静态控制等技术，达到国内技术领先水平。其主要产品有，太阳能系列离网/并网逆变器、太阳能充放电控制器、风光互补控制器、太阳能控逆一体机、风光互补系统（路灯、家庭用电）、太阳电池及组件等。

176. 深圳市卓时技术咨询有限公司

卓时检测

地址：广东省深圳市福田区车公庙泰然八路安华工业区四栋5楼东

邮编：518040

电话：0755-83448688

传真：0755-83442996

邮箱：white. liu@ timewaytech. com

网址：www. timewaytech. com

简介：

深圳市卓时技术咨询有限公司（卓时检测中心，TIMEWAY TESTING LABORATORY），总部位于深圳市福田区，成立于2001年04月，是首批全面获得中国合格评定国家认可委员会（CNAS）认可的，并且严格按照ISO/IEC17025国际实验室管理规范组织建立的独立的第三方检测实验室。卓时检测实验室的成立，旨在为中国的电子产品厂商进军全球市场提供更权威、更专业、更便捷的产品测试和认证及技术支持的渠道。目前在中国香港、东莞、厦门、宁波和成都都建立了分支机构。

卓时检测实验室深圳总部拥有完备的安规、电磁兼容及化学实验室，可提供产品可靠性、环境监测、水质分析及能效评定等十余项检测服务。卓时的技术人员由长期从事国际认证的资深专家和测试工程师组成，可按照CE、UL、IEC、GS、FDA等标准进行测试，并按照测试需要定期邀请美国UL实验室、德国TUV、挪威NEMKO工程师前来进行目击测试，为申请商提供更为有效和快捷的认证服务。公司在2005年首次获得CNAS认可，2010年12月获得IECEE的CBTL认可。

近十年来，卓时检测秉着诠释真正“一站式”服务理念；呈上专业、操作性强的整改建议；提供高效、迅捷的检测服务；树立诚信、严谨、权威的认证形象的卓时理念，卓时检测实验室同国际认证机构及政府部门的合作正逐步扩大和深化。融入国际检测认证体系，树立卓时权威认证品牌，我们愿与中国电子等相关企业共同发展、进步。

177. 深圳索瑞德电子有限公司

SOROTEC®
Power Solutions Expert

地址：广东省深圳市宝安福永高新技术开发区光阳工业园6栋

邮编：518103

电话：0755-81495850/51/52/53

传真：0755-81499579

邮箱：sales@ soroups. com

网址：www. soroups. com

简介：

索瑞德电子有限公司是德国SORO公司在中国内地的技术合作企业，公司从事于以电力电子技术、通信技术、微处理技术为基础的高科技电子产品的研发、生产与销售的高新企业。主要产品有UPS不间断电源、EPS应急电源、逆变电源、电力电源、移动通信电源等智能电源产品。公司已通过ISO 9001认证、ISO14001：2004认证，产品已获电信设备进网许可证、消防形式认可证、CE认证、UL认证等。在电源和电子仪器领域拥有十几年经验的专业的研发、生产经验。我公司在浙江和深圳分别有两个大型生产基地和一个专业的SMT（表面组装技术）部门。并建立了一套完整的质量保证体系，分别从来料、生产、组装到测试，每个环节都严格监控。公司产品已达到CE（LVD/EMC）、CUL、FCC等国际安全标准。

公司拥有先进齐全的生产检测设备，和一支电源领域的精英研发队伍，针对市场上不同用户特殊的产品要求，专门成立了一个ODM研发小组，为用户研发生产定制电源产品。专注行业应用，致力中国信息化。索瑞德根据不同行业应用特点，为用户提供从个人桌面系统到大型数据中心、从计算机网络到工业自动化设备电源保护的全系列UPS产品和整体解决方案，在业内率先构建起一个覆盖我国各省、自治区、直辖市的完整服务网络，产品广泛应用于金融、通信、政府、教育、交通、电力、气象、公安国防、医疗卫生、石油化工等各个行业领域，在各个行业发挥着电力保护神的重要作用。

索瑞德产品除国内销售外，我公司产品在全球拥有广大市场、合作伙伴及客户遍及美国、欧洲、南美、南非、中东、印度、土耳其、巴基斯坦、伊朗等六十多个国家和地区。不管是从我公司自身的标准还是按客户的具体要求，我们都能提供大范围、高质量的产品，供您选择。

公司定位

专业从事开发、生产与经营最可靠的、安全易管理的不间断电源（UPS）产品；

我们的成功源自于不懈地提升产品品质，并以优质、高效的服务帮助客户构建安全的电力基础，提高客户生产力。

使命

永不妥协的品质——始终致力于制造最安全、最可靠的UPS；

不断创新的技术——创造世界最优秀、最具创新性的产品；

规范高效的服务——提供最专业、最高效的服务，力求客户满意。

178. 深圳唐微科技发展有限公司

地址：广东省深圳市南山区高新南区粤兴三道中国地质大学产学研基地 B701-709

邮编：518057

电话：0755-86147770

传真：0755-86147707

网址：www. tomwell. cn

简介：

深圳唐微科技发展有限公司是一家自主型专业电源转换、智能控制、科技创新的设计研发企业。作为一家具有高度责任感的企业，唐微公司坚持以“踏实、进取、创新、敬业”为创业原则，以“节能减排，绿色照明”为发展方向，致力于为世界各地的人们带来优秀的产品和服务，以及全新的生活方式。

凭借着“可靠、节能、精确控制、智能、易于维护”的产品品质，深圳唐微公司得到了众多灯具厂商的青睐，同时吸引了来自世界各地相关领域领先者的关注，并且得到了全球智能网络控制系统的领导者、LonWorks 网络技术平台的创立者——美国埃施朗（Echelon）公司和欧洲最专业的智能控制系统应用软件开发咨询公司 Streetlight. Vision（SLV）的技术支持，在三方强强联手通力合作下推出了物联网智能照明控制方案，能够满足各类的复杂照明节能需求，同时还能扩展环境监测、实时监控等“智慧城市”信息化管理功能。

179. 现代企业集团东莞现代电器有限公司

地址：广东省东莞市南城新基工业区凤凰广场 B 座 604 室

邮编：523076

电话：0769-22406916　22406986　22406486

传真：0769-87071280

邮箱：modern _ world@ 163. com

网址：www. modern-world. com. cn

简介：

现代企业集团东莞现代电器有限公司集生产、研发、商贸、工程于一体的企业，走集团化股份制经营之路，由日本、中国台湾地区、中国大陆的股东组成。1995 年成立后，从事稳（调）压器、变压器、配电柜等系列工业设备的生产、研发和销售。严格执行 ISO 9002 品保体系及 5S 标准，消除产品之零缺陷。2000 年开始投资汽车工业和农产品/食品检测之研制工作。在汽车之销售、维修/汽车配件之生产、加工方面完成了项目融资，技术引进和资源整合的过程，已进入稳定发展的阶段。在农产品/食品检测方面，以研发、生产和代理相结合的方式，与农业部及相关科研单位建立友好合作和战略联盟，并参与相关标准之拟定。在农产品/食品检测等方面取得了一定的突破性进展，生产制造出一系列有一定技术先进性之品牌产品。

企业经过多年的发展，已在日本、中国台湾、东南亚及中国大陆各省区建立了营销网点及服务联络机构，我们一直在努力，能为更多的用户服务，客户的鼎力支持和关爱，不断鞭策我们做得更好！

180. 协丰万佳科技（深圳）有限公司

地址：广东省深圳市龙岗区平湖镇良安田村良白路 179 号

邮编：518111

电话：0755-84687559

传真：0755-84688817

邮箱：wanjia@ hipfung. com. cn

网址：www. hipfung. com. hk

简介：

本公司是香港协丰公司在内地投资兴建的企业，公司在中国的加工生产基地主要向客户提供各种电子产品加工生产服务，完全有能力满足各种 OEM 客户的需求和各种复杂产品的加工要求。

公司于 2002 年 5 月积极的引进无铅焊接技术，现今完全有能力生产无铅产品，目前公司的生产设备可以满足欧洲市场。

此外，公司还加强了环境管理体系，参与了一些客户的“绿色伙伴”计划，并根据 ROHS 指示减少、逐渐停止或随后禁止采购和使用破坏环境的物质。

公司在亚洲和美国都设有采购办事处，在中国澳门设立了一个办事处以满足一些特别客户的需求，具有稳定的人力资源、国际最新和专门的生产设备、良好的质量控制、准时交货，与相关方保持互利的合作与信任，使公司与来自日本、美国、欧洲及澳大利亚等大型电子公司客户保持着良好的商业合作关系。

181. 伊戈尔电气股份有限公司

地址：广东省佛山市南海区简平路桂城科技园 A3 号

邮编：528200

电话：0757-86256888

传真：0757-86256889

邮箱：sales@ eaglerise. com

网址：www. eaglerise. com

简介：

伊戈尔电气股份有限公司（原日升电业）始创于20世纪90年代，现有标准厂房9万平方米，员工约2100余人，是一家致力于向全球市场提供变压器产品、成套电源产品及变压器铁心组件的专业供应商，主要产品系列有电感模式电源产品、电子模式电源产品、特种变压器、电力变压器及变压器铁心组件等五大类，三百余个品种，广泛应用于照明、电力、新能源、工控等行业。伊戈尔电气坚持以市场为导向，以客户为中心，在中国北京、上海，以及日本、美国、德国、孟加拉、巴基斯坦分别设有驻外机构，在全球范围内围绕着有价值的客户群，建立并发展着互惠互利的良好合作关系。

182. 中山市电星电器实业有限公司

KEBO®

地址：广东省中山市东凤镇安乐工业区广珠路238号
邮编：528425
电话：0760-22611988
传真：0760-22602617
邮箱：sales@ kebopower. com
网址：www. kebopower. com

简介：

中山市电星电器实业有限公司成立于1984年9月，坐落于美丽发达的珠江三角洲地区，是一家至今已有近29年发展历史的民营出口企业。公司主要生产交流稳压器和不间断电源，集注塑、五金加工、丝印、插元件和装配于一体，并拥有专业的研发团队和与时俱进的营销团队，销售范围遍布全球93个国家和地区，产品质量和服务得到全球客户的高度肯定和信赖。公司秉承“质量为本、管理立业、以客为尊、持续改进”的企业文化和精神，不断发展壮大，并逐年取得了业绩新高！

183. 中山市浩成自动化设备有限公司

Hocen浩成

地址：广东省中山市火炬开发区高科技创业路23栋7楼
邮编：528437
电话：0760-85311915
传真：0760-85312506
邮箱：zs. hcpower@ 163. com
网址：www. hcpower. cn

简介：

中山市浩成自动化设备有限公司是一家高技术民营企业，公司位于广东省中山市国家级高新技术产业开发区内，交通便利、资讯发达。公司拥有一支专业的研发、生产、营销队伍，是一家专业致力于工业电器装备的开发、制造及服务的企业。HC系列高频开关电源是在原CS系列高频开关电源的技术基础上，吸收引进国内外最新技术、扬长避短，不断完善，开发而成。HC系列高频开关电源已广泛应用于电动车充电、电力系统、印制板生产线、活塞环电镀生产线等诸多领域。产品覆盖全国各地。诚信、务实、拼搏，浩成人竭诚为客户提供优质产品与服务。

中山市浩成自动化设备有限公司根据电力电子的最新成果、推出GGDF系列高频开关电源。它采用了具有国际先进水平的IGBT模块全桥逆变电源技术。用纳米晶软磁材料的变压器体积小、重量轻、耦合紧密、电流分布均匀、组装方便。有效地解决了电网对电源的干扰及电源对电网的谐波的影响。提高了电源的可靠性，增加了电源的平均无故障时间。该产品可广泛应用于电镀、电解、充电、表面氧化处理等行业。该产品完全符合国家对该类型产品的安全性要求。整机控制过程完全由高精度的微电脑CPU控制，精度高、运行块、多功能、高稳定性、自动报警、系统完善。便于随时升级，使电源技术不断推陈出新，跟踪世界电源技术的最前端。

根据市场的需求，公司正在加快新产品的研发和生产。其中UV固化电源和电动充电机已经面世。并将批量生产。

184. 中山市横栏镇阿瑞斯电子厂

地址：广东省中山市横栏镇贴边村西边路30号
邮编：528400
电话：0760-87615167　86906235
传真：0760-87615167
邮箱：ktj7210@ yahoo. com. cn

简介：

阿瑞斯电子厂位于珠江三角腹地，中山市横栏镇紧邻中国灯饰之都——古镇，地理位置优越，交通运输便捷，是一家专业从事开发设计及制造各类灯饰配套电器的企业，主营电子变压器、LED变压器、电子镇流器、数码遥控分段开关等产品。

自创办至今，经过多年的积累，阿瑞斯已拥有科学的设计理念、先进的生产工艺、资深的工程技术人员和优秀的管理人员，确保了产品的品质。优质的产品、合理的价格、热忱的服务使阿瑞斯的产品深受客户的信任和青睐，不仅销往全国各地，还远销至欧洲、中东等国家，以及中国台湾、中国香港等地区。

“质量至上，信誉第一”是阿瑞斯不变的理念，“诚信经营，优质服务”是阿瑞斯的经营原则，您的满意、我们的好“芯”是阿瑞斯永远的承诺！

185. 中山市卓锋电子有限公司

地址：广东省中山市东凤镇东凤翔大道31号
邮编：528425
电话：0760-22783498　22619848
传真：0760-22611689
邮箱：ycc8813329@ 163. com

网址： www. zhuo-feng. com

简介：

中山市卓锋电子有限公司是一家专业从事开关电源研发生产和销售的现代化企业，得到香港国华五金集团投资，成功收购具有开关电源设计生产，销售20多年历史的武汉天龙电源有限公司及天龙电源商标。产品有工业级开关电源系列、大功率LED防水驱动电源系列、大功率LED商业照明驱动电源系列、大功率开关电源智能充电机等，所有产品100%满载老化。

特别推出大功率LED路灯电源。采用软开关技术，两级PFC电路，输入电压范围宽AC85-265V，分单路及多路独立恒流输出，恒流精度高达±1%，输出超低的纹波，纹波电压≤0.5%，PF≥0.99（最高达1.0），整机效率最高可达92%。具有强大的保护功能：短路保护/过载保护/过电压保护/过温保护，同时采用大功率智能充电机，智能温度恒流控制技术，可控范围宽：5%～50%，整机温升≤30℃。本产品开机及工作中无跳、闪、抖等不良现象，提高LED灯的长期稳定的工作可靠性。经过我们的市场调查，该产品各项技术和功能指标达到行业的领先地位。

186. 中兴通讯股份有限公司

地址： 广东省深圳市南山区高新技术产业园科技南路55号中兴通讯大厦

邮编： 518057

电话： 0755-26770000

传真： 0755-26771999

邮箱： info@ mail. zte. com. cn

网址： www. zte. com. cn

简介：

中兴通讯是全球领先的综合通信解决方案提供商。公司通过为全球140多个国家和地区的电信运营商提供创新技术与产品解决方案，让全世界用户享有语音、数据、多媒体、无线宽带等全方位沟通。公司成立于1985年，在香港和深圳两地上市，是中国最大的通信设备上市公司。

中兴通讯拥有通信业界最完整的、端到端的产品线和融合解决方案，通过全系列的无线、有线业务，终端产品和专业通信服务，灵活满足全球不同运营商的差异化需求以及快速创新的追求。

中兴通讯能源配套部已成为通信能源及配套产品全球市场最为成功的中国企业和具有全球服务能力的综合动力解决方案提供商。中兴通讯能源配套部以“网络配套专家，能源最佳伙伴”为目标，持续围绕市场与客户需求进行创新，为客户提供具有竞争力的能源及配套产品和解决方案。目前，中兴通讯能源及配套产品现已服务于全球140多个国家和地区的电信运营商，并在中国移动、中国电信、中国联通、Telefonica、Telenor、MTN、Bharti、Teliasonera、Sistema、KPN、AM等大T运营商中有广泛大量的应用；可再生能源，在49个国家超过75个运营商中使用。

2012年，中兴通讯能源及POWER类产品继续以超过30%的市场份额连续第四年继续稳居中国通信能源市场占有率排名第一，并在国内电力、铁路、交通、金融等，国际铁路、安全网、农网、教育、医疗等领域有广泛应用。在国内三大运营商电源市场份额中，2012年中兴通讯电源产品都继续保持了份额第一的地位，同时努力拓展盈利空间，持续盈利。

187. 珠海金电电源工业有限公司

地址： 广东省珠海市港昌路256号

邮编： 519020

电话： 0756-3883366

传真： 0756-3883366-8012

网址： www. gep-power. com

简介：

珠海金电电源工业有限公司是一家专业从事高频开关电源的研发、生产、销售和技术服务的具有独立法人资格的高科技企业。自1992年公司创立时起，就一直致力于高频开关电源的开发、研制与生产。公司创始人曾先后为清华大学物理系、北京迪赛通用技术研究所、山东烟台计算机公司、珠海通用电源厂、深圳华为技术有限公司等单位主持电源产品设计，其电源技术对中国电源产业的发展产生过巨大的影响。

公司具有现代化企业创新经营意识，采用硅谷高科技创新机制，以人为本，注重人才。目前已经发展成为拥有员工260余名，其中技术人员占60%以上，11000多平方米生产厂地和成套的生产和科研设备，具有年生产电源能力达2700余套的现代生产型科技企业。长期以来公司坚持“以技术为先导，以质量、服务为保证”的经营方针，采用国际上先进的电源工作模式，结合我国国情，独具匠心，设计、开发出性能卓越、功能完备的高频开关电源系统，在我国高频开关电源工业发展中占据着重要地位。

如今，公司产品已被广泛应用于电力、电信、移动、联通、国防、水利、石化、银行、铁路、广播电视等领域。经过多年的不断发展与稳步成长，产品遍布全国各省、市、自治区，并以性能优良、运行可靠赢得了广大用户的信任和认同。

188. 珠海科达信电子科技有限公司

地址： 广东省珠海市香洲区梅华西路1089号2栋601

邮编： 519070

电话： 0756-8658523

传真： 0756-8620978

邮箱： marinasun@ qq. com

网址： www. zhcodasun. com

简介：

珠海科达信电子科技有限公司是专业致力于交流稳

压器及相关动力设备的研制、生产和销售的高新技术企业，拥有着一大批多年从事电源开发的专业技术人员，不断创新，为用户提供最符合国情电网环境的优质电源产品，提供动力系统的全方位技术解决方案。

秉承“科技为先，诚信为本”的企业理念，以满足用户的需求为己。1997 年自主研制开发出国内第一台“晶体管步进调压式无触点电力稳压器”，先后获得八项国家专利。该产品一经推出，其卓越的技术性能即受到广大用户的认可和欢迎并得以迅速推广使用。几年来，它倡导了“无触点”稳压技术新概念，在信息产业部及各省份的选型检测中连续名列榜首，一度成为替代传统机械稳压器的最佳产品。

多年来，我公司不仅重视产品的质量，更看重对用户的服务，为用户提供技术咨询、产品配套、精心选型及完善的售前、售中、售后全方位的服务。用优异的产品质量和完善的售后服务来赢得各方用户的信赖。

目前我公司生产的稳压器在全国二十几个省、市、自治区已应用于国防、广电、通信、金融、民航、医疗、厂矿等不同行业。

189. 珠海山特电子有限公司

地址：广东省珠海市唐家湾镇哈工大路 1 号-1-C102
邮编：519000
电话：0756-3388866
传真：0756-3388877
邮箱：ata@ ataups. com
网址：www. ataups. com
简介：

珠海山特电子有限公司是目前国内具有较完整产品系列的不间断电源（UPS）和免维护蓄电池生产制造企业之一。

ATA 是珠海山特电子有限公司的自主品牌。

公司的产品主要有不间断电源（UPS）、逆变器、稳压电源以及免维护蓄电池。其中不间断电源有后备式、高频在线式、工频在线式、在线互动式等几大系列 100 余种规格；免维护蓄电池有世界各种型号汽车电池以及广泛用于通信、电力、消防等各个行业用的 2 ~ 24V 电池。以上产品能够满足世界不同用户的要求，并可根据客户要求设计生产，接受 OEM 订单。

公司采用先进的设备进行生产，产品质量的管理体系通过 ISO　9001 国际质量管理体系认证，并大力引进世界著名企业的管理理念，以确保满足用户对高品质产品的要求。

ATA　品牌的系列产品广泛用于金融证券、医疗、通信、教育、交通等各个领域，并大量出口至东南亚、中东、南非和欧美等世界各个地区。

190. 珠海泰坦科技股份有限公司

 TITANS®

地址：广东省珠海市石花西路 60 号泰坦科技园
邮编：519015
电话：0756-3325899
传真：0756-3325889
邮箱：titans@ titans. com. cn
网址：www. titans. com. cn
简介：

泰坦全称为“中国泰坦能源技术集团有限公司”，为香港联交所主板上市企业（股票代码 2188），包括珠海泰坦科技股份有限公司、珠海泰坦自动化技术有限公司、珠海泰坦新能源系统有限公司、北京优科利尔能源设备公司等企业，公司以电力电子为主要行业定位，集科研、制造、营销一体化，围绕发电、供电、用电的各类用户，运用先进的电力电子和自动控制技术，解决电能的转换、监测、控制和节能的需求，通过技术创新和新技术新产品的推广应用取得企业的发展。公司成立于 1992 年 9 月，总部设在风景优雅的珠海市石花西路泰坦科技园。公司拥有专业化、高素质的员工团队和雄厚的研发实力，以及覆盖全国的营销和技术服务网络。

公司研制和营运的主要产品有，电力直流产品系列、电动汽车充电设备、电网监测及治理设备、风能太阳能发电系统等产品。

191. 专顺电机（惠州）有限公司

CSE power

地址：广东省惠州市博罗县石湾镇科技产业园科技大道一号
邮编：516127
电话：0752-6928301
传真：0752-6928311
邮箱：csc@ csepower. com
网址：www. csepower. com
简介：

专顺电机于 1978 年在中国台湾成立，是一家致力于变压器设计和制造的专业厂商并在变压器行业取得了骄人的成绩。2002 年成立了专顺电机（惠州）有限公司，工厂位于中国惠州市石湾镇，占地面积 60000 多平方米，现有员工 1500 多人。为更好地满足客户需求，还在我国苏州，以及菲律宾、印度设立生产服务据点。我们的主要产品包括：电源变压器、UPS 变压器、环形变压器、自耦变压器、三相变压器、高频变压器、线圈、非晶电抗器等。经过多年的努力我们已成为许多全球知名品牌的客户的一级供货商。

我们始终以质量和创新的理念来经营管理。通过了 UL 认证（Class B. F. H. N. R），及 TUV ISO 9001 质量认证并全面执行 ROHS 标准。我们的欧洲研发团队，及我们有经验丰富的管理人员和高效熟练的员工。公司现代化设备使我们成为变压器行业的先驱，并为客户提供物美价廉的产品。

完善的质量体系，严格的原材料和生产质量检测以及优质的售后服务，树立了客户对公司产品的信心，在国际及国内市场享有较好信誉，期待与您的真诚合作！

江苏省

192. 艾普斯电源（苏州）有限公司

地址：江苏省苏州市新区科技工业园火炬路 39 号
邮编：215009
电话：0512-68098868
传真：0512-68083816
邮箱：service@ acpower. net
网址：www. acpower. cn

简介：

艾普斯电源 1989 年创立于台北，现已发展成为拥有完备的研发、制造、销售、技术支持服务体系的著名专业电源企业。除掌握优良的交流与直流产品技术之外，更具备技术整合能力，创造产品的多样化与独特性。目前设有台北、天津、苏州三个制造工厂及研发中心，拥有雄厚的技术实力，现有员工总数 500 余人，其中工程技术人员占员工总数的 40% 以上。公司在销售及服务领域积累了丰富的经验，在亚太、北美等地区逾 20 个中心城市设有销售及服务分支机构，更好地满足各地顾客的需求，全方位为客户提供各类电源项目的设计方案、安装、调试、维护及培训等专业服务。

艾普斯电源在中国大陆、中国台湾，以及欧美等国家和地区拥有数十项专利，曾先后获得外经贸部“外商投资先进技术企业”、省级“高新技术企业”等称号，并在业内率先通过 ISO-9001 国际质量体系认证，以及 CE、EMC、信息产业部电信设备进网许可证、中国民用航空总局航空静变电源生产许可证等多项认证。

193. 北京博旺天成科技发展有限公司

地址：江苏省常州市常武中路 41 号瑞普大厦 5 楼
邮编：213161
电话：0519-68860959
传真：0519-68860959
邮箱：duanjian@ qq. com
网址：www. ptt-cn. com

简介：

北京博旺天成科技发展有限公司创立于 2006 年，是集研发、生产、销售为一体的高新技术企业，公司总部设在北京中关村科技园区通州环保园区，在上海、深圳设有分支机构，同时公司为了充分利用长三角地区在电力电子人才和电力自动化技术上的区位优势，在江苏常州也设有研发中心和相关生产配套基地。

公司自创立以来，注重产品和技术的自主创新和研发，致力于柔性交流输配电技术（FACTS）、定质电力技术（CP）和电力节能技术等电力电子技术的研发和推广，建立了以博士、硕士研究生和高级工程师为主体的研发团队，相继成功开发了具有自主知识产权的节能型大功率快速稳压装置（HCVC）、低压同步（有源）无功补偿装置 SVG（DSTATCOM）、动态电压恢复器（DVR）、有源滤波装置（APF）等高科技产品，并为客户提供电力节能及电能质量综合治理的解决方案。

未来公司将更加注重国家智能电网的开发和建设，顺应节能减排和绿色能源的产业政策和发展形势，在电能质量和电力自动化领域成为技术和产品双重领先的公司，为客户和社会做出更多的贡献。

194. 常州诚联电源制造有限公司

地址：江苏省常州市新北区百丈工业园创业东路 15 号
邮编：213000
电话：0519-88802588
传真：0519-88256951
邮箱：office@ czchenglian. com
网址：www. czchenglian. com

简介：

常州诚联电源制造有限公司，位于江苏省常州市百丈工业园，是专业从事 AC-DC 和 DC-DC 系列开关电源、适配器、防水电源、防雨电源研究、开发和制造的高新技术企业，中国电源学会会员单位。

公司产品广泛应用于 LED 显示屏、邮电、通信、电力、仪器仪表、半导体制冷制热、医疗设备、监控系统自动控制及铁路信号等领域。

公司重视人才培养与引进，拥有一批高素质的专业人才，并专门聘请上海交大教授定期上门对公司的技术人员进行指导与培训。

公司推行“5S”管理，以“质量求生存、效率求发展”为宗旨，率先通过了 ISO 9001 国际质量认证体系，系列产品通过 3C、CE、GS、SGS、PSE 及 SAA 认证。

公司产品均经 100% 高温满载老化，产品老化一次合格率大于 99%，年返修率小于 3%。

我公司产品远销德国、新加坡、澳大利亚、南非等国，并且在北京、上海等全国各大中城市建立了几十个销售网点，拥有完善的质量跟踪与售后服务体系，能快捷、周到地为客户提供全方位服务。公司总部以及名销售网点保持一定量的标准产品库存，能及时满足您的需要。如果您不能找到合适的型号，我们的工程师在了解您的需求后，能够迅速提出对应的电源解决方案，为您定制出特殊规格的电源。希望我们能够成为长期的合作伙伴。

195. 常州坚力电子有限公司

地址：江苏省常州市钟楼区香樟路52号
邮编：213032
电话：0519-86972136
传真：0519-86960580
邮箱：cyi@ cnfilter. com
网址：www. cnfilter. com
简介：

常州坚力电子创立于1993年，坐落于江苏省常州高新技术开发区，地理位置优越，处于长三角经济圈内，物流发达。

常州坚力电子有限公司是中国规模和研发实力并举的EMi/EMC电源滤波器制造商。自20世纪60年代生产滤波器以来，积累了五十多年的专业制造经验。在国内同行业中率先通过了ISO 9001质量体系认证，先进的测试设备和严格的品质管理形成了我们的独特优势。历年来坚力电源滤波器主要品种已先后通过了UL、CSA、VDE和NEMKO、SEMKO、FIMKO、DEMKO等安规认证。

本公司电源滤波器广泛应用于各种仪器仪表、医疗设备、电力设备、通信电源、UPS、变频空调及电梯设备等。产品曾多次为国家重点工程-洲际火箭、电子方舱、运载火箭、考察船以及飞船系列等配套。公司产品畅销海内外，拥有国内外各领域优秀客户。公司能在4~6周内为您提供0.5~1600A的各种规格的单相、三相交流电源滤波器和直流电源滤波器。专业的研发团队，可以为有特殊要求的客户设计和制造各种特规滤波器，以帮助您的设备有效抑制沿电源线传输的电磁干扰，满足电磁兼容（EMC）规范的要求。

196. 常州金鼎电器有限公司

地址：江苏省常州市武进区湟里镇卜东路
邮编：213151
电话：0519-83341043　83346188　83348978
传真：0519-83340978
邮箱：czdk978@ msn. com
网址：www. czdk. com
简介：

常州金鼎电器有限公司是一家生产漆包圆绕组线、电容器、电源变压器、充电器、适配器的专业化公司，公司生产的漆包圆绕组线各项性能均符合国家标准，取得全国工业产品生产许可证；电容器通过VDE认证；充电器、适配器、电源变压器系列产品拥有GS、UL、CUL、BS、SAA、PES等多国认证证书。公司通过了ISO 9001质量体系认证，建立了ISO14001:2004环境管理体系。

公司产品主要用于各种电动工具、灯串、家用电器、电动车辆及其他低压电器等，公司年产充电器、适配器等产品500万只，产品畅销十多个国家和地区，深受用户好评。同时公司具有较强的开发新品的能力，可根据用户要求定做特殊规格产品。

公司创立十年来，始终坚持以市场为导向，以满足客户需求为己任，将一如既往地为客户提供专业化、高质量、高可靠性的产品和一流服务！

197. 常州瑞华电力电子器件有限公司

地址：江苏省金坛市社头工业园区8号
邮编：213231
电话：0519-82711101　82718958
传真：0519-82711121
邮箱：sales@ ruihuaelec. com
网址：www. ruihuaelec. com
简介：

常州瑞华电力电子器件有限公司始建于1984年3月，注册资金2000万元，是国内最早也是最具实力的专业化、规模化电力半导体模块制造企业之一，江苏省首批高新技术企业，属金坛市电力半导体模块工程技术研究中心的独家依托单位。

目前畅销国内外市场的产品主要有，晶闸管、快速晶闸管、整流管和超快恢复二极管等各种桥臂模块、单（三）相整流桥模块、单（三）相交流开关模块、绝缘型降压硅堆模块以及三相整流桥与晶闸管集成的模块、NBC焊机及充电机专用硅整流组件、超快恢复二极管、MDST组合模块等。

公司与西安电力电子技术研究所、清华大学、秦皇岛燕山大学等知名院校签署了长期产学研合作协议，拥有一支由教授、高工、硕士等高级专业技术人员组成的研发团队，现已拥有和申请10多项国家专利（其中发明专利3项）。

公司年年被评为“重合同，守信用”和“AAA级信用企业”，曾多次承担国家科技部重点攻关项目、国家火炬计划项目、国家星火计划项目以及国家发改委组织的产业化专项项目，被列为江苏省高新技术产品、江苏省攻关项目、江苏省火炬计划，省星火计划项目18项，列为常州市、金坛市科技项目23项，并多次荣获国家、省、市级科技进步奖。

198. 常州市超顺电子技术有限公司

地址：江苏省常州市新北区春江镇百丈工业区港口大道10号

邮编：213034

电话：0519-85914838

传真：0519-85911248

邮箱：sjl@ csdztech. com

网址：www. csdztec. com

简介：

本公司是一家专业从事研发、生产金属基覆铜箔层压板（铝基、铁基、铜基）的民营科技企业。公司位于常州市新北区百丈工业区，公司面积18000平方米，员工280人，年生产能力800000平方米，产品具有高散热，低热阻的特点，广泛应用于大功率LED景观照明、各种模块电源、电动机驱动器、太阳能电站和军工产品等。

199. 常州市创联电源有限公司

地址：江苏省常州市钟楼区童子河西路8号

邮编：213023

电话：0519-85215050

传真：0519-85215252

邮箱：Chen. yj@ cl-power. com

网址：www. cl-power. com

简介：

创联电源成立于2000年3月，专业从事开关电源的研发与制造，是国内最具规模的著名品牌电源制造商之一。产品系列从5W到2000W，有2000余种规格供您选择，远销欧、美、日、韩等国家地区，以及中国香港地区。

公司在行业内率先通过权威认证机构英国NQA公司的ISO 9001国际质量体系认证，部分产品通过了UL、TUV、CB、CE、CCC认证，并通过了欧盟SGS环保检测，符合ROHS认证。

公司拥有自动插件机、SMT贴片机、全自动波峰焊机、自动电源测试系统、ROHS光谱分析仪等先进的生产设备与检测设备。关键元器件均采用世界一流品牌，以确保电源性能的高可靠性，100%满负载高温老化确保年故障率低于千分之二。

综合实验室配备了一整套国际先进的进口测试仪器与设备。创联电源在行业内率先建立了自己的EMC实验室，可以完成EMC传导、辐射等一系列测试指标，我们可以根据客户的需求，开发定制出特殊规格的电源。

200. 常州市武进红光无线电有限公司

HGPOWER®红光

地址：江苏省常州市武进区礼嘉镇蒲岸村

邮编：213165

电话：0519-86732495

传真：0519-86731270

邮箱：ww@ hgpower. com

网址：www. hgpower. com

简介：

常州市红光无线电有限公司成立于1998年，一直致力于交换式电源产品的开发及生产。

目前公司已成为国内知名的开关电源生产基地，拥有先进的生产工艺和完善的品质保证体系，主要产品全部通过CCC、UL、CE、GS、FCC认证，并通过国际ISO 9001质量体系认证。

目前公司产品广泛应用于通信、家电、计算机、通信网络、工业设备等领域，公司现有固定资产8000万元，厂房及宿舍面积达50000平方米，月生产开关电源82万台。

公司拥有一支作风严谨、高素质的研发队伍，可以灵活高效地为客户提供全面的电源解决方案。

创一流品质，持续不断推出高效、节能、绿色电源产品，打造中国电源品牌是我们的宗旨。

201. 淮安亚光电子有限公司

地址：江苏省淮安市青浦区枚皋西路5号

邮编：223002

电话：0517-83976343

传真：0517-83963861

邮箱：haygdz@ 126. com

网址：www. haygdz. com

简介：

淮安亚光电子有限公司坐落在周恩来总理的故乡、历史文化名城-淮安市。四十余年的辛勤耕耘，在各类稳压电源研制开发和生产领域，取得了良好的业绩，在业内率先通过ISO 9001质量体系认证，拥有强大的技术研发能力和先进的生产检测手段。

四十余年来，亚光电源被广泛应用于航天航空、国防国民建设、大专院校、科研院所、远程教育等领域。多次参与国家援外工程项目，享有良好的声誉。先后多次获得国际、国内众多奖项。

凭借四十余年专业生产电源的经验，在设计开发和生产特种专用电源领域，亚光更具优势，在最短的时间里为您量身打造品质一流的特种电源设备，用户的需求就是亚光的产品！

亚光的专长是，大功率、高电压、大电流的交直流稳压电源；最大输出功率达1000kVA；最大输出电流达10000A；最高输出电压为10000V。

“诚信务实，追求卓越”的经营理念，遍布全国各地的销售服务网络，使亚光成为用户永远信赖的朋友。

202. 江苏爱克赛电气制造有限公司

EKSi®

地址：江苏省扬州市经济技术开发区八里工业园
邮编：225131
电话：0514-87525888
传真：0514-87526268
邮箱：webmaster@ eksi. cn
网址：www. eksi. cn
简介：

江苏爱克赛电气制造有限公司坐落在风景秀丽的扬州经济技术开发区，是江苏省高新技术企业，并通过 ISO 9001：2008 质量管理体系认证、ISO14001：2004 环境管理体系认证、CE 认证、TLC 认证等。公司占地 1 万多平方米，是国内大型专业研究、开发、生产 UPS 不间断电源；EPS 消防应急电源；太阳能、风能并网、离网逆变器；电力 UPS、专用 UPS 不间断电源；电抗器；变压器；交直流稳压电源的科技型股份制企业。

公司在全国设有三十多个分公司（办事处），形成较为完善的产品销售服务网络；产品广泛应用于金融、电信、民航、教育、公路、铁路等领域，并出口西班牙、德国等三十几个国家和地区。

本着“严谨、务实、拼搏、创新”的工作精神，公司将一如既往地坚持“客户至上、质量为本、求精创新、遵信守约”的核心价值观！

203. 江苏上能新特变压器有限公司

sunel 上能® pward, we can!

地址：江苏省常州市天宁经济开发区北塘河东路 9 号
邮编：213022
电话：0519-81080505
传真：0519-81080509
邮箱：xufeng5529@ sina. com
网址：www. sunel. com. cn
简介：

江苏上能新特变压器有限公司，主导产品覆盖 330kV 及以下电压等级的油浸式电力变压器和特种变压器、35kV 以下电压等级的干式电力变压器和特种变压器。

公司前身为江苏上能变压器有限公司，始建于 1999 年，在 2005 年被评定为“江苏省高新技术企业”。“特种变压器”作为企业差异化发展战略的“上能”，以专而强的技术、及时快速的交付，在中国变压器行业中独树一帜，成为中国特种变压器的重要门户，被中国特种变压器门户网、中国工业电器品牌网联合命名为中国特种变压器制造基地，成为“中国蓝海战略”的一个标杆。

2009 年 9 月 26 日，超高压新厂房开工典礼在常州北塘河东路的新厂址举行。在常州这块全球最大变压器制造基地的热土上，江苏上能即日起正式进入超高压电力变压器和特种变压器制造领域！

未来，上能新特将为国电南自的“智能一次设备产业”发展竭尽己能！

204. 昆山奕冈电子有限公司

COTEK

地址：江苏省昆山市张浦镇阳光西路 510 号
邮编：215301
电话：0512-50110401
传真：0512-50110413
邮箱：cotek006@ cotek. com. cn
网址：www. cotek. com. cn
简介：

昆山奕冈电子有限公司属中国台湾独资企业，至今已有 26 年的历史，主要生产销售：开关电源、逆变器、充电器产品。我们的销售网络遍布全球，在世界各地都有经销商。我们的产品通过了 UL，CE，TUV 等认证，产品的独到设计及优秀的品质赢得了客户及同行的赞许，目前我们推出了新型逆变器，包括太阳能并网逆变器、双向逆变器等高科技前沿产品，欢迎新老客户选购。相信我们的质量、服务、技术专长是您最好的选择。

205. 雷诺士（常州）电子有限公司

Reros®

地址：江苏省常州市新北区华山中路 38 号
邮编：213022
电话：0519-85190886
传真：0519-88220368
邮箱：reros@ rerosups. com
网址：www. rerosups. com
简介：

雷诺士（常州）电子有限公司是外商独资企业，创建于 2003 年，是大型专业研发、制造、销售、服务不间断电源（UPS）的高科技企业。工厂占地面积 13000 平方米，建筑面积 10000 平方米，新建有现代化的 4 条电源生产流水线及 1 条线路板生产流水线，主导产品雷诺士牌 UPS。功率容量覆盖 1～720kVA，拥有百余种型号和规格。

我公司生产的 UPS 产品采用当今世界最先进的 DSP（全数字信息处理）技术处理器芯片与智慧型电源管理软件的完美结合，使用 IGBT 及高频 PWM 技术，并且具备功能强大、友好的液显式人机界面。产品体积轻巧、外观美观，轻松实现全数字化、智能化、网络化控制和管理。广泛应用于国外与国内金融、财税、邮政、电信、交通、医疗、保险、国防等国民经济领域，在各个行业发挥着电力保护神的重要作用。产品已在全球使用。

在新的一年，公司将继续秉承：专注、沉稳、可靠、至善的理念和质量第一、用户至上、开拓创新、永不间断的质量方针，竭诚为广大客户和合作伙伴提供优质的产品和专业的服务。

206. 溧阳市华元电源设备厂

地址：江苏省溧阳市经济开发区民营路3号
邮编：213300
电话：0519-87383088
传真：0519-88306606
邮箱：lyhydy _ hj400@ 163. com
网址：www. huayuan-power. com. cn
简介：

我厂专业从事高频开关电源的新技术研发及新产品的生产，拥有高频开关电源的自主发明专利和多项专有技术，是省级科技型民营企业。

本厂研发生产的氙灯、汞氙灯、金卤灯等多种大功率电光源电源，节能、高可靠，在性价比上优于一些进口同类产品，被国内许多内资、外资、中外合资光学及光学应用企业采用，有的运用于军事；研发生产的电动汽车智能化充电机，2005年起配套国内锂电池生产厂商的电池远销欧美、日本、独联体、中东及东南亚许多国家和地区，从未有质量性的返修。

本厂应用自主专利技术研发生产的特大功率高频开关电源（单台350kW、4台并联1400kW），具有高效率、高可靠、均流好等特色，并还可根据需要做得更大，这在国内电源领域开创了先河，可应用于太阳能、风能、谷电等的特大功率的充电储能，还可应用于高能物理、化工冶炼、航天航海、军事等领域。

207. 南京冠亚电源设备有限公司

地址：江苏省南京市高新区柳州北路22号小柳工业园
邮编：210031
电话：025-66607770
传真：025-58842492
邮箱：gy@ guanyapower. com
网址：www. guanyapower. com
简介：

冠亚电源成立于2001，是中国最早独立研发、生产、销售并网逆变器、离网型逆变电源、控制器、户用电源等新能源产品的企业之一。经过13年的发展，已成为国内技术水平最高、品种最齐全、单机功率最大、客户最信赖的电源生产企业。目前公司成功申请国家专利20多项，研制出各种光伏逆变器39类、各种光伏控制器37类，主持起草国家光伏行业标准4部，是国家首部强制标准《并网光伏系统安全要求》第一起草人。

公司技术力量雄厚，具有很强的新产品开发能力。积极运用产、学、研结合的模式开展技术研发，目前已与南京航空航天大学、东南大学、南京工业大学等高校建立了战略合作伙伴关系，曾先后承担了国家科技部科技创新项目、国家863计划项目、国家发改委CGF项目、江苏省科技厅重大科技成果转化等重大科研项目，产品广泛应用于珠穆朗玛峰、上海世博会、国家“金太阳”示范工程、光明工程、三江源工程、青藏铁路、中国移动、中国联通、中国电信等项目中，目前运行稳定，得到客户好评。

未来，冠亚电源将快速夯实产业基础，扩大产业规模，充分发挥公司在光伏行业发展经验、技术积累、经营业绩及品牌优势，运用现代的企业经营管理模式、先进的技术，依靠高效可靠的产品质量，确保公司在光伏行业的优势地位，同时为提高中国产品在国际上的竞争力，为中国及世界的环境改善及低碳经济的建立做出更多贡献。

208. 南京华士电子科技有限公司

地址：江苏省南京市江陵区将军大道39号
邮编：211106
电话：025-52787949
传真：025-86451294
邮箱：huashi@ huashi. cc
网址：www. huashi. cc
简介：

南京华士电子科技有限公司是中国自动化集团（HK. 00569）下属的控股公司，注册资金2120万元，主要以研发、生产、销售各种为铁路干线及城市轨道交通（地铁、轻轨）配套车辆牵引变流及控制系统、辅助电源系统、列车网络监控系统等关键电气设备为主的专业化企业。

华士公司创建于1992年9月，专注于轨道交通车载电气系统超过20年。作为国家认可的轨道交通车辆牵引变流器和辅助逆变器等车辆电气设备国产化配套企业，及江苏省高新技术企业，一直专注于开发具有自主知识产权的轨道交通车辆牵引系统及电气设备，致力于实现中国轨道交通车辆牵引及辅助系统的国产化实施。

近年来，华士公司先后承担并完成国家、省、市各级多项重大项目；依托中国铁路大提速以及城市轨道交通的高速发展，分别参与了国家原铁道部颁布的多项部颁标准和国家城市轨道交通标准化技术委员的多项行业标准起草和拟定；同时，华士公司已通过IRIC（国际铁路行业质量管理体系）、ISO 9001（质量管理体系）、EN15085（德国焊接质量控制体系）等质量体系认证和中国铁路产品认证中心的CRCC产品认证。

华士公司秉承“诚信、创新、优质、高效”的企业理念，以合作共赢为根本，以自主创新为导向，通过不断追求产品的卓越品质，实现企业可持续的高效发展。

209. 南京金宁星拓电源设备研究所

地址：江苏省南京市栖霞区迈皋桥创业园迈越路6号C3-4
邮编：210000
电话：025-85382010
传真：025-85614916-808
邮箱：15295509300@163.com
网址：www.njxtdy.com
简介：

我公司位于古都南京。前身是国营898厂的研究所，从1987年开始研究、生产开关电源。是专业生产交/直流稳压电源、逆变器、防水电源等型号为XT系列的开关电源；本产品广泛应用于通信、广播电视、仪器仪表、自动控制、电力、煤矿、安全防范监控系统、军工及各种医疗设备等领域。产品远销国内、外，深受用户好评，有着良好的信誉。为更好地为客户服务，公司在北京、上海、深圳等地设立销售网点，确保产品质量跟踪和售后服务，更能方便快捷的满足各地客户的需求。

公司设有产品研发部、调试检验部、标准的生产组装车间、老化车间、产品检验质部。推行以质量为生命，以市场为方向的重信誉、守合同企业，中国电源学会会员单位，并荣获了ISO 9001/2000质量体系认证，被评为中国（江苏）质量诚信AAA企业。

为满足各种客户的需求，利用现有资源，开展了各类特种规格开关的研发和定制项目。

210. 南京精研磁性技术有限公司

地址：江苏省南京市栖霞区栖霞镇石埠桥
邮编：210033
电话：025-85770330
传真：025-85764221
邮箱：lumy2000@21cn.com
网址：www.finemag.com.cn
简介：

南京精研磁性技术有限公司（简称：精研磁技；英文名称：NANJING FINEMAG TECHNOLOGY CO., LTD.）是一家专门从事软磁铁氧体研究开发和生产的高科技中外合资企业。

精研磁技主要产品分为五大材料系列和数十个磁芯系列，包括用于电源和其他功率转换领域的低损耗功率铁氧体FP材料系列；用于通信及电磁兼容领域的高磁导率铁氧体FH材料系列；用于照明电源信号反馈线路的FHB和FB材料系列；用于汽车电子、电力电子、网络通信系统的FQ材料系列。磁心以小尺寸、低矮扁平形状和高性能参数的规格品种为主，特别适合于现代电子信息产品小型化、轻量化的发展趋势和使用要求，被广泛应用于液晶显示器、汽车电子、电力电子和数字通信、互联网、电磁干扰抑制、音视频设备和绿色照明等领域。

精研磁技充分借鉴国内外先进磁性材料企业的工艺技术和管理经验，严格遵循ISO 9001:2000质量管理体系、ISO14001:2004环境管理体系、GB/T28001—2001职业健康安全管理体系，把满足顾客需求视为企业最高准则，力求以优质的产品及服务赢得客户广泛的信赖，实现互利双赢。

211. 南京时恒电子科技有限公司

地址：江苏省南京市江宁区文靖路文华街8号
邮编：211100
电话：025-52121868
传真：025-52122373
邮箱：sales@shiheng.com.cn
网址：www.shiheng.com.cn
简介：

南京时恒（SHIHENG）电子科技有限公司为国家高新技术企业，专业生产全系列NTC热敏电阻器、NTC温度传感器、PTC热敏电阻器和氧化锌压敏电阻器等敏感元器件，是国内最大的敏感元器件专业生产企业之一。公司通过了ISO 9001质量管理体系认证、ISO14001环境管理体系认证，并先后被认定为“南京市民营科技企业”、“南京市高新技术企业”、“江苏省民营科技企业”、“国家高新技术企业”。公司还是中国电子元件协会（CECA）会员单位和中国电源学会会员单位。

公司不断研发出具有国际先进水平的新产品，多项科技项目获得包括国家火炬计划、国家科技部创新基金在内的各级政府的立项和资助。

主要产品均通过了CQC标志认证、美国UL、C-UL安全认证和德国TUV认证，产品广泛应用于工业电子设备、通信、电力、交通、医疗设备、汽车电子、家用电器、测试仪器、电源设备等领域。

212. 南京亿源科技有限公司

地址：江苏省南京市秦淮区大校场场路26号
邮编：210007
电话：025-52611803
传真：025-52611803-808
邮箱：wyj999@126.com
简介：

本公司成立于1993年，是从事高频电源研究、开发、生产的专业性高科技企业，有一支高素质的致力于电力电源和通信电源研究开发的队伍。公司秉承“务实、创新、高效、优质”的宗旨，针对各类用户对电源的不同要求，研制出多种具有特色的电源产品，主要包括工业标准开关电源、电力系统自动化专用开关电源、模块电源、高压开关电源、通信电源和其他按客户要求特别定制的非标、特标开关电源及电源应用产品。其中电力系统自动化专用开关电源已在国内各主要电力自动化设备制造单位的多种监控、保护设备上得到长期使用，性能稳定可靠。主要产品均通过国网公司质量检测中心、电磁兼容实验室检测。公司电源产品已成功运用在75万伏超高压、100万伏特高压输变电装置及智能电网设备中。

213. 启东市华泰电源制造厂

地址：江苏省启东市紫薇中路778号
邮编：226200
电话：0513-82758222
传真：0513-82759222
邮箱：qdsimaite@ yahoo. com. cn
网址：www. ayfl. com. cn
简介：

启东市华泰电源制造厂是一家专业研究、开发、生产、定做、销售各种开关电源的专业工厂，本厂生产的爱因牌、斯坦牌开关电源具有输入电压范围广、输出功率保护、过热保护、过电流保护等优点。产品老化一次合格率大于99%，年返修小于1%。并以科技为先导，诚信为本，质量与服务并存为宗旨，坚持服务第一、信誉至上、真诚合作、互惠互利的原则，坚持走开拓和发展的道路，为用户提供性能优良的产品，合理公道的价格，更为满意的服务。

214. 双羽电子（苏州）有限公司

地址：江苏省苏州市相城区黄埭镇潘阳工业园春秋路38号
邮编：215143
电话：0512-65712889
传真：0512-65713367
邮箱：oki@ futaba. com. cn
网址：www. futaba. com. cn
简介：

1973年与日本福岛双羽签定技术合约，双羽电机股份有限公司在中国台湾地区成立。经过30多年的努力，双羽公司不断成长壮大。陆续增资在中国大陆苏州、深圳等多地设厂服务客户，在质量和服务上也持续提高和改进。公司拥有优秀的专业人材和研发团队，在材料和新产品的研发上不遗余力。我们秉持好质量、服务佳的宗旨为您服务。

215. 斯派曼电子技术（苏州工业园区）有限公司

地址：江苏省苏州市苏州工业园区苏桐路16号
邮编：215021
电话：0512-67630010
传真：0512-67630030
邮箱：jshen@ spellmanhv. cn
网址：www. spellmanhv. cn
简介：

斯派曼高压电子公司是全球高压电源、X射线发生器、Moboblock一体化射线源的领先独立制造商。斯派曼电子技术（苏州工业园区）有限公司是斯派曼高压电子公司设立在中国的独资企业。主要生产高压直流电源、X射线发生器，销售本公司所生产的产品并提供相关技术咨询和售后服务。

斯派曼成立于1947年，经过半个世纪的发展，已经成为医疗、工业、科研领域一个值得信赖的供应商。我们的产品主要应用于以下领域：CT扫描、骨密度测量、无损检测、分析用X射线分析、X射线探测、离子注入、电子束印刷、爆炸物探测、行李扫描、电信、质谱仪、电泳等行业。斯派曼主要产品包括：模块和机架式高压电源，输出电压范围250V～500kV，输出功率从小于1W到120kW。

“理解客户所需，提供客户所需”，斯派曼愿同客户一道致力于新技术的研发，促进高压技术的发展。

216. 苏州固钜电子科技有限公司

地址：江苏省苏州市工业园区新泽路12号
邮编：215000
电话：0512-62883513/23
传真：0512-62882907
邮箱：li@ gujukeji. com
网址：www. gujukeji. com
简介：

固鼎电子有限公司成立于2004年。于2011年因业务发展需要成立了苏州固钜电子科技有限公司，固钜电子科技有限公司是一家专业的电源解决方案提供商，致力于电源技术与应用工程的完美结合，为客户提供有竞争力、可靠的、先进的电源产品及应用方案。

固钜电子公司拥有现代化的生产车间和设备。公司规划员工200多名，其中工程技术人员和大学本科学历以上占20%。凭借着自身强大的实力，苏州固钜电子科技有限公司通过了ISO 9001:2000质量体系和ISO14000环境管理体系认证，使得公司的产品性能更加可靠，管理更加制度化。

公司始终坚持“产品创新、科技先行”的宗旨，以雄厚的科技力量为基础，应用领先的科学技术，不断研发适应市场需求的新产品，提高产品档次，并采用先进的检测设备，努力把公司建成高科技、多元化的电源设备专业公司。

公司生产主要产品：逆变变压器，机械控制变压器，太阳能、风能逆变变压器，UPS逆变变压器，非晶节能变压器、电抗器，电器系列，机械控制变压器裸机系列，单相机床控制变压器系列，稳压器。

217. 苏州宏品电子有限公司

地址： 江苏省苏州市相城区黄埭镇潘阳工业园春秋路 31 号
邮编： 215143
电话： 0512-66735222
传真： 0512-66735223
邮箱： tacoc@ es-ycap. com
网址： www. es-ycap. com
简介：

苏州宏品电子是专业制造电容器的厂家，已有十几年的经验，目前主要产品为高压及 AC 交流安规电容器，申请九国安规认证已通过美国、加拿大、德国、芬兰、挪威、瑞典、丹麦、中国等九国，亦通过 ISO-9002 国际质量认证。

由于经验丰富、制造技术精湛、管理良好，并在东莞设有生产基地，因此得以广开市场，为客户服务，提供良好质量之产品，为提升国际市场竞争力，一方面增设多项全新自动化生产设备及测试仪器，包括半成品瓷片开发，追求与客户最完美之配合。

“质量第一，客户至上，永续经营”为本公司之经营理念，在全员参与追求零缺点之质量政策之下，配合 ISO 9002 质量系统之管理，全体同仁不断提升技术质量与服务，以达成客户期望之满意。

218. 苏州吉远电子科技有限公司

地址： 江苏省苏州市工业园区沸腾 CBD 乐嘉大厦 1215 室
邮编： 215006
电话： 0512-62373510
传真： 0512-62373512
邮箱： psdpower@ psd-power. com. cn
网址： www. psd-power. com. cn
简介：

苏州吉远电子科技有限公司专注于环保、高效、节能电源管理器件及分立器件生产销售。且为最终客户提供完整的、高效电的、最适合的、高性价比电源方案。

能成为我们最终客户可以信赖的、忠诚的、具有附加值的商业伙伴是我们处事原则。

乐意与本地芯片设计与制造厂共同合作、开发满足客户要求的产品。

成为具有集成一站式电源管理器件专家级供应商。

自产产品：肖特基二极管、快恢复二极管、普通二极管、功率 MOSFET。

有源产品线：ON、ON-Bright、BCD、TC、CBC、THX。

被动器件产品线：CHILIS、YAGEO、HOLYSTONE、ASJ。

电源参考方案研发中心：苏州中心和深圳中心。

公司成立于 2005 年 5 月，由具有二十多年开关电源研发和元器件销售经验的工程师组成的团队，我们团队中 80% 以上的人才具有本科及以上学历，累计服务电子行业经验超过 80 年。

公司的服务宗旨：

吉远科技，科技节源；苏州吉远电子科技提供高品质、高可靠、高性能产品，提倡为客户预先设计、预先试用。先解决技术难题，谋求长期合作，为客户提供价值优先。

219. 苏州市电通电力电子有限公司

地址： 江苏省苏州市高新区竹园路 209 号
邮编： 215001
电话： 0512-68410244
传真： 0512-68410338
邮箱： zhoufang@ szdt. com. cn
网址： www. szdt. com. cn
简介：

一直以来，电通人本着“求实、求新、求精”的精神，着力开创电子材料科学新愿景。在压敏陶瓷材料制造、过电压测试、产品设计和技术应用等方面取得了一系列开创性的成果，由此获得国家多项发明和实用新型专利，2009 年“纳米掺杂高能氧化锌压敏电阻阀片及其专用添加剂的制造”项目又被列入苏州高新区创新领军人才计划。

截止目前广泛应用于冶金、化工、能源、交通、航空航天等领域，公司产品有，SVP 系列吸能型过电压保护器、保护箱、DSP 差模电涌保护器、CSP 共模电涌保护器、DCP 复合式电涌保护器、SVP 电压限制型电涌保护箱、SEID 系列对地绝缘在监控仪、多功能防雷器、灭磁单元等。其中 SVP 系列吸能型过电压保护器，继成为我国自行研制的韶九型电力机车整流电源过电压保护定型装置后，又被中科院托科马克项目、国防科大磁悬浮工程中心自行研制的磁悬浮列车、胜利油田海上钻井、西康卫星发射中心风洞实验装置、西门子传动系统、ABB 传动系统、西门子风电系统等项目领域过电压保护的首选配套产品。

220. 苏州市申浦电源设备厂

地址： 江苏省苏州市吴中区角直镇凌港村角胜路（胜浦大桥南 100 米）
邮编： 215126
电话： 0512-65043983
传真： 0512-65044693
邮箱： webmaster@ sz-spdy. com
网址： www. sz-spdy. com
简介：

本厂坐落于美丽富饶的长江三角洲，南临苏沪机场路，北靠312国道，交通便利、环境优美，技术先进、实力雄厚，是集科研生产一体化的专业企业。

本厂专业生产BT-33型多功能大功率晶体管触发板、BT-1型多功能恒流压调节板、整流器、晶体管调压器、直流调速器、电子负载、充电机、恒流源及各种规格晶体管调压变流设备。普通硅整流设备、大功率高频开关电源、贵金属电镀用脉冲电源、铝氧化用大功率脉冲电源、蓄电池生产测试用大功率充放电电源、大功率直流电机调速装置及其他蓄电池生产测试用相关设备。

本厂的市场营销策略是，优质低价、服务快捷，相同档次的产品我们的价格达到最低。

我们将以一流的创业精神、全新的质量观念、优质的服务态度和精诚的团结信念广结中外朋友，共谋事业发展。

221. 无锡东电化兰达电子有限公司

TDK·Lambda

地址：江苏省无锡市行创二路6号

邮编：214028

电话：0510-85281029

传真：0510-85282585

邮箱：david. wei@ cn. tdk-lambda. com

网址：www. cn. tdk-lambda. com

简介：

1993年11月成立了“上海联美兰达电子有限公司”，专门从事开关稳压电源的研发、生产和销售业务。

1995年5月随着生产量销售业绩的扩大，在江苏省无锡市成立了“无锡联美兰达电子有限公司”。

2008年10月公司名称正式变更为“无锡东电化兰达电子有限公司”。向着继续保持中国工业电源行业先锋和进一步的发展前进！

公司在上海设有研发中心，实力雄厚。同时把市场和销售总部设在上海，并且在北京、上海、无锡、深圳、成都、香港、台北设有销售分公司或据点，销售网点遍布全国。

我们通过针对中国市场的深入调研活动，规划性价比适合中国市场的新产品，在中国开发、生产，进而在全国范围内销售。同时为了加强对客户和市场的服务，在无锡和上海成立了售后服务中心和技术支持团队，配备了资深的技术人员以及先进的设备，实现了在国内可以对所有TDK-Lambda品牌的电源产品进行维护。

我们将继续专注基础设施相关市场，进一步加强于交通、能源、环境、医疗等与百姓生活直接相关行业的电源产品和服务的提供。

此外，TDK-Lambda集团作为TDK集团的一员，在日本、美国、欧洲、以色列、新加坡、马来西亚、印度等有完善的研发、生产、销售、售后服务网络，可以对客户就地提供全方位的电源解决方案，使顾客可以长期安全和放心地使用我们的产品。

今后，我们将更加努力，作为工业电源的先锋保持提供高可靠性、高质量、革新性技术的产品和服务以满足顾客的需求。欢迎登录公司中文网站 http：//www. cn. tdk-lambda. com/，一定能找到您所需要的电源产品和解决方案。

222. 无锡海德电子有限公司

地址：江苏省宜兴市丁蜀镇工业园区

邮编：214221

电话：0510-87408878

传真：0510-87418078

邮箱：haider@ haider. net. cn

网址：www. haider. net. cn

简介：

无锡海德电子有限公司系香港海达电子有限公司与宜兴市海德电子有限公司合资成立的集研发、生产、销售的专业电源企业。

公司自2000年成立以来，产品结构及客户结构不断优化。产品有电源供应器、锂电池充电器等。产品应用领域：液晶电视、数字机顶盒、POS机、金融终端锂电池电动工具、园林工具、电动自行车、微型电动小汽车、LED照明等。

公司自有厂房20000平方米。现有ISO 9001质量保证体系认证、产品多国系列安规认证。

公司致力于持续改善研发创新和质量保证体系，追求高品质、适宜价格和优质服务为顾客创造价值。

223. 无锡市迈杰电子有限公司

地址：江苏省无锡市新区菱湖大道228号天安慧城A1-702

邮编：214028

电话：0510-85362001

传真：0510-85363001-818

邮箱：michaelxjliu@ 163. com

网址：wxmjdz. cn alibaba. com

简介：

无锡迈杰电子有限公司是专业开关电源研发和制造商。公司主要产品：各种功率和电压输出的通用工业恒压电源、LED恒流驱动电源等。产品主要用于LED发光字牌、LED数码管（护栏管）、LED电子显示屏、LED路灯、LED照明设备及其他工业应用场合。所生产的电源以内销为主，已经广泛应用于国内各个领域的数十家客户。部分产品已经通过UL认证和CE论证，并为出口企业和欧美客户长期提供贴牌和OEM服务。

公司技术力量雄厚，拥有一支包括专家、硕士、高级工程师在内的研发队伍。公司严格按照ISO 9000质量管理体系运营，多年的生产经验和先进的管理体系使我们建立了一整套确保产品质量的方法和措施。所生产电源产品100%经过满负荷老化，出厂检验严格按照国标和行标进行以确保出厂产品的合格率。

迈杰电子始终坚持塑造以人为本，打造精品的企业形象。产品开发以市场为导向，以降低客户使用成本为宗旨。为提高企业市场竞争力，致力于开发实用、低成本和高性价比的产品。打造一流的质量，最大限度降低客户使用成本是我们的奋斗目标。公司注重培养员工的服务意识，奉行客户为上帝的服务原则，不断提高自身修养，努力以一流的服务做到让客户满意！

224. 无锡市星火电器有限公司

地址：江苏省无锡市杨市镇镇北工业园
邮编：214154
电话：0510-83551406
传真：0510-83556447
邮箱：wxxh@ wxxh. com
网址：www. wxxh. com

简介：

无锡市星火电器有限公司位于无锡城西，邻近沪宁高速公路、锡宜高速、沿江高速、312 国道、342 省道，交通便利；拥有自建厂房 5000 多平方米。本公司是生产电力半导体器件的专业企业，主要生产直流屏用电力半导体模块、2CWL 系列降压硅链、DJ 系列电压调节器、闪光继电器、绝缘监察仪等，创建于 1988 年，多年来与全国直流屏行业及电源厂家合作、配套，如许继电源（OEM 合作）、杭州中恒电气、南京南瑞集团、合肥阳光集团、深圳艾默生等，我们有着丰富的经验、良好的服务和稳定的产品品质。

225. 兴化市东方电器有限公司

地址：江苏省兴化市安丰镇宁盐路
邮编：225766
电话：0523-83541045　83547188
传真：0523-83541045
邮箱：cgt@ dfdq. com. cn
网址：www. dfdq. com. cn

简介：

兴化市东方电器有限公司是生产电子零件的专业生产单位，1995 年建厂。主要产品有中周、线圈、电感、电源变压器等。本公司技术力量雄厚，生产设备先进，配有半自动绕线及先进的全自动绕线机，能够满足客户的不同层次需求及各种特殊需求。公司现有职工 200 多人，厂房占地面积 10000 多平方米，地处江苏省兴化市安丰镇宁盐路西侧，交通十分便利。

本公司坚持质量第一，信誉至上的宗旨，是您理想的合作伙伴，热诚欢迎广大客户前来洽谈业务，携手共同发展。

226. 徐州市恒源电器有限公司

地址：江苏省徐州市铜山经济开发区珠江路北
邮编：221116
电话：0516-83318500
传真：0516-83530388
邮箱：lee@ hoyoa. com. cn
网址：www. hoyoa. com. cn

简介：

徐州市恒源电器有限公司创建于 1999 年，注册资金 500 万元，位于江苏省徐州市国家高新技术产业开发区内，厂房面积 32000 平方米。公司是国家级高新技术企业、江苏省创新型企业、研发中心为省级江苏省节能开关电源工程技术研究中心。主要生产小型电源适配器、锂电池充电器、LED 照明驱动电源、汽车电子电源等中小功率电源产品。

公司技术力量雄厚，拥有一支包括博士、硕士、高级工程师在内的研发队伍，致力于为客户提供从研发到制造的全过程产品服务。特别是在锂电池充电器的研发制造上，公司居于国内市场前列。本公司具备 ISO 9001: 2000 质量体系认证，产品具有中国、美国、欧洲、日本、韩国等全球范围的安规认证。

227. 扬州格尔仕电源科技有限公司

地址：江苏省扬州市开发区临江路 188 号
邮编：225000
电话：0514-87583241
传真：0514-87573080
邮箱：yzgrs _ service@ 163. com
网址：www. yanghui. com

简介：

扬州格尔仕电源科技有限公司（原邗江县电子设备厂）位于历史悠久的文化古城——扬州。本公司创建于 1986 年，一直从事交直流稳压电源生产。1990 年，被国家评为信息产业部定点企业，并发给全国工业产品生产许可证，许可证号：XK-09-507-144。1997 年加入中国电源学会，2000 年来连续被扬州市评为重合同守信用单位。全国农网改造被定为国家经贸委推荐企业，直流电源被指定为推荐产品。2002 年通过 ISO 9001 国际质量体系认证。

公司占地面积 6660 平方米，建筑面积约 4000 平方米。年产值 2000 多万元，员工约 120 人，其中技术人员占 30%。公司先后与南京航空航天大学、煤炭研究所技术合作。DWW 系列电源多次获行业名优产品称号。2002 年，DWW-K 系列开关电源获得国家专利。

扬辉电源被众多国防单位如，总参谋部、总后勤部、国防科委、航空部、航天部等下属科研单位选用。曾为神州飞船项目元器件制造厂商提供钽、铝电解电容器老练、测试电源；为北海舰队、南海舰队提供直流稳定电源；为中船公司某研究所提供大功率储能脉冲发射电源及仿真电源；为中科院相关研究所提供大功率稳定电源、逆变电源、开关电源。同时也为大专院校、科研所提供科研用特种电源。全国大部分电容器厂、直流电机厂、电池厂、电镀厂、灯泡厂都大量使用扬辉电源。

公司坚持奉行信誉第一、质量取胜、用户至上的原则，愿与每一位客户真诚的合作。

228. 扬州凯普电子有限公司

地址： 江苏省高邮市高邮镇工业园
邮编： 225600
电话： 0514-84540881
传真： 0514-84540883
邮箱： service@ yzkprdz. com. cn
网址： www. yzkprdz. com. cn
简介：

扬州凯普电子有限公司是中国薄膜电容器的主要生产企业，公司拥有国内外最先进的生产设备和检测设备，生产和销售系列薄膜电容器及工业类电容器。公司已通过 ISO 9000 质量体系认证，产品全部执行 IEC 国际标准，并已通过 CQC、UL、CUL、VDE 和 ENEC 等认证。公司产品在广泛应用消费类电子产品、家用电器的基础上，向工业类产品迈进，携手高校科研院所拥有自主研发的专利技术，致力于新能源等节能产品的生产与研发。

公司将以市场与科技为向导，继续努力推出适应市场需求的新产品，将本公司生产的薄膜电容器向国际先进水准方向发展。

公司奉行质量第一、信誉第一、用户品质至上的宗旨，竭诚为顾客服务。我们热忱欢迎新老用户和国内外朋友来我公司考察、指导。

229. 扬州奇盛电力设备有限公司

地址： 江苏省扬州市维扬区甘泉工业园双塘路 58 号
邮编： 225500
电话： 0514-87728029
传真： 0514-87728030
邮箱： yz. 701205@ 163. com
网址： www. yzqsdl. com
简介：

扬州奇盛电力设备有限公司坐落于扬州市高新技术产业开发区内，专业研制、生产、销售低压装置、高频开关模块化智能型电源屏、高频开关模块化通信电源屏、继电保护试验电源柜、一体化 UPS 电源屏、EPS（应急电源）、交通信电源分配屏、电力通信专用 DC-DC 变换器、电力、通信专用正弦波逆变电源（DC-AC）、UPS 电源设备等高新技术产品。公司产品适用于电力供电部门、变电站、发电厂及 10kV 开闭所的操作电源、程控交换机、光端机、电力载波机的通信电源，也适用于程控交换中心局、模块局、移动通信交换局基站以及接入网、数字微波和专用通信网使用，在电力、冶金、建筑、交通、石油、化工、铁路、通信、金融等企业得到了广泛应用，深受用户的好评，产品畅销全国。

230. 扬州双鸿电子有限公司

地址： 江苏省扬州市维扬经济开发区小官桥路 20 号
邮编： 225008
电话： 0514-87639993
传真： 0514-87638829
邮箱： sales@ shek. cn
网址： www. shek. cn
简介：

扬州双鸿电子有限公司成立于 1999 年，集设计、开发、生产、销售于一体，是国家级高新技术企业。主要产品为特种大功率直流稳定电源、各种变频电源以及用于航空航天原子能试验、新型汽车制造、LED 产业配套等领域的专用电源和测试仪器等，主要用于科研单位、大专院校、工厂企业、星空探测、航空舰艇、国防、污水处理等单位。在同行业率先通过 ISO 9001：2000 国际质量体系认证，WWL 全系列直流电源已通过国际知名检测机构 SGS 的严格检测，获得欧盟 CE 认证证书，是中国直流电源市场的主要供应商之一，并已成功进入欧美市场。

技术进步和高素质的人才是双鸿始终坚持的发展之路，我们每年将不少于销售收入的 10% 投入研发，并注重自主知识产权的积累和保护，拥有 10 项实用新型专利、2 项发明专利、3 项计算机软件著作权、1 项国家重点新产品、5 项江苏省高新科技产品。

231. 扬州裕红电源制造厂

地址： 江苏省扬州市经济开发区施桥镇
邮编： 225100
电话： 0514-87586586
传真： 0514-87586586
邮箱： 664222884@ qq. com
网址： www. yzyuhong. com
简介：

扬州开发区裕红电源制造厂，位于扬州经济开发区施桥镇，与风景秀丽的历史文化名城扬州紧紧相连，美丽的长江孕育了勤劳的扬州人。多年来，我们一直致力于各种电源的研制、开发和生产，对产品的提高投入巨大的人力物力，不断引进新技术、新产品，吸收大量优秀人才加入，取得了骄人的业绩，并通过 ISO 9001 国家质量体系认证。

本厂产品广泛应用于工业、交通、科研、军事、航空、邮电、通信等各个领域。特别在电容器、直流电机、继电器、电镀、氧化、电泳、电解、腐蚀、赋能、水处理以及其他仪器、仪表生产厂家得到了极为广泛的推广，在各大专院校、科研院所也赢得了众多好评。

质优价廉是我们的经营宗旨，欢迎来电咨询。

本厂通过了 ISO 9001 质量体系认证，形成了完备的质量管理体系（原材料采购、物料管理、产品制造与质量控制、生产技术工艺与设备管理、产品储运等）。我们将紧随国际电力电子技术的发展步伐，不断研发更高性能的电源系列产品，以高标准、高品质、高性价比来满足广大用户的要求，同时我们也为客户量身定做电源产品来满足用户的特殊需求。

232. 越峰电子（昆山）有限公司

地址：江苏省昆山市黄浦江北路 533 号
邮编：215337
电话：0512-57932888
传真：0512-57664667
邮箱：catherine@ acme-ks. com. cn
网址：www. acme-ferite. com. tw
简介：

越峰电子（昆山）有限公司成立于 2000 年，为台聚集团关系企业。本公司主要业务为锰锌和镍锌软性铁氧磁铁心的制造及销售，产品属于电感类被动电子组件，为功率变压器、负载线圈、抗流圈、消磁线圈等的原材料，应用于交换式电源供应器、电脑显示器、笔记型电脑、宽频网络系统、电话交换机、中继站、移动电话、PDA、液晶电视、数码相机、数码摄像机、掌上型电玩以及扫描器等 3C 产品。

233. 张家港市电源设备厂

地址：江苏省张家港市长安中路 599 号
邮编：215600
电话：0512-58683869
传真：0512-58674019
邮箱：zjgpower@ hotmail. com
简介：

江苏省张家港市电源设备厂位于风景秀丽、美丽富饶的长江三角洲畔的新兴城市——张家港市，这里紧靠苏锡常沪等发达地区，交通便捷。

本厂始创于 1983 年，主要生产通信电源、高频开关稳压电源、直流稳压恒流电源、逆变电源、变频电源、交流稳压电源、UPS 不间断电源和中频电源等各种电源的开发、生产、销售、工程设计施工等多种业务于一体的专业工厂。我们的产品以体积小、重量轻、效率高、智能化程度高、维护操作方便等诸多优点赢得了用户的一致好评。

234. 中国船舶重工集团公司第七二四研究所

地址：江苏省南京市中山北路 346 号（南京市 319 信箱）
邮编：210003
电话：025-87176145
传真：025-87176137
简介：

中国船舶重工集团公司第七二四研究所于 1970 年经中央军委和国防科委批准正式成立，是从事大型电子系统工程研制生产的国家重点研究所，地处风景秀丽的六朝古都南京，包括研究员、高级工程师等各类工程技术人员近千人，具有完善的质量保证体系，具有大批先进的科研测试设备、先进的 CAD/CAM 手段和配套的试验及制造能力。

建所以来，七二四所为国防建设作出了突出贡献，荣获 100 多项国家、部、省级以上重大科研成果，达到国内领先或国际先进水平。

近几年来，七二四所加快了军转民和科技产业化的步伐，利用专业优势，积极开拓民品市场，形成了自动化与电子系统等有较大规模和发展潜力的科技产业化和高新技术产品，取得了较好的经济效益和社会效益，具有很好的影响。

七二四所还与世界上许多先进国家和科研机构建立了广泛的经济和技术合作关系，促进了对外交流和技术发展。

七二四所坚持改革发展的方针，着力创建面向市场的科技创新体系、竞争激励机制，努力为各级各类人才提供良好的发展环境。

七二四所将继续发扬“忠诚、团结、拼搏、奉献”的七二四所精神，坚决贯彻“质量第一，信誉第一，市场第一，一流水平，一流管理，一流服务”的七二四所质量方针，为国防建设和国民经济发展做出更大贡献，创造新的辉煌。

上海市

235. 安森美半导体 ON Semiconductor

地址：上海市张江高科技园区碧波路 690 号微电子港 8 号楼 202 室
邮编：201203
电话：021-61238798

传真：021-50801987
邮箱：hui. yu@ onsemi. com
网址：www. onsemi. cn www. onsemi. com
简介：

安森美半导体（ON Semiconductor，美国纳斯达克上市代号：ONNN）致力于推动高能效电子的创新，使工程师能够减少全球的能源使用。公司全面的高能效电源和信号管理、逻辑、分立及定制方案阵容，帮助客户解决他们在汽车、通信、计算机、消费电子、工业、LED 照明、医疗及军事/航空应用的独特设计挑战。公司运营敏锐、可靠、世界一流的供应链及品质项目，及在北美、欧洲和亚太地区之关键市场运营包括制造厂、销售办事处及设计中心在内的业务网络。更多信息请访问本公司网站。

236. 昂宝电子（上海）有限公司

On-Bright
昂宝电子（上海）有限公司

地址：上海市张江高科技园区华佗路 168 号商业中心 3 号楼
邮编：201203
电话：021-50271718
传真：021-50271680
网址：www. on-bright. com
简介：

昂宝电子（上海）有限公司坐落在中国国家级信息技术产业基地——上海浦东张江高科技园区，是一家从事高性能模拟及数模混合集成电路设计的企业。

公司专注于设计、开发、测试和销售基于先进的亚微米 CMOS、BIPOLAR、BICMOS、BCD 等工艺技术的模拟及数字模拟混合集成电路产品，以通信、消费类电子、计算机及计算机接口设备为市场目标，致力成为世界一流的模拟及混合集成电路设计公司。

昂宝电子拥有一批来自国内外顶尖半导体设计公司的资深专家组成核心技术团队，既有在模拟及混合集成电路领域多款成功产品的开发经验，也带来了鲜活的创新思维。核心技术团队的数位成员来自美国的著名半导体公司，拥有超过 40 项美国专利。通过将这支资深的技术专家队伍与本地优秀的设计人才相结合，昂宝电子为客户提供高品质、具有成本竞争力的半导体精品芯片、解决方案以及优良的服务。在这竞争日益激烈的市场，昂宝电子坚持以创新、务实、高效、共赢为经营理念，为您提供最适合的半导体解决方案，是您最佳的策略合作伙伴。

主要产品涵盖：

- 电源管理 ICS
- 高速、高精度数模/模数转换器
- 无线射频 ICS
- 混合信号的系统级芯片（SOC）

237. 富士电机（中国）有限公司

富士电机
Fuji Electric

地址：上海市普陀区中山北路 3000 号长城大厦 27～28 层
邮编：200063
电话：021-54961177
传真：021-64224650
网址：www. fujielectric. com. cn
简介：

富士电机自创业至今近 90 年的历史中，始终坚持执著追求利用半导体、电路回路、控制系统等组合而成的电力合成技术，将“自由操控电力技术”作为核心技术平台，以“能源”、“产业系统”、“社会系统”、“电力电子设备”和“电子元件”五项事业为核心，力求成为“能源与环保”领域的尖端企业。

富士电机与中国结缘四十载，从 1985 年设立北京代表处开始，富士电机便潜心发展在华业务。2011 年实现以投资性公司为中心的“开发、采购、生产、销售”一体化，于同年正式更名为富士电机（中国）有限公司，开设“上海技术中心”，以中国地区投资性公司这一全新姿态重新扬帆启航。

富士电机将与中国企业、大学、政府机关等积极开展业务合作，进行共同开发、M&A 采购等合作项目，共同构建互惠互利的良好关系，积极开展投资性业务，促进投资项目的开展，以扩大事业范围。

238. 美国国家仪器有限公司（简称“NI”）

NATIONAL INSTRUMENTS

地址：上海市浦东新区张东路 1387 号张江集电港二期 45 栋
邮编：201203
电话：021-50509800
传真：021-68795615
邮箱：china. info@ ni. com
网址：www. ni. com/china
简介：

自 1976 年以来，美国国家仪器，一直致力于为工程师和科学家提供各种工具来提高效率、加速创新和探索，为现代测试、测量、控制和设计提供最先进的技术。NI 的平台被广泛用于智能电网和新能源领域核心关键设备的设计、研发以及现场应用，为电力电子、数字化变电站、分布式电源接入和智能用电等领域提供技术基础。

如今，对于电力尤其是智能电网领域，NI 图形化系统设计平台被国内外的著名厂商及研究机构在多个研究方向广泛使用，包括电力电子控制、逆变器控制、电力系统的实时仿真、微网主控及监测系统、输变电设备状态监测、远程智能终端、储能系统监控以及数字化变电站的监控等。

NI 在中国能源电力领域已经涵盖市场、销售、技术支持和售后全方位业务，并在全国各地相继开设培训教室或派驻技术咨询工程师，更好地为能源电力行业客户提供服务。

239. 上海昂富电子科技有限公司

地址：上海市松江区文翔路379号2楼
邮编：201600
电话：021-51619186
传真：021-58985957
邮箱：support@ on-rich. com
网址：www. on-rich. com onrich888. cn. alibaba. com
www. onrichpower. com
简介：

上海昂富电子科技有限公司成立于2005年，是由几位原国际知名电源企业研发人员创办的高新技术企业。公司以新型电力电子产品的研发、生产以及销售为主营业务，现有业务研发人员二十余人，生产基地600多平方米，生产员工160余人。

上海昂富电子科技有限公司的主要产品包括电源模块、车载电源、LED驱动电源、工业开关电源、大屏幕（15～50英寸）液晶电视整套电源方案、定制电源六大系列。

公司生产的LED驱动电源绿色、环保、节能，产品应用在LED天花灯、LED吸顶灯、LED荧光灯和LED路灯等绿色照明场所，具有高效率、高功率因数、高工作温度范围、高防护等级，高可靠性以及高性价比等优点。

电源模块系列涵盖了功率500W以下的几百种AC-DC、DC-AC、DC-DC模块电源，其中新型AC-DC模块（功率2.5～150W）以宽电压范围（AC85～450V），低待机功耗（符合能源之星及2007版欧洲标准）、高功率密度、高可靠性、低成本的优势受到了广大客户的青睐。

车载电源系列中，我公司有自冷式隔离DC-DC电源以超宽的输入电压范围（DC9～60V）可实现一块电源适应多种车辆的要求。

公司液晶电视整套电源方案，整合了大屏幕液晶电视所需要的PFC、AC-DC、DC-AC所有电源部分，具有高可靠性、低成本、集成度高、低待机功耗等特点。

定制电源系列，均为根据客户的需求和实际应用环境进行开发，周期短、响应快速、可靠性高是我公司的特点。

公司已经通过了ISO 9001质量保证认证体系，通过了ROHS环保认证。

昂富人秉持“质量至上，信誉第一，绿色环保，服务社会”的经营理念，真诚欢迎海内外客商前来参观指导，交流合作。

240. 上海百纳德电子信息有限公司

地址：上海市普陀区祁连山南路2891弄100号鑫盛科技园2号楼4楼
邮编：200331
电话：021-66166126-815
传真：021-66166126-822
邮箱：wisteriazhai@ 163. com
网址：www. bnd-ups. com
简介：

上海百纳德电子信息有限公司是德国百纳德（国际公司）在中国的合作公司。在中国有30多个分公司（办事处）及五大片区用户服务中心。上海百纳德是致力于电子、电源事业发展的高新科技企业，主要从事UPS、EPS不间断电源、稳压电源及电源相关产品、电气设备的生产和销售，通信设备、通信器材、电子产品、仪器仪表、机电设备、计算机软硬件的生产和销售，计算机软件的开发等。

经过多年的发展，百纳德聚集了一批行业顶尖的人才，为更好地满足市场需求，2008年在扬州首期投资人民币3000万元建立了工业园区，实现国际化的一流企业。凭着我们的热情、我们的努力，使得百纳德在业界树立起了良好的企业形象，成为受人尊重，值得信赖的品牌。

上海百纳德是一个具备人才、资金及现代化管理模式的多元化发展公司。本着以“勤奋、务实、创新、坚持”为精神，以“海纳百川、以德为先”为企业文化，以“重视人才、培养人才、追求高效团队”为管理理念，以“诚信服务”为宗旨，以“客户的满意是我们追求的目标”为产品营销理念，重视科学管理和对优秀人才的任用，对员工实行长期能力开发和培训。为顺应社会的需求，上海百纳德引进德国先进电源科技产品及生产技术，致力于投入大量资金精细研发高效节能的模块化产品、绿色环保的太阳能产品，制造出满足不同客户需求的多规格品种，为客户关键设备提供稳定可靠的动力保障。

241. 上海炳丰电子技术有限公司

地址：上海市虹口区水电路609弄9号104室
邮编：200083
电话：021-65013806
传真：021-65604252
邮箱：shwuweifeng@ 163. com
简介：

上海炳丰电子技术有限公司，专业从事军用和民用电容器的研发、生产和销售。产品有钽电解、金属化有机薄膜、箔式有机薄膜、高压复合介质、油浸纸介、过电压抑制器、阻容模块等。广泛应用于航空航天、雷达、激光电源、医疗设备、高中频感应加热、充磁机、电力功率补偿、铁路、仪器、仪表、抑制电磁干扰电路、照明以及家用电器、机床电器等。

公司属高新技术企业，拥有长期从事军品、民品开发的专业技术人才，具有强大的科研生产能力，积极跟踪国际国内先进电容器发展动向，为用户提供电容器配套服务和解决方案。

一流的产品、一流的服务、重质量、讲信誉是本公司一贯宗旨，并可以根据客户提出的技术要求设计非标准产品，为客户提供满意的产品。

本公司愿与您真诚合作，共谋发展。

242. 上海超群无损检测设备有限责任公司

地址： 上海市松江区九亭镇洋河浜路 188 号
邮编： 201615
电话： 021-37633088
传真： 021-37633078
邮箱： sales@ sandt. com. cn
网址： www. sandt. com. cn

简介：

上海超群无损检测设备有限责任公司是在国内外具有领先地位的专业 X 光设备制造商，在 X 光领域已有超过 50 年的经验。本公司与电源相关的技术产品为高压电源（30 ~450kV）。公司专业设计、制造的主要产品包括 X 光实时成像系统、X 光实时线扫描系统、高精度高稳度高频 X 射线源、专用中高频 X 射线源、X 射线管、气绝缘便携式 X 射线探伤机、油绝缘移动式 X 射线探伤机、移动式金属陶瓷管 X 射线探伤机、工业用电子源等。产品应用和销售的领域涵盖航空航天、兵器工业、安全检查、汽车摩托车、铸件、医疗卫生、印刷、压力容器管道耐火材料等行业。公司多数产品远销欧美市场，并在某些领域领先欧美竞争对手，获得好评。

243. 上海德创电器电子有限公司

地址： 上海市普陀区同普路 1225 弄 16 号
邮编： 200333
电话： 021-52704506
传真： 021-52700380
邮箱： edetron@ intech-tron. com
网址： www. e-detron. com

简介：

上海德创电器电子有限公司是一个具有近二十年历史的专业电源供应公司，位于上海市长征经济开发区。厂房面积近 3000 平方米，现有员工 300 多人，是国内最早也是最大的电力系统自动化装置开关电源供应商之一，在电力系统自动化领域极具影响力，其品牌和产品得到了业界和电力系统自动化专业市场的肯定及认可。德创电源集自主研发设计与生产制造于一体，公司不仅拥有一支具有多年丰富电力系统自动化装置电源设计经验的设计团队，并且有多条配备先进的制造和检测设备的生产线。德创电源以可靠电源供应作为公司的立命之本，可靠是电源最基本的要求，也是赖以生存和发展的保障。因此，德创电源始终把建立、健全质量管理体系作为质量管理的重点，根据质量管理体系，从原材料检验到样品检验、生产过程巡检、测试中心例行试验、成品检验等，建立了完整的品质保证流程，确保给客户最可靠的电源供应。公司通过 ISO 9000 质量管理体系认证、CCC、ESD 和 UL、TUV 工厂认证，部分产品远销欧、美市场，是上海地区最具规模的专业电源公司之一。

244. 上海福沪电源技术有限公司

地址： 上海市漕宝路 103 号 2301B 室
邮编： 200233
电话： 021-64820004
传真： 021-64820224
邮箱： lei _ geng@ fookee. hk
网址： www. fookee. com

简介：

上海福沪电源技术有限公司（又称福基电子上海技术支援中心）成立于 2003 年 9 月，隶属于香港福基电子有限公司，是一个开关电源的技术开发及技术服务部门，主要帮助客户了解 VICOR、GAIA、COSEL、CINCON 等电源模块的使用方法，解决一些客户在使用过程中的问题，同时根据客户要求，帮助客户设计电源方案，且制作成电源产品。

最近，公司又充实了一些技术力量，引进了一些年轻有为的技术干部，更新了一些设备，为公司的技术发展，提供了良好的操作平台。

245. 上海复华控制系统有限公司

FORWARD 復華 UPS & BATTERY

地址： 上海市杨浦区国权路 525 号 2 楼
邮编： 200433
电话： 021-59900676
传真： 021-65107233-201
邮箱： shengli@ forwardgroup. com
网址： www. forward-ups. com

简介：

上海复旦复华科技股份有限公司是由复旦大学科技开发总公司改制而成的一家科技型企业，于 1992 年在上海证交所成功上市，成为中国第一家高科技股份制上市公司。

复旦复华在电源电器（UPS、Battery）产业、软件信息技术、现代生物制药、园区房产开发等领域形成较大的企业规模，公司总员工数达到 2000 人，拥有 3 个制造基地，2 个研发中心，1 个软件出口基地，实现公司产业化创新发展。

复旦复华自 20 世纪 80 年代中期涉足电源行业以来，背靠复旦大学，并依托上市企业背景，凭借特有的人才、科技、资本优势，在不间断电源 UPS 和阀控式密封蓄电池

（VRLA 蓄电池）产品的研制开发、规模生产和市场拓展上取得了长足的发展，是国内起步最早、规模最大的专业电源生产商之一。

当前上海复华控制系统有限公司在上海嘉定复华高新技术园区内建立了 2 万平方米的现代化生产基地，形成年产 UPS4 万 kVA、蓄电池 15 万 kVAH 的能力，其 POWERSON（保护神）品牌和 FORWARD（复华）品牌得到业界和用户的广泛认同。

同时上海复华控制系统有限公司是意大利 Riello（雷乐士）的国内代理商。

246. 上海钢研精密合金器材有限公司

地址：上海市宝山区泰和路 1015 号
邮编：200940
电话：021-33791597
传真：021-33791597
邮箱：gyjmhj@ 163. com
网址：www. gyjmhj. com
简介：

上海钢研精密合金器材有限公司的前身为宝钢集团上海钢铁研究所铁心分厂的全部以及材料研究二部和磁性研究室的部分在 2006 年合并转制而来。公司成立于 2006 年 4 月。公司目前拥有金属软磁、非晶超微晶铁心及器件生产线、磁粉心生产线以及半永磁簿带生产线三大类产线，并拥有强大的检测能力。具体如下：

1. 金属软磁铁心及器件包含坡莫合金类铁心及磁屏蔽器件（材料牌号有 1J50、1J79、1J85 等）、非晶超微晶铁心、接收和发射类天线棒和磁心。年产该铁心和器件 250 万～400 万只。

2. 磁粉心含铁粉心、铁硅铝粉心和坡莫合金磁粉心。年产量在 80 万只左右。

3. 半永磁簿带是公司近两年来新研发的产品。目前年产 50 吨该类产品，主要用途为磁滞电机的芯片，磁传感器件用直流偏置材料。

247. 上海光泰电气有限公司

GTDQ

地址：上海市黄浦区西藏南路 1200 弄 8 号楼 1502 室
邮编：200011
电话：021-63455204　63458359
传真：021-63450312　63698155
邮箱：sales@ cnguangtai. com
网址：www. cnguangtai. com
简介：

上海光泰电气有限公司是专门从事电源领域产品（变压器、稳压器等）的科研、开发、生产、销售及技术服务于一体的外向型企业。公司现有员工 1300 多人，其中科技人员 300 多人，拥有资产 1. 8 亿元，生产厂房 38000 多平方米，2000 年实现产值 2. 7 亿多元。多年来连续荣获市人民政府明星企业、出口创汇优胜企业、创税大户和银行黄金客户、重合同守信用企业等荣誉称号。

本公司是中国电源学会会员单位，是 1996 年参与国内贸易部起草制定国家《家用稳压电源》的标准单位。1998 年取得了 ISO 9001 国际质量体系认证、中国电工产品认证和 CE、UL 等国际质量认证（我们的变压器、稳压器及其他所有产品均通过上述认证），为实现企业现代化管理打下了坚实的基础，公司着力于提高以人为本的企业文化建设来丰富企业文化内涵，近二十年来公司以雄厚的经济实力、灵活的经营体制，达到了规模经营、以质取胜和市场多元化的战略目标。独创的微机开发能力、精湛的生产工艺、创新的管理制度保证了企业长期高速、稳健发展。

产品创新是本公司孜孜以求的长期目标，公司电源研究所一直注重新产品（尤其在稳压器、变压器方面）的开发研制，取得了 153 项产品专利，涉及电力应用的各个领域，大规模集成电路、微处理器、单片机，在生产中得到广泛的应用，在产品研发和生产中运用了计算机辅助设计技术，智能化电源监控技术处于国内领先地位。同时，与中科院电子学研究所、上海复旦大学、浙江大学、福州大学分别建立了长期研发合作的关系。

公司生产的产品有，交流稳压电源、直流稳压电源、逆变电源、免维护电池、净化电源、抗干扰电源、UPS 不间断电源、微电脑无触点补偿式稳压电源、充电器、调压器、变压器、稳压器、变频器、开关电源、GE 智能节电王等三十多个系列，800 多个品种，所有产品均由中国人民保险公司承保。

近年来，公司决策层调整思路，将敏锐的目光投注于国际市场，勇敢而主动地迎接我国加入 WTO 后所面临各种严峻挑战，为最终实现公司经营的国际化迈出了坚实的一步。稳压器、变压器及多种其他产品现已远销到北美、西欧、中东和北非等五十多个国家和地区，取得了国际贸易占总销售三分之一的骄人的业绩。

面向 21 世纪，我们决心不负众望，不懈努力，不断应用高新技术开发出更多的新品种，站在行业最前列，一步一个脚印，为提高中国的电网质量作出更大的贡献。在不断开拓创新中使公司发展成为高科技与高经济效益相结合的现代化企业。

248. 上海豪远电子有限公司

地址：上海市宝山区呼兰路 515 弄 3 号 A 区
邮编：200431
电话：021-66213593
传真：021-66213591
邮箱：hy1288@ 126. com
网址：www. haoyuandianzi. com
简介：

豪远电子有限公司是一家致力于各类电源变压器、稳压电源、逆变电源、开关电源等产品的开发、设计、制造、销售、服务于一体的民营高科技企业。公司自 1997 年成立至今，一直秉承以客户为中心，以产品质量为根本的指导思想，在激烈的市场竞争中站稳了脚跟，取得了骄人的成绩。公司先后通过了 ISO 9001：2000 国际质量管理体系认证、中国质量认证中心 CQC 认证、欧盟 CE 认证、环保认证、部分产品已通过 UL 认证，并荣获国家“3.15 诚信承诺单位”、“2006 年全国产品质量稳定合格企业”、“百家知名品牌企业”等，经过公司员工的辛勤努力，公司赢得了海内外客商的一致赞誉和好评，产品出口世界各地。

根据公司发展需要 2003 年 10 月公司投资一千多万元在安徽马鞍山建成了占地 22 亩规模庞大的马鞍山豪远电子工业园，形成了以上海总公司为窗口，以马鞍山为生产基地的集团化发展模式。

我们不仅仅是生产产品，更注重于品质与信誉，“以客户为中心，以品质为先驱”是我们的宗旨，希望我们能成为您信赖的合作伙伴。

249. 上海吉电电子技术有限公司

地址：上海市闵行区纪展路 288 号
邮编：201107
电话：021-52964208
传真：021-52964207
邮箱：samson _ au@ shanghai-jidian. com
网址：www. shanghai-jidian. com
简介：

上海吉电电子技术有限公司成立于 2001 年，总部位于上海。为上海吉盛投资管理有限公司下属全资子公司。是一家专业电子元器件和高度信息化集成配套的代理商和供应商，具有进出口权。吉电电子是全球十数家著名半导体企业在亚太地区的重要代理商；同时也是众多知名电子制造和研发企业的重要合作伙伴，供应产品广泛应用于工业控制、通信设备、汽车电子、电梯、新能源、手持型数码消费电子等领域。

“吉电电子”拥有与国际接轨的网络服务系统及强大的销售与专业技术支持团队，优秀的研发设计人员，并集代理、科研、开发、制造为一体，专业生产嵌入式网络设备及各类专业电源开关。在中国内地的北京、深圳、沈阳、南京、长沙、武汉、成都等主要城市，以及我国香港地区、新加坡等地都设有分公司。各分公司均保持与原厂和客户进行及时有效的沟通；香港分公司亦具有完善的物流服务与支持。

“吉电电子”坚持“品质第一、诚信服务”的经营方针，被业内誉为“电子电器产品采购顾问、销售专家”。获得 ISO 9000 认证，建立了国际接轨的网络服务系统，应用 SAP ERP 企业资源计划管理系统，按照 GB/T19001—2008 质量管理体系标准，开展各项过程的监控活动。在电子元器件及相关产品的贸易服务领域，受到广大客户的充分肯定，并具有良好信誉，创造了销售额连续多年递增的业绩。多次被评为上海民营百强企业、上海市先进企业。公司还与科技机构及大学建立了长期的战略发展合作关系。

“吉电电子”经营领域广泛，涉及：电力、电力电子、仪表、汽车电子、工业自动化、通信工程集成配套等。拥有众多的代理品牌：FUJI、MITSUBISHI、OMRON、NIHON-INTER、SANREX、LEM、NICHICON、ILLINOIS CAPACITOR、TDK、TDK-LAMBDA、EPCOS、EATON、CONCEPT、ROHM、LAPIS、SOSHIN、TYCO、NADER、C&S 等。同时还经营 TI，FREESCALE、ON-SEMI、RENESAS、ATMEL、MICROCHIP、AD、FAIRCHILD、GS、KDS、VISHAY、EDI、ST、HITACHI、CYPRESS、TOSHIBA、FUJITSU、DIODES 等品牌产品，并与其他国际代理公司有着良好的合作关系。

“吉电电子”的服务宗旨：优先于客户的选择。能为客户需求“量身定制”提供多种方案选择，一切服务都为方便客户。支持供应商库存管理服务（Vendor Managed Inventory），为客户备货、减少库存、降低运作成本，客户可以用外部网络供应链管理，进行下采购订单，备货服务。可以用以互联网为基础的供应链方案。MRP 计划共享、标准 EDI 交易。公司将不断完善现代企业管理、加强研发和技术团队建设，以技术实力、销售优势、创新思维，不断开拓新领域、提升新层次，为经济转型发展作出新贡献。

250. 上海尖诺电子科技有限公司

地址：上海市嘉定区曹安公路 1877 号 9-09
邮编：201824
电话：021-69106141
传真：021-69106140
邮箱：guanyf021@ 126. com
网址：www. jndz021. com
简介：

上海尖诺电子科技有限公司位于嘉定工业区，主要从事军用电源和民用电源的研发、生产、销售和技术服务。尖诺电子凭借出众的技术优势和可靠的质量管理体系，出品包括 AC-DC、DC-DC、DC-AC 三大类八百多个品种，已广泛用于航空航天、军工、通信、医疗、电力、铁路、仪器仪表、工业控制等领域。“尖诺”品牌模块电源覆盖全国市场，部分产品出口到北美、南美、欧盟、东亚、中亚等地区的国家。

上海尖诺电子科技有限公司以求新、求实、求精的企业精神重点开发军品级电源，主要面向中高端用户。公司以“做精品电源，创一流品牌”为宗旨，严把产品质量关：每一个产品从内在品质到外观工艺都要做到精益求精。

上海尖诺电子科技有限公司以客户需求为关注焦点，为客户提供高标准、高质量、高可靠性电源产品作为我们的目标。公司除了生产标准电源外，还为客户定制非标电源产品，切实满足客户的需求。

公司于 2009 年成为中国电源学会会员单位，2011 年通过 ISO 9001 质量体系认证，部分产品有 CE 认证。2012 年尖诺品牌通过国家商标总局审核。

251. 上海科泰电源股份有限公司

地址：上海市青浦工业园区崧华路 688 号
邮编：201703
电话：021-59758000
传真：021-69758500
邮箱：xufengyan@ cooltechsh. com
网址：www. cooltechsh. com

简介：

上海科泰电源股份有限公司是经国家商务部批准，于 2008 年 9 月由科泰电源设备（上海）有限公司整体改制成立。公司注册资本 8000 万元人民币。总投资 1. 6 亿元。

公司在青浦工业园区占地 32 亩，首期建筑面积 10，000平方米，设计生产能力各类柴油发电机组 3000 台（套），工业总产值 5 亿元人民币。

公司现有员工 286 人。其中大专以上学历 96 人，占比 33. 5%；2010 年销售收入 4. 27 亿元，实现净利润 5，097 万元。

企业对新产品的研发事先都有研发费用预算，公司从资金上给予重点保证，2008、2009 和 2010 年研发经费的投入分别为 966 万、1166 万和 1356 万，占当年销售收入的 3% 以上。公司组织架构设置研发部，负责新产品研发工作。现有研发人员 34 人，占比 11. 9%。产学研合作的研发活动，在产品开发过程中，公司非常重视借助大学和研究机构的智力解决开发过程的技术难题，如在做快堆核安全级机组项目时，对如何做抗震试验大家都心里没数，我们就邀请了同济大学、中国核工业第二设计院、国家核安全局和中国原子能科学研究院的教授和专家召开专题研讨会，编制出抗震试验大纲，解决了抗震试验的难题，在后来的抗震试验中说明试验大纲是正确的。在以后的产品开发过程中，我们都是利用这一渠道攻克技术难题。公司重视工程技术人员的培训工作，研发部设置技术培训工程师岗位，负责公司各部门的技术培训工作。2010 年上半年研发部利用周末的时间展开三维制图软件的培训，总课时达到 80 小时，参加人数 40 人，使每个技术人员熟练掌握了三维制图技术。

近几年来，科泰公司在技术创新上取得可喜的进步，环保低噪声柴油发电机组项目、核安全级柴油发电机组项目、通信基站低噪声柴油发电机组项目、低噪声车载电站项目共四个项目被认定为上海市高新技术成果转化项目。其中环保低噪声柴油发电机组项目 2006 年、2007 年、2008 年和 2010 年四年被评为上海市高新技术成果转化百佳项目并获 2007 年青浦区科技进步奖。这四个高转化项目中有三个产品被评为上海市自主创新产品。有 2 个产品列入上海市重点新产品项目。

252. 上海雷诺尔科技股份有限公司

上海雷诺尔科技股份有限公司
Shanghai RENLE Science&Technology Co., Ltd.

地址：上海市嘉定区城北路 3988 号
邮编：201807
电话：021-39538087　13761222202
传真：021-39538104
邮箱：renle-power@ 163. com
网址：www. renle. com

简介：

上海雷诺尔科技股份有限公司成立于 2008 年，坐落在上海市嘉定区国家级高新技术产业园区内，占地面积 100000 平方米，厂房 85000 平方米，总投资 2. 5 亿元。公司专业生产高中低压电机软起动器、高中低压变频调速器、智能化电气和高低压输变电成套设备，是集贸易、科研、生产为一体的高科技企业，是国内智能化电气传动行业之龙头企业。具有颇具实力的新产品开发研究机构，产品技术一直处于国内领先地位。建立健全了质量管理体系和 CAD、CAM 技术中心，行业内率先通过了 ISO 9001 质量管理体系认证、ISO14001 环境体系认证，公司所有产品均获得国家质检总局颁发的生产许可证，并全部通过“CCC”认证。

公司先后为上海世博会配套项目、北京奥运会配套项目、上海虹桥机场、甘肃卫星发射中心等国家重点项目配套，优质的服务和售后技术赢得了一致的好评。用品质征服世界，立志成为享誉全球的智能电气专业供应商。

253. 上海临港经济发展（集团）有限公司

地址：上海市浦东新区临港新城新元南路 555 号
邮编：201306
电话：021-38298000
传真：021-68284168
网址：www. shlingang. com

简介：

上海临港经济发展（集团）有限公司成立于 2003 年 9 月，2011 年注册资本达到 63. 7 亿元，直属上海市委、市政府领导，是承担上海临港产业区开发建设任务的大型国有多元投资企业，主要负责上海临港产业区 241 平方公里范围内的土地开发、基础建设、招商引资、产业发展和功能配套等工作。其负责开发的上海临港产业区作为上海市政府的发展重点，已经集聚形成了新能源装备、大型船用关键件、海洋工程装备、汽车整车及零部件、大型物流装备和工程机械、航空装备制造、战略性新兴产业等七大装备产业集群。近期正着重打造航空制造、LED、再制造三大产业园区。

上海临港集团先后荣获“2008 上海企业 500 强（第 83 名）”、“2009 上海企业 100 强（第 83 名）”、“2010 上海企业 100 强（第 46 名）”、“全国机械工业先进集体”等荣誉称号。2010 年 2 月上海临港产业区被国家工业和信息化部授牌为“国家新型工业化产业示范基地”，也是国内唯一同时获得“装备制造”和“航空产业”两块牌子的工业园区，被认定为“上海市品牌园区”。目前，国务院已正式批复临港产业区口岸开放，这是我国“十二五”期间第一个获批的口岸开放。国家质检总局、环保部、工信部也先后批复临港产业区建设全国入境再利用产业检验检疫示范区、国家进口废汽车压件集中拆解利用示范园区、国家机电产品再制造产业示范园。

254. 上海诺易电器有限公司

Nooyi® 诺易

地址：上海市宝山区城银路 555 号 12 栋 1705

邮编：200444

电话：021-69173140　69173141

传真：021-36385001

邮箱：sales@ shnuoyi. com

网址：www. shnuoyi. com

简介：

上海诺易电器有限公司是专业从事电源、工业控制领域产品的科研、开发、生产、销售及技术服务于一体的生产型实体企业。公司拥有一个销售、研发和服务总部位于上海宝山城市工业园，两个生产基地坐落于风景秀丽的江南历史文化古镇——上海南翔和江苏昆山。

诺易的产品规格多达八大类五百三十几种规格，产品被广泛地用于国防、医疗、机械加工、交通、通信、科研、新能源等各个领域。主要产品有交流稳压电源、变频电源、直流电源、UPS、EPS 电源、并网逆变器、智能照明稳压节电系统等产品。取得欧盟 CE 认证、非盟 SONCAP 认证、广电入网许可证等。Nooyi 诺易公司的产品在国内拥有高端客户群体，并批量出口国外，优越的性能、可靠的质量、贴心的服务，博得用户的一致好评。

诺易本着“一诺千金，知难行易”的行销与创新理念，使得 Nooyi 诺易品牌逐步走向世界，Nooyi 诺易产品独树一帜。

诺易的宗旨：质量是企业的生命！ISO 9001 质量管理体系的规范化管理保证了黄金般的产品质量；科技是企业的动力！优秀杰出的科研人才使我们的产品独树一帜；信誉是企业的基石！高素质的服务团队使您后顾无忧。管理是企业的根本！数字化的管理使我们的团体高效廉洁。

质量是企业的生命！科技是企业的动力！信誉是企业的基石！管理是企业的根本！

我们的行销宗旨：一诺千金

一诺千金，使命必达的行销宗旨，为您提供优质高效的服务，让您买得放心，用的顺心。

我们的创新理念：知难行易

不断探索，勇于创新，知难行易，乐观向上的创新理念，使 Nooyi 的产品独树一帜、永葆青春。

255. 上海欧天电气有限公司

地址：上海市嘉定区张掖路 333 号瑞尔大厦 807A

邮编：201803

电话：021-39190150

传真：021-39190161

邮箱：shotdq@ 163. com

网址：www. shotdq. com

简介：

上海欧天电气有限公司是专业从事 HT-GZDW 直流屏、EPS 电源、UPS 电源等产品，是集研发、设计、生产、销售为一体的高新技术企业。多年来公司本着：“不断追求、创新、完美”的经营理验。陆续推出高新技术产品。

欧天公司始终坚信，只有坚实的产品质量才能成就一流的企业。因此，我们坚持以质取胜，竭诚为顾客提供先进、安全、可靠满意的产品。并提出了以人为本，求精创新的质量方针；以“用户对产品和服务满意率 100%”作为质量目标；并进行质量承诺：全体员工不允许有偏离质量方针的行为，提供的产品符合国家法令、法规要求，提供的产品符合用户要求，对产品实行终身服务。

在欧天公司独到的客户服务理念之下，公司具备了强有力的市场开拓能力、完善的营销管理体系、配送服务体系和售后服务体系搭建了一套稳健高效的全国性营销网络产品在国家电厂、铁路、高速公路、地铁、机场等国家重点工程中广泛应用，长年来为各行各业的用户提供着优质的产品与服务，赢得了越来越多客户的信赖。

本公司秉承一贯的“精益求精、客户至上”的宗旨，坚持引进消化国外先进技术，紧密结合用户的需求，研发自有产品，打造自有品牌，以严格、科学的管理，经营好研发、生产以及销售的每个环节。

256. 上海潘登新电源有限公司

地址：上海市长寿路 285 号恒达广场 23 楼

邮编：200060

电话：021-62766276

传真：021-62773534

邮箱：pandeng@ pandeng. com

网址：www. pandeng. com

简介：

上海潘登新电源公司是专业的电源防护公司，长期从事电力稳压器、电力节能产品、电源滤波器的生产与研究，雷电浪涌防护器与电源测试仪器的销售。公司的宗旨是，全心全意为用户解决电源使用中存在的电压不稳定、浪涌谐波干扰滤除等诸多电源质量问题，让用户拥有一个安全优质的电源，同时提供能节约电能、保护设备的高科技产品。

公司系上海高新技术成果转化企业，曾多次被邀请参加电力稳压器与雷电浪涌防护器国标与部标的制定，拥有教授级高工及大批电气工程技术人员，拥有市中心办公楼及标准工业厂房。公司实力雄厚，多项产品在行业中一直处于领先地位。

公司积十几年电力稳压器生产经验，成功研制了专利产品——DBW/SBW5型系列无触点补偿式电力稳压器，率先填补了国内无触点电力稳压器的空白，该产品已经在各行各业广泛应用，遍布全国的每个角落，甚至远销国外。

公司生产GGD系列两大类50多种规格型号的节电产品，为各类工矿企事业单位提供全方位的专业高效的节电解决方案。公司还生产电源滤波器、电源变压器等多种产品。

公司受雷电浪涌防护行业世界第一品牌、排名财富500强的美国强世林（JOSLYN）公司委托，全力开拓中国雷电浪涌防护市场，成为JOSLYN所有产品在中国的总代理。

公司作为世界著名、全球最大的仪器仪表公司——德国GMC公司的中国总代理，不断向国内用户推介提供各种最新的电源测试仪器。

如今，潘登的品牌、产品和提供优质电源的理念已经影响了越来越多的电力工作者并为他们所接受。

257. 上海全力电器有限公司

全力电源

地址： 上海市静安区新闸路568弄445号

邮编： 200041

电话： 021-62535836

传真： 021-62558838

邮箱： querli@ querli. com

网址： www. querli. com

简介：

上海全力电器有限公司在上海市嘉定区南翔蓝天开发区，现有占地面积2万平方米，建筑面积1.2万平方米的生产基地，属中国电源学会会员单位。是一家专业从事各种交直流电源研究、开发、生产、销售于一体的综合性企业。

公司创办以来，一贯坚持“以质量求生存，以科技求发展”的发展纲领，不断引进和吸收国内外新技术、新工艺、新器件，产品品质不断提高，功能不断完善，性能更加可靠。全力人本着“追求永无止境”的理念，不断创新、努力开拓，先后取得中国电工产品安全认证（长城认证）、ISO 9001国际质量体系认证，并由中国人民保险公司承担质量责任保险。经过十年拼搏、奋斗，现已发展成为具有多项国内领先技术，以高科技为基础的初具规模的电源生产基地。目前公司生产的产品主要有精密净化交流稳压器、直流稳压电源、逆变电源、各种充电机、调压器、变压器等十大系列三百多种规格，年产各种产品达十万台（套），产品畅销全国近一百个城市，部分产品远销国际市场，深受国内外用户的好评。

258. 上海日意电子科技有限公司

RAYI POWER
日意科技

地址： 上海市闵行区莘福路388号1号楼722室

邮编： 201199

电话： 021-51083590

传真： 021-51686652

邮箱： shanghai@ riyipower. com

网址： www. riyipower. com

简介：

上海日意电子科技有限公司成立于2005年，主营工业级大功率直流电源。历经多年的磨砺，我们的研发队伍陆续开发出可以用于多种行业的直流电源以及相关技术产品，产品销售到全国20多个省、直辖市以及美国、新加坡等国外市场。

我们专注于更新设计、提高品质、改善服务，经过长时间的积累，已经在工业自动化、直流电机、工业加热、电子测量、汽车电子、新能源汽车、表面处理、电极箔腐蚀化成、铝氧化、电阻焊接、真空镀膜、稀土冶炼等行业拥有丰富的经验以及大批认可我们产品的客户。

上海日意电子将秉承“团结、创新、求精、务实”的理念，继续为用户提供更加“经济、专业、环保”的产品，并致力于成为国内一流的电源企业。

259. 上海赛特康新能源科技有限公司

STGCON
上海赛特康新能源科技有限公司
Shanghai STGCON New Energy Science & Technology Co., Ltd.

地址： 上海市松江区三浜路469号赛特康工业园区

邮编： 201611

电话： 021-57600066

传真： 021-57802306

网址： www. stgcon. com. cn

简介：

上海赛特康新能源科技有限公司是一家专业高端工业铝电解电容器的研发及制造企业，其产业涉及基础工业元器件、新能源产业、新材料技术和智能电网。作为一家技术来源于日本长崎的化学公司，自成立以来就立足以开发铝电解电容器为出发点，专注并专业致力于进行与产品相关基础材料的研发工作。满足用户对高性价比产品的要求，并已在应用材料铝箔、电解液和化学药品方面，拥有全球领先的专利权。我们已经通过了ISO14001环保认证，我们的产品也全部对应ROHS和SVH38项，同时赛特康是全球少数做了全球认证的企业，并且工厂都已作出全面的应对。

我们倡导以“技术创新、质量第一、周全服务”为生存和发展之根本。立足中国、面向全球，使赛特康企业成为电容器行业的顶尖企业。创新是企业的灵魂，公司研发团队以平均每月研发并申报三项专利的速度来加快企业的产品开发力度，提升公司产品竞争力。

目前，上海赛特康新能源科技有限公司在中国境内有两家生产工厂、一个研发中心、一家工程技术公司，分别从事基础元器件（铝电解电容器和薄膜电容器）和电驱动系统（电动汽车充电桩）的研发及生产，以及光伏屋顶的设计和安装，年生产能在行业内稳居前三甲。

我们拥有非常国际化的技术团队，正是依托于这样强大的研发团队和与高校联合的科研项目组，憧憬未来，赛特康企业将实现零消耗、零排放以及完全工厂智能化的管控。

心怀梦想、充满创新、精益求精、质量第一，是作为赛特康人的精神追求，我们会为此不懈努力。

260. 上海山杰电气科技有限公司

地址：上海市中山北路 3064 号 A 座 21 楼 2112
邮编：200063
电话：021-51698706
传真：021-62869718
邮箱：ac021@126. com
网址：www. str-power. com
简介：

上海山杰电气有限公司是中国电源学会会员单位，专业从事电源产品开发、设计、生产、销售、服务于一体的高新技术企业。公司坚持“以诚为本，精益求精、客户满意”的经营理念，充分利用上海在人才、信息、交通、金融、商贸等方面的资源优势。公司自创办以来，先后与浙江大学、中国科技大学、中科院等学术机构密切合作。聘请聚集了一大批在电源行业工作多年，具备相当扎实理论和实践经验的，熟悉中国电网特点的高素质科技人员和技术工人团队。公司现已开发出 100 多种规格、完全适应中国电网特点的优质电源产品，公司拥有雄厚的技术实力，严格的质量控制方式和先进的生产检测设备，已通过 ISO 9001 国际质量体系认证。销售网络遍及国内各省市，产品出口到朝鲜、泰国、菲律宾、迪拜等中东和东南亚国家，并部分出口到欧洲国家，受到广大用户的推崇和信赖。

261. 上海松丰电源设备有限公司

地址：上海市普陀区胶州路 941 号 1703 室
邮编：200060
电话：021-62271666
传真：021-62669111
邮箱：fyl@shsongfeng. com
网址：www. shsongfeng. com
简介：

上海松丰电源设备有限公司是国内知名的稳压电源及变压器制造商和供应商，是集科研、生产、销售、服务于一体的现代化经济实体。获得国家广播电影电视总局入网许可证；（编号：031100805616）公司质量管理体系已通过 ISO 9001:2008 国际标准，并获得认证证书；是中国电源学会会员单位、中国电源行业诚信企业、上海市价格诚信企业、2008 年荣获上海青浦区百强企业、2008 年荣获广电行业“十大创新品牌”30 强企业；在中央广播电视无线覆盖工程中被山西省广播电视局评为优秀供货商，2010 年松丰牌稳压器荣获“中国著名品牌”称号，2011 年松丰牌稳压器被推介为“绿色环保首选品牌”。公司秉承“以一流的产品，满意的服务，持续提升的质量水准，满足客户的要求”的质量方针，赢得了客户，创造了显著的业绩。

262. 上海微力电子科技有限公司

地址：上海市黄浦区北京东路 668 号 B401-402
邮编：200001
电话：021-51571888
传真：021-51571855
邮箱：wl51571888@yahoo. cn
网址：www. sh-wl. com
简介：

上海微力电子科技有限公司是一家集设计开发、生产于一体的高科技专业生产厂家。专业生产工控开关电源，规格齐全。

本公司产品具有高可靠、高效率、工作温度低、体积小，重量轻等特点。广泛使用于工控设备、LED 显示屏、仪器仪表等行业，是取代传统控制变压器的理想升级换代产品。产品设计符合 UL1012、EN60950、UL1950、IEC950 等国际标准要求。在产品的设计上采用国际先进的设计理念；零件采购上，全部选用国内外高质量的电子元器件，我们严格筛选供货商；产品在生产过程中，应用最好的波峰焊接技术，保证焊接质量；产品出厂前，全部经过满载烧机测试，保证到客户手里的全部是合格产品。

公司始终以“科技创新、真诚服务”的企业精神，遵循“质量第一，用户至上”的企业宗旨，依靠一流的管理，制造一流的产品，竭诚为电力建设、社会用户提供全面优质的服务。

上海微力电子科技有限公司愿与国内外客商精诚合作，共享创造与成功之喜悦！

263. 上海伟浩机电设备有限公司

地址：上海市松江工业区松胜路 355 号 2 号楼

邮编：201600
电话：021-57715555
传真：021-37831846
邮箱：weho@ chinaweho. com
网址：www. chinaweho. com
简介：

上海伟浩机电设备有限公司专业从事电源领域科研。开发、生产、销售、信息及产品保养为一体的电源制造企业。公司拥有一支现代化的管理队伍和科研人员，在同行业中公司率先通过 ISO 9001：2000 质量管理体系认证、殴盟 CE 认证，具备雄厚的技术力量和完善的质量管理体系。严格按照国家标准和国际标准组织生产。公司以形成以科技研发中心为主体的集科研、教育、培训、创新于一体的科技开发网络。公司在吸收和利用国内外先进技术基础上，充分开发具有本公司特色的工艺和工装，通过不断优化创新，主要经济、技术指标均居国内领先水平，达到国际领先水平。公司不断加强对原材料质量和工艺过程的控制，保证产品质量的稳定性。

公司生产的隔离变压器、进出口设备专用变压器、机床控制变压器、照明变压器、电抗器、交流稳压器、直流电源、净化交流电源、抗干扰交流参数电源、不间断电源、微电脑无触点补偿式电力稳压器、感应调压器、接触式调压器等十多个系列，一百多种产品。产品远销国内外八十多个国家和地区。得到了广大用户的信赖和好评。

面对新的市场竞争势态和全球经济一体化的格局。伟浩将始终站在用户的角度来考虑用户的问题，不断地完善和研发用户满意的、价格实惠的产品。

264. 上海稳利达电气有限公司

地址：上海市嘉定区高石公路 2439 号
邮编：201816
电话：021-63534701　63534702
传真：021-63533418
邮箱：sales1@ wenlida. com
网址：www. wenlida. com
简介：

上海稳利达电气有限公司是专业生产稳压器、变压器、节电器、无源（有源）谐波滤除装置、太阳能逆变器等系列产品的大型生产基地，是国家信息产业部“稳压器”行业标准起草单位，是国内知名电源系统服务供应商。

“稳利达”具有 20 多年的光荣历史，自公司组建以来，先后成立了北京、广州、青岛、济南、长春、沈阳、西安、重庆、成都、苏州办事处。现有上海嘉定（37000 平方米）和浙江嘉善（53000 平方米）两处标准型生产基地和研发中心。

“稳利达”在电源技术研发、系统设计、服务、产品质量等方面具有较高的行业代表性。多年来，公司以先进技术、优异产品、稳定质量和一流的服务，在市场上赢得了良好的美誉度。现已成为华为、中兴、海尔、海信、中国移动、中国石油、百超、斗山机床、三菱重工、海德堡、梅兰日兰、上海明珠、哇哈哈、国家电网、胜利油田、中国英利、时风集团、临工机械、正泰集团、朝阳轮胎、上海宝钢等知名企业指定供应商，其产品远销欧美、东南亚、中南美洲、中东、非洲等世界各地。

目前公司正致力于发展绿色、环保、节能、安全等新能源产品的开发。以“行业专用稳压器”、“变压器”、“谐波滤除装置”、“节能产品”为基础，努力将“稳利达”创建成为国内新能源产品的开发与制造现代企业。

265. 上海稳压器厂

地址：上海市黄浦区龙华东路 868 号 609 室
邮编：200023
电话：021-64109191
传真：021-64543587
邮箱：sales@ csvrp. com
网址：www. csvrp. com
简介：

上海稳压器厂是国家稳压器定点生产厂家，长期从事电力稳压器等电源产品的生产和研究。凭借多年的生产研发经验，独具前瞻的技术观念和功能设计，为各行业提供高品质的电源产品。多年来承担了国家军用、民用、重大工程项目所需稳压电源的研制和生产任务，为各行业的发展提供强劲的推动力。

从单一的订单式设备制造，到为客户提供个性化系统解决方案，上海稳压器厂实现了打造中国稳定电源专家的这一核心理念。

今后，上海稳压器厂仍会坚持以专业成就高品质的理念，致力于新产品、新技术、新工艺的不断创新和开拓！

中国第一台 SBW 型自动补偿式稳压器的诞生地
中国唯一经过部级鉴定的稳压器生产厂家
中国科委发文推荐的稳压器生产厂家
国家电力电子产品质量监督检验中心检验产品
ISO 9001 国际质量管理体系标准认证企业

266. 上海熙顺电气有限公司

地址：上海市嘉定区外冈工业一区西冈身路 118 号
邮编：201806
电话：021-56380780　56382226
传真：021-56380811
邮箱：021power@ 021power. com
网址：www. 021power. com
简介：

上海熙顺电气有限公司是一家专业从事各类稳压器、

稳压电源、变频电源、变压器、调压器、UPS 不间断电源、逆变电源、净化电源、充电器、直流电源及相关行业电气的开发、销售服务于一体的综合性企业，系中国电源学会会员单位，并由中国人民保险公司承保，并通过了 ISO 9001 质量管理体系认证。

公司始终坚持理论与实践相结合的科学发展观，先后从全国各大高校、社会引进大量工程技术人员及多种高新检测和实验设备。从而确保熙顺每种产品具有领先的设计，稳定的性能及卓越的品质。随着我国加入 WTO，企业的发展空间日益扩大，公司始终坚持以振兴民族工业为己任，以铸造世界品牌为目标。公司已建立了健全的营销管理中心和庞大的网络体系。其产品销往全国各大省市，定期销往东南亚市场，且与中东、南非、欧美等国家和地区建立了稳固的贸易往来，而深受用户一致好评。这为熙顺的发展打下了坚实的基础，值此熙顺人深知科技创新是“熙顺”的动力，可靠的品质是“熙顺”的保障，诚信服务是“熙顺”的责任。

267. 上海新康电器制造有限公司

地址：上海市青浦区沪青平公路 2933 弄 17 幢
邮编：201703
电话：021-69755111　69755193　69755333
传真：021-69755116
邮箱：xinkang@ online. sh. ch
网址：www. xinkang. com
简介：

上海新康电器制造有限公司，是我国从事电力稳压器制造的专业生产企业、是中国电源学会的会员单位。随着现代科技的发展，工矿企业、科研、邮电、医院及国防等部门对电网供电质量的要求愈来愈高。为确保工业生产的正常进行，科研工作的顺利开展，迫切需要容量大、损耗低、波形失真小及稳压精度高的优质稳压电源。

公司现有生产场地 13000 余平方米，从事生产稳压器生产的员工 218 人，其中科研及工程技术人员占 35%；齐全的工装设备，使新康公司的产品一直处于行业领先地位，并多次在国际上获得金奖；为使新康的产品让用户更加放心，我们除免费对设备安装督导，负责设备的开通调试，免费保修一年及实行终身维修之外，并在全国各地分布有 16 个办事机构，以确保我们的售后服务工作能及时到位，充分满足对用户的承诺。

1999 年，上海新康电器制造有限公司通过了 ISO 9001 质量体系国际认证，同时新康的稳压器还获得中华人民共和国信息产业部电信设备进网许可，为新康电器提高市场竞争力及同国际接轨打下了坚实的基础。集新康电器十余年丰富的生产经验和雄厚的科研力量，新康的电力稳压器销量已逾 80000 台，安全可靠地运行于全国各地的不同行业，深受用户的赞誉。新康电器不仅遍销全国各地，而且已有销往印度尼西亚、马来西亚等国家之业绩。

总之，新康公司本着“以质量求生存，靠管理降成本”这一宗旨，让新康的产品更好地服务于社会，新康愿与您共创新世纪的辉煌。

268. 上海阳顿电气制造有限公司

地址：上海市嘉定区江桥镇曹丰路 591 号
邮编：201812
电话：021-33519445
传真：021-33519449
邮箱：cui@ yutton. com
网址：www. yutton. com
简介：

上海阳顿电气制造有限公司注册资本 505 万元，是一家专业从事于电力能源领域产品研发、生产和销售的高新技术企业。创业初期，阳顿电气代理国际知名品牌的不间断电源和蓄电池，是美国施耐德电气、美国伊顿电气在大中华区的合作伙伴。通过多年的积累与发展，依靠众多优质客户的支持，阳顿电气现成功转型成为一家专业生产不间断电源的工厂，已成为国内电源行业的领军型高科技企业之一。

当前，国内不间断电源行业蓬勃发展，百花齐放，各厂商的品质良莠不齐。阳顿电气后来居上，研发生产的金刚系列大型 UPS，单机最大容量 400kVA，可实现多台 UPS 冗余并机。首次将高可靠性、高效、节能、环保、低碳的设计理念集于一体，实现了用户效益最大化，填补了国内大型高端 UPS 的空缺，改变了洋品牌在国内大功率 UPS 市场的垄断状况。

阳顿电气在努力拓展市场的同时，坚持“专业营销，精品研发，专注制造，完善售后”的总体战略，恪守“优质产品，完善服务，以客为尊，合作双赢”的质量方针，履行“全年无休，及时响应，快速维护，保障有力”的服务承诺。公司注重开发，在科研和开发方面的投资占年营业额的 8% 以上，公司拥有国际先进的研发、测试、生产仪器设备，集中了国内最优秀的电源界技术精英，并与国内多家科研单位和高等院校建立了良好的合作关系，巩固了公司在国内电源行业的领先地位。

公司注重质量管理，建立了完整的质量管理体系，率先通过了由英国优卡斯公司认证的 ISO 9001 国际质量体系认证，产品均通过了电源行业最权威的泰尔认证。公司产品应用于全国各地的电力、通信、交通、医疗、教育、工业控制等重要领域。

公司立足于素有“东方明珠”之称的世界大都市——上海，在华东地区及全国的主要城市均设有服务网点。被业界誉为华东地区的一枝“电源新秀”。

269. 上海宇帆电气有限公司

地址：上海市嘉定区南翔蕴北路 1755 弄 26 号楼
邮编：201802
电话：021-63638888
传真：021-39125597
邮箱：yifine@ yifine. com
网址：www. yifine. com

简介：

上海宇帆电气有限公司是中国电源学会会员单位，十几年来专业制造电力电子控制设备及各种工业配套电源，主要产品有微控智能充电机、风光能充电控制器、直流电源、大功率开关电源、纯正弦波逆变器、风光能离网逆变器和并网逆变器、变频电源、交流稳压稳频电源等。公司拥有雄厚的技术实力，严格的质量控制方式和先进的生产检测设备，已通过 ISO 9001 国际质量体系认证。公司本着“质量　科技　真诚　拼搏”的企业精神，竭力向市场提供各种高品质的电源产品。

270. 上海兆伏新能源有限公司

地址：上海市杨浦区翔殷路 128 号理工大科技园 1 号楼 8 号门
邮编：200433
电话：021-51816785-802
传真：021-51826726
邮箱：yjsun@ fudan. edu. cn
网址：www. zofenergy. com

简介：

江苏兆伏集团是致力于光伏并网系统集成设备的研发和生产的大型企业，在《江苏省新能源产业调整和振兴规划纲要》中，被列为集成系统设备研发和产业化重点企业。集团设立了企业院士工作站、博士后科研工作站，在上海设立了研发中心，拥有数名在国际光伏领域享有盛名的博士、硕士等高级技术人才。

集团通过了 ISO 9001 质量管理体系、ISO14001 环境管理体系和 OHSMS18001 职业健康安全体系三体系认证，建立了完整、规范的 ERP 管理系统。所属公司主要研制并网逆变器、离网逆变器、通信电源、智能汇流箱、太阳能控制器、组件接线盒、互连条等产品，并通过了 CQC、CE、TUV、UL 等认证，拥有多项发明专利和软件著作权，是江苏省高新技术企业、软件企业。

集团在发展进程中与清华、复旦、西安交大、江苏大学等诸多高等学府，和华电、国电、尚德、大唐、苏美达、中节能、宁夏发电集团、中盛光电、江西塞维等知名企业开展了紧密的战略合作，共同发展全球光伏事业。

271. 上海正大电气设备有限公司

地址：上海市闸北区中兴路 1101 号
邮编：200070
电话：021-56987818
传真：021-56906739
邮箱：sh-zhda@ 126. com
网址：www. zhda. com

简介：

上海正大电气设备有限公司成立于 1995 年，是一家集研究、开发、营销为一体的稳压器、变压器专业电源公司。是中国电源学会最初一批会员单位。公司拥有精良的设备、先进的制造工艺和现代化的管理技术，以全国重点高校为技术依托，严格按 ISO 9001 质量认证体系组织生产，产品执行中华人民共和国 JB 7620—1994 标准，并受国家电力电子产品质量检测中心及上海技术监督局双重监督。

公司在十八年的创业历程中始终将自己立身于“用户可信赖的电源问题解决专家”的位置。全心全意为用户解决各种电源问题。公司先后推出了补偿式、无触点晶体管式、磁共振抗干扰式、正弦能量分配式等各式稳压器及干式变压器、电抗器等产品，同时代理世界知名品牌 UPS 不间断电源、变频器、变频电源、EPS 应急电源等。

272. 上海正泰电源系统有限公司

地址：上海市松江区思贤路 3255 号 4 号楼
邮编：201614
电话：021-37791222
传真：021-37791222-6003
邮箱：chenshang@ chint. com
网址：www. chintpower. com

简介：

上海正泰电源系统有限公司是一家致力于新能源功率转换、变频器等电力电子产品的研发、生产和销售的高新技术企业。公司具有一支国际化的管理和研发团队。依托正泰集团强大的资源背景，传承其 27 年专业制造经验，专注于新能源领域，为客户提供光伏系统解决方案的设计及技术服务。

目前推出的 CPS SC 系统光伏逆变器产品采用全数字化 DSP 控制、先进的功率转换与控制技术、高效的变压器设计等领先技术、使得光伏逆变器产品的转换效率高达 98.5%，达到世界先进水平；逐步形成多项核心专利技术；专业的外观工艺设计，人性化的安装方式与人机界面，严格的产品可靠性设计，使整个产品系列具备国际市场竞争的实力。

273. 上海灼日精细化工有限公司

地址：上海市松江区长塔路 85 号

邮编：201617
电话：021-51872995
传真：021-51872995-802
邮箱：jorle@ jorle. net
网址：www. jorle. net
简介：

上海灼日精细化工有限公司致力于环氧树脂、有机硅、聚氨酯新材料的研发、生产和销售，一直以电子封装材料为主要研发方向，着重开发电子、电气、电力、太阳能及其他行业所需要的各类特殊封装材料。

“科技，点燃灼日的魅力”，灼日化工是勇于追求、不断超越、积极创新的企业，我们将始终不渝的以诚信为纽带，建构信任的桥梁，与您携手，同步世界。

274. 晟朗（上海）电力电子有限公司

地址：上海市钦州北路1089号53幢4F
邮编：200233
电话：021-64857422
传真：021-64857433
邮箱：infor@ slpower. com
网址：www. slpower. com
简介：

SLPE隶属美国上市公司SL实业集团公司（AMEX: SLI）。SL公司是全球最大的独立医用电源提供者，也是产品线覆盖最广的世界一流电源供应商。凭借高超的设计制造能力及完善的售后服务体系，我们不仅能为客户提供优质可靠的高端产品，而且能提供整体的系统集成解决方案。良好的客户服务使公司在医疗和工业客户群中享有极高的声誉。公司的电源产品涉及的领域包括医疗仪器、工业设备、军用电源、网端电源（POE）、通信产品以及其他市场。

公司的产品包括各种内/外置开关电源、线性电源、充电器等，电源功率从1W到6000W以满足不同的客户需求。

275. 时冠电气（上海）有限公司

地址：上海市松江区南乐路8号
邮编：201611
电话：021-57609501
传真：021-37601484
邮箱：sgbyq@ sgbyq. com. cn
网址：www. sgbyq. com
简介：

时冠电气（上海）有限公司是集科研、制造、销售，以及产品保养为一体的综合性电源公司。公司拥有雄厚的技术开发力量和一流的检测试验设备。公司在吸收和利用国内外先进技术基础上，充分开发具有本公司特色的工艺和工装，通过不断优化创新，主要经济、技术指标均居国内领先水平，达到国际领先水平。公司不断加强对原材料质量和工艺过程的控制，保证产品质量的稳定性。

公司所生产的变压器、稳压器、调压器、电抗器、逆变电源、变频电源、EPS、UPS不间断电源以及配电箱等，十多个系列，一百多种产品，产品已远销北美、西欧、中东、北非等五十多个国家和地区，得到了广大用户的一致好评。

公司始终贯彻“技术创新，品质求精，诚信为本，追求卓越”的质量方针，力求使出厂的每一台产品都成为精品。2005年公司率先在全国同行业中通过ISO 9001:2000质量体系认证，全面提高企业综合管理水平。

276. 中达电通股份有限公司

中达电通股份有限公司

地址：上海市浦东新区民夏路238号
邮编：201209
电话：021-58635678
传真：021-58630003
邮箱：li. qi@ delta. com. cn
网址：www. deltagreentech. com. cn
简介：

1992年中达电通成立于上海，自营业以来，保持着年均增长35.5%的高速发展，为工业级用户提供高效可靠的动力、视讯、自动化及能源管理解决方案。在通信电源的市场占有率位居全国第一、同时也是视讯显示及工业自动化方案的领导厂商。

中达电通整合母公司台达集团优异的电力电子及控制技术，持续引进国内外性能领先的产品在深入了解中国客户营运环境下，依据各行各业工艺需求，提出完整解决方案，为客户创建竞争优势。秉持“环保、节能、爱地球”的经营使命，成为中国移动的绿色行动战略伙伴，在节能减排、楼宇节能的技术上，陆续开展多项新应用。

为满足客户对不间断运营的需求，中达电通在全国设立了41个分支机构、64个技术服务网点与12个维修网点。依靠训练有素的技术服务团队，中达得以为客户提供个性化、全方位的售前、售中服务和最可靠的售后保障。

二十年深耕，在近2000名员工的努力下，中达电通2011年的营业额超过三十六亿人民币。未来，中达更将不断推陈出新，借由与客户的紧密合作，共同开创更智能、更环保的未来。

中达电通——可靠的工业伙伴！

北京市

277. 北京长河机电有限公司

地址：北京市通州区中关村科技园通州园金桥科技产业基地景盛南四街 13 号 5A4 街 13 号 5A

邮编：101102

电话：010-60595875

传真：010-60595845

邮箱：changherj@126.com

网址：www.changhe.com.cn

简介：

北京长河机电有限公司是北京市人民政府批准成立的中外合资企业，是专业从事电力系统、发电厂、变电站及工矿企事业单位变配电室各类直流电源及二次设备的设计、生产、安装、调试的专业生产厂家。公司有近二十年生产直流电源设备的历史，是国家经贸委，国家电力公司，华北电管局，北京、天津、上海、重庆、湖北、吉林、济南、杭州供电局以及铁路、军队、化工等系统重点推荐的直流电源生产厂家之一；是国内最大的直流电源生产厂家之一。

公司占地面积一万余平方米，年产值 6000 万元以上。公司产品有三大类 200 多个品种主要产品有 ZKA、GZD（GZDW）、PGD、BROSC、PED 五大系列，此外，公司还可以根据用户要求，设计生产非标产品。

公司视"技术为第一生产力"，积极引进国内外先进技术，加强技术人才的培养。

278. 北京承力电源有限公司

地址：北京市昌平区昌平科技园区中兴路 10 号

邮编：102200

电话：010-69478591 69478592

传真：010-69476385

邮箱：office@chengli.com.cn

网址：www.chengli.com.cn

简介：

北京承力电源有限公司是一家专业模块开关电源制造企业，拥有近 20 年研发及制造各类模块开关电源产品经验积累。多年来，秉承求新、求实、求精的经营理念，以生产 5～5000W 的多路输出、低纹波、高可靠模块开关电源产品主营业务。

承力电源通过军工产品 ISO 9001B 质量管理体系认证。产品已经广泛应用于军工、航空航天、轨道交通、电力通信等领域，并在欧美等国际市场获得客户赞誉。

承力电源多年的制造经验及配合市场需求的研发团队，通过不断的努力，不仅能生产各类型定制特殊模块开关电源，在行业内保持产品技术、质量、可靠性、广适性优势地位。在全国多个地区城市设有分支机构，以其卓越的技术为客户提供完善的售前、售中和售后服务。

产品特点：宽输入范围、超低纹波、多路输出、软开关技术、低温抗振，并符合国军标及行业电磁兼容标准。

279. 北京创德科技有限公司

地址：北京市昌平区火炬街 21 号 4 幢 503 室

邮编：102200

电话：010-89746456

传真：010-89746455

邮箱：chuangde@bjchuangde.com

网址：www.bjchuangde.com

简介：

公司从事电子产品的研发，在智能充电器、逆变电源、稳压电源、LED 驱动器、自动化控制和承接太阳能光伏发电系统 EPC 工程等方面有自身的独特之处。一直以来为多家单位提供配套产品，与业内知名企业建立了长期的合作关系。

在太阳能光电转换和 LED 照明科技方面拥有多项完全自主知识产权的核心技术。现有本科及以上学历人员多名，高级技工多名，LED 高级封装技术人员多名。

拥有先进的生产设备以及完善的质量管理体系，已通过 ISO 9001 质量体系认证，CE、TUV、CUL 认证。

"品质第一、客户至上、理念创新、服务一流"是公司既定方针，旨在引领新能源理念，力求创新"质优价廉"的太阳能光电产品。

280. 北京大华无线电仪器厂

地址：北京市海淀区学院路 5 号

邮编：100083

电话：010-62937102　62937111

传真：010-62921303

邮箱：dhelec@dhelec.net　dhtech@dhtech.com.cn

网址：www.dhelec.com.cn　www.dhtech.com.cn

简介：

北京大华无线电仪器厂（768 厂）建于 1958 年，是我国最早建成的微波测量仪器大型军工骨干企业，企业通过了 GJB9001、ISO 9001 质量管理体系认证，武器装备科研生产许可证、军工电子装备科研生产许可证和装备承制单位认证，近年来，企业主持或参与编写了多个行业标准。

企业主要产品有铷原子频率标准、雷达综合测试仪、微波信号源、噪声发生器、选频放大器、卫星云图接收机、大气物理探测系统、微波（光磁、顺磁、铁磁）共振实验系统、微波分光仪、微波胶乳测试仪、测控天线、微波组件、波导同轴器件、交直流稳压稳流电源、开关电源、电子负载等，广泛应用于各军兵种、科研院所、高等院校及各类工业企业，为提高企业生产率提供了高稳定度、高可靠性的优秀产品。

281. 北京动力源科技股份有限公司

地址：北京市丰台科技园区星火路8号
邮编：100070
电话：010-63783072
传真：010-63783080
邮箱：zhangzhenping@ dpc. com. cn
网址：www. dpc. com. cn
简介：

北京动力源科技股份有限公司是一家致力于电力电子技术及其应用领域，集研发、制造、销售、服务于一身的高科技上市公司（股票代码：600405）。是国内电源行业首家上市企业，是国家人力资源和社会保障部授权的能源审计师和能源管理培训单位；也是国家发改委批准并第一批公布、面向全社会的节能服务公司之一。

动力源始终定位于以电力电子技术为核心的发展平台，凭借强大的技术创新能力，已开发出基于AC-DC、DC-AC、AC-AC、DC-DC技术平台下的百余种产品，技术领域不断拓展、产品系列不断丰富，为客户提供专业系统的解决方案。所有产品均享有自主知识产权，其中我们在直流技术的理解和使用上已经处于世界领先地位；在品牌上从名不见经传发展成为在国家级重点工程上多次中标的知名企业。

面向未来，动力源将继续以电力电子技术为平台，拓展相关产品和服务，以满足客户的需求。为社会提供节能降耗、绿色环保的解决方案及产品作为自己的重要使命。在新能源应用领域开辟出新的天地，创绿色环保世界，做能源利用专家。

282. 北京航天拓扑高科技有限责任公司

地址：北京市大兴区经济技术开发区永昌南路21号
邮编：100176
电话：010-58080808　58080702
传真：010-58080802　58080880
邮箱：tenglin168@ 163. com
网址：www. aerotop. com. cn
简介：

北京航天拓扑高科技有限责任公司是中国运载火箭技术研究院北京航天万源科技公司控股的高新技术企业。公司致力于烟机、燃气、热力、供水、配电等领域的监控管理系统集成和军用测控电源、干扰机和战略、战术导弹弹头、弹体部分配套的机电产品的设计、开发、生产和服务，是中国电源学会和城市燃气协会会员。

公司多年来为国家重点的导弹武器型号及载人航天工程研制、生产了大量的军用测控电源和战术、战略导弹弹上配套产品和地面配套产品。特别是军用测控电源，被广泛地应用到战略、战术导弹遥测和发控系统，运载火箭的控制系统、动力系统、测量系统和低温加注系统、载人飞船发射故障检测系统以及宇航员逃逸系统等关键部位，产品经历了多次严酷飞行试验的考核和验证，圆满地完成了载人航天工程等国家重点工程及各种导弹的飞行任务共百余次。

公司将凭借人才、技术和产品的优势，积极开拓军、民品两大领域市场，为祖国的军事装备现代化做出卓越贡献。

283. 北京航天星瑞电子科技有限公司

地址：北京市大兴区经济技术开发区万源街18号四层425室
邮编：100176
电话：010-67871560
传真：010-67888906
邮箱：xrpower@ 126. com
网址：www. xrpower. com
简介：

北京航天星瑞电子科技有限公司是一家高新技术企业，位于北京经济技术开发区。公司致力于航空航天及各种军用领域测控电源设备以及民用测控电源的设计、开发、生产、服务，是中国电源学会会员单位。

公司成立之初就确立了高技术、高质量、高可靠的产品策略，并始终以“宽一寸、深百里”的经营理念在所处的电源行业中精耕细作，立志成为国内电源行业的著名企业。同时公司以“以人为本、诚信于心”的管理理念对待员工和客户，努力体现企业的社会价值，成为一个广受尊重的企业。

公司主要产品包括程控直流电源系列、程控交流电源系列、大功率直流电源系列、军品定制电源系列，还可以根据用户需求设计专用电源，提供军用测控系统供配电解决方案。

公司通过了GJB9001A—2001我国军标质量体系认证，具有丰富的军用电源研制经验，产品涉及海军、陆军、空军及二炮的多种武器系统。

284. 北京航星力源科技有限公司

地址： 北京市昌平区白浮泉路10号兴业大厦七层
邮编： 102200
电话： 010-69700498
传真： 010-69700196
邮箱： hangxingliyuan@163. com
网址： www. hisoon. com
简介：

北京航星力源科技有限公司位于北京市中关村科技园昌平园区，是一家专业从事大功率高频开关电源模块、高精度恒流源、智能化电源系统、UPS、逆变电源、太阳能并网设备等系列产品的研发、生产、销售和服务的高科技工业企业。作为电源行业的大型龙头企业，正处于引领国内市场，步入国际化发展阶段。

公司拥有自己的现代化标准工业厂房、先进的研发和生产设备，通过了ISO 9001:2000国际管理体系认证。公司拥有产品的全部自主知识产权和十余项专利技术，技术水平处于国际前沿水平。“航星电源”为绿色节能产品，在业界以“八高一低”而著称，即：高可靠性、高性价比、高适应性、高合格率、高转换效率、高负载率、高功率因数、高功率密度及低返修率。

公司为“北京市高新技术企业”，“航星电源”至今已具有18年的历史，为电源行业的知名品牌，“航星电源”广泛应用于军工、航空、航天、广电、铁路、电力、医疗、通信、科研等领域，并出口到日本、德国和第三世界国家。

285. 北京恒电电源设备有限公司

地址： 北京市海淀区中关村南大街6号中电大厦1206
邮编： 100086
电话： 010-62451119
传真： 010-62451121
邮箱： keqiu@163. com
网址： www. hendan. com. cn
简介：

北京恒电电源设备有限公司成立于1990年。公司总部坐落在风景秀丽的北京高科技园区内。本着“质量第一、用户至上、造国货之精品、创国货之名牌”的宗旨，凭借着高品质的产品、领先的理念和敏锐的市场意识，在竞争中脱颖而出，主要产品为UPS电源、逆变器、新能源控制器、新能源逆变器以及特种电源。

公司本着“人才是企业的第一资源”的方针，投资拥有一支属于自己的专业研究队伍，这是恒电发展的“动力之源”。恒电公司依托这雄厚的技术实力，自行研制、开发和制造了UPS电源、新能源控制器、逆变器，产品的外观形态已取得了国家专利。系列产品通过国家信息产业部产品质量检测中心的检测，同时还获得中华人民共和国发改委“新能源项目”合格供应商和世界银行新能源产品合格供应商。产品广泛应用于银行、证券、通信、国防、医疗、铁路、交通、电力、水力等国家重点行业领域里。

286. 北京汇众电源设备厂

地址： 北京市海淀区上地七街1号
邮编： 100085
电话： 010-62974051
传真： 010-62974057
邮箱： huizhong_gyj@163. com
网址： www. huizhong. com. cn
简介：

北京汇众电源设备厂始建于1986年，近27年来一直以民用和特种电源的研制、生产和销售为主。

北京汇众电源设备厂有员工200多人，资产规模1亿多元，办公和厂房面积2万多平方米，现已形成了DC-DC、AC-DC、DC-AC三大系列一千多个型号的产品。

北京汇众电源设备厂服务的行业涉及通信、电力、铁路、兵器、航空、船舶等领域，产品类型包括：模块电源、高压交流输入电源、逆变电源、车载电源、军用微电路电源和高精度定制电源等。

汇众在国内率先掌握和应用了下面几项电源方面的关键技术：

资质：

1. 武器装备质量管理体系认证证书
2. 质量管理体系认证证书
3. 军工保密资格证书
4. 武器装备科研生产许可证
5. 信息安全管理体系认证证书
6. 武器装备承制资格单位证书（已于2011年12月通过现场审核）
7. 系列模块电源获国际TUV认证

获奖证书：

荣获国家科技进步特等奖

被北京质量协会授予质量标杆企业

被中国电子商会授予“中国电源行业诚信企业”

287. 北京机械设备研究所

地址： 北京市海淀区永定路50号（142信箱208分箱）
邮编： 100854
电话： 010-88527004
传真： 010-68386215
邮箱： hechang0202@163. com
简介：

航天科研系统是我国最大的科研系统之一。中国航天科工集团（即原中国航天工业总公司）第二研究院是航天科研系统中的一个重要的、多学科及专业的综合性科研单位，有两弹一星功勋奖章获得者黄纬禄、有6名中国工程院院士、两千多名高级科研人员和四千多名中级科研人员。其中既有我国电子界、宇航界的老前辈，又有实践经验十分丰富的中、青年科技专家。

我院不仅承担多种类型飞行器系统的总体、控制、制导、探测、跟踪、动力及地面系统的设计与生产，还承担空间高科技产品的研制；不仅承担国内的重大科研项目，还承担着外贸出口任务。研究院采用现代科学的系统工程管理方法，把众多的研究所与生产厂有机地组成一体。近年来，共获国家与国防科工委各种发明奖以及重大科技成果奖数千项。

我院拥有现代化的科学研究设备，尤其是电子和光学仪器设备大都是全国第一流的；拥有世界先进水平的计算机系统与控制系统仿真实验室；有863高科技技术等多个国家重点实验室，可为从事科研工作提供先进的研究与测试手段。

288. 北京京仪椿树整流器有限责任公司

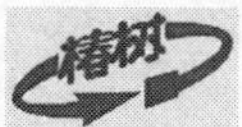

地址：北京市丰台区三顷地甲3号
邮编：100040
电话：010-88680221
传真：010-88681899
网址：www. chunshu. com

简介：

北京京仪椿树整流器有限责任公司始创于1960年，总部位于北京市丰台区，隶属于北京控股集团有限公司，注册资金7284万元，资产总额超过2.2亿元，是中国最早生产电力电子器件和电力电子变流装置的高新技术企业。

公司目前拥有市级技术中心、博士后科研工作站以及北京市优秀创新工作室，与清华大学、北京交通大学联合研制开发产品，与西安理工大学联合开展工程硕士培养。拥有国内一流的半导体器件生产超净车间及防静电电源生产车间，每年提供的各种电源装置处于领先地位。2000年通过ISO 9001质量体系认证，2008年通过GJB/Z 9001A—2001军工质量管理体系认证，是中国电源行业的诚信企业。

公司产品秉承“优质环保、高效节能”的发展方向，电源产品主要有电解电镀电源、LED用蓝宝石炉电源、电弧炉电源、中频感应加热电源、多晶硅还原炉电源、氢化炉电源、单晶炉电源、铸锭炉电源等系列装置。具有高精度、高可靠性、节电效果明显等特性。近年来，致力于开关电源、风电逆变器、磁浮控制器、APF、PWM整流器、直流斩波电源等产品领域的研究与开发。凭借雄厚的技术实力、领先的生产工艺及高效的管理团队，一直坚持不懈地努力为客户提供集设计、研发、制造、服务为一体的最佳解决方案。

公司的顾客遍布全球，是法国ALSTOM、德国SIEMENS、印度Hero Cycle公司的中国合格供应商，日本、JFE、FUJIFILM的良好合作伙伴。产品出口到北美、南美、欧洲、亚洲二十多个国家和地区。在行业内树立了很高的声誉。

公司为航天科技集团提供了世界最大的单套电源系统；在国内首创实现了MW级开关电源在多晶制备直流系统的应用，并推广到多个行业；多个产品获得德国、英国、美国等装备厂家认可，近几年出口额增幅巨大；2012年成功实现了产品方向由光伏行业向其他行业的转移，实现了产品结构的调整；拥有自主知识产权十余项；连续两年获得北京市科学技术奖。

289. 北京聚能普瑞科技有限公司

普瑞电源

地址：北京市朝阳区和平西苑甲10楼901室
邮编：100013
电话：010-84279591 84279592
传真：010-84279597
邮箱：zhoufr9435@ sina. com

简介：

本公司是中美合资企业，企业原名：北京普瑞电源设备有限公司，自2011年7月经北京市工商局批准名称变更为北京聚能普瑞科技有限公司。

20年来公司一直以生产销售HS系列交流稳压电源为主，产品设计水平先进、元器件品质优良、工艺考究，按国际标准生产和检验。

产品特点：稳压、隔离、净化、分配、功能完善；抑制浪涌、干扰，消除电压波动；操作简易、可靠。

公司产品已经广泛应用于银行、商业、通信、气候观测、铁路交通、航空航天、军队国防、新能源等领域。

290. 北京纽绅埔科技有限公司

地址：北京市海淀区白塔庵5号汉荣家园1号楼507号
邮编：100098
电话：010-82822323
传真：010-82822736
邮箱：info@ ncpups. com
网址：www. ncpups. com

简介：

北京纽绅埔科技有限公司位于北京中关村科技园区，成立于1999年1月6日，本公司具有多年电源设备及蓄电池的设计、研发和市场推广的历史，以及拥有一大批年轻化、高科技、高素质的专业技术人才。它是一家高新技术企业；中国电源学会会员单位；公司已通过ISO 9001：2008国际质量管理体系认证。

公司针对中国电力发展现状及需求以ODM的生产方式，采用先进的技术，自2000年纽绅埔电源及蓄电池系列产品先后进入了各行业所需的特异UPS电源及蓄电池领域，如铁道部户外轨道衡系统、全国第一条大秦线GSM-R铁路通信基站、直放站及一体化基站系统、国家地震局地震监测系统、公安部系统、中国人民解放军及中国航天部系统等。由于公司经营水平的不断提高和行业市场的不断扩大，公司在产品的生产和研发方面投入了更大的力度，并且根据行业的要求在产品的发展方向上突出三个特殊即特殊行业、特殊环境、特殊要求。公司将继续坚持服务于用户的原则，以行业为依托，充分利用公司的整体优势，生产出技术先进、工艺精湛、安全可靠的高品质新品，以满足广大行业用户的需求。当前公司在中国设有多家营销总部及技服中心，纽绅埔系列产品已逐步进入国际市场。公司高品质的产品以及优质及时到位的售后服务已赢得了广大用户的一致认可与好评。

291. 北京普罗斯托国际电气有限公司

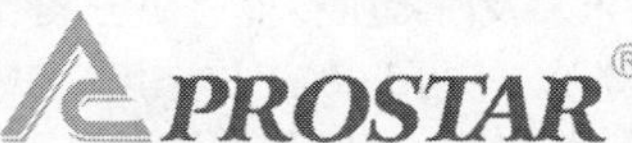

地址：北京市通州区马驹桥联东U谷工业园15号9D

邮编：101102

电话：010-88861981

传真：010-88861976

邮箱：market@ prostarele. com

网址：www. chinastabilizer. com

简介：

普罗斯托国际电气有限公司坐落于日新月异的国家级开发区——亦庄开发区（联东U谷）。是一家专业致力于研发设计、制造电源产品的国际化集团公司。以其享誉全球的微电脑无触点稳压电源及三相大功率（工业级）UPS产品和尖端技术，为世界工业和电力等行业客户提供完善全面的电力解决方案。

作为电源领域的专家，普罗斯托国际电气拥有强大的产品研发及制造能力。普罗斯托除了提供标准配置的电源产品，其主要竞争优势还在于能够根据用户的不同要求，提供满足客户要求的“非标”特殊产品。

普罗斯托国际电气率先通过ISO 9001国际质量体系认证，产品通过严格的欧盟CE、ROHS产品质量认证。其产品具有高可靠性、稳定性、耐用性及适用性。

普罗斯托建立了完整的销售及售后服务网。已拥有上海、广州、哈尔滨等多个服务机构，为所有普罗斯托产品提供快速方便的服务。

292. 北京七星飞行电子有限公司

地址：北京市朝阳区酒仙桥路4号

邮编：100015

电话：010-64325909

传真：010-64377792

邮箱：bj798@263. net

网址：www. 798. com. cn

简介：

北京七星飞行电子有限公司是一家大型综合类电子产品制造企业，其前身是国营第798厂，为国家“一五”期间引进的重点项目之一。1957年建成投产，为我国最早且最具规模的磁性材料和陶瓷材料科研生产基地。公司拥有国家承认的检测计量中心和众多取得国家认证资格的专业测试和仪表计量人员，检测中心试验设备齐全、技术手段先进，可进行不同质量等级的可靠性试验。

公司主营产品：金属磁粉心、软磁铁氧体、非晶纳米晶磁心等软磁材料，以及各种变压器、电感器等感性器件；各种陶瓷材料以及陶瓷板型阵列滤波电容器和各种陶瓷电容器等。

其中金属磁粉心产品（铁硅铝产品、高磁通产品、铁镍钼产品、铁硅产品），尤其铁硅铝产品和高磁通产品已经达到国际先进水平。

293. 北京七星华创电子股份有限公司

地址：北京市朝阳区酒仙桥路4号（8503信箱8#）

邮编：100015

电话：010-84599510

传真：010-64339350

邮箱：marketing@ sevenstar. com. cn

网址：www. sevenstar. com. cn

简介：

北京七星华创电子股份有限公司传承四十多年电子专用设备及电子元器件的生产制造经验，于2001年9月成立。是一家以微电子技术为核心，以电子专用设备与新型电子元器件为主营业务，集研发、生产、销售、服务及对外投资于一体的大型综合性高科技公司。拥有一流的生产环境、加工手段和检测仪器，是中国最大的电子专用设备生产基地和尖端的电子元器件制造基地之一，以优质的产品和优良的服务赢得了国内外客户的赞许和信赖。曾被评为德勤“亚太高科技高成长500强”。并于2010年3月成功上市，为公司的持续发展获得了稳定的长期的融资渠道。同年销售收入超过12亿人民币。

北京七星华创电子股份有限公司微电子分公司前身为国营第798厂微电子事业部，2001年并入北京七星华创电子股份有限公司。主要从事设计、开发和生产混合集成电路及DC-DC电源模块、微电路模块、微波组件三大类产品。1967年建立了国内第一条混合集成电路生产线。混合集成电路生产线现有10万级净化厂房2500平方米，万级净化厂房200平方米，年生产能力在100万块以上，其中高可靠军用混合集成电路产能在4万块以上。自1999年以来，每年军用混合集成电路模块产量保持在5万块以上。我公司为国家重点高新工程配套了大量混合集成电路模块。公司通过了ISO 9000质量管理体系、国军标体系、军标线（H级）认证，各项管理和技术、试验手段齐全先进。

294. 北京群菱能源科技有限公司

地址：北京市经济技术开发区科创十四街99号汇龙森科技

园 33 号楼 B 座 6 层
邮编： 101111
电话： 010-56532068
传真： 010-56532088
邮箱： boyao@ vip. 163. com
网址： www. qunling. cc
简介：

北京群菱能源科技有限公司专业致力于新能源检测及系统集成、电动汽车充电站检测及系统集成、电源测试设备研发与制造的高科技生产型企业，公司注册资金 5760 万。其前身是中国台湾群菱工业股份有限公司北京代表处，得益于多年能源检测领域不断地研究与探索，公司在光伏逆变器检测等相关行业拥有核心竞争力，专业产品与服务为用户提供了优质的检测系统集成解决方案。

群菱公司是中国从事新能源检测的先导者之一，拥有自主知识产权，可提供 10kW ~ 3MW 并网逆变器的出厂检测、车载电站验收等相关的设备。主线产品有，光伏方阵测试仪、并网逆变器防孤岛检测设备、电动汽车充电站检测平台、后备电源检测设备、微网及储能检测设备等。公司产品先后获得金太阳、CQC 等认证，并成功应用于国内各逆变器生产型企业、科研机构和实验室等。

295. 北京日佳电源有限公司

地址： 北京市通州区中关村科技园区通州园金桥科技产业基地景盛南四街 13 号 5A
邮编： 101102
电话： 010-60595892
传真： 010-60595872
邮箱： bjrj _ gaojia@ 126. com
网址： www. rijia. com. cn
简介：

北京日佳电源有限公司是一家中日合资的专业电源生产商，其中日方出资方为世界最大的电源生产商之一 GS 汤浅公司。我公司专业从事各种型号应急电源（EPS）、不间断电源（UPS）、太阳能发电系统设计、各类交直流电源设备科研、开发和生产。

北京日佳电源有限公司于 1997 年通过了 ISO 9000 质量体系认证，1999 年通过英国皇家质量体系（UKAS）认证，使公司的生产经营在质量体系的控制下有效进行。

北京日佳电源有限公司本着“质量第一、信誉至上”的目标，一如既往地向国内外各界用户提供优质的产品和满意的服务。

296. 北京世特美测控技术有限公司

STM

地址： 北京市顺义区空港工业区 B 区裕华路 28 号 5 号楼
邮编： 101318
电话： 010-80482583
传真： 010-80483860
邮箱： bjstm@ 163. com
网址： www. bjstmck. com
简介：

北京世特美测控技术有限公司专注于研发、生产、销售各类拥有自主产权的电量传感器、变送器。产品目前已广泛应用于电源、工业自动化、汽车、船舶、铁路、军工等行业和领域。

公司坚持“为员工、客户及社会创造最大价值”的核心价值观，“满足客户应用需求、及时提供专业解决方案”的服务理念，“创新、严谨、高效、快乐”的工作态度。贯彻“以人为本、诚信严谨、合作共赢、执着创新”的企业文化。

公司全面引进 ERP 及 CRM 办公自动化管理系统，实现了企业信息化管理，并通过了 ISO 9001:2008 质量管理体系认证、部分产品通过 UL、CE 认证。

我们是注重社会责任的企业，着力推行精准测量和客户服务意识，不断努力减小能耗和环境负荷，提供客户符合最新环保要求的绿色优质产品。

我们拥有领先的信号采集技术和强有力的研发团队，将满足您不断增长的新需求，为您的新一代产品提供全面的技术支持和服务。

297. 北京索英电气技术有限公司

索英电气
SOARING

地址： 北京市海淀区永丰产业基地永捷北路 3 号永丰科技企业加速器（一区）A 座
邮编： 100094
电话： 010-58937318
传真： 010-58937315
邮箱： soaring@ soaring. com. cn
网址： www. soaring. com. cn
简介：

北京索英电气技术有限公司成立于 2002 年，位于国家级高新技术园区：中关村创新示范区，是国内最早专注于电能回收和新能源发电领域的国家级高新技术企业。主要产品有储能双向变流器、光伏并网逆变器、蓄电池充放电测试系统和节能回馈电子负载等，并为客户提供最专业的项目方案设计、技术服务和系统工程实施。

索英电气始终将技术创新作为企业发展的动力之源，注重研发投入和人才培养。公司拥有一支专业的研发队伍，凝聚了来自清华大学、哈尔滨工业大学、华北电力大学、合肥工业大学等国内著名院校的优秀人才，在电能回收及可再生能源发电行业具有丰富的研发经验和领先的自主创新能力。公司先后承担了多项国家科技项目，参与起草了多项行业及地方标准，取得了多项行业第一，并获得了多项重要成果和专利。

298. 北京新雷能科技股份有限公司

SUPLET®

地址： 北京市海淀区西三旗东路新雷能大厦
邮编： 100096
电话： 010-82912892
传真： 010-82912862
邮箱： webmaster@ suplet. com
网址： www. suplet. com
简介：

公司起始于1997年，民营企业；是一家注册于北京市中关村科技园区的高新技术企业。职工总数约800人，主要从事设计、制造和销售民用、军用及航天级电源产品，主要产品为标准和专用的DC-DC模块电源、AC-DC电源、铃流发生器、定制电源、机箱电源、特种电源、机架电源及系统等。是国际、国内一流通信设备制造商的电源供应商，是国内航天、航空、兵器、中电、总参通信部等行业内设备制造商的电源供应商，公司产品还广泛应用于铁路、电力、工控、新能源等领域。公司的“直流-直流系列变换器模块电源”被认定为“北京市自主创新产品”；公司通过了军工产品质量管理体系认证、军工保密资质认证、装备承制单位资格认证；2004年至今被北京中关村企业信用促进会评为“信誉良好企业”；北京市国家税务局和北京市地方税务局的“纳税信誉A级企业”。

299. 北京亚澳博信通信技术有限公司

北京亚澳博信通信技术有限公司
Beijing ASAU BoXin Communication Technologies Co.,Ltd.

地址： 北京市顺义区林河工业开发区林河大街21号
邮编： 101300
电话： 010-89496341
传真： 010-89496346
邮箱： asaubosupport@ asaupower. com. cn
网址： www. bjasau. com
简介：

北京亚澳博信通信技术有限公司是河北亚澳通信电源有限公司与北京顺义林河开发区在林河开发区合资组建的股份制软件科技型高新技术企业。主营业务为智能型高频开关电源、微波点对点通信系统、动力环境监控系统及智能信息网管系统的开发、生产、销售及售后服务。亚澳博信公司产品目前已经应用于中国电信、中国网通、中国移动、中国联通、部队、电力、广电、石油等通信领域，并出口至法国、俄罗斯、印度、南非、古巴、孟加拉等国。

河北亚澳通信电源有限公司是成立于1994年的一家以研发、生产和销售智能化通信用高频开关电源及其网络监控的企业。

300. 北京一峰电子制作中心

地址： 北京市海淀区西北旺镇小牛坊456号
邮编： 100094
电话： 010-82824615 57158331
传真： 010-82824617
邮箱： yifengfy@ yahoo. com. cn
网址： www. yfdianzi. com
简介：

北京一峰电子制作中心是一家专业设计生产各类高频变压器、电感器的企业，生产全程贯彻GB/T19001—2000和ISO 9001:2000质量管理要求，建立质量保证体系。本公司已经形成一个完善的研发、生产、销售系统，拥有了一只熟悉军用标准、行业标准的工程技术队伍。

目前主要产品：

高频变压器系列：开关电源变压器、脉冲变压器等；

电感器系列：APFC电感器、谐振电感器、共模/差模电感器、开关电源输出电感器等以及各种滤波用电感器及磁珠；

军用产品广泛应用于航空、航天、船舶、兵器等军工领域；民用产品广泛应用于各种电子线路中，传统型变压器电感器产品主要应用在一次通信电源、充电器等大功率电源中，SMD类产品和新型平面变压器电感器主要应用于二次电源模块和网络产品中；设计生产的大功率（工作频率20kHz左右，10～50kW）充电器、逆变器用变压器、电感器产品受到用户的一致好评。月生产3～5万只。

全体员工秉承质量和诚信就是持续发展的命脉！

顾客满意是中心的出发点和归宿、持续改进是全体员工永恒的追求！

联系人：司小姐　13910863778

301. 北京银星通达科技开发有限责任公司

银星通达
SILVER STAR SCIENCE & TECHNOLOGY

地址： 北京市西城区北三环中路甲29号华尊大厦A座403室
邮编： 100029
电话： 010-82021883
传真： 010-62034689
邮箱： silverst _ 1@ 163. com
网址： www. silverst. com
简介：

北京银星通达科技开发有限责任公司是专业从事各行业数据中心机房建设，UPS电源供配电系统、制冷系统的方案和产品供应商，并为用户提供监控系统、机柜、蓄电等整体解决方案。本公司自成立以来，始终致力于国际著名品牌产品在国内市场的推广和引介工作。多年来，在广大用户的支持与帮助下，公司同仁不断开拓进取，凭借良好的敬业精神、过硬的专业技术及竭诚服务于用户的意识，现已成为国内知名的电源、空调及外设产品代理商。公司现已通过 ISO 9000 质量管理体系认证，并被北京市工商行政管理局评为“守信企业”、被中国电子商会电源专业委员会评为“中国电源行业诚信企业”。

本公司为施耐德旗下的 APC 高级认证合作伙伴（金牌代理），代理其全系列产品，同时是中达电通（台达）、美国艾默生克劳瑞德 UPS、伊顿旗下的 Powerware 系列及山特电子、广东易事特、厦门科华、美国力登、深圳科士达等品牌的代理商，在业内享有极高的企业信誉度。

公司自成立以来，以优质的售前售后服务和精湛的专业技术为保障客户的网络畅通创造了良好的环境和无限的商机，至今在全国各地已拥有上千家客户，售出上万台 UPS 电源，工程师的足迹遍布祖国的大江南北，公司力争实现客户满意度达到百分之百。

302. 北京宇翔电子有限公司

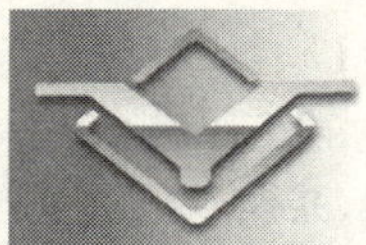

地址： 北京市朝阳区东直门外西八间房万红西街 2 号
邮编： 100015
电话： 010-64320432-2076
传真： 010-64320432-8082
邮箱： bjyxdz@ 163. com

简介：

北京宇翔电子有限公司是一家专业从事半导体集成电路和分立器件设计制造的企业。该公司于 2012 年由宇翔公司（原北器三厂）、北器五厂、北器六厂以及莎威公司（原国营 878 厂）等几家企业整合重组而成，具有 40 余年研发、生产半导体器件的悠久历史。

公司建有一条 4 英寸铝栅 CMOS 集成电路制造线和一条 6 英寸双极集成电路制造线；具备军（民）用集成电路和分立器件三大类数百种型号上千种规格产品的设计、研发、生产和服务的能力。

公司产品包括：数字集成电路：CC4000 系列、C000 系列、54HC 系列、BH 系列专用集成电路等；电源管理电路：CW7800/CW7900 固定正/负压电压调整器系列、CW117/CW137 可调正/负压电压调整器系列、LDO 低压差电压调整器系列、PWM 脉冲宽度调制器、精密电压基准电路等；半导体分立器件：PN 硅单结晶体管、开关/稳压/恒流二极管、SBD-SiC 二极管、TVS 瞬态电压抑制二极管、JFET、MOSFET 等及 SOT/SOD/DFN/QFN 等多种封装型式产品。

公司执行 GB/T19001 质量管理体系和 IECQ-HSTM QC080000 控制要求，产品质量安全可靠。

顾客的想法就是我们的目标，本公司将一如既往地为新老客户提供高品质的产品和优质的服务。

303. 北京中天汇科电子技术有限责任公司

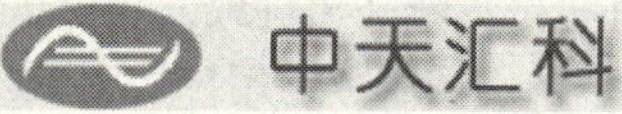

地址： 北京市昌平区沙河镇七里渠育荣教育园区（北门）
邮编： 102206
电话： 010-80707609
传真： 010-80707609-8009
邮箱： sun-zthk@ sohu. com
网址： www. zthk. com. cn

简介：

北京中天汇科电子技术有限责任公司系一家专业的电力电子制造企业，具有 18 年生产开关电源的历史。产品累计生产达数万余台，广泛应用于通信设备、广播发射、电力自动化、EPS 应急电源等多个行业。

中天汇科公司注册于北京中关村昌平科技园区，是中国电源学会的团体会员，并取得了高新技术企业认证。本公司下设开发部、生产部、销售部、质管部等职能部门，并拥有一批高新技术人才，其中具有大专学历以上的人员（含高级职称）占员工的 60%。

公司自创业以来以诚为本，坚持以科技为先导。与中国矿业大学紧密合作采取校企协作，以知名教授及高级工程师为技术后盾，不断研制出各种新型的电力、电子产品。

公司已通过 ISO 9001:2000 质量体系认证，产品安全及电气性能完全符合信息产业部“YD/T731—2000 高频开关整流器标准”，并通过了“北京市产品质量监督检验所”及“国家电力科学院”等权威部门的检测。

304. 海瑞弗机房设备（北京）有限公司

HAIRF®

地址： 北京市海淀区上地西路 8 号上地科技大厦 4 号楼 302 室
邮编： 100085
电话： 010-58856633
传真： 010-58858420
邮箱： xulin@ hairf. com. cn
网址： www. hairf. com. cn

简介：

海瑞弗公司是全球领先的制冷系统提供商，总部位于意大利罗马，并在意大利帕多瓦和米兰两地分别设有精密空调生产基地。海瑞弗公司在精密空调领域超过 30 年的研发及制造经验，并在全球二十多个国家和地区设立分支机构及合资公司，在全球拥有 2000 多个合作伙伴，为了更好地服务亚洲和太平洋地区的用户，在中国香港设立有全资子公司，2004 年在北京也设立了合资公司，迄今为止海瑞弗公司已在北京、上海、广州、成都、武汉、长沙、福州、西安、济南、南宁等地建立起了本地化销售和服务网络。

305. 麦德欧科技（北京）有限公司

MiGeo

地址： 北京市海淀区上庄南玉河东路甲 6 号
邮编： 100094

电话： 010-82473521-811
传真： 010-58957358-812
邮箱： zyy@ mightypower. com. cn　zyy@ migeo. cn
网址： www. mightypower. com. cn　www. migeo. cn
简介：

麦德欧科技（北京）有限公司，注册于北京市海淀区中关村科技园，依托于中关村科技园强大的科研教育平台，主要从事于电子科技产品的研发、生产以及产品销售。凭借多年积淀的雄厚技术背景，立足于为信息产业及国防科工事业提供全方位、高品质的电源方案。

主要产品包括：研制应用于通信交换、基站、电源系统、监控传输设备、铁路信号、工业自动化控制、航空、航天和军工以及电力监控及新能源等领域的高功率密度模块电源以及模块拼装化多输出系统电源产品。

306. 北京通力盛达节能设备股份有限公司

TONLIER

地址： 北京市大兴区经济技术开发区科创 14 街 9 号
邮编： 101111
电话： 010-81508899
传真： 010-81508855
邮箱： sales@ tonlier. com
网址： www. tonlier. com
简介：

北京通力盛达节能设备股份有限公司集节能产品研发、生产、销售及服务为一体的综合型高新技术企业，是中国最早研制智能通信电源、最早参加起草技术标准和最具专业实力的企业。公司以节能减排、保护环境理念为核心，努力成为中国节能环保产业的领军企业。

公司主营产品有通信用高频开关电源系统（包括室内型、室外一体化型、室内外壁挂型、嵌入型）、机房智能换热空调、LED 路灯、LED 驱动电源等，是北京市认定的质量 AAA 级单位。

公司先后通过了 ISO 9001 质量管理体系认证、ISO14001 环境管理体系认证和 GB/T28001 职业安全管理体系认证，不断引进先进的 ERP（企业资源管理系统）和 CRM（客户管理系统）管理系统，使企业运营管理效率和市场竞争力不断提升。

公司技术一直瞄准国际先进水平，奉行生产一代、研制一代的产品创新策略，确立市场化的设计思想，组建了一支敬业、团结、奋进的研发队伍。公司现拥有专利几十项、多项软件著作权证书，是北京市专利工作试点单位，被评为国家级高新技术企业。

307. 伊顿电源（上海）有限公司

Powering Business Worldwide

地址： 北京市朝阳区建国门外大街甲 8 号 IFC 大厦 9 层
邮编： 100022
电话： 010-59259331
传真： 010-59259211
邮箱： sherlockjin@ eaton. com
网址： www. eaton. com. cn
简介：

伊顿公司是一家超过百年历史的多元化动力管理公司，致力于提供高效节能的解决方案，帮助客户更有效的管理电力、液压和机械动力。2011 年公司销售额达 160 亿美元。伊顿在许多工业领域都是全球技术领导者，包括电能质量、输配电及控制系统；工业设备和移动工程机械所需的液压动力元件、系统和服务；商用和军用航空航天所需的燃油、液压和气动系统；以及帮助卡车和汽车提升性能、燃油经济性和安全性的动力及传动系统。伊顿公司现有约 7.3 万名员工，产品销往 150 多个国家和地区。

308. 中国兵器装备集团兵器装备研究所

中国兵器工业第二〇八研究所
No.208 Research Institute of China Ordnance Industries

地址： 北京市昌平区南口镇马坊 1 号（昌平区 1023 信箱）
邮编： 102202
电话： 010-80190222　80190200
传真： 010-80190320
邮箱： shf26@ sina. com. cn
网址： www. coapower. cn
简介：

中国兵器装备集团兵器装备研究所（二〇八所）是我国唯一的轻武器专业研究所，1960 年 10 月成立，现已发展成为集轻武器论证、设计、试制、试验、检测于一体的专业研究所。研究所肩负着为军队、公安、武警研发轻武器装备，实现轻武器装备现代化的重要使命。

二〇八所是我国轻武器行业科研开发的牵头和总体设计单位，目前我军的主要轻武器装备均由我所牵头研制。

二〇八所由 7 个研究室、反恐防暴武器制造部、电子产品中心、轻武器试验靶场、北方射击场、长城宾馆及有关管理机关等组成。研究所集中了全国主要的轻武器研究人才。在职职工 595 人，科研人员占 80% 以上，培养了工程院院士 1 名，享受国务院政府特殊津贴 31 人，获国防科工委"有突出贡献的中青年专家"称号 6 人，全国五一劳动奖章获得者 2 人。

50 年来，研究所共完成科研项目 600 余项，获科研成果 260 余项，其中获国家、省部级奖达 150 余项。

研究所发展目标：建成世界一流的轻武器研究所。

309. 中科航达科技发展（北京）有限公司

地址： 北京市海淀区永丰基地丰慧中路 7 号新材料创业大厦 5 层 527 室

邮编： 100094
电话： 010-82482606
传真： 010-82482606
邮箱： wb@ bjzkhd. com
网址： www. bjzkhd. com
简介：

中科航达科技发展（北京）有限公司（以下简称中科航达）注册于北京市海淀区中关村科技园北区，依托于中科院以及中关村科技园强大的科研平台，以及多年积淀的雄厚技术背景，专注于铁路、电力、军工以及公网、专网等高端通信设备所需要的整体化电源提供方案的设计、研发、生产以及产品销售。为信息产业及国防电力以及铁路系统提供全方位、高品质的电源方案。

主要产品包括：研制应用满足于通信交换、基站、电源系统、监控传输设备、铁路信号、铁路通信、工业自动化控制、电力监控以及传输系统的自动化控制、航空、航天和军工等领域特殊要求的高功率密度模块电源以及模块拼装化多输出系统电源产品。

一体化、智能化、低能耗是中科航达电源产品发展的终极目标，通过为铁路电力以及军工行业服务所积累的近二十年的设计经验，目前已为国内主流设备厂家提供了全面、系统、智能化的电源解决方案。凭借强大的技术创新以及强大的市场开发能力；树立 GJB9001B—2009 质量体系思想作为管理核心，以完备的市场体系作为技术支持和服务保障；为客户提供全面、迅捷、智能化的电源解决方案。

浙江省

310. 杭州奥能电力设备制造有限公司

地址： 浙江省杭州市拱墅区康桥工业园康政路 30 号
邮编： 310015
电话： 0571-88182145
传真： 0571-88090507
邮箱： aoneng 2008@ 163. com
网址： www. aoneng. cc
简介：

杭州奥能电力设备制造有限公司居于高新技术开发区，是一家高科技股份制集团企业。公司成立至今，经过奥能人的艰苦创业、奋发图强，经营规模不断扩大；经济实力不断增强；逐步形成了一个日益完善的经营服务体系，目前奥能公司已在南京、鞍山、成都、武汉、长春等省会城市设立办事机构，是集科研、生产、销售、服务为一体的集团公司。公司承接各种自动化成套设备的制造、安装、调试以及软件开发、技术培训和新产品开发等工程项目，技术力量雄厚，生产设备齐全，制造工艺先进、测试手段和检测设备均符合国家标准要求。公司已获得 ISO 9001 国际质量体系认证证书。

311. 杭州奥能电源设备有限公司

地址： 浙江省杭州市西湖区科技经济园区振中路 202 号 1 号楼
邮编： 310030
电话： 0571-88966622
传真： 0571-88966986
邮箱： on@ on-eps. com

简介：

杭州奥能电源设备有限公司位于有着天堂硅谷之称的杭州高新技术开发区，是一家专业制造逆变电源、开关电源的高新技术企业。公司创建以来秉持研究开发为导向，不断地创新与坚持品质，以建立自我品牌立足于国内电源领域。如今凭借着强大的研发阵容，高品质的制造能力及严格的品质掌控，我们自行研发的产品已广泛应用于各种领域（如电力、邮电、铁路、航运、油田、金融等），在与国内外众多著名企业的合作中，我们的产品受到一致的好评与信赖。

“质量第一，客户至上”是公司的经营理念，我们奉献给用户的不仅是品质优良的产品，同时也是我们优质、可靠、及时的服务。随着企业的不断发展，公司已全面贯彻实施 ISO 9001 质量管理体系并顺利通过认证。

客户的满意是我们永远的追求！

创一流企业是我们最终的目标！

312. 杭州易泰达科技有限公司

地址： 浙江省杭州市上城区钱江路 58 号太和广场 3 号 15 楼
邮编： 310008
电话： 0571-85464125
传真： 0571-85464128
邮箱： sales@ easi-tech. com
网址： www. easi-tech. com
简介：

杭州易泰达科技有限公司是一家为国防军工、航空航天、铁道船舶、汽车、电机电器、电气传动、天线雷达等机电行业提供产品设计分析、仿真验证软硬件解决方案以及咨询服务的专业技术公司。我们坚持以电磁场、温度场、结构应力场多场耦合技术为核心，以系统建模与仿真技术为纽带，以员工和公司的持续学习能力为保障，以切实解决用户难题并不断改进用户体验为目标，通过专业的技术知识和服务流程，为客户提供经济、高效、可靠的解决方案和专业的咨询服务，以帮助客户实现技术创新、提高效益和增强竞争力。

313. 杭州远方仪器有限公司

EVERFINE远方

地址：浙江省杭州市滨江区滨康路669号
邮编：310053
电话：0571-86699998
传真：0571-86673318
邮箱：emc@ emfine. cn
网址：www. emfine. cn
简介：

杭州远方仪器有限公司创建于1994年，是国家认定的高新技术企业、ISO 9001认证企业、CMC计量许可证获得企业、国家“双软”企业。远方仪器公司自创立以来主营电源、功率计、电磁兼容测试仪器等电学类通用电子设备的研究、开发、生产、销售和技术服务，应用于半导体照明、医疗器械、汽车电子、电力电子、家电音视频、信息技术设备等电力电子等相关行业。

远方公司是国内最早自主研发全系列EMC抗扰度测试仪器的制造商，更是业内唯一一家具备EMC全系列抗干扰仪器研发能力的电源制造商，通过自主创新，开发出一系列具有世界先进水平的电源产品和EMC仪器，产品多次获得国家重点新产品证书、科技进步奖等荣誉，并拥有多项专利和软件著作权等自主知识产权。

无论是电源还是EMC仪器，远方公司均把安全和可靠性技术放在首位，远方公司的座右铭是“安全和可靠是我们的事业”。

314. 杭州中恒电气股份有限公司

ZHONHEN中恒

地址：浙江省杭州市国家高新技术产业开发区东信大道69号
邮编：310053
电话：0571-86698999
传真：0571-86698777
邮箱：hzzh@ hzzh. com
网址：www. hzzh. com
简介：

杭州中恒电气股份有限公司（股票代码：002364，简称“中恒电气”）坐落于素有“天堂硅谷”之称的杭州国家高新技术产业开发区内。公司成立于1996年，2010年3月在深圳证券交易所公开上市。

中恒电气秉承“至诚至精，中正恒久”的价值观，专注于电力电子领域，是专业从事通信电源系统、高压直流电源（HVDC）系统、电力操作电源系统、新能源电动汽车充电系统及充换电站完整解决方案、新能源储能系统等系列产品研发、生产销售和服务的高新技术企业。2012年，随着北京中恒博瑞数字电力科技有限公司重组成为中恒电气的全资子公司，公司业务涉及面延伸到电力系统软件产品和智能电网建设等领域。

“致力于创新应用电力电子和互联网技术，为用户提供世界一流的产品”是中恒电气的使命，中恒电气业务涉及通信网络、电网电厂、冶金、石油化工、IT、金融、新能源等行业和领域，公司产品畅销国内30多个省、市、自治区和直辖市以及海外地区，售后服务网络遍布全国。

做行业内最受尊敬的科技企业是中恒电气的愿景目标。公司始终坚持技术驱动，做精做强，赢得客户尊敬；关爱员工，共享成长，赢得员工尊敬；中恒电气积极践行企业公民责任，赢得社会尊敬。

315. 康舒电子（东莞）有限公司杭州分公司

地址：浙江省杭州市浙大路39号紫兰酒店二楼
邮编：310013
电话：0571-87997535
传真：0571-87963179
邮箱：hr _ hz@ apitech. com. tw
网址：www. acbel. com
简介：

康舒科技创立于1981年，一直谨守创新、和谐、超越的经营理念，并以客户满意为目的行事，经过持续不断的技术创新及客户开拓，以电源管理技术为核心的康舒科技已成为众多世界一级大厂的主要合作伙伴，并进入全球电源供应器产业的领导厂商之列。

康舒科技目前以中国台湾为全球研发总部，在中国大陆、美国及马来西亚等地亦设有专业研发团队。近年来，康舒科技有感于地球暖化情形日益显著，除了积极改进产品设计以提高电源产品的电力转换效率，协助客户的终端系统节能减碳外，也积极投入照明、能源及电力通信等新触角，期以电源管理的核心技术为基础，发展出整体解决方案。

杭州分公司作为康舒科技的研发中心，目前主要从事电源技术的前瞻性研究和新能源产品开发。公司为优秀人才搭建了良好的发展平台，在这里，您将接触到业界领先的技术和富有激情的工作团队。

316. 乐清市潘登电源有限公司

地址：浙江省温州市北白象镇小港北路48-2号
邮编：325603
电话：0577-62857333
传真：0577-62856787
邮箱：cnpade@ sina. com

网址： www. shpade. com

简介：

本公司是一家专业从事各类稳压电源、变压器、调压器、UPS不间断电源、逆变电源、净化电源、充电器、直流电源及相关行业电气的开发、生产、销售服务于一体的综合性企业，系中国电源学会会员单位。

公司始终坚持理论与实践相结合的科学发展观，先后从全国各大高校、社会引进大量工程技术人员及多种高新检测和实验设备。从而确保潘登的每种产品具有领先的设计、稳定的性能及卓越的品质。随着我国加入WTO，企业的发展空间日益扩大，公司始终坚持以振兴民族工业为己任，以铸造世界品牌为目标。公司已建立了健全的营销管理中心和庞大的网络体系。其产品销往全国各大省市，定期销往东南亚市场，且与中东、南非、欧美等国家和地区建立了稳固的贸易往来，而深受用户一致好评。这为潘登的发展打下了坚实的基础，值此潘登人深知科技创新是“潘登”的动力，可靠的品质是“潘登”的保障，诚信服务是“潘登”的责任。

企业宗旨：团结务实，科技创新，诚信服务！

科技理念：以科技为本！

质量理念：品质与用户同驻！

服务理念：顾客站在售前、售中、售后的服务平台中，满意是潘登不懈的追求！

317. 乐清市所罗门智能电气有限公司

SOLOMON
所罗门电气

地址： 浙江省乐清市柳市柳黄路456-462号

邮编： 325604

电话： 0577-62731137　4000577128

传真： 0577-27871858

邮箱： hd@ cn-solomon. com　hcp@ cn-solomon. com

网址： www. cn-solomon. com

简介：

乐清市所罗门智能电气有限公司是一家集工、科、贸于一体的高新技术企业。专业研制、生产和销售开关电源、CPS系列控制与保护开关电器、电力系统继电保护装置、继电器、工业自动化设备、楼宇自动化设备、电器开关、电子等产品的专业公司。产品广泛应用于电力、邮电、交通、舞美、石油、化工、航天、军事等系统的自动化领域。产品通过了国家有关检测中心的严格测试，运行安全可靠，深受广大用户的信赖和推崇。畅销全国各省市，远销东南亚、西欧等国家和地区。

公司拥有花园式的厂房和优良的办公环境。生产条件良好，技术力量雄厚，生产工艺精湛，检测设备先进，生产设备齐全，采用先进的自动化、半自动化设备进行生产，年生产能力达500万台以上。训练有素的管理人员和科技人员，勇于开拓创新，锐意进取，运用先进技术，实行科学管理，提倡“每一位员工，坚持预防为主，第一次就把工作做好；每一件产品，从设计到服务，所有过程都严格控制”的质量方针，从开发、设计、生产、销售和服务都建立了完善的质量管理体系和管理模式。公司于2002年通过了ISO 9001质量体系认证；部分产品通过CE、UL、CCC等认证。不断地创造卓越品质，铸就国际品牌。

所罗门人本着“所向无前、罗布世界、门生人才”的高境界精神，始终奉行“科技创新、诚实信用、优良品质、卓越服务”的经营理念。重信用，树品牌，保证急客户之需要而制作，应客户之要求而技改，视客户满意为己任，被有关部门评为“中国产品质量放心用户满意百佳诚信企业”，被中国媒体称誉为“智慧所罗门，品牌埃及塔”，“科技创新，品牌创优”，“中国驰名品牌”，“中国电源产业十大开关电源”，“中国十大畅销品牌”等荣誉称号。使公司跃升为开关电源产业的龙头企业之一。

满足您的要求是所罗门人永恒的追求，愿我们的真诚成为您首选的合作伙伴，敬请您赐予加倍的支持和更多的帮助。

公司遵循“朋友是信息、顾客是命脉”的经营思想，愿与各界朋友真诚合作，共创辉煌。

318. 宁波金源电气有限公司

地址： 浙江省余姚市新建北路485号

邮编： 315400

电话： 0574-62533257　62537292　62534287

传真： 0574-62533688

邮箱： jyb@ jinyuan. com

网址： www. jinyuan. com

简介：

金源集团公司是一家专业从事电源领域，融产品开发、生产销售及技术服务于一体的规模化、实业化企业。公司的前身是余姚市调压器厂，创办于1989年10月。公司创办20年来，始终坚持“一诺千金、源于品质”的企业宗旨，以雄厚的经济实力、灵活的经营体制，实现了规模经营、以质取胜和市场多元化的战略目标。良好的企业文化、精湛的生产工艺、创新的管理制度保证了企业长期高速、稳健发展。公司先后被授予农业部中型一档企业、全国出口创汇先进企业、浙江省诚信民营企业、宁波市三星级企业、余姚市一级工业规模企业、余姚市十佳现代管理示范企业、余姚市二十强企业等荣誉。

公司生产的主要产品有稳压电源、调压器、变压器、开关电源、逆变电源、转换电源、UPS不间断电源、国际通用插座、功放、发电机、电动车辆、卫星接收无线等20大类、50多个系列、300多种产品。其中调压器产品是宁波市名牌产品、浙江省地方名牌产品。ST型升降变压器、DF型直流稳压电源等多个产品还先后被授予国家专利。

319. 宁波赛耐比光电有限公司

地址： 浙江省宁波市高新区科达路56号
邮编： 315000
电话： 0574-27902582
传真： 0574-27902805
邮箱： sales@ snappy. cn
网址： www. snappy. cn
简介：

宁波赛耐比光电有限公司坐落于全国经济最发达的地区之一——宁波，是首批入户宁波市国家科技高新园区的高新技术企业。于2003年8月成立，经过近10年的迅猛发展目前我们拥有近300名员工，年销售额达1000万美金，产品畅销海内外。

我们专业从事各种LED灯具、LED光源，LED驱动和相关配件（高频变压器、电感线圈、各种线束）的研发、制造和销售。我们的产品主要为各种LED高低功率的射灯、嵌灯、灯管、灯泡、灯带等。自公司成立以来就非常重视自主研发和高效研发团队的建设。为了更好的增强我们的研发竞争力我们于2010年初成立了赛耐比光电研发中心；为了更好地提高和控制产品品质公司投入巨资购买了大量尖端的实验和生产设备。

我们的产品以独特的设计、安装方便、小巧美观享誉业界。我们坚信我们正致力于为客户提供高品质产品和高效服务质量的发展方向。

320. 衢州三源汇能电子有限公司

HN® 汇能
www.syhn.com.cn

地址： 浙江省衢州市东港工业园区东港八路20号
邮编： 324000
电话： 0570-3666078
传真： 0570-3666096
邮箱： syhn@ syhn. com. cn
网址： www. syhn. com. cn
简介：

衢州三源汇能电子有限公司，是一家专业从事电源产品研究、开发、生产制造的股份制企业。工厂坐落于四省通衢的浙江省衢州市东港开发区，是中国电源学会会员单位。

经过十余年的不懈努力，奋发向上的三源汇能员工在ISO 9001：2000质量管理体系模式的引领下，“001”系列、“HY”系列、“Byuan”系列电源产品以其可靠的质量，完善周到的售后服务取得了用户的信赖，产品畅销全国并远销世界多个国家。

公司拥有团结敬业、业务精湛的研发团队，建有防潮、防震、耐高压低温等一整套的专业实验室，率先装备拥有自主知识产权行业领先的稳压电源自动检测、老化生产线，稳压电源产品的主要核心部件均实现自给；用真空工艺实现变压器铁心部件的无氧退火，自行研发的铁心参数分析设备和完善的变压器绝缘处理设备，为每一个电源产品的完美品质打下了坚实的基础。

以严谨铸品质；用质量求发展。三源汇能三百余名员工竭诚期待您的光临。

321. 上海弘乐电气有限公司

HONLE®

地址： 浙江省乐清市柳市镇象阳产业功能区
邮编： 325604
电话： 0577-61762777
传真： 0577-61755177
邮箱： linfor@ honle. com
网址： www. honle. com
简介：

上海弘乐电气有限公司是国内知名的电源供应商，是中国电源学会会员。公司自创立以来，一贯坚持“科技是第一生产力”的理论导向，以品牌战略为先导，凭着对电源技术前瞻性理解，以完善的工艺和对品质的孜孜追求，为各行各业的精密设备提供安全稳定的电力供给保障，在国内外市场上树立了美好形象。

公司以“弘扬和谐，乐享世界”的企业精神为核心，先后推出稳压电源、精密净化电源、直流电源、逆变电源、调压器等系列多种电源产品，实行供、销一体化。公司在电源的品种、质量、规模和管理模式等方面已得到了完善，使公司产品质量达到先进技术水平，畅销全国，部分出口国外，深受广大客户的好评。

本公司产品由中国人民保险公司承保。公司始终以“质量求生存，创新求发展”的方针，通过了ISO 9001质量管理体系认证。

322. 温州东驰电力科技有限公司

地址： 浙江省乐清市柳市镇东风工业区腾飞路30号
邮编： 325600
电话： 0577-62607676
传真： 0577-62619886
邮箱： dongchina@ dongchina. com
网址： www. dongchina. com
简介：

温州东驰电力科技有限公司是一家致力于电力电子技术创新，集电力操作电源设备（直流电源系统）、UPS、EPS电源设备、电力综合保护监控设备、电力谐波治理装置及电力无功补偿装置等相关产品的研发、生产、销售、服务于一体，主要产品有直流屏、电力操作电源、分布式操作电源、GZDW等，为客户提供系统能源解决方案。

公司秉承“以诚信为基石、以质量求生存、以科技谋发展、以人才图进步”的经营理念，不断推出性价比更优的高科技产品，以实现东驰人永远的追求，为广大客户提供精良的产品和完善的服务。让我们携手合作，致力于中国民族工业的美好未来。

323. 温州华高电气有限公司

地址： 浙江省温州市龙湾区状元街道横街工业区 1 幢 18 号
邮编： 325011
电话： 0577-86509098
传真： 0577-86509068
邮箱： hagoe@ 163. com
网址： www. wz-hago. com
简介：

华高电气有限公司是集科研、设计、开发为一体的高新技术企业。公司下设华高电源、华高自动化。华高电源是一家专业从事电力操作电源（直流屏）、直流通信电源、高频整流模块、模块化逆变器、模块化 EPS 及工业定制电源研究、开发、生产的公司。并被中国电源学会纳为会员单位。产品通过了国家权威部门的检测检验。

企业借助不断创新所带来的管理、技术整合优势，以“高技术求发展、高质量求信誉”作为经营理念，努力进取，以一片至诚服务于客户，以高质量的产品奉献给社会。

“创新科技，服务社会，立足中华，高瞻全球”为公司发展方针。公司一直致力于研发力量的建设，现已组成由硕士及国家重点大学优秀本科生组成的研发队伍，凭借高素质研发队伍、丰富的现场使用经验，开发出电源领域新产品、污水处理、微机控制；公司管理严格按照 ISO 9001：2000 及现代化管理模式，从元器件的采购、生产、调试、销售及售后等已形成严格、严谨、规范化的管理程序，从而保证了公司的产品品质的优异性，得到了广大客户的一致好评。

对于客户在使用产品的过程中，公司有完整的解决方案，售前的答疑、售中的指导及售后的技术支持与服务，均有专业工程技术人员负责，解决了客户的后顾之忧，使客户能放心使用。

华高人以智慧的眼光注视着未来，并以科技创新、发展高新技术为源动力，走向企业今后发展的成功之路。华高人的目光投向世界，华高人正朝着美好的未来奋进。

324. 温州市创力电子有限公司

地址： 浙江省温州市高新技术产业园区 10 号小区 2 号楼
邮编： 325013
电话： 0577-86557922
传真： 0577-86557923
邮箱： gulitao@ makepower. cc
网址： www. makepower. cc
简介：

作为行业领先的通信应用系统支持服务供应商，温州市创力电子有限公司自 1996 年成立以来，长期专注于各类数据测量、传输、设备自控、信息技术等产品的设计、开发、生产及系统整合。目前，创力电子是一家集科、工、贸为一体的国家高新技术企业。创业十余载，创力不断开拓、努力拼搏，企业茁壮成长，产品涵盖全国 20 多个省市。

本公司生产的主要产品涵盖了一个物联网综合监控管理平台和四个系列产品，包括用电量管理系统、智能门禁及动力环境监测系统、综合节能系统和 E 卡通系统等产品。实现了“工业化”、“信息化”的融合，为节能减排提供了有力保障。公司产品广泛应用于通信机房、基站、广电、电力、码头、企业、校园等。

公司拥有核心研发、设备生产线，现有近 500 多名员工，属于国家高新技术企业、国家信息产业部计算机信息系统集成三级资质以及 ISO 9001 质量管理体系认证企业。创力坚持以一流的技术，最佳的产品质量，完善的售后服务来满足用户日益增高的要求，坚持以高水平的科技产品为载体，以优质的售前、售后为纽带，与用户实现“双赢”局面。

325. 温州松特电器有限公司

SOTER 松特

地址： 浙江省乐清市柳市镇西兴路 182 号
邮编： 325604
电话： 0577-62760666
传真： 0577-62760665
邮箱： soter@ soter. com. cn
网址： www. soter. com. cn
简介：

松特电器有限公司是生产各种稳压电源，UPS 不间断电源、净化电源、逆变器、充电器、通信电源、交直流稳压器、开关电源、仪器仪表、电焊机、机电一体化产品的专业性生产公司，系中国电源学会的会员单位。

本公司始终坚持“科技创新、以人为本”的宗旨，以雄厚的科技力量为基础，应用领先的科学技术，不断研发适应市场的新产品，提高产品档次，并采用先进的检测设备，旨在拓宽国内市场的同时，把目光瞄准国际市场，其产品销往全国各省、市外，并远销西欧、中东、南非、东南亚等国家和地区，取得了可喜的成果。公司现有员工 300 多人，生产用房 5000 多平方米。公司已通过 ISO 9001 质量体系认证，成为跨地区，创品牌的电源专业制造公司。

326. 温州正大整流器有限公司

GNA 正大整流器

地址：浙江省乐清市乐城镇汇丰路城西大道 588 号
邮编：325600
电话：0577-62758198
传真：0577-62750198
邮箱：gna@ gna. com. cn
网址：www. gna. com. cn
简介：

温州正大整流器有限公司，成立于 1988 年，系中国电力电子协会理事单位、中国电源学会会员单位、中国电焊机协会会员单位、浙江省整流器行业协会会长单位、是首批荣获机械工业部生产许可证企业，已通过 ISO 9001 质量体系认证。

本公司占地面积 3000 余平方米，拥有净化生产车间 2000 平方米，年生产 100 万只。公司严格按国际标准专业生产：PWB80A-PWB300A 晶闸管模块、MDS30A-MDS500A 三相半导体模块、DS100A-DS600A 三相整流桥、ZP 普通整流管、KP 普通晶闸管、KK 快速晶闸管、KS 双向晶闸管，以及 MTC/MFC 等电力模块、电焊机专用模块等系列产品。

经过不断完善发展，公司技术力量雄厚、设备精良、工艺先进、检测手段完善，现拥有通态正向峰值电压测试台、晶闸管断态电压临界上升率测试台、晶闸管触发特性及维持电流测试台、晶闸管全波动态参数测试台等检测设备。

正大产品以多种的品种、优秀的品质、全面的抚慰享誉全国，产品远销东南亚、中东、南美、非洲及西欧等国家和地区。感谢您选购“正大”产品，欢迎您来电来函索取详细资料，您的来访更能增加我们的友谊和信任。

327. 浙江埃菲生能源科技有限公司

地址：浙江省温州市高新技术产业园区（高一路）
邮编：325011
电话：0577-86588868
传真：0577-86585833
邮箱：eifesun@ eifesun. com
网址：www. eifesun. cn
简介：

浙江埃菲生能源科技有限公司成立于 2010 年 3 月，是中国 · 保一集团旗下的高科技企业。主要致力于太阳能光伏系统设备、风力发电变流器、电动汽车充电机等新能源设备的研发、制造和销售，承接光伏发电系统项目咨询、设计、系统集成、工程总承包、运营维护等业务。

公司先后顺利通过 ISO 9001、ISO 14001、OHSAS 18001 等体系认证，自主生产的光伏并网逆变器产品相继通过了 CE、TUV、VDE、AS4777 等国外产品认证，鉴衡金太阳认证。公司荣获 2011 年 SNEC 国际太阳能产业及光伏工程（上海）展览会及论坛“十大亮点”兆瓦级荣誉奖，并被列为温州市战略性新兴产业发展“5551”工程项目，市高新技术企业研发中心、省科技型企业。

埃菲生将始终以“创新能源奉献社会”为使命，秉承“人和、创新、卓越”的企业精神，满怀激情，锐意进取，积极参与国际竞争，努力把公司打造成为世界一流的新能源设备专家。

328. 浙江海利普电子科技有限公司

地址：浙江省嘉兴市海盐县武原街道新桥北路 339 号
邮编：314300
电话：0573-86169999
传真：0573-86158001
邮箱：xuliqun@ danfoss. com
网址：www. holip. com
简介：

浙江海利普电子科技有限公司成立于 2001 年，于 2005 年被 Danfoss（丹佛斯）纳入旗下，成为其全资子公司，丹佛斯是丹麦最大的跨国工业制造公司，创立于 1933 年，丹佛斯以推广应用先进的制造技术，并关注节能环保而闻名于世，是制冷和空调控制、供热和水控制，以及传动控制等领域处于世界领先地位的产品制造商和服务供应商。

海利普共有员工 600 余人，是一家集研发、生产、销售于一体的国家级高新技术企业，同时也是国内唯一一家拥有省级变频研发中心的企业，其核心产品 HLP 系列变频器，广泛应用于纺织、化工、机床、塑料等行业，先后被列入“国家重点新产品”、“国家火炬计划项目”，并于 2004 年被授予“浙江省名牌产品”、“国内最具有竞争力的产品”，同时海利普也是国内最大的变频器生产厂家之一。

为迎合丹佛斯在中国建立第二家乡市场的战略，海利普依靠丹佛斯的强大支持，寻求高速发展。更加巩固海利普在国产变频器领域的领先地位，同时逐渐成为丹佛斯旗下的传动控制部在亚太地区的制造和物流中心。

329. 浙江金弘科技有限公司

Kland 金弘科技有限公司 SCIENCE & TECHNOLOGY

地址：浙江省温州市柳市后街工业区柳热路 200 号
邮编：325604
电话：0577-62789000
传真：0577-62789004
邮箱：kland@ kland. cn
网址：www. kland. cn
简介：

浙江金弘科技有限公司创立于 2001 年，专业从事电气火灾监控系统、EPS 应急电源、UPS 不间断电源等系列产品的研发、生产、销售和服务。公司已通过 ISO 9001 认证、国家强制性产品认证（3C 认证）、公安部消防认证等，并成功加入中国消防协会、中国电源学会、中国质量协会等业界知名组织。

公司拥有大批高素质的专业技术人才，联合浙江大学、安徽理工大学和中科院等高校与科研机构，引进吸收国际先进技术，建立严格的质量控制体系。公司销售网络覆盖全国，在全国各地设有 100 多家分销商，开发生产的各系列电源产品已成应用于机场、高速公路、铁路、隧道、体育场馆、医院、酒店、国家重点工程及民用建筑等领域，博得各客商及用户的好评，金弘产品现已成为高品质的象征。

“谦学、务实、拼搏、创新”的金弘人，秉着“不断为顾客创造价值，为社会承担责任”的经营理念，期待着与社会各界携手共进，共同谱写电源事业的新篇章。

330. 浙江省东阳市仪表仪器有限公司

地址：浙江省东阳市东江镇工业区
邮编：322119
电话：0579-26181027
传真：0579-86181009
邮箱：transformerinfo@ yahoo. com. cn
网址：www. dyyyb. com
简介：

本公司系专业从事设计生产各种规格型号（EI 型、R 型以及环型）电源变压器，已有 30 多年的生产历史，具有一支高技术、高水平的专业设计队伍。特别在变压器的防漏磁方面有独特设计理念及经验。

公司拥有资产总额 628 万元，占地 13808 平方米，1996 年初从日本引进全电脑自动“R”型变压器生产流水线 2 条，到目前已拥有年产“E”型、“R”型以及环型系列电源变压器 120 万台，并出口欧洲和美国。

公司在 2000 年初通过 ISO 9002 质量体系认证，部分产品已通过 CQC 认证以及 CE 认证。

公司竭诚欢迎各界朋友惠顾合作，携手并肩共同创造。我们的市场前景会越来越美好！

331. 浙江省海宁市海整整流器有限公司

地址：浙江省海宁市庆云庆建路 9 号
邮编：314416
电话：0573-87788141
传真：0573-87788695
简介：

本公司前身是创办于 1974 年 6 月的浙江省海宁市整流器厂。近四十年来得到了浙大、上海电科所等大专院校、科研究院所辅育实现校企联盟，目前公司的高频开关电源、可控电源、脉冲电源，都已实现了标准化、微机化、系列化。设计创造的系列直流电源最大输出额定电流 50000A，最高输出额定电压 600V。实现 PC 控制换向时间、电流、电压等有关参数，并记录打印。系列脉冲电源最高额定电压 400V，最大额定电流 1000A。分单脉冲、双脉冲两种。

本公司资信等级 AAA。购买直流或脉冲电源，请认证“海整”商标。

332. 浙江腾腾电气有限公司

地址：浙江省温州市鹿城轻工产业园区创达路 28 号
邮编：325019
电话：0577-56968899
传真：0577-56556999
邮箱：ttn@ tinglangchina. com
网址：www. tinglangchina. com
简介：

本公司成立于 1994 年，是一家中外合资企业、浙江省科技型中小企业、中国电源学学会会员单位、浙江省电源学会团体会员、中国电器工业协会会员、区专利示范企业，是专业研发、生产、销售各种规格智能交直流稳压电源、UPS、EPS、太阳能光伏并网逆变器、太阳能组件、电脑万年历等高新科技产品的企业。

公司产品已获得 8 项实用新型专利，12 项外观设计专利。多项发明专利及实用新型专利正在申请办理中。公司现有浙江温州鹿城轻工产业园区（省级）现代化标准生产厂房 33000 多平方米，200 多名员工，并拥有先进的加工装备与完善的国内外销售网络。形成研制、开发、生产与销售为一体的高科技型企业。

333. 浙江西奥根电气有限公司

SIGA®
西奥根

地址：浙江省乐清市柳市镇新光大道 26-28 号
邮编：325604
电话：0577-62798358
传真：0577-62790118
邮箱：chinasiga@ chinasiga. com
网址：www. chinasiga. com
简介：

浙江西奥根电气有限公司，创建于 1994 年 9 月，坐落于乐清市柳市镇新光工业园区，注册资金 800 万元，现有员工 120 多人，其中科技人员 20 多人，厂房面积 6000 平方米，2010 年创产值近 2000 万元，出口创汇 40. 31 万美元。

公司以生产稳压器（交流稳压器、精密净化稳压器、大功率稳压器、微电脑无触点大功率稳压器）、变压器（控制变压器、干式变压器、油浸变压器）、自藕式启动器、充电机、逆变器、UPS 不间断电源、EPS 消防应急电源等电源类产品为主，其他电器产品为辅，集产品设计、开发、生产贸易为一体的国内先进企业，公司为“中国电源学会会员”、国内贸易部批准《家用交流自动调压器》专业委员会成员单位。

公司管理制度健全，2004 年 7 月顺利通过了 ISO 9001 国际质量体系认证，2006 年 6 月通过了国家公安消防“CCC”质量体系认证。公司技术力量雄厚，积极创新，质量一流，拥有多项国家专利证书、国家电力电子检测中心合格证书、电工产品安全认证、SIGA 西奥根列产品已经成为电源行业知名品牌。

公司拥有自营进出口权，积极开展国际化经营，组建了国际营销网络，产品远销欧美、中东、东南亚、非洲等十几个国家和地区。公司知名度不断提高，国际市场占有率不断扩大，每年参加“广交会”和上海举办的“华东交易会”等。产品质量深受国内外用户和客商的好评。

公司所取得的成绩也得到了上级政府的肯定，先后被乐清市政府和部门授予“文明私营企业、先进私营企业、明星企业、诚信民营企业、重合同守信用单位、稳压电源专家、中国 EPS 应急电源十强企业”；2012 年 9 月荣获中国产品质量协会产品质量“AAA”级证书等光荣称号。连续多年被中国农业银行浙江省分行评为“AAA”级信用企业。

公司坚持以科技为先导、以客户需求为重点，不断改进、努力提高产品质量。以人力资源为第一要素，先后与浙江大学、重庆大学建立了长期研发合作关系。面对经济全球化、市场信息化的挑战，西奥根人将以“改善电源，追求无止境”为目标而努力奋斗！

334. 浙江正泰电源电器有限公司

地址： 浙江省乐清市柳市镇大桥路 171 号
邮编： 325604
电话： 0577-62785196
传真： 0577-62785196
邮箱： wwb@ chint. com
网址： www. chint-e. com
简介：

浙江正泰电源电器有限公司专业从事低压变压器、调压器、稳压电源、互感器、启动器、电力保护继电器和限流电抗器的研发和生产，产品达 70 多个系列，7000 多种规格。公司属“浙江省高新技术企业”，是国内最大的电源电器生产供应商之一。

公司通过自主研发等途径，不断加快现有产品的更新换代及新技术、新材料、新工艺的研究和运用，共获得各类专利 40 多项。正泰牌变压器获浙江省名牌产品、正泰牌互感器获温州市名牌产品。

公司在行业内率先通过了 ISO 9001 质量管理体系认证、ISO14001 环境管理体系认证、OHSAS18001 职业健康安全管理体系认证。需强制性认证产品全部通过 3C 认证，部分产品通过了国内 CQC、欧共体 CE、凯码（KEMA）、俄罗斯 PCT 等认证，产品远销亚洲、非洲、美洲、欧洲、中东等三十多个国家和地区。

335. 中川电气科技有限公司

地址： 浙江省乐清市经济开发区纬六路 219 号
邮编： 325600
电话： 0577-61117777
传真： 0577-61662707
邮箱： sales@ jonchan. com
网址： www. jonchan. com
简介：

中川电气科技有限公司成立于 1997 年，前身为创立于 1988 年的乐清市振华稳压器厂，下属企业有温州中川电子科技有限公司、新加坡中川电子科技有限公司。专业从事 EPS 消防应急电源、电气火灾监控系统、UPS 不间断电源、交直流稳压电源等相关产品的研发、生产、销售和服务。经过二十几年的发展，现已成为国内电源行业的龙头企业之一。

自 2004 年以来公司先后荣获“浙江省著名商标”、“浙江省名牌产品”、“国家火炬计划项目”、“浙江省高新技术企业”、“浙江省科技进步三等奖”等荣誉称号，2012 年被评为“国家高新技术企业”。企业通过自主研发等途径，不断加快现有产品的更新换代及新产品、新材料、新工艺的研究和运用，共获得各类专利 20 多项。

山东省

336. 海尔集团技术研发中心

地址： 山东省青岛市崂山区海尔路 1 号海尔工业园 I 座
邮编： 266103
电话： 0532-88938138
传真： 0532-88938555
邮箱： loubingbing. ct@ haier. com
网址： www. haier. com
简介：

海尔集团技术中心是海尔集团下属的专业的研发机构，主要以 2002 年成立的海尔中央研究院为依托，是海尔集团共性技术、核心技术和超前技术的研究中心。目前拥有 1.2 万平方米的研发大楼和 1.6 万平方米的中试基地，配备了国际先进水平的软、硬件设施，并利用全球科技资源的优势在国内外建立了 48 个科研开发实体。海尔集团技术研发中心具有本科以上专业人才 280 人，其中博士 32 人，硕士

45 人，高级工程师 76 人。技术中心以突出技术整合、开发超前技术及新领域技术为主要任务。海尔主要通过该机构的工作实现跟踪、分析和研究与集团发展密切相关的超前 5 ~10 年的技术，同时搞好这些技术的商品化工作，使得各类超前技术在技术中心得到二次开发和技术重组，形成高新技术产业。技术中心目前着重于在无线电能传输技术、智能家居集成技术、网络家电技术、数字化、芯片、电子、新材料、生物工程、环保、节能技术等领域的研发和技术整合工作。

337. 海湾电子（山东）有限公司

地址： 山东省济南市高新技术开发区孙村片区科远路 1659 号
邮编： 250104
电话： 0531-83130301
传真： 0531-83130303
邮箱： mk _ king@ gulfsemi. com
网址： www. gulfsemi. com

简介：

海湾电子（GULF）是以专业玻璃钝化及玻球封装技术，提供电子照明、LED 照明、LCD 电源供应器、工业类电源、仪器仪表等业界广泛使用的整流器件；10 多年来直接服务于各领域的国际知名公司（Samsung、Philips、GE、Emerson、Delta、Panasonic、Sharp 等）。

长期以来，海湾电子依托二极管最先进的玻璃球钝化工艺技术，已完整开发了 PHILIPS 原 BYV，BYM，BYT 等系列产品，满足业界对高性能，高可靠性产品的需求；海湾电子近年来又相继引进了外延、玻璃钝化技术，已替代原 SANKEN、ON　SEMI、TOSHIBA、IR 等知名公司的系列产品，满足业界对高频率，低 VF，高效整流的需求；海湾电子还大量开发了肖特基，高性能桥堆等系列产品，满足各个领域的整流方案。

338. 济南超能电子工程有限公司

地址： 山东省济南市工业南路 100 号枫润商务大厦 14 层
邮编： 250000
电话： 0531-88931826
传真： 0531-88558998-801
邮箱： cndz001@ sdcndz. com
网址： www. sdcndz. com

简介：

济南超能电子工程有限公司坐落于美丽的泉城济南，公司主要员工均由在机房工程和电源界从业多年的技术人员组成。

本公司是一家专门从事高可靠性电源保护方案的高科技企业，公司本着专业专注的理念，经营的产品有不间断电源（UPS）、应急电源（EPS）、逆变电源、电力专用不间断电源、变频电源及定制电源产品。公司和诸多知名电源厂家有着良好的合作关系，主营的 UPS 品牌有艾默生、山特、EATON 爱克赛、梅兰日兰、AEG 等；公司拥有强大的技术力量和完善的售后服务，服务内容包括：技术咨询、安装施工、定期巡检、检测维修。

公司以市场为导向，以服务为宗旨，展开销售、售后服务一条龙业务，积极为客户提供满意、专业、快捷的技术服务。公司员工主要以工程技术人员为主，现有的技术人员都在电源界从事多年技术工作，有着精湛的技术和丰富的现场施工经验。为方便用户及时便捷的与我们取得联系，我公司技术人员手机 24 小时开机，保证用户随时享受到专业的技术支持，市区内 2 小时，市区外 24 小时到达现场，以满足用户的服务要求。

339. 青岛航天半导体研究所有限公司

地址： 山东省青岛市福州北路 10 号
邮编： 266071
电话： 0532-85718548
传真： 0532-85718548
邮箱： qsi@ qdsri. com
网址： www. qdsri. com

简介：

2011 年年底，青岛市国资委对创建于 1965 年的青岛半导体研究所进行了重组，引入了中国航天科工集团三院三十三所为战略投资方，其中中国航天科工集团三院三十三所占有股本 60%，青岛市机械工业总公司占有股本 40%。重组后的青岛半导体研究所更名为青岛航天半导体研究所有限公司（以下简称航天青半），公司性质仍为全资国有。

公司现有职工 320 人，其中具有高级职称者 47 人，中级职称者 49 人，初级职称者 45 人。公司占地面积 9550 平方米，拥有 11000 平方米的工业厂房（其中 2000 平方米为净化厂房）和 3600 平方米的科研办公综合楼。航天青半是我国高可靠军用电子元器件研究与生产定点公司，为国防重点工程承担配套研制生产任务已有四十多年的历史，产品执行国家标准和国家军用标准，在国内军工行业享有良好的声誉，并拥有大批稳定的用户，产品主要应用于航空、航天、兵器、船舶、电子、石油和工业控制等领域。近几年，公司年均完成生产总值 5000 万元左右，其中军品产值占 90% 以上。

公司现已通过了 GJB9001A—2001 质量管理体系认证、厚膜混合集成电路生产线通过了国军标 GJB2438A—2002 H 级认证，取得了国家二级保密资格、《武器装备科研生产许可证》、《军工电子装备科研生产许可证》、总装备部《装备承制单位注册证书》等。

建有厚膜混合集成电路生产线，年产品生产能力 5 万块混合集成电路产品；微电路模块（SMT）生产线，年生产能力 5 万块电子模块；电力电子器件生产线，年生产能力 30 万只。

主要产品类别：

信号变换类军用及工业控制专用混合集成电路、电源功率类产品、电力电子类产品、传感变送一体化产品。

340. 青岛晶鑫伟业高磁材料科技有限公司

晶鑫伟业
青岛晶鑫伟业高磁材料科技有限公司

地址：山东省青岛市李沧区金水路 1057 号
邮编：266000
电话：0532-80930595
传真：0532-87658828
邮箱：1664729055@ qq. com
网址：www. jingxinweiye. com
简介：

创立于 2009 年的青岛晶鑫伟业高磁材料科技有限公司坐落于美丽的滨海城市——青岛，是一家集科研、开发、销售、服务为一体的高科技企业。从最初非晶带材剪切和直喷带材，发展到现在的各类非晶磁心、非晶电感器、非晶电抗器、变压器、逆变电源、UPS 不间断电源的生产，已达到质的飞跃。

公司拥有雄厚的技术力量，先进的检测设备，专业的研发队伍。公司的非晶、纳米晶材料及其衍生品广泛服务于航空航天、信息通信、电力电子、冶金机械、能源交通等领域。非晶产品具有损耗低、寿命长、性价比高的优点，可取代传统硅钢片、铁氧体等材料，性能大大提高，是国家大力扶持的高科技技术产品。

企业的宗旨是科技先导，产品创新，信誉至上，质量保障。

341. 青岛云路新能源科技有限公司

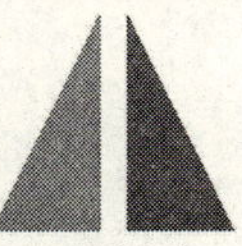

地址：山东省青岛市即墨兰村火车站西
邮编：266232
电话：0532-82599910
传真：0532-82593000
邮箱：kaifa-ht@ yunlu. com. cn
网址：www. yunlu. com. cn
简介：

青岛云路新能源科技有限公司成立于 1996 年，前身是青岛云路电气有限公司，自 2008 年起成为中航黎明与云路电气合作的央企控股企业。是专业生产微波炉用高压电源变压器、变频空调电抗器、PFC 电感及共模电感、医疗器械专用变压器、电梯专用变压器、工业微波炉专用变压器、UPS 电源专用线性变压器、风力发电机专用变压器和电抗器等产品。微波炉变压器产量为世界前三名、占份额 20%；变频空调电抗器产量连续 8 年排名世界第一、占份额 40%。为了把企业做大做强，公司从 2008 年开始研制高科技产品非晶带材，依托中航工业技术和品牌优势，已形成了千吨级生产能力，非晶磁粉心也已验证合格，实现了批量生产。

342. 山东山大华天科技股份有限公司

HOTEAM山大华天

地址：山东省济南市千佛山路 5 号华天大厦
邮编：250061
电话：0531-82959900　82670000
传真：0531-82952200
邮箱：huatianwth@ 126. com
网址：www. huatian. com. cn
简介：

华天公司创立于 1991 年，2000 年改制为由山东大学产业集团控股的股份制企业，注册资本 6000 万元，正式职工 500 余人。

华天公司依托山东大学的人才和技术优势，致力于电力电子产品的开发、制造、销售与服务，主导产品包括有源电力滤波器、静止同步补偿器、高速动态消谐无功补偿器、应急电源、稳压电源等；华天公司是国家级重点高新技术企业，并拥有省级企业技术中心、山东省电能质量控制工程中心以及山东省电能质量控制工程实验室；公司承担多项国家级、省市级科技项目，拥有数十项国家专利，多次荣获国家科技进步奖和山东省科技进步奖，公司产品获国家重点新产品、山东名牌等荣誉；公司被评为山东省创新型企业、山东省质量管理先进企业、山东省管理创新优秀企业等，“山大华天”被认定为山东省著名商标。

343. 山东圣阳电源股份有限公司

圣阳电源
SACRED SUN

地址：山东省曲阜市圣阳路 1 号
邮编：273100
电话：0537-4435321
传真：0537-4411980
邮箱：gongjianbo@ sacredsun. cn
网址：www. sacredsun. cn
简介：

山东圣阳电源股份有限公司（简称圣阳股份，股票代码：002580）创建于 1991 年，2011 年 5 月 6 日在深交所中小板成功上市，是国内最早研发、制造铅酸蓄电池的企业之一，是国家高新技术企业、中国铅酸蓄电池行业首家通过出口免验企业、中国首家电源系统定制方案供应商、绿色能源的倡导者。产品门类涵盖铅酸蓄电池和锂电池以及新能源系统集成系列产品，公司目前拥有 50 项 AGM 和 GEL 铅酸蓄电池专利技术，现有 5 大类 21 个系列 400 多种规格产品，是通信、电力、UPS、EPS、光伏和风力发电储能等领域的主要供应商，产品出口近 30 个国家和地区。公司先后通过了 ISO 9001 质量管理体系、ISO14001 环境管理体系、OHSAS18001 职业健康安全体系的认证。圣阳品牌先后荣获“山东省名牌”、“山东省著名商标”、“中国驰名商标”等多项荣誉。

344. 山东新风光电子科技发展有限公司

地址： 山东省济宁市汶上县经济开发区
邮编： 272500
电话： 0537-7220735
传真： 0537-7222900
邮箱： info@ fengguang. com
网址： www. fengguang. com
简介：

山东新风光电子科技发展有限公司是从事电力电子技术相关的产品研发、生产与经营的国家高新技术企业，拥有具有自主知识产权的变频器、变流器、静止同步无功发生器三大类几十个品种的产品，其中变频器为中国名牌产品，是国内变频行业三个名牌产品之一。公司拥有国家发明专利 15 项，产品先后获得了 5 项国家重点新产品称号，1 项国家火炬计划项目，参与了 2 项国家“863”计划产品研制和 1 项国家大科学工程装备的研制，建有山东省院士工作站及山东省电力电子研发中心。

公司的创立，以“节约能源，服务社会，打造中国节能产品制造基地”为己任，成功研发 1.5～3MW 直驱式风力发电变流器，已通过国家电网中国电力科学研究院的型式试验，2008 年荣获国家重点新产品，山东省科技进步奖，获科技型中小企业技术创新基金重点项目资助。产品性能居国内领先水平，完全可替代进口产品，已成功应用于多个风力发电场并网发电，并批量生产。

公司开发的轨道交通并网变流器，已通过原铁道部产品质量监督检验中心机车车辆检验中心检测；高压动态无功功率补偿装置——STATCOM，已通过天津发配电及电控设备检测所型式试验，均达到国内领先水平。

公司拥有国内一流的整机检测、试验设备及单元老化和 5 条单元装配生产线。拥有严格的质量管理体系，2002 年通过 ISO 9001：2000 质量体系认证，2008 年通过升级版认证；2007 年通过 ISO14000 环境管理体系认证和 OHSAS18000 职业健康安全管理体系认证。

为了提升公司的发展平台，我们积极引进博士等高层次人才进入高管层，加大管理、研发新产品的力度，使公司实现跨越式发展！

面对未来，公司秉承“创新、品质、服务”的理念，并将其融入企业经营的血脉之中，不断追求成长与突破，努力实现“节约能源，服务社会，打造中国节能产品制造基地”的长远目标。

345. 威海东兴电子有限公司

地址： 山东省威海市高区科技路 212 号
邮编： 264209
电话： 0631-3658559
传真： 0631-3658555
邮箱： zxj@ bddsea. com
网址： www. e-dongxing. com　www. bddlight. com
简介：

东兴电子 1996 年成立于威海市高技术产业开发区。公司专注于工矿企业照明产品的研发、制造与销售，现有员工 500 多名，是山东省重点电子企业，无极灯、LED 灯、LED 电源是本公司的主要产品。公司产品研究所拥有技术开发人员 50 多名，拥有照明方面专利 65 项，其中发明专利 34 项。拥有省级无极灯技术研发中心和市级 LED 电源技术研发中心，是高新技术企业。公司拥有 ROHS 产品检测室、产品信赖性实验室、电磁传导检测室、光源检测实验室、光强分布曲线检测室。公司客户遍及欧、美、亚、澳及南美洲。公司是无极灯中国国家标准起草单位，致力于为工矿企业提供整套最佳工矿照明方案和优质工矿照明产品。其中无极灯、LED 照明已注册 BDD 商标，现面向海内外诚招代理商。生产的无极灯是中国唯一能做到不附加任何外在条件在零下 50℃ 至零上 70℃ 之间随意瞬间开启正常使用的无极灯。

346. 威海广泰空港设备股份有限公司

地址： 山东省威海市古寨南路 160 号
邮编： 264200
电话： 0631-3953565
传真： 0631-3953824
邮箱： guangtai@ guangtai. com. cn
网址： www. guangtai. com. cn
简介：

威海广泰空港设备股份有限公司（简称“威海广泰”）由李光太先生创办于 1991 年，位于美丽的海滨城市威海，是从事空港地面设备研发与制造的专业公司。

2007 年，威海广泰于深圳证券交易所上市，至 2012 年底，注册资本 30727 万元，总资产 18.09 亿元，固定资产 3.24 亿元，2012 年销售收入 8 亿元。

威海广泰占地 57 万平方米，下属控股子公司及合营公司：北京中卓时代消防装备科技有限公司、威海广泰空港电源设备有限公司、威海广泰特种车辆有限公司、威海广泰科技开发有限公司、威海广泰房地产开发有限公司、广泰空港设备香港有限公司、广泰空港国际融资租赁有限公司及深圳广泰空港设备维修有限公司等。

347. 威海文隆电池有限公司

地址： 山东省文登市葛家镇大英村北
邮编： 264423
电话： 0631-8846896　8842368

传真：0631-8842068
邮箱：wldc@ wenlong. cc
网址：www. wenlong. cc
简介：

威海文隆电池有限公司成立于 1991 年 10 月，是集研究开发、生产、销售阀控式密封铅酸蓄电池、高容量有机高分子聚苯胺新能源环保动力电池、胶体电池、储能电池、高频开关直流电源柜、逆变器、EPS 电源、UPS 电源并提供相关服务的我国起步最早、规模最大、技术力量最雄厚、设备最先进、检测手段最齐全的专业公司之一。

公司设有省级山东特种电源工程技术研究中心和省级企业技术中心，通过了 ISO 9001、ISO14001、OHSAS 职业健康安全管理体系认证和泰尔产品认证。公司研发生产的"固定型阀控式密封铅酸蓄电池"、"CA 型储能用铅酸蓄电池"、"GZDW 型微机监控高频开关直流电源柜"三种主要产品先后皆被列为"国家重点新产品"，获得了产品生产许可证和出口产品质量许可证，畅销全国各地并出口十多个国家和地区，创造了很好的经济和社会效益。2012 年实现销售收入 22636 万元，利税 2980 万元，已连续十七年各项经济技术指标居全国同行业前茅。

348. 烟台东方电子玉麟电气有限公司

地址：山东省烟台市莱山区福达路 11 号
邮编：264003
电话：0535-2108778
传真：0535-2106925
邮箱：yulinhr@ 163. com
网址：www. dongfang-power. com
简介：

烟台东方电子玉麟电气有限公司始建于 1995 年，由东方电子集团有限公司、玉麟公司骨干员工投资组建。注册资本 3000 万元，总资产 15000 万元，是集产品研发、生产、销售、技术服务为一体的高新技术企业。

公司主要产品：一体化电源系统、直流电源系统、通信电源系统、DC-DC 电源变换器、动力设备及环境监控系统、网络数字安防监控系统、数字化智能小区、军用锂离子电池组充放电管理设备、舰艇用蓄电池放电车、大容量锂离子电池模块（组）、大容量锂离子电池模块（组）管理系统、光伏并网储能系统、电动汽车整车充电系统、电动汽车地面充电系统、电动汽车车载充电器及直流馈线接地选检装置、蓄电池检测模块、无功补偿及监测装置、电力专用 UPS 等。

公司主要客户：国家电网公司、南方电网公司，以及其下属各个省电力公司；五大发电公司（华能集团、大唐集团、国电集团、华电集团和中国电能投资集团）及华润集团，轨道交通，铁路系统，联通公司、电信公司、移动公司，石化冶金及大型厂矿企事业单位，军工集团，海外市场等。

天津市

349. 东文高压电源（天津）有限公司

地址：天津市河东区十一经路 47 号蓝海大厦 8F
邮编：300171
电话：022-24311577
传真：022-24311577
邮箱：sales@ tjindw. com
网址：www. tjindw. com
简介：

东文高压电源（天津）有限公司成立于 1998 年，注册资金三百万人民币，在职员工百余人，是天津市最早成立的高压电源研发、生产公司。

我们为国内重点科研院所、大专院校以及军工、国防、通信、医疗、电力、铁路、化工、仪器仪表、工业控制、光学、光谱、高能物理等科技行业开发出数百种高压模块、高压电源产品。

我们秉承"对客户有敬畏心，对员工有感恩心，对社会有责任心"的真诚企业理念，对待每一位客户，每一位员工以及每一件产品。

我们拥有一支活力四射积极向上并富有创新精神的专业团队，其中专科及以上学历的员工占员工总数的 60% 以上，他们是我公司研发团队的中流砥柱，技术从业人员达到公司总员工的 30%，为公司的技术研发提供了保证。

我们始终把研发、设计、制作高精度、高水平的高压电源作为我们第一目标，把拓展国内市场占有率，开辟国际市场作为发展方向。我们遵循以人为本、以客户为中心、以市场为导向、以创新为手段的经营思想，依托于科技，以先进、科学、严谨、务实的管理为基础，以规范化、标准化、合理化、高效率为原则、努力建造现代企业制度，力求早日跻身世界先进科技企业的行列。

350. 天津豪凯科技发展有限公司

地址：天津市河西区泗水道龙博花园 25-3-102
邮编：300222
电话：022-28110376

传真： 022-28128614
邮箱： hbgy _ 1@ 163. com
网址： www. hbgydy. com
简介：

天津豪凯科技发展有限公司是制造高压电源的专业厂家，自成立至今始终从事电子产品、高压电源、低压电源的研发制作。拥有资深的设计人员和经验丰富的装配工人，能根据客户的需要在最短的时间内制作质量过硬的高压产品。

本公司已开发设计上百种质量稳定的高压电源，产品从元器件的采购到组装都本着替客户所想选用正规厂家的元器件，制作时在同等参数的条件下，力争将外形体积做到最小、精度最高。不仅保证高压产品本身的质量，同时也考虑客户的用途，添加不同的保护措施，使客户用的方便放心。

DC-DC 高压模块电压输出范围 100 ~ 60000V 之间可选，最大功率可达 1000W。产品具有高性能、高效率、小型化等特点。主要用于分析仪器、超声波测试仪器、静电除尘等。

AC-DC 高压数显电源，电压输出范围 100 ~ 60000V 之间可选，功率可达 1000W。输出电压、电流分别由数字表头显示。电源外形美观、使用方便、功能齐全。可根据客户特殊要求订制多功能电源产品。主要用于探测仪器、医疗仪器、静电除尘设备以及各大专院校实验设备等。

351. 天津华云自控股份有限公司

华云自控

地址： 天津市北辰区北辰科技园区景丽路 18 号
邮编： 300402
电话： 18622107290
传真： 022-26521302
邮箱： huayunzikong@ 163. com
网址： www. china-huayun. net
简介：

天津华云自控股份有限公司以电气控制产品 EPS 应急电源和变频调速装置为主的高新技术企业，经整体改制，于 2000 年 9 月正式成立，注册资本 2208 万元。

公司以能源市场为基点，以电力、电子技术产品为主导，广泛应用于电力、石化、城市建设等多个领域。

公司以“纳社会贤才，服务于社会”为企业宗旨，有员工 80 名，其中大学以上学历 70%，是一支具高学历、高专业技能的科技团队，公司与天津电传所和清华大学建立产学研机制，在国内外电气行业领域占有很大影响力。

公司严格按照现代企业管理方式运作，通过了 ISO 9000 质量管理体系和电源产品型式认证。

公司已形成快捷、优质的售后服务网络，根据用户的特殊需要提供咨询设计、制造、安装、调试、培训一条龙服务。公司已进入快速发展期，本着发展电气事业为已任，愿和各界携手共创新辉煌。

352. 天津市艾雷特电气仪表有限公司

Alliance

地址： 天津市华苑产业区鑫茂科技园 D1-2-D
邮编： 300384
电话： 022-83711445
传真： 022-83711446-888
邮箱： altdq@ yahoo. com. cn
网址： www. aileite. ccm
简介：

天津市艾雷特电气仪表有限公司是集知识、技术、资本、人才、信息为一体，专业从事变频器应用推广，工业自动化控制系统设计、成套、安装、调试，销售及安装的高科技企业。公司服务于石化、电力、冶金、化纤、纺织、制药、轻工等领域，以高科技产品开发为先导，发挥企业的技术及人才优势，并于 2002 年成功推出世界上第一台动力 UPS。同时还先后取得了“全自动变频恒压给水设备”、“专用中频变频电源”等专利。

公司遵循“诚信、创新、和谐、效率”的企业理念，奉行全心全意为用户服务的宗旨，坚持用户至上、信誉第一的方针，竭诚为各行各业、各个领域提供先进的技术、优质的产品、满意的服务、理想的窗口，并热忱地期待着与海内外各界朋友的真诚合作。

353. 天津市环瑞金属材料技术有限公司

地址： 天津市西青区芥园西道 46 号
邮编： 300112
电话： 022-27534293
传真： 022-27534245
邮箱： jianzhong. dong @ huan-rui. com yonglei. tian @ huan-rui. com
网址： www. huan-rui. com
简介：

天津市环瑞金属材料技术有限公司是国内生产制造铝合金散热器的专业厂家，铝合金散热器产品主要用于电力电子、通信、开关电源、国防和车辆等诸多电源控制行业，公司拥有先进的生产设备和技术人员，可根据客户需求进行设计、制作，具备较强的加工实力，为客户提供全方位的服务。

公司将不负各界同人的众望，不断提高技术做到精益求精！

354. 天津市津铝工贸有限公司

地址：天津市河北区南口西路4号（天动工业园内）
邮编：300230
电话：022-26263152　13352072696
传真：022-26262903
邮箱：tjjinlv@126.com
网址：www.tjjinlv.cn
简介：

天津市津铝工贸有限公司是国内有色金属生产制造铝合金电力电子散热器的专业厂家、是电动汽车冷却器及控制器壳体生产研发基地。公司集中了很多专业水平的研究人员。构思、设计符合厂家要求的各种工业用和民用铝合金型材散热器，所生产的JLD、DXC电力、电子用铝合金散热器型材断面近千种。广泛应用于诸多行业。其中电动汽车冷却器、控制器底盖配合式壳体、大截面粘片、镶片、焊接超大截面散热器是公司的拳头产品，达到了国际先进水平。

公司2007年通过ISO 9001：2008质量体系认证。并将此质量体系贯穿生产经营等各项工作的全过程。公司为用户提供全方位的服务，满足用户各种不同加工要求。我们将不负各界同仁的重望，不断提高技术，做到精益求精。以真诚才能永远，诚信才能永久的经营理念和科学的管理、先进的技术、可靠的质量、周到的服务，一如既往地为广大用户提供更好的服务。

全国免费服务热线：400-090-8618

355. 天津市九荣鑫电源技术有限公司

地址：天津市华苑物华道2号
邮编：300384
电话：022-83714446
传真：022-83714446
邮箱：yaorong69@163.com
网址：www.tj9r.com
简介：

企业主要生产开关电源、变频电源、大功率恒压、恒流源、军品电源、等离子体电源、微弧氧化电源及各种非标电源。

356. 天津市鲲鹏电子有限公司

地址：天津市静海经济开发区金海道18号
邮编：301600
电话：022-68687673
传真：022-68680568
邮箱：sunjinmei6@163.com
网址：www.tj-kp.cn
简介：

天津鲲鹏电子有限公司始建于1984年，当时由于设备和技术的限制，只能生产民用变压器，应用于收音机、电视机等一些家电产品。随着发展，为推进企业生产满足客户需求并与国际接轨，公司2000年开始借助科技创新平台，调整产品结构，每年投入几十万元进行科技研发，把产品研发方向瞄向了应用领域更广、经济效益更高的工业用变压器。在秦岭隧道工程、哈大高速铁路等国家重点工程项目中，均采用了公司生产的保障其用电稳定性的一些重要部件如UPS电源中的变压器和铁路电源模块甚至在鸟巢体育馆中使用的UPS电源中的变压器，产品份额占到50%以上。在依托科技创新，增强产品竞争力的基础上，该公司又在节能降耗、降低产品成本上做文章，公司实施一线工作法，把技术人员的办公室搬到厂房内，使生产环节中遇到的问题在第一时间解决。同时，加强研发力量，使专业技术人员达到20名，占总员工数的14%。2010年底公司成功研发铁路专用智能稳压电源，改变了以往该产品需要外购的情况，降低成本10%。截至目前，公司已拥有1项实用专利、2项发明专利。

357. 天津市蓝丝莱电子科技有限公司

地址：天津市南开区科研西路12号
邮编：300192
电话：022-87891548
传真：022-87890535
邮箱：hyn@lslai.com
网址：www.lslai.com
简介：

天津市蓝丝莱电子科技有限公司是从事特种高压电源、高压电源模块，以及相关仪器设备开发、制造的高科技企业。专为工业、科研、国防提供安全可靠、精确的高压电源产品。蓝丝莱是高压电源的专业生产企业，倡导先进工艺、模块化的设计。通过辛勤耕耘，蓝丝莱高压电源拥有小型化、高精度、抗干扰、高质量、高可靠性的众多优点。

蓝丝莱以大学和科研所为依托，拥有一批经验丰富的研发工程师，具有设计、生产各种高压电源的雄厚实力。多年来，为国内科研院所、大专院校以及军工、国防、通信、医疗、电力、铁路、化工、仪器仪表、工业控制、光学、光谱、高能物理、科研等行业开发出数百种高压模块、高压电源产品。

358. 天津市鹏达铝合金散热器制造厂

地址：天津市南开区长江道红日南路52号
邮编：300111
电话：022-27615728

传真： 022-27690118
邮箱： 13802169327@139.com
简介：

本公司是天津市有色金属集团有限公司下属企业，多年来从事铝合金散热器生产、研发和散热器的专业焊接，公司生产的散热器均采用国内优质的铝合金挤压型材及铝合金板材为加工原料（6063、6005 合金牌号）。

公司生产的铝合金散热器被广泛用于：电力电子、邮电通信、光纤通信、移动通信、能源交通、电动机、变频焊机、大功率电源等领域。

公司是专业从事铝型材深加工制造和铝及铝合金氩弧焊接，对于铝及铝合金焊接、散热器冷冻板、铝铸件、铝压铸件焊接，都有很高的焊接技术能力，而且能满足造船、电力机车、渔业制冷、邮电通信、照明灯具等领域的制品加工和铝及铝合金的焊接。

公司会以优质的产品、合理的价位和优质的服务，竭诚为社会各界服务。

359. 天津市鑫利维铝业有限公司

地址： 天津市西青区中北工业园区梁鸿路 7 号增 1 号
邮编： 300112
电话： 022-27984968
传真： 022-27984969
邮箱： richardlych@sina.com
网址： www.sunnywayalu.com　www.tj-heatsink.com
简介：

天津市鑫利维铝业有限公司是一家专注于铝合金电力电子散热器、工业铝合金型材以及其他有色金属产品的研发、设计和深、精加工以及销售、服务融为一体的技术型生产企业。主要产品均可以采用各种牌号的铝合金作为原材料，服务于各个行业领域。严格符合并执行所涉及行业的国家标准，始终以本公司通过的 ISO 9001：2008 质量管理体系认证作为质量管理的标准。

鑫利维铝业自成立以来始终以客户至上倾听顾客的心声与客户共同成功作为企业经营的纵贯线。以保证质量、提高效率作为企业生存的坐标点。以生产加工的技术创新作为企业发展的动力源。以对人才的培养、公平、关怀和信赖作为企业管理的思维图。

未来，鑫利维铝业将继续秉承“时刻为您，与您共赢!”的企业经营服务理念，积极探索、持续创新，不断提升客户满意度，服务于客户、服务于社会。坚持不懈地在生存、发展和经营、管理的各个环节寻求更大的突破性的进步。

安徽省

360. 安徽三宇集团易特流焊割发展有限公司

etal 易特流

地址： 安徽省合肥市蜀山区蜀山产业园雪霁路 281 号
邮编： 230031
电话： 0551-65350507
传真： 0551-65318876
邮箱： sy@sanyu.com.cn
网址： www.etal.com.cn
简介：

三宇集团始创于 1989 年，在计算机模式识别、智能计算机控制系统、电力电子技术的研发与应用方面，独树一帜，不断创新。多年来，三宇始终以自主知识产权为核心，不断推出各类大功率逆变电源及衍生产品，完成多项国家计划项目和科技攻关项目，数十次荣获国家级科学技术进步奖。三宇拥有超过三十项的国际和国家专利，其中在中国人民解放军总装备部列装的十余种产品和与中国国家科学院等专业科学机构联合研发的二十余项大功率电源项目更是为国家的高端科技发展做出了不可或缺的贡献。

安徽易特流焊割发展有限公司秉持三宇集团“正直、善良、协作、进取”的精神，“正直、善良”做人，“协作、进取”做事。立足于创造“世界最便捷的焊机”，易特流以高效节能的高科技焊机产品为节约型社会的建设和高科技的普及做出自身贡献。自公司成立投产至今，易特流以它独创的焊机品类和完备的便捷焊机解决方案征服了众多区域运营商和工业用户，成为焊接行业的重要成员。

易特流焊机研发团队曾承担国家级火炬计划等各种大功率专业节能电源项目的开发和数十种作为研发主体与中国科学院等科研机构合作开发的专业大功率电源项目。易特流焊机已在钢铁、船舶、建筑、通信、石油、化工、电力等国民经济领域受到以移动施工为主的众多用户的高度认可。

361. 安徽首文高新材料有限公司

地址： 安徽省宿州市经济开发区金泰二路
邮编： 234000
电话： 0557-3250935
传真： 0557-3256788
邮箱： sales@swmagnetic.com
网址： www.swmagnetic.com
简介：

安徽首文高新材料有限公司，是一家专业从事金属磁粉心系列产品研发、生产和销售的高新技术企业。首文公司由中国首钢国际贸易工程公司（简称中首）和安徽博文集团共同出资成立，并由中首公司控股。公司成立于2010年6月，项目整体规划占地面积约240亩，其中包括一期厂房7000平方米、办公楼6000平方米、科研楼等。公司位于安徽省宿州市经济技术开发区，公司配备了一流的生产、研发和检测设备，并拥有一支经验丰富、技术实力雄厚的科研队伍，核心技术人员均在磁性材料领域工作多年。公司采用现代化的管理体系，按照国际化标准进行生产过程中的管控，从而保证了产品的稳定性和先进性，并先后顺利通过了RoHS认证以及ISO 9001认证。同时，首文公司与宿州市人民政府、合肥工业大学于2011年6月合作成立了“磁性材料工程技术研究院”。

公司所有产品均符合国际质量标准，并始终致力于为用户提供高性能的产品以及优质的服务，满足用户的不同需求。我们期待与您携手，共创未来。

362. 安徽新力电气设备有限责任公司

地址：安徽省合肥市高新区永和路97-1
邮编：230088
电话：0551-62722701
传真：0551-62722711
邮箱：54090978@qq.com
网址：www.xinlielec.com
简介：

安徽新力电气设备有限责任公司坐落于科教文化古城安徽省合肥市高新技术开发区，是一家在安徽省电科院培育下诞生的集研发、生产、销售于一体的高新技术企业。

公司1986年创立，注册资本2000万元，人员近二百人，集众多高、中级技术管理人才和高、精、尖生产检测设备，多次荣获国家、省级和行业科技成果奖及多项专利。全心全意致力于为国内外电力行业的电气设备安全、经济运行提供电能质量提升及电力安全防护的产品和解决方案。

公司已通过ISO 9001、ISO14001、OHSAS18001体系认证，多项产品通过3C认证；并荣获“高新技术企业”、“软件企业”、“安徽市场质量信得过企业”、“诚信经营示范单位”、“安徽市场最具影响力品牌”、“安徽省电力公司科技成果进步奖”、“中国电源学会会员”、江淮汽车股份授予的供应商“最佳服务奖”等多项荣誉证书和称号。

公司的主要产品与技术：

智能设备领域：拥有智能开关柜、高低压开关柜、配电箱、计量柜等电力系统成套设备，以及高压交流金属封闭环网开关设备，户内金属铠装移开式开关设备，预装式变电站等高压成套设备；

电源领域：拥有电力直流电源柜、通信直流电源柜、电力用交直流一体化不间断电源设备等系列产品，具有完善的智能化全自动运行功能和远程监控手段，完全满足电网集中调度和变电所无人值守的运行要求，为系统安全可靠运行提供了良好的服务；

在线监测设备领域：拥有开关柜智能监控装置、多点测温系统、开关状态显控装置、数字化综合保护装置、小电流接地选线装置、微机消谐装置等在线监测产品，以及提供微机工业控制装置、视频监控报警装置、远程网络在线监测系统和自动控制的设计整合、电气拖动等机电一体化系统集成服务。

363. 合肥德尚电源有限公司

地址：安徽省合肥市经济开发区山湖路2号
邮编：230031
电话：0551-62156982
传真：0551-62156981
邮箱：ds@dspower.cn
网址：www.dspower.cn
简介：

合肥德尚电源有限公司是专业研发、生产电源变换产品的高科技企业。主要产品有消防专用应急电源、电力专用逆变电源、车载专用逆变电源、通信专用逆变电源、电力在线不间断电源、工业在线不间断电源、变频电源和系列开关电源等。

多年来，公司本着诚信务实的态度，以优质的产品和良好的服务，获得了广大用户的认可，产品遍布全国各地。

364. 合肥华耀电子工业有限公司

地址：安徽省合肥市高新区天智路41号华电大厦
邮编：230088
电话：400-665-9997（总机）
传真：0551-65324417-0
邮箱：sales@ecu.com.cn
网址：www.ecu.com.cn
简介：

合肥华耀电子工业有限公司，成立于1992年，由中国电子科技集团公司第三十八研究所全资创办。公司已顺利通过ISO 9001、ISO14001、OHSAS18001、GJB9001系统认证，并已获得CQC、CB、UL、CSA、CE、TUV、KEMA等国内国际标准认证，所生产的电源类产品销往美国、欧洲、澳洲等世界各地。

公司成立二十年以来，主营产品应用领域遍布电力通信、公共安全、新能源、医疗电子、航空航天、高能物理等行业，与很多世界500强企业结成了良好的合作伙伴关系，为客户全面提供ODM、OEM业务。华耀以国家节能低碳产业政策为引导，凭借多年的电源关键技术积累和勇于创新进取的高效团队，自2008年进行产业结构调整，到目前形成三大事业部：工业与LED事业部、军品事业部和新能源事业部。六大主营产品线，千余种规格电源产品，华耀为全球客户提供全方面系统解决方案。

365. 合肥联信电源有限公司

地址：安徽省合肥市高新区玉兰大道61号
邮编：230088
电话：0551-65317588 65323322
传真：0551-65313339
邮箱：hflx88@163.com
网址：www.lianxin.net
简介：

合肥联信电源有限公司，位于合肥国家高新技术产业开发区，成立于1997年9月，为“中国电源学会”成员单位。一直致力于应急电源（EPS）、不间断电源（UPS）、交直流电源屏、并网回馈电源等功率电子学产品专业研发、制造与服务，同时广泛吸取专业科研机构的管理理念，引进先进的管理软件，已经形成了良好的科研开发管理平台。

联信电源公司始终坚持走自主研发与科技创新的道路，申请通过六个国家专利，部分产品获得国家认证，模块化应急电源达到了国内领先水平，先后应用于“国家非典实验室”、“合肥奥体中心”、“芜湖科技馆”、“首都体育馆”、“上海游泳馆”、“广州地铁”、“北京地铁”、“井冈山机场”等国家重点项目，深受用户好评。联信人继承着荣耀与梦想，立足于雄厚的根基之上，竭诚为广大客户提供不间断的电源产品和不间断的服务。

366. 合肥通用电子技术研究所

地址：安徽省合肥市高新区玉兰大道机电产业园
邮编：230088
电话：0551-65842896
传真：0551-65317880
邮箱：api_power@126.com
网址：www.apii.com.cn
简介：

合肥通用下辖通用电子技术研究所和通用电源设备有限公司，位于合肥市高新区机电产业园内，本公司采用科研和生产相结合的方式，科技研发有效地保证了产品技术的领先地位，专业化的生产及时高效地将研发成果转化为电源产品。

本公司坚持走“专业定制”之道，秉承“造电源精品，创世界品牌”的企业目标，致力于解决系统设备的馈电问题，为广大客户提供性能稳定的开关电源。从研发生产到服务一次性通过了GJB9001A—2001标准的认证，目前电源在业内以性能稳定而著称，并受到广大客户的青睐和好评，通用电源已广泛应用到自动控制、军工兵器、智能办公、医疗设备以及科研实验等领域，并累计向业界提供了120多万台高品质电源。

通用电源拥有两条生产线，两条装配线，两条产品老化线，一条产品测试线和高低温老化房等，引进国外先进的测试仪、频谱分析仪、多功能电子负载、存储示波器等检测仪器。本着“效益源于质量，质量源于专注”的企业宗旨，严把质量关，强化细化过程管理，精雕细琢，成就完美。

367. 华东微电子技术研究所

地址：安徽省合肥市高新区合欢路19号
邮编：230088
电话：0551-65743712
传真：0551-63637579
邮箱：info43@163.com
网址：www.cetc43.com.cn
简介：

华东微电子技术研究所创建于1968年，是我国最早从事微电子技术研究的国家一类研究所，长期致力于混合集成电路（HIC）及相关产品的研制与生产，为电子信息系统提供小型化解决方案，已成为我国高端混合集成电路领域的领军者，为推动国内混合集成电路行业的发展做出了贡献。

主要产品有：功率电路（DC/DC、AC/DC、DC/AC、EMI滤波器、脉宽调制放大器）、转换器电路（SDC/RDC、DRC/DSC、F/V变换）、精密电路（电压基准源、精密恒流源）、信号处理电路、放大器电路、专用混合集成电路、微系统集成（MCM、SiP），以及金属外壳、AlN基板、DBC基板、专用电子设备等，广泛应用于航空、航天、船舶、电子、通信、雷达、兵器等高可靠电子设备及工业领域。

同时，积极投入国民经济建设，在新材料、新能源、LED绿色照明、光电通信、新能源汽车等领域开拓进取，获得国内外市场认可，产品出口欧美日韩等20多个国家和地区。

368. 中国科学院等离子体物理研究所

地址：安徽省合肥市蜀山区蜀山湖路350号（合肥市1126信箱）
邮编：230031
电话：0551-65591322
传真：0551-65393699
邮箱：lxy@ipp.ac.cn
网址：www.ipp.ac.cn
简介：

中科院等离子体物理研究所电源及控制研究室主要从事脉冲电源的研究、开发、运行和维护工作，并为托克马克核聚变装置的运行提供电源。

近年来，本研究室致力于高功率脉冲电源技术、超导储能技术、二次换流技术、大功率直流发电机励磁控制等方面的研究，并取得了较为成熟的研究成果和实践经验。

本室主要承担了 EAST、HT-7、HT-6B、HT-6M 等托卡马克装置的磁体电源及辅助加热电源的设计、运行和维护等课题。

目前，本研究拥有一套自主设计的直流断路器型式试验设备，该试验系统主要由四台脉冲发电机组成，该电机单台额定输出电流 50kA，额定电压 500V。多年来，我们已依据国家标准、欧洲标准和 IEC 标准，多次为众多国内及外企断路器厂家进行型式试验。

本研究室拥有一支非常专业的科研团队，主要从事大功率变流技术、电力电子技术、高压绝缘技术、自动控制、电磁兼容和接地技术等方面的研究。截至目前，本室曾先后获得 46 次国家科技奖，22 项国家技术专利。此外，本室还招收相关专业的硕士和博士研究生，至今已培养出 51 位硕士、博士毕业生，他们大都在国内外高新技术领域的科研院校和企业表现出色。本室现有在读研究生 24 名。

同时，本研究室还与众多企业、国际科研院所和组织保持着紧密的交流和合作，如 ABB 变流器公司、中日核心大学项目、美中磁约束装置研讨组、德国马普学会、通用原子能公司核聚变工作组等。

福建省

369. 福建联晟捷电子科技有限公司

地址：福建省福州市华林路 338 号锦绣福城 2 座 25 层 1913 室
邮编：350013
电话：0591-87516665
传真：0591-87515299
网址：www. lsjie. com
简介：

福建联晟捷电子科技有限公司是一家以机房动力一体化设备、机房建设、暖通空调、视频会议系统、工业照明为主营，集设计、销售、安装维护于一体的综合性公司。公司自 2004 年 3 月 30 日成立以来，相继成为法国梅兰日兰、伊顿爱克赛、法国 CHLORIDE、法国索克曼、美国海志、日本大金、美国库柏电气、美的、中达电通等国内外知名企业在国内的合作伙伴。

我们秉承着“依靠科学管理，创建一流工程，提供优质服务”的质量方针，承接了众多项目，使我们的业务在政府、金融、能源、电力、化工、电信、交通、公安、工矿企业等多个领域取得了良好的发展。

面对未来，福建联晟捷电子科技有限公司的奋斗目标：本着“坚持不懈，将科技与应用完美结合，为用户提供最有利的应用解决方案，为客户创建竞争优势”的理念，为用户提供全线高科技产品和专业化服务。

370. 福建闽泰科技发展有限公司

地址：福建省福州市鼓楼区软件大道 89 号福州软件园 B 区 5 号楼
邮编：350003
电话：0591-83519878
传真：0591-83519823
邮箱：1620971668@ qq. com
网址：www. cnmtec. com
简介：

福建闽泰科技发展有限公司是一家致力于通信电源、电信监控及光纤网络系统工程、系统集成及软件开发等综合业务并具有自营进出口权的福建省高新技术企业及软件企业。

公司多年来一直致力于为中国电信、移动、联通、银行、电力等行业提供上述系统的解决方案，承接工程施工与软件开发工作，设计施工了数以百计的大型系统工程，在客户中获得了良好的信誉，取得了骄人的业绩。公司重视研发技术投入，每年投入经费超百万元，用于建设研发技术队伍及研发设备的购置，成功研制了“电信电源设备集中监控系统”、“PHS 网络评估系统”等通信行业管理系统软件，并获得了福建省中小企业创新技术资金的支持。

公司目前已是美国 EXIDE 公司的 UPS、法国西电 SDMO 的发电机组、德国 OBO 的防雷器、NbdsO 公司的宽带网络产品、意大利 NICOTRA 的通信监控系统、日本芝测 PHS 小灵通测试仪等具有国际领先地位的著名品牌供应及技术服务商。

371. 福建泉州赛特电源科技有限公司

地址：福建省泉州市洛江区万安开发区吉源东路
邮编：362011
电话：0595-22633888
传真：0595-22633777
邮箱：sales@ baote-battery. com
网址：www. baote-battery. com
简介：

福建泉州赛特电源科技有限公司是国内较早研发和生产阀控式密封铅酸蓄电池的企业之一。公司创建于 1997 年，坐落在福建省泉州市洛江区，占地总面积 22000 平方米，建筑面积 20000 多平方米。公司注册资本 3000 万元，现有资产 7000 万元，年产值达 1. 5 亿元以上。

公司拥有一批经验丰富的专业技术人才、一支训练有素的员工队伍和一整套专业生产设备，可专业生产 AGM 和胶体蓄电池两大类，电压为 2V、4V、6V、12V 四大系列，容量从 0.8Ah ~ 3000Ah 共计 100 多个规格的铅酸蓄电池，年生产能力达 50 万千伏安时，是福建省专业生产阀控式密封铅酸蓄电池品种最齐全的厂家。

赛特电池已被广泛用于国防、电力、通信行业以及不间断电源系统、应急电源系统、照明系统、风能和太阳能储能系统、安防等系统的设备上，产品畅销全国各地并远销欧美和东南亚地区，享有良好声誉。

在新能源发蓬勃发展的浪潮中，赛特公司于 2009 年成立新能源项目部。该部致力于太阳能、风能运用产品的研发、生产和销售。目前的产品主要有离网的太阳能照明系统、太阳能直流电源系统和太阳能交流电源等系统。这些产品具有结构紧凑、安装使用方便和可靠性高等特点，广泛应用于边防哨所、岛屿、野外工作、游牧等远离电网的无电或缺电地区，以提供照明和电力供应。

赛特公司先后通过了 ISO 9001 质量管理体系认证、ISO14001 环境管理体系认证。公司自成立以来一直秉承“高能、高效、精益求精”的质量方针，所生产的“赛特（BAOTE）”牌铅酸蓄电池符合 GB/T 19639.1—2005、GB/T 19638.2—2005、GB/T 22473—2008 的标准，产品先后通过了 UL、CE、TUV 认证以及通过原国家电力工业部、TLC 认证中心、CGC 金太阳认证、国家出入境检验检疫局等部门的检测，并获得相关的认证证书。“赛特”商标在 2008 年被评为福建省著名商标。

372. 福建省瑞盛电力科技有限公司

地址：福建省福州市鼓楼区软件大道 89 号软件园 E 区 14 号楼 3-4 层
邮编：350003
电话：0591-87667370
传真：0591-87538390
邮箱：razens@163.com
网址：www.razens.com

简介：

福建省瑞盛电力科技有限公司成立于 2006 年，是一家集科研、设计、生产、维修、销售和系统集成为一体的技术型生产企业。目前公司业务领域涉及功率电子、在线监测、电力仪表和现代输变电技术产品开发、制造和营销。在充分引进吸收国内外先进技术的基础上，本公司已成功开发出智能交直流一体化电源、高频开关直流电源、继电保护试验电源、通信电源、分布式智能配网直流小电源、35kV 及以下高压元件（含真空断路器、隔离开关、高压熔断器）、机柜加工及各类仪器仪表等一系列电力生产、维护、检测设备，广泛用于电力、通信、金融等重要领域。

公司通过了 ISO 9001：2008 质量管理体系认证，并正式导入企业资源计划系统，对各项工作集中管理，全面提升公司综合实力。本公司还与国内多所科研机构、高等院校保持交流合作，研发、设计、制造能力得到迅速提高，生产规模不断扩大。目前，已成长为综合型的技术实体，形成了研发、设计、生产、工程维护、贸易等多个专业团队。

本公司重视加强企业技术创新与技术改造。迄今为止，公司获得 9 项国家实用新型专利及 10 项软件著作权。

公司拥有福州市软件园 E 区 14 号楼 3-4 层 2000 余平方米的生产场所和海西高新区创业楼 14 楼全层 1500 平方米的经营办公场所。公司在武夷新区购地 50 余亩，建设厂房面积超 30000 平方米的瑞盛科技园，为瑞盛公司集团化打下坚实的基础。

373. 福州福光电子有限公司

福光电子
Fuguang Electronics

地址：福建省福州市台江区广达路 68 号金源大广场东区 24 层
邮编：350005
电话：0591-83305858
传真：0591-83375868
邮箱：cailei@fuguang.com
网址：www.fuguang.com

简介：

福光电子成立于 1993 年，注册资本 1000 万元，是一家专注于仪器仪表和测试维护解决方案的研究、开发、生产和销售的高新技术企业。产品涉及电源、传输、无线、数据、交换等各个专业，销售服务网络覆盖全国各个省份和地市，客户遍及移动、电信、联通、电力、部队、广电、铁路、石化及各企业专网等，自主研发产品还出口到欧美及东南亚等国际市场。十几年来，福光电子秉承贴近客户，服务客户的原则，专注于为行业客户导入或研发出更加安全、便捷、经济的仪器仪表和测试维护解决方案，并大力在行业内推广应用。不断挖掘和提升企业核心竞争力，不断坚持创新以超越竞争对手，从而赢得了广大客户的认可与良好口碑，并逐渐在行业内树立起标杆地位。目前在中国电源维护测试仪器仪表和测试维护解决方案领域，福光电子已成为行业客户首选的供应商。

374. 厦门蓝溪科技有限公司

LANXI　厦门蓝溪科技有限公司
XIAMEN LANXI TECHNOLOGY CO., LTD

地址：福建省厦门市火炬高新区创业园创业大厦 221
邮编：361006
电话：0592-5730682
传真：0592-5734682
网址：www.xmlanxi.com

简介：

厦门蓝溪科技有限公司坐落于厦门火炬高新区创业园，是一家专业从事电力系统直流操作电源及变电站综合自动化设备的研发、生产、销售和服务的创新型高新技术企业。

公司自主研发生产的 XCD3-FB 分布式直流电源、UP5 微型直流电源、LXUP 智能微型直流电源，PMC-600、WXH-8BP 系列微机保护装置等产品具有小型化、智能化和高可靠性等特点，获得了广大客户的欢迎和认可。产品在市场有超过十年的运行经验，已广泛应用于全国各大电力、钢铁、化工、石化、矿山等系统。

公司秉承“诚心、专业、创新”的原则，始终如一地走“质量立企，科技兴业”的发展道路。公司所有产品均通过了国家权威机构的验证和鉴定，并被列入“全国电网建设与改造所需产品选型选厂推介企业”。公司坚持把好研发关、采购关，并配合严格的质量检测手段和完善的售后服务，所销售的产品无一出现重大质量事故，深受用户好评。

375. 厦门赛尔特电子有限公司

地址：福建省厦门市翔安火炬高新区翔安西路 8067 号
邮编：361101
电话：0592-5715838
传真：0592-5715839
邮箱：xc. chen@ setfuse. com
网址：www. setfuse. com
简介：

公司成立于 2000 年，位于厦门市火炬高新区（翔安）产业区，拥有 1 万多平米的研发生产基地。公司专业从事过温，过电压和过电流的电路保护元器件的研发，生产及销售。拥有近百人的实力强大的研发团队，其中包括享受国家津贴的教授及多名硕士博士生，拥有美国 UL 授权的目击测试实验室（WTDP）及自动化设备研发中心，是厦门高新技术企业，自主创新企业，国家火炬计划项目承担单位，科技进步奖获奖单位。

公司产品包括温度熔丝、热保护型压敏电阻、线绕电阻、大电流受控熔断器等，其中多项产品均有独立自主知识产权，产品覆盖全国三十多个省市自治区，出口欧美、非洲、东南亚等世界各地，亦得到微软、飞利浦、惠普、摩托罗拉、中国电信、中国移动、华为等国际国内众多知名企业的青睐，使“SET”品牌获得福建省著名商标称号。

公司秉承“推动全面品管，满足客户需要；持续改善质量，提升竞争能力；共建永续经营，创造全员福利”的质量方针，组建了高效，务实的组织结构体系，本着“参与，成长，共享”的产品研发理念，通过不断地创新，为消费者提供高品质和高品位的电路保护元器件，为用户提供安全可靠的产品及适时方便的服务。

河北省

376. 保定科诺沃机械有限公司

地址：河北省保定市高阳县庞口农机市场中区 14 栋 10 号
邮编：071504
电话：0312-6854777　6856777
传真：0312-6853699
邮箱：pangdun _ pd@ 163. com
网址：www. pdnjpj. cn/gsjsk. htm
简介：

保定科诺沃机械有限公司是专业生产充电机、蓄电池、起动机的企业，公司已通过 ISO 9001：2008 国际质量体系认证，由清华电力系教授指导研究，拥有先进的检测和生产设备，和国内众多电动三轮车厂配套，产品行销国内 27 个省市及中东、东南亚等国家和地区。我们以优异的质量、合理的价格、良好的服务赢得了海内外广大客户的青睐。

多年来公司被评为中国电源学会会员单位，省、市、消费者信得过单位，省、市守合同、重信用单位等众多荣誉称号。

大鹏一日同风起，扶摇直上九万里！跨入新世纪，我公司全体员工以不断创新、赶超一流的气势，奋力开拓、积极进取，为您创造更满意的产品，提供更优质的服务。我们愿与广大新老朋友携手发展、共创辉煌！

377. 保定市华力电子有限公司

地址：河北省保定市高开区火炬园工业区四座一号二层
邮编：071051
电话：0312-3188431
传真：0312-3187456
邮箱：bgs@ hlcom. com. cn
网址：www. hlcom. com. cn
简介：

保定市华力电子有限公司，于 1997 年 10 月 7 日在河北省保定市高新技术产业开发区注册成立，是河北省科学技术厅认定的高新技术企业、中国电源学会的会员单位、中国质量认证体系注册企业、公司拥有自营进出口权、是河北省自营进出口生产企业协会会员单位。

本公司主要产品为高频开关电源、电力系统自动化配套电源、电力机车专用电源、工控 VME 电源、DIN 导轨系列开关电源、配网 FTU 智能充电机等。军工等级的插件、焊接、清洗生产工艺控制，先进的电磁兼容 EMC 测试实验室、高低温交变湿热箱、耐压测试仪、数字示波器等完善硬件测试设备。为提高稳如磐石般的产品提供了最可靠的保障。目前主要合作客户有国电南瑞、国电南自、许继集团、大唐电信、正泰集团、沈阳铁路信号厂、西安铁路信号厂。

公司还可根据客户要求特殊定做电源系统，研发经验二十年之久的工程师根据客户使用环境和特点为您设计可稳定可靠的产品。另外我们还有部分出口产已经具有 CE 或 FCC 认证。产品均通过权威实验室认证测试。

378. 河北奥冠电源有限责任公司

地址：河北省衡水市故城县衡德工业园
邮编：253800
电话：0318-5661666
传真：0534-2468666
邮箱：aoguan@ 126. com
网址：www. aoguan. com
简介：

河北奥冠电源有限责任公司是集科、工、贸为一体的集团企业，总部位于河北、山东两省交界的河北省故城县衡德工业园。

公司主要生产制造销售 2V、6V、12V 系列胶体免维护蓄电池，产品主要应用领域为通信电源、UPS 电源、太阳能、风能发电储能专用蓄电池、电动汽车、电动自行车、电动摩托车、电动三轮车及各类电动车辆动力蓄电池，主要客户群为通信、交通、金融、电力、公安、部队、医疗、教育以及电动车辆生产制造企业和城乡消费者。

河北奥冠电源有限责任公司二十年励精图治、奋力拼搏，是首批获得中国蓄电池生产许可证的企业，中国电器工业协会铅酸蓄电池分会、中国电池工业协会、中国化学与物理电源行业协会、中国电源学会长期会员单位，通过 ISO 9001 质量管理体系认证、ISO28001 职业健康安全管理体系认证、ISO14001 环境管理体系认证、CE 认证、信息产业部泰尔认证。河北奥冠电源有限责任公司是河北省高新技术企业、中国知名企业、“奥冠”商标是“河北省著名商标”、“中国知名品牌、知名商标”。

河北奥冠电源有限责任公司将以高标准、高品位、零缺陷的产品服务于社会，为成为中国最优秀的胶体电池供应商而不懈努力！

379. 河北北恒电气科技有限公司

地址：河北省保定市高开区锦绣街 677 号 5 号楼
邮编：071051
电话：0312-3336028
传真：0312-3336055
网址：www. beiheng. net
简介：

河北北恒电气科技有限公司，是一家专业从事电力系统自动化产品研制、开发、生产与经营的民营高新技术企业。公司培养和造就了一大批优秀的专业人才，积累了电力行业深厚的技术功底，具有非常突出的科研开发能力，多项技术处于同行业领先水平。河北北恒电气科技有限公司被推选为中国电器工业协会继电保护及自动化设备常务理事单位。

公司始终坚持“高技术、高起点、高效益”的发展方针，不断拓宽研究与开发领域，公司研发生产的智能变电站系统已经通过国家权威部门的技术鉴定，并被授予“光电技术研发中心”公司已成为集智能变电站、电力调度自动化、变电站综合自动化、配电自动化、变电站微机保护、电网安全保护、无线扩频通信、微机监控高频开关直流电源等多品种、多门类产品经营的新型产业集团。公司产品遍布全国各地，安全、稳定地运行于 10kV、35kV、110kV 不同电压等级的厂站及石油、化工、铁路、供水自动化等领域。

“努力工作，提高生活，服务社会，创造未来”是公司一直秉承的经营宗旨，团结一致、开拓创新的北恒人在公司高层领导的带领下，河北北恒电气科技有限公司已开始步入发展的快车道，正朝着国际化、现代化、规模化的大型产业集团而努力奋进！

380. 河北实华科技有限公司

地址：河北省石家庄市高新区湘江道 319 号
邮编：050035
电话：0311-85965959
传真：0311-85969599
邮箱：sw@ hpups. com. cn
网址：www. hpups. com
简介：

河北实华科技有限公司总部位于石家庄国家高新技术产业开发区，是专业研发、生产、销售模块化 UPS、模块化 UPS 配套产品以及监控软件的科技企业。高端核心技术及先进管理经验的运用极大地增强了河北实华科技有限公司的研发能力，使其迅速成为全球模块化 UPS 的领军企业，制造出了全球功率密度最大，占地面积最小的节能环保型模块化 UPS。

河北实华科技有限公司在中国部分地区设立办事处负责全国的市场销售和渠道网络建设，在广西、济南、哈尔滨等地都设有联络处，在全国范围内建立了一套完善的销售、服务体系。

河北实华科技有限公司拥有达到业界先进水平的电源生产、研发所需的各种电子测量仪器、整机测试设备、环境试验设备，以及焊接、调试、电装流水线；拥有先进的生产管理技术和完善的质量管理体系。实华生产的模块化UPS获得国内标准（如泰尔认证、中国节能认证）认证机构的认证证书，产品的先进性、可靠性和节能环保性居于世界前列。同时，我们也为其他知名品牌提供模块化UPS系统的特定设计和OEM的定制服务。

381. 任丘市先导科技电子有限公司

地址：河北省任丘市城东津保南路北张工业区
邮编：062562
电话：0317-2968283
传真：0317-3369058
邮箱：hbxdkj@126.com
网址：www.xdkjw.com
简介：

任丘市先导科技电子有限公司始建于2001年，是一家集科研、生产、销售于一体的现代化科技型企业。公司技术力量雄厚，生产设备先进，专业生产蓄电池充放电设备和电动车充电机。蓄电池充放电设备以其独特的功能设计，新型的专利技术，广泛应用于蓄电池生产企业；“征程”牌系列电动车充电机现已行销全国各地，为国内众多电动车生产厂家选为优质配套产品，深受广大消费者的青睐，并已成功打入韩国及东南亚市场。

2005年先导公司正式加入中国电源学会，成为优秀会员单位。在有关专家的精心指导和公司全体员工的不懈努力下，公司产品质量和管理水平突飞猛进，于2006年顺利通过ISO 9001：2000国际质量管理体系认证。为企业进一步发展奠定了坚实的基础。

“铸诚信、保质量”乃企业发展之根本，我们将一如既往地为您提供一流的产品和完善的服务。先导人愿与各位同仁携手，共同步入更加辉煌的明天！

382. 唐山尚新融大电子产品有限公司

地址：河北省唐山市滦南县职业教育中心实训基地
邮编：063500
电话：0315-4166302
传真：0315-4166301
邮箱：creativemix@126.com
网址：www.creativemix.com.cn
简介：

唐山尚新融大电子产品有限公司，是一家走自主创新+自主知识产权+产业化+可持续发展之路，具备金属磁粉心、非晶纳米晶磁心、平面变压器、电感器、MIL-STD-1553B总线变压器、平面磁集成滤波器，研制、生产能力的综合性科技企业。公司拥有自营进出口权。

公司核心团队来自北京大型科技企业及高校。与清华大学、中科院、航天科技、航天科工所属科研机构进行广泛合作。并与航天科工集团航天惯性技术有限公司联合成立磁电技术中心。从2010年至今已形成各项专利17项。公司所属各项产品符合国家战略新兴产业要求，均获得地方政府政策和资金的大力支持，其中金属磁粉心产品为省级重点产品，在建研发中心及生产基地项目为河北省省级重点项目。

公司以磁电结合提供磁性元器件定制化解决方案为核心竞争力，铁硅/铁镍钼金属磁粉心、纳米晶磁心、平面变压器、特种变压器、EMI滤波电感器等产品方案已广泛应用于航空、航天、电子、船舶等军工领域及智能电网、高铁、石油勘探、新能源、电动汽车、工业控制等工业领域。其中新型平面变压器、MIL-STD-1553B变压器应用于国防重点军工项目。产品已远销港台地区、欧美等国家。

公司通过ISO 9001及GJB9001B—2009我国军标质量体系认证。公司下设磁电结合工程技术研究中心、唐山创新磁电有限公司（金属磁粉心）、唐山卓大电子产品有限公司（非晶、纳米晶），朝鲜平壤龙城高新技术区加工基地；设有昆山办事处、北京研究及服务中心、哈尔滨办事处。公司拥有10万级净化车间满足军工高可靠性环境要求。

企业愿景：打造北方最具特色磁性元器件品牌企业，通过逐渐发展成为国内乃至世界磁电结合的典范和领航者。

企业宗旨：创新改变人生，发展造就个人、企业、社会的共赢。

企业使命：以开拓思维谋求创新，以创新求发展，以发展提升员工、股东价值，提高顾客竞争力，履行社会责任。

企业精神：以开拓创新谋发展，以持续改进促完善。以价值增值为己任，以共赢互进为目标。

湖北省

383. 湖北慧中电子科技有限公司

地址：湖北省宜昌市高新产业园区珠海路8号南苑科技创业园
邮编：443005
电话：0717-6344444
传真：0717-6343388

邮箱： qudyy@163. com

网址： www. hbhzkj. com

简介：

湖北慧中电子科技有限公司是专业从事电源领域产品研发、生产、销售的高新技术企业。公司自创立以来，一直践行“科技为先导，创新求发展”的经营方针，通过与国内一流大学、专家的长期技术合作，研发并推出了六大系列，200多种规格型号的电源产品——FEPS消防应急电源、HZFEPS-HFPI消防水泵（风机）自动巡检应急电源、PCFEPS电梯应急运行自动平层应急电源、D系列动力型蓄电池、HATS双电源转换开关、HFPI消防水泵（风机）自动巡检设备等。广泛应用于建筑消防、城市市政建设、电力、医疗、航天航海、民用、金融、新能源等领域。

经过多年的不懈努力，公司已迅速成长为国内专业电源研发、生产的龙头企业。未来，我们将以坚定的信念，坚持“追求品质、持续改进、优良服务”的经营理念，走品牌创新之路，真诚与广大客户共谋发展，时刻以一颗感恩的心回报客户，回报社会。

384. 空军预警学院电子技术研究所

地址： 湖北省武汉市黄浦大街288号（空军预警学院内）

邮编： 430010

电话： 027-85990787

传真： 027-85990787

简介：

空军预警学院电子技术研究所是国内最早研制与生产静止变频电源及大功率直流稳压电源的专业厂家。产品电气性能指标达到或超过国家军用标准（GJB181—1986）、航标（HB5962—1986）和美军标（MIL-STD-704E）的要求，可与飞机、舰船、雷达、火炮和计算机等需要400Hz电源或大功率直流稳压电源供电的设备配套使用。工厂开发的第四代SFC型静止变频电源，采用了正弦脉宽调制（SPWM）的控制方式、最新型的IPM智能模块以及集成电感变压器和微处理器。产品技术指标不断提高，性能不断完善，赢得了广大用户的信赖和赞誉，并多次获得国家颁发的荣誉证书及表彰。

385. 武汉能创技术有限公司

NENTRON 武汉能创技术有限公司
Wuhan Nentron Technologies Co., Ltd

地址： 湖北省武汉市东西湖区九通路中小企业城6栋

邮编： 430000

电话： 027-83391680

传真： 027-83391680

邮箱： info@ nentron. com

网址： www. nentron. com

简介：

武汉能创技术有限公司是一家具有世界先进水平的集研发、制造、销售和服务于一体的电源专业厂商，为中国电源学会会员、武汉市电源学会常务理事单位。

公司主要产品包括逆变器、整流器、DC-DC变换器、CATV电源、充电机及其他交直流电源变换设备。产品广泛应用于通信、电力、交通、军工等领域。公司于2003年9月通过ISO 9001质量体系认证。

公司技术力量雄厚，有多名资深的电源专家和高级工程师。其中有4人曾获得邮电部科技一等奖，多人次获得其他奖项。

386. 武汉瑞源电力设备有限公司

GOLD RAIN®

地址： 湖北省武汉市东西湖区现代五金机电城2栋28号

邮编： 430040

电话： 027-83266481

传真： 027-83266481

邮箱： whruiy@163. com

网址： www. whruiy. com

简介：

武汉瑞源电力设备有限公司是湖北省一家专门生产直流电源屏的厂家。公司产品主要销售在煤炭、化工、机电设备等行业。产品质量优良，运行稳定可靠，深受用户好评。

387. 武汉新瑞科电气技术有限公司

地址： 湖北省武汉市东湖高新技术开发区东二产业园财富一路8号

邮编： 430205

电话： 027-87166123

传真： 027-87166933

邮箱： Bob_wang@126. com

网址： www. newrock. com. cn

简介：

武汉新瑞科电气技术有限公司成立于2000年，位于武汉市东湖开发区东二产业园内，是集研发、生产、销售为一体的高新技术企业。公司占地十三亩，拥有现代化的生产厂房和专业的生产及检验设备，现有员工70余人，是中国电源学会会员单位、武汉电源学会秘书处挂靠单位，拥有ISO 9001:2000质量管理体系认证，是多家军工企业的合格分承制方。公司设有三个事业部：电子元器件事业部、特种变压器感事业部及电源事业部。公司在温州、深圳等地设立办事处，并在香港成立了子公司，服务遍及全球客户。

电子元器件事业部一直致力于功率半导体及其配套的电力电子元器件的代理销售，包括IGBT模块、晶闸管、整流桥、LEM传感器、台湾SUNON风扇、铃木电解电容等；特种变压器事业部长期为广大科研院所及电源设备厂家设计、生产多种特殊用途和特殊要求的变压器和电感产品；电源事业部主要生产特种用途的逆变电源、充电机等电源产品。

388. 武汉永力电源技术有限公司

地址： 湖北省武汉市东湖新技术开发区武大园一路 9-2 号
邮编： 430223
电话： 027-87927990 87927991 87927992
传真： 027-87927916
邮箱： yl@ ylpower. com
网址： www. ylpower. com

简介：

武汉永力电源技术有限公司成立于 2000 年 9 月，位于武汉·中国光谷，是一家专业从事电源技术的研究和应用的高新技术企业。公司拥有移相式全桥软开关变换技术、三相有源功率因数校正技术、大功率恒流并联均流技术、射频环境的抗干扰技术、计算机控制技术等多项核心技术及专利，可为客户量身定制 AC-DC、DC-DC、DC-AC 系列电源产品。

公司产品具有体积小、重量轻、效率高、可靠性强、绿色环保等显著特点，特别是大功率通信发射机电源、干扰发射机电源、雷达发射机电源、船舶压载水环保处理设备配套电源等产品，其电磁兼容性、抗干扰能力和环境适应性方面，多项指标优于国内同类产品，获得了用户的广泛好评，被重点应用于军队武器装备系统、重大国防科研项目及中央预算内投资项目。

公司拥有“武器装备质量体系认证”、“二级保密单位”、“装备承制单位”、“武器装备科研生产许可”等资质，是多家科研院所及企业的军用装备、民用设备配套物资合格供方。

389. 武汉中磁浩源科技有限公司

CMGS
中磁浩源

地址： 湖北省武汉市东湖经济开发区光谷大道关南四路 4 号
邮编： 430074
电话： 027-83820662
传真： 027-84812691
邮箱： cmgscm@ 163. com
网址： www. cmgs-inc. com

简介：

中磁浩源科技有限公司是以软磁材料的研发、生产、销售、应用服务为一体的科技企业，是国内为数不多的能全系列生产合金软磁粉心的企业。公司前身是我国冶金工业部为国防重点工程唯一定点研制金属软磁材料的冶金研究所软磁材料研究室，自 20 世纪 70 年代起就开始了金属软磁粉心的研究工作，主要为我国重点国防工程、军工项目配套，当时研发的产品主要是用于航天、航空、军事等国家重点项目，如东风、巨浪等，公司创始人陈一平先生因 109 课题，曾获国家科技进步特等奖。公司能批量生产的软磁材料包括：铁硅铝磁粉心（Sendust core）、高通量磁粉心（H-Flux core）、钼坡莫磁粉心（Mpp core），准备量产的新材料有非晶磁粉心（Amorphous core），其他基于电源产品小型化、提升转换效率等要求的新型高品质材料亦在研发中。

中磁浩源公司愿以技术为核心，为您提供从材料选择、样品、应用设计等全程优质服务，分享专业知识，创造共赢空间。

四川省

390. 成都科星电器桥架有限公司

KEE®

地址： 四川省成都市双流县黄甲镇黄甲大道一段 571 号
邮编： 610200
电话： 028-85726338
传真： 028-85725013
邮箱： lu. minglong@ sccdkee. com
网址： www. sccdkee. com

简介：

成都科星电器桥架有限公司（简称科星电器）坐落在西南航空港工业园区，所处地理位置优越、交通顺畅、环境优美。科星电器由四川省电力公司所属成都科星电力电器有限公司创建，是西南地区研制、开发、生产、销售电缆桥架、母线槽、高压共箱封闭母线、配电箱、消防应急电源柜、电能质量治理等成套设备的高新技术企业。拥有从美国、加拿大、日本进口的剪、折、冲三大数控设备和完善的检测手段。具有健全、完善的 ISO 9001 质量管理体系、ISO14001 环境管理体系和 OHSA18001 职业健康安全管理体系。是省内电力设备制造行业的龙头企业之一。

公司产品广泛用于市政基础建设、轨道交通、发电厂、变电站、水电站、国防航空及各类企事业、房地产开发等众多领域。以优质的品质、遍布全国、远销海外，得到了众多用户的一致好评。

391. 成都普斯特电气有限责任公司

PULSETECH
普 斯 特

地址： 四川省成都市双流航空港经济开发区西航港大道二段 219 号
邮编： 610207
电话： 028-82820918
传真： 028-82820920
邮箱： huangyu@ pulsetech. com. cn

网址： www. pulsetech. com. cn

简介：

成都普斯特电气有限责任公司是由核工业西南物理研究院成都同创材料表面新技术工程中心、香港进科研发有限公司、成都鑫创源电气有限责任公司共同出资组建的合资企业。公司成立的宗旨是凭借先进的开关电源、脉冲电源、自动控制技术，以长期研究的等离子体应用领域为突破口，集研发、生产、销售、服务于一体，专业生产销售大功率开关电源和专用脉冲电源、专用自动控制系统等设备。本公司诚信为本，视提高中国特种电源及相关控制系统技术水平为己任，锐意进取、力求技术创新，以具有自主知识产权的高价值、高效率、小体积特种开关电源为主要产品，凭借不断创新的技术形成核心竞争力，以完善的产品质量和售后服务立足于市场并发展壮大。公司发展的战略目标是主要力争成为国内有特色的特种电源和专用控制系统的主要供应商。

392. 成都顺通电气有限公司

地址： 四川省成都市龙泉驿区界牌工业园区

邮编： 610100

电话： 028-84854598

传真： 028-84859059

邮箱： cdstdq@ vip. 163. com

简介：

顺通公司坐落在国家级成都经济技术开发区内，是一家通过了 ISO 9001 质量管理体系认证，并专业致力于直流电源系统、低压成套开关设备、消防应急电源系统的研究、开发、生产和销售的高新技术企业。本公司与电子科技大学、佛山大学等高校紧密长期合作，成立了“电子科大顺通电气技术研发中心”。现拥有了成熟的产品研发、生产组织、市场营销和服务的能力，并能根据顾客的要求提供个性化的成熟的产品解决方案。

顺通公司自行研发的具有自主知识产权的消防应急电源系统已一次性通过了国家消防电子产品质量监督检验中心（沈阳）的型式检验，并取得了国家公安部消防评定中心（北京）颁发的产品型式认可证书；公司生产低压成套开关设备（SP 系列产品）已通过了中国质量认证中心的型式检验，并取得了中国国家强制性产品认证证书（CCC 产品认证）；公司生产的 GZDW 微机型高频开关直流电源系统也已一次性通过了国家继电器质量监督检验中心的型式检验，并取得了 GZDW 微机型高频开关直流电源系统产品型号使用证书及四川省经委颁发的产品鉴定证书及已取得国家知识产权局的专利证书，同时被艾默生网络能源有限公司认证为电力电源合作厂等，使顺通公司的电源产品具备了推向市场，服务社会的良好条件。

393. 四川省科学城帝威电气有限公司

地址： 四川省绵阳市游仙东路 78 号

邮编： 621000

电话： 0816-2545193　2276372　2276872

传真： 0816-2543937

邮箱： dwpower@ 126. com

网址： www. dwpower. cn

简介：

四川省科学城帝威电气有限公司属国家高新技术企业，是依托中物院（核九院）的国家重点创新型企业，公司位于中国科技城的科学城内。

公司专业从事 GZP-Y1 系列智能交直流一体化电源系统、GZGW 智能直流电源系统、GZGW 智能交流配电系统、GT 特种电源、PLC 控制系统和进口弧光保护设备及其软硬件配套产品的研发、生产、销售、安装和服务。

公司已通过“GJB 国军标体系认证”、“ISO 质量体系认证”、“中国工程物理研究院测试报告”、“国家继电器检测中心型式实验”、“产品型号使用证书”、“银行资信”、“电源学会”、“高企认证”、“3C 认证”及“国家项目立项”等证书，公司获得“国家专利”及“软件著作版权”二十余项。

公司聚集了一批科技精英，博士 3 名，硕士 6 名，学士 10 名，其余人员都是大专以上的学历，同时，公司与科研院所紧密结合，外聘专家教授 10 名，已形成产、学、研一体的高科技企业。

公司始终以满足客户的需要为宗旨，为客户量身定制有创造力的、高品质的优质产品和服务，产品广泛应用国内外。帝威员工将创新视为连接未来的桥梁，并积极主动不断地发展我们的团体。公司致力于在所进入的领域中取得技术和市场领先地位，因此帝威人精诚团结，勇于开拓，敢于创新，同时致力于与科研院校的全面合作，使公司迅速成长人才荟萃、技术领先、市场知名度较高的创新科技企业。

公司的质量方针：“零缺陷”是我们永恒的追求，“万无一失”是必达的目标。

公司的理念：诚信、品质、服务、创新。

企业愿景：做智能电源领域的“零缺陷”供应商。

企业追求：更安全、更可靠、更智能、更高效。

视用户为上帝，树立品牌之威。公司愿意与社会各界人士真诚合作，为共创美好未来贡献自己的一份力量。

394. 四川欣三威光电科技有限公司

地址： 四川省成都市郫县现代工业港北区港通北四路

邮编： 610036

电话：028-87985811　87985822
传真：028-87985811
网址：www. scxsw. cn
简介：

四川欣三威光电科技有限公司集制造、贸易、科研、信息、服务于一体的综合型企业，专业从事生产、销售EPS消防应急电源柜、消防应急灯具和智能化电力直流屏产品，并成功获取公安部的CCCF型式认证、CQC中国质量认证和电力直流屏产品型号使用证书，成为公安部消防产品认定生产企业，中国电源学会会员单位，信用等级为AAA级企业。公司完善的质量保证体系，雄厚的生产技术、检测能力和科学、严谨的管理，能为用户提供最完美的产品和最佳的服务，公司通过全体员工的艰苦奋斗和开拓进取，在激烈的市场竞争中不断地发展壮大，已拥有年产值上亿的生产能力，其中产品有消防应急标志灯具系列、消防应急照明灯具系列、单相220V交流输出照明型（EPS）消防应急电源柜系列、三相380V交流输出动力型（EPS）消防应急电源柜系列、220V/380V输出混合型（EPS）消防应急电源柜系列、电力智能化直流屏系列、LED节能灯系列、工业电气自动化系统设计、制作、集成，品质卓越，性能稳定，极大地满足了不同用户的各种需求，取得了良好的信誉，公司社会效益和经济效益迅速增长，公司产值每年以40%的增长率递增，赢得了用户的一致好评。

395. 四川依米康环境科技股份有限公司

地址：四川省成都市高新区科园南二路2号
邮编：610041
电话：028-82001888
传真：028-82001888-1
邮箱：yimikang@ sunrisegroup. com. cn
网址：www. sunrisegroup. com. cn
简介：

依米康创立于2002年，一直恪守“创建世界级品牌”信念，坚持“开创和创新”精神，经过十年锲而不舍的努力，从默默无闻到2011年在深交所创业板上市，已经成为了行业最具竞争力公司。

依米康致力于成为行业引领者。目前，依米康拥有专利超过20多项，居国内精密环境行业领先水平，拥有系列化核心产品、高效节能技术、专业项目管理和最佳项目实践，能够为客户提供从产品、项目实施、运营管理、基础设施外包服务、专业培训等全面服务，已经完成从提供产品到提供服务转型。

依米康致力于开创和创新。依米康构建了“技术研发、产品制造、营销服务、工程服务、外包服务”五位一体服务模式，满足信息化时代客户化服务需求，同时，通过五位一体的差异化服务模式，构建依米康核心技术体系和竞争优势，创建世界级一流品牌。

依米康致力于成为国内第一竞争力服务商。依米康质量标准是“客户满意”，服务标准是“零距离”本地化服务。依米康已经建立了覆盖全国的营销网络、服务中心网络和物流网络，能够确保服务承诺，依米康已经成为广大客户值得信赖和托付的服务商。

依米康致力于技术和产品领先战略。依米康在成都建立了“企业技术中心”和“产品制造基地”，以技术和产品领先为核心价值，关注未来客户的需求，坚持开创和创新，不断开发新技术和新产品，成为行业领先者，并引领行业发展。

在中国，依米康是唯一能同时为不同行业提供全方位精密环境整体解决方案服务商，服务内容包括规划、设计咨询、系统方案、项目管理、工程技术与实施、运维、节能科技、精密空调与净化设备等。

396. 四川英杰电气股份有限公司

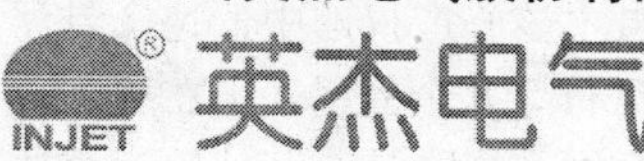

地址：四川省德阳市金沙江西路686号
邮编：618000
电话：0838-2900585　2900586
传真：0838-2900985
邮箱：injet@ injet. cn
网址：www. injet. cn
简介：

四川英杰电气有限公司成立于1996年，公司经过10多年的努力，已发展成为国内工业电源设备行业的知名品牌和优秀的电源供应商。主要从事工业电源设备、电子及微电子控制设备的开发、设计及生产。为国内外玻璃、玻纤生产、空分设备、核电站、天然气压缩机、彩管生产、真空镀膜、航空电源设备、电子材料生产线、光伏设备生产线等行业提供了大量优质的配套设备及解决方案并配套出口。

公司总部设在中国四川省德阳市高新技术园区，注册资本为4500万元，截止2009年底，净资产为8000万元。目前在岗职工300余人，80%具有大、中专以上学历。企业技术中心现有各类专业技术人员70余名，英杰电气致力于以技术和品质帮助客户创造效益。

英杰电气——高品质的电源专家！

湖南省

397. 国防科技大学磁悬浮技术工程研究中心

地址：湖南省长沙市国防科技大学本部三院磁浮中心
邮编：410073
电话：0731-84573388-8101
传真：0731-84516000
邮箱：igbt@21cn. com
网址：www. maglev. cn
简介：

我中心是国内从事磁悬浮尤其是磁悬浮列车研究最早也是实力最强的科研机构。30 多年来一直坚持在磁悬浮列车科研、工程与产业化道路上默默耕耘。先后自主开发了我国第一个磁悬浮列车原理样车，全尺寸磁悬浮单转向架，我国首条中低速磁悬浮列车实验线，以及上海高速磁浮示范线的国产化。尤其是具有自主核心产权的中低速磁悬浮列车已经研发了四代，安全运行 5 万余公里，正在进入轨道交通市场。中低速磁悬浮交通系统除具有其他轨道交通系统的特点外，还具有运行平稳舒适，低噪音（距 10 米处不高于 64 分贝），线路适应性强（转弯半径 50～100 米；爬坡能力 70‰），安全可靠性高，建设及运营成本低，运营效益好等优点，是一种新型轨道交通模式，适用于大中城市市内、近距离城市间、旅游景区的交通连接，具有广阔的市场前景。

磁悬浮列车系统是一个大的系统集成体，电源系统在其中占有重要地位。包括高压变电系统、整流站、牵引变流器、辅助变流器、DC-DC 斩波器、UPS 系统、控制电源等。

我中心人才结构合理，老中青结合，拥有近 30 位专家教授等组成的全职研究人员，每年培养 10 多名硕士研究生、3 名博士研究生。

398. 湖南长沙阳环科技实业有限公司

地址：湖南省长沙市芙蓉东路 2 段 200 号新世界花苑红龙居 1405
邮编：410015
电话：0731-85179118
传真：0731-85179118
邮箱：pyk4956@163. com
网址：www. yangwhuan. com
简介：

湖南长沙阳环科技实业有限公司是湖南省专业研发、生产及销售各类稳压电源、UPS 电源的骨干企业，公司于 2001 年在湖南省同行业中率先通过 ISO 9001 国际质量管理体系认证。公司生产的 SH1791-15kVA、20kVA 精密净化交流稳压电源系目前国内唯一通过国家质量中心 3C（CQC）认证的净化电源；并且公司还是净化电源专利的持有者。公司自 2003 年以来连续五年是“教育部农村中小学现代远程教育项目工程”的入围企业，而且公司还是“教育部农村党员干部现代远程教育项目工程”的入围企业。产品遍布全国各地，广泛应用于教育、电力、通信、高速公路、银行、医院等高要求领域。

399. 湖南东方万象科技有限公司

地址：湖南省长沙市芙蓉区万家丽北路 569 号银港水晶城 E4 栋 304 房
邮编：410015
电话：0731-88156696
传真：0731-88156697
邮箱：470798290@qq. com
简介：

湖南东方万象科技有限公司是一家面向湖南、湖北、广西、江西、贵州、广东等省市专门从事机房设备代维及维护的专业公司。

从成立至今，公司不断发展壮大，现有专业维护人员 21 名，全部为大专以上学历，既有理论知识丰富的研究生、本科生，又有长期从事电气维护的专家。涉足的领域包括电信、移动、邮政、联通、银行、电力、公安、机场、证券及钢铁和石化等行业。公司代维的精密空调包括力博特、海洛斯、佳丽图、梅兰日兰、阿尔西、爱斯威尔及丹科等产品；UPS 电源包括力博特、梅兰日兰、爱克塞、Best、APC 等产品；开关电源：包含对整流模块及监控模块的应急维修及代维服务．所包含的品牌有珠江电源、艾默生、华为、东方电子、顺达、亚澳、中兴、洲际、动力源、斯威特克、中达等。

通过十几年的不懈努力，公司赢得了客户的信任，每年的续保率在 98% 以上。公司的服务宗旨永远是客户第一。

400. 湖南丰日电源电气股份有限公司

地址：湖南省浏阳市工业园
邮编：410331
电话：0731-83281148
传真：0731-83281113
网址：www. fengri. com

简介：

湖南丰日电源电气股份有限公司是国内最早生产蓄电池和直流电源、电气成套设备的专业企业之一。产品注册"丰日"牌，为中国驰名商标。

公司是国家高新技术企业，成立了化学电源研发中心，并与中南大学等高等大专院校长期合作，共同进行电池、电源新产品的开发创新。拥有56项国家级专利，3项国际专利。

丰日产品经全国二十余省市通信、电力、铁路、广电、部队、工矿企业等行业数千家单位的多年使用，并与德国西门子、日本东芝、美国GE、法国阿尔斯通、美国EMD、加拿大庞巴迪等大公司长期合作配套，以其质量稳定、价格合理、服务周到赢得了用户的一致好评和信赖。

公司坚持贯彻"诚信服务顾客、产品件件质优、管理持续改进、铸造丰日品牌"的质量方针，致力于不断革新产品技术，优化生产工艺，严格产品的过程控制。公司通过了ISO 9001质量体系和ISO14001环境体系、GB/T28001—2001职业健康安全管理体系认证。

401. 湖南科明电源有限公司

地址：湖南省长沙市麓谷工业园桐梓坡西路183号
邮编：410205
电话：0731-88996378
传真：0731-88996468
邮箱：keming@ sina. com
网址：www. hnkmdy. com

简介：

湖南科明电源有限公司原是以国家大型企业"湘仪集团"（全国最大的实验室仪器生产基地）为中方在1994年11月在长沙高新开发区成立的中外合资企业。是从事直流电源装置和低压配电成套设备的科研、生产、销售的专业厂家。伴随着湘仪集团全面改制工作的进行，公司于2003年回购了全部国有股份，并于2005年合资到期后回购了全部外资股权，从2006年起，公司已经完成全部改制工作，成为完全的民营高新企业，并为改制后的湘仪集团联合体成员单位。

本公司的产品获得国家级新产品证书及国家新技术新产品金奖。国家经贸委城乡电网建设（改造）入网单位、国家产品质量整顿验收合格单位。本公司全部产品均通过了国家权威检测机构的型式试验和省（部）级鉴定。

公司主要产品有通信电源屏、电力用交直流电源屏（高频开关电源、晶体管全控桥整流电源）、电力、通信用高频开关直流电源及高频模块、晶体管全控桥智能充电机、直流系统微机监控系统、蓄电池自动巡检装置、蓄电池综合测试系统（恒流放电、容量及内阻检测）、微机绝缘在线监测装置、绝缘/电压/闪光多功能继电器、低压配电成套设备等，是国内配套最为齐全的直流电源生产专业厂家之一。

公司生产的直流电源屏及低压配电成套设备已为全国数百家大中型电厂、数千变电站及高铁客专配套，在用户中享有很好的声誉。

公司1999年就通过了ISO 9001国际质量体系认证，拥有先进的设备和检测仪器及雄厚的技术力量，并有专门的训练有素的技术服务队伍。公司产品已广泛用于全国各省市铁路、电力、冶金化工、邮电等系统，均使用情况良好，受到用户好评，享有良好的声誉。

公司的交直流电源产品曾多次在国际招标和国内重大项目招标中中标并有部分产品销往白俄罗斯、越南、印度、巴基斯坦、巴西、伊朗、哈萨克斯坦等国外市场。

402. 湖南省湘潭市华鑫电子科技有限公司

地址：湖南省湘潭市雨湖区二环线工贸学校实训大楼
邮编：411100
电话：0731-52338368　52338338
传真：0731-52328738
邮箱：272750400@ qq. com
网址：www. hnhxdz. com

简介：

华鑫公司位于风景秀丽的湘江河畔、伟人毛泽东的故乡湖南湘潭大学科技园内，是一家集电子产品研究、开发、生产、销售于一体的科技实体；公司拥有一支年轻精干、极富战斗力和拼搏精神的骨干团队。华鑫人奉行着诚信、敬业、拼搏创新的经营理念，在短短几年时间内迅速掘起，现已拥有知名度非常高的"湘大华鑫""鑫威达"两大注册品牌，旗下产品有"开关电源适配器系列"、"开关电源模块系列"、"全瓷、塑料管座系列"，公司充分利用丰富、雄厚的技术力量，专业致力于开关电源的研究与生产，现拥有一套完善的"品质保证"管理体系和生产队伍及设备；拥有遍布全国的营销网络体系。

公司坚持以"诚信开拓市场、品质巩固市场"的发展方针，与您真诚携手，共创未来。

重庆市

403. 重庆汇韬电气有限公司

地址：重庆市北碚区天生路79号高创园区
邮编：400700
电话：023-68204158
传真：023-68204198
邮箱：hwyton@163.com
网址：www.hwyton.com

简介：

重庆汇韬电气有限公司（CHONGQING HWYTON ELECTRIC CO.，LTD.），坐落在重庆北碚国家大学科技园区高新技术创业中心，是一家集研发、生产、销售和服务为一体的专业电源厂家，是中国电源学会成员单位、重庆市高新技术企业。拥有一批专业的技术人才和生产经营骨干，其中大部分具有十年以上的电源行业的工作经验，工厂建有先进的生产线和优质的生产检测设备，能够生产制造八大类上千种规格的电源产品。

公司通过ISO 9001质量体系认证，遵循“精心制造，持续创新，优质高效，顾客满意”的质量方针，针对工业及其他场所的特点和电源要求，在电源产品的可靠性和适用性上持续改进，为需要电源的各种场所提供优质可靠的电源产品和全方位的电源解决方案。

公司引进美国先进技术的Hwyton工业级UPS，处于国内领先水平，也是国内少数能生产大功率数字化UPS的厂家之一，产品面向工业化设计，特别适用于工矿企业的控制系统、自动化仪表和通信调度中心。公司的主导产品已通过了国家专业机构的检验和鉴定，其中FEPS消防设备应急电源取得国家公安部CCC认证，EPS应急电源、UPJZ一体化不间断电源系统和UPS电源拥有专利技术，并获得过“重庆市重点新产品”称号。公司的工业型UPS、一体化不间断电源系统、直流不间断电源、仪表电源、直流电源屏、EPS应急电源、交流稳压电源等产品在冶金、建材、石油天然气、化工、电力、交通、医药卫生、建筑和公安消防等行业已得到广泛应用，产品遍布全国二十多省（市）自治区，深受用户的信赖和好评。

我们本着“诚信、和谐、高效、创新”的经营理念，以先进可靠的产品和优质周到的服务，与广大新老客户携手奋进，共同发展！

404. 重庆新世纪电气有限公司

地址：重庆市九龙坡区科园四路170号
邮编：400041
电话：023-68472773
传真：023-68472745
邮箱：xsjyb@sohu.com
网址：www.cqnec.com.cn

简介：

重庆新世纪电气有限公司是重庆新世纪实业集团的全资子公司，成立于1992年7月1日，其注册资金5711.25万元人民币。公司现有员工300余人，其中专业技术人员占61%，本科以上人员占81%，硕士、博士学位及中高级专业技术职称人员占35%，其年产值近4亿元。公司现有及在建生产办公场地近30000平方米，具有完备的各类生产、检测和试验设备，是中国西部地区电力自动化系统设备及其相关软件研制领域内综合实力最强的企业。

公司产品性能通过ISO 9001-2000国际质量体系认证、3C认证等。主要产品EDCS-8000、DECS-7000、直流电源系统（GZDW、壁挂电源、GGD、UPS、EPS、通信电源等），覆盖了全国30多个省、市、自治区的电力、铁路、石油、化工、冶金、交通等行业，装备了2000多座35kV和110kV变电站，数百座水电站及数十个县级电力调度系统。

经营理念：“以人为本，科技立业，诚实守信，报答社会”。

企业精神：“创新，敬业，学习，团队”。

405. 重庆英明科技发展有限公司

地址：重庆市南岸区江迎路13号附9号
邮编：401336
电话：023-62986235
传真：023-62986929
邮箱：yingming@vip.163.com
网址：www.cq-yingming.com

简介：

重庆英明科技发展有限公司成立于2002年，位于重庆经济技术开发区，专业从事工业电气设备和工业自动化产品的开发、研制及生产，并致力于发电厂、输变电、市政工程建设的电气设备及自动化控制系统的成套技术服务。

公司拥有一批具有丰富工作经验及专业知识的工程师，为用户提供前期咨询和后期技术服务。本着开拓、求实、创新的理念，公司得到了稳步的发展。自公司成立以来，依靠自身实力及用户的支持，形成了以重庆地区为主，辐射四川、贵州等地的销售网络。经过多年的努力，在同行业中已树立了良好的信誉，并拥有了一批自己的客户资源。

目前公司产品有GGD型交流低压配电柜、GCS型低压抽出式开关柜、低压动力配电箱、低压照明配电箱、液位控制箱及各种不同类型的电气控制箱。

公司和电源专业厂家合作开发电源系列产品，陆续推出了全系列的智能高频开关电源系统、智能高频开关通信电源、智能站用电源系统、壁挂电源、EPS应急电源、UPS不间断电源、逆变电源、模块化并联有源逆变放电装置、模块化并联UPS系统、模块化并联EPS系统。

英明人将一如既往地潜心致力于电源产品及低压电气产品的开发和研制，秉承"以人为本、诚信经营、科学管理、不断创新"的经营理念，竭诚为广大用户提供电源产品、低压电气产品、电气控制产品和永不间断的服务。

贵州省

406. 贵阳航空电机有限公司

地址：贵州省贵阳市小河经济技术开发区黄河路1号

邮编：550009

电话：0851-3834532

传真：0851-3804646

邮箱：gy185c@163.com

简介：

贵阳航空电机有限公司（国营第一八五厂）隶属中国航空工业（集团）公司，地处贵阳市小河区中心，占地总面积14万平方米（其中生产科研建筑面积5万平方米），是原国防科工委认可的唯一的研制和生产航空二次电源的专业化企业。

公司前身为1958年建于贵阳市小河的地方国营贵阳电机厂，当时主要生产中小型电机电器产品。1962年9月第三机械工业部、贵州省财政厅和贵州省机械工业厅联合行文，贵阳电机厂自1962年10月1日起移交给第三机械工业部，第一厂名为国营贵阳航空变电装置厂，第二厂名为国营贵阳电机厂（代号为国营第一八五厂）。1964年1月开始仿制生产第一个航空产品。

公司现有职工1218人；拥有各类设备3565台（套）；拥有国防二级电工计量站，及满足国军标、美军标、国标要求的产品环境试验室。公司产品分航空产品、汽车零部件和压铸及冷挤压产品三大系列，其中航空二次电源及配电装置在国内军机配套中处于主导地位；压铸及冷挤压产品发展势头良好；汽车起动机和发电机已形成专业化和规模化的生产，现为中国汽车工业协会成员、中国汽车零部件工业联营公司董事单位。

407. 贵州航天林泉电机有限公司

地址：贵州省贵阳市三桥新街28号

邮编：550008

电话：0851-4842807

传真：0851-4849008

邮箱：htlq@lqmotor.cn

网址：www.lqmotor.cn

简介：

林泉电机厂隶属于中国航天科工集团公司，是中国航天微特电机、二次电源及小型化遥测设备的专业研制生产单位，是航天微特电机专业技术中心和检测中心。是国家批准的自营进出口权单位，也是国家批准的航天电机硕士研究生培养点和博士后科研工作站（微特电机专业站）。通过了GJB9001A—2001质量保证体系、ISO 9001质量保证体系的认证。

工厂始建于1965年，1966年内迁至贵州省桐梓县，1987年调迁至贵州省贵阳市。工厂占地面积10万平方米，现有职工710人，其中工程技术人员351人。建厂四十多年来，共为300多种型号研制生产了上千种产品，有86项获国家、省部级科技进步奖。

408. 贵州奇胜电源工程有限责任公司

地址：贵州省贵阳市公园路8号都市名园0702室

邮编：550001

电话：0851-5867778

邮箱：qisheng_qs@sina.com　xgq_3188@163.com

简介：

本公司是专营不间断电源（UPS）、汽油发电机、柴油发电机组、电池、电缆、防雷接地设计安装等机电产品的专业化电源公司，又是贵州唯一的"中国电源学会会员"单位及贵州质量诚信企业联盟理事单位，同时还是贵州省政府采购供应商。公司成立于1991年，在贵州从事电源的推广应用至今已有十余年的历史，专业性强、技术力量雄厚、信誉好、服务真正到位，受到省内广大用户的一致好评和肯定。

自1991年起，公司先后成为美国STK（山特）UPS、SIEMENS（西门子）UPS、LEUMS（凌日）UPS、APC UPS、爱克赛UPS、日本久保田全系列发电机、雅玛哈发电机、本田发电机、德国MTU（奔驰）柴油发电机组、英国威尔信劳斯莱斯全系列柴油发电机组；沈阳松下电池，韩国UNION（友联）电池、MCA（锐）牌电池，山东阳谷电缆等产品的贵州代理。至此公司已成为贵州省内最大的、专业的、在UPS和发电机行业最有影响的电源电力公司，公司根据不同用户的环境情况，提供全面的电源、电力解决方案。

甘肃省

409. 兰州精新电源设备有限公司

地址：甘肃省兰州市城关区雁西路1376号工业城北五区地栋
邮编：730010
电话：0931-2186797
传真：0931-2186976
邮箱：jxps126@126.com
网址：www.jxps.com

简介：

兰州精新电源设备有限公司位于兰州国家高新技术开发区内，是专业从事电力电子技术及其相关产品研发、生产和销售的高新技术企业。

公司拥有一批实力雄厚的专业技术人员。并以高等院校、科研院所的专家、教授为技术后盾。凭借先进的开关电源、脉冲功率技术、自动控制技术，以长期研制生产核物理加速器、高稳定度、高频、高压、高功率脉冲、三角波扫描、超导电源为基础，研发出一批具有国内领先水平、具有自主知识产权并获得多项国家专利的高、精、新电力电子产品。本公司特种电源在材料改性、表面处理、电化学领域都发挥着不可替代的作用。公司以诚信为本，视提高中国特种电源，高频、高压、高功率、快脉冲电源技术为己任，锐意进取、精益求精、不断创新的技术形成核心竞争力，以完善可靠的产品质量和优良售后服务立足于市场。

410. 天水七四九电子有限公司

地址：甘肃省天水市泰州区双桥路14号
邮编：741000
电话：0938-8631053
传真：0939-8214627
网址：www.ts749.cn

简介：

天水七四九电子有限公司是由原天水永红器材厂改制重组的高新技术企业。公司前身国营永红器材厂1969年始建于甘肃省秦安县，1995年整体搬迁至甘肃省天水市。公司占地面积16675平方米，总资产1.15亿元，拥有各种仪器仪表768台套。现有职工306人，专业技术人员95人。公司是国内最早研制生产集成电路的企业之一。主要产品有单片集成电路、混合集成电路、电源模块（包括厚膜化电源）三大类产品600多个品种，产品以其优良的品质广泛应用于航空、航天、兵器、船舶、电子、通信及自动化领域。曾为“长征系列”火箭、“风云”卫星、“嫦娥”探月工程、“神舟”号宇宙飞船等多个重点工程提供过高质量的产品，曾荣获“省优”、“部优”及“国家重点新产品”称号。

411. 中国科学院近代物理研究所

地址：甘肃省兰州市南昌路509号
邮编：730000
电话：0931-4969563
传真：0931-4969560
网址：www.impcas.ac.cn

简介：

中国科学院近代物理研究所创建于1957年，以重离子核物理基础研究和相关领域的交叉研究为主要方向，相应发展加速器物理与技术及核技术。50多年来，中科院近代物理研究所已成为国际上有较高知名度的中、低能重离子物理研究中心之一。与此同时，兰州重离子加速器（HIRFL）也发展成为我国规模最大、加速离子种类最多、能量最高的重离子研究装置，主要技术指标达到国际先进水平。

中国科学院近代物理研究所电源室负责兰州重离子加速器（HIRFL）励磁电源系统以及供配电系统的设计、运行、维护工作。五十多年来，近代物理研究所电源技术在大功率高稳定度直流稳流电源技术、大功率脉冲开关电源技术，以及特种电源技术方面形成自己鲜明的特色。我所电源技术由直流输出发展到脉冲输出，由慢脉冲发展到快脉冲，由模拟控制发展到全数字控制，电源性能不断提高，满足了重离子加速器的发展需要。

其　他

412. 广西吉光电子科技股份有限公司

地址：广西贺州市平安东路吉光工业园
邮编：542800
电话：0774-5132000
传真：0774-5132111
邮箱：jicon@ jicon. net
网址：www. jicon. net
简介：

广西吉光电子科技股份有限公司是由深圳市特发信息股份有限公司（持股 61.5%）、广西桂东电力股份有限公司（持股 34.7%）、公司管理层（持股 3.8%）出资，于 2006 年 10 月在贺州市注册组建的电子元器件制造企业，注册资金 5500 万元。

公司前身是原深圳吉光电子有限公司，创建于 1985 年，经过 20 多年的努力，先后从日本、意大利、中国台湾地区等地引进了先进的生产线、试验设备，在引进吸收国外先进技术的同时，发展自己的优势技术。目前已形成专业从事各种高品质铝电解电容器的研制、开发和生产企业。产品可广泛适用于通信、彩电、计算机、UPS、变频器、焊机、节能灯等各种电器设备。

公司在行业中有良好的口碑，在客户中有很高的信誉，在国内电容器行业中排位居前。其产品被康佳、创维、TCL、长虹、长城、美的、海信、三洋、同州电子等国内外大型著名企业所采用，是国内铝电解电容器的主要生产厂家。

公司在贺州市电子工业科技园征地 102 亩。项目总投资 1.35 亿，分二期建设。一期工程投资 8500 万元。二期工程投资 5000 万元。

413. 桂林斯壮微电子有限责任公司

地址：广西桂林市国家高新区信息产业园 D-8 号
邮编：541004
电话：0773-5858088
传真：0773-5855299
邮箱：gsme@ gsme. com. cn
网址：www. gsme. com. cn
简介：

桂林斯壮微电子有限责任公司以设计开发生产经营半导体功率器件为主营业务，目前主要产品有低导通电阻的功率场效应晶体管及低正向导应电压、低反向漏电流的肖特基二极管、开关管、稳压二极管等桂微牌产品，产品广泛用于开关电源适配器 VPS、移动通信、计算机、消费类电子信息产品、家用电器、工业自动化控制设备等。

公司品牌“桂微”系列产品凭着过硬的品质保障，赢得客户好评。自成立以来，已投入 7000 多万元用于不断扩大生产线和技术研发以及市场的培育，从日本、韩国、欧美等国家和地区引进了具有国际先进水平的 120 多台（套）先进的设备，固定资产投资 6300 万人民币，形成生产能力年产 18 亿只。

414. 哈尔滨光宇集团股份有限公司

地址：黑龙江省哈尔滨市南岗区学府路电缆街 68 号
邮编：150086
电话：0451-86677970
传真：0451-86678032
邮箱：448153847@ qq. com
网址：www. cncoslight. com
简介：

光宇国际集团科技有限公司创建于 1994 年，1999 年在香港联交所主版上市。集团在国内拥有哈尔滨光宇蓄电池股份有限公司、哈尔滨光宇电源股份有限公司等 23 家子公司，在欧美、俄罗斯、日本、东南亚设有 19 家海外营销子公司或办事机构。集团现有员工 11000 余人，2010 年总资产 42 亿元人民币，销售额 44 亿元人民币。

经过 20 余年的高速发展，现已形成制造业、矿产业及互联网产业等三大类产业群。第一大类是以工业用铅酸蓄电池、便携类锂离子电池，车用铁锂动力电池和电池储能系统为主体的制造业；第二大类是矿产业，开采作为铅酸蓄电池原材料的铅锌矿；第三大类是网络游戏的运营、研发及制作。

阀控密封铅酸蓄电池为公司第一核心产品，年生产能力可达 380 万 kVA · h，从 1999 年以来一直是中国最大的阀控式铅酸蓄电池制造商。锂离子电池是公司第二大主要产品，年生产能力液态锂离子电池可达 8000 万只、聚合物锂离子电池可达 3000 万只，磷酸铁锂动力电池是公司主要研发的新产品，可年产 40 万 kW · h。

公司先后通过了 ISO 9001、ISO14001，OHSAS18001，TS16949 认证等管理体系认证，UL、CE、RHOS 等产品认证以及英国沃达丰、俄罗斯通信等入网认证。

历经十几年的持续稳定发展，光宇取得了非凡的发展业绩，获得社会各界广泛的肯定与好评。追求品质、超越非凡、立足中国、走向世界，光宇国际致力成为拥有顶级高新技术的大型国际化企业集团。

415. 哈尔滨九洲电气股份有限公司

地址：黑龙江省哈尔滨市南岗区哈平路162号
邮编：150081
电话：0451-86639109
传真：0451-86696792
邮箱：market@ jze. com. cn
网址：www. jze. com. cn
简介：

哈尔滨九洲电气股份有限公司（简称：九洲电气）成立于2000年，注册于哈尔滨高科技产业开发区，注册资本13890万元人民币，是以“高压、大功率”电力电子技术为核心技术，以“高效节能、新型能源”为产品发展方向，从事电力电子成套设备的研发、制造、销售和服务的高科技上市公司。

公司产品主要分为三大类：第一类为高压电机调速产品，主要包括高压变频器、高压软起动器等；第二类为直流电源产品，主要包括高频开关直流电源、各类电力电子功率模块等；第三类为电气控制及自动化产品，主要包括高低压开关柜、旁路柜等。

“九洲电气”作为国内电力电子行业的龙头企业，是中国高压电机调速产品的开拓者和领先者，也是中国兆瓦级风力发电变流器产品的奠基者。

2009年12月，经中国证券监督管理委员会“证监许可［2009］1388号”文核准，公司首次公开发行人民币普通股1，800万股。经深圳证券交易所“深证上［2010］10号”文同意，公司发行的人民币普通股股票于2010年1月8日在深圳证券交易所创业板上市，股票简称“九洲电气”，股票代码“300040”。

416. 航天长峰朝阳电源有限公司

地址：辽宁省朝阳市电源路1号
邮编：122000
电话：0421-2732351
传真：0421-2828501
邮箱：50hz@ vip. sina. com
网址：www. 4nic. com. cn
简介：

航天长峰朝阳电源有限公司是经中国航天科工集团批准，由中国航天科工防御技术研究院和朝阳市电源有限公司于2007年9月5日投资组建的国有控股公司，注册资金11760万元。

公司前身为朝阳市电源有限公司，成立于1986年，是国内第一家专业电源公司，具有27年的电源设计制造和测试经验，是当前国内最大的专业电源生产基地。以“4NIC”、“航天电源”及“CASIC中国航天科工集团”为品牌，生产三十多个系列三十余万品种稳压电源、恒流电源、UPS电源、脉冲电源、滤波器等各种电源和电源相关产品。应用领域覆盖航空、航天、兵器、机载、雷达、船舶、机车、通信及科研等领域，尤其是在需要高可靠性的军工领域发挥着不可替代的作用，为国家的国防建设和经济建设做出了卓越贡献。

公司位于辽宁省朝阳市电源路1号，现址占地20多万平方米，建筑面积15万平方米。新厂区占地面积42万平方米，建筑面积20万平方米。公司在国内30多个主要城市设有办事处，履行“航天电源就在您身边”的承诺。企业奉行“以顾客为关注焦点，量体裁衣做电源”的经营战略，满足个性化需求。

417. 南昌大学教授电气制造厂

地址：江西省南昌市南京东路351号教授科技楼
邮编：330029
电话：0791-88301618
传真：0791-88332483
邮箱：chinaprofessor@ alibaba. com. cn
网址：www. chinaprofessor. com
简介：

南昌大学教授电气制造厂是由南昌大学教师、教授创办的科技型企业，主要从事电脑、通信设备、机床设备精密交流稳压电源、家用冰箱空调稳压器、UPS、逆变电源、充电器充电机、太阳能光伏发电系统等多系列电源类产品的研发和制造，已有20年的制造历史，产品畅销国内各省，并远销非洲、印度、中东等电压特别不稳定地区。教授电气是国内最大家用电源生产企业之一。

教授电气依托南昌大学的研发力量，有能力不断创新，因此产品更新换代非常快，总是以最新最适合消费者的产品，为各级经销商创造新的商机，为终端用户提高更好的产品。

教授电气2001年就通过了ISO 9000质量管理体系，有着严格的质量控制程序，因此产品质量一直深受用户信赖，在市场有着良好的口碑。

教授电气的核心价值观是，以科技让人们生活得更好！教授电气全心全意以客户为中心，依靠自己的技术优势和勤奋工作，努力创造更好、更多的新产品，与消费者共享科技成果带来的快乐。

418. 勤发电子股份有限公司

地址： 台湾省新北市汐止区大同路一段239号11楼
邮编： 221
电话： +886-2-26478100
传真： +886-2-26478200
邮箱： sales@ chinfa. com
网址： www. chinfa. com
简介：

勤发电子自1985年创立以来，是一家取得ISO 9001、UL、TUV认证的公司，在秉持着不断地创新思考、成为世界级全方位解决方案的翘楚、满足客户的需求及长期经营的理念。所有交换式电源供应器产品皆自行研发设计与生产，不论在技术研发、质量稳定度或降低成本上，以多年的经验来满足客户对于交换式电源供应器的各种要求，并追求更卓越效能的交换式电源供应器。

Isolated DC/DC converter：1～40W.
AC/DC power module：7～40W.
AC/DC DIN Rail mountable power supply：5～960W.
AC/DC DIN Rail compact size power supply：240W.
AC/DC enclosed power supply：20～100W.
Battery charger：30W&60W.
DC UPS controller：30A.
Redundant module：10A&20A.

419. 陕西长岭光伏电气有限公司

长岭光伏

地址： 陕西省宝鸡市清姜路75号
邮编： 721006
电话： 0917-3607661
传真： 0917-3607650
邮箱： sales@ changlingpv. com
网址： www. changlingpv. com
简介：

陕西长岭光伏电气有限公司（以下简称长岭光伏电气公司）由陕西长岭电气有限责任公司和陕西光伏产业有限公司共同出资组建。公司注册资本2亿元人民币。公司主要从事光伏逆变器、控制器、汇流箱、配电柜、安装支架、追日系统等光伏发电相关配套产品的开发、生产、销售、服务及以上产品的进出口业务。

陕西长岭电气有限责任公司的前身国营第七八二厂是国家“一五”期间投资建设的156项重点工程之一，国家军工骨干企业。经过五十多年的发展，已形成以军工电子产品、纺织机电产品、家用电器产品和太阳能光伏产品为支柱的大型国有企业。公司总资产16.8亿元，在职员工4300余人，其中各类专业技术人员1000余人。公司拥有先进的电子产品装联生产线、家用电器产品生产线和大批性能优良的机械加工设备，齐全的环境实验设备和先进的精密检测设备，先后通过了GJB/9001质量管理体系认证、ISO10012计量体系认证和ISO14001环境管理体系认证，是国家技术监督局批准的一级计量单位，荣获全国电子行业用户满意先进单位，全国诚信企业，陕西省质量服务双满意企业等荣誉称号。

公司可为用户提供BIPV、BAPV、LSPV、CPV等光伏发电系统的整体解决方案，提供逆变器、汇流箱、配电柜、电站监控系统、安装支架、追日系统等产品及光伏电站设计、施工、安装调试、系统检测、软件升级、技术咨询、人员培训等多方面的服务。

公司坚持“品质第一，规范管理，持续改进，用户满意”的质量方针，通过了GB/T28001—2011/OHSAS18001：2007职业健康安全管理体系认证、GB/T19001—2008/ISO 9001：2008标准质量管理体系认证、GB/T24001—2004/ISO14001：2004环境管理体系认证，建立了完善的质量管理体系。

公司把“致力太阳能光伏发电，促进人类可持续发展”作为自己的使命，按照“以品质树信誉，以诚信立伟业，为用户和社会创造价值，为员工和股东创造效益”的经营理念，为用户提供全方位的服务。

420. 西安能讯微电子有限公司

Dynax

地址： 陕西省西安市高新区高新一路25号创新大厦N701
邮编： 710075
电话： 029-88324999
传真： 029-88339847
邮箱： info@ dynax-semi. com
网址： www. dynax-semi. com
简介：

能讯微电子是由留美归国团队于2006年9月创办的一家高新技术企业，公司总部位于西安高新区。能讯微电子是中国第一家第三代半导体氮化镓功率器件制造企业。

公司采取垂直整合设计与制造（IDM）的商业模式，自主开发第三代半导体材料、器件设计和制造工艺技术，生产基于氮化镓（GaN）的射频功率器件。

能讯微电子为无线通信、消费电子、汽车电子、工业控制、太阳能光伏等应用领域提供高效的半导体新选择。以更高的电能转换效率、更少的设备耗材为客户创造价值。

能讯的核心团队成员曾在美国著名的半导体公司工作多年，有着丰富的半导体器件设计制造及管理经验。

能讯微电子以成为领先的高能半导体供应商为使命。

421. 许继电源有限公司

地址： 河南省许昌市经济技术开发区许继电气城
邮编： 461000
电话： 0374-3219505
传真： 0374-3215203-678

邮箱： zhongw@ xjgc. com
网址： www. xjpower. com

简介：

许继电源有限公司是国家电网许继集团有限公司下属的子公司，是专业从事电力电子产品研发、生产及系统设计的厂商，主要产品涵盖电动汽车充换电系统、电力电源、电能质量控制设备、军工特种电源、光伏发电并网逆变电源产品等高新技术领域。这些产品已广泛应用于在电力、石化、煤炭、水利、环保、国防、轨道交通和公共事业中。

许继电源有限公司秉承“尊重、超越、共赢”的企业核心价值观，以“推进绿色电能变换技术，美化我们的生活和工作”为使命，以“成为中国领先的电力电子电能变换设备供应商及系统集成商”为愿景，许继电源有限公司将协同客户及合作伙伴一起开拓中国电力电子产品的美好未来。

第十一篇　电源新产品介绍

光伏并网逆变器系列和风能变流器系列（阳光电源股份有限公司）
SSL0500B 光伏并网逆变器（艾默生网络能源有限公司）
小型光伏供电系统（鸿宝电气集团股份有限公司）
光伏逆变器（瑞谷科技（深圳）有限公司）
第三代模块化 **UPS** 不间断电源（广东易事特电源股份有限公司）
M3 系列模块化 **UPS** 不间断电源——**M3-T210kVA**（东莞市乐科电子有限公司）
模块化 **UPS** 不间断电源（河北先控捷联电源设备有限公司）
英威腾模块化 **UPS** 不间断电源（深圳市英威腾电源有限公司）
高压直流电源系统（广东志成冠军集团有限公司）
金宏威智能交直流一体化电源（深圳市金宏威技术股份有限公司）
节电柜（温州现代集团有限公司）
第五代高可靠 **LED** 智能驱动－木星系列单路恒流源（茂硕电源科技股份有限公司）
超薄户外 **150WLED** 驱动电源（天宝电子（惠州）有限公司）
Innergie 品牌系列产品 **PocketCe11™Duo**（台达电子企业管理（上海）有限公司）
PC 电源－**FX620M**（深圳市航嘉驰源电气股份有限公司）
CUS 系列超薄型、超高效率、高可靠性、工业级标准电源（无锡东电化兰达电子有限公司）
二代机模块电源产品系列（北京星原丰泰电子技术股份有限公司）
有源电力滤波器（**APF**）（西安爱科赛博电气股份有限公司）
HZ-BMM 蓄电池在线维护系统（北京汇众实业总公司）
16 节电池管理系统检测仪（深圳桑达国际电源科技有限公司）
电抗器（广东新异电业科技股份郁艮公司）
高压超结场效应管（西安龙腾新能源科技发展有限公司）

SUNGROW 阳光电源
致力于清洁高效
Green and Effective

阳光电源股份有限公司
地址：安徽省合肥市高新区天湖路2号
邮编：
电话：0551-65327837-8330
传真：0551-65327858
网址：www.sungrowpower.com
E-mail：support@sungrowpower.com

光伏并网逆变器系列和风能变流器系列

产品简介：

阳光电源为太阳能光伏发电、风力发电、燃料电池发电、小型水力发电等各种可再生能源发电系统提供各种完美的电源变换和接入方案，主要应用于可再生能源并网发电系统、离网型村落供电系统和户用电源系统，并可为电网延伸困难的地区通信、交通、路灯照明等提供电力。阳光电源的SunAccess系列光伏逆变器和风能变流器WindPlus系列，先后成功地为中国南疆铁路、青藏铁路、中国“送电到乡”工程和世界银行全球环境基金项目配套了大量的离网充电控制器和逆变器，并已在上海、北京、深圳及海外等地配套了众多的光伏、风力并网发电系统。至2011年底，阳光电源SunAccess系列光伏逆变器在全球安装已超过1.5GW。

功能特点：

阳光电源SunAccess系列光伏逆变器分为组串型和电站型，功率从1.5kW到1260kW不等，满足各种类型光伏组件和电网并网要求，广泛应用于国内外商用/住宅光伏电站。阳光电源SunAccess系列光伏逆变器已应用于德国、意大利、西班牙、美国、澳大利亚等十几个国家，是全球市场占有率最高的亚洲第一品牌。

阳光电源拥有多年风能变流器研发经验并承担了“十一五”国家科技支撑计划重大项目课题，同时拥有双馈型和全功率型两个系列变流器。WindPlus系列风能变流器优化了风机系统的应用，实现高效率并网发电，代表了当前的主流技术趋势。

主要参数：

组串型光伏逆变器的功率从1.5kW到30kW；转换效率高达98.2%；单/双路最大效率跟踪、户外型IP54/IP65防护设计；适用于住宅、中小型电站项目，具有产品安装简便、发电量高、运行稳定的特点。

电站型光伏逆变器功率从30kW到1260kW；转换效率高达98.7%；户内型、户外型、集装箱型产品设计；适用于大中型电站项目，具有适应各种自然环境、符合各项并网要求、发电量高、可靠稳定的特点。

WindPlus系列全功率风能变流器由网侧变流器（NPC）和机侧变流器（MPC）两部分构成，二者通过中间直流环节连接，构成一个背靠背（Back-to-Back）/交直交（AC-DC-AC）四象限运行变流器（WG850KFP除外）。保证风力发电机组稳定可靠地并网运行；实现最大功率输出，避免了因电网波动对发电机组稳定运行所带来的不利影响。

WindPlus+系列双馈风能变流器由网侧变流器（NPC）和机侧变流器（MPC）两部分构成，二者通过中间直流环节连接，构成一个背靠背（Back-to-Back）/交直交（AC-DC-AC）四象限运行变流器。实现定子侧恒压恒频的电力输出，维持直流侧稳定，实现风电机组输出功率的变换和并网。完善的保护功能以及先进的控制技术保证变流器运行的安全、稳定，并将对电网的冲击降至最小。

产品图片：

SSL0500B光伏并网逆变器

艾默生网络能源有限公司
联系方式：
地址：深圳市南山区高新南九道威新软件园5号楼
邮编：518057
电话：0755-86010808
传真：0755-86010216
网址：www.emersonnetwork.com.cn

产品简介：

SSL0500B光伏逆变器是针对大型光伏电站及分布式光伏并网应用开发的一款模块化、全数字化的产品，额定输出功率为500kW。产品立足逆变器应用技术的发展趋势，采用模块化设计理念，应用智能休眠技术、三电平逆变技术、空间矢量脉宽调制技术和先进的双DSP全数字控制方案，采用高功率密度和智能优化设计。产品具有逆变效率高、全功率范围内输出电能质量高、输入电压范围宽、可靠性高和维护方便快捷等诸多优点。

功能特点：

■高可靠性

创新的模块化并联及冗余设计，极大的提高了系统可靠性。

■优良的运行性能

采用模块化设计及独有的模块休眠技术，提高系统在不同光照强度下的发电效率及输出电能质量。

■灵活的电网调度特性

可实时接受电网调度指令，实现逆变器开关机、有功功率调节、无功功率调节及输出功率因数调节功能。

■ 低维护成本

模块化设计、自动脱离技术、热插拔维护等多项独特的创新技术，保证了产品可靠性及不断电故障处理能力。

■占地空间小，易于安装

高功率密度设计，体积小，重量轻，可节省50%以上的占地空间。

主要参数：

最大直流输入功率	560kW
MPPT电压跟踪范围	DC300~850V
最大输入电压	DC 900V
最大输入电流	1200A
额定输出功率	500kW
最大输出功率	550kW
最大输出电流	794A
电网电压范围	AC400V(-30%~+20%)
电网频率范围	50/60Hz(±5Hz)
输出电流谐波	<2%
功率因数	>0.999
最大效率	98.3%
欧洲效率	97.7%
运行自耗电	<1500W
待机自耗电	<50W
防护等级	IP21
工作环境温度①	-30~+55℃
允许湿度范围	0~95%
满载运行海拔②	3000m
冷却方式	可控强制风冷
通讯接口	RS485/以太网
外型尺寸（宽×高×深）	1195×2000×1000mm
重量	1000kg
认证	CQC、TUV、CE

① 环境温度低于-30℃，逆变器需配置加热器选件。

② 大于此海拔时逆变器需降额运行，降额参数请咨询厂家。

鸿宝电气集团股份有限公司
地址：浙江省乐清市柳市镇车站路198/208号
邮编：325604
电话：0577-62762615
传真：0577-62777738
网址：www.hossoni.com
E-mail：hongbao@hossoni.com

小型光伏供电系统

产品简介：

本供电系统具有小型电池管理控制，内置小型蓄电池，可外接光伏充电和宽范围交流电充电；输出12V直流电，可选配输出50W交流输出。适合偏远无电或者电力环境较差地区使用，提供夜间照明或小型移动设备供电等。

功能特点：

系统结构简单，体积小巧，可便携使用，安装维护方便，价格低廉，无需电力网供电可提供交直流输出；

主要参数：

内置电池：免维护铅酸7～10Ah/12V;
光伏组件：10～20W/12V;
直流输出：DC12V/2Amax;
交流输出：AC220V/50～60Hz,50W;
交流输入：AC100～250V/45～60Hz。

产品图片：

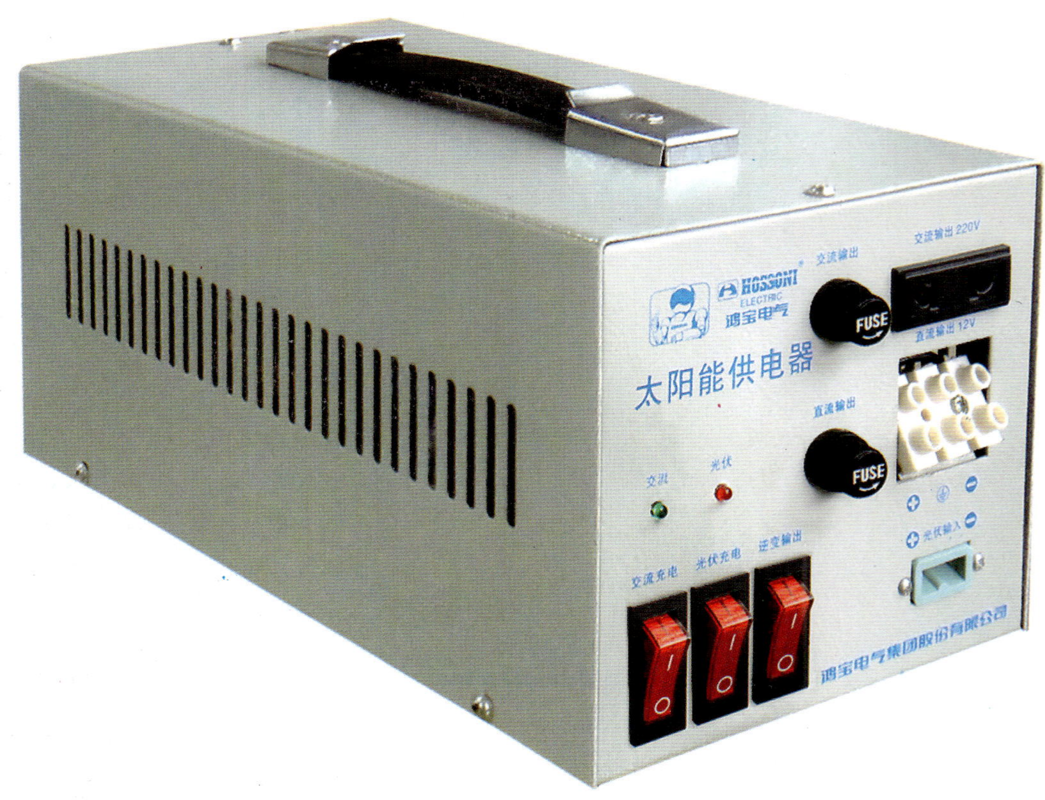

光伏逆变器

瑞谷科技（深圳）有限公司
地址：深圳市龙岗区坂田岗头市场金荣达科技工业园
邮编：518129
电话：0755-88856601
传真：0755-89741995
网址：www.szlvt.com
E-mail：xzw@szlvt.com

产品简介：

光伏并网逆变器作为光伏电池与电网的电能转换装置，将光伏电池的直流电能转换成交流电能并传输到电网上，是光伏并网发电系统中的关键部件，对太阳能利用率、电能的质量起着决定性的作用。并网逆变器正朝着高效率、高可靠性、安装方便、智能化的方向发展。

瑞谷科技（深圳）有限公司已经成功研制了1～5kW单路和双路MPPT追踪两个系列八个型号的光伏并网逆变器产品，并在海内外市场批量安装，深受广大客户的好评，主要应用于家用型屋顶或小型商用光伏发电系统。

功能特点：

采用双DSP数字化控制技术；
高效率，最大效率可达97.8%；
多路MPPT追踪技术；
全面的保护功能；
体积小、重量轻、安装方便；
IP65设计。

主要参数：

功率	1～5kW
输入电压范围	100～550V
MPPT路数	1/2
最大效率	97.8
电网电压范围	180～270V
电网频率	50/60Hz
电流谐波	3%
功率因数	＞0.99
防护等级	IP65
认证	AS4777、VDE-AR-N4105、CEI、RD1663、VDE0126-1-1、G83

第三代模块化UPS不间断电源

EAST®易事特

广东易事特电源股份有限公司
地址：广东东莞市松山湖科技产业园区工业北路6号
邮编：523808
电话：0769－22897777
传真：0769-87882853
网址：www.eastups.com

产品简介：

卫航系列第三代EA660是易事特全新推出的三进三出高频模块化UPS电源，产品采用全数字化控制技术，单机柜最大可扩容到250kVA/200kW，可并机使用。整机采用模块化设计，包含功率模块、充电模块以及监控模块，所有模块均支持热插拔操作。整机各模块均采用模组化设计，既保证了布局的紧凑性又增加了整机的可靠性；并且功率模块和充电模块内部均实现易损元件和风道的完全隔离，进一步提升整机的可靠性；另外，整机还采用了先进的“N+X”无线并联冗余技术，最大程度降低了UPS单点故障的概率，使整机的可靠性设计趋于完美。

功能特点：

DSP全数字化控制技术，纯在线双变换式架构，带载能力强，所有模块均支持热插拔操作，机柜内部集成配电系统，安装方便且节省用户投资；输入功率因数高达0.99以上，低谐波电流，绿色环保，高效节能；宽输入电压范围，50Hz/60Hz电网系统自适应，适合各种环境电网；“N+X”无线并联冗余技术，可轻易通过LCD屏设置冗余的并机台数；并机共用电池组，节省用户电池投资；支持电池冷启动和市电自启动功能，满足用户的使用需求；完善的软硬件保护功能（C级防雷、空开、Fuse、硬件保护、软件保护），超强的自诊断功能，丰富的历史记录查询。

主要参数：

型号	EA66100	EA66200	EA66250	EA66500
机柜容量	20～100kVA	20～200kVA	20～250kVA	20～500kVA
额定输入电压	AC360/380/400/415 V			
输入电压范围	AC204～520V，负载≤50%			
	AC242～520V，50%＜负载≤70%			
	AC277～520V，70%＜负载≤100%			
输入功率因素	≥0.99			
总谐波失真 (THDi)	≤3 %（线性满载），≤5%(非线性满载)			
旁路电压范围	-40%至+20% 可设置			
输出制式	三相五线			
额定电压	AC360/380/400/415 V			
输出频率	市电模式：同步状态下跟踪旁路输入；电池模式：50Hz/60Hz			
稳压精度	± 1%			
总谐波失真 (THDV)	≤1 %（阻性负载）；≤3%（非线性负载）			
动态电压瞬变范围	± 5%（0～100%负载变化）			
电池节数	12V 40节（正负两组电池，每组20节；同时支持32、34、36、38节）			
最大充电电流	60A			120A
工作温度范围	0～40℃			

M3系列模块化UPS不间断电源——M3-T240kVA

东莞市乐科电子有限公司
地址：广东省东莞市塘厦镇科苑城鹿苑路168号
邮编：523718
电话：0769-87289666-858
传真：0769-87288518
网址：www.dgleke.com.cn
E-mail：yzy@dgleke.com.cn

产品简介：

M3-T240kVA是乐科公司新推出的支持“柔性”架构的新一代UPS精品，该款产品适用于各种负载及及应用环境，主要适用于大中型数据机房/ 银行/证券/通信网络中心自动化生产线及其控制系统。M3-T240kVA支持4台机器直接并联运行，性价比高。M3-T240kVA 应用领域：数据处理中心、计算机机房、ISP服务商、电信、金融、证券、交通、税务、医疗系统等。

功能特点：

1、模块化设计：采用 抽屉式、高智能模块化设计，具有易插拔功能，不仅可以通过增减机柜内的模块来满足功率输出及可靠性要求，只要冗余允许还可以在线进行维护，实现零维修时间。

2、功率模块独立运行：支持无集中旁路模块，UPS功率模块可以独立并联工作，并为负载提供可靠电源。

3、旁路模块热拔插设计：UPS系统在双变换工作时，旁路模块的热拔插检修不影响UPS正常供电，进一步提高模块化UPS的可靠性。

4、CAN通信并联技术：M3系列UPS采用基于CAN通信并联技术，增强并联线的抗干扰性，可靠性的设计臻于完美

5、电池节数可在线配置：当单节电池出现故障时，可去除该节电池，继续使用剩下的电池，进一步提高系统的可靠性

6、3A3 UPS采用人性化的简易操作设计以及完备的远程监控功能，使用者可以简单明了地操作、管理UPS。

主要参数：

M1-T240kVAUPS整机效率大于95%，输入功率因素接近1，输入谐波电流小于4%， 输出电压精度高 <1%，； 过载能力强 ：110%～130%的负载可以运行10min，130%～150%的负载可以运行1min。单功率模块容量为30kVA，可提供4.5A充电电流；支持变频模式运行(50Hz输入、60Hz输出 或 60Hz输入、50Hz输出)。

M3-T240kVA UPS模块采用TI公司目前最先进的DSP做为中央控制器，其强大的运算能力可以将传统UPS中大部分由硬件完成的控制功能全部由软件替代实现，不仅可靠度和精确度大大提高，并且方便升级与维护。

M3-T240kVA UPS采用了先进的两段式三阶段充电方法，这样可以很好的兼顾快速充电与延长电池使用寿命的目标，为用户节省电池开销。

高功率密度UPS：M3-T240kVA UPS机柜采用标准19英寸2米高服务器机柜（具体尺寸为600mm×1100mm×2000mm ），柜内最多可以安装8个UPS模块，总容量达到240kVA，再配外置标准电池柜，便可组成完整的UPS供电系统。

河北先控捷联电源设备有限公司
地址：河北省石家庄市高新区湘江道319号第14、15幢
邮编：050035
电话：0311-85903698
传真：0311-85903718
网址：www.sicon.com.cn
E-mail：dongmei.li@sicon.com.cn

模块化UPS不间断电源

产品简介：

先控模块化UPS电源，是遵循“节能、绿色、环保”的新概念而推向市场的高端模块化UPS产品，其不仅包含了传统UPS的整流、滤波、充电、逆变器的装置，还具备智能型的电源保护功能，并且采用了平均电流控制整流技术、顺位主从同步控制技术、多级分散式控制技术和三阶正弦波逆变等多项新概念技术，在大幅提高了设备的可用性、可靠性的基础上降低了设备的投资、运营、维护成本。已成功应用于通信、电力、ＩＴ行业、石油化工、公安国防、工商税务、交通、医疗、广播电视、工厂自动化控制等各个行业的领域。

功能特点：

先控模块化UPS系统容量有100kVA、200kVA、300kVA、400kVA、640kVA多个系列，功率模块为10kVA、25kVA、40kVA、三个功率范围，用户可根据负载大小随意选择。最多可四套系统并机使用，满足N+1、2N、Δ2N多种供电方案要求。

先控模块化UPS监控模块、静态开关模块和功率模块均可在线热插拔，系统可随需设定为1/1、1/3、3/1或3/3的进出线方式。

系统采用无主从并联、多级分散式控制技术，无运行瓶颈、性能可靠。

所有功率模块共享电池组，具有完善的电池管理功能：电池自放电功能、自动均浮充转换功能、温度补偿功能、自动均流功能。

主要参数：

先控模块化UPS系统整机效率大于95%（AC-AC），逆变效率大于98%（DC-AC），输入电流谐波（THDI）小于3%，输入功率因数（PF）大于0.99。

先控模块化UPS系统具有超强的并联功能，是高端UPS技术的领先代表，其平均无故障时间值（MTBF）是传统UPS的1.5倍，平均无重大故障值（MTBCF）是传统UPS系统的3倍，平均修复时间值（MTTR）在系统正常运行状态下仅需5分钟。

先控模块化UPS系统交流输入采用连续电流模式（CCM）运行，减少对电网干扰（RFI/EMI）；符合行业规范要求的外形结构，设备体积小，重量轻，可满足普通楼宇承重要求。

英威腾模块化UPS不间断电源

深圳市英威腾电源有限公司
地址：广东省深圳市南山区北环路猫头山高发工业区高发科技工业园1栋东5楼
邮编：518055
电话：0755-26786123
传真：0755-26782664
网址：www.invt-power.com.cn
E-mail：chinasales@invt.com.cn

产品简介：

英威腾模块化不间断电源，是一款高端、智能化的高频不间断电源产品。它采用了模块化设计，结合了传统塔式不间断电源的技术特点，其使用的技术是目前UPS行业最前沿技术，是一款绿色高效节能的代表性产品， 是一款属于国产品牌的民族性产品。该新产品已获多项专利。它的问世，不仅实现了现今市场对高频模块化产品的强烈需求，还填补了中国人无法拥有该项技术的空白。此款产品由多个功率模块和独立机柜组成，功率模块能独立并联工作，可以在线更换和扩展而不影响系统的正常工作，单个产品可实现200KVA的容量，机柜并联后最大可实现400KVA的容量。

功能特点：

1） 交流输入功率因数超过0.99，输入电流谐波小于3%，绿色环保，对电网接近零污染；

2）系统转换效率达到95%，损耗比传统UPS降低一半以上，节约能源；

3） 容量配置高度灵活、冗余高可靠、支持在线热插拔升级扩容、具有高效可用性、维护方便；

4）节约客户投资成本、占地空间小；

5）超强的带载能力以及负载适应性。

主要参数：

容量	10~400kVA		
主路输入			
输入电压	380V/400V/415V	电流畸变率	THDi<3%
输入频率	50/60Hz	电压范围	-40%~+25%， -40%~-20%之间功率线性降额
功率因数	>0.99	频率范围	40-70Hz
旁路			
旁路电压	380V/400V/415V	电压范围	-20%-+15%
输出			
输出电压	380V/400V/415V	功率因数	0.9
电压精度	±1%(平衡负载), ±1.5%(不平衡负载)	三相相位精度	120° ±0.5°
电压畸变率	THD<1.5%(线性负载),THD<5%(非线性负载)	峰值比	3:1
系统			
系统效率	正常模式:95%	显示	LCD+LED,触摸屏+键盘
重量	3模块机柜	型号：RM030/10,RM045/15,/RM060/20	120kg
	6模块机柜	型号：RM060/10,RM090/15,/RM120/20	150kg
	10模块机柜	型号：RM100/10,RM150/15,/RM200/20	180kg
	功率模块	型号：PM10， 10kVA	20kg
		型号：PM15， 15kVA	21kg
		型号：PM20， 20kVA	22kg

广东志成冠军集团有限公司
地址：东莞市塘厦镇田心工业区
邮编：523718
电话：0769-87722374
传真：0769-87927259
网址：www.zhicheng-champion.com
E-mail：zcz@zhicheng-champion.com

高压直流电源系统

产品简介：

高压直流电源系统CPHV(N)是根据电力、电动汽车、通信行业的特点和运行经验，针对系统高可靠性和高性能要求而设计开发的高新技术产品。高压直流电源系统CPHV(N)是集多年的电力电子与监控设备的运行与设计经验，采用最新的高频开关整流技术、PFM高频DC技术、电池监测和微机监控技术开发的高可靠和高性能的新一代电源产品。

功能特点：

高压直流电源系统CPHV(N)适用于通信信息化设备系统等能耗大、机房密度大的场合。系统采用240V/336V电池组系统；整流模块采用高效、高频、半桥LLC技术、全数字化控制；系统监控模块智能化程度高、功能完善、接口齐备；配电开关模块扩展容易、维护方便。配电结构工艺科学先进安全。

主要参数：

项目		技术指标
交流输入特　性	三相三线输入	AC380V/50Hz
	功率因数	≥0.99
	交流输入电流谐波	≤5%
直流输出特　性	直流输出额定电压	336V
	直流输出额定电流	10kW
	输出电压范围	DC300~400V
	整机效率	≥95%
四遥功能	遥控YK	关/开机、离/在线、均/浮充、遥控/调
	遥调YT	输出电压、输出限流点均连续可调
	遥测YC	输出电压、输出电流、工作温度
	遥信YX	开/关机状态、故障、保护类型

金宏威智能交直流一体化电源

深圳市金宏威技术股份有限公司
地址：深圳市南山区高新区高新南九道9号威新软件科技园8号楼7层
邮编：518057
电话：0755-26506655
传真：0755-26955898
网址：www.jhw.com.cn

产品简介：

金宏威公司凭借十年电力行业服务经验，根据行业需求研发生产的智能交直流一体化电源，将传统的交流电源、直流电源、通信电源、UPS电源进行了资源整合和系统优化，进行统一设计组屏和生产，在实现节省投资和占地面积的同时大大提高系统整体的可靠性；同时提供一体化智能监控管理平台，实现了系统的协调联动、远程控制等功能，并满足系统标准协议接口，凭借以太网、光纤、通信线媒介实现快速扩容和组网。金宏威智能交直流一体化电源已广泛应用于各行业发电厂、各电压等级的变电站，作为电力自动化系统、通信系统、远方执行系统、高压断路器的分合闸、继电保护、自动装置、信号装置等的交、直流不间断电源，运行可靠稳定。

功能特点：

所有核心模块自主研发生产，稳定、可靠。

完善的功能设计和匹配性选择，实现各级控制和保护功能。

系统配置灵活，可将各单元独立组屏，集中监视管理，也可将各个装置作为直流系统中一个功能部件。可以满足不同电压等级变电站的不同设备的电源需求，有效降低工程项目造价，提高设备的运行管理水平及使用寿命。

一体化监控，灵活选用DL/T860、IEC102/103、ModBus、IEC61850等通信规约。

订单式生产，满足个性化需求和全生命周期维护。

覆盖全国的服务网络，响应速度更快，服务更加周到。

温州现代集团有限公司
地址：浙江温州鹿城区金丝桥路20号
邮编：325000
电话：0577-88823874
传真：0577-88838732
网址：www.wzmodern.com
E-mail：modern@wz.zj.cn

节电柜

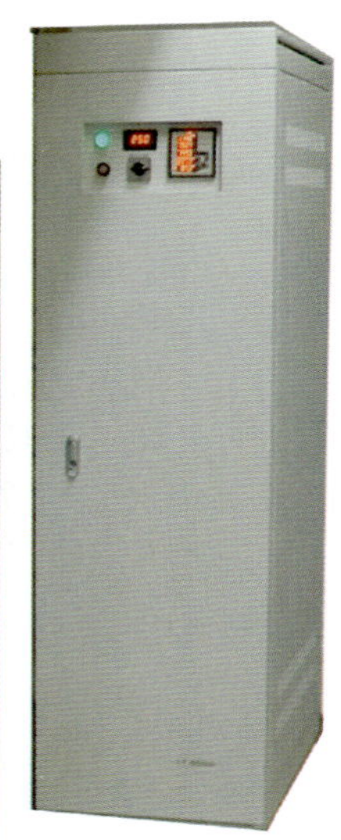

产品简介：

适用于任何负载，为电力设施如通信基站、CNC机器、电脑测绘、印刷设备、生产线和任何用电设施提供稳定并经过优化的电能设备，为用户有效的节电。

功能特点：

产品具有高容量、高效率、操作简单、性能可靠维护方便，结合三相分调技术，精度≤±1.5%,效率≥98%，节点效率高，回收成本快，能适应复杂的现场环境，并且产品体积小，可为用户量身定做其所需的产品。

主要参数：

输入电压	3-phase: 400V ± 15% (230V ± 15% , 1-phase)
输出电压	3-phase: 380V ± 1.5% (220V ± 1.5% , 1-phase)
频率	50/60Hz
绝缘电阻	≥2MΩ
噪声	<55dB
调压方式	分相调
谐波增量	零
变压器绝缘等级	H级
线制	三相五线制
碳轮磨损次数	14万次，0.01mm磨损
电压调节方法	带有电动机和钢丝绳的调压变压器
耐压	2500V/1min无击穿
效率	>96%
机箱颜色	米色
电气安全	CE
显示	多功能表（可显示AMPS、VOLTS、kW、kVA、kWH、kVAR、PF），带有RS485接口，显示都在机箱外
端子	There is a cover on the terminals端子部分要有遮挡，裸露电线不能直接接触
环境温度	-20~ +45℃
海拔	<1000m
相对湿度	<90%
自动旁路	当机器放生故障，可以自动旁路，在控制面板上有手动/自动旁路转换开关
缺相保护功能	当输入缺相时，稳压器自动切断输出，缺失的相恢复时，稳压器重新启动
声光报警功能	过温和稳压器故障
调压控制	手动225V、220V、215V调压转换开关
其他功能	上电方式、故障保护、短路保护、报警消音、过欠电压切断输出

第五代高可靠LED智能驱动–木星系列单路恒流源

MOSO® 茂硕电源
股票代码：002660

茂硕电源科技股份有限公司
地址：深圳市南山区科技园科发路8号金融基地2栋9–10楼
邮编：518000
电话：0755–27657000–8539
传真：0755–27657908
网址：www.mosopower.com
E-mail：618@mosopower.com

产品简介：

■功率范围：35W/50W/75W/96W/150W/200W/240W/320W
■支持多种智能调光控制：
不带系统：
1、电源内置电位器调节输出电源，典型特点：
a、输出恒流范围：3–CV上限；
b、电流可调：（0.6–1.0）I_o;
c、可工作于恒压(CV)或恒流（CC）驱动模式。
2、智能时控，电源内置MCU，通过程序实现电流调节及定时调光，典型特点：
a、程序可离线烧录，可根据需要随时修改；
b、PWM数字调光
带系统控制
典型特点：
支持0~10V，PWM二合一调光；
内置PLC等智能接收模块，实现远程无极调光。
高功率密度设计，体积小型化；
新技术、新工艺、新制程、专利产品。

功能特点：

单路、恒流设计，可通过转接线实现多路驱动；
90~305V全电压输入；
超宽恒流范围：3–CV(CV:工作上限电压)；
高效率；
防短路，过载，过压，雷击等多重保护；
支持多种调光控制方式；
可工作于恒压（CV）或恒流（CC）驱动模式；
满足IP67要求；
符合CQC、UL、CB等安全法规。
适用于LED路灯、隧道灯、景观照明等

主要参数：

35~320W性能参数较多，请来电垂询400–889–0018

产品图片：

天宝电子（惠州）有限公司
地址：广东省惠州市惠城区水口街道办东江工业区
邮编：516005
电话：0752-2312888
传真：0752-2312813
网址：www.tenpao.com
E-mail：mkt@tenpao.com

超薄户外150W LED驱动电源

产品简介：

20mm厚度、10万小时寿命。

超薄户外LED驱动电源属全球首创。该产品具有高效率、高功率、IP67防水、高效散热，采有V1输出补偿设计更有效地提高了LED的可靠性。

功能特点：

该成品制作成超薄之后还能保持价格优势，超薄可以少用70%的灌封胶。灌封胶省下来的钱用在其他器件上，便可以匹配高质量的器件;而寿命方面，则跟结构有关，选择的电解电容跟与20mm的厚度相匹配，超薄的结构，可使电解电容与表面外壳非常近，温度相差也只有几度，解决了元器件与外壳表面的温差问题，这就大大延长了使用寿命，该结论是通过多次试验得出的结论。

主要参数：

	型号	S150AN11A00702
输出	额定输出电压	DC80~110V
	额定电流范围	700mA
	典型输出功率	80W
	多路输出	2
	恒流精度	±5%
输入	输入电压范围	AC180~277V 50/60Hz
	功率因数	0.95
	效率	90%
保护功能	空载保护：	自动关闭
	过载保护：	自动恢复
	过压保护：	自动关闭
	低压保护：	自动恢复
	过温保护：	自动恢复
	短路保护：	自动恢复
	异载保护：	自动恢复
环境	操作环境	－40～＋60℃(环境温度 50%~70%)
安规及EMC	安规标准	设计符合EN61347、GB19510
	EMC标准	EN55015
	外形尺寸	200.0mm×80.0mm×20.0mm
	适用范围	户外应用，例如LED路灯等

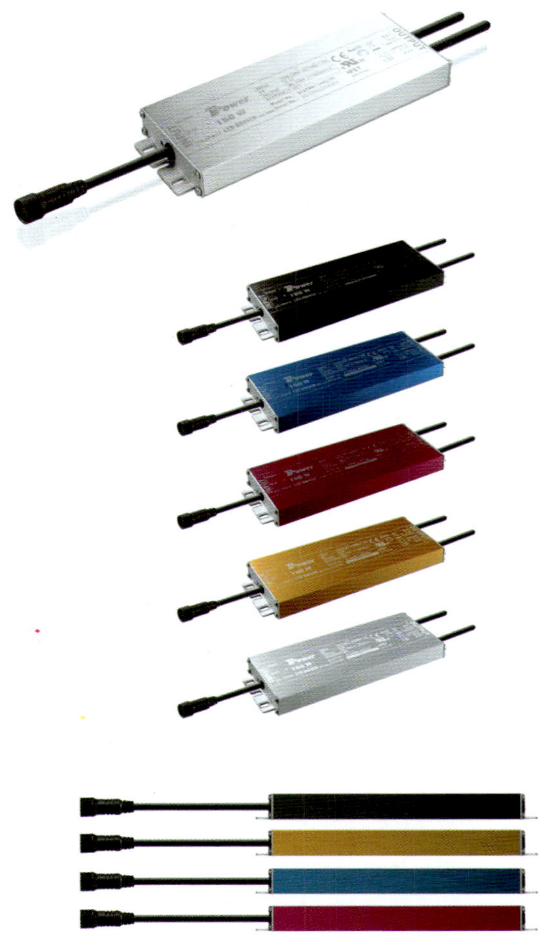

特性

- 全范围AC输入，适合全球使用
- 隔离式解决方案
- 设计符合 EN61347,GB19510
- 高效率, 高功率因素
- 雷击测试: 4KV/线对线、6KV/线对地
- 符合 IP67 防水级别
- 质保时间：3 年

Innergie品牌系列产品 PocketCell™ Duo

台达电子企业管理（上海）有限公司
地址：上海市浦东新区民雨路182号
邮编：201209
电话：021-68723988
传真：021-68723996
网址：www.deltaww.com
www.delta-china.com.cn

产品简介：

PocketCell™ Duo随附一条三合一USB连接线 Magic Cable Trio，拥有Micro、Mini、Apple 30-Pin三种接头，使得PocketCell™ Duo与 iPhone、 iPad（可与 iPhone 4S 和新 iPad 相容，不包含Apple® Lightning™ 连接器）、iPod，以及各种Android 智能电话、黑莓机等全球最受欢迎的行动装置兼容。隐藏式LED蓝光灯，轻轻按压几秒即会显示出移动电源蓄电量。完整的五大保护机制：“短路保护、过温度保护、过电流保护、过功率保护和过电压保护”，PocketCell ™ Duo为使用者提供高度可靠的移移动电源解决方案。

功能特点：

Innergie的PocketCell™移动电源继成功赢得多项国际产品设计大奖，包括日本Good Design奖，德国IF设计奖、中国台湾Computex Best Choice Award后，推出全球体积最小6800mAh移动电源PocketCell™ Duo。PocketCell™ Duo尺寸约为两枝口红大小，内建两个USB充电槽，使用者可同时为两个平板计算机或智能型手机充电。6800mAh的电池容量，平均能延长平板计算机约7h、智能型手机30h的使用时间（电池使用时间的延长取决于装置设定、普遍使用状态和其他因素。实际使用延长时间可能会有所变化）；加上内建的五大保护机制，更能确保产品使用安全无虞。

主要参数：

USB	输出	最大电流	最大功率
USB 1	5V	2.1A	10.5W
USB2	5V	2.1A	10.5W

整体供给6800mAh 电源

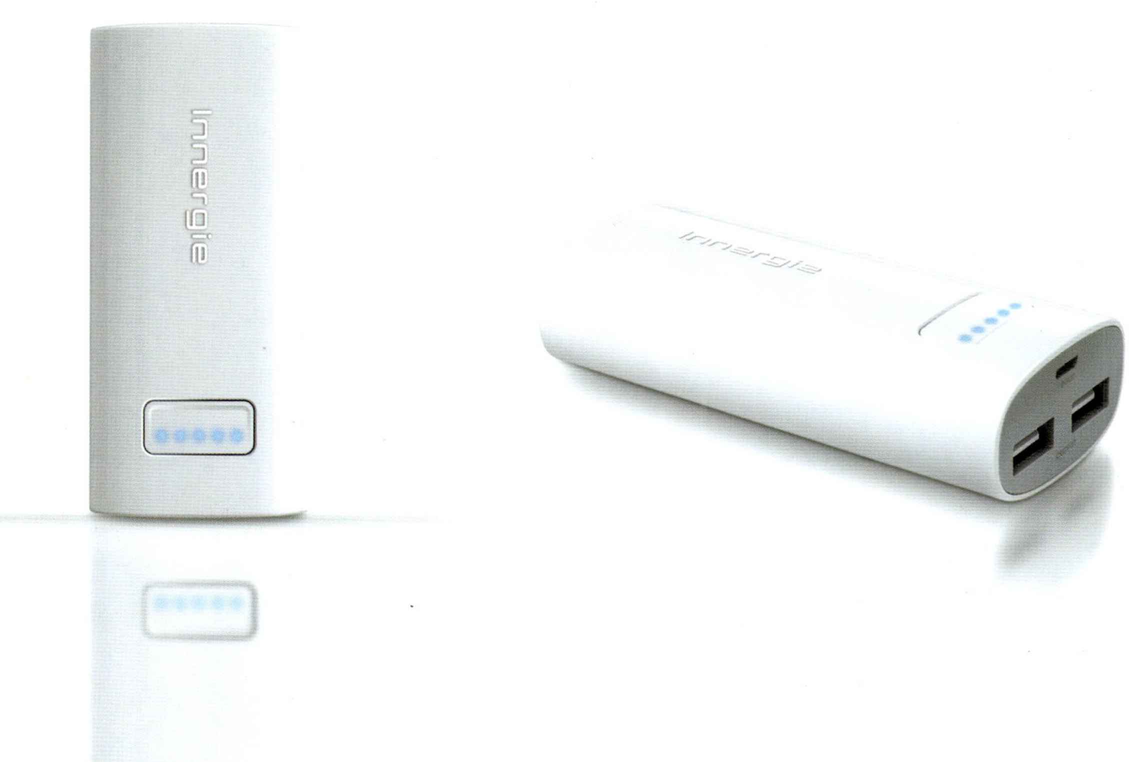

Huntkey 航嘉

深圳市航嘉驰源电气股份有限公司
地址：深圳市坂田坂雪大道航嘉工业园
邮编：518129
电话：0755-89606666
传真：0755-89606333
网址：www.huntkey.com
E-mail:

PC电源-FX620M

产品简介：

主打稳定性和可靠性。±1%的稳压精度,以及50℃环境的设计拷机环境，一切只为稳定和可靠。力求成为游戏发烧友最值得信赖的游戏装备。

功能特点：

1） 金牌/白金效率；
2） 智能风扇启停设计；
3） DC-DC高稳压精度；
4） 模组化设计；
5） 转换效率>90%、温度智能感知系统。

主要参数：

输入	电压范围	AC100~240V							
输出（额定功率620W）	电压	+3.3V	+5V	+12V1	+12V2	+12V3	+12V4	-12V	+5VSB
	最大负载	20A	20A	25A	25A	25A	25A	0.5A	3A
	最小负载	0.8A	0.5A	0A	0A	0.9A	0.1A	0A	0.1A
	调整率	±5%	±5%	±1%	±1%	±1%	±1%	±10%	±5%
	纹波或噪声	50mV	50mV	120mV	120mV	120mV	120mV	120mV	50mV
	产品规格	150mmx86mmx160mm(WxHxL),14cm							
	功率因数	APFC(主动式)							

CUS系列 超薄型、超高效率、高可靠性、工业级标准电源

TDK·Lambda

无锡东电化兰达电子有限公司
地址：无锡行创二路6号
邮编：214028
电话：0510-85281029
传真：0510-85282585
网址：www.cn.tdk-lambda.com
E-mail：Tech-support@cn.tdk-lambda.com

产品简介：

CUS系列为工业级标准电源，产品的效率可达90%，同时具有更宽的工作温度范围使得电源可在恶劣环境下运行，更好的输出降额特性，更小的尺寸和更轻的重量。因此，客户可以由此开发出更小，更节能的产品。

功能特点：

1) 超薄型：CUS100M高度25.4mm（0.6U）；CUS250高度30mm（0.7U）
2) 效率高达90%（CUS100M-24）
3) 无风扇，无噪声
4) 灵活地热设计，易于功率增加
5) CUS100M保证-30℃启动；CUS250在-40℃可以启动
6) 低漏电流：＜250μA（CUS100M符合医疗安规认证）
7) 可选带有金属底板的辅助型号:CUS100M/B
8) CUS250LD：PCB采用双面涂层，适用于LED恶劣的环境
9) 2年质保：CUS250LD；3年质保：CUS100M，CUS250

主要参数：

型号	电压	输出电压调节范围	最大电流	负载调整率	输入调整率	纹波噪声	过电压保护	效率（AC115/230V）
	V	V	A	mV	mV	mV	V	% 典型值
CUS100M-5	5	4.5~5.5	12 (16)	40	20	120	5.75~7.25	83 (81) / 84 (83)
CUS100M-12	12	10.8~13.2	6.7 (8.4)	96	48	120	13.8~17.4	88 (87) / 90 (88)
CUS100M-15	15	13.5~16.5	5.4 (6.7)	120	60	150	17.25~21.75	88 (88) / 90 (89)
CUS100M-24	24	21.6~26.4	3.4 (4.2)	192	96	150	27.6~34.8	89 (88) / 90 (90)
CUS250-3	3.3	2.97~3.63	50	40	20	120	4.00~5.25	86 / 88
CUS250-4	4.2	3.78~4.62	50	40	20	120	5.00~6.50	87 / 89
CUS250-5	5	4.5~5.5	50	40	20	120	5.75~7.50	88 / 90
CUS250-12	12	10.8~13.2	21	96	48	120	13.8~16.2	88 / 90
CUS250-24	24	21.6~26.4	10.5	192	96	150	27.6~32.4	88 / 90

北京星原丰泰电子技术股份有限公司
地址：北京市昌平区沙河镇豆各庄工业园9号
邮编：102206
电话：010-80733900-8242
传真：010-80733900-8001
网址：www.saps.cn
E-mail: qizhiyuan@saps.cn

二代机模块电源产品系列

产品简介：

北京星原丰泰电子技术股份有限公司（SAPS）成立于2004年，坐落于北京市昌平区科技园区内，总面积为10000平方米，注册资金1700万元人民币。

公司是专业从事高频模块电源研发、生产与销售的高新技术企业。主要生产满足工业级以上应用标准的AC-DC系列、DC-DC系列及DC-AC系列高频模块电源产品与开板组合电源，功率等级从0.1W到1000W。公司依托在电源研发方面与行业应用方面的技术积累，为客户提供具有行业针对性的整体电源解决方案。

我司拥有完整的动态小信号测试分析实验室、软开关实验室和EMC实验室，并拥有完整的半自动化电源生产线及严格的质量管理、控制工艺流程。目前，公司产品已广泛应用于通信、铁路、电力、工控、公路、军工、新能源等领域。

功能特点：

星原丰泰DC-DC二代机模块电源为一代机的升级品，性能大幅提升。采用优质进口元器件生产，无电解电容设计，显著提高电源寿命。所有元器件都符合GBJ9001B-2009质量管理体系标准。采用同步整流新技术缩小体积，增强效率达91%。拥有完整的无铅贴片生产线，先进的自动检测设备大幅提高生产效率。性能优越能适应恶劣电气环境及各种自然环境。拥有输入输出保护功能，保证系统安全运行，产品均通过ISO9001、TUV、 CE 、UL 、ROHS等认证。

主要参数：

DC-DC 10~15W新二代机模块电源系列

宽输入电压范围， 25.4mm×25.4mm小体积，功率密度高，效率高达88%，加装散热器输出功率可达15W；保护功能齐全，高可靠性，高开关频率；绝缘强度高达DC2200V；无铝电解电容设计，显著提高电源寿命。

DC-DC 20~30W新二代机模块电源系列

宽输入电压范围，体积小、功率密度高，效率高达89%，加装散热器输出功率可达30W；保护功能齐全，高可靠性，高开关频率；绝缘强度高达DC2200V；适用用于通信、电力、铁路、工业控制、新能源等多种行业。

DC-DC 40~50W新二代机模块电源系列

宽输入电压范围，功率密度高，效率高达91%，加装散热器输出功率可达50W；保护功能齐全，高可靠性，高开关频率；绝缘强度高达DC2200V；无铝电解电容设计，显著提高电源寿命。

DC-DC 200W半砖系列

宽输入电压范围，输出长期短路保护，可自动恢复，输出可过流保护；功率密度高、高效率；输入输出无过冲，对外无干扰；在通信、电力、铁路、工业控制、新能源等行业广泛应用。

有源电力滤波器(APF)

西安爱科赛博电气股份有限公司
地址：西安市高新区信息大道12号
邮编：710119
电话：029-88887953 85691870
传真：029-85692080
网址：www.cnaction.com
E-mail：sales@cnaction.com

产品简介：

有源电力滤波器以并网的方式接入电网，通过实时检测负载的谐波和无功分量，采用PWM变换技术，将与谐波和无功分量大小相等、方向相反的电流注入供配电系统中，实现抵制谐波、动态补偿无功的功能。

西安爱科赛博电气股份有限公司是国内最早推出工业应用的有源电力滤波器(APF)产品的厂家，已经形成标准化、系列化产品，成功应用于电力、石油、冶金、轨道交通、船舶等行业。

功能特点：

功能:

有效抑制电网谐波，消除电压闪变，平衡电网电压，避免因谐波导致的一系列电能质量问题，有效保证被补偿用电设备的经济、安全运行。

爱科赛博电气的APF主要特点:

实时跟随、动态补偿：对电网滤波具有高度可控性和快速响应性。

补偿方式灵活：滤除谐波、补偿无功和提高功率因数。

DSP智能监控：谐波补偿精准、故障自动诊断、远程实时监控

先进的功率变换设计：采用IGBT开关器件、PWM变流技术，和先进的多重化技术，产品具有体积小、效率和可靠性高、整机容量的扩展。

标准的模块化设计：实现标准化生产、缩短交货周期、提高产品可靠性和可维修性。

主要参数：

产品规格	30A、50A、75A、100A、120A、150A、200A、240A、300A、400A
并机运行能力	10台以上
接线方式	三相三线制/三相四线制
电压等级	0.4kV/0.6kV/6kV/10kV/35kV 50Hz
可滤除谐波次数	2～50次
全响应时间	≤10ms
补偿方式	谐波补偿、无功补偿或谐波无功同时补偿

北京汇众实业总公司
地址：北京市海淀区上地七街1号
邮编：100086
电话：010-82782076
传真：010-62981402
网址：www.huizhong.com.cn
E-mail：hab2000@126.com

HZ-BMM蓄电池在线维护系统

产品简介：

HZ-BMM蓄电池维护管理系统除了具有蓄电池在线监测功能外，还增加了对蓄电池在线进行实时维护的功能，从而解决了蓄电池组因单体电池之间的差异造成电池容量下降，缩短电池使用寿命的主要问题；同时，还具有对蓄电池性能进行判断、对蓄电池容量进行预测等维护管理功能，使蓄电池的维护管理更直观、更有效。

HZ-BMM蓄电池维护管理系统具有灵活的组网接口，RS232/RS485、TCP/IP、GPRS、CDMA等。

功能特点：

HZ-BMM蓄电池维护管理系统可在线监测每只单体电池的电压、电池组总电压、总电流、可扩展监测电池组温度;自动对电压超出设定范围的单体电池进行在线维护;自动保存蓄电池组充放电曲线;保持蓄电池组的一致性，延长蓄电池组使用寿命。

主要参数：

电池组总电压检测准确度：±0.2%

单体电池电压检测准确度：12V单体电池：±30mV（9~15V）；06V单体电池：±15mV（4.5~7.5V）；02V单体电池：±5mV（1.5~2.5V）；

电池电流检测准确度：±5%；

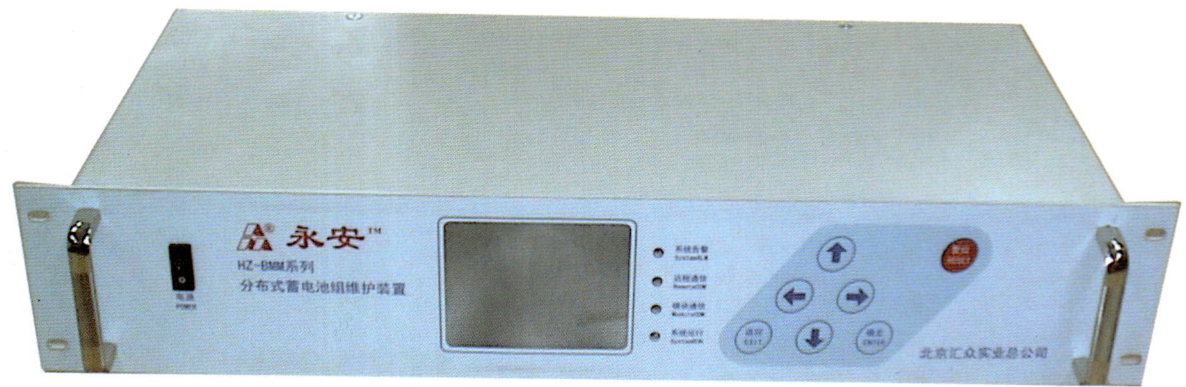

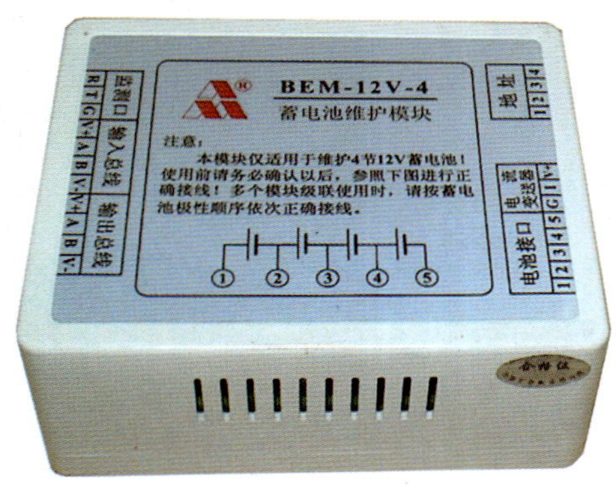

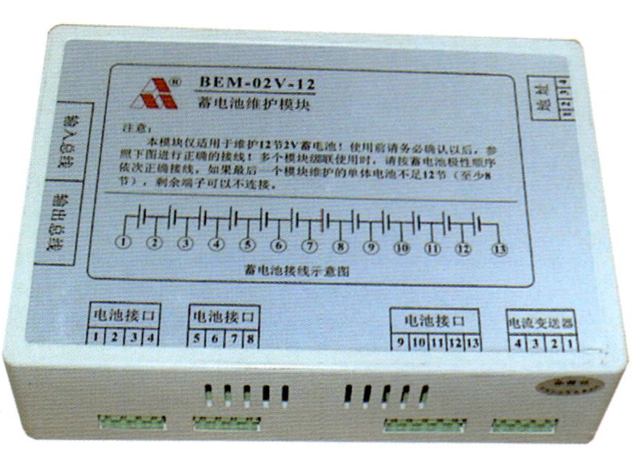

16节电池管理系统检测仪

深圳桑达国际电源科技有限公司
地址：深圳市南山区科技园桑达科技大厦11楼
邮编：518057
电话：0755-86316637
传真：0755-86316446
网址：www.sed-ipd.com
E-mail：sales@sed-ipd.com

产品简介：

16节电池管理系统检测仪是检测电池管理系统，在生产环节中可更方便快捷地对电池管理系统进行全功能检测，以保证生产出来的产品可靠。电池管理系统与通常的电子产品有所不同，存在检测项目多、检测精度高、检测电流大、以及延时精度等等，这些对检测仪器要求都非常严格。如果我们采用普通的万用表，电源，负载，示波器等工具来测量，无法完成批量测试，这样测试的效率就会极低，导致产品工艺成本增加。本检测仪不仅提高了检测准确度，而且使得检测过程非常简单，只需要将被测试系统与测试系统连接好，测试系统自动完成所有功能测试，并且将测试结果以液晶屏的形式显示出来，达到智能、高效、准确测试的效果。

功能特点：

1、增加了主动均衡的检测能力，这一功能在目前的检测仪器中还不具备该功能。

2、增加了电池分容、测容功能，使得客户可以当多功能机子使用，可以测试保护板或者电池管理系统的同时还可以测电池的容量。

3、使检测仪与大功率电子负载相结合，节省了开发大功率电子负载的时间，并且使得系统可靠性大大提升。

主要参数：

（根据需要可采用表格形式列出产品主要性能参数）

仪器指标

A、模块电源指标：

输出电压：0~5V；

电压分辨率：72μV；

电压精度：1mV

电压响应延时：5ms

输出电流：0~5A

输出电流分辨率：72μA

输出电流精度：1mA

输出电流响应延时：5ms

输入电流：0~5A

输入电流分辨率：72μA

输入电流精度：1mA

输入电流响应延时：5ms

B、整机指标

充电电流检测范围：0~120A

充电电流检测准确度：10mA

充电电流响应延时：5ms

放电电流检测范围：0~120A

放电电流检测准确度：10mA

放电电流响应延时：5ms

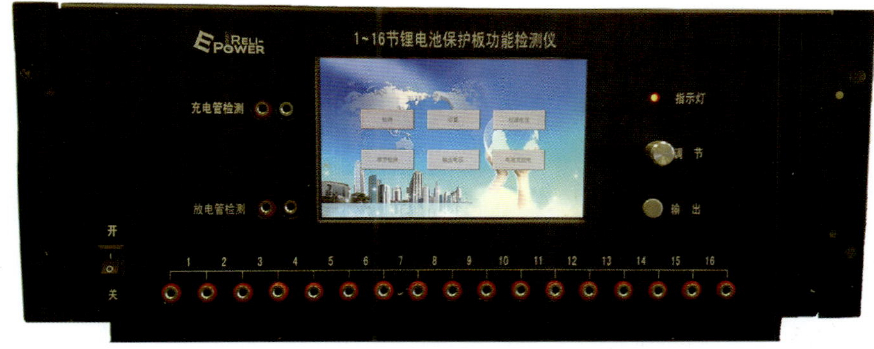

广东新昇电业科技股份有限公司
地址：广东省佛山市三水区乐平工业园创新大道东5号
邮编：528137
电话：0757-87362951
传真：0757-87362855
网址：www.fsnre.com
E-mail：audio@fsnre.com

电抗器

产品简介：

应用范围：大功率不间断电源（UPS），工矿企业应急电源（EPS），铁道/航海/牵引（地铁，轻轨，火车和船舶），各种机器设备配套，风能及太阳能变压器，变频电源，逆变电源灯。适用于各种性质负载，反需要交流电压转换的场合均可适用本产品，特殊要求可定制。

功能特点：

按用途进行分类。

1、按结构及冷却介质：分为空心式、铁心式、干式、油浸式等，例如：干式空心电抗器、干式铁心电抗器、油浸铁心电抗器、油浸空心电抗器、夹持式干式空心电抗器、绕包式干式空心电抗器、水泥电抗器等。

2、按接法：分为并联电抗器和串联电抗器。

3、按功能：分为限流和补偿。

4、按用途：按具体用途细分，例如：限流电抗器、滤波电抗器、平波电抗器、功率因数补偿电抗器、串联电抗器、平衡电抗器、接地电抗器、消弧线圈、进线电抗器、出线电抗器、饱和电抗器、自饱和电抗器、可变电抗器（可调电抗器、可控电抗器）、轭流电抗器、串联谐振电抗器、并联谐振电抗器等。

电抗器作为无功补偿手段，在电力系统中是不可缺少的。

主要参数：

对不同类型的变压器都有相应的技术要求，可用相应的技术参数表示。如电源变压器的主要技术参数有：额定功率、额定电压和电压比、额定频率、工作温度等级、温升、电压调整率、绝缘性能和防潮性能，对于一般低频变压器的主要技述参数是：变压比、频率特性、非线性失真、磁屏蔽、静电屏蔽、效率等。因参数太多，欢迎来电咨询：86-757-87362878/86-757-87362856，我们有专业的设计团队，可以根据您的要求为您量身打造最适合您的那一款。

高压超结场效应管

西安龙腾新能源科技发展有限公司
地址：陕西西安凤城十二路1号出口加工区
邮编：710021
电话：029-86658666
传真：029-86658666-5555
网址：www.lonten.cc
E-mail：sjmos@lonten.cc

产品简介：

公司研发的600V/650V/700V超结（Super Junction）功率MOSFET系列产品采用先进的超结技术理论，具有自主知识产权，极大的降低了功率MOSFET产品的导通电阻值，具有更好的开关特性，从而提高电源产品整体的能源使用效率。

本项目被国家发改委列入国家新型电力电子器件产业化专项。

功能特点：

公司研发的超结场效应管具有高能效、高可靠性及高性价比的优点，已在PC及服务器电源、LED照明系统、HID照明系统、充电器等多个领域得到应用。

主要参数：

LONTEN™超结MOSFET基于先进的沟槽工艺，是新一代高压超结MOSFET产品。与传统MOSFET相比较，本产品的特征导通电阻大大降低（650V/20A产品导通电阻典型值为0.13Ω，650V/11A产品导通电阻典型值为0.3Ω），兼具低$R_{DS(on)}$和低总栅极电荷。通过利用先进的制造技术以及精确的工艺控制，LONTEN™超结MOSFET产品具有优越的开关特性和可靠性，具有更好的品质因数(Figure of Merit, FOM)，产品100%经过UIS雪崩能力测试，符合绿色环保产品相关规定。

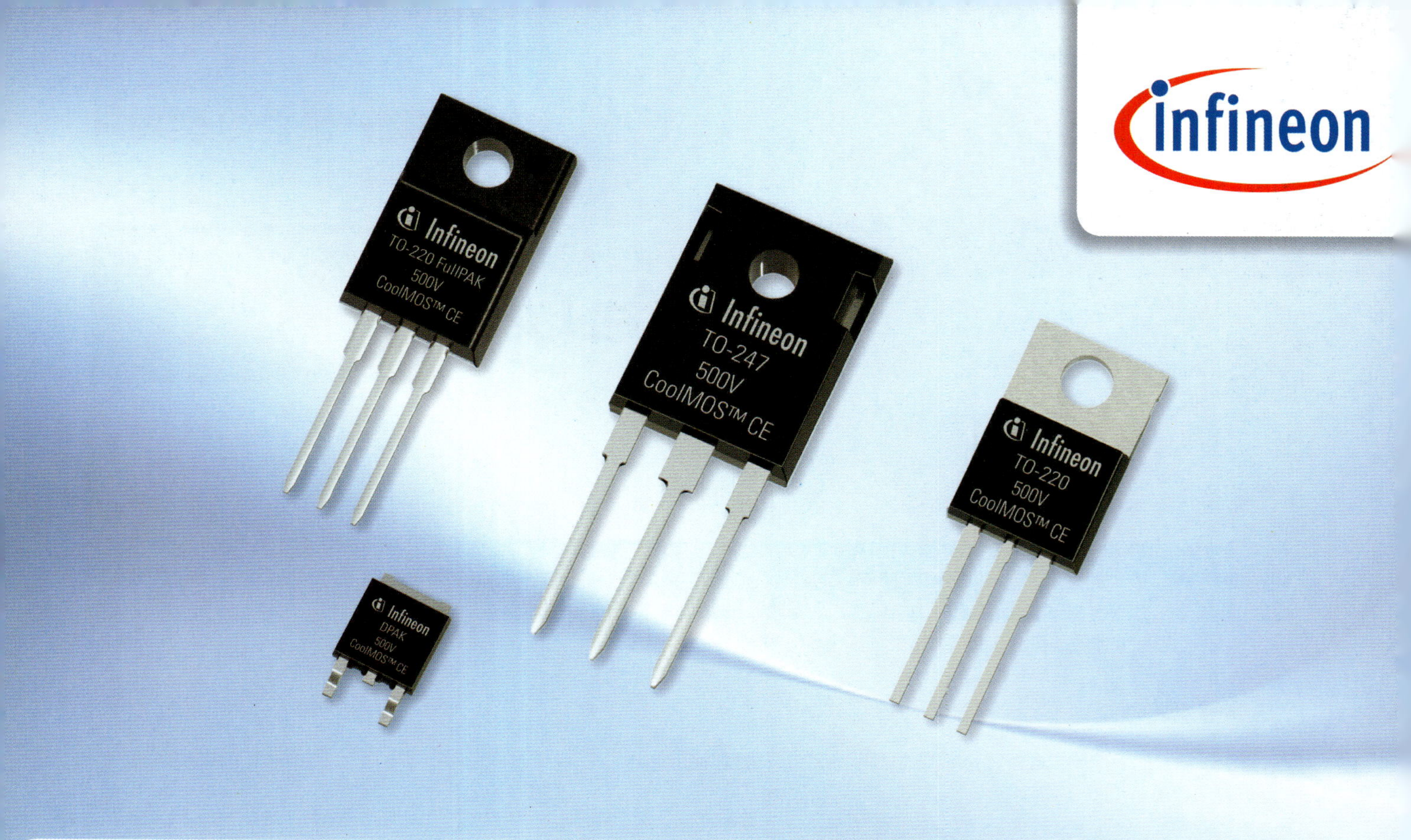

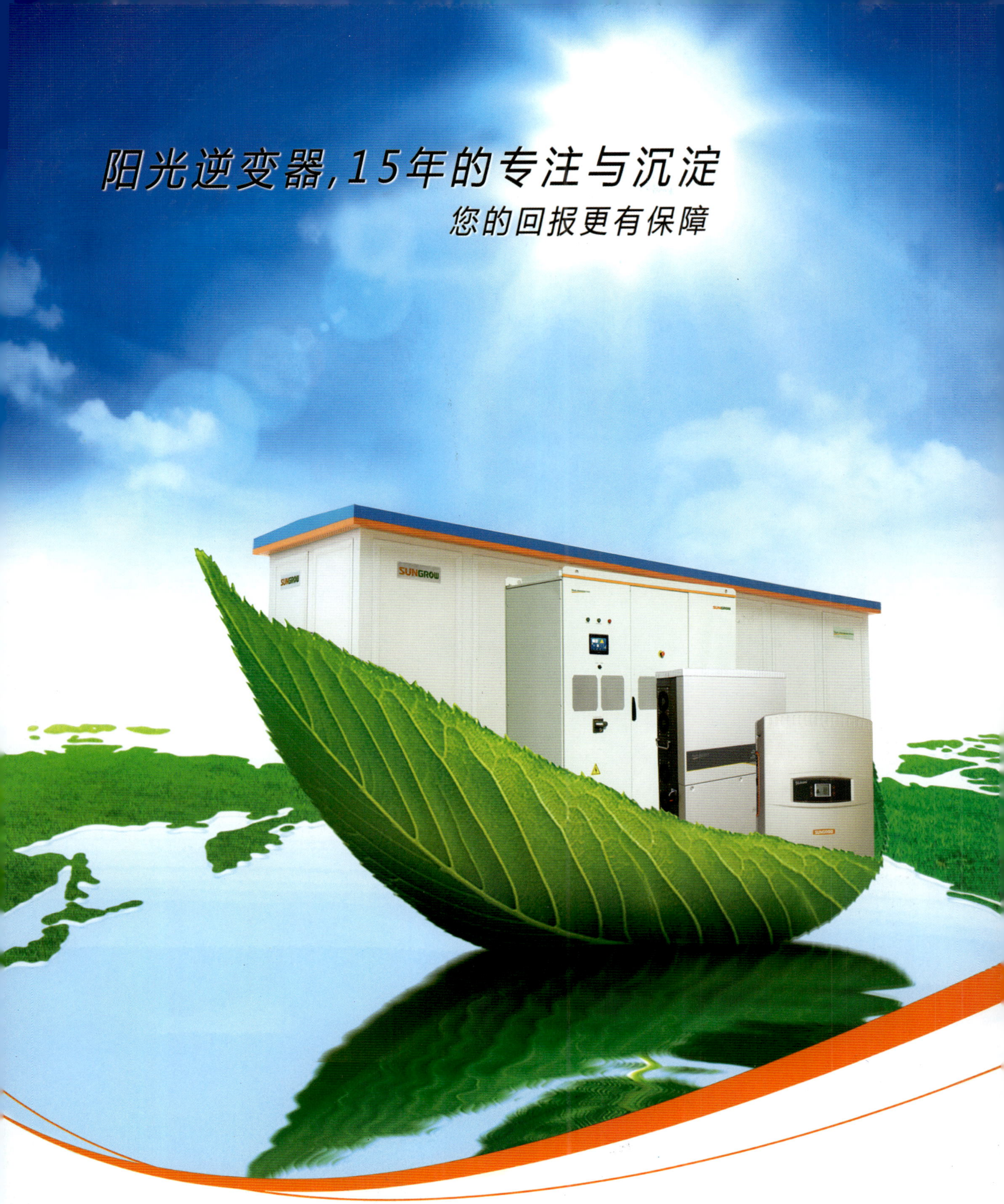
阳光逆变器,15年的专注与沉淀
您的回报更有保障
SUNGROW

80
PLUS®
GOLD

X7

移动电源
移动电源
适配器

电源转换器

手机充电器

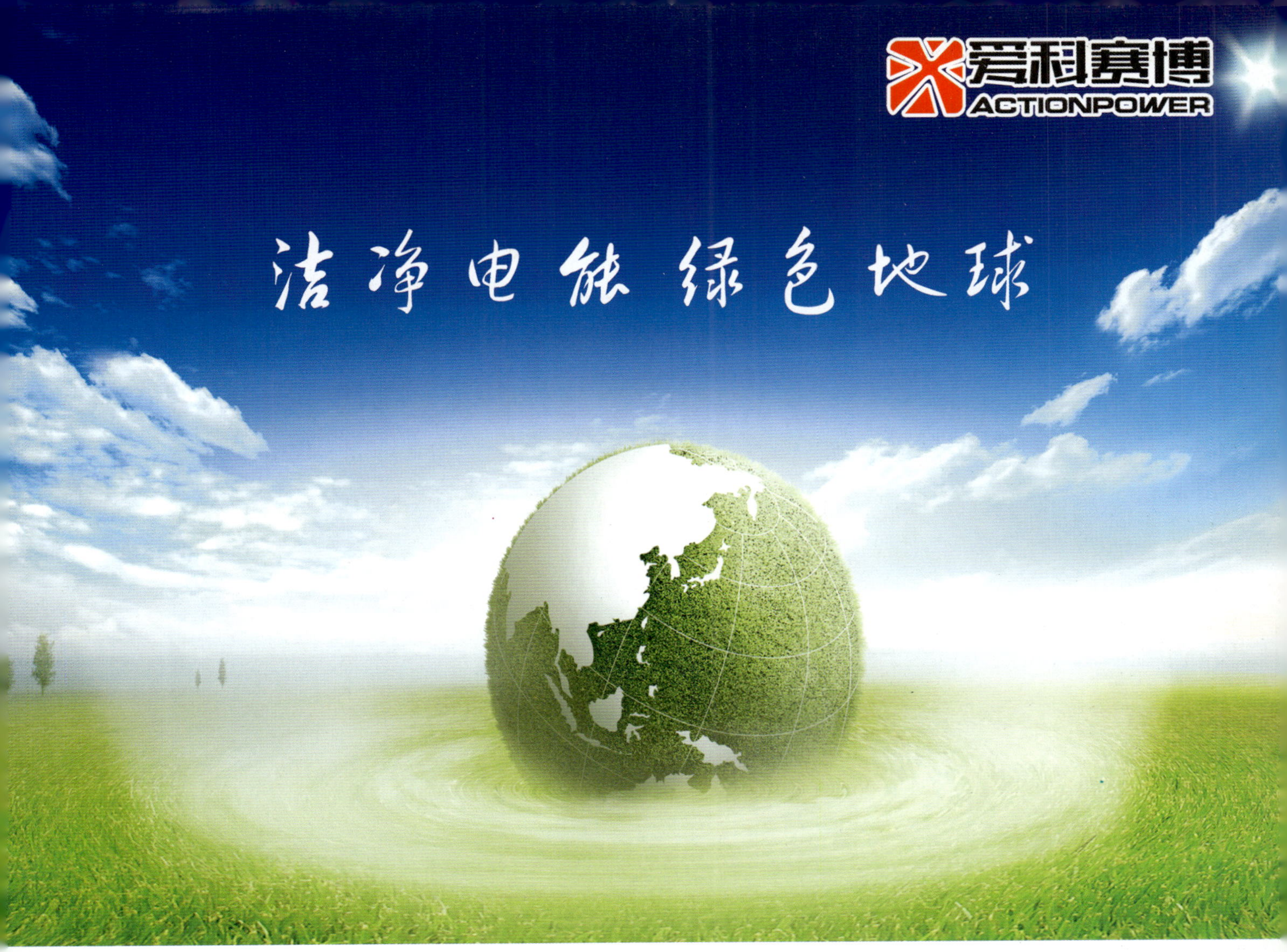

经营领域

- 致力于电力电子电能变换和控制领域，为新能源、电力、交通、航空军事、工业、科学研究等行业，提供领先的产品和解决方案。

电源产品

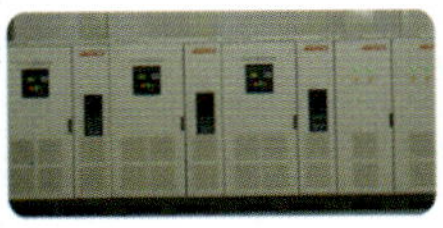

- 航空军事专用电源
- 工业电源
- 加速器电源

电能质量产品

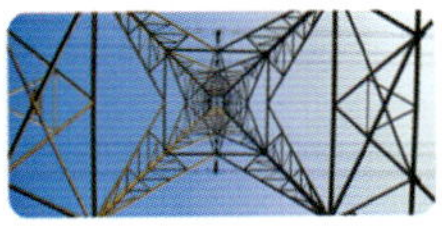

- 有源电力滤波器
- 静止无功发生器
- 谐波无功补偿成套设备

新能源产品

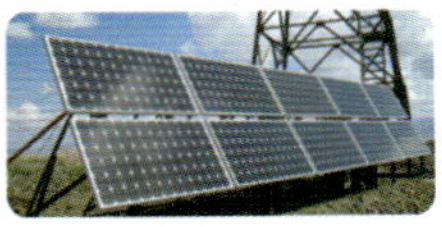

- 光伏并网逆变器
- 储能及智能微电网接入设备及控制系统

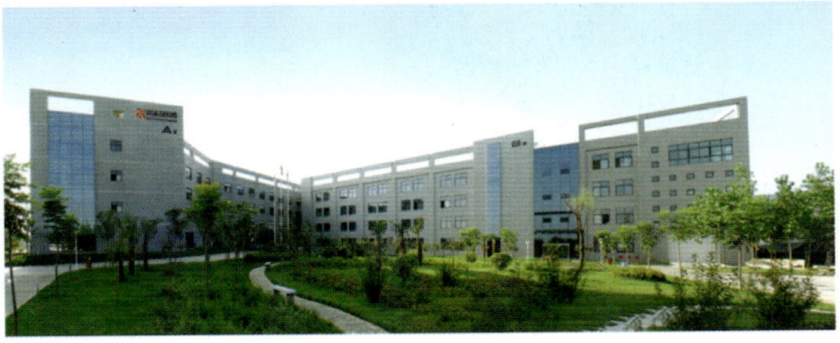

爱科赛博电力电子产业园

17年专注电力电子领域、持续投入、创新发展

- 高素质研发团队，设专业技术组；
- IPD全流程全要素研发流程管理和研发项目管理体系；
- 掌握自主知识产权核心技术，取得和获受理专利42项，其中发明专利18项；
- 负责和参与7项国家和行业标准的制定；
- 创新基金、火炬计划、国家重点新产品支持、陕西省企业技术中心和陕西省电能质量工程研究中心组建单位；
- 1200平方米研发试验室，三个专用试验站、四个通用试验测试中心；
- 12000平方米生产车间，电路板、部件/组件、整机、成套设备装配调试车间；
- 18000平方米/20亩产业园区，10kV/5MW以内装置研发生产试验能力，年产能1000MW。

服务多项国家大型项目和重大工程

- 北京奥运 • 上海世博 • 国产大飞机 • 军工重点型号 • 高速铁路 • 上海光源

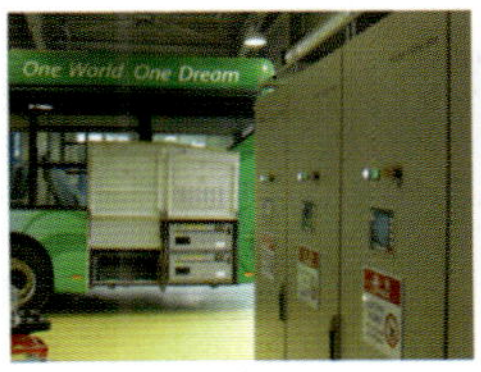

有源电力滤波器应用于北京奥运

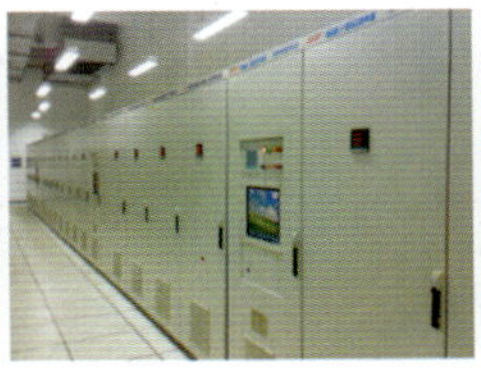

国家重大科学工程——上海光源现场运行的电源设备

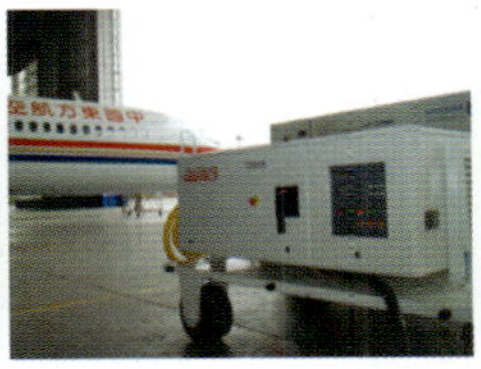

航空地面电源应用于机务保障

西安爱科赛博电气股份有限公司
XI'AN ACTIONPOWER ELECTRIC CO.,LTD.

地址：西安市高新区新型工业园信息大道12号 邮编：710119
客户专线：029-88887953 公司总机：029-85691870/71/72 传真：029-85692080
网址：www.cnaction.com 邮箱：sales@cnaction.com

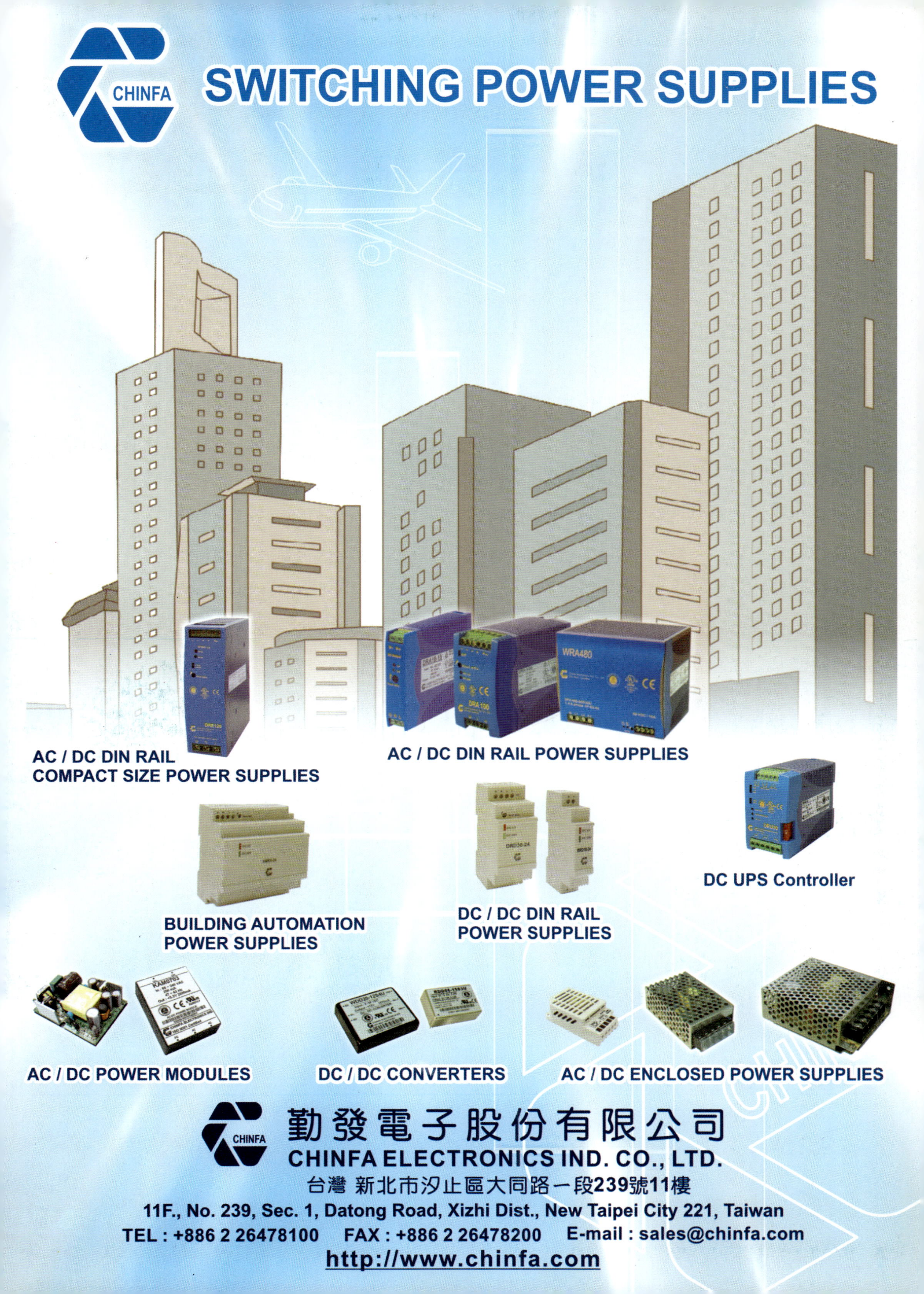
CHINFA
SWITCHING POWER SUPPLIES
AC / DC DIN RAIL
COMPACT SIZE POWER SUPPLIES
AC / DC DIN RAIL POWER SUPPLIES
WRA480
DRA 100
DC UPS Controller
BUILDING AUTOMATION
POWER SUPPLIES
DC / DC DIN RAIL
POWER SUPPLIES
AC / DC POWER MODULES
DC / DC CONVERTERS
AC / DC ENCLOSED POWER SUPPLIES
CHINFA
勤發電子股份有限公司
CHINFA ELECTRONICS IND. CO., LTD.
台灣 新北市汐止區大同路一段239號11樓
11F., No. 239, Sec. 1, Datong Road, Xizhi Dist., New Taipei City 221, Taiwan
TEL : +886 2 26478100 FAX : +886 2 26478200 E-mail : sales@chinfa.com
http://www.chinfa.com